나합격
위험물기능장

필기 X 무료특강

나만의 합격비법 나합격은 다르다!

나합격 독자만을 위한
무료 동영상강의

공부가 어려우신가요?
합격을 위한 모든 동영상 강의를 무료로 시청할 수 있습니다.
지금 바로 나합격 쌤을 만나보세요.

> 오리엔테이션 > 이론 특강 > 기출 특강

모든 시험정보가 한곳에!
나합격 수험생지원센터

이제 혼자서 공부하지 마세요.
합격후기, 시험정보, Q&A 등 나합격 독자분들을 위한
다양한 서비스를 네이버 카페를 통해 지원받을 수 있습니다.

> 시험자료 > 질의응답 > 합격후기

본서의 정오사항은 상시 업데이트 해드리고 있습니다.
정오표 확인 및 오류문의는 네이버 카페를 이용해 주세요.

나합격 교재인증 & 무료 동영상 수강방법

나합격 카페 가입하기
공부하는 자격증에 해당하는 카페에 가입합니다.

바로가기

https://cafe.naver.com/napass4 search

교재인증페이지에 닉네임 작성
교재 맨 뒤페이지의 교재인증페이지에
가입하신 카페 닉네임을 지워지지 않는 펜으로 작성합니다.

교재인증페이지 촬영하기
교재인증페이지 전체가 나오게 촬영합니다.
중고도서 및 보정의 여지가 보일 경우 등업이 불가합니다.

나합격 카페에 게시물 작성하기
등업게시판에 촬영한 이미지를 업로드합니다.
평일 1일 3회(오전 9시 ~ 오후 6시 사이) 등업을 진행됩니다.

무료 동영상 시청하기
카페 등업이 완료된 후 해당 카페에서 무료 동영상 시청이 가능합니다.

NOTICE

교재인증 및 무료 강의 수강 방법에 대한 자세한 설명을
QR코드를 찍어 영상으로 확인해보세요!

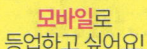
모바일로
등업하고 싶어요!

PC로
등업하고 싶어요!

시험접수부터
자격증발급까지
응시절차

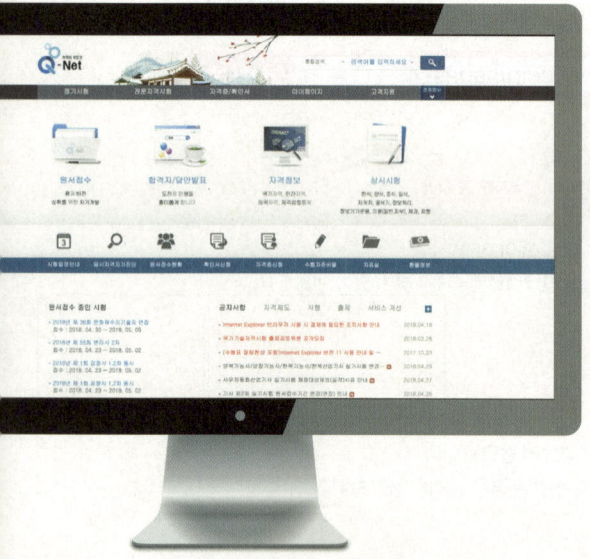

01
시험일정 &
응시자격조건 확인

- 큐넷 시험일정안내에서 응시종목의 접수기간과 시험일을 확인합니다.
- 큐넷 자격정보에서 응시종목의 자격조건을 확인합니다(기능사 제외).

04
필기시험
합격자 발표

- 인터넷, ARS 또는 접수한 지사에서 공고됩니다.
- CBT의 경우 큐넷 합격자 발표조회에서 바로 확인이 가능합니다.

www.Q-net.or.kr 큐넷은 한국산업인력공단에서 운영하는 국가 자격증 포털 사이트입니다.

02 필기시험 원서접수

- 큐넷 www.Q-net.or.kr 에 로그인 합니다.
  (회원가입 시 반명함판 사진 등록 필수)
- 큐넷 원서접수에서 신청순서에 따라 접수하면 됩니다.
- 시험일자 및 장소는 현재접수 가능인원을 반드시
  확인 후 선택해야 합니다.
- 결제하기에서 검정수수료 확인 후 결제를 진행합니다.

03 필기시험 응시 및 유의사항

- 신분증은 반드시 지참해야 하며, 기타 준비물은
  큐넷 수험자준비물에서 확인하시면 됩니다.
- 시험시간 20분 전부터 입실이 가능합니다.
  (시험시간 미준수 시 시험응시 불가)

05 실기시험 원서접수

- 인터넷 접수 www.Q-net.or.kr 만 가능하며,
  필기시험 합격자에 한하여 실기접수기간에 접수합니다.
- 최종합격여부는 큐넷 홈페이지를 통해 확인 가능합니다.

06 자격증 신청 및 수령

- 큐넷 자격증 발급 신청에서 상장형, 수첩형 자격증 선택
- 상장형 - 무료 / 수첩형 수수료 - 6,110원

콕!집어~ 꼭!필요한 위험물기능장 오리엔테이션

위험물기능장은?

위험물의 물리·화학적 특성을 바탕으로 위험물 안전관리법에 의거하여 대통령령으로 규정된 위험물의 제조, 저장 및 취급을 담당하는 자의 전문기술자격으로서 설비와 위험물을 점검하고 작업자를 지시·감독하며 재해 발생 시 응급 조치와 안전관리를 책임지는 역할을 수행할 수 있습니다.

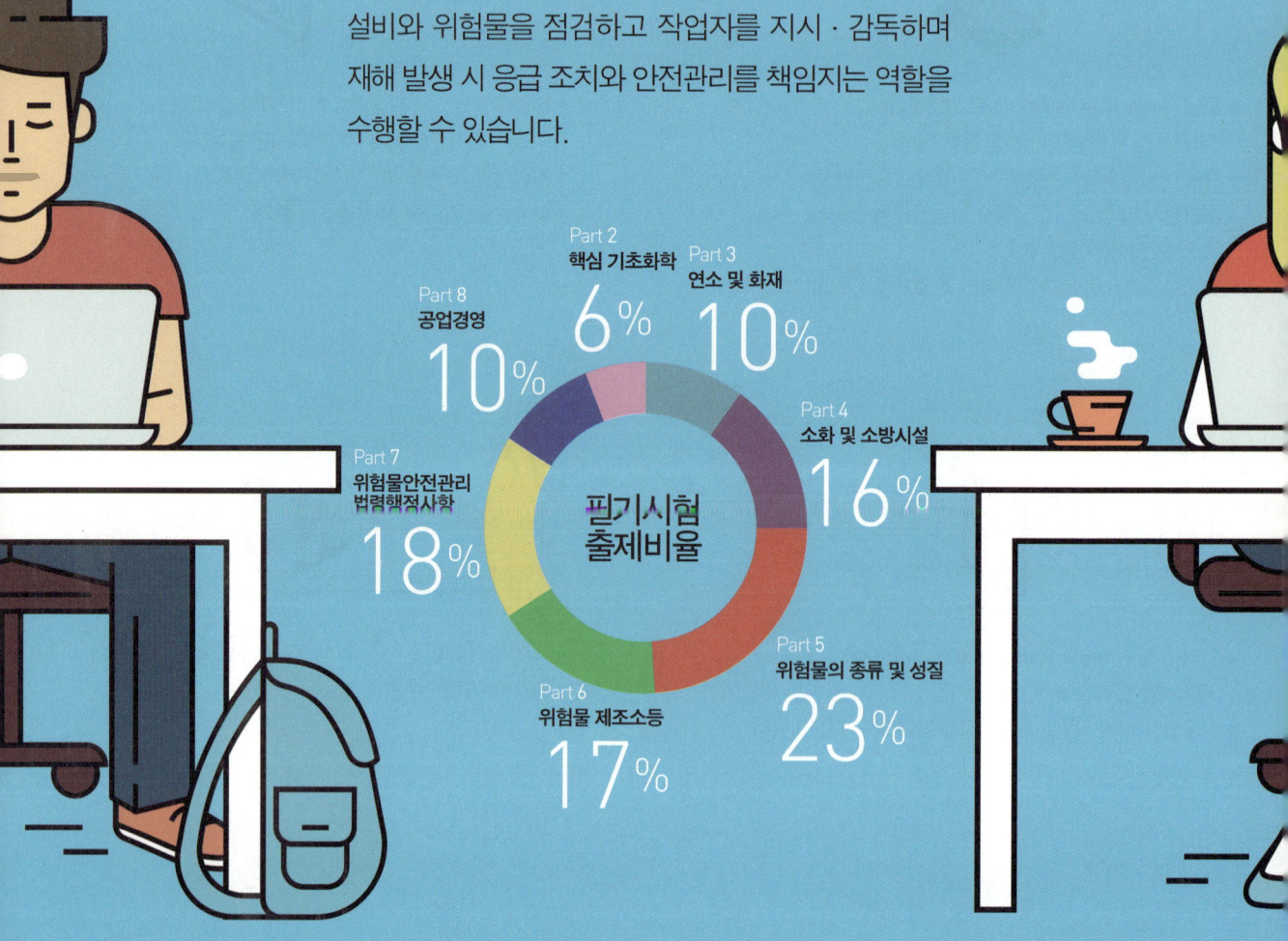

필기시험 출제비율

- Part 2 핵심 기초화학 6%
- Part 3 연소 및 화재 10%
- Part 4 소화 및 소방시설 16%
- Part 5 위험물의 종류 및 성질 23%
- Part 6 위험물 제조소등 17%
- Part 7 위험물안전관리 법령해석사항 18%
- Part 8 공업경영 10%

필기시험

01 일반화학 접근 방법
주기율표 중심으로 원소의 특성과 명명법을 이해한 후 화학반응식, 이상기체상태방정식 기출문제 중심 풀이 유체역학이 추가되므로 공식에 맞추어 풀이 필요
02 위험물 품명, 화학식, 명칭, 위험등급 완벽 암기
03 과목별 기출문제 풀이 후 40점 미만 과목 보완
04 합격족보 숙지 후 연도별 기출문제 풀며 최소 6개년 기출문제 완벽 암기
05 공업경영 마무리 정리

위험물기능장은 과목별 과락은 없지만 모든 종목 기능장 공통 출제기준인 공업경영 10%가 필수로 출제됩니다.
공업경영 문항은 문항번호 55번~60번으로 고정되어 있고 난이도가 평이하며 반복되는 유형이 많으므로 이 부분만 반복적으로 학습하시는 것이 좋습니다.
실기시험에서는 위험물제조소등과 관련한 위험물안전관리법령이 주로 출제되므로 필기시험을 대비할때부터 법령과 관련한 부분은 상세하게 공부하시는 것이 중요합니다.

개념잡는 핵심이론
나합격만의 본문구성

NEW DESIGN

나합격만의 아이덴티티를 강조한
새로운 디자인과 함께 최신 출제경향을
완벽히 반영한 최신 개정판입니다.

본문의 이론을 유기적인 보충설명을 통해
지루하지 않고 탄탄하게 흡수하도록 구성했습니다.

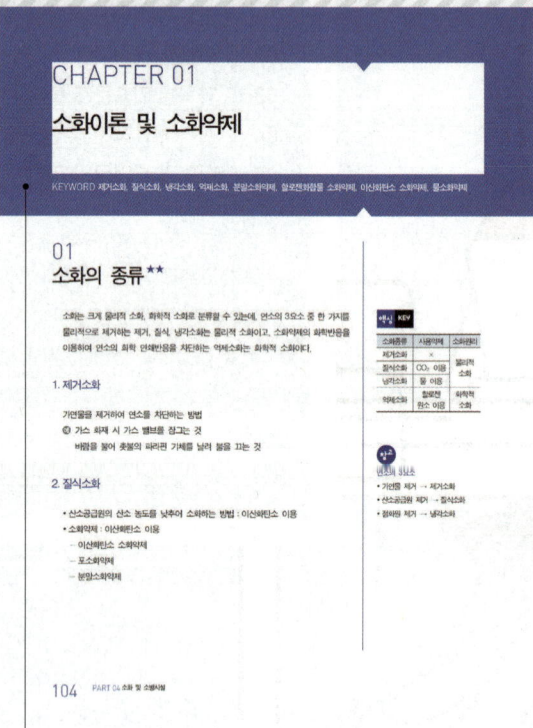

KEYWORD

빅데이터 키워드를 통해
시험에 중요한 키워드를
확인하세요.

본문 날개구성
독창적인 날개구성을 통해
이론학습에 도움을 주는
다양한 컨텐츠를 제공합니다.

핵심 KEY
용어정리부터 핵심KEY까지
다양한 보충 설명과 정보로
학습에 도움을 드립니다.

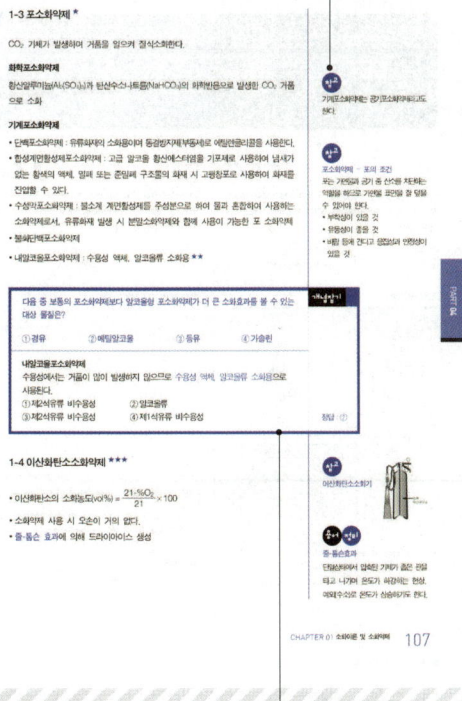

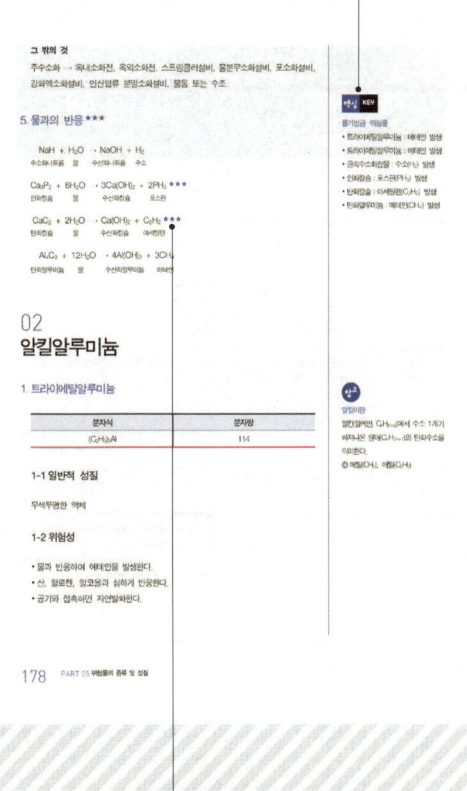

개념잡기
지루한 본문의 흐름을 피하고
문제의 개념잡기를 위해 바로바로
예제를 배치했습니다.

★★★
출제되는 정도에 따라
중요도를 별표로
표기하였습니다.

과년도 기출문제 & CBT 복원문제

과년도 기출문제에는 해설과 정답이 함께 있습니다.
문제의 유형을 익히고 실력을 다지세요.

회독 표기를 통한 약점 보완

해설을 안 보고 풀 수 있는 문제 O
해설을 보면 풀 수 있는 문제 △
해설을 봐도 잘 모르는 문제 X

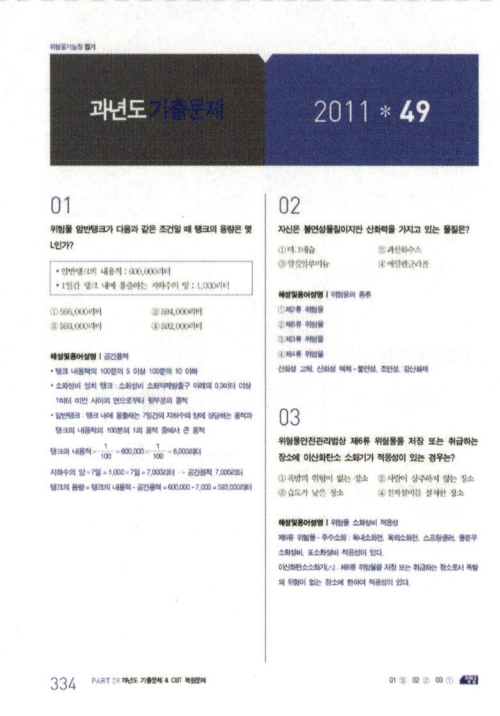

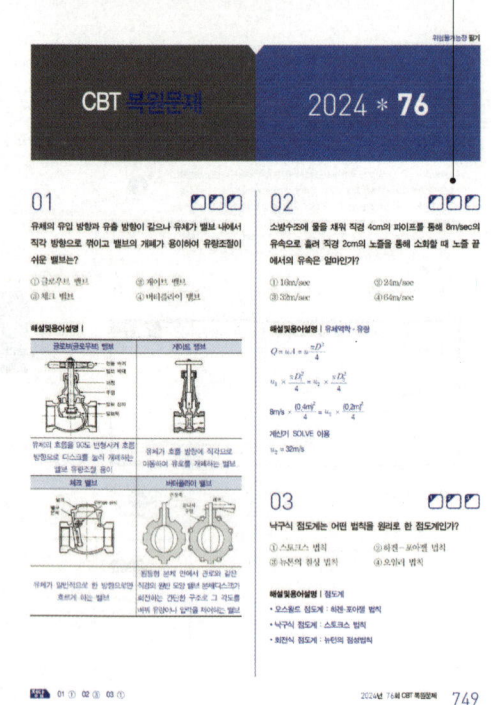

연도별 기출문제

실제 지면방식으로 출제되었던
기출문제를 연도별로 구성하였습니다.
완벽히 정리된 해설을 통해 해당 이론을 익혀보세요.

CBT 복원문제

2018년 64회부터 CBT 방식으로 변경되어
실제 수험생분들의 복원을 토대로 구성된 문제를
문제의 이해도를 높이기 위해 연도별로 수록하였습니다.

시험의 흐름을잡는 나합격만의 합격도우미

합격족보는 핵심 이론 요약집으로, 시험에서 중요한 내용을 필기파트와 실기파트로 나누어 구성하였습니다.

위험물안전관리법령 개정 용어정리표

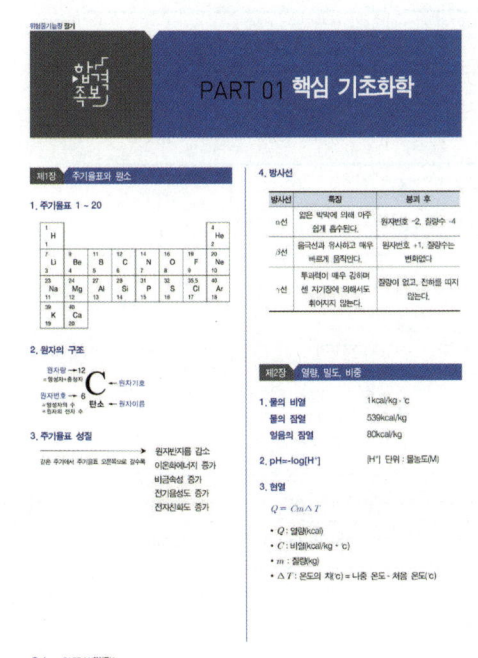

핵심이론 수록
가장 중요한 핵심이론을 파트별, 챕터별로 정리하여 수록하였으며, 필기핵심이론은 기출문제를 풀기 전에 배치하여 독자의 편의를 도왔습니다.

위험물안전관리법령 개정사항
해당 내용을 미리 숙지하시어 시험에 대비하시기 바랍니다.

SELF-STUDY PLANNER

시험 당일까지 공부일정 및 계획을 짜는 것은 매우 중요합니다.
셀프스터디 합격 플래너를 통해 스스로의 합격을 만들어 보세요.

나의 목표		시험일 /	

				Study Day	Check
PART 01 합격족보	01	핵심 기초화학	26	/	
	02	연소 및 화재	28	/	
	03	소화 및 소방시설	30	/	
	04	위험물의 종류 및 성질	33	/	
	05	위험물제조소등	36	/	
	06	위험물안전관리법상 행정사항	39	/	

				Study Day	Check
PART 02 핵심 기초화학	01	주기율표와 원소	44	/	
	02	명명법과 작용기	51	/	
	03	열량, 밀도, 비중	60	/	
	04	화학반응식	69	/	
	05	이상기체상태방정식	77	/	
	06	유체역학	81	/	

PART 03 연소 및 화재			Study Day	Check	
01	연소	88	/		
02	화재	98	/		
03	폭발	100	/		

PART 04 소화 및 소방시설			Study Day	Check	
01	소화이론 및 소화약제	104	/		
02	소방시설	112	/		
03	소화난이도등급	126	/		
04	소화설비의 적응성	133	/		

PART 05 위험물의 종류 및 성질			Study Day	Check	
01	위험물의 기초	140	/		
02	제1류 위험물	149	/		
03	제2류 위험물	164	/		
04	제3류 위험물	177	/		
05	제4류 위험물	194	/		
06	제5류 위험물	214	/		
07	제6류 위험물	225	/		

PART 06 위험물제조소등			Study Day	Check	
01	위험물제조소	234	/		
02	위험물저장소	242	/		
03	위험물취급소	261	/		
04	제조소등에서의 위험물 저장 및 취급	267	/		

PART 07 위험물안전관리법상 행정사항			Study Day	Check	
01	위험물안전관리법	276	/		
02	위험물 운반	289	/		
03	위험물운송 관련법규	298	/		

PART 08 공업경영				Study Day	Check
	01	데이터와 품질	306	/	
	02	관리도	314	/	
	03	생산관리	320	/	
	04	품질경영	327	/	

PART 09 과년도 기출문제 & CBT 복원문제			Study Day	Check
	2011년 49, 50회 과년도 기출문제	334	/	
	2012년 51, 52회 과년도 기출문제	365	/	
	2013년 53, 54회 과년도 기출문제	397	/	
	2014년 55, 56회 과년도 기출문제	427	/	
	2015년 57, 58회 과년도 기출문제	456	/	
	2016년 59, 60회 과년도 기출문제	488	/	
	2017년 61, 62회 과년도 기출문제	521	/	
	2018년 63회 과년도 기출문제	555	/	
	2018년 64회 CBT 복원문제	571	/	
	2019년 65, 66회 CBT 복원문제	586	/	
	2020년 67, 68회 CBT 복원문제	617	/	
	2021년 69, 70회 CBT 복원문제	644	/	
	2022년 71, 72회 CBT 복원문제	674	/	
	2023년 73, 74회 CBT 복원문제	704	/	
	2024년 75, 76회 CBT 복원문제	734	/	

표준주기율표

주기\족	1 (1A)	2 (2A)	3 (3B)	4 (4B)	5 (5B)	6 (6B)	7 (7B)	8 (8B)	9 (8B)	10 (8B)	11 (1B)	12 (2B)	13 (3A)	14 (4A)	15 (5A)	16 (6A)	17 (7A)	18 (8A)
	알칼리금속	알칼리토금속	희토류	타이타늄족	바나듐족	크로뮴족	망가니즈족	철족, 백금족			구리족	아연족	붕소족	탄소족	질소족	산소족	할로젠족	불활성 기체
1	$^1_1$H 수소																	$^4_2$He 헬륨
2	$^7_3$Li 리튬	$^9_4$Be 베릴륨											$^{11}_5$B 붕소	$^{12}_6$C 탄소	$^{14}_7$N 질소	$^{16}_8$O 산소	$^{19}_9$F 플루오린	$^{20}_{10}$Ne 네온
3	$^{23}_{11}$Na 나트륨	$^{24}_{12}$Mg 마그네슘											$^{27}_{13}$Al 알루미늄	$^{28}_{14}$Si 규소	$^{31}_{15}$P 인	$^{32}_{16}$S 황	$^{35.5}_{17}$Cl 염소	$^{40}_{18}$Ar 아르곤
4	$^{39}_{19}$K 칼륨	$^{40}_{20}$Ca 칼슘	$^{45}_{21}$Sc 스칸듐	$^{48}_{22}$Ti 타이타늄	$^{51}_{23}$V 바나듐	$^{52}_{24}$Cr 크로뮴	$^{55}_{25}$Mn 망가니즈	$^{56}_{26}$Fe 철	$^{59}_{27}$Co 코발트	$^{59}_{28}$Ni 니켈	$^{64}_{29}$Cu 구리	$^{65}_{30}$Zn 아연	$^{70}_{31}$Ga 갈륨	$^{73}_{32}$Ge 저마늄	$^{75}_{33}$As 비소	$^{79}_{34}$Se 셀레늄	$^{80}_{35}$Br 브로민	$^{84}_{36}$Kr 크립톤
5	$^{85}_{37}$Rb 루비듐	$^{88}_{38}$Sr 스트론튬	$^{89}_{39}$Y 이트륨	$^{91}_{40}$Zr 지르코늄	$^{93}_{41}$Nb 나이오븀	$^{96}_{42}$Mo 몰리브덴	$^{98}_{43}$Tc 테크네튬	$^{101}_{44}$Ru 루테늄	$^{103}_{45}$Rh 로듐	$^{106}_{46}$Pd 팔라듐	$^{108}_{47}$Ag 은	$^{112}_{48}$Cd 카드뮴	$^{115}_{49}$In 인듐	$^{119}_{50}$Sn 주석	$^{122}_{51}$Sb 안티몬	$^{128}_{52}$Te 텔루륨	$^{127}_{53}$I 아이오딘	$^{131}_{54}$Xe 제논
6	$^{133}_{55}$Cs 세슘	$^{137}_{56}$Ba 바륨	$^{139}_{57}$La 란타넘	$^{178}_{72}$Hf 하프늄	$^{181}_{73}$Ta 탄탈	$^{184}_{74}$W 텅스텐	$^{186}_{75}$Re 레늄	$^{190}_{76}$Os 오스뮴	$^{192}_{77}$Ir 이리듐	$^{195}_{78}$Pt 백금	$^{197}_{79}$Au 금	$^{201}_{80}$Hg 수은	$^{204}_{81}$Tl 탈륨	$^{207}_{82}$Pb 납	$^{209}_{83}$Bi 비스무트	$^{209}_{84}$Po 폴로늄	$^{210}_{85}$At 아스타틴	$^{222}_{86}$Rn 라돈
7	$^{223}_{87}$Fr 프랑슘	$^{226}_{88}$Ra 라듐	$^{227}_{89}$Ac 악티늄	$^{265}_{104}$Rf 러더포듐	$^{268}_{105}$Db 더브늄	$^{271}_{106}$Sg 시보귬	$^{270}_{107}$Bh 보륨	$^{277}_{108}$Hs 하슘	$^{276}_{109}$Mt 마이트너륨	$^{281}_{110}$Ds 다름슈타튬	$^{280}_{111}$Rg 뢴트게늄	$^{285}_{112}$Cn 코페르니슘	$^{284}_{113}$Uut 우눈트륨	$^{289}_{114}$Fl 플레로븀	$^{288}_{115}$Uus 우눈펜튬	$^{293}_{116}$Lv 리버모륨	$^{294}_{117}$Ts 테네신	$^{294}_{118}$Og 오가네손

범례:
- 금속원소 (주황)
- 비금속원소 (파랑)
- 전이원소(금속) (노랑)
- 전이후 금속원소 (하늘)
- 준금속원소 (초록)

$^{40}_{20}$Ca 칼슘 — 원자량, 원소기호, 이름, 원자번호

나합격 위험물기능장 위험물암기표 LV.1

위험물의 명칭, 암기법, 품명, 지정수량을 암기하여 적어보세요.

제1류 위험물 - _____
암기법: _____

품명	지정수량

제2류 위험물 - _____
암기법: _____

품명	지정수량

제3류 위험물 - _____
암기법: _____

품명	지정수량

제4류 위험물 - _____
암기법: _____

품명	지정수량	위험물 종류

품명	지정수량	위험물 종류

제5류 위험물 - _____
암기법: _____

품명	지정수량

제6류 위험물 - _____

품명	지정수량

[정답] 나합격 위험물기능장 위험물암기표 LV.1

이렇게 쓰셨나요? 합격에 가까워지고 있습니다!

제1류 위험물 - 산화성 고체
암기법 무아과염 아브질 중과 오삼천

품명		지정수량
무기과산화물		50kg
아염소산염류		50kg
과염소산염류		50kg
염소산염류		50kg
아이오딘산염류		300kg
브로민산염류		300kg
질산염류		300kg
다이크로뮴산염류		1,000kg
과망가니즈산염류		1,000kg
그 외	50kg	차아염소산염류
	300kg	과아이오딘산
	300kg	과아이오딘산염류
	300kg	아질산염류
	300kg	크로뮴, 납, 아이오딘의 산화물
	300kg	퍼옥소붕산염류
	300kg	퍼옥소이황산염류
	300kg	염소화아이소사이아누르산

제2류 위험물 - 가연성 고체
암기법 백황황적 오철마분 인고천

품명	지정수량
황화인	100kg
황	100kg
적린	100kg
철분	500kg
마그네슘	500kg
금속분	500kg
인화성고체	1,000kg

제3류 위험물 - 자연발화 및 금수성 물질
암기법 십알칼리나 이황 오알토유기 삼금수인탄

품명	지정수량	
알킬알루미늄	10kg	
칼륨	10kg	
알킬리튬	10kg	
나트륨	10kg	
황린	20kg	
알칼리금속	50kg	
알칼리토금속	50kg	
유기금속화합물	50kg	
금속수소화합물	300kg	
금속인화합물	300kg	
칼슘, 알루미늄탄화물	300kg	
그 외	300kg	염소화규소화합물

제4류 위험물 - 인화성 액체
암기법 특이디아산 일이휘메톨벤 사시아피 알콜사 이천등경스틸크 실로 이천야포히 삼이클중아니 사글리글리콜 사육윤기실 만건대정상해 동아들 반면청쌀옥채참콩 불소돼지고래올리브팜땅콩피자

품명		지정수량	위험물 종류
특수 인화물	비수용성	50L	이황화탄소
			다이에틸에터
	수용성		아세트알데히트
			산화프로필렌
제1 석유류	비수용성	200L	휘발유
			메틸에틸케톤
			톨루엔
			벤젠
	수용성	400L	사이안화수소
			아세톤
			피리딘
알콜류		400L	메탄올
			에탄올
제2 석유류	비수용성	1,000L	등유
			경유
			크실렌
			클로로벤젠
			스틸렌
	수용성	2,000L	아세트산
			포름산
			하이드라진

품명		지정수량	위험물 종류
제3 석유류	비수용성	2,000L	크레오소트유
			중유
			아닐린
			나이트로벤젠
	수용성	4,000L	글리세린
			에틸렌글리콜
제4석유류		6,000L	윤활유
			기어유
			실린더유
동식물유	건성유	10,000L	대구유
			정어리유
			상어유
			해바라기유
			동유
			아마인유
			들기름
	반건성유		면실유
			청어유
			쌀겨기름
			옥수수기름
			채종유
			참기름
			콩기름
	불건성유		쇠기름
			돼지기름
			고래기름
			올리브유
			팜유
			땅콩기름
			피마자유
			야자유

제5류 위험물 - 자기반응성 물질

품명	지정수량	
질산에스터류	제1종: 10kg 제2종: 100kg	
유기과산화물		
하이드록실아민		
하이드록실아민염류		
나이트로화합물		
나이트로소화합물		
아조화합물		
다이아조화합물		
하이드라진유도체	200kg	
그 외	200kg	금속의아지화합물
		질산구아니딘

제6류 위험물 - 산화성 액체

품명	지정수량	
질산	300kg	
과산화수소	300kg	
과염소산	300kg	
그 외	300kg	할로젠간화합물

나합격 위험물기능장 위험물암기표 LV.2

다음 빈칸들을 암기하여 적어보세요.

제 1류 위험물 - _____
암기법: _____

품명	지정수량	위험물 종류	분자식

제 2류 위험물 - _____
암기법: _____

품명	지정수량	위험물 종류	분자식

제 3류 위험물 - _____
암기법: _____

품명	지정수량	위험물 종류	분자식

제 4류 위험물 - _____
암기법: _____

품명	지정수량	위험물 종류	분자식

품명	지정수량	위험물 종류	분자식

제 5류 위험물 - _____
암기법: _____

품명	지정수량	위험물 종류	분자식

제 6류 위험물 - _____

품명	지정수량	위험물 종류	분자식

[정답] 나합격 위험물기능장 위험물암기표 LV.2

이렇게 쓰셨나요? 점수가 30점 올랐습니다!

제1류 위험물 - 산화성 고체

암기법 무아과염 아브질 중과 오삼천

품명	지정수량	위험물 종류	분자식
무기과산화물	50kg	과산화칼륨	K_2O_2
		과산화나트륨	Na_2O_2
아염소산염류	50kg	아염소산나트륨	$NaClO_2$
과염소산염류	50kg	과염소산칼륨	$KClO_4$
		과염소산나트륨	$NaClO_4$
염소산염류	50kg	염소산칼륨	$KClO_3$
		염소산나트륨	$NaClO_3$
아이오딘산염류	300kg	아이오딘산칼륨	KIO_3
브로민산염류	300kg	브로민산암모늄	NH_4BrO_3
질산염류	300kg	질산칼륨	KNO_3
		질산나트륨	$NaNO_3$
		질산암모늄	NH_4NO_3
다이크로뮴산염류	1,000kg	다이크로뮴산칼륨	$K_2Cr_2O_7$
과망가니즈산염류	1,000kg	과망가니즈산칼륨	$KMnO_4$
그외	50kg	차아염소산염류	
	300kg	과아이오딘산	
	300kg	과아이오딘산염류	
	300kg	아질산염류	
	300kg	크로뮴, 납, 아이오딘의 산화물	CrO_3
	300kg	퍼옥소붕산염류	
	300kg	퍼옥소이황산염류	
	300kg	염소화아이소사이아누르산	

제2류 위험물 - 가연성 고체

암기법 백황황적 오철마분 인고천

품명	지정수량	위험물 종류	분자식
황화인	100kg	삼황화인	P_4S_3
		오황화인	P_2S_5
		칠황화인	P_4S_7
황	100kg		S
적린	100kg		P
철분	500kg		Fe
마그네슘	500kg		Mg
금속분	500kg	알루미늄분	Al
		아연분	Zn
		안티몬	Sb
인화성고체	1,000kg	고형알코올	

제3류 위험물 - 자연발화 및 금수성 물질

암기법 십알칼리나 이황 오알토유기 삼금수인탄

품명	지정수량	위험물 종류	분자식
알킬알루미늄	10kg	트라이에틸알루미늄	$(C_2H_5)_3Al$
칼륨	10kg		K
알킬리튬	10kg		RLi
나트륨	10kg		Na
황린	20kg		P_4
알칼리금속	50kg	리튬	Li
		루비듐	Rb
알칼리토금속		칼슘	Ca
		바륨	Ba
유기금속화합물	50kg		
금속수소화합물	300kg	수소화칼슘	CaH_2
		수소화나트륨	NaH
금속인화합물	300kg	인화칼슘	Ca_3P_2
칼슘알루미늄탄화물	300kg	탄화칼슘	CaC_2
		탄화알루미늄	Al_4C_3
그외	300kg	염소화규소화합물	

제4류 위험물 - 인화성 액체

암기법 특이다이산 일이휘메톨벤 사시아피 알콜사 이천등경스틸크 실클로로 이천아포히 삼이클중아나 사글리글리콜 사육윤기실 만건대정상해동아들 반면청쌀옥채참콩 불소돼지고래올리브человекпалм땅콩피자

품명		지정수량	위험물 종류	분자식
특수인화물	비수용성	50L	이황화탄소	CS_2
			다이에틸에터	$C_2H_5OC_2H_5$
	수용성		아세트알데히트	CH_3CHO
			산화프로필렌	OCH_2CHCH_3
제1석유류	비수용성	200L	휘발유	
			메틸에틸케톤	$CH_3COC_2H_5$
			톨루엔	$C_6H_5CH_3$
			벤젠	C_6H_6
	수용성	400L	사이안화수소	HCN
			아세톤	CH_3COCH_3
			피리딘	C_5H_5N
알콜류		400L	메탄올	CH_3OH
			에탄올	C_2H_5OH
제2석유류	비수용성	1,000L	등유	
			경유	
			크실렌	$C_6H_4(CH_3)_2$
			클로로벤젠	C_6H_5Cl
			스틸렌	$C_6H_5CHCH_2$
	수용성	2,000L	아세트산	CH_3COOH
			포름산	HCOOH
			하이드라진	N_2H_4

품명		지정수량	위험물 종류	분자식
제3석유류	비수용성	2,000L	크레오소트유	
			중유	
			아닐린	$C_6H_5NH_2$
			나이트로벤젠	$C_6H_5NO_2$
	수용성	4,000L	글리세린	$C_3H_5(OH)_3$
			에틸렌글리콜	$C_2H_4(OH)_2$
제4석유류		6,000L	윤활유	
			기어유	
			실린더유	
동식물유	건성유	10,000L	대구유	
			정어리유	
			상어유	
			해바라기유	
			동유	
			아마인유	
			들기름	
	반건성유		면실유	
			청어유	
			쌀겨기름	
			옥수수기름	
			채종유	
			참기름	
			콩기름	
	불건성유		쇠기름	
			돼지기름	
			고래기름	
			올리브유	
			팜유	
			땅콩기름	
			피마자유	
			야자유	

제5류 위험물 - 자기반응성 물질

품명	지정수량	위험물 종류	분자식
질산에스터류		질산메틸	CH_3ONO_2
		질산에틸	$C_2H_5ONO_2$
		나이트로글리세린	$C_3H_5(ONO_2)_3$
		나이트로글리콜	$C_2H_4(ONO_2)_2$
		나이트로셀룰로오스	
		셀룰로이드	
유기과산화물		과산화벤조일 (벤조일퍼옥사이드)	$(C_6H_5CO)_2O_2$
		아세틸퍼옥사이드	
하이드록실아민 하이드록실아민염류	제1종: 10kg		NH_2OH
나이트로화합물	제2종: 100kg	트라이나이트로톨루엔(TNT)	$C_6H_2(NO_2)_3CH_3$
		트라이나이트로페놀 (피크린산, TNP)	$C_6H_2(NO_2)_3OH$
		테트릴	
나이트로소화합물			
아조화합물			
다이아조화합물			
하이드라진유도체			
그외		금속의아지화합물	
		질산구아니딘	

제6류 위험물 - 산화성 액체

품명	지정수량	위험물 종류	분자식
질산	300kg	질산	HNO_3
과산화수소	300kg	과산화수소	H_2O_2
과염소산	300kg	과염소산	$HClO_4$
그외	300kg	할로젠간화합물	

나합격 위험물기능장 위험물암기표 LV.3

위험등급 Ⅰ, Ⅱ, Ⅲ

제1류 위험물 - _____
암기법 _____

위험등급	품명	지정수량	위험물 종류	분자식

제2류 위험물 - _____
암기법 _____

위험등급	품명	지정수량	위험물 종류	분자식

제3류 위험물 - _____
암기법 _____

위험등급	품명	지정수량	위험물 종류	분자식

제4류 위험물 - _____
암기법 _____

위험등급	품명	지정수량	위험물 종류	분자식

제5류 위험물 - _____
암기법 _____

위험등급	품명	지정수량	위험물 종류	분자식

제6류 위험물 - _____

위험등급	품명	지정수량	위험물 종류	분자식

[정답] 나합격 위험물기능장 위험물암기표 LV.3

완벽한가요? 대단해요! 합격하실거에요.

제1류 위험물 - 산화성 고체
암기법 무아과염 아브질 중과 오삼천

위험등급	품명	지정수량	위험물 종류	분자식
I	무기과산화물	50kg	과산화칼륨	K_2O_2
I			과산화나트륨	Na_2O_2
I	아염소산염류	50kg	아염소산나트륨	$NaClO_2$
I	과염소산염류	50kg	과염소산칼륨	$KClO_4$
I			과염소산나트륨	$NaClO_4$
I	염소산염류	50kg	염소산칼륨	$KClO_3$
I			염소산나트륨	$NaClO_3$
II	아이오딘산염류	300kg	아이오딘산칼륨	KIO_3
II	브로민산염류	300kg	브로민산암모늄	NH_4BrO_3
II	질산염류	300kg	질산칼륨	KNO_3
II			질산나트륨	$NaNO_3$
II			질산암모늄	NH_4NO_3
III	다이크로뮴산염류	1,000kg	다이크로뮴산칼륨	$K_2Cr_2O_7$
III	과망가니즈산염류	1,000kg	과망가니즈산칼륨	$KMnO_4$
I		50kg	차아염소산염류	
II		300kg	과아이오딘산	
II		300kg	과아이오딘산염류	
II		300kg	아질산염류	
II	그 외	300kg	크로뮴, 납, 아이오딘의산화물	CrO_3
II		300kg	퍼옥소붕산염류	
II		300kg	퍼옥소이황산염류	
II		300kg	염소화아이소사이아누르산	

제2류 위험물 - 가연성 고체
암기법 백황유적 오철마분 인고천

위험등급	품명	지정수량	위험물 종류	분자식
II	황화인	100kg	삼황화인	P_4S_3
II			오황화인	P_2S_5
II			칠황화인	P_4S_7
II	황	100kg		S
II	적린	100kg		P
III	철분	500kg		Fe
III	마그네슘	500kg		Mg
III	금속분	500kg	알루미늄분	Al
III			아연분	Zn
III			안티몬	Sb
III	인화성고체	1,000kg	고형알코올	

제3류 위험물 - 자연발화 및 금수성 물질
암기법 십알칼리나 이황 오알토유기 삼금수인탄

위험등급	품명	지정수량	위험물 종류	분자식
I	알킬알루미늄	10kg	트라이에틸알루미늄	$(C_2H_5)_3Al$
I	칼륨	10kg		K
I	알킬리튬	10kg		RLi
I	나트륨	10kg		Na
I	황린	20kg		P_4
II	알칼리금속	50kg	리튬	Li
II			루비듐	Rb
II	알칼리토금속		칼슘	Ca
II			바륨	Ba
II	유기금속화합물	50kg		
III	금속수소화합물	300kg	수소화칼슘	CaH_2
III			수소화나트륨	NaH
III	금속인화합물	300kg	인화칼슘	Ca_3P_2
III	칼슘, 알루미늄 탄화물	300kg	탄화칼슘	CaC_2
III			탄화알루미늄	Al_4C_3
III	그 외	300kg	염소화규소화합물	

제4류 위험물 - 인화성 액체
암기법 특이디아산 일이휘메톨벤 사시아피 알콜사 이천동경스틸크 실클로로 이천아포히 삼이ول중아니 사글리글리콜 사육윤기실 만건대정상해 동아들 반면청쌀옥채참콩 불소돼지고래올리브팜땅콩피자

위험등급	품명		지정수량	위험물 종류	분자식
I	특수인화물	비수용성	50L	이황화탄소	CS_2
I				다이에틸에터	$C_2H_5OC_2H_5$
I		수용성		아세트알데하이드	CH_3CHO
I				산화프로필렌	OCH_2CHCH_3
II	제1석유류	비수용성	200L	휘발유	
II				메틸에틸케톤	$CH_3COC_2H_5$
II				톨루엔	$C_6H_5CH_3$
II				벤젠	C_6H_6
II				사이안화수소	HCN
II		수용성	400L	아세톤	CH_3COCH_3
II				피리딘	C_5H_5N
II	알코올류		400L	메탄올	CH_3OH
II				에탄올	C_2H_5OH
III	제2석유류	비수용성	1,000L	등유	
III				경유	
III				크실렌	$C_6H_4(CH_3)_2$
III				클로로벤젠	C_6H_5Cl
III				스틸렌	$C_6H_5CHCH_2$
III		수용성	2,000L	아세트산	CH_3COOH
III				포름산	HCOOH
III				하이드라진	N_2H_4
III	제3석유류	비수용성	2,000L	크레오소트유	
III				중유	
III				아닐린	$C_6H_5NH_2$
III				나이트로벤젠	$C_6H_5NO_2$
III		수용성	4,000L	글리세린	$C_3H_5(OH)_3$
III				에틸렌글리콜	$C_2H_4(OH)_2$
III	제4석유류		6,000L	윤활유	
III				기어유	
III				실린더유	
III	동식물유	건성유	10,000L	대구유	
III				정어리유	
III				상어유	
III				해바라기유	
III				동유	
III				아마인유	
III				들기름	
III		반건성유		면실유	
III				청어유	
III				쌀겨기름	
III				옥수수기름	
III				채종유	
III				참기름	
III				콩기름	
III		불건성유		소기름	
III				돼지기름	
III				고래기름	
III				올리브유	
III				팜유	
III				땅콩기름	
III				피마자유	
III				야자유	

제5류 위험물 - 자기반응성 물질

위험등급	품명	지정수량	위험물 종류	분자식
	질산에스터류		질산메틸	CH_3ONO_2
			질산에틸	$C_2H_5ONO_2$
			나이트로글리세린	$C_3H_5(ONO_2)_3$
			나이트로글리콜	$C_2H_4(ONO_2)_2$
			나이트로셀룰로오스	
			셀룰로이드	
	유기과산화물		과산화벤조일(벤조일퍼옥사이드)	$(C_6H_5CO)_2O_2$
			아세틸퍼옥사이드	
제1종: I	하이드록실아민 하이드록실아민염류	제1종: 10kg		NH_2OH
제2종: II	나이트로화합물	제2종: 100kg	트라이나이트로톨루엔(TNT)	$C_6H_2(NO_2)_3CH_3$
			트라이나이트로페놀(피크린산, TNP)	$C_6H_2(NO_2)_3OH$
			테트릴	
	나이트로소화합물			
	아조화합물			
	다이아조화합물			
	하이드라진유도체			
	그 외		금속의아지화합물	
			질산구아니딘	

제6류 위험물 - 산화성 액체

위험등급	품명	지정수량	위험물 종류	분자식
I	질산	300kg	질산	HNO_3
I	과산화수소	300kg	과산화수소	H_2O_2
I	과염소산	300kg	과염소산	$HClO_4$
I	그 외	300kg	할로젠간화합물	

위험물안전관리법령 개정 용어정리표

* 2025년 1월 7일 위험물안전관리법령 개정사항
  해당 내용을 미리 숙지하시어 시험에 대비하시기 바랍니다.

구분	개정 전	개정 후
위험물	요오드	아이오딘
	브롬산	브로민산
	망간	망가니즈
	중크롬산염류	다이크로뮴산염류
	크롬	크로뮴
	염소화이소시아눌산	염소화아이소사이아누르산
	황화린	황화인
	유황	황
	시안화수소	사이안화수소
	니트로	나이트로
	히드라진	하이드라진
	히드록실	하이드록실
작용기명명법	디	다이
	트리	트라이
	메탄	메테인
	에탄	에테인
	에테르	에터
	에스테르	에스터
	알데히드	알데하이드
할로젠계열	할로겐	할로젠
	할론	하론
	일브롬화일염화이플루오르화메탄	브로모크롤로다이플루오로메테인
	일브롬화삼플루오르화메탄	브로모트라이플루오로메테인
	이브롬화시플루오르화에탄	다이브로모테트리플루오로에테인
위험물안전관리법령	원통종형	원통세로형
	갑종방화문	60분+ 방화문, 60분 방화문
	을종방화문	30분 방화문

※ 실제 시험에서는 병용 또는 병기되거나, 개정된 용어로 쓰일 수 있음

PART 01

합격족보

01 핵심 기초화학
02 연소 및 화재
03 소화 및 소방시설
04 위험물의 종류 및 성질
05 위험물제조소등
06 위험물안전관리법상 행정사항

PART 01 핵심 기초화학

제1장 주기율표와 원소

1. 주기율표 1 ~ 20

1 H 1							4 He 2
7 Li 3	9 Be 4	11 B 5	12 C 6	14 N 7	16 O 8	19 F 9	20 Ne 10
23 Na 11	24 Mg 12	27 Al 13	28 Si 14	31 P 15	32 S 16	35.5 Cl 17	40 Ar 18
39 K 19	40 Ca 20						

2. 원자의 구조

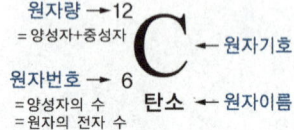

원자량 → 12 = 양성자+중성자
원자번호 → 6 = 양성자의 수 = 원자의 전자 수
C ← 원자기호
탄소 ← 원자이름

3. 주기율표 성질

같은 주기에서 주기율표 오른쪽으로 갈수록 →
- 원자반지름 감소
- 이온화에너지 증가
- 비금속성 증가
- 전기음성도 증가
- 전자친화도 증가

4. 방사선

방사선	특징	붕괴 후
α선	얇은 박막에 의해 아주 쉽게 흡수된다.	원자번호 -2, 질량수 -4
β선	음극선과 유사하고 매우 빠르게 움직인다.	원자번호 +1, 질량수는 변화없다.
γ선	투과력이 매우 강하며 센 자기장에 의해서도 휘어지지 않는다.	질량이 없고, 전하를 띠지 않는다.

제2장 열량, 밀도, 비중

1. 물의 비열   1kcal/kg·℃
   물의 잠열   539kcal/kg
   얼음의 잠열   80kcal/kg

2. pH = -log[H⁺]   [H⁺] 단위 : 몰농도(M)

3. 현열

$$Q = Cm \triangle T$$

- Q : 열량(kcal)
- C : 비열(kcal/kg·℃)
- m : 질량(kg)
- $\triangle T$: 온도의 차(℃) = 나중 온도 - 처음 온도(℃)

4. 잠열

$Q = \lambda m$

- λ : 잠열(kcal/kg)
- m : 질량(kg)

5. 산성산화물 비금속산화물
염기성산화물 금속산화물
양쪽성산화물 알루미늄, 아연 등의 산화물

6. 금속의 반응성(이온화경향)

K(칼륨) > Ca(칼슘) > Na(나트륨) > Mg(마그네슘) > Al(알루미늄) > Zn(아연) > Fe(철) > Ni(니켈) > Sn(주석) > Pb(납) > H(수소) > Cu(구리) > Hg(수은) > Ag(은) > Pt(백금) > Au(금)

7. 패러데이의 법칙

- 1F(패럿) = 96,500C(쿨롱)의 전기량은 1g당량의 원소를 석출한다.
- 1F의 전기량으로 구리 32g = 0.5mol 석출, 물 9g = 0.5mol 분해한다.

8. 화학반응식 미정계수법 숙지

9. 이상기체상태방정식 $PV = \dfrac{w}{M}RT$

제3장 유체역학

1. 레이놀즈 수

$$N_{Re} = \frac{Du\rho}{\mu} = \frac{Du}{\nu}$$

- N_{Re} : 레이놀즈 수
- D : 직경
- u : 유속(m/s, cm/s)
- ρ : 밀도
- μ : 점도
- $v = \dfrac{\mu}{\rho}$: 동점도(m^2/s, cm^2/s)

$$Re = \frac{\rho g h}{\mu} = \frac{관성력}{점성력}$$

2. 유량

$$Q = uA = u\frac{\pi D^2}{4}$$

- Q : 유량(m^3/s)
- u : 유속(m/s)
- A : 단면적(m^2)

$u_1 A_1 = u_2 A_2$

3. 계측장비

- 유량계 : 오리피스미터, 로타미터, 벤츄리미터, 피토튜브
- 압력계 : 마노미터, 피에조미터, 브르돈관 압력계

PART 02 연소 및 화재

제1장 연소

1. 연소의 3요소

- 가연물 : 2, 3, 4, 5류
- 산소공급원 : 1, 5, 6류
- 점화원

정전기방지
접지, 공기이온화, 상대습도 70% 이상

연쇄반응

2. 가연물이 되기 쉬운 조건

발열량	↑	클 것
산소 친화력	↑	클 것
표면적	↑	넓을 것
열전도율	↓	작을 것
활성화에너지	↓	작을 것

3. 고체의 연소

표면연소
목탄, 코크스, 금속, 마그네슘

분해연소
목재, 종이, 석탄, 플라스틱

증발연소
파라핀, 나프탈렌, 황(제4류 위험물 - 액체의 증발연소)

자기연소
제5류 위험물 중 고체(질산에스터류, 나이트로화합물 등)

4. 인화점

점화원이 없을 때 주변의 온도에 의해 불이 붙는 최저 온도

- 가솔린 : 300℃
- 황 : 232.2℃
- 황린 : 34℃
- 이황화탄소 : -30℃
- 산화프로필렌 : -37℃
- 아세트알데하이드 : -38℃
- 다이에틸에터 : -45℃

5. 발화점(착화점)

점화원이 없을 때 주변의 온도에 의해 불이 붙는 최저 온도

- 가솔린 : 300℃
- 황 : 232.2℃
- 황린 : 34℃

6. 연소범위

- 아세톤 : 2 ~ 13%
- 아세틸렌 : 2.5 ~ 81%
- 휘발유 : 1.4 ~ 7.6% $\left(\text{위험도} = \dfrac{H-L}{L}\right)$

7. 자연발화

습도가 높으면 미생물이 발생하여 열로 인해 발생

분해열
셀룰로이드, 나이트로셀룰로오스

산화열
석탄, 건성유

발효열
퇴비, 먼지

흡착열
목탄, 활성탄

중합열
사이안화수소

8. 고온체 온도

522℃	700℃	850℃	950℃	1,100℃	1,300℃	1,500℃
담암적	암적	적색	휘적색 (주황색)	황적색	백색	휘백색

제2장 화재

1. 화재의 종류

A급 화재	일반화재	백색
B급 화재	유류화재	황색
C급 화재	전기화재	청색
D급 화재	금속화재	무색

2. 화재 현상

플래시오버
가연성 기체가 모여있다가 급격하게 연소하는 현상

보일 오버
유류탱크 밑면에 물이 있어 끓어오르며 발생

블레비(BLEVE)
액화가스

3. 연소와 폭발

폭연(연소) 속도
0.1~10m/s

폭굉(폭발) 속도
1,000 ~ 3,500m/s

4. 폭굉유도거리(DID) 짧아지는 조건

- 관지름 작을 때
- 압력이 높을 때
- 점화원에너지가 클 때
- 연소속도 클 때

5. 분진폭발

가볍고 작은 물질이 공기 중에 분산되어 있다가 폭발하는 현상

분진폭발 ○
금속 분말, 곡물(밀가루, 전분 등)

분진폭발 ×
시멘트, 모래, 석회분발

6. 폭발종류

분해폭발
산화에틸렌, 아세틸렌, 하이드라진

중합폭발
사이안화수소, 염화비닐

산화폭발
LPG, LNG

PART 03 소화 및 소방시설

제1장　소화이론 및 소화약제

1. 소화의 종류

연소의 요소	소화 종류	사용약제	소화 형태
가연물	제거하면	제거소화	없음	
산소공급원	제거하면	질식소화	이산화탄소	물리적소화
점화원	제거하면	냉각소화	물	
연쇄반응	제거하면	억제소화	할로겐원소	화학적소화 (부촉매소화)

2. 분말소화약제

구분	주성분	화학식	분해식		적응화재
제1종 분말소화약제	탄산수소나트륨	$NaHCO_3$	270℃	$2NaHCO_3 \rightarrow Na_2CO_3 + CO_2 + H_2O$	BC
			850℃	$2NaHCO_3 \rightarrow Na_2O + 2CO_2 + H_2O$	
제2종 분말소화약제	탄산수소칼륨	$KHCO_3$	$2KHCO_3 \rightarrow K_2CO_3 + CO_2 + H_2O$		BC
제3종 분말소화약제	인산암모늄	$NH_4H_2PO_4$	$NH_4H_2PO_4 \rightarrow$ (1차) $H_3PO_4 + NH_3 \rightarrow$ (2차) $NH_3 + HPO_3 + H_2O$		ABC
제4종 분말소화약제	탄산수소칼륨 + 요소	$KHCO_3+(NH_2)_2CO$	암기 불필요		BC

분말소화설비용 가압용가스 : 질소, 이산화탄소

3. 이산화탄소소화약제

줄톰슨효과, 소화에 필요한 이산화탄소 농도 = $\dfrac{21 - O_2}{21}$

4. 불활성가스소화약제

　　　　　　　　　　$N_2 : Ar : CO_2$
- IG-541　　　　　52 : 40 : 8
- IG-55　　　　　 50 : 50
- IG-100　　　　　100

5. 하론소화약제

하론번호
C, F, Cl, Br, I의 순서로 원소의 개수를 표시

하론번호	분자식	상태
1301	CF_3Br	기체
1211	CF_2ClBr	기체
2402	$C_2F_4Br_2$	액체
1011	CH_2ClBr	액체
104	CCl_4	

6. 물소화약제

- 수소결합을 하여 분자 간 인력이 발생하므로 증발잠열이 크다.
  = 증발시키는 데 필요한 에너지가 크다.
- 비공유전자쌍의 반발력과 수소, 산소 간 전기음성도 차이로 인해 극성을 띤다.
- 가연물의 온도를 낮추는 냉각효과가 주된 소화효과이다.

7. 강화액소화약제

물 + 탄산칼륨(K_2CO_3), pH 12

8. 포소화약제

화학포소화약제

기계포(공기포)소화약제
- 단백포소화약제
- 불화단백포소화약제
- 합성계면활성제계포소화약제
- 수성막포소화약제 : 불소(플루오르)계 계면활성제
- 내알코올포소화약제 : 수용성에서는 거품이 많이 발생하지 않으므로 **수용성 액체, 알코올류 소화용**으로 사용된다.

제2장 소방시설

1. 소요단위

구분	내화구조	비(非) 내화구조
제조소, 취급소	100m^2	50m^2
저장소	150m^2	75m^2
위험물	지정수량×10	

2. 능력단위

소화설비	용량	능력단위
소화전용 물통	8L	0.3
수조 + 물통 3개	80L	1.5
수조 + 물통 6개	190L	2.5
마른 모래	50L	0.5
팽창질석, 팽창진주암	160L	1.0

3. 소화설비의 종류

- 옥내소화전
- 옥외소화전
- 스프링클러
- 물분무등 소화설비
  - 물분무소화설비
  - 미분무소화설비
- 포소화설비
- 이산화탄소소화설비
- 하론 소화설비
- 할로젠화합물 및 불활성기체 소화설비
- 분말소화설비
- 강화액소화설비

4. 옥내소화전

개수(최대 5)×7.8m^3, 350kPa, 260L/min, 비상전원 45분, 호스길이 25m

5. 옥외소화전

개수(최대 4)×13.5m^3, 350kPa, 450L/min, 옥외소화전함 5m

6. 스프링클러소화설비

방사구역 150m^2, 150kPa, 80L/min

7. 경보설비

설치기준
지정수량 10배 이상의 위험물을 저장 또는 취급하는 제조소 등에 설치(이동탱크저장소 제외)

종류
자동화재탐지설비, 비상경보설비(비상벨장치 또는 경종포함), 확성장치(휴대용확성기 포함), 비상방송설비

8. 자동화재탐지설비

500
제조소, 일반취급소 연면적 500m^2, 1층과 2층을 합친 면적 500m^2 이하일 때 1개 설치

600
원칙적으로 600m^2, 경계구역 한 변의 길이는 50m(광전식 분리형감지기 100m) 이하

1,000
내부 전체 볼 수 있을 때

제3장 소화설비의 적응성

1. 전기설비 적응성

포소화설비를 제외한 질식소화 가능
- 무상 소화기(물, 강화액), 물분무 소화설비, 이산화탄소 소화설비, 분말소화설비(탄산수소염류, 인산염류), 할로젠화합물 소화설비, 불활성가스소화설비

2. 위험물 유별, 주의사항, 게시판, 소화방법, 덮개

유별	종류	운반용기 외부의 주의사항	게시판	소화방법	덮개
제1류 위험물	알칼리금속의 과산화물	가연물접촉주의, 화기·충격주의, 물기엄금	물기엄금	주수금지	방수성, 차광성
	그 외	가연물접촉주의, 화기·충격주의	없음	주수소화	차광성
제2류 위험물	철분·금속분·마그네슘	화기주의, 물기엄금	화기주의	주수금지	방수성
	인화성고체	화기엄금	화기엄금	주수소화 질식소화	
	그 외	화기주의	화기주의	주수소화	
제3류 위험물	자연발화성물질	화기엄금, 공기접촉엄금	화기엄금	주수소화	차광성
	금수성물질	물기엄금	물기엄금	주수금지	방수성
제4류 위험물		화기엄금	화기엄금	질식소화	차광성(특수인화물)
제5류 위험물		화기엄금, 충격주의	화기엄금	주수소화	차광성
제6류 위험물		가연물접촉주의	없음	주수소화	차광성

3. 소화방법에 따른 소화설비

주수소화
옥내소화전, 옥외소화전, 스프링클러설비, 물분무소화설비, 인산염류분말소화설비, 포소화설비

주수금지
탄산수소염류 분말소화약제, 마른 모래, 팽창질석, 팽창진주암

질식소화
물분무소화설비, 이산화탄소소화설비, 포소화설비, 분말소화설비, 무상수소화설비, 할로젠화합물소화설비(억제소화)

4. 주의사항 게시판

게시판 크기
한 변의 길이 0.3m 이상, 다른 한 변의 길이 0.6m 이상의 직사각형

종류	바탕색	문자색
위험물제조소등	백색	흑색
위험물	흑색	황색반사도료
주유중엔진정지	황색	흑색
화기엄금, 화기주의	적색	백색
물기엄금	청색	백색

PART 04 위험물의 종류 및 성질

제1장 제1류 위험물 - 산화성 고체

1. 일반적 성질
불연성, 조연성, 강산화제, 조해성, 백색 분말, 비중이 1보다 크다.

2. 염소산
철과 반응하여 부식되므로 철제용기에 보관하지 않고 유리용기에 보관한다.

3. 무기과산화물
- 물과 반응하여 산소 발생
- 이산화탄소와 반응하여 탄산염과 산소 발생
- 산과 반응하여 과산화수소 발생

4. 흑색화약
$KNO_3 + C + S$
 1류   2류

제2장 제2류 위험물 - 가연성 고체

1. 위험물 기준

황
순도 60중량퍼센트 이상인 것. 불순물은 활석 등 불연성 물질과 수분에 한한다.

철분
53마이크로미터의 표준체를 통과하는 것이 50중량퍼센트 이상인 것

금속분
구리, 니켈 제외하고, 150마이크로미터의 표준체를 통과하는 것이 50중량퍼센트 이상인 것

마그네슘
지름 2밀리미터 이상의 막대모양 제외, 2밀리미터의 체를 통과하지 않는 것 제외
= 지름 2밀리미터 미만의 마그네슘은 위험물에 해당한다.

2. 황화인

종류		조해성	CS_2 용해
삼황화인	P_4S_3	X	X
오황화인	P_2S_5	O	O
칠황화인	P_4S_7	O	O

3. 적린과 황린 비교

종류			안정성	화학적활성	물	CS_2
적린	P	2류	O	×	×	×
황린	P_4	3류	×	O	×	O

제3장 제3류 위험물 - 자연발화성 및 금수성 물질

1. 나트륨, 칼륨

물 위에 뜨는 가볍고 무른 금속, 불꽃색은 노란색, 보라색

2. 알킬알루미늄등

저장 시 20kPa 불활성기체 봉입

3. 물과 반응하여 발생하는 기체

- 금속 : 수소(H_2) 발생
- 트라이메틸알루미늄 : 메테인(CH_4) 발생
- 트라이에틸알루미늄 : 에테인(C_2H_6) 발생
- 금속수소화합물 : 수소(H_2) 발생
- 인화칼슘 : 포스핀(PH_3) 발생
- 탄화칼슘 : 아세틸렌(C_2H_2) 발생 - 아세틸렌 연소범위 2.5 ~ 81%
- 탄화알루미늄 : 메테인(CH_4) 발생

4. 물속에 보관

제2류 황, 제3류 황린, 제4류 이황화탄소

제4장 제4류 위험물 - 인화성 액체

1. 일반적 성질

- 비중은 대부분 1보다 작고(물보다 가볍고), 증기비중은 1보다 크다(공기보다 무겁다).
- 전기의 부도체-정전기가 발생할 수 있다.
- 수용성인 물질과 비수용성인 물질이 있다.

2. 이황화탄소

비중이 1보다 커서 주수소화 시 질식효과가 있다.
발화점 100℃

3. 위험물 기준

특수인화물

이황화탄소, 다이에틸에터 그 밖에 1기압에서 발화점이 섭씨 100도 이하인 것 또는 인화점이 섭씨 영하 20도 이하이고 비점이 섭씨 40도 이하인 것을 말한다.

제1석유류

아세톤, 휘발유 그 밖에 1기압에서 인화점 섭씨 21도 미만인 것을 말한다.

제2석유류

등유, 경유 그 밖에 1기압에서 인화점이 섭씨 21도 이상 70도 미만인 것을 말한다.

제3석유류

중유, 클레오소트유 그 밖에 1기압에서 인화점이 70도 이상 200도 미만인 것을 말한다(4중량퍼센트 이하 제외).

제4석유류

기어유, 실린더유 그 밖에 1기압에서 인화점이 200도 이상 250도 미만인 것을 말한다(40중량퍼센트 이하 제외).

알코올류

1분자를 구성하는 탄소원자 수가 1개부터 3개까지인 포화1가 알코올을 말한다.

4. 동식물유류

아이오딘값이 클수록(건성유) 불포화도가 크므로 자연발화 위험성이 커진다.

제5장 제5류 위험물 - 자기반응성 물질

1. 일반적 성질

- 분자 자체가 가연물 + 산소공급원 역할을 한다.
- 유기화합물

2. 물질의 상태

품명	위험물	상태
질산에스터류	질산메틸 질산에틸 나이트로글리콜 나이트로글리세린	액체
나이트로화합물	나이트로셀룰로오스 셀룰로이드 트라이나이트로톨루엔 트라이나이트로페놀 다이나이트로벤젠 테트릴	고체

3. 다이너마이트

나이트로글리세린(제5류) + 규조토

- 나이트로글리세린은 겨울철 동결 우려가 있어 나이트로글리콜 대체 가능

제6장 제6류 위험물 - 산화성 액체

1. 일반적 성질

- 불연성, 조연성, 강산화제, 액체, 비중이 1보다 크다.
- 모두 지정수량 300kg, 위험등급 I

2. 위험물 기준

- 질산 : 비중 1.49 이상
- 과산화수소 : 36중량퍼센트 이상

3. 제6류 위험물

과산화수소

$$2H_2O_2 \rightarrow 2H_2O + O_2$$
과산화수소 수증기 산소

- 분해 방지 안정제 : 인산, 요산
- 분해되어 발생하는 기체인 수증기, 산소는 독성이 없으므로 구멍 뚫린 마개로 닫아 용기 내 압력 상승을 방지한다.
- 수용성 물질이므로 알코올에 녹고, 에터에도 녹는다.

4. 질산의 분해반응식

$$4HNO_3 \rightarrow 4NO_2 + 2H_2O + O_2$$
질산 이산화질소 수증기 산소

- 분해되어 발생하는 NO_2는 갈색 연기를 띠는 독성 가스이다.

PART 05 위험물제조소등

제1장 위험물 제조소

1. 제조소등

종류	제조소	저장소	취급소
종류	1가지	8가지	4가지
명칭	위험물제조소	옥내저장소	주유취급소
		옥외저장소	판매취급소
		옥내탱크저장소	이송취급소
		옥외탱크저장소	일반취급소
		이동탱크저장소	
		지하탱크저장소	
		간이탱크저장소	
		암반탱크저장소	

2. 위험물 제조소

안전거리

구분	안전거리
7,000V 초과 35,000V 이하의 특고압가공전선	3m 이상
35,000V 초과의 특고압가공전선	5m 이상
주택	10m 이상
가스 저장·취급 시설	20m 이상
학교, 병원, 극장 등 사람이 많이 모이는 시설	30m 이상
문화재	50m 이상

보유공지

위험물의 최대수량	공지의 너비
지정수량의 10배 이하	3m 이상
지정수량의 10배 초과	5m 이상

환기설비
150m^{2}마다 1개, 급기구 크기 800cm^2 이상

배출설비
배출능력 1시간당 배출장소 용적×20

방유제
- 탱크 1기 : 탱크용량×0.5(50%)
- 탱크 2기 이상 : 최대 탱크 용량×0.5(50%) + 나머지 탱크 용량×0.1(10%)

제2장 위험물 저장소

1. 옥내저장소

탱크 상호 간 거리 : 0.5m

저장 또는 취급하는 위험물의 최대수량	공지의 너비	
	벽·기둥 및 바닥이 내화구조로 된 건축물	그 밖의 건축물
지정수량의 5배 이하	-	0.5m 이상
지정수량의 5배 초과 10배 이하	1m 이상	1.5m 이상
지정수량의 10배 초과 20배 이하	2m 이상	3m 이상
지정수량의 20배 초과 50배 이하	3m 이상	5m 이상
지정수량의 50배 초과 200배 이하	5m 이상	10m 이상
지정수량의 200배 초과	10m 이상	15m 이상

바닥면적
- 위험등급Ⅰ(제4류 위험물의 경우 Ⅰ, Ⅱ) : 1,000m^2
- 위험등급Ⅱ, Ⅲ(제4류 위험물의 경우 Ⅲ) : 2,000m^2
- 1,000m^{2}와 2,000m^{2}가 혼합된 경우 : 1,500m^2

벽·기둥·바닥
내화구조, 보·서까래 : 불연재료

지정과산화물
- 제5류 위험물 중 유기과산화물
- 150m² 마다 격벽 : 30cm 철골(철근)콘크리트조, 40cm 보강콘크리트조
- 출입구 60분+ 방화문, 60분 방화문
- 창문 2m 이상

연소의 우려가 있는 외벽
- 3m(2층 이상 5m)
- 제조소 부지 경계선
- 제조소등 도로 중심선
- 제조소 외벽과 다른 건물 외벽 중심선

2. 옥외저장소

위험물의 최대수량	공지의 너비
지정수량의 10배 이하	3m 이상
지정수량의 10배 초과	5m 이상

덩어리 황
- 경계표시 면적(1개) : 100m² 이하
- 경계표시 면적(전체) : 1,000m² 이하
- 경계표시 높이 : 1.5m 이하

저장할 수 있는 위험물
- 제2류 황, 인화성고체
- 제4류 1석유류(인화점 0도 이상), 알코올류, 2석유류, 3석유류, 4석유류, 동식물유류
- 제6류

3. 옥내탱크저장소

탱크 상호 간, 탱크와 벽 사이 거리
- 0.5m 이상

용량
- 1층 : 지정수량 40배 이하(제4석유류 및 동식물유류 외의 제4류 위험물의 지정수량 40배를 한 값이 20,000L를 초과할 때 20,000L)
- 2층 이상 : 지정수량 10배 이하(제4석유류 및 동식물유류 외의 제4류 위험물의 지정수량 10배를 한 값이 5,000L를 초과할 때 5,000L)

탱크전용실을 건축물의 1층 또는 지하층에 설치하여야 하는 경우
- 제2류 중 황화인·적린·황
- 제3류 중 황린
- 제6류 중 질산

4. 옥외탱크저장소

보유공지

위험물 최대수량	공지의 너비
지정수량 500배 이하	3m 이상
지정수량 500배 초과 1,000배 이하	5m 이상
지정수량 1,000배 초과 2,000배 이하	9m 이상
지정수량 2,000배 초과 3,000배 이하	12m 이상
지정수량 3,000배 초과 4,000배 이하	15m 이상
지정수량 4,000배 초과	본문 참고

제6류 위험물 저장

보유공지 $\times \frac{1}{3}$ (단, 최소너비 1.5m 이상)

제6류 위험물 2개 이상 저장

보유공지 $\times \frac{1}{3} \times \frac{1}{3}$ (단, 최소너비 1.5m 이상)

통기관
- 밸브 없는 통기관 : 지름 30mm 이상, 45도 각도로 구부려 가는 눈의 인화방지망 설치
- 대기부착 밸브통기관 : 5kPa 이하의 압력차이로 작동

방유제
- 용량 : 최대 탱크×1.1(제6류 위험물을 저장하는 경우 최대 탱크×1.0)
- 높이 : 0.5 ~ 3m, 두께 : 0.2m, 면적 80,000m² 이하, 계단 50m마다, 탱크 수 10기 이하

5. 지하탱크저장소

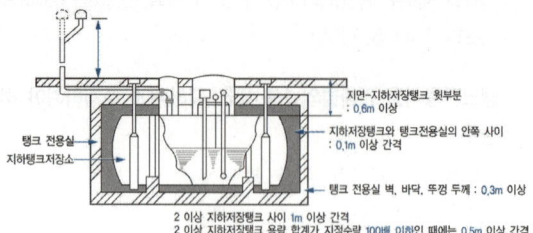

6. 이동탱크저장소

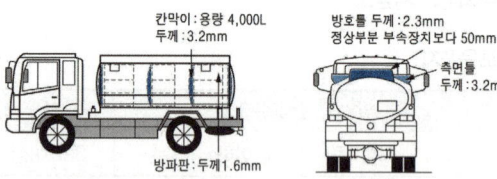

탱크색상

1류	2류	3류	4류	5류	6류
회색	적색	청색	적색	황색	청색

7. 간이탱크저장소

용량 600L, 두께 3.2mm, 70kPa로 10분 수압시험, 3개 이하

제3장 위험물 취급소

1. 주유취급소

주유공지
너비 15m 이상, 길이 6m 이상

주유기 토출량
제1석유류 50L, 경유 180L, 등유 80L, 이동탱크용 300L

허가시설
주거시설, 휴게음식점, 전시장

2. 판매취급소

제1종 판매취급소
지정수량 20배 이하

제2종 판매취급소
지정수량 40배 이하

배합실
바닥면적 6 ~ 15m², 내화구조 또는 불연재료 벽, 자동폐쇄식 60분+ 방화문, 60분 방화문의 출입문, 문턱 0.1m 이상

3. 이송취급소

이송기지에 설치하여야 하는 경보설비
비상벨장치, 확성장치

제4장 제조소등에서의 위험물 저장 및 취급

위험물의 종류		옥외저장탱크, 옥내저장탱크, 지하저장탱크		이동저장탱크	
		압력탱크외	압력탱크	보냉장치×	보냉장치
아세트알데하이드등	아세트알데하이드	15℃ 이하	40℃ 이하	비점 이하	
	산화프로필렌	30℃ 이하			
다이에틸에터등		30℃ 이하			

PART 06 위험물안전관리법상 행정사항

제1장 위험물안전관리법

1. 위험물안전관리법 적용제외

항공기, 선박, 철도, 궤도로 운송하는 경우

2. 예방규정

- 지정수량 10배 제조소, 일반취급소
- 지정수량 100배 옥외저장소
- 지정수량 150배 옥내저장소
- 지정수량 200배 옥외탱크저장소
- 암반탱크저장소
- 이송취급소

3. 정기점검

연 1회 이상
- 예방규정을 정하여야 하는 제조소등
- 지하탱크저장소
- 이동탱크저장소

4. 탱크의 내용적

옆면이 타원형인 양쪽 볼록한 횡형 탱크	옆면이 타원형인 한쪽 볼록한 횡형 탱크
$V = \pi \dfrac{ab}{4}\left(l + \dfrac{l_1 + l_2}{3}\right)$	$V = \pi \dfrac{ab}{4}\left(l + \dfrac{l_1 - l_2}{3}\right)$
옆면이 원형인 양쪽 볼록한 횡형 탱크	밑면이 원형인 종형 탱크
$V = \pi r^2 \left(l + \dfrac{l_1 + l_2}{3}\right)$	$V = \pi r^2 l$

5. 공간용적

탱크 내용적의 100분의 5 이상 100분의 10 이하

소화설비 설치 탱크

소화설비 소화약제방출구 아래의 0.3m 이상 1m 미만 사이의 면으로부터 윗부분의 용적

암반탱크

탱크 내에 용출하는 7일간의 지하수의 양에 상당하는 용적과 탱크의 내용적의 100분의 1의 용적 중에서 큰 용적

6. 자체소방대

- 제조소 또는 일반취급소에서 취급하는 제4류 위험물의 최대수량의 합이 지정수량의 3천배 이상
- 옥외탱크저장소에 저장하는 제4류 위험물의 최대수량이 지정수량의 50만배 이상

사업소의 구분	화학 소방 자동차	자체소방 대원의 수
제조소 또는 일반취급소에서 취급하는 제4류 위험물의 최대수량의 합이 지정수량의 3천배 이상 12만배 미만인 사업소	1대	5인
제조소 또는 일반취급소에서 취급하는 제4류 위험물의 최대수량의 합이 지정수량의 12만배 이상 24만배 미만인 사업소	2대	10인
제조소 또는 일반취급소에서 취급하는 제4류 위험물의 최대수량의 합이 지정수량의 24만배 이상 48만배 미만인 사업소	3대	15인
제조소 또는 일반취급소에서 취급하는 제4류 위험물의 최대수량의 합이 지정수량의 48만배 이상인 사업소	4대	20인
옥외탱크저장소에 저장하는 제4류 위험물의 최대수량이 지정수량의 50만배 이상인 사업소	2대	10인

제2장 위험물 운반

1. 위험물의 혼재기준

지정수량 $\frac{1}{10}$ 초과일 때 : 423 524 61

1m 이상 간격을 두었을 때 옥내저장소에 저장

- 제1류 위험물(알칼리금속의 과산화물 또는 이를 함유한 것 제외)과 제5류 위험물
- 제1류 위험물과 제6류 위험물
- 제1류 위험물과 제3류 위험물 중 자연발화성 물질(황린 또는 이를 함유한 것)
- 제2류 위험물 중 인화성고체와 제4류 위험물
- 제3류 위험물 중 알킬알루미늄등과 제4류 위험물(알킬알루미늄 또는 알킬리튬을 함유한 것)
- 제4류 위험물 중 유기과산화물 또는 이를 함유한 것과 제5류 위험물 중 유기과산화물 또는 이를 함유한 것

2. 위험물 저장 높이(옥내저장소)

6m
기계에 의하여 하역하는 구조로 된 용기만을 겹쳐 쌓는 경우

4m
제4류 위험물 중 제3석유류, 제4석유류 및 동식물유류를 수납하는 용기만을 겹쳐 쌓는 경우

3m
- 그 밖의 경우
- 옥외저장소에서 위험물을 수납한 용기를 선반에 저장하는 경우에는 6m를 초과하여 저장하지 아니하여야 한다.

3. 수납율

고체위험물
95% 이하

액체위험물
98% 이하, 55℃ 온도에서 충분한 공간용적 유지하도록 할 것

알킬알루미늄등
90% 이하, 50℃ 온도에서 공간용적 5%

제3장 위험물 운송 관련 법규

1. 선임·해임

해임 후 30일 이내에 선임, 선임 후 14일 이내 신고

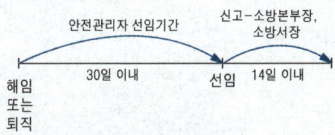

2. 감독지원을 받아야 하는 위험물

알킬리튬, 알킬알루미늄

3. 위험물안전카드 휴대

모든 위험물. 단, 제4류 위험물 중 특수인화물, 제1석유류

4. 운전자 2명

고속국도 340km, 그 외 도로 200km
- 2류, 제3류 중 칼슘 알루미늄 탄화물, 제4류(특수인화물 제외)위험물 운송 시 예외, 2시간마다 20분 휴식하는 경우 제외

5. 안전교육대상자

안전관리자, 탱크시험자, 위험물운송자, 위험물운반자

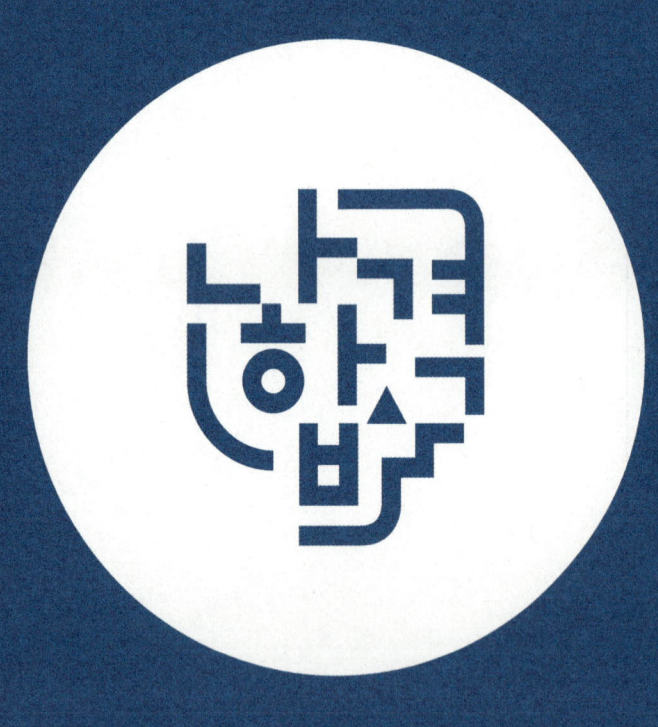

PART 02

핵심 기초화학

01 주기율표와 원소
02 명명법과 작용기
03 열량, 밀도, 비중
04 화학반응식
05 이상기체상태방정식
06 유체역학

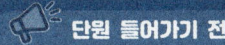 **단원 들어가기 전**

기초가 되는 화학이론을 익히는 단원이지만, 실기 시험에서 90~100% 출제되는 화학반응식 및 이상기체상태방정식을 다루고 있습니다. 점차 복잡해지는 화학반응을 이용한 문제들이 출제되므로 반드시 숙달하도록 합시다.

CHAPTER 01

주기율표와 원소

KEYWORD 알칼리금속, 할로젠원소, 원자량, 분자량

01 주기율표

1. 주기율표

주기율표의 의미

원자량 → 12
원자번호 → 6 C ← 원자기호
탄소 ← 원자이름

알칼리금속(1족, 수소 제외)
물과 격렬하게 반응하여 알칼리성 물질인 수산화금속과 수소를 발생하는 원소이다.

알칼리토금속(2족)
알칼리금속보다는 덜 격렬하게 반응하지만 물과 반응하여 수소를 발생한다.

할로젠원소(17족)
비금속 중 반응성이 가장 큰 물질이다.

족
주기율표의 세로줄을 족이라고 부르며 같은 족은 원자가 전자수가 같기 때문에 같은 화학적 특성을 가진다.

주기
주기율표의 가로줄을 주기라고 부르며 같은 주기는 같은 수의 전자껍질을 갖는다.

비활성기체(18족, 0족)

최외각전자가 최대로 존재하여 가장 안정한 상태의 원소들로 다른 물질과 반응하지 않아 불활성기체라고 한다.

2. 원자

2-1 원자의 구조

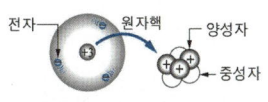
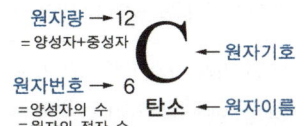

원자는 핵과 전자로 이루어져 있는데, 핵은 양성자와 중성자로 구성되어 있고 이들의 합으로 원자의 질량이 결정된다. 전자는 핵 주위를 회전하며, 질량이 매우 작아 무시된다.

원자	원자번호	질량수	전자수	양성자 수	중성자 수
Mg	12	24	12	12	12
K					
Al					

원자상태에서 전자는 양성자의 수와 동일한 개수로 존재하여 +도, −도 아닌 중성 상태를 유지하지만, 전자의 이동으로 인하여 원자의 전자수는 변할 수 있는데 이를 **이온화**라 한다.

2-2 전자배치

1주기	H							He
2주기	Li	Be	B	C	N	O	F	Ne
3주기	Na	Mg	Al	Si	P	S	Cl	Ar
4주기	K	Ca						

- 1주기 원소는 전자껍질 1개, 2주기 원소는 전자껍질 2개이다.

∴ 주기 = 전자껍질 개수

전자껍질을 K, L, M... 순서로 나타내기도 한다.

옥텟규칙

첫 번째 전자껍질에는 전자가 2개까지 채워질 수 있고, 나머지 전자껍질에는 전자가 8개까지 채워진다. 전자가 8개 배치될 때 원자 에너지가 가장 안정하기 때문이다.

이온화

옥텟규칙을 만족하는 방향으로 전자가 추가되거나 떨어진다.

원자	이온	이유
Na 2)8)1) →	Na$^+$ 2)8)	• 전자 1개가 떨어지면 가장 바깥전자가 8개가 된다. • 양성자의 수 11, 전자수 10이므로 (+)가 더 많아 (+)가 된다.
Cl 2)8)7) →	Cl$^-$ 2)8)8)	• 전자 1개가 추가되면 가장 바깥전자가 8개가 된다. • 양성자의 수 17, 전자수 18이므로 (−)가 더 많아 (−)가 된다.

오비탈

전자의 분포를 나타내는 확률함수

오비탈	s	p	d	f
오비탈 수	1	3	5	7
	□	□□□	□□□□□	□□□□□□□
최대전자 수	2	6	10	14

1개 오비탈에는 전자가 2개 배치될 수 있다.

• 에너지 준위에 따라 다음 순서대로 전자가 배치된다. 오비탈 앞의 숫자는 전자껍질을 의미한다.

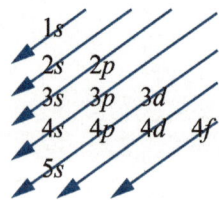

전자배치		오비탈
Na 2)8)1)	→	Na $1s^2 2s^2 2p^6 3s^1$
Cl 2)8)7)	→	Cl $1s^2 2s^2 2p^6 3s^2 3p^5$

2-3 주기율표 성질

같은 주기에서 주기율표의 오른쪽으로 갈수록 → 원자 반지름 감소
이온화 에너지 증가
비금속성 증가
전기 음성도 증가
전자 친화도 증가

원자 반지름
핵의 양성자 수가 증가하며 중심에서 전자를 끌어당기는 인력이 증가하므로 반지름이 작아진다.

이온화 에너지
전자가 1개 떨어져 나올 때마다 필요한 에너지이며, 핵에서의 인력이 증가하므로 전자가 중심으로 모이려고 하기 때문에 전자를 떨어뜨릴 때의 에너지는 증가한다.

비금속성
전자를 받아들여 음이온으로 되고자 하는 성질이며, 주기율표의 오른쪽으로 갈수록 비금속성이 커진다.

전기 음성도
원자 간 결합할 때 전자를 끌어당기는 정도이며, 주기율표의 오른쪽 위로 갈수록 전기 음성도가 커지는 경향을 보인다.

전자 친화도
주기율표의 오른쪽으로 갈수록 옥텟규칙을 만족하기 위해 전자를 받아들이는 것이 유리하므로 전자 친화도가 크다.

같은 족에서 왼쪽 위로 갈수록 이온화 에너지가 크다
→ 비점이 높아짐

02 원자량과 분자량 ★★★

1. 원자량

1~20번 원자의 원자량을 구하는 방법은 다음과 같다.

- 원자번호가 홀수일 때 : 원자번호×2+1
- 원자번호가 짝수일 때 : 원자번호×2

위 방법이 맞지 않는 예외 원소는 5가지이며 원자량은 다음과 같다.

H(수소)	Be(베릴륨)	N(질소)	Cl(염소)	Ar(아르곤)
1	9	14	35.5	40

원자량은 탄소 12를 기준으로 양을 비교한 값이므로 단위가 없다. 단, 물질 1mol이 있을 때 g을 붙인다.

- 탄소(C)는 6번 원소이다. 원자번호가 짝수이므로 원자량을 구하기 위해서 원자번호×2를 하면 6×2 = 12이다.
- 나트륨(Na)은 11번 원소이다.
- 원자번호가 홀수이므로 원자량을 구하기 위해 원자번호×2+1을 하면 11×2+1 = 23이다.

2. 분자량

분자

원자 간 결합으로 생성된 물질의 최소 단위

분자량

분자의 질량, 원자량의 합

예) HNO_3(질산)은 H 1개, N 1개, O 3개가 결합하여 생성된 새로운 물질이다.
질산의 분자량은 질산을 구성하는 원자의 원자량 합으로 구한다.
$HNO_3 = H+N+O \times 3 = 1+14+16 \times 3 = 63$

평균 원자량
평균 원자량 = Σ 원자량×비율

개념잡기

질산이 공기 중에서 분해되어 발생하는 유독한 갈색 증기의 분자량은?

① 16 ② 40
③ 46 ④ 71

$4HNO_3 \rightarrow 2H_2O + 4NO_2 + O_2$
  질산   물   이산화질소 산소
$NO_2 = 14+16 \times 2 = 46$

정답 : ③

03 몰

1. 몰

$$1\text{mol} = 6.02 \times 10^{23} \text{개}$$

분자량에 g을 붙이면 1mol의 질량을 의미한다.

$$\text{몰(mol)} = \frac{\text{질량(g)}}{\text{분자량(g/mol)}}$$

예) 물(H_2O) 1몰 = H_2O 분자 6.02×10^{23}개
       = H 원자 $2 \times 6.02 \times 10^{23}$개
       = O 원자 6.02×10^{23}개

아보가드로의 수
물질 1몰이 6.02×10^{23}개라는 것을 밝힌 아보가드로의 이름을 따 6.02×10^{23}개를 아보가드로의 수라고 한다.

아보가드로의 법칙
같은 온도와 압력하에서 모든 기체는 같은 부피 속에 같은 수의 분자가 있다. 표준상태(0℃, 1기압)에서 기체 1mol은 22.4L이다.

1-1 실험식

총 질량의 비 = 원자량×개수의 비

1-2 화학반응식에서 몰 관계

화학반응식의 계수 비는 분자 간 몰수 비를 의미한다.

$$\text{몰수 비} = \text{부피 비} \neq \text{질량 비}$$

몰수 비와 질량 비는 일치하지 않으므로 몰(mol) = $\frac{\text{질량(g)}}{\text{분자량(g/mol)}}$ 식을 이용해 분자량을 몰수로 환산하여 계산한다.

화학반응식 미정계수법
화학반응식을 완성하는 방법은 PART1 Chapter4를 참고하세요.

2. 화학평형

2-1 화학평형

가역반응에서 정반응과 역반응이 같은 속도로 일어나 겉으로 보기에 반응이 일어나지 않는 것처럼 보이는 상태이다.

$$aA + bB \rightleftarrows cC + dD$$

평형상태일 때 식을 다음과 같이 나타내면 항상 일정한 값을 가진다. 이때 k를 평형상수라 한다.

$$k = \frac{[C]^c[D]^d}{[A]^a[B]^b}$$

평형상수는 온도에 의해서만 변한다. 즉, 같은 온도에서는 평형상수가 항상 일정하다.

2-2 화학평형의 이동

르 샤틀리에 법칙
외부의 조건 변화에 대하여 반대로 화학반응이 진행된다.

- 온도 증가 시 : 온도 낮추는 쪽으로 반응 진행
- 온도 감소 시 : 온도 높이는 쪽으로 반응 진행
- 압력 증가 시 : 압력 낮추는 쪽(전체 몰수 작은 쪽)으로 반응 진행
- 압력 감소 시 : 압력 높이는 쪽(전체 몰수 큰 쪽)으로 반응 진행

2-3 반응속도

화학반응의 반응속도는 물질의 농도의 곱에 비례한다.

$$v = k[A]^a[B]^b$$

그레이엄의 법칙
온도, 압력이 일정할 때 분자 이동속도는 분자량의 제곱근에 반비례한다.

$$v_1 : v_2 = \sqrt{\frac{3kT_1}{M_1}} : \sqrt{\frac{3kT_2}{M_2}} = \sqrt{\frac{1}{M_1}} : \sqrt{\frac{1}{M_2}}$$

반응속도
분자 간 접촉이 많을수록 반응속도는 빨라진다.
- 온도가 높을수록
- 반응물의 농도가 높을수록
- 반응물의 표면적이 클수록
- 정촉매 작용할수록

CHAPTER 02

명명법과 작용기

KEYWORD 탄화수소, 작용기

01 명명법

1. 이성분 화합물(이원자분자)

뒤의 원소 끝에 '~화'를 붙인 다음, 앞의 원소 이름을 붙인다.
단, 수소를 제외하고 '-소'로 끝나는 경우에는 '-소'를 생략한다.

Na	H		NaH
나트륨	수소	⇨	수소화나트륨

Ca	C_2		CaC_2
칼슘	탄소	⇨	탄(소)화칼슘

2개 이상의 원소가 화합물을 형성하는 경우에는 원자의 수를 붙여준다.

P_4	S_3		P_4S_3
인	황	⇨	삼황화인

2. 다원자 이온 결합화합물

이온	이름	이온	이름
NH_4^+	암모늄 이온	MnO_4^-	과망가니즈산 이온
NO_3^-	질산 이온	ClO_4^-	과염소산 이온
NO_2^-	아질산 이온	ClO_3^-	염소산 이온

저자 어드바이스

위험물의 명칭을 좀 더 쉽게 받아들이기 위해서는 단순한 암기보다 원리를 이해하는 것이 좋다.

이성분 화합물
2가지 종류의 원소가 결합하여 만들어진 화합물이다.

이온	이름	이온	이름
SO_4^{2-}	황산 이온	ClO_2^-	아염소산 이온
PO_4^{3-}	인산 이온	CrO_4^{2-}	크로뮴산 이온
CO_3^{2-}	탄산 이온	$Cr_2O_7^{2-}$	다이크로뮴산 이온
OH^-	수산화 이온	HCO_3^-	탄산수소 이온
CN^-	사이안화 이온	CH_3COO^-	아세트산 이온

- 화학식은 양이온을 먼저, 음이온을 나중에 쓴다.
- 양이온의 전하량과 음이온의 전하량의 합이 0이 되도록 맞춘다.
- 읽을 때에는 음이온을 먼저 읽고, 양이온은 나중에 읽는다.
  - $NaClO_4 = Na^+ + ClO_4^-$ = 나트륨이온 + 과염소산이온 = 과염소산나트륨
  - $CH_3COOH = CH_3COO^- + H^+$ = 아세트산이온 + 수소이온(산) = 아세트산

02 작용기

1. 탄화수소

지방족 탄화수소		방향족 탄화수소
알칸 (alkane, 알케인)	C_nH_{2n+2} 탄소 간 단일결합을 가진다.	 벤젠고리를 가지는 향기가 나는 탄화수소
알켄 (alkene)	C_nH_{2n} 탄소 간 이중결합을 가진다.	
알킨 (alkyne, 알카인)	C_nH_{2n-2} 탄소 간 삼중결합을 가진다.	
알킬 (alkyl)	C_nH_{2n+1} 알칸에 비해 수소 하나가 적은 형태이다.	

용어 정리

알킨
아세틸렌계열 탄화수소라고도 한다.

저자 어드바이스

IUPAC 명명법
가지달린 화합물은 가장 긴 사슬을 기본명으로 하고, 가지의 위치가 작은 번호가 되도록 탄소 원자에 숫자를 붙여서 결합위치-수-명칭-기본명으로 부른다.
예 $CH_3-CHCl-CH_3$
  : 2-chloropropane

탄소수에 따른 명칭

탄소수	1	2	3	4	5	6	7	8	9	10
명칭	메타	에타	프로파	부타	펜타	헥사	헵타	옥타	노나	데카

탄소수	이름	알칸		알킬		알켄		알킨	
1	메타	CH_4	메테인	CH_3	메틸				
2	에타	C_2H_6	에테인	C_2H_5	에틸	C_2H_4	에텐		
3	프로파	C_3H_8	프로판	C_3H_7	프로필	C_3H_6	프로펜	C_3H_4	프로핀
4	부타	C_4H_{10}	부탄	C_4H_9	부틸	C_4H_8	부텐	C_4H_6	부틴
5	펜타	C_5H_{12}	펜탄	생략		C_5H_{10}	펜텐		
6	헥사	C_6H_{14}	헥산			C_6H_{12}	헥센		

분자가 1개일 때 모노, 2개일 때 다이, 3개일 때 트라이를 붙인다.
- $(C_2H_5)_3Al$ = 3개 + 에틸(C_2H_5, 알킬기) + 알루미늄 = 트라이에틸알루미늄

2. 작용기

작용기	이름	일반식	이름	예
-OH	하이드록시기	R-OH	알코올	메틸알코올, 에틸알코올
-O-	에터기	R-O-R'	에터	다이에틸에터
-CHO	포름기	R-CHO	알데하이드	아세트아이드
-CO-	카르보닐기	R-CO-R'	케톤	아세톤, 메틸에틸케톤
-COOH	카르복시기	R-COOH	카르복시산	포름산, 아세트산
-COO-	에스터기	R-COO-R'	에스터	포름산메틸, 아세트산에틸

예를 들어, CH_3OH : CH_3 + OH = 메틸 + 알코올 = 메틸알코올이다.

용어정리

분자식
분자를 구성하는 원소를 원소기호와 숫자로 나타낸 것

구조식
원자 간 결합구조를 표현한 것

시성식
분자의 특성을 알 수 있도록 작용기를 써서 나타낸 것

예

분자 이름	벤젠
분자식	C_6H_6
구조식	

분자 이름	아세트산
분자식	$C_2H_4O_2$
시성식	CH_3COOH 작용기 카르복시기 (-COOH)를 쓴다.

03 화학결합

1. 화학결합의 종류

결합의 종류	결합 원자
공유결합	비금속 + 비금속
이온결합	금속 + 비금속
금속결합	금속 + 금속 (자유전자의 이동으로 생기는 결합)

배위결합

비공유 전자쌍을 가지는 분자나 이온이 전자쌍을 제공하는 결합

$$H-\underset{H}{\overset{H}{N}}: \ + \ H^+ \ \longrightarrow \ \left[H-\underset{H}{\overset{H}{N}}-H \right]^+$$

　　암모니아　수소 이온　　　암모늄 이온

수소결합

- H와 F, O, N이 결합한 분자에서 상호 간에 생기는 인력이다.
- 물분자의 경우 수소결합으로 인해 얼음상태에서 육각형의 형태 배열이 되며 밀도가 낮아져 물위에 뜬다.
- 수소결합으로 인해 분자 간 인력이 상승 → 기화열 상승, 끓는점 상승 등

반데르발스결합

비극성-비극성 분자 간 인력

화학 결합 세기
공유결합 > 수소결합 > 반데르발스결합

2. 극성

2-1 분자의 구조

sp	sp^2	sp^3
-----	△	◇
직선	평면삼각형	정사면체
2방향 결합	3방향으로 결합	4방향 결합, 비공유 전자쌍 1쌍과 3방향 결합

2-2 결합의 극성

- 극성 : 쌍극자모멘트 합이 0이 아닐 때
- 비극성 : 쌍극자모멘트 합이 0일 때

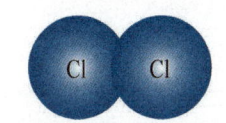

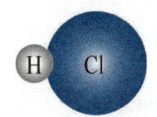

같은 원자이므로 당기는 힘이 서로 상쇄되어 비극성	전기 음성도는 주기율표 오른쪽에 있는 원자일수록 크다. 즉, H보다 Cl의 전기 음성도(전자쌍을 당기는 힘)가 크므로 한쪽으로 힘이 치우치는 극성

저자 어드바이스

쌍극자모멘트
- 서로 잡아당기는 힘의 합이다.
- 좌우로 같은 힘으로 잡아당기면 서로 힘이 상쇄되어 이동하지 않지만(비극성), 한쪽이 더 큰 힘으로 잡아당기면 힘이 센쪽으로 이동하게 된다(극성).

3. 이성질체

분자를 구성하는 원소의 종류와 개수는 같지만 결합한 형태가 다른 것

구조 이성질체

분자식은 같지만 결합한 구조가 다른 이성질체

기하 이성질체

이중결합을 중심으로 분자 내의 같은 원자단의 상대적인 위치 차이가 있는 이성질체

구조 이성질체 - 헥산

C-C-C-C-C-C

```
    C              C
    |              |
C-C-C-C-C      C-C-C-C-C
    |              |
    C              C
C-C-C-C        C-C-C-C
    |              |
    C              C
```

기하 이성질체

```
  H     H        H   H      Cl  H         H   Cl
   C=C             C=C          C=C            C=C
  Cl    Cl       Cl   Cl      H   Cl         Cl    H
```

4. 고분자

4-1 열가소성, 열경화성

열가소성수지

열을 가하면 부드러워지고 식으면 딱딱해진다.
예) 폴리염화비닐(PVC) 수지, 폴리에틸렌(PE) 수지 등

열경화성수지

열을 가해도 부드러워지지 않고 딱딱한 상태가 유지된다.
예) 페놀수지, 멜라민수지, 요소수지 등

4-2 첨가중합, 축합중합

첨가중합

첨가반응이란 불포화결합(이중결합 또는 삼중결합)에 다른 원자나 원자단이 추가되는 것. 에틸렌의 할로젠원소 첨가반응이 대표적이다.

$$n CH_2 = CH\!-\!Cl \xrightarrow{\text{첨가 중합}} {-\!\!\left[CH_2-CH(Cl)\right]\!\!-}_n$$

염화비닐 → 폴리염화비닐(pvc)

축합중합

단위체에 -COOH, -OH 등의 작용기가 두 개씩 있는 분자들이 새로운 물질을 생성하며 결합하는 축합반응이 거듭되어 거대한 고분자를 형성하는 것

$$H_2N-(CH_2)_6-NH_2 \;+\; HO-\underset{\parallel}{\overset{O}{C}}-(CH_2)_4-\underset{\parallel}{\overset{O}{C}}-OH$$

Hexamethylenediamine + adipic acid

$$\longrightarrow H{-}\!\!\left[N H {-}(CH_2)_6{-}N H{-}\overset{O}{\underset{\parallel}{C}}{-}(CH_2)_4{-}\overset{O}{\underset{\parallel}{C}}\right]_n\!\!{-}OH + H_2O$$

Nylon66

04 화학반응 유형 ★★★

나이트로화 반응
질산과 황산의 혼산하에 반응

페놀
톨루엔
글리세린   + 3HNO$_3$ $\xrightarrow{H_2SO_4}$ 트라이나이트로페놀
에틸렌글리콜   트라이나이트로톨루엔
셀룰로오스   나이트로글리세린   + 3H$_2$O
                                                     나이트로글리콜
                                                     나이트로셀룰로오스

술폰화 반응
황산과 반응시키는 것

아이오딘화 반응
아이오딘과 반응시키는 것

할로젠화 반응
할로젠원소를 치환시키는 것

비누화반응
유지의 에스터기(-COO-)가 가수분해하여 카르복시기(-COOH)와 알코올(-OH)이 되는 것이다.

$$RCOOR' + H_2O \rightarrow RCOOH + R'OH$$

비누화 값
- 유지 1g이 완전히 비누화하는데 필요한 KOH의 양이다.
- 분자량이 크고 고급지방산의 에스터일수록 비누화 값이 작다.
  = 비누화하기 위해 필요한 KOH의 양이 적다.

아이오딘포름 반응 ★★★
아세틸기(CH$_3$CO$^-$) + 수산화알칼리 + 아이오딘 반응하여 노란색 침전을 형성하는 것
아세톤, 메틸에틸케톤, 아세트알데하이드, 1차 알코올 중 **에탄올**, **2차 알코올**은 KOH와 I$_2$와 반응하여 노란색 침전을 형성한다.

큐멘공정

벤젠과 프로필렌을 원료로 하여 큐멘법으로 페놀과 아세톤을 제조

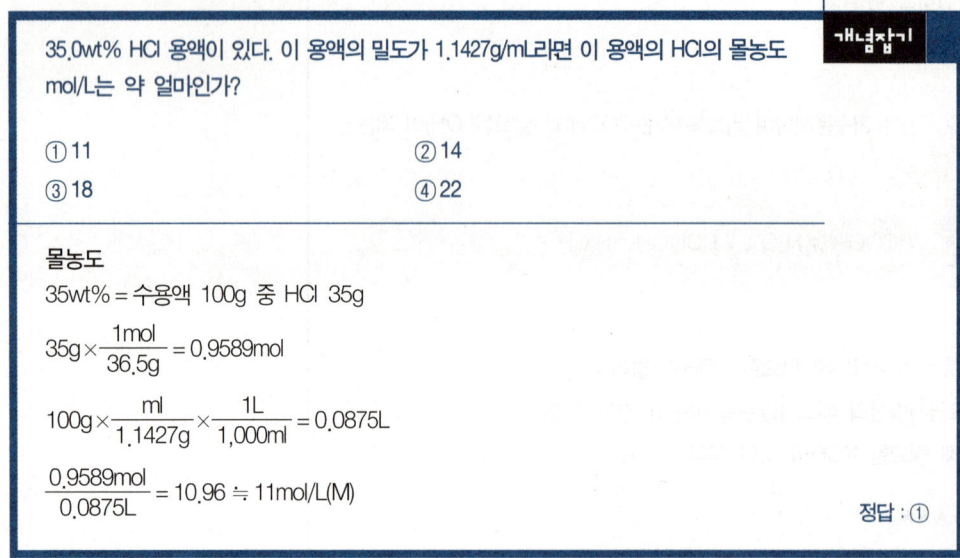

05
농도와 분압

1. 농도

- 몰농도(M) : 용액 1L 속에 녹아있는 용질의 몰수
- 노르말농도(N) : 용액 1L에 녹아있는 용질의 g 당량수
- 몰랄농도(m) : 용매 1kg 속에 녹아있는 용질의 몰수

> **참고**
>
> **노르말농도(N)**
> 당량(n) × 몰농도(M)
>
> **산의 당량**
> 이온화되어 수소이온(H^+)을 내는 개수
> 예 HCl : 1당량
> H_2SO_4 : 2당량

개념잡기

35.0wt% HCl 용액이 있다. 이 용액의 밀도가 1.1427g/mL라면 이 용액의 HCl의 몰농도 mol/L는 약 얼마인가?

① 11   ② 14
③ 18   ④ 22

몰농도
35wt% = 수용액 100g 중 HCl 35g

$35g \times \dfrac{1mol}{36.5g} = 0.9589 mol$

$100g \times \dfrac{ml}{1.1427g} \times \dfrac{1L}{1,000ml} = 0.0875L$

$\dfrac{0.9589 mol}{0.0875L} = 10.96 ≒ 11 mol/L(M)$

정답 : ①

> 비중이 1.840이고, 무게농도가 96wt%인 진한 황산의 노르말농도는 약 몇 N인가?
> (단, 황의 원자량은 32이다)
>
> ① 1.8　　　　　　　　　② 3.6
> ③ 18　　　　　　　　　 ④ 36
>
> ---
>
> **노르말농도**
>
> N = nM
>
> 96wt% 진한 황산(H_2SO_4) 1kg이 있다고 가정하면,
>
> 부피 $1kg \times 0.96 \times \dfrac{L}{1.84kg} = 0.5217L$
>
> 몰수 $1,000g \times 0.96 \times \dfrac{mol}{(1 \times 2 + 32 + 16 \times 4)g} = 9.796mol$
>
> 몰농도 = $\dfrac{9.796mol}{0.5217L} = 18.777M$
>
> 노르말농도 = 2당량 × 18.777M = 37.55N
>
> 정답 : ④

2. 분압

- 전체 압력 중 해당 기체의 부분 압력
- A의 압력(P_A) = 전체 압력(P) × A의 몰분율(x_A)

3. 분율

전체의 양 중에서 특정 물질의 양

산소평형

$$\dfrac{\text{반응물 1몰 당 산소의 양(g/mol)}}{\text{분자량(g/mol)}}$$

> 질산암모늄의 산소평형(Oxygen Balance) 값은?
>
> ① 0.2　　　　　　　　　② 0.3
> ③ 0.4　　　　　　　　　④ 0.5
>
> ---
>
> **산소평형**
>
> $NH_4NO_3 \rightarrow 2H_2O + N_2 + \dfrac{1}{2}O_2$
>
> 산소평형 = $\dfrac{\text{반응물 1몰당 산소의 양}}{\text{분자량}} = \dfrac{0.5 \times 32}{14 + 1 \times 4 + 14 + 16 \times 3} = +0.2$
>
> 정답 : ①

CHAPTER 03
열량, 밀도, 비중

KEYWORD 열량, 비열, 밀도, 비중

01 열량

1. 상태변화

- 끓는점은 기체의 증기압이 대기압과 같아지는 온도. 외부 기압이 낮아지면 끓는점도 낮아진다.
- 순수한 용매에 용질이 혼합되면 끓는점은 올라가고, 어는점은 내려간다.

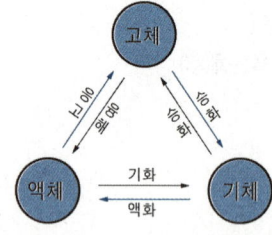

1-1 끓는점 오름

$$\triangle T_m = k_m \cdot m$$

- $\triangle T_m$: 끓는점 온도 차
- k_m : 끓는점 오름상수
- m : 몰랄농도

1-2 어는점 내림

$$\triangle T_f = k_f \cdot m$$

- $\triangle T_f$: 어는점 온도 차
- k_f : 어는점 내림상수
- m : 몰랄농도

용어정리

융해
고체가 액체로 변하는 현상이다.

기화
액체가 기체로 변하는 현상이다.

승화
고체가 기체로 변하는 현상이다.

녹는점
고체가 액체로 변하는 온도, 융점이라고도 한다.

끓는점
액체가 기체로 변하는 온도, 비점이라고도 한다.

라울의 법칙
용매에 용질을 녹일 경우 증기압 강하의 크기는 용액 중에 녹아있는 용질의 몰분율에 비례한다.

2. 용해도 ★★★

2-1 고체의 용해도

용매 100g에 용해되는 용질의 g수

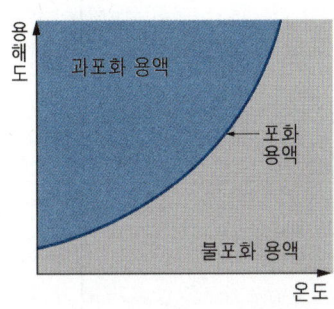

- 온도가 증가하면 더 잘 녹으므로 용해도가 증가한다.
- 70℃에서 용해도가 50이라면, 용매 100g에 용질 50g이 녹은 것이므로 용액의 양을 150g으로 보아야 한다.

2-2 기체의 용해도(헨리의 법칙)

- 난용성 기체일 때, 기체의 용해도는 압력에 비례한다.
- 난용성 기체(비극성) : CO_2, O_2, N_2, H_2

개념잡기

헨리의 법칙에 대한 설명으로 옳은 것은?

① 물에 대한 용해도가 클수록 잘 적용된다.
② 비극성 물질은 극성 물질에 잘 녹는 것으로 설명된다.
③ NH_3, HCl, CO 등의 기체에 잘 적용된다.
④ 압력을 올리면 용해도는 올라가나 녹아있는 기체의 부피는 일정하다.

헨리의 법칙
- 물에 대한 용해도가 낮을수록 잘 적용된다.
- 비극성 물질은 비극성 물질에 잘 녹고 극성 물질은 극성 물질에 잘 녹는다.
- NH_3, HCl, CO 기체는 극성이므로 헨리의 법칙이 적용되지 않는다.
- 트라이메틸알루미늄 : 상온에서 액체이다.

정답 : ④

3. 열량

물질의 온도를 올리기 위해 필요한 열의 양

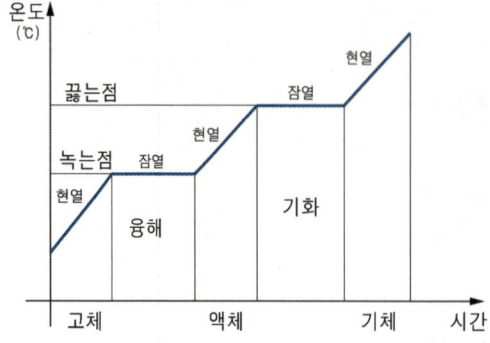

3-1 단위

1kcal

물 1kg을 1℃ 올리는 데 필요한 열량

현열

물질의 상태 변화 없이 온도 변화에만 필요한 열량

$$Q = Cm\Delta T$$

- Q : 열량(kcal)
- C : 비열(kcal/kg·℃)
- m : 질량(kg)
- ΔT : 온도의 차(℃)
  = 나중 온도 - 처음 온도(℃)

잠열

온도 변화 없는 물질의 상태 변화 시 필요한 열량

$$Q = \lambda m$$

- λ : 잠열(kcal/kg)
- m : 질량(kg)

1J = 0.24cal

- 물의 비열 : 1kcal/kg·℃
- 물의 잠열 : 539kcal/kg
- 얼음의 잠열 : 80kcal/kg

> **개념잡기**
>
> 물 분무소화에 사용된 20℃의 물 2g이 완전히 기화되어 100℃의 수증기가 되었다면 흡수된 열량과 수증기 발생량은 약 얼마인가?(단, 1기압을 기준으로 한다)
>
> ① 1,238cal, 2,400mL ② 1,238cal, 3,400mL
> ③ 2,476cal, 2,400mL ④ 2,476cal, 3,400mL
>
> **열량**
> Q = 물 20℃ → 물 100℃ (현열) + 물 100℃ → 수증기 100℃ (잠열)
> $\quad = cm\triangle T + \lambda m$
> $\quad = 1cal/g \cdot ℃ \times 2g \times (100 - 20)℃ + 539cal/g \times 2g = 1,238cal$
>
> **이상기체상태방정식**
>
> $PV = \dfrac{w}{M}RT \rightarrow V = \dfrac{wRT}{PM}$
>
> - P = 1atm
> - M = H_2O = 1×2 + 16 = 18g/mol
> - w = 2g
> - R = 0.082atm·L/mol·K
> - T = 100℃ + 273 = 373K
>
> $V = \dfrac{2 \times 0.082 \times 373}{1 \times 18} = 3.398L \times \dfrac{1,000ml}{1L} = 3,398ml ≒ 3,400ml$
>
> 정답 : ②

02 밀도와 비중

1. 밀도

밀도란, 단위 부피당 질량을 의미한다.

$$밀도 = \dfrac{질량}{부피}$$

0℃, 1기압에서 기체 1몰의 부피는 22.4L이므로

$$증기밀도(기체밀도) = \dfrac{분자량 g}{22.4L}$$

저자 어드바이스

밀도와 비중은 같은 개념이 아니므로 구분하여야 한다.

- 밀도 = $\dfrac{질량}{부피}$

- 비중 = $\dfrac{물질의 밀도}{기준 밀도}$

2. 비중

비중이란, 기준 물질과 해당 물질의 **밀도의 비**를 의미한다(단위 없음).

고체·액체

물의 밀도(1kg/L)를 기준으로 한 해당 고체 또는 액체와의 밀도의 비

- 고체·액체의 비중 = $\dfrac{\text{고체(액체) 밀도}}{\text{물의 밀도}}$ = $\dfrac{\text{고체(액체) 질량(kg)/고체(액체) 부피(L)}}{1\text{kg/L}}$

고체·액체의 비중 = 고체·액체의 밀도(단위 없음)

기체

공기의 밀도(29g/22.4L)를 기준으로 한 해당 기체와의 밀도의 비

- 기체의 비중 = $\dfrac{\text{기체 밀도}}{\text{공기 밀도}}$ = $\dfrac{\text{기체 분자량/기체 부피}}{\text{공기 분자량/공기 부피}}$ = $\dfrac{\text{기체 분자량/22.4L}}{\text{공기 분자량/22.4L}}$

 = $\dfrac{\text{기체 분자량}}{\text{공기 분자량}}$ = $\dfrac{\text{기체 분자량}}{29}$

기체의 비중(증기비중) = $\dfrac{\text{기체 분자량}}{29}$

> **저자 어드바이스**
>
> 기체의 밀도와 기체의 비중은 위험물 분자량을 알아야 구할 수 있기 때문에 분자량의 응용문제로 많이 출제된다. 고체·액체의 비중은 분자 구조나 성질에 따라 달라지므로 계산으로 구할 수 없다. 물질의 특성으로 암기해야 한다. 시험에서는 고체·액체의 비중을 제시하고 밀도를 활용하여 계산하는 문제가 출제된다.

03 열전달

열이 전달되는 형태를 3가지로 분류한다.

전도

물질의 이동 없이 가열된 물체와 직접 접촉
 가스레인지 위의 냄비 손잡이가 뜨거워진다.

대류

유체(액체, 기체)의 이동에 의한 열전달
 여름철 에어컨, 겨울 온풍기

복사

열에너지의 파장에 의한 에너지의 전달
 해가 뜨면 따뜻해진다.

> **참고**
>
> 엔탈피(H)란?
> ΔH = 나중 H - 처음 H
> 작을수록 안정하다.
>
>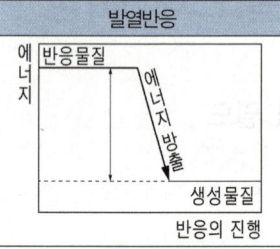
>
> 발열반응
> $\Delta H < 0$
> $A + B \rightarrow C + H$
>
>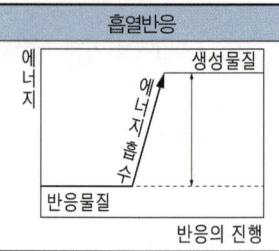
>
> 흡열반응
> $\Delta H > 0$
> $A + B \rightarrow C - H$

1. 슈테판-볼츠만의 법칙 : 열복사

흑체가 방출하는 열복사에너지는 절대온도의 4제곱에 비례

$$q = \varepsilon A T^4$$

- q : 열에너지
- ε : 상수
- A : 면적
- T : 절대온도(K)

> **참고**
> **헤스의 법칙**
> 화학반응에서 반응 전과 반응 후 상태가 결정되면 반응경로와 관계없이 반응열의 총량은 일정

2. 열역학 법칙

제1법칙
에너지 보존의 법칙이다.

제2법칙
엔트로피는 증가한다.

제3법칙
절대 0도에서 엔트로피는 0이다.

제0법칙
서로 다른 두 계 B, C가 계 A와 열적으로 평형일 때, B, C는 서로 열적 평형이다.

04 산·염기

1. 산·염기의 정의

	산	염기
아레니우스	수용액에서 H^+	수용액에서 OH^-
브뢴스테드-로우리	양성자 주는	양성자 받는
루이스	비공유 전자쌍 받는	비공유 전자쌍 주는

> **참고**
> **지시약**
> 용액의 성질이 산성, 중성 또는 염기성인지 색깔로 나타내주는 시약이다.
>
> | | 산성 | 중성 | 염기성 |
> |---|---|---|---|
> | 메틸
오렌지 | 빨강 | 주황/
노랑 | 노랑 |
> | 페놀
프탈레인 | 무색 | 무색 | 붉은색 |
> | 리트머스 | 푸른
↓
붉게 | | 붉은
↓
푸르게 |

2. 완충용액

외부로부터 어느 정도의 산이나 염기를 가했을 때, 영향을 크게 받지 않고 수소이온농도를 일정하게 유지하는 용액

외부에서 첨가된 이온의 농도를 감소시키는 방향으로 반응이 진행되는데 이러한 효과를 **공통이온효과**라고 한다.

F > Cl > Br > I의 순으로 결합력이 커지므로 수용액 중에서 H^+를 많이 발생하지 않아 산성의 세기가 약하다.

산성의 세기
HF < HCl < HBr < HI

3. pH

$$pH = -\log[H^+]$$
$$pH + pOH = 14$$

수소이온이 많을수록 pH값이 작아지고, 수소이온이 적을수록 pH값이 커진다.

- pH : 수소이온 농도
- pOH : 수산화이온 농도

저자 어드바이스

수소이온농도($[H^+]$)의 단위는 몰농도 (M)이다(N = nM).
노르말농도로 주어지면 당량을 나눠 몰농도로 바꾸어 계산해주어야 한다.

4. 중화반응

산과 염기가 반응하여 물과 염(salt)을 생성하는 반응

$$HA + BOH \rightarrow H_2O + AB$$
산　　염기　　물　　염

H^+의 수 = OH^-의 수일 때 중화반응하여 중화점에 도달한다.

$$NV = N'V'$$
혼합용액의 농도 : $MV \pm M'V' = M''(V+V')$

혼합용액의 농도 계산 시
용액의 성질이 같으면 +, 용액의 성질이 다르면 −로 계산한다.

05 산화·환원

1. 산화수

- 산화수가 증가하면 산화, 감소하면 환원이다.
- 자유원소(He, O_2 등) 상태에서 산화수는 0이다.
- 다원자 이온에서 산화수 합은 그 이온의 전하와 같다.
- 화합물 안의 모든 원자의 산화수 합은 0이다.

-7	-6	-5	-4	-3	-2	-1	0
+1	+2	+3	+4	+5	+6	+7	+8
H							He
Li	Be	B	C	N	O	F	Ne
Na	Mg	Al	Si	P	S	Cl	Ar
K	Ca						

개념잡기

다음 중 Mn의 산화수가 +2인 것은?

① $KMnO_4$ ② MnO_2
③ $MnSO_4$ ④ K_2MnO_4

산화수
① $(+1) + Mn + (-2) \times 4 = 0$, $Mn = +7$
② $Mn + (-2) \times 2 = 0$, $Mn = +4$
③ $Mn + (+6) + (-2) \times 4 = 0$, $Mn = +2$
④ $(+1) \times 2 + Mn + (-2) \times 4 = 0$, $Mn = +6$

정답 : ③

2. 산화·환원

	산화	환원
산소	⊕ (증가)	⊖ (감소)
수소	⊖ (감소)	⊕ (증가)
전자	⊖ (감소)	⊕ (증가)
산화수	⊕ (증가)	⊖ (감소)

용어정리

산화제
남은 산화시키고 자신은 환원된다.

환원제
남은 환원시키고 자신은 산화된다.

06 전기화학

1. 금속의 반응성

이온화경향(금속의 반응성)

K(칼륨) > Ca(칼슘) > Na(나트륨) > Mg(마그네슘) > Al(알루미늄) > Zn(아연) > Fe(철) > Ni(니켈) > Sn(주석) > Pb(납) > H(수소) > Cu(구리) > Hg(수은) > Ag(은) > Pt(백금) > Au(금)

- 반응성이 큰 금속 **이온** + 작은 금속 원자 → 반응이 일어나지 않는다.
- 반응성이 큰 금속 **원자** + 작은 금속 이온 → 반응이 일어난다.

이온화에너지
- 원자상태에서 전자를 잃어 양이온이 될 때 필요한 에너지
- 같은 족에서 아래로 갈수록 전자와 핵 사이의 거리가 멀어져 인력이 감소하므로 이온화에너지가 감소한다.

2. 패러데이의 법칙

1F(패럿) = 96,500C(쿨롱)의 전기량은 1g당량의 원소를 석출한다.

- 1g당량 = $\dfrac{원자량}{원자가}$, 구리의 1g당량 = $\dfrac{64}{2}$ = 32
- 1F의 전기량은 구리를 32g 석출시킨다.

개념잡기

1패러데이(F)의 전기량으로 석출되는 물질의 무게를 틀리게 연결한 것은?

① 수소 - 약 1g ② 산소 - 약 8g
③ 은 - 약 16g   ④ 구리 - 약 32g

패러데이 법칙
96,500C(1F)의 전기량은 1g당량의 원소를 석출한다.

1g당량 = $\dfrac{원자량}{원자가}$ g

① $\dfrac{1}{1}$ = 1

② $\dfrac{16}{2}$ = 8

③ $\dfrac{108}{2}$ = 54

④ $\dfrac{64}{2}$ = 32

정답 : ③

CHAPTER 04

화학반응식

KEYWORD 반응물, 생성물, 미정계수법

01 화학반응식

물질 간 반응으로 전혀 다른 새로운 물질이 생성되는 화학반응을 식으로 나타낸 것이다.

> 화학반응식의 기본 구조
> 반응물 → 생성물

화학반응식을 완성하는 과정을 크게 두 단계로 나눈다.
- 반응물과 생성물을 화학식으로 나타내기
- 미정계수법으로 계수 맞추기

1. 반응물과 생성물을 화학식으로 나타내기

대표적인 제3류 위험물 탄화칼슘의 물과의 반응을 생각해보자. 탄화칼슘은 물과 반응하여 수산화칼슘과 아세틸렌을 생성한다.

탄화칼슘	물	수산화칼슘	아세틸렌
CaC_2	H_2O	$Ca(OH)_2$	C_2H_2
반응물		생성물	

이것을 화학반응식으로 나타내면 다음과 같다.

$$CaC_2 + H_2O \rightarrow Ca(OH)_2 + C_2H_2$$

- 반응물, 생성물이 2개 이상일 경우 +로 표시하고, 반응의 방향을 →로 나타낸다.

저자 어드바이스

화학반응식의 계수를 무작정 외우는 수험생을 많이 보았다. 화학반응식이 간단하든 복잡하든 정확한 미정계수법을 사용하여 계수를 구하는 습관을 들여야 실기시험에서 안정적으로 득점할 수 있으니, 미정계수법을 여러 번 연습하여 숙달되도록 공부하자^^

- 화살표를 기준으로 왼쪽과 오른쪽의 원소의 종류가 일치하는지 확인해보자.

$$CaC_2 + H_2O \rightarrow Ca(OH)_2 + C_2H_2$$

반응물	생성물
Ca	Ca
C	O
H	H
O	C

저자 어드바이스

화학반응식 작성 시 반응물과 생성물의 원소의 종류를 비교하는 과정을 통해 실수했는지를 파악해 낼 수 있으므로 꼭 확인하고 넘어갈 수 있도록 한다.

화학반응식의 기본 조건
- 화살표를 기준으로 왼쪽과 오른쪽의 <u>원소의 종류</u>가 동일해야 한다.
- 화살표를 기준으로 왼쪽과 오른쪽의 <u>원소의 개수</u>가 동일해야 한다. = 미정계수법

2. 미정계수법으로 계수 맞추기

$$CaC_2 + H_2O \rightarrow Ca(OH)_2 + C_2H_2$$

- 각 화학식 앞에 미정계수 a, b, c, d를 붙인다.
  a CaC_2 + b H_2O → c $Ca(OH)_2$ + d C_2H_2

- 원소의 종류를 반응식 아래에 나열한다.
  a CaC_2 + b H_2O → c $Ca(OH)_2$ + d C_2H_2

Ca				
C				
H				
O				

미정계수법
정해지지 않은 계수를 정하는 방법이다.

계수
반응물과 생성물의 앞에 표시하여 각각의 몰 수를 의미하는 것이다.

- 각 화학식에 있는 원소의 개수×계수값을 쓴다.
  a CaC_2 + b H_2O → c $Ca(OH)_2$ + d C_2H_2

Ca	1a		1c	
C	2a			2d
H		2b	2c	2d
O		1b	2c	

저자 어드바이스

앞으로 보게 될 여러 화학반응식을 이와 같은 방법으로 연습하여 실제로 그 계수가 나오는지 확인해보는 과정을 여러 번 반복하는 것이 좋다. 미정계수법은 실기 출제 100%!!!

- 화학반응식의 +는 +로, 화학반응식의 → 는 = 로 바꾸어 방정식을 완성한다.

  a CaC_2 + b H_2O → c $Ca(OH)_2$ + d C_2H_2

Ca	1a	=	1c
C	2a	=	2d
H	2b	=	2c + 2d
O	1b	=	2c

- a = 1로 놓고 b, c, d를 구한다.

Ca	1a = 1c	순서1)	1×1 = 1c, c = 1
C	2a = 2d	순서2)	2×1 = 2d, d = 1
H	2b = 2c + 2d	순서4)	2×2 = 2×1+2×1, 값 맞음
O	1b = 2c	순서3)	1b = 2×1, b = 2

  ∴ a = 1, b = 2, c = 1, d = 1

- 구한 계수값을 화학반응식에 대입한다.

  a CaC_2 + b H_2O → c $Ca(OH)_2$ + d C_2H_2

  1 CaC_2 + 2 H_2O → 1 $Ca(OH)_2$ + 1 C_2H_2

- 계수가 1이면 생략할 수 있다.

  CaC_2 + 2 H_2O → $Ca(OH)_2$ + C_2H_2

02 화학반응식 문제 유형

1. 연소반응

연소반응은 어떤 반응물이 산소와 반응하는 것을 의미한다. 대표적인 4가지 반응물의 연소 형태를 나타내면 다음과 같다. 편의를 위해 화학식만 나타낸다.

$$C + O_2 \rightarrow CO_2$$
$$H_2 + O_2 \rightarrow H_2O$$
$$S + O_2 \rightarrow SO_2$$
$$P + O_2 \rightarrow P_2O_5$$

핵심 KEY

CS_2의 연소반응에서 C는 연소되어 CO_2를 생성하고 S은 연소되어 SO_2를 생성하므로 $CS_2 + O_2 \rightarrow CO_2 + SO_2$ (미정계수법 생략)
CH_3COOH의 연소반응에서 C는 CO_2를 생성하고 H는 H_2O를 생성하므로 $CH_3COOH + O_2 \rightarrow CO_2 + H_2O$ (미정계수법 생략)
산소는 산소와 반응하므로 다른 생성물이 나오지 않는다.

개념잡기

2몰의 메테인을 완전히 연소시키는 데 필요한 산소의 몰수는?

① 1몰   ② 2몰   ③ 3몰   ④ 4몰

화학반응식
- 반응물과 생성물을 화학식으로 나타낸다.
  메테인이 산소와 반응하면 이산화탄소, 수증기를 생성한다.
  $CH_4 + O_2 \rightarrow CO_2 + H_2O$
- 화학식 앞에 미정계수 a, b, c, d를 설정한다.
  $a\, CH_4 + b\, O_2 \rightarrow c\, CO_2 + d\, H_2O$
- 원소의 종류별로 방정식을 세운다.
  $a\, CH_4 + b\, O_2 \rightarrow c\, CO_2 + d\, H_2O$
  C a = c
  H 4a = 2d
  O 2b = 2c + d
- a = 1일 때, b, c, d를 구한다.
  C a = c, 1 = c
  H 4a = 2d, 4×1 = 2d, d = 2
  O 2b = 2c + d, 2b = 2×1 + 2 = 4, b = 2
  ∴ a = 1, b = 2, c = 1, d = 2
- 계수를 대입하여 화학반응식을 완성한다.
  $CH_4 + 2O_2 \rightarrow CO_2 + 2H_2O$
  1몰의 메테인이 연소할 때 2몰의 산소가 필요하다.
  2몰의 메테인이 연소할 때 4몰의 산소가 필요하다.

정답 : ④

2. 물과의 반응

위험물이 물과 반응하면 반응식이 다음과 같이 나타난다.

$AB + H_2O \rightarrow A(OH)_n + BH$

n은 A의 주기율표 족을 의미한다. 예를 들어,

$CaC_2 + 2H_2O \rightarrow Ca(OH)_2 + C_2H_2$

의 $Ca(OH)_2$는 Ca가 주기율표 2족 원소이기 때문에 n = 2가 된다.

물과의 반응에서 자주 출제되는 반응식

수소화나트륨	NaH 수소화나트륨	$+ H_2O$ 물	$\rightarrow NaOH$ 수산화나트륨	$+ H_2$ 수소
인화칼슘	Ca_3P_2 인화칼슘	$+ 6H_2O$ 물	$\rightarrow 3Ca(OH)_2$ 수산화칼슘	$+ 2PH_3$ 포스핀(인화수소)
탄화칼슘	CaC_2 탄화칼슘	$+ 2H_2O$ 물	$\rightarrow Ca(OH)_2$ 수산화칼슘	$+ C_2H_2$ 아세틸렌
탄화알루미늄	Al_4C_3 탄화알루미늄	$+ 12H_2O$ 물	$\rightarrow 4Al(OH)_3$ 수산화알루미늄	$+ 3CH_4$ 메테인

- 알칼리금속의 과산화물은 물과 반응 시 산소를 발생시킨다.

  $2Na_2O_2 + 2H_2O \rightarrow 4NaOH + O_2$
  과산화나트륨   물   수산화나트륨   산소

- 이 외의 위험물은 물과 반응 시 대부분 수소(H_2)를 생성한다.

  $Mg + 2H_2O \rightarrow Mg(OH)_2 + H_2$
  마그네슘   물   수산화마그네슘   수소

  $2Na + 2H_2O \rightarrow 2NaOH + H_2$
  나트륨   물   수산화나트륨   수소

핵심 KEY

물과의 반응 시 생성되는 기체
- 수소화나트륨 → 수소
- 인화칼슘 → 포스핀(인화수소)
- 탄화칼슘 → 아세틸렌
- 탄화알루미늄 → 메테인
- 트라이메틸알루미늄 → 메테인
- 트라이에틸알루미늄 → 에테인
- 알칼리금속의 과산화물 → 산소
- 대부분의 금속류 → 수소

3. 분해반응

질산

$4HNO_3 \rightarrow 2H_2O + 4NO_2 + O_2$
질산   물   이산화질소   산소

과염소산칼륨

$KClO_4 \rightarrow KCl + 2O_2$
과염소산칼륨   염화칼륨   산소

저자 어드바이스

분해반응의 특징은 반응물이 한 개라는 것이다. 열에 의해 분해되어 생성되는 물질을 파악해야 하고, 주로 제1류 위험물, 제6류 위험물의 분해반응에 대한 문제가 많이 출제되었다.

질산칼륨

$2KNO_3 \rightarrow 2KNO_2 + O_2$
질산칼륨   아질산칼륨   산소

질산암모늄

$2NH_4NO_3 \rightarrow O_2 + 4H_2O + 2N_2$
질산암모늄   산소   물   질소

트라이나이트로톨루엔

$2C_6H_2(NO_2)_3CH_3 \rightarrow 2C + 3N_2 + 5H_2 + 12CO$
트라이나이트로톨루엔   탄소   질소   수소   일산화탄소

개념잡기

질산암모늄 80g이 완전분해하여 O_2, H_2O, N_2가 생성되었다면 이때 생성물의 총량은 모두 몇 몰인가?

① 2   ② 3.5
③ 4   ④ 7

화학반응식
$NH_4NO_3 = 14 + 1 \times 4 + 14 + 16 \times 3 = 80g/mol$
- 반응물과 생성물을 화학식으로 나타낸다.
  질산암모늄이 분해하면 산소, 물, 질소를 생성한다.
  $NH_4NO_3 \rightarrow O_2 + H_2O + N_2$
- 화학식 앞에 미정계수 a, b, c, d를 설정한다.
  $a\ NH_4NO_3 \rightarrow b\ O_2 + c\ H_2O + d\ N_2$
- 원소의 종류별로 방정식을 세운다.
  $a\ NH_4NO_3 \rightarrow b\ O_2 + c\ H_2O + d\ N_2$
  N $2a = 2d$
  H $4a = 2c$
  O $3a = 2b + c$
- a = 1일 때, b, c, d를 구한다.
  N $2a = 2d$, $2 \times 1 = 2d$, $d = 1$
  H $4a = 2c$, $4 \times 1 = 2c$, $c = 2$
  O $3a = 2b + c$, $3 \times 1 = 2b + 2$, $2b = 1$, $b = 1/2$
  ∴ $a = 1$, $b = 1/2$, $c = 2$, $d = 1$
  모든 계수를 정수로 만들기 위해 분모의 최소공배수인 2를 곱한다.
  ∴ $a = 2$, $b = 1$, $c = 4$, $d = 2$
- 계수를 대입하여 화학반응식을 완성한다.
  $2NH_4NO_3 \rightarrow O_2 + 4H_2O + 2N_2$
2몰의 질산암모늄이 분해하여 산소 1몰, 물 4몰, 질소 2몰 총 7몰을 생성하므로, 1몰의 질산암모늄이 분해하면 총 3.5몰의 생성물을 생성한다.

정답 : ②

4. 기타 반응

산과의 반응

무기과산화물은 산과 반응 시 과산화수소를 생성한다.

CaO_2 + $2HCl$ → $CaCl_2$ + H_2O_2
과산화칼슘   염산   염화칼슘   과산화수소

금속이 산과 반응하는 것은 물과 반응하는 것과 마찬가지로 수소를 발생시킨다.

Mg + $2HCl$ → $MgCl_2$ + H_2
마그네슘   염산   염화마그네슘   수소

알코올과의 반응

$2Na$ + $2C_2H_5OH$ → $2C_2H_5ONa$ + H_2
나트륨   에틸알코올   나트륨에틸라이트   수소

이산화탄소와의 반응

$4K$ + $3CO_2$ → $2K_2CO_3$ + C
칼륨   이산화탄소   탄산칼륨   탄소

저자 어드바이스

기타 반응은 화학반응식 중에서 출제 비중이 크진 않지만 출제되었던 문제가 그대로 나오거나 약간 변형되어 나오므로 출제된 화학반응식은 꼭 연습해 보아야 한다.

03 화학반응식 정리

*하단 예시를 참고하여 화학반응식을 정리해보세요.

위험물	반응물	생성물		중요도
K 칼륨	O_2 산소	K_2O 산화칼륨		
	H_2O 물	KOH 수산화칼륨	H_2 수소	
	CO_2 이산화탄소	K_2CO_3 탄산칼륨	C 탄소	
	CH_3OH 메틸알코올	CH_3OK 칼륨메탈라이드	H_2 수소	
	C_2H_5OH 에틸알코올	C_2H_5OK 칼륨에틸라이드	H_2 수소	

CHAPTER 05
이상기체상태방정식

KEYWORD 이상기체상태방정식

01 이상기체상태방정식

보일의 법칙

온도가 일정할 때 압력과 부피는 반비례한다.

$$PV = k(일정), \quad PV = P'V'$$

예 풍선을 강하게 누르면(압력을 증가시키면) 부피가 감소한다.

샤를의 법칙

압력이 일정할 때 절대온도와 부피는 비례한다.

$$\frac{V}{T} = k(일정), \quad \frac{V}{T} = \frac{V'}{T'}$$

예 겨울철보다 여름철에 타이어 부피가 팽창한다.

보일-샤를의 법칙

보일의 법칙과 샤를의 법칙을 합친 것

$$\frac{PV}{T} = k(일정), \quad \frac{PV}{T} = \frac{P'V'}{T'}$$

온도는 절대온도(K)를 대입하여야 함에 유의한다.

기체 1몰은 0℃, 1기압에서 22.4L의 부피를 가지므로 일정한 값을 가진다.

$$\frac{PV}{T} = \frac{1\text{atm} \times 22.4\text{L/mol}}{273\text{K}} \fallingdotseq 0.082(\text{atm} \cdot \text{L/mol} \cdot \text{K}) = R \text{ (기체상수)}$$

기체의 몰수에 비례하므로 다음과 같이 이상기체상태방정식이 도출된다.

$$PV = nRT$$

이상기체상태방정식이란, 이상기체가 압력, 온도 등의 변수에 의해 변하는 상태를 일반적인 식으로 나타낸 것이다.

$$PV = nRT \quad \begin{array}{l} P : 압력 \\ V : 부피 \\ n : 몰수 \\ R : 기체상수 \\ T : 절대온도 \end{array}$$

시험에서는 대부분 다음과 같은 식으로 문제풀이를 하게 된다.

$$PV = \frac{w}{M}RT$$

기호	의미	단위	
P	압력	atm	
V	부피	L	m^3
w	질량	g	kg
M	분자량	g/mol	kg/kmol
R	기체상수	0.082atm·L/mol·K	0.082atm·m^3/kmol·K
T	절대온도	K = ℃ + 273	

압력단위

1atm
 =760mmHg
= 14.7psi
= 101,325kPa
= 10.33mH_2O
= 1.033kg$_f$/cm^2

절대온도
열역학적으로 정의된 온도로 단위는 K(캘빈)을 쓴다.
-273.15℃ = 0K

저자 어드바이스
- 표에서 단위가 2가지인 이유는 문제에서 요구하는 답의 단위에 따라 쓰이는 각 요소들의 단위를 바꾸어 주어야 하기 때문입니다.
- 문제에서 부피를 L로 구하라고 하였다면 압력은 atm, 질량 g, 분자량 g/mol, 기체상수 0.082atm·L/mol·K, 절대온도 K로 단위를 맞추어 대입하면 되고, 부피를 m^3으로 구하라고 하였다면, 압력은 atm, 질량 kg, 분자량 kg/kmol, 기체상수 0.082atm·m^3/kmol·K, 절대온도 K로 단위를 맞추어 대입합니다.

온도단위

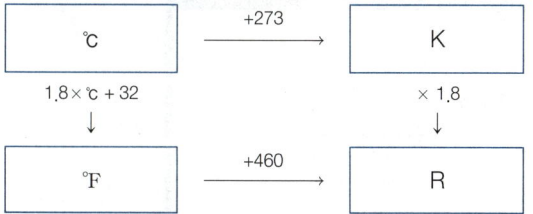

02
이상기체상태방정식 문제 유형

1. 화학반응 없는 유형

상태변화(액체→기체)만 일어나는 경우이다.

$$PV = \frac{w}{M}RT$$

2. 화학반응이 있는 유형 ★★★

문제에 질량 등 조건을 제시한 물질과 구해야 하는 물질이 다르므로 몰수 비를 한 번 더 곱해준다.

$$PV = \frac{w}{M}RT \rightarrow V = \frac{wRT}{PM} \times \frac{\text{구해야 하는 물질 몰수}}{\text{조건 제시된 물질 몰수}}$$

핵심 KEY

표준상태(또는 조건 없음)
0℃, 1atm

필요한 공기의 부피
공기는 산소 21%, 질소 79% 혼합된 기체이므로 구해야 하는 값이 공기인지 산소인지 구분한다.

공기의 조성

	질소	산소
부피백분율	79vol%	21vol%
질량백분율	77wt%	23wt%

$$V = \frac{wRT}{PM} \times \frac{O_2 \text{ 몰수}}{\text{조건 제시된 물질 몰수}}$$

$$\times \frac{1 \text{ air}}{0.21 \text{ } O_2}$$

밀도

$$\rho = \frac{w}{v} = \frac{PM}{RT}$$

저자 어드바이스
V 뿐만 P, M, w, T 등 각 항을 구하는 문제가 출제된다.

> 1kg의 공기가 압축되어 부피가 0.1m³, 압력이 40kgf/cm³으로 되었다. 이때 온도는 약 몇 ℃인가?(단, 공기의 분자량은 29이다)
>
> ① 1,026   ② 1,096   ③ 1,138   ④ 1,186
>
> **이상기체상태방정식**
>
> $PV = \dfrac{w}{M}RT \rightarrow T = \dfrac{PVM}{WR}$
>
> - $w = 1kg$
> - $R = 0.082 atm \cdot m^3/kmol \cdot K$
> - $P = 40kg_f \times \dfrac{1atm}{1.033kg_f/cm^2} = 38.722atm$
> - $V = 0.1m^3$
> - $M = 29kg/kmol$
> - $T(K) = ℃ + 273$이므로 $℃ = K - 273$
>
> $T = \dfrac{38.722 \times 0.1 \times 29}{1 \times 0.082} - 273 = 1,096.4 ≒ 1,096℃$
>
> 정답 : ②

3. 생성물의 질량 구하기 ★★★

발생하는 물질의 g 또는 kg을 구할 때 아래 공식을 사용한다.

$$PV = \dfrac{w}{M}RT \rightarrow V = \dfrac{wRT}{PM} \times \dfrac{\text{구해야 하는 물질 몰수}}{\text{조건 제시된 물질 몰수}} \times \dfrac{\text{분자량}}{22.4}$$

> 금속칼륨 10g을 물에 녹였을 때 이론적으로 발생하는 기체는 약 몇 g인가?
>
> ① 0.12g   ② 0.26g   ③ 0.32g   ④ 0.52g
>
> **이상기체상태방정식**
>
> $2K + 2H_2O \rightarrow 2KOH + H_2$
>
> $PV = \dfrac{w}{M}RT \rightarrow V = \dfrac{wRT}{PM}$
>
> - $P = 1atm$
> - $M = K = 39g/mol$
> - $w = 10g$
> - $R = 0.082 atm \cdot L/mol \cdot K$
> - $T = 0℃ + 273 = 273K$
>
> $V = \dfrac{10 \times 0.082 \times 273}{1 \times 39} \times \dfrac{1H_2}{2K} \times \dfrac{2g/mol}{22.4L/mol} = 0.256 ≒ 0.26g$
>
> 정답 : ②

CHAPTER 06
유체역학

KEYWORD 유령, 유속, 레이놀즈수

01 유체의 특성

1. 뉴턴의 점성법칙

유체의 전단응력(τ)은 속도구배($\frac{du}{dy}$)에 비례한다.

$$F = \mu \frac{du}{dy} A$$

- F : 전단응력
- μ : 점성계수
- $\frac{du}{dy}$: 속도구배
- A : 단면적

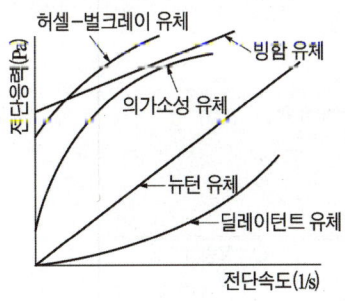

뉴턴 유체

물, 기름, 공기 등 비점성, 비압축성의 가상유체

비뉴턴 유체

치약, 혈액 등

- pseudoplastic fluid 의가소성 유체
- dilatant fluid 팽창 유체

2. 유체의 계산공식

유체역학

$$\frac{1}{2}\rho v^2 = \rho gh \;\rightarrow\; v = \sqrt{2gh}$$

레이놀즈 수

$$N_{Re} = \frac{Du\rho}{\mu} = \frac{Du}{\nu}$$

- N_{Re} : 레이놀즈 수
- D : 직경
- u : 유속(m/s, cm/s)
- ρ : 밀도
- μ : 점도
- $v = \dfrac{\mu}{\rho}$: 동점도(m²/s, cm²/s)

$$Re = \frac{\rho gh}{\mu} = \frac{관성력}{점성력}$$

유량

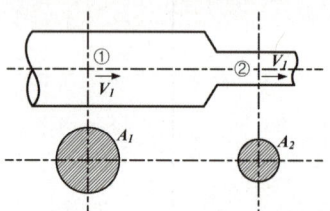

- V_1, V_2 : 유속(m/s)
- A_1, A_2 : 단면적(m²)

$$Q = uA = u\frac{\pi D^2}{4}$$

- Q : 유량(m³/s)
- u : 유속(m/s)
- A : 단면적(m²)

$$u_1 A_1 = u_2 A_2$$

> 위험물 기능장에서 다루는 유체역학에서는 유체를 뉴턴 유체로 가정합니다. 뉴턴 유체는 이상유체입니다.

$$u_1 \frac{\pi D_1^2}{4} = u_2 \frac{\pi D_2^2}{4}$$

개념잡기

토출량이 5m³/min이고 토출구의 유속이 2m/s인 펌프의 구경은 몇 mm인가?

① 330
② 230
③ 130
④ 120

유체역학 - 유량

$Q = uA = u\dfrac{\pi D^2}{4}$

$Q = 5\text{m}^3/\text{min} \times \dfrac{1\text{min}}{60\text{s}}$

$u = 2\text{m/s}$

$5 \times \dfrac{1\text{min}}{60\text{s}} = 2 \times \dfrac{\pi D^2}{4}$

계산기 SOLVE 이용
$D = 0.230\text{m} = 230\text{mm}$

정답 : ②

마찰손실수두

$$h = \lambda \frac{l}{d} \frac{v^2}{2g}$$

λ : 관마찰계수
l : 관의 길이
d : 관의 지름
v : 평균 유속

3. 유체의 계측

3-1 계측장비

유량계

오리피스미터	로타미터	벤츄리미터	피토튜브

압력계

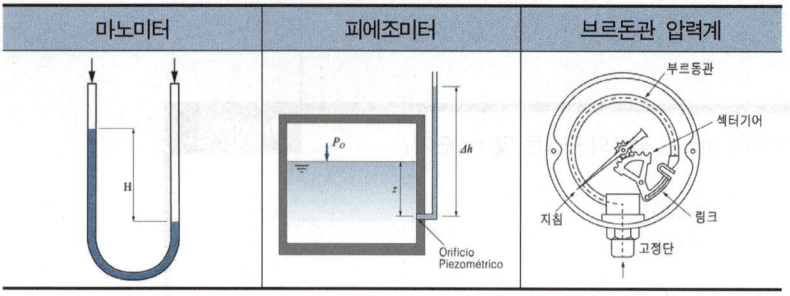

3-2 배관

스테인리스 배관
주성분이 철, 크로뮴, 니켈로 구성되어 있는 강관으로서 내식성이 요구되는 화학공장 등에서 사용

배관 신축 이음재

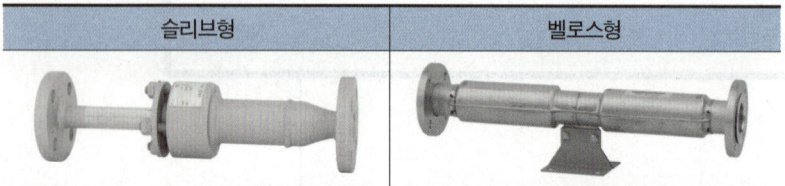

3-3 펌프

펌프의 종류
- 터보형 펌프
  - 원심식
  - 사류식
  - 축류식
- 용적형 펌프
  - 왕복식 : 피스톤 펌프, 플런저 펌프
  - 회적식 : 기어펌프, 베인펌프

브르돈관(부르동관) 압력계
측정하는 유체의 압력에 의해 생기는 금속의 탄성변형을 기계식으로 확대 지시하여 압력을 측정

루프형 이음재
배관의 팽창 또는 수축으로 인한 관, 기구의 파손을 방지하기 위하여 관을 곡관으로 만들어 배관 도중에 설치하는 신축 이음재

개념잡기

펌프를 용적형 펌프(positive displacement pump)와 터보 펌프(turbo pump)로 구분할 때 터보 펌프에 해당되지 않는 것은?

① 원심펌프(centrifugal pump)   ② 기어펌프(gear pump)
③ 축류펌프(axial flow pump)   ④ 사류펌프(diagonal flow pump)

유체역학 - 펌프의 종류
- 터보형 펌프
  - 원심식
  - 사류식
  - 축류식
- 용적형 펌프
  - 왕복식 : 피스톤 펌프, 플런저 펌프
  - 회적식 : 기어펌프, 베인펌프

정답 : ②

펌프의 양정
- **직렬** 연결 시 **양정**이 n배 높아진다.
- **병렬** 연결 시 **유량**이 n배 증가진다.

용어정리

공동현상(cavitation)
유체 압력의 급격한 변화로 인해 상대적으로 압력이 낮은 곳에 공동(비어있는 공간)이 생기는 현상

공동현상 방지방법
- 관의 직경을 크게한다.
- 펌프의 회전수를 작게한다.
- 떨어지는 높이(폭)를 낮게한다.
- 단흡입 보다 양흡입 펌프가 압력이 안정적이다.

개념잡기

펌프의 공동현상을 방지하기 위한 방법으로 옳지 않은 것은?

① 펌프의 흡입관경을 크게 한다.   ② 펌프의 회전수를 크게 한다.
③ 펌프의 위치를 낮게 한다.   ④ 양흡입 펌프를 사용한다.

유체역학 - 공동현상(cavitation)
유체 압력의 급격한 변화로 인해 상대적으로 압력이 낮은 곳에 공동이 생기는 현상
- 관경이 커지면 압력의 급격한 변화를 막을 수 있다.
- 펌프의 회전수를 작게 한다.
- 떨어지는 폭이 크면 공동현상이 발생할 확률이 높아진다.
- 단흡입보다 양흡입 펌프가 압력이 안정적이다.

정답 : ②

PART 03

연소 및 화재

01 연소
02 화재
03 폭발

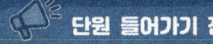 단원 들어가기 전

연소 및 화재에 대한 내용을 이해하고 그 종류와 현상을 분류할 수 있도록 숙지하세요.

CHAPTER 01

연소

KEYWORD 가연물, 점화원, 산소공급원, 표면연소, 분해연소, 증발연소, 자기연소, 인화점, 발화점, 연소범위

01 연소의 3요소 ★★★

연소란, 가연물이 점화원에 의해 산소와 반응하여 열과 빛을 내며 불에 타는 현상이다. 산화 반응의 대표적인 예이다.

1. 연소의 3요소

가연물, 산소공급원, 점화원
이렇게 연소의 3요소가 만족될 때, 연소가 시작될 수 있다.

	공기 중에 라이터를 켤 때, 연소가 시작되는가? 공기 = 산소공급원 라이터 = 점화원의 조건은 만족되었지만 가연물이 없기 때문에 연소가 시작되지 않는다.
	책상 위에 종이가 올려져 있을 때, 연소가 시작되는가? 공간 내 공기 = 산소공급원 종이 = 가연물의 조건은 만족되었지만 점화원이 없기 때문에 연소가 시작되지 않는다.

> **참고**
>
> 연소의 4요소
> - 가연물
> - 산소공급원
> - 점화원
> - 연쇄반응
>
> 연소의 3요소에 의해 연소는 시작되지만, 연소를 계속 하기 위해서는 계속해서 분자가 활성화되고 연속적으로 산화 반응을 계속함에 의해 진행한다. 이 연쇄반응을 추가하여 연소의 4요소라고 할 수 있다.

> **저자 어드바이스**
>
> 연소의 3요소는? 가산점!
> 가 : 가연물
> 산 : 산소공급원
> 점 : 점화원

2. 가연물이 되기 쉬운 조건

발열량이 클 것
발열량이 클수록 더 오랜 시간 동안 연소할 수 있기 때문이다.

산소와의 친화력이 클 것(= 화학적 친화력이 클 것)
연소는 가연물과 산소의 반응이므로 산소와 친화력이 크면 반응이 더 잘 이루어진다.

표면적이 넓을 것
표면적이 넓으면 산소와의 접촉 면적이 넓어져 연소 반응이 잘 이루어지기 때문이다. 따라서, 표면적이 넓은 순서대로 기체, 액체, 고체의 순서로 가연물이 되기 쉽다.

열전도율이 작을 것
열전도율이란 열을 전달하는 정도를 의미하므로 열을 다른 곳으로 전달하게 되면 온도 상승이 쉽지 않고, 열이 전달되지 않고 한 곳에 모여 있을수록 온도 상승이 쉽다. 따라서 인화점 또는 발화점에 도달하는데 시간이 짧아 가연물이 되기 쉽다.

활성화 에너지가 작을 것
활성화 에너지란 화학반응이 이루어지는데 필요한 에너지인데, 같은 열에너지를 받았을 때 활성화 에너지가 크다면 반응이 이루어지기 전에 활성화 에너지로 에너지가 소모될 것이고, 활성화 에너지가 작으면 쉽게 반응이 이루어져 연소가 시작될 수 있다.

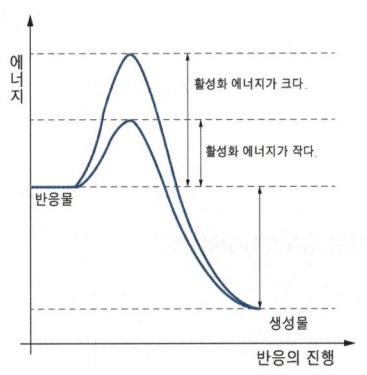

가연물
연소가 가능한 물질

점화원
불이 붙을 수 있게 하는 근원

저자 어드바이스

가연물이 되기 쉬운 조건
- 발열량 클 것
- 산소와 친화력 클 것
- 표면적 넓을 것
- 열전도율 작을 것
- 활성화에너지 작을 것

- 제2류~제5류 위험물 : 가연물
- 제1류, 제6류 위험물 : 불연성

연소에 대한 설명으로 옳지 않은 것은?

① 산화되기 쉬운 것일수록 타기 쉽다.
② 산소와의 접촉 면적이 큰 것일수록 타기 쉽다.
③ 충분한 산소가 있어야 타기 쉽다.
④ 열전도율이 큰 것일수록 타기 쉽다.

전도율이 작을수록 열을 분산시키지 않고 온도 상승을 빨리 시켜 연소되기 쉽다.

정답 : ④

3. 산소공급원

연소 시에 산소를 공급하는 근원으로, 산소공급원의 대표적인 예는 다음과 같다.

- 공기 중 산소
- 제1류 위험물 : 산화제
- 제6류 위험물 : 산화제
- 제5류 위험물 : 자기반응성 물질

4. 점화원

정전기, 스파크, 마찰열, 충격, 화기, 불꽃

4-1 정전기 발생 방지 방법 ★★★

인화성액체는 비전도성 물질이므로 빠른 유속으로 배관을 통과할 때 정전기가 발생할 위험이 있으므로 주의한다.

- 접지
- 실내공기 이온화
- 실내 습도를 상대습도 70% 이상으로 유지
- 도체 연결

4-2 정전기

전기저항이 높은 액체가 유동하면 정전기를 발생하며 그 정도는 그 액체의 고유저항이 클수록 대전하기 쉬워 정전기 발생의 위험성이 높다.

유도전류

전류가 흐르지 않던 회로에 교류 전압을 이용하여 내부에 전자의 유도작용으로 전류를 흐르게 하는 것

전도전류

도체의 내에서 전위의 차이가 생겨서 자유전자가 이동하게 되어 흐름이 발생되는 전류

유동전류

유체 또는 고체에 의한 한 표면에서 다른 표면으로 전자가 전달될 때 발생하는 전기의 흐름

변위전류

앙페르 회로 법칙에서 참 전류와 유사하게 자기장을 생성하는 항

최소 착화에너지

$$E = \frac{1}{2}QV = \frac{1}{2}CV^2$$

- E : 착화에너지
- Q : 전기량[C]
- V : 방전전압[V]
- C : 전기(콘덴서)용량[F]

02 물질의 연소

1. 고체의 연소 ★★★

표면연소
목탄, 코크스, 금속 등

분해연소
석탄, 목재, 종이, 섬유, 플라스틱 등

증발연소
파라핀(양초), 나프탈렌, 황 등

자기연소
제5류 위험물 중 고체

표면연소
가연물의 표면에서 산소와 반응하여 연소하는 형태

분해연소
열분해 반응에 의해 생성된 가연성 가스와 공기가 혼합하여 연소하는 형태

증발연소
열분해 반응을 일으키지 않고 물질의 표면에서 증발한 가연성 가스와 공기 중의 산소가 혼합하여 연소되는 형태

자기연소
자체 내에 함유하고 있는 산소에 의해서 연소하는 형태

개념잡기

연소의 종류와 가연물을 틀리게 연결한 것은?

① 증발연소 - 가솔린, 알코올
② 표면연소 - 코크스, 목탄
③ 분해연소 - 목재, 종이
④ 자기연소 - 에터, 나프탈렌

정답 : ④

---

2. 액체의 연소 ★

- 증발연소 : 제4류 위험물(석유, 알코올 등) / 중유 : 분해연소
- 분무연소
- 등화연소
- 액면연소

3. 기체의 연소 ★

- 확산연소
- 예혼합연소
- 폭발연소

저자 어드바이스

액체의 연소와 기체의 연소는 출제 비중이 크진 않다. 출제되었을 때 액체와 기체의 특성과 연계하여 생각하면 답을 추측하기 쉽다. 확산은 기체의 대표적인 현상이고, 증발 또는 액면, 분무는 액체와 관련된 단어이기 때문이다.

03 인화점, 발화점, 연소 범위★★★

1. 인화점

1-1 정의

- 점화원이 있을 때 불이 붙는 최저 온도
- 가연성 물질을 공기 중에서 가열할 때 가연성 증기가 연소범위 하한에 도달하는 최저온도

자주 출제되는 위험물의 인화점	
88℃	나이트로벤젠
70℃	아닐린
27℃	클로로벤젠, 스틸렌
20℃	피리딘
15℃	에틸벤젠
13℃	에틸알코올(에탄올) ★
11℃	메틸알코올(메탄올) ★
4℃	톨루엔 ★
-10℃	아세트산메틸
-11℃	벤젠 ★
-18℃	아세톤 ★
-43~-20℃	휘발유 ★
-30℃	이황화탄소 ★
-37℃	산화프로필렌 ★
-38℃	아세트알데하이드 ★
-45℃	다이에틸에터 ★
-51℃	이소펜탄

제4류 위험물의 경우 특수인화물 - 제1석유류 - 알코올류 - 제2석유류 - 제3석유류 - 제4석유류 - 동식물유류의 순서로 인화점이 높아진다.

저자 어드바이스

특수인화물 인화점 순서
이황화탄소 > 산화프로필렌 > 아세트알데하이드 > 다이에틸에터

2. 발화점

2-1 정의

- 점화원이 없을 때 주변의 온도에 의해 불이 붙는 최저 온도
- 물질을 공기 중에서 가열할 때 불이 붙거나 폭발을 일으키는 최저 온도

자주 출제되는 위험물의 발화점	
465℃	아세톤
449℃	산화프로필렌
427℃	아세트산
423℃	에탄올
300℃	가솔린, 피크린산, 트라이나이트로톨루엔
260℃	적린
232.2℃	황 ★
185℃	아세트알데하이드
180℃	나이트로셀룰로오스, 다이에틸에터
90℃	이황화탄소, 삼황화인
34℃	황린 ★

개념잡기

다음 물질 중 발화점이 가장 낮은 것은?

① CS_2
② C_6H_6
③ CH_3COCH_3
④ CH_3COOCH_3

발화점
- 이황화탄소 : 제4류 위험물 중 특수인화물, 90℃
- 벤젠 : 제4류 위험물 중 제1석유류, 498℃
- 아세톤 : 제4류 위험물 중 제1석유류, 465℃
- 초산메틸 : 제4류 위험물 중 제1석유류, 454℃

정답 : ①

3. 연소범위

3-1 정의

연소가 가능한 산소 중 가연물의 비율의 상한과 하한

- 연소범위의 하한이 낮을수록 위험
- 연소범위의 상한이 높을수록 위험
- 연소범위가 넓을수록 위험

3-2 주요 위험물의 연소범위

위험물	연소범위(vol%)	위험물	연소범위(vol%)
휘발유 ★★★	1.4~7.6	아세톤 ★	2~13
아세트알데하이드	4.1~57	아세틸렌 ★	2.5~81
산화프로필렌	2.5~38.5	메틸알코올	7~36
다이에틸에터	1.9~48	에틸알코올	4.3~19
벤젠	1.4~7.1	포스핀	1.6~95
톨루엔	1.4~6.7	수소	4~75

- 연소범위가 낮다는 것은 공기 중에 약간의 가연물이 있어도 불이 붙기 쉽다는 것이고, 연소범위의 상한이 높다는 것은 위험물의 양이 크고 산소의 양이 상대적으로 적어도 불이 붙기 쉽다는 의미이므로 위험하다고 볼 수 있다.
- 연소범위가 넓으면 가연물의 양이 많든 적든 불이 붙을 수 있으므로 위험하다.

저자 어드바이스

연소 범위로 위험도를 구하는 문제가 많이 출제되는 편이다. 연소범위가 제시되는 경우도 있지만 제시되지 않는 경우도 있으니 자주 출제되는 휘발유, 아세틸렌, 아세톤의 연소범위는 외우는 것이 좋다.

개념잡기

물과 접촉되었을 때 연소 범위의 하한값이 2.5vol%인 가연성 가스가 발생하는 것은?

① 금속나트륨 ② 인화칼슘
③ 과산화칼륨 ④ 탄화칼슘

물과의 반응
- 나트륨 : 수소 발생(연소범위 4~75%)
- 인화칼슘 : 포스핀 발생(연소범위 1.6~95%)
- 과산화칼륨 : 산소 발생(불연성가스이므로 연소범위가 없다)
- 탄화칼슘 : 아세틸렌 발생(연소범위 2.5~81%)

정답 : ④

3-3 위험도

연소범위에 따라 위험한 정도를 나타낸다.

$$\text{위험도} = \frac{H-L}{L}$$

- H : 연소범위 상한
- L : 연소범위 하한

위험도의 단위는 없다.

3-4 혼합기체의 연소범위

혼합기체의 부피와 상한 또는 하한의 비율의 합으로 구한다.

$$\frac{100}{L} = \frac{V_1}{L_1} + \frac{V_2}{L_2} \rightarrow L = \frac{100}{\frac{V_1}{L_1} + \frac{V_2}{L_2}}$$

- V : 기체의 부피
- L : 연소범위의 상한 또는 하한

개념잡기

메테인 75vol%, 프로판 25vol%인 혼합기체의 연소하한계는 약 몇 vol%인가?(단, 연소범위는 메테인 5~15vol%, 프로판 2.1~9.5vol%이다)

① 2.72　　　② 3.72
③ 4.63　　　④ 5.63

연소범위 - 혼합기체

$$\frac{100}{L} = \frac{V_1}{L_1} + \frac{V_2}{L_2} \rightarrow L = \frac{100}{\frac{V_1}{L_1} + \frac{V_2}{L_2}} = \frac{100}{\frac{75}{5} + \frac{25}{2.1}} = 3.716 ≒ 3.72\%$$

정답 : ②

---

4. 인화점측정기

인화점측정기

인화점 종류	시험방법	적용기준	적용유종

밀폐식 인화점	태그 밀폐식	• 인화점이 93℃ 이하인 시료
		• 시료컵에 시험물품 50cm³를 넣고 시험물품의 표면의 기포를 제거한 후 뚜껑을 덮을 것
		※ 적용제외 시료
		  a) 40℃의 동점도가 5.5mm²/s 이상인 시료
		  b) 시험 조건에서 기름막이 생기는 시료
		  c) 현탁 물질을 함유하는 시료
			원유, 가솔린, 등유, 항공 터빈 연료유

	신속 평형법 (세타밀폐식)	• 인화점이 110℃ 이하인 시료 • 시료컵을 설정온도까지 가열 또는 냉각하여 시험물품(설정온도가 상온보다 낮은 온도인 경우에는 설정온도까지 냉각한 것) 2ml를 시료컵에 넣고 즉시 뚜껑 및 개폐기를 닫을 것	원유, 등유, 경유, 중유, 항공 터빈 연료유
	펜스키마텐스 밀폐식	• 밀폐식 인화점의 측정이 필요한 시료 및 태그 밀폐식 인화점 시험 방법을 적용할 수 없는 시료	원유, 경유, 중유, 전기 절연유, 방청유, 절삭유제
개방식 인화점	클리브랜드 개방식	• 인화점이 80℃ 이상인 시료. 다만, 원유 및 연료유는 제외 • 시료컵의 표선(標線)까지 시험물품을 채우고 시험물품의 표면의 기포를 제거할 것	석유 아스팔트, 유동 파라핀, 에어필터유, 석유 왁스, 방청유, 전기 절연유, 열처리유, 절삭유제, 각종 윤활유

개념잡기

다음은 위험물안전관리법령에 따른 인화점 측정시험 방법을 나타낸 것이다. 어떤 인화점 측정기에 의한 인화점 측정시험인가?

- 시험장소는 기압 1기압, 무풍의 장소로 할 것
- 시료컵의 온도를 1분간 설정온도로 유지할 것
- 시험 불꽃을 점화하고 화염의 크기를 직경 4mm가 되도록 조정할 것
- 1분 경과 후 개폐기를 작동하여 시험불꽃을 시료컵에 2.5초간 노출시키고 닫을 것. 이 경우 시험 불꽃을 급격히 상하로 움직이지 아니하여야 한다.

① 태그밀폐식 인화점측정기   ② 신속평형법 인화점측정기
③ 클리브랜드개방컵 인화점측정기   ④ 침강평형법 인화점측정기

인화점측정기 - 신속평형법 인화점측정기
- 시험장소는 1기압, 무풍의 장소로 할 것
- 신속평형법 인화점측정기의 시료컵을 설정온도까지 가열 또는 냉각하여 시험물품(설정온도가 상온보다 낮은 온도인 경우에는 설정온도까지 냉각한 것) 2ml를 시료컵에 넣고 즉시 뚜껑 및 개폐기를 닫을 것
- 시료컵의 온도를 1분간 설정온도로 유지할 것
- 시험불꽃을 점화하고 화염의 크기를 직경 4mm가 되도록 조정할 것
- 1분 경과 후 개폐기를 작동하여 시험불꽃을 시료컵에 2.5초간 노출시키고 닫을 것. 이 경우 시험불꽃을 급격히 상하로 움직이지 아니하여야 한다.

정답 : ②

04 자연발화 ★★

1. 자연발화의 형태

분해열에 의한 발화
셀룰로이드, 나이트로셀룰로오스

산화열에 의한 발화
석탄, 건성유

발효열에 의한 발화
퇴비, 먼지

흡착열에 의한 발화
목탄, 활성탄

중합열에 의한 발화
사이안화수소

2. 자연발화의 발생 조건

- 주위의 온도가 높을 것
- 습도가 높을 것 ★
- 표면적이 넓을 것
- 발열량이 클 것
- 열전도율이 작을 것

3. 자연발화의 방지법

- 통풍이 잘 되게 한다.
- 주변의 온도를 낮춘다.
- 습도를 낮게 유지한다.
- 열의 축적을 방지한다.
- 정촉매 작용을 하는 물질을 피한다.

습도가 낮을 때 자연발화가 잘 되지 않을까?
습도가 낮으면 건조하여 정전기가 발생하고 정전기에 의한 점화가 이루어질 수 있지만 자연발화에서는 습도가 높은 조건에서 미생물이 번식할 수 있고 미생물의 활동이 활발해지면서 열이 발생하여 발화할 수 있다.

개념잡기

자연발화가 일어나는 물질과 대표적인 에너지원의 관계로 옳지 않은 것은?

① 셀룰로이드 - 흡착열에 의한 발열   ② 활성탄 - 흡착열에 의한 발열
③ 퇴비 - 미생물에 의한 발열   ④ 먼지 - 미생물에 의한 발열

정답 : ①

CHAPTER 02
화재

KEYWORD 일반화재, 유류화재, 전기화재, 금속화재, 보일오버, BLEVE

01 화재의 종류 및 현상

1. 화재의 종류 ★★★

급수	명칭	색상	물질
A급 화재	일반화재	백색	종이, 목재, 섬유
B급 화재	유류화재	황색	제4류 위험물, 유류, 가스
C급 화재	전기화재	청색	전선, 발전기, 변압기
D급 화재	금속화재	무색	철분, 마그네슘, 금속분 등

우리 주변의 소화기에 사진과 같이 A는 백색, B는 황색, C는 청색으로 표시되어 있는 것을 확인할 수 있다.

개념잡기

화재분류에 따른 표시색상이 옳은 것은?

① 유류화재-황색 ② 유류화재-백색
③ 전기화재-황색 ④ 전기화재-백색

화재의 종류

급수	명칭	색상
A급 화재	일반화재	백색
B급 화재	유류화재	황색
C급 화재	전기화재	청색
D급 화재	금속화재	무색

정답 : ①

2. 화재 현상 ★★

2-1 플래시 오버(Flash Over)

- 건축물 화재 시 가연성 기체가 모여 있다가 성장기에서 최성기로 진행될 때 급격하게 건물 전체로 화재가 확산되는 현상
- 화재로 인하여 온도가 급격히 상승하여 불완전 연소한 가연성 기체가 발화점에 도달하여 화재가 순간적으로 실내 전체에 확산되어 연소되는 현상

2-2 보일 오버(Boil Over)

유류화재의 탱크 밑면에 물이 고여 있는 경우 물이 증발하며 불 붙은 기름을 분출하는 현상

2-3 블레비(BLEVE, Boiling Liquid Expanding Vapor Explosion) 현상

액화가스가 가열되어 비점에서 기화하고 팽창하여 폭발하는 현상

2-4 슬롭 오버(Slop Over)

유류화재 시 액표면 온도가 물의 비점 이상으로 상승하여 물 또는 포소화약제가 액표면에서 기화하면서 탱크의 유류를 외부로 분출시키는 현상

핵심 KEY

보일 오버
물의 증발로 인한 화재

블레비 현상
액화가스 팽창으로 인한 폭발

개념잡기

BLEVE 현상에 대한 설명으로 가장 옳은 것은?

① 기름탱크에서 수증기 폭발현상
② 비등상태의 액화가스가 기화하여 팽창하고 폭발하는 현상
③ 화재 시 기름 속의 수분이 급격히 증발하여 기름거품이 되고 팽창해서 기름탱크에서 밖으로 내뿜어져 나오는 현상
④ 원유, 중유 등 고점도의 기름 속에 수증기를 포함한 볼형태의 물방울이 형성되어 탱크 밖으로 넘치는 현상

화재 현상
- BLEVE(Boiling Liquid Expanding Vapor Explosion)
  액화가스가 가열되어 비점에서 기화하고 팽창하여 폭발하는 현상
- 보일 오버(Boil Over)
  유류화재의 탱크 밑면에 물이 고여 있는 경우 물이 증발하며 불 붙은 기름을 분출하는 현상 → ①, ③, ④는 보일 오버에 대한 설명이다.

정답 : ②

CHAPTER 03
폭발

KEYWORD 폭굉, 분진폭발

01 폭연과 폭굉

1. 속도

- 폭연속도 : 0.1~10m/s
- 폭굉속도 : 1,000~3,500m/s

음속(소리의 속도)은 340m/s, 폭연은 음속보다 비교적 느린 속도이고, 폭굉은 음속과 비교하여 매우 빠른 속도이다.

2. 폭굉유도거리가 짧아지는 조건(= 폭발이 잘 되는 조건)

- 관지름이 작을수록
- 압력이 높을수록
- 점화원의 에너지가 클수록
- 정상 연소속도가 큰 혼합가스일수록

폭굉유도거리(DID, Detonation Inducement Distance)
연소(폭연)가 폭굉으로 발전할 때까지의 거리이다.

폭굉유도거리(DID)가 짧아지는 요건에 해당되지 않은 것은?

① 정상 연소 속도가 큰 혼합가스일 경우
② 관 속에 방해물이 없거나 관경이 큰 경우
③ 압력이 높을 경우
④ 점화원의 에너지가 클 경우

폭굉유도거리(DID)가 짧아지는 조건
- 정상 연소속도가 큰 혼합가스일수록
- 압력이 높을수록
- 관 지름이 작을수록
- 점화원 에너지가 클수록
- 정상 연소 속도가 큰 혼합가스일수록

정답 : ②

02 분진폭발

- 미세한 분진이 일정 농도 이상 공기 중에 분산되어 있을 때 점화원에 의해 폭발하는 현상
- 조건 : 가볍고 작다.
- 분진폭발하는 물질
  - 금속분 : 알루미늄분, 마그네슘분, 황분, 철분 등
  - 곡물류 : 밀가루, 설탕, 분유, 전분, 담배분말 등
- 분진폭발하지 않는 물질 : 시멘트, 모래, 석회분말
- 예방대책
  - 분진이 날리지 않도록 습식 공정으로 한다.
  - 분진이 물과 반응하는 경우는 물 대신 휘발성이 적은 유류를 사용한다.
  - 배관의 연결부위나 누출 염려가 있는 곳은 밀폐를 철저히 한다.
  - 가연성 분진을 취급하는 장치는 분진이 외부로 누설 시 위험하므로 밀폐한다.

> **핵심 KEY**
> 분진폭발의 조건
> 가볍고 작다.
> ※ 가볍다 = 공기 중에 뿌렸을 때 떠 있는 시간이 길다.

03 분해폭발

- 자기분해성 고체류가 분해하면서 폭발하는 것
- 산화에틸렌, 아세틸렌, 하이드라진 등

04 중합폭발

- 중합물질의 단량체가 폭발적으로 중합되어 격렬하게 반응하여 폭발하는 것
- 사이안화수소, 염화비닐 등

05 산화폭발

- 가연성 가스가 공기와 혼합되어 폭발성 혼합가스를 형성하며 점화원에 의해 폭발하는 현상
- LPG, LNG 등

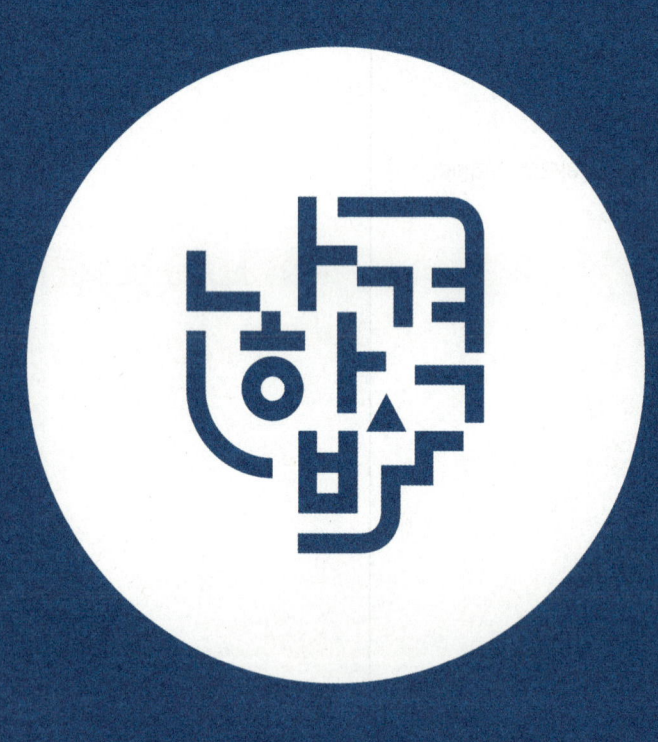

PART 04

소화 및 소방시설

01 소화이론 및 소화약제
02 소방시설
03 소화난이도등급
04 소화설비의 적응성

> 📢 **단원 들어가기 전**
>
> 소화이론 및 약제의 종류, 특징 그리고 소방시설에 대한 문제는 자주 출제됩니다. 하지만 소화난이도등급의 경우 종종 출제되지만 내용의 범위가 방대하여 모두 암기하기 어려운 파트입니다. 기출문제를 통해 알아두는 정도로 학습하는 것이 좋습니다.

CHAPTER 01
소화이론 및 소화약제

KEYWORD 제거소화, 질식소화, 냉각소화, 억제소화, 분말소화약제, 할로젠화합물 소화약제, 이산화탄소 소화약제, 물소화약제

01 소화의 종류 ★★

소화는 크게 물리적 소화, 화학적 소화로 분류할 수 있는데, 연소의 3요소 중 한 가지를 물리적으로 제거하는 제거, 질식, 냉각소화는 물리적 소화이고, 소화약제의 화학반응을 이용하여 연소의 화학 연쇄반응을 차단하는 억제소화는 화학적 소화이다.

1. 제거소화

가연물을 제거하여 연소를 차단하는 방법
 가스 화재 시 가스 밸브를 잠그는 것
   바람을 불어 촛불의 파라핀 기체를 날려 불을 끄는 것

2. 질식소화

- 산소공급원의 산소 농도를 낮추어 소화하는 방법 : 이산화탄소 이용
- 소화약제 : 이산화탄소 이용
  - 이산화탄소 소화약제
  - 포소화약제
  - 분말소화약제

핵심 KEY

소화종류	사용약제	소화원리
제거소화	×	물리적 소화
질식소화	CO_2 이용	
냉각소화	물 이용	
억제소화	할로젠 원소 이용	화학적 소화

참고

연소의 3요소
- 가연물 제거 → 제거소화
- 산소공급원 제거 → 질식소화
- 점화원 제거 → 냉각소화

3. 냉각소화

- 가연물의 온도를 낮추어 소화하는 방법 - 주소화약제 : 물
- 소화약제 : 물 이용
  - 물 소화기
  - 강화액 소화기
  - 산알칼리 소화기

4. 억제소화

- 연소 연쇄반응을 차단하는 소화방법 - 주소화약제 : 할로젠원소
- 화학적소화, 부촉매소화라고도 부른다.
- 소화약제 : 할로젠원소 이용
  - 할로젠원소 소화약제

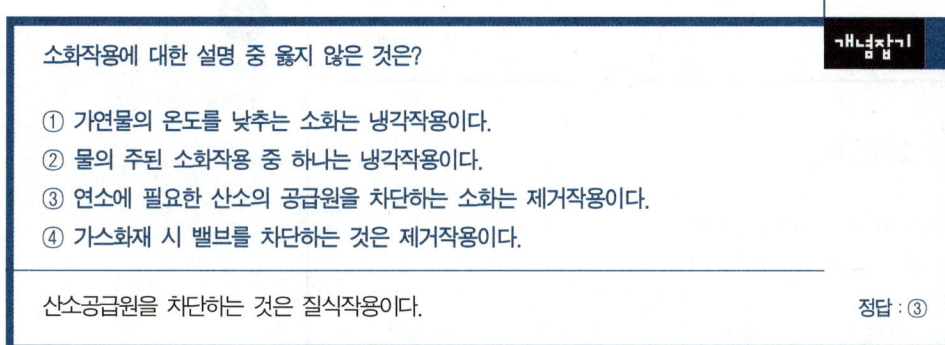

개념잡기

소화작용에 대한 설명 중 옳지 않은 것은?

① 가연물의 온도를 낮추는 소화는 냉각작용이다.
② 물의 주된 소화작용 중 하나는 냉각작용이다.
③ 연소에 필요한 산소의 공급원을 차단하는 소화는 제거작용이다.
④ 가스화재 시 밸브를 차단하는 것은 제거작용이다.

산소공급원을 차단하는 것은 질식작용이다.   정답 : ③

02 소화약제 ★★

1. 질식소화

1-1 분말소화약제 ★★★

구분	화학식		명칭	적응화재	분말색
제1종 분말소화약제	$NaHCO_3$		탄산수소나트륨	BC	백색
	분해식		$2NaHCO_3 \rightarrow Na_2CO_3 + CO_2 + H_2O$		
제2종 분말소화약제	$KHCO_3$		탄산수소칼륨	BC	담회색
	분해식		$2KHCO_3 \rightarrow K_2CO_3 + CO_2 + H_2O$		
제3종 분말소화약제	$NH_4H_2PO_4$		인산암모늄	ABC	담홍색
	분해식		$NH_4H_2PO_4 \rightarrow$ (1차) $H_3PO_4 + NH_3$ $\rightarrow$ (2차) $NH_3 + HPO_3 + H_2O$		
제4종 분말소화약제	$KHCO_3 + (NH_2)_2CO$		탄산수소칼륨 + 요소	BC	회백색
	분해식		암기 불필요		

- 제1종 분말소화약제는 비누화반응을 일으켜 질식소화, 억제효과를 얻을 수 있다.
- 제3종 분말소화약제 - 발수제로 실리콘 오일 사용

- H_3PO_4 : 오르소인산
- HPO_3 : 메타인산

1-2 분말소화약제 소화효과

- 소화약제 분해 시 CO_2가 발생하여 질식효과
- 분해 시 주위 열을 흡수하므로 냉각효과
- 가연물 연소 시 발생하는 OH, H의 활성 라디칼을 포착하여 연쇄반응을 차단
- 화염과 가연물 사이에 분말의 운무를 형성하여 화염으로부터의 방사열을 차단

개념잡기 실기[필답형]

제1종 분말소화제의 열분해 시 270℃에서의 열분해 반응식과 850℃에서의 열분해 반응식을 쓰시오.

분말소화약제

구분	주성분	화학식	분해식		적응화재
제1종 분말소화약제	탄산수소나트륨	$NaHCO_3$	270℃	$2NaHCO_3$ $\rightarrow Na_2CO_3 + CO_2 + H_2O$	BC
			850℃	$2NaHCO_3$ $\rightarrow Na_2O + 2CO_2 + H_2O$	
제2종 분말소화약제	탄산수소칼륨	$KHCO_3$	$2KHCO_3 \rightarrow K_2CO_3 + CO_2 + H_2O$		BC
제3종 분말소화약제	인산암모늄	$NH_4H_2PO_4$	$NH_4H_2PO_4 \rightarrow$ (1차) $H_3PO_4 + NH_3$ $\rightarrow$ (2차) $NH_3 + HPO_3 + H_2O$		ABC
제4종 분말소화약제	탄산수소칼륨 + 요소	$KHCO_3 + (NH_2)_2CO$	암기 불필요		BC

정답 :
- 270℃에서의 열분해 반응식 : $2NaHCO_3 \rightarrow Na_2CO_3 + CO_2 + H_2O$
- 850℃에서의 열분해 반응식 : $2NaHCO_3 \rightarrow Na_2O + 2CO_2 + H_2O$

1-3 포소화약제 ★

CO_2 기체가 발생하며 거품을 일으켜 질식소화한다.

화학포소화약제
황산알루미늄($Al_2(SO_4)_3$)과 탄산수소나트륨($NaHCO_3$)의 화학반응으로 발생한 CO_2 거품으로 소화

기계포소화약제
- 단백포소화약제 : 유류화재의 소화용이며 동결방지제(부동제)로 에틸렌글리콜을 사용한다.
- 합성계면활성제포소화약제 : 고급 알코올 황산에스터염을 기포제로 사용하여 냄새가 없는 황색의 액체, 밀폐 또는 준밀폐 구조물의 화재 시 고팽창포로 사용하여 화재를 진압할 수 있다.
- 수성막포소화약제 : 불소계 계면활성제를 주성분으로 하여 물과 혼합하여 사용하는 소화약제로서, 유류화재 발생 시 분말소화약제와 함께 사용이 가능한 포 소화약제
- 불화단백포소화약제
- 내알코올포소화약제 : 수용성 액체, 알코올류 소화용 ★★

기계포소화약제는 공기포소화약제라고도 한다.

포소화약제 - 포의 조건
포는 가연물과 공기 중 산소를 차단하는 역할을 하므로 가연물 표면을 잘 덮을 수 있어야 한다.
- 부착성이 있을 것
- 유동성이 좋을 것
- 바람 등에 견디고 응집성과 안정성이 있을 것

개념잡기

다음 중 보통의 포소화약제보다 알코올형 포소화약제가 더 큰 소화효과를 볼 수 있는 대상 물질은?

① 경유   ② 메틸알코올   ③ 등유   ④ 가솔린

내알코올포소화약제
수용성에서는 거품이 많이 발생하지 않으므로 **수용성 액체, 알코올류 소화용**으로 사용된다.
① 제2석유류 비수용성   ② 알코올류
③ 제2석유류 비수용성   ④ 제1석유류 비수용성

정답 : ②

1-4 이산화탄소소화약제 ★★★

- 이산화탄소의 소화농도(vol%) = $\dfrac{21-\%O_2}{21} \times 100$
- 소화약제 사용 시 오손이 거의 없다.
- **줄-톰슨 효과**에 의해 드라이아이스 생성

이산화탄소소화기

줄-톰슨효과
단열상태에서 압축된 기체가 좁은 관을 타고 나가며 온도가 하강하는 현상. 예외(수소)로 온도가 상승하기도 한다.

> **개념잡기**
>
> 이산화탄소 소화기에 관한 설명으로 옳지 않은 것은?
>
> ① 소화작용은 질식효과와 냉각효과에 의한다.
> ② A급, B급 및 C급 화재 중 A급 화재에 가장 적응성이 있다.
> ③ 소화약제 자체의 유독성은 적으나, 공기 중 산소 농도를 저하시켜 질식의 위험이 있다.
> ④ 소화약제의 동결, 부패, 변질 우려가 적다.
>
> **이산화탄소소화약제**
> - 공기보다 무거워 약제가 공기 중에 가라앉으며 연소 표면을 덮는 질식효과, 줄톰슨효과에 의해 압축된 이산화탄소 기체가 좁은 관을 통과하며 냉각되어 방출되므로 냉각효과도 있다.
> - A급 화재(일반화재)에 가장 적응성이 있는 것은 냉각소화(주수소화)이다.
> - 이산화탄소는 유독성 기체는 아니지만 공기 중에 방출되면 산소의 농도가 상대적으로 작아지며 질식효과가 있으므로 주의한다.
> - 실온에서는 얼지 않고 불활성 기체이므로 부패하거나 변질되지 않는다.
>
> 정답 : ②

1-5 할로젠화합물 및 불활성기체 소화약제 ★

할로젠화합물계 소화약제 : 냉각, 부촉매효과

소화약제	명칭	화학식
FC-3-1-10	퍼플루오로부탄	C_4F_{10}
HCFC BLEND A	하이드로클로로플루오로카본혼화제	• HCFC-123 : 4.75% • HCFC-22 : 82% • HCFC-124 : 9.5% • $C_{10}H_{16}$: 3.75%
HCFC-124	크롤로테트라플루오르에테인	$CHClFCF_3$
HFC-125	펜타플루오로에테인	$C_2HF_5 = CHF_2CF_3$
HFC-227ea	헵타플루오로프로판	$C_3HF_7 = CF_3CHFCF_3$
HFC-23	트라이플루오로에테인	CHF_3
HFC-236fa	헥사플루오로프로판	$CF_3CH_2CF_3$
FIC-13i1	트라이플루오로다이드	CF_3Cl

할로젠화합물 및 불활성기체 소화약제
청정소화약제의 명칭이 청정과는 어울리지 않고, 인체에 무해하다는 내용으로 오해될 소지가 있어 2018년 11월 19일 '할로젠화합물 및 불활성기체 소화약제'로 명칭이 변경되었다.

HFC(hydrofluorocarbon)
플루오르화탄소 - 탄화수소의 수소가 플루오르로 치환된 형태이다.

불활성가스계(Inergen Gas) 소화약제 : 질식효과

- IG-100 : N_2 100%
- IG-55 : N_2 50%, Ar 50%
- IG-541 : N_2 52%, Ar 40%, CO_2 8%
- IG-01 : N_2 0%, Ar 100%, CO_2 0%

할로젠화합물 소화약제 중 HFC-23의 화학식은?

① CF_3I　　　② CHF_3　　　③ CF_3CHFCF_3　　　④ C_4F_{10}

할로젠화합물 소화약제
- HFC(hydrofluorocarbon) : 플루오르화탄소 - 탄화수소의 수소가 플루오르로 치환된 형태이다.
- HFC-23 : 트라이플루오로메테인(CHF_3)
- HFC-125 : 펜타플루오로에테인($C_2HF_5 = CHF_2CF_3$)
- HFC-227ea : 헵타플루오로프로판($C_3HF_7 = CF_3CHFCF_3$)

정답 : ②

다음 할로젠화합물 소화약제 중 HFC 계열이 아닌 것은?

① 트라이플루오로메테인　　　② 퍼플루오로부탄
③ 펜타플루오로에테인　　　　④ 헵타플루오로프로판

할로젠화합물 소화약제
- HFC - 23 : 트라이플루오로메테인(CHF_3)
- HFC - 125 : 펜타플루오로에테인($C_2HF_5 = CHF_2CF_3$)
- HFC - 227ea : 헵타플루오로프로판($C_3HF_7 = CF_3CHFCF_3$)

정답 : ②

2. 냉각소화

2-1 물소화약제 ★★★

- 물 분자의 수소와 산소는 104.5°의 각도로 결합하여 극성을 띤다.
- +, - 사이에 정전기적 인력이 작용하여 다른 분자보다 서로 끌어당기는 힘이 세다 (= 수소결합).
- 분자 사이의 힘을 끊어내어 상태변화 또는 온도 상승을 시키기 위해서는 많은 에너지가 필요하다.
- 물의 대표적인 특징
  - **증발잠열이 크다.**
  - 비열이 크다.
  - 냉각작용이 크다.

2-2 강화액소화약제

- 물소화약제는 겨울철 동결되어 사용하기 어려운 단점이 있으므로 탄산칼륨(K_2CO_3)을 첨가하여 어는점을 낮춰 겨울에도 사용할 수 있도록 한 소화약제이다.
- pH 12 이상이다.

> **저자 어드바이스**
>
> 물 분자는 수소와 산소 간 결합 형태, 분자 간 결합 형태에 따라 소화약제에 적합한 큰 특성을 가진다. 필기에서 물의 특성과 관련한 문제가 자주 출제되므로 물의 결합 특성을 상세히 알아 두도록 하자.

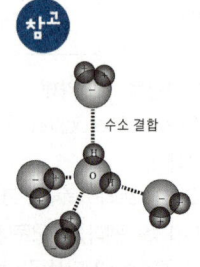

수소 결합

- 비공유전자쌍이 많은 산소는 전자가 많으므로 상대적으로 - 전하를 띠고, 이에 따라 수소는 상대적으로 + 전하를 띠게 된다. 그래서 수소와 다른 분자의 산소간의 정전기적 인력이 작용하는데 이를 수소결합이라 한다.
- 수소결합은 H를 가진 분자가 F, O, N과 인력을 가지는 것을 말한다.

개념잡기

소화약제로서 물이 갖는 특성에 대한 설명으로 옳지 않은 것은?

① 유화효과(emulsification effect)도 기대할 수 있다.
② 증발잠열이 커서 기화 시 다량의 열을 제거한다.
③ 기화팽창률이 커서 질식효과가 있다.
④ 용융잠열이 커서 주수 시 냉각효과가 뛰어나다.

물소화약제
- 물과 기름의 얇은 막으로 산소를 차단하는 유화효과가 있다.
- 수소결합을 하여 분자 간 인력이 발생하므로 증발잠열이 크다 (= 증발시키는데 필요한 에너지가 크다).
- 기화 시 약 1,700배 팽창하므로 팽창 시 주변 산소를 차단해 질식효과가 있다.
- 수소결합을 하여 분자 간 인력이 발생하므로 증발잠열이 크다 (= 증발시키는데 필요한 에너지가 크다 = 주변의 열을 흡수하므로 주변의 온도가 내려간다).

정답 : ④

3. 억제소화

3-1 하론 소화약제 ★★★

하론번호	분자식	명칭	적응화재	상태	소화효과	독성
1301	CF_3Br	삼불화일취화메테인		기체	↑ 좋음	↓ 강함
1211	CF_2ClBr	이불화일염화일취화메테인	ABC	기체		
2402	$C_2F_4Br_2$	사불화이취화에테인		액체		
1011	CH_2ClBr	일염화일취화메테인				
104	CCl_4	사염화탄소	BC			

Halon 1301
- 오존층 파괴지수가 가장 높다. 지구온난화 원인 물질이다.
- 할로젠화합물 소화약제 중 소화효과가 가장 좋고 독성이 가장 낮다.

104
방사 시 포스겐가스($COCl_2$) 발생하여 환경 오염에 심각한 영향을 끼친다.

소화약제에 따른 주된 소화효과

분말소화약제	질식소화, 냉각소화, 부촉매소화
포소화약제	질식소화, 냉각소화
이산화탄소소화약제	질식소화, 냉각소화
할로젠화합물 소화약제	억제소화, 질식소화, 냉각소화
물소화약제	냉각소화, 질식소화, 유화소화, 희석소화
강화액소화약제	냉각소화, 질식소화, 부촉매소화, 유화소화
산알칼리소화약제	질식소화, 냉각소화

저자 어드바이스
하론 소화약제에서는 하론번호에 따른 분자식을 옳게 표현하였는지 묻는 문제가 자주 출제되며 명칭, 소화기 약자 등도 종종 출제된다.
각 소화약제의 특징을 알아두는 것도 중요하다.

핵심 KEY

소화능력의 순서
1301 > 1211 > 2402 > 1011 > 104

참고

하론(Halon) 번호
- C F Cl Br I의 개수를 순서대로 나열한 것
- 할로젠화합물 소화약제의 명칭은 F - 불화, Cl - 염화, Br - 취화로 하고 각 원자의 숫자를 앞에 붙여 나타낸다.

오존파괴지수
(ODP, Ozone Depletion Potential)
- Halon 1301 : 10
- Halon 2402 : 6
- Halon 1211 : 3

저자 어드바이스
지금까지 소화약제를 가장 큰 소화효과 기준으로 정리하였지만, 각 소화약제는 하나의 효과만 나타내는 것은 아니다. 좌측의 표를 참고하여 소화약제별 소화효과를 알아두도록 하자.

CHAPTER 02
소방시설

KEYWORD 소화설비, 물분무등소화설비, 옥내소화전, 옥외소화전, 자동화재탐지설비, 유도등

01 소화설비 ★★

1. 전기설비의 소화설비

제조소등에 전기설비(전기배선, 조명기구 등은 제외한다)가 설치된 경우에는 당해 장소의 면적 100m²마다 소형수동식소화기를 1개 이상 설치할 것

2. 소요단위 및 능력단위 ★★★

소요단위

소화설비의 설치대상이 되는 건축물 그 밖의 공작물의 규모 또는 위험물의 양의 기준단위

	내화구조	비(非) 내화구조
제조소 취급소	100m²	50m²
저장소	150m²	75m²
위험물	지정수량×10	

저자 어드바이스

제조소, 저장소, 취급소 및 위험물에 화재가 발생했을 때 각 소요단위와 같은 양의 능력단위를 가지는 소화약제가 필요하다.

능력단위

소요단위에 대응하는 소화설비의 소화능력의 기준단위

소화설비	용량	능력단위
소화전용 물통	8L	0.3
수조 + 물통 3개	80L	1.5
수조 + 물통 6개	190L	2.5
마른 모래	50L	0.5
팽창질석, 팽창진주암	160L	1.0

개념잡기

위험물안전관리법령상 다음 사항을 참고하여 제조소의 소화설비의 소요단위의 합을 옳게 산출한 것은?

- 제조소 건축물의 연면적은 3,000m²이다.
- 제조소 건축물의 외벽은 내화구조이다.
- 제조소 허가 지정수량은 3,000배이다.
- 제조소 옥외공작물의 최대수평투영면적은 500m²이다.

① 335　　　　　　　② 395
③ 400　　　　　　　④ 440

소요단위 - 1소요단위 기준

	내화구조	비(非) 내화구조
제조소 취급소	100m²	50m²
저장소	150m²	75m²
위험물	지정수량×10	

제조소, 내화구조이므로 $\dfrac{3,000m^2}{100m^2} = 30$ 소요단위

위험물 지정수량 10배가 1소요단위이므로

$\dfrac{지정수량 \times 3,000}{지정수량 \times 10} = 300$ 소요단위

$\dfrac{500m^2}{100m^2} = 5$ 소요단위

∴ 30 + 300 + 5 = 335

정답 : ①

3. 소화설비의 종류★★★

- 옥내소화전
- 옥외소화전
- 스프링클러
- 물분무등 소화설비
  - 물분무 소화설비
  - 미분무 소화설비
  - 포 소화설비
  - 이산화탄소 소화설비
  - 하론 소화설비
  - 할로젠화합물 및 불활성기체 소화설비
  - 분말 소화설비
  - 강화액 소화설비
  - 고체에어로졸 소화설비

3-1 옥내소화전 설비

- 옥내소화전은 제조소등의 건축물의 층마다 당해 층의 각 부분에서 하나의 호스접속구까지의 수평거리가 **25m 이하**가 되도록 설치할 것. 이 경우 옥내소화전은 각 층의 출입구 부근에 1개 이상 설치하여야 한다.
- 수원의 수량은 옥내소화전이 가장 많이 설치된 층의 옥내소화전 설치개수(설치개수가 5개 이상인 경우는 5개)에 **7.8m³**를 곱한 양 이상이 되도록 설치할 것
- 옥내소화전 설비는 각 층을 기준으로 하여 당해 층의 모든 옥내소화전(설치개수가 5개 이상인 경우는 5개의 옥내소화전)을 동시에 사용할 경우에 각 노즐 끝부분의 방수압력이 **350kPa** 이상이고 방수량이 1분당 **260L 이상**의 성능이 되도록 할 것
- 옥내소화전 설비에는 비상전원을 설치할 것 : **45분** 이상 작동
- 개폐밸브, 호스접속구를 1.5m 이하 설치

옥내소화전함 ★★★
- 옥내소화전함에는 그 표면에 "**소화전**"이라고 표시할 것
- 옥내소화전함의 상부의 벽면에 적색의 표시등을 설치하되, 당해 표시등의 부착면과 15° 이상의 각도가 되는 방향으로 10m 떨어진 곳에서 용이하게 식별이 가능하도록 할 것
- 옥내소화전의 개폐밸브 및 호스접속구는 바닥면으로부터 **1.5m 이하**의 높이에 설치할 것
- 축전지 설비는 설치된 실의 벽으로부터 **0.1m 이상** 이격할 것

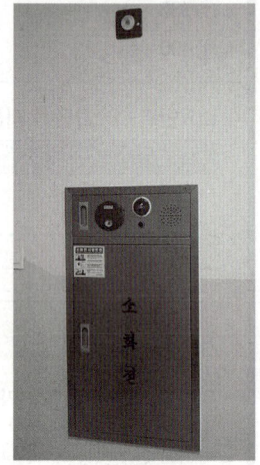

가압송수장치

- **고가수조**를 이용한 가압송수장치 ★

$$H = h_1 + h_2 + 35m$$

- H : 필요낙차(단위 : m)
- h_1 : 방수용 호스의 마찰손실수두(단위 : m)
- h_2 : 배관의 마찰손실수두(단위 : m)

- **압력수조**를 이용한 가압송수장치 ★

$$P = p_1 + p_2 + p_3 + 0.35MPa$$

- P : 필요한 압력(단위 : MPa)
- p_1 : 소방용 호스의 마찰손실수두압(단위 : MPa)
- p_2 : 배관의 마찰손실수두압(단위 : MPa)
- p_3 : 낙차의 환산수두압(단위 : MPa)

- **펌프**를 이용한 가압송수장치 ★

$$H = h_1 + h_2 + h_3 + 35m$$

- H : 펌프의 전양정(단위 : m)
- h_1 : 소방용 호스의 마찰손실수두(단위 : m)
- h_2 : 배관의 마찰손실수두(단위 : m)
- h_3 : 낙차(단위 : m)

3-2 옥외소화전 설비

- 옥외소화전은 방호대상물(당해 소화설비에 의하여 소화하여야 할 제조소등의 건축물 그 밖의 공작물 및 위험물을 말한다. 이하 같다)의 각 부분(건축물의 경우에는 당해 건축물의 1층 및 2층의 부분에 한한다)에서 하나의 호스접속구까지의 수평거리가 40m 이하가 되도록 설치할 것. 이 경우 그 설치개수가 1개일 때는 2개로 하여야 한다.
- 수원의 수량은 옥외소화전의 설치개수(설치개수가 4개 이상인 경우는 4개의 옥외소화전)에 13.5m³를 곱한 양 이상이 되도록 설치할 것
- 옥외소화전 설비는 모든 옥외소화전(설치개수가 4개 이상인 경우는 4개의 옥외소화전)을 동시에 사용할 경우에 각 노즐 끝부분의 방수압력이 350kPa 이상이고, 방수량이 1분당 450L 이상의 성능이 되도록 할 것
- 옥외소화전 설비에는 비상전원을 설치할 것
- 방수용기구를 격납하는 함(이하 "옥외소화전함"이라 한다)은 불연재료로 제작하고 옥외소화전으로부터 보행거리 5m 이하의 장소로서 화재발생 시 쉽게 접근가능하고 화재 등의 피해를 받을 우려가 적은 장소에 설치할 것 ★★

옥외소화전 설비

수원의 수량 ★★★

- 옥내소화전
  설치개수(최대 5) × 7.8m³
- 옥외소화전
  설치개수(최대 4) × 13.5m³

> **개념잡기**
>
> 위험물제조소등에 옥외소화전을 6개 설치할 경우 수원의 수량은 몇 m³ 이상이어야 하는가?
>
> ① 48m³ 이상   ② 54m³ 이상
> ③ 60m³ 이상   ④ 81m³ 이상
>
> ---
> 수원의 수량
> - 옥내소화전 : 설치개수(최대 5)×7.8m³
> - 옥외소화전 : 설치개수(최대 4)×13.5m³
>
> 옥외소화전이므로 최대개수 4이다.
> 수원의 수량 = 4×13.5 = 54m³
>
> 정답 : ②

3-3 스프링클러설비

- 스프링클러헤드는 방호대상물의 천장 또는 건축물의 최상부 부근(천장이 설치되지 아니한 경우)에 설치하되, 방호대상물의 각 부분에서 하나의 스프링클러헤드까지의 수평 거리가 1.7m(아래 표에 정한 살수밀도의 기준을 충족하는 경우에는 2.6m) 이하가 되도록 설치할 것

방사밀도 ★

살수기준면적(m²)	방사밀도(L/m²분)	
	인화점 38℃ 미만	인화점 38℃ 이상
279 미만	16.3 이상	12.2 이상
279 이상 372 미만	15.5 이상	11.8 이상
372 이상 465 미만	13.9 이상	9.8 이상
465 이상	12.2 이상	8.1 이상

- 개방형 스프링클러헤드를 이용한 스프링클러설비의 방사구역(하나의 일제개방밸브에 의하여 동시에 방사되는 구역을 말한다. 이하 같다)은 150m² 이상(방호대상물의 바닥면적이 150m² 미만인 경우에는 당해 바닥면적)으로 할 것
- 수원의 수량은, 폐쇄형 스프링클러헤드를 사용하는 것은 30(헤드의 설치개수가 30 미만인 방호대상물인 경우에는 당해 설치개수), 개방형 스프링클러헤드를 사용하는 것은 스프링클러헤드가 가장 많이 설치된 방사구역의 스프링클러헤드 설치개수에 2.4m³를 곱한 양 이상이 되도록 설치할 것
- 스프링클러설비는 위의 규정에 의한 개수의 스프링클러헤드를 동시에 사용할 경우에 각 끝부분의 방사압력이 **100kPa**(위 방사밀도 표에서 정한 살수밀도의 기준을 충족하는 경우에는 50kPa) 이상이고, 방수량이 1분당 80L(제4호 비고 제1호의 표에 정한 살수밀도의 기준을 충족하는 경우에는 56L) 이상의 성능이 되도록 할 것
- 스프링클러설비에는 비상전원을 설치할 것

참고

스프링클러설비 ★

장점	• 화재 초기 진압에 효과적 • 소화약제 물이므로 비용 절감 • 화재 시 자동으로 작동
단점	• 초기 시설비가 많이 든다. • 시공 복잡

참고

스프링클러설비

개방밸브
수동식개방밸브를 개방조작하는데 필요한 힘이 15kg 이하가 되도록 설치할 것
제어밸브

- 제어밸브는 개방형스프링클러헤드를 이용하는 스프링클러설비에 있어서는 방수구역마다, 폐쇄형스프링클러헤드를 사용하는 스프링클러설비에 있어서는 당해 방호대상물의 층마다, 바닥면으로부터 0.8m 이상 1.5m 이하의 높이에 설치할 것

개방형스프링클러헤드

방호대상물의 모든 표면이 헤드의 유효사정 내에 있도록 설치

- 스프링클러헤드의 반사판으로부터 하방으로 0.45m, 수평방향으로 0.3m의 공간을 보유할 것
- 스프링클러헤드는 헤드의 축심이 당해 헤드의 부착면에 대하여 직각이 되도록 설치할 것

폐쇄형스프링클러헤드

방호대상물의 모든 표면이 헤드의 유효사정 내에 있도록 설치

- 스프링클러헤드의 반사판으로부터 하방으로 0.45m, 수평방향으로 0.3m의 공간을 보유할 것
- 스프링클러헤드는 헤드의 축심이 당해 헤드의 부착면에 대하여 직각이 되도록 설치할 것
- 스프링클러헤드의 반사판과 당해 헤드의 부착면과의 거리는 0.3m 이하일 것
- 스프링클러헤드는 당해 헤드의 부착면으로부터 0.4m 이상 돌출한 보 등에 의하여 구획된 부분마다 설치할 것. 다만, 당해 보 등의 상호 간의 거리(보 등의 중심선을 기산점으로 한다)가 1.8m 이하인 경우에는 그러하지 아니하다.
- 급배기용 덕트 등의 긴변의 길이가 1.2m를 초과하는 것이 있는 경우에는 당해 덕트 등의 아래면에도 스프링클러헤드를 설치할 것
- 스프링클러헤드의 부착위치는 다음에 의할 것
  - 가연성 물질을 수납하는 부분에 스프링클러헤드를 설치하는 경우에는 제1호가목의 규정에 불구하고 당해 헤드의 반사판으로부터 하방으로 0.9m, 수평방향으로 0.4m의 공간을 보유할 것
  - 개구부에 설치하는 스프링클러헤드는 당해 개구부의 상단으로부터 높이 0.15m 이내의 벽면에 설치할 것
- 건식 또는 준비작동식의 유수검지장치의 2차측에 설치하는 스프링클러헤드는 상향식 스프링클러헤드로 할 것. 다만, 동결할 우려가 없는 장소에 설치하는 경우는 그러하지 아니하다.
- 스프링클러헤드는 그 부착장소의 평상시의 최고주위온도에 따라 다음 표에 정한 표시온도를 갖는 것을 설치할 것★

부착장소의 최고주위온도(단위 : ℃)	표시온도(단위 : ℃)
28 미만	58 미만
28 이상 39 미만	58 이상 79 미만
39 이상 64 미만	79 이상 121 미만
64 이상 106 미만	121 이상 162 미만
106 이상	162 이상

쌍구형 송수구

- 전용으로 할 것
- 송수구의 결합금속구는 탈착식 또는 나사식으로 하고 내경을 63.5mm 내지 66.5mm로 할 것
- 송수구의 결합금속구는 지면으로부터 0.5m 이상 1m 이하의 높이의 송수에 지장이 없는 위치에 설치할 것
- 송수구는 당해 스프링클러설비의 가압송수장치로부터 유수검지장치·압력검지장치 또는 일제개방형밸브·수동식개방밸브까지의 배관에 전용의 배관으로 접속할 것
- 송수구에는 그 직근의 보기 쉬운 장소에 "스프링클러용송수구"라고 표시하고 그 송수압력범위를 함께 표시할 것

3-4 물분무소화설비

- 분무헤드의 개수 및 배치는 다음 각목에 의할 것
  - 분무헤드로부터 방사되는 물분무에 의하여 방호대상물의 모든 표면을 유효하게 소화할 수 있도록 설치할 것
  - 방호대상물의 표면적(건축물에 있어서는 바닥면적. 이하 이 목에서 같다) $1m^2$당 세 번째 항목의 규정에 의한 양의 비율로 계산한 수량을 표준방사량(당해 소화설비의 헤드의 설계압력에 의한 방사량을 말한다. 이하 같다)으로 방사할 수 있도록 설치할 것
- 물분무소화설비의 방사구역은 **150m^2 이상(방호대상물의 표면적이 150m^2 미만인 경우에는 당해 표면적)**으로 할 것
- 수원의 수량은 분무헤드가 가장 많이 설치된 방사구역의 모든 분무헤드를 동시에 사용할 경우에 당해 방사구역의 표면적 $1m^2$당 1분당 20L의 비율로 계산한 양으로 30분간 방사할 수 있는 양 이상이 되도록 설치할 것
- 물분무소화설비는 위의 규정에 의한 분무헤드를 동시에 사용할 경우에 각 끝부분의 방사압력이 **350kPa** 이상으로 표준방사량을 방사할 수 있는 성능이 되도록 할 것
- 물분무소화설비에는 비상전원을 설치할 것
- 물분무소화설비에 2 이상의 방사구역을 두는 경우에는 화재를 유효하게 소화할 수 있도록 인접하는 방사구역이 상호 중복되도록 할 것
- 고압의 전기설비가 있는 장소에는 당해 전기설비와 분무헤드 및 배관과 사이에 전기절연을 위하여 필요한 공간을 보유할 것
- 물분무소화설비에는 각 층 또는 방사구역마다 제어밸브, 스트레이너 및 일제개방밸브 또는 수동식 개방밸브를 설치할 것
- 스트레이너 및 일제개방밸브 또는 수동식개방밸브는 제어밸브의 하류측 부근에 스트레이너, 일제개방밸브 또는 수동식 개방밸브의 순으로 설치할 것

소화설비 - 방수압력
- 옥내소화전 350kPa
- 옥외소화전 350kPa
- 스프링클러 100kPa
- 물분무소화설비 350kPa

- 스프링클러소화설비 제어밸브 기준 준용 - 제어밸브는 바닥으로부터 0.8m 이상 1.5m 이하의 위치에 설치할 것
- 물분무소화설비의 방사구역은 150m² 이상(방호대상물의 표면적이 150m² 미만인 경우에는 당해 표면적)으로 할 것

3-5 포소화설비

가압송수장치

$$P = p_1 + p_2 + p_3 + p_4$$

- P : 필요한 압력(단위 : MPa)
- p_1 : 고정식포방출구의 설계압력 또는 이동식포소화설비 노즐방사압력(단위 : MPa)
- p_2 : 배관의 마찰손실수두압(단위 : MPa)
- p_3 : 낙차의 환산수두압(단위 : MPa)
- p_4 : 이동식포소화설비의 소방용 호스의 마찰손실수두압(단위 : MPa)

보조포소화전

보조포소화전은 3개(호스접속구가 3개 미만인 경우에는 그 개수)의 노즐을 동시에 사용할 경우에 각각의 노즐선단의 방사압력이 0.35MPa 이상이고 방사량이 400L/min 이상의 성능이 되도록 설치할 것

표준방사량

방호대상물의 표면적(건축물의 경우에는 바닥면적. 이하 같다) 9m²당 1개 이상의 헤드를, 방호대상물의 표면적 1m²당의 방사량이 6.5L/min 이상의 비율로 계산한 양의 포수용액을 표준방사량으로 방사할 수 있도록 설치 할 것

포소화약제 혼합방식 ★★

- 프레져 프로포셔너방식 : 펌프와 발포기의 중간에 설치된 벤추리관의 벤추리작용과 펌프 가압수의 포소화약제 저장탱크에 대한 압력에 따라 포소화약제를 흡입·혼합하는 방식을 말한다.
- 펌프 프로포셔너방식 : 펌프의 토출관과 흡입관 사이의 배관 도중에 설치한 흡입기에 펌프에서 토출된 물의 일부를 보내고, 농도 조정밸브에서 조정된 포소화약제의 필요량을 포소화약제 탱크에서 펌프 흡입측으로 보내어 이를 혼합하는 방식을 말한다.
- 프레져사이드 프로포셔너방식 : 펌프의 토출관에 압입기를 설치하여 포소화약제 압입용 펌프로 포소화약제를 압입시켜 혼합하는 방식을 말한다.
- 라인 프로포셔너방식 : 펌프와 발포기의 중간에 설치된 벤추리관의 벤추리작용에 따라 포소화약제를 흡입·혼합하는 방식을 말한다.

참고

포소화설비 설치기준 - 포모니터노즐
- 포모니터노즐은 옥외저장탱크 또는 이송취급소의 펌프설비 등이 안벽, 부두, 해상구조물 그 밖의 이와 유사한 장소에 설치되어 있는 경우에 당해 장소의 끝선(해면과 접하는 선)으로부터 수평거리 15m 이내의 해면 및 주입구 등 위험물취급설비의 모든 부분이 수평방사거리 내에 있도록 설치할 것, 이 경우에 그 설치개수가 1개인 경우에는 2개로 할 것
- 포모니터노즐은 소화활동상 지장이 없는 위치에서 기동 및 조작이 가능하도록 고정하여 설치할 것
- 포모니터노즐은 모든 노즐을 동시에 사용할 경우에 각 노즐선단의 방사량이 1,900L/min 이상이고 수평방사거리가 30m 이상이 되도록 설치할 것

참고

포소화설비 - 포방출구
- I형 - 고정지붕구조의 탱크에 상부포주입법 이용
- II형 - 고정지붕구조, 부상덮개부착 고정지붕구조의 탱크에 상부포주입법 이용
- 특형 - 부상지붕구조 탱크에 상부포주입법 이용
- III형 - 고정지붕구조의 탱크에 저부포주입법 이용
- IV형 - 고정지붕구조의 탱크에 저부포주입법 이용

기동장치

직접조작 또는 원격조작에 따라 가압송수장치·수동식개방밸브 및 소화약제 혼합장치를 기동할 수 있는 것으로 할 것

포방출구 방출량

포방출구의 종류 위험물의 구분	Ⅰ형		Ⅱ형		특형		Ⅲ형		Ⅳ형	
	포수 용액량 (L/m²)	방출율 (L/m²min)	포수 용액량 (L/m²)	방출율 (L/m²min)	포수 용액량 (L/m²)	방출율 (L/m²min)	포수 용액량 (L/m²)	방출율 (L/m²min)	포수 용액량 (L/m²)	방출율 (L/m²min)
제4류 위험물 중 인화점이 21℃ 미만인 것	120	4	220	4	240	8	220	4	220	4
제4류 위험물 중 인화점이 21℃ 이상 70℃ 미만인 것	80	4	120	4	160	8	120	4	120	4
제4류 위험물 중 인화점이 70℃ 이상인 것	60	4	100	4	120	8	100	4	10	4

3-6 불활성가스소화설비

- 저장용기 설치기준
  - 방호구역 외의 장소에 설치할 것
  - 온도가 40℃ 이하이고 온도 변화가 적은 장소에 설치할 것
  - 직사일광 및 빗물이 침투할 우려가 적은 장소에 설치할 것
  - 저장용기에는 안전장치(용기밸브에 설치되어 있는 것을 포함한다. 이하 이 조, 제135조 및 제136조에서 같다)를 설치할 것
  - 저장용기의 외면에 소화약제의 종류와 양, 제조년도 및 제조자를 표시할 것
- 이동식 불활성가스소화설비는 하나의 노즐마다 90kg 이상의 양으로 할 것
- 이동식 불활성가스소화설비(고정된 이산화탄소소화약제 공급장치로부터 호스를 통하여 이산화탄소소화약제를 공급받아 이동식 노즐에 의하여 방사하도록 된 소화설비를 말한다. 이하 같다)의 호스접속구는 모든 방호대상물에 대하여 당해 방호 대상물의 각 부분으로부터 하나의 호스접속구까지의 수평거리가 15m 이하가 되도록 설치할 것

할로젠화합물소화설비, 분말소화설비의 설치기준은 불활성가스소화설비의 기준을 준용한다.

3-7 할론 소화설비

- 분사헤드의 방사압력
  - 할론 2402 : 0.1MPa 이상
  - 할론 1211 : 0.2MPa 이상
  - 할론 1301 : 0.9MPa 이상

할론 소화약제 조건
- 전기절연성이 클 것
- 가라앉아 가연물 표면에 부착 위해 공기보다 무거울 것
- 기화되기 쉬울 것
- 소화약제는 연소성이 없을 것

- 저장용기 충전 압력

  축압식저장용기등에 가압 온도 21℃에서 다음 압력이 되도록 질소가스로 축압
  - 하론 1211 : 1.1MPa 또는 2.5MPa
  - 하론 1301, HFC-227ea 또는 FK-5-1-12 : 2.5MPa 또는 4.2MPa
- 충전비

소화약제	충전비
하론 2402	가압식저장용기등 0.51 이상 0.67 이하, 축압식저장용기등 0.67 이상 2.75 이하
하론 1211	0.7 이상 1.4 이하
하론 1301 및 HFC-227ea	0.9 이상 1.6 이하
HFC-23 및 HFC-125	1.2 이상 1.5 이하
FK-5-1-12	0.7 이상 1.6 이하

- 소화약제 방사량

  하나의 노즐마다 온도 20℃에서 1분당 다음 표에 정한 소화약제의 종류에 따른 양 이상을 방사할 수 있도록 할 것

소화약제의 종별	소화약제의 양(kg)
하론 2402	45
하론 1211	40
하론 1301	35

3-8 이산화탄소 소화설비

- 충전비

  고압식 1.5 이상 1.9 이하, 저압식 1.1 이상 1.4 이하
- 압력경보장치

  저압식 2.3MPa 이상 1.9MPa 이하 작동 ★
- 자동냉동기

  저압식 -20℃ 이상 -18℃ 이하 유지
- 기동용가스용기

  25MPa 이상 압력에 견딜 수 있는 것
- 분사압력

  고압식 2.1MPa, 저압식 1.05MPa

3-9 분말소화설비

- 전역방출방식
  - 방사된 소화약제가 방호구역의 전역에 균일하고 신속하게 확산할 수 있도록 설치할 것
  - 분사헤드의 방사압력은 0.1MPa 이상일 것
  - 소화약제의 양을 30초 이내에 균일하게 방사할 것
- 가압용 가스 ★★★
  질소(N_2), 이산화탄소(CO_2)

4. 수동식소화기

- 대형수동식소화기의 설치기준은 방호대상물의 각 부분으로부터 하나의 대형수동식소화기까지의 보행거리가 **30m 이하**가 되도록 설치할 것. 다만, 옥내소화전설비, 옥외소화전설비, 스프링클러설비 또는 물분무등소화설비와 함께 설치하는 경우에는 그러하지 아니하다.
- 소형수동식소화기등의 설치기준은 소형수동식소화기 또는 그 밖의 소화설비는 지하탱크저장소, 간이탱크저장소, 이동탱크저장소, 주유취급소 또는 판매취급소에서는 유효하게 소화할 수 있는 위치에 설치하여야 하며, 그 밖의 제조소등에서는 방호대상물의 각 부분으로부터 하나의 소형수동식소화기까지의 보행거리가 **20m 이하**가 되도록 설치할 것. 다만, 옥내소화전설비, 옥외소화전설비, 스프링클러설비, 물분무등소화설비 또는 대형수동식소화기와 함께 설치하는 경우에는 그러하지 아니하다.

대형수동식소화기
화재 시 사람이 운반할 수 있도록 운반대와 바퀴가 설치되어 있고 능력단위가 A급 10단위 이상, B급 20단위 이상인 수동식 소화기

소형수동식소화기
능력단위가 1 이상이고 대형수동식소화기 능력단위 미만인 수동식 소화기

소화기 외부 표시사항
- 소화기의 명칭
- 적응화재 - 능력단위
  ex) B - 2
- 사용방법
- 취급상 주의사항
- 용기합격 및 중량표시
- 제조연월일
- 제조업체명 및 상호
* 유효기간을 표시하지 않는다.

02 경보설비

지정수량의 **10배 이상**의 위험물을 **저장** 또는 **취급**하는 제조소등에 설치한다.
(단, 이동탱크저장소는 제외한다)

1. 종류 ★

- 자동화재탐지설비
- 비상경보설비(비상벨장치 또는 경종포함)
- 확성장치(휴대용확성기 포함)
- 비상방송설비

2. 경보설비

제조소등별로 설치하여야 하는 경보설비의 종류

제조소등의 구분	제조소등의 규모, 저장 또는 취급하는 위험물의 종류 및 최대수량 등	경보설비
제조소 및 일반취급소	• 연면적 500m² 이상인 것 • 옥내에서 지정수량의 100배 이상을 취급하는 것(고인화점 위험물만을 100℃ 미만의 온도에서 취급하는 것을 제외한다) • 일반취급소로 사용되는 부분 외의 부분이 있는 건축물에 설치된 일반취급소(일반취급소와 일반취급소 외의 부분이 내화구조의 바닥 또는 벽으로 개구부 없이 구획된 것을 제외한다)	자동화재탐지설비
옥내저장소	• 지정수량의 100배 이상을 저장 또는 취급하는 것(고인화점위험물만을 저장 또는 취급하는 것은 제외한다) • 저장창고의 연면적이 150m²를 초과하는 것[연면적 150m² 이내마다 불연재료의 격벽으로 개구부 없이 완전히 구획된 저장창고와 제2류 위험물(인화성고체는 제외한다) 또는 제4류 위험물(인화점이 70℃ 미만인 것은 제외한다)만을 저장 또는 취급하는 저장창고는 그 연면적이 500m² 이상인 것을 말한다]	

제조소등의 구분	제조소등의 규모, 저장 또는 취급하는 위험물의 종류 및 최대수량 등	경보설비
옥내저장소	• 처마 높이가 6m 이상인 단층 건물의 것 • 옥내저장소로 사용되는 부분 외의 부분이 있는 건축물에 설치된 옥내저장소[옥내저장소와 옥내저장소 외의 부분이 내화구조의 바닥 또는 벽으로 개구부 없이 구획된 것과 제2류(인화성고체는 제외한다) 또는 제4류의 위험물(인화점이 70℃ 미만인 것은 제외한다)만을 저장 또는 취급하는 것은 제외한다]	자동화재탐지설비
옥내탱크저장소	단층 건물 외의 건축물에 설치된 옥내탱크저장소로서 소화난이도등급Ⅰ에 해당하는 것	
주유취급소	옥내주유취급소	
옥외탱크저장소	특수인화물, 제1석유류 및 알코올류를 저장 또는 취급하는 탱크의 용량이 1,000만 리터 이상인 것	자동화재탐지설비, 자동화재속보설비
위의 자동화재탐지설비 설치 대상에 해당하지 아니하는 제조소등(이송취급소는 제외한다)	지정수량의 10배 이상을 저장 또는 취급하는 것	자동화재탐지설비, 비상경보설비, 확성장치 또는 비상방송설비 중 1종 이상

[비고] 이송취급소의 경보설비는 별표 15 Ⅳ제14호의 규정에 의한다.

이송취급소의 경보설비
(시행규칙 별표 15 Ⅳ제14호)
가. 이송기지에는 비상벨장치 및 확성장치를 설치할 것
나. 가연성증기를 발생하는 위험물을 취급하는 펌프실 등에는 가연성증기 경보설비를 설치할 것

03 피난설비

- 주유취급소 중 건축물의 2층 이상의 부분을 점포·휴게음식점 또는 전시장의 용도로 사용하는 것에 있어서는 당해 건축물의 2층 이상으로부터 주유취급소의 부지 밖으로 통하는 출입구와 당해 출입구로 통하는 통로·계단 및 출입구에 **유도등**을 설치하여야 한다.
- 옥내주유취급소에 있어서는 당해 사무소 등의 출입구 및 피난구와 당해 피난구로 통하는 통로·계단 및 출입구에 **유도등**을 설치하여야 한다.
- 유도등에는 비상전원을 설치하여야 한다.

저자 어드바이스

경보설비는 대부분 자동화재탐지설비에 관한 문제, 피난설비는 유도등에 관한 문제이다.

개념잡기

위험물안전관리법령에 따라 다음 (   ) 안에 알맞은 용어는?

> 주유취급소 중 건축물의 2층 이상의 부분을 점포·휴게음식점 또는 전시장의 용도로 사용하는 것에 있어서는 당해 건축물의 2층 이상으로부터 주유취급소의 부지 밖으로 통하는 출입구와 당해 출입구로 통하는 통로·계단 및 출입구에 (   )을(를) 설치하여야 한다.

① 피난사다리
② 경보기
③ 유도등
④ CCTV

소방시설 - 피난설비
- 설치 대상
  - 건축물 2층 이상의 부분을
  - 점포·휴게음식점 또는 전시장으로 사용하는
  - 주유취급소, 모든 옥내주유취급소
- 설치 기준
  출입구, 피난구 통로 계단에 유도등을 설치하고 비상전원을 설치한다.

정답 : ③

CHAPTER 03

소화난이도등급

KEYWORD 소화난이도등급, 소화설비, 주의사항, 주의사항 게시판

01 소화난이도등급Ⅰ의 제조소등 및 소화설비***

제조소등의 구분	제조소등의 규모, 저장 또는 취급하는 위험물의 품명 및 최대수량 등	소화설비
제조소 일반취급소	• 연면적 1,000m² 이상인 것 • 지정수량의 100배 이상인 것(고인화점 위험물만을 100℃ 미만의 온도에서 취급하는 것 및 제48조의 위험물을 취급하는 것은 제외) • 지반면으로부터 6m 이상의 높이에 위험물 취급설비가 있는 것(고인화점 위험물만을 100℃ 미만의 온도에서 취급하는 것은 제외) • 일반취급소로 사용되는 부분 외의 부분을 갖는 건축물에 설치된 것(내화구조로 개구부 없이 구획된 것, 고인화점 위험물만을 100℃ 미만의 온도에서 취급하는 것 및 별표 16 Ⅹ의 2의 화학실험의 일반취급소는 제외)	옥내소화전설비 옥외소화전설비 스프링클러설비 또는 물분무등소화설비 (화재발생 시 연기가 충만할 우려가 있는 장소에는 스프링클러설비 또는 이동식 이외의 물분무등소화설비에 한한다)
옥외저장소	• 덩어리 상태의 황을 저장하는 것으로서 경계표시 내부의 면적(2 이상의 경계표시가 있는 경우에는 각 경계표시의 내부의 면적을 합한 면적)이 100m² 이상인 것 • 별표 11 Ⅲ의 위험물을 저장하는 것으로서 지정수량의 100배 이상인 것	
이송취급소	• 모든 대상	
주유취급소	• 별표 13 Ⅴ제2호에 따른 면적의 합이 500m²를 초과하는 것	스프링클러설비(건축물에 한정한다), 소형수동식소화기등(능력단위의 수치가 건축물 그 밖의 공작물 및 위험물의 소요단위의 수치에 이르도록 설치할 것)

제조소등의 구분	제조소등의 규모, 저장 또는 취급하는 위험물의 품명 및 최대수량 등	소화설비		
옥내저장소	• 지정수량의 150배 이상인 것(고인화점 위험물만을 저장하는 것 및 제48조의 위험물을 저장하는 것은 제외) • 연면적 150㎡를 초과하는 것(150㎡ 이내마다 불연재료로 개구부 없이 구획된 것 및 인화성고체 외의 제2류 위험물 또는 인화점 70℃ 이상의 제4류 위험물만을 저장하는 것은 제외) • 처마높이가 6m 이상인 단층건물의 것 • 옥내저장소로 사용되는 부분 외의 부분이 있는 건축물에 설치된 것(내화구조로 개구부 없이 구획된 것 및 인화성고체 외의 제2류 위험물 또는 인화점 70℃ 이상의 제4류 위험물만을 저장하는 것은 제외)	처마높이가 6m 이상인 단층건물 또는 다른 용도의 부분이 있는 건축물에 설치한 옥내저장소		스프링클러설비 또는 이동식 외의 물분무등소화설비
		그 밖의 것		옥내소화전설비, 스프링클러설비, 이동식 외의 물분무등소화설비 또는 이동식 포소화설비(포소화전을 옥외에 설치하는 것에 한한다)
옥외탱크 저장소	• 액표면적이 40㎡ 이상인 것(제6류 위험물을 저장하는 것 및 고인화점 위험물만을 100℃ 미만의 온도에서 저장하는 것은 제외) • 지반면으로부터 탱크 옆판의 상단까지 높이가 6m 이상인 것(제6류 위험물을 저장하는 것 및 고인화점 위험물만을 100℃ 미만의 온도에서 저장하는 것은 제외) • 지중탱크 또는 해상탱크로서 지정수량의 100배 이상인 것(제6류 위험물을 저장하는 것 및 고인화점 위험물만을 100℃ 미만의 온도에서 저장하는 것은 제외) • 고체위험물을 저장하는 것으로서 지정수량의 100배 이상인 것	지중탱크 또는 해상탱크 외의 것	황만을 저장 취급하는 것	물분무소화설비
			인화점 70℃ 이상의 제4류 위험물만을 저장취급 하는 것	물분무소화설비 또는 고정식 포소화설비
			그 밖의 것	고정식 포소화설비(포소화설비가 적응성이 없는 경우에는 분말소화설비)
		지중탱크		고정식 포소화설비, 이동식 이외의 불활성가스소화설비 또는 이동식 이외의 할로젠화합물소화설비
		해상탱크		고정식 포소화설비, 물분무소화설비, 이동식 이외의 불활성가스소화설비 또는 이동식 이외의 할로젠화합물소화설비

제조소등의 구분	제조소등의 규모, 저장 또는 취급하는 위험물의 품명 및 최대수량 등		소화설비
옥내탱크 저장소	• 액표면적이 40㎡ 이상인 것(제6류 위험물을 저장하는 것 및 고인화점 위험물만을 100℃ 미만의 온도에서 저장하는 것은 제외) • 바닥면으로부터 탱크 옆판의 상단까지 높이가 6m 이상인 것(제6류 위험물을 저장하는 것 및 고인화점 위험물만을 100℃ 미만의 온도에서 저장하는 것은 제외) • 탱크전용실이 단층건물 외의 건축물에 있는 것으로서 인화점 38℃ 이상 70℃ 미만의 위험물을 지정수량의 5배 이상 저장하는 것(내화구조로 개구부 없이 구획된 것은 제외한다)	황만을 저장취급 하는 것	물분무소화설비
		인화점 70℃ 이상의 제4류 위험물을 저장취급 하는 것	물분무소화설비, 고정식 포소화설비, 이동식 이외의 불활성가스소화설비, 이동식 이외의 할로젠화합물소화설비 또는 이동식 이외의 분말소화설비
		그 밖의 것	고정식 포소화설비, 이동식 이외의 불활성 가스소화설비, 이동식 이외의 할로젠화합물 소화설비 또는 이동식 이외의 분말소화설비
암반탱크 저장소	• 액표면적이 40㎡ 이상인 것(제6류 위험물을 저장하는 것 및 고인화점 위험물만을 100℃ 미만의 온도에서 저장하는 것은 제외) • 고체위험물만을 저장하는 것으로서 지정수량의 100배 이상인 것	황만을 저장취급하 는 것	물분무소화설비
		인화점 70℃ 이상의 제4류 위험물을 저장취급 하는 것	물분무소화설비 또는 고정식 포소화설비
		그 밖의 것	고정식 포소화설비 (포소화설비가 적응성이 없는 경우에는 분말소화설비)

[비고] 제조소등의 구분별로 오른쪽 란에 정한 제조소등의 규모, 저장 또는 취급하는 위험물의 수량 및 최대수량 등의 어느 하나에 해당하는 제조소등은 소화난이도등급 Ⅰ에 해당하는 것으로 한다.
1. 위 표 오른쪽란의 소화설비를 설치함에 있어서는 당해 소화설비의 방사범위가 당해 제조소, 일반취급소, 옥내저장소, 옥외탱크저장소, 옥내탱크저장소, 옥외저장소, 암반탱크저장소(암반탱크에 관계되는 부분을 제외한다) 또는 이송취급소(이송기지 내에 한한다)의 건축물 그 밖의 공작물 및 위험물을 포함하도록 하여야 한다. 다만, 고인화점 위험물만을 100℃ 미만의 온도에서 취급하는 제조소 또는 일반취급소의 경우에는 당해 제조소 또는 일반취급소의 건축물 및 그 밖의 공작물만 포함하도록 할 수 있다.
2. 고인화점 위험물만을 100℃ 미만의 온도에서 취급하는 제조소 또는 일반취급소의 위험물에 대해서는 대형수동식소화기 1개 이상과 당해 위험물의 소요단위에 해당하는 능력단위의 소형수동식소화기를 설치하여야 한다. 다만, 당해 제조소 또는 일반취급소에 옥내외소화전설비, 스프링클러설비 또는 물분무등소화설비를 설치한 경우에는 당해 소화설비의 방사능력범위 내에는 대형수동식소화기를 설치하지 아니할 수 있다.
3. 가연성증기 또는 가연성미분이 체류할 우려가 있는 건축물 또는 실내에는 대형수동식소화기 1개 이상과 당해 건축물 그 밖의 공작물 및 위험물의 소요단위에 해당하는 능력단위의 소형수동식소화기 등을 추가로 설치하여야 한다.
4. 제4류 위험물을 저장 또는 취급하는 옥외탱크저장소 또는 옥내탱크저장소에는 소형수동식소화기 등을 2개 이상 설치하여야 한다.
5. 제조소, 옥내탱크저장소, 이송취급소 또는 일반취급소의 작업공정상 소화설비의 방사능력범위 내에 당해 제조소등에서 저장 또는 취급하는 위험물의 전부가 포함되지 아니하는 경우에는 당해 위험물에 대하여 대형수동식소화기 1개 이상과 당해 위험물의 소요단위에 해당하는 능력단위의 소형수동식소화기 등을 추가로 설치하여야 한다.

개념잡기

소화난이도 등급 I에 해당하는 제조소 등의 종류, 규모 등 및 설치 가능한 소화설비에 대해 짝지은 것 중 틀린 것은?

① 제조소 - 연면적 1,000m² 이상인 것 - 옥내소화전설비
② 옥내저장소 - 처마높이가 6m 이상인 단층건물 - 이동식 분말소화설비
③ 옥외탱크저장소(지중탱크) - 지정수량의 100배 이상인 것(제6류 위험물을 저장하는 것 및 고인화점 위험물만을 100℃ 미만의 온도에서 저장하는 것은 제외) - 고정식 이산화탄소소화설비
④ 옥외저장소 - 제1석유류를 저장하는 것으로서 지정수량의 100배 이상인 것 - 물분무등소화설비(화재발생 시 연기가 충만할 우려가 있는 장소에는 스프링클러 설비 또는 이동식 이외의 물분무등소화설비에 한한다)

소화난이도등급 I
① 제조소 : 연면적 1,000m² 이상인 것 - 옥내소화전설비, 옥외소화전설비, 스프링클러설비 또는 물분무등소화설비(화재발생 시 연기가 충만할 우려가 있는 장소에는 스프링클러설비 또는 이동식 외의 물분무등소화설비에 한한다)
② 옥내저장소 : 처마높이가 6m 이상인 단층건물 - 스프링클러설비 또는 이동식 외의 물분무등소화설비
③ 옥외탱크저장소 : 지중탱크 또는 해상탱크로서 지정수량의 100배 이상인 것 - 고정식 포소화설비, 이동식 이외의 불활성가스소화설비 또는 이동식 이외의 할로젠화합물소화설비(해상탱크에는 물분무소화설비 추가)
④ 옥외저장소 : 인화성고체, 제1석유류 또는 알코올류를 저장하는 것으로서 지정수량의 100배 이상 - 옥내소화전설비, 옥외소화전설비, 스프링클러설비 또는 물분무등소화설비(화재발생 시 연기가 충만할 우려가 있는 장소에는 스프링클러설비 또는 이동식 이외의 물분무등소화설비에 한한다)

정답 : ②

개념잡기

소화난이도등급 I의 제조소등 중 옥내탱크저장소의 규모에 대한 설명이 옳은 것은?

① 액체 위험물을 저장하는 위험물의 액표면적이 20m² 이상인 것
② 바닥면으로부터 탱크 옆판의 상단까지 높이가 6m 이상인 것(제6류 위험물을 저장하는 것 및 고인화점위험물만을 100℃ 미만의 온도에서 저장하는 것은 제외)
③ 액체 위험물을 저장하는 단층 건축물 외의 건축물에 설치하는 것으로서 인화점이 40℃ 이상 70℃ 미만의 위험물은 지정수량의 40배 이상 저장 또는 취급하는 것
④ 고체 위험물은 지정수량의 150배 이상 저장 또는 취급하는 것

소화난이도등급 I - 옥내탱크저장소
• 액표면적이 40m² 이상인 것(제6류 위험물을 저장하는 것 및 고인화점 위험물만을 100℃ 미만의 온도에서 저장하는 것은 제외)
• 바닥면으로부터 탱크 옆판의 상단까지 높이가 6m 이상인 것(제6류 위험물을 저장하는 것 및 고인화점 위험물만을 100℃ 미만의 온도에서 저장하는 것은 제외)
• 탱크전용실이 단층건물 외의 건축물에 있는 것으로서 인화점 38℃ 이상 70℃ 미만의 위험물을 지정수량의 5배 이상 저장하는 것(내화구조로 개구부 없이 구획된 것은 제외한다)

정답 : ②

02 소화난이도등급 Ⅱ의 제조소등 및 소화설비

제조소등의 구분	제조소등의 규모, 저장 또는 취급하는 위험물의 품명 및 최대수량 등	소화설비
제조소 일반취급소	• 연면적 600㎡ 이상인 것 • 지정수량의 10배 이상인 것(고인화점 위험물만을 100℃ 미만의 온도에서 취급하는 것 및 제48조의 위험물을 취급하는 것은 제외) • 별표 16 Ⅱ·Ⅲ·Ⅳ·Ⅴ·Ⅷ·Ⅸ·Ⅹ 또는 Ⅹ의2의 일반취급소로서 소화난이도등급 Ⅰ의 제조소등에 해당하지 아니하는 것(고인화점 위험물만을 100℃ 미만의 온도에서 취급하는 것은 제외)	방사능력범위 내에 당해 건축물 그 밖의 공작물 및 위험물이 포함되도록 대형수동식소화기를 설치하고, 당해 위험물의 소요단위의 1/5 이상에 해당되는 능력단위의 소형수동식소화기등을 설치할 것
옥내저장소	• 단층건물 이외의 것 • 별표 5 Ⅱ 또는 Ⅳ제1호의 옥내저장소 • 지정수량의 10배 이상인 것(고인화점 위험물만을 저장하는 것 및 제48조의 위험물을 저장하는 것은 제외) • 연면적 150㎡ 초과인 것 • 별표 5 Ⅲ의 옥내저장소로서 소화난이도등급 Ⅰ의 제조소등에 해당하지 아니하는 것	
옥외탱크저장소 옥내탱크저장소	소화난이도등급 Ⅰ의 제조소등 외의 것(고인화점 위험물만을 100℃ 미만의 온도로 저장하는 것 및 제6류 위험물만을 저장하는 것은 제외)	
옥외저장소	• 덩어리 상태의 황을 저장하는 것으로서 경계표시 내부의 면적(2 이상의 경계표시가 있는 경우에는 각 경계표시의 내부의 면적을 합한 면적)이 5㎡ 이상 100㎡ 미만인 것 • 별표 11 Ⅲ의 위험물을 저장하는 것으로서 지정수량의 10배 이상 100배 미만인 것 • 지정수량의 100배 이상인 것(덩어리 상태의 황 또는 고인화점 위험물을 저장하는 것은 제외)	
주유취급소	옥내주유취급소로서 소화난이도등급 Ⅰ의 제조소등에 해당하지 아니하는 것	
판매취급소	제2종 판매취급소	

[비고] 제조소등의 구분별로 오른쪽 란에 정한 제조소등의 규모, 저장 또는 취급하는 위험물의 수량 및 최대수량 등의 어느 하나에 해당하는 제조소등은 소화난이도등급 Ⅱ에 해당하는 것으로 한다.
1. 옥내소화전설비, 옥외소화전설비, 스프링클러설비 또는 물분무등소화설비를 설치한 경우에는 당해 소화설비의 방사능력범위 내의 부분에 대해서는 대형수동식소화기를 설치하지 아니할 수 있다.
2. 소형수동식소화기등이란 제4호의 규정에 의한 소형수동식소화기 또는 기타 소화설비를 말한다. 이하 같다.

03 소화난이도등급Ⅲ의 제조소등 및 소화설비

1. 소화난이도등급Ⅲ에 해당하는 제조소등

제조소등의 구분	제조소등의 규모, 저장 또는 취급하는 위험물의 품명 및 최대수량 등
제조소 일반취급소	제48조의 위험물을 취급하는 것
	제48조의 위험물 외의 것을 취급하는 것으로서 소화난이도등급Ⅰ 또는 소화난이도등급Ⅱ의 제조소등에 해당하지 아니하는 것
옥내저장소	제48조의 위험물을 취급하는 것
	제48조의 위험물외의 것을 취급하는 것으로서 소화난이도등급Ⅰ 또는 소화난이도등급Ⅱ의 제조소등에 해당하지 아니하는 것
지하탱크저장소, 간이탱크저장소, 이동탱크저장소	모든 대상
옥외저장소	덩어리 상태의 황을 저장하는 것으로서 경계표시 내부의 면적(2 이상의 경계표시가 있는 경우에는 각 경계표시의 내부의 면적을 합한 면적)이 5㎡ 미만인 것
	덩어리 상태의 황 외의 것을 저장하는 것으로서 소화난이도등급Ⅰ 또는 소화난이도등급Ⅱ의 제조소등에 해당하지 아니하는 것
주유취급소	옥내주유취급소 외의 것으로서 소화난이도등급Ⅰ의 제조소등에 해당하지 아니하는 것
제1종 판매취급소	모든 대상

[비고] 제조소등의 구분별로 오른쪽 란에 정한 제조소등의 규모, 저장 또는 취급하는 위험물의 수량 및 최대수량 등의 어느 하나에 해당하는 제조소등은 소화난이도등급Ⅲ에 해당하는 것으로 한다.

제6류 위험물을 저장하는 옥내탱크저장소로서 단층건물에 설치된 것은 소화난이도등급에 해당없다.

2. 소화난이도등급Ⅲ의 제조소등에 설치하여야 하는 소화설비

제조소등의 구분	소화설비	설치기준	
지하탱크 저장소	소형수동식소화기등	능력단위의 수치가 3 이상	2개 이상
이동탱크저장소	자동차용소화기	무상의 강화액 8L 이상	2개 이상
		이산화탄소 3.2kg 이상	
		브로모클로로다이플루오로메테인 (CF$_2$ClBr) 2L 이상	
		브로모트라이플루오로메테인 (CF$_3$Br) 2L 이상	
		다이브로모테트라플루오로에테인 (C$_2$F$_4$Br$_2$) 1L 이상	
		소화분말 3.3kg 이상	
	마른 모래 및 팽창질석 또는 팽창진주암	마른 모래 150L 이상	
		팽창질석 또는 팽창진주암 640L 이상	
그 밖의 제조소등	소형수동식소화기등	능력단위의 수치가 건축물 그 밖의 공작물 및 위험물의 소요단위의 수치에 이르도록 설치할 것. 다만, 옥내소화전설비, 옥외소화전설비, 스프링클러설비, 물분무등소화설비 또는 대형수동식소화기를 설치한 경우에는 당해 소화설비의 방사능력범위 내의 부분에 대하여는 수동식소화기 등을 그 능력단위의 수치가 당해 소요단위의 수치의 1/5 이상이 되도록 하는 것으로 족하다.	

[비고] 알킬알루미늄 등을 저장 또는 취급하는 이동탱크저장소에 있어서는 자동차용소화기를 설치하는 외에 마른 모래나 팽창질석 또는 팽창진주암을 추가로 설치하여야 한다.

CHAPTER 04

소화설비의 적응성

KEYWORD 전기설비 소화설비, 위험물에 따른 소화설비

01 위험물에 따른 소화설비의 적응성

유별	종류	운반용기 외부의 주의사항	게시판	소화방법	덮개
제1류 위험물	알칼리금속의 과산화물	가연물접촉주의, 화기·충격주의, 물기엄금	물기엄금	주수금지	방수성 차광성
	그 외	가연물접촉주의, 화기·충격주의	없음	주수소화	차광성
제2류 위험물	철분·금속분·마그네슘	화기주의, 물기엄금	화기주의	주수금지	방수성
	인화성고체	화기엄금	화기엄금	주수소화, 질식소화	
	그 외	화기주의	화기주의	주수소화	
제3류 위험물	자연발화성 물질	화기엄금, 공기접촉엄금	화기엄금	주수소화	차광성
	금수성물질	물기엄금	물기엄금	주수금지	방수성
제4류 위험물		화기엄금	화기엄금	질식소화	차광성 (특수인화물)
제5류 위험물		화기엄금, 충격주의	화기엄금	주수소화	차광성
제6류 위험물		가연물접촉주의	없음	주수소화	차광성

소화방법에 따른 소화설비
- 주수소화 : 옥내소화전, 옥외소화전, 스프링클러설비, 물분무소화설비, 포소화설비, 인삼염류분말소화약제(1, 2, 6류의 주수소화에 적응성)
- 주수금지 : 탄산수소염류 분말소화약제, 마른 모래, 팽창질석, 팽창진주암
- 질식소화 : 물분무소화설비, 이산화탄소소화설비, 포소화설비, 분말소화설비, 무상수화기, 무상강화액소화기, 할로젠화합물소화설비(억제소화)

저자 어드바이스

출제빈도가 매우 높은 표이다. 위험물의 성질과 소화방법을 연관지어 이해하는 것이 중요하다. 예를 들어 물과 닿으면 폭발하는 성질의 위험물은 물을 이용한 소화를 하면 안 되고, 물에 녹지 않는 제4류 위험물과 같은 위험물은 물보다 가벼워 물위에 뜨므로 화재면이 확대된다. 따라서 물이 아닌 이산화탄소를 이용한 질식소화를 실시한다.

핵심 KEY

전기설비에 적응성이 있는 소화설비 ★★★
포소화설비를 제외한 질식소화
- 물분무소화설비
- 불활성가스소화설비
- 이산화탄소소화설비
- 할로젠화합물소화설비
- 분말소화설비(탄산수소염류, 인산염류)
- 무상소화기(물, 강화액)

> 위험물안전관리법령상 이산화탄소소화기가 적응성이 없는 위험물은?
>
> ① 인화성고체　　　　　　　② 톨루엔
> ③ 초산메틸　　　　　　　　④ 브로민산칼륨
>
> ---
>
> 이산화탄소소화기 - 질식소화
> ① 제2류 위험물 중 인화성고체 - 주수소화, 질식소화
> ② 제4류 위험물 - 질식소화
> ③ 제4류 위험물 - 질식소화
> ④ 제1류 위험물 - 주수소화
>
> 정답 : ④

> $KClO_3$ 운반용기 외부에 표시하여야 할 주의사항으로 옳은 것은?
>
> ① "화기·충격주의" 및 "가연물접촉주의"
> ② "화기·충격주의", "물기엄금" 및 "가연물접촉주의"
> ③ "화기주의" 및 "물기엄금"
> ④ "화기엄금" 및 "공기접촉엄금"
>
> ---
>
> 염소산칼륨 : 제1류 위험물 그 외
>
> 정답 : ①

소화설비의 구분			대상물 구분											
			건축물·그 밖의 공작물	전기설비	제1류 위험물		제2류 위험물			제3류 위험물		제4류 위험물	제5류 위험물	제6류 위험물
					알칼리금속과산화물등	그 밖의 것	철분·금속분·마그네슘등	인화성고체	그 밖의 것	금수성물품	그 밖의 것			
옥내소화전 또는 옥외소화전설비			O			O		O	O		O		O	O
스프링클러설비			O			O		O	O		O	△	O	O
물분무등 소화설비	물분무소화설비		O	O		O		O	O		O	O	O	O
	포소화설비		O			O		O	O		O	O	O	O
	불활성가스소화설비			O				O				O		
	할로젠화합물소화설비			O				O				O		
	분말소화설비	인산염류등	O	O		O		O	O			O		O
		탄산수소염류등		O	O		O	O		O		O		
		그 밖의 것			O		O			O				
대형·소형 수동식 소화기	봉상수(棒狀水)소화기		O			O		O	O		O		O	O
	무상수(霧狀水)소화기		O	O		O		O	O		O		O	O
	봉상강화액소화기		O			O		O	O		O		O	O
	무상강화액소화기		O	O		O		O	O		O	O	O	O
	포소화기		O			O		O	O		O	O	O	O
	이산화탄소소화기			O				O				O		△
대형·소형 수동식 소화기	할로젠화합물소화기			O				O				O		
	분말소화기	인산염류소화기	O	O		O		O	O			O		O
		탄산수소염류소화기		O	O		O	O		O		O		
		그 밖의 것			O		O			O				
기타	물통 또는 수조		O			O		O	O		O		O	O
	건조사				O	O	O	O	O	O	O	O	O	O
	팽창질석 또는 팽창진주암				O	O	O	O	O	O	O	O	O	O

[비고]

1. "O"표시는 당해 소방대상물 및 위험물에 대하여 소화설비가 적응성이 있음을 표시하고, "△"표시는 제4류 위험물을 저장 또는 취급하는 장소의 살수기준면적에 따라 스프링클러설비의 살수밀도가 다음 표에 정하는 기준 이상인 경우에는 당해 스프링클러설비가 제4류 위험물에 대하여 적응성이 있음을, 제6류 위험물을 저장 또는 취급하는 장소로서 폭발의 위험이 없는 장소에 한하여 이산화탄소소화기가 제6류 위험물에 대하여 적응성이 있음을 각각 표시한다.

살수기준면적(m^2)	방사밀도(L/m^2분)		비고
	인화점 38℃ 미만	인화점 38℃ 이상	
279 미만	16.3 이상	12.2 이상	살수기준면적은 내화구조의 벽 및 바닥으로 구획된 하나의 실의 바닥면적을 말하고, 하나의 실의 바닥면적이 465m^2 이상인 경우의 살수기준면적은 465m^2로 한다. 다만, 위험물의 취급을 주된 작업 내용으로 하지 아니하고 소량의 위험물을 취급하는 설비 또는 부분이 넓게 분산되어 있는 경우에는 방사밀도는 8.2L/m^2분 이상, 살수기준 면적은 279m^2 이상으로 할 수 있다.
279 이상 372 미만	15.5 이상	11.8 이상	
372 이상 465 미만	13.9 이상	9.8 이상	
465 이상	12.2 이상	8.1 이상	

2. 인산염류등은 인산염류, 황산염류 그 밖에 방염성이 있는 약제를 말한다.
3. 탄산수소염류등은 탄산수소염류 및 탄산수소염류와 요소의 반응생성물을 말한다.
4. 알칼리금속과산화물등은 알칼리금속의 과산화물 및 알칼리금속의 과산화물을 함유한 것을 말한다.
5. 철분·금속분·마그네슘등은 철분·금속분·마그네슘과 철분·금속분 또는 마그네슘을 함유한 것을 말한다.

개념잡기

위험물안전관리법령상 위험물을 적재할 때에 방수성 덮개를 해야 하는 것은?

① 과산화나트륨　　　　② 염소산칼륨
③ 제5류 위험물　　　　④ 과산화수소

유별	종류	운반용기 외부의 주의사항	게시판	소화방법	덮개
제1류 위험물	알칼리금속의 과산화물 등	가연물접촉주의, 화기·충격주의, 물기엄금	물기엄금	주수금지	방수성 차광성
	그 외	가연물접촉주의, 화기·충격주의	없음	주수소화	차광성
제2류 위험물	철분·금속분· 마그네슘	화기주의, 물기엄금	화기주의	주수금지	방수성
	인화성고체	화기엄금	화기엄금	주수소화, 질식소화	
	그 외	화기주의	화기주의	주수소화	
제3류 위험물	자연발화성물질	화기엄금, 공기접촉엄금	화기엄금	주수소화	차광성
	금수성물질	물기엄금	물기엄금	주수금지	방수성
제4류 위험물		화기엄금	화기엄금	질식소화	차광성 (특수인화물)
제5류 위험물		화기엄금, 충격주의	화기엄금	주수소화	차광성
제6류 위험물		가연물접촉주의	없음	주수소화	차광성

정답 : ①

1. 주의사항 게시판 ★★★

게시판의 크기
한 변의 길이가 0.3m 이상, 다른 한 변의 길이가 0.6m 이상인 직사각형

게시판의 종류 및 바탕, 문자색

종류	바탕색	문자색
위험물제조소등	백색	흑색
위험물	흑색	황색반사도료
주유중엔진정지	황색	흑색
화기엄금	적색	백색
물기엄금	청색	백색

참고 게시판

- 백색바탕·흑색문자

개념잡기

주유취급소에 설치해야 하는 "주유 중 엔진정지" 게시판의 색상을 옳게 나타낸 것은?

① 적색 바탕에 백색문자 ② 청색 바탕에 백색문자
③ 백색 바탕에 흑색문자 ④ 황색 바탕에 흑색문자

게시판의 종류 및 바탕, 문자색

종류	바탕색	문자색
위험물제조소등	백색	흑색
위험물	흑색	황색반사도료
주유중엔진정지	황색	흑색
화기엄금	적색	백색
물기엄금	청색	백색

정답 : ④

PART 05

위험물의 종류 및 성질

01 위험물의 기초
02 제1류 위험물
03 제2류 위험물
04 제3류 위험물
05 제4류 위험물
06 제5류 위험물
07 제6류 위험물

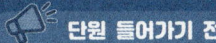 단원 들어가기 전

제1류~제6류의 품명, 위험물명칭, 지정수량, 분자식, 위험등급, 소화방법 저장방법 등 본 단원은 거의 암기과목이라고 봐도 무방합니다.
실기까지도 이어지는 단원이므로 반드시 숙지하도록 합시다.

CHAPTER 01

위험물의 기초

KEYWORD 위험등급, 품명, 지정수량, 위험물 명칭, 분자식

01 위험물의 분류

1. 위험물의 유별 ★★★

위험물의 특성에 따라 제1류 ~ 제6류까지 나뉜다.
- 제1류 위험물 : 산화성 고체
- 제2류 위험물 : 가연성 고체
- 제3류 위험물 : 자연발화성 물질 및 금수성 물질
- 제4류 위험물 : 인화성 액체
- 제5류 위험물 : 자기반응성 물질
- 제6류 위험물 : 산화성 액체

산화성 고체

고체로서 산화력의 잠재적인 위험성 또는 충격에 대한 민감성을 판단하기 위하여 고시하는 시험에서 고시로 정하는 성질과 상태를 나타내는 것을 말한다.

가연성 고체

고체로서 화염에 의한 발화의 위험성 또는 인화의 위험성을 판단하기 위하여 고시로 정하는 시험에서 고시로 정하는 성질과 상태를 나타내는 것을 말한다.

자연발화성 물질 및 금수성 물질

고체 또는 액체로서 공기 중에서 발화의 위험이 있거나 물과 접촉하여 발화하거나 가연성 가스를 발생하는 위험성이 있는 것을 말한다.

저자 어드바이스

'다음 중 제1류 위험물이 아닌 것은?' 이 아닌 '다음 중 산화성 고체가 아닌 것은?'으로 문제가 출제된다.

위험등급

위험물에 따라 위험한 정도를 나타낸 등급으로 Ⅰ등급일수록 위험하다.

품명

위험물의 유별에 해당하는 물품의 명칭을 분류한 것이다.

지정수량

위험물의 종류별로 위험성을 고려하여 대통령령이 지정하는 수량으로서 제조소 등의 설치허가 등에 있어서 최저의 기준이 되는 수량이다.

지정수량의 배수 = $\dfrac{\text{제시된 양}}{\text{지정수량}}$

인화성 액체

액체(제3석유류, 제4석유류 및 동식물유류의 경우 1기압과 섭씨 20도에서 액체인 것만 해당한다)로서 인화의 위험성이 있는 것을 말한다.

자기반응성 물질

고체 또는 액체로서 폭발의 위험성 또는 가열분해의 격렬함을 판단하기 위하여 고시로 정하는 시험에서 고시로 정하는 성질과 상태를 나타내는 것을 말한다.

산화성 액체

액체로서 산화력의 잠재적인 위험성을 판단하기 위하여 고시로 정하는 시험에서 고시로 정하는 성질과 상태를 나타내는 것을 말한다.

연소시간 측정시험(제6류 위험물)

목분(수지분이 적은 삼에 가까운 재료로 하고 크기는 500μm의 체를 통과하고 250μm의 체를 통과하지 않는 것), 질산 90% 수용액 및 시험물품을 사용하여 온도 20℃, 습도 50%, 1기압의 실내에서 제2항 및 제3항의 방법에 의하여 실시한다. 다만, 배기를 행하는 경우에는 바람의 흐름과 평행하게 측정한 풍속이 0.5m/s 이하이어야 한다.

02 제1류 위험물 - 산화성 고체

참고

운반 시 용기 외부에 표시해야 할 주의사항
- 알칼리금속 과산화물
  물기엄금, 화기주의, 충격주의,
  가연물접촉주의
- 그 밖의 것 : 화기주의, 충격주의,
  가연물접촉주의

주의사항 게시판
- 알칼리금속 과산화물 : 물기엄금
- 그 밖의 것 : 없음

주된 소화방법
- 알칼리금속 과산화물 : 주수금지
- 그 밖의 것 : 주수소화

암기 Tip

무아과염 요브질 중과 오(50kg)삼(300kg)천(1,000kg)

등급	품명		지정수량	대표 위험물	분자식	그 밖의 위험물
I	무기과산화물		50kg	과산화칼륨	K_2O_2	과산화칼슘(CaO_2)
				과산화나트륨	Na_2O_2	과산화마그네슘(MgO_2)
I	아염소산염류		50kg	아염소산나트륨	$NaClO_2$	
I	과염소산염류		50kg	과염소산칼륨	$KClO_4$	
				과염소산나트륨	$NaClO_4$	
I	염소산염류		50kg	염소산칼륨	$KClO_3$	염소산마그네슘
				염소산나트륨	$NaClO_3$	($Mg(ClO_3)_2$)
II	아이오딘산염류		300kg	아이오딘산칼륨	KIO_3	
II	브로민산염류		300kg	브로민산암모늄	NH_4BrO_3	
				브로민산칼륨	$kBrO_3$	
II	질산염류		300kg	질산칼륨	KNO_3	
				질산나트륨	$NaNO_3$	
				질산암모늄	NH_4NO_3	
III	다이크로뮴산염류		1,000kg	다이크로뮴산칼륨	$K_2Cr_2O_7$	
III	과망가니즈산염류		1,000kg	과망가니즈산칼륨	$KMnO_4$	
I	그 외	차아염소산염류	50kg			
II		과아이오딘산	300kg			
II		과아이오딘산염류	300kg			
II		아질산염류	300kg			
II		크로뮴, 납, 아이오딘의 산화물	300kg	무수크로뮴산	CrO_3	
II		퍼옥소붕산염류	300kg			
II		퍼옥소이황산염류	300kg			
II		염소화아이소사이아누르산	300kg			

알칼리금속
- 물과 반응하여 알칼리 수용액을 만든다
  하여 알칼리 금속이라 부르며, 주기율
  표 제1족 원소(수소 제외)이다.
- Li, Na, K 등이 있다.

03
제2류 위험물 - 가연성 고체

백(100kg)황유적 오(500kg)철마분 인고천(1,000kg)

등급	품명	지정수량	위험물	분자식
II	황화인	100kg	삼황화인	P_4S_3
			오황화인	P_2S_5
			칠황화인	P_4S_7
II	황	100kg	황	S
II	적린	100kg	적린	P
III	철분	500kg	철분	Fe
III	마그네슘	500kg	마그네슘	Mg
III	금속분	500kg	알루미늄분	Al
			아연분	Zn
			안티몬	Sb
III	인화성고체	1,000kg	고형알코올	

운반 시 용기 외부에 표시해야 할 주의사항
- 철분, 금속분, 마그네슘 등 : 화기주의, 물기엄금
- 인화성고체 : 화기엄금
- 그 밖의 것 : 화기주의

주의사항 게시판
- 철분, 금속분, 마그네슘 등 : 화기주의
- 인화성고체 : 화기엄금
- 그 밖의 것 : 화기주의

주된 소화방법
- 철분, 금속분, 마그네슘 등 : 주수금지
- 인화성고체
  주수소화, 질식소화, 억제소화
- 그 밖의 것 : 주수소화

1. 위험물이 되는 기준★★★

황

순도 60중량퍼센트 이상인 것. 불순물은 활석 등 불연성 물질과 수분에 한한다.

철분

53마이크로미터의 체를 통과하는 것이 50중량퍼센트 이상인 것

금속분

구리분, 니켈분을 제외하고 150마이크로미터의 체를 통과하는 것이 50중량퍼센트 이상인 것

마그네슘

지름 2밀리미터 이상의 막대모양 제외, 2밀리미터의 체를 통과하지 않는 것 제외
= 지름 2밀리미터 미만의 마그네슘은 위험물에 해당한다.

04 제3류 위험물 - 자연발화성 및 금수성 물질

암기 Tip

십(10kg)알칼리나 이(20kg)황 오(50kg)알토유기 삼(300kg)금수인탄

등급	품명	지정수량	위험물	분자식	기타
I	알킬알루미늄	10kg	트라이에틸알루미늄	$(C_2H_5)_3Al$	
I	칼륨	10kg	칼륨	K	
I	알킬리튬	10kg	알킬리튬	RLi	
I	나트륨	10kg	나트륨	Na	
I	황린	20kg	황린	P_4	
II	알칼리금속	50kg	리튬	Li	
II			루비듐	Rb	
II	알칼리토금속		칼슘	Ca	
II			바륨	Ba	
II	유기금속화합물	50kg			다이메틸아연
III	금속수소화합물	300kg	수소화칼슘	CaH_2	수소화리튬 (LiH)
III			수소화나트륨	NaH	
III	금속인화합물	300kg	인화칼슘	Ca_3P_2	
III	칼슘, 알루미늄 탄화물	300kg	탄화칼슘	CaC_2	
III			탄화알루미늄	Al_4C_3	
III	그 외	300kg	염소화규소화합물		트라이클로로실란 $(SiHCl_3)$

운반 시 용기 외부에 표시해야 할 주의사항
- 금수성 물질(황린 외) : 물기엄금
- 자연발화성 물질(황린) : 화기엄금

주의사항 게시판
- 금수성 물질(황린 외) : 물기엄금
- 자연발화성 물질(황린) : 화기엄금

주된 소화방법
- 금수성 물질(황린 외) : 주수금지
- 자연발화성 물질(황린) : 주수소화

저자 어드바이스

제3류 위험물 중 자연발화성 물질은 황린, 그 외 위험물은 금수성 물질이다.

트라이클로로실란
반도체 산업에서 이용되는 위험물

05 제4류 위험물 - 인화성 액체

> **암기 Tip**
>
> 특이다이아산 일이(200L)휘메톨벤 사(400L)시아피 알콜사(400L)
> 이천(1,000L)등경스틸크실클로로 이천(2,000L)아포히 삼이(2,000L)
> 클중아니 사(4,000L)글리글리콜 사육(6,000L)윤기실 만(10,000L)
> 건대정상해동아들 반면청쌀옥채참콩 불소돼지고래올리브팜땅콩피자

운반 시 용기 외부에 표시해야 할 주의사항
- 화기엄금

주의사항 게시판
- 화기엄금

주된 소화방법
- 질식소화, 억제소화

위험물의 기준
- 특수인화물 : 이황화탄소, 다이에틸에터 그 밖에 1기압에서 발화점 섭씨 100도 이하인 것 또는 인화점 -20도 이하, 비점 40도 이하인 것을 말한다.
- 제1석유류 아세톤, 휘발유 그 밖에 1기압에서 인화점 섭씨 21도 미만인 것을 말한다.
- 제2석유류 등유, 경유 그 밖에 1기압에서 인화점이 섭씨 21도 이상 70도 미만인 것을 말한다(가연성 액체량 40중량퍼센트 이하이면서 인화점 섭씨 40도 이상, 연소점 섭씨 60도 이상인 것 제외).
- 제3석유류 중유, 클레오소트유 그 밖에 1기압에서 인화점이 70도 이상 200도 미만인 것을 말한다.
- 제4석유류 기어유, 실린더유 그 밖에 1기압에서 인화점이 200도 이상 250도 미만인 것을 말한다.
- 알코올류 1분자를 구성하는 탄소원자 수가 1개부터 3개까지인 포화1가 알코올을 말한다(60중량퍼센트 미만 제외).

등급	품명		지정수량	위험물	분자식	기타
I	특수 인화물	비수용성	50L	이황화탄소	CS_2	이소프로필아민 황화다이메틸
				다이에틸에터	$C_2H_5OC_2H_5$	
		수용성		아세트알데하이드	CH_3CHO	
				산화프로필렌	OCH_2CHCH_3	
II	제1 석유류	비수용성	200L	휘발유		초산메틸 (CH_3COOCH_3) 초산에틸 의산메틸 (포름산에틸) 에틸벤젠 삼차아밀알코올 포름산에틸
				메틸에틸케톤		
				톨루엔	$C_6H_5CH_3$	
				벤젠	C_6H_6	
		수용성	400L	사이안화수소	HCN	아세토니트릴 (CH_3CN) 포름산메틸
				아세톤	CH_3COCH_3	
				피리딘	C_5H_5N	
II	알코올류		400L	메틸알코올	CH_3OH	이소프로필 알코올
				에틸알코올	C_2H_5OH	
III	제2 석유류	비수용성	1,000L	등유		큐멘 다이부틸아민 브로모벤젠 (이소)부탄올 이소아밀알코올 벤즈알데하이드 n-부틸알코올 오불화피리딘
				경유		
				스틸렌		
				크실렌	$C_6H_4(CH_3)_2$	
				클로로벤젠	C_6H_5Cl	
		수용성	2,000L	아세트산	CH_3COOH	아크릴산
				포름산	$HCOOH$	
				하이드라진	N_2H_4	

등급	품명		지정수량	위험물	분자식	기타
III	제3 석유류	비수용성	2,000L	클레오소트유		나이트로톨루엔
				중유		
				아닐린	$C_6H_5NH_2$	
				나이트로벤젠	$C_6H_5NO_2$	
		수용성	4,000L	글리세린	$C_3H_5(OH)_3$	하이드라진모노 하이드레이트
				에틸렌글리콜	$C_2H_4(OH)_2$	
III	제4석유류		6,000L	윤활유		
				기어유		
				실린더유		
III	동식물 유류	건성유 (아이오딘값 130 이상)	10,000L	대구유		
				정어리유		
				상어유		
				해바라기유		
				동유		
				아마인유		
				들기름		
		반건성유 (아이오딘값 100 이상 130 미만)		면실유		
				청어유		
				쌀겨기름		
				옥수수기름		
				채종유		
				참기름		
				콩기름		
		불건성유 (아이오딘값 100 미만)		소기름		
				돼지기름		
				고래기름		
				올리브유		
				팜유		
				땅콩기름(낙화생유)		
				피마자유		
				야자유		

아이오딘값
유지 100g을 경화(포화)시키는데 필요한 아이오딘(I_2)의 g수

06 제5류 위험물 - 자기반응성 물질

암기 Tip

십(10kg)질유 백(100kg)히실 이백(200kg)니니아다이히

등급	품명	지정수량	위험물	분자식	기타
제1종 I 제2종 II	질산에스터류	1종 10kg 2종 200kg	질산메틸	CH_3ONO_2	
			질산에틸	$C_2H_5ONO_2$	
			나이트로글리세린	$C_3H_5(ONO_2)_3$	
			나이트로글리콜		
			나이트로셀룰로오스 (질산섬유소)		
			셀룰로이드		
	유기과산화물		과산화벤조일 (벤조일퍼옥사이드)	$(C_6H_5CO)_2O_2$	과산화메틸 에틸케톤 (메틸에틸케톤퍼옥 사이드)
			아세틸퍼옥사이드		
	하이드록실아민			NH_2OH	
	하이드록실아민염류				
	나이트로화합물		트라이나이트로톨루엔(TNT)	$C_6H_2(NO_2)_3CH_3$	다이나이트로벤젠 다이나이트로톨루엔 다이나이트로페놀 다이나이트로나프탈렌
			트라이나이트로페놀 (피크린산, TNP)	$C_6H_2(NO_2)_3OH$	
			테트릴		
	나이트로소화합물				
	아조화합물		아조벤젠	$C_{12}N_{10}N_2$	아조벤젠
	다이아조화합물				
	하이드라진유도체		염산하이드라진		
			황산하이드라진	$N_2H_4H_2SO_4$	
	그 외		금속의 아지화합물		아지드화 납 $(Pb(N_3)_2)$
			질산구아니딘	$C(NH_2)_3NO_3$	

열분석시험 \ 압력용기시험	등급 I	등급 II	등급 III
위험성 있음	제1종	제2종	제2종
위험성 없음	제1종	제2종	비위험물

참고

운반 시 용기 외부에 표시해야 할 주의사항
- 화기엄금, 충격주의

주의사항 게시판
- 화기엄금

주된 소화방법
- 주수소화

저자 어드바이스

나이트로글리세린, 나이트로글리콜, 나이트로셀룰로오스를 '나이트로'로 시작한다고 해서 나이트로화합물로 생각하는 경우가 많으므로 유의해야 한다.

저자 어드바이스

나이트로벤젠
나이트로톨루엔 ─ 4류

다이나이트로벤젠
다이나이트로페놀 ─ 5류
다이나이트로톨루엔

다이나이트로벤젠
다이나이트로페놀 ─ 5류
다이나이트로톨루엔

07 제6류 위험물 - 산화성 액체

등급	품명		지정수량	위험물	분자식	그외
I	질산		300kg	질산	HNO_3	발연질산
I	과산화수소		300kg	과산화수소	H_2O_2	
I	과염소산		300kg	과염소산	$HClO_4$	
I	그 외	할로젠간 화합물	300kg		BrF_3	삼불화브롬
					BrF_5	오불화브롬
					IF_5	오불화아이오딘

 참고

운반 시 용기 외부에 표시해야 할 주의사항
- 가연물접촉주의

주의사항 게시판
- 없음

주된 소화방법
- 주수소화

1. 위험물의 기준

질산

비중 1.49 이상

과산화수소

농도 36중량퍼센트 이상

CHAPTER 02
제1류 위험물

KEYWORD 불연성, 조연성, 조해성, 고체, 백색 또는 무색

01 공통 성질

1. 일반적 성질

- 무색 또는 백색의 분말(고체)이다.
- **불연성, 조연성, 강산화제, 조해성**이다.
- 비중이 1보다 크다.
- 분자 내에 산소를 함유하고 있어, 분해 시 산소를 발생한다.
- 폭약의 원료가 된다.

2. 위험성

- 가연물과 혼합 시 연소 또는 폭발의 위험이 있다.
- 가열, 충격, 마찰 등에 의해 분해될 수 있다.
- 알칼리금속의 과산화물은 물과 반응하여 산소를 발생하며 발열한다.

3. 저장 및 취급

- 가연물과 접촉 및 혼합을 피한다.
- 서늘하고 환기가 잘 되는 곳에 보관한다.
- 알칼리금속의 과산화물은 물과 접촉을 피한다.

산화 · 환원

	산화	환원
산소	⊕ (증가)	⊖ (감소)
수소	⊖ (감소)	⊕ (증가)
전자	⊖ (감소)	⊕ (증가)
산화수	⊕ (증가)	⊖ (감소)

산화제(=산화성, 산화력)
자신은 환원되고 남을 산화시키는 물질 (성질)
= 자신은 산소를 잃고 상대 물질에게 산소를 주는 물질(성질)

환원제(=환원성, 환원력)
자신은 산화되고 남을 환원시키는 물질 (성질)
= 자신은 산소를 얻고 상대 물질은 산소를 뺏기는 물질(성질)

4. 소화방법

알칼리금속의 과산화물

주수금지 → 탄산수소염류 분말소화약제, 마른 모래, 팽창질석, 팽창진주암

그 외

주수소화 → 옥내소화전, 옥외소화전, 스프링클러설비, 물분무소화설비, 강화액소화설비, 포소화설비, 인산염류 분말소화설비

02 무기과산화물

1. 과산화칼륨

분자식	분자량	비중	융점
K_2O_2	110	2.9	490℃

1-1 일반적 성질

무색 또는 오렌지색 분말

1-2 위험성

- 물과 반응하여 산소를 발생하며 발열한다.
- 산과 반응하여 과산화수소를 발생한다.
- 분해하여 산소를 발생한다.

1-3 화학반응식 ★★★

$2K_2O_2 + 2H_2O \rightarrow 4KOH + O_2$
과산화칼륨   물   수산화칼륨   산소

$2K_2O_2 + 2CO_2 \rightarrow 2K_2CO_3 + O_2$
과산화칼륨 이산화탄소 탄산칼륨   산소

$K_2O_2 + 2HCl \rightarrow 2KCl + H_2O_2$
과산화칼륨 염산   염화칼륨 과산화수소

$K_2O_2 + 2CH_3COOH \rightarrow 2CH_3COOK + H_2O_2$
과산화칼륨   아세트산   아세트산칼륨 과산화수소

저자 어드바이스

무기과산화물에 해당하는 위험물(과산화칼슘, 과산화바륨 등)은 위험성과 소화방법이 모두 같다.

무기과산화물 vs 유기과산화물 vs 알칼리금속의 과산화물 비교

	무기과산화물	유기과산화물
유별	제1류 위험물	제5류 위험물
의미	C, H가 포함되지 않은, 주로 금속 원소와 산소가 많이 결합한 화합물	C, H가 포함된 산소가 많은 화합물
대표 위험물	Na_2O_2 (과산화나트륨)	$(C_6H_5CO)_2O_2$ (과산화벤조일)

	무기과산화물	알칼리금속의 과산화물
의미	C, H가 포함되지 않은, 주로 금속 원소와 산소가 많이 결합한 화합물	금속 원소 중 알칼리금속(Li, Na, K 등)과 산소가 많이 결합한 화합물
대표 위험물	CaO_2 (과산화칼슘)	Na_2O_2 (과산화나트륨)

무기과산화물은 알칼리금속의 과산화물을 포함

> **개념잡기**
>
> 과산화칼륨이 다음과 같이 반응하였을 때 공통적으로 포함된 물질(기체)의 종류가 나머지 셋과 다른 하나는?
>
> ① 가열하여 열분해하였을 때
> ② 물(H_2O)과 반응하였을 때
> ③ 염산(HCl)과 반응하였을 때
> ④ 이산화탄소(CO_2)와 반응하였을 때
>
> 제1류 위험물 - 과산화칼륨
> - $2K_2O_2 \rightarrow 2K_2O + O_2$
>   과산화칼륨   산화칼륨   산소
> - $2K_2O_2 + 2H_2O \rightarrow 4KOH + O_2$
>   과산화칼륨   물   수산화칼륨 산소
> - $K_2O_2 + 2HCl \rightarrow 2KCl + H_2O_2$
>   과산화칼륨 염산   염화칼륨 과산화수소
> - $2K_2O_2 + 2CO_2 \rightarrow 2K_2CO_3 + O_2$
>   과산화칼륨 이산화탄소 탄산칼륨 산소
>
> 제1류 위험물 중 무기과산화물은 산과 반응 시 과산화수소 생성한다.
>
> 정답 : ③

2. 과산화나트륨

분자식	분자량	비중	융점	분해온도
Na_2O_2	78	2.8	460℃	460℃

2-1 일반적 성질

- 순수한 것은 백색, 일반적으로 황색 분말이다.
- CO 및 CO_2 제거제를 제조할 때 사용된다.
- 부식성이 있다.

2-2 위험성

- 물과 반응하여 산소를 발생하며 발열한다.
- 산과 반응하여 과산화수소를 발생한다.
- 분해하여 산소를 발생한다.

2-3 소화방법

주수금지

탄산수소염류 분말소화약제, 마른 모래, 팽창질석, 팽창진주암

참고

과산화마그네슘
- 백색 분말이며 시판품은 15~25%이다.
- 물에 잘 녹지 않는다.
- 산과 반응하면 과산화수소를 발생한다.
- 무기과산화물이므로 주수금지이다.

2-4 화학반응식

$2Na_2O_2 \rightarrow 2Na_2O + O_2$
과산화나트륨   산화나트륨   산소

$2Na_2O_2 + 2H_2O \rightarrow 4NaOH + O_2$
과산화나트륨   물   수산화나트륨 산소

$2Na_2O_2 + 2CO_2 \rightarrow 2Na_2CO_3 + O_2$
과산화나트륨 이산화탄소   탄산나트륨   산소

$Na_2O_2 + 2HCl \rightarrow 2NaCl + H_2O_2$
과산화나트륨   염산   염화나트륨 과산화수소

 참고

$CaO_2 + 2HCl \rightarrow CaCl_2 + H_2O_2$
과산화   염산   염화   과산화
칼슘   칼슘   수소

무기과산화물이 산과 반응하면 과산화수소를 생성한다.

03 아염소산염류 ★★

1. 아염소산나트륨

분자식	분자량	분해온도
$NaClO_2$	90	175℃

1-1 일반적 성질

- 무색의 결정성 분말이다.
- 물에 잘 녹는다.

1-2 위험성

- 산과 반응하여 **이산화염소(ClO_2)를 발생**한다.
- 가연물과 혼합하면 충격에 의해 폭발한다.

1-3 저장 및 취급

직사광선을 피하고 환기가 잘 되는 냉암소에 보관한다.

 참고

융점 비교

	나트륨	칼륨
아염소산	175℃	X
염소산	300℃	368.4℃
과염소산	482℃	610℃

염소산 계열의 위험물 융점은 아염소산에서 과염소산으로 갈수록 높아지고, 나트륨보다 칼륨의 융점이 높다.

1-4 소화방법

주수소화

옥내소화전, 옥외소화전, 스프링클러설비, 물분무소화설비, 포소화설비, 강화액소화설비, 인산염류 분말소화설비

1-5 화학반응식

분해반응식

$$NaClO_2 \rightarrow NaCl + O_2$$
아염소산나트륨 염화나트륨 산소

2. 아염소산칼륨

분자식	분자량	분해온도
$KClO_2$	106	160℃

2-1 일반적 성질

- 백색의 결정성 분말이다.
- **조해성** 및 부식성이 있다.

조해성
공기 중의 수분에 의해 스스로 녹는 성질

2-2 위험성

열, 햇빛, 충격에 의해 분해하여 산소를 발생하며 폭발의 위험이 있다.

2-3 저장 및 취급

직사광선을 피하고 환기가 잘 되는 냉암소에 보관한다.

2-4 소화방법

주수소화

옥내소화전, 옥외소화전, 스프링클러설비, 물분무소화설비, 포소화설비, 강화액소화설비, 인산염류 분말소화설비

04 과염소산염류★

1. 과염소산나트륨

분자식	분자량	비중	분해온도
NaClO$_4$	122	2.02	482℃

1-1 일반적 성질

- 무색무취의 결정이다.
- 물, 알코올, 아세톤에 녹고 에터에 녹지 않는다.
- 조해성이 있다.

1-2 위험성

가열하면 분해하여 산소가 발생한다.

1-3 저장 및 취급

직사광선을 피하고 환기가 잘 되는 냉암소에 보관한다.

1-4 소화방법

주수소화

옥내소화전, 옥외소화전, 스프링클러설비, 물분무소화설비, 포소화설비, 강화액소화설비, 인산염류 분말소화설비, 물통 또는 수조

1-5 화학반응식

분해반응식

$$NaClO_4 \rightarrow NaCl + 2O_2$$
과염소산나트륨 염화나트륨 산소

2. 과염소산칼륨

분자식	분자량	비중	분해온도/녹는점
$KClO_4$	139	2.52	610℃

2-1 일반적 성질

- 백색, 무취의 결정이다.
- 물에는 약간 녹고 알코올과 에터에 녹지 않는다.
- 강산화제이다.

2-2 위험성

- 진한 황산과 접촉하면 폭발의 위험이 있다.
- 가연물을 혼합하면 외부의 충격에 의해 폭발할 위험이 있다.
- 가열하면 분해하여 산소가 발생한다.

2-3 저장 및 취급

직사광선을 피하고 환기가 잘 되는 냉암소에 보관한다.

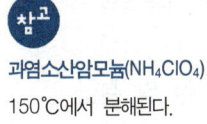

참고
과염소산암모늄(NH_4ClO_4)
150℃에서 분해된다.

2-4 소화방법

주수소화

옥내소화전, 옥외소화전, 스프링클러설비, 물분무소화설비, 포소화설비, 강화액소화설비, 인산염류 분말소화설비

2-5 화학반응식

분해반응식

$$KClO_4 \rightarrow KCl + 2O_2$$
과염소산칼륨 염화칼륨 산소

05 염소산염류

1. 염소산나트륨

분자식	분자량	비중	융점	분해온도
$NaClO_3$	106	2.5	248℃	300℃

1-1 일반적 성질

- 무색무취의 결정
- 물, 알코올, 에터에 잘 녹으며 조해성이 있다. ★★

1-2 위험성

- 산과 반응하여 유독성의 이산화염소(ClO_2)를 발생한다. ★★
- 가열하면 분해되어 산소를 발생한다.
- 살충제, 불꽃류의 원료이다.

1-3 저장 및 취급

- **철제를 부식시키므로 철제용기에 보관하지 않는다. ★★★**
- 환기가 잘 되는 냉암소에 보관한다.
- 조해성이 있으므로 방습에 유의한다.
- 용기에 밀전하여 보관한다.

1-4 소화방법

주수소화

옥내소화전, 옥외소화전, 스프링클러설비, 물분무소화설비, 포소화설비, 강화액소화설비, 인산염류 분말소화설비

1-5 화학반응식

분해반응

$2NaClO_3 \rightarrow 2NaCl + 3O_2$
염소산나트륨   염화나트륨   산소

산과의 반응

$2NaClO_3 + 2HCl \rightarrow 2NaCl + 2ClO_2 + H_2O_2$
염소산나트륨   염산   염화나트륨 이산화염소 과산화수소

2. 염소산칼륨

분자식	분자량	비중	융점	분해온도
$KClO_3$	123	2.34	368.4℃	400℃

용해도 7.3(25℃)

2-1 일반적 성질

- 무색무취의 단사정계 결정
- 온수, 글리세린에 잘 녹으며 냉수, 알코올에는 잘 녹지 않는다.

2-2 위험성

- 적린과 혼합 시 오산화린을 발생한다.
- 가연물과 접촉 시 연소 또는 폭발의 위험이 있다.
- 인체에 유독하다.

2-3 저장 및 취급

- 환기가 잘 되는 냉암소에 보관한다.
- 철제를 부식시키므로 유리용기에 보관한다.

염소산암모늄(NH_4ClO_3)
물에 잘 녹고 아세톤에 녹지 않는다.

2-4 소화방법

주수소화

옥내소화전, 옥외소화전, 스프링클러설비, 물분무소화설비, 포소화설비, 강화액소화설비, 인산염류 분말소화설비

2-5 화학반응식

분해반응 ★★★

2KClO$_3$ → 2KCl + 3O$_2$
염소산칼륨   염화칼륨   산소

06
아이오딘산염류

1. 아이오딘산칼륨

분자식
KIO$_3$

1-1 일반적 성질

무색의 결정이며, 물에 녹는다.

1-2 위험성

가연물과 혼합하여 가열하면 폭발한다.

1-3 저장 및 취급

용기는 밀봉하고 환기가 잘 되는 건조한 냉소에 보관한다.

07 브로민산염류

1. 브로민산칼륨

분자식	분자량	비중
$KBrO_3$	167	3.27

1-1 일반적 성질

- 무색 결정이다.
- 물에 잘 녹고 알코올, 에터에는 잘 녹지 않는다.

1-2 위험성

- 가연물과 접촉 시 연소 또는 폭발의 위험이 있다.
- 열분해하며 산소를 방출한다.

1-3 저장 및 취급

환기가 잘 되는 냉암소에 보관한다.

1-4 소화방법

주수소화

옥내소화전, 옥외소화전, 스프링클러설비, 물분무소화설비, 포소화설비, 강화액소화설비, 인산염류 분말소화설비

1-5 화학반응식

분해반응

$$2KBrO_3 \rightarrow 2KBr + 3O_2$$
브로민산칼륨   브롬화칼륨   산소

08 질산염류

1. 질산칼륨(초석)

분자식	분자량	비중
KNO_3	101	2.1

1-1 일반적 성질

- 무색 또는 흰색 결정이다.
- 짜고 차가운 느낌의 자극이 있다.
- 물, 글리세린에 잘 녹고 알코올, 에터에는 잘 녹지 않는다.
- 황, 목탄과 혼합하여 **흑색화약**을 제조한다. ★★★
- 조해성이 있으며 흡습성이 없다.

1-2 위험성

- 가연물과 접촉 시 연소 또는 폭발의 위험이 있다.
- 열분해하며 산소를 방출한다.

1-3 저장 및 취급

환기가 잘 되는 냉암소에 보관한다.

1-4 소화방법

주수소화

옥내소화전, 옥외소화전, 스프링클러설비, 물분무소화설비, 포소화설비, 강화액소화설비, 인산염류 분말소화설비

1-5 화학반응식

분해반응

$2KNO_3 \rightarrow 2KNO_2 + O_2$
질산칼륨   아질산칼륨   산소

흑색화약 ★★
$KNO_3 + C + S$
질산칼륨 숯 황

질산암모늄
- 질산염류에 해당하는 질산암모늄(NH_4NO_3)은 대표적인 흡열반응 물질이다.
- 무취의 결정으로 알코올에 녹는다.

분해식
$2NH_4NO_3 \rightarrow 2N_2 + O_2 + 4H_2O$

ANFO 화약
폭약의 종류로 질산암모늄 94%, 경유 6%를 기계적으로 혼합한 것

09 다이크로뮴산염류

1. 다이크로뮴산칼륨

분자식	분자량	비중
$K_2Cr_2O_7$	294	2.69

1-1 일반적 성질

- 등적색 결정이다.
- 물, 글리세린에 잘 녹고 알코올, 에터에는 잘 녹지 않는다.
- 쓴 맛을 가지며 의약품으로 사용되기도 한다. ★

1-2 위험성

- 가연물과 접촉 시 연소 또는 폭발의 위험이 있다.
- 열분해하며 산소를 방출한다.

1-3 저장 및 취급

환기가 잘 되는 냉암소에 보관한다.

1-4 소화방법

주수소화

옥내소화전, 옥외소화전, 스프링클러설비, 물분무소화설비, 포소화설비, 강화액소화설비, 인산염류 분말소화설비

1-5 화학반응식

분해반응 ★★

　$4K_2Cr_2O_7 \rightarrow 4K_2CrO_4 + 2Cr_2O_3 + 3O_2$
　다이크로뮴산칼륨　　크로뮴산칼륨　　산화크로뮴　　산소

다이크로뮴산염류 특징

- 다이크로뮴산칼륨
  등적색(주황색), 알코올 불용, 비중 2.69, 분해온도 500℃
- 다이크로뮴산암모늄
  등적색(주황색), 비중 2.15, 분해온도 185℃
- 다이크로뮴산아연
  등적색(주황색)
- 다이크로뮴산나트륨
  등적색(주황색), 비중 2.52, 분해온도 400℃

다이크로뮴산암모늄 분해반응식

$(NH_4)_2Cr_2O_7 \rightarrow Cr_2O_3 + 4H_2O + N_2$
다이크로뮴산　　산화　　수증기　질소
암모늄　　　　크로뮴

10 과망가니즈산염류

1. 과망가니즈산칼륨

분자식	비중
$KMnO_4$	2.7

1-1 일반적 성질

- 흑자색(진한 보라색) 결정이다. ★★★
- 물, 아세톤, 알코올에 잘 녹는다.
- 살균제, 소독제로 쓰인다.

1-2 위험성

- 알코올, 글리세린
- 진한 황산, 강알칼리 등과 폭발적으로 반응한다.

1-3 저장 및 취급

갈색 유리병에 넣어 일광을 차단하고 냉암소에 보관한다.

1-4 소화방법

주수소화

옥내소화전, 옥외소화전, 스프링클러설비, 물분무소화설비, 포소화설비, 강화액소화설비, 인산염류 분말소화설비

1-5 화학반응식

분해반응

$$2KMnO_4 \rightarrow K_2MnO_4 + MnO_2 + O_2$$
과망가니즈산칼륨 망가니즈산칼륨 이산화망가니즈 산소

산과의 반응

$$4KMnO_4 + 6H_2SO_4 \rightarrow 2K_2SO_4 + 6H_2O + 5O_2 + 4MnSO_4$$
과망가니즈산칼륨 황산 황산칼륨 물 산소 황산망가니즈

11 그 밖에 행정안전부령으로 정하는 위험물

1. 크로뮴, 납, 아이오딘의 산화물 - 무수크로뮴산

분자식	비중	분해온도
CrO_3	2.7	250℃

1-1 일반적 성질

- 암적자색 침상 결정이다.
- 물에 잘 녹는다.

1-2 위험성

알코올, 벤젠, 에터 등과 접촉하면 혼촉발화의 위험이 있다.

1-3 저장 및 취급

건조한 장소에 보관한다.

1-4 소화방법

주수소화

옥내소화전, 옥외소화전, 스프링클러설비, 물분무소화설비, 포소화설비, 강화액소화설비, 인산염류 분말소화설비, 물통 또는 수조

1-5 화학반응식

분해반응 ★

$$4CrO_3 \rightarrow 2Cr_2O_3 + 3O_2$$
무수크로뮴산 산화크로뮴 산소

CHAPTER 03
제2류 위험물

KEYWORD 저장 및 취급 방법, 소화방법, 반응식

01 공통 성질

1. 일반적 성질

- 대부분 비중이 1보다 크고 물에 녹지 않는다.
- 연소가 잘 된다. 산소와 결합이 쉽다.
- 대부분 무기화합물이다.

2. 위험성

- 강산화성 물질과 충격 등에 의하여 폭발할 가능성이 있다.
- 금속분, 철분은 밀폐된 공간 내에서 분진폭발의 위험이 있다.
- 금속분, 철분, 마그네슘은 물, 습기, 산과 접촉하여 수소를 발생하며 발열한다.

3. 저장 및 취급

- 점화원으로부터 멀리 하고 가열을 피할 것
- 금속분, 철분, 마그네슘은 물, 습기, 산과의 접촉을 피할 것
- 강산화성 물질과의 혼합을 피할 것

4. 소화방법

금속분, 철분, 마그네슘
주수금지 → 탄산수소염류 분말소화약제, 마른 모래, 팽창질석, 팽창진주암 사용

인화성고체
- 주수소화 → 옥내소화전, 옥외소화전, 스프링클러설비, 물분무소화설비, 포소화설비, 강화액소화설비, 인산염류 분말소화설비, 물통 또는 수조
- 질식소화 → 포소화설비, 이산화탄소소화설비, 분말소화설비

그 밖의 것
주수소화 → 옥내소화전, 옥외소화전, 스프링클러설비, 물분무소화설비, 포소화설비, 강화액소화설비, 인산염류 분말소화설비, 물통 또는 수조

5. 위험물의 기준 ★★★

황
순도 60중량퍼센트 이상인 것. 불순물은 활석 등 불연성 물질과 수분에 한한다.

철분
53마이크로미터의 표준체를 통과하는 것이 50중량퍼센트 이상인 것

금속분
구리, 니켈 제외하고, 150마이크로미터의 표준체를 통과하는 것이 50중량퍼센트 이상인 것

마그네슘
지름 2밀리미터 이상의 막대모양 제외, 2밀리미터의 체를 통과하지 않는 것 제외
= 지름 2밀리미터 미만의 마그네슘은 위험물에 해당한다.

개념잡기

분말의 형태로서 150마이크로미터의 체를 통과하는 것이 50중량퍼센트 이상인 것만 위험물로 취급되는 것은?

① Fe   ② Sn   ③ Ni   ④ Cu

위험물 기준 - 제2류 위험물
- 철분 53μm 체 통과, 50wt% 이상
- 마그네슘 2mm 체를 통과하는 것
- 금속분 구리 니켈 제외, 150μm 체 통과, 50wt% 이상

금속분의 기준에서 구리, 니켈은 제외되므로 ③, ④는 제외한다.
① 철분은 53μm 체 통과, 50wt% 이상의 기준이 있으므로 금속분에 해당하는 것은 ②이다.

정답 : ②

> **개념잡기**
>
> 다음 물질 중에서 위험물안전관리법상 위험물의 범위에 포함되는 것은?
>
> ① 농도가 40중량퍼센트인 과산화수소 350kg
> ② 비중이 1.40인 질산 350kg
> ③ 지름 2.5mm의 막대 모양인 마그네슘 500kg
> ④ 순도가 55중량퍼센트인 황 50kg
>
> 위험물 기준
> - 과산화수소 36중량퍼센트 이상
> - 질산 비중 1.49 이상
> - 마그네슘 지름 2mm 미만
> - 황 순도 60% 이상
>
> 정답 : ①

02 황화인

1. 삼황화인

분자식	비중	녹는점	발화점
P_4S_3	2.03	172.5℃	100℃

1-1 일반적 성질

- 황색 결정이다.
- 차가운 물, 황산 등에 불용이며 뜨거운 물, 질산에 녹는다.

1-2 위험성

연소 시 오산화린과 이산화황이 생성된다.

1-3 저장 및 취급

직사광선을 피하여 건조한 장소에 보관한다.

1-4 소화방법

주수소화

옥내소화전, 옥외소화전, 스프링클러설비, 물분무소화설비, 포소화설비, 강화액소화설비, 인산염류 분말소화설비, 물통 또는 수조

1-5 화학반응식

연소반응 ★★★

$P_4S_3 + 8O_2 \rightarrow 2P_2O_5 + 3SO_2$
삼황화인   산소   오산화린   이산화황

> **저자 어드바이스**
>
> 연소생성물
> $P + O_2 \rightarrow P_2O_5$
> $S + O_2 \rightarrow SO_2$

2. 오황화인

분자식	비중	발화점
P_2S_5	2.09	142℃

2-1 일반적 성질

- 담황색 결정
- 알코올, 이황화탄소에서 잘 녹는다.
- 조해성, 흡습성이 있다.

2-2 위험성

물, 알칼리와 반응하여 황화수소와 인산이 생성된다.

2-3 저장 및 취급

직사광선을 피하여 건조한 장소에 보관한다.

2-4 화학반응식

물과의 반응 ★★★

$P_2S_5 + 8H_2O \rightarrow 2H_3PO_4 + 5H_2S$
오황화인   물   인산   황화수소

황화수소의 연소반응 ★★

2H$_2$S + 3O$_2$ → 2H$_2$O + 2SO$_2$
황화수소   산소   물   이산화황

3. 칠황화인

분자식	비중	발화점
P$_4$S$_7$	2.19	310℃

3-1 일반적 성질

- 담황색 결정이다.
- 이황화탄소에 약간 녹는다.
- 조해성이 있다.

3-2 위험성

냉수에서는 천천히 분해하고, 온수에서는 급격히 분해하여 황화수소와 인산이 생성된다.

3-3 저장 및 취급

직사광선을 피하여 건조한 장소에 보관한다.

3-4 화학반응식

물과의 반응 ★★

P$_4$S$_7$ + 13H$_2$O → H$_3$PO$_4$ + 3H$_3$PO$_3$ + 7H$_2$S
칠황화인   물   인산   아인산   황화수소

핵심 KEY

삼황화인은 물과 반응하지 않아 주수소화가 가능하고 오황화인, 칠황화인은 물과 반응하여 폭발하므로 주수금지이다. 이산화황은 산성비의 원인물질 중 하나이다.

03 황 ★★★

분자식	비중	발화점
S	2.07	232.2℃

1-1 일반적 성질

- 황색 결정 또는 분말이다.
- 물에 녹지 않는다.
- 증발연소 → 덩어리 황에서 가연성 증기가 발생하여 푸른색 불꽃을 내며 이산화황 발생 ★★★

저자 어드바이스

황의 종류
- 고무상 황
- 단사황 : CS_2에 용해

1-2 위험성

- **전기의 부도체**로 정전기에 의하여 연소할 수 있다. ★★★
- 분말이 공기 중에 떠있을 때 **분진폭발**의 위험이 있다. ★★★
- 산화제와 접촉하여 발화할 수 있다.

1-3 저장 및 취급

물속에 저장하여 가연성 증기 발생을 억제한다. ★★★

1-4 소화방법

주수소화

옥내소화전, 옥외소화전, 스프링클러설비, 물분무소화설비, 포소화설비, 강화액소화설비, 인산염류 분말소화설비, 물통 또는 수조

1-5 화학반응식

연소 반응 ★★★

$S + O_2 \rightarrow SO_2$
황   산소   이산화황

04 적린 ★★★

분자식	비중	발화점	녹는점
P	2.2	260℃	416℃

1-1 일반적 성질

- 암적색 분말이다.
- 황린과 동소체이다.
- 비교적 안정하여 공기 중에 방치해도 자연발화하지 않는다.

동소체
같은 원소를 가진 물질

1-2 위험성

연소 시 오산화린을 발생한다.

1-3 저장 및 취급

직사광선을 피하여 건조한 장소에 보관한다.

1-4 소화방법

주수소화

옥내소화전, 옥외소화전, 스프링클러설비, 물분무소화설비, 포소화설비, 강화액소화설비, 인산염류 분말소화설비, 물통 또는 수조

1-5 화학반응식

연소 반응 ★★★

$4P + 5O_2 \rightarrow 2P_2O_5$
적린 산소   오산화린

적린과 황린의 비교

	적린	황린
분자식	P	P_4
유별	제2류	제3류
안정성	안정	불안정
화학적활성	작다.	크다.
물 용해	×(불용해)	×(불용해)
CS_2 용해	×(불용해)	○(용해)

적린과 황린의 비교

안정성이 있다는 것은 다른 물질과 반응하려는 성질이 적다는 것이다.

개념잡기

황린과 적린의 공통성질이 아닌 것은?

① 물에 녹지 않는다.
② 이황화탄소에 잘 녹는다.
③ 연소 시 오산화린을 생성한다.
④ 화재 시 물을 사용하여 소화를 할 수 있다.

황린과 적린의 비교

	적린	황린
분자식	P	P_4
유별	제2류	제3류
안정성	안정	불안정
화학적활성	작다	크다
물 용해	불용해	불용해
CS_2 용해	불용해	용해

$4P + O_2 \rightarrow 2P_2O_5$

정답 : ②

05 철분

분자식	원자량	비중
Fe	56	7.87

1-1 일반적 성질

순수한 것은 백색 분말, 실온에서 짙은 회색

1-2 위험성

물과 반응하여 수소를 발생하며 폭발한다.

1-3 저장 및 취급

물과 닿지 않도록 건조한 냉소에 보관한다.

1-4 소화방법

주수금지

탄산수소염류 분말소화약제, 마른 모래, 팽창질석, 팽창진주암

1-5 화학반응식

산과의 반응

$Fe + 2HCl \rightarrow FeCl_2 + H_2$
철 염산 염화철 수소

$Fe + 6HNO_3 \rightarrow Fe(NO_3)_3 + 3NO_2 + 3H_2O$
철 질산 질산철 이산화질소 물

06 마그네슘

분자식	원자량	비중	융점
Mg	24	1.74	650℃

1-1 일반적 성질

- 은백색 광택의 금속 분말
- 알칼리토금속
- 연소 시 자외선을 많이 포함

1-2 위험성

온수 또는 강산과 반응하며 수소를 발생한다.

1-3 저장 및 취급

물과 닿지 않도록 건조한 냉소에 보관한다.

1-4 소화방법

주수금지

탄산수소염류 분말소화약제, 팽창질석, 팽창진주암

1-5 화학반응식

물과의 반응

$Mg + 2H_2O \rightarrow Mg(OH)_2 + H_2$
마그네슘 물   수산화마그네슘 수소

산과의 반응

$Mg + 2HCl \rightarrow MgCl_2 + H_2$
마그네슘 염산 염화마그네슘 수소

$Mg + H_2SO_4 \rightarrow MgSO_4 + H_2$
마그네슘 황산   황산마그네슘 수소

이온화경향

금속이 이온이 되려는 성질이 큰 순서. 이온화경향이 클수록 다른 물질과의 반응이 잘 일어난다.

K(칼륨) > Ca(칼슘) > Na(나트륨) > Mg(마그네슘) > Al(알루미늄) > Zn(아연) > Fe(철) > Ni(니켈) > Sn(주석) > Pb(납) > H(수소) > Cu(구리) > Hg(수은) > Ag(은) > Pt(백금) > Au(금)

칼 칼 나 마 알 아 철 니 주 납 수 구 수 은 백 금

이산화탄소와의 반응

$2Mg + CO_2 \rightarrow 2MgO + C$
마그네슘 이산화탄소 산화마그네슘 탄소

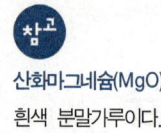

산화마그네슘(MgO)
흰색 분말가루이다.

개념잡기

마그네슘의 위험성에 관한 설명으로 틀린 것은?

① 연소 시 양이 많은 경우 순간적으로 맹렬히 폭발할 수 있다.
② 가열하면 가연성 가스를 발생한다.
③ 산화제와의 혼합물은 위험성이 높다.
④ 공기 중의 습기와 반응하여 열이 축적되면 자연발화의 위험이 있다.

제2류 위험물 - 마그네슘
- 가연물이므로 많은 양에서 맹렬히 폭발할 수 있다.
- 가열하면 산화마그네슘을 발생하며 가연성가스가 아닌 고체이다.
- 산화제는 마그네슘과 같은 가연물을 산화시키는 성질이 있으므로 혼합 시 위험성이 높다.
- 마그네슘은 습기와 반응하므로 반응 과정에서 온도가 높아져 자연발화의 위험성이 있다.

정답 : ②

---

07 금속분

1. 알루미늄분

분자식	원자량	비중
Al	27	2.7

1-1 일반적 성질

- 은백색 광택이 있는 금속이다.
- 공기 중에서 산화알루미늄(Al_2O_3)의 산화막이 형성되어 내부를 보호하므로 부식성이 적다.

1-2 위험성

끓는 물, 산, 알칼리와 반응하여 수소를 발생하며 폭발한다.

진한 질산에서 부동태를 형성한다.
묽은 질산에 잘 녹는다.

1-3 저장 및 취급

물과 닿지 않도록 건조한 냉소에 보관한다.

1-4 소화방법

주수금지
탄산수소염류 분말소화약제, 팽창질석, 팽창진주암

1-5 화학반응식

연소 반응

$4Al + 3O_2 \rightarrow 2Al_2O_3$
알루미늄   산소   산화알루미늄(백색 기체)

산과의 반응

$2Al + 6HCl \rightarrow 2AlCl_3 + 3H_2$
알루미늄 염산   염화알루미늄 수소

수산화나트륨 수용액과의 반응

$2Al + 2NaOH + 2H_2O \rightarrow 2NaAlO_2 + 3H_2$
알루미늄 수산화나트륨 물   알루민산나트륨 수소
                              (소듐알루미네이트)

2. 아연분

분자식	원자량	비중
Zn	65	7.14

2-1 일반적 성질

- 은백색 광택이 있는 금속이다.
- 공기 중에서 산화막이 형성되어 내부를 보호하므로 부식성이 적다.
- KCN 수용액에 녹는다.

2-2 위험성

물, 산, 알칼리와 반응하여 수소를 발생한다.

2-3 저장 및 취급

물과 닿지 않도록 건조한 냉소에 보관한다.

2-4 소화방법

주수금지

탄산수소염류 분말소화약제, 팽창질석, 팽창진주암

2-5 화학반응식

연소 반응

$2Zn + O_2 \rightarrow 2ZnO$
아연　　산소　　산화아연

물과의 반응

$Zn + 2H_2O \rightarrow Zn(OH)_2 + H_2$
아연　　물　　수산화아연　수소

산과의 반응

$Zn + 2HCl \rightarrow ZnCl_2 + H_2$
아연　염산　　염화아연　수소

08 인화성고체

1-1 일반적 성질

- 대표적인 위험물로는 **고형알코올**이 있다.
- 제4류 위험물(인화성 액체)과 비슷한 성질을 가진다.

CHAPTER 04
제3류 위험물

KEYWORD 저장 및 취급 방법, 소화방법, 반응식

01 공통 성질

1. 일반적 성질

자연발화성물질
공기 중에서 온도가 높아지면 스스로 발화한다.

금수성물질
물과 접촉하여 발열하며 가연성 가스 발생

2. 위험성

- 물과 접촉하면 가연성 가스를 발생한다.
- 산화제와 혼합 시 충격 등에 의해 폭발할 수 있다.

3. 저장 및 취급

밀봉하여 공기, 물과의 접촉을 방지한다.

4. 소화방법

금수성물질
주수금지 → 탄산수소염류 분말소화약제, 마른 모래, 팽창질석, 팽창진주암

물과 반응하여 발생하는 기체가 각각 다르다.

그 밖의 것

주수소화 → 옥내소화전, 옥외소화전, 스프링클러설비, 물분무소화설비, 포소화설비, 강화액소화설비, 인산염류 분말소화설비, 물통 또는 수조

5. 물과의 반응 ★★★

NaH + H$_2$O → NaOH + H$_2$
수소화나트륨   물   수산화나트륨   수소

Ca$_3$P$_2$ + 6H$_2$O → 3Ca(OH)$_2$ + 2PH$_3$ ★★★
인화칼슘   물   수산화칼슘   포스핀

CaC$_2$ + 2H$_2$O → Ca(OH)$_2$ + C$_2$H$_2$ ★★★
탄화칼슘   물   수산화칼슘   아세틸렌

Al$_4$C$_3$ + 12H$_2$O → 4Al(OH)$_3$ + 3CH$_4$
탄화알루미늄   물   수산화알루미늄   메테인

핵심 KEY

물기엄금 위험물
- 트라이메틸알루미늄 : 메테인 발생
- 트라이에틸알루미늄 : 에테인 발생
- 금속수소화합물 : 수소(H$_2$) 발생
- 인화칼슘 : 포스핀(PH$_3$) 발생
- 탄화칼슘 : 아세틸렌(C$_2$H$_2$) 발생
- 탄화알루미늄 : 메테인(CH$_4$) 발생

02 알킬알루미늄

1. 트라이에틸알루미늄

분자식	분자량
(C$_2$H$_5$)$_3$Al	114

1-1 일반적 성질

무색투명한 액체

1-2 위험성

- 물과 반응하여 에테인을 발생한다.
- 산, 할로젠, 알코올과 심하게 반응한다.
- 공기와 접촉하면 자연발화한다.

참고

알킬이란
알칸(알케인, C$_n$H$_{2n+2}$)에서 수소 1개가 빠져나온 형태(C$_n$H$_{2n+1}$)의 탄화수소를 의미한다.
예 메틸(CH$_3$), 에틸(C$_2$H$_5$)

1-3 저장 및 취급

- 용기는 완전 밀봉하고, 용기 상부는 불연성가스(질소, 아르곤, 이산화탄소 등)로 봉입한다.
- 벤젠, 헥산, 톨루엔 등의 희석제를 넣어준다.

1-4 소화방법

주수금지

탄산수소염류 분말소화약제, 마른 모래, 팽창질석, 팽창진주암

1-5 화학반응식

열분해반응식

$$2(C_2H_5)_3Al \rightarrow 2Al + 3H_2 + 6C_2H_4$$
트라이에틸알루미늄 알루미늄 수소 에틸렌

연소반응식

$$2(C_2H_5)_3Al + 21O_2 \rightarrow 12CO_2 + 15H_2O + Al_2O_3$$
트라이에틸알루미늄 산소 이산화탄소 물 산화알루미늄

물과의 반응

$$(C_2H_5)_3Al + 3H_2O \rightarrow Al(OH)_3 + 3C_2H_6$$
트라이에틸알루미늄 물 수산화알루미늄 에테인

알코올과의 반응

$$(C_2H_5)_3Al + 3CH_3OH \rightarrow (CH_3O)_3Al + 3C_2H_6$$
트라이에틸알루미늄 메탄올 트라이메타녹사이드알루미늄 에테인

염산과의 반응

$$(C_2H_5)_3Al + 3HCl \rightarrow AlCl_3 + 3C_2H_6$$
트라이에틸알루미늄 염산 염화알루미늄 에테인

2. 트라이메틸알루미늄

분자식	분자량
$(CH_3)_3Al$	72

2-1 일반적 성질

무색투명한 액체

2-2 위험성

- 물과 반응하여 메테인을 발생한다.
- 산, 할로젠, 알코올과 심하게 반응한다.
- 공기와 접촉하면 자연발화한다.

2-3 저장 및 취급

- 용기는 완전 밀봉하고, 용기 상부는 불연성가스(질소, 아르곤, 이산화탄소 등)로 봉입한다.
- 벤젠, 헥산, 톨루엔 등의 희석제를 넣어준다.

2-4 소화방법

주수금지

탄산수소염류 분말소화약제, 마른 모래, 팽창질석, 팽창진주암

2-5 화학반응식

물과의 반응

$$(CH_3)_3Al + 3H_2O \rightarrow Al(OH)_3 + 3CH_4$$

트라이메틸알루미늄   물   수산화알루미늄 메테인

03 칼륨

분자식	원자량	비중	융점	비점	불꽃색
K	39	0.857	63.5℃	774℃	보라색

1-1 일반적 성질

은백색 광택이 있는 무른 금속

1-2 위험성

- 물과 폭발적으로 반응하여 수소를 발생한다.
- 알코올과 폭발적으로 반응하여 수소를 발생한다.
- 사염화탄소 폭발반응을 일으킨다.

1-3 저장 및 취급

- 공기 중 수분 또는 물과 닿지 않도록 석유(등유, 경유, 파라핀) 속에 저장한다.
- 물과의 접촉을 피한다.
- 가급적 소량으로 저장한다.

1-4 소화방법

주수금지

탄산수소염류 분말소화약제, 마른 모래, 팽창질석, 팽창진주암

1-5 화학반응식

물과의 반응

2K + 2H$_2$O → 2KOH + H$_2$
칼륨   물   수산화칼륨 수소

에틸알코올과의 반응 ★★★

2K + 2C$_2$H$_5$OH → 2C$_2$H$_5$OK + H$_2$
칼륨   에틸알코올   칼륨에틸라이드   수소

금속의 불꽃색
- 리튬 : 빨간색
- 칼륨 : 보라색
- 나트륨 : 노란색
- 바륨 : 황록색

이산화탄소와의 반응 ★★★

4K + 3CO$_2$ → 2K$_2$CO$_3$ + C
칼륨　이산화탄소　탄산칼륨　탄소

연소반응식

4K + O$_2$ → 2K$_2$O
칼륨　산소　산화칼륨

04 알킬리튬

1. 메틸리튬

분자식	분자량
CH$_3$Li	22

1-1 일반적 성질

무색 결정성 분말

1-2 위험성

물과 폭발적으로 반응하여 메테인을 발생한다.

1-3 저장 및 취급

물과의 접촉을 피한다.

1-4 소화방법

주수금지
탄산수소염류 분말소화약제, 팽창질석, 팽창진주암, 마른 모래

1-5 화학반응식

메틸리튬

$CH_3Li + H_2O \rightarrow LiOH + CH_4$
메틸리튬　　물　　수산화리튬　메테인

05 나트륨

분자식	원자량	비중	융점	비점	불꽃색
Na	23	0.97	97.8℃	880℃	노란색

1-1 일반적 성질

은백색 광택이 있는 무른 금속

1-2 위험성

- 물과 폭발적으로 반응하여 수소를 발생한다.
- 알코올과 폭발적으로 반응하여 수소를 발생한다.
- 사염화탄소 폭발반응을 일으킨다.

1-3 저장 및 취급

- 공기 중 수분 또는 물과 닿지 않도록 석유(등유, 경유, 파라핀) 속에 저장한다.
- 물과의 접촉을 피한다.
- 가급적 소량으로 저장한다.

1-4 소화방법

주수금지

탄산수소염류 분말소화약제, 마른 모래, 팽창질석, 팽창진주암

1-5 화학반응식

물과의 반응

$2Na + 2H_2O \rightarrow 2NaOH + H_2$
나트륨　　물　　수산화나트륨　수소

에틸알코올과의 반응

2Na + 2C$_2$H$_5$OH → 2C$_2$H$_5$ONa + H$_2$
나트륨   에틸알코올   나트륨에틸라이드   수소

이산화탄소와의 반응

4Na + 3CO$_2$ → 2Na$_2$CO$_3$ + C
나트륨   이산화탄소   탄산나트륨   탄소

06
황린

분자식	분자량	비중	발화점	증기비중	녹는점
P$_4$	124	1.82	34℃	4.3	44℃

1-1 일반적 성질

- 담황색 또는 백색의 고체로 백린이라고도 부른다.
- 이황화탄소, 벤젠에는 녹지만 물에는 녹지 않는다.
- 마늘 냄새가 난다.

1-2 위험성

- 발화점이 낮고 화학적 활성이 커 자연발화 할 수 있다.
- 연소하면서 오산화린(P$_2$O$_5$)이라는 백색 연기가 발생하며 마늘 냄새의 악취가 난다.

1-3 저장 및 취급

- 보호액(pH 9의 물) 속에 보관하여 인화수소의 발생을 방지한다.
- 직사광선을 피하고 온도상승을 방지한다.

1-4 소화방법

주수소화

옥내소화전, 옥외소화전, 물분무소화설비, 스프링클러, 강화액소화설비, 물통, 수조 등

1-5 화학반응식

$P_4 + 5O_2 \rightarrow 2P_2O_5$
황린 산소 오산화린

$P_4 + 3NaOH + 3H_2O \rightarrow PH_3 + 3NaH_2PO_2$
황린 수산화나트륨 물 포스핀(인화수소) 차아인산나트륨

07 알칼리금속·알칼리토금속

1. 리튬 - 알칼리금속

분자식	원자량	비중	비점
Li	7	0.534	1,336℃

1-1 일반적 성질

은백색 광택이 있는 무른 금속

1-2 위험성

물, 산, 알코올과 반응하여 수소를 발생한다.

1-3 저장 및 취급

물과 닿지 않도록 건조한 냉소에 보관한다.

1-4 소화방법

주수금지

탄산수소염류 분말소화약제, 팽창질석, 팽창진주암

1-5 화학반응식

물과의 반응

2Li + 2H$_2$O → 2LiOH + H$_2$
리튬   물   수산화리튬   수소

고온에서 질소와의 반응

6Li + N$_2$ → 2Li$_3$N
리튬   질소   질소화리튬
              (적갈색)

2. 칼슘 - 알칼리토금속

분자식	원자량	비중
Ca	40	1.55

2-1 일반적 성질

은백색 광택이 있는 무른 경금속

2-2 위험성

물, 산, 알코올과 반응하여 수소를 발생한다.

2-3 저장 및 취급

물과 닿지 않도록 건조한 냉소에 보관한다.

2-4 소화방법

주수금지

탄산수소염류 분말소화약제, 팽창질석, 팽창진주암

2-5 화학반응식

물과의 반응

Ca + 2H$_2$O → Ca(OH)$_2$ + H$_2$
칼슘   물   수산화칼슘   수소

08 금속수소화합물

1. 수소화나트륨

분자식	분자량	비중
NaH	24	1.36

1-1 일반적 성질

회백색의 미분말

1-2 위험성

물과 반응하여 수산화나트륨과 수소를 발생한다.

1-3 저장 및 취급

물과 닿지 않도록 건조한 냉소에 보관한다.

1-4 소화방법

주수금지

탄산수소염류 분말소화약제, 마른 모래, 팽창질석, 팽창진주암

1-5 화학반응식

물과의 반응

$$NaH + H_2O \rightarrow NaOH + H_2$$
수소화나트륨 물 수산화나트륨 수소

- $NaBH_4 + 2H_2O \rightarrow NaBO_2 + 4H_2$
  수소화 물 붕산나트륨 수소
  붕소나트륨

- $LiAlH_4 + 4H_2O$
  수소화리튬알루미늄 물

  $\rightarrow LiOH + Al(OH)_3 + 4H_2$
  수산화리튬 수산화알루미늄 수소

2. 수소화리튬

분자식	분자량	비중
LiH	8	0.82

2-1 일반적 성질

회색 고체결정

2-2 위험성

물과 반응하여 수산화리튬과 수소를 발생한다.
피부와 접촉 시 화상 위험이 있다.

2-3 저장 및 취급

물과 닿지 않도록 건조한 냉소에 보관한다.

2-4 소화방법

주수금지
탄산수소염류 분말소화약제, 마른 모래, 팽창질석, 팽창진주암

2-5 화학반응식

물과의 반응

$$LiH + H_2O \rightarrow LiOH + H_2$$
수소화리튬　물　　수산화리튬　수소

3. 수소화칼슘

분자식	원자량	비중
CaH_2	42	1.9

3-1 일반적 성질

회색 분말

3-2 위험성

물과 반응하여 수산화칼슘과 수소를 발생한다.

3-3 저장 및 취급

물과 닿지 않도록 건조한 냉소에 보관한다.

3-4 소화방법

주수금지

탄산수소염류 분말소화약제, 마른 모래, 팽창질석, 팽창진주암

3-5 화학반응식

물과의 반응

$$CaH_2 + 2H_2O \rightarrow Ca(OH)_2 + 2H_2$$
수소화칼슘   물   수산화칼슘   수소

09 금속인화합물

1. 인화칼슘 ★★★

분자식	분자량	비중	융점
Ca_3P_2	182	2.51	1,600℃ 이상

1-1 일반적 성질

암적색, 적갈색의 결정성 분말

1-2 위험성

물과 반응하여 수산화칼슘과 포스핀을 발생한다.

1-3 저장 및 취급

물과 닿지 않도록 건조한 냉소에 보관한다.

1-4 소화방법

주수금지

탄산수소염류 분말소화약제, 마른 모래, 팽창질석, 팽창진주암

1-5 화학반응식

물과의 반응

$Ca_3P_2 + 6H_2O \rightarrow 3Ca(OH)_2 + 2PH_3$
인화칼슘   물   수산화칼슘   포스핀

산과의 반응

$Ca_3P_2 + 6HCl \rightarrow 3CaCl_2 + 2PH_3$
인화칼슘   염산   염화칼슘   포스핀

PH_3
포스핀, 인화수소라고도 한다.

2. 인화알루미늄

분자식	분자량	비중
AlP	58	2.4~2.8

2-1 일반적 성질

짙은 회색 또는 황색 결정, 살충제의 원료가 된다.

2-2 위험성

물, 산, 알칼리와 반응하여 포스핀을 발생한다.

2-3 저장 및 취급

물과 닿지 않도록 건조한 냉소에 보관한다.

2-4 소화방법

주수금지

탄산수소염류 분말소화약제, 마른 모래, 팽창질석, 팽창진주암

2-5 화학반응식

물과의 반응

$$AlP + 3H_2O \rightarrow Al(OH)_3 + PH_3$$
인화알루미늄　　물　　수산화알루미늄　포스핀

10 칼슘·알루미늄의 탄화물

1. 탄화칼슘

분자식	분자량	비중
CaC_2	64	2.2

1-1 일반적 성질

백색 입방체 결정

1-2 위험성

- 물과 반응하여 수산화칼슘과 아세틸렌이 발생한다.
- 고온에서 질소와 반응하여 칼슘사이안아미드(석회질소)가 생성된다.

1-3 저장 및 취급

- 환기가 잘 되고 습기가 없는 냉소에 보관한다.
- 장기간 보관 시 불연성가스(질소, 아르곤 등)를 충전한다.
- 밀폐용기에 보관하는 것이 가장 좋다.

1-4 소화방법

주수금지
탄산수소염류 분말소화약제, 팽창질석, 팽창진주암

1-5 화학반응식

물과의 반응

$CaC_2 + 2H_2O \rightarrow Ca(OH)_2 + C_2H_2$
탄화칼슘   물   수산화칼슘 아세틸렌

질소와의 반응

$CaC_2 + N_2 \rightarrow CaCN_2 + C$
탄화칼슘 질소 칼슘사이안아미드(석회질소) 탄소

참고

물과의 반응

$Li_2C_2 + 2H_2O$
탄화리튬   물
$\rightarrow 2LiOH + C_2H_2$
　　수산화리튬 아세틸렌

$Na_2C_2 + 2H_2O$
탄화나트륨 물
$\rightarrow 2NaOH + C_2H_2$
　　수산화나트륨 아세틸렌

$MgC_2 + 2H_2O$
탄화마그네슘 물
$\rightarrow Mg(OH)_2 + C_2H_2$
　　수산화마그네슘 아세틸렌

$Be_2C + 4H_2O$
탄화베릴륨   물
$\rightarrow 2Be(OH)_2 + CH_4$
　　수산화베릴륨 메테인

$Mn_3C + 6H_2O$
탄화망가니즈 물
$\rightarrow 3Mn(OH)_2 + CH_4 + H_2$
　　수산화망가니즈 메테인 수소

$MgC_2 + 2H_2O$
탄화마그네슘 물
$\rightarrow Mg(OH)_2 + C_2H_2$
　　수산화마그네슘 아세틸렌

※ 아세틸렌의 연소범위 : 2.5 ~ 81%

2. 탄화알루미늄

분자식	비중
Al_4C_3	2.36

2-1 일반적 성질

무색 또는 황색의 결정 또는 분말

2-2 위험성

물과 반응하여 수산화알루미늄과 메테인을 발생한다.

2-3 저장 및 취급

직사광선을 피하고 건조한 장소에 보관한다.

2-4 소화방법

주수금지

탄산수소염류 분말소화약제, 팽창질석, 팽창진주암

2-5 화학반응식

물과의 반응

$Al_4C_3 + 12H_2O \rightarrow 4Al(OH)_3 + 3CH_4$
탄화알루미늄   물   수산화알루미늄   메테인

개념잡기

물과 반응 하였을 때 생성되는 탄화수소가스의 종류가 나머지 셋과 다른 하나는?

① Be_2C ② Mn_3C
③ MgC_2 ④ Al_4C_3

화학반응식
① $Be_2C + 4H_2O \rightarrow 2Be(OH)_2 + CH_4$
② $Mn_3C + 6H_2O \rightarrow 3Mn(OH)_2 + CH_4 + H_2$
③ $MgC_2 + 2H_2O \rightarrow Mg(OH)_2 + C_2H_2$
④ $Al_4C_3 + 12H_2O \rightarrow 4Al(OH)_3 + 3CH_4$

정답 : ③

CHAPTER 05
제4류 위험물

KEYWORD 저장 및 취급 방법, 소화방법, 반응식, 수용성 비수용성, 증기비중, 위험물 기준

01 공통 성질

1. 일반적 성질

- 대부분 물보다 **가볍고 비수용성**이다.
- 증기가 **가연성**이다.
- 증기비중이 1보다 커서 **낮은 곳**에 체류한다.
- **전기의 부도체**이므로 정전기가 발생하고 정전기에 의해 연소할 수 있다.

2. 위험성

- 증기와 공기가 혼합되면 연소의 우려가 있다.
- 정전기에 의해 인화할 수 있다.

3. 저장 및 취급

- 통풍이 잘 되는 냉암소에 보관한다.
- 저장용기는 밀전·밀봉하고, 액체나 증기가 누출되지 않도록 한다.

4. 소화방법

질식소화

이산화탄소소화설비, 포소화설비, 분말소화설비, 무상물분무소화설비

억제소화

할로젠화합물소화설비

이황화탄소는 물보다 무겁다는 특징이 있다.

5. 위험물 기준 ★★★

특수인화물
이황화탄소, 다이에틸에터 그 밖에 1기압에서 발화점이 섭씨 100도 이하인 것 또는 인화점이 섭씨 영하 20도 이하이고 비점이 섭씨 40도 이하인 것을 말한다.

제1석유류
아세톤, 휘발유 그 밖에 1기압에서 인화점이 섭씨 21도 미만인 것

제2석유류
등유, 경유 그 밖에 1기압에서 인화점이 섭씨 21도 이상 70도 미만인 것을 말한다. 다만, 도료류, 그 밖의 물품에 있어서 가연성 액체량이 40중량퍼센트 이하이면서 인화점이 섭씨 40도 이상인 동시에 연소점이 섭씨 60도 이상인 것은 제외한다.

제3석유류
중유, 클레오소트유 그 밖에 1기압에서 인화점이 섭씨 70도 이상 섭씨 200도 미만인 것을 말한다. 다만, 도료류 그 밖의 물품은 가연성 액체량이 40중량퍼센트 이하인 것은 제외한다.

제4석유류
기어유, 실린더유 그 밖에 1기압에서 인화점이 섭씨 200도 이상 섭씨 250도 미만의 것을 말한다. 다만, 도료류 그 밖의 물품은 가연성 액체량이 40중량퍼센트 이하인 것은 제외한다.

동식물유류
동물의 지육 등 또는 식물의 종자나 과육으로부터 추출한 것으로서 1기압에서 인화점이 섭씨 250도 미만인 것을 말한다. 다만, 법 제20조 제1항의 규정에 의하여 행정안전부령으로 정하는 용기 기준과 수납·저장기준에 따라 수납되어 저장·보관되고 용기의 외부에 물품의 통칭명, 수량 및 화기엄금(화기엄금과 동일한 의미를 갖는 표시를 포함한다)의 표시가 있는 경우를 제외한다.

알코올류
1분자를 구성하는 탄소원자의 수가 1개부터 3개까지인 포화1가 알코올(변성알코올을 포함한다) 다만, 다음 각목의 1에 해당하는 것은 제외한다.
- 1분자를 구성하는 탄소원자의 수가 1개 내지 3개의 포화1가 알코올의 함유량이 60중량퍼센트 미만인 수용액
- 가연성 액체량이 60중량퍼센트 미만이고 인화점 및 연소점(태그 개방식 인화점측정기에 의한 연소점을 말한다. 이하 같다)이 에틸알코올 60중량퍼센트 수용액의 인화점 및 연소점을 초과하는 것

핵심 KEY

위험물기준 - 제4류 위험물
- 특수인화물
  - 인화점 -20
  - 비점 40
  - 발화점 100
- 제1석유류 ~21
- 제2석유류 21~70
- 제3석유류 70~200
- 제4석유류 200~250

02 특수인화물

1. 이황화탄소

분자식	분자량	비중	증기비중	끓는점	인화점	발화점	연소범위
CS_2	76	1.26	2.62	46.3℃	-30℃	90℃	1~44%

1-1 일반적 성질

- 무색, 불쾌한 냄새가 나는 휘발성 액체, 햇빛을 쬐면 황색이 된다.
- 벤젠, 알코올, 에터에 녹는다(비수용성).

1-2 위험성

- 증기는 공기보다 무겁고 유독하여 신경장애를 유발한다.
- 연소 시 이산화탄소와 유독성 가스인 이산화황이 발생한다.

1-3 저장 및 취급

물속에 저장하여 가연성 증기 발생을 억제한다.

1-4 소화방법

주수소화

옥내소화전, 옥외소화전, 스프링클러설비, 물분무소화설비, 포소화설비, 강화액소화설비, 인산염류 분말소화설비, 물통 또는 수조

제4류 위험물임에도 주수소화가 가능한 이유

물보다 비중이 커서 물속에 가라앉으므로 질식소화 효과가 있다. ★

1-5 화학반응식

연소 반응

$$CS_2 + 3O_2 \rightarrow CO_2 + 2SO_2$$
이황화탄소　산소　이산화탄소　이산화황

물과의 가열 반응

$$CS_2 + 2H_2O \rightarrow CO_2 + 2H_2S$$
이황화탄소　물　이산화탄소　황화수소

이황화탄소 연소 시 발생하는 이산화황은 푸른색을 띤다.

개념잡기

이황화탄소에 관한 설명으로 틀린 것은?

① 비교적 무거운 무색의 고체이다.　② 인화점이 0℃ 이하이다.
③ 약 100℃에서 발화할 수 있다.　④ 이황화탄소의 증기는 유독하다.

제4류 위험물 - 이황화탄소
- 비중이 1보다 큰 액체이다.
- 특수인화물이므로 인화점이 -20℃ 이하이며 인화점 -30℃이다.
- 특수인화물 기준 인화점 -20℃ 이하, 비점 40℃ 이하, 발화점 100℃ 이하인 위험물이므로 약 100℃이다.
- 이황화탄소의 증기는 가연성이며 유독하므로 물속에 저장하여 가연성 증기 발생을 억제한다.

정답 : ①

---

2. 다이에틸에터

분자식	분자량	비중	증기비중	인화점	발화점	연소범위
$C_2H_5OC_2H_5$	74	0.72	2.55	-45℃	180℃	1.9~48%

2-1 일반적 성질

- 무색투명 액체, 달콤한 냄새가 난다.
- 물에 약간 녹고 알코올에 잘 녹는다.
- 휘발성과 마취성이 있다.

2-2 위험성

공기와 장시간 접촉 시 폭발성의 과산화물이 생성된다.

과산화물 방지 및 제거 ★★★

- 과산화물 생성 방지 : 저장용기에 40메시(mesh)의 구리망을 넣어 둔다.
- 과산화물 검출 시약 : 10% 옥화칼륨(KI) 수용액 – 과산화물에서 황색으로 변한다.
- 과산화물 제거 시약 : 황산제1철 또는 환원철

2-3 저장 및 취급

- 통풍 및 환기가 잘 되는 곳에 저장한다.
- 과산화물 생성 방지를 위해 갈색병에 보관한다.
- 용기는 밀봉하며 2% 공간용적을 확보한다.

2-4 소화방법

질식소화

이산화탄소 소화설비, 포소화설비, 분말소화설비, 무상 물분무소화설비

억제소화

할로젠화합물 소화설비

2-5 화학반응식

생성 반응식

에탄올 2분자 축합 반응

$$\underset{\substack{H\ H\\|\ |\\H-C-C-O-H}}{\overset{}{}} + \underset{\substack{H\ H\\|\ |\\H-O-C-C-H}}{\overset{}{}} \longrightarrow \underset{\substack{H\ H\ \ \ H\ H\\|\ |\ \ \ |\ |\\H-C-C-O-C-C-H}}{\overset{}{}} + H_2O$$

3. 아세트알데하이드

분자식	분자량	비중	증기비중	인화점	발화점	연소범위
CH_3CHO	44	0.78	1.52	-38℃	185℃	4.1~57%

3-1 일반적 성질

- 무색투명, 자극적 냄새의 액체이다.
- 물, 알코올, 에터에 잘 녹는다.
- 고무를 녹인다.

3-2 위험성

산화성 물질과 혼합 시 폭발할 수 있다.

3-3 저장 및 취급

- 직사광선을 피하여 차광성 있는 피복으로 가린다.
- 폭발 방지를 위해 불활성 기체(질소, 이산화탄소 등)를 봉입한다.
- 저장 시 구리, 은, 수은, 마그네슘 등으로 만든 용기를 사용하지 않는다.

아세트알데하이드 등을 저장 시 구리, 은, 수은, 마그네슘 등으로 만든 용기를 사용하면 반응하여 아세틸라이드를 생성한다.

3-4 소화방법

질식소화

이산화탄소 소화설비, 포소화설비, 분말소화설비, 물분무소화설비

억제소화

할로젠화합물 소화설비

3-5 화학반응식

생성 반응식

에탄올의 산화, 아세트산의 환원으로 생성

$$C_2H_5OH \underset{\text{환원(+2H)}}{\overset{\text{산화(-2H)}}{\rightleftarrows}} CH_3CHO \underset{\text{환원(-O)}}{\overset{\text{산화(+O)}}{\rightleftarrows}} CH_3COOH$$

에탄올   아세트알데하이드   아세트산

염화팔라듐($PdCl_2$)/염화구리($CuCl_2$) 촉매하에서 에틸렌 산화하여 생성

$$2C_2H_4 + O_2 \xrightarrow{PdCl_2/CuCl_2} 2CH_3CHO$$

에틸렌   산소   아세트알데하이드

에틸렌 직접산화

$$C_2H_4 + PdCl_2 + H_2O \rightarrow CH_3CHO + Pd + 2HCl$$

4. 산화프로필렌

분자식	분자량	비중	증기비중	인화점	발화점	연소범위
OCH_2CHCH_3	58	0.83	2	-37℃	449℃	2.5~38.5%

4-1 일반적 성질

- 무색투명, 에터향의 액체이다.
- 물, 알코올, 에터, 벤젠에 잘 녹는다.
- 20℃에서 45.5mmHg로 증기압이 매우 높다.

4-2 위험성

손에 닿으면 동상과 같은 증상이 나타난다.

4-3 저장 및 취급

- 저장 시 구리, 은, 수은, 마그네슘 등으로 만든 용기를 사용하지 않는다.
- 폭발 방지를 위해 불활성 기체(질소, 이산화탄소 등)를 봉입한다.

4-4 소화방법

질식소화

이산화탄소 소화설비, 포소화설비, 분말소화설비, 물분무소화설비

억제소화

하론소화설비

산화 · 환원

	산화	환원
산소	⊕ (증가)	⊖ (감소)
수소	⊖ (감소)	⊕ (증가)
전자	⊖ (감소)	⊕ (증가)
산화수	⊕ (증가)	⊖ (감소)

산화프로필렌 구조식

- 프로필렌 : 탄소가 3개이고 이중결합을 가진 탄화수소

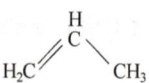

- 산화프로필렌 : 프로필렌이 산화(+O) 된 것

아세트알데하이드등을 저장 시 구리, 은, 수은, 마그네슘 등으로 만든 용기를 사용하면 반응하여 아세틸라이드를 생성한다.

03 제1석유류

비수용성 : 지정수량 200L

1. 휘발유(가솔린)

분자식	분자량	비중	증기비중	인화점	발화점	연소범위
$C_5 \sim C_{10}$	58	0.65~0.80	3~4	-43~-20℃	300℃	1.4~7.6%

1-1 일반적 성질

- 물보다 가볍고 물에 녹지 않는다.
- 알칸(C_nH_{2n+2}) 또는 알켄(C_nH_{2n})계 탄화수소이다.
- 증기는 공기보다 무거워 낮은 곳에 체류한다.

1-2 위험성

인화성이 매우 강하다.

1-3 저장 및 취급

직사광선을 피해 통풍이 잘 되는 곳에 저장한다.

1-4 소화방법

질식소화

이산화탄소 소화설비, 포소화설비, 분말소화설비, 무상 물분무소화설비

억제소화

할로젠화합물 소화설비

참고

석유의 분별증류

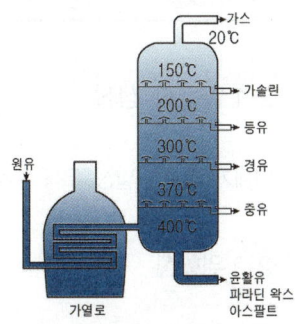

원유는 가열하면 끓는점 차이에 의해 가솔린·등유·경유·중유 순으로 분류된다. 가솔린은 제1석유류, 등유·경유는 제2석유류, 중유는 제3석유류에 해당한다.

옥탄가

- 휘발유의 품질을 나타내는 값
- 이소옥탄을 100, 노말헵탄을 0으로 한 것이다.

2. 메틸에틸케톤

분자식	분자량	비중	증기비중	인화점	발화점	연소범위
$CH_3COC_2H_5$	72	0.8	2.48	-7℃	516℃	1.8~11.5%

2-1 일반적 성질

냄새가 있는 휘발성 무색 액체이다.

2-2 위험성

인화점이 0℃보다 낮아 화재 위험이 크다.

2-3 화학반응식

이소부틸알코올(2-부틸알코올)을 산화하여 제조할 수 있다.

$$\underset{H\ OH\ H}{\overset{H\ H\ H\ H}{H-C-C-C-C-H}} \xrightarrow{-2H} \underset{H\ \ \ H\ H}{\overset{H\ O\ H\ H}{H-C-C-C-C-H}}$$

3. 톨루엔

분자식	분자량	비중	증기비중	인화점	발화점	연소범위
$C_6H_5CH_3$	92	0.87	3.14	480℃	480℃	1.4~6.7%

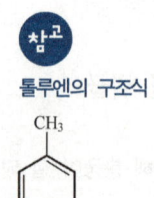

참고
톨루엔의 구조식

3-1 일반적 성질

- 무색투명한 액체이다.
- 진한 질산과 진한 황산으로 나이트로화하면 트라이나이트로톨루엔이 된다.
- 물에 녹지 않고 알코올, 에터, 벤젠에 녹는다.

3-2 위험성

- 인화성이 매우 강하다.
- 연소하여 이산화탄소와 물이 생성된다.

3-3 저장 및 취급

마찰, 충격, 화기를 피한다.

3-4 소화방법

질식소화

이산화탄소 소화설비, 포소화설비, 분말소화설비, 무상 물분무소화설비

억제소화

할로젠화합물 소화설비

3-5 화학반응식

톨루엔의 산화

4. 벤젠

분자식	분자량	비중	증기비중	녹는점	끓는점	인화점	발화점	연소범위
C_6H_6	78	0.879	2.77	5.5℃	80.1℃	-11℃	498℃	1.4~7.1%

참고

벤젠의 구조식

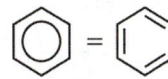

4-1 일반적 성질

- 무색투명한 액체이다.
- 물에 녹지 않고 알코올, 아세톤, 에터에 녹는다.
- 휘발성 및 독성이 있다.

4-2 위험성

- 1급 발암물질로서 증기는 유독하여 흡입하면 위험하다.
- 방향족 탄화수소로서 불을 붙이면 그을음을 많이 내며 연소한다.

4-3 저장 및 취급

직사광선을 피하여 통풍이 잘 되는 서늘한 곳에 보관한다.

4-4 소화방법

질식소화

이산화탄소 소화설비, 포소화설비, 분말소화설비, 무상 물분무소화설비

억제소화

할로젠화합물 소화설비

수용성 : 지정수량 400L

1. 아세톤

분자식	분자량	비중	증기비중	인화점	발화점	연소범위
CH_3COCH_3	58	0.79	2	-18℃	465℃	2.5~12.8%

1-1 일반적 성질

- 무색투명한 액체이다.
- 물, 알코올, 에터에 녹는다.
- 휘발성이 있고 탈지작용을 한다.

1-2 위험성

겨울철에도 인화의 위험성이 있다.

1-3 저장 및 취급

직사광선을 피하여 통풍이 잘 되는 서늘한 곳에 보관한다.

수용성액체

온도 20℃, 기압 1기압에서 동일한 양의 증류수와 완만하게 혼합하여, 혼합액의 유동이 멈춘 후 당해 혼합액이 균일한 외관을 유지하는 것을 말한다.

1-4 소화방법

질식소화

이산화탄소 소화설비, 포소화설비, 분말소화설비, 무상 물분무소화설비

억제소화

할로젠화합물 소화설비

2. 피리딘

분자식	분자량	비중	증기비중	인화점	발화점	연소범위
C_5H_5N	79	0.99	2.72	20℃	482℃	1.8~12.4%

피리딘 구조식

2-1 일반적 성질

- 순수한 것은 무색 액체이며 악취가 난다.
- 물에 녹는다.
- 약알칼리성이며 독성을 가진다.

2-2 위험성

상온에서 인화할 수 있으며 독성이 있다.

2-3 저장 및 취급

직사광선을 피하여 통풍이 잘 되는 서늘한 곳에 보관한다.

2-4 소화방법

질식소화

이산화탄소 소화설비, 포소화설비, 분말소화설비, 무상 물분무소화설비

억제소화

할로젠화합물 소화설비

04 알코올류

1. 메틸알코올(메탄올)

분자식	분자량	비중	증기비중	끓는점	인화점	발화점	연소범위
CH_3OH	32	0.79	1.1	64.65℃	11℃	464℃	7.3~36%

1-1 일반적 성질

- 무색투명한 휘발성 액체이다.
- 물, 알코올, 에터에 녹는다.
- 연소범위를 좁게 하기 위해 불활성 기체(질소, 이산화탄소, 아르곤 등)를 첨가한다.

1-2 위험성

독성이 있고 소량에도 실명의 위험이 있다.

1-3 저장 및 취급

직사광선을 피하여 통풍이 잘 되는 서늘한 곳에 보관한다.

1-4 소화방법

질식소화

이산화탄소 소화설비, 포소화설비, 분말소화설비, 무상 물분무소화설비

억제소화

할로젠화합물 소화설비

1-5 화학반응식

생성 반응식

메탄올의 산화로 포름알데하이드, 포름알데하이드의 산화로 포름산 생성

$$CH_3OH \underset{\text{환원}(+2H)}{\overset{\text{산화}(-2H)}{\rightleftharpoons}} HCHO \underset{\text{환원}(-O)}{\overset{\text{산화}(+O)}{\rightleftharpoons}} HCOOH$$

메탄올 　　　　포름알데하이드　　　　포름산

산화·환원

	산화	환원
산소	⊕ (증가)	⊖ (감소)
수소	⊖ (감소)	⊕ (증가)
전자	⊖ (감소)	⊕ (증가)
산화수	⊕ (증가)	⊖ (감소)

2. 에틸알코올(에탄올)

분자식	분자량	비중	증기비중	끓는점	인화점	발화점	연소범위
C_2H_5OH	46	0.79	1.59	78.3℃	13℃	423℃	4.3~19%

2-1 일반적 성질

- 무색투명한 휘발성 액체이다.
- 물, 알코올, 에터에 녹는다.
- 독성이 없고 술의 원료가 된다.

2-2 위험성

인화의 위험성이 강하다.

2-3 저장 및 취급

직사광선을 피하여 통풍이 잘 되는 서늘한 곳에 보관한다.

2-4 소화방법

질식소화

이산화탄소 소화설비, 포소화설비, 분말소화설비, 무상 물분무소화설비

억제소화

할로젠화합물 소화설비

> **참고**
>
> **이소프로필알코올 분자식**
>
>

2-5 화학반응식

생성 반응식

에탄올의 산화로 아세트알데하이드, 아세트알데하이드의 산화로 아세트산 생성

$$C_2H_5OH \underset{\text{환원(+2H)}}{\overset{\text{산화(-2H)}}{\rightleftarrows}} CH_3CHO \underset{\text{환원(-O)}}{\overset{\text{산화(+O)}}{\rightleftarrows}} CH_3COOH$$

에탄올   아세트알데하이드   아세트산

05 제2석유류

비수용성 : 지정수량 1,000L

1. 등유

분자식	비중	증기비중	인화점	발화점	연소범위
$C_{10} \sim C_{15}$	0.79~0.85	4.5	40~70℃	210℃	1.1~6%

2. 경유

분자식	비중	증기비중	인화점	발화점	연소범위
$C_{15} \sim C_{20}$	0.83~0.88	4.5	50~70℃	200℃	1~6%

3. 크실렌(자일렌)

분자식	비중	증기비중	인화점	발화점	구조식
$C_6H_4(CH_3)_2$ o-크실렌 (오소 크실렌)	0.88	3.66	30℃	464℃	
$C_6H_4(CH_3)_2$ m-크실렌 (메타 크실렌)	0.86	3.66	25℃	528℃	
$C_6H_4(CH_3)_2$ p-크실렌 (파라 크실렌)	0.86	3.66	25℃	528℃	

> **참고**
>
> **스틸렌**
> - 분자식 : $C_6H_5CHCH_2$
> - 분자량 : 104
> - 에틸벤젠에서 탈수소($-H_2$)하여 제조
>
>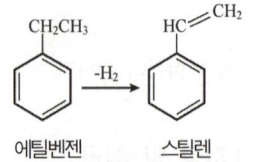
>
> 에틸벤젠 → 스틸렌
>
> - 고분자 중합제품, 합성고무, 포장재 등에 사용
> - 가열, 햇빛, 유기과산화물에 의해 쉽게 중합 반응하여 점도가 높아져 수지상으로 변화한다.

4. 클로로벤젠

분자식	분자량	비중	증기비중	인화점	발화점	연소범위
C₆H₅Cl	112.5	1.1	3.88	27℃	590℃	1.3~7.1%

클로로벤젠의 제조법

$C_6H_6 + HCl + \frac{1}{2}O_2 \rightarrow C_6H_5Cl + H_2O$
벤젠   염산   산소   클로로벤젠   물

클로로벤젠의 구조식

비중이 1보다 큰 위험물이다.
= 물속에 가라앉는다.

수용성 : 지정수량 2,000L

1. 아세트산(초산, 식초)

분자식	분자량	비중	증기비중	인화점	발화점	연소범위
CH₃COOH	60	1.05	2.07	40℃	427℃	5.4~16%

에탄올에서 2번 산화하여 생성된다.

2. 포름산(개미산)

분자식	분자량	비중	증기비중	인화점	발화점
HCOOH	46	1.218	1.59	69℃	601℃

메탄올에서 2번 산화하여 생성된다.

3. 하이드라진

분자식	분자량	비중	증기비중	녹는점	인화점	발화점
N₂H₄	32	1.011	1.59	2℃	37.8℃	270℃

- 과산화수소와 폭발적으로 반응한다.
- 로켓의 연료, 플라스틱 발포제로 사용된다.
- 암모니아와 비슷한 냄새를 가진다.

$2H_2O_2 + N_2H_4 \rightarrow N_2 + 4H_2O$
과산화수소 하이드라진 질소   물

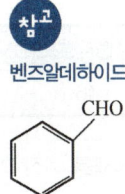

벤즈알데하이드

4. 펜탄올(아밀알코올)

분자식	분자량
$C_5H_{11}OH$	88.15

> **참고**
> 펜탄올(아밀알코올) 분자식
>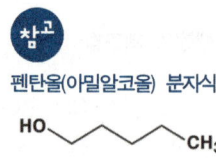

4-1 일반적 성질

- 무색, 특유의 냄새가 나는 액체이다.
- 8가지 이성질체가 있다.
- 포화지방족 알코올이다.

06 제3석유류

비수용성 : 지정수량 2,000L

1. 중유

분자식	비중	증기비중	인화점	발화점	연소범위
$C_{20} \sim C_{50}$	1.05	2.07	40℃	427℃	5.4~16%

> **저자 어드바이스**
> - 1기압 20℃에서 액상인 것을 액체상태라 한다.
> - 제3석유류에 해당하는 위험물은 모두 물보다 무겁다.

2. 아닐린

분자식	분자량	비중	증기비중	인화점	발화점	위험도
$C_6H_5NH_2$	46	1.02	1.59	70℃	538℃	1.3~11%

- 무색 특유의 냄새를 가진 기름상 액체이다.
- 물에는 약간 녹고 에탄올, 에터, 벤젠 등의 유기용매에 잘 녹는다.

> **참고**
> 아닐린의 구조식
>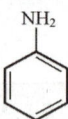

3. 나이트로벤젠

분자식	분자량	비중	증기비중	인화점	발화점
$C_6H_5NO_2$	46	1.218	1.59	88℃	482℃

연한 노란색의 기름형태의 액체이다.

나이트로벤젠의 구조식

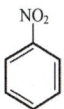

수용성 : 지정수량 4,000L

1. 글리세린

분자식	분자량	비중	증기비중	인화점	발화점
$C_3H_5(OH)_3$	92	1.26	3.17	160℃	393℃

- 무색무취의 액체이다.
- 흡습성이 강하며 단맛이 난다.
- 3가 알코올이다.
- 화장품, 세척제의 원료가 된다.

글리세린의 구조식

2. 에틸렌글리콜

분자식	분자량	비중	증기비중	인화점	발화점
$C_2H_4(OH)_2$	62	1.113	2.14	111℃	413℃

- 무색 액체이다.
- 물, 알코올에 잘 녹는다.
- 단맛이 나고 2가 알코올이다.
- 부동액의 원료가 된다.

에틸렌글리콜의 구조식

07 제4석유류

1-1 종류

- 윤활유 : 기계유, 실린더유, 스핀들유, 터빈유, 기어유, 엔진오일, 콤프레셔 오일 등
- 가소제

1-2 위험성

- 상온에서 인화의 위험은 없다.
- 가연성 물질 및 강산화제의 접촉은 피한다.

1-3 소화방법

질식소화

이산화탄소 소화설비, 포소화설비, 분말소화설비, 무상 물분무소화설비

억제소화

할로젠화합물 소화설비

가소제
열가소성 플라스틱에 첨가하여 열가소성을 증대시키는 물질

열가소성
열을 가하였을 때 부드러워지는(녹는) 성질

열경화성
열가소성의 반대로, 열을 가하였을 때 경화되는(단단해지는) 성질

08 동식물유

1-1 일반적 특징

- 아이오딘가에 따라 건성유, 반건성유, 불건성유로 나뉜다.
- 행정안전부령으로 정하는 용기 기준과 수납·저장 기준에 따라 수납되어 저장·보관되고 용기의 외부에 물품의 통칭명, 수량 및 화기엄금의 표시가 있는 경우는 **위험물에서 제외**된다.

1-2 위험성

- 다공성 가연물은 발화할 수 있으므로 접촉을 피한다.
- 건성유는 공기 중 산화중합으로 생긴 고체가 도막을 형성할 수 있다.
- 건성유는 불포화 결합이 많아 공기 중 산소와 결합하기 쉬우며 자연발화의 위험이 있다.★
- 대체로 상온에서 인화의 위험은 없다.

건성유		반건성유		불건성유	
아이오딘이 130 이상		아이오딘이 100 이상 ~ 130 미만		아이오딘이 100 미만	
대	대구유	면	면실유	소	소기름
정	정어리유	청	청어유	돼지	돼지기름
상	상어유	쌀	쌀겨유	고래	고래기름
해	해바라기유	옥	옥수수유	올리브	올리브유
동	동유	채	채종유	팜	팜유
아	아마인유	참	참기름	땅콩	땅콩기름
들	들기름	콩	콩기름	피	피마자유
				자	야자유

〈2017.07.06 개정〉
총리령 → 행정안전부령

아이오딘이
포화결합을 만들기 위해 유지 100g에 첨가되는 아이오딘의 g수

저자 어드바이스

- 건성유는 불포화 결합이 많다.
- 불포화 결합이 많으면 다른 물질과 반응하여 포화상태로 되고자 하므로 반응성이 높아진다.
- 반응성이 높아지면 반응열이 많이 발생하여 발화의 위험이 높아진다.

CHAPTER 06

제5류 위험물

KEYWORD 저장 및 취급 방법, 소화방법, 분해반응식, 구조식, 분자량

01 공통 성질

1. 일반적 성질

- 유기 화합물이고 가연성 물질이다.
- 분자 자체에 산소를 함유하고 있어 자기연소가 가능하다.
- 비중이 1보다 크다.

2. 위험성

- 연소속도가 빨라 폭발 위험이 있다.
- 분해 시 스스로 산소를 발생한다.
- 강산화제, 강산류와 접촉 시 위험하다.

3. 저장 및 취급

- 자기연소하므로 충격, 마찰 등을 피한다.
- 화재 시 소화의 어려움이 있으므로 가급적 소분하여 저장한다.

4. 소화방법

주수소화

옥내소화전, 옥외소화전, 스프링클러설비, 물분무소화설비, 포소화설비, 강화액소화설비, 인산염류 분말소화설비, 물통 또는 수조

5류 위험물 / 고체 액체

품명	위험물	상태
질산 에스 테르류	질산메틸 질산에틸 나이트로글리콜 나이트로글리세린	액체
	나이트로셀룰로오스 셀룰로이드	고체
나이트로 화합물	트라이나이트로톨루엔 트라이나이트로페놀 다이나이트로벤젠 테트릴	고체

분자 자체에 산소를 가지고 있어 화재 시 분해되어 산소를 발생하므로 질식소화는 효과가 크지 않다.

제5류 위험물
- 나이트로소화합물 : -NO기를 가진 화합물
- 나이트로화합물 : -NO_2기를 가진 화합물
- 아조화합물 : -N=N-기를 가진 화합물

02 질산에스터류

1. 질산메틸

분자식	분자량	비중	증기비중	비점
CH_3ONO_2	77	1.22	2.65	66℃

1-1 일반적 성질

- 무색투명한 액체이다.
- 물에 녹지 않고 알코올, 에터에 잘 녹는다.

1-2 위험성

폭발성이 크고 폭약, 로켓용 액체 연료로 사용된다.

1-3 저장 및 취급

가열, 충격 및 마찰을 피한다.

1-4 소화방법

주수소화

옥내소화전, 옥외소화전, 스프링클러설비, 물분무소화설비, 포소화설비, 강화액소화설비, 인산염류 분말소화설비, 물통 또는 수조

2. 질산에틸

분자식	분자량	비중	증기비중	인화점	비점
$C_2H_5ONO_2$	91	1.11	3.14	10℃	88℃

2-1 일반적 성질

- 무색투명한 액체이다.
- 물에 녹지 않고 알코올, 에터에 잘 녹는다.
- 방향성을 가진다.

2-2 위험성

인화점이 낮아 상온에서 인화하기 쉽다.

2-3 저장 및 취급

통풍이 잘 되는 찬 곳에 보관한다.

2-4 소화방법

주수소화

옥내소화전, 옥외소화전, 스프링클러설비, 물분무소화설비, 포소화설비, 강화액소화설비, 인산염류 분말소화설비, 물통 또는 수조

3. 나이트로글리세린

분자식	분자량	비중	증기비중	녹는점	끓는점
$C_3H_5(ONO_2)_3$	227	1.6	7.83	2.8℃	218℃

나이트로글리세린의 구조식

$$\begin{array}{c} H \\ | \\ H-C-ONO_2 \\ | \\ H-C-ONO_2 \\ | \\ H-C-ONO_2 \\ | \\ H \end{array}$$

3-1 일반적 성질

- 무색 또는 황색 액체이다.
- 물에 녹지 않고 알코올, 벤젠에 잘 녹는다.

3-2 위험성

- 규조토에 나이트로글리세린을 흡수시켜 다이너마이트를 만든다.
- 겨울철 동결 우려가 있다.
- 충격, 마찰에 매우 예민하다.

3-3 저장 및 취급

통풍이 잘 되는 냉암소에 보관한다.

3-4 소화방법

주수소화

옥내소화전, 옥외소화전, 스프링클러설비, 물분무소화설비, 포소화설비, 강화액소화설비, 인산염류 분말소화설비, 물통 또는 수조

3-5 화학반응식

분해반응식

$4C_3H_5(ONO_2)_3 \rightarrow 12CO_2 + 10H_2O + 6N_2 + O_2$
나이트로글리세린　　　이산화탄소　수증기　질소　산소

4. 나이트로글리콜

분자식	분자량	비중	증기비중	발화점	융점
$C_2H_4(ONO_2)_2$	152	1.49	5.24	217℃	-22.8℃

4-1 일반적 성질

- 무색 기름상 액체이다.
- 물에 녹지 않고 알코올, 에터에 잘 녹는다.
- 어는점이 높은 나이트로글리세린을 일부 대체하여 겨울철에도 얼지 않는 다이너마이트를 만들기 위해 사용한다.

4-2 위험성

- 증기는 맹독성이다.
- 폭약의 원료이며 폭발성이 매우 크다.

4-3 저장 및 취급

마찰 및 충격을 피하고 통풍이 잘 되는 찬 곳에 보관한다.

4-4 소화방법

주수소화

옥내소화전, 옥외소화전, 스프링클러설비, 물분무소화설비, 포소화설비, 강화액소화설비, 인산염류 분말소화설비, 물통 또는 수조

5. 나이트로셀룰로오스

비중	발화점
1.5	180℃

5-1 일반적 성질

- 무색 또는 백색 고체이다.
- 물에 녹지 않고 알코올, 벤젠에 잘 녹는다.
- 질화도(질산기의 수)에 따라 강면약과 약면약으로 나눈다.

5-2 위험성

- 질화도가 클수록 위험하다.
- 열분해하여 자연발화한다.

5-3 저장 및 취급

운반 또는 저장 시 물, 알코올과 혼합하면 위험성이 감소한다.

5-4 소화방법

주수소화

옥내소화전, 옥외소화전, 스프링클러설비, 물분무소화설비, 포소화설비, 강화액소화설비, 인산염류 분말소화설비, 물통 또는 수조

6. 셀룰로이드

비중	발화점
1.32~1.35	170~190℃

6-1 일반적 성질

- 무색투명한 고체이다.
- 물에 녹지 않고 알코올, 에터에 잘 녹는다.

- 질소가 함유된 유기물이다.
- 가소제로서 장뇌를 함유하는 나이트로셀룰로오스로 이루어진 일종의 플라스틱이다.
- 필름, 안경테, 탁구공 등의 제조에 사용된다.

6-2 위험성

장시간 방치하면 햇빛, 고온 등에 의해 분해가 촉진되어 자연발화의 위험이 있다.

6-3 저장 및 취급

마찰 및 충격을 피하고 통풍이 잘 되는 찬 곳에 보관한다.

6-4 소화방법

주수소화

옥내소화전, 옥외소화전, 스프링클러설비, 물분무소화설비, 포소화설비, 강화액소화설비, 인산염류 분말소화설비, 물통 또는 수조

03 유기과산화물

1. 과산화벤조일(벤조일퍼옥사이드)

분자식	분자량	비중	발화점
$(C_6H_5CO)_2O_2$	242	1.33	125℃

1-1 일반적 성질

- 무색 또는 백색, 무취의 결정이다.
- 물에 녹지 않고 알코올에 약간 녹으며, 에터에 잘 녹는다.
- 상온에서 안정하다.

1-2 위험성

유기물, 환원성과의 접촉을 피하고 마찰, 충격을 피한다.

과산화벤조일의 구조식

$O=C-O-O-C=O$

과산화벤조일은 대부분의 유기용제에 녹는다.

1-3 저장 및 취급

건조 방지를 위해 희석제(물, 프탈산디메틸 등)를 사용한다.

1-4 소화방법

주수소화

옥내소화전, 옥외소화전, 스프링클러설비, 물분무소화설비, 포소화설비, 강화액소화설비, 인산염류 분말소화설비, 물통 또는 수조

유기과산화물을 함유하는 것 중 불활성 고체를 함유하는 것으로서 제외되는 것 (시행령 별표1 비고 20)
- 과산화벤조일의 함유량이 35.5중량 퍼센트 미만인 것으로서 전분가루, 황산칼슘2수화물 또는 인산1수소칼슘 2수화물과의 혼합물
- 비스(4클로로벤조일)퍼옥사이드의 함유량이 30중량퍼센트 미만인 것으로서 불활성고체와의 혼합물
- 과산화지크밀의 함유량이 40중량 퍼센트 미만인 것으로서 불활성고체와의 혼합물
- 1・4비스(2-터셔리부틸퍼옥시이소프로필)벤젠의 함유량이 40중량퍼센트 미만인 것으로서 불활성고체와의 혼합물
- 시크로헥사놀퍼옥사이드의 함유량이 30중량퍼센트 미만인 것으로서 불활성고체와의 혼합물

개념잡기

과산화벤조일에 대한 설명으로 틀린 것은?

① 벤조일퍼옥사이드라고도 한다.
② 상온에서 고체이다.
③ 산소를 포함하지 않는 환원성 물질이다.
④ 희석제를 첨가하여 폭발성을 낮출 수 있다.

제5류 위험물 - 과산화벤조일
- 과산화벤조일 = 벤조일퍼옥사이드이다.
- 벤젠고리가 있으므로 고체이다.
- 산소를 포함하는 산화성 물질이다.
- 희석제 : 물, 프탈산디메틸을 사용한다.

정답 : ③

04 나이트로화합물

1. 트라이나이트로톨루엔(TNT)

분자식	분자량	비중	융점	비점	인화점
$C_6H_2CH_3(NO_2)_3$	227	1.66	81℃	240℃	2℃

> **참고**
> 트라이나이트로톨루엔의 구조식
>

1-1 일반적 성질

- 담황색 결정으로 햇빛에 노출 시 다갈색으로 변한다.
- 물에 녹지 않고 알코올, 아세톤, 에터, 벤젠에 잘 녹는다.
- 자연분해의 위험성이 적어 장기간 저장이 가능하다.

1-2 위험성

- 폭약의 원료로 사용된다.
- 피크린산에 비해 충격·마찰에 안정하다.
- 연소 시 다량의 기체가 발생되므로 산소마스크를 착용한다.

1-3 저장 및 취급

운반 시 10%의 물을 넣어 운반한다.

1-4 소화방법

주수소화

옥내소화전, 옥외소화전, 스프링클러설비, 물분무소화설비, 포소화설비, 강화액소화설비, 인산염류 분말소화설비, 물통 또는 수조

1-5 화학반응식

분해반응식

$2C_6H_2(NO_2)_3CH_3 \rightarrow 2C + 3N_2 + 5H_2 + 12CO$
트라이나이트로톨루엔   탄소   질소   수소   일산화탄소

합성

$C_6H_5CH_3 + 3HNO_3 \xrightarrow{H_2SO_4} C_6H_2(NO_2)_3CH_3 + 3H_2O$
톨루엔   질산   (황산)   트라이나이트로톨루엔   물

2. 트라이나이트로페놀(TNP, 피크린산)

분자식	분자량	비중	융점	비점	발화점
$C_6H_2(NO_2)_3OH$	229	1.8	122.5℃	300℃	300℃

참고

트라이나이트로페놀의 구조식

2-1 일반적 성질

- 무색 또는 휘황색의 결정이다.
- 찬물에 미량 녹고 온수, 알코올, 에터, 벤젠에 잘 녹는다.
- 상온에서 안정하다.

2-2 위험성

- 쓴 맛이 있으며 독성이 있다.
- 구리, 납, 철 등의 중금속과 반응하여 피크린산염을 생성한다.
- 단독으로는 충격, 마찰에 안정하지만 금속염, 아이오딘, 가솔린, 알코올, 황 등과의 혼합물은 충격, 마찰 등에 의하여 폭발한다.

2-3 저장 및 취급

통풍이 잘 되는 냉암소에 보관한다.

2-4 소화방법

주수소화

옥내소화전, 옥외소화전, 스프링클러설비, 물분무소화설비, 포소화설비, 강화액소화설비, 인산염류 분말소화설비, 물통 또는 수조

2-5 화학반응식

분해반응식

$2C_6H_2(NO_2)_3OH \rightarrow 2C + 3N_2 + 3H_2 + 6CO + 4CO_2$
트라이나이트로페놀   탄소   질소   수소   일산화탄소   이산화탄소

3. 다이나이트로톨루엔

분자식	분자량	비중	발화점
$C_6H_3CH_3(NO_2)_2$	182	1.32	400℃

참고

다이나이트로톨루엔의 구조식

3-1 일반적 성질

- 백색 결정이다.
- 물에 녹지 않고 알코올, 에터, 벤젠에 녹는다.

3-2 위험성

폭발력이 적어 폭약으로 사용할 수 없다.

3-3 저장 및 취급

통풍이 잘 되는 냉암소에 보관한다.

3-4 소화방법

주수소화

옥내소화전, 옥외소화전, 스프링클러설비, 물분무소화설비, 포소화설비, 강화액소화설비, 인산염류 분말소화설비, 물통 또는 수조

4. 테트릴

화약의 원료로 사용되는 물질이다.

- 뇌관 : 도화선 끝에 연결된 폭약 속에 삽입된 관
- 첨장약 : 공업뇌관, 전기뇌관 하부에 장전한 폭약

개념잡기

충격, 마찰에 예민하고 폭발 위력이 큰 물질로 뇌관의 첨장약으로 사용되는 것은?

① 나이트로글리콜
② 나이트로셀룰로오스
③ 테트릴
④ 질산메틸

정답 : ③

CHAPTER 07
제6류 위험물

KEYWORD 위험물 기준, 불연성, 조연성, 강산화제, 분해식

01 공통 성질

1. 일반적 성질

- 무기화합물이며 물에 잘 녹는다.
- **불연성, 조연성**이며 **강산화제**이다.
- 비중이 1보다 크다.
- 분자 내에 산소를 함유하고 있어, 분해 시 산소를 발생한다.
- 모두 지정수량 300kg, 위험등급 Ⅰ이다.

2. 위험성

물과 접촉하여 발열반응을 한다.

3. 저장 및 취급

- 화기 및 직사광선을 피하여 저장한다.
- 물, 가연물, 유기물과의 접촉을 피한다.

4. 소화방법

주수소화

옥내소화전, 옥외소화전, 스프링클러설비, 물분무소화설비, 포소화설비, 강화액소화설비, 인산염류 분말소화설비, 물통 또는 수조

02 질산

분자식	분자량	비중	증기비중	융점	비점
HNO_3	63	1.49	2.17	-42℃	122℃

1-1 일반적 성질

- 무색 액체로 햇빛에 노출 시 분해되어 황갈색으로 변한다.
- 단백질과 크산토프로테인 반응을 일으켜 노란색으로 변한다.
- 부식성이 강한 산성이지만 백금, 금, 이리듐 및 로듐은 부식시키지 못한다.

1-2 위험성

- 물과 반응하여 발열한다.
- 빛에 의해 분해되어 생성되는 **이산화질소는 황갈색을 띠는 독성 기체**이다.

1-3 저장 및 취급

햇빛에 의해 분해하므로 갈색병에 보관한다.

1-4 소화방법

주수소화

옥내소화전, 옥외소화전, 스프링클러설비, 물분무소화설비, 포소화설비, 강화액소화설비, 인산염류 분말소화설비, 물통 또는 수조

1-5 화학반응식

분해반응식

$$4HNO_3 \rightarrow 2H_2O + 4NO_2 + O_2$$
  질산   물   이산화질소 산소

발연질산
공기 중에서 갈색 연기를 내는 물질로 진한 질산보다 산화력이 강하다.

왕수
염산과 질산을 3 : 1의 비율로 제조한 것

부동태화
진한 질산이 알루미늄, 철, 코발트, 니켈, 크로뮴 등의 표면에 수산화물의 얇은 막을 만들어 다른 산에 의해 부식되지 않게 한다.

발연황산(위험물 아님)
SO_3를 황산에 흡수시킨 것
(황산 + 삼산화황)

03 과산화수소

분자식	분자량	비중	증기비중	융점	비점
H_2O_2	34	1.465	1.17	-0.89℃	152℃

1-1 일반적 성질

- 산화제 또는 환원제로 사용한다.
- 점성이 있는 무색 액체로 양이 많으면 점성이 있다.
- 물, 알코올, 에터에 잘 녹고, 석유, 벤젠에는 녹지 않는다.
- 3% 과산화수소 용액은 표백제 또는 살균제로 이용된다.

1-2 위험성

- 열, 햇빛에 의해 분해 촉진된다.
- 60중량퍼센트 이상에서 단독으로 분해 폭발한다.
- 이산화망가니즈는 정촉매로 작용하여 분해를 촉진시킨다.

촉매

자기 자신은 반응에 참여하지 않으면서 반응속도에 영향을 주는 물질
- 정촉매 : 반응속도 빠르게
- 부촉매 : 반응속도 느리게

$\xrightarrow{MnO_2}$ 형태로 반응식에 표시한다.

1-3 저장 및 취급

- 분해방지 안정제 : 인산, 요산
- 뚜껑에 작은 구멍을 뚫은 갈색 용기에 보관한다.
- 햇빛에 의해 분해되므로 햇빛을 차단하거나 갈색병에 보관한다.

1-4 소화방법

주수소화

옥내소화전, 옥외소화전, 스프링클러설비, 물분무소화설비, 포소화설비, 강화액소화설비, 인산염류 분말소화설비, 물통 또는 수조

과산화수소 촉매
- 아이오딘화칼륨(KI)
- 이산화망가니즈(MnO_2)

1-5 화학반응식

분해반응식

$2H_2O_2 \xrightarrow{MnO_2} 2H_2O + O_2$
과산화수소　　　　　물　　산소

$2H_2O_2 + N_2H_4 \rightarrow N_2 + 4H_2O$
과산화수소　하이드라진　질소　　물

개념잡기

보관 시 인산 등의 분해방지 안정제를 첨가하는 제6류 위험물에 해당하는 것은?

① 황산　　　　　　　② 과산화수소
③ 질산　　　　　　　④ 염산

제6류 위험물 - 과산화수소
- $2H_2O_2 \rightarrow 2H_2O + O_2$
  과산화수소　수증기　산소
- 분해방지 안정제 : 인산, 요산
- 분해되어 발생하는 기체인 수증기, 산소는 독성이 없으므로 구멍 뚫린 마개로 닫아 용기 내 압력 상승을 방지한다.
- 수용성 물질이므로 알코올에 녹고, 에터에도 녹는다.

정답 : ②

04 과염소산

분자식	분자량	비중	증기비중	융점	비점
$HClO_4$	100.5	1.76	3.47	-112℃	39℃

1-1 일반적 성질

- 무색무취의 액체
- 물과 접촉 시 발열한다.
- 물과 작용하여 고체수화물($HClO_4 \cdot H_2O$)을 형성한다.

1-2 위험성

- 가열하면 유독성의 염화수소를 발생하며 분해된다.
- 금속 및 가연물과 접촉하면 위험하다.

1-3 저장 및 취급

- 직사광선을 피하고 통풍이 잘 되는 냉암소에 보관한다.
- 물과의 접촉을 피하고 강산화제, 환원제, 알코올류, 염화바륨, 알칼리와 격리하여 보관한다.

1-4 소화방법

주수소화

옥내소화전, 옥외소화전, 스프링클러설비, 물분무소화설비, 포소화설비, 강화액소화설비, 인산염류 분말소화설비, 물통 또는 수조

1-5 화학반응식

분해반응식

$HClO_4 \rightarrow HCl + 2O_2$
과염소산   염화수소   산소

05 할로젠간화합물

명칭	분자식	색상	상태	비중	비점
삼불화브롬	BrF_3	무색	액체	1.76	39℃
오불화브롬	BrF_5	무색	액체	1.76	39℃
오불화아이오딘	IF_5	무색, 노란색	액체	1.76	39℃

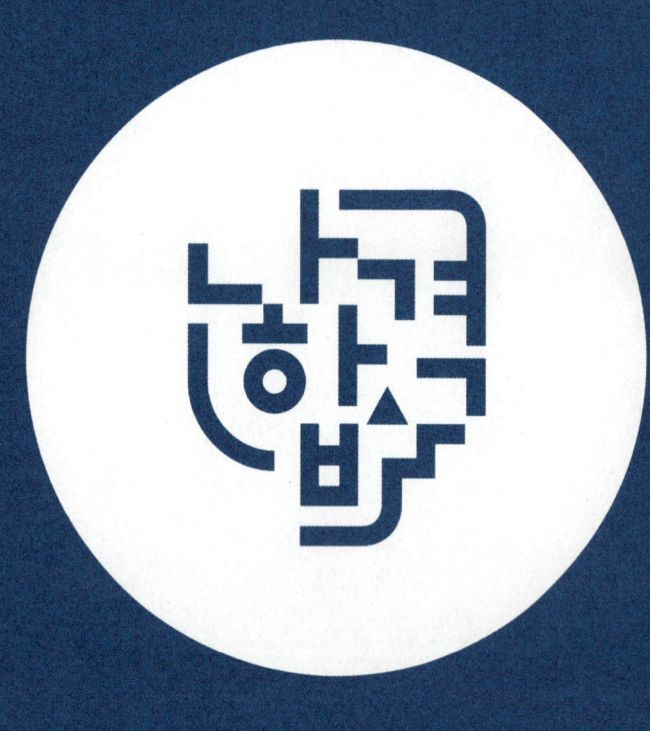

PART 06

위험물제조소등

01 위험물제조소
02 위험물저장소
03 위험물취급소
04 제조소등에서의 위험물 저장 및 취급

단원 들어가기 전

본 단원은 필기 및 실기시험 모두 중요하게 다뤄지는 단원입니다.
위험물을 다루는 시설 등에 대한 이해를 바탕으로 문제를 풀어보면서 숙지하도록 합시다.

CHAPTER 01

위험물제조소

KEYWORD 제조소등, 안전거리, 보유공지, 환기설비, 제조소 방유제

01 제조소등 ★★★

위험물
인화성 또는 발화성 등의 성질을 가지는 것으로서 대통령령이 정하는 물품을 말한다.

지정수량
위험물의 종류별로 위험성을 고려하여 대통령령이 정하는 수량으로서 제조소등의 설치허가 등에 있어서 최저의 기준이 되는 수량을 말한다.

제조소
위험물을 제조할 목적으로 지정수량 이상의 위험물을 취급하기 위하여 허가를 받은 장소를 말한다.

저장소
지정수량 이상의 위험물을 저장하기 위한 대통령령이 정하는 장소로서 허가를 받은 장소를 말한다.

취급소
지정수량 이상의 위험물을 제조 외의 목적으로 취급하기 위한 대통령령이 정하는 장소로서 허가를 받은 장소를 말한다.

제조소등
제조소·저장소 및 취급소를 말한다.

제조소
위험물 또는 비위험물로 위험물을 생성

일반취급소
위험물을 원료로 비위험물을 생산

종류	제조소	저장소	취급소
명칭	1가지	8가지	4가지
	위험물제조소	옥내저장소	주유취급소
		옥외저장소	판매취급소
		옥내탱크저장소	이송취급소
		옥외탱크저장소	일반취급소
		이동탱크저장소	
		지하탱크저장소	
		간이탱크저장소	
		암반탱크저장소	

저자 어드바이스

제조소등의 역할
- 제조소는 위험물을 제조하는 곳
- 저장소는 위험물을 저장하는 곳
- 취급소는 위험물을 판매하는 곳

02 위험물제조소 ★★

1. 안전거리 ★★★

구분	안전거리
7,000V 초과 35,000V 이하의 특고압가공전선	3m 이상
35,000V를 초과하는 특고압가공전선	5m 이상
주택	10m 이상
고압가스, 액화석유가스, 도시가스 저장·취급 시설	20m 이상
학교·병원·극장 등 많은 인원이 모이는 시설	30m 이상
유형문화재와 기념물 중 지정문화재	50m 이상

저자 어드바이스

안전거리 적용제외
- 제조소 중 제6류 위험물을 취급하는 곳
- 옥내저장소 중 지정수량 20배 미만의 제4석유류·동식물유류를 저장하는 곳, 제6류 위험물을 저장하는 곳, 지정수량 20배 이하 저장하는 기준에 적합한 구조로 된 곳
- 옥외저장소 중 제6류 위험물을 취급하는 곳
- 옥내탱크저장소 옥외탱크저장소 중 제6류 위험물을 저장하는 곳
- 지하탱크저장소
- 간이탱크저장소
- 이동탱크저장소

> **개념잡기**
>
> 위험물안전관리법령에 따른 안전거리 규제를 받는 위험물 시설이 아닌 것은?
>
> ① 제6류 위험물 제조소　　② 제1류 위험물 일반취급소
> ③ 제4류 위험물 옥내저장소　④ 제5류 위험물 옥외저장소
>
> ---
>
> 제조소등 - 안전거리 적용 제외
> - 제조소 : 제6류 위험물을 취급하는 곳
> - 일반취급소 : 제조소 기준과 동일
> - 옥내저장소 : 제4석유류, 동식물유류 지정수량의 20배 미만, 제6류 위험물
> - 옥외저장소 : 제조소 기준과 동일
>
> 정답 : ①

2. 보유공지 ★★

취급하는 위험물의 최대수량	공지의 너비
지정수량의 10배 이하	3m 이상
지정수량의 10배 초과	5m 이상

보유공지 적용 제외
방화상 유효한 격벽(방화벽)을 설치한 때

3. 건축물의 구조 ★★

- 지하층이 없도록 하여야 한다.
- 벽·기둥·바닥·보·서까래 및 계단을 **불연재료**로 하고, **연소(延燒)**의 우려가 있는 외벽은 출입구 외의 개구부가 없는 **내화구조**의 벽으로 하여야 한다(제6류 위험물을 취급 시 위험물이 스며들 우려가 있는 부분에 대하여는 아스팔트 그 밖에 부식되지 아니하는 재료로 피복).
- **지붕**은 폭발력이 위로 방출될 정도의 가벼운 **불연재료**로 덮어야 한다.
  다음에 해당하는 경우에는 그 지붕을 내화구조로 할 수 있다.
  - 제2류 위험물(분상의 것과 인화성 고체를 제외한다), 제4류 위험물 중 제4석유류·동식물유류 또는 제6류 위험물을 취급하는 건축물인 경우
  - 다음의 기준에 적합한 밀폐형 구조의 건축물인 경우
    ⓐ 발생할 수 있는 내부의 과압(過壓) 또는 부압(負壓)에 견딜 수 있는 철근콘크리트조일 것
    ⓑ 외부화재에 90분 이상 견딜 수 있는 구조일 것
- **출입구, 비상구**에는 **60분+ 방화문, 60분 방화문 또는 30분 방화문**을 설치하되, **연소의 우려가 있는 외벽에 설치하는 출입구**에는 수시로 열 수 있는 **자동폐쇄식의 60분+ 방화문, 60분 방화문**을 설치하여야 한다.
- 위험물을 취급하는 건축물의 창 및 출입구에 유리를 이용하는 경우에는 망입유리로 하여야 한다.
- 액체의 위험물을 취급하는 건축물의 바닥은 위험물이 스며들지 못하는 재료를 사용하고,

위험물제조소 - 배관
- 지하에 매설하는 경우 접합부분에 위험물의 누설 여부를 점검할 수 있는 점검구를 설치할 것
- 지하에 매설하는 경우 금속성 배관의 외면에는 부식방지를 위하여 도복장·코팅 또는 전기방식 등의 필요한 조치를 할 것
- 최대상용압력의 1.5배 이상의 압력으로 내압시험을 실시하여 누설 그 밖의 이상이 없는 것으로 할 것
- 지상에 설치하는 경우 지면에 닿지 아니하도록 설치할 것

적당한 경사를 두어 그 최저부에 집유설비를 하여야 한다.

> **개념잡기**
>
> 위험물안전관리법령상 제1석유류를 취급하는 위험물 제조소 건축물의 지붕에 대한 설명으로 옳은 것은?
>
> ① 항상 불연재료로 하여야 한다.
> ② 항상 내화구조로 하여야 한다.
> ③ 가벼운 불연재료가 원칙이지만 예외적으로 내화구조로 할 수 있는 경우가 있다.
> ④ 내화구조가 원칙이지만 예외적으로 가벼운 불연재료로 할 수 있는 경우가 있다.
>
> **제조소 - 건축물의 구조**
> 지붕은 폭발력이 위로 방출될 정도의 가벼운 불연재료로 덮어야 한다.
>
> 정답 : ①

4. 환기설비

- 환기는 자연배기방식으로 할 것
- 급기구는 당해 급기구가 설치된 실의 바닥면적 150m²마다 1개 이상으로 하되, **급기구의 크기는 800cm² 이상**으로 할 것. 다만, 바닥면적이 150m² 미만인 경우에는 다음의 크기로 하여야 한다.

바닥면적	급기구의 면적
60m² 미만	150cm² 이상
60m² 이상 90m² 미만	300cm² 이상
90m² 이상 120m² 미만	450cm² 이상
120m² 이상 150m² 미만	600cm² 이상

- 급기구는 **낮은 곳**에 설치하고 가는 눈의 구리망 등으로 인화 방지망을 설치할 것
- 환기구는 지붕 위 또는 지상 2m 이상의 높이에 회전식 고정벤티레이터 또는 루프팬 방식으로 설치할 것

5. 배출설비

- 배출설비는 국소방식으로 하여야 한다. 다만, 다음 각목의 1에 해당하는 경우에는 전역방식으로 할 수 있다.
  - 위험물취급설비가 배관이음 등으로만 된 경우
  - 건축물의 구조·작업장소의 분포 등의 조건에 의하여 전역방식이 유효한 경우
- 배출설비는 배풍기·배출덕트·후드 등을 이용하여 강제적으로 배출하는 것으로 하여야 한다.
- **배출능력**은 1시간당 배출장소 용적의 **20배 이상**인 것으로 하여야 한다. 다만, 전역방식의 경우에는 바닥면적 1m²당 18m³ 이상으로 할 수 있다.

고인화점 위험물
인화점이 100℃ 이상인 제4류 위험물

- 급기구는 **높은 곳**에 설치하고, 가는 눈의 구리망 등으로 인화 방지망을 설치할 것
- 배출구는 지상 2m 이상으로서 연소의 우려가 없는 장소에 설치하고, 배출덕트가 관통하는 벽 부분의 바로 가까이에 화재 시 자동으로 폐쇄되는 방화댐퍼를 설치할 것
- 배풍기는 강제배기방식으로 하고, 옥내덕트의 내압이 대기압 이상이 되지 아니하는 위치에 설치하여야 한다.

6. 옥외설비의 바닥

옥외에서 액체위험물을 취급하는 설비의 바닥은 다음 각호의 기준에 의하여야 한다.

- 바닥의 둘레에 높이 0.15m 이상의 턱을 설치하는 등 위험물이 외부로 흘러나가지 아니하도록 하여야 한다.
- 바닥은 콘크리트 등 위험물이 스며들지 아니하는 재료로 하고, 제1호의 턱이 있는 쪽이 낮게 경사지게 하여야 한다.
- 바닥의 최저부에 집유설비를 하여야 한다.
- 위험물(온도 20℃의 물 100g에 용해되는 양이 1g 미만인 것에 한한다)을 취급하는 설비에 있어서는 당해 위험물이 직접 배수구에 흘러들어가지 아니하도록 집유설비에 **유분리장치**를 설치하여야 한다.

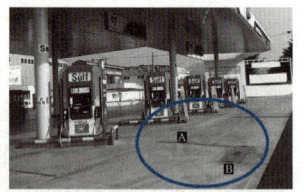

집유설비(A) & 유분리장치(B)

7. 기타설비

7-1 압력계 및 안전장치

위험물을 가압하는 설비 또는 그 취급하는 위험물의 압력이 상승할 우려가 있는 설비에는 압력계 및 다음 각목의 1에 해당하는 안전장치를 설치하여야 한다.

- 자동적으로 압력의 상승을 정지시키는 장치
- 감압측에 안전밸브를 부착한 감압밸브
- 안전밸브를 겸하는 경보장치
- 파괴판 : 안전밸브의 작동이 곤란한 가압설비에 설치

7-2 피뢰설비

지정수량의 **10배 이상**의 위험물을 취급하는 제조소
(제6류 위험물을 취급하는 위험물제조소를 제외한다)

8. 방유제 ★★★

> 탱크 1기 : 탱크 용량×0.5
> 탱크 2기 이상 : 최대 탱크 용량×0.5 + 나머지 탱크 용량×0.1

9. 배관

내압시험(불연성의 액체 또는 기체를 이용하여 실시하는 시험을 포함한다)
최대상용압력의 1.5배 이상의 압력으로 실시

10. 위험물의 성질에 따른 제조소의 특례

10-1 알킬알루미늄등을 취급하는 제조소의 특례

- 알킬알루미늄등을 취급하는 설비에는 **불활성기체를 봉입**하는 장치를 갖출 것

10-2 아세트알데하이드등을 취급하는 제조소의 특례

- **아세트알데하이드등을 취급하는 설비는 은·수은·동·마그네슘 또는 이들을 성분으로 하는 합금으로 만들지 아니할 것**
- 아세트알데하이드등을 취급하는 설비에는, 연소성 혼합기체의 생성에 의한 폭발을 방지하기 위한 불활성기체 또는 수증기를 봉입하는 장치를 갖출 것
- 아세트알데하이드등을 취급하는 탱크(옥외에 있는 탱크 또는 옥내에 있는 탱크로서 그 용량이 지정수량의 5분의 1 미만의 것을 제외한다)에는 냉각장치 또는 저온을 유지하기 위한 장치(이하 "보냉장치"라 한다) 및 연소성 혼합기체의 생성에 의한 폭발을 방지하기 위한 불활성기체를 봉입하는 장치를 갖출 것. 다만, 지하에 있는 탱크가 아세트알데하이드등의 온도를 저온으로 유지할 수 있는 구조인 경우에는 냉각장치 및 보냉장치를 갖추지 아니할 수 있다.

10-3 하이드록실아민등을 취급하는 제조소의 특례

- 지정수량 이상의 하이드록실아민등을 취급하는 제조소의 위치는 건축물의 벽 또는 이에 상당하는 공작물의 외측으로부터 당해 제조소의 외벽 또는 이에 상당하는 공작물의 외측까지의 사이에 다음 식에 의하여 요구되는 거리 이상의 **안전거리**를 둘 것

참고

알킬알루미늄등
제3류 위험물 중 알킬알루미늄·알킬리튬 또는 이 중 어느 하나 이상을 함유하는 것

아세트알데하이드등
제4류 위험물 중 특수인화물의 아세트알데하이드·산화프로필렌 또는 이 중 어느 하나 이상을 함유하는 것

하이드록실아민등
제5류 위험물 중 하이드록실아민·하이드록실아민염류 또는 이 중 어느 하나 이상을 함유하는 것

$$D = 51.1\sqrt[3]{N}$$

- D : 거리(m)
- N : 당해 제조소에서 취급하는 하이드록실아민등의 지정수량의 배수

- 위의 제조소의 주위에는 다음에 정하는 기준에 적합한 **담 또는 토제**(土堤)를 설치할 것
  - 담 또는 토제는 당해 제조소의 외벽 또는 이에 상당하는 공작물의 외측으로부터 2m 이상 떨어진 장소에 설치할 것
  - 담 또는 토제의 높이는 당해 제조소에 있어서 하이드록실아민등을 취급하는 부분의 높이 이상으로 할 것
  - 담은 두께 15cm 이상의 철근콘크리트조·철골철근콘크리트조 또는 두께 20cm 이상의 보강콘크리트블록조로 할 것
  - 토제의 경사면의 경사도는 60도 미만으로 할 것

11. 제조소의 안전거리 단축 기준

구분	취급하는 위험물의 최대수량 (지정수량의 배수)	안전거리(이상)		
		주거용 건축물	학교·유치원등	문화재
제조소·일반취급소 (취급하는 위험물의 양이 주거지역에 있어서는 30배, 상업지역에 있어서는 35배, 공업지역에 있어서는 50배 이상인 것을 제외한다)	10배 미만	6.5	20	35
	10배 이상	7.0	22	38

방화상 유효한 담의 높이

$H \leq pD^2 + \alpha$ 인 경우, $h = 2$

$H > pD^2 + \alpha$ 인 경우,
$h = H - p(D^2 - d^2)$

- D : 제조소등과 인근 건축물 또는 공작물과의 거리(m)
- H : 인근 건축물 또는 공작물의 높이(m)
- α : 제조소등의 외벽의 높이(m)
- d : 제조소등과 방화상 유효한 담과의 거리(m)
- h : 방화상 유효한 담의 높이(m)
- p : 상수

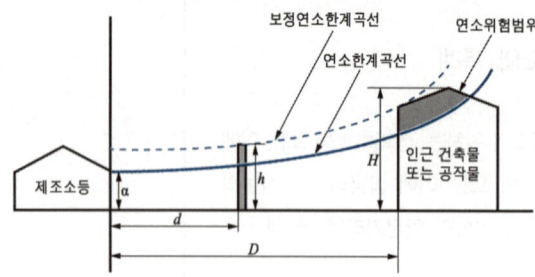

개념잡기

위험물제조소등의 안전거리의 단축기준과 관련해서 $H \leq pD^2 + \alpha$ 인 경우 방화상 유효한 담의 높이는 2m 이상으로 한다. 다음 중 α에 해당되는 것은?

① 인근 건축물의 높이(m)
② 제조소등의 외벽의 높이(m)
③ 제조소등과 공작물과의 거리(m)
④ 제조소등과 방화상 유효한 담과의 거리(m)

제조소 - 방화상 유효한 담(방화벽)의 높이
$H \leq pD^2 + \alpha$ 인 경우 $h = 2$

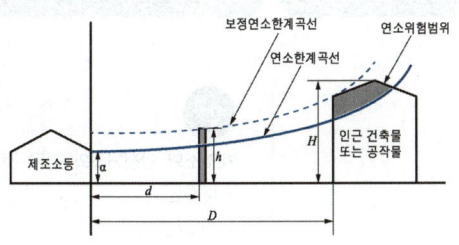

- D : 제조소등과 인근 건축물 또는 공작물과의 거리(m)
- H : 인근 건축물 또는 공작물의 높이(m)
- d : 제조소등과 방화상 유효한 담과의 거리(m)
- α : 제조소등의 외벽의 높이(m)
- h : 방화상 유효한 담의 높이(m)
- p : 상수

정답 : ②

CHAPTER 02

위험물저장소

KEYWORD 이동탱크저장소, 지하탱크저장소, 방유제, 옥외저장소, 옥내저장소

01 옥내저장소

> **참고**
> 제조소의 안전거리와 같은 것
> • 제조소
> • 옥내저장소
> • 옥외탱크저장소

1. 안전거리

제조소의 기준과 같다.

개념잡기

옥내저장소에서 안전거리 기준이 적용되는 경우는?

① 지정수량 20배 미만의 제4석유류를 저장하는 것
② 제2류 위험물 중 덩어리 상태의 황을 저장하는 것
③ 지정수량 20배 미만의 동식물유류를 저장하는 것
④ 제6류 위험물을 저장하는 것

옥내저장소 - 안전거리 적용 제외
• 제4석유류 또는 동식물유류의 위험물을 저장 또는 취급하는 옥내저장소로서 그 최대수량이 지정수량의 20배 미만인 것
• 제6류 위험물을 저장 또는 취급하는 옥내저장소
• 지정수량의 20배(하나의 저장창고의 바닥면적이 150㎡ 이하인 경우에는 50배) 이하의 위험물을 저장 또는 취급하는 옥내저장소로서 다음의 기준에 적합한 것
  1) 저장창고의 벽·기둥·바닥·보 및 지붕이 내화구조인 것
  2) 저장창고의 출입구에 수시로 열 수 있는 자동폐쇄방식의 60분+ 방화문, 60분 방화문이 설치되어 있을 것
  3) 저장창고에 창을 설치하지 아니할 것

정답 : ②

2. 보유공지

저장 또는 취급하는 위험물의 최대수량	공지의 너비	
	벽·기둥 및 바닥이 내화구조로 된 건축물	그 밖의 건축물
지정수량의 5배 이하	-	0.5m 이상
지정수량의 5배 초과 10배 이하	1m 이상	1.5m 이상
지정수량의 10배 초과 20배 이하	2m 이상	3m 이상
지정수량의 20배 초과 50배 이하	3m 이상	5m 이상
지정수량의 50배 초과 200배 이하	5m 이상	10m 이상
지정수량의 200배 초과	10m 이상	15m 이상

안전거리 적용 제외

- 제4석유류 또는 동식물유류, 지정수량의 20배 미만
- 제6류 위험물 저장 또는 취급
- 지정수량의 20배(하나의 저장창고의 바닥면적이 150m² 이하인 경우에는 50배) 이하의 위험물을 저장 또는 취급하는 옥내저장소가 다음 기준에 적합한 것
  - 벽·기둥·바닥·보 및 지붕이 내화구조인 것
  - 출입구에 수시로 열 수 있는 자동폐쇄방식의 60분+ 방화문, 60분 방화문이 설치되어 있을 것
  - 창을 설치하지 아니할 것

3. 바닥면적 ★★★

- 위험등급 Ⅰ 또는 제4류 위험물 중 위험등급 Ⅰ, Ⅱ : 1,000m²
- 위험등급 Ⅱ, Ⅲ 또는 제4류 위험물 중 위험등급 Ⅲ : 2,000m²
- 위험등급 Ⅰ 또는 제4류 위험물 중 위험등급 Ⅰ, Ⅱ과 위험등급 Ⅱ, Ⅲ 또는 제4류 위험물 중 위험등급 Ⅲ의 위험물을 내화구조의 격벽으로 완전히 구획된 실에 각각 저장하는 창고 : 1,500m²

옥내저장소

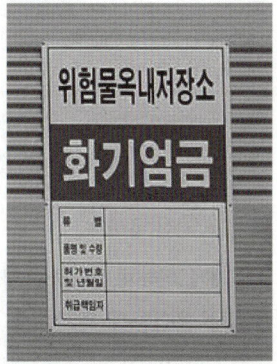

4. 건축물의 구조

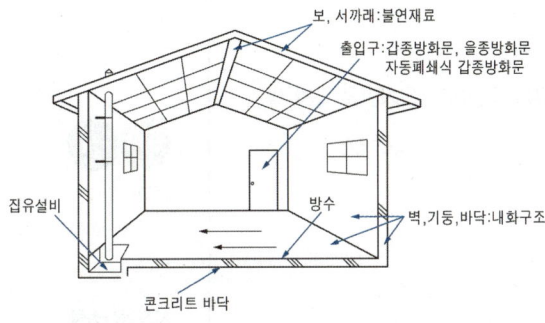

- 저장창고는 위험물의 저장을 전용으로 하는 독립된 건축물로 하여야 한다.
- 저장창고는 지면에서 처마까지의 높이(이하 "처마높이"라 한다)가 6m 미만인 단층건물로 하고 그 바닥을 지반면보다 높게 하여야 한다. 다만, 제2류 또는 제4류의 위험물만을 저장하는 창고로서 다음 각목의 기준에 적합한 창고의 경우에는 **20m 이하**로 할 수 있다.
  - 벽·기둥·보 및 바닥을 내화구조로 할 것 ★★★
  - 출입구에 60분+ 방화문, 60분 방화문을 설치할 것 ★★★
  - 피뢰침을 설치할 것. 다만, 주위상황에 의하여 안전상 지장이 없는 경우에는 그러하지 아니하다. ★★★

게시판

- 백색바탕 흑색문자
- 한 변의 길이 0.3m 이상 다른 한 변의 길이 0.6m 이상

벽·기둥 및 바닥

- 내화구조
- 불연재료 : 지정수량의 10배 이하의 위험물의 저장창고 또는 제2류와 제4류의 위험물(인화성 고체 및 인화점이 70℃ 미만인 제4류 위험물을 제외한다)만의 저장창고의 연소의 우려가 없는 벽·기둥 및 바닥

보와 서까래

불연재료

지붕

폭발력이 위로 방출될 정도의 가벼운 불연재료, 천장을 만들지 아니하여야 한다.

출입구

60분+ 방화문, 60분 방화문 또는 30분 방화문을 설치하되, 연소의 우려가 있는 외벽에 있는 출입구에는 수시로 열 수 있는 자동폐쇄식의 60분+ 방화문, 60분 방화문을 설치하여야 한다.

유리

저장창고의 창 또는 출입구에 유리를 이용하는 경우에는 망입유리

집유설비

액상 위험물의 저장창고의 바닥은 위험물이 스며들지 아니하는 구조로 하고, 적당하게 경사지게 하여 그 최저부에 집유설비를 하여야 한다.

위험물 저장 높이 ★

- 기계에 의하여 하역하는 구조로 된 용기만을 겹쳐 쌓는 경우 : 6m
- 제4류 위험물 중 제3석유류, 제4석유류 및 동식물유류를 수납하는 용기만을 겹쳐 쌓는 경우 : 4m
- 그 밖의 경우 : 3m

5. 다층건물의 옥내저장소의 기준

- 저장창고는 각층의 바닥을 지면보다 높게 하고, 층고를 6m 미만으로 하여야 한다.
- 하나의 저장창고의 바닥면적 합계는 1,000m² 이하로 하여야 한다.
- 저장창고의 벽·기둥·바닥 및 보를 내화구조로 하고, 계단을 불연재료로 하며, 연소의 우려가 있는 외벽은 출입구 외의 개구부를 갖지 아니하는 벽으로 하여야 한다.
- 2층 이상의 층의 바닥에는 개구부를 두지 아니하여야 한다. 다만, 내화구조의 벽과 60분+ 방화문, 60분 방화문 또는 30분 방화문으로 구획된 계단실에 있어서는 그러하지 아니하다.

바닥을 물이 스며들지 아니하는 구조로 해야 하는 것 ★

- 제1류 위험물 중 알칼리금속의 과산화물 또는 이를 함유하는 것
- 제2류 위험물 중 철분·금속분·마그네슘 또는 이 중 어느 하나 이상을 함유하는 것
- 제3류 위험물 중 금수성물질
- 제4류 위험물

옥내저장소 - 지붕

제2류 위험물(분상의 것과 인화성고체를 제외한다)과 제6류 위험물만의 저장창고에 있어서는 지붕을 내화구조로 할 수 있고, 제5류 위험물만의 저장창고에 있어서는 당해 저장창고 내의 온도를 저온으로 유지하기 위하여 난연재료 또는 불연재료로 된 천장을 설치할 수 있다.

바닥을 물이 스며들지 아니하는 저장창고에는 제조소의 규정에 준하여 채광·조명 및 환기의 설비를 갖추어야 한다. 인화점이 70℃ 미만인 위험물의 저장창고에 있어서는 내부에 체류한 가연성의 증기를 지붕 위로 배출하는 설비를 갖추어야 한다.

층고
바닥면으로부터 상층 또는 처마까지의 높이

지정과산화물
제5류 위험물 중 유기과산화물 또는 이를 함유하는 것으로서 지정수량이 10kg인 것

6. 지정과산화물

지정과산화물의 담 또는 토제는 저장창고의 외벽으로부터 2m 이상 떨어진 장소에 설치할 것. 다만, 담 또는 토제와 당해 저장창고와의 간격은 당해 옥내저장소의 공지의 너비의 1/5를 초과할 수 없다.

- 저장창고는 150m² 이내마다 격벽으로 완전하게 구획할 것. 이 경우 당해 격벽은 두께 30cm 이상의 철근콘크리트조 또는 철골철근콘크리트조로 하거나 두께 40cm 이상의 보강콘크리트블록조로 하고, 당해 저장창고의 양측의 외벽으로부터 **1m** 이상, 상부의 지붕으로부터 **50cm** 이상 돌출하게 하여야 한다.
- 저장창고의 출입구에는 60분+ 방화문, 60분 방화문을 설치할 것
- 저장창고의 **창**은 바닥면으로부터 **2m** 이상의 높이에 두되, 하나의 벽면에 두는 창의 면적의 합계를 당해 **벽면 면적의 80분의 1 이내**로 하고, 하나의 창의 면적을 **0.4m²** 이내로 할 것

보유공지

저장 또는 취급하는 위험물의 최대수량	공지의 너비	
	저장창고의 주위에 비고 제1호에 담 또는 토제를 설치하는 경우	왼쪽란에 정하는 경우 외의 경우
5배 이하	3.0m 이상	10m 이상
5배 초과 10배 이하	5.0m 이상	15m 이상
10배 초과 20배 이하	6.5m 이상	20m 이상
20배 초과 40배 이하	8.0m 이상	25m 이상
40배 초과 60배 이하	10.0m 이상	30m 이상
60배 초과 90배 이하	11.5m 이상	35m 이상
90배 초과 150배 이하	13.0m 이상	40m 이상
150배 초과 300배 이하	15.0m 이상	45m 이상
300배 초과	16.5m 이상	50m 이상

저장기준

저장소에는 위험물 외의 물품을 저장하지 아니하여야 한다. 다만, 다음 경우에는 그러하지 아니하다.

- 옥내저장소 또는 옥외저장소에서 위험물과 위험물이 아닌 물품을 함께 저장하는 경우 위험물이 아닌 경우. 위험물과 위험물이 아닌 물품은 각각 모아서 저장하고 상호 간에는 1m 이상의 간격을 두어야 한다.

02 옥외저장소 ★★

옥외저장소

게시판

위험물옥외저장소

• 백색바탕 흑색문자

1. 보유공지

저장 또는 취급하는 위험물의 최대수량	공지의 너비
지정수량의 10배 이하	3m 이상
지정수량의 10배 초과 20배 이하	5m 이상
지정수량의 20배 초과 50배 이하	9m 이상
지정수량의 50배 초과 200배 이하	12m 이상
지정수량의 200배 초과	15m 이상

제4류 위험물 중 제4석유류와 제6류 위험물을 저장 또는 취급할 경우 : 보유공지 $\times \frac{1}{3}$
(최소너비 기준 없음)

2. 덩어리 황을 저장 또는 취급하는 것

- 하나의 경계표시의 **내부의 면적은 100m^2** 이하일 것
- **2 이상의 경계표시**를 설치하는 경우에 있어서는 각각의 경계표시 내부의 면적을 **합산한 면적은 1,000m^2** 이하
- 경계표시는 불연재료로 만드는 동시에 황이 새지 아니하는 구조로 할 것
- 경계표시의 높이는 **1.5m** 이하로 할 것

3. 옥외에 저장할 수 있는 위험물 ★★★

- 제2류 위험물 중 황 또는 인화성고체(인화점이 섭씨 0도 이상인 것)
- 제4류 위험물 중 제1석유류(인화점이 섭씨 0도 이상인 것)·알코올류·제2석유류·제3석유류·제4석유류 및 동식물유류
- 제6류 위험물
  - 제2류 위험물 및 제4류 위험물 중 특별시·광역시 또는 도의 조례에서 정하는 위험물
  - 국제해사기구에 관한 협약에 의하여 설치된 국제해사기구가 채택한 국제해상위험물규칙(IMDG Code)에 적합한 용기에 수납된 위험물

옥외저장소 – 선반의 높이

- 선반의 높이는 6m를 초과하지 아니할 것
- 그 외 옥내저장소 기준 준용

> **개념잡기** 실기[필답형]
>
> 옥외저장소에 저장할 수 있는 제4류 위험물의 품명 4가지를 쓰시오.
>
> 옥외저장소에 저장할 수 있는 위험물
> - 제2류 위험물 중 황 또는 인화성고체(인화점이 섭씨 0도 이상인 것)
> - 제4류 위험물 중 제1석유류(인화점이 섭씨 0도 이상인 것), 알코올류, 제2석유류, 제3석유류, 제4석유류 및 동식물유류
> - 제6류 위험물
> - 제2류 위험물 및 제4류 위험물 중 특별시·광역시 또는 도의 조례에서 정하는 위험물
> - 국제해사기구에 관한 협약에 의하여 설치된 국제해사기구가 채택한 국제해상위험물규칙(IMDG Code)에 적합한 용기에 수납된 위험물
>
> 정답 : 제1석유류(인화점 0℃ 이상인 것), 알코올류, 제2석유류, 제3석유류, 제4석유류 동식물유류 중 4가지

03 옥내탱크저장소★

1. 위치·구조 및 설비의 기술기준

- 단층건축물에 설치된 탱크전용실에 설치할 것
- 옥내저장탱크와 탱크전용실의 벽과의 사이 및 옥내저장탱크의 상호간격 : **0.5m 이상**의 간격을 유지
- 옥내저장탱크의 용량 : **지정수량의 40배 이하** ★★★
  - 1층 이하 : 지정수량 40배 이하
    (제4석유류 및 동식물유류 외 제4류 위험물 최대 20,000L)
  - 2층 이상 : 지정수량 10배 이하
    (제4석유류 및 동식물유류 외 제4류 위험물 최대 5,000L)

> **참고** 게시판
>
>
>
> **위험물옥내탱크저장소**
>
> - 백색바탕 흑색문자

> **개념잡기**
>
> 옥내저장탱크의 상호 간에는 특별한 경우를 제외하고 최소 몇 m 이상의 간격을 유지하여야 하는가?
>
> ① 0.1 ② 0.2
> ③ 0.3 ④ 0.5
>
> 옥내탱크저장소 - 상호 간 거리
> 옥내저장탱크와 탱크전용실의 벽과의 사이 및 옥내저장탱크의 상호 간의 거리 : 0.5m 이상
>
> 정답 : ④

2. 탱크전용실의 구조

- 벽·기둥 및 바닥을 내화구조로 하고, 보를 불연재료로 하며, 연소의 우려가 있는 외벽은 출입구 외에는 개구부가 없도록 할 것. 다만, 인화점이 70℃ 이상인 제4류 위험물만의 옥내저장탱크를 설치하는 탱크전용실에 있어서는 연소의 우려가 없는 외벽·기둥 및 바닥을 불연재료로 할 수 있다.
- 창 및 출입구에는 60분+ 방화문, 60분 방화문 또는 30분 방화문을 설치하는 동시에, 연소의 우려가 있는 외벽에 두는 출입구에는 수시로 열 수 있는 자동폐쇄식의 60분+ 방화문, 60분 방화문을 설치할 것
- 탱크전용실의 출입구의 턱의 높이를 당해 탱크전용실 내의 옥내저장탱크(옥내저장탱크가 2 이상인 경우에는 최대용량의 탱크)의 용량을 수용할 수 있는 높이 이상으로 하거나 옥내저장탱크로부터 누설된 위험물이 탱크전용실 외의 부분으로 유출하지 아니하는 구조로 할 것

3. 통기관

- 대기밸브 부착 통기관 : 5kPa 이하의 압력차이로 작동할 수 있을 것
- 밸브 없는 통기관 : 지름 30mm 이상, 끝부분 45도 이상 구부리기
  - 인화 방지망 : 불티 등에 의해 점화원이 탱크 내부로 유입되어 폭발 또는 화재 일어나는 것을 방지한다.

04 옥외탱크저장소 ★★

1. 보유공지

저장 또는 취급하는 위험물의 최대수량	공지의 너비
지정수량의 500배 이하	3m 이상
지정수량의 500배 초과 1,000배 이하	5m 이상
지정수량의 1,000배 초과 2,000배 이하	9m 이상
지정수량의 2,000배 초과 3,000배 이하	12m 이상
지정수량의 3,000배 초과 4,000배 이하	15m 이상
지정수량의 4,000배 초과	당해 탱크의 수평단면의 최대지름(가로형인 경우에는 긴 변)과 높이 중 큰 것과 같은 거리 이상. 다만, 30m 초과의 경우에는 30m 이상으로 할 수 있고, 15m 미만의 경우에는 15m 이상으로 하여야 한다.

제6류 위험물 외의 탱크를 2개 이상 저장 또는 취급할 경우

보유공지 $\times \dfrac{1}{3}$ (단, 최소 너비 3m 이상)

제6류 위험물을 저장 또는 취급할 경우

보유공지 $\times \dfrac{1}{3}$ (단, 최소 너비 1.5m 이상)

제6류 위험물을 2개 이상 저장 또는 취급할 경우

보유공지 $\times \dfrac{1}{3} \times \dfrac{1}{3}$ (단, 최소 너비 1.5m 이상)

2. 탱크시험

탱크는 다음 시험으로 새거나 변형되지 아니하여야 한다.

압력탱크
최대상용압력의 1.5배의 압력으로 10분간 실시하는 수압시험

압력탱크 외
충수시험

옥외탱크저장소

옥외탱크저장소 안전거리
제6류 위험물을 저장하는 옥외탱크저장소에는 안전거리를 적용하지 않는다.

액체위험물 계량장치
- 기밀부유식(밀폐되어 부상하는 방식) 계량장치
- 증기가 비산하지 아니하는 구조의 부유식 계량장치
- 전기압력자동방식에 의한 자동계량장치
- 방사성동위원소를 이용한 방식에 의한 자동계량장치
- 유리측정기

압력탱크
최대상용압력이 대기압을 초과하는 탱크
- 압력탱크 공통
- 압력탱크 외 70kPa

3. 통기관 ★★★

제4류 위험물의 압력탱크외의 탱크에 있어서는 **밸브없는 통기관** 또는 **대기밸브부착 통기관**을 다음에 의하여 설치한다. 압력탱크에 있어서는 제조소의 규정에 의한 안전장치를 설치하여야 한다.

밸브없는 통기관

- 지름은 30mm 이상일 것
- 끝부분은 수평면보다 45도 이상 구부려 빗물 등의 침투를 막는 구조로 할 것
- 가는 눈의 구리망 등으로 인화방지장치를 할 것. 다만, 인화점 70℃ 이상의 위험물만을 해당 위험물의 인화점 미만의 온도로 저장 또는 취급하는 탱크에 설치하는 통기관에 있어서는 그러하지 아니하다.
- 인화점이 38℃ 미만인 위험물만을 저장 또는 취급하는 탱크에 설치하는 통기관에는 **화염방지장치**를 설치하고, 그 외의 탱크에 설치하는 통기관에는 40메쉬(mesh) 이상의 구리망 또는 동등 이상의 성능을 가진 **인화방지장치**를 설치할 것. 다만, 인화점이 70℃ 이상인 위험물만을 해당 위험물의 인화점 미만의 온도로 저장 또는 취급하는 탱크에 설치하는 통기관에는 인화방지장치를 설치하지 않을 수 있다.

대기밸브부착 통기관

- **5kPa 이하**의 압력차이로 작동할 수 있을 것
- 인화점이 38℃ 미만인 위험물만을 저장 또는 취급하는 탱크에 설치하는 통기관에는 **화염방지장치**를 설치하고, 그 외의 탱크에 설치하는 통기관에는 40메쉬(mesh) 이상의 구리망 또는 동등 이상의 성능을 가진 **인화방지장치**를 설치할 것. 다만, 인화점이 70℃ 이상인 위험물만을 해당 위험물의 인화점 미만의 온도로 저장 또는 취급하는 탱크에 설치하는 통기관에는 인화방지장치를 설치하지 않을 수 있다.

4. 방유제 ★★★

방유제의 용량

- 탱크가 하나인 때 : 탱크 용량의 110% 이상
- 2기 이상인 때 : 최대인 것의 용량의 110% 이상
- 인화성이 없는 액체(제6류 위험물)의 경우는 110%를 100%로 한다.

방유제의 높이 · 두께 · 지하매설깊이

- 높이 0.5m 이상 3m 이하, 두께 0.2m 이상, 지하매설깊이 1m 이상으로 할 것. 다만, 방유제와 옥외저장탱크 사이의 지반면 아래에 불침윤성(不浸潤性) 구조물을 설치하는 경우에는 지하매설깊이를 해당 불침윤성 구조물까지로 할 수 있다.

인화방지장치
불티 등에 의해 점화원이 탱크 내부로 유입되어 폭발 또는 화재가 일어나는 것을 방지하게 위함

밸브없는 통기관

대기밸브부착통기관

방유제 요약

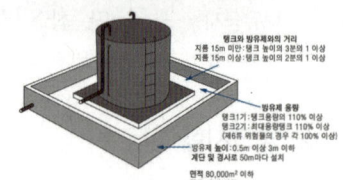

방유제의 면적
- 80,000m² 이하

방유제 내에 설치하는 옥외저장탱크 수
- 10기 이하
- 20기 이하 : 방유제 내에 설치하는 모든 옥외저장탱크의 용량이 20만L 이하이고, 당해 옥외저장탱크에 저장 또는 취급하는 위험물의 인화점이 70℃ 이상 200℃ 미만인 경우 (다만, 인화점이 200℃ 이상인 위험물을 저장 또는 취급하는 것에 있어서는 그러하지 아니하다)

탱크 옆판으로부터 방유제까지 거리
- 지름이 15m 미만 : 탱크 높이 $\times \frac{1}{3}$ 이상
- 지름이 15m 이상 : 탱크 높이 $\times \frac{1}{2}$ 이상

(다만, 인화점이 200℃ 이상인 위험물을 저장 또는 취급하는 것에 있어서는 그러하지 아니하다)

계단
- **높이가 1m를 넘는 방유제 및 간막이 둑**의 안팎에는 방유제 내에 출입하기 위한 계단 또는 경사로를 **약 50m**마다 설치할 것

간막이둑
- 용량이 **1,000만L 이상인 옥외저장탱크**의 주위에 탱크마다 간막이 둑을 설치할 것
- **높이**는 **0.3m** 이상, 방유제의 높이보다 0.2m 이상 낮게 할 것
- 흙 또는 철근콘크리트로 할 것
- **용량**은 간막이 둑안에 설치된 **탱크의 용량의 10% 이상**일 것

5. 특정옥외탱크저장소

5-1 탱크의 최소 두께

옆판의 최소 두께

내경(단위 : m)	두께(단위 : mm)
16 이하	4.5
16 초과 35 이하	6
35 초과 60 이하	8
60 초과	10

참고

부속설비
교반기(휘저어 섞는 장치), 밸브, 폼챔버, 화염방지장치, 통기관대기밸브, 비상 압력배출장치는 기술원 또는 소방청장이 정하여 고시하는 국내·외 공인시험 기관에서 시험 또는 인증 받은 제품을 사용

용어 정리

특정·준특정 옥외탱크저장소
저장 또는 취급하는 액체위험물의 최대수량이 50만L 이상의 것

옥외저장탱크의 두께
- 3.2mm 이상의 강철판
- 이황화탄소는 두께 0.2m 이상 콘크리트 수조에 보관

밑판의 최소 두께

- 8mm : 탱크용량 1,000kL 이상 10,000kL 미만
- 9mm : 탱크용량 10,000kL 이상

다만, 저장하는 위험물의 성상 등에 따라 밑판이 부식할 우려가 없다고 인정되는 경우에는 당해 밑판의 두께를 감소할 수 있다.

지붕의 최소 두께

4.5mm

6. 지중탱크 옥외탱크저장소의 특례

부지의 경계선에서 지중탱크의 지반면의 옆판까지의 거리

지중탱크 수평단면의 안지름의 수치에 0.5를 곱하여 얻은 수치(당해 수치가 지중탱크의 밑판 표면에서 지반면까지 높이의 수치보다 작은 경우에는 당해 높이의 수치) 또는 50m 중 큰 것(당해 지중탱크에 저장 또는 취급하는 위험물의 인화점이 21℃ 이상 70℃ 미만의 경우에 있어서는 40m, 70℃ 이상의 경우에 있어서는 30m).

필렛용접의 사이즈
$t_1 \geq S \geq \sqrt{2t_2}$ (단, $S \geq 4.5$)

지중탱크
저부가 지반면 아래에 있고 상부가 지반면 이상에 있으며 탱크 내 위험물의 최고액면이 지반면 아래에 있는 원통세로형식의 위험물탱크

압력탱크
최대상용압력이 부압 또는 정압 5kPa을 초과하는 탱크

지중탱크의 옥외탱크저장소에 다음과 같은 조건의 위험물을 저장하고 있다면 지중탱크 지반면의 옆판에서 부지 경계선 사이에는 얼마 이상의 거리를 유지해야 하는가?

- 저장위험물 : 에탄올
- 지중탱크 수평단면의 내경 : 30m
- 지중탱크 밑판 표면에서 지반면까지의 높이 : 25m
- 부지 경계선의 높이 구조 : 높이 2m 이상의 콘크리트조

① 100m 이상 ② 75m 이상
③ 50m 이상   ④ 25m 이상

옥외탱크저장소 - 지중탱크
지중탱크의 옥외탱크저장소의 위치는 지중탱크의 지반면의 옆판까지의 사이에 당해 지중탱크 수평단면의 안지름의 수치에 0.5를 곱하여 얻은 수치 또는 50m(당해 지중탱크에 저장 또는 취급하는 위험물의 인화점이 21℃ 이상 70℃ 미만의 경우에 있어서는 40m, 70℃ 이상의 경우에 있어서는 30m) 중 큰 것과 동일한 거리 이상의 거리를 유지할 것
지중탱크 수평단면 안지름×0.5 = 30m×0.5 = 15m 또는 에탄올 인화점 13℃ 이므로 50m 중 큰 것

정답 : ③

05 지하탱크저장소 ★★★

지하저장탱크는 지면하에 설치된 탱크전용실에 설치하여야 한다.

1. 탱크전용실

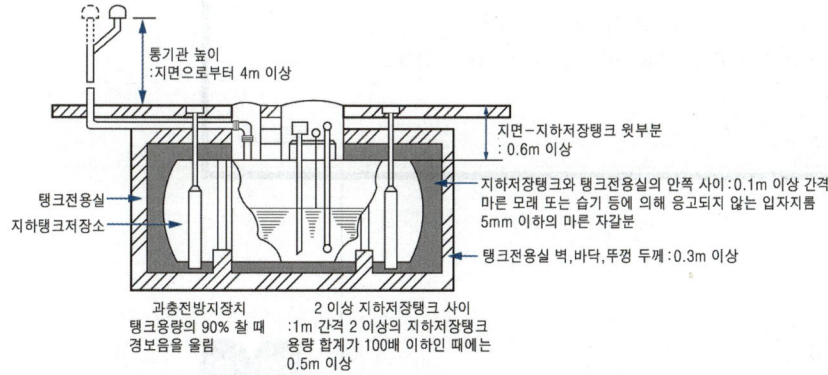

- 탱크전용실은 지하의 가장 가까운 벽·피트·가스관 등의 시설물 및 대지경계선으로부터 0.1m 이상 떨어진 곳에 설치
  - **지하저장탱크와 탱크전용실의 안쪽과의 사이는 0.1m 이상**의 간격을 유지
  - 당해 탱크의 주위에 **마른 모래 또는 습기 등에 의하여 응고되지 아니하는 입자지름 5mm 이하의 마른 자갈분을 채울 것**
- 지하저장탱크의 윗부분은 지면으로부터 **0.6m** 이상 아래에 있어야 한다.
- 지하저장탱크를 2 이상 인접해 설치하는 경우에는 그 상호 간에 **1m 이상**의 간격을 유지
  - 당해 2 이상의 지하저장탱크의 용량의 합계가 지정수량의 100배 이하인 때에는 **0.5m 이상**의 간격을 유지
  - 다만, 그 사이에 탱크전용실의 벽이나 두께 20cm 이상의 콘크리트 구조물이 있는 경우에는 그러하지 아니하다.

탱크전용실 설치하지 않는 경우
- 제4류 위험물
- 당해 탱크를 지하철·지하가 또는 지하터널로부터 수평거리 10m 이내의 장소 또는 지하건축물 내의 장소에 설치하지 아니할 것
- 당해 탱크를 그 수평투영의 세로 및 가로보다 각각 0.6m 이상 크고 두께가 0.3m 이상인 철근콘크리트조의 뚜껑으로 덮을 것
- 뚜껑에 걸리는 중량이 직접 당해 탱크에 걸리지 아니하는 구조일 것
- 당해 탱크를 견고한 기초 위에 고정할 것
- 당해 탱크를 지하의 가장 가까운 벽·피트·가스관 등의 시설물 및 대지경계선으로부터 0.6m 이상 떨어진 곳에 매설할 것

이중벽탱크 종류
- 강제강화플라스틱제 이중벽탱크
- 강화플라스틱제 이중벽탱크
- 강제 이중벽탱크

> **위험물 지하탱크저장소의 탱크전용실 설치기준으로 틀린 것은?**
>
> ① 철근콘크리트 구조의 벽은 두께 0.3m 이상으로 한다.
> ② 지하저장탱크와 탱크전용실의 안쪽과의 사이는 50cm 이상의 간격을 유지한다.
> ③ 철근콘크리트 구조의 바닥은 두께 0.3m 이상으로 한다.
> ④ 벽, 바닥 등에 적정한 방수 조치를 강구한다.
>
> **지하탱크저장소 - 구조**
> - 탱크의 윗부분은 지면으로부터 0.6m 이상 아래에 위치
> - 탱크전용실의 두께는 0.3m 이상일 것
> - 지하저장탱크와 탱크전용실의 안쪽과의 사이는 0.1m 이상의 간격 유지
> - 탱크 주위에 마른 모래 또는 습기 등에 응고되지 아니하는 입자지름 5mm 이하의 마른 자갈분을 채울 것
> - 벽·바닥 등에 적정한 방수조치
>
> 정답 : ②

2. 탱크의 구조

- 탱크의 외면에 부식방지도장을 할 것
- 강철판 두께 3.2mm 이상
- 압력탱크에 있어서는 최대상용압력의 1.5배의 압력, 10분간 수압시험
- 압력탱크 외의 탱크에 있어서는 70kPa의 압력, 10분간 수압시험

부식방지도장
녹슬지 않게 하는 표면 페인트칠

3. 누유검사관

지하저장탱크의 주위에는 당해 탱크로부터의 **액체위험물의 누설을 검사하기 위한 관**을 다음의 각목의 기준에 따라 **4개소 이상** 적당한 위치에 설치하여야 한다.

- 이중관으로 할 것, 다만, 소공이 없는 상부는 단관으로 할 수 있다.
- 재료는 금속관 또는 경질합성수지관으로 할 것
- 관은 탱크전용실의 바닥 또는 탱크의 기초까지 닿게 할 것
- 관의 밑부분으로부터 탱크의 **중심 높이**까지의 부분에는 소공이 뚫려 있을 것
  다만, 지하수위가 높은 장소에 있어서는 지하수위 높이까지의 부분에 소공이 뚫려 있어야 한다.
- 상부는 물이 침투하지 아니하는 구조로 하고, 뚜껑은 검사 시에 쉽게 열 수 있도록 할 것

누유검사관

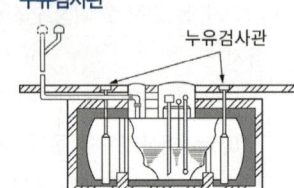

4. 과충전방지장치

지하저장탱크에는 다음 각목의 1에 해당하는 방법으로 과충전을 방지하는 장치를 설치하여야 한다.

- 탱크용량을 초과하는 위험물이 주입될 때 자동으로 그 주입구를 폐쇄하거나 위험물의 공급을 자동으로 차단하는 방법
- 탱크용량의 90%가 찰 때 경보음을 울리는 방법

06 이동탱크저장소 ★★★

1. 탱크의 구조 ★★★

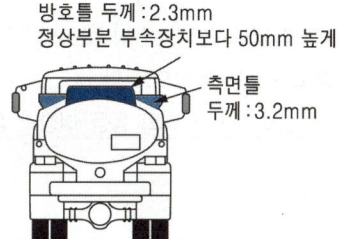

게시판

칸막이

4,000L마다 3.2mm 이상의 강철판 또는 이와 동등 이상의 강도, 내식성 및 내열성이 있는 금속성의 것으로 칸막이를 설치할 것

안전장치

상용압력이 20kPa 이하인 탱크에 있어서는 20kPa 이상 24kPa 이하의 압력에서, 상용압력이 20kPa를 초과하는 탱크에 있어서는 상용압력의 1.1배 이하의 압력에서 작동하는 것으로 할 것

방파판

- 두께 1.6mm 이상의 강철판 또는 이와 동등 이상의 강도·내열성 및 내식성이 있는 금속성의 것으로 할 것
- 하나의 구획부분에 2개 이상의 방파판을 이동탱크저장소의 진행방향과 평행으로 설치하되, 각 방파판은 그 높이 및 칸막이로부터의 거리를 다르게 할 것

- 하나의 구획부분에 설치하는 각 방파판의 면적의 합계는 당해 구획부분의 최대 수직단면적의 50% 이상으로 할 것. 다만, 수직단면이 원형이거나 짧은 지름이 1m 이하의 타원형일 경우에는 40% 이상으로 할 수 있다.

측면틀

- 탱크 뒷부분의 입면도에 있어서 측면틀의 최외측과 탱크의 최외측을 연결하는 직선(이하 "최외측선"이라 한다)의 수평면에 대한 내각이 75도 이상이 되도록 하고, 최대수량의 위험물을 저장한 상태에 있을 때의 당해 탱크중량의 중심점과 측면틀의 최외측을 연결하는 직선과 그 중심점을 지나는 직선 중 최외측선과 직각을 이루는 직선과의 내각이 35도 이상이 되도록 할 것
- 외부로부터 하중에 견딜 수 있는 구조로 할 것
- 탱크상부의 네 모퉁이에 당해 탱크의 전단 또는 후단으로부터 각각 1m 이내의 위치에 설치할 것
- 측면틀에 걸리는 하중에 의하여 탱크가 손상되지 아니하도록 측면틀의 부착부분에 받침판을 설치할 것

참고
측면틀의 설치기준

방호틀

- 두께 2.3mm 이상의 강철판 또는 이와 동등 이상의 기계적 성질이 있는 재료로써 산 모양의 형상으로 하거나 이와 동등 이상의 강도가 있는 형상으로 할 것
- 정상부분은 부속장치보다 50mm 이상 높게 하거나 이와 동등 이상의 성능이 있는 것으로 할 것

2. 주입설비

이동탱크저장소에 **주입설비**(주입호스의 끝부분에 개폐밸브를 설치한 것을 말한다)를 설치하는 경우에는 다음 각목의 기준에 의하여야 한다.

- 위험물이 샐 우려가 없고 화재예방상 안전한 구조로 할 것
- 주입설비의 길이는 50m 이내로 하고, 그 끝부분에 축적되는 정전기를 유효하게 제거할 수 있는 장치를 할 것
- 분당 배출량은 200L 이하로 할 것

3. 이동탱크저장소 탱크 구조

- 탱크(맨홀 및 주입관의 뚜껑을 포함한다) 두께 3.2mm 이상의 강철판
- 탱크는 다음 시험으로 새거나 변형되지 아니하여야 한다. 수압시험은 용접부에 대한 비파괴시험과 기밀시험으로 대신할 수 있다.

외부도장 색상

제1류	제2류	제3류	제4류	제5류	제6류
회색	적색	청색	적색	황색	청색

[비고] 1. 탱크의 앞면과 뒷면을 제외한 면적의 40% 이내의 면적은 다른 유별의 색상 외의 색상으로 도장하는 것이 가능하다.
2. 제4류에 대해서는 도장의 색상 제한이 없으나 적색을 권장한다.

압력탱크

최대상용압력의 1.5배의 압력으로 10분간 실시하는 수압시험

압력탱크 외

70kPa 압력 수압시험

이동탱크저장소 압력탱크
- 최대상용압력이 46.7kPa 이상인 탱크
- 압력탱크 공통
- 압력탱크 외 70kPa

4. 컨테이너식 이동탱크저장소

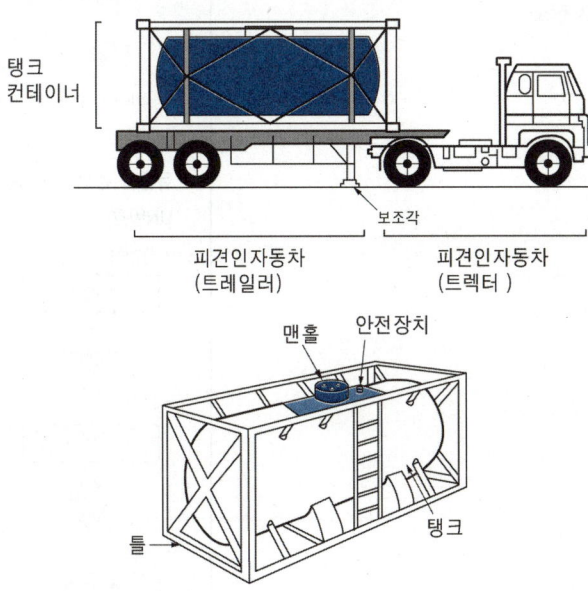

- 이동저장탱크 및 부속장치(맨홀·주입구 및 안전장치 등을 말한다)는 강재로 된 상자 형태의 틀(이하 "상자틀"이라 한다)에 수납할 것

- 상자틀의 구조물 중 이동저장탱크의 이동방향과 평행한 것과 수직인 것은 당해 이동저장탱크·부속장치 및 상자틀의 자중과 저장하는 위험물의 무게를 합한 하중(이하 "이동저장탱크하중"이라 한다)의 2배 이상의 하중에, 그 외 이동저장탱크의 이동방향과 직각인 것은 이동저장탱크하중 이상의 하중에 각각 견딜 수 있는 강도가 있는 구조로 할 것
- 이동저장탱크·맨홀 및 주입구의 뚜껑은 두께 6mm(당해 탱크의 지름 또는 장축이 1.8m 이하인 것은 5mm) 이상의 강판 또는 이와 동등 이상의 기계적 성질이 있는 재료로 할 것
- 이동저장탱크에 칸막이를 설치하는 경우에는 당해 탱크의 내부를 완전히 구획하는 구조로 하고, 두께 3.2mm 이상의 강판 또는 이와 동등 이상의 기계적 성질이 있는 재료로 할 것
- 이동저장탱크에는 맨홀 및 안전장치를 할 것
- 부속장치는 상자틀의 최외측과 50mm 이상의 간격을 유지할 것

5. 이동탱크저장소 취급기준

- 이동저장탱크로부터 위험물을 저장 또는 취급하는 탱크에 인화점이 40℃ 미만인 위험물을 주입할 때에는 이동탱크저장소의 원동기를 정지시킬 것
- 이동탱크저장소에는 당해 이동탱크저장소의 완공검사합격확인증 및 정기점검기록을 비치하여야 한다.

알킬알루미늄등을 저장 또는 취급하는 이동탱크저장소

- 두께 10mm 이상의 강판으로 제작
- 수압시험 1MPa 이상의 압력으로 10분간 실시
- 용량 1,900L 미만

종전

위험물 표지 및 게시판
(유별·품명·최대수량 및 적재중량)
- 위험물 표지 : 전면 및 후면
- 게시판 : 후면

개정

위험물 표지 및 경고 표지
(그림문자 및 UN번호)
- 위험물 표지 : 전면 및 후면
- 경고 표지 : 후면 및 양 측면

※ 기존의 게시판을 남겨둔 상태에서 개정된 경고 표지를 부착하는 것도 허용

유종별 경고 표지 예시(그림문자 및 UN번호)

- 휘발유

- 경유

- 등유

※ "위험물"표지의 규격 및 부착위치는 종전과 동일

> **개념잡기**
>
> "알킬알루미늄등"을 저장 또는 취급하는 이동탱크저장소에 관한 기준으로 옳은 것은?
>
> ① 탱크 외면은 적색으로 도장을 하고, 백색문자로 동판의 양 측면 및 경판에 "화기주의" 또는 "물기주의"라는 주의사항을 표시한다.
> ② 20kPa 이하의 압력으로 불활성기체를 봉입해 두어야 한다.
> ③ 이동저장탱크의 맨홀 및 주입구의 뚜껑은 10mm 이상의 강판으로 제작하고, 용량은 2,000리터 미만이어야 한다.
> ④ 이동저장탱크는 두께 5mm 이상의 강판으로 제작하고, 3MPa 이상의 압력으로 5분간 실시하는 수압시험에서 새거나 변형되지 않아야 한다.
>
> 이동탱크저장소 - 알킬알루미늄등 특례
> ① 적색 도장, "물기엄금" 주의사항 표시
> ② 20kPa 이하의 압력으로 불활성기체를 봉입
> ③ 맨홀 또는 주입구의 뚜껑은 두께 10mm 이상의 강판, 용량 1,900L 이상
> ④ 두께 10mm 이상의 강판, 1MPa 이상의 압력으로 10분간 실시하는 수압시험에서 새거나 변형되지 아니하는 것
>
> 정답 : ②

알킬알루미늄등 및 아세트알데하이드등의 취급기준(중요기준)

- 알킬알루미늄등의 제조소 또는 일반취급소에 있어서 알킬알루미늄등을 취급하는 설비에는 불활성의 기체를 봉입할 것
- **알킬알루미늄등의 이동탱크저장소**에 있어서 이동저장탱크로부터 알킬알루미늄등을 꺼낼 때에는 동시에 **200kPa** 이하의 압력으로 불활성의 기체를 봉입할 것
- 아세트알데하이드등의 제조소 또는 일반취급소에 있어서 아세트알데하이드등을 취급하는 설비에는 연소성 혼합기체의 생성에 의한 폭발의 위험이 생겼을 경우에 불활성의 기체 또는 수증기[아세트알데하이드등을 취급하는 탱크(옥외에 있는 탱크 또는 옥내에 있는 탱크로서 그 용량이 지정수량의 5분의 1 미만의 것을 제외한다)에 있어서는 불활성의 기체를 봉입할 것
- **아세트알데하이드등의 이동탱크저장소**에 있어서 이동저장탱크로부터 아세트알데하이드등을 꺼낼 때에는 동시에 **100kPa 이하**의 압력으로 불활성의 기체를 봉입할 것
• 아세트알데하이드등을 취급하는 탱크에는 **냉각장치** 또는 저온을 유지하기 위한 장치(이하 "**보냉장치**"라 한다) 및 연소성 혼합기체의 생성에 의한 폭발을 방지하기 위한 불활성 기체를 봉입하는 장치를 갖출 것

6. 정전기 등에 의한 재해 방지 조치

휘발유를 저장하던 이동저장탱크에 등유나 경유를 주입할 때 또는 등유나 경유를 저장하던 이동저장탱크에 휘발유를 주입하는 경우

- 이동저장탱크의 상부로부터 위험물을 주입할 때에는 위험물의 액표면이 주입관의 끝부분을 넘는 높이가 될 때까지 그 주입관 내의 유속을 초당 **1m 이하**로 할 것
- 이동저장탱크의 밑부분으로부터 위험물을 주입할 때에는 위험물의 액표면이 주입관의 정상부분을 넘는 높이가 될 때까지 그 주입배관 내의 유속을 초당 1m 이하로 할 것

07 간이탱크저장소 ★★

1. 설치기준

- 용량 : 600L 이하
- 두께 : 3.2mm 이상의 강판으로 흠이 없도록 제작하여야 하며, 70kPa의 압력으로 10분간의 수압시험을 실시하여 새거나 변형되지 아니하여야 한다.
- 하나의 간이탱크저장소에 설치하는 간이저장탱크는 그 수를 **3 이하**로 하고, 동일한 품질의 위험물의 간이저장탱크를 2 이상 설치하지 아니하여야 한다.
- 밸브없는 통기관 또는 대기밸브부착 통기관을 설치하여야 한다.

게시판

간이탱크저장소

- 백색바탕 흑색문자

CHAPTER 03

위험물취급소

KEYWORD 주유취급소, 판매취급소, 이송취급소

01 주유취급소★★

1. 주유공지★

- 너비 15m 이상, 길이 6m 이상의 콘크리트 재질
- 바닥은 주위 지면보다 높게 설치
- 바닥 경사지게, 배수구·집유설비 및 유분리장치 설치

2. 탱크 용량★★

- 고정주유설비, 고정급유설비 : 50,000L 이하
- 보일러 전용탱크 : 10,000L 이하
- 자동차 점검·정비장의 폐유탱크등 : 2,000L 이하
- 고속국도의 도로변에 설치된 주유취급소 : 60,000L 이하

3. 고정주유설비 최대토출량★

주유취급소에는 자동차 등의 연료탱크에 직접 주유하기 위한 고정주유설비를 설치한다.

- 제1석유류 : 분당 50L 이하
- 경유 : 분당 180L 이하
- 등유 : 분당 80L 이하
- 이동저장탱크에 주입하기 위한 고정급유설비의 펌프 : 분당 300L 이하
  (분당 배출량이 200L 이상인 것 배관의 안지름을 40mm 이상으로 할 것)

주유취급소

고정급유설비
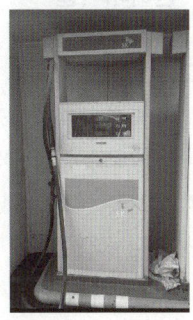

자동차 등에 인화점 40℃ 미만의 위험물을 주유할 때 원동기를 정지시킬 것

4. 고정주유설비 및 고정급유설비 설치 기준

	고정주유설비의 중심선 기점	고정급유설비의 중심선 기점
도로경계선	4m 이상	4m 이상
부지경계선·담	2m 이상	1m 이상
건축물의 벽	2m 이상	2m 이상
개구부가 없는 벽	1m 이상	1m 이상

셀프용 고정주유설비 기준
1회의 연속주유량 및 주유시간의 상한을 미리 설정할 수 있는 구조일 것. 이 경우 주유량의 상한은 휘발유는 100L 이하, 경유는 200L 이하로 하며, 주유시간의 상한은 4분 이하로 한다.

5. 캐노피

- 배관이 캐노피 내부를 통과할 경우에는 1개 이상의 점검구를 설치할 것
- 캐노피 외부의 점검이 곤란한 장소에 배관을 설치하는 경우에는 용접이음으로 할 것
- 캐노피 외부의 배관이 일광열의 영향을 받을 우려가 있는 경우에는 단열재로 피복할 것

6. 담 또는 벽

- 유리를 부착하는 범위는 전체의 담 또는 벽의 길이의 10분의 2를 초과하지 아니할 것
- 하나의 유리판의 가로의 길이는 2m 이내일 것
- 유리판의 테두리를 금속제의 구조물에 견고하게 고정하고 해당 구조물을 담 또는 벽에 견고하게 부착할 것
- 유리의 구조는 접합유리로 하되 비차열 30분 이상의 방화성능이 인정될 것

7. 주유원 간이대기실

- 불연재료로 할 것
- 바퀴가 부착되지 아니한 고정식일 것
- 차량의 출입 및 주유 작업에 장애를 주지 아니하는 위치에 설치할 것
- 바닥면적이 2.5m² 이하인 것. 다만, 주유공지 및 급유공지 외의 장소에 설치하는 것은 그러하지 아니하다.

02 판매취급소 ★★

1. 제1종 판매취급소

저장 또는 취급하는 위험물의 수량이 지정수량의 20배 이하인 판매취급소

- 건축물의 1층에 설치할 것
- "위험물 판매취급소(제1종)"라는 표시를 한 표지와 동표 Ⅲ 제2호의 기준에 따라 방화에 관하여 필요한 사항을 게시한 게시판을 설치하여야 한다.
- 건축물의 부분은 내화구조 또는 불연재료로 하고, 판매취급소와 다른 부분과의 격벽은 내화구조로 할 것
- 보를 불연재료로 하고, 천장을 불연재료로 할 것
- 상층의 바닥을 내화구조 또는 지붕을 내화구조 또는 불연재료로 할 것
- 창 및 출입구에는 60분+ 방화문, 60분 방화문 또는 30분 방화문을 설치할 것
- 창 또는 출입구에 유리를 이용 시 망입유리로 할 것
- 위험물을 배합하는 실은 다음에 의할 것 ★
  - 바닥면적은 $6m^2$ 이상 $15m^2$ 이하로 할 것
  - 내화구조 또는 불연재료로 된 벽으로 구획할 것
  - 바닥은 위험물이 침투하지 아니하는 구조로 하여 적당한 경사를 두고 집유설비를 할 것
  - 출입구에는 수시로 열 수 있는 자동폐쇄식의 60분+ 방화문, 60분 방화문을 설치할 것
  - 출입구 문턱의 높이는 바닥면으로부터 0.1m 이상으로 할 것
  - 내부에 체류한 가연성의 증기 또는 가연성의 미분을 지붕 위로 방출하는 설비를 할 것

2. 제2종 판매취급소

저장 또는 취급하는 위험물의 수량이 지정수량의 40배 이하인 판매취급소

- 벽·기둥·바닥 및 보를 내화구조로 하고, 천장은 불연재료로 하며, 판매취급소와 다른 부분과의 격벽은 내화구조로 할 것
- 상층의 바닥을 내화구조로 하거나 지붕을 내화구조로 할 것
- 연소의 우려가 없는 곳에 창을 두고, 창에는 60분+ 방화문, 60분 방화문 또는 30분 방화문을 설치할 것
- 출입구에는 60분+ 방화문, 60분 방화문 또는 30분 방화문을 설치할 것. 다만, 당해 부분 중 연소의 우려가 있는 벽 또는 창의 부분에 설치하는 출입구에는 수시로 열 수 있는 자동폐쇄식의 60분+ 방화문, 60분 방화문을 설치할 것

저자 어드바이스
- 제1종 판매취급소 : 20배 이하
- 제2종 판매취급소 : 40배 이하

판매취급소에서의 취급기준(규칙 제49조 [별표 18])
- 판매취급소에서는 도료류, 제1류 위험물 중 염소산염류 및 염소산염류만을 함유한 것, 황 또는 인화점이 38℃ 이상인 제4류 위험물을 배합실에서 배합하는 경우외에는 위험물을 배합하거나 옮겨 담는 작업을 하지 아니할 것
- 위험물은 별표 19 Ⅰ의 규정에 의한 운반용기에 수납한 채로 판매할 것
- 판매취급소에서 위험물을 판매할 때에는 위험물이 넘치거나 비산하는 계량기(액용되를 포함한다)를 사용하지 아니할 것

03 이송취급소 ★★

1. 설치 금지 장소

- 철도 및 도로의 터널 안
- 고속국도 및 자동차전용도로(「도로법」 제48조제1항에 따라 지정된 도로를 말한다)의 차도·갓길 및 중앙분리대
- 호수·저수지 등으로서 수리의 수원이 되는 곳
- 급경사 지역으로서 붕괴의 위험이 있는 지역

2. 배관 설치의 기준 ★

2-1 지하매설

- 건축물(지하가 내의 건축물 제외) : 1.5m 이상
- 지하가 및 터널 : 10m 이상
- 「수도법」에 의한 수도시설(위험물의 유입우려가 있는 것에 한한다) : 300m 이상
- 다른 공작물 : 0.3m 이상
- 배관의 외면과 지표면과의 거리
    - 산이나 들 : 0.9m 이상
    - 그 밖의 지역 : 1.2m 이상

2-2 도로 밑 매설

- 배관은 원칙적으로 자동차하중의 영향이 적은 장소에 매설할 것
- 배관은 그 외면으로부터 **도로의 경계**에 대하여 **1m 이상의 안전거리**를 둘 것
- **시가지** 도로의 노면 아래에 매설하는 경우에는 **배관**(방호구조물의 안에 설치된 것을 제외한다)**의 외면과 노면과의 거리는 1.5m 이상**, **보호판 또는 방호구조물의 외면과 노면과의 거리는 1.2m 이상**으로 할 것
- 시가지 외의 도로의 노면 아래에 매설하는 경우에는 배관의 외면과 노면과의 거리는 **1.2m 이상**으로 할 것
- **포장된 차도**에 매설하는 경우에는 포장부분의 토대(차단층이 있는 경우는 당해 차단층을 말한다. 이하 같다)의 밑에 매설하고, 배관의 외면과 토대의 최하부와의 거리는 **0.5m 이상**으로 할 것

저자 어드바이스

이동탱크저장소 이송취급소의 차이

- 이동탱크저장소
  차량에 탱크를 달고 위험물을 운반하는 것

- 이송취급소
  배관을 통해 위험물을 공급하고 계량기를 통해 금액을 정산하여 판매하는 방식

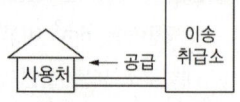

예) 도시가스를 공급받고 계량기를 통해 금액을 정산하여 지불

저자 어드바이스

배관 안전거리 요약

- 도로의 경계(도로 밑 매설 시) : 1m 이상
- 시가지 도로의 노면 아래에 매설
   - 배관의 외면과 노면과의 거리 : 1.5m 이상
   - 보호판 또는 방호구조물의 외면과 노면과의 거리 : 1.2m 이상
- 시가지 외의 도로의 노면 아래 매설하는 경우 : 1.2m 이상
- 포장된 차도 매설 : 0.5m 이상

2-3 하천 등 횡단 설치

- 하천 또는 수로의 밑에 배관을 매설하는 경우에는 배관의 외면과 계획하상(계획하상이 최심하상(하천의 가장 깊은 곳)보다 높은 경우에는 최심하상)과의 거리는 다음의 규정에 의한 거리 이상으로 한다.
  - 하천 횡단 : 4.0m
  - 수로횡단 : 하수도 또는 운하 2.5m / 그 외 : 1.2m

3. 비파괴시험

배관등의 용접부는 비파괴시험을 실시하여 합격할 것. 이 경우 이송기지 내의 지상에 설치된 배관 등은 전체 용접부의 20% 이상을 발췌하여 시험할 수 있다.

4. 압력안전장치

배관계에는 배관 내의 압력이 최대상용압력을 초과하거나 유격작용 등에 의하여 생긴 압력이 최대상용압력의 1.1배를 초과하지 아니하도록 제어하는 장치(이하 "압력안전장치"라 한다)를 설치할 것

기타설비
- 누설확산방지조치
- 가연성증기의 체류방지조치
- 운전상태의 감시장치
- 안전제어장치
- 압력안전장치

경보설비
- 이송기지에는 비상벨장치 및 확성 장치를 설치할 것
- 가연성증기를 발생하는 위험물을 취급하는 펌프실 등에는 가연성증기 경보설비를 설치할 것

배관 응력
- 원주응력 $\sigma_1 = \dfrac{P \cdot d}{2 \cdot t}$ [MPa]
- 길이방향응력 $\sigma_2 = \dfrac{P \cdot d}{4 \cdot t}$ [MPa]

04 일반취급소

1. 종류

- 분무도장작업등의 일반취급소
  도장, 인쇄 또는 도포를 위하여 제2류 위험물 또는 제4류 위험물(특수인화물을 제외한다)을 취급하는 일반취급소로서 지정수량의 30배 미만의 것(위험물을 취급하는 설비를 건축물에 설치하는 것에 한하며, 이하 "분무도장작업등의 일반취급소"라 한다)
  출입구에는 60분+ 방화문, 60분 방화문 설치
- 세정작업의 일반취급소
- 열처리작업 등의 일반취급소
  - 열처리작업 또는 방전가공을 위하여 위험물(인화점이 70℃ 이상인 제4류 위험물에 한한다)을 취급하는 일반취급소로서 지정수량의 30배 미만의 것
  - 건축물 중 일반취급소의 용도로 사용하는 부분에는 위험물이 위험한 온도에 이르는 것을 경보할 수 있는 장치를 설치할 것

이동탱크저장소 - 안전장치

상용압력이 20kPa 이하인 탱크에 있어서는 20kPa 이상 24kPa 이하의 압력에서, 상용압력이 20kPa를 초과하는 탱크에 있어서는 상용압력의 1.1배 이하의 압력에서 작동하는 것으로 할 것

- 다른 작업장의 용도로 사용되는 부분과의 사이에는 내화구조로 된 격벽을 설치하되, 격벽의 양단 및 상단이 외벽 또는 지붕으로부터 50cm 이상 돌출되도록 할 것
- 특례기준 : 인화점 70℃ 이상 제4류 위험물

• 보일러등으로 위험물을 소비하는 일반취급소
  버너의 역화를 방지하고 위험물이 넘치지 아니하도록 한다.
  - 위험물을 취급하는 설비는 바닥에 고정하고, 당해 설비의 주위에 너비 3m 이상의 공지를 보유할 것
  - 특례기준 : 보일러 등으로 위험물을 소비하는 일반취급소 중 지정수량 10배 미만인 것
  - 인화점 38℃ 이상인 제4류 위험물을 지정수량 30배 미만 취급
  - 바닥은 위험물이 침투하지 아니하는 구조로 하고 적당한 경사를 두는 한편, 집유설비 및 당해 바닥의 주위에 배수구를 설치할 것

• 충전하는 일반취급소
  이동저장탱크에 액체위험물(**알킬알루미늄등**, **아세트알데하이드등** 및 **하이드록실아민등**을 제외한다. 이하 이 호에서 같다)을 주입하는 일반취급소(액체위험물을 용기에 옮겨 담는 취급소를 포함하며, 이하 "충전하는 일반취급소"라 한다)

• 옮겨 담는 일반취급소

• 유압장치등을 설치하는 일반취급소
  - 특례기준 : 고인화점 위험물(100℃ 미만)

• 절삭장치등을 설치하는 일반취급소
  - 특례기준 : 고인화점 위험물(100℃ 미만)

• 열 매체유 순환장치를 설치하는 일반취급소
  - 특례기준 : 고인화점 위험물

• 화학실험의 일반취급소

충전하는 일반취급소

CHAPTER 04
제조소등에서의 위험물 저장 및 취급

KEYWORD 저장기준, 취급기준, 알킬알루미늄등 저장기준, 아세트알데하이드등 저장기준, 다이에틸에터등 저장기준

01 저장·취급의 공통기준 ★★

- 옥외저장탱크·옥내저장탱크 또는 지하저장탱크의 주된 밸브(액체의 위험물을 이송하기 위한 배관에 설치된 밸브 중 탱크의 바로 옆에 있는 것을 말한다) 및 **주입구의 밸브 또는 뚜껑은 위험물을 넣거나 빼낼 때 외에는 폐쇄**하여야 한다.
- 옥외저장탱크의 주위에 방유제가 있는 경우에는 그 배수구를 평상시 폐쇄하여 두고, 당해 방유제의 내부에 유류 또는 물이 괴었을 때에는 지체없이 이를 배출하여야 한다.
- 이동저장탱크에는 당해 탱크에 저장 또는 취급하는 위험물의 위험성을 알리는 표지를 부착하고 잘 보일 수 있도록 관리하여야 한다.
- 이동저장탱크 및 그 안전장치와 그 밖의 부속배관은 균열, 결합불량, 극단적인 변형, 주입호스의 손상 등에 의한 위험물의 누설이 일어나지 아니하도록 하고, 당해 탱크의 배출밸브는 사용 시 외에는 완전하게 폐쇄하여야 한다.
- 피견인자동차에 고정된 이동저장탱크에 위험물을 저장할 때에는 당해 피견인자동차에 견인자동차를 결합한 상태로 두어야 한다. 다만, 다음 각목의 기준에 따라 피견인자동차를 철도·궤도상의 차량(이하 "차량"이라 한다)에 싣거나 차량으로부터 내리는 경우에는 그러하지 아니하다.
  - 피견인자동차를 싣는 작업은 화재예방상 안전한 장소에서 실시하고, 화재가 발생하였을 경우에 그 피해의 확대를 방지할 수 있도록 필요한 조치를 강구할 것
  - 피견인자동차를 실을 때에는 이동저장탱크에 변형 또는 손상을 주지 아니하도록 필요한 조치를 강구할 것
  - 피견인자동차를 차량에 싣는 것은 견인자동차를 분리한 즉시 실시하고, 피견인자동차를 차량으로부터 내렸을 때에는 즉시 당해 피견인자동차를 견인자동차에 결합할 것

참고

1. **제1류 위험물**은 가연물과의 접촉·혼합이나 분해를 촉진하는 물품과의 접근 또는 과열·충격·마찰 등을 피하는 한편, 알카리금속의 과산화물 및 이를 함유한 것에 있어서는 물과의 접촉을 피하여야 한다.
2. **제2류 위험물**은 산화제와의 접촉·혼합이나 불티·불꽃·고온체와의 접근 또는 과열을 피하는 한편, 철분·금속분·마그네슘 및 이를 함유한 것에 있어서는 물이나 산과의 접촉을 피하고 인화성 고체에 있어서는 함부로 증기를 발생시키지 아니하여야 한다.
3. **제3류 위험물** 중 자연발화성물질에 있어서는 불티·불꽃 또는 고온체와의 접근·과열 또는 공기와의 접촉을 피하고, 금수성물질에 있어서는 물과의 접촉을 피하여야 한다.
4. **제4류 위험물**은 불티·불꽃·고온체와의 접근 또는 과열을 피하고, 함부로 증기를 발생시키지 아니하여야 한다.
5. **제5류 위험물**은 불티·불꽃·고온체와의 접근이나 과열·충격 또는 마찰을 피하여야 한다.
6. **제6류 위험물**은 가연물과의 접촉·혼합이나 분해를 촉진하는 물품과의 접근 또는 과열을 피하여야 한다.

- 컨테이너식 이동탱크저장소 외의 이동탱크저장소에 있어서는 위험물을 저장한 상태로 이동저장탱크를 옮겨 싣지 아니하여야 한다(중요기준).
- **이동탱크저장소에는 당해 이동탱크저장소의 완공검사합격확인증 및 정기점검기록을 비치**하여야 한다.
- 알킬알루미늄등을 저장 또는 취급하는 이동탱크저장소에는 긴급 시의 연락처, 응급조치에 관하여 필요한 사항을 기재한 서류, 방호복, 고무장갑, 밸브 등을 죄는 결합공구 및 휴대용 확성기를 비치하여야 한다.
- 옥외저장소(제20호의 규정에 의한 경우를 제외한다)에 있어서 위험물은 "위험물의 용기 및 수납" 기준에 따라 용기에 수납하여 저장하여야 한다.
- 옥외저장소에서 위험물을 저장하는 경우에 있어서는 제6호 각목의 규정에 의한 높이를 초과하여 용기를 겹쳐 쌓지 아니하여야 한다.
- **옥외저장소에서 위험물을 수납한 용기를 선반에 저장하는 경우에는 6m를 초과하여 저장하지 아니하여야 한다.**
- 황을 용기에 수납하지 아니하고 저장하는 옥외저장소에서는 황을 경계표시의 높이 이하로 저장하고, 황이 넘치거나 비산하는 것을 방지할 수 있도록 경계표시 내부의 전체를 난연성 또는 불연성의 천막 등으로 덮고 당해 천막 등을 경계표시에 고정하여야 한다.

02 알킬알루미늄등, 아세트알데하이드등, 다이에틸에터등 저장기준 ★★

- 옥외저장탱크 또는 옥내저장탱크 중 압력탱크(최대상용압력이 대기압을 초과하는 탱크를 말한다. 이하 이 호에서 같다)에 있어서는 알킬알루미늄등의 취출에 의하여 당해 탱크 내의 압력이 상용압력 이하로 저하하지 아니하도록, 압력탱크 외의 탱크에 있어서는 알킬알루미늄등의 취출이나 온도의 저하에 의한 공기의 혼입을 방지할 수 있도록 불활성의 기체를 봉입할 것
- 옥외저장탱크·옥내저장탱크 또는 이동저장탱크에 새롭게 알킬알루미늄등을 주입하는 때에는 미리 당해 탱크 안의 공기를 불활성기체와 치환하여 둘 것
- 이동저장탱크에 알킬알루미늄등을 저장하는 경우에는 20kPa 이하의 압력으로 불활성의 기체를 봉입하여 둘 것 ★
- 옥외저장탱크·옥내저장탱크 또는 지하저장탱크 중 압력탱크에 있어서는 아세트알데하이드등의 취출에 의하여 당해 탱크 내의 압력이 상용압력 이하로 저하하지 아니하도록, 압력탱크 외의 탱크에 있어서는 아세트알데하이드등의 취출이나 온도의 저하에 의한 공기의 혼입을 방지할 수 있도록 불활성 기체를 봉입할 것

불활성기체

화학적으로 안정하여 다른 물질과 반응하지 않는 기체로서, 비극성물질의 기체 또는 18족 원소가 이에 해당한다. 대표적인 불활성기체로는 N_2(질소), CO_2(이산화탄소), He(헬륨), Ne(네온)이 있다.

- 옥외저장탱크·옥내저장탱크·지하저장탱크 또는 이동저장탱크에 새롭게 아세트알데하이드 등을 주입하는 때에는 미리 당해 탱크 안의 공기를 불활성 기체와 치환하여 둘 것
- 이동저장탱크에 아세트알데하이드등을 저장하는 경우에는 항상 불활성의 기체를 봉입하여 둘 것
- 옥외저장탱크·옥내저장탱크 또는 지하저장탱크 중 **압력탱크 외의 탱크**에 저장하는 다이에틸에터등 또는 아세트알데하이드등의 온도는 **산화프로필렌**과 이를 함유한 것 또는 **다이에틸에터등**에 있어서는 **30℃ 이하로, 아세트알데하이드** 또는 이를 함유한 것에 있어서는 **15℃ 이하**로 각각 유지할 것 ★
- 옥외저장탱크·옥내저장탱크 또는 지하저장탱크 중 **압력탱크**에 저장하는 **아세트알데하이드 등 또는 다이에틸에터등의 온도는 40℃ 이하**로 유지할 것 ★
- 보냉장치가 있는 이동저장탱크에 저장하는 아세트알데하이드등 또는 다이에틸에터등의 온도는 당해 위험물의 **비점 이하**로 유지할 것 ★
- 보냉장치가 없는 이동저장탱크에 저장하는 아세트알데하이드등 또는 다이에틸에터등의 온도는 **40℃ 이하**로 유지할 것 ★

제조소등에서의 위험물 저장 및 취급 ★★★

위험물의 종류		옥외저장탱크, 옥내저장탱크, 지하저장탱크		이동저장탱크	
		압력탱크외	압력탱크	보냉장치×	보냉장치
아세트알데하이드등	아세트알데하이드	15℃ 이하	40℃ 이하	40℃ 이하	비점 이하
	산화프로필렌	30℃ 이하			
다이에틸에터등		30℃ 이하			

개념잡기

다음 중 위험물안전관리법령상 압력탱크가 아닌 저장탱크에 위험물을 저장할 때 유지하여야 하는 온도의 기준이 가장 낮은 경우는?

① 다이에틸에터를 옥외저장탱크에 저장하는 경우
② 산화프로필렌을 옥내저장탱크에 저장하는 경우
③ 산화프로필렌을 지하저장탱크에 저장하는 경우
④ 아세트알데하이드를 지하저장탱크에 저장하는 경우

정답 : ④

03 취급의 기준★

위험물의 취급 중 제조에 관한 기준 ★★★
- **증류공정**에 있어서는 위험물을 취급하는 **설비의 내부압력**의 변동 등에 의하여 액체 또는 증기가 새지 아니하도록 할 것
- **추출공정**에 있어서는 **추출관의 내부압력**이 비정상으로 상승하지 아니하도록 할 것
- **건조공정**에 있어서는 위험물의 온도가 **부분적으로 상승**하지 아니하는 방법으로 가열 또는 건조할 것
- **분쇄공정**에 있어서는 위험물의 **분말이 현저하게 부유**하고 있거나 위험물의 분말이 현저하게 기계·기구 등에 부착하고 있는 상태로 그 기계·기구를 취급하지 아니할 것

개념잡기

위험물의 취급 중 제조에 관한 기준으로 다음 사항을 유의하여야 하는 공정은?

> 위험물을 취급하는 설비의 내부압력의 변동 등에 의하여 액체 또는 증기가 새지 아니하도록 하여야 한다.

① 증류공정 ② 추출공정
③ 건조공정 ④ 분쇄공정

취급의 기준 - 제조
① 증류공정에 있어서는 위험물을 취급하는 설비의 내부압력의 변동 등에 의하여 액체 또는 증기가 새지 아니하도록 할 것
② 추출공정에 있어서는 추출관의 내부압력이 비정상으로 상승하지 아니하도록 할 것
③ 건조공정에 있어서는 위험물의 온도가 부분적으로 상승하지 아니하는 방법으로 가열 또는 건조할 것
④ 분쇄공정에 있어서는 위험물의 분말이 현저하게 부유하고 있거나 위험물의 분말이 현저하게 기계·기구 등에 부착하고 있는 상태로 그 기계·기구를 취급하지 아니할 것

정답 : ①

위험물의 취급 중 소비에 관한 기준 ★★★
- **분사도장작업**은 방화상 유효한 격벽 등으로 구획된 안전한 장소에서 실시할 것
- **담금질 또는 열처리작업**은 위험물이 위험한 온도에 이르지 아니하도록 하여 실시할 것
- **버너를 사용**하는 경우에는 버너의 역화를 방지하고 위험물이 넘치지 아니하도록 할 것

개념잡기

위험물안전관리법령상 위험물의 취급 중 소비에 관한 기준에서 방화상 유효한 격벽 등으로 구획된 안전한 장소에서 실시하여야 하는 것은?

① 분사도장작업　　　　② 담금질작업
③ 열처리작업　　　　　④ 버너를 사용하는 작업

위험물의 취급 중 소비에 관한 기준
- 분사도장작업은 방화상 유효한 격벽 등으로 구획된 안전한 장소에서 실시할 것
- 담금질 또는 열처리작업은 위험물이 위험한 온도에 이르지 아니하도록 하여 설치할 것
- 버너를 사용하는 경우에는 버너의 역화를 방지하고 위험물이 넘치지 아니하도록 할 것

정답 : ①

주유취급소·판매취급소·이송취급소 또는 이동탱크저장소에서의 위험물의 취급기준은 다음 각목과 같다.

- 주유취급소(항공기주유취급소·선박주유취급소 및 철도주유취급소를 제외한다)에서의 취급기준
  - 자동차 등에 주유할 때에는 고정주유설비를 사용하여 직접 주유할 것(중요기준)
  - 자동차 등에 **인화점 40℃ 미만의 위험물을 주유할 때에는 자동차 등의 원동기를 정지**시킬 것, 다만, 연료탱크에 위험물을 주유하는 동안 방출되는 가연성 증기를 회수하는 설비가 부착된 고정주유설비에 의하여 주유하는 경우에는 그러하지 아니하다.★
  - 이동저장탱크에 급유할 때에는 고정급유설비를 사용하여 직접 급유할 것
  - 고정주유설비 또는 고정급유설비에 접속하는 탱크에 위험물을 주입할 때에는 당해 탱크에 접속된 고정주유설비 또는 고정급유설비의 사용을 중지하고, 자동차 등을 당해 탱크의 주입구에 접근시키지 아니할 것
  - 고정주유설비 또는 고정급유설비에는 해당 설비에 접속한 전용탱크 또는 간이탱크의 배관 외의 것을 통하여서는 위험물을 공급하지 아니할 것
  - 자동차 등에 주유할 때에는 고정주유설비 또는 고정주유설비에 접속된 탱크의 주입구로부터 4m 이내의 부분(별표 13 Ⅴ 제1호 다목 및 라목의 용도에 제공하는 부분 중 바닥 및 벽에서 구획된 것의 내부를 제외한다)에, 이동저장탱크로부터 전용탱크에 위험물을 주입할 때에는 전용탱크의 주입구로부터 3m 이내의 부분 및 전용탱크 통기관의 끝부분으로부터 수평거리 1.5m 이내의 부분에 있어서는 다른 자동차 등의 주차를 금지하고 자동차 등의 점검·정비 또는 세정을 하지 아니할 것
  - 주유원 간이대기실 내에서는 화기를 사용하지 아니할 것

참고

이 규정에 따라 주유취급소에는 다음과 같은 '주유중엔진정지' 게시판이 설치되어 있다.

자동차에 주유하는 위험물은 휘발유, 경유가 있는데 휘발유는 인화점 -43~-20℃, 경유 50~70℃이므로 휘발유 주유 시에는 꼭 원동기를 정지시켜야 한다.

- 판매취급소에서의 취급기준
  - 판매취급소에서는 도료류, 제1류 위험물 중 염소산염류 및 염소산염류만을 함유한 것, 황 또는 인화점이 38℃ 이상인 제4류 위험물을 배합실에서 배합하는 경우 외에는 위험물을 배합하거나 옮겨 담는 작업을 하지 아니할 것
  - 위험물은 별표 19 Ⅰ의 규정에 의한 운반용기에 수납한 채로 판매할 것
  - 판매취급소에서 위험물을 판매할 때에는 위험물이 넘치거나 비산하는 계량기(액용되를 포함한다)를 사용하지 아니할 것
- 이송취급소에서의 취급기준
  - 위험물의 이송은 위험물을 이송하기 위한 배관·펌프 및 그에 부속한 설비(위험물을 운반하는 선박으로부터 육상으로 위험물의 이송취급을 하는 이송취급소에 있어서는 위험물을 이송하기 위한 배관 및 그에 부속된 설비를 말한다. 이하 나목에서 같다)의 안전을 확인한 후에 개시할 것(중요기준)
  - 위험물을 이송하기 위한 배관·펌프 및 이에 부속한 설비의 안전을 확인하기 위한 순찰을 행하고, 위험물을 이송하는 중에는 이송하는 위험물의 압력 및 유량을 항상 감시할 것(중요기준)
  - 이송취급소를 설치한 지역의 지진을 감지하거나 지진의 정보를 얻은 경우에는 소방청장이 정하여 고시하는 바에 따라 재해의 발생 또는 확대를 방지하기 위한 조치를 강구할 것
- 이동탱크저장소(컨테이너식 이동탱크저장소를 제외한다)에서의 취급기준
  - 이동저장탱크로부터 위험물을 저장 또는 취급하는 탱크에 액체의 위험물을 주입할 경우에는 그 탱크의 주입구에 이동저장탱크의 주입호스를 견고하게 결합할 것. 다만, 주입호스의 끝부분에 수동개폐장치를 한 주입노즐(수동개폐장치를 개방상태로 고정하는 장치를 한 것을 제외한다)을 사용하여 지정수량 미만의 양의 위험물을 저장 또는 취급하는 탱크에 인화점이 40℃ 이상인 위험물을 주입하는 경우에는 그러하지 아니하다.
  - 이동저장탱크로부터 액체위험물을 용기에 옮겨 담지 아니할 것. 다만, 주입호스의 끝부분에 수동개폐장치를 한 주입노즐(수동개폐장치를 개방상태로 고정하는 장치를 한 것을 제외한다)을 사용하여 별표 19 Ⅰ의 기준에 적합한 운반용기에 인화점 40℃ 이상의 제4류 위험물을 옮겨 담는 경우에는 그러하지 아니하다.
  - 이동저장탱크로부터 위험물을 저장 또는 취급하는 탱크에 인화점이 40℃ 미만인 위험물을 주입할 때에는 이동탱크저장소의 원동기를 정지시킬 것
  - 이동저장탱크로부터 직접 위험물을 자동차(「자동차관리법」 제2조제1호의 규정에 의한 자동차와 「건설기계관리법」 제2조제1항제1호의 규정에 의한 건설기계 중 덤프트럭 및 콘크리트믹서트럭을 말한다)의 연료탱크에 주입하지 말 것, 다만, 「건설산업기본법」 제2조제4호에 따른 건설공사를 하는 장소에서 별표 10 Ⅳ 제3호에 따른 주입설비를 부착한 이동탱크저장소로부터 해당 건설공사와 관련된 자동차(「건설기계관리법」 제2조제1항제1호에 따른 건설기계 중 덤프트럭과 콘크리트믹서트럭으로 한정한다)의 연료탱크에 인화점 40℃ 이상의 위험물을 주입하는 경우에는 그러하지 아니하다.

알킬알루미늄등 및 아세트알데하이드 등의 취급기준
- 알킬알루미늄등의 이동탱크저장소에 있어서 이동저장탱크로부터 알킬알루미늄등을 꺼낼 때에는 동시에 200kPa 이하의 압력으로 불활성의 기체를 봉입할 것
- 아세트알데하이드등의 이동탱크저장소에 있어서 이동저장탱크로부터 아세트알데하이드등을 꺼낼 때에는 동시에 100kPa 이하의 압력으로 불활성의 기체를 봉입할 것

- 휘발유·벤젠 그 밖에 정전기에 의한 재해발생의 우려가 있는 액체의 위험물을 이동저장탱크에 주입하거나 이동저장탱크로부터 배출하는 때에는 도선으로 이동저장탱크와 접지전극 등과의 사이를 긴밀히 연결하여 당해 이동저장탱크를 접지할 것
- 휘발유·벤젠·그 밖에 정전기에 의한 재해발생의 우려가 있는 액체의 위험물을 이동저장탱크의 상부로 주입하는 때에는 주입관을 사용하되, 당해 주입관의 끝부분을 이동저장탱크의 밑바닥에 밀착할 것
- 휘발유를 저장하던 이동저장탱크에 등유나 경유를 주입할 때 또는 등유나 경유를 저장하던 이동저장탱크에 휘발유를 주입할 때에는 다음의 기준에 따라 정전기등에 의한 재해를 방지하기 위한 조치를 할 것
    ⓐ 이동저장탱크의 상부로부터 위험물을 주입할 때에는 위험물의 액표면이 주입관의 끝부분을 넘는 높이가 될 때까지 그 주입관 내의 **유속을 초당 1m 이하**로 할 것
    ⓑ 이동저장탱크의 밑부분으로부터 위험물을 주입할 때에는 위험물의 액표면이 주입관의 정상부분을 넘는 높이가 될 때까지 그 주입배관 내의 **유속을 초당 1m 이하**로 할 것
    ⓒ 그 밖의 방법에 의한 위험물의 주입은 이동저장탱크에 가연성증기가 잔류하지 아니하도록 조치하고 안전한 상태로 있음을 확인한 후에 할 것

개념잡기

위험물안전관리법령에 따른 위험물 저장기준으로 틀린 것은?

① 이동탱크저장소에는 설치허가증을 비치하여야 한다.
② 지하저장탱크의 주된 밸브는 위험물을 넣거나 빼낼 때 외에는 폐쇄하여야 한다.
③ 아세트알데하이드를 저장하는 이동저장탱크에는 탱크 안에 불활성 가스를 봉입하여야 한다.
④ 옥외저장탱크 주위에 설치된 방유제의 내부에 물이나 유류가 괴었을 경우에는 즉시 배출하여야 한다.

위험물 저장 기준 - 시행규칙 별표 18
① 이동탱크저장소에는 당해 이동탱크저장소의 완공검사합격확인증 및 정기점검기록을 비치하여야 한다.
② 옥외저장탱크·옥내저장탱크 또는 지하저장탱크의 주된 밸브(액체의 위험물을 이송하기 위한 배관에 설치된 밸브 중 탱크의 바로 옆에 있는 것을 말한다) 및 주입구의 밸브 또는 뚜껑은 위험물을 넣거나 빼낼 때 외에는 폐쇄하여야 한다.
③ 이동저장탱크에 아세트알데하이드등을 저장하는 경우에는 항상 불활성의 기체를 봉입하여 둘 것
④ 옥외저장탱크의 주위에 방유제가 있는 경우에는 그 배수구를 평상시 폐쇄하여 두고, 당해 방유제의 내부에 유류 또는 물이 괴었을 때에는 지체없이 이를 배출하여야 한다.

정답 : ①

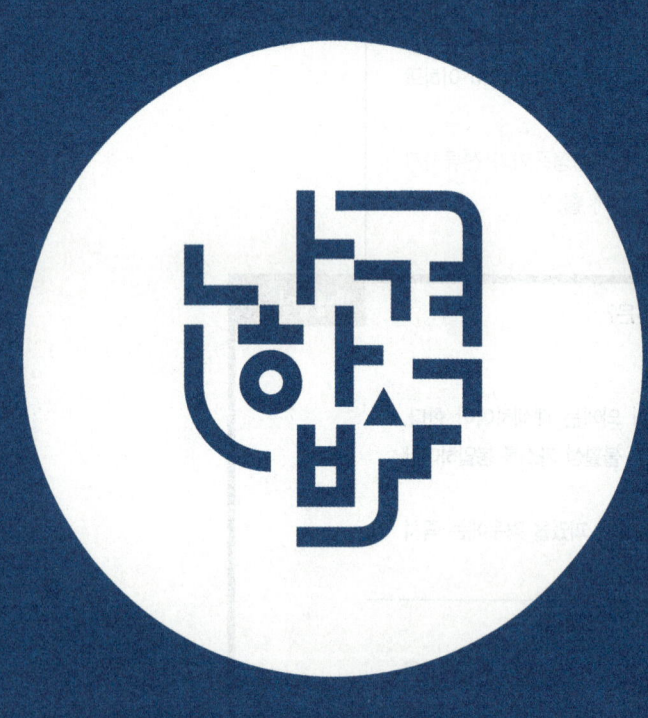# PART 07

위험물안전관리법상 행정사항

01 위험물안전관리법
02 위험물 운반
03 위험물운송 관련법규

단원 들어가기 전

본 단원은 필기 및 실기시험 모두 중요하게 다뤄지는 단원입니다.
위험물을 다루는 시설 등에 대한 이해를 바탕으로 문제를 풀어보면서 숙지하도록 합시다.

CHAPTER 01
위험물안전관리법

KEYWORD 예방규정, 정기점검, 탱크의 용적, 공간용적, 자체소방대

01 위험물 저장 또는 취급 기준

1. 위험물안전관리법령 적용제외

항공기·선박(선박법 제1조의2제1항의 규정에 따른 선박을 말한다)·철도 및 궤도에 의한 위험물의 저장·취급 및 운반에 있어서는 이를 적용하지 아니한다.

2. 지정수량 미만인 위험물의 저장·취급

지정수량 미만인 위험물의 저장 또는 취급에 관한 기술상의 기준은 시·도의 조례로 정한다.

3. 위험물시설의 설치 및 변경 등

- 제조소등을 설치하고자 할 때, 제조소등의 위치·구조 또는 설비 가운데 행정안전부령이 정하는 사항을 변경하고자 하는 때는 시·도지사의 허가를 받아야 한다.
- 제조소등의 위치·구조 또는 설비의 변경없이 당해 제조소등에서 저장하거나 취급하는 위험물의 품명·수량 또는 지정수량의 배수를 변경하고자 하는 자는 변경하고자 하는 날의 1일 전까지 행정안전부령이 정하는 바에 따라 시·도지사에게 신고하여야 한다.
- 위 두 항목의 규정에도 불구하고 다음 각 호의 어느 하나에 해당하는 제조소등의 경우에는 허가를 받지 아니하고 당해 제조소등을 설치하거나 그 위치·구조 또는 설비를 변경할 수 있으며, 신고를 하지 아니하고 위험물의 품명·수량 또는 지정수량의 배수를 변경할 수 있다.
  - 주택의 난방시설(공동주택의 중앙난방시설을 제외한다)을 위한 저장소 또는 취급소
  - 농예용·축산용 또는 수산용으로 필요한 난방시설 또는 건조시설을 위한 지정수량 20배 이하의 저장소

제조소등이 아닌 장소에서 지정수량 이상의 위험물을 취급할 수 있는 경우
- 시·도의 조례가 정하는 바에 따라 관할소방서장의 승인을 받아 지정수량 이상의 위험물을 90일 이내의 기간 동안 임시로 저장 또는 취급하는 경우
- 군부대가 지정수량의 위험물을 군사 목적으로 임시 저장 또는 취급하는 경우

> **개념잡기**
>
> 위험물안전관리법령상 시·도의 조례가 정하는 바에 따라, 관할소방서장의 승인을 받아 지정수량 이상의 위험물을 임시로 제조소등이 아닌 장소에서 취급할 때 며칠 이내의 기간 동안 취급할 수 있는가?
>
> ① 7　　　　② 30
> ③ 90　　　 ④ 180
>
> ---
>
> **위험물안전관리법령**
> - 지정수량 이상의 위험물을 저장소가 아닌 장소에서 저장하거나 제조소등이 아닌 장소에서 취급하여서는 아니 된다.
> - 제1항의 규정에 불구하고 다음 각 호의 어느 하나에 해당하는 경우에는 제조소등이 아닌 장소에서 지정수량 이상의 위험물을 취급할 수 있다. 이 경우 임시로 저장 또는 취급하는 장소에서의 저장 또는 취급의 기준과 임시로 저장 또는 취급하는 장소의 위치·구조 및 설비의 기준은 시·도의 조례로 정한다.
>   1. 시·도의 조례가 정하는 바에 따라 관할소방서장의 승인을 받아 지정수량 이상의 위험물을 90일 이내의 기간 동안 임시로 저장 또는 취급하는 경우
>   2. 군부대가 지정수량 이상의 위험물을 군사목적으로 임시로 저장 또는 취급하는 경우
>
> 정답 : ③

02 예방규정, 정기점검

1. 예방규정

대통령령이 정하는 제조소등의 관계인은 당해 제조소등의 화재예방과 화재 등 재해발생시의 비상조치를 위하여 당해 제조소등의 사용을 시작하기 전에 예방규정을 정하여 **시·도지사**에게 제출하여야 한다. 예방규정을 변경한 때에도 또한 같다.

- 지정수량의 10배 이상의 위험물을 취급하는 제조소
- 지정수량의 100배 이상의 위험물을 저장하는 옥외저장소
- 지정수량의 150배 이상의 위험물을 저장하는 옥내저장소
- 지정수량의 200배 이상의 위험물을 저장하는 옥외탱크저장소
- 암반탱크저장소
- 이송취급소
- 지정수량의 10배 이상의 위험물을 취급하는 일반취급소

대통령령이 정하는 제조소등
(위험물안전관리법 시행령 17조)
액체위험물을 저장 또는 취급하는 50만 리터 이상의 옥외탱크저장소를 말한다.

예방규정의 작성 등
1. 위험물의 안전관리업무를 담당하는 자의 직무 및 조직에 관한 사항
2. 안전관리자가 여행·질병 등으로 인하여 그 직무를 수행할 수 없을 경우 그 직무의 대리자에 관한 사항
3. 영 제18조의 규정에 의하여 자체소방대를 설치하여야 하는 경우에는 자체소방대의 편성과 화학소방자동차의 배치에 관한 사항
4. 위험물의 안전에 관계된 작업에 종사하는 자에 대한 안전교육 및 훈련에 관한 사항
5. 위험물시설 및 작업장에 대한 안전순찰에 관한 사항

2. 정기점검 및 정기검사 ★

정기점검 : 연 1회 이상
- 대통령령이 정하는 제조소등의 관계인은 그 제조소등에 대하여 행정안전부령이 정하는 바에 따라 제5조제4항의 규정에 따른 기술기준에 적합한지의 여부를 정기적으로 점검하고 점검결과를 기록하여 보존하여야 한다.
- 제1항에 따라 정기점검을 한 제조소등의 관계인은 점검을 한 날부터 30일 이내에 점검결과를 시·도지사에게 제출하여야 한다.
- 제1항의 규정에 따른 정기점검의 대상이 되는 제조소등의 관계인 가운데 대통령령이 정하는 제조소등의 관계인은 행정안전부령이 정하는 바에 따라 소방본부장 또는 소방서장으로부터 당해 제조소등이 제5조제4항의 규정에 따른 기술기준에 적합하게 유지되고 있는지의 여부에 대하여 정기적으로 검사를 받아야 한다.
  - 예방규정을 정하여야 하는 제조소등
  - 지하탱크저장소
  - 이동탱크저장소
  - 위험물을 취급하는 탱크로서 지하에 매설된 탱크가 있는 제조소·주유취급소 또는 일반취급소

6. 위험물시설·소방시설 그 밖의 관련 시설에 대한 점검 및 정비에 관한 사항
7. 위험물시설의 운전 또는 조작에 관한 사항
8. 위험물 취급작업의 기준에 관한 사항
9. 이송취급소에 있어서는 배관공사 현장책임자의 조건 등 배관공사 현장에 대한 감독체제에 관한 사항과 배관 주위에 있는 이송취급소 시설 외의 공사를 하는 경우 배관의 안전확보에 관한 사항
10. 재난 그 밖의 비상시의 경우에 취하여야 하는 조치에 관한 사항
11. 위험물의 안전에 관한 기록에 관한 사항
12. 제조소등의 위치·구조 및 설비를 명시한 서류와 도면의 정비에 관한 사항
13. 그 밖에 위험물의 안전관리에 관하여 필요한 사항

개념잡기

위험물안전관리법령에 따라 관계인이 예방규정을 정하여야 할 옥외탱크저장소에 저장되는 위험물의 지정수량 배수는?

① 100배 이상　　　② 150배 이상
③ 200배 이상　　　④ 250배 이상

예방규정 작성대상 제조소등
- 지정수량 10배 이상의 제조소, 일반취급소
- 지정수량 100배 이상의 옥외저장소
- 지정수량 150배 이상의 옥내저장소
- 지정수량 200배 이상의 옥외탱크저장소
- 암반탱크저장소
- 이송취급소

정기점검 대상 제조소등
- 예방규정 작성대상 제조소등
- 지하탱크저장소
- 이동탱크저장소
- 지하탱크저장소가 있는 제조소, 주유취급소, 일반취급소
- 특정·준특정 옥외탱크저장소 : 액체위험물 50만 리터 이상 옥외탱크저장소

정답 : ③

03 탱크의 용적 ★★★

1. 탱크 용적의 산정기준

탱크의 용량
탱크의 내용적에서 공간용적을 제외한 만큼의 부피
= 탱크의 내용적 - 공간용적 = 탱크의 내용적×(1 - 공간용적 비율)

탱크의 내용적 : 공간용적을 빼지 않은 탱크 전체의 부피

- 옆면이 타원형인 양쪽 볼록한 횡형 탱크 : $V = \pi \dfrac{ab}{4}(l + \dfrac{l_1 + l_2}{3})$

- 옆면이 타원형인 한쪽 볼록한 횡형 탱크 : $V = \pi \dfrac{ab}{4}(l + \dfrac{l_1 - l_2}{3})$

- 옆면이 원형인 양쪽 볼록한 횡형 탱크 : $V = \pi r^2(l + \dfrac{l_1 + l_2}{3})$

- 밑면이 원형인 종형 탱크 : $V = \pi r^2 l$

참고

옆면이 타원형인 양쪽 볼록한 횡형 탱크
 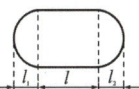

옆면이 타원형인 한쪽 볼록한 횡형 탱크
 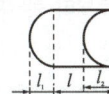

옆면이 원형인 양쪽 볼록한 횡형 탱크
 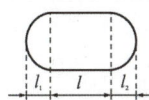

밑면이 원형인 종형 탱크
 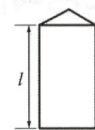

개념잡기

위험물을 저장 또는 취급하는 탱크의 용량산정 방법에 관한 설명으로 옳은 것은?

① 탱크의 내용적에서 공간용적을 뺀 용적으로 한다.
② 탱크의 공간용적에서 내용적을 뺀 용적으로 한다.
③ 탱크의 공간용적에서 내용적을 더한 용적으로 한다.
④ 탱크의 볼록하거나 오목한 부분을 뺀 내용적으로 한다.

탱크의 내용량 = 탱크의 내용적 - 공간용적 = 탱크의 내용적×(1 - 공간용적 비율)

정답 : ①

개념잡기 실기[필답형]

옆면이 원형인 양쪽 볼록한 원통형 탱크의 용적(m³)과 용량(m³)을 구하시오(단, 탱크의 공간용적은 10%이다). (6점)

 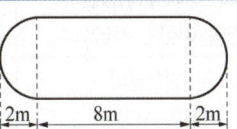

탱크의 내용적 = $\pi r^2(l + \dfrac{l_1 + l_2}{3}) = \pi \times 3^2 \times (8 + \dfrac{2+2}{3}) = 263.894 ≒ 263.89\,m^3$

탱크의 내용량 = 탱크의 내용적 - 공간용적 = 탱크의 내용적(1 - 공간용적 비율)
= 263.89×(1 - 0.1) = 237.501 ≒ 237.50 m³

정답 : 탱크의 내용적 263.89m³, 탱크의 내용량 237.50m³

2. 공간용적

위험물 수납 시 탱크에 일정한 빈 공간을 유지하여 폭발 등에 대비하는 것

- 탱크의 내용적의 **100분의 5 이상 100분의 10 이하**
- 소화설비 설치 탱크 : 소화설비의 소화약제방출구 아래의 **0.3m 이상 1m 미만** 사이의 면으로부터 윗부분의 용적
- 암반탱크 : 탱크 내에 용출하는 **7일간**의 지하수의 양에 상당하는 용적과 탱크의 내용적의 **100분의** 1의 용적 중에서 큰 용적

04 자체소방대 ★★★

1. 설치기준

- **제조소** 또는 **일반취급소**에서 취급하는 **제4류 위험물**의 최대수량의 합이 지정수량의 **3천배** 이상
- **옥외탱크저장소**에 저장하는 **제4류 위험물**의 최대수량이 지정수량의 **50만배** 이상

사업소의 구분	화학소방자동차	자체소방대원의 수
제조소 또는 일반취급소에서 취급하는 제4류 위험물의 최대수량의 합이 지정수량의 3천배 이상 12만배 미만인 사업소	1대	5인
제조소 또는 일반취급소에서 취급하는 제4류 위험물의 최대수량의 합이 지정수량의 12만배 이상 24만배 미만인 사업소	2대	10인
제조소 또는 일반취급소에서 취급하는 제4류 위험물의 최대수량의 합이 지정수량의 24만배 이상 48만배 미만인 사업소	3대	15인
제조소 또는 일반취급소에서 취급하는 제4류 위험물의 최대수량의 합이 지정수량의 48만배 이상인 사업소	4대	20인
옥외탱크저장소에 저장하는 제4류 위험물의 최대수량이 지정수량의 50만배 이상인 사업소	2대	10인

핵심 KEY

자체소방대 설치기준 핵심단어 4가지
- 제4류 위험물
- 3천배 이상
- 제조소
- 일반취급소

자체소방대 설치 제외대상 일반취급소
- 보일러, 버너 그 밖에 이와 유사한 장치로 위험물을 소비하는 일반취급소
- 이동저장탱크 그 밖에 이와 유사한 것에 위험물을 주입하는 일반취급소
- 용기에 위험물을 옮겨 담는 일반취급소
- 유압장치, 윤활유순환장치 그 밖에 이와 유사한 장치로 위험물을 취급하는 일반취급소
- 「광산안전법」의 적용을 받는 일반취급소

2. 화학소방차가 갖추어야 하는 소화능력 및 설비의 기준

화학소방자동차의 구분	소화능력 및 설비의 기준
포수용액 방사차	포수용액의 방사능력이 매분 2,000L 이상일 것
	소화약액탱크 및 소화약액혼합장치를 비치할 것
	10만L 이상의 포수용액을 방사할 수 있는 양의 소화약제를 비치할 것
분말 방사차	분말의 방사능력이 매초 35kg 이상일 것
	분말탱크 및 가압용가스설비를 비치할 것
	1,400kg 이상의 분말을 비치할 것
할로젠화합물 방사차	할로젠화합물의 방사능력이 매초 40kg 이상일 것
	할로젠화합물탱크 및 가압용가스설비를 비치할 것
	1,000kg 이상의 할로젠화합물을 비치할 것
이산화탄소 방사차	이산화탄소의 방사능력이 매초 40kg 이상일 것
	이산화탄소저장용기를 비치할 것
	3,000kg 이상의 이산화탄소를 비치할 것
제독차	가성소다 및 규조토를 각각 50kg 이상 비치할 것

자체소방대

소방대가 도착하기 전까지 화재를 초기 진압하기 위하여 회사의 내부직원으로 구성된 소방대이다.

개념잡기

제4류 위험물을 취급하는 제조소에서 지정수량의 몇 배 이상을 취급할 경우 자체소방대를 설치하여야 하는가?

① 1,000배 ② 2,000배
③ 3,000배 ④ 4,000배

자체소방대
설치기준 : 지정수량 3천배 이상의 제4류 위험물을 저장 또는 취급하는 제조소 또는 일반취급소

사업소의 구분	화학소방 자동차	자체소방 대원의 수
제조소 또는 일반취급소에서 취급하는 제4류 위험물의 최대수량의 합이 지정수량의 3천배 이상 12만배 미만인 사업소	1대	5인
제조소 또는 일반취급소에서 취급하는 제4류 위험물의 최대수량의 합이 지정수량의 12만배 이상 24만배 미만인 사업소	2대	10인
제조소 또는 일반취급소에서 취급하는 제4류 위험물의 최대수량의 합이 지정수량의 24만배 이상 48만배 미만인 사업소	3대	15인
제조소 또는 일반취급소에서 취급하는 제4류 위험물의 최대수량의 합이 지정수량의 48만배 이상인 사업소	4대	20인
옥외탱크저장소에 저장하는 제4류 위험물의 최대수량이 지정수량의 50만배 이상인 사업소	2대	10인

정답 : ③

> **개념잡기**
>
> 화학소방자동차 중에서 포수용액 방사차를 보여주고 있다. 화학소방자동차가 갖추어야 할 소화능력 및 설비기준에 대한 물음에 해당하는 괄호 안에 알맞은 말을 쓰시오.
>
> 가. 포수용액의 방사능력은 매분 (   ) 이상일 것
> 나. 소화약제탱크 및 (   )를 비치할 것
> 다. (   ) 이상의 포수용액을 방사할 수 있는 양의 소화약제를 비치할 것
>
> **자체소방대**
>
> | 화학소방자동차의 구분 | 소화능력 및 설비의 기준 |
> |---|---|
> | 포수용액 방사차 | 포수용액의 방사능력이 매분 2,000L 이상일 것 |
> | | 소화약제탱크 및 소화약액혼합장치를 비치할 것 |
> | | 10만L 이상의 포수용액을 방사할 수 있는 양의 소화약제를 비치할 것 |
>
> 정답 : 가. 2,000L, 나. 소화약액혼합장치, 다. 10만L

05 변경허가

제조소등의 변경허가를 받아야 하는 경우(제8조 관련)

제조소등의 구분	변경허가를 받아야 하는 경우
1. 제조소 또는 일반취급소	가. 제조소 또는 일반취급소의 위치를 이전하는 경우 나. 건축물의 벽·기둥·바닥·보 또는 지붕을 증설 또는 철거하는 경우 다. 배출설비를 신설하는 경우 라. 위험물취급탱크를 신설·교체·철거 또는 보수(탱크의 본체를 절개하는 경우에 한한다)하는 경우 마. 위험물취급탱크의 노즐 또는 맨홀을 신설하는 경우(노즐 또는 맨홀의 지름이 250mm를 초과하는 경우에 한한다) 바. 위험물취급탱크의 방유제의 높이 또는 방유제 내의 면적을 변경하는 경우 사. 위험물취급탱크의 탱크전용실을 증설 또는 교체하는 경우 아. 300m(지상에 설치하지 아니하는 배관의 경우에는 30m)를 초과하는 위험물배관을 신설·교체·철거 또는 보수(배관을 절개하는 경우에 한한다)하는 경우 자. 불활성기체(다른 원소와 화학 반응을 일으키기 어려운 기체)의 봉입장치를 신설하는 경우 차. 별표 4 XII제2호가목에 따른 누설범위를 국한하기 위한 설비를 신설하는 경우 카. 별표 4 XII제3호다목에 따른 냉각장치 또는 보냉장치를 신설하는 경우

참고

행정처분 기준
변경허가를 받지 않고 실시한 경우
형사처벌, 행정처분, 복구명령

	타. 별표 4 XII제3호마목에 따른 탱크전용실을 증설 또는 교체하는 경우 파. 별표 4 XII제4호나목에 따른 담 또는 토제를 신설·철거 또는 이설하는 경우 하. 별표 4 XII제4호다목에 따른 온도 및 농도의 상승에 의한 위험한 반응을 방지하기 위한 설비를 신설하는 경우 거. 별표 4 XII제4호라목에 따른 철 이온 등의 혼입에 의한 위험한 반응을 방지하기 위한 설비를 신설하는 경우 너. 방화상 유효한 담을 신설·철거 또는 이설하는 경우 더. 위험물의 제조설비 또는 취급설비를 증설하는 경우. 다만, 펌프설비 또는 1일 취급량이 지정수량의 5분의 1 미만인 설비를 증설하는 경우는 제외한다. 러. 옥내소화전설비·옥외소화전설비·스프링클러설비·물분무등소화설비를 신설·교체(배관·밸브·압력계·소화전본체·소화약제탱크·포헤드·포방출구 등의 교체는 제외한다) 또는 철거하는 경우 머. 자동화재탐지설비를 신설 또는 철거하는 경우
2. 옥내 저장소	가. 건축물의 벽·기둥·바닥·보 또는 지붕을 증설 또는 철거하는 경우 나. 배출설비를 신설하는 경우 다. 별표 5 VIII제3호가목에 따른 누설범위를 국한하기 위한 설비를 신설하는 경우 라. 별표 5 VIII제4호에 따른 온도의 상승에 의한 위험한 반응을 방지하기 위한 설비를 신설하는 경우 마. 별표 5 부표 1 비고 제1호 또는 같은 별표 부표 2 비고 제1호에 따른 담 또는 토제를 신설·철거 또는 이설하는 경우 바. 옥외소화전설비·스프링클러설비·물분무등소화설비를 신설·교체(배관·밸브·압력계·소화전본체·소화약제탱크·포헤드·포방출구 등의 교체는 제외한다) 또는 철거하는 경우 사. 자동화재탐지설비를 신설 또는 철거하는 경우
3. 옥외탱크 저장소	가. 옥외저장탱크의 위치를 이전하는 경우 나. 옥외탱크저장소의 기초·지반을 정비하는 경우 다. 별표 6 II제5호에 따른 물분무설비를 신설 또는 철거하는 경우 라. 주입구의 위치를 이전하거나 신설하는 경우 마. 300m(지상에 설치하지 아니하는 배관의 경우에는 30m)를 초과하는 위험물배관을 신설·교체·철거 또는 보수(배관을 절개하는 경우에 한한다)하는 경우 바. 별표 6 VI제20호에 따른 수조를 교체하는 경우 사. 방유제(간막이 둑을 포함한다)의 높이 또는 방유제 내의 면적을 변경하는 경우 아. 옥외저장탱크의 밑판 또는 옆판을 교체하는 경우 자. 옥외저장탱크의 노즐 또는 맨홀을 신설하는 경우(노즐 또는 맨홀의 지름이 250mm를 초과하는 경우에 한한다) 차. 옥외저장탱크의 밑판 또는 옆판의 표면적의 20%를 초과하는 겹침보수공사 또는 육성보수공사를 하는 경우

	카. 옥외저장탱크의 애뉼러 판의 겹침보수공사 또는 육성보수공사를 하는 경우 타. 옥외저장탱크의 애뉼러 판 또는 밑판이 옆판과 접하는 용접이음부의 겹침보수공사 또는 육성보수공사를 하는 경우(용접길이가 300mm를 초과하는 경우에 한한다) 파. 옥외저장탱크의 옆판 또는 밑판(애뉼러 판을 포함한다) 용접부의 절개보수공사를 하는 경우 하. 옥외저장탱크의 지붕판 표면적 30% 이상을 교체하거나 구조·재질 또는 두께를 변경하는 경우 거. 별표 6 XI제1호가목에 따른 누설범위를 국한하기 위한 설비를 신설하는 경우 너. 별표 6 XI제2호나목에 따른 냉각장치 또는 보냉장치를 신설하는 경우 더. 별표 6 XI제3호가목에 따른 온도의 상승에 의한 위험한 반응을 방지하기 위한 설비를 신설하는 경우 러. 별표 6 XI제3호나목에 따른 철 이온 등의 혼입에 의한 위험한 반응을 방지하기 위한 설비를 신설하는 경우 머. 불활성기체의 봉입장치를 신설하는 경우 버. 지중탱크의 누액방지판을 교체하는 경우 서. 해상탱크의 정치설비를 교체하는 경우 어. 물분무등소화설비를 신설·교체(배관·밸브·압력계·소화전본체·소화약제탱크·포헤드·포방출구 등의 교체는 제외한다) 또는 철거하는 경우 저. 자동화재탐지설비를 신설 또는 철거하는 경우
4. 옥내탱크 저장소	가. 옥내저장탱크의 위치를 이전하는 경우 나. 주입구의 위치를 이전하거나 신설하는 경우 다. 300m(지상에 설치하지 아니하는 배관의 경우에는 30m)를 초과하는 위험물배관을 신설·교체·철거 또는 보수(배관을 절개하는 경우에 한한다)하는 경우 라. 옥내저장탱크를 신설·교체 또는 철거하는 경우 마. 옥내저장탱크를 보수(탱크본체를 절개하는 경우에 한한다)하는 경우 바. 옥내저장탱크의 노즐 또는 맨홀을 신설하는 경우(노즐 또는 맨홀의 지름이 250mm를 초과하는 경우에 한한다) 사. 건축물의 벽·기둥·바닥·보 또는 지붕을 증설 또는 철거하는 경우 아. 배출설비를 신설하는 경우 자. 별표 7 Ⅱ에 따른 누설범위를 국한하기 위한 설비·냉각장치·보냉장치·온도의 상승에 의한 위험한 반응을 방지하기 위한 설비 또는 철 이온 등의 혼입에 의한 위험한 반응을 방지하기 위한 설비를 신설하는 경우 차. 불활성기체의 봉입장치를 신설하는 경우 카. 물분무등소화설비를 신설·교체(배관·밸브·압력계·소화전본체·소화약제탱크·포헤드·포방출구 등의 교체는 제외한다) 또는 철거하는 경우 타. 자동화재탐지설비를 신설 또는 철거하는 경우

5. 지하탱크 저장소	가. 지하저장탱크의 위치를 이전하는 경우 나. 탱크전용실을 증설 또는 교체하는 경우 다. 지하저장탱크를 신설·교체 또는 철거하는 경우 라. 지하저장탱크를 보수(탱크본체를 절개하는 경우에 한한다)하는 경우 마. 지하저장탱크의 노즐 또는 맨홀을 신설하는 경우(노즐 또는 맨홀의 지름이 250mm를 초과하는 경우에 한한다) 바. 주입구의 위치를 이전하거나 신설하는 경우 사. 300m(지상에 설치하지 아니하는 배관의 경우에는 30m)를 초과하는 위험물배관을 신설·교체·철거 또는 보수(배관을 절개하는 경우에 한한다)하는 경우 아. 특수누설방지구조를 보수하는 경우 자. 별표 8 Ⅳ제2호나목 및 같은 항 제3호에 따른 냉각장치·보냉장치·온도의 상승에 의한 위험한 반응을 방지하기 위한설비 또는 철 이온 등의 혼입에 의한 위험한 반응을 방지하기 위한 설비를 신설하는 경우 차. 불활성기체의 봉입장치를 신설하는 경우 카. 자동화재탐지설비를 신설 또는 철거하는 경우 타. 지하저장탱크의 내부에 탱크를 추가로 설치하거나 철판 등을 이용하여 탱크 내부를 구획하는 경우
6. 간이탱크 저장소	가. 간이저장탱크의 위치를 이전하는 경우 나. 건축물의 벽·기둥·바닥·보 또는 지붕을 증설 또는 철거하는 경우 다. 간이저장탱크를 신설·교체 또는 철거하는 경우 라. 간이저장탱크를 보수(탱크본체를 절개하는 경우에 한한다)하는 경우 마. 간이저장탱크의 노즐 또는 맨홀을 신설하는 경우(노즐 또는 맨홀의 지름이 250mm를 초과하는 경우에 한한다)
7. 이동탱크 저장소	가. 상치장소의 위치를 이전하는 경우(같은 사업장 또는 같은 울안에서 이전하는 경우는 제외한다) 나. 이동저장탱크를 보수(탱크본체를 절개하는 경우에 한한다)하는 경우 다. 이동저장탱크의 노즐 또는 맨홀을 신설하는 경우(노즐 또는 맨홀의 지름이 250mm를 초과하는 경우에 한한다) 라. 이동저장탱크의 내용적을 변경하기 위하여 구조를 변경하는 경우 마. 별표 10 Ⅳ제3호에 따른 주입설비를 설치 또는 철거하는 경우 바. 펌프설비를 신설하는 경우
8. 옥외 저장소	가. 옥외저장소의 면적을 변경하는 경우 나. 별표 11 Ⅲ제1호에 따른 살수설비 등을 신설 또는 철거하는 경우 다. 옥외소화전설비·스프링클러설비·물분무등소화설비를 신설·교체(배관·밸브·압력계·소화전본체·소화약제탱크·포헤드·포방출구 등의 교체는 제외한다) 또는 철거하는 경우
9. 암반탱크 저장소	가. 암반탱크저장소의 내용적을 변경하는 경우 나. 암반탱크의 내벽을 정비하는 경우 다. 배수시설·압력계 또는 안전장치를 신설하는 경우 라. 주입구의 위치를 이전하거나 신설하는 경우

	마. 300m(지상에 설치하지 아니하는 배관의 경우에는 30m)를 초과하는 위험물배관을 신설·교체·철거 또는 보수(배관을 절개하는 경우에 한한다)하는 경우
	바. 물분무등소화설비를 신설·교체(배관·밸브·압력계·소화전본체·소화약제탱크·포헤드·포방출구 등의 교체는 제외한다) 또는 철거하는 경우
	사. 자동화재탐지설비를 신설 또는 철거하는 경우
10. 주유 취급소	가. 지하에 매설하는 탱크의 변경 중 다음의 어느 하나에 해당하는 경우 　1) 탱크의 위치를 이전하는 경우 　2) 탱크전용실을 보수하는 경우 　3) 탱크를 신설·교체 또는 철거하는 경우 　4) 탱크를 보수(탱크본체를 절개하는 경우에 한한다)하는 경우 　5) 탱크의 노즐 또는 맨홀을 신설하는 경우(노즐 또는 맨홀의 지름이 250mm를 초과하는 경우에 한한다) 　6) 특수누설방지구조를 보수하는 경우 나. 옥내에 설치하는 탱크의 변경 중 다음의 어느 하나에 해당하는 경우 　1) 탱크의 위치를 이전하는 경우 　2) 탱크를 신설·교체 또는 철거하는 경우 　3) 탱크를 보수(탱크본체를 절개하는 경우에 한한다)하는 경우 　4) 탱크의 노즐 또는 맨홀을 신설하는 경우(노즐 또는 맨홀의 지름이 250mm를 초과하는 경우에 한한다) 다. 고정주유설비 또는 고정급유설비를 신설 또는 철거하는 경우 라. 고정주유설비 또는 고정급유설비의 위치를 이전하는 경우 마. 건축물의 벽·기둥·바닥·보 또는 지붕을 증설 또는 철거하는 경우 바. 담 또는 캐노피(기둥으로 받치거나 매달아 놓은 덮개)를 신설 또는 철거(유리를 부착하기 위하여 담의 일부를 철거하는 경우를 포함한다)하는 경우 사. 주입구의 위치를 이전하거나 신설하는 경우 아. 별표 13 Ⅴ제1호 각 목에 따른 시설과 관계된 공작물(바닥면적이 4m² 이상인 것에 한한다)을 신설 또는 증축하는 경우 자. 별표 13 ⅩⅥ에 따른 개질장치(改質裝置: 탄화수소의 구조를 변화시켜 제품의 품질을 높이는 조작 장치), 압축기(壓縮機), 충전설비, 축압기(압력흡수저장장치) 또는 수입설비(受入設備)를 신설하는 경우 차. 자동화재탐지설비를 신설 또는 철거하는 경우 카. 셀프용이 아닌 고정주유설비를 셀프용 고정주유설비로 변경하는 경우 타. 주유취급소 부지의 면적 또는 위치를 변경하는 경우 파. 300m(지상에 설치하지 않는 배관의 경우에는 30m)를 초과하는 위험물의 배관을 신설·교체·철거 또는 보수(배관을 자르는 경우만 해당한다)하는 경우 하. 탱크의 내부에 탱크를 추가로 설치하거나 철판 등을 이용하여 탱크 내부를 구획하는 경우

11. 판매 취급소	가. 건축물의 벽·기둥·바닥·보 또는 지붕을 증설 또는 철거하는 경우 나. 자동화재탐지설비를 신설 또는 철거하는 경우
12. 이송 취급소	가. 이송취급소의 위치를 이전하는 경우 나. 300m(지상에 설치하지 아니하는 배관의 경우에는 30m)를 초과하는 위험물배관을 신설·교체·철거 또는 보수(배관을 절개하는 경우에 한한다)하는 경우 다. 방호구조물을 신설 또는 철거하는 경우 라. 누설확산방지조치·운전상태의 감시장치·안전제어장치·압력안전장치·누설검지장치를 신설하는 경우 마. 주입구·배출구 또는 펌프설비의 위치를 이전하거나 신설하는 경우 바. 옥내소화전설비·옥외소화전설비·스프링클러설비·물분무등소화설비를 신설·교체(배관·밸브·압력계·소화전본체·소화약제탱크·포헤드·포방출구 등의 교체는 제외한다) 또는 철거하는 경우 사. 자동화재탐지설비를 신설 또는 철거하는 경우

06 완공검사

1. 지하탱크가 있는 제조소등의 경우

당해 지하탱크를 매설하기 전

2. 이동탱크저장소의 경우

이동저장탱크를 완공하고 상시 설치 장소(이하 "상치장소"라 한다)를 확보한 후

3. 이송취급소의 경우

이송배관 공사의 전체 또는 일부를 완료한 후. 다만, 지하·하천 등에 매설하는 이송배관의 공사의 경우에는 이송배관을 매설하기 전

4. 전체 공사가 완료된 후에는 완공검사를 실시하기 곤란한 경우

가. 위험물설비 또는 배관의 설치가 완료되어 기밀시험 또는 내압시험을 실시하는 시기
나. 배관을 지하에 설치하는 경우에는 시·도지사, 소방서장 또는 기술원이 지정하는 부분을 매몰하기 직전
다. 기술원이 지정하는 부분의 비파괴시험을 실시하는 시기

5. 제1호 내지 제4호에 해당하지 아니하는 제조소등의 경우

제조소등의 공사를 완료한 후

CHAPTER 02
위험물 운반

KEYWORD 위험물의 혼재기준, 수납률, 차광성피복, 방수성피복, 운반용기 외부 표시사항

01 운반용기

1. 운반용기의 재질 ★

강판 · 알루미늄판 · 양철판 · 유리 · 금속판 · 종이 · 플라스틱 · 섬유판 · 고무류 · 합성섬유 · 삼 · 짚 또는 나무

위험물 운반용기의 형태

참고

위험물 수납 시 전복 또는 동요되지 않도록 제작된 것이 특징이다.
덩어리 황은 저장 시 용기를 사용하지 않는다.

2. 운반용기의 종류와 용적

2-1 고체위험물

운반 용기				수납 위험물의 종류									
내장 용기		외장 용기		제1류			제2류		제3류			제5류	
용기의 종류	최대용적 또는 중량	용기의 종류	최대용적 또는 중량	I	II	III	II	III	I	II	III	I	II
유리 용기 또는 플라스틱 용기	10L	나무상자 또는 플라스틱상자 (필요에 따라 불활성의 완충재를 채울 것)	125kg	○	○	○	○	○	○	○	○	○	○
			225kg		○	○		○		○	○		○
		파이버판상자 (필요에 따라 불활성의 완충재를 채울 것)	40kg	○	○	○	○	○	○	○	○	○	○
			55kg		○	○		○		○	○		○
금속제 용기	30L	나무상자 또는 플라스틱상자	125kg	○	○	○	○	○	○	○	○	○	○
			225kg		○	○		○		○	○		○
		파이버판상자	40kg	○	○	○	○	○	○	○	○	○	○
			55kg		○	○		○		○	○		○
플라스틱 필름포대 또는 종이포대	5kg	나무상자 또는 플라스틱상자	50kg	○	○	○	○	○		○	○	○	○
	50kg		50kg		○	○	○	○					○
	125kg		125kg		○	○	○	○					
	225kg		225kg			○		○					
	5kg	파이버판상자	40kg	○	○	○	○	○		○	○	○	○
	40kg		40kg		○	○	○	○					○
	55kg		55kg			○		○					
		금속제용기(드럼 제외)	60L	○	○	○	○	○	○	○	○	○	○
		플라스틱용기(드럼 제외)	10L		○	○	○	○		○	○		○
			30L			○		○					○
		금속제드럼	250L	○	○	○	○	○	○	○	○	○	○
		플라스틱드럼 또는 파이버드럼(방수성이 있는 것)	60L		○	○	○	○		○	○		○
			250L		○	○		○		○	○		○
		합성수지포대(방수성이 있는 것), 플라스틱필름포대, 섬유포대(방수성이 있는 것) 또는 종이포대(여러겹으로서 방수성이 있는 것)	50kg		○	○	○	○		○	○		○

[비고]
1. "○"표시는 수납위험물의 종류별 각 란에 정한 위험물에 대하여 당해 각 란에 정한 운반용기가 적응성이 있음을 표시한다.
2. 내장용기는 외장용기에 수납하여야 하는 용기로서 위험물을 직접 수납하기 위한 것을 말한다.
3. 내장용기의 용기의 종류란이 빈칸인 것은 외장용기에 위험물을 직접 수납하거나 유리용기, 플라스틱용기, 금속제용기, 폴리에틸렌포대 또는 종이포대를 내장용기로 할 수 있음을 표시한다.

2-2 액체위험물

운반 용기				수납 위험물의 종류								
내장 용기		외장 용기		제3류			제4류			제5류		제6류
용기의 종류	최대용적 또는 중량	용기의 종류	최대용적 또는 중량	I	II	III	I	II	III	I	II	I
유리 용기	5L	나무 또는 플라스틱상자 (불활성의 완충재를 채울 것)	75kg	O	O	O	O	O	O	O	O	O
			125kg		O	O		O	O		O	
	10L		225kg						O			
	5L	파이버판상자 (불활성의 완충재를 채울 것)	40kg	O	O	O	O	O	O	O	O	O
	10L		55kg						O			
플라스틱 용기	10L	나무 또는 플라스틱상자 (필요에 따라 불활성의 완충재를 채울 것)	75kg	O	O	O	O	O	O	O	O	O
			125kg		O	O		O	O		O	
			225kg						O			
		파이버판상자 (필요에 따라 불활성의 완충재를 채울 것)	40kg	O	O	O	O	O	O	O	O	O
			55kg						O			
금속제 용기	30L	나무 또는 플라스틱상자	125kg	O	O	O	O	O	O	O	O	O
			225kg						O			
		파이버판상자	40kg	O	O	O	O	O	O	O	O	O
			55kg		O	O		O	O		O	
		금속제용기(금속제드럼 제외)	60L		O	O		O	O		O	
		플라스틱용기(플라스틱드럼 제외)	10L		O	O		O	O		O	
			20L					O	O		O	
			30L						O		O	
		금속제드럼(뚜껑고정식)	250L	O	O	O	O	O	O	O	O	O
		금속제드럼(뚜껑탈착식)	250L					O	O			
		플라스틱 또는 파이버드럼 (플라스틱내용기 부착의 것)	250L		O	O			O		O	

[비고]
1. "O"표시는 수납위험물의 종류별 각 란에 정한 위험물에 대하여 해당 각 란에 정한 운반용기가 적응성이 있음을 표시한다.
2. 내장용기는 외장용기에 수납하여야 하는 용기로서 위험물을 직접 수납하기 위한 것을 말한다.
3. 내장용기의 용기의 종류란이 빈칸인 것은 외장용기에 위험물을 직접 수납하거나 유리용기, 플라스틱용기 또는 금속제용기를 내장용기로 할 수 있음을 표시한다.

02 적재방법

1. 유별을 달리하는 위험물의 혼재 기준

1-1 지정수량 $\frac{1}{10}$ 초과일 때 ★★★

위험물의 구분	제1류	제2류	제3류	제4류	제5류	제6류
제1류		×	×	×	×	○
제2류	×		×	○	○	×
제3류	×	×		○	×	×
제4류	×	○	○		○	×
제5류	×	○	×	○		×
제6류	○	×	×	×	×	

암기 Tip

423 524 61
- 제4류 위험물 : 제2류 위험물, 제3류 위험물과 혼재 가능
- 제5류 위험물 : 제2류 위험물, 제4류 위험물과 혼재 가능
- 제6류 위험물 : 제1류 위험물과 혼재 가능

저자 어드바이스
- 제2류와 제3류 : 혼재 불가
- 제4류와 제5류 : 혼재 가능

용어 정리

혼재
혼합하여 두다.

1-2 1m 이상 간격을 두었을 때 ★★

- 제1류 위험물(알칼리금속의 과산화물 또는 이를 함유한 것 제외)과 제5류 위험물
- 제1류 위험물과 제6류 위험물
- 제1류 위험물과 제3류 위험물 중 자연발화성 물질(황린 또는 이를 함유한 것)
- 제2류 위험물 중 인화성 고체와 제4류 위험물
- 제3류 위험물 중 알킬알루미늄등과 제4류 위험물(알킬알루미늄 또는 알킬리튬을 함유한 것)
- 제4류 위험물 중 유기과산화물 또는 이를 함유한 것과 제5류 위험물 중 유기과산화물 또는 이를 함유한 것

2. 수납율 ★★★

- **고체위험물**은 운반용기 내용적의 **95% 이하**의 수납율로 수납할 것
- **액체위험물**은 운반용기 내용적의 **98% 이하**의 수납율로 수납하되, 55℃의 온도에서 누설되지 아니하도록 충분한 공간용적을 유지하도록 할 것
- **알킬알루미늄**등은 운반용기의 내용적의 **90% 이하**의 수납율로 수납하되, 50℃의 온도에서 **5% 이상**의 공간용적을 유지하도록 할 것

핵심 KEY
- 고체 위험물 : 95% 이하
- 액체 위험물 : 98% 이하
- 알킬리튬, 알킬알루미늄 : 90% 이하 50℃, 5% 공간용적

개념잡기

자연발화성물질 중 알킬알루미늄등은 운반용기의 내용적의 (　　)% 이하의 수납율로 수납하되, 50℃의 온도에서 (　　)% 이상의 공간용적을 유지하도록 하여야 한다. 괄호 안에 적합한 숫자를 차례대로 나열한 것은?

① 90, 5　　　　　　　　　② 90, 10
③ 95, 5　　　　　　　　　④ 95, 10

위험물 수납 기준
- 고체위험물 : 95% 이하
- 액체위험물 : 98% 이하
- 알킬알루미늄 : 90% 이하, 50℃에서 5% 이상의 공간용적 유지

정답 : ①

---

3. 기계에 의하여 하역하는 구조로 된 운반용기에 수납

① 다음의 규정에 의한 요건에 적합한 운반용기에 수납할 것
  - 부식, 손상 등 이상이 없을 것
  - 금속제의 운반용기, 경질플라스틱제의 운반용기 또는 플라스틱내용기 부착의 운반용기에 있어서는 다음에 정하는 시험 및 점검에서 누설 등 이상이 없을 것
    - 2년 6개월 이내에 실시한 기밀시험(액체의 위험물 또는 10kPa 이상의 압력을 가하여 수납 또는 배출하는 고체의 위험물을 수납하는 운반용기에 한한다)
    - 2년 6개월 이내에 실시한 운반용기의 외부의 점검·부속설비의 기능점검 및 5년 이내의 사이에 실시한 운반용기의 내부의 점검
② 복수의 폐쇄장치가 연속하여 설치되어 있는 운반용기에 위험물을 수납하는 경우에는 용기 본체에 가까운 폐쇄장치를 먼저 폐쇄할 것
③ 휘발유, 벤젠 그 밖의 정전기에 의한 재해가 발생할 우려가 있는 액체의 위험물을 운반용기에 수납 또는 배출할 때에는 당해 재해의 발생을 방지하기 위한 조치를 강구할 것
④ 온도변화 등에 의하여 액상이 되는 고체의 위험물은 액상으로 되었을 때 당해 위험물이 새지 아니하는 운반용기에 수납할 것
⑤ 액체위험물을 수납하는 경우에는 55℃의 온도에서의 증기압이 130kPa 이하가 되도록 수납할 것

⑥ 경질플라스틱제의 운반용기 또는 플라스틱내용기 부착의 운반용기에 액체위험물을 수납하는 경우에는 당해 운반용기는 제조된 때로부터 5년 이내의 것으로 할 것
⑦ ① 내지 ⑥에 규정하는 것 외에 운반용기에의 수납에 관하여 필요한 사항은 소방청장이 정하여 고시한다.
⑧ 위험물은 당해 위험물이 용기 밖으로 쏟아지거나 위험물을 수납한 운반용기가 전도·낙하 또는 파손되지 아니하도록 적재하여야 한다(중요기준).

참고
〈2017.07〉
국민안전처 → 소방청

4. 운반용기의 수납구

운반용기는 수납구를 위로 향하게 하여 적재하여야 한다(중요기준).

5. 위험물 피복 조치

적재하는 위험물의 성질에 따라 일광의 직사 또는 빗물의 침투를 방지하기 위하여 유효하게 피복하는 등 다음 각목에 정하는 기준에 따른 조치를 하여야 한다(중요기준). ★★★

차광성이 있는 피복으로 가릴 위험물(분해 위험이나 발화 위험이 있는 위험물)
- 제1류 위험물
- 제3류 위험물 중 자연발화성물질
- 제4류 위험물 중 특수인화물
- 제5류 위험물
- 제6류 위험물

방수성이 있는 피복으로 덮을 위험물(물기엄금 주의사항이 있는 위험물)
- 제1류 위험물 중 알칼리금속의 과산화물 또는 이를 함유한 것
- 제2류 위험물 중 철분·금속분·마그네슘 또는 이들 중 어느 하나 이상을 함유한 것
- 제3류 위험물 중 금수성물질

제5류 위험물 중 55℃ 이하의 온도에서 분해될 우려가 있는 것은 보냉 컨테이너에 수납하는 등 적정한 온도관리를 할 것

핵심 KEY

차광성 피복
분해 위험 또는 인화점 및 발화점이 낮은 위험물에 필요

방수성 피복
물기엄금 위험물에 필요

6. 운반용기 외부에 표시해야 하는 사항 ★★★

위험물은 그 운반용기의 외부에 다음 각목에 정하는 바에 따라 위험물의 품명, 수량 등을 표시하여 적재하여야 한다.

- **위험물의 품명·위험등급·화학명 및 수용성**("수용성" 표시는 제4류 위험물로서 수용성인 것에 한한다)

- 위험물의 수량
- 수납하는 위험물에 따른 규정에 의한 **주의사항**
  - 제1류 위험물
    - 알칼리금속의 과산화물 : 가연물접촉주의, 화기주의, 충격주의, 물기엄금
    - 그 외 : 가연물접촉주의, 화기주의, 충격주의
  - 제2류 위험물
    - 철분·금속분·마그네슘 : 화기주의, 물기엄금
    - 인화성고체 : 화기엄금
    - 그 외 : 화기주의
  - 제3류 위험물
    - 자연발화성물질 : 화기엄금, 공기접촉엄금
    - 금수성물질 : 물기엄금
  - 제4류 위험물 : 화기엄금
  - 제5류 위험물 : 화기엄금, 충격주의
  - 제6류 위험물 : 가연물접촉주의

주의사항, 게시판, 소화방법, 피복 정리 ★★★

유별	종류	운반용기 외부의 주의사항	게시판	소화방법	덮개
제1류 위험물	알칼리금속의 과산화물 등	가연물접촉주의, 화기·충격주의, 물기엄금	물기엄금	주수금지	방수성, 차광성
	그 외	가연물접촉주의, 화기·충격주의	없음	주수소화	차광성
제2류 위험물	철분·금속분·마그네슘	화기주의, 물기엄금	화기주의	주수금지	방수성
	인화성고체	화기엄금	화기엄금	주수소화 질식소화	
	그 외	화기주의	화기주의	주수소화	
제3류 위험물	자연발화성물질	화기엄금, 공기접촉엄금	화기엄금	주수소화	차광성
	금수성물질	물기엄금	물기엄금	주수금지	방수성
제4류 위험물		화기엄금	화기엄금	질식소화	차광성 (특수인화물)
제5류 위험물		화기엄금, 충격주의	화기엄금	주수소화	차광성
제6류 위험물		가연물접촉주의	없음	주수소화	차광성

화기엄금
- 적색바탕 백색문자

화기주의
- 적색바탕 백색문자

물기엄금
- 청색바탕 백색문자

저자 어드바이스

외부에 표시하는 주의사항 중 화기엄금, 물기엄금을 게시판으로 표현한다.
단, 제2류 위험물의 경우 다음과 같이 표시한다.
- 철분, 금속분, 마그네슘 - 화기주의
- 인화성 고체 - 화기엄금
- 그 외 - 화기주의

운반용기 외부 표시 제외(시행규칙 별표 19)
- 화장품 운반용기 중 150ml 이하
  - 품명·위험등급·화학명 또는 수용성
  - 주의사항
- 화장품 용기 중 150ml 초과 300ml 이하
  - 주의사항
- 에어졸 운반용기 중 300ml 이하
  - 품명·위험등급·화학명 또는 수용성

개념잡기

위험물안전관리법령상 위험물 운반 시 차광성이 있는 피복으로 덮지 않아도 되는 것은?

① 제1류 위험물
② 제2류 위험물
③ 제3류 위험물 중 자연발화성물질
④ 제4류 위험물

주의사항, 게시판, 소화방법, 피복 정리

유별	종류	운반용기 외부의 주의사항	게시판	소화방법	덮개
제1류 위험물	알칼리금속의 과산화물 등	가연물접촉주의, 화기·충격주의, 물기엄금	물기엄금	주수금지	방수성, 차광성
	그 외	가연물접촉주의, 화기·충격주의	없음	주수소화	차광성
제2류 위험물	철분·금속분·마그네슘	화기주의, 물기엄금	화기주의	주수금지	방수성
	인화성고체	화기엄금	화기엄금	주수소화 질식소화	
	그 외	화기주의	화기주의	주수소화	
제3류 위험물	자연발화성물질	화기엄금, 공기접촉엄금	화기엄금	주수소화	차광성
	금수성물질	물기엄금	물기엄금	주수금지	방수성
제4류 위험물		화기엄금	화기엄금	질식소화	차광성 (특수인화물)
제5류 위험물		화기엄금, 충격주의	화기엄금	주수소화	차광성
제6류 위험물		가연물접촉주의	없음	주수소화	차광성

정답 : ②

개념잡기

위험물안전관리법령상 위험물의 운반용기 외부에 표시해야 할 사항이 아닌 것은?
(단, 용기의 용적은 10L이며 원칙적인 경우에 한한다)

① 위험물의 화학명
② 위험물의 지정수량
③ 위험물의 품명
④ 위험물의 수량

운반용기 외부 표시사항
• 위험물의 품명·위험등급·화학명 및 수용성(제4류 위험물 중 수용성인 것에 한한다)
• 위험물의 수량
• 위험물의 주의사항

정답 : ②

03
운반기준

- 위험물 또는 위험물을 수납한 운반용기가 현저하게 마찰 또는 동요를 일으키지 아니하도록 운반하여야 한다(중요기준).
- 지정수량 이상의 위험물을 차량으로 운반하는 경우에는 해당 차량에 소방청장이 정하여 고시하는 바에 따라 운반하는 위험물의 위험성을 알리는 표지를 설치하여야 한다.
- 지정수량 이상의 위험물을 차량으로 운반하는 경우에 있어서 다른 차량에 바꾸어 싣거나 휴식·고장 등으로 차량을 일시 정차시킬 때에는 안전한 장소를 택하고 운반하는 위험물의 안전확보에 주의하여야 한다.
- 지정수량 이상의 위험물을 차량으로 운반하는 경우에는 당해 위험물에 적응성이 있는 소형수동식소화기를 당해 위험물의 소요단위에 상응하는 능력단위 이상 갖추어야 한다.
- 위험물의 운반 도중 위험물이 현저하게 새는 등 재난발생의 우려가 있는 경우에는 응급조치를 강구하는 동시에 가까운 소방관서 그 밖의 관계기관에 통보하여야 한다.
- 제1호 내지 제5호의 적용에 있어서 품명 또는 지정수량을 달리하는 2 이상의 위험물을 운반하는 경우에 있어서 운반하는 각각의 위험물의 수량을 당해 위험물의 지정수량으로 나누어 얻은 수의 합이 1 이상인 때에는 지정수량 이상의 위험물을 운반하는 것으로 본다.

CHAPTER 03
위험물운송 관련법규

KEYWORD 위험물안전관리자, 운송책임자의 감독·지원을 받아야 하는 위험물, 위험물 운송책임자의 감독 지원 방법, 위험물운송 시 준수사항, 안전교육 대상자

01 위험물안전관리자

- **제조소등의 관계인**은 위험물의 안전관리에 관한 직무를 수행하게 하기 위하여 제조소등마다 대통령령이 정하는 위험물의 취급에 관한 자격이 있는 자를 위험물안전관리자로 선임하여야 한다. 다만, 제조소등에서 저장·취급하는 위험물이 「화학물질관리법」에 따른 유독물질에 해당하는 경우 등 대통령령이 정하는 경우에는 당해 제조소등을 설치한 자는 다른 법률에 의하여 안전관리업무를 하는 자로 선임된 자 가운데 대통령령이 정하는 자를 안전관리자로 선임할 수 있다.
- 안전관리자를 **해임**하거나 안전관리자가 **퇴직**한 때에는 해임하거나 퇴직한 날부터 **30일 이내**에 다시 안전관리자를 선임하여야 한다.
- 선임한 경우에는 **선임**한 날부터 **14일 이내**에 행정안전부령으로 정하는 바에 따라 소방본부장 또는 소방서장에게 신고하여야 한다.
- 제조소등의 관계인이 안전관리자를 해임하거나 안전관리자가 퇴직한 경우 그 관계인 또는 안전관리자는 소방본부장이나 소방서장에게 그 사실을 알려 해임되거나 퇴직한 사실을 확인받을 수 있다.
- 안전관리자가 여행·질병 그 밖의 사유로 인하여 일시적으로 직무를 수행할 수 없거나 안전관리자의 해임 또는 퇴직과 동시에 다른 안전관리자를 선임하지 못하는 경우에는 국가기술자격법에 따른 위험물의 취급에 관한 자격취득자 또는 위험물안전에 관한 기본지식과 경험이 있는 자로서 행정안전부령이 정하는 자를 대리자(代理者)로 지정하여 그 직무를 대행하게 하여야 한다. 이 경우 대리자가 안전관리자의 직무를 대행하는 기간은 **30일**을 초과할 수 없다.

위험물안전관리자 선임 제외
허가를 받지 아니하는 제조소등, 이동탱크저장소

안전관리자 중복선임
1. 보일러·버너 또는 이와 비슷한 것으로서 위험물을 소비하는 장치로 이루어진 7개 이하의 일반취급소
2. 위험물을 차량에 고정된 탱크 또는 운반용기에 옮겨 담기 위한 5개 이하의 일반취급소
3. 동일구내에 있거나 상호 100미터 이내의 거리에 있는 다음 저장소
   - 10개 이하의 옥내저장소
   - 30개 이하의 옥외탱크저장소
   - 옥내탱크저장소
   - 지하탱크저장소
   - 간이탱크저장소
   - 10개 이하의 옥외저장소
   - 10개 이하의 암반탱크저장소
4. 동일구내에 있거나 상호 100미터 이내의 거리에 있는, 각 제조소등 지정수량 3천배 미만인 5개 이하의 제조소등을 동일인이 설치한 경우
5. 그 밖에 제1호 또는 제2호의 규정에 의한 제조소등과 비슷한 것으로서 행정안전부령이 정하는 제조소등을 동일인이 설치한 경우

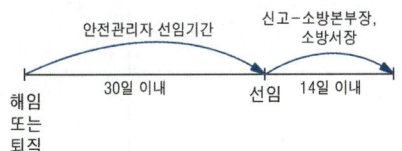

위험물안전관리자 선임신고를 하지 않거나 허위로 한 자에게 과태료 500만원

02 위험물운송책임자

위험물 운송의 감독 또는 지원을 하는 자를 말한다.

1. 운송책임자의 감독·지원을 받아 운송하여야 하는 위험물 ★★★

- 알킬알루미늄
- 알킬리튬
- 알킬알루미늄 또는 알킬리튬을 함유하는 위험물

2. 위험물 운송책임자의 자격 ★

- 당해 위험물의 취급에 관한 국가기술자격을 취득하고 관련 업무에 1년 이상 종사한 경력이 있는 자
- 위험물의 운송에 관한 안전교육을 수료하고 관련 업무에 2년 이상 종사한 경력이 있는 자

3. 위험물 운송책임자의 감독 지원 방법

운송책임자가 이동탱크저장소에 동승하는 방법

운송책임자가 이동탱크저장소에 동승하여 운송 중인 위험물의 안전확보에 관하여 운전자에게 필요한 감독 또는 지원을 하는 방법. 다만, 운전자가 운반책임자의 자격이 있는 경우에는 운송책임자의 자격이 없는 자가 동승할 수 있다.

동승하지 않고 사무실에 운송책임자가 대기하면서 다음을 이행하는 방법 ★★

- 운송경로를 미리 파악하고 관할소방관서 또는 관련업체(비상대응에 관한 협력을 얻을 수 있는 업체를 말한다)에 대한 연락체계를 갖추는 것
- 이동탱크저장소의 운전자에 대하여 수시로 안전확보 상황을 확인하는 것
- 비상시의 응급처치에 관하여 조언을 하는 것
- 그 밖에 위험물의 운송 중 안전확보에 관하여 필요한 정보를 제공하고 감독 또는 지원하는 것

03 위험물운송자

이동탱크저장소에 의하여 위험물을 운송하는 자이다.

1. 위험물운송자의 자격

- 「국가기술자격법」에 따른 위험물 분야의 자격을 취득할 것
- 안전교육을 수료할 것

2. 위험물운송 시 준수사항

- 위험물운송자는 운송의 개시 전에 이동저장탱크의 배출밸브 등의 밸브와 폐쇄장치, 맨홀 및 주입구의 뚜껑, 소화기 등의 점검을 충분히 실시할 것
- 위험물운송자는 장거리(고속국도에 있어서는 340km 이상, 그 밖의 도로에 있어서는 200km 이상을 말한다)에 걸치는 운송을 하는 때에는 2명 이상의 운전자로 할 것
- 위험물운송자는 이동탱크저장소를 휴식·고장 등으로 일시 정차시킬 때에는 안전한 장소를 택하고 당해 이동탱크저장소의 안전을 위한 감시를 할 수 있는 위치에 있는 등 운송하는 위험물의 안전확보에 주의할 것
- 위험물운송자는 이동저장탱크로부터 위험물이 현저하게 새는 등 재해발생의 우려가 있는 경우에는 재난을 방지하기 위한 응급조치를 강구하는 동시에 소방관서 그 밖의 관계기관에 통보할 것
- 위험물안전카드를 휴대해야 하는 위험물 : 모든 위험물. 단, 제4류 위험물의 경우 **특수인화물 및 제1석유류** ★
- 위험물운송자는 위험물안전카드를 휴대하고 당해 카드에 기재된 내용에 따를 것 다만, 재난 그 밖의 불가피한 이유가 있는 경우에는 당해 기재된 내용에 따르지 아니할 수 있다.

예외

2명 이상의 운전자로 하지 않아도 되는 경우

- 운송책임자를 동승시킨 경우
- 운송하는 위험물이 다음과 같은 경우
  - 제2류 위험물
  - 제3류 위험물(칼슘 또는 알루미늄의 탄화물과 이것만을 함유한 것)
  - 제4류 위험물(특수인화물을 제외)
- 운송도중에 2시간 이내마다 20분 이상씩 휴식하는 경우

위험물 취급자격자의 자격

- 위험물기능장, 위험물산업기사, 위험물기능사 - 모든 위험물
- 안전관리자교육이수자
  - 제4류 위험물
- 소방공무원 경력자(경력 3년 이상)
  - 제4류 위험물

개념잡기

위험물안전관리법령상 이동탱크저장소로 위험물을 운송하게 하는 자는 위험물안전카드를 위험물운송자로 하여금 휴대하게 하여야 한다. 다음 중 이에 해당하는 위험물이 아닌 것은?

① 휘발유   ② 과산화수소   ③ 경유   ④ 벤조일퍼옥사이드

위험물 운송 - 위험물 안전카드
특수인화물, 제1석유류

정답 : ③

04 안전교육

- 안전교육 대상자는 해당 업무에 관한 능력의 습득 또는 향상을 위하여 소방청장이 실시하는 교육을 받아야 한다.
- 제조소등의 관계인은 교육대상자에 대하여 필요한 안전교육을 받게 하여야 한다.
- 교육의 과정 및 기간과 그 밖에 교육의 실시에 관하여 필요한 사항은 행정안전부령으로 정한다.
- 시·도지사, 소방본부장 또는 소방서장은 교육대상자가 교육을 받지 아니한 때에는 그 교육대상자가 교육을 받을 때까지 이 법의 규정에 따라 그 자격으로 행하는 행위를 제한할 수 있다.

1. 안전교육 대상자 ★★

- 안전관리자로 선임된 자
- 탱크시험자의 기술인력으로 종사하는 자
- 위험물운송자로 종사하는 자
- 위험물운반자로 종사하는 자

2. 안전관리자의 책무

- 위험물의 취급작업에 참여하여 당해 작업이 저장 또는 취급에 관한 기술기준과 예방규정에 적합하도록 해당 작업자(당해 작업에 참여하는 위험물취급자격자를 포함한다)에 대하여 지시 및 감독하는 업무
- 화재 등의 재난이 발생한 경우 응급조치 및 소방관서 등에 대한 연락업무
- 위험물시설의 안전을 담당하는 자를 따로 두는 제조소등의 경우에는 그 담당자에게 다음 각목의 규정에 의한 업무의 지시, 그 밖의 제조소등의 경우에는 다음 각목의 규정에 의한 업무
  - 제조소등의 위치·구조 및 설비를 법 제5조제4항의 기술기준에 적합하도록 유지하기 위한 점검과 점검상황의 기록·보존
  - 제조소등의 구조 또는 설비의 이상을 발견한 경우 관계자에 대한 연락 및 응급조치
  - 화재가 발생하거나 화재발생의 위험성이 현저한 경우 소방관서 등에 대한 연락 및 응급조치
  - 제조소등의 계측장치·제어장치 및 안전장치 등의 적정한 유지·관리
  - 제조소등의 위치·구조 및 설비에 관한 설계도서 등의 정비·보존 및 제조소등의

설치허가 취소

- 변경허가를 받지 아니하고 제조소등의 위치·구조 또는 설비를 변경한 때
- 완공검사를 받지 아니하고 제조소등을 사용한 때
  - 안전조치 이행명령을 따르지 아니한 때
- 수리·개조 또는 이전의 명령을 위반한 때
- 위험물안전관리자를 선임하지 아니한 때
- 위험물안전관리자 대리자를 지정하지 아니한 때
- 정기점검을 하지 아니한 때
- 정기검사를 받지 아니한 때
- 저장·취급기준 준수명령을 위반한 때

구조 및 설비의 안전에 관한 사무의 관리
- 화재 등의 재해의 방지와 응급조치에 관하여 인접하는 제조소등과 그 밖의 관련되는 시설의 관계자와 협조체제의 유지
- 위험물의 취급에 관한 일지의 작성·기록
- 그 밖에 위험물을 수납한 용기를 차량에 적재하는 작업, 위험물설비를 보수하는 작업 등 위험물의 취급과 관련된 작업의 안전에 관하여 필요한 감독의 수행

탱크시험자

- 기술능력
  - 필수인력
    ① **위험물기능장·위험물산업기사 또는 위험물기능사 중 1명 이상**
    ② 비파괴검사기술사 1명 이상 또는 초음파비파괴검사·자기비파괴검사 및 침투비파괴검사별로 기사 또는 산업기사 각 1명 이상
  - 필요한 경우에 두는 인력
    ① 충·수압시험, 진공시험, 기밀시험 또는 내압시험의 경우 : 누설비파괴검사 기사, 산업기사 또는 기능사
    ② 수직·수평도시험의 경우 : 측량 및 지형공간정보 기술사, 기사, 산업기사 또는 측량기능사
    ③ 방사선투과시험의 경우 : 방사선비파괴검사 기사 또는 산업기사
    ④ 필수 인력의 보조 : 방사선비파괴검사·초음파비파괴검사·자기비파괴검사 또는 침투비파괴검사 기능사

탱크시험자가 갖추어야 하는 장비

① 필수장비 : 자기탐상시험기, 초음파두께측정기 및 다음 ㉠ 또는 ㉡ 중 어느 하나
   ㉠ 영상초음파시험기
   ㉡ 방사선투과시험기 및 초음파시험기
② 필요한 경우에 두는 장비
   ㉠ 충·수압시험, 진공시험, 기밀시험 또는 내압시험의 경우
      - 진공능력 53KPa 이상의 진공누설시험기
      - 기밀시험장치(안전장치가 부착된 것으로서 가압능력 200KPa 이상, 감압의 경우에는 감압능력 10KPa 이상·감도 10Pa 이하의 것으로서 각각의 압력 변화를 스스로 기록할 수 있는 것)
   ㉡ 수직·수평도 시험의 경우 : 수직·수평도 측정기

[비고] 둘 이상의 기능을 함께 가지고 있는 장비를 갖춘 경우에는 각각의 장비를 갖춘 것으로 본다.

탱크안전성능검사
1. 기초·지반검사 : 옥외탱크저장소의 액체위험물탱크 중 그 용량이 100만 리터 이상인 탱크
2. 충수(充水)·수압검사 : 액체위험물을 저장 또는 취급하는 탱크. 다만, 다음 각 목의 어느 하나에 해당하는 탱크는 제외한다.
   가. 제조소 또는 일반취급소에 설치된 탱크로서 용량이 지정수량 미만인 것
   나. 「고압가스 안전관리법」 제17조 제1항에 따른 특정설비에 관한 검사에 합격한 탱크
   다. 「산업안전보건법」 제84조 제1항에 따른 안전인증을 받은 탱크
3. 용접부검사 : 제1호에 따른 탱크. 다만, 탱크의 저부에 관계된 변경공사(탱크의 옆판과 관련되는 공사를 포함하는 것을 제외한다)시에 행하여진 법 제18조 제3항에 따른 정기검사에 의하여 용접부에 관한 사항이 행정안전부령으로 정하는 기준에 적합하다고 인정된 탱크를 제외한다.
4. 암반탱크검사 : 액체위험물을 저장 또는 취급하는 암반 내의 공간을 이용한 탱크

탱크안전성능시험자
등록한 사항 가운데 행정안전부령이 정하는 중요사항을 변경한 경우에는 그 날부터 30일 이내에 시·도지사에게 변경신고를 하여야 한다.

탱크시험자가 다른 자에게 등록증을 빌려준 경우 1차 행정처분
등록취소

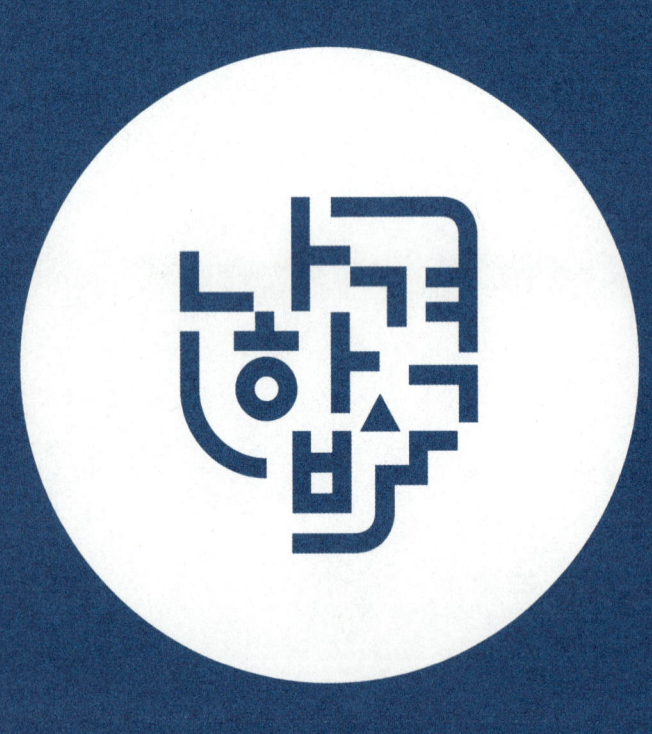

PART 08

공업경영

01 데이터와 품질
02 관리도
03 생산관리
04 품질경영

단원 들어가기 전

공업경영은 모든 기능장 과목에 10%(6문제) 출제되는 부분입니다.

CHAPTER 01
데이터와 품질

KEYWORD 정규분포, 오차, 샘플링, 품질코스트, 검사특성곡선

01 통계적 품질관리

1. 데이터 ★★★

척도에 의한 분류
- 계량치 : 연속량으로 측정되는 값. 무게, 길이, 질량, 온도, 유량, 인장강도 등
- 계수치 : 수량으로 측정되는 값. 부적합품수, 부적합수 등

2. 통계량의 해석 ★★★

시료평균

$$\frac{\text{데이터 총 합}}{\text{데이터 총 개수}}$$

중앙값

데이터를 크기 순서대로 나열할 때 중앙에 놓이는 수

최빈값

도수가 최대인 계급의 대푯값

범위

가장 큰 수 - 가장 작은 수

미드레인지

$$\frac{최대값 - 최소값}{2}$$

제곱합

(해당 값 - 평균)^{2}의 합

분산

$$\frac{제곱합}{n-1}$$

변동계수

$$\frac{표본\ 표준오차}{표본\ 평균}$$

3. 분포의 모양

3-1 정규분포

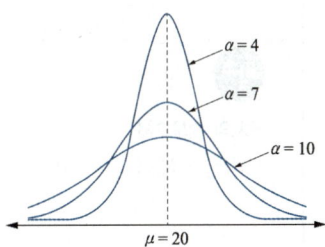
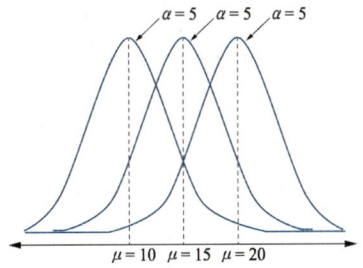

- 표준정규분포 : 평균 0, 표준편차 1
- 평균, 중앙값, 최빈치가 모두 같다.
- 표준편차가 크면 값이 넓게 퍼져있다. 산포가 나쁘다.

4. 데이터의 정리방법

파레토도(pareto diagram)

데이터를 그 내용이나 원인 등 분류 항목별로 나누어 크기의 순서대로 나열하여 나타낸 그림

히스토그램(histogram)

계량치가 어떤 분포를 나타내는지 알아보기 위하여 도수 분포표를 만든 후 기둥 그래프로 그린 그림

파레토도	히스토그램
특성요인도	회귀분석

도수분포표

계급	도수
0 이상 1 미만	2
1 이상 2 미만	5
2 이상 3 미만	2
3 이상 4 미만	1

도수분포표

- 주어진 자료를 몇 개의 계급으로 나누고 각 계급의 도수를 조사하여 나타낸 표
- 목적
  - 로트의 분포를 알고 싶을 때
  - 로트의 평균치와 표준편차를 알고 싶을 때
  - 규격과 비교하여 부적합품률을 알고 싶을 때

도수분포표 - 최빈값
도수가 최대인 계급의 대푯값

특성요인도

- 문제가 되는 결과와 이에 대응하는 원인과의 관계를 알 수 있도록 생선뼈 형태로 그린 그림
- 브레인스토밍과 관계가 깊음

산점도(scatter diagram)

그래프 용지 위에 점으로 나타낸 그림

층별(stratification)

특징에 따라 몇 개의 부분 집단으로 나눈 것

5. 샘플링검사

5-1 오차

오차

모집단의 참값과 그것을 추정하기 위하여 모집단으로부터 추출한 시료의 측정 데이터와의 차이

정밀도(정도)

어떤 측정법으로 동일 시료를 무한 횟수 측정하였을 때 그 데이터 산포의 크기

오차의 검토순서
신뢰성 → 정밀도 → 정확도

정확도(치우침)

어떤 측정법으로 동일 시료를 무한 횟수 측정하였을 때 데이터 분포의 평균값과 모집단 참값과의 차이

재현성

측정한 결과가 다시 나타나는 성질

안정성

바뀌어 달라지지 않고 일정한 상태를 유지하는 성질

반복성

거듭해서 되풀이하는 성질

5-2 샘플링방법

제품 품질 검사 방법
- 전수검사
- 샘플링검사

랜덤샘플링
- 단순랜덤샘플링 : 무작위 시료를 추출. 모집단에 지식이 없는 경우
- 계통샘플링 : 모집단으로부터 시간적, 공간적으로 일정한 간격을 두고 채취

층별샘플링
모집단을 몇 개의 층으로 나누고 각 층으로부터 각각 랜덤하게 시료를 채취

취락샘플링
모집단을 여러 개의 취락으로 나누어 몇 개 부분을 랜덤으로 시료를 채취하여 채취한 시료 모두를 조사하는 방법

2단계 샘플링
모집단을 1단계, 2단계로 나누어 각 단계에서 몇 개의 시료를 채취하는 방법

- 검사 형태에 의한 분류
  - 규준형 샘플링검사
  - 조정형 샘플링검사
  - 선별형 샘플링검사
  - 연속생산형 샘플링검사
- 검사 공정에 의한 분류
  - 수입검사 : 외부에서 들어오는 원재료, 반제품, 제품 등에 대한 검사
  - 구입검사 : 외부 구입 제품에 대한 검사
  - 공정검사 : 중간검사, 다음 제조공정으로 이동 시 검사, 불량품 인입 방지
  - 최종검사 : 완성품에 대한 검사
  - 출하검사 : 제품 출하 시 검사
- 판정 대상에 의한 분류
  - 전수검사, 로스별 샘플링검사, 관리 샘플링검사, 무검사·자주검사

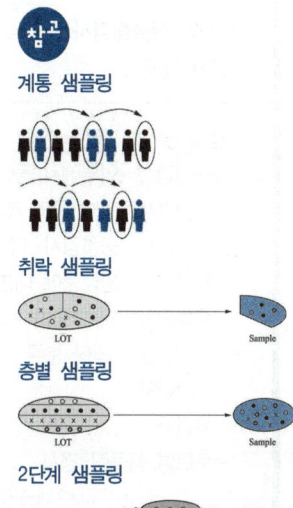

계통 샘플링

취락 샘플링

층별 샘플링

2단계 샘플링

계수규준형 1회 샘플링(KS Q 0001)
- 검사에 제출된 로트의 제조공정에 관한 사전 정보가 없어도 샘플링 검사를 적용할 수 있다.
- 생산자측과 구매자측이 요구하는 품질 보호를 동시에 만족시키도록 샘플링 검사방식을 선정한다.
- 1회만의 거래 시에도 사용할 수 있다.

> **개념잡기**
>
> 검사의 분류 방법 중 검사가 행해지는 공정에 의한 분류에 속하는 것은?
>
> ① 관리 샘플링검사 ② 로트별 샘플링검사
> ③ 전수검사 ④ 출하검사
>
> - 검사 공정에 의한 분류
>   - 수입검사 : 외부에서 들어오는 원재료, 반제품, 제품 등에 대한 검사
>   - 구입검사 : 외부 구입 제품에 대한 검사
>   - 공정검사 : 중간검사, 다음 제조공정으로 이동 시 검사, 불량품 인입 방지
>   - 최종검사 : 완성품에 대한 검사
>   - 출하검사 : 제품 출하 시 검사
> - 검사 방법에 의한 분류
>   - 전수검사
>   - 무검사
>   - 로트별 샘플링 검사
>   - 관리 샘플링 검사(체크검사)
>
> 정답 : ④

6. 품질코스트

> 품질 코스트 = 예방 코스트 + 평가 코스트 + 실패 코스트

물품이나 서비스 품질과 관련하여 발생하는 모든 비용

6-1 종류

예방코스트

- 불량을 사전에 예방하는 활동에 소요되는 비용
- 품질설계, 품질관리, 외부업체 교육

평가코스트

품질에 관한 시험 등을 실시, 평가에 소요되는 비용

실패코스트

- 품질 미달되어 야기되는 손실로 소요되는 비용
- 일반적으로 **품질코스트 가운데 가장 큰 비율**을 차지
- 불량대책, 재가공, 설계변경
- 내부 실패코스트
  생산공정에서 발생하는 불량손실 - 재가공, 수율손실 등으로 발생하는 비용

- 외부 실패코스트
  생산하여 판매한 후 발생하는 손실 - 설계변경, 반품, 클레임, 애프터서비스

6-2 검사특성곡선 ★★★

검사특성곡선
OC(Operating Characteristic) 곡선

확률

	양품	불량품
채택	옳은 결정 $1-\alpha$	제2종 과오 β
기각	제1종 과오 α	옳은 결정 $1-\beta$

- 제1종 과오(α) : 양품을 불량으로 처리하는 것
- 제2종 과오(β) : 불량품을 양품으로 처리하는 것
- $1-\alpha$: 양품을 정상으로 판정하는 것 → 옳은 결정
- $1-\beta$: 불량품을 불량으로 판정하는 것 → 옳은 결정

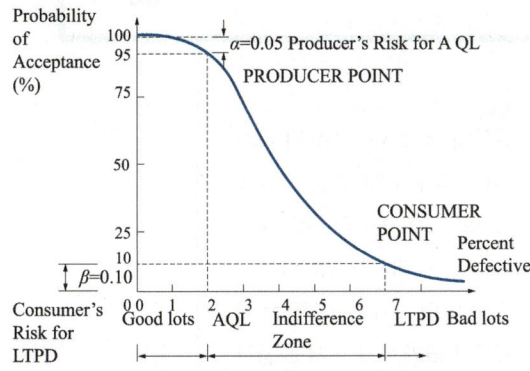

- α : 생산자 위험(좋은 Lot가 불합격할 확률)
- L(p) : 로트의 합격률
- β : 소비자 위험(불합격 대상인 Lot가 합격할 확률)
- 부적합품률 : $\dfrac{c}{n} = \dfrac{3}{30} = 0.1$

개념잡기

그림의 OC곡선을 보고 가장 올바른 내용을 나타낸 것은?

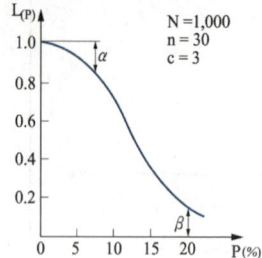

$N=1,000$
$n=30$
$c=3$

① α : 소비자 위험
② L(P) : 로트가 합격할 확률
③ β : 생산자 위험
④ 부적합품률 : 0.03

검사특성곡선
① α : 생산자 위험(합격 대상인 Lot가 불합격할 확률)
② L(p) : 로트의 합격률
③ β : 소비자 위험(불합격 대상인 Lot가 합격할 확률)
④ 부적합품률 : $\dfrac{c}{n} = \dfrac{3}{30} = 0.1$

정답 : ②

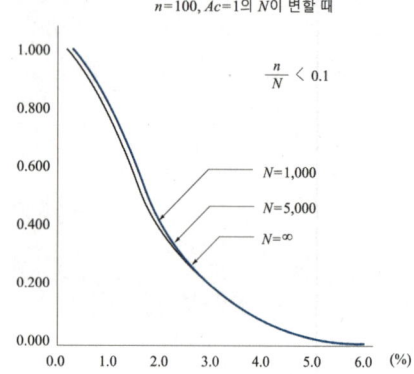

- 로트의 크기(N)이 시료의 크기(n)에 비해 10배 이상 크다면, 로트의 크기(N)는 검사특성 곡선에 영향을 미치지 않는다.
- 즉, 시료의 크기(n)이 일정할 때 로트의 크기(N)가 커져도 검사특성곡선의 모양은 거의 변화하지 않는다.

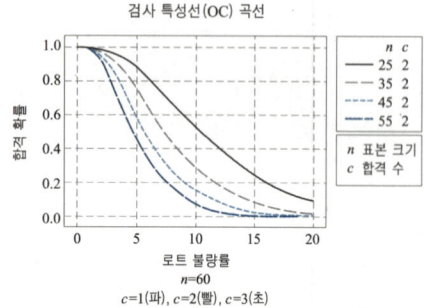

- N, c 일정하고 n이 증가할수록 곡선은 기울기가 가파르게 된다.
  - α(1종오류, 좋은 로트의 불합격률) 증가 → 좋은 로트의 합격률 감소
  - β(2종오류, 나쁜 로트의 합격률) 감소

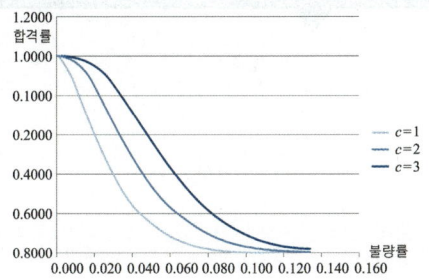

- N, n이 일정할 때, c가 증가할수록 곡선의 기울기가 완만해진다.
  - α(1종 오류, 좋은 로트의 불합격률) 감소
  - β(2종 오류, 나쁜 로트의 합격률) 증가

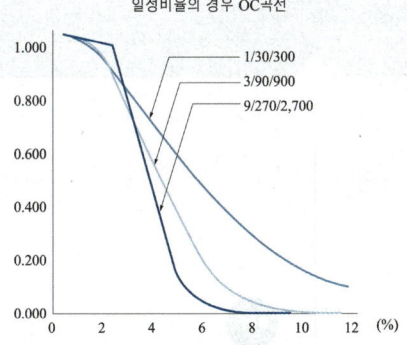

일정비율의 경우 OC곡선

- $N/n/c$의 비율이 일정하게 증가하거나 감소하면 OC 곡선의 종류가 완전히 달라진다.
  - 전수검사의 형태에 점차 가까워진다.
  - α, β가 0에 수렴한다.

개념잡기

검사특성곡선(OC Curve)에 관한 설명으로 틀린 것은?(단, N : 로트의 크기, n : 시료의 크기, c : 합격판정개수이다)

① N, n이 일정할 때 c가 커지면 나쁜 로트의 합격률은 높아진다.
② N, c가 일정할 때 n이 커지면 좋은 로트의 합격률은 낮아진다.
③ N/n/c의 비율이 일정하게 증가하거나 감소하는 퍼센트 샘플링 검사 시 좋은 로트의 합격률은 영향이 없다.
④ 일반적으로 로트의 크기 N이 시료 n에 비해 10배 이상 크다면, 로트의 크기를 증가시켜도 나쁜 로트의 합격률은 크게 변화하지 않는다.

검사특성곡선의 특징
① N, n 일정할 때 c가 증가할수록 곡선은 기울기가 완만해진다.
  = α(1종 오류, 좋은 로트의 불합격률) 감소
  = β(2종 오류, 나쁜 로트의 합격률) 증가
② N, c 일정하고 n이 증가할수록 곡선은 기울기가 가파르게 된다.
  = α(1종 오류, 좋은 로트의 불합격률) 증가 → 좋은 로트의 합격률 감소
  = β(2종 오류, 나쁜 로트의 합격률) 감소

정답 : ③

CHAPTER 02
관리도

KEYWORD 관리도, UCL, LCL

01 관리도 ★★★

하나의 중심선 관리 상한선 관리 하한선을 설정한 그래프
제조공정이 잘 관리된 상태에 있는지 파악하기 위함

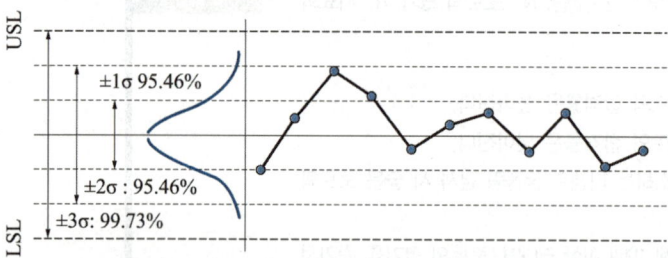

1. 이상상태

- 점들이 관리도의 한쪽 편에 위치한다.
- 점들이 계속 증가하거나 감소한다.
- 평균을 중심으로 어떻게 분포되어 있는가
- 점들이 증가와 감소를 반복

슈하르트(슈하트)의 3시그마 법칙 ★★★
제1종 과오 0.27% 허용

$\sigma = 68.26\% = 0.6826$
$2\sigma = 95.45\% = 0.9545$
$3\sigma = 99.73\% = 0.9973$
이므로
3σ를 벗어날 확률
$= 100\% - 99.73\% = 0.27\%$

2. 가설검정 ★★

	양품	불량품
채택	옳은 결정 $1 - \alpha$	제2종 과오 β
기각	제1종 과오 α	옳은 결정 $1 - \beta$

- 제1종 과오(α) : 양품을 불량으로 처리하는 것
- 제2종 과오(β) : 불량품을 양품으로 처리하는 것
- $1 - \alpha$: 양품을 정상으로 판정하는 것 → 옳은 결정
- $1 - \beta$: 불량품을 불량으로 판정하는 것 → 옳은 결정

3. 관리도의 판정 ★★★

연(run)
- 관리도에서 점이 관리한계 내에 있고 중심선의 한 쪽에 연속해서 나타나는 점이며, 한 쪽에 연이은 점의 수를 연의 길이라고 한다.
- ARL(Average Run Length) : 평균 연길이

경향(Trend)
관측값을 순서대로 타점했을 때 연속 6 이상의 점이 점점 상승하거나 하강하는 상태이다.

주기(cycle)
점이 주기적으로 상하로 변동하여 파형을 나타내는 경우이다.

3-1 우연원인(불가피원인)

- 생산조건이 엄격하게 관리된 상태에서 발생가는 어느 정도의 불가피한 변동을 일으키는 원인, 기피할 수 없는 원인, 만성적 원인
- 작업자의 숙련도 차이, 작업환경의 차이, 식별되지 않을 정도의 원자재 및 생산설비 등의 제반 특성의 차이

3-2 이상원인(우발적 또는 가피원인)

- 만성적으로 존재하는 것이 아니고 산발적으로 발생하여 품질에 영향을 주는 원인, 피할 수 있는 원인
- 작업자의 부주의, 불량 자재의 사용, 생산설비상의 이상

4. 관리도의 종류 ★★★

관리도	계량형				계수형			
관리도	$\overline{X}=\dfrac{X}{n}$	X	$\tilde{X}$	R	np	$p=\dfrac{np}{n}$	c	$u=\dfrac{c}{n}$
	평균치	개별 측정치	중앙값	범위중앙값	불량개수	불량률	결점수	단위당결점수
표준편차	$\dfrac{\sigma}{\sqrt{n}}$	σ	$m_3\dfrac{\sigma}{\sqrt{n}}$		$\sqrt{np(1-p)}$	$\sqrt{\dfrac{p(1-p)}{n}}$	$\sqrt{c}$	$\sqrt{\dfrac{c}{n}}$
분포	정규분포				이항분포		푸아송분포	

계량값 관리도

- $\overline{x}$-R 관리도 : 평균치와 범위 관리도
- x 관리도 : 개개의 측정치 관리도
- Me-R 관리도 : 메디안과 범위 관리도
- L-S 관리도 : 최대치와 최소치 관리도
- R 관리도

이항분포

$P(x) = \begin{pmatrix} n \\ x \end{pmatrix} P^x \cdot (1-P)^{n-x}$

개념잡기

축의 완성지름, 철사의 인장강도, 아스피린 순도와 같은 데이터를 관리하는 가장 대표적인 관리도는?

① c 관리도　　　　　　　② nP 관리도
③ u 관리도　　　　　　　④ $\overline{x}$ 관리도

관리도
① 결점의 수를 알고 싶을 때, 표본크기가 일정할 때
② 불량개수를 알고 싶을 때, 표본크기가 일정하고, 보통 50개 이상일 때
③ 단위당 결점 수를 알고 싶을 때, 표본크기가 일정하지 않을 때
④ 공정에서 채취한 시료의 길이, 무게, 시간, 인장강도, 순도, 수율 등과 같은 계량치 데이터를 이용하여 관리

정답 : ④

5. 관리 상한선과 하한선 ★★

관리 상한선(UCL, Upper Control Limit)

중앙선의 3표준편차 위

$$UCL = 평균 + 3 \times 표준편차$$

관리 하한선(LCL, Lower Control Limit)

중앙선의 3표준편차 아래

$$LCL = 평균 - 3 \times 표준편차$$

 참고

c관리도

중심선 $= \dfrac{\text{부적합수의 합}}{k}$

개념잡기

c 관리도에서 k = 20인 군의 총 부적합수 합계는 58이었다. 이 관리도의 UCL, LCL을 계산하면 약 얼마인가?

① UCL = 2.90, LCL = 고려하지 않음 ② UCL = 5.90, LCL = 고려하지 않음
③ UCL = 6.92, LCL = 고려하지 않음 ④ UCL = 8.01, LCL = 고려하지 않음

c 관리도

중심선 $= \dfrac{\text{부적합 수 합}}{k} = \dfrac{58}{20}$

관리상한선(UCL) $= \dfrac{58}{20} + 3 \times \sqrt{\dfrac{58}{20}} = 8.01$

관리하한선(LCL) $= \dfrac{58}{20} - 3 \times \sqrt{\dfrac{58}{20}} = -2.21$

→ LCL 값이 음인 경우는 고려하지 않는다.

정답 : ④

5-1 $\bar{x}$ 관리도

- 중심선 $= \dfrac{\sum \overline{x_i}}{k}$

- 관리상한선(UCL) $= \overline{\overline{x}} + A_2 \times \overline{R}$

- 관리하한선(LCL) $= \overline{\overline{x}} - A_2 \times \overline{R}$

- 시료군의 크기 $= \dfrac{UCL - LCL}{\overline{R}}$

개념잡기

$\bar{x}$ 관리도에서 관리상한이 22.15, 관리하한이 6.85, $\overline{R} = 7.5$일 때 시료군의 크기(n)는 얼마인가?(단, $n = 2$일 때 $A_2 = 1.88$, $n = 3$일 때 $A_2 = 1.02$, $n = 4$일 때 $A_2 = 0.73$, $n = 5$일 때 $A_2 = 0.58$이다)

① 2 ② 3 ③ 4 ④ 5

$\bar{x}$ 관리도

- 중심선 $= \dfrac{\sum \overline{x_i}}{k}$
- 관리상한선(UCL) $= \overline{\overline{x}} + A_2 \times \overline{R} = 22.15$
- 관리하한선(LCL) $= \overline{\overline{x}} - A_2 \times \overline{R} = 6.85$

시료군의 크기 $= \dfrac{UCL - LCL}{\overline{R}} = \dfrac{15.3}{7.5} = 2.04 \fallingdotseq 3$

정답 : ②

5-2 u 관리도

- 중심선($\bar{u}$) = $\dfrac{\sum c}{\sum n}$
- UCL = $\bar{u} + 3 \times \sqrt{\dfrac{\bar{u}}{n}}$
- LCL = $\bar{u} - 3 \times \sqrt{\dfrac{\bar{u}}{n}}$

5-3 nP관리도

- 중심선($n\bar{p}$) = $\dfrac{\sum np}{k}$
- 관리상한선(UCL) = $n\bar{p} + 3 \times \sqrt{n\bar{p}(1-\bar{p})}$
- 관리하한선(LCL) = $n\bar{p} - 3 \times \sqrt{n\bar{p}(1-\bar{p})}$

$\bar{p} = \dfrac{\sum np}{nk}$

개념잡기

np 관리도에서 시료군마다 시료수(n)는 100이고, 시료군의 수(k)는 20, $\sum np = 77$이다. 이때 np관리도의 관리상한선(UCL)을 구하면 약 얼마인가?

① 8.94　　　　　　　　② 3.85
③ 5.77　　　　　　　　④ 9.62

---

nP관리도

중심선($n\bar{p}$) = $\dfrac{\sum np}{k} = \dfrac{77}{20} = 3.85$

관리상한선(UCL) = $n\bar{p} + 3 \times \sqrt{n\bar{p}(1-\bar{p})}$
$= 3.85 + 3 \times \sqrt{3.85(1 - \dfrac{77}{100 \times 20})} = 9.62$

관리하한선(LCL) = $n\bar{p} - 3 \times \sqrt{n\bar{p}(1-\bar{p})}$

정답 : ④

CHAPTER 03

생산관리

KEYWORD 수요예측방법, 손익분기점, 작업측정, 설비보전

01 생산관리

1. 수요예측방법 ★

1-1 정성적 예측기법

시장조사법
신제품에 대한 수요예측 방법

델파이법
어떠한 문제에 관하여 전문가들의 견해를 유도하고 종합하여 집단적 판단으로 정리하는 방법

1-2 정량적 예측기법

시계열분석 ★★★
과거의 자료를 수리적으로 분석하여 일정한 경향을 도출한 후 가까운 장래의 매출액, 생산량 등을 예측하는 방법

$$\text{이동평균법 예측치 } F_i = \frac{\text{기간의 실적치}}{\text{기간의 수}}$$

최소자승법

지수평활법

인과형 예측기법

개념잡기

다음 표는 어느 자동차 영업소의 월별 판매실적을 나타낸 것이다. 5개월 단순이동 평균법으로 5월의 수요를 예측하면 몇 대인가?

월	1월	2월	3월	4월	5월
판매량	100대	110대	120대	130대	140대

① 120대   ② 130대
③ 140대   ④ 150대

이동평균법

$$\frac{100 + 110 + 120 + 130 + 140}{5} = 120$$

정답 : ①

2. 손익분기점 ★★★

$$\frac{고정비}{1 - \frac{변동비}{매출액}}$$

개념잡기

어떤 회사의 매출액이 80,000원, 고정비가 15,000원, 변동비가 40,000원일 때 손익분기점 매출액은 얼마인가?

① 25,000원   ② 30,000원
③ 40,000원   ④ 55,000원

손익분기점 매출액

$$\frac{고정비}{(1 - \frac{변동비}{매출액})} = \frac{15,000}{(1 - \frac{40,000}{80,000})} = 30,000$$

정답 : ②

02 작업관리

작업관리 - 공정분석 - 작업분석 - 동작분석

1. 반즈의 동작경제 3원칙 ★

1-1 신체의 사용에 관한 원칙

- 양손은 동시에 동작을 시작하고 또 끝마쳐야 한다.
- 휴식시간 이외에 양손이 동시에 노는 시간이 있어서는 안 된다.
- 양팔은 각기 반대방향에서 대칭적으로 동시에 움직여야 한다.
- 손의 동작은 작업을 수행할 수 있는 최소동작 이상을 해서는 안 된다.
- 작업자들을 돕기 위하여 동작의 관성을 이용하여 작업하는 것이 좋다.
- 구속되거나 제한된 동작 또는 급격한 방향전환보다는 유연한 동작이 좋다.
- 작업동작은 율동이 맞아야 한다.
- 직선동작보다는 연속적인 곡선동작을 취하는 것이 좋다.
- 탄도동작(ballistic movement)은 제한되거나 통제된 동작보다 더 신속, 정확, 용이하다.
- 눈을 주시시키는 동작 또는 이동시키는 동작은 되도록 적게 하여야 한다.

1-2 작업장의 배치에 관한 원칙

- 모든 공구와 재료는 일정한 위치에 정돈되어야 한다.
- 공구와 재료는 작업이 용이하도록 작업자의 주위에 있어야 한다.
- 재료를 될 수 있는 대로 사용위치 가까이에 공급할 수 있도록 중력을 이용한 호퍼 및 용기를 사용하여야 한다.
- 가능하면 낙하시키는 방법을 이용하여야 한다.
- 공구 및 재료는 동작에 가장 편리한 순서로 배치하여야 한다.
- 채광 및 조명장치를 잘 하여야 한다.
- 의자와 작업대의 모양과 높이는 각 작업자에게 알맞도록 설계되어야 한다.
- 작업자가 좋은 자세를 취할 수 있는 모양, 높이의 의자를 지급해야 한다.

핵심 KEY

반즈의 동작경제의 3원칙 ★★★
작업자가 에너지의 낭비 없이 작업할 수 있도록 하는 것
- 신체의 사용에 관한 원칙
- 작업장의 배치에 관한 원칙
- 공구 및 설비의 설계에 관한 원칙

1-3 공구 및 설비의 설계에 관한 원칙

- 치구, 고정장치나 발을 사용함으로써 손의 작업을 보존하고 손은 다른 동작을 담당하도록 하면 편리하다.
- 공구류는 될 수 있는 대로 두 가지 이상의 기능을 조합한 것을 사용하여야 한다.
- 공구류 및 재료는 될 수 있는 대로 다음에 사용하기 쉽도록 놓아 두어야 한다.
- 각 손가락이 사용되는 작업에서는 각 손가락의 힘이 같지 않음을 고려하여야 할 것이다.
- 각종 손잡이는 손에 가장 알맞게 고안함으로써 피로를 감소시킬 수 있다.
- 각종 레버나 핸들은 작업자가 최소의 움직임으로 사용할 수 있는 위치에 있어야 한다

작업방법 개선의 원칙(ECRS)
- Eliminate : 불필요한 요소 제거
- Combine : 작업 요소 결합
- Rearrange : 작업 순서 재배열
- Simplify : 작업 요소 단순화

공정분석 - 작업개선
- 제품 공정분석
- 사무 공정분석
- 작업자 공정분석

03 설비보전관리

1. 생산보전(PM : Productive Maintenance)

예방보전

설비가 고장나기 전에 수리 정비 등을 실시하는 것

- 큰 고장을 막아 수리비용 감소
- 고장으로 인한 불량률 감소로 신뢰도 향상
- 고장나기 전 조치를 취해 중단시간 감소
- 제조원단위와 관계없다.
- 예비 기계를 보유해야 할 필요성이 감소한다.

> **참고**
> **생산보전의 종류**
> - 정기보전
> - 개량보전
> - 보전예방

2. 설비보전 ★

2-1 기능

- 설비검사
- 설비정비(일상보전)
- 설비수리(공작)

2-2 조직

집중보전
- 공장의 모든 보전요원을 한사람의 관리자 밑에 조직(조직상 집중)
- 모든 보전을 집중 관리하는 보전방식

지역보전
- 특정 지역에 보전요원배치(조직상 집중)
- 배치 지역의 예방보전 검사, 급유, 수리 등을 담당(배치상 분산)

부문보전
보전요원을 제조부분의 감독자 밑에 배치(조직상 분산)

절충보전
지역보전 또는 부분보전과 집중보전을 조합시켜 각각의 장점을 살리고 단점을 보완하는 방식이다.

3. TPM 활동 ★

TPM 활동 체제 구축 - 5기둥

- 설비효율화의 개별 개선
- 자주 보전 체제 구축
- 보전 부문의 계획 보전 체제 구축
- 운전·보건의 교육 훈련
- 제품 및 설비의 초기 관리 체제 구축

4. 작업측정의 목적

- 작업개선
- 과업관리
- 표준시간 설정

4-1 표준시간

작업을 올바르게 수행하기 위하여 필요한 숙련공이 작업하는데 소요되는 시간
표준시간 설정방법

작업측정 - 내경법

$$정미시간 = 표준시간 \times (1 - 여유율) \rightarrow 표준시간 = 정미시간 \times \frac{1}{(1 - 여유율)}$$

참고

여유율

$$여유율 = \frac{여유시간}{정미시간 + 여유시간}$$

MTM법(방법시간측정법)

$$1TMU = \frac{1}{100,000}$$

개념잡기

MTM(Method Time Measurement)법에서 사용되는 1TMU(Time Measurement Unit)는 몇 시간인가?

① $\frac{1}{100,000}$시간　　② $\frac{1}{10,000}$시간

③ $\frac{6}{100,000}$시간　　④ $\frac{36}{10,000}$시간

MTM법
$1TMU = \frac{1}{100,000}$

정답 : ①

실적자료법(표준자료법)

$$표준시간도 = \frac{생산에 \ 소요되는 \ 작업시간의 \ 한계}{해당기간에 \ 생산된 \ 수량}$$

스톱워치법(직접시간연구법)

- 작업자의 옆에서 직접 관찰하며 표준시간을 측정하는 방식
- 테일러(F.W. Taylor)에 의해 처음 도입된 방법

PTS법(경험견적법)

- 모든 작업을 기본동작으로 분해하고 각 기본동작에 대하여 성질과 조건에 따라 정해 놓은 시간치를 적용하여 정미시간을 산정하는 방법
- 작업방법만 알고 표준시간을 알 수 있다.
- 작업자의 능력이나 노력에 관계없이 표준시간을 알 수 있다.

워크샘플링법

무작위로 현장에서 작업내용에 대하여 가동시간 및 측정률에 대한 측정결과를 조합하여 표준시간을 산정하는 방법

4-2 비용구배

작업을 1일 단축할 때 추가되는 직접비용

$$\frac{특급비용 - 표준비용}{표준시간 - 특급시간}$$

개념잡기

일정 통제를 할 때 1일당 그 작업을 단축하는 데 소요되는 비용의 증가를 의미하는 것은?

① 정상소요시간(Normal duration time)   ② 비용견적(Cost estimation)
③ 비용구배(Cost slope)   ④ 총비용(Total cost)

생산관리
① 일반적인 생산 공적을 통해 소요되는 시간
② 생산에 필요한 비용을 미리 계산하는 것
③ 작업을 1일 단축할 때 추가되는 직접비용
④ 생산을 위해서 투입된 모든 비용

정답 : ③

4-3 가공시간 개별법

$$\frac{1개당 가공시간 \times 1로트의 수량}{1로트의 총가공시간}$$

CHAPTER 04

품질경영

KEYWORD 품질, 품질경영, 표준화, 인간공학

01 품질경영 ★

- TQC : 제품생산에서 불량률을 최소화 하도록 전사적으로 품질개발, 품질유지, 품질개선 노력들을 종합하기 위한 효과적인 시스템
- ZD(Zero Defects) : 무결점운동
- MIL-STD : 미 군사규격. 미국 국방성이 제정하는 군용 규격
- ISO 9001 : 품질경영시스템의 요구사항을 규정한 국제 표준

02 품질의 종류 ★

시장품질
시장에서 소비자가 요구하는 품질, 설계나 판매정책에 반영되는 품질

설계품질
요구 품질을 실현하기 위해 제품을 기획하고 그 결과를 스펙 정리하여 도면화한 품질

제조품질
설계품질대로 제조한 결과 만들어진 제품의 품질

1. 관리 사이클

Plan   —   Do   —   Check   —   Action
품질설계   공정관리   품질보증   품질개선

2. 품질관리시스템 - 4M

- Man(사람)
- Management(관리방법)
- Machine(기계)
- Material(자원)

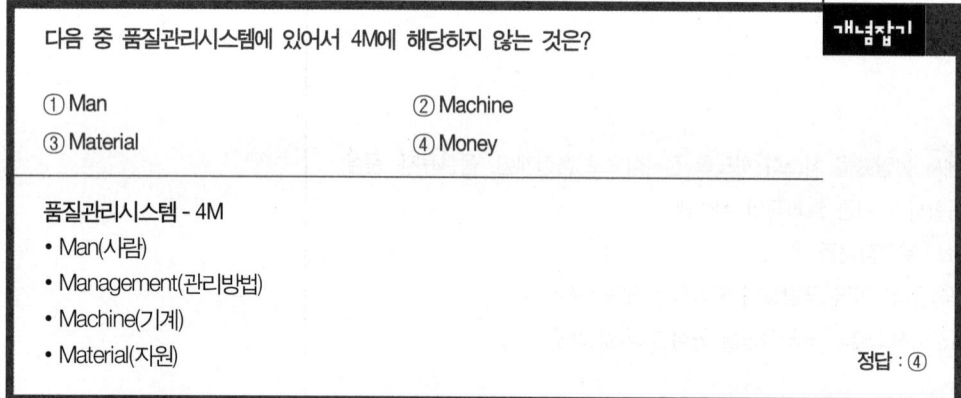

3. 국제 표준화(ISO)

- 국제간 규격통일로 상호 이익도모
- 개발도상국에 대한 기술개발의 촉진을 유도
- 국가 간의 규격상이로 인한 무역장벽의 제거

4. 사내표준의 조건

- 내용이 구체적이고 객관적일 것
- 장기적 방침 및 체계하에서 추진할 것
- 작업표준에는 수단 및 행동을 직접 제시할 것
- 당사자에게 의견을 말하는 기회를 부여하는 절차로 정할 것

> **개념잡기**
>
> 다음 중 사내표준을 작성할 때 갖추어야 할 요건으로 옳지 않은 것은?
>
> ① 내용이 구체적이고 주관적일 것
> ② 장기적 방침 및 체계하에서 추진할 것
> ③ 작업표준에는 수단 및 행동을 직접 제시할 것
> ④ 당사자에게 의견을 말하는 기회를 부여하는 절차로 정할 것
>
> ---
>
> **사내표준의 조건**
> ① 내용이 구체적이고 객관적일 것
> ② 장기적 방침 및 체계하에서 추진할 것
> ③ 작업표준에는 수단 및 행동을 직접 제시할 것
> ④ 당사자에게 의견을 말하는 기회를 부여하는 절차로 정할 것
>
> 정답 : ①

5. 제품공정도

요소공정	기호의 명칭	기호
가공	가공	○
운반	운반	○
정체	저장	▽
	지체	D
검사	수량 검사	□
	품질 검사	◇

6. 워크팩터

- D : 일정한 정지
- P : 주의
- S : 방향조절

7. 연속생산시스템

- 생산 원가가 낮다.
- 소품종 대량생산에 적합하다.
- 예측생산방식이다.
- 전용설비를 사용한다.

03 인간공학

인간의 신체적·인지적 특성을 고려하여 인간을 위해 사용되는 물체, 시스템, 환경의 디자인을 과학적인 방법으로 기존보다 사용하기 편하게 만드는 응용학문이다.
→ 제품의 개발단계에 활용된다.

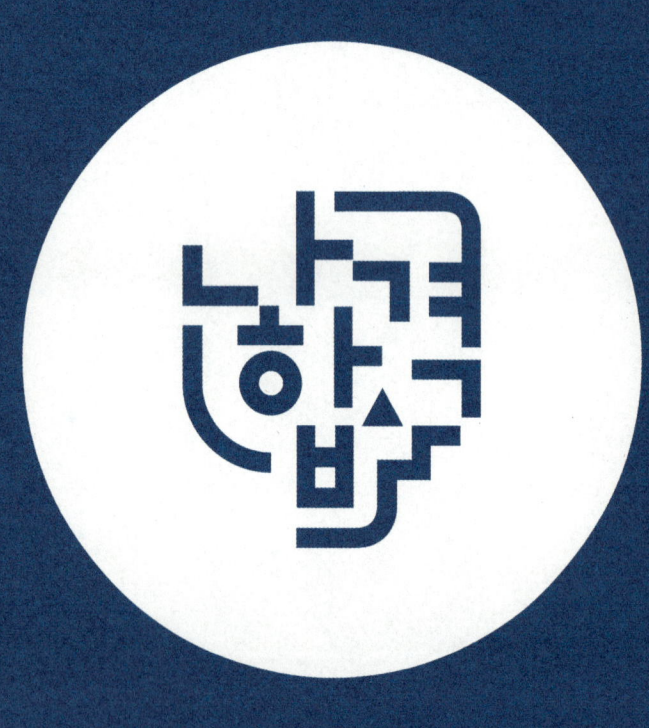

PART 09

과년도 기출문제 & CBT 복원문제

- **2011년** 제49, 50회 과년도 기출문제
- **2012년** 제51, 52회 과년도 기출문제
- **2013년** 제53, 54회 과년도 기출문제
- **2014년** 제55, 56회 과년도 기출문제
- **2015년** 제57, 58회 과년도 기출문제
- **2016년** 제59, 60회 과년도 기출문제
- **2017년** 제61, 62회 과년도 기출문제
- **2018년** 제63회 과년도 기출문제
- **2018년** 제64회 CBT 복원문제
- **2019년** 제65, 66회 CBT 복원문제
- **2020년** 제67, 68회 CBT 복원문제
- **2021년** 제69, 70회 CBT 복원문제
- **2022년** 제71, 72회 CBT 복원문제
- **2023년** 제73, 74회 CBT 복원문제
- **2024년** 제75, 76회 CBT 복원문제

과년도 기출문제 2011 * 49

01

위험물 암반탱크가 다음과 같은 조건일 때 탱크의 용량은 몇 L인가?

- 암반탱크의 내용적 : 600,000리터
- 1일간 탱크 내에 용출하는 지하수의 양 : 1,000리터

① 595,000리터   ② 594,000리터
③ 593,000리터   ④ 592,000리터

해설및용어설명 | 공간용적
- 탱크 내용적의 100분의 5 이상 100분의 10 이하
- 소화설비 설치 탱크 : 소화설비 소화약제방출구 아래의 0.3미터 이상 1미터 미만 사이의 면으로부터 윗부분의 용적
- 암반탱크 : 탱크 내에 용출하는 7일간의 지하수의 양에 상당하는 용적과 탱크의 내용적의 100분의 1의 용적 중에서 큰 용적

탱크의 내용적 $\times \dfrac{1}{100} = 600,000 \times \dfrac{1}{100} = 6,000$리터

지하수의 양 $\times 7$일 $= 1,000 \times 7$일 $= 7,000$리터 → 공간용적 7,000리터

탱크의 용량 = 탱크의 내용적 - 공간용적 = 600,000 - 7,000 = 593,000리터

02

자신은 불연성물질이지만 산화력을 가지고 있는 물질은?

① 마그네슘   ② 과산화수소
③ 알킬알루미늄   ④ 에틸렌글리콜

해설및용어설명 | 위험물의 종류
① 제2류 위험물
② 제6류 위험물
③ 제3류 위험물
④ 제4류 위험물
산화성 고체, 산화성 액체 - 불연성, 조연성, 강산화제

03

위험물안전관리법상 제6류 위험물을 저장 또는 취급하는 장소에 이산화탄소 소화기가 적응성이 있는 경우는?

① 폭발의 위험이 없는 장소   ② 사람이 상주하지 않는 장소
③ 습도가 낮은 장소   ④ 전자설비를 설치한 장소

해설및용어설명 | 위험물 소화설비 적응성
제6류 위험물 - 주수소화 : 옥내소화전, 옥외소화전, 스프링클러, 물분무 소화설비, 포소화설비 적응성이 있다.
이산화탄소소화기(△) : 제6류 위험물을 저장 또는 취급하는 장소로서 폭발의 위험이 없는 장소에 한하여 적응성이 있다.

정답 01 ③ 02 ② 03 ①

04

한 변의 길이는 12m, 다른 한 변의 길이는 60m인 옥내저장소에 자동화재탐지설비를 설치하는 경우 경계구역은 원칙적으로 최소한 몇 개로 하여야 하는가?(단, 차동식 스포트형 감지기를 설치한다)

① 1 ② 2
③ 3 ④ 4

해설및용어설명 | 자동화재탐지설비 - 설치 기준
하나의 경계구역의 면적은 600m² 이하로 하고 한 변의 길이는 50m(광전식 분리형감지기를 설치할 경우에는 100m) 이하로 할 것. 다만, 당해 건축물 그 밖의 공작물의 주요한 출입구에서 그 내부의 전체를 볼 수 있는 경우에 있어서는 그 면적을 1,000m² 이하로 할 수 있다.
경계구역 720m²으로 600m² 초과이고 한 변의 길이가 60m로 50m가 초과 하므로 자동화재탐지설비 2개를 설치하여야 한다.

05

자동화재탐지설비를 설치하여야 하는 대상이 아닌 것은?

① 처마높이가 6m 이상인 단층 옥내저장소
② 저장창고의 연면적이 100m²인 옥내저장소
③ 지정수량 100배의 에탄올을 저장 또는 취급하는 옥내저장소
④ 연면적이 500m²인 일반취급소

해설및용어설명 | 자동화재탐지설비 - 설치 기준
- 제조소 및 일반취급소
  - 연면적 500m² 이상인 것
- 옥내저장소
  - 지정수량의 100배 이상을 저장 또는 취급하는 것
  - 저장창고의 연면적이 150m²를 초과하는 것
  - 처마 높이가 6m 이상인 단층 건물의 것

06

제6류 위험물의 성질, 화재예방 및 화재발생 시 소화방법에 관한 설명 중 틀린 것은?

① 옥내저장소에 과염소산을 저장하는 경우 천막 등으로 햇빛을 가려야 한다.
② 과염소산은 물과 접촉하여 발열하고 가열하면 유독성 가스를 발생한다.
③ 질산은 산화성이 강하므로 가능한 한 환원성 물질과 혼합하여 중화시킨다.
④ 과염소산의 화재에는 물분무소화설비, 포소화설비 등이 적응성이 있다.

해설및용어설명 | 제6류 위험물
① 햇빛에 의해 분해 폭발하므로 차광성 덮개 사용
② 과염소산은 물과 접촉하여 발열, 가열하면 분해하여 유독성 가스(HCl) 발생
③ 산화성이 강한 물질은 환원성이 강한 물질과 혼합하면 반응열에 의해 폭발하므로 혼합하지 않는다.
④ 주수소화 : 옥내소화전, 옥외소화전, 물분무소화설비, 포소화설비

07

연소에 관한 설명으로 틀린 것은?

① 위험도는 연소범위를 폭발상한계로 나눈 값으로 값이 클수록 위험하다.
② 인화점 미만에서는 점화원을 가해도 연소가 진행되지 않는다.
③ 발화점은 같은 물질이라도 조건에 따라 변동되며 절대적인 값이 아니다.
④ 연소점은 연소상태가 일정 시간 이상 유지될 수 있는 온도이다.

해설및용어설명 | 연소
① 위험도 = $\dfrac{H-L}{L}$: 연소범위를 폭발하한계로 나눈 값. 값이 클수록 위험하다.
② 인화점 미만에서 연소하지 않는다.
③ 산소의 농도가 높으면 발화점이 낮아지기도 한다.
④ 연소점은 연소상태가 일정 시간 유지될 수 있는 온도이다.

08

간이탱크저장소의 설치 기준으로 옳지 않은 것은?

① 1개의 간이탱크 저장소에 설치하는 간이저장탱크는 3개 이하로 한다.
② 간이저장탱크의 용량은 800L 이하로 한다.
③ 간이저장탱크는 두께 3.2mm 이상의 강판으로 제작한다.
④ 간이저장탱크에는 통기관을 설치하여야 한다.

해설및용어설명 | 간이탱크저장소
- 탱크수 : 3개 이하(동일 품질 2개 미만)
- 용량 : 600L 이하
- 두께 : 3.2mm 이상
- 통기관(밸브 없는 통기관, 대기밸브부착 통기관) 설치

09

경유 150,000리터는 몇 소요단위에 해당하는가?

① 7.5단위 ② 10단위
③ 15단위 ④ 30단위

해설및용어설명 | 소요단위

경유 : 제4류 위험물 중 제2석유류 비수용성, 지정수량 1,000L

$$\frac{150,000L}{1,000L \times 10} = 15단위$$

10

마그네슘의 성질에 대한 설명 중 틀린 것은?

① 물보다 무거운 금속이다.
② 은백색의 광택이 난다.
③ 온수와 반응 시 산화마그네슘과 수소를 발생한다.
④ 융점은 약 650℃이다.

해설및용어설명 | 제2류 위험물 - 마그네슘
① 알칼리금속을 제외한 대부분의 금속은 물보다 무겁다.
② 은백색 광택의 금속 분말이다.
③ $Mg + 2H_2O \rightarrow Mg(OH)_2 + H_2$
  마그네슘 물   수산화마그네슘 수소
④ 융점 650℃

11

불소계 계면활성제를 주성분으로 하여 물과 혼합하여 사용하는 소화약제로서, 유류화재 발생 시 분말소화약제와 함께 사용이 가능한 포 소화약제는?

① 단백포소화약제 ② 불화단백포소화약제
③ 합성계면활성제포소화약제 ④ 수성막포소화약제

해설및용어설명 | 포소화약제
수성막포소화약제 - 불소계 계면활성제를 주성분으로 하고 물과 혼합하여 사용하는 소화약제로서, 유류화재 발생 시 분말소화약제와 함께 사용이 가능하다.

12

황린에 대한 설명으로 옳은 것은?

① 투명 또는 담황색 액체이다.
② 무취이고 증기비중이 약 1.82이다.
③ 발화점은 60~70℃이므로 가열 시 주의해야 한다.
④ 환원력이 강하여 쉽게 연소한다.

해설및용어설명 | 제3류 위험물 - 황린

① 담황색 또는 백색의 고체로 백린이라고도 부른다.
② 마늘 냄새가 나며, 증기 비중 = $\frac{31 \times 4}{29}$ = 4.28 ≒ 4.3
③ 발화점은 34℃의 자연발화성물질이므로 가열 시 주의하여야 한다.
④ 환원력이 강하여 쉽게 연소한다.

13

위험물안전관리법상 정기점검의 대상이 되는 제조소등에 해당하지 않는 것은?

① 지하탱크저장소　　② 이동탱크저장소
③ 이송취급소　　　　④ 옥내탱크저장소

해설및용어설명 | 정기점검 대상 제조소등

- 예방규정 작성대상 제조소등
  - 지정수량 10배 이상의 제조소, 일반취급소
  - 지정수량 100배 이상의 옥외저장소
  - 지정수량 150배 이상의 옥내저장소
  - 지정수량 200배 이상의 옥외탱크저장소
  - 암반탱크저장소
  - 이송취급소
- 지하탱크저장소
- 이동탱크저장소
- 지하탱크저장소가 있는 제조소, 주유취급소, 일반취급소

14

트라이나이트로톨루엔의 화학식으로 옳은 것은?

① $C_6H_2CH_3(NO_2)_3$　　② $C_6H_3(NO_2)_3$
③ $C_6H_2(NO_2)_3OH$　　④ $C_{10}H_6(NO_2)_2$

해설및용어설명 | 제5류 위험물

① 트라이나이트로톨루엔
② 트라이나이트로벤젠
③ 트라이나이트로페놀
④ 다이나이트로나프탈렌

15

트라이에틸알루미늄이 물과 반응하였을 때 생성되는 물질은?

① $Al(OH)_3$, C_2H_2　　② $Al(OH)_3$, C_2H_6
③ Al_2O_3, C_2H_2　　④ Al_2O_3, C_2H_6

해설및용어설명 | 화학반응식

$(C_2H_5)_3Al + 3H_2O \rightarrow Al(OH)_3 + 3C_2H_6$

16

[보기]의 물질 중 제1류 위험물에 해당하는 것은 모두 몇 개인가?

> 아염소산나트륨, 염소산나트륨, 차아염소산칼슘, 과염소산칼륨

① 4개　　② 3개
③ 2개　　④ 1개

해설및용어설명 | 제1류 위험물

- 아염소산나트륨 : 제1류 위험물 중 아염소산염류, 지정수량 50kg
- 염소산나트륨 : 제1류 위험물 중 염소산염류, 지정수량 50kg
- 차아염소산칼슘 : 제1류 위험물 중 그 외, 지정수량 50kg
- 과염소산칼륨 : 제1류 위험물 중 과염소산염류, 지정수량 50kg

정답 12 ④　13 ④　14 ①　15 ②　16 ①

17

제2류 위험물에 속하지 않는 것은?

① 1기압에서 인화점이 30℃인 고체
② 직경이 1mm인 막대 모양의 마그네슘
③ 고형알코올
④ 구리분, 니켈분

해설및용어설명 | 위험물 기준 - 제2류 위험물
① 인화성 고체 : 1기압에서 인화점이 섭씨 40도 미만인 고체
② 마그네슘 : 지름 2mm 미만의 막대모양의 것, 2mm 체를 통과하는 덩어리 상태의 것
③ 인화성 고체 : 고형 알코올
④ 금속분 : 구리, 니켈 제외 150마이크로미터의 체를 통과하는 것이 50중량 퍼센트 이상

18

과염소산과 질산의 공통성질로 옳은 것은?

① 환원성물질로서 증기는 유독하다.
② 다른 가연물의 연소를 돕는 가연성물질이다.
③ 강산이고 물과 접촉하면 발열한다.
④ 부식성은 적으나 다른 물질과 혼촉발화 가능성이 높다.

해설및용어설명 | 제6류 위험물
① 산화성 물질이고 증기는 유독
② 산화성, 조연성, 불연성
③ 강산이고 물과 접촉하면 발열
④ 강산이므로 부식성이 크며, 가연물과 혼촉발화 가능성이 크다.

19

서로 혼재가 가능한 위험물은?(단, 지정수량의 10배를 취급하는 경우이다)

① $KClO_4$과 Al_4C_3
② CH_3CN과 Na
③ P_4과 Mg
④ HNO_3과 $(C_2H_5)_3Al$

해설및용어설명 | 위험물의 혼재
지정수량 1/10 초과일 때
423 524 61
① 과염소산칼륨, 탄화알루미늄 : 제1류, 제3류
② 아세토니트릴, 나트륨 : 제4류, 제3류
③ 황린, 마그네슘 : 제3류, 제2류
④ 질산, 트라이에틸알루미늄 : 제6류, 제3류

20

위험물안전관리법상 위험물제조소등 설치허가 취소사유에 해당하지 않는 것은?

① 위험물제조소의 바닥을 교체하는 공사를 하는데 변경허가를 득하지 아니한 때
② 법정기준을 위반한 위험물제조소에 발한 수리개조명령을 위반한 때
③ 예방규정을 제출하지 아니한 때
④ 위험물안전관리자가 장기 해외여행을 갔음에도 그 대리자를 지정하지 아니한 때

해설및용어설명 | 설치허가 취소
1. 변경허가를 받지 아니하고 제조소등의 위치·구조 또는 설비를 변경한 때
2. 완공검사를 받지 아니하고 제조소등을 사용한 때
2의2. 안전조치 이행명령을 따르지 아니한 때
3. 수리·개조 또는 이전의 명령을 위반한 때
4. 위험물안전관리자를 선임하지 아니한 때
5. 위험물안전관리자 대리자를 지정하지 아니한 때
6. 정기점검을 하지 아니한 때
7. 정기검사를 받지 아니한 때
8. 저장·취급기준 준수명령을 위반한 때

17 ④ 18 ③ 19 ② 20 ③

21

A 물질 1,000kg을 소각하고자 한다. 1,000kg 중 황의 함유량이 0.5wt%라고 한다면 연소가스 중 SO_2의 농도는 몇 mg/m^3인가? (단, A 물질 1 ton의 습배기 연소가스량은 $6,500Nm^3$이다.)

① 1,080 ② 1,538
③ 2,522 ④ 3,450

해설및용어설명 | 이상기체상태방정식

$S + O_2 \rightarrow SO_2$

$PV = \frac{w}{M}RT \rightarrow V = \frac{wRT}{PM}$

- $P = 1atm$
- $M = S = 32kg$
- $w = 1,000kg \times 0.5\% = 5kg$
- $R = 0.082 atm \cdot m^3/kmol \cdot K$
- $T = 0℃ + 273 = 273K$

$V = \frac{5 \times 0.082 \times 273}{1 \times 32} \times \frac{1SO_2}{1S} \times \frac{(32+16\times2)kg/kmol}{22.4m^3/kmol} = 9.99375kg$

→ 생성되는 SO_2의 양(kg)

농도 $= \frac{9.99375kg}{6500m^3} \times \frac{1,000g}{1kg} \times \frac{1,000mg}{1g} = 1,537.5mg/m^3$

22

벤조일퍼옥사이드의 용해성에 대한 설명으로 옳은 것은?

① 물과 대부분 유기용제에 잘 녹는다.
② 물과 대부분 유기용제에 녹지 않는다.
③ 물에는 잘 녹으나 대부분 유기용제에는 녹지 않는다.
④ 물에 녹지 않으나 대부분 유기용제에 잘 녹는다.

해설및용어설명 | 제5류 위험물 - 과산화벤조일

- 무색 또는 백색, 무취의 결정이다.
- 물에 녹지 않고 알코올에 약간 녹으며, 에터에 잘 녹는다.

23

각 물질의 화재 시 발생하는 현상과 소화방법에 대한 설명으로 틀린 것은?

① 황린의 소화는 연소 시 발생하는 황화수소 가스를 피하기 위하여 바람을 등지고 공기호흡기를 착용한다.
② 트라이에틸알루미늄의 화재 시 이산화탄소소화약제, 할로젠화합물소화약제의 사용을 금한다.
③ 리튬 화재 시에는 팽창질석, 마른 모래 등으로 소화한다.
④ 부틸리튬 화재의 소화에는 포소화약제를 사용할 수 없다.

해설및용어설명 | 위험물 소화방법

① $P_4 + 5O_2 \rightarrow 2P_2O_5$(오산화린)
② 제3류 위험물 중 금수성물질 - 주수금지 : 탄산수소염류 분말소화약제, 마른 모래, 팽창질석, 팽창진주암
③ 제3류 위험물 중 금수성물질 - 주수금지 : 탄산수소염류 분말소화약제, 마른 모래, 팽창질석, 팽창진주암
④ 제3류 위험물 중 금수성물질 - 주수금지 : 탄산수소염류 분말소화약제, 마른 모래, 팽창질석, 팽창진주암

24

단층건축물에 옥내탱크저장소를 설치하고자 한다. 하나의 탱크전용실에 2개의 옥내저장탱크를 설치하여 에틸렌글리콜과 기어유를 저장하고자 한다면 저장 가능한 지정수량의 최대배수를 옳게 나타낸 것은?

품명	저장 가능한 지정수량의 최대배수
에틸렌글리콜	(㉠)
기어유	(㉡)

① ㉠ 40배, ㉡ 40배
② ㉠ 20배, ㉡ 20배
③ ㉠ 10배, ㉡ 30배
④ ㉠ 5배, ㉡ 35배

정답 21 ② 22 ④ 23 ① 24 ④

해설및용어설명 | 옥내탱크저장소 - 용량
- 지정수량의 40배 이하
- 제4석유류 및 동식물유류 외의 제4류 위험물의 지정수량×40 값이 20,000L를 초과할 때 20,000L

제4류 위험물 중 제3석유류(수용성), 지정수량 4,000L
→ 20,000L까지 저장 가능 = 지정수량의 5배

제4류 위험물 중 제4석유류, 지정수량 6,000L
지정수량의 40배까지 저장할 수 있으므로 제4석유류는 35배 저장 가능

25

이황화탄소에 대한 설명으로 틀린 것은?

① 인화점이 낮아 인화가 용이하므로 액체 자체의 누출뿐만 아니라 증기의 누설을 방지하여야 한다.
② 휘발성 증기는 독성이 없으나 연소생성물 중 SO_2는 유독성 가스이다.
③ 물보다 무겁고 녹기 어렵기 때문에 물을 채운 수조탱크에 저장한다.
④ 강산화제와 접촉에 의해 격렬히 반응하고 혼촉발화 또는 폭발의 위험성이 있다.

해설및용어설명 | 제4류 위험물 - 이황화탄소
① 인화성 액체이므로 가연성 증기 발생을 주의한다.
② 증기는 독성이 있다. $CS_2 + 3O_2 → CO_2 + 2SO_2$ 이산화황은 유독가스이다.
③ 물보다 무겁고 비수용성이므로 수조 탱크에 저장하여 가연성 증기 발생을 억제한다.
④ 가연물이므로 강산화제와 접촉 시 격렬하게 반응하고 혼촉발화 또는 폭발의 위험성이 있다.

26

제1류 위험물 중 무기과산화물과 제5류 위험물 중 유기과산화물의 소화방법으로 옳은 것은?

① 무기과산화물 : CO_2에 의한 질식소화
   유기과산화물 : CO_2에 의한 냉각소화
② 무기과산화물 : 건조사에 의한 피복소화
   유기과산화물 : 분말에 의한 질식소화
③ 무기과산화물 : 포에 의한 질식소화
   유기과산화물 : 분말에 의한 질식소화
④ 무기과산화물 : 건조사에 의한 피복소화
   유기과산화물 : 물에 의한 냉각소화

해설및용어설명 | 위험물 소화방법
- 제1류 위험물 중 무기과산화물 - 주수금지 : 탄산수소염류 분말소화약제, 마른 모래, 팽창질석, 팽창진주암
- 제5류 위험물 - 주수소화 : 옥내소화전, 옥외소화전, 스프링클러설비, 물분무소화설비, 포소화설비

27

비점이 약 111℃인 액체로서 산화하면 벤즈알데하이드를 거쳐 벤조산이 되는 위험물은?

① 벤젠　　　　　　② 톨루엔
③ 크실렌　　　　　④ 아세톤

해설및용어설명 |

CH_3-C₆H₅ —산화→ CHO-C₆H₅ (벤즈 알데히드) —산화→ COOH-C₆H₅ (벤조산)

정답 25 ② 26 ④ 27 ②

28

큐멘(cumene)공정으로 제조되는 것은?

① 아세트알데하이드와 에터
② 페놀과 아세톤
③ 크실렌과 에터
④ 크실렌과 아세트알데하이드

해설및용어설명 | 큐멘공정

벤젠과 프로필렌을 원료로 하여 큐멘법으로 페놀과 아세톤을 제조

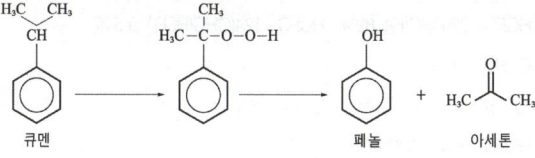

29

위험물의 취급소에 해당하지 않는 것은?

① 일반취급소 ② 옥외취급소
③ 판매취급소 ④ 이송취급소

해설및용어설명 | 위험물제조소등

제조소	저장소	취급소
1가지	8가지	4가지
위험물제조소	옥내저장소	주유취급소
	옥외저장소	판매취급소
	옥내탱크저장소	이송취급소
	옥외탱크저장소	일반취급소
	이동탱크저장소	
	지하탱크저장소	
	간이탱크저장소	
	암반탱크저장소	

30

다음 물질을 저장하는 저장소로 허가를 받으려고 위험물 저장소 설치허가신청서를 작성하려고 한다. 해당하는 지정수량의 배수는 얼마인가?

- 차아염소산칼슘 : 150kg
- 과산화나트륨 : 100kg
- 질산암모늄 : 300kg

① 12 ② 9
③ 6   ④ 5

해설및용어설명 | 지정수량의 배수

- 차아염소산칼슘 : 제1류 위험물 중 그 외(차아염소산염류), 지정수량 50kg
- 과산화나트륨 : 제1류 위험물 중 무기과산화물, 지정수량 50kg
- 질산암모늄 : 제1류 위험물 중 질산염류, 지정수량 300kg

$$\frac{150kg}{50kg} + \frac{100kg}{50kg} + \frac{300kg}{300kg} = 6배$$

31

국소방출방식의 이산화탄소소화설비 중 저압식 저장용기에 설치되는 압력경보장치는 어느 압력 범위에서 작동하는 것으로 설치하여야 하는가?

① 2.3MPa 이상의 압력과 1.9MPa 이하의 압력에서 작동하는 것
② 2.5MPa 이상의 압력과 2.0MPa 이하의 압력에서 작동하는 것
③ 2.7MPa 이상의 압력과 2.3MPa 이하의 압력에서 작동하는 것
④ 3.0MPa 이상의 압력과 2.5MPa 이하의 압력에서 작동하는 것

해설및용어설명 | 이산화탄소소화설비

- 온도가 40℃ 이하이고 온도변화가 적은 장소에 설치할 것
- 충전비 : 고압식 1.5 이상 1.9 이하, 저압식 1.1 이상 1.4 이하
- 저압식 저장용기에는 액면계, 압력계, 2.3MPa 이상 1.9MPa 이하의 압력에서 작동하는 압력경보장치를 설치할 것
- 기동용 가스용기 및 해당 용기에 사용하는 밸브는 25MPa 이상의 압력에 견딜 수 있는 것으로 할 것

32

제6류 위험물에 대한 설명 중 맞는 것은?

① 과염소산은 무취, 청색의 기름상 액체이다.
② 과산화수소는 물, 알코올에는 용해하나 에터에는 녹지 않는다.
③ 질산은 크산토프로테인 반응과 관계가 있다.
④ 오불화브롬의 화학식은 C_2F_5Br이다.

해설및용어설명 | 제6류 위험물
① 과염소산 : 무색무취의 액체
② 과산화수소 : 물, 알코올, 에터에 잘 녹고 석유, 벤젠에는 녹지 않는다.
③ 질산은 : 단백질과 크산토프로테인 반응을 일으켜 노란색으로 변한다.
④ 오불화브롬 : BrF_5

33

분자식이 CH_2OHCH_2OH인 위험물은 제 몇 석유류에 속하는가?

① 제1석유류
② 제2석유류
③ 제3석유류
④ 제4석유류

해설및용어설명 | 제4류 위험물 - 에틸렌글리콜
제3석유류(수용성), 지정수량 4,000L

$$H-\underset{OH}{\underset{|}{C}}H-\underset{OH}{\underset{|}{C}}H \quad C_2H_4(OH)_2$$

34

불활성가스소화약제 및 할로젠화합물 소화약제의 종류가 아닌 것은?

① FC – 3 – 1 – 10
② HCFC BLEND A
③ IG – 541
④ HCFC – 124

해설및용어설명 | 불활성가스소화약제 및 할로젠화합물 소화약제
① FC - 3 - 1 - 10 : C_4F_{10}
② HCFC BLEND A : HCFC - 123($CHCl_2CF_3$) 4.75%,
  HCFC - 22($CHClF_2$) 82%, HCFC - 124($CHClCF_3$) 9.5%,
  $C_{10}H_{16}$ 3.75%
③ IG - 541 : N_2 52%, Ar 40%, CO_2 8%
④ HCFC - 124 : $CHClCF_3$

35

지정수량의 단위가 나머지 셋과 다른 하나는?

① 황린
② 과염소산
③ 나트륨
④ 이황화탄소

해설및용어설명 | 지정수량
① 제3류 위험물 중 황린, 지정수량 20kg
② 제6류 위험물 중 과염소산, 지정수량 300kg
③ 제3류 위험물 중 나트륨, 지정수량 10kg
④ 제4류 위험물 중 특수인화물, 지정수량 50L
제4류 위험물의 지정수량 단위는 L, 나머지 위험물의 지정수량 단위는 kg이다.

36

나이트로셀룰로오스의 화재발생 시 가장 적합한 소화 약제는?

① 물소화약제
② 분말소화약제
③ 이산화탄소소화약제
④ 할로젠화합물소화약제

해설및용어설명 | 제5류 위험물

주수소화

① 주수소화
② 질식소화
③ 질식소화
④ 억제소화

37

질산암모늄의 산소평형(Oxygen Balance) 값은?

① 0.2
② 0.3
③ 0.4
④ 0.5

해설및용어설명 | 산소평형

$NH_4NO_3 \rightarrow 2H_2O + N_2 + \frac{1}{2}O_2$

산소평형 = $\frac{\text{반응물 1몰당 산소의 양}}{\text{분자량}} = \frac{0.5 \times 32}{14 + 1 \times 4 + 14 + 16 \times 3} = +0.2$

38

위험물 운송에 대한 설명 중 틀린 것은?

① 위험물의 운송은 당해 위험물을 취급할 수 있는 국가기술자격자 또는 위험물안전관리자 강습교육 수료자여야 한다.
② 알킬리튬, 알킬알루미늄을 운송하는 경우에는 위험물 운송 책임자의 감독 또는 지원을 받아 운송하여야 한다.
③ 위험물운송자는 이동탱크저장소에 의하여 위험물을 운송하는 때에는 해당 국가기술자격증 또는 교육수료증을 지녀야 한다.
④ 휘발유를 운송하는 위험물운송자는 위험물 안전관리카드를 휴대하여야 한다.

해설및용어설명 | 위험물 운송

① 위험물운송자 : 위험물을 취급할 수 있는 국가기술자격자, 안전교육을 받은 자
② 위험물운송책임자의 감독·지원 : 알킬알루미늄, 알킬리튬
③ 위험물운송자 : 위험물을 취급할 수 있는 국가기술자격자, 안전교육을 받은 자
④ 위험물안전관리카드 : 모든 위험물, 제4류 위험물의 경우 특수인화물, 제1석유류

39

다음 ( )에 알맞은 숫자를 순서대로 나열한 것은?

> 주유취급소 중 건축물의 ( )층의 이상의 부분을 점포, 휴게음식점 또는 전시장의 용도로 사용하는 것에 있어서는 당해 건축물의 ( )층 이상으로부터 직접 주유취급소의 부지 밖으로 통하는 출입구와 당해 출입구로 통하는 통로, 계단 및 출입구에 유도등을 설치하여야 한다.

① 2층, 1층
② 1층, 1층
③ 2층, 2층
④ 1층, 2층

해설및용어설명 | 소방시설 - 피난설비

주유취급소 중 건축물의 2층 이상의 부분을 점포·휴게음식점 또는 전시장의 용도로 사용하는 것에 있어서는 당해 건축물의 2층 이상으로부터 주유취급소의 부지 밖으로 통하는 출입구와 당해 출입구로 통하는 통로·계단 및 출입구에 유도등을 설치하여야 한다.

40

화학적 소화방법에 해당하는 것은?

① 냉각소화 ② 부촉매소화
③ 제거소화 ④ 질식소화

해설및용어설명 | 소화방법
- 물리적 소화
  - 가연물 × → 제거소화
  - 산소공급원 × → 질식소화
  - 점화원 × → 냉각소화
- 화학적 소화
  - 연쇄반응 × → 억제소화(부촉매소화)

41

위험물의 화재 위험성이 증가하는 경우가 아닌 것은?

① 비점이 높을수록 ② 연소범위가 넓을수록
③ 착화점이 낮을수록 ④ 인화점이 낮을수록

해설및용어설명 | 가연물의 조건
- 인화점, 발화점(착화점)이 낮을수록 위험하다.
- 연소범위의 하한이 낮을수록 위험하다.
- 연소범위의 상한이 높을수록 위험하다.
- 연소범위가 넓을수록 위험하다.

42

위험물안전관리법령에서 정의하는 산화성고체에 대해 다음 ( ) 안에 알맞은 용어는 차례대로 나타낸 것은?

"산화성고체"라 함은 고체로서 ( )의 잠재적인 위험성 또는 ( )에 대한 민감성을 판단하기 위하여 소방방재청장이 정하여 고시하는 시험에서 고시로 정하는 성질과 상태를 나타내는 것을 말한다.

① 산화력, 온도 ② 착화, 온도
③ 착화, 충격 ④ 산화력, 충격

해설및용어설명 | 제1류 위험물 - 산화성 고체
- 산화성 고체는 산화력에 의한 위험성이 있다.
- 충격에 의해 분해하여 산소를 발생하므로 충격민감성 시험을 한다.

43

스프링클러 소화설비가 전체적으로 적응성이 있는 대상물은?

① 제1류 위험물 ② 제2류 위험물
③ 제4류 위험물 ④ 제5류 위험물

해설및용어설명 | 위험물 소화방법

유별	종류	운반용기 외부의 주의사항	게시판	소화방법	덮개
제1류 위험물	알칼리금속의 과산화물	가연물접촉주의, 화기·충격주의, 물기엄금	물기엄금	주수금지	방수성 차광성
	그 외	가연물접촉주의, 화기·충격주의	없음	주수소화	차광성
제2류 위험물	철분·금속분·마그네슘	화기주의, 물기엄금	화기주의	주수금지	방수성
	인화성고체	화기엄금	화기엄금	주수소화 질식소화	
	그 외	화기주의	화기주의	주수소화	
제3류 위험물	자연발화성물질	화기엄금, 공기접촉엄금	화기엄금	주수소화	차광성
	금수성물질	물기엄금	물기엄금	주수금지	방수성
제4류 위험물		화기엄금	화기엄금	질식소화	차광성 (특수인화물)
제5류 위험물		화기엄금, 충격주의	화기엄금	주수소화	차광성
제6류 위험물		가연물접촉주의	없음	주수소화	차광성

스프링클러 소화설비 - 주수소화

44

불연성이면서 강산화성인 위험물질이 아닌 것은?

① 과산화나트륨　② 과염소산
③ 질산　　　　　④ 피크린산

해설및용어설명 | 위험물의 종류
① 제1류 위험물, 강산화성, 불연성
② 제6류 위험물, 강산화성, 불연성
③ 제6류 위험물, 강산화성, 불연성
④ 제5류 위험물, 강산화성, 가연성

45

제4류 위험물의 지정수량으로 옳지 않은 것은?

① 피리딘 : 200L　　② 아세톤 : 400L
③ 아세트산 : 2,000L　④ 나이트로벤젠 : 2,000L

해설및용어설명 | 지정수량
① 제4류 위험물 중 제1석유류 수용성, 지정수량 400L
② 제4류 위험물 중 제1석유류 수용성, 지정수량 400L
③ 제4류 위험물 중 제2석유류 수용성, 지정수량 2,000L
④ 제4류 위험물 중 제3석유류 비수용성, 지정수량 2,000L

46

지중탱크의 옥외탱크저장소에 다음과 같은 조건의 위험물을 저장하고 있다면 지중탱크 지반면의 옆판에서 부지 경계선 사이에는 얼마 이상의 거리를 유지해야 하는가?

- 저장위험물 : 에탄올
- 지중탱크 수평단면의 내경 : 30m
- 지중탱크 밑판 표면에서 지반면까지의 높이 : 25m
- 부지 경계선의 높이 구조 : 높이 2m 이상의 콘크리트조

① 100m 이상　　② 75m 이상
③ 50m 이상　　　④ 25m 이상

해설및용어설명 | 옥외탱크저장소 - 지중탱크
- 지중탱크의 옥외탱크저장소의 위치는 지중탱크의 지반면의 옆판까지의 사이에 당해 지중탱크 수평단면의 안지름의 수치에 0.5를 곱하여 얻은 수치 또는 50m(당해 지중탱크에 저장 또는 취급하는 위험물의 인화점이 21℃ 이상 70℃ 미만의 경우에 있어서는 40m, 70℃ 이상의 경우에 있어서는 30m) 중 큰 것과 동일한 거리 이상의 거리를 유지할 것
- 지중탱크 수평단면 안지름×0.5 = 30m×0.5 = 15m 또는 에탄올 인화점 13℃ 이므로 50m 중 큰 것

47

이송취급소의 배관설치 기준 중 배관을 지하에 매설하는 경우의 안전거리 또는 매설깊이로 옳지 않은 것은?

① 건축물(지하가 내의 건축물을 제외) : 1.5m 이상
② 지하가 및 터널 : 10m 이상
③ 산이나 들에 매설하는 배관의 외면과 지표면과의 거리 : 0.3m 이상
④ 수도법에 의한 수도시설(위험물의 유입우려가 있는 것) : 300m 이상

해설및용어설명 | 이송취급소 - 배관의 안전거리
- 건축물(지하가 내의 건축물 제외) : 1.5m 이상
- 지하가 및 터널 : 10m 이상
- 산이나 들에 매설하는 배관의 외면과 지표면과의 거리 : 0.9m 이상
- 그 밖의 지역에 매설하는 배관의 외면과 지표면과의 거리 : 1.2m 이상
- 수도법에 의한 수도시설(위험물의 유입우려가 있는 것) : 300m 이상

정답 44 ④ 45 ① 46 ③ 47 ③

48

메틸에틸케톤에 대한 설명 중 틀린 것은?

① 증기는 공기보다 무겁다.
② 지정수량은 200L이다.
③ 이소부틸알코올을 환원하여 제조할 수 있다.
④ 품명은 제1석유류이다.

해설및용어설명 | 제4류 위험물 - 메틸에틸케톤

① $\dfrac{CH_3COC_2H_5}{29} = \dfrac{12+1\times3+12+16+12\times2+1\times5}{29} = 2.48$

② 제4류 위험물 중 제1석유류(비수용성), 지정수량 200L
③ 2 - 부틸알코올을 산화(탈수소화)하여 제조할 수 있다.
④ 제4류 위험물 중 제1석유류(비수용성)

49

다음에서 설명하고 있는 법칙은?

> 온도가 일정할 때 기체의 부피는 절대압력에 반비례한다.

① 일정성분비의 법칙
② 보일의 법칙
③ 샤를의 법칙
④ 보일 – 샤를의 법칙

해설및용어설명 |
- 보일의 법칙 : 온도가 일정할 때 압력과 부피는 반비례한다.
- 샤를의 법칙 : 압력이 일정할 때 부피와 온도는 비례한다.

50

제4류 위험물 중 20L 플라스틱 용기에 수납할 수 있는 것은?

① 이황화탄소
② 휘발유
③ 다이에틸에터
④ 아세트알데하이드

해설및용어설명 | 운반용기의 종류와 용적 - 액체위험물
플라스틱 용기 20L - 제4류 위험물 중 위험등급 II, III
① 제4류 위험물 중 특수인화물, 지정수량 50L, 위험등급 I
② 제4류 위험물 중 제1석유류(비수용성), 지정수량 200L, 위험등급 II
③ 제4류 위험물 중 특수인화물, 지정수량 50L, 위험등급 I
④ 제4류 위험물 중 특수인화물, 지정수량 50L, 위험등급 I

51

운반용기 내용적의 95% 이하의 수납률로 수납하여야 하는 위험물은?

① 과산화벤조일
② 질산에틸
③ 나이트로글리세린
④ 메틸에틸케톤퍼옥사이드

해설및용어설명 | 수납률
- 고체 위험물 : 95% 이하
- 액체 위험물 : 98% 이하, 55℃에서 공간용적 유지
- 알킬리튬, 알킬알루미늄 : 90% 이하, 50℃에서 5% 이상 공간용적 유지

① 고체
② 액체
③ 액체
④ 액체

52

황에 대한 설명 중 틀린 것은?

① 순도가 60wt% 이상이면 위험물이다.
② 물에 녹지 않는다.
③ 전기에 도체이므로 분진폭발의 위험이 있다.
④ 황색의 분말이다.

해설및용어설명 | 제2류 위험물 - 황
① 위험물의 기준 : 60중량퍼센트 이상
② 물에 녹지 않는다.
③ 전기 부도체이므로 분진폭발의 위험이 있다.
④ 황색의 분말이다.

53

위험물안전관리법령에서 정한 소화설비의 적응성기준에서 이산화탄소소화설비가 적응성이 없는 대상은?

① 전기설비 ② 인화성고체
③ 제4류 위험물 ④ 제6류 위험물

해설및용어설명 | 위험물 소화방법

유별	종류	운반용기 외부의 주의사항	게시판	소화방법	덮개
제1류 위험물	알칼리금속의 과산화물	가연물접촉주의, 화기·충격주의, 물기엄금	물기엄금	주수금지	방수성 차광성
	그 외	가연물접촉주의, 화기·충격주의	없음	주수소화	차광성
제2류 위험물	철분·금속분·마그네슘	화기주의, 물기엄금	화기주의	주수금지	방수성
	인화성고체	화기엄금	화기엄금	주수소화 질식소화	
	그 외	화기주의	화기주의	주수소화	
제3류 위험물	자연발화성 물질	화기엄금, 공기접촉엄금	화기엄금	주수소화	차광성
	금수성물질	물기엄금	물기엄금	주수금지	방수성
제4류 위험물		화기엄금	화기엄금	질식소화	차광성 (특수인화물)
제5류 위험물		화기엄금, 충격주의	화기엄금	주수소화	차광성
제6류 위험물		가연물접촉주의	없음	주수소화	차광성

이산화탄소소화설비 - 질식소화

전기설비 - 포소화약제를 제외한 질식소화 가능

54

[보기]의 요건을 모두 충족하는 위험물 중 지정수량이 가장 큰 것은?

- 위험등급 Ⅰ 또는 Ⅱ에 해당하는 위험물이다.
- 제6류 위험물과 혼재하여 운반할 수 있다.
- 황린과 동일한 옥내저장소에는 1m 이상 간격을 유지한다면 저장이 가능하다.

① 염소산염류 ② 무기과산화물
③ 질산염류 ④ 과망가니즈산염류

해설및용어설명 | 제1류 위험물

① 제1류 위험물 중 염소산염류, 지정수량 50kg, 위험등급 Ⅰ
② 제1류 위험물 중 무기과산화물, 지정수량 50kg, 위험등급 Ⅰ
③ 제1류 위험물 중 질산염류, 지정수량 300kg, 위험등급 Ⅱ
④ 제1류 위험물 중 과망가니즈산염류, 지정수량 1,000kg, 위험등급 Ⅲ

55

다음 검사의 종류 중 검사공정에 의한 분류에 해당되지 않는 것은?

① 수입검사 ② 출하검사
③ 출장검사 ④ 공정검사

해설및용어설명 | 검사의 종류 - 검사공정에 의한 분류

- 수입검사 : 원자재 또는 반제품 등의 원료가 입고될 때 실시하는 검사
- 출하검사 : 출하하기 전에 완제품 출하 여부를 결정하는 검사
- 공정검사 : 생산 공정에서 실시하는 검사. 불량품이 다음 공정으로 진행되는 것을 방지

56

그림과 같은 계획공정도(Network)에서 주공정은?(단, 화살표 아래의 숫자는 활동시간을 나타낸 것이다)

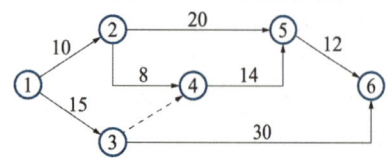

① 1 – 3 – 6
② 1 – 2 – 5 – 6
③ 1 – 2 – 4 – 5 – 6
④ 1 – 3 – 4 – 5 – 6

해설및용어설명 | 계획공정도
여유시간이 0이 되는 방향이 주공정이다.

57

Ralph M. Barnes 교수가 제시한 동작경제의 원칙 중 작업장 배치에 관한 원칙(Arrangement of the workplace)에 해당되지 않는 것은?

① 가급적이면 낙하식 운반방법을 이용한다.
② 모든 공구나 재료는 지정된 위치에 있도록 한다.
③ 충분한 조명을 하여 작업자가 잘 볼 수 있도록 한다.
④ 가급적 용이하고 자연스런 리듬을 타고 일할 수 있도록 작업을 구성하여야 한다.

해설및용어설명 | 반즈의 동작경제의 3원칙
작업자가 에너지의 낭비 없이 작업할 수 있도록 하는 것
• 신체의 사용에 관한 원칙
• 작업장의 배치에 관한 원칙
• 공구 및 설비의 설계에 관한 원칙
 ① 작업장의 배치에 관한 원칙
 ② 작업장의 배치에 관한 원칙
 ③ 작업장의 배치에 관한 원칙
 ④ 신체의 사용에 관한 원칙

58

로트 크기 1,000, 부적합품률이 15%인 로트에서 5개의 랜덤 시료 중에서 발견된 부적합품수가 1개일 확률을 이항분포로 계산하면 약 얼마인가?

① 0.1648
② 0.3915
③ 0.6085
④ 0.8352

해설및용어설명 | 이항분포
$$P(x) = \binom{n}{x} P^x \cdot (1-P)^{n-x}$$
$$P(1) = \binom{5}{1} 0.15^1 \cdot (1-0.15)^{5-1} = 0.3915$$

59

다음 중 계량값 관리도에 해당되는 것은?

① c 관리도
② nP 관리도
③ R 관리도
④ u 관리도

해설및용어설명 | 관리도의 구분
• 계수치 관리도
 - P 관리도 : 불량률 관리도
 - nP 관리도 : 불량개수 관리도
 - c 관리도 : 결점수 관리도
 - u 관리도 : 단위당 결점수 관리도
• 계량값 관리도
 - $\bar{x}$-R 관리도 : 평균치와 범위 관리도
 - x 관리도 : 개개의 측정치 관리도
 - Me-R 관리도 : 메디안과 범위 관리도
 - L-S 관리도 : 최대치와 최소치 관리도
 - R 관리도

60

품질코스트(quality cost)를 예방코스트, 실패코스트, 평가코스트로 분류할 때, 다음 중 실패코스트(failure cost)에 속하는 것이 아닌 것은?

① 시험 코스트
② 불량대책 코스트
③ 재가공 코스트
④ 설계변경 코스트

해설및용어설명 | 품질코스트

- **예방코스트**
- **평가코스트** : 시험코스트
- **실패코스트** : 불량대책 코스트, 재가공 코스트, 설계변경 코스트

과년도 기출문제 2011 * 50

01

30L 용기에 산소를 넣어 압력이 150기압으로 되었다. 이 용기의 산소를 온도 변화 없이 동일한 조건에서 40L의 용기에 넣었다면 압력은 얼마로 되는가?

① 85.7기압 ② 102.5기압
③ 112.5기압 ④ 200기압

해설및용어설명 | 보일의 법칙
온도가 일정할 때 압력과 부피는 반비례한다.
$PV = P'V'$
$150atm \times 30L = x\,atm \times 40L$
$x = 112.5atm$

02

다음에서 설명하는 법칙에 해당하는 것은?

> 용매에 용질을 녹일 경우 증기압 강하의 크기는 용액 중에 녹아 있는 용질의 몰분율에 비례한다.

① 증기압의 법칙 ② 라울의 법칙
③ 이상용액의 법칙 ④ 일정성분비의 법칙

해설및용어설명 | 라울의 법칙
용매에 용질을 녹일 경우 증기압 강하의 크기는 용액 중에 녹아 있는 용질의 몰분율에 비례한다.
$p_A = P \times x_A$

03

그림의 위험물에 대한 설명으로 옳은 것은?

① 휘황색의 액체이다.
② 규조토에 흡수시켜 다이너마이트를 제조하는 원료이다.
③ 여름에 기화하고 겨울에 동결할 우려가 있다.
④ 물에 녹지 않고 아세톤, 벤젠에 잘 녹는다.

해설및용어설명 | 제5류 위험물 - 트라이나이트로톨루엔
① 담황색 결정이다.
② 나이트로글리세린에 대한 설명이다.
③ 나이트로글리세린에 대한 설명이다.
④ 물에 녹지 않고 알코올, 아세톤, 에터에 잘 녹는다.

정답 01 ③ 02 ② 03 ④

04

위험물을 저장하는 원통형 탱크를 종으로 설치할 경우 공간용적을 옳게 나타낸 것은?(단, 탱크의 지름은 10m, 높이는 16m이며, 원칙적인 경우이다)

① $62.8m^3$ 이상 $125.7m^3$ 이하
② $72.8m^3$ 이상 $125.7m^3$ 이하
③ $62.8m^3$ 이상 $135.6m^3$ 이하
④ $72.8m^3$ 이상 $135.6m^3$ 이하

해설및용어설명 | 공간용적

- 탱크 내용적의 100분의 5 이상 100분의 10 이하
- 소화설비 설치 탱크 : 소화설비 소화약제방출구 아래의 0.3미터 이상 1미터 미만 사이의 면으로부터 윗부분의 용적
- 암반탱크 : 탱크 내에 용출하는 7일간의 지하수의 양에 상당하는 용적과 탱크의 내용적의 100분의 1의 용적 중에서 큰 용적

종형탱크 = $\pi r^2 l = \pi \times 5^2 \times 16 = 1,256.637 m^3$

$1,256.637 m^3 \times \dfrac{5}{100} = 62.83 ≒ 62.8 m^3$

$1,256.637 m^3 \times \dfrac{10}{100} = 125.66 ≒ 125.7 m^3$

05

위험물의 운반기준으로 틀린 것은?

① 고체위험물은 운반용기 내용적의 95% 이하로 수납 할 것
② 액체위험물은 운반용기 내용적의 98% 이하로 수납 할 것
③ 하나의 외장용기에는 다른 종류의 위험물을 수납하지 아니할 것
④ 액체위험물은 섭씨 65도의 온도에서 누설되지 않도록 충분한 공간용적을 유지할 것

해설및용어설명 | 수납률

- 고체 위험물 : 95% 이하
- 액체 위험물 : 98% 이하, 55℃에서 공간용적 유지
- 알킬리튬, 알킬알루미늄 : 90% 이하, 50℃에서 5% 이상 공간용적 유지

06

액체 위험물을 저장하는 용량 10,000L의 이동저장탱크는 최소 몇 개 이상의 실로 구획하여야 하는가?

① 1개 ② 2개
③ 3개 ④ 4개

해설및용어설명 | 이동탱크저장소

칸막이 3.2mm, 4,000L

$\dfrac{10,000}{4,000} = 2.5 ≒ 3$

07

유기과산화물을 함유하는 것 중에서 불활성고체를 함유하는 것으로서 다음에 해당하는 물질은 제5류 위험물에서 제외한다. ( ) 안에 알맞은 수치는?

> 과산화벤조일의 함유량이 ( )중량퍼센트 미만인 것으로서 전분가루, 황산칼슘2수화물 또는 인산1수소칼슘2수화물과의 혼합물

① 25.5 ② 35.5
③ 45.5 ④ 55.5

해설및용어설명 | 위험물 기준 - 제5류 위험물

유기과산화물을 함유하는 것 중에서 불활성고체를 함유하는 것으로서 다음 각목의 1에 해당하는 것은 제외한다.

가. 과산화벤조일의 함유량이 35.5중량퍼센트 미만인 것으로서 전분가루, 황산칼슘2수화물 또는 인산1수소칼슘2수화물과의 혼합물
나. 비스(4클로로벤조일)퍼옥사이드의 함유량이 30중량퍼센트 미만인 것으로서 불활성고체와의 혼합물
다. 과산화지크밀의 함유량이 40중량퍼센트 미만인 것으로서 불활성고체와의 혼합물
라. 1·4비스(2-터셔리부틸퍼옥시이소프로필)벤젠의 함유량이 40중량퍼센트 미만인 것으로서 불활성고체와의 혼합물
마. 시크로헥사놀퍼옥사이드의 함유량이 30중량퍼센트 미만인 것으로서 불활성고체와의 혼합물

08

다음 제1류 위험물 중 융점이 가장 높은 것은?

① 과염소산칼륨
② 과염소산나트륨
③ 염소산나트륨
④ 염소산칼륨

해설및용어설명 | 제1류 위험물
① 610℃
② 482℃
③ 248℃
④ 368.4℃

융점	나트륨	칼륨
아염소산	175℃	×
염소산	248℃	368.4℃
과염소산	482℃	610℃

아염소산 - 염소산 - 과염소산으로 갈수록 융점이 높고, 나트륨보다 칼륨의 융점이 높다.

09

운송책임자의 감독·지원을 받아 운송하여야 하는 위험물은?

① 칼륨
② 하이드라진유도체
③ 특수인화물
④ 알킬리튬

해설및용어설명 | 감독·지원을 받아야 하는 위험물
알킬리튬, 알킬알루미늄

10

위험물의 제조과정에서의 취급기준에 대한 설명으로 틀린 것은?

① 증류공정에 있어서는 위험물의 취급하는 설비의 외부압력의 변동에 의하여 액체 또는 증기가 생기도록 하여야 한다.
② 추출공정에 있어서는 추출관의 내부압력이 비정상으로 상승하지 않도록 하여야 한다.
③ 건조공정에 있어서는 위험물의 온도가 국부적으로 상승하지 않도록 가열 또는 건조시켜야 한다.
④ 분쇄공정에 있어서는 위험물의 분말이 현저하게 기계·기구 등에 부착하고 있는 상태로 그 기계·기구를 취급하지 아니하여야 한다.

해설및용어설명 | 취급의 기준 - 제조
① 증류공정에 있어서는 위험물을 취급하는 설비의 내부압력의 변동 등에 의하여 액체 또는 증기가 새지 아니하도록 할 것
② 추출공정에 있어서는 추출관의 내부압력이 비정상으로 상승하지 아니하도록 할 것
③ 건조공정에 있어서는 위험물의 온도가 부분적으로 상승하지 아니하는 방법으로 가열 또는 건조할 것
④ 분쇄공정에 있어서는 위험물의 분말이 현저하게 부유하고 있거나 위험물의 분말이 현저하게 기계·기구 등에 부착하고 있는 상태로 그 기계·기구를 취급하지 아니할 것

11

Halon 1211와 Halon 1301 소화기(약제)에 대한 설명 중 틀린 것은?

① 모두 부촉매 효과가 있다.
② 모두 공기보다 무겁다.
③ 증기비중과 액체비중 모두 Halon 1211이 더 크다.
④ 방사 시 유효거리는 Halon 1301 소화기가 더 길다.

해설및용어설명 | 하론 소화약제
① 할로젠원소는 부촉매 효과가 있다.
② 모두 공기보다 무겁다.

③ Halon 1301 증기비중 = $\dfrac{CF_3Br}{29} = \dfrac{12 + 19 \times 3 + 80}{29} = 5.14$

Halon 1211 증기비중 = $\dfrac{CF_2ClBr}{29} = \dfrac{12 + 19 \times 2 + 35.5 + 80}{29} = 5.71$

④ 1211 소화기는 증기압이 1301보다 낮아 방사 시 유효거리가 길다.

12

연소 생성물로서 혈액 속에서 헤모글로빈(hemoglobin)과 결합하여 산소부족을 야기하는 것은?

① HCl ② CO
③ NH_3 ④ H_2O

해설및용어설명 | 일산화탄소(CO)
불안정한 상태로 산소 하나를 얻어 이산화탄소(CO_2)가 되고 싶어 하므로 혈액 속의 산소를 빼앗아 체내 산소부족의 원인이 된다.

13

소화난이도등급 I의 옥외탱크저장소(지중탱크 및 해상탱크 이외의 것)로서 인화점이 70℃ 이상의 제4류 위험물만을 저장하는 탱크에 설치하여야 하는 소화설비는?

① 물분무소화설비 또는 고정식 포소화설비
② 옥내소화전설비
③ 스프링클러설비
④ 이산화탄소소화설비

해설및용어설명 | 소화난이도등급 I
- 인화점 70℃ 이상의 제4류 위험물만을 저장·취급하는 것 중 옥외탱크저장소(지중탱크 또는 해상탱크 외의 것) : 물분무소화설비 또는 고정식 포소화설비
- 옥내탱크저장소 : 물분무 소화설비, 고정식 포소화설비, 이동식 이외의 불활성가스소화설비, 이외의 할로젠화합물소화설비, 이동식 이외의 분말소화설비
- 암반탱크저장소 : 물분무소화설비 또는 고정식 포소화설비

14

메틸에틸케톤퍼옥사이드의 저장취급소에 적응하는 소화방법으로 가장 적합한 것은?

① 냉각소화 ② 질식소화
③ 억제소화 ④ 제거소화

해설및용어설명 | 제5류 위험물 - 메틸에틸케톤퍼옥사이드
냉각소화

15

각 위험물의 지정수량을 합하면 가장 큰 값을 나타내는 것은?

① 다이크로뮴산칼륨 + 아염소산나트륨
② 다이크로뮴산나트륨 + 아질산칼륨
③ 과망가니즈산나트륨 + 염소산칼륨
④ 아이오딘산칼륨 + 아질산칼륨

해설및용어설명 | 지정수량
① 다이크로뮴산염류 1,000kg + 아염소산염류 50kg = 1,050kg
② 다이크로뮴산염류 1,000kg + 아질산염류 300kg = 1,300kg
③ 과망가니즈산염류 1,000kg + 염소산염류 50kg = 1,050kg
④ 아이오딘산염류 300kg + 아질산염류 300kg = 600kg

16

질산암모늄 80g이 완전 분해하여 O_2, H_2O, N_2가 생성되었다면 이때 생성물의 총량은 모두 몇 몰인가?

① 2
② 3.5
③ 4
④ 7

해설및용어설명 | 화학반응식

- 반응물과 생성물을 화학식으로 나타낸다.
  질산암모늄이 분해반응하면 산소, 물, 질소를 생성한다.
  $NH_4NO_3 \rightarrow O_2 + H_2O + N_2$
- 화학식 앞에 미정계수 a, b, c, d를 설정한다.
  $a\ NH_4NO_3 \rightarrow b\ O_2 + c\ H_2O + d\ N_2$
- 원소의 종류별로 방정식을 세운다.
  $a\ NH_4NO_3 \rightarrow b\ O_2 + c\ H_2O + d\ N_2$
  N 2a = 2d
  H 4a = 2c
  O 3a = 2b + c
- a = 1일 때, b, c, d를 구한다.
  N 2a = 2d, 2×1 = 2d, d = 1
  H 4a = 2c, 4×1 = 2c, c = 2
  O 3a = 2b + c, 3×1 = 2b + 2, 2b = 1, b = 1/2
  ∴ a = 1, b = 1/2, c = 2, d = 1
  최소공배수를 곱해 계수를 모두 정수로 만든다.
  ∴ a = 2, b = 1, c = 4, d = 2
- 계수를 대입하여 화학반응식을 완성한다.
  $2NH_4NO_3 \rightarrow O_2 + 4H_2O + 2N_2$
  NH_4NO_3 = 14 + 1×4 + 14 + 16×3 = 80g/mol
  - 질산암모늄 80g은 1몰이다.
  - 2몰의 질산암모늄이 완전 분해하여 생성되는 생성물은 7몰이므로 1몰의 질산암모늄이 완전 분해하여 생성되는 생성물의 총량은 3.5몰이다.

17

질산암모늄 등 유해 위험물질의 위험성을 평가하는 방법 중 정량적 방법에 해당하지 않는 것은?

① FTA
② ETA
③ CCA
④ PHA

해설및용어설명 | 위험성 평가

① 결함수분석(Fault Tree Analysis) : 정량적 평가
② 사건수분석(Event Tree Analysis) : 정량적 평가
③ 원인결과분석(Cause Consequence Analysis) : 정량적 평가
④ 예비사고분석(Preliminary Hazard Analysis) : 정성적 평가

18

금속분에 대한 설명 중 틀린 것은?

① Al의 화재발생 시 할로젠화합물 소화약제는 적응성이 없다.
② Al은 수산화나트륨 수용액과 반응 시 $NaAl(OH)_2$와 H_2가 주로 생성된다.
③ Zn은 KCN 수용액에서 녹는다.
④ Zn은 염산과 반응 시 $ZnCl_2$와 H_2가 생성된다.

해설및용어설명 | 제2류 위험물 - 금속분

① 산화환원반응으로 인해 발화의 위험이 있다.
② $2Al + 2NaOH + 2H_2O \rightarrow 2NaAlO_2 + 3H_2$
③ KCN 수용액에 녹는다.
④ $Zn + 2HCl \rightarrow ZnCl_2 + H_2$

19

위험물제조소에 설치하는 옥내소화전의 개폐밸브 및 호스접속구는 바닥면으로부터 몇 m 이하의 높이에 설치하여야 하는가?

① 0.5
② 1.5
③ 1.7
④ 1.9

해설및용어설명 | 옥내소화전
개폐밸브 및 호스접속구는 바닥면으로부터 1.5m 이하의 높이에 설치할 것

20

과염소산의 취급 저장 시 주의사항으로 틀린 것은?

① 가열하면 폭발할 위험이 있으므로 주의한다.
② 종이, 나무조각 등과 접촉을 피하여야 한다.
③ 구멍이 뚫린 코르크 마개를 사용하여 통풍이 잘되는 곳에 저장한다.
④ 물과 접촉하면 심하게 반응하므로 접촉을 금지한다.

해설및용어설명 | 제6류 위험물 - 과염소산
① 가열하면 폭발할 위험이 있다.
② 가연물과 접촉 시 발화할 수 있으므로 접촉을 피하여야 한다.
③ 과산화수소의 보관 방법이다.
④ 물과 접촉 시 발열하며 심하게 반응한다.

21

반도체 산업에서 사용되는 $SiHCl_3$는 제 몇 류 위험물인가?

① 1
② 3
③ 5
④ 6

해설및용어설명 | 제3류 위험물
트라이클로로실란 : 그 밖에 행정안전부령으로 정하는 것

22

지정수량을 표시하는 단위가 나머지 셋과 다른 하나는?

① 질산망가니즈
② 과염소산
③ 메틸에톤케톤
④ 트라이에틸알루미늄

해설및용어설명 | 지정수량
① 제1류 위험물 중 질산염류, 지정수량 300kg
② 제6류 위험물 중 과염소산, 지정수량 300kg
③ 제4류 위험물 중 제1석유류, 지정수량 200L
④ 제3류 위험물 중 알킬알루미늄, 지정수량 10kg
제4류 위험물의 지정수량 단위는 L, 나머지 위험물의 지정수량 단위는 kg이다.

23

위험물에 관한 설명 중 틀린 것은?

① 농도가 30중량퍼센트인 과산화수소는 위험물안전관리법상의 위험물이 아니다.
② 질산을 염산과 일정한 비율로 혼합하면 금과 백금을 녹일 수 있는 혼합물이 된다.
③ 질산은 분해방지를 위해 직사광선을 피하고 갈색병에 담아 보관한다.
④ 과산화수소의 자연발화를 막기 위해 용기에 인산, 요산을 가한다.

해설및용어설명 | 제6류 위험물
① 과산화수소 위험물 기준 36중량퍼센트 이상
② 왕수 → 질산 : 염산 = 1 : 3
③ 햇빛에 의해 분해될 수 있으므로 갈색병에 담아 보관한다.
④ 과산화수소 분해방지 안정제 : 인산, 요산 - 과산화수소는 자연발화 하지 않는다. 분해방지를 위한 안정제이다.

24

다음과 같은 벤젠의 화학반응을 무엇이라 하는가?

$$C_6H_6 + H_2SO_4 \rightarrow C_6H_5 \cdot SO_3H + H_2O$$

① 나이트로화 ② 술폰화
③ 아이오딘화 ④ 할로젠화

해설 및 용어설명 | 화학반응
① 질산과 황산의 혼산화에 반응시키는 것
② 황산과 반응시키는 것
③ 아이오딘과 반응시키는 것
④ 할로젠원소를 치환시키는 것

25

뉴턴의 점성법칙에서 전단응력을 표현할 때 사용되는 것은?

① 점성계수, 압력 ② 점성계수, 속도구배
③ 악력, 속도구배 ④ 압력, 마찰계수

해설 및 용어설명 | 유체역학 - 뉴턴의 점성법칙

$$F = \mu \frac{du}{dy} A$$

- μ : 점성계수
- $\frac{du}{dy}$: 속도구배

유체의 전단응력(τ)은 속도구배(du/dy)에 비례한다.

26

금속칼륨을 석유 속에 넣어 보관하는 이유로 가장 적합한 것은?

① 산소의 발생을 막기 위해
② 마찰 시 충격을 방지하려고
③ 제3류 위험물과 제4류 위험물의 혼재가 가능하기 때문에
④ 습기 및 공기와의 접촉을 방지하려고

해설 및 용어설명 | 위험물 저장방법
칼륨, 나트륨 : 공기 중 수분 또는 물과 닿지 않도록 석유(등유, 유동파라핀, 경유) 속에 저장한다.

27

제조소 및 일반취급소에 경보설비인 자동화재탐지설비를 설치하여야 하는 조건에 해당하지 않는 것은?

① 연면적 500㎡ 이상인 것
② 옥내에서 지정수량 100배의 휘발유를 취급하는 것
③ 옥내에서 지정수량 200배의 벤젠을 취급하는 것
④ 처마높이가 6m 이상인 단층건물의 것

해설 및 용어설명 | 자동화재탐지설비 - 설치 기준
제조소 및 일반취급소
- 500 : 제조소 및 일반취급소의 연면적이 500㎡ 이상일 때 자동화재탐지설비 설치
- 옥내에서 지정수량의 100배 이상을 취급하는 것
- 1,000 : 주요 출입구에서 그 내부의 전체를 볼 수 있는 경우 1,000㎡ 경계구역 이하

28

방호 대상물의 표면적이 50m²인 곳에 물분무소화설비를 설치하고자 한다. 수원의 수량은 몇 L 이상 이어야 하는가?

① 3,000 ② 4,000
③ 30,000 ④ 40,000

해설및용어설명 | 수원의 수량 - 물분무소화설비

50m² × 20L/min·m² × 30min = 30,000L

29

탄화칼슘에 대한 설명으로 틀린 것은?

① 분자량은 약 64이다.
② 비중은 약 0.9이다.
③ 고온으로 가열하면 질소와도 반응한다.
④ 흡습성이 있다.

해설및용어설명 | 제3류 위험물 - 탄화칼슘

① $CaC_2 = 40 + 12 \times 2 = 64$
② 비중 2.2
③ $CaC_2 + N_2 \rightarrow CaCN_2 + C$
④ 흡습성이 있다.

30

제5류 위험물에 관한 설명 중 옳은 것은?

① 아조화합물과 금속의 아지화합물은 지정수량이 200kg이고, 위험등급Ⅱ에 속한다.
② 지정수량이 100kg인 위험물에는 하이드록실아민, 하이드록실아민염류, 하이드라진 유도체 등이 있다.
③ 유기과산화물을 함유하는 것으로서 지정수량이 10kg인 것을 지정과산화물이라 한다.
④ 나이트로셀룰로오스, 나이트로글리세린, 질산메틸은 질산에스터류에 속하고 지정수량은 10kg이다.

해설및용어설명 | 제5류 위험물

등급	품명	지정수량	위험물	분자식
제1종 Ⅰ 제2종 Ⅱ	질산에스터류		질산메틸	CH_3ONO_2
			질산에틸	$C_2H_5ONO_2$
			나이트로글리세린(제1종)	$C_3H_5(ONO_2)_3$
			나이트로글리콜(제1종)	$C_2H_4(ONO_2)_2$
			나이트로셀룰로오스 (질산섬유소, 제1종)	
			셀룰로이드(제2종)	
	유기과산화물		과산화벤조일 (벤조일퍼옥사이드, 제2종)	$(C_6H_5CO)_2O_2$
		제1종 10kg 제2종 100kg	과산화아세틸 (아세틸퍼옥사이드, 제2종)	
	하이드록실아민			NH_2OH
	하이드록실아민염류			
	나이트로화합물		트라이나이트로 톨루엔(TNT, 제1종)	$C_6H_2(NO_2)_3$ CH_3
			트라이나이트로페놀 (피크린산, TNP, 제1종 또는 제2종)	$C_6H_2(NO_2)_3$ OH
			테트릴	
	나이트로소화합물			
	아조화합물			
	다이아조화합물			
	하이드라진유도체			
그 외	금속의 아지화합물			
	질산구아니딘			

• 지정과산화물 : 유기과산화물을 함유하는 것으로서 지정수량이 10kg인 것

31

안지름 5cm인 관 내를 흐르는 유동의 임계 레이놀드수가 2,0000면 임계 유속은 몇 cm/s인가?(단, 유체의 동점성계수는 0.0131cm²/s이다)

① 0.21 ② 1.21
③ 5.24 ④ 12.6

정답 28 ③ 29 ② 30 ③ 31 ③

해설및용어설명 | 유체역학 - 레이놀즈 수

$N_{Re} = \dfrac{Du\rho}{\mu} = \dfrac{Du}{\nu} \rightarrow u = \dfrac{N_{Re}\nu}{D}$

$N_{Re} = 2{,}000$

$D = 5\,cm$

$\nu = \dfrac{\mu}{\rho} = 0.0131\,cm^2/s$

$u = \dfrac{2{,}000 \times 0.0131}{5} = 5.24$

32

CH_3COOOH(Peracetic acid)은 제 몇 류 위험물인가?

① 제2류 위험물
② 제3류 위험물
③ 제4류 위험물
④ 제5류 위험물

해설및용어설명 | 과산화아세트산
제5류 위험물 중 유기과산화물(제2종), 지정수량 100kg

33

다음 ㉠, ㉡ 같은 작업공정을 가진 경우 위험물안전관리법상 허가를 받아야 하는 제조소등의 종류를 옳게 짝지은 것은? (단, 지정수량 이상을 취급하는 경우이다)

㉠ 원료(비위험물) →작업→ 제품(위험물)

㉡ 원료(위험물) →작업→ 제품(비위험물)

① ㉠ 위험물제조소, ㉡ 위험물제조소
② ㉠ 위험물제조소, ㉡ 위험물취급소
③ ㉠ 위험물취급소, ㉡ 위험물제조소
④ ㉠ 위험물취급소, ㉡ 위험물취급소

해설및용어설명 | 위험물제조소등
- 위험물제조소 : 위험물 또는 비위험물을 원료로 위험물을 생산
- 위험물취급소 : 위험물을 원료로 비위험물을 생산

34

물분무소화설비가 되어있는 위험물 옥외탱크저장소에 대형 수동식소화기를 설치하는 경우 방호대상물로부터 소화기까지 보행거리는 몇 m 이하가 되도록 설치하여야 하는가?

① 50
② 30
③ 20
④ 제한 없다.

해설및용어설명 | 소화난이도등급 - 소화설비
제조소등에 옥내소화전설비, 옥외소화전설비, 스프링클러설비 또는 물분무등소화설비를 설치한 경우에는 당해 소화설비의 방사능력범위 내의 부분에 대해서는 대형수동식소화기를 설치하지 아니할 수 있다.
→ 거리에 대한 제한은 없다.

35

접지도선을 설치하지 않는 이동탱크저장소에 의하여도 저장 취급할 수 있는 위험물은?

① 알코올류
② 제1석유류
③ 제2석유류
④ 특수인화물

해설및용어설명 | 이동탱크저장소 - 접지도선
제4류 위험물 중 특수인화물, 제1석유류, 제2석유류는 접지도선을 설치하여야 한다.

36

금속칼륨 10g을 물에 녹였을 때 이론적으로 발생하는 기체는 약 몇 g인가?

① 0.12g ② 0.26g
③ 0.32g ④ 0.52g

해설및용어설명 | 이상기체상태방정식

$2K + 2H_2O \rightarrow 2KOH + H_2$

$PV = \frac{w}{M}RT \rightarrow V = \frac{wRT}{PM}$

- P = 1atm
- M = K = 39g/mol
- w = 10g
- R = 0.082atm·L/mol·K
- T = 0℃ + 273 = 273K

$V = \frac{10 \times 0.082 \times 273}{1 \times 39} \times \frac{1\,H_2}{2K} \times \frac{2g/mol}{22.4L/mol} = 0.256 ≒ 0.26g$

37

제2종 분말소화약제가 열분해할 때 생성되는 물질로 4℃ 부근에서 최대 밀도를 가지면 분자 내 104.5°의 결합각을 갖는 것은?

① CO_2 ② H_2O
③ H_3PO_4 ④ K_2CO_3

해설및용어설명 | 물의 특성

- 4℃ 부근에서 수소결합 끊어지며 최대 밀도 형성
- 분자 내 104.5°의 결합각을 가진다.

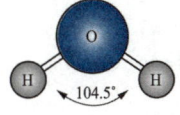

$2KHCO_3 \rightarrow K_2CO_3 + CO_2 + H_2O$

38

알칼리금속 과산화물에 적응성이 있는 소화설비는?

① 할로젠화합물 소화설비 ② 탄산수소염류 분말소화설비
③ 물분무소화설비 ④ 스프링클러설비

해설및용어설명 | 위험물의 소화

제1류 위험물 중 알칼리금속의 과산화물 - 주수금지
→ 탄산수소염류 분말소화설비, 마른 모래, 팽창질석, 팽창진주암

39

[보기]의 물질 중 제1류 위험물에 해당하는 것은 모두 몇 개인가?

> 아염소산나트륨, 염소산나트륨, 차아염소산칼슘, 과염소산칼륨

① 4개 ② 3개
③ 2개 ④ 1개

해설및용어설명 | 제1류 위험물

- 아염소산나트륨 : 제1류 위험물 중 아염소산염류, 지정수량 50kg
- 염소산나트륨 : 제1류 위험물 중 염소산염류, 지정수량 50kg
- 차아염소산칼슘 : 제1류 위험물 중 그 외, 지정수량 50kg
- 과염소산칼륨 : 제1류 위험물 중 과염소산염류, 지정수량 50kg

40

물과 반응하여 유독성의 H_2S를 발생할 위험이 있는 것은?

① 황 ② 오황화인
③ 황린 ④ 이황화탄소

해설및용어설명 | 물과의 반응

①, ③, ④ 물과 반응하지 않는다.

$P_2S_5 + 8H_2O \rightarrow 2H_3PO_4 + 5H_2S$

정답 36 ② 37 ② 38 ② 39 ① 40 ②

41

이동탱크저장소로 위험물을 운송하는 자가 위험물 안전카드를 휴대하지 않아도 되는 것은?

① 벤젠
② 다이에틸에터
③ 휘발유
④ 경유

해설및용어설명 | 위험물 안전카드

위험물(제4류 위험물에 있어서는 특수인화물 및 제1석유류에 한한다)을 운송하게 하는 자는 위험물안전카드를 운송자로 하여금 휴대하게 할 것
→ 위험물안전카드를 소지하여야 하는 위험물 : 제1류 위험물, 제2류 위험물, 제3류 위험물, 제4류 위험물 중 특수인화물 및 제1석유류, 제5류 위험물, 제6류 위험물

① 제1석유류
② 특수인화물
③ 제1석유류
④ 제2석유류

42

제조소등에 대한 허가취소 또는 사용정지의 사유가 아닌 것은?

① 변경허가를 받지 아니하고 제조소등의 위치·구조 또는 설비를 변경한 때
② 저장·취급기준의 중요기준을 위반한 때
③ 위험물안전관리자를 선임하지 아니한 때
④ 위험물안전관리자 부재 시 그 대리자를 지정하지 아니한 때

해설및용어설명 | 허가취소 또는 사용정지

- 변경허가를 받지 아니하고 제조소등의 위치·구조 또는 설비를 변경한 때
- 완공검사를 받지 아니하고 제조소등을 사용한 때
- 안전조치 이행명령을 따르지 아니한 때
- 수리·개조 또는 이전의 명령을 위반한 때
- 위험물안전관리자를 선임하지 아니한 때
- 대리자를 지정하지 아니한 때
- 정기점검을 하지 아니한 때
- 정기검사를 받지 아니한 때
- 저장·취급기준 준수명령을 위반한 때

43

아이오딘값(iodine number)에 대한 설명으로 옳은 것은?

① 지방 또는 기름 1g과 결합하는 아이오딘의 g 수이다.
② 지방 또는 기름 1g과 결합하는 아이오딘의 mg 수이다.
③ 지방 또는 기름 100g과 결합하는 아이오딘의 g 수이다.
④ 지방 또는 기름 100g과 결합하는 아이오딘의 mg 수이다.

해설및용어설명 | 아이오딘값

유지 100g을 경화시키는 데 필요한 아이오딘의 g 수

44

4몰의 질산이 분해하여 생성되는 H_2O, NO_2, O_2의 몰수를 차례대로 옳게 나열한 것은?

① 1, 2, 0.5
② 2, 4, 1
③ 2, 2, 1
④ 4, 4, 2

해설및용어설명 | 화학반응식

- 반응물과 생성물을 화학식으로 나타낸다.
  질산이 분해되어 물, 이산화질소, 산소를 생성한다.
  $HNO_3 \rightarrow H_2O + NO_2 + O_2$
- 화학식 앞에 미정계수 a, b, c, d를 설정한다.
  $a\ HNO_3 \rightarrow b\ H_2O + c\ NO_2 + d\ O_2$
- 원소의 종류별로 방정식을 세운다.
  $a\ HNO_3 \rightarrow b\ H_2O + c\ NO_2 + d\ O_2$
  H a = 2b
  N a = c
  O 3a = b + 2c + 2d
- a = 1일 때, b, c, d를 구한다.
  H a = 2b, 1 = 2b, b = 1/2
  N a = c, 1 = c, c = 1
  O 3a = b + 2c + 2d, 3×1 = 1/2 + 2×1 + 2d, 2d = 1/2, d = 1/4
  ∴ a = 1, b = 1/2, c = 1, d = 1/4
  모든 계수를 정수로 만들기 위해 분모의 최소공배수인 4를 곱한다.
  ∴ a = 4, b = 2, c = 4, d = 1
- 계수를 대입하여 화학반응식을 완성한다.
  $4HNO_3 \rightarrow 2H_2O + 4NO_2 + O_2$

45

다음 금속원소 중 이온화에너지가 가장 큰 원소는?

① 리튬 ② 나트륨
③ 칼륨 ④ 루비듐

해설및용어설명 | 이온화에너지
- 중성상태 원자에서 전자를 잃어 양이온이 될 때 필요한 에너지이다.
- 이온화에너지는 같은 족에서 아래로 갈수록 감소한다.

46

이산화탄소 소화약제에 대한 설명 중 틀린 것은?

① 소화 후 소화약제에 의한 오손이 없다.
② 전기절연성이 우수하여 전기화재에 효과적이다.
③ 밀폐된 지역에서 다량 사용 시 질식의 우려가 있다.
④ 한냉지에서 동결의 우려가 있으므로 주의해야 한다.

해설및용어설명 | 이산화탄소 소화약제
① 젖거나 반응하지 않고 소화 후의 약제는 날아가므로 피연소물을 보존할 수 있다.
② 비전도성이다.
③ 공기 중에 방출되면 산소의 농도가 상대적으로 작아지며 질식효과가 있으므로 주의한다.
④ 물소화약제에 대한 설명이다.

47

제6류 위험물이 아닌 것은?

① 삼불화브롬 ② 오불화브롬
③ 오불화피리딘 ④ 오불화아이오딘

해설및용어설명 | 제6류 위험물 - 할로젠간화합물
① BrF_3
② BrF_5
③ C_5F_5N : 제4류 위험물 중 제2석유류 비수용성
④ IF_5

48

제2류 위험물의 일반적 성질을 옳게 설명한 것은?

① 비교적 낮은 온도에서 연소되기 쉬운 가연성물질이며 연소속도가 빠른 고체이다.
② 비교적 낮은 온도에서 연소되기 쉬운 가연성물질이며 연소속도가 빠른 액체이다.
③ 비교적 높은 온도에서 연소되는 가연성물질이며 연소속도가 느린 고체이다.
④ 비교적 높은 온도에서 연소되는 가연성물질이며 연소속도가 느린 액체이다.

해설및용어설명 | 제2류 위험물 - 가연성 고체
비교적 낮은 온도에서 연소되기 쉬운 가연성물질이며 연소속도가 빠른 고체

49

어떤 액체연료의 질량조성이 C 80%, H 20%일 때 C : H의 mole 비는?

① 1 : 3
② 1 : 4
③ 4 : 1
④ 3 : 1

해설및용어설명 | 몰

$몰(n) = \dfrac{질량(w)}{분자량(M)}$

$\dfrac{80}{12} : \dfrac{20}{1} = 6.666 : 20 = 1 : 3$

50

나트륨에 대한 설명으로 틀린 것은?

① 화학적으로 활성이 크다.
② 4주기 1족에 속하는 원소이다.
③ 공기 중에서 자연발화 할 위험이 있다.
④ 물보다 가벼운 금속이다.

해설및용어설명 | 제3류 위험물 - 나트륨

① 알칼리금속은 화학적 활성이 크다.
② 3주기 1족에 속하는 원소이다.
③ 공기 중에서 자연발화 할 위험이 있다.
④ 물보다 가벼운 금속이다.

51

다음 위험물 중 지정수량이 가장 큰 것은?

① 부틸리튬
② 마그네슘
③ 인화칼슘
④ 황린

해설및용어설명 | 지정수량

① 제3류 위험물 중 알킬리튬, 지정수량 10kg
② 제2류 위험물 중 마그네슘, 지정수량 500kg
③ 제3류 위험물 중 금속인화합물, 지정수량 300kg
④ 제3류 위험물 중 황린, 지정수량 20kg

52

포소화설비 중 화재 시 용이하게 접근하여 소화작업을 할 수 있는 대상물에 설치하는 것은?

① 헤드방식
② 포소화전 방식
③ 고정포방출구 방식
④ 포모니터노즐 방식

해설및용어설명 | 포 소화설비

① 소방대상물에 고정식 배관을 설치하고 배관에 접속된 포헤드를 이용하여 포를 방사하는 방식
② 고정식 배관 설치 후 포호스, 포노즐에 의해 사람이 직접 포를 방사하는 방식
③ 위험물 옥외저장탱크에 폼챔버를 설치하여 포를 방사하는 방식
④ 위치가 고정된 노즐의 방사 각도를 수동 또는 자동으로 조준하여 포를 방사하는 방식

53

위험물제조소로부터 20m 이상의 안전거리를 유지하여야 하는 건축물 또는 공작물은?

① 문화재보호법에 따른 지정문화재
② 고압가스안전관리법에 따라 신고하여야 하는 고압가스 저장시설
③ 주거용 건축물
④ 고등교육법에서 정하는 학교

해설및용어설명 | 안전거리

구분	안전거리
7,000V 초과 35,000V 이하의 특고압가공전선	3m 이상
35,000V 초과의 특고압가공전선	5m 이상
주택	10m 이상
가스 저장·취급 시설	20m 이상
학교, 병원, 극장 등 사람이 많이 모이는 시설	30m 이상
문화재	50m 이상

54

제1류 위험물의 위험성에 대한 설명 중 틀린 것은?

① BaO_2는 염산과 반응하여 H_2O_2를 발생한다.
② $KMnO_4$는 알코올 또는 글리세린과의 접촉 시 폭발위험이 있다.
③ $KClO_3$는 100℃ 미만에서 열분해되어 KCl과 O_2를 방출한다.
④ $NaClO_3$은 산과 반응하여 유독한 ClO_2를 발생한다.

해설및용어설명 | 제1류 위험물
① 제1류 위험물 중 무기과산화물은 산과 반응하여 제6류 위험물인 과산화수소를 발생한다.
② 알코올, 글리세린은 가연물이므로 제1류 위험물인 과망가니즈산칼륨과 접촉하면 폭발 위험이 있다.
③ $2KClO_3 \rightarrow 2KClO_2 + O_2$(분해온도 400℃)
④ 염소산염류는 산과 반응하여 유독한 이산화염소를 발생한다.

55

어떤 측정법으로 동일 시료를 무한회 측정하였을 때 데이터 분포의 평균차와 참값과의 차를 무엇이라 하는가?

① 재현성   ② 안정성
③ 반복성   ④ 정확성

해설및용어설명 | 샘플링 - 측정오차
① 측정한 결과가 다시 나타나는 성질
② 바꾸어 달라지지 않고 일정한 상태를 유지하는 성질
③ 거듭해서 되풀이하는 성질
④ 동일 시료를 무한 횟수 측정하였을 때 데이터분포의 평균치와 참값의 차

56

관리도에서 측정한 값을 차례로 타점했을 때 점이 순차적으로 상승하거나 하강하는 것을 무엇이라 하는가?

① 연(run)   ② 주기(cycle)
③ 경향(trend)   ④ 산포(dispersion)

해설및용어설명 | 관리도
① 중심선의 한 쪽에 연속되는 점
② 점이 일정 간격으로 위아래로 변화하며 파형을 나타낸다.
③ 점이 순차적으로 상승하거나 하강하는 것
④ 중앙값으로부터 떨어져있는 정도

57

도수분포표를 작성하는 목적으로 볼 수 없는 것은?

① 로트의 분포를 알고 싶을 때
② 로트의 평균치와 표준편차를 알고 싶을 때
③ 규격과 비교하여 부적합품률을 알고 싶을 때
④ 주요 품질항목 중 개선의 우선순위를 알고 싶을 때

해설및용어설명 | 도수분포표 - 목적

도수분포표 예

계급	도수
0 이상 1 미만	2
1 이상 2 미만	5
2 이상 3 미만	2
3 이상 4 미만	1

- 로트의 분포를 알고 싶을 때
- 로트의 평균치와 표준편차를 알고 싶을 때
- 규격과 비교하여 부적합품률을 알고 싶을 때

58

정상소요기간이 5일이고, 이때의 비용이 20,000원이며 특급소요기간이 3일이고, 이때의 비용이 30,000원이라면 비용구배는 얼마인가?

① 4,000원/일   ② 5,000원/일
③ 7,000원/일   ④ 10,000원/일

해설및용어설명 | 비용구배

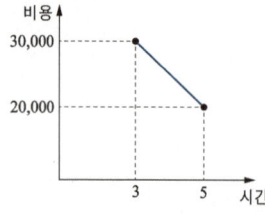

기울기 = $\dfrac{30{,}000 - 20{,}000}{5 - 3}$ = 5,000원/일

59

"무결점 운동"으로 불리는 것으로 미국의 항공사인 마틴사에서 시작된 품질개선을 위한 동기부여 프로그램은 무엇인가?

① ZD   ② 6시그마
③ TPM   ④ ISO 9001

해설및용어설명 | 품질경영

① Zero Defects, 무결점운동
② 기업에서 전략적으로 완벽에 가까운 제품이나 서비스를 개발하고 제공하려는 목적으로 정립된 품질경영 기법
③ 전사적 생산보전운동. 생산시스템 효율화의 극한을 추구
④ 품질경영시스템의 요구사항을 규정한 국제 표준

60

컨베이어 작업과 같이 단조로운 작업은 작업자에게 무력감과 구속감을 주고 생산량에 대한 책임감을 저하시키는 등 폐단이 있다. 다음 중 이러한 단조로운 작업의 결함을 제거하기 위해 채택되는 직무설계방법으로 가장 거리가 먼 것은?

① 자율경영팀 활동을 권장한다.
② 하나의 연속작업시간을 길게 한다.
③ 작업자 스스로가 직무를 설계하도록 한다.
④ 직무확대, 직무충실화 등의 방법을 활용한다.

해설및용어설명 | 직무설계

① 자율경영팀 활동을 권장한다.
② 하나의 연속작업시간을 길게 하는 것은 효과가 없다.
③ 작업자 스스로 직무를 설계하도록 한다.
④ 직무확대, 직무충실화 등의 방법을 활용한다.

과년도 기출문제

2012 * 51

01

다음에서 설명하는 위험물에 해당하는 것은?

- 불연성이고 무기화합물이다.
- 비중은 약 2.8이다.
- 분자량은 약 78이다.

① 과산화나트륨   ② 황화인
③ 탄화칼슘   ④ 과산화수소

해설및용어설명 | 제1류 위험물

불연성의 무기화합물은 제1류 위험물, 제6류 위험물이다.
따라서 ①, ④ 중 분자량 78인 것을 찾는다.
① $Na_2O_2 = 23 \times 2 + 16 \times 2 = 78$
④ $H_2O_2 = 1 \times 2 + 16 \times 2 = 34$

02

위험물탱크 시험자가 갖추어야 하는 장비가 아닌 것은?

① 방사선투과시험기
② 방수압력측정계
③ 초음파탐상시험기
④ 수직·수평도 측정기(필요한 경우에 한한다)

해설및용어설명 | 위험물 탱크시험자

탱크시험자가 갖추어야 하는 장비
① 필수장비 : 자기탐상시험기, 초음파두께측정기 및 다음 ㉠ 또는 ㉡ 중 어느 하나
 ㉠ 영상초음파시험기
 ㉡ 방사선투과시험기 및 초음파시험기

② 필요한 경우에 두는 장비
 ㉠ 충·수압시험, 진공시험, 기밀시험 또는 내압시험의 경우
  • 진공능력 53KPa 이상의 진공누설시험기
  • 기밀시험장치(안전장치가 부착된 것으로서 가압능력 200KPa 이상, 감압의 경우에는 감압능력 10KPa 이상·감도 10Pa 이하의 것으로서 각각의 압력 변화를 스스로 기록할 수 있는 것)
 ㉡ 수직·수평도 시험의 경우 : 수직·수평도 측정기
[비고] 둘 이상의 기능을 함께 가지고 있는 장비를 갖춘 경우에는 각각의 장비를 갖춘 것으로 본다.

03

제조소에서 취급하는 제4류 위험물의 최대수량의 합이 지정수량의 48만 배 이상인 사업소의 자체소방대에 두어야 하는 화학소방자동차의 대수 및 자체소방대원의 수는?(단, 해당 사업소는 다른 사업소 등과 상호응원에 관한 협정을 체결하고 있지 아니하다)

① 4대, 20인   ② 3대, 15인
③ 2대, 10인   ④ 1대, 5인

해설및용어설명 | 자체소방대

- 제조소 또는 일반취급소에서 취급하는 제4류 위험물의 최대수량의 합이 지정수량의 3천배 이상
- 옥외탱크저장소에 저장하는 제4류 위험물의 최대수량이 지정수량의 50만배 이상

사업소의 구분	화학소방자동차	자체소방대원의 수
제조소 또는 일반취급소에서 취급하는 제4류 위험물의 최대수량의 합이 지정수량의 3천배 이상 12만배 미만인 사업소	1대	5인
제조소 또는 일반취급소에서 취급하는 제4류 위험물의 최대수량의 합이 지정수량의 12만배 이상 24만배 미만인 사업소	2대	10인

정답 01 ① 02 ② 03 ①

사업소의 구분	화학소방 자동차	자체소방 대원의 수
제조소 또는 일반취급소에서 취급하는 제4류 위험물의 최대수량의 합이 지정수량의 24만배 이상 48만배 미만인 사업소	3대	15인
제조소 또는 일반취급소에서 취급하는 제4류 위험물의 최대수량의 합이 지정수량의 48만배 이상인 사업소	4대	20인
옥외탱크저장소에 저장하는 제4류 위험물의 최대수량이 지정수량의 50만배 이상인 사업소	2대	10인

04

직경이 400mm인 관과 300mm인 관이 연결되어 있다. 직경 400mm 관에서의 유속이 2m/s라면 300mm 관에서의 유속은 약 몇 m/s인가?

① 6.56　　　　　② 5.56
③ 4.56　　　　　④ 3.56

해설및용어설명 | 유체역학 - 유량

$Q = uA = u\dfrac{\pi D^2}{4}$

$u_1 \times \dfrac{\pi D_1^2}{4} = u_2 \times \dfrac{\pi D_2^2}{4}$

$2m/s \times \dfrac{400^2}{4} = u_2 \times \dfrac{300^2}{4}$

계산기 SOLVE 이용

$u_2 = 3.555 ≒ 3.56$

05

다음 중 지정수량이 나머지 셋과 다른 하나는?

① 톨루엔　　　　② 벤젠
③ 가솔린　　　　④ 아세톤

해설및용어설명 | 지정수량

① 제4류 위험물 중 제1석유류 비수용성, 지정수량 200L
② 제4류 위험물 중 제1석유류 비수용성, 지정수량 200L
③ 제4류 위험물 중 제1석유류 비수용성, 지정수량 200L
④ 제4류 위험물 중 제1석유류 수용성, 지정수량 400L

06

이송취급소의 이송기지에 설치해야 하는 경보설비는?

① 자동화재탐지설비　　② 누전경보기
③ 비상벨장치 및 확성장치　　④ 자동화재속보설비

해설및용어설명 | 경보설비 - 이송취급소

- 이송기지에는 비상벨장치 및 확성장치를 설치할 것
- 가연성증기를 발생하는 위험물을 취급하는 펌프실 등에는 가연성증기 경보설비를 설치할 것

07

물 분무소화에 사용된 20℃의 물 2g이 완전히 기화되어 100℃의 수증기가 되었다면 흡수된 열량과 수증기 발생량은 약 얼마인가?(단, 1기압을 기준으로 한다)

① 1,238cal, 2,400mL　　② 1,238cal, 3,400mL
③ 2,476cal, 2,400mL　　④ 2,476cal, 3,400mL

해설및용어설명 | 열량

Q = 물 20℃ → 물 100℃(현열) + 물 100℃ → 수증기 100℃(잠열)
　 = $cm\Delta T + \lambda m$
　 = 1cal/g·℃×2g×(100-20)℃ + 539cal/g×2g = 1,238cal

이상기체상태방정식

$PV = \dfrac{w}{M}RT \rightarrow V = \dfrac{wRT}{PM}$

- P = 1atm
- M = H_2O = 1×2 + 16 = 18g/mol
- w = 2g
- R = 0.082atm·L/mol·K
- T = 100℃ + 273 = 373K

$V = \dfrac{2 \times 0.082 \times 373}{1 \times 18} = 3.398L \times \dfrac{1,000ml}{1L} = 3,398ml ≒ 3,400ml$

08

인화성 액체위험물을 저장하는 옥외탱크저장소의 주위에 설치하는 방유제에 관한 내용으로 틀린 것은?

① 방유제의 높이는 0.5m 이상 3m 이하로 하고, 면적은 8만m² 이하로 한다.
② 2기의 이상의 탱크가 있는 경우 방유제의 용량은 그 탱크 중 용량이 최대인 것의 용량의 110% 이상으로 한다.
③ 용량이 100만 리터 이상인 옥외저장탱크의 주위에는 탱크마다 간막이 둑을 흙 또는 철근콘크리트로 설치한다.
④ 간막이 둑을 설치하는 경우 간막이 둑의 용량은 간막이 둑 안에 설치된 탱크의 용량의 10% 이상이어야 한다.

해설및용어설명 | 옥외탱크저장소 - 방유제
- 높이 0.5m 이상 3m 이하
- 면적 8만m² 이하
- 용량 탱크 1기 : 탱크 용량의 110% 이상
  탱크 2기 이상 : 최대 탱크 용량의 110% 이상
- 간막이둑
  - 1,000만 리터 이상인 옥외탱크저장소 주위에 설치
  - 높이 0.3m 이상, 방유제 높이보다 0.2m 이상 낮게
  - 흙 또는 철근콘크리트로 설치할 것
  - 용량 간막이 둑 안에 설치된 탱크의 용량의 10% 이상

09

운반 시 질산과 혼재가 가능한 위험물은?(단, 지정 수량의 10배의 위험물이다)

① 질산메틸　　② 알루미늄분말
③ 탄화칼슘　　④ 질산암모늄

해설및용어설명 | 위험물의 혼재 - 지정수량 1/10배 초과
423 524 61
① 제5류 위험물
② 제2류 위험물
③ 제3류 위험물
④ 제1류 위험물

10

제1류 위험물 중 알칼리금속 과산화물의 화재에 대하여 적응성이 있는 소화설비는 무엇인가?

① 탄산수소염류의 분말소화설비
② 옥내소화전설비
③ 스프링클러설비(방사밀도 12.2L/m²분 이상인 것)
④ 포소화설비

해설및용어설명 | 위험물 소화방법
제1류 위험물 중 알칼리금속의 과산화물 - 주수금지
→ 탄산수소염류 분말소화설비, 마른 모래, 팽창질석, 팽창진주암

11

줄톰슨(Joule Thomson)효과와 가장 관계있는 소화기는?

① 하론 1301 소화기　　② 이산화탄소 소화기
③ HCFC - 124 소화기　　④ 하론 1211 소화기

해설및용어설명 | 이산화탄소소화기 - 줄톰슨효과
압축된 이산화탄소 기체가 좁은 관을 통과하며 냉각되어 방출

정답 08 ③　09 ④　10 ①　11 ②

12

위험물안전관리법령상 포소화기의 적응성이 없는 위험물은?

① S
② P
③ P_4S_3
④ Al분

해설및용어설명 | 위험물의 소화 적응성

유별	종류	운반용기 외부의 주의사항	게시판	소화방법	덮개
제1류 위험물	알칼리금속의 과산화물	가연물접촉주의, 화기·충격주의, 물기엄금	물기엄금	주수금지	방수성 차광성
	그 외	가연물접촉주의, 화기·충격주의	없음	주수소화	차광성
제2류 위험물	철분·금속분·마그네슘	화기주의, 물기엄금	화기주의	주수금지	방수성
	인화성고체	화기엄금	화기엄금	주수소화 질식소화	
	그 외	화기주의	화기주의	주수소화	
제3류 위험물	자연발화성 물질	화기엄금, 공기접촉엄금	화기엄금	주수소화	차광성
	금수성물질	물기엄금	물기엄금	주수금지	방수성
제4류 위험물		화기엄금	화기엄금	질식소화	차광성 (특수인화물)
제5류 위험물		화기엄금, 충격주의	화기엄금	주수소화	차광성
제6류 위험물		가연물접촉주의	없음	주수소화	차광성

① 제2류 위험물 중 그 외 : 주수소화
② 제2류 위험물 중 그 외 : 주수소화
③ 제2류 위험물 중 그 외 : 주수소화
④ 제2류 위험물 중 철분·금속분·마그네슘 : 주수금지

13

다음과 같은 특성을 가지는 결합의 종류는?

> 자유전자의 영향으로 높은 전기전도성을 갖는다.

① 배위결합
② 수소결합
③ 금속결합
④ 공유결합

해설및용어설명 | 화학결합

- 공유결합 : 비금속 + 비금속, 전자를 공유하면서 결합한다.
- 이온결합 : 금속 + 비금속, 양이온과 음이온의 정전기적 인력
- 금속결합 : 금속 + 금속, 금속 원자의 자유전자가 활발하게 이동하며 결합 형성 → 자유전자가 열과 전기를 잘 전도한다.

14

다음 중 자연발화의 위험성이 가장 낮은 물질은?

① $(CH_3)_3Al$
② $(CH_3)_2Cd$
③ $(C_4H_9)_3Al$
④ $(C_2H_5)_4Pb$

해설및용어설명 | 위험물의 종류

① 트라이메틸알루미늄
② 다이메틸카드뮴 : 제3류 위험물 중 유기금속화합물
③ 트라이부틸알루미늄
④ 테트라에틸납

15

관 내 유체의 층류와 난류 유동을 판별하는 기준인 레이놀즈수(Reynolds number)의 물리적 의미를 가장 옳게 표현한 식은?

① $\dfrac{관성력}{표면장력}$
② $\dfrac{관성력}{압력}$
③ $\dfrac{관성력}{점성력}$
④ $\dfrac{관성력}{중력}$

해설및용어설명 | 유체역학 - 레이놀즈 수

$Re = \dfrac{\rho g h}{\mu} = \dfrac{관성력}{점성력}$

12 ④ 13 ③ 14 ④ 15 ③

16

상용의 상태에서 위험 분위기가 존재할 우려가 있는 장소로서 주기적 또는 간헐적으로 위험분위기가 존재하는 곳은?

① 0종 장소 ② 1종 장소
③ 2종 장소 ④ 3종 장소

해설및용어설명 | 위험장소
- 0종장소 : 가스, 증기 또는 미스트의 인화성 물질의 공기 혼합물로 구성되는 폭발분위기가 장기간 또는 빈번하게 생성되는 장소
- 1종장소 : 가스, 증기 또는 미스트의 인화성 물질의 공기 혼합물로 구성되는 폭발분위기가 주기적 또는 간헐적으로 생성될 수 있는 장소
- 2종장소 : 가스, 증기 또는 미스트의 인화성 물질의 공기 혼합물로 구성되는 폭발분위기가 정상작동 중에는 생성될 가능성이 없으나, 만약 위험분위기가 생성될 경우에는 그 빈도가 극히 희박하고 아주 짧은 시간 지속되는 장소

17

각 위험물의 화재예방 및 소화방법으로 옳지 않은 것은?

① C_2H_5OH의 화재 시 수성막포소화약제를 사용하여 소화한다.
② $NaNO_3$의 화재 시 물에 의한 냉각소화를 한다.
③ CH_3CHOCH_2는 구리, 마그네슘과 접촉을 피하여야 한다.
④ CaC_2의 화재 시 이산화탄소소화약제를 사용할 수 없다.

해설및용어설명 | 위험물 소화방법
① 에틸알코올 : 수용성액체 - 내알코올포소화약제 사용
② 질산나트륨 : 제1류 위험물 - 주수소화
③ 산화프로필렌 : 아세트알데하이드, 산화프로필렌은 구리, 은, 수은, 마그네슘으로 만든다.
④ 탄화칼슘 : 제3류 위험물 중 금수성물질 - 주수금지

18

물, 염산, 메탄올과 반응하여 에테인을 생성하는 물질은?

① K ② P_4
③ $(C_2H_5)_3Al$ ④ LiH

해설및용어설명 | 화학반응식
- $(C_2H_5)_3Al + 3H_2O \rightarrow Al(OH)_3 + 3C_2H_6$
- $(C_2H_5)_3Al + 3HCl \rightarrow AlCl_3 + 3C_2H_6$
- $(C_2H_5)_3Al + 3CH_3OH \rightarrow (CH_3O)_3Al + 3C_2H_6$

19

위험물의 위험성에 대한 설명 중 옳은 것은?

① 메타알데하이드(분자량 : 176)는 1기압에서 인화점이 0℃ 이하인 인화성고체이다.
② 알루미늄은 할로젠 원소와 접촉하면 발화의 위험이 있다.
③ 오황화인은 물과 접촉해서 이황화탄소를 발생하나 알칼리에 분해해서는 이황화탄소를 발생하지 않는다.
④ 삼황화인은 금속분과 공존할 경우 발화의 위험이 없다.

해설및용어설명 | 위험물 소화방법
① 메타알데하이드 : 제2류 위험물 중 인화성고체
② 알루미늄은 할로젠원소와 접촉하여 발화할 위험이 있다.
③ $P_2S_5 + 8H_2O \rightarrow 2H_3PO_4 + 5H_2S$
　오황화인은 물과 접촉하여 인산, 황화수소를 발생한다.
④ 삼황화인은 금속분과 공존 시 자연발화하여 대단히 위험하다.

정답 16 ② 17 ① 18 ③ 19 ②

20

제4류 위험물을 수납하는 내장용기가 금속제 용기인 경우 최대 용적은 몇 리터인가?

① 5
② 18
③ 20
④ 30

해설및용어설명 | 운반용기의 최대용적 - 액체위험물

운반 용기				수납 위험물의 종류							
내장 용기		외장 용기		제3류			제4류			제5류	제6류
용기의 종류	최대용적 또는 중량	용기의 종류	최대용적 또는 중량	I	II	III	I	II	III	I	II	I
유리 용기	5L	나무 또는 플라스틱상자 (불활성의 완충재를 채울 것)	75kg	O	O	O	O	O	O	O	O	O
			125kg		O	O		O	O		O	
	10L		225kg						O			
	5L	파이버판상자 (불활성의 완충재를 채울 것)	40kg	O	O	O	O	O	O	O	O	O
	10L		55kg					O	O			
플라스틱 용기	10L	나무 또는 플라스틱상자 (필요에 따라 불활성의 완충재를 채울 것)	75kg					O	O			
			125kg					O	O			
			225kg						O			
		파이버판상자 (필요에 따라 불활성의 완충재를 채울 것)	40kg					O	O			
			55kg						O			
금속제 용기	30L	나무 또는 플라스틱상자	125kg					O	O			
			225kg						O			
		파이버판상자	40kg					O	O			
			55kg						O			
		금속제용기 (금속제드럼 제외)	60L		O	O		O	O			
		플라스틱용기 (플라스틱드럼 제외)	10L					O	O			
			20L					O	O			
			30L						O			
		금속제드럼(뚜껑고정식)	250L	O	O	O	O	O	O			O
		금속제드럼(뚜껑탈착식)	250L						O			
		플라스틱 또는 파이버드럼 (플라스틱 내용기 부착의 것)	250L		O	O			O			O

21

금속화재에 해당하는 것은?

① A급 화재
② B급 화재
③ C급 화제
④ D급 화재

22

용기에 수납하는 위험물에 따라 운반용기 외부에 표시하여야 할 주의사항으로 옳지 않은 것은?

① 자연발화성물질 – 화기엄금 및 공기접촉 엄금
② 인화성액체 – 화기엄금
③ 자기반응성물질 – 화기주의
④ 산화성액체 – 가연물접촉주의

해설및용어설명 | 화재의 종류

급수	명칭	색상	물질
A급 화재	일반화재	백색	종이, 목재, 섬유
B급 화재	유류화재	황색	제4류 위험물, 유류, 가스
C급 화재	전기화재	청색	전선, 발전기, 변압기
D급 화재	금속화재	무색	철분, 마그네슘, 금속분 등

해설및용어설명 | 위험물 주의사항

유별	종류	운반용기 외부의 주의사항	게시판	소화방법	덮개
제1류 위험물	알칼리금속의 과산화물	가연물접촉주의, 화기·충격주의, 물기엄금	물기엄금	주수금지	방수성 차광성
	그 외	가연물접촉주의, 화기·충격주의	없음	주수소화	차광성
제2류 위험물	철분·금속분· 마그네슘	화기주의, 물기엄금	화기주의	주수금지	방수성
	인화성고체	화기엄금	화기엄금	주수소화 질식소화	
	그 외	화기주의	화기주의	주수소화	
제3류 위험물	자연발화성 물질	화기엄금, 공기접촉엄금	화기엄금	주수소화	차광성
	금수성물질	물기엄금	물기엄금	주수금지	방수성
제4류 위험물		화기엄금	화기엄금	질식소화	차광성 (특수인화물)
제5류 위험물		화기엄금, 충격주의	화기엄금	주수소화	차광성
제6류 위험물		가연물접촉주의	없음	주수소화	차광성

23

인화성고체 1,500kg, 크로뮴분 1,000kg, 53μm의 표준체를 통과한 것이 40중량%인 철분 500kg을 저장하려 한다. 위험물에 해당하는 물질에 대한 지정수량 배수의 총합은 얼마인가?

① 2.0배 ② 2.5배
③ 3.0배 ④ 3.5배

해설및용어설명 | 지정수량

- 제2류 위험물 중 인화성고체, 지정수량 1,000kg
- 크로뮴분 : 제2류 위험물 중 금속분, 지정수량 500kg
- 철분 : 53마이크로미터 체를 통과, 50중량퍼센트 이상

$$\frac{1,500}{1,000} + \frac{1,000}{500} = 3.5$$

24

옥외저장소의 일반점검표에 따른 선반의 점검내용이 아닌 것은?

① 도장상황 및 부식의 유무 ② 변형·손상의 유무
③ 고정상태의 적부   ④ 낙하방지조치의 적부

해설및용어설명 | 옥외저장소 일반점검표 - 세부기준 별지 14

선반
- 변형·손상의 유무
- 고정상태의 적부
- 낙하방지조치의 적부

25

소화난이도 등급 I에 해당하는 제조소 등의 종류, 규모 등 및 설치 가능한 소화설비에 대해 짝지은 것 중 틀린 것은?

① 제조소 – 연면적 1,000m² 이상인 것 – 옥내소화전설비
② 옥내저장소 – 처마높이가 6m 이상인 단층건물 – 이동식 분말소화설비
③ 옥외탱크장소(지중탱크) – 지정수량의 100배 이상인 것(제6류 위험물을 저장하는 것 및 고인화점 위험물만을 100℃ 미만의 온도에서 저장하는 것은 제외) – 고정식 이산화탄소소화설비
④ 옥외저장소 – 제1석유류를 저장하는 것으로서 지정수량의 100배 이상인 것 – 물분무등소화설비(화재발생 시 연기가 충만할 우려가 있는 장소에는 스프링클러 설비는 이동식 이외의 물분무등소화설비에 한한다.

해설및용어설명 | 소화난이도등급 I

① 제조소 : 연면적 1,000m² 이상인 것 - 옥내소화전설비, 옥외소화전설비, 스프링클러설비 또는 물분무등소화설비(화재발생 시 연기가 충만할 우려가 있는 장소에는 스프링클러설비 또는 이동식 외의 물분무등소화설비에 한한다)
② 옥내저장소 : 처마높이가 6m 이상인 단층건물 - 스프링클러설비 또는 이동식 외의 물분무등소화설비
③ 옥외탱크저장소 : 지중탱크 또는 해상탱크로서 지정수량의 100배 이상인 것 - 고정식 포소화설비, 이동식 이외의 불활성가스소화설비 또는 이동식 이외의 할로젠화합물소화설비(해상탱크에는 물분무소화설비 추가)
④ 옥외저장소 : 인화성고체, 제1석유류 또는 알코올류를 저장하는 것으로서 지정수량의 100배 이상 - 옥내소화전설비, 옥외소화전설비, 스프링클러설비 또는 물분무등소화설비(화재발생 시 연기가 충만할 우려가 있는 장소에는 스프링클러설비 또는 이동식 이외의 물분무등소화설비에 한한다)

정답 23 ④ 24 ① 25 ②

26

제4류 위험물 중 [보기]의 요건에 모두 해당하는 위험물은 무엇인가?

- 옥내저장소에 저장·취급하는 경우 하나의 저장창고 바닥면적은 $1,000m^2$ 이하이어야 한다.
- 위험등급은 Ⅱ에 해당한다.
- 이동탱크저장소에 저장·취급할 때에는 법정의 접지 도선을 설치하여야 한다.

① 다이에틸에터 ② 피리딘
③ 클레오소트유 ④ 고형알코올

해설및용어설명 | 옥내저장소 - 바닥면적
- 위험등급 Ⅰ, 제4류 위험물 위험등급 Ⅰ, Ⅱ : 바닥면적 $1,000m^2$
- 위험등급 Ⅱ, Ⅲ, 제4류 위험물 위험등급 Ⅲ : 바닥면적 $2,000m^2$
- 바닥면적 $1,000m^2 + 2,000m^2$ 인 경우 = $1,500m^2$

① 제4류 위험물 중 특수인화물, 지정수량 50L, 위험등급 Ⅰ
② 제4류 위험물 중 제1석유류(수용성), 지정수량 400L, 위험등급 Ⅱ
③ 제4류 위험물 중 제3석유류(비수용성), 지정수량 2,000L, 위험등급 Ⅲ
④ 제2류 위험물 중 인화성고체, 지정수량 1,000kg, 위험등급 Ⅲ

27

산과 접촉하였을 때 이산화염소 가스를 발생하는 제1류 위험물은?

① 아이오딘산칼륨 ② 다이크로뮴산아연
③ 아염소산나트륨 ④ 브로민산암모늄

해설및용어설명 | 제1류 위험물 - 염소산염류
산과 반응하여 이산화염소(ClO_2)를 발생하는 위험물은 염소산염류, 아염소산염류, 과염소산염류 등이다.
① 아이오딘산염류
② 다이크로뮴산염류
③ 아염소산염류
④ 브로민산염류

28

다이에틸에터 50vol%, 이황화탄소 30vol%, 아세트알데하이드 20vol%인 혼합증기의 폭발하한값은?(단, 폭발범위는 다이에틸에터 1.9~48vol%, 이황화탄소 1.2~44vol%, 아세트알데하이드는 4.1~57vol%이다)

① 1.78vol% ② 2.1vol%
③ 13.6vol% ④ 48.3vol%

해설및용어설명 | 연소범위 - 혼합기체

$$\frac{100}{L} = \frac{V_1}{L_1} + \frac{V_2}{L_2} + \frac{V_3}{L_3}$$

$$\to L = \frac{100}{\frac{V_1}{L_1} + \frac{V_2}{L_2} + \frac{V_3}{L_3}} = \frac{100}{\frac{50}{1.9} + \frac{30}{1.2} + \frac{20}{4.1}} = 1.779 ≒ 1.78$$

29

물과 반응하였을 때 주요 생성물로 아세틸렌이 포함되지 않는 것은?

① Li_2C_2 ② Na_2C_2
③ MgC_2 ④ Mn_3C

해설및용어설명 | 물과의 반응

① $Li_2C_2 + 2H_2O \to 2LiOH + C_2H_2$
  탄화리튬 물 수산화리튬 아세틸렌
② $Na_2C_2 + 2H_2O \to 2NaOH + C_2H_2$
  탄화나트륨 물 수산화나트륨 아세틸렌
③ $MgC_2 + 2H_2O \to Mg(OH)_2 + C_2H_2$
  탄화마그네슘 물 수산화마그네슘 아세틸렌
④ $Mn_3C + 6H_2O \to 3Mn(OH)_2 + CH_4 + H_2$
  탄화망가니즈 물 수산화망가니즈 메테인 수소

26 ② 27 ③ 28 ① 29 ④

30

1kg의 공기가 압축되어 부피가 0.1m³, 압력이 40kgf/cm³으로 되었다. 이때 온도는 약 몇 ℃인가?(단, 공기의 분자량은 29이다)

① 1,026　　② 1,096
③ 1,138　　④ 1,186

해설및용어설명 | 이상기체상태방정식

$PV = \dfrac{w}{M}RT \rightarrow T = \dfrac{PVM}{wR}$

- w = 1kg
- R = 0.082 atm·m³/kmol·K
- P = 40kgf/cm² × $\dfrac{1 atm}{1.033 kgf/cm^2}$ = 38.722 atm
- V = 0.1m³
- M = 29kg/kmol
- T(K) = ℃ + 273이므로 ℃ = K − 273

$T = \dfrac{38.722 \times 0.1 \times 29}{1 \times 0.082} - 273 = 1,096.4 ≒ 1,096℃$

31

위험물 운반용기의 외부에 표시하는 사항이 아닌 것은?

① 위험등급　　② 위험물의 제조일자
③ 위험물의 품명　　④ 주의사항

해설및용어설명 | 운반용기 외부에 표시해야 하는 사항

- 위험물의 품명·위험등급·화학명 및 수용성(수용성 표시는 제4류 위험물로서 수용성인 것에 한한다)
- 위험물의 수량
- 위험물에 따른 규정에 의한 주의사항

32

위험등급 II의 위험물이 아닌 것은?

① 질산염류　　② 황화인
③ 칼륨　　④ 알코올류

해설및용어설명 | 위험등급

① 제1류 위험물 중 질산염류, 지정수량 300kg, 위험등급 II
② 제2류 위험물 중 황화인, 지정수량 100kg, 위험등급 II
③ 제3류 위험물 중 칼륨, 지정수량 10kg, 위험등급 I
④ 제4류 위험물 중 알코올류, 지정수량 400L, 위험등급 II

33

KMnO₄에 대한 설명으로 옳은 것은?

① 글리세린에 저장하여야 한다.
② 묽은 질산과 반응하면 유독한 Cl₂가 생성된다.
③ 황산과 반응할 때는 산소와 열을 발생한다.
④ 물에 녹으면 투명한 무색을 나타낸다.

해설및용어설명 | 제1류 위험물 - 과망가니즈산칼륨

① 건조하게 저장하여야 한다.
② 3K₂MnO₄ + 4HNO₃ → 2KMnO₄ + MnO₂ + 4KNO₃ + 2H₂O
　과망가니즈산칼륨　질산　망가니즈산칼륨　이산화망가니즈　질산칼륨　물
③ 4KMnO₄ + 6H₂SO₄ → 2K₂SO₄ + 6H₂O + 5O₂ + 4MnSO₄
　과망가니즈산칼륨　황산　황산칼륨　물　산소　황산망가니즈
④ 물에 녹아 진한 보라색(흑자색)을 나타낸다.

34

제4류 위험물에 해당하는 에어졸의 내장용기 등으로서 용기의 외부에 '위험물의 품명·위험등급·화학명 및 수용성'에 대한 표시를 하지 않을 수 있는 최대 용적은?

① 300mL ② 500mL
③ 150mL ④ 1,000mL

해설및용어설명 | 위험물의 운반에 관한 기준(별표 19)
제4류 위험물에 해당하는 에어졸의 운반용기로서 최대용적이 300ml 이하의 것에 대해서는 '위험물의 품명·위험등급·화학명 및 수용성'표시를 하지 아니할 수 있다.

35

다음 기체 중 화학적으로 활성이 가장 강한 것은?

① 질소 ② 불소
③ 아르곤 ④ 이산화탄소

해설및용어설명 | 주기율표
① 불활성기체 : 비극성
② 할로젠원소 : 최외각전자 7개로 활성이 크다.
③ 불활성기체
④ 불활성기체 : 비극성

36

펌프의 공동현상을 방지하기 위한 방법으로 옳지 않은 것은?

① 펌프의 흡입관경을 크게 한다.
② 펌프의 회전수를 크게 한다.
③ 펌프의 위치를 낮게 한다.
④ 양흡입 펌프를 사용한다.

해설및용어설명 | 유체역학 - 공동현상(cavitation)
유체 압력의 급격한 변화로 인해 상대적으로 압력이 낮은 곳에 공동이 생기는 현상
① 관경이 커지면 압력의 급격한 변화를 막을 수 있다.
② 펌프의 회전수를 작게 한다.
③ 떨어지는 폭이 크면 공동현상이 발생할 확률이 높아진다.
④ 단흡입보다 양흡입 펌프가 압력이 안정적이다.

37

염소산칼륨에 대한 설명 중 틀린 것은?

① 약 400℃에서 분해되기 시작한다.
② 강산화제이다.
③ 분해촉매로 알루미늄이 혼합되면 염소가스가 발생한다.
④ 비중은 약 2.3이다.

해설및용어설명 | 제1류 위험물 - 염소산칼륨
① 분해온도 400℃
② 제1류 위험물이므로 불연성, 강산화제이다.
③ $2KClO_3 \rightarrow 2KCl + O_2$, 분해 시 산소가스가 발생한다.
④ 비중 2.34

38

휘발유에 대한 설명으로 틀린 것은?

① 증기는 공기보다 가벼워 위험하다.
② 용도별로 착색하는 색상이 다르다.
③ 비전도성이다.
④ 물보다 가볍다.

해설및용어설명 | 제4류 위험물 - 휘발유(가솔린)
① 증기는 공기보다 무겁다.
② 무색 투명하나 안전을 위해 노란색으로 착색한다.
③ 전기가 통하지 않는다.
④ 비중 0.65~0.80으로 물보다 가볍다.

39

위험물안전관리법상 제6류 위험물의 판정시험인 연소시간 측정시험의 표준물질로 사용하는 물질은?

① 질산 85% 수용액
② 질산 90% 수용액
③ 질산 95% 수용액
④ 질산 100% 수용액

해설및용어설명 | 위험물 시험방법 - 연소시간 측정시험(제6류 위험물)
목분(수지분이 적은 삼에 가까운 재료로 하고 크기는 500μm의 체를 통과하고 250μm의 체를 통과하지 않는 것), 질산 90% 수용액 및 시험물품을 사용하여 온도 20℃, 습도 50%, 1기압의 실내에서 제2항 및 제3항의 방법에 의하여 실시한다. 다만, 배기를 행하는 경우에는 바람의 흐름과 평행하게 측정한 풍속이 0.5m/s 이하이어야 한다.

40

제6류 위험물의 운반 시 적용되는 위험등급은?

① 위험등급 Ⅰ
② 위험등급 Ⅱ
③ 위험등급 Ⅲ
④ 위험등급 Ⅳ

해설및용어설명 | 제6류 위험물
지정수량 300kg, 위험등급 Ⅰ

41

나이트로셀룰로오스를 저장, 운반할 때 가장 좋은 방법은?

① 질소가스를 충전한다.
② 유리병에 넣는다.
③ 냉동시킨다.
④ 함수알코올 등으로 습윤시킨다.

해설및용어설명 | 제5류 위험물
물 또는 알코올에 습윤하여 저장한다.

정답 38 ① 39 ② 40 ① 41 ④

42

다음 중 나머지 셋과 가장 다른 온도값을 표현한 것은?

① 100℃
② 273K
③ 32°F
④ 492R

해설및용어설명 | 온도

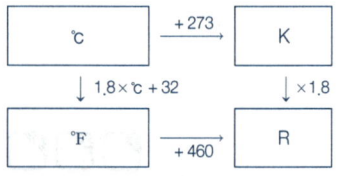

① 100℃
② 0℃ + 273 = 273K
③ 0℃ × 1.8 + 32 = 32°F
④ 32°F(= 0℃) + 460 = 492R

43

펌프를 용적형 펌프(positive displacement pump)와 터보 펌프(turbo pump)로 구분할 때 터보 펌프에 해당되지 않는 것은?

① 원심펌프(centrifugal pump)
② 기어펌프(gear pump)
③ 축류펌프(axial flow pump)
④ 사류펌프(diagonal flow pump)

해설및용어설명 | 유체역학 - 펌프의 종류

- 터보형 펌프
  - 원심식
  - 사류식
  - 축류식
- 용적형 펌프
  - 왕복식 : 피스톤 펌프, 플런저 펌프
  - 회적식 : 기어펌프, 베인펌프

44

원형 직관 속을 흐르는 유체의 손실수두에 관한 사항으로 옳은 것은?

① 유속에 비례한다.
② 유속에 반비례한다.
③ 유속의 제곱에 비례한다.
④ 유속의 제곱에 반비례한다.

해설및용어설명 | 유체역학 - 마찰손실수두

$$h = \lambda \frac{l}{d} \frac{v^2}{2g}$$

- λ : 관마찰계수
- l : 관의 길이
- d : 관의 지름
- v : 평균 유속

45

지정수량이 같은 것끼리 짝지어진 것은?

① 톨루엔 - 피리딘
② 사이안화수소 - 에틸알코올
③ 아세트산메틸 - 아세트산
④ 클로로벤젠 - 나이트로벤젠

해설및용어설명 | 지정수량

① 제4류 위험물 중 제1석유류(비수용성), 지정수량 200L
   제4류 위험물 중 제1석유류(수용성), 지정수량 400L
② 제4류 위험물 중 제1석유류(수용성), 지정수량 400L
   제4류 위험물 중 알코올류, 지정수량 400L
③ 제4류 위험물 중 제1석유류(비수용성), 지정수량 200L
   제4류 위험물 중 제2석유류(수용성), 지정수량 2,000L
④ 제4류 위험물 중 제2석유류(비수용성), 지정수량 1,000L
   제4류 위험물 중 제3석유류(비수용성), 지정수량 2,000L

46

위험물제조소등에 설치하는 옥내소화전설비 또는 옥외소화전설비의 설치기준으로 옳지 않은 것은?

① 옥내소화전설비의 각 노즐 선단 방수량 : 260L/min
② 옥내소화전설비의 비상전원 용량 : 30분 이상
③ 옥외소화전설비의 각 노즐 선단 방수량 : 450L/min
④ 표시등 회로의 배선공사 : 금속관공사, 가요전선관 공사, 금속덕트공사, 케이블공사

해설및용어설명 | 소화설비

- 옥내소화전
  - 수원의 수량(최대 5개)×7.8m³
  - 방수압력 350kPa, 방수량 260L/min
  - 비상전원 45분 이상 작동
- 옥외소화전
  - 수원의 수량(최대 4개)×13.5m³
  - 방수압력 350kPa, 방수량 450L/min
  - 비상전원 45분 이상 작동
- 표시등 회로의 배선공사 : 금속관공사, 가요전선관 공사, 금속덕트공사, 케이블공사

47

위험물안전관리법에서 정하고 있는 산화성액체에 해당되지 않는 것은?

① 삼불화브롬   ② 과아이오딘산
③ 과염소산   ④ 과산화수소

해설및용어설명 | 제6류 위험물

① 제6류 위험물 중 그 외, 할로젠간화합물
② 제1류 위험물 중 그 외, 과아이오딘산
③ 제6류 위험물 중 과염소산
④ 제6류 위험물 중 과산화수소

48

위험물안전관리법령에서 정한 소화설비의 적응성에서 인산염류등 분말소화설비는 적응성이 있으나 탄산수소염류 등 분말소화설비는 적응성이 없는 것은?

① 인화성고체   ② 제4류 위험물
③ 제5류 위험물 ④ 제6류 위험물

해설및용어설명 | 위험물 소화방법

- 질식소화 : 인산염류등, 탄산수소염류등
- 주수소화 : 인산염류등(제3류 중 자연발화성물질, 제5류 제외)
- 주수금지 : 탄산수소염류등
① 인화성고체 : 질식소화
② 제4류 위험물 : 질식소화
③ 제5류 위험물 : 주수소화(인산염류등 사용 불가)
④ 제6류 위험물 : 주수소화

49

다음 중 품명이 나머지 셋과 다른 하나는?

① $C_6H_5CH_3$ ② C_6H_6
③ $CH_3(CH_2)_3OH$ ④ CH_3COCH_3

해설및용어설명 | 위험물 종류

① 톨루엔 : 제4류 위험물 중 제1석유류(비수용성), 지정수량 200L
② 벤젠 : 제4류 위험물 중 제1석유류(비수용성), 지정수량 200L
③ n-부탄올 : 제4류 위험물 중 제2석유류(비수용성), 지정수량 1,000L
④ 아세톤 : 제4류 위험물 중 제1석유류(수용성), 지정수량 400L

50

자동화재탐지설비에 대한 설명으로 틀린 것은?

① 원칙적으로 자동화재탐지설비의 경계구역은 건축물 그 밖의 공작물의 2 이상의 층에서 걸치지 아니하도록 한다.
② 광전식분리형 감지기를 설치할 경우 하나의 경계구역 면적은 600㎡ 이하로 하고 그 한 변의 길이를 50m 이하로 한다.
③ 자동화재탐지설비의 감지기는 지붕 또는 벽의 옥내에 면한 부분에 유효하게 화재의 발생을 감지할 수 있도록 설치한다.
④ 자동화재탐지설비에는 비상전원을 설치한다.

해설및용어설명 | 자동화재탐지설비
① 건축물 그 밖의 공작물의 2 이상의 층에서 걸치지 아니하도록 한다.
② 하나의 경계구역의 면적은 600㎡ 이하, 그 한 변의 길이는 50m(광전식 분리형 감지기를 설치할 경우에는 100m) 이하로 할 것
③ 감지기는 지붕(상층이 있는 경우에는 상층의 바닥) 또는 벽의 옥내에 면한 부분(천장이 있는 경우에는 천장 또는 벽의 옥내에 면한 부분 및 천장의 뒷 부분)에 유효하게 화재의 발생을 감지할 수 있도록 설치할 것
④ 비상전원을 설치할 것

51

$KClO_3$의 일반적인 성질을 나타낸 것 중 틀린 것은?

① 비중은 약 2.32이다.
② 융점은 약 368℃이다.
③ 용해도는 20℃에서 약 7.3이다.
④ 단독 분해온도는 약 200℃이다.

해설및용어설명 | 제1류 위험물 - 염소산칼륨
① 비중 2.34
② 녹는점 368.4℃
③ 7.3g/100ml(25℃)
④ 분해온도 400℃

52

소화약제가 환경에 미치는 영향을 표시하는 지수가 아닌 것은?

① ODP ② GWP
③ ALT ④ LOAFL

해설및용어설명 | 할로젠소화약제 - 오존파괴지수
① 오존파괴지수(Ozone Depletion Potential)
② 지구온난화지수(Global Warming Potential)
③ 대기잔존년수(Atmospheric Life Time)

53

알루미늄분이 NaOH 수용액과 반응하였을 때 발생하는 물질은?

① H_2 ② O_2
③ Na_2O_2 ④ NaAl

해설및용어설명 | 화학반응식
$2Al + 2NaOH + 2H_2O \rightarrow 2NaAlO_2 + 3H_2$

54

다음 중 지정수량이 가장 작은 물질은?

① 금속분 ② 마그네슘
③ 황화인 ④ 철분

해설및용어설명 | 지정수량
① 제2류 위험물 중 금속분, 지정수량 500kg
② 제2류 위험물 중 마그네슘, 지정수량 500kg
③ 제2류 위험물 중 황화인, 지정수량 100kg
④ 제2류 위험물 중 철분, 지정수량 500kg

55

여유시간이 5분, 정미시간이 40분일 경우 내경법으로 여유율을 구하면 약 몇 %인가?

① 6.33% ② 9.05%
③ 11.11% ④ 12.50%

해설및용어설명 | 작업측정 - 내경법

정미시간 = 표준시간×(1 - 여유율) = (정미시간 + 여유시간)×(1 - 여유율)

40 = (40 + 5)×(1 - 여유율)

여유율 = 0.1111 = 11.11%

56

로트에서 랜덤하게 시료를 추출하여 검사한 후 그 결과에 따라 로트의 합격, 불합격을 판정하는 검사방법을 무엇이라 하는가?

① 자주검사 ② 간접검사
③ 전수검사 ④ 샘플링검사

해설및용어설명 | 제품 품질 검사 방법

전수검사	샘플링검사
• 전체 시료를 모두 검사하여 합격, 불합격을 판정하는 검사방법	• 로트에서 랜덤하게 시료를 추출하여 검사한 후 그 결과에 따라 로트의 합격, 불합격을 판정하는 검사방법
• 품질 특성치가 치명적인 결점을 포함하는 경우 • 부적합품이 섞여 들어가서는 안 되는 경우 • 품질향상에 자극을 준다.	• 파괴검사를 해야 하는 경우 • 다수·다량의 것으로 어느 정도 부적합품이 섞여도 괜찮을 경우 • 검사항목이 많은 경우 유리

57

다음과 같은 [데이터]에서 5개월 이동평균법에 의하여 8월의 수요를 예측한 값은 얼마인가?

1월	1	2	3	4	5	6	7
판매실적	100	90	110	100	115	110	100

① 103 ② 105
③ 107 ④ 109

해설및용어설명 | 이동평균법

(110 + 100 + 115 + 110 + 100)/5 = 107

58

관리 사이클의 순서를 가장 적절하게 표시한 것은?(단, A는 조치(Act), C는 체크(Check), D는 실시(Do), P는 계획(Plan)이다)

① P → D → C → A ② A → D → C → P
③ P → A → C → D ④ P → C → A → D

해설및용어설명 | 관리 사이클

Plan — Do — Check — Action
품질설계 공정관리 품질보증 품질개선

59

다음 중 계량값 관리도만으로 짝지어진 것은?

① c 관리도, u 관리도
② n – Rs 관리도, P 관리도
③ $\bar{x}$ – R 관리도, nP 관리도
④ Me – R 관리도, $\bar{x}$ – R 관리도

해설및용어설명 | 관리도의 구분

• 계수치 관리도
 - P 관리도 : 불량률 관리도
 - nP 관리도 : 불량개수 관리도
 - c 관리도 : 결점수 관리도
 - u 관리도 : 단위당 결점수 관리도

• 계량값 관리도
 - $\bar{x}$-R 관리도 : 평균치와 범위 관리도
 - x 관리도 : 개개의 측정치 관리도
 - Me-R 관리도 : 메디안과 범위 관리도
 - L-S 관리도 : 최대치와 최소치 관리도
 - R 관리도

60

다음 중 모집단의 중심적 경향을 나타낸 측도에 해당하는 것은?

① 범위(Range)
② 최빈값(Mode)
③ 분산(Variance)
④ 변동계수(Coefficient of variation)

해설및용어설명 | 중심경향값

중심 경향을 나타내는 특정한 값 : 평균, 중앙값, 최빈값

59 ④ 60 ②

과년도 기출문제 2012 * 52

01

트라이에틸알루미늄을 200℃ 이상으로 가열하였을 때 발생하는 가연성 가스와 트라이에틸알루미늄이 염산과 반응하였을 때 발생하는 가연성 가스의 명칭을 차례대로 나타낸 것은?

① 에틸렌, 메테인
② 아세틸렌, 메테인
③ 에틸렌, 에테인
④ 아세틸렌, 에테인

해설및용어설명 | 화학반응식

- $2(C_2H_5)_3Al \rightarrow 2Al + 3H_2 + 6C_2H_4$
- $(C_2H_5)_3Al + 3HCl \rightarrow AlCl_3 + 3C_2H_6$

02

제조소등의 외벽 중 연소의 우려가 있는 외벽을 판단하는 기산점이 되는 것을 모두 옳게 나타낸 것은?

① ㉠ 제조소등이 설치된 부지의 경계선
　㉡ 제조소등에 인접한 도로의 중심선
　㉢ 제조소등의 외벽과 동일부지 내의 다른 건축물의 외벽 간의 중심선
② ㉠ 제조소등이 설치된 부지의 경계선
　㉡ 제조소등에 인접한 도로의 경계선
　㉢ 제조소등의 외벽과 동일부지 내의 다른 건축물의 외벽 간의 중심선
③ ㉠ 제조소등이 설치된 부지의 중심선
　㉡ 제조소등에 인접한 도로의 중심선
　㉢ 동일부지 내의 다른 건축물의 외벽
④ ㉠ 제조소등이 설치된 부지의 중심선
　㉡ 제조소등에 인접한 도로의 경계선
　㉢ 제조소등의 외벽과 인근부지의 다른 건축물의 외벽 간의 중심선

해설및용어설명 | 연소의 우려가 있는 외벽 - 세부기준 41조

연소의 우려가 있는 외벽은 다음 각 호의 1에 정한 선을 기산점으로 하여 3m(2층 이상의 층에 대해서는 5m) 이내에 있는 제조소등의 외벽을 말한다. 다만, 방화상 유효한 공터, 광장, 하천, 수면 등에 면한 외벽은 제외한다.
- 제조소등이 설치된 부지의 경계선
- 제조소등에 인접한 도로의 중심선
- 제조소등의 외벽과 동일부지 내의 다른 건축물의 외벽 간의 중심선

03

어떤 기체의 확산속도가 SO_2의 2배일 때 이 기체의 분자량을 추정하면 얼마인가?

① 16　　② 32
③ 64　　④ 128

해설및용어설명 | 확산속도 - 그레이엄의 법칙

$$v_1 : v_2 = \sqrt{\frac{1}{M_1}} : \sqrt{\frac{1}{M_2}}$$

$$1 : 2 = \sqrt{\frac{1}{SO_2}} : \sqrt{\frac{1}{M_2}} = \sqrt{\frac{1}{32+16\times 2}} : \sqrt{\frac{1}{M_2}}$$

$$1 : 4 = \frac{1}{64} : \frac{1}{M_2}$$

$$\frac{1}{M_2} = 4 \times \frac{1}{64} = \frac{1}{16}$$

$M_2 = 16$

정답 01 ③　02 ①　03 ①

04

과염소산, 질산, 과산화수소의 공통점이 아닌 것은?

① 다른 물질을 산화시킨다.
② 강산에 속한다.
③ 산소를 함유한다.
④ 불연성 물질이다.

해설및용어설명 | 제6류 위험물 - 산화성 액체
① 다른 물질을 산화시킨다. 다른 물질에 산소를 준다.
② 과염소산, 질산은 강산이지만 과산화수소는 약산성이다.
③ $HClO_4$, HNO_3, H_2O_2 모두 산소를 함유한다.
④ 강산화제, 불연성, 조연성이다.

05

광전식분리형 감지기를 사용하여 자동화재탐지설비를 설치하는 경우 하나의 경계구역의 한 변의 길이를 얼마 이하로 하여야 하는가?

① 10m
② 100m
③ 150m
④ 300m

해설및용어설명 | 자동화재탐지설비 - 설치기준
하나의 경계구역의 면적은 600㎡ 이하로 하고 그 한 변의 길이는 50m(광전식 분리형감지기를 설치할 경우에는 100m) 이하로 할 것. 다만, 당해 건축물 그 밖의 공작물의 주요한 출입구에서 그 내부의 전체를 볼 수 있는 경우에 있어서는 그 면적을 1,000㎡ 이하로 할 수 있다.

06

위험물안전관리법상 위험등급이 나머지 셋과 다른 하나는?

① 아염소산염류
② 알킬알루미늄
③ 알코올류
④ 칼륨

해설및용어설명 | 위험등급
① 제1류 위험물 중 아염소산염류, 지정수량 50kg, 위험등급 Ⅰ
② 제3류 위험물 중 알킬알루미늄, 지정수량 10kg, 위험등급 Ⅰ
③ 제4류 위험물 중 알코올류, 지정수량 400L, 위험등급 Ⅱ
④ 제3류 위험물 중 칼륨, 지정수량 10kg, 위험등급 Ⅰ

07

273℃에서 기체의 부피가 2L이다. 같은 압력에서 0℃일 때의 부피는 몇 L인가?

① 0.5
② 1
③ 2
④ 4

해설및용어설명 | 샤를의 법칙

$$\frac{V_1}{T_1} = \frac{V_2}{T_2}$$

$$\frac{2L}{273℃ + 273} = \frac{V_2}{0℃ + 273}$$

$V_2 = 1L$

08

Ca_3P_2의 지정수량은 얼마인가?

① 50kg
② 100kg
③ 300kg
④ 500kg

해설및용어설명 | 제3류 위험물
인화칼슘 : 제3류 위험물 중 금속인화합물, 지정수량 300kg

09

제5류 위험물의 화재 시 적응성이 있는 소화설비는?

① 포소화설비 ② 이산화탄소소화설비
③ 할로젠화합물소화설비 ④ 분말소화설비

해설및용어설명 | 위험물 소화방법

제5류 위험물 : 주수소화
① 주수소화, 질식소화
② 질식소화
③ 억제소화
④ 질식소화

10

물과 반응하였을 때 발생하는 가스가 유독성인 것은?

① 알루미늄 ② 칼륨
③ 탄화알루미늄 ④ 오황화인

해설및용어설명 | 화학반응식

① $2Al + 6H_2O \rightarrow 2Al(OH)_3 + 3H_2$(가연성 가스)
② $2K + 2H_2O \rightarrow 2KOH + H_2$(가연성 가스)
③ $Al_4C_3 + 12H_2O \rightarrow 4Al(OH)_3 + 3CH_4$(가연성 가스)
④ $P_2S_5 + 8H_2O \rightarrow 2H_3PO_4 + 5H_2S$(독성 가스)

11

제1류 위험물의 위험성에 관한 설명으로 옳지 않은 것은?

① 과망가니즈산나트륨은 에탄올과 혼촉발화의 위험이 있다.
② 과산화나트륨은 물과 반응 시 산소가스가 발생한다.
③ 염소산나트륨은 산과 반응하면 유독가스가 발생한다.
④ 질산암모늄 단독으로 안포폭약을 제조한다.

해설및용어설명 | 제1류 위험물

① 제1류 위험물은 가연물과 접촉 시 혼촉발화 위험이 있다. 가연물접촉주의
② $2Na_2O_2 + 2H_2O \rightarrow 4NaOH + O_2$
③ $2NaClO_3 + 2HCl \rightarrow 2NaCl + 2ClO_2 + H_2O_2$
④ ANFO 화약 : NH_4NO_3 94%, 경유 6%

12

이송취급소의 안전설비에 해당하지 않는 것은?

① 운전상태 감시장치 ② 안전제어장치
③ 통기장치 ④ 압력안전장치

해설및용어설명 | 이송취급소 - 기타설비 등

- 누설확산방지조치
- 가연성증기의 체류방지조치
- 운전상태의 감시장치
- 안전제어장치
- 압력안전장치

13

위험물제조소등의 옥내소화전설비의 설치기준으로 틀린 것은?

① 수원의 수량은 옥내소화전이 가장 많이 설치된 층의 옥내소화전 설치개수(설치개수가 5개 이상인 경우는 5개)에 7.8m³를 곱한 양 이상이 되도록 설치할 것
② 옥내소화전은 제조소등의 건축물의 층마다 당해 층의 각 부분에서 하나의 호스접속구까지의 수평거리가 50m 이하가 되도록 설치할 것
③ 옥내소화전설비는 각 층을 기준으로 하여 당해 층의 모든 옥내소화전(설치개수가 5개 이상인 경우는 5개의 옥내소화전)을 동시에 사용할 경우에 각 노즐선단의 방수압력이 350kPa 이상이고 방수량이 1분당 260L 이상의 성능이 되도록 할 것
④ 옥내소화전설비에는 비상전원을 설치할 것

해설및용어설명 | 옥내소화전
① 수원의 수량 설치 개수(최대 5개) × 7.8m³
② 층의 각 부분에서 호스접속구 25m 이내
③ 방수압력 350kPa, 방수량 260L/min
④ 비상전원 작동시간 45분 이상

14

브로민산칼륨의 색상으로 옳은 것은?

① 백색 ② 등적색
③ 황색 ④ 청색

해설및용어설명 | 제1류 위험물 - 브로민산칼륨
① 대부분의 1류 위험물 무색 또는 흰색
② 다이크로뮴산염류 : 등적색
③ 황

15

위험물인 아세톤을 용기에 담아 운반하고자 한다. 다음 중 위험물안전관리법의 내용과 배치되는 것은?

① 지정수량의 10배라면 비중이 1.52인 질산을 다른 용기에 수납하더라도 함께 적재·운반 할 수 없다.
② 원칙적으로 기계로 하역되는 구조로 된 금속제 운반용기에 수납하는 경우 최대용적이 3,000리터이다.
③ 뚜껑탈착식 금속제 드럼 운반용기에 수납하는 경우 최대 용적은 250리터이다.
④ 유리용기, 플라스틱 용기를 운반용기로 사용할 경우 내장용기로 사용할 수 없다.

해설및용어설명 | 운반용기 - 액체위험물
① 제4류 위험물과 제6류 위험물 : 혼재불가
② 액체위험물의 금속제 운반용기 최대용적은 3,000L이다.
③ 뚜껑탈착식 금속제드럼은 최대용적 250리터이다.
④ 유리용기, 플라스틱용기, 금속제용기를 내장용기로 사용할 수 있다.

16

주유취급소의 변경허가 대상이 아닌 것은?

① 고정주유설비 또는 고정급유설비를 신설 또는 철거하는 경우
② 유리를 부착하기 위하여 담의 일부를 철거하는 경우
③ 고정주유설비 또는 고정급유설비의 위치를 이전하는 경우
④ 지하에 설치한 배관을 교체하는 경우

해설및용어설명 | 변경허가를 받아야 하는 경우 - 주유취급소
① 고정주유설비 또는 고정급유설비를 신설 또는 철거하는 경우
② 담 또는 캐노피(기둥으로 받치거나 매달아 놓은 덮개)를 신설 또는 철거(유리를 부착하기 위하여 담의 일부를 철거하는 경우를 포함한다)하는 경우
③ 고정주유설비 또는 고정급유설비의 위치를 이전하는 경우
④ 300m(지상에 설치하지 않는 배관의 경우에는 30m)를 초과하는 위험물의 배관을 신설·교체·철거 또는 보수(배관을 자르는 경우만 해당한다)하는 경우

17

마그네슘과 염산이 반응할 때 발화의 위험이 있는 이유로 가장 적합한 것은?

① 열전도율이 낮기 때문이다.
② 산소가 발생하기 때문이다.
③ 많은 반응열이 발생하기 때문이다.
④ 분진 폭발의 민감성 때문이다.

해설 및 용어설명 | 제2류 위험물 - 마그네슘
① 마그네슘은 열전도율이 높다.
② 제1류, 제6류 위험물이 산과 반응 시 산소를 발생한다.
③ 반응열이 발생한다.
④ 분진폭발은 공기 중에서 점화원에 의해 발생하는 현상이다.

18

제2류 위험물 중 철분 또는 금속분을 수납한 운반용기의 외부에 표시해야 하는 주의사항으로 옳은 것은?

① 화기엄금 및 물기엄금
② 화기주의 및 물기엄금
③ 가연물접촉주의 및 화기엄금
④ 가연물접촉주의 및 화기주의

해설 및 용어설명 | 위험물 주의사항

유별	종류	운반용기 외부의 주의사항	게시판	소화방법	덮개
제1류 위험물	알칼리금속의 과산화물	가연물접촉주의, 화기·충격주의, 물기엄금	물기엄금	주수금지	방수성 차광성
	그 외	가연물접촉주의, 화기·충격주의	없음	주수소화	차광성
제2류 위험물	철분·금속분·마그네슘	화기주의, 물기엄금	화기주의	주수금지	방수성
	인화성고체	화기엄금	화기엄금	주수소화 질식소화	
	그 외	화기주의	화기주의	주수소화	
제3류 위험물	자연발화성 물질	화기엄금, 공기접촉엄금	화기엄금	주수소화	차광성
	금수성물질	물기엄금	물기엄금	주수금지	방수성
제4류 위험물		화기엄금	화기엄금	질식소화	차광성 (특수인화물)
제5류 위험물		화기엄금, 충격주의	화기엄금	주수소화	차광성
제6류 위험물		가연물접촉주의	없음	주수소화	차광성

19

이산화탄소소화설비가 적응성이 있는 위험물은?

① 제1류 위험물　　② 제3류 위험물
③ 제4류 위험물　　④ 제5류 위험물

해설 및 용어설명 | 위험물 소화방법

유별	종류	운반용기 외부의 주의사항	게시판	소화방법	덮개
제1류 위험물	알칼리금속의 과산화물	가연물접촉주의, 화기·충격주의, 물기엄금	물기엄금	주수금지	방수성 차광성
	그 외	가연물접촉주의, 화기·충격주의	없음	주수소화	차광성
제2류 위험물	철분·금속분·마그네슘	화기주의, 물기엄금	화기주의	주수금지	방수성
	인화성고체	화기엄금	화기엄금	주수소화 질식소화	
	그 외	화기주의	화기주의	주수소화	
제3류 위험물	자연발화성 물질	화기엄금, 공기접촉엄금	화기엄금	주수소화	차광성
	금수성물질	물기엄금	물기엄금	주수금지	방수성
제4류 위험물		화기엄금	화기엄금	질식소화	차광성 (특수인화물)
제5류 위험물		화기엄금, 충격주의	화기엄금	주수소화	차광성
제6류 위험물		가연물접촉주의	없음	주수소화	차광성

이산화탄소소화설비 : 질식소화

정답 17 ③　18 ②　19 ③

20

제2류 위험물에 대한 설명 중 틀린 것은?

① 모두 가연성 물질이다.
② 모두 고체이다.
③ 모두 주수소화가 가능하다.
④ 지정수량의 단위는 모두 kg이다.

해설 및 용어설명 | 제2류 위험물
① 가연성 고체
② 가연성 고체
③ 철분, 금속분, 마그네슘 : 주수금지
④ 지정수량 단위 kg, 제4류 위험물 지정수량 단위 L

21

질산암모늄에 대한 설명으로 옳지 않은 것은?

① 열분해 시 가스를 발생한다.
② 물에 녹을 때 발열반응을 나타낸다.
③ 물보다 무거운 고체상태의 결정이다.
④ 급격히 가열하면 단독으로도 폭발할 수 있다.

해설 및 용어설명 | 제1류 위험물 - 질산암모늄
① $2NH_4NO_3 \rightarrow 2N_2 + O_2 + 4H_2O$
② 대표적인 흡열반응 물질이다.
③ 제1류 위험물이므로 고체이고 물보다 무겁다.
④ 분해하며 산소를 발생하므로 폭발할 수 있다.

22

인화칼슘과 탄화칼슘이 각각 물과 반응하였을 때 발생하는 가스를 차례대로 옳게 나열한 것은?

① 포스겐, 아세틸렌　　② 포스겐, 에틸렌
③ 포스핀, 아세틸렌　　④ 포스핀, 에틸렌

해설 및 용어설명 | 화학반응식

$Ca_3P_2 + 6H_2O \rightarrow 3Ca(OH)_2 + 2PH_3$
인화칼슘　　물　　수산화칼슘　포스핀

$CaC_2 + 2H_2O \rightarrow Ca(OH)_2 + C_2H_2$
탄화칼슘　물　　수산화칼슘　아세틸렌

23

다음 중 옥내저장소에 위험물을 저장하는 제한 높이가 가장 낮은 경우는?

① 기계에 의하여 하역하는 구조로 된 용기만을 겹쳐 쌓는 경우
② 중유를 수납하는 용기만을 겹쳐 쌓는 경우
③ 아마인유를 수납하는 용기만을 겹쳐 쌓는 경우
④ 적린을 수납하는 용기만을 겹쳐 쌓는 경우

해설 및 용어설명 | 옥내저장소 - 위험물 저장 높이
- 기계에 의하여 하역하는 구조 : 6m 이하
- 제4류 위험물 중 제3석유류, 제4석유류, 동식물유류 : 4m 이하
- 그 밖의 경우 : 3m 이하

① 최대 저장높이 6m
② 최대 저장높이 4m(제4류 위험물 중 제3석유류)
③ 최대 저장높이 4m(제4류 위험물 중 동식물유류)
④ 최대 저장높이 3m(그 밖의 경우)

24

다음 중 1기압에 가장 가까운 값을 갖는 것은?

① 760cmHg
② 101.3Pa
③ 29.92psi
④ 1,033.6cmH$_2$O

해설및용어설명 | 압력의 단위

1atm = 760mmHg = 101.325kPa = 10.33mH$_2$O = 14.7psi

25

과산화벤조일(벤조일퍼옥사이드)의 화학식을 옳게 나타낸 것은?

① CH$_3$ONO$_2$
② (CH$_3$COC$_2$H$_5$)$_2$O$_2$
③ (CH$_3$CO)$_2$O$_2$
④ (C$_6$H$_5$CO)$_2$O$_2$

해설및용어설명 | 제5류 위험물

① 질산메틸
② 메틸에틸퍼옥사이드
③ 아세틸퍼옥사이드
④ 벤조일퍼옥사이드

26

다음 표의 물질 중 제2류 위험물에 해당하는 것은 모두 몇 개인가?

황화인	칼륨	알루미늄의 탄화물
황린	금속의 수소화물	코발트분
황	무기과산화물	고형알코올

① 2
② 3
③ 4
④ 5

해설및용어설명 | 위험물 종류

- 제2류 위험물 중 황화인, 지정수량 100kg
- 제3류 위험물 중 칼륨, 지정수량 10kg
- 제3류 위험물 중 칼슘·알루미늄의 탄화물, 지정수량 300kg
- 제3류 위험물 중 황린, 지정수량 20kg
- 제3류 위험물 중 금속수소화합물, 지정수량 300kg
- 제2류 위험물 중 금속분 - 코발트분, 지정수량 500kg
- 제2류 위험물 중 황, 지정수량 100kg
- 제1류 위험물 중 무기과산화물, 지정수량 50kg
- 제2류 위험물 중 고형알코올, 지정수량 1,000kg

27

산화프로필렌에 대한 설명 중 틀린 것은?

① 무색의 휘발성 액체이다.
② 증기의 비중은 공기보다 작다.
③ 인화점은 약 −37℃이다.
④ 비점은 약 34℃이다.

해설및용어설명 | 제4류 위험물 - 산화프로필렌

① 무색의 휘발성 액체

② $\dfrac{OCH_2CHCH_3}{29} = \dfrac{16+12+1\times2+12+1+12+1\times3}{29} = 2$

증기 비중은 공기보다 크다.

③ 인화점 - 37℃

④ 비점 34℃

28

완공검사의 신청 시기에 대한 설명으로 옳은 것은?

① 이동탱크저장소는 이동저장탱크의 제작 중에 신청한다.
② 이송취급소에서 지하에 매설하는 이송배관 공사의 경우는 전체의 이송배관 공사를 완료한 후에 신청한다.
③ 지하탱크가 있는 제조소등은 당해 지하탱크를 매설한 후에 신청한다.
④ 이송취급소에서 하천에 매설하는 이송배관의 공사의 경우에는 이송배관을 매설하기 전에 신청한다.

해설및용어설명 | 완공검사의 신청시기
1. 지하탱크가 있는 제조소등의 경우 : 당해 지하탱크를 매설하기 전
2. 이동탱크저장소의 경우 : 이동저장탱크를 완공하고 상시 설치 장소(이하 "상치장소"라 한다)를 확보한 후
3. 이송취급소의 경우 : 이송배관 공사의 전체 또는 일부를 완료한 후. 다만, 지하·하천 등에 매설하는 이송배관의 공사의 경우에는 이송배관을 매설하기 전
4. 전체 공사가 완료된 후에는 완공검사를 실시하기 곤란한 경우 : 다음 각목에서 정하는 시기
   가. 위험물설비 또는 배관의 설치가 완료되어 기밀시험 또는 내압시험을 실시하는 시기
   나. 배관을 지하에 설치하는 경우에는 시·도지사, 소방서장 또는 기술원이 지정하는 부분을 매몰하기 직전
   다. 기술원이 지정하는 부분의 비파괴시험을 실시하는 시기
5. 제1호 내지 제4호에 해당하지 아니하는 제조소등의 경우 : 제조소등의 공사를 완료한 후

29

위험물안전관리법령에 관한 내용으로 다음 ( ) 안에 알맞은 수치를 차례대로 나타낸 것은?

> 옥내저장소에서 동일 품명의 위험물이더라도 자연 발화할 우려가 있는 위험물 또는 재해가 현저하게 증대할 우려가 있는 위험물을 다량 저장하는 경우 에는 지정수량의 ( )배 이하마다 구분하여 상호 간 ( )m 이상의 간격을 두어 저장하여야 한다.

① 10, 0.3 ② 10, 1
③ 100, 0.3 ④ 100, 1

해설및용어설명 | 옥내저장소
자연발화할 우려가 있는 위험물 - 지정수량의 10배 이하마다 구분하여 0.3m 이상의 간격 두어 저장

30

주유취급소 설치자가 변경허가를 받지 않고 주유취급소의 방화담 중 도로에 접한 부분을 철거한 사실이 기술기준에 부적합하여 적발된 경우에 위험물안전관리법상 조치사항으로 가장 적합한 것은?

① 변경허가 위반행위에 따른 형사처벌, 행정처분 및 복구명령을 병과한다.
② 변경허가 위반행위에 따른 행정처분 및 복구명령을 병과한다.
③ 변경허가 위반행위에 따른 형사처벌 및 복구명령을 병과한다.
④ 변경허가 위반행위에 따른 형사처벌 및 행정처분을 병과한다.

해설및용어설명 | 행정처분 기준
형사처벌, 행정처분 및 복구명령

31

알칼리금속의 원자반지름 크기를 큰 순서대로 나타낸 것은?

① Li > Na > K ② K > Na > Li
③ Na > Li > K ④ K > Li > Na

해설및용어설명 | 주기율표
주기가 커질수록 전자껍질의 수가 늘어가 원자반지름이 커진다.

32

유량을 측정하는 계측기구가 아닌 것은?

① 오리피스미터 ② 마노미터
③ 로타미터 ④ 벤추리미터

해설및용어설명 | 유체역학 - 유량계

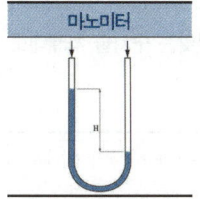

33

다음 중 지정수량이 가장 작은 것은?

① 다이크로뮴산염류 ② 철분
③ 인화성고체 ④ 질산염류

해설및용어설명 | 지정수량
① 제1류 위험물 중 다이크로뮴산염류, 지정수량 1,000kg
② 제2류 위험물 중 철분, 지정수량 500kg
③ 제2류 위험물 중 인화성고체, 지정수량 1,000kg
④ 제1류 위험물 중 질산염류, 지정수량 300kg

34

위험물의 운반에 관한 기준에서 정한 유별을 달리하는 위험물의 혼재기준에 따르면 1가지 다른 유별의 위험물과만 혼재가 가능한 위험물은?(단, 지정수량의 1/10을 초과하는 경우이다)

① 제1류 ② 제2류
③ 제4류 ④ 제5류

해설및용어설명 | 위험물 혼재
423 524 61

위험물의 구분	제1류	제2류	제3류	제4류	제5류	제6류
제1류		×	×	×	×	○
제2류	×		×	○	○	×
제3류	×	×		○	×	×
제4류	×	○	○		○	×
제5류	×	○	×	○		×
제6류	○	×	×	×	×	

정답 31 ② 32 ② 33 ④ 34 ①

35

위험물안전관리법상 위험등급 I에 속하면서 제5류 위험물인 것은?

① CH_3ONO_2 ② $C_6H_2CH_3(NO_2)_3$
③ $C_6H_4(NO)_2$ ④ $N_2H_4 \cdot HCl$

해설및용어설명 | 위험물의 종류
① 질산메틸 : 제5류 위험물 중 질산에스터류(종판단 필요)
② 트라이나이트로톨루엔 : 제5류 위험물 중 나이트로화합물(제1종), 지정수량 10kg, 위험등급 I
③ 다이나이트로벤젠 : 제5류 위험물 중 나이트로화합물(제2종), 지정수량 100kg, 위험등급 II
④ 염산하이드라진 : 제5류 위험물 중 하이드라진유도체(종판단 필요)

36

옥외탱크저장소를 설치함에 있어서 탱크안전성능검사 중 용접부검사의 대상이 되는 옥외저장탱크를 옳게 설명한 것은?

① 용량이 100만 리터 이상인 액체위험물 탱크
② 액체위험물은 저장·취급하는 탱크 중 고압가스 안전관리법에 의한 특정설비에 관한 검사에 합격한 탱크
③ 액체위험물을 저장·취급하는 탱크 중 산업안전보건법에 의한 성능검사에 합격한 탱크
④ 용량에 상관없이 액체위험물을 저장·취급하는 탱크

해설및용어설명 | 탱크안전성능검사의 대상(령 제8조)
1. 기초·지반검사 : 옥외탱크저장소의 액체위험물탱크 중 그 용량이 100만 리터 이상
2. 충수·수압검사 : 액체위험물을 저장 또는 취급하는 탱크
   [제외] 지정수량 미만, 특정설비에 관한 검사를 합격한 탱크, 안전인증을 받은 탱크
3. 용접부검사 : 옥외탱크저장소의 액체위험물탱크 중 그 용량이 100만 리터 이상, 탱크의 저부에 관계된 변경공사(탱크의 옆판과 관련되는 공사를 포함하는 것을 제외한다)시에 행하여진 법 제18조제3항에 따른 정기사에 의하여 용접부에 관한 사항이 행정안전부령으로 정하는 기준에 적합하다고 인정된 탱크를 제외
4. 암반탱크검사 : 액체위험물을 저장 또는 취급하는 암반 내의 공간을 이용한 탱크

37

제2류 위험물로 금속이 덩어리 상태일 때보다 가루 상태일 때 연소위험성이 증가하는 이유가 아닌 것은?

① 유동성의 증가
② 비열의 증가
③ 정전기 발생 위험성 증가
④ 비표면적의 증가

해설및용어설명 | 가연물이 되기 쉬운 조건
금속이 덩어리 상태일 때보다 가루상태일 때 유동성이 증가하여 정전기 발생 위험성이 증가한다. 비표면적의 증가하며 산소와 접촉면적 확대되어 연소 위험성이 증가한다.

38

인화성액체위험물(CS_2는 제외)을 저장하는 옥외탱크저장소에서 방유제의 용량에 대해 다음 ( ) 안에 알맞은 수치를 차례대로 나열한 것은?

> 방유제의 용량은 방유제 안에 설치된 탱크가 하나인 때에는 그 탱크 용량의 ( )% 이상, 2기 이상인 때에는 그 탱크 중 용량이 최대인 것의 용량의 ( )% 이상으로 할 것. 이 경우 방유제의 용량은 당해 방유제의 내용적에서 용량이 최대인 탱크 외의 탱크의 방유제 높이 이하 부분의 용적, 당해 방유제 내에 있는 모든 탱크의 지반면 이상 부분의 기초의 체적, 간막이 둑의 체적 및 당해 방유제 내에 있는 배관 등의 체적을 뺀 것으로 한다.

① 100, 100 ② 100, 110
③ 110, 100 ④ 110, 110

해설및용어설명 | 옥외탱크저장소 - 방유제
- 높이 0.5m 이상 3m 이하
- 면적 8만m² 이하
- 용량 탱크 1기 : 탱크 용량의 110% 이상
  탱크 2기 이상 : 최대 탱크 용량의 110% 이상
- 간막이둑
  - 1,000만 리터 이상인 옥외탱크저장소 주위에 설치
  - 높이 0.3m 이상, 방유제 높이보다 0.2m 이상 낮게
  - 흙 또는 철근콘크리트로 설치할 것
  - 용량 간막이 둑 안에 설치된 탱크의 용량의 10% 이상

39

다음 중 가장 강한 산은?

① $HClO_4$ ② $HClO_3$
③ $HClO_2$ ④ $HClO$

해설및용어설명 | 산화수

결합 중심 원자 Cl의 산화수를 비교한다.
① $HClO_4 = 1 + Cl + (-2) \times 4 = 0$, $Cl = +7$
② $HClO_3 = 1 + Cl + (-2) \times 3 = 0$, $Cl = +5$
③ $HClO_2 = 1 + Cl + (-2) \times 2 = 0$, $Cl = +3$
④ $HClO = 1 + Cl + (-2) \times 1 = 0$, $Cl = +1$

중심원자의 산화수가 커질수록 산의 세기가 크다.

40

위험물안전관리법령에 따른 제1류 위험물의 운반 및 위험물 제조소등에서 저장·취급에 관한 기준으로 옳은 것은?(단, 지정수량의 10배인 경우이다)

① 제6류 위험물과는 운반 시 혼재할 수 있으며, 적절한 조치를 취하면 같은 옥내저장소에 저장할 수 있다.
② 제6류 위험물과는 운반 시 혼재할 수 있으나, 같은 옥내저장소에 저장 할 수는 없다.
③ 제6류 위험물과는 운반 시 혼재할 수 없으나, 적절한 조치를 취하면 같은 옥내저장소에 저장할 수 있다.
④ 제6류 위험물과는 운반 시 혼재할 수 없으며, 같은 옥내저장소에 저장할 수도 없다.

해설및용어설명 | 위험물 혼재

423 524 61
- 위험물 저장 : 유별이 다른 위험물 1m 간격
- 제1류 위험물(알칼리금속의 과산화물 제외) + 제5류
- 제1류 + 제6류
- 제1류 + 제3류 중 자연발화성물질(황린)
- 제2류 중 인화성 고체 + 제4류
- 제3류 중 알킬알루미늄·알킬리튬 + 제4류 알킬알루미늄·알킬리튬 함유
- 제4류 중 유기과산화물 함유 + 제5류 중 유기과산화물 함유

41

제조소등의 소화설비를 위한 소요단위 산정에 있어서 1소요단위에 해당하는 위험물의 지정수량 배수와 외벽이 내화구조인 제조소의 건축물 연면적을 각각 옳게 나타낸 것은?

① 10배, 100m²
② 100배, 100m²
③ 10배, 150m²
④ 100배, 150m²

해설및용어설명 | 소요단위

	내화구조	비(非) 내화구조
제조소 취급소	100m²	50m²
저장소	150m²	75m²
위험물	지정수량×10	

42

열처리작업 등의 일반취급소를 건축물 내에 구획실 단위로 설치하는데 필요한 요건으로서 옳지 않은 것은?

① 취급하는 위험물의 수량은 지정수량의 30배 미만일 것
② 위험물이 위험한 온도에 이르는 것을 경보할 수 있는 장치를 설치할 것
③ 열처리 또는 방전가공을 위하여 인화점 70℃ 이상의 제4류 위험물을 취급하는 것일 것
④ 다른 작업장의 용도로 사용되는 부분과의 사이에는 내화구조로 된 격벽을 설치하되, 격벽의 양단 및 상단이 외벽 또는 지붕으로부터 50cm 이상 돌출되도록 할 것

해설및용어설명 | 일반취급소 - 열처리작업

- 열처리작업 또는 방전가공을 위하여 위험물(인화점이 70℃ 이상인 제4류 위험물에 한한다)을 취급하는 일반취급소로서 지정수량의 30배 미만의 것
- 건축물 중 일반취급소의 용도로 사용하는 부분에는 위험물이 위험한 온도에 이르는 것을 경보할 수 있는 장치를 설치할 것

43

이동탱크저장소에 설치하는 방파판의 기능으로 옳은 것은?

① 출렁임 방지
② 유증기 발생의 억제
③ 정전기 발생 제거
④ 파손 시 유출 방지

해설및용어설명 | 이동탱크저장소

- 칸막이 3.2mm, 4,000L
- 방파판 1.6mm, 액체의 출렁임 방지

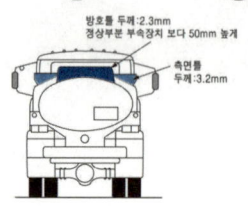

44

0.2N HCl 500ml에 물을 가해 1L로 하였을 때 pH는 약 얼마인가?

① 1.0
② 1.2
③ 1.8
④ 2.1

해설및용어설명 | 농도

몰농도 = 용질의 몰수 / 용액의 부피 → 용질의 몰수 = 몰농도×용액의 부피

용질의 몰수 = 0.2M×0.5L = 0.1mol

$pH = -\log[H^+] = -\log(0.1) = 1$

45

인화점이 0℃보다 낮은 물질이 아닌 것은?

① 아세톤 ② 톨루엔
③ 휘발유 ④ 벤젠

해설및용어설명 | 제4류 위험물 - 인화점
① 제4류 위험물 중 제1석유류(수용성), 인화점 -18℃
② 제4류 위험물 중 제1석유류(비수용성), 인화점 4℃
③ 제4류 위험물 중 제1석유류(비수용성), 인화점 -43 ~ -20℃
④ 제4류 위험물 중 제1석유류(비수용성), 인화점 -11℃

46

포소화설비의 포방출구 중 고정지붕구조의 탱크에 저부포 주입법을 이용하는 것으로서 송포관으로부터 포를 방출하는 방식은?

① Ⅰ형 ② Ⅱ형
③ Ⅲ형 ④ 특형

해설및용어설명 | 포소화설비 - 포방출구
- Ⅰ형 : 고정지붕구조의 탱크에 상부포주입법을 이용. 방출된 포가 액면 아래로 몰입되거나 액면을 뒤섞지 않고 액면상을 덮을 수 있는 통계단 또는 미끄럼판 등의 설비 및 탱크 내의 위험물 증기가 외부로 역류되는 것을 저지할 수 있는 구조·기구를 갖는 포방출구
- Ⅱ형 : 고정지붕구조 또는 부상덮개부착 고정지붕구조의 탱크에 상부포주입법을 이용. 방출된 포가 탱크 측판 내부에 흘러내려서 액면에 전개되도록 포의 반사판을 방출구에 설치한 설비
- Ⅲ형 : 고정지붕구조의 탱크에 저부포주입법을 이용. 송포관으로부터 포를 방출하는 포방출구
- Ⅳ형 : 고정지붕구조의 탱크에 저부포주입법을 이용하는 것으로서 평상시에는 탱크의 액면하의 저부에 설치된 격납통(포를 보내는 것에 의하여 용이하게 이탈되는 캡을 갖는 것을 포함한다)에 수납되어 있는 특수호스 등이 송포관의 말단에 접속되어 있다가 포를 보내는 것에 의하여 특수호스 등이 전개되어 그 선단이 액면까지 도달한 후 포를 방출하는 포방출구
- 특형 : 부상지붕구조의 탱크에 상부포주입법을 이용. 부상지붕의 부상부분 상에 높이 0.9m 이상의 금속제의 칸막이를 탱크 옆판의 내측로부터 1.2m 이상 이격하여 설치하고 환상부분에 포를 주입하는 것이 가능한 구조의 반사판을 갖는 포방출구

47

과망가니즈산칼륨과 묽은 황산이 반응하였을 때 생성물이 아닌 것은?

① MnO_2 ② K_2SO_4
③ $MnSO_4$ ④ O_2

해설및용어설명 | 제1류 위험물 - 과망가니즈산칼륨

$4KMnO_4 + 6H_2SO_4 \rightarrow 2K_2SO_4 + 6H_2O + 5O_2 + 4MnSO_4$
과망가니즈산칼륨 황산 황산칼륨 물 산소 황산망가니즈

48

지정수량 이상 위험물의 임시 저장·취급기준에 대한 설명으로 옳은 것은?

① 군부대가 군사 목적으로 임시로 저장·취급하는 경우에는 180일을 초과하지 못한다.
② 공사장의 경우에는 공사가 끝나는 날까지 저장·취급할 수 있다.
③ 임시 저장·취급기간은 원칙적으로 180일 이내에서 할 수 있다.
④ 임시 저장·취급에 관한 기준은 시·도별로 다르게 정할 수 있다.

해설및용어설명 | 위험물 임시저장
① 군사목적으로 임시 저장 취급하는 경우(기간제한 없음)
② 공사장은 위험물을 임시 저장할 수 없다.
③ 관할소방서장의 승인을 받은 경우 90일 이내 임시 저장 또는 취급 가능하다.
④ 임시저장에 대한 기준은 시·도의 조례로 정한다.

정답 45 ② 46 ③ 47 ① 48 ④

49

위험물안전관리법령상 품명이 질산에스터류에 해당하는 것은?

① 피크린산 ② 나이트로셀룰로오스
③ 트라이나이트로톨루엔 ④ 트라이나이트로벤젠

해설및용어설명 | 제5류 위험물
① 나이트로화합물
② 질산에스터류
③ 나이트로화합물
④ 나이트로화합물

50

메틸에틸케톤에 관한 설명으로 틀린 것은?

① 인화가 용이한 가연성 액체이다.
② 완전연소 시 메테인과 이산화탄소를 생성한다.
③ 물보다 가벼운 휘발성 액체이다.
④ 증기는 공기보다 무겁다.

해설및용어설명 | 제4류 위험물 - 메틸에틸케톤
① 제4류 위험물 중 제1석유류(비수용성), 지정수량 200L
② 연소 시 이산화탄소와 수증기를 생성한다.
③ 비중 0.8로 물보다 가벼운 휘발성 액체이다.
④ $\dfrac{CH_3COC_2H_5}{29} = \dfrac{12+1\times3+12+16+12\times2+1\times5}{29} = 2.48$

51

위험물안전관리법령에서 정하는 유별에 따른 위험물의 성질에 해당하지 않는 것은?

① 산화성고체 ② 산화성액체
③ 가연성고체 ④ 가연성액체

해설및용어설명 | 위험물의 성질
① 제1류 위험물
② 제6류 위험물
③ 제2류 위험물
④ 없음

52

위험물탱크의 공간용적에 관한 기준에 대해 다음 ( ) 안에 알맞은 수치는?

> 암반탱크에 있어서는 당해 탱크 내에 용출하는 ( )일간의 지하수의 양에 상당하는 용적과 당해 탱크의 내용적의 100분의 ( )의 용적 중에서 보다 큰 용적을 공간용적으로 한다.

① 7, 1 ② 7, 5
③ 10, 1 ④ 10, 5

해설및용어설명 | 공간용적
• 탱크 내용적의 100분의 5 이상 100분의 10 이하
• 소화설비 설치 탱크 : 소화설비 소화약제방출구 아래의 0.3미터 이상 1미터 미만 사이의 면으로부터 윗부분의 용적
• 암반탱크 : 탱크 내에 용출하는 7일간의 지하수의 양에 상당하는 용적과 탱크의 내용적의 100분의 1의 용적 중에서 큰 용적

49 ② 50 ② 51 ④ 52 ①

53

CH₃CHO에 대한 설명으로 옳지 않은 것은?

① 끓는점이 상온(25℃) 이하이다.
② 완전 연소 시 이산화탄소와 물이 생성된다.
③ 은, 수은과 반응하면 폭발성 물질을 생성한다.
④ 에틸알코올을 환원시키거나 아세트산을 산화시켜 제조한다.

해설및용어설명 | 제4류 위험물 - 아세트알데히드

① 끓는점 21℃
② $2CH_3CHO + 5O_2 \rightarrow 4CO_2 + 4H_2O$
③ 아세트알데히드는 구리, 은, 수은, 마그네슘 등으로 만든 용기를 사용하면 아세틸라이드를 생성하여 위험하다.
④ $C_2H_5OH \underset{환원(+2H)}{\overset{산화(-2H)}{\rightleftarrows}} CH_3CHO \underset{환원(-O)}{\overset{산화(+O)}{\rightleftarrows}} CH_3COOH$
  에탄올 / 아세트알데히드 / 아세트산

54

위험물 시설에 설치하는 소화설비와 특성 등에 관한 설명 중 위험물 관련 법규내용에 적합한 것은?

① 제4류 위험물을 저장하는 옥외저장탱크에 포소화설비를 설치하는 경우에는 이동식으로 할 수 있다.
② 옥내소화전설비·스프링클러설비 및 이산화탄소 소화설비의 배관은 전용으로 하되 예외 규정이 있다.
③ 옥내소화전설비와 옥외소화전설비는 동결방지조치가 가능한 장소라면 습식으로 설치하여야 한다.
④ 물분무소화설비와 스프링클러설비의 기동장치에 관한 설치 기준은 그 내용이 동일하지 않다.

해설및용어설명 | 소화설비

① 옥외저장탱크에는 고정식 포소화설비를 설치한다.
② 이산화탄소소화설비의 배관은 전용으로 해야하며 예외규정이 없다.
③ 동결방지조치가 된 경우 습식으로 한다.
④ 물분무소화설비의 기동장치는 스프링클러에 따른다.

55

축의 완성지름, 철사의 인장강도, 아스피린 순도와 같은 데이터를 관리하는 가장 대표적인 관리도는?

① c 관리도
② nP 관리도
③ u 관리도
④ $\bar{x}$ 관리도

해설및용어설명 | 관리도

① 결점의 수를 알고 싶을 때, 표본크기가 일정할 때
② 불량개수를 알고 싶을 때, 표본크기가 일정하고, 보통 50개 이상일 때
③ 단위당 결점 수를 알고 싶을 때, 표본크기가 일정하지 않을 때
④ 공정에서 채취한 시료의 길이, 무게, 시간, 인장강도, 순도, 수율 등과 같은 계량치 데이터를 이용하여 관리

56

로트의 크기가 시료의 크기에 비해 10배 이상 클 때, 시료의 크기와 합격판정개수를 일정하게 하고 로트의 크기를 증가시킬 경우 검사특성곡선의 모양 변화에 대한 설명으로 가장 적절한 것은?

① 무한대로 커진다.
② 별로 영향을 미치지 않는다.
③ 샘플링 검사의 판별 능력이 매우 좋아진다.
④ 검사특성곡선의 기울기 경사가 급해진다.

해설및용어설명 | 검사특성곡선의 특징

· 로트의 크기(N)이 시료의 크기(n)에 비해 10배 이상 크다면, 로트의 크기(N)는 검사특성곡선에 영향을 미치지 않는다.
· 즉, 시료의 크기(n)가 일정할 때 로트의 크기(N)가 커져도 검사특성곡선의 모양은 거의 변화하지 않는다.

57

작업시간 측정방법 중 직접측정법은?

① PTS법 ② 경험견적법
③ 표준자료법 ④ 스톱워치법

해설및용어설명 | 작업시간 측정방법
- 직접측정법 : 시간연구법(스톱워치법, 촬영법, VTR 분석법, 컴퓨터 분석법), 워크샘플링법
- 간접측정법 : PTS법, 표준자료법, 실적기록법 또는 통계적표준

58

준비작업시간 100분, 개당 정미작업시간 15분, 로트 크기 20일 때 1개당 소요작업시간은 얼마인가?(단, 여유시간은 없다고 가정한다)

① 15분 ② 20분
③ 35분 ④ 45분

해설및용어설명 | 작업시간

소요작업시간 = 준비작업시간 + 정미작업시간 = $100 + 15 \times 20 = 400$

로트크기 20이므로 1개당 소요작업시간 = $\dfrac{400}{20} = 20$

59

소비자가 요구하는 품질로서 설계와 판매정책에 반영되는 품질을 의미하는 것은?

① 시장품질 ② 설계품질
③ 제조품질 ④ 규격품질

해설및용어설명 | 품질의 종류
① 시장품질 : 시장에서 소비자가 요구하는 품질, 설계나 판매정책에 반영되는 품질
② 설계품질 : 요구 품질을 실현하기 위해 제품을 기획하고 그 결과를 스펙 정리하여 도면화한 품질
③ 제조품질 : 설계품질대로 제조한 결과 만들어진 제품의 품질

60

다음 중 샘플링 검사보다 전수검사를 실시하는 것이 유리한 경우는?

① 검사항목이 많은 경우
② 파괴검사를 해야 하는 경우
③ 품질특성치가 치명적인 결점을 포함하는 경우
④ 다수 다량의 것으로 어느 정도 부적합품이 섞여도 괜찮을 경우

해설및용어설명 |

전수검사	샘플링검사
• 전체 시료를 모두 검사하여 합격, 불합격을 판정하는 검사방법	• 로트에서 랜덤하게 시료를 추출하여 검사한 후 그 결과에 따라 로트의 합격, 불합격을 판정하는 검사방법
• 품질 특성치가 치명적인 결점을 포함하는 경우 • 부적합품이 섞여 들어가서는 안 되는 경우 • 품질향상에 자극을 준다.	• 파괴검사를 해야 하는 경우 • 다수 다량의 것으로 어느 정도 부적합품이 섞여도 괜찮을 경우 • 검사항목이 많은 경우 유리

57 ④ 58 ② 59 ① 60 ③

과년도 기출문제   2013 * 53

01

3.65kg의 염화수소 중에는 HCl 분자가 몇 개 있는가?

① 6.02×10^{23} ② 6.02×10^{24}
③ 6.02×10^{25} ④ 6.02×10^{26}

해설및용어설명 | 몰

$$n = \frac{w}{M} = \frac{3,650g}{1+35.5g/mol} = 100mol \times \frac{6.02 \times 10^{23}개}{1mol} = 6.02 \times 10^{25}개$$

참고 kmol, mol 단위에 유의한다.

02

다음 중 물과 접촉하여도 위험하지 않은 물질은?

① 과산화나트륨   ② 과염소산나트륨
③ 마그네슘   ④ 알킬알루미늄

해설및용어설명 | 위험물의 성질

① 물과 반응하여 산소 발생
② 물과 반응하지 않음
③ 물과 반응하여 수소 발생
④ 물과 반응하여 가연성 기체 발생

03

그림과 같은 예혼합 화염 구조의 개략도에서 중간생성물의 농도 곡선은?

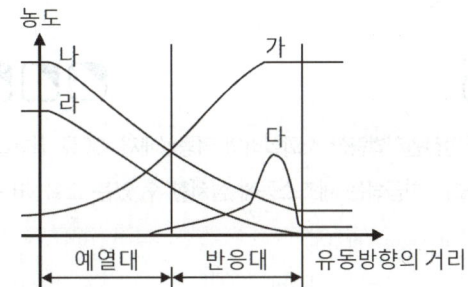

① 가   ② 나
③ 다   ④ 라

해설및용어설명 | 연소 - 예혼합 화염의 구조

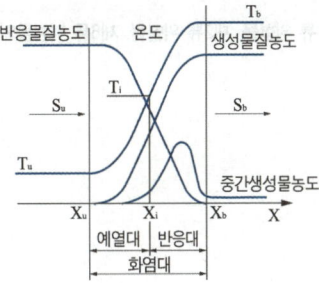

정답 01 ③ 02 ② 03 ③

04

다음 중 비중이 가장 작은 금속은?

① 마그네슘 ② 알루미늄
③ 지르코늄 ④ 아연

해설 및 용어설명 | 제2류 위험물
① 비중 1.74
② 비중 2.7
③ 비중 6
④ 비중 7

05

위험물안전관리법령상 소화설비의 적응성에서 제6류 위험물을 저장 또는 취급하는 제조소등에 설치할 수 있는 소화설비는?

① 인산염류분말소화설비
② 탄산수소염류분말소화설비
③ 이산화탄소소화설비
④ 할로젠화합물소화설비

해설 및 용어설명 | 위험물 소화방법
제6류 위험물 - 주수소화
① 인산염류분말소화설비 : 제1류 위험물, 제2류 위험물, 제6류 위험물의 주수소화에 한해 사용가능

06

수소화리튬의 위험성에 대한 설명 중 틀린 것은?

① 물과 실온에서 격렬히 반응하여 수소를 발생하므로 위험하다.
② 공기와 접촉하면 자연발화의 위험이 있다.
③ 피부와 접촉 시 화상의 위험이 있다.
④ 고온으로 가열하면 수산화리튬과 수소를 발생하므로 위험하다.

해설 및 용어설명 | 제3류 위험물 - 금속수소화합물
① $LiH + H_2O \rightarrow LiOH + H_2$
② 제3류 위험물이므로 자연발화의 위험이 있다.
③ 피부와 접촉 시 화상 위험이 있다.
④ 물과 접촉 시 수산화리튬과 수소를 발생한다.

07

불연성가스 봉입장치를 설치해야 되는 위험물은?

① 아세트알데하이드 ② 이황화탄소
③ 생석회 ④ 염소산나트륨

해설 및 용어설명 | 제조소 - 고인화점 위험물의 특례
- 알킬알루미늄등 : 알킬알루미늄, 알킬리튬
  - 알킬알루미늄등을 취급하는 설비에는 불활성기체를 봉입하는 장치를 갖출 것
- 아세트알데하이드등 : 아세트알데하이드, 산화프로필렌
  - 아세트알데하이드등을 취급하는 설비는 은·수은·동·마그네슘 또는 이들을 성분으로 하는 합금으로 만들지 아니할 것
  - 아세트알데하이드등을 취급하는 설비는 연소성 혼합기체의 생성에 의한 폭발을 방지하기 위한 불활성기체 또는 수증기를 봉입하는 장치를 갖출 것

08

위험물안전관리법령상 유기과산화물을 함유하는 것 중에서 불활성고체를 함유하는 것으로서 다음에 해당하는 것은 위험물에서 제외된다. ( ) 안에 알맞은 수치는?

> 과산화벤조일의 함유량이 ( )중량퍼센트 미만인 것으로서 전분가루, 황산칼슘2수화물 또는 인산1수소칼슘2수화물과의 혼합물

① 30
② 35.5
③ 40.5
④ 50

해설및용어설명 | 위험물 기준 - 제5류 위험물

유기과산화물을 함유하는 것 중에서 불활성고체를 함유하는 것으로서 다음 각목의 1에 해당하는 것은 제외한다.

- 과산화벤조일의 함유량이 35.5중량퍼센트 미만인 것으로서 전분가루, 황산칼슘2수화물 또는 인산1수소칼슘2수화물과의 혼합물
- 비스(4클로로벤조일)퍼옥사이드의 함유량이 30중량퍼센트 미만인 것으로서 불활성고체와의 혼합물
- 과산화지크밀의 함유량이 40중량퍼센트 미만인 것으로서 불활성고체와의 혼합물
- 1·4비스(2-터셔리부틸퍼옥시이소프로필)벤젠의 함유량이 40중량퍼센트 미만인 것으로서 불활성고체와의 혼합물
- 시크로헥사놀퍼옥사이드의 함유량이 30중량퍼센트 미만인 것으로서 불활성고체와의 혼합물

09

소화난이도등급 I의 제조소등 중 옥내탱크저장소의 규모에 대한 설명이 옳은 것은?

① 액체 위험물을 저장하는 위험물의 액표면적이 20m² 이상인 것
② 바닥면으로부터 탱크 옆판의 상단까지 높이가 6m 이상인 것 (제6류 위험물을 저장하는 것 및 고인화점위험물만을 100℃ 미만의 온도에서 저장하는 것은 제외)
③ 액체 위험물을 저장하는 단층 건축물 외의 건축물에 설치하는 것으로서 인화점이 40℃ 이상 70℃ 미만의 위험물은 지정수량의 40배 이상 저장 또는 취급하는 것
④ 고체 위험물을 지정수량의 150배 이상 저장 또는 취급하는 것

해설및용어설명 | 소화난이도등급 I - 옥내탱크저장소

- 액표면적이 40m² 이상인 것(제6류 위험물을 저장하는 것 및 고인화점 위험물만을 100℃ 미만의 온도에서 저장하는 것은 제외)
- 바닥면으로부터 탱크 옆판의 상단까지 높이가 6m 이상인 것(제6류 위험물을 저장하는 것 및 고인화점 위험물만을 100℃ 미만의 온도에서 저장하는 것은 제외)
- 탱크전용실이 단층건물 외의 건축물에 있는 것으로서 인화점 38℃ 이상 70℃ 미만의 위험물을 지정수량의 5배 이상 저장하는 것(내화구조로 개구부 없이 구획된 것은 제외한다)

10

제조소등에서의 위험물 저장의 기준에 관한 설명 중 틀린 것은?

① 제3류 위험물 중 황린과 금수성물질은 동일한 저장소에서 저장하여도 된다.
② 옥내저장소에서 재해가 현저하게 증대할 우려가 있는 위험물을 다량 저장하는 경우에는 지정수량의 10배 이하마다 구분하여 상호 간 0.3m 이상의 간격을 두어 저장하여야 한다.
③ 옥내저장소에서는 용기에 수납하여 저장하는 위험물의 온도가 55℃를 넘지 아니하도록 필요한 조치를 강구하여야 한다.
④ 컨테이너식 이동탱크저장소 외의 이동탱크저장소에 있어서는 위험물을 저장한 상태로 이동저장탱크를 옮겨 싣지 아니하여야 한다.

해설및용어설명 | 위험물 저장 기준

① 제3류 위험물 중 황린 그 밖에 물속에 저장하는 물품과 금수성물질은 동일한 저장소에서 저장하지 아니하여야 한다.
② 옥내저장소에서 동일 품명의 위험물이더라도 자연발화할 우려가 있는 위험물 또는 재해가 현저하게 증대할 우려가 있는 위험물을 다량 저장하는 경우에는 지정수량의 10배 이하마다 구분하여 상호 간 0.3m 이상의 간격을 두어 저장하여야 한다.
③ 옥내저장소에서는 용기에 수납하여 저장하는 위험물의 온도가 55℃를 넘지 아니하도록 필요한 조치를 강구하여야 한다.
④ 컨테이너식 이동탱크저장소 외의 이동탱크저장소에 있어서는 위험물을 저장한 상태로 이동저장탱크를 옮겨 싣지 아니하여야 한다.

11

과망가니즈산칼륨의 일반적인 성상에 관한 설명으로 틀린 것은?

① 단맛이 나는 무색의 결정성 분말이다.
② 산화제이고 황산과 접촉하면 격렬하게 반응한다.
③ 비중은 약 2.7이다.
④ 살균제, 소독제로 사용된다.

해설및용어설명 | 제1류 위험물 - 과망가니즈산칼륨
① 진한 보라색 결정이다.
② 제1류 위험물이므로 산화제이며 황산과 접촉하면 폭발적으로 반응한다.
③ 비중 2.7
④ 살균제, 소독제로 쓰인다.

12

다음 물질과 제6류 위험물인 과산화수소와 혼합되었을 때 결과가 다른 하나는?

① 인산나트륨　　② 이산화망가니즈
③ 요소　　　　　④ 인산

해설및용어설명 | 제6류 위험물 - 과산화수소
- 안정제 : 인산, 요산
- 정촉매 : 이산화망가니즈

13

273℃에서 기체의 부피가 4L이다. 같은 압력에서 25℃일 때의 부피는 약 몇 L인가?

① 0.5　　② 2.2
③ 3　　　④ 4

해설및용어설명 | 샤를의 법칙

$$\frac{V_1}{T_1} = \frac{V_2}{T_2}$$

$$\frac{4L}{273℃ + 273} = \frac{V_2}{25℃ + 273}$$

$V_2 = 2.18 ≒ 2.2L$

14

다음 중 가연성이면서 폭발성이 있는 물질은?

① 과산화수소　　② 과산화벤조일
③ 염소산나트륨　④ 과염소산칼륨

해설및용어설명 | 위험물의 종류
① 제6류 위험물 불연성
② 제5류 위험물 가연성
③ 제1류 위험물 불연성
④ 제1류 위험물 불연성

15

나머지 셋과 지정수량이 다른 하나는?

① 칼슘 ② 알킬알루미늄
③ 칼륨 ④ 나트륨

해설및용어설명 | 지정수량

① 제3류 위험물 중 알칼리금속 및 알칼리토금속, 지정수량 50kg
② 제3류 위험물 중 알킬알루미늄, 지정수량 10kg
③ 제3류 위험물 중 칼륨, 지정수량 10kg
④ 제3류 위험물 중 나트륨, 지정수량 10kg

16

옥외탱크저장소에 설치하는 높이가 1m를 넘는 방유제 및 간막이둑의 안팎에 설치하는 계단 또는 경사로는 약 몇 m마다 설치하여야 하는가?

① 20m ② 30m
③ 40m ④ 50m

해설및용어설명 | 옥외탱크저장소 - 방유제

계단 또는 경사로 50m마다 설치

17

위험물안전관리법령상 이산화탄소소화기가 적응성이 없는 위험물은?

① 인화성고체 ② 톨루엔
③ 초산메틸   ④ 브로민산칼륨

해설및용어설명 | 위험물 주의사항

유별	종류	운반용기 외부의 주의사항	게시판	소화방법	덮개
제1류 위험물	알칼리금속의 과산화물	가연물접촉주의, 화기·충격주의, 물기엄금	물기엄금	주수금지	방수성 차광성
	그 외	가연물접촉주의, 화기·충격주의	없음	주수소화	차광성
제2류 위험물	철분·금속분·마그네슘	화기주의, 물기엄금	화기주의	주수금지	방수성
	인화성고체	화기엄금	화기엄금	주수소화 질식소화	
	그 외	화기주의	화기주의	주수소화	
제3류 위험물	자연발화성 물질	화기엄금, 공기접촉엄금	화기엄금	주수소화	차광성
	금수성물질	물기엄금	물기엄금	주수금지	방수성
제4류 위험물		화기엄금	화기엄금	질식소화	차광성 (특수인화물)
제5류 위험물		화기엄금, 충격주의	화기엄금	주수소화	차광성
제6류 위험물		가연물접촉주의	없음	주수소화	차광성

이산화탄소소화기 : 질식소화

① 제2류 위험물 중 인화성고체 : 주수소화, 질식소화
② 제4류 위험물 : 질식소화
③ 제4류 위험물 : 질식소화
④ 제1류 위험물 : 주수소화

18

제3류 위험물의 종류에 따라 위험물을 수납한 용기에 부착하는 주의사항의 내용에 해당하지 않는 것은?

① 충격주의
② 화기엄금
③ 공기접촉엄금
④ 물기엄금

해설및용어설명 | 위험물 주의사항

유별	종류	운반용기 외부의 주의사항	게시판	소화방법	덮개
제1류 위험물	알칼리금속의 과산화물	가연물접촉주의, 화기·충격주의, 물기엄금	물기엄금	주수금지	방수성 차광성
	그 외	가연물접촉주의, 화기·충격주의	없음	주수소화	차광성
제2류 위험물	철분·금속분·마그네슘	화기주의, 물기엄금	화기주의	주수금지	방수성
	인화성고체	화기엄금	화기엄금	주수소화 질식소화	
	그 외	화기주의	화기주의	주수소화	
제3류 위험물	자연발화성 물질	화기엄금, 공기접촉엄금	화기엄금	주수소화	차광성
	금수성물질	물기엄금	물기엄금	주수금지	방수성
제4류 위험물		화기엄금	화기엄금	질식소화	차광성 (특수인화물)
제5류 위험물		화기엄금, 충격주의	화기엄금	주수소화	차광성
제6류 위험물		가연물접촉주의	없음	주수소화	차광성

19

황린과 적린에 대한 설명 중 틀린 것은?

① 적린은 황린에 비하여 안정하다.
② 비중은 황린이 크며, 녹는점은 적린이 낮다.
③ 적린과 황린은 모두 물에 녹지 않는다.
④ 연소할 때 황린과 적린은 모두 흰 연기를 발생한다.

해설및용어설명 | 적린과 황린의 비교

	적린	황린
분자식	P	P_4
유별	제2류	제3류
안정성	안정	불안정
화학적활성	작다.	크다.
물 용해	×(불용해)	×(불용해)
CS_2 용해	×(불용해)	○(용해)
비중	2.2	1.82
녹는점	416℃	44℃

연소 시 발생하는 오산화인은 흰색 연기이다.

20

TNT가 분해될 때 발생하는 주요 가스에 해당하지 않는 것은?

① 질소
② 수소
③ 암모니아
④ 일산화탄소

해설및용어설명 | 분해반응식

$2C_6H_2(NO_2)_3CH_3 \rightarrow 2C + 3N_2 + 5H_2 + 12CO$
트라이나이트로톨루엔   탄소 질소 수소 일산화탄소

21

다음 중 서로 혼합하였을 경우 위험성이 가장 낮은 것은?

① 알루미늄분과 황린
② 과산화나트륨과 마그네슘분
③ 염소산나트륨과 황
④ 나이트로셀룰로오스와 에탄올

해설및용어설명 | 위험물 저장방법
① 제2류 위험물, 제3류 위험물
② 제1류 위험물, 제2류 위험물
③ 제1류 위험물, 제2류 위험물
④ 제5류 위험물, 제4류 위험물 → 제5류 위험물은 물이나 알코올에 습윤하여 저장한다.

22

Al이 속하는 금속은 무슨 족 계열인가?

① 철족
② 알칼리금속족
③ 붕소족
④ 알칼리토금속족

해설및용어설명 | 주기율표
① 8족
② 1족
③ 13족
④ 2족

23

오황화인의 성질에 대한 설명으로 옳은 것은?

① 청색의 결정으로 특이한 냄새가 있다.
② 알코올에는 잘 녹고 이황화탄소에는 잘 녹지 않는다.
③ 수분을 흡수하면 분해한다.
④ 비점은 약 325℃이다.

해설및용어설명 | 제2류 위험물 - 오황화인
① 담황색 결정이다.
② 알코올, 이황화탄소에 잘 녹는다.
③ $P_2S_5 + 8H_2O \rightarrow 2H_3PO_4 + 5H_2S$(독성 가스)
④ 비점 523℃, 융점 310℃

24

아세톤을 저장하는 옥외저장탱크 중 압력탱크 외의 탱크에 설치하는 대기밸브 부착 통기관은 몇 kPa 이하의 압력 차이로 작동할 수 있어야 하는가?

① 5
② 10
③ 15
④ 20

해설및용어설명 | 제4류 위험물 옥외저장탱크 - 통기관
- 대기밸브 부착 통기관 : 5kPa 이하의 압력차이로 작동할 수 있을 것
- 밸브 없는 통기관 : 지름 30mm 이상, 선단 45도 이상 구부리기
  - 인화방지장치 : 불티 등에 의해 점화원이 탱크 내부로 유입되어 폭발 또는 화재 일어나는 것을 방지한다.

정답 21 ④ 22 ③ 23 ③ 24 ①

25

위험물제조소에 옥내소화전 6개와 옥외소화전 1개를 설치하는 경우 각각에 필요한 최소 수원의 수량을 합한 값은?(단, 위험물 제조소는 단층 건축물이다)

① $7.8m^3$
② $13.5m^3$
③ $21.3m^3$
④ $52.5m^3$

해설및용어설명 | 수원의 수량

- 옥내소화전 $7.8m^3$ ×(최대 5개)
- 옥외소화전 $13.5m^3$ ×(최대 4개)

옥내소화전 $7.8m^3 \times 5 = 39m^3$, 옥외소화전 $13.5m^3 \times 1 = 13.5m^3$
$39m^3 + 13.5m^3 = 52.5m^3$

26

과산화마그네슘에 대한 설명으로 옳은 것은?

① 갈색분말로 시판품은 함량이 80~90% 정도이다.
② 물에 잘 녹지 않는다.
③ 산에 녹아 산소를 발생한다.
④ 소화방법은 냉각소화가 효과적이다.

해설및용어설명 | 제1류 위험물 - 과산화마그네슘

① 백색 분말이며 시판품은 15~25%이다.
② 물에 잘 녹지 않는다.
③ 무기과산화물이 산과 반응하면 과산화수소를 발생한다.
④ 무기과산화물이므로 주수금지이다.

27

시료를 가스화시켜 분리관 속에 운반기체(carrier gas)와 같이 주입하고 분리관(컬럼) 내에서 체류하는 시간의 차이에 따라 정성, 정량하는 기기분석은?

① FT – IR
② GC
③ UV – vis
④ XRD

해설및용어설명 | 기기분석

① 적외선분광분석기
② 가스크로마토그래피
③ 자외선 - 가시광선 분광분석기
④ X선회절

28

위험물안전관리법령상 지정수량이 100kg이 아닌 것은?

① 적린
② 철분
③ 황
④ 황화인

해설및용어설명 | 지정수량

① 제2류 위험물 중 적린, 지정수량 100kg
② 제2류 위험물 중 철분, 지정수량 500kg
③ 제2류 위험물 중 황, 지정수량 100kg
④ 제2류 위험물 중 황화인, 지정수량 100kg

29

산화성고체 위험물의 일반적인 성질로 옳은 것은?

① 불연성이며 다른 물질을 산화시킬 수 있는 산소를 많이 함유하고 있으며 강한 환원제이다.
② 가연성이며 다른 물질을 연소시킬 수 있는 염소를 함유하고 있으며 강한 산화제이다.
③ 불연성이며 다른 물질을 산화시킬 수 있는 산소를 많이 함유하고 있으며 강한 산화제이다.
④ 불연성이며 다른 물질을 연소시킬 수 있는 수소를 많이 함유하고 있으며 강한 환원성 물질이다.

해설및용어설명 | 제1류 위험물 - 산화성 고체
강산화제, 불연성, 조연성, 산소 다량 함유

30

위험물의 취급 중 제조에 관한 기준으로 다음 사항을 유의하여야 하는 공정은?

> 위험물을 취급하는 설비의 내부압력의 변동 등에 의하여 액체 또는 증기가 새지 아니하도록 하여야 한다.

① 증류공정
② 추출공정
③ 건조공정
④ 분쇄공정

해설및용어설명 | 취급의 기준 - 제조
① 증류공정에 있어서는 위험물을 취급하는 설비의 내부압력의 변동 등에 의하여 액체 또는 증기가 새지 아니하도록 할 것
② 추출공정에 있어서는 추출관의 내부압력이 비정상으로 상승하지 아니하도록 할 것
③ 건조공정에 있어서는 위험물의 온도가 부분적으로 상승하지 아니하는 방법으로 가열 또는 건조할 것
④ 분쇄공정에 있어서는 위험물의 분말이 현저하게 부유하고 있거나 위험물의 분말이 현저하게 기계·기구 등에 부착하고 있는 상태로 그 기계·기구를 취급하지 아니할 것

31

나이트로셀룰로오스에 대한 설명으로 옳지 않은 것은?

① 셀룰로오스를 진한 황산과 질산으로 반응시켜 만들 수 있다.
② 품명이 나이트로화합물이다.
③ 질화도가 낮은 것보다 높은 것이 더 위험하다.
④ 수분을 함유하면 위험성이 감소된다.

해설및용어설명 | 제5류 위험물 - 나이트로셀룰로오스
① 진한 황산과 질산으로 나이트로화 반응시킨다.
② 질산에스터류이다.
③ 질화도가 높은 것이 위험하다.
④ 건조한 것보다 물에 습윤시키면 위험도가 감소한다.

32

제3류 위험물에 대한 설명으로 옳지 않은 것은?

① 탄화알루미늄은 물과 반응하여 에테인가스를 발생한다.
② 칼륨은 물과 반응하여 발열반응을 일으키며 수소가스를 발생한다.
③ 황린이 공기 중에서 자연발화하여 오산화린이 발생된다.
④ 탄화칼슘이 물과 반응하여 발생하는 가스의 연소범위는 2.5~81%이다.

해설및용어설명 | 제3류 위험물
① $Al_4C_3 + 12H_2O \rightarrow 4Al(OH)_3 + 3CH_4$
　탄화알루미늄　물　　수산화알루미늄　메테인
② $2K + 2H_2O \rightarrow 2KOH + H_2$
③ $P_4 + 5O_2 \rightarrow 2P_2O_5$ (오산화린)
④ $CaC_2 + 2H_2O \rightarrow Ca(OH)_2 + C_2H_2$
　탄화칼슘　물　　수산화칼슘　아세틸렌
아세틸렌의 연소범위는 2.5~81%이다.

33

위험물안전관리법상 제조소등에 대한 과징금처분에 관한 설명으로 옳은 것은?

① 제조소등의 관계인이 허가취소에 해당하는 위법행위를 한 경우 허가취소가 이용자에게 심한 불편을 주거나 공익을 해칠 우려가 있는 경우 허가취소처분에 갈음하여 2억 원 이하의 과징금을 부과할 수 있다.
② 제조소등의 관계인이 사용정지에 해당하는 위법행위를 한 경우 사용정지가 이용자에게 심한 불편을 주거나 공익을 해칠 우려가 있는 경우 사용정지처분에 갈음하여 2억 원 이하의 과징금을 부과할 수 있다.
③ 제조소등의 관계인이 허가취소에 해당하는 위법행위를 한 경우 허가취소가 이용자에게 심한 불편을 주거나 공익을 해칠 우려가 있는 경우 허가취소처분에 갈음하여 5억 원 이하의 과징금을 부과할 수 있다.
④ 제조소등의 관계인이 사용정지에 해당하는 위법행위를 한 경우 사용정지가 이용자에게 심한 불편을 주거나 공익을 해칠 우려가 있는 경우 사용정지처분에 갈음하여 5억 원 이하의 과징금을 부과할 수 있다.

해설및용어설명 | 과징금 처분

제조소등에 대한 사용의 정지가 그 이용자에게 심한 불편을 주거나 그 밖에 공익을 해칠 우려가 있는 때에는 사용정지처분에 갈음하여 2억원 이하의 과징금을 부과할 수 있다.

34

특정옥외저장탱크 구조기준 중 필렛용접의 사이즈(S, mm)를 구하는 식으로 옳은 것은?(단, t_1 : 얇은 쪽의 강판의 두께(mm), t_2 : 두꺼운 쪽의 강판의 두께(mm)이며, $S \geqq 4.5$이다)

① $t_1 \geq S \geq t_2$
② $t_1 \geq S \geq \sqrt{2t_2}$
③ $\sqrt{2t_1} \geq S \geq t_2$
④ $t_1 \geq S \geq 2t_2$

해설및용어설명 | 필렛용접의 사이즈

$t_1 \geq S \geq \sqrt{2t_2}$ (단, $S \geq 4.5$)

35

0.4N HCl 500mL에 물을 가해 1L로 하였을 때 pH는 약 얼마인가?

① 0.7   ② 1.2
③ 1.8   ④ 2.1

해설및용어설명 | pH

$pH = -\log[M] = -\log\left(\dfrac{1 \times 0.4N \times 0.5L}{1L}\right) = 0.69 \fallingdotseq 0.7$

36

다음 금속원소 중 비점이 가장 높은 것은?

① 리튬   ② 나트륨
③ 칼륨   ④ 루비듐

해설및용어설명 | 비점

① 1,336℃
② 880℃
③ 774℃
④ 688℃

37

위험성 평가기법을 정량적 평가기법과 정성적 평가기법으로 구분할 때 다음 중 그 성격이 다른 하나는?

① HAZOP ② FTA
③ ETA ④ CCA

해설및용어설명 | 위험성 평가

• 정성적 평가
 - HAZOP(위험과 운전분석기법 - Hazard and Operability)
 - PHA(예비위험분석기법 - Preliminary Hazard Analysis)

• 정량적 평가
 - FTA(결함수분석기법 - Fault Tree Analysis)
 - ETA(사건수분석기법 - Event Tree Analysis)
 - CA(피해영향분석법 - Consequence Analysis)
 - FMECA(Failure Modes Effects and Criticality Analysis)
 - CCA(원인결과 분석 - Cause - Consequence Analysis)

38

이동탱크저장소에 의하여 위험물 장거리 운송 시 다음 중 위험물운송자를 2명 이상의 운전자로 하여야 하는 경우는?

① 운송책임자를 동승시킨 경우
② 운송 위험물이 휘발유인 경우
③ 운송 위험물이 질산인 경우
④ 운송 중 2시간 이내마다 20분 이상씩 휴식하는 경우

해설및용어설명 | 위험물 운송

2명 이상의 운전자로 하지 않아도 되는 경우

• 운송책임자를 동승시킨 경우
• 운송하는 위험물이 다음과 같은 경우
 - 제2류 위험물
 - 제3류 위험물(칼슘 또는 알루미늄의 탄화물과 이것만을 함유한 것)
 - 제4류 위험물(특수인화물은 제외)
• 운송도중에 2시간 이내마다 20분 이상씩 휴식하는 경우

39

내용적이 2만L인 지하저장탱크(소화약제 방출구를 탱크 안의 윗부분에 설치하지 않은 것)를 구입하여 설치하는 경우 최대 몇 L까지 저장취급허가를 신청할 수 있는가?

① 18,000L ② 19,000L
③ 19,800L ④ 20,000L

해설및용어설명 | 탱크의 용량

• 내용적 - 공간용적 = 내용적(1 - 공간용적 비율)
• 공간용적 : 탱크 내용적의 100분의 5 이상 100분의 10 이하

공간용적이 작을수록 저장취급허가 용량이 늘어나므로

$20,000L \times (1 - \frac{5}{100}) = 19,000L$

40

한 변의 길이는 10m, 다른 한 변의 길이는 50m인 옥내저장소에 자동화재탐지설비를 설치하는 경우 경계구역은 원칙적으로 최소한 몇 개로 하여야 하는가?(단, 차동식스포트형감지기를 설치한다)

① 1 ② 2
③ 3 ④ 4

해설및용어설명 | 자동화재탐지설비 - 설치기준

하나의 경계구역의 면적은 600m^2 이하로 하고 그 한 변의 길이는 50m (광전식분리형감지기를 설치할 경우에는 100m) 이하로 할 것. 다만, 당해 건축물 그 밖의 공작물의 주요한 출입구에서 그 내부의 전체를 볼 수 있는 경우에 있어서는 그 면적을 1,000m^2 이하로 할 수 있다.

경계구역 면적 10m×50m = 500m^2이고 한 변의 길이가 50m 이하이므로 1개

41

위험물안전관리법령상 품명이 나머지 셋과 다른 하나는? (단, 수용성과 비수용성은 고려하지 않는다)

① C_6H_5Cl
② $C_6H_5NO_2$
③ $C_2H_4(OH)_2$
④ $C_3H_5(OH)_3$

해설및용어설명 | 제4류 위험물
① 클로로벤젠 : 제4류 위험물 중 제2석유류(비수용성), 지정수량 1,000L
② 나이트로벤젠 : 제4류 위험물 중 제3석유류(비수용성), 지정수량 2,000L
③ 에틸렌글리콜 : 제4류 위험물 중 제3석유류(수용성), 지정수량 4,000L
④ 글리세린 : 제4류 위험물 중 제3석유류(수용성), 지정수량 4,000L

42

다음 중 위험물안전관리법령에서 규정하는 이중벽탱크의 종류가 아닌 것은?

① 강제강화플라스틱제 이중벽탱크
② 강화플라스틱제 이중벽탱크
③ 강제 이중벽탱크
④ 강화강판 이중벽탱크

해설및용어설명 | 지하탱크저장소 - 이중벽탱크 종류
- 강제강화플라스틱제 이중벽탱크
- 강화플라스틱제 이중벽탱크
- 강제 이중벽탱크

43

위험물안전관리자에 대한 설명으로 틀린 것은?

① 암반탱크저장소에는 위험물안전관리자를 선임하여야 한다.
② 위험물안전관리자가 일시적으로 직무를 수행할 수 없는 경우 대리자를 지정하여 그 직무를 대행하게 하여야 한다.
③ 위험물안전관리자와 위험물운송자로 종사하는 자는 신규종사 후 2년마다 1회 실무교육을 받아야 한다.
④ 다수의 제조소등을 동일인이 설치한 경우에는 일정한 요건에 따라 1인의 안전관리자를 중복하여 선임할 수 있다.

해설및용어설명 | 제4류 위험물
① 이동탱크저장소를 제외한 모든 제조소등에는 위험물안전관리자를 선임한다.
② 위험물안전관리자가 일시적으로 직무를 수행할 수 없는 경우 대리자를 지정하여야 한다.
③ 위험물안전관리자와 위험물운송자는 제조소등의 안전관리자로 선임된 날부터 6개월 이내에 실무교육을 받고 그 이후 2년마다 1회 실무교육을 받는다.
④ 다수의 제조소등을 동일인이 설치한 경우에는 일정한 요건에 따라 1인의 안전관리자를 중복하여 선임할 수 있다.

44

위험물안전관리법령상 기계에 의하여 하역하는 구조로 된 운반용기 외부에 표시하여야 하는 사항이 아닌 것은?(단, 원칙적인 경우에 한하며, 국제해상위험물규칙(IMDG Code)를 표시한 경우는 제외한다)

① 겹쳐쌓기시험하중
② 위험물의 화학명
③ 위험물의 위험등급
④ 위험물의 인화점

해설및용어설명 | 운반용기 외부에 표시하여야하는 사항
- 위험물의 품명·위험등급·화학명 및 수용성(수용성 표시는 제4류 위험물로서 수용성인 것에 한한다)
- 위험물의 수량
- 위험물에 따른 규정에 의한 주의사항

- 기계에 의하여 하역하는 구조의 용기에 추가하는 사항
  - 운반용기의 제조년월 및 제조자의 명칭
  - 겹쳐쌓기시험하중
  - 운반용기의 종류에 따라 : 최대총중량, 최대수용중량

45

삼산화크로뮴(Chromium trioxide)을 융점 이상으로 가열(250℃)하였을 때 분해 생성물은?

① CrO_2와 O_2
② Cr_2O_3와 O_2
③ Cr와 O_2
④ Cr_2O_5와 O_2

해설및용어설명 | 제1류 위험물 - 무수크로뮴산(삼산화크로뮴)

$4CrO_3 \rightarrow 2Cr_2O_3 + 3O_2$
무수크로뮴산 산화크로뮴   산소

46

과산화수소 수용액은 보관 중 서서히 분해할 수 있으므로 안정제를 첨가하는데 그 안정제로 가장 적합한 것은?

① H_3PO_4
② MnO_2
③ C_2H_5OH
④ Cu

해설및용어설명 | 과산화수소

안정제 : 인산, 요산

47

주유취급소에 설치해야 하는 "주유 중 엔진정지" 게시판의 색상을 옳게 나타낸 것은?

① 적색 바탕에 백색문자
② 청색 바탕에 백색문자
③ 백색 바탕에 흑색문자
④ 황색 바탕에 흑색문자

해설및용어설명 | 게시판의 종류 및 바탕, 문자색

종류	바탕색	문자색
위험물제조소등	백색	흑색
위험물	흑색	황색반사도료
주유중엔진정지	황색	흑색
화기엄금/화기주의	적색	백색
물기엄금	청색	백색

48

클로로벤젠 150,000리터는 몇 소요단위에 해당하는가?

① 7.5단위
② 10단위
③ 15단위
④ 30단위

해설및용어설명 | 소요단위

클로로벤젠 : 제4류 위험물 중 제2석유류 비수용성, 지정수량 1,000L

소요단위 = $\dfrac{150,000L}{1,000L \times 10}$ = 15단위

49

[보기]의 성질을 모두 갖추고 있는 물질은?

> 액체, 자연발화성, 금수성

① 트라이에틸알루미늄
② 아세톤
③ 황린
④ 마그네슘

해설및용어설명 | 제3류 위험물

[보기]의 성질은 제3류 위험물의 특징이며 황린을 제외한 제3류 위험물은 자연발화성과 금수성의 성질을 모두 가진다.

① 제3류 위험물 중 알킬알루미늄, 액체
② 제4류 위험물 중 제1석유류(수용성)
③ 제3류 위험물 중 황린, 고체
④ 제2류 위험물 중 마그네슘

50

다음 위험물 중 지정수량이 나머지 셋과 다른 것은?

① 아이오딘산염류 ② 무기과산화물
③ 알칼리토금속 ④ 염소산염류

해설및용어설명 | 지정수량
① 제1류 위험물 중 아이오딘산염류, 지정수량 300kg
② 제1류 위험물 중 무기과산화물, 지정수량 50kg
③ 제3류 위험물 중 알칼리토금속, 지정수량 50kg
④ 제1류 위험물 중 염소산염류, 지정수량 50kg

51

위험물제조소로부터 30m 이상의 안전거리를 유지하여야 하는 건축물 또는 공작물은?

① 문화재보호법에 따른 지정문화재
② 고압가스안전관리법에 따라 신고하여야 하는 고압가스 저장시설
③ 주거용 건축물
④ 고등교육법에서 정하는 학교

해설및용어설명 | 안전거리

구분	안전거리
7,000V 초과 35,000V 이하의 특고압가공전선	3m 이상
35,000V 초과의 특고압가공전선	5m 이상
주택	10m 이상
가스 저장·취급 시설	20m 이상
학교, 병원, 극장 등 사람이 많이 모이는 시설	30m 이상
문화재	50m 이상

52

다음 중 과염소산의 화학적 성질에 관한 설명으로 잘못된 것은?

① 물에 잘 녹으며 수용액 상태는 비교적 안정하다.
② Fe, Cu, Zn과 격렬하게 반응하고 산화물을 만든다.
③ 알코올류와 접촉 시 폭발 위험이 있다.
④ 가열하면 분해하여 유독성의 HCl이 발생한다.

해설및용어설명 | 제6류 위험물 - 과염소산
① 강산이고 물과 접촉하면 발열
② 가연물과 격렬하게 반응하고 산화물을 만든다.
③ 가연물과 혼촉발화 가능성이 크다.
④ $HClO_4 \rightarrow HCl + 2O_2$

53

다음에서 설명하는 위험물의 지정수량으로 예상할 수 있는 것은?

- 옥외저장소에서 저장·취급할 수 있다.
- 운반용기에 수납하여 운반할 경우 내용적의 98% 이하로 수납하여야 한다.
- 위험등급 I에 해당하는 위험물이다.

① 10킬로그램 ② 300킬로그램
③ 400리터 ④ 4,000리터

해설및용어설명 |
- 옥외저장소에서 저장 및 취급
  - 제2류 위험물 중 황 또는 인화성고체(인화점 섭씨 0도 이상인 것)
  - 제4류 위험물 중 제1석유류(인화점 섭씨 0도 이상인 것)·알코올류·제2석유류·제3석유류·제4석유류 및 동식물유류
  - 제6류 위험물
- 운반용기 내용적의 98% : 액체 위험물
- 위험등급 I : 제6류 = 300kg

54

탱크안전성능검사의 내용을 구분하는 것으로 틀린 것은?

① 기초·지반검사
② 충수·수압검사
③ 용접부검사
④ 배관검사

해설및용어설명 | 탱크안전성능검사의 대상(령 제8조)

1. 기초·지반검사 : 옥외탱크저장소의 액체위험물탱크 중 그 용량이 100만 리터 이상
2. 충수·수압검사 : 액체위험물을 저장 또는 취급하는 탱크
   [제외] 지정수량 미만, 특정설비에 관한 검사를 합격한 탱크, 안전인증을 받은 탱크
3. 용접부검사 : 옥외탱크저장소의 액체위험물탱크 중 그 용량이 100만 리터 이상, 탱크의 저부에 관계된 변경공사(탱크의 옆판과 관련되는 공사를 포함하는 것을 제외한다) 시에 행하여진 법 제18조제3항에 따른 정기검사에 의하여 용접부에 관한 사항이 행정안전부령으로 정하는 기준에 적합하다고 인정된 탱크를 제외
4. 암반탱크검사 : 액체위험물을 저장 또는 취급하는 암반 내의 공간을 이용한 탱크

55

검사의 분류 방법 중 검사가 행해지는 공정에 의한 분류에 속하는 것은?

① 관리 샘플링검사
② 로트별 샘플링검사
③ 전수검사
④ 출하검사

해설및용어설명 |

- 검사 공정에 의한 분류
  - 수입검사 : 외부에서 들어오는 원재료, 반제품, 제품 등에 대한 검사
  - 구입검사 : 외부 구입 제품에 대한 검사
  - 공정검사 : 중간검사, 다음 제조공정으로 이동 시 검사, 불량품 인입 방지
  - 최종검사 : 완성품에 대한 검사
  - 출하검사 : 제품 출하 시 검사

- 검사 방법에 의한 분류
  - 전수검사
  - 무검사
  - 로트별 샘플링 검사
  - 관리 샘플링 검사(체크검사)

56

다음 중 브레인스토밍(Brainstorming)과 가장 관계가 깊은 것은?

① 파레토도
② 히스토그램
③ 회귀분석
④ 특성요인도

해설및용어설명 | 브레인스토밍

창의적인 아이디어 생산을 위하여 의견을 자유롭게 내는 방식

- 파레토도 : 데이터를 항목별로 분류하여 출현도수의 크기 순서대로 나열한 그림. 단순빈도 막대 그래프와 누적 빈도 꺾은선 그래프를 합친 것
- 히스토그램 : Data가 어떤 값으로 분포되어 있는가를 조사하기 위하여 막대로 나타낸다.
- 회귀분석 : 종속변수와 독립변수 간의 관계를 그래프로 표현한 것
- 특성요인도 : 문제가 되는 결과와 이에 대응하는 원인과의 관계를 도표로 나타낸 것

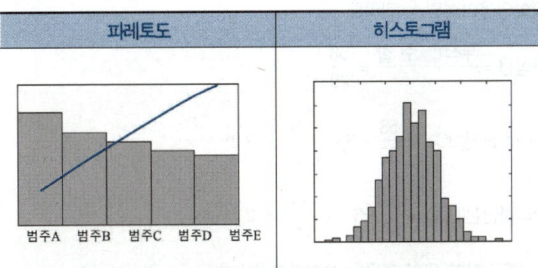

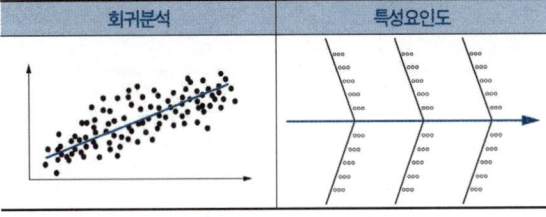

정답 54 ④ 55 ④ 56 ④

57

단계여유(slack)의 표시로 옳은 것은?(단, TE는 가장 이른 예정일, TL은 가장 늦은 예정일, TF는 총 여유시간, FF는 자유여유시간이다)

① TE − TL ② TL − TE
③ FF − TF ④ TE − TF

해설및용어설명 | 단계여유

TL − TE

58

c 관리도에서 k = 20인 군의 총 부적합수 합계는 58이었다. 이 관리도의 UCL, LCL을 계산하면 약 얼마인가?

① UCL = 2.90, LCL = 고려하지 않음
② UCL = 5.90, LCL = 고려하지 않음
③ UCL = 6.92, LCL = 고려하지 않음
④ UCL = 8.01, LCL = 고려하지 않음

해설및용어설명 | c관리도

중심선 = $\dfrac{\text{부적합 수 합}}{k} = \dfrac{58}{20}$

관리상한선(UCL) = $\dfrac{58}{20} + 3 \times \sqrt{\dfrac{58}{20}} = 8.01$

관리하한선(LCL) = $\dfrac{58}{20} - 3 \times \sqrt{\dfrac{58}{20}} = -2.21$

→ LCL 값이 음인 경우는 고려하지 않는다.

59

테일러(F.W. Taylor)에 의해 처음 도입된 방법으로 작업시간을 직접 관측하여 표준시간을 설정하는 표준시간 설정기법은?

① PTS법 ② 실적자료법
③ 표준자료법 ④ 스톱워치법

해설및용어설명 | 작업시간 측정방법

- 직접측정법 : 시간연구법(스톱워치법, 촬영법, VTR 분석법, 컴퓨터 분석법), 워크샘플링법
- 간접측정법 : PTS법, 표준자료법, 실적기록법 또는 통계적표준

60

공정 중에 발생하는 모든 작업, 검사, 운반, 저장, 정체 등이 도식화 된 것이며 또한 분석에 필요하다고 생각되는 소요시간, 운반거리 등의 정보가 기재된 것은?

① 작업분석(Operation Analysis)
② 다중활동분석표(Multiple Activity Chart)
③ 사무공정분석(Form Process Chart)
④ 유통공정도(flow Process Chart)

해설및용어설명 | 공정분석

- 사무공정분석표(Form Process Chart) : 서류를 중심으로 사무제도나 수속을 분석
- 흐름 공정도(Flow Process Chart) : 가공, 검사, 정체, 저장, 대기를 도식화하여 나타낸다.

과년도 기출문제 2013 * 54

01

나이트로화합물 중 분자구조 내에 하이드록시기를 갖는 위험물은?

① 피크린산
② 트라이나이트로톨루엔
③ 트라이나이트로벤젠
④ 테트릴

해설및용어설명 | 시성식

하이드록시기 - OH

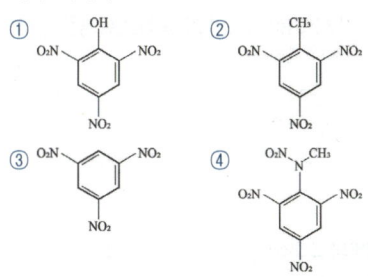

02

제4류 위험물을 수납하는 운반용기의 내장용기가 플라스틱 용기인 경우 최대용적은 몇 리터인가?(단, 외장용기에 위험물을 직접 수납하지 않고 별도의 외장용기가 있는 경우이다)

① 5
② 10
③ 20
④ 30

해설및용어설명 | 위험물 운반용기

액체위험물 - 내장용기 플라스틱 용기 : 10L

03

과산화벤조일을 가열하면 약 몇 ℃ 근방에서 흰 연기를 내며 분해하기 시작하는가?

① 50
② 100
③ 200
④ 400

해설및용어설명 | 제5류 위험물 - 과산화벤조일

가열하면 100℃ 부근에서 흰 연기를 내면서 분해한다.

04

바닥면적이 150m² 이상인 제조소에 설치하는 환기설비의 급기구는 얼마 이상의 크기로 하여야 하는가?

① 600cm²
② 800cm²
③ 1,000cm²
④ 1,500cm²

해설및용어설명 | 제조소 - 환기설비

급기구 바닥면적 150m²마다 1개 이상, 급기구 크기는 800cm² 이상

정답 01 ① 02 ② 03 ② 04 ②

05

무색무취, 사방정계 결정으로 융점이 약 610℃이고 물에 녹기 어려운 위험물은?

① $NaClO_3$ ② $KClO_3$
③ $NaClO_4$ ④ $KClO_4$

해설및용어설명 | 제1류 위험물
① 염소산나트륨 : 융점 300℃, 물에 녹는다.
② 염소산칼륨 : 융점 368.4℃, 온수에 녹는다.
③ 과염소산나트륨 : 융점 482℃, 물에 녹는다.
④ 과염소산칼륨 : 융점 610℃, 물에 약간 녹는다.

06

다음 위험물의 화재 시 알코올포소화약제가 아닌 보통의 포소화약제를 사용하였을 때 가장 효과가 있는 것은?

① 아세트산 ② 메틸알코올
③ 메틸에틸케톤 ④ 경유

해설및용어설명 | 포소화약제
알코올포소화약제 : 수용성 액체 소화용
① 제4류 위험물 중 제2석유류(수용성)
② 제4류 위험물 중 알코올류(수용성)
③ 제4류 위험물 중 제1석유류(비수용성) : 위험물 분류상 비수용성이지만 물에 녹는다.
④ 제4류 위험물 중 제2석유류(비수용성)

07

방사구역의 표면적이 $100m^2$인 곳에 물분무소화설비를 설치하고자 한다. 수원의 수량은 몇 L 이상 이어야 하는가?(단, 분무헤드가 가장 많이 설치된 방사구역의 모든 분무헤드를 동시에 사용할 경우이다)

① 30,000 ② 40,000
③ 50,000 ④ 60,000

해설및용어설명 | 물분무 소화설비 - 수원의 수량
표면적(m^2)×20L/분·m^2×30분 = $100m^2$×20L/분·m^2×30분 = 60,000L

08

위험물제조소등에 전기설비가 설치된 경우에 당해 장소의 면적이 $500m^2$이라면 몇 개 이상의 소형수동식소화기를 설치하여야 하는가?

① 1 ② 4
③ 5 ④ 10

해설및용어설명 | 전기설비의 소화설비
전기설비가 설치된 경우 $100m^2$마다 소형수동식소화기를 1개 이상 설치
$\dfrac{500m^2}{100m^2} = 5$

09

과산화수소에 대한 설명 중 틀린 것은?

① 농도가 36.5wt%인 것은 위험물에 해당한다.
② 불연성이지만 반응성이 크다.
③ 표백제, 살균제, 소독제 등에 사용된다.
④ 지연성 가스인 암모니아를 봉입해 저장한다.

해설및용어설명 | 제6류 위험물 - 과산화수소
① 농도 36중량퍼센트 이상일 때 위험물이다.
② 불연성, 반응성이 크다.
③ 3% 용액은 표백제, 살균제, 소독제 등에 사용된다.
④ 분해방지 안정제 : 인산, 요산

10

하나의 옥내저장소에 칼륨과 황을 저장하고자 할 때, 저장창고의 바닥면적에 관한 내용으로 적합하지 않은 것은?

① 만약 황이 없고 칼륨만을 저장하는 경우라면 저장창고의 바닥면적은 $1,000m^2$ 이하로 하여야 한다.
② 만약 칼륨이 없고 황만을 저장하는 경우라면 저장창고의 바닥면적은 $2,000m^2$ 이하로 하여야 한다.
③ 내화구조의 격벽으로 완전히 구획된 실에 각각 저장하는 경우 전체 바닥면적은 $1,500m^2$ 이하로 하여야 한다.
④ 내화구조의 격벽으로 완전히 구획된 실에 각각 저장하는 경우 칼륨의 저장실은 $1,000m^2$ 이하로 황의 저장실은 $500m^2$ 이하로 한다.

해설및용어설명 | 옥내저장소 - 바닥면적
• 위험등급 I, 제4류 위험물 위험등급 I, II : 바닥면적 $1,000m^2$
• 위험등급 II, III, 제4류 위험물 위험등급 III : 바닥면적 $2,000m^2$
• 바닥면적 $1,000m^2 + 2,000m^2$ 인 경우 = $1,500m^2$
칼륨 : 제3류 위험물 중 칼륨, 위험등급 I
황 : 제2류 위험물 중 황, 위험등급 II

11

[보기]의 요건을 모두 충족하는 위험물은?

> • 이 위험물이 속하는 전체 유별은 옥외저장소에 저장할 수 없다(국제해상위험물 규칙에 적합한 용기에 수납하는 경우 제외).
> • 제1류 위험물과 적정 간격을 유지하면 동일한 옥내저장소에 저장이 가능하다.
> • 위험등급 I에 해당한다.

① 황린　　② 글리세린
③ 질산　　④ 질산염류

해설및용어설명 |
• 옥외저장소에서 저장 및 취급
 - 제2류 위험물 중 황 또는 인화성고체(인화점 섭씨 0도 이상인 것)
 - 제4류 위험물 중 제1석유류(인화점 섭씨 0도 이상인 것)·알코올류·제2석유류·제3석유류·제4석유류 및 동식물유류
 - 제6류 위험물
 → 옥외저장소에 저장할 수 없는 위험물 : 제1류, 제3류, 제5류 위험물
   ① 제3류, 위험등급 I
   ② 제4류
   ③ 제6류
   ④ 제1류, 위험등급 II
• 위험물 저장 - 유별이 다른 위험물 1m 간격
 - 제1류 위험물(알칼리금속의 과산화물 제외) + 제5류
 - 제1류 + 제6류
 - 제1류 + 제3류 중 자연발화성물질(황린)
 - 제2류 중 인화성 고체 + 제4류
 - 제3류 중 알킬알루미늄·알킬리튬 + 제4류 알킬알루미늄·알킬리튬 함유
 - 제4류 중 유기과산화물 함유 + 제5류 중 유기과산화물 함유

정답　09 ④　10 ④　11 ①

12

다음 중 물보다 가벼운 물질로만 이루어진 것은?

① 에터, 이황화탄소
② 벤젠, 포름산
③ 클로로벤젠, 글리세린
④ 휘발유, 에탄올

해설및용어설명 | 제4류 위험물
① 제1석유류(비수용성), 특수인화물 - 비중 1보다 크다.
② 제1석유류(비수용성), 제2석유류(수용성) - 비중 1보다 크다.
③ 제2석유류(비수용성) - 비중 1보다 크다. 제3석유류(수용성) - 비중 1보다 크다.
④ 제1석유류(비수용성), 알코올류

13

고정지붕구조로 된 위험물 옥외저장탱크에 설치하는 포 방출구가 아닌 것은?

① Ⅰ형
② Ⅱ형
③ Ⅲ형
④ 특형

해설및용어설명 | 포소화설비 - 포방출구
- Ⅰ형 : 고정지붕구조의 탱크에 상부포주입법을 이용. 방출된 포가 액면 아래로 몰입되거나 액면을 뒤섞지 않고 액면상을 덮을 수 있는 통계단 또는 미끄럼판 등의 설비 및 탱크 내의 위험물증기가 외부로 역류되는 것을 저지할 수 있는 구조·기구를 갖는 포방출구
- Ⅱ형 : 고정지붕구조 또는 부상덮개부착고정지붕구조의 탱크에 상부포주입법을 이용. 방출된 포가 탱크 측판 내부에 흘러내려서 액면에 전개되도록 포의 반사판을 방출구에 설치한 설비
- Ⅲ형 : 고정지붕구조의 탱크에 저부포주입법을 이용. 송포관으로부터 포를 방출하는 포방출구
- Ⅳ형 : 고정지붕구조의 탱크에 저부포주입법을 이용하는 것으로서 평상 시에는 탱크의 액면하의 저부에 설치된 격납통(포를 보내는 것에 의하여 용이하게 이탈되는 캡을 갖는 것을 포함한다)에 수납되어 있는 특수호스 등이 송포관의 말단에 접속되어 있다가 포를 보내는 것에 의하여 특수호스 등이 전개되어 그 선단이 액면까지 도달한 후 포를 방출하는 포방출구
- 특형 : 부상지붕구조의 탱크에 상부포주입법을 이용. 부상지붕의 부상부분상에 높이 0.9m 이상의 금속제의 칸막이를 탱크 옆판의 내측으로부터 1.2m 이상 이격하여 설치하고 환상부분에 포를 주입하는 것이 가능한 구조의 반사판을 갖는 포방출구

14

KClO₃의 일반적인 성질을 나타낸 것 중 틀린 것은?

① 비중은 약 2.32이다.
② 융점은 약 240℃이다.
③ 용해도는 20℃에서 약 7.3이다.
④ 단독 분해온도는 약 400℃이다.

해설및용어설명 | 제1류 위험물 - 염소산칼륨
① 비중 2.34
② 녹는점 368.4℃
③ 7.3g/100ml(25℃)
④ 분해온도 400℃

15

오존파괴지수를 나타내는 것은?

① CFC
② ODP
③ GWP
④ HCFC

해설및용어설명 | 하론 소화약제 - 용어
① 염화불화탄소(Chlorofluorocarbon, CFC)
② 오존파괴지수(Ozone Depletion Potential)
③ 지구온난화지수(Global Warming Potential)
④ 수소화염화불화탄소(Hydrogenated Chlorofluorocarbon, HCFC)

16

다음 중 위험물안전관리법령에 근거하여 하론 소화약제를 구성하는 원소가 아닌 것은?

① Ar
② Br
③ F
④ Cl

해설및용어설명 | 하론 소화약제
구성원소 C - F - Cl - Br - I

정답 12 ④ 13 ④ 14 ② 15 ② 16 ①

17

사용전압이 35,000V인 특고압가공전선과 위험물 제조소와의 안전거리 기준으로 옳은 것은?

① 3m 이상　　② 5m 이상
③ 10m 이상　　④ 15m 이상

해설및용어설명 | 안전거리

구분	안전거리
7,000V 초과 35,000V 이하의 특고압가공전선	3m 이상
35,000V 초과의 특고압가공전선	5m 이상
주택	10m 이상
가스 저장·취급 시설	20m 이상
학교, 병원, 극장 등 사람이 많이 모이는 시설	30m 이상
문화재	50m 이상

18

다음 제4류 위험물 중 위험등급이 나머지 셋과 다른 하나는?

① 휘발유　　② 톨루엔
③ 에탄올　　④ 아세트산

해설및용어설명 | 제4류 위험물

① 제4류 위험물 중 제1석유류(비수용성), 지정수량 200L, 위험등급 II
② 제4류 위험물 중 제1석유류(비수용성), 지정수량 200L, 위험등급 II
③ 제4류 위험물 중 알코올류, 지정수량 400L, 위험등급 II
④ 제4류 위험물 중 제2석유류(수용성), 지정수량 2,000L, 위험등급 III

19

제1종 분말소화약제의 주성분은?

① $NaHCO_3$　　② $NaHCO_2$
③ $KHCO_3$　　④ $KHCO_2$

해설및용어설명 | 분말소화약제

구분	주성분	화학식	분해식	적응화재
제1종	탄산수소 나트륨	$NaHCO_3$	$2NaHCO_3 \rightarrow Na_2CO_3 + CO_2 + H_2O$	BC
제2종	탄산수소 칼륨	$KHCO_3$	$2KHCO_3 \rightarrow K_2CO_3 + CO_2 + H_2O$	BC
제3종	인산암모늄	$NH_4H_2PO_4$	$NH_4H_2PO_4 \rightarrow NH_3 + HPO_3 + H_2O$	ABC
제4종	탄산수소 칼륨 + 요소	$KHCO_3 + (NH_2)_2CO$	암기 불필요	BC

20

토출량이 5m³/min이고 토출구의 유속이 2m/s인 펌프의 구경은 몇 mm인가?

① 100　　② 230
③ 115　　④ 120

해설및용어설명 | 유체역학 - 유량

$$Q = uA = u\frac{\pi D^2}{4}$$

$$Q = 5m^3/min \times \frac{1min}{60s}$$

$$u = 2m/s$$

$$5 \times \frac{1min}{60s} = 2 \times \frac{\pi D^2}{4}$$

계산기 SOLVE 이용

$D = 0.230m = 230mm$

정답　17 ①　18 ④　19 ①　20 ②

21

다음은 위험물안전관리법령에서 정한 용어의 정의이다. (　) 안에 알맞은 것은?

> "산화성고체"라 함은 고체로서 산화력의 잠재적인 위험성 또는 충격에 대한 민감성을 판단하기 위하여 (　)이 정하여 고시하는 시험에서 고시로 정하는 성질과 상태를 나타내는 것을 말한다.

① 대통령　　　　　② 소방청장
③ 중앙소방학교장　④ 안전행정부장관

해설및용어설명 | 용어의 정의
"산화성고체"라 함은 고체로서 산화력의 잠재적인 위험성 또는 충격에 대한 민감성을 판단하기 위하여 소방청장이 정하여 고시하는 시험에서 고시로 정하는 성질과 상태를 나타내는 것을 말한다.
→ 산화성 시험, 충격민감성 시험

22

나트륨에 대한 각종 반응식 중 틀린 것은?

① 연소방정식 : $4Na + O_2 \rightarrow 2Na_2O$
② 물과의 방정식 : $2Na + 3H_2O \rightarrow 2NaOH + 2H_2$
③ 알코올과의 반응식 : $2Na + 2C_2H_5OH \rightarrow 2C_2H_5ONa + H_2$
④ 액체암모니아와 반응식 : $2Na + 2NH_3 \rightarrow 2NaNH_2 + H_2$

해설및용어설명 | 화학반응식
① $4Na + O_2 \rightarrow 2Na_2O$
② $2Na + 2H_2O \rightarrow 2NaOH + H_2$
③ $2Na + 2C_2H_5OH \rightarrow 2C_2H_5ONa + H_2$
④ $2Na + 2NH_3 \rightarrow 2NaNH_2 + H_2$

23

다음 중 가장 약산은?

① 염산　　② 황산
③ 인산　　④ 아세트산

해설및용어설명 | 산성
- 강산 : 황산, 염산, 질산, 인산
- 약산 : 아세트산

24

다음 중 아세틸퍼옥사이드와 혼재가 가능한 위험물은? (단, 지정수량의 10배의 위험물인 경우이다)

① 질산칼륨　　　　　② 황
③ 트라이에틸알루미늄　④ 과산화수소

해설및용어설명 | 위험물 혼재
423 524 61
아세틸퍼옥사이드, 제5류 위험물 중 유기과산화물
① 제1류 위험물 → 혼재불가
② 제2류 위험물 → 혼재가능
③ 제3류 위험물 → 혼재불가
④ 제6류 위험물 → 혼재불가

25

$Sr(NO_3)_2$의 지정수량은?

① 50kg　　　② 100kg
③ 300kg　　④ 1,000kg

해설및용어설명 | 지정수량
질산스트론튬 : 제1류 위험물 중 질산염류, 지정수량 300kg

26

「위험물안전관리법 시행규칙」에 의하여 일반취급소의 위치·구조 및 설비의 기준은 제조소의 위치·구조 및 설비의 기준을 준용하거나 위험물의 취급유형에 따라 따로 정한 특례기준을 적용할 수 있다. 이러한 특례의 대상이 되는 일반취급소 중 취급 위험물의 인화점 조건이 나머지 셋과 다른 하나는?

① 열처리작업 등의 일반취급소
② 절삭장치 등을 설치하는 일반취급소
③ 윤활유 순환장치를 설치하는 일반취급소
④ 유압장치를 설치하는 일반취급소

해설및용어설명 | 일반취급소
① 인화점 70℃ 이상 제4류 위험물
② 고인화점 위험물만을 100℃ 미만의 온도로 취급하는 것
③ 고인화점 위험물에 한한다.
④ 고인화점 위험물만을 100℃ 미만의 온도로 취급하는 것

27

위험물안전관리법령상 위험물의 취급 중 소비에 관한 기준에서 방화상 유효한 격벽 등으로 구획된 안전한 장소에서 실시하여야 하는 것은?

① 분사도장작업   ② 담금질작업
③ 열처리작업   ④ 버너를 사용하는 작업

해설및용어설명 | 위험물의 취급 중 소비에 관한 기준
• 분사도장작업은 방화상 유효한 격벽 등으로 구획된 안전한 장소에서 실시할 것
• 담금질 또는 열처리작업은 위험물이 위험한 온도에 이르지 아니하도록 하여 설치할 것
• 버너를 사용하는 경우에는 버너의 역화를 방지하고 위험물이 넘치지 아니하도록 할 것

28

다음 중 착화온도가 가장 낮은 물질은?

① 메탄올   ② 아세트산
③ 벤젠   ④ 테레핀유

해설및용어설명 | 제4류 위험물
① 제4류 위험물 중 알코올류, 발화점 464℃
② 제4류 위험물 중 제2석유류(수용성), 발화점 427℃
③ 제4류 위험물 중 제1석유류(비수용성), 발화점 562℃
④ 제4류 위험물 중 제2석유류(비수용성), 발화점 253℃

29

다음 (   )에 알맞은 숫자를 순서대로 나열한 것은?

> 주유취급소 중 건축물의 (   )층 이상의 부분을 점포, 휴게음식점 또는 전시장 용도로 사용하는 것에 있어서는 당해 건축물의 (   )층 이상으로부터 직접 주유취급소의 부지 밖으로 통하는 출입구와 당해 출입구로 통하는 통로, 계단 및 출입구에 유도등을 설치하여야 한다.

① 2, 1   ② 1, 1
③ 2, 2   ④ 1, 2

해설및용어설명 | 소방시설 - 피난설비
주유취급소 중 건축물의 2층 이상의 부분을 점포·휴게음식점 또는 전시장의 용도로 사용하는 것에 있어서는 당해 건축물의 2층 이상으로부터 주유취급소의 부지 밖으로 통하는 출입구와 당해 출입구로 통하는 통로·계단 및 출입구에 유도등을 설치하여야 한다.

30

위험물안전관리법령상 옥내저장소에서 위험물을 저장하는 경우에는 규정에 의한 높이를 초과하여 용기를 겹쳐 쌓지 아니하여야 한다. 다음 중 제한 높이가 가장 낮은 경우는?

① 제4류 위험물 중 제3석유류를 수납하는 용기만을 겹쳐 쌓는 경우
② 제6류 위험물을 수납하는 용기만을 겹쳐 쌓는 경우
③ 제4류 위험물 중 제4석유류를 수납하는 용기만을 겹쳐 쌓는 경우
④ 기계에 의하여 하역하는 구조로 된 용기만을 겹쳐 쌓는 경우

해설및용어설명 | 옥내저장소 - 위험물 저장 높이
- 기계에 의하여 하역하는 구조 : 6m 이하
- 제4류 위험물 중 제3석유류, 제4석유류, 동식물유류 : 4m 이하
- 그 밖의 경우 : 3m 이하

31

KClO₃ 운반용기 외부에 표시하여야 할 주의사항으로 옳은 것은?

① "화기·충격주의" 및 "가연물접촉주의"
② "화기·충격주의", "물기엄금" 및 "가연물접촉주의"
③ "화기주의" 및 "물기엄금"
④ "화기엄금" 및 "공기접촉엄금"

해설및용어설명 | 위험물 주의사항

유별	종류	운반용기 외부의 주의사항	게시판	소화방법	덮개
제1류 위험물	알칼리금속의 과산화물	가연물접촉주의, 화기·충격주의, 물기엄금	물기엄금	주수금지	방수성 차광성
	그 외	가연물접촉주의, 화기·충격주의	없음	주수소화	차광성
제2류 위험물	철분·금속분· 마그네슘	화기주의, 물기엄금	화기주의	주수금지	방수성
	인화성고체	화기엄금	화기엄금	주수소화 질식소화	
	그 외	화기주의	화기주의	주수소화	
제3류 위험물	자연발화성 물질	화기엄금, 공기접촉엄금	화기엄금	주수소화	차광성
	금수성물질	물기엄금	물기엄금	주수금지	방수성
제4류 위험물		화기엄금	화기엄금	질식소화	차광성 (특수인화물)
제5류 위험물		화기엄금, 충격주의	화기엄금	주수소화	차광성
제6류 위험물		가연물접촉주의	없음	주수소화	차광성

염소산칼륨 : 제1류 위험물 그 외

32

다음 중 분해온도가 가장 낮은 위험물은?

① KNO₃
② BaO₂
③ (NH₄)₂Cr₂O₇
④ NH₄ClO₃

해설및용어설명 | 제1류 위험물
① 질산칼륨, 분해온도 540~560℃
② 과산화바륨, 분해온도 840℃
③ 다이크로뮴산암모늄, 분해온도 180℃
④ 염소산암모늄, 분해온도 400℃

33

인화성 액체위험물을 저장하는 옥외탱크저장소의 주위에 설치하는 방유제에 관한 내용으로 틀린 것은?

① 방유제의 높이는 0.5m 이상 3m 이하로 하고, 면적은 8만m² 이하로 한다.
② 2기 이상의 탱크가 있는 경우 방유제의 용량은 그 탱크 중 용량이 최대인 것의 용량의 110% 이상으로 한다.
③ 용량이 1,000만 리터 이상인 옥외저장탱크의 주위에는 탱크마다 간막이 둑을 흙 또는 철근콘크리트로 설치한다.
④ 간막이 둑을 설치하는 경우 간막이 둑의 용량은 간막이 둑 안에 설치된 탱크의 용량의 110% 이상이어야 한다.

해설및용어설명 | 옥외탱크저장소 - 방유제

- 높이 0.5m 이상 3m 이하
- 면적 8만m² 이하
- 용량 탱크 1기 : 탱크 용량의 110% 이상
  탱크 2기 이상 : 최대 탱크 용량의 110% 이상
- 간막이둑
  - 1,000만 리터 이상인 옥외탱크저장소 주위에 설치
  - 높이 0.3m 이상, 방유제 높이보다 0.2m 이상 낮게
  - 흙 또는 철근콘크리트로 설치할 것
  - 용량 간막이 둑 안에 설치된 탱크의 용량의 10% 이상

34

제조소등의 건축물에서 옥내소화전이 가장 많이 설치된 층의 소화전의 수가 3개일 경우 확보해야 할 수원의 양은 몇 m³ 이상 이어야 하는가?

① 7.8 ② 11.7
③ 15.6 ④ 23.4

해설및용어설명 | 수원의 수량

- 옥내소화전 7.8m³×(최대 5개)
- 옥외소화전 13.5m³×(최대 4개)

옥내소화전이므로 7.8m³×3 = 23.4m³

35

50℃, 0.948atm에서 시클로프로판의 증기밀도는 약 몇 g/L인가?

① 0.5 ② 1.5
③ 2.0 ④ 2.5

해설및용어설명 | 이상기체상태방정식

$$PV = \frac{w}{M}RT \rightarrow \rho = \frac{w}{V} = \frac{PM}{RT}$$

- P = 0.948atm
- M = C_3H_6 = 12×3 + 1×6 = 42g/mol
- R = 0.082atm·L/mol·K
- T = 50℃ + 273 = 323K

$$\rho = \frac{0.948 \times 42}{0.082 \times 323} = 1.50 g/L$$

36

다음 중 혼성궤도함수의 종류가 다른 하나는?

① CH_4 ② BF_3
③ NH_3 ④ H_2O

해설및용어설명 | 혼성궤도함수

① SP^2 : 평면삼각형
② SP^3 : 정사면체
③ SP^3 : 삼각뿔
④ SP^3 : 삼각뿔

정답 34 ④ 35 ② 36 ①

37

다음 중 과염소산칼륨과 접촉하였을 때의 위험성이 가장 낮은 물질은?

① 황
② 알코올
③ 알루미늄
④ 물

해설및용어설명 | 제1류 위험물 - 과염소산염류
- 산화성고체 : 강산화제, 불연성, 조연성, 조해성, 가연물접촉주의
- 황 2류, 알코올 4류, 알루미늄 2류에 해당하는 가연물이므로 제1류 위험물인 과염소산칼륨과 접촉 시 위험하다.
- ④제1류 위험물과 물은 접촉 시 안정하다.

38

0℃, 2기압에서 질산 2mol은 몇 g인가?

① 31.5g
② 63g
③ 126g
④ 252g

해설및용어설명 | 분자량
$HNO_3 = 1 + 14 + 16 \times 3 = 63g/mol$
$63g/mol \times 2mol = 126g$

39

다음 중 삼황화인의 주 연소생성물은?

① 오산화린과 이산화황
② 오산화린과 이산화탄소
③ 이산화황과 포스핀
④ 이산화황과 포스겐

해설및용어설명 | 화학반응식
$P_4S_3 + 8O_2 \rightarrow 2P_2O_5 + 3SO_2$
삼황화인 산소 오산화린 이산화황

40

탄화알루미늄이 물과 반응하면 발생되는 가스는?

① 이산화탄소
② 일산화탄소
③ 메테인
④ 아세틸렌

해설및용어설명 | 화학반응식
$Al_4C_3 + 12H_2O \rightarrow 4Al(OH)_3 + 3CH_4$
탄화알루미늄 물 수산화알루미늄 메테인

41

Na_2O_2가 반응하였을 때 생성되는 기체가 같은 것으로만 나열된 것은?

① 물, 이산화탄소
② 아세트산, 물
③ 이산화탄소, 염산, 황산
④ 염산, 아세트산, 물

해설및용어설명 | 화학반응식
- $2Na_2O_2 + 2H_2O \rightarrow 4NaOH + O_2$
- $2Na_2O_2 + 2CO_2 \rightarrow 2Na_2CO_3 + O_2$
- $Na_2O_2 + 2CH_3COOH \rightarrow 2CH_3COONa + H_2O_2$
- $Na_2O_2 + 2HCl \rightarrow 2NaCl + H_2O_2$
- $Na_2O_2 + H_2SO_4 \rightarrow Na_2SO_4 + H_2O_2$

42

다음 중 1차 이온화에너지가 가장 큰 것은?

① Ne
② Na
③ K
④ Be

해설및용어설명 | 이온화에너지
- 중성상태 원자에서 전자를 잃어 양이온이 될 때 필요한 에너지이다.
- 이온화에너지는 같은 족에서 아래로 갈수록, 같은 주기에서 왼쪽으로 갈수록 감소한다.

43

주어진 탄소 원자에 최대수가 수소가 결합되어 있는 것은?

① 포화탄화수소 ② 불포화탄화수소
③ 방향족탄화수소 ④ 지방족탄화수소

해설및용어설명 | 탄화수소

① C_nH_{2n+2}

② C_nH_{2n}, C_nH_{2n-2}

③ C_nH_n

④ C_nH_{2n+2}, C_nH_{2n}, C_nH_{2n-2}

44

다음 소화설비 중 제6류 위험물에 대해 적응성이 없는 것은?

① 포소화설비 ② 스프링클러설비
③ 물분무소화설비 ④ 이산화탄소소화설비

해설및용어설명 | 위험물 소화방법

제6류 위험물 : 주수소화

① 주수소화, 질식소화

② 주수소화, 질식소화

③ 주수소화, 질식소화

④ 질식소화

45

트라이에틸알루미늄이 물과 반응하였을 때 생성물을 옳게 나타낸 것은?

① 수산화알루미늄, 메테인 ② 수소화알루미늄, 메테인
③ 수산화알루미늄, 에테인 ④ 수소화알루미늄, 에테인

해설및용어설명 | 화학반응식

$(C_2H_5)_3Al + 3H_2O \rightarrow Al(OH)_3 + 3C_2H_6$
트라이에틸알루미늄 물 수산화알루미늄 에테인

46

$C_6H_2CH_3(NO_2)_3$의 제조 원료로 옳게 짝지어진 것은?

① 톨루엔, 황산, 질산 ② 톨루엔, 벤젠, 질산
③ 벤젠, 질산, 황산 ④ 벤젠, 질산, 염산

해설및용어설명 | 제5류 위험물 - 트라이나이트로톨루엔

톨루엔을 진한 질산과 황산의 혼산하에 나이트로화 시켜 제조

47

IF_5의 지정수량으로서 옳은 것은?

① 50kg ② 100kg
③ 300kg ④ 1,000kg

해설및용어설명 | 제6류 위험물 - 오불화아이오딘

할로젠간화합물, 지정수량 300kg, 위험등급 I

48

위험물의 운반에 관한 기준에서 정한 유별을 달리하는 위험물의 혼재기준에 따르면 1가지 다른 유별의 위험물과만 혼재가 가능한 위험물은?(단, 지정수량의 1/10을 초과하는 경우이다)

① 제2류 ② 제4류
③ 제5류 ④ 제6류

해설및용어설명 | 위험물의 혼재 - 지정수량 1/10배 초과

423 524 61

① 제4류, 제5류와 혼재 가능

② 제2류, 제3류, 제5류와 혼재 가능

③ 제2류, 제4류와 혼재 가능

④ 제1류와 혼재 가능

49

금속리튬이 고온에서 질소와 반응하였을 때 생성되는 질화리튬의 색상에 가장 가까운 것은?

① 회흑색 ② 적갈색
③ 청록색 ④ 은백색

해설및용어설명 | 제3류 위험물 - 알칼리금속 중 리튬

6Li + N₂ → 2Li₃N

금속리튬이 고온에서 질소와 반응하였을 때 생성되는 질화리튬은 적갈색이다.

50

운반 시 일광의 직사를 막기 위해 차광성이 있는 피복으로 덮어야 하는 위험물이 아닌 것은?

① 제1류 위험물 중 다이크로뮴산염류
② 제4류 위험물 중 제1석유류
③ 제5류 위험물 중 나이트로화합물
④ 제6류 위험물

해설및용어설명 | 위험물별 주의사항

유별	종류	운반용기 외부의 주의사항	게시판	소화방법	덮개
제1류 위험물	알칼리금속의 과산화물	가연물접촉주의, 화기·충격주의, 물기엄금	물기엄금	주수금지	방수성 차광성
	그 외	가연물접촉주의, 화기·충격주의	없음	주수소화	차광성
제2류 위험물	철분·금속분·마그네슘	화기주의, 물기엄금	화기주의	주수금지	방수성
	인화성고체	화기엄금	화기엄금	주수소화 질식소화	
	그 외	화기주의	화기주의	주수소화	
제3류 위험물	자연발화성 물질	화기엄금, 공기접촉엄금	화기엄금	주수소화	차광성
	금수성물질	물기엄금	물기엄금	주수금지	방수성
제4류 위험물		화기엄금	화기엄금	질식소화	차광성 (특수인화물)
제5류 위험물		화기엄금, 충격주의	화기엄금	주수소화	차광성
제6류 위험물		가연물접촉주의	없음	주수소화	차광성

51

$NH_4H_2PO_4$ 57.5kg이 완전 열분해하여 메타인산, 암모니아와 수증기로 되었을 때 메타인산은 몇 kg이 생성되는가?(단, P의 원자량은 31이다)

① 36 ② 40
③ 80 ④ 115

해설및용어설명 | 이상기체상태방정식 - 질량구하기

$NH_4H_2PO_4 \rightarrow HPO_3 + NH_3 + H_2O$

$PV = \dfrac{w}{M}RT \rightarrow V = \dfrac{wRT}{PM}$

- P = 1atm
- M = $NH_4H_2PO_4$ = 14 + 1×4 + 1×2 + 31 + 16×4 = 115kg/kmol
- w = 57.5kg
- R = 0.082atm·m³/kmol·K
- T = 0℃ + 273 = 273K

$V = \dfrac{57.5 \times 0.082 \times 273}{1 \times 115} \times \dfrac{1HPO_3}{1NH_4H_2PO_4} \times \dfrac{1+31+16\times3}{22.4m^3} = 39.975 ≒ 40kg$

52

물과 반응하여 가연성가스를 발생하지 않는 것은?

① Ca_3P_2 ② K_2O_2
③ Na ④ CaC_2

해설및용어설명 | 화학반응식

① $Ca_3P_2 + H_2O \rightarrow Ca(OH)_2 + PH_3$ 포스핀 : 가연성
② $K_2O_2 + H_2O \rightarrow KOH + O_2$ 산소 : 불연성
③ $Na + H_2O \rightarrow NaOH + H_2$ 수소 : 가연성
④ $CaC_2 + H_2O \rightarrow Ca(OH)_2 + C_2H_2$ 아세틸렌 : 가연성

53

산화성액체 위험물의 취급에 관한 설명 중 틀린 것은?

① 과산화수소 30% 농도의 용액은 단독으로 폭발 위험이 있다.
② 과염소산의 융점은 약 -112℃이다.
③ 질산은 강산이지만 백금은 부식시키지 못한다.
④ 과염소산은 물과 반응하여 열을 발생한다.

해설및용어설명 | 제6류 위험물 - 산화성 액체

① 과산화수소 : 60중량퍼센트에서 단독으로 분해 폭발
② 과염소산 : 융점 - 112℃
③ 질산은 부식성 강한 강산이지만 백금, 금, 이리듐, 로듐은 부식시키지 못한다.
④ 과염소산은 물과 반응하여 발열한다.

54

다음 중 위험물의 유별 구분이 나머지 셋과 다른 하나는?

① 과아이오딘산
② 염소화아이소사이아누르산
③ 질산구아니딘
④ 퍼옥소붕산염류

해설및용어설명 | 위험물 분류

① 제1류 위험물 중 그 외
② 제1류 위험물 중 그 외
③ 제5류 위험물 중 그 외
④ 제1류 위험물 중 그 외

55

이항분포(Binomial distribution)의 특징에 대한 설명으로 옳은 것은?

① P = 0.01일 때는 평균치에 대하여 좌우 대칭이다.
② P ≤ 0.1이고, nP = 0.1~10일 때는 포아송 분포에 근사한다.
③ 부적합품의 출현 개수에 대한 표준편차는 D(x) = nP이다.
④ P ≤ 0.5이고, nP ≤ 5일 때는 정규 분포에 근사한다.

해설및용어설명 | 이항분포

- p = 0.5 : 평균치에 대하여 좌우대칭
- np ≥ 5, nq ≥ 5 : 정규분포 근사
- p ≤ 0.1, np = 0.1~10 : 푸아송분포 근사

56

제품공정도를 작성할 때 사용되는 요소(명칭)가 아닌 것은?

① 가공
② 검사
③ 정체
④ 여유

해설및용어설명 | 제품공정도

요소공정	기호의 명칭	기호
가공	가공	○
운반	운반	○
정체	저장	▽
	지체	D
검사	수량 검사	□
	품질 검사	◇

57

부적합수 관리도를 작성하기 위해 $\Sigma c = 559$, $\Sigma n = 222$를 구하였다. 시료의 크기가 부분군마다 일정하지 않게 때문에 u 관리도를 사용하기로 하였다. n = 10일 경우 u 관리도의 UCL 값은 약 얼마인가?

① 4.023
② 2.518
③ 0.502
④ 0.252

해설및용어설명 | u 관리도

중심선($\bar{u}$) = $\dfrac{\Sigma c}{\Sigma n}$

$UCL = \bar{u} + 3 \times \sqrt{\dfrac{\bar{u}}{n}} = \dfrac{559}{222} + 3 \times \sqrt{\dfrac{\frac{559}{222}}{10}} = 4.023$

$LCL = \bar{u} - 3 \times \sqrt{\dfrac{\bar{u}}{n}}$

58

작업방법 개선의 기본 4원칙을 표현한 것은?

① 층별 – 랜덤 – 재배열 – 표준화
② 배제 – 결합 – 랜덤 – 표준화
③ 층별 – 랜덤 – 표준화 – 단순화
④ 배제 – 결합 – 재배열 – 단순화

해설및용어설명 | 작업방법 개선의 원칙(ECRS)
1. Eliminate : 불필요한 요소 제거
2. Combine : 작업 요소 결합
3. Rearrange : 작업 순서 재배열
4. Simplify : 작업 요소 단순화

59

모집단으로부터 공간적, 시간적으로 간격을 일정하게 하여 샘플링하는 방식은?

① 단순랜덤샘플링(simple random sampling)
② 2단계 샘플링(two-stage sampling)
③ 취락 샘플링(cluster sampling)
④ 계통 샘플링(systematic sampling)

해설및용어설명 | 샘플링 방법

- 계통 샘플링 : 모집단에서 일정한 간격을 두고 시료를 채취하는 방법
- 취락 샘플링 : 모집단을 취락으로 나누어 취락 전체를 검사하는 방법
- 층별 샘플링 : 모집단을 층으로 나누어 모든 층으로부터 샘플 채취
- 2단계 샘플링 : 모집단을 1단계, 2단계로 나누어 각 단계에서 몇 개의 시료를 채취하는 방법

60

예방보전(Preventive Maintenance)의 효과가 아닌 것은?

① 기계의 수리비용이 감소한다.
② 생산시스템의 신뢰도가 향상된다.
③ 고장으로 인한 중단시간이 감소한다.
④ 잦은 정비로 인해 제조원단위가 증가한다.

해설및용어설명 | 보전의 종류 - 예방보전
설비가 고장나기 전에 수리 정비 등을 실시하는 것
① 큰 고장을 막아 수리비용 감소
② 고장으로 인한 불량률 감소로 신뢰도 향상
③ 고장나기 전 조치를 취해 중단시간 감소
④ 제조원단위와 관계없다.

과년도 기출문제

2014 * 55

01

위험물과 그 위험물이 물과 접촉하여 발생하는 가스를 틀리게 나타낸 것은?

① 탄화마그네슘 : 프로판
② 트라이에틸알루미늄 : 에테인
③ 탄화알루미늄 : 메테인
④ 인화칼슘 : 포스핀

해설및용어설명 | 화학반응식

① $MgC_2 + 2H_2O \rightarrow Mg(OH)_2 + C_2H_2$

② $(C_2H_5)_3Al + 3H_2O \rightarrow Al(OH)_3 + 3C_2H_6$

③ $Al_4C_3 + 12H_2O \rightarrow 4Al(OH)_3 + 3CH_4$

④ $Ca_3P_2 + 6H_2O \rightarrow 3Ca(OH)_2 + 2PH_3$

02

다음 위험물이 속하는 위험물안전관리법령상 품명이 나머지 셋과 다른 하나는?

① 클로로벤젠
② 아닐린
③ 나이트로벤젠
④ 글리세린

해설및용어설명 | 위험물 분류

① 제4류 위험물 중 제2석유류(비수용성)
② 제4류 위험물 중 제3석유류(비수용성)
③ 제4류 위험물 중 제3석유류(비수용성)
④ 제4류 위험물 중 제3석유류(수용성)

03

표준상태에서 질량이 0.8g이고 부피가 0.4L인 혼합기체의 평균 분자량은?

① 22.2
② 32.4
③ 33.6
④ 44.8

해설및용어설명 | 이상기체상태방정식

$PV = \dfrac{w}{M}RT \rightarrow M = \dfrac{wRT}{PM}$

- $P = 1atm$
- $V = 0.4L$
- $w = 0.8g$
- $R = 0.082 atm \cdot L/mol \cdot K$
- $T = 0℃ + 273 = 273K$

$M = \dfrac{0.8 \times 0.082 \times 273}{1 \times 0.4} = 44.772 ≒ 44.8 g/mol$

04

자연발화를 일으키기 쉬운 조건으로 옳지 않은 것은?

① 표면적이 넓을 것
② 발열량이 클 것
③ 주위의 온도가 높을 것
④ 열전도율이 클 것

해설및용어설명 | 자연발화의 조건

- 표면적이 넓을 것
- 발열량이 클 것
- 주위의 온도가 높을 것
- 습도가 높을 것
- 열전도율이 낮을 것

정답 01 ① 02 ① 03 ④ 04 ④

05

위험물안전관리법령상 제4류 위험물 중 제1석유류에 속하는 것은?

① CH_3CHOCH_2
② $C_2H_5COCH_3$
③ CH_3CHO
④ CH_3COOH

해설및용어설명 | 위험물 분류
① 산화프로필렌 : 제4류 위험물 중 특수인화물
② 메틸에틸케톤 : 제4류 위험물 중 제1석유류
③ 아세트알데하이드 : 제4류 위험물 중 특수인화물
④ 아세트산 : 제4류 위험물 중 제2석유류

06

고속국도의 도로변에 설치한 주유취급소의 고정주유설비 또는 고정급유설비에 연결된 탱크의 용량은 얼마까지 할 수 있는가?

① 10만 리터
② 8만 리터
③ 6만 리터
④ 5만 리터

해설및용어설명 | 주유취급소 - 탱크
- 자동차 등에 주유하기 위한 고정주유설비에 직접 접속하는 탱크 50,000L
- 고속국도의 도로변에 설치된 주유취급소는 60,000L

07

위험물안전관리법령상 가연성 고체 위험물에 대한 설명 중 틀린 것은?

① 비교적 낮은 온도에서 착화되기 쉬운 가연물이다.
② 대단히 연소속도가 빠른 고체이다.
③ 철분 및 마그네슘을 포함하여 주수에 의한 냉각소화를 해야 한다.
④ 산화제와의 접촉을 피해야 한다.

해설및용어설명 | 제2류 위험물 - 가연성 고체
① 착화점 100~300℃ 정도로 착화점이 낮은 가연물이다.
② 연소속도가 빠른 고체이다.
③ 철분, 금속분, 마그네슘은 주수금지이다.
④ 환원제이므로 산화제와의 접촉을 피해야 한다.

08

다음의 저장소에 있어서 1인의 위험물 안전관리자를 중복하여 선임할 수 있는 경우에 해당하지 않는 것은?

① 동일 구내에 있는 7개의 옥내저장소를 동일인이 설치한 경우
② 동일 구내에 있는 21개의 옥외탱크저장소를 동일인이 설치한 경우
③ 상호 100m 이내의 거리에 있는 15개의 옥외저장소를 동일인이 설치한 경우
④ 상호 100m 이내의 거리에 있는 6개의 암반탱크저장소를 동일인이 설치한 경우

해설및용어설명 | 안전관리자
1인의 안전관리자를 중복하여 선임할 수 있는 저장소
- 10개 이하의 옥내저장소
- 30개 이하의 옥외탱크저장소
- 옥내탱크저장소
- 지하탱크저장소
- 간이탱크저장소
- 10개 이하의 옥외저장소
- 10개 이하의 암반탱크저장소

09

1기압, 100℃에서 1kg의 이황화탄소가 모두 증기가 된다면 부피는 약 몇 L가 되겠는가?

① 201　　　　　　② 403
③ 603　　　　　　④ 804

해설및용어설명 | 이상기체상태방정식

$PV = \dfrac{w}{M}RT \rightarrow V = \dfrac{wRT}{PM}$

- P = 1atm
- M = CS_2 = 12 + 32×2 = 76g/mol
- w = 1kg = 1,000kg
- R = 0.082atm·L/mol·K
- T = 100℃ + 273 = 373K

$V = \dfrac{1,000 \times 0.082 \times 373}{1 \times 76} = 402.44 ≒ 403L$

10

소화난이도등급 I에 해당하는 옥외저장소 및 이송취급소의 소화설비로 적합하지 않는 것은?

① 화재발생 시 연기가 충만할 우려가 있는 장소에는 스프링클러설비
② 이동식 이외의 이산화탄소 소화설비
③ 옥외소화전설비
④ 옥내소화전설비

해설및용어설명 | 소화난이도등급 I - 옥외저장소 및 이송취급소
옥내소화전설비, 옥외소화전설비, 스프링클러설비 또는 물분무등소화설비
(화재발생 시 연기가 충만할 우려가 있는 장소에는 스프링클러설비 또는 이동식 이외의 물분무등소화설비에 한한다)

11

연소 시 발생하는 유독가스의 종류가 동일한 것은?

① 칼륨, 나트륨　　　② 아세트알데하이드, 이황화탄소
③ 황린, 적린　　　　④ 탄화알루미늄, 인화칼슘

해설및용어설명 | 화학반응식

① $4Na + O_2 \rightarrow 2Na_2O$
　$4K + O_2 \rightarrow 2K_2O$

② $2CH_3CHO + 5O_2 \rightarrow 4CO_2 + 4H_2O$
　$CS_2 + 3O_2 \rightarrow CO_2 + 2SO_2$

③ $P_4 + 5O_2 \rightarrow 2P_2O_5$
　$4P + 5O_2 \rightarrow 2P_2O_5$

④ $Al_4C_3 + 6O_2 \rightarrow 2Al_2O_3 + 3CO_2$
　$Ca_3P_2 + 4O_2 \rightarrow 3CaO + P_2O_5$

12

다음 물질 중 무색 또는 백색의 결정으로 비중이 약 1.8이고 융점이 약 202℃이며 물에는 불용인 것은?

① 피크린산　　　　　② 다이나이트로소레조르신
③ 트라이나이트로톨루엔　④ 헥소겐

해설및용어설명 | 제5류 위험물

① 무색 또는 휘황색(공업용), 비중 1.8, 녹는점 121℃
② 회흑색
③ 담황색, 노란색, 비중 1, 녹는점 80.1℃
④ 무색 또는 백색, 비중 1.8, 녹는점 202℃

13

다음은 용량 100만 리터 미만의 액체위험물 저장탱크에 실시하는 충수·수압시험의 검사기준에 관한 설명이다. 탱크 중「압력탱크 외의 탱크」에 대하여 실시하여야 하는 검사의 내용이 아닌 것은?

① 옥외저장탱크 및 옥내저장탱크는 충수시험을 실시하여야 한다.
② 지하저장탱크는 70kPa의 압력으로 10분간 수압시험을 실시하여야 한다.
③ 이동저장탱크는 최대상용압력의 1.5배의 압력으로 10분간 수압시험을 실시하여야 한다.
④ 이중벽탱크 중 강제강화이중벽탱크는 70kPa의 압력으로 10분간 수압시험을 실시하여야 한다.

해설 및 용어설명 |
- 옥외탱크저장소
  - 압력탱크 외의 탱크 : 충수시험
  - 압력탱크 : 최대상용압력의 1.5배의 압력으로 10분간 실시하는 수압시험
- 지하탱크저장소
  압력탱크 외의 탱크에 있어서는 70kPa의 압력으로, 압력탱크에 있어서는 최대상용압력의 1.5배의 압력으로 각각 10분간 수압시험을 실시
- 이동탱크저장소
  압력탱크 외의 탱크에 있어서는 70kPa의 압력으로, 압력탱크에 있어서는 최대상용압력의 1.5배의 압력으로 각각 10분간 수압시험을 실시

14

위험물 저장 또는 취급하는 탱크 용량은 해당 탱크의 내용적에서 공간용적을 뺀 용적으로 한다. 위험물안전관리법령상 공간용적을 옳게 나타낸 것은?

① 탱크용적의 2/100 이상, 5/100 이하로 한다.
② 탱크용적의 5/100 이상, 10/100 이하로 한다.
③ 탱크용적의 3/100 이상, 8/100 이하로 한다.
④ 탱크용적의 7/100 이상, 10/100 이하로 한다.

해설 및 용어설명 | 공간용적
- 탱크 내용적의 100분의 5 이상 100분의 10 이하
- 소화설비 설치 탱크 : 소화설비 소화약제방출구 아래의 0.3미터 이상 1미터 미만 사이의 면으로부터 윗부분의 용적
- 암반탱크 : 탱크 내에 용출하는 7일간의 지하수의 양에 상당하는 용적과 탱크의 내용적의 100분의 1의 용적 중에서 큰 용적

15

인화점이 0℃보다 낮은 물질이 아닌 것은?

① 아세톤　　② 크실렌
③ 휘발유　　④ 벤젠

해설 및 용어설명 | 제4류 위험물 - 인화점
① 제4류 위험물 중 제1석유류(수용성), 인화점 -18℃
② 제4류 위험물 중 제2석유류(비수용성), 인화점 30℃
③ 제4류 위험물 중 제1석유류(비수용성), 인화점 -43 ~ -20℃
④ 제4류 위험물 중 제1석유류(비수용성), 인화점 -11℃

16

어떤 기체의 확산속도가 SO_2의 4배일 때 이 기체의 분자량을 추정하면 얼마인가?

① 4　　② 16
③ 32　　④ 64

해설 및 용어설명 | 확산속도 - 그레이엄의 법칙

$$v_1 : v_2 = \sqrt{\frac{1}{M_1}} : \sqrt{\frac{1}{M_2}}$$

$$1 : 4 = \sqrt{\frac{1}{SO_2}} : \sqrt{\frac{1}{M_2}} = \sqrt{\frac{1}{32+16 \times 2}} : \sqrt{\frac{1}{M_2}}$$

$$1 : 16 = \frac{1}{64} : \frac{1}{M_2}$$

$$\frac{1}{M_2} = 16 \times \frac{1}{64} = \frac{1}{4}$$

$$M_2 = 4$$

17

산화프로필렌에 대한 설명 중 틀린 것은?

① 무색의 휘발성 액체이다.
② 증기의 비중은 공기보다 크다.
③ 인화점은 약 −37℃이다.
④ 발화점은 약 100℃이다.

해설및용어설명 | 제4류 위험물 - 산화프로필렌

① 무색의 휘발성 액체

② $\dfrac{OCH_2CHCH_3}{29} = \dfrac{16 + 12 + 1 \times 2 + 12 + 1 + 12 + 1 \times 3}{29} = 2$

증기 비중은 공기보다 크다.

③ 인화점 -37℃

④ 비점 34℃

18

제조소에서 취급하는 제4류 위험물의 최대수량의 합이 지정수량의 50만 배인 사업소의 자체소방대에 두어야 하는 화학소방자동차의 대수 및 자체소방대원의 수는?

① 4대, 20인
② 4대, 15인
③ 3대, 20인
④ 3대, 15인

해설및용어설명 | 자체소방대

- 제조소 또는 일반취급소에서 취급하는 제4류 위험물의 최대수량의 합이 지정수량의 3천배 이상
- 옥외탱크저장소에 저장하는 제4류 위험물의 최대수량이 지정수량의 50만배 이상

사업소의 구분	화학소방 자동차	자체소방 대원의 수
제조소 또는 일반취급소에서 취급하는 제4류 위험물의 최대수량의 합이 지정수량의 3천배 이상 12만배 미만인 사업소	1대	5인
제조소 또는 일반취급소에서 취급하는 제4류 위험물의 최대수량의 합이 지정수량의 12만배 이상 24만배 미만인 사업소	2대	10인
제조소 또는 일반취급소에서 취급하는 제4류 위험물의 최대수량의 합이 지정수량의 24만배 이상 48만배 미만인 사업소	3대	15인
제조소 또는 일반취급소에서 취급하는 제4류 위험물의 최대수량의 합이 지정수량의 48만배 이상인 사업소	4대	20인
옥외탱크저장소에 저장하는 제4류 위험물의 최대수량이 지정수량의 50만배 이상인 사업소	2대	10인

19

위험물탱크안전성능시험자가 되고자 하는 자가 갖추어야 할 장비로서 옳은 것은?

① 기밀시험장비
② 타코메터
③ 페네스트로메터
④ 인화점 측정기

해설및용어설명 | 탱크시험자의 기술능력·시설 및 장비

- 필수장비 : 자기탐상시험기, 초음파두께측정기 및 ①영상초음파시험기, ②방사선투과시험기 및 초음파시험기 중 하나
- 필요한 경우에 두는 장비
  - 충·수압시험, 진공시험, 기밀시험 또는 내압시험의 경우 : 진공누설시험기, 기밀시험장치
  - 수직·수평도 시험의 경우 : 수직·수평도 측정기

20

위험물안전관리법령상 나트륨의 위험등급은?

① 위험등급 Ⅰ
② 위험등급 Ⅱ
③ 위험등급 Ⅲ
④ 위험등급 Ⅳ

해설및용어설명 | 제3류 위험물 중 나트륨, 지정수량 10kg, 위험등급 Ⅰ

21

위험물의 화재위험에 대한 설명으로 옳지 않은 것은?

① 연소범위의 상한 값이 높을수록 위험하다.
② 착화점이 높을수록 위험하다.
③ 폭발범위가 넓을수록 위험하다.
④ 연소속도가 빠를수록 위험하다.

해설및용어설명 | 연소 위험성
① 연소범위의 상한 값이 높을수록, 하한 값이 낮을수록 위험하다.
② 인화점, 발화점(착화점)이 낮을수록 위험하다.
③ 폭발범위가 넓을수록 위험하다.
④ 연소속도가 빠를수록 위험하다.

22

위험물안전관리법령상 스프링클러설비의 쌍구형 송수구를 설치하는 기준으로 틀린 것은?

① 송수구의 결합금속구는 탈착식 또는 나사식으로 한다.
② 송수구에는 그 직근의 보기 쉬운 장소에 송수 용량 및 송수 시간을 함께 표시하여야 한다.
③ 소방펌프자동차가 용이하게 접근할 수 있는 위치에 설치한다.
④ 송수구의 결합금속구는 지면으로부터 0.5m 이상 1m 이하 높이의 송수에 지장이 없는 위치에 설치한다.

해설및용어설명 | 소화설비 - 스프링클러 설비
- 전용으로 할 것
- 송수구의 결합금속구는 탈착식 또는 나사식으로 하고 내경을 63.5mm 내지 66.5mm로 할 것
- 송수구의 결합금속구는 지면으로부터 0.5m 이상 1m 이하의 높이의 송수에 지장이 없는 위치에 설치할 것
- 송수구는 당해 스프링클러설비의 가압송수장치로부터 유수검지장치·압력검지장치 또는 일제개방형밸브·수동식개방밸브까지의 배관에 전용의 배관으로 접속할 것
- 송수구에는 그 직근의 보기 쉬운 장소에 "스프링클러용송수구"라고 표시하고 그 송수압력범위를 함께 표시할 것

23

분자량이 320이며 물에 불용성인 황색 결정의 위험물은?

① 오황화인 ② 황린
③ 적린 ④ 황

해설및용어설명 | 분자량
① $P_2S_5 = 31 \times 2 + 32 \times 5 = 222$
② $P_4 = 31 \times 4 = 124$
③ $P = 31$
④ $S = 32$

24

과산화수소에 대한 설명 중 틀린 것은?

① 햇빛에 의해서 분해되어 산소를 방출한다.
② 일정 농도 이상이면 단독으로 폭발할 수 있다.
③ 벤젠이나 석유에 쉽게 용해되어 급격히 분해된다.
④ 농도가 진한 것은 피부에 접촉 시 수종을 일으킬 위험이 있다.

해설및용어설명 | 제6류 위험물 - 과산화수소
① $2H_2O_2 \rightarrow 2H_2O + O_2$ 분해하여 산소 방출
② 농도 60중량퍼센트 이상일 때 단독으로 분해 폭발한다.
③ 물, 알코올, 에테르에 잘 녹고 석유, 벤젠에는 녹지 않는다.
④ 농도가 진한 것은 피부에 접촉 시 수종을 일으킬 위험이 있다.

25

Halon 1211에 해당하는 하론 소화약제는?

① CH_2ClBr ② CF_2ClBr
③ CCl_2FBr ④ CBr_2FCl

해설및용어설명 | 하론 소화약제

하론번호 : C, F, Cl, Br, I의 순서로 원소의 개수를 표시

하론번호	분자식
1301	CF_3Br
1211	CF_2ClBr
2402	$C_2F_4Br_2$
1011	CH_2ClBr
104	CCl_4

26

아이오딘포름(아이오도 폼) 반응을 하는 물질로 연소범위가 약 2.5~12.8%이며 끓는점과 인화점이 낮아 화기를 멀리해야 하고 냉암소에 보관하는 물질은?

① CH_3COCH_3 ② CH_3CHO
③ C_6H_6 ④ $C_6H_5NO_2$

해설및용어설명 | 제4류 위험물 - 아이오딘포름 반응

아세틸기(CH_3CO) + 수산화알칼리 + 아이오딘이 반응하여 노란색 침전을 형성하는 것

- 아이오딘포름 반응하는 물질 : 아세톤, 메틸에틸케톤, 아세트알데하이드, 1차 알코올 중 에탄올, 2차 알코올

① 아세톤, 연소범위 2.5~12.8%
② 아세트알데하이드, 연소범위 4.1~57%
③ 벤젠
④ 나이트로벤젠

27

다음 중 하나의 옥내저장소에 제5류 위험물과 함께 저장할 수 있는 위험물은?(단, 위험물을 유별로 정리하여 저장하는 한편, 서로 1m 이상의 간격을 두는 경우이다)

① 제1류 위험물(알칼리금속의 과산화물 또는 이를 함유한 것은 제외)
② 제2류 위험물 중 인화성 고체
③ 제3류 위험물 중 알킬알루미늄 이외의 것
④ 유기과산화물 또는 이를 함유한 것 이외의 제4류 위험물

해설및용어설명 | 위험물 저장 - 유별이 다른 위험물 1m 간격

- 제1류 위험물(알칼리금속의 과산화물 제외) + 제5류
- 제1류 + 제6류
- 제1류 + 제3류 중 자연발화성물질(황린)
- 제2류 중 인화성 고체 + 제4류
- 제3류 중 알킬알루미늄·알킬리튬 + 제4류 중 알킬알루미늄·알킬리튬 함유
- 제4류 중 유기과산화물 함유 + 제5류 중 유기과산화물 함유

28

가열하였을 때 열분해하여 질소 가스가 발생하는 것은?

① 과산화칼슘 ② 브로민산칼륨
③ 삼산화크로뮴 ④ 다이크로뮴산암모늄

해설및용어설명 | 화학반응식

질소가 포함된 반응물일 때 분해생성물로 질소가 생성된다.

① $2CaO_2 \rightarrow 2CaO + O_2$
② $2KBrO_3 \rightarrow 2KBr + 3O_2$
③ $4CrO_3 \rightarrow 2Cr_2O_3 + 3O_2$
④ $(NH_4)_2Cr_2O_7 \rightarrow N_2 + 4H_2O + Cr_2O_3$

29

과산화수소의 분해방지 안정제로 사용할 수 있는 물질은?

① 구리
② 은
③ 인산
④ 목탄분

해설및용어설명 | 제6류 위험물 - 과산화수소
- 안정제 : 인산, 요산
- 정촉매 : 이산화망가니즈

30

원형관 속에서 유속 3m/s로 1일 동안 20,000m³의 물을 흐르게 하는데 필요한 관의 내경은 약 몇 mm인가?

① 414
② 313
③ 212
④ 194

해설및용어설명 | 유체역학 - 유량

$Q = uA = u\dfrac{\pi D^2}{4}$

$Q = 20{,}000\text{m}^3/\text{day} \times \dfrac{1\text{day}}{24\text{h}} \times \dfrac{1\text{h}}{3{,}600\text{s}}$

$u = 3\text{m/s}$

$20{,}000 \times \dfrac{1\text{day}}{24\text{h}} \times \dfrac{1\text{h}}{3{,}600\text{s}} = 3 \times \dfrac{\pi D^2}{4}$

계산기 SOLVE 이용

$D = 0.313\text{m} = 313\text{mm}$

31

유별을 달리하는 위험물 중 운반 시에 혼재가 불가한 것은? (단, 모든 위험물은 지정수량 이상이다)

① 아염소산나트륨과 질산
② 마그네슘과 나이트로글리세린
③ 나트륨과 벤젠
④ 과산화수소와 경유

해설및용어설명 | 위험물의 혼재 - 지정수량 1/10 초과일 때

423 524 61

① 제1류, 제6류
② 제2류, 제5류
③ 제3류, 제4류
④ 제6류, 제4류

32

과염소산과 과산화수소의 공통적인 위험성을 나타낸 것은?

① 가열하면 수소를 발생한다.
② 불연성이지만 독성이 있다.
③ 물, 알코올에 희석하면 안전하다.
④ 농도가 36wt% 미만인 것은 위험물에 해당하지 않는다고 법령에서 정하고 있다.

해설및용어설명 | 제6류 위험물 - 과염소산, 과산화수소

① $HClO_4 \rightarrow HCl + 2O_2$, $2H_2O_2 \rightarrow 2H_2O + O_2$
② 불연성이며 과염소산은 독성이 있고 과산화수소는 독성이 없다.
③ 물, 알코올에 희석하면 안전하다.
④ 과염소산은 위험물 기준이 없고, 과산화수소는 36중량퍼센트 이상인 것을 위험물로 한다.

33

다음 중 분해온도가 가장 높은 것은?

① KNO_3 ② BaO_2
③ $(NH_4)_2Cr_2O_7$ ④ NH_4ClO_3

해설및용어설명 | 제1류 위험물
① 질산칼륨, 분해온도 540~560℃
② 과산화바륨, 분해온도 840℃
③ 질산암모늄, 분해온도 170℃
④ 염소산암모늄, 분해온도 400℃

34

위험물안전관리법령상 품명이 무기과산화물에 해당하는 것은?

① 과산화리튬 ② 과산화수소
③ 과산화벤조일 ④ 과산화초산

해설및용어설명 | 위험물의 종류
① 제1류 위험물 중 무기과산화물
② 제6류 위험물 중 과산화수소
③ 제5류 위험물 중 유기과산화물
④ 제5류 위험물 중 유기과산화물

35

위험물안전관리법령상 제1류 위험물에 해당하는 것은?

① 염소화아이소사이아누르산 ② 질산구아니딘
③ 염소화규소화합물 ④ 금속의 아지화합물

해설및용어설명 | 위험물의 종류
① 제1류 위험물 중 그외
② 제5류 위험물 중 그외
③ 제3류 위험물 중 그외
④ 제5류 위험물 중 그외

36

위험물제조소와 시설물 사이에 불연재료로 된 방화상 유효한 담을 설치하는 경우에는 법정의 안전거리를 단축할 수 있다. 다음 중 이러한 안전거리 단축이 가능한 시설물에 해당하지 않는 것은?

① 사용전압이 7,000V 초과 35,000V 이하의 특고압가공전선
② 문화재보호법에 의한 문화재 중 지정문화재
③ 초등학교
④ 주택

해설및용어설명 | 제조소 - 안전거리 단축 기준
방화상 유효한 담을 설치한 경우 주거용 건축물, 학교·유치원등, 문화재의 거리를 단축할 수 있다.

37

위험물안전관리법령상 제3종 분말소화설비가 적응성이 있는 것은?

① 과산화바륨　② 마그네슘
③ 질산에틸　④ 과염소산

해설및용어설명 | 위험물 소화방법
- 질식소화 : 인산염류등, 탄산수소염류등
- 주수소화 : 인산염류등(제3류 중 자연발화성물질, 제5류 제외)
- 주수금지 : 탄산수소염류등
① 제1류 위험물 중 무기과산화물 : 주수금지
② 제2류 위험물 중 철마분 : 주수금지
③ 제5류 위험물 : 주수소화(인산염류등 사용 불가)
④ 제6류 위험물 : 주수소화

38

다음 중 산소와의 화합반응이 가장 일어나지 않는 것은?

① N　② S
③ He　④ P

해설및용어설명 | 주기율표
① 15족
② 16족
③ 18족 - 불활성기체
④ 15족

39

지정수량의 단위가 나머지 셋과 다른 하나는?

① 시클로헥산　② 과염소산
③ 스타이렌　④ 초산

해설및용어설명 | 주기율표
제4류 위험물의 지정수량 단위는 L, 그 외 위험물의 지정수량 단위는 kg 이다.
① 제4류 위험물 중 제1석유류(비수용성)
② 제6류 위험물
③ 제4류 위험물 중 제2석유류(비수용성)
④ 제4류 위험물 중 제2석유류(수용성)

40

개방된 중유 또는 원유 탱크 화재 시 포를 방사하면 소화약제가 비등 증발하며 확산의 위험이 발생한다. 이 현상은?

① 보일오버현상　② 슬롭오버현상
③ 플래쉬오버현상　④ 블레비현상

해설및용어설명 | 화재 현상
① 유류탱크 하부에 고여있던 물이 화재 시 급격히 증발하여 탱크 밖으로 화재를 동반하여 방출하는 현상
② 중질유와 같이 점성이 큰 유류의 액표면의 온도가 물의 비점 이상으로 올라가게 되어 소화용수가 뜨거운 액표면에 유입되게 되면 물이 수증기로 변하면서 급작스러운 부피 팽창에 의해 유류가 탱크 외부로 분출되는 현상
③ 실내에서의 화재 발달 중 한 단계로 방 전체가 순식간에 화염에 휩싸이는 현상
④ 과열상태의 탱크에서 내부의 액화가스가 탱크 틈새로 분출하여 기화 착화되었을 때 폭발을 유발시킨다.

41

다음 중 은백색의 광택성 물질로서 비중이 약 1.74인 위험물은?

① Cu
② Fe
③ Al
④ Mg

해설및용어설명 | 제2류 위험물
① 비중 8.9(제2류 위험물 아님)
② 비중 7.87
③ 비중 2.7
④ 비중 1.74

42

메테인 50%, 에테인 30%, 프로판 20%의 부피비로 혼합된 가스의 공기 중 폭발하한계 값은?(단, 메테인, 에테인, 프로판의 폭발하한계는 각각 5vol%, 3vol%, 2vol%이다)

① 1.1vol%
② 3.3vol%
③ 5.5vol%
④ 7.7vol%

해설및용어설명 | 연소범위 - 혼합기체

$$\frac{100}{L} = \frac{V_1}{L_1} + \frac{V_2}{L_2} + \frac{V_3}{L_3}$$

$$\rightarrow L = \frac{100}{\frac{V_1}{L_1} + \frac{V_2}{L_2} + \frac{V_3}{L_3}} = \frac{100}{\frac{50}{5} + \frac{30}{3} + \frac{20}{2}} = 3.333 = 3.33$$

43

체적이 50m³인 위험물 옥내저장창고(개구부에는 자동 폐쇄장치가 설치됨)에 전역방출방식의 이산화탄소 소화설비를 설치할 경우 소화약제의 저장량을 얼마 이상으로 하여야 하는가?

① 30kg
② 45kg
③ 60kg
④ 100kg

해설및용어설명 | 전역방출방식 이산화탄소 소화설비 - 소화약제 양

방호구역의 체적 (단위 : m³)	방호구역의 체적 1m³ 당 소화약제의 양 (단위 : kg)	소화약제 총량의 최저한도(단위 : kg)
5 미만	1.20	-
5 이상 15 미만	1.10	6
15 이상 45 미만	1.00	17
45 이상 150 미만	0.90	45
150 이상 1500 미만	0.80	135
1500 이상	0.75	1200

$0.9kg/m^3 \times 50m^3 = 45kg$

44

다음 위험물의 지정수량이 옳게 연결된 것은?

① $Ba(ClO_4)_2$ – 50kg
② $NaBrO_3$ – 100kg
③ $Sr(NO_3)_2$ – 500kg
④ $KMnO_4$ – 500kg

해설및용어설명 | 지정수량
① 과염소산바륨 : 제1류 위험물 중 과염소산염류, 지정수량 50kg
② 브로민산나트륨 : 제1류 위험물 중 브로민산염류, 지정수량 300kg
③ 질산스트론튬 : 제1류 위험물 중 질산염류, 지정수량 300kg
④ 과망가니즈산칼륨 : 제1류 위험물 중 과망가니즈산염류, 지정수량 1,000kg

45

알칼리금속의 과산화물에 물을 뿌렸을 때 발생하는 기체는?

① 수소 ② 산소
③ 메테인 ④ 포스핀

해설및용어설명 | 위험물 소화방법

제1류 위험물 중 알칼리금속의 과산화물에 물을 뿌리면 산소가 발생하며 폭발하므로 주수금지해야 한다.

46

다음 중 위험물안전관리법령상 알코올류가 위험물이 되기 위하여 갖추어야 할 조건이 아닌 것은?

① 한 분자 내에 탄소 원자수가 1개부터 3개까지일 것
② 포화 알코올일 것
③ 수용액일 경우 위험물안전관리법에서 정의한 알코올 함유량이 60 중량퍼센트 이상일 것
④ 2가 이상의 알코올일 것

해설및용어설명 | 위험물 기준 - 제4류 위험물

알코올 1분자를 구성하는 탄소원자의 수가 1개부터 3개까지인 포화1가 알코올(변성알코올을 포함한다)

다만, 다음 각목의 1에 해당하는 것은 제외

- 1분자를 구성하는 탄소원자의 수가 1개 내지 3개의 포화1가 알코올의 함유량이 60중량퍼센트 미만인 수용액
- 가연성액체량이 60중량퍼센트 미만이고 인화점 및 연소점(태그개방식 인화점측정기에 의한 연소점을 말한다. 이하 같다)이 에틸알코올 60중량퍼센트 수용액의 인화점 및 연소점을 초과하는 것

47

다음의 요건을 모두 충족하는 위험물은?

- 과아이오딘산과 함께 적재하여 운반하는 것은 법령위반이다.
- 위험등급 Ⅱ에 해당하는 위험물이다.
- 원칙적으로 옥외저장소에 저장·취급하는 것은 위법이다.

① 염소산염류
② 고형알코올
③ 질산에스터류
④ 금속의 아지화합물

해설및용어설명 | 위험물 기준 - 제4류 위험물

㉠ 과아이오딘산(제1류 위험물)과 혼재하여 운반할 수 없으므로 제2류, 제3류, 제4류, 제5류 위험물이다.

㉡ 위험등급
- 제1류 위험물, 위험등급 Ⅰ
- 제2류 위험물, 위험등급 Ⅲ
- 제5류 위험물, 위험등급 Ⅰ
- 제5류 위험물, 위험등급 Ⅱ

㉢ 옥외저장소에 저장할 수 없는 위험물이므로 제1류, 제3류, 제5류 위험물 중 하나이다.

조건 ㉠, ㉡, ㉢를 모두 충족하는 것은 ④이다.

48

하나의 옥내저장소에 다음과 같이 제4류 위험물을 함께 저장하는 경우 지정수량의 총 배수는?

> 아세트알데하이드 200L, 아세톤 400L,
> 아세트산 1,000L, 아크릴산 1,000L

① 6배 ② 7배
③ 7.5배 ④ 8배

해설및용어설명 | 지정수량
- 아세트알데히드 : 제4류 위험물 중 특수인화물, 지정수량 50L
- 아세톤 : 제4류 위험물 중 제1석유류(수용성), 지정수량 400L
- 아세트산 : 제4류 위험물 중 제2석유류(수용성), 지정수량 2,000L
- 아크릴 : 제4류 위험물 중 제2석유류(수용성), 지정수량 2,000L

$$\frac{200L}{50L} + \frac{400L}{400L} + \frac{1,000L}{2,000L} + \frac{1,000L}{2,000L} = 6$$

49

다음 중 1차 이온화에너지가 작은 금속에 대한 설명으로 잘못된 것은?

① 전자를 잃기 쉽다.　② 산화되기 쉽다.
③ 환원력이 작다.　④ 양이온이 되기 쉽다.

해설및용어설명 | 이온화에너지
- 원자상태에서 전자를 1개 떼어낼 때 필요한 에너지
- 이온화에너지가 작다
  = 전자를 잃기 쉽다.
  = 산화되기 쉽다(전자를 잃는 것 = 산화).
  = 환원력이 크다.
  = 양이온이 되기 쉽다.

50

옥탄가에 대한 설명으로 옳은 것은?

① 노르말펜탄을 100, 옥탄을 0으로 한 것이다.
② 옥탄을 100, 펜탄을 0으로 한 것이다.
③ 이소옥탄을 100, 헥산을 0으로 한 것이다.
④ 이소옥탄을 100, 노르말헵탄을 0으로 한 것이다.

해설및용어설명 | 제4류 위험물 - 휘발유
옥탄가 : 휘발유의 품질을 나타내는 값
이소옥탄을 100, 노말헵탄을 0으로 한 것이다.

51

다음 중 물속에 저장하여야 하는 위험물은?

① 적린　② 황린
③ 황화인　④ 고형알코올

해설및용어설명 | 위험물 저장 방법
물속에 저장하는 위험물 : 황, 황린(pH9), 이황화탄소

52

위험물안전관리법령상 옥내저장소를 설치함에 있어서 저장창고의 바닥을 물이 스며 나오거나 스며들지 않는 구조로 하여야 하는 위험물에 해당하지 않는 것은?

① 제1류 위험물 중 알칼리금속의 과산화물
② 제2류 위험물 중 철분·금속분·마그네슘
③ 제4류 위험물
④ 제6류 위험물

해설및용어설명 | 옥내저장소
물이 스며나오거나 스며들지 아니하는 구조의 바닥
- 제1류 위험물 중 알칼리금속의 과산화물
- 제2류 위험물 중 철분·금속분·마그네슘
- 제3류 위험물 중 금수성물질
- 제4류 위험물

53

금속나트륨의 성질에 대한 설명으로 옳은 것은?

① 불꽃 반응은 파란색을 띤다.
② 물과 반응하여 발열하고 가연성 가스를 만든다.
③ 은백색의 중금속이다.
④ 물보다 무겁다.

해설및용어설명 | 제3류 위험물 - 나트륨

① 나트륨 - 노란색 불꽃
② $2Na + 2H_2O \rightarrow 2NaOH + H_2$
③ 은백색의 경금속이다.
④ 알칼리금속은 물보다 가벼운 금속이다.

54

다음 ㉠, ㉡ 같은 작업공정을 가진 경우 위험물안전관리법상 허가를 받아야 하는 제조소등의 종류를 옳게 짝지은 것은?

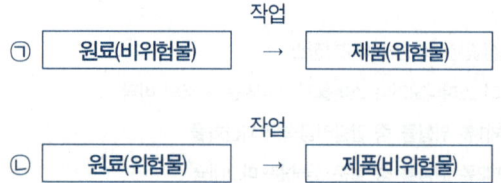

① ㉠ 위험물제조소, ㉡ 위험물제조소
② ㉠ 위험물제조소, ㉡ 위험물취급소
③ ㉠ 위험물취급소, ㉡ 위험물제조소
④ ㉠ 위험물취급소, ㉡ 위험물취급소

해설및용어설명 | 위험물제조소등

• 위험물제조소 : 위험물 또는 비위험물을 원료로 위험물을 생산
• 위험물취급소 : 위험물을 원료로 비위험물을 생산

55

다음 중 반즈(Ralph M. Barnes)가 제시한 동작경제원칙에 해당되지 않는 것은?

① 표준작업의 원칙
② 신체의 사용에 관한 원칙
③ 작업장의 배치에 관한 원칙
④ 공구 및 설비의 디자인에 관한 원칙

해설및용어설명 | 반즈의 동작경제의 3원칙

작업자가 에너지의 낭비 없이 작업할 수 있도록 하는 것

• 신체의 사용에 관한 원칙
• 작업장의 배치에 관한 원칙
• 공구 및 설비의 설계에 관한 원칙

56

도수분포표에서 도수가 최대인 계급의 대표값을 정확히 표현한 통계량은?

① 중위수
② 시료평균
③ 최빈수
④ 미드 - 레인지(Mid - range)

해설및용어설명 | 도수분포표

도수가 최대인 계급 = 최빈값

57

다음 [표]를 참조하여 5개월 단순이동평균법으로 7월의 수요를 예측하면 몇 개인가?

(단위 : 개)

월	1	2	3	4	5	6
실적	48	50	53	60	64	68

① 55개
② 57개
③ 58개
④ 59개

해설및용어설명 | 이동평균법

$$\frac{50+53+60+64+68}{5} = 59$$

58

다음 중 두 관리도가 모두 푸아송 분포를 따르는 것은?

① $\bar{x}$ 관리도, R 관리도
② c 관리도, u 관리도
③ nP 관리도, P 관리도
④ c 관리도, P 관리도

해설및용어설명 | 관리도

- nP 관리도 - 이항분포
- P 관리도 - 이항분포
- c 관리도 - 푸아송분포
- u 관리도 - 푸아송분포

59

전수검사와 샘플링검사에 관한 설명으로 가장 올바른 것은?

① 파괴검사의 경우에는 전수검사를 적용한다.
② 전수검사가 일반적으로 샘플링검사보다 품질향상에 자극을 더 준다.
③ 검사항목이 많은 경우 전수검사보다 샘플링검사가 유리하다.
④ 샘플링검사는 부적합품이 섞여 들어가서는 안되는 경우에 적용한다.

해설및용어설명 |

전수검사	샘플링검사
• 전체 시료를 모두 검사하여 합격, 불합격을 판정하는 검사방법	• 로트에서 랜덤하게 시료를 추출하여 검사한 후 그 결과에 따라 로트의 합격, 불합격을 판정하는 검사방법
• 품질 특성치가 치명적인 결점을 포함하는 경우 • 부적합품이 섞여 들어가서는 안 되는 경우 • 품질향상에 자극을 준다.	• 파괴검사를 해야 하는 경우 • 다수 다량의 것으로 어느 정도 부적합품이 섞여도 괜찮을 경우 • 검사항목이 많은 경우 유리

60

근래 인간공학이 여러 분야에서 크게 기여하고 있다. 다음 중 어느 단계에서 인간공학적 지식이 고려됨으로써 기업에 가장 큰 이익을 줄 수 있는가?

① 제품의 개발단계
② 제품의 구매단계
③ 제품의 사용단계
④ 작업자의 채용단계

해설및용어설명 | 인간공학

인간의 신체적 인지적 특성을 고려하여 인간을 위해 사용되는 물체, 시스템, 환경의 디자인을 과학적인 방법으로 기존보다 사용하기 편하게 만드는 응용학문이다.

→ 제품의 개발단계에 활용된다.

과년도 기출문제 2014 * 56

01

다음 반응에서 과산화수소가 산화제로 작용한 것은?

> ㉠ $2HI + H_2O_2 \rightarrow I_2 + 2H_2O$
> ㉡ $MnO_2 + H_2O_2 + H_2SO_4 \rightarrow MnSO_4 + 2H_2O + O_2$
> ㉢ $PbS + 4H_2O_2 \rightarrow PbSO_4 + 4H_2O$

① ㉠, ㉡
② ㉠, ㉢
③ ㉡, ㉢
④ ㉠, ㉡, ㉢

해설및용어설명 | 산화제
자신은 환원되고 남을 산화시킨다.
- 산화 I : -1 → 0, 환원 O : -1 → -2
- 산화 O : -1 → 0, 환원 Mn : +4 → +2
- 산화 S : -2 → +6, 환원 O : -1 → -2

02

위험물안전관리법령에서 정한 자기반응성 물질이 아닌 것은?

① 유기금속화합물
② 유기과산화물
③ 금속의 아지화합물
④ 질산구아니딘

해설및용어설명 | 위험물의 분류
① 제3류 위험물
② 제5류 위험물
③ 제5류 위험물
④ 제5류 위험물

03

다음 중 강화액 소화기의 방출방식으로 가장 많이 쓰이는 것은?

① 가스 가압식
② 반응식(파병식)
③ 축압식
④ 전도식

해설및용어설명 | 소화약제
- 강화액 방출방식 : 축압식
- 분말소화약제 방출방식 : 가스가압식

04

다음 중 인화점이 가장 낮은 물질은?

① 이소프로필알코올
② n-부틸알코올
③ 에틸렌글리콜
④ 아세트산

해설및용어설명 | 제4류 위험물
① 제4류 위험물 중 알코올류
② 제4류 위험물 중 제2석유류(비수용성)
③ 제4류 위험물 중 제3석유류(수용성)
④ 제4류 위험물 중 제2석유류(수용성)

05

위험물안전관리법령상 위험물의 운송 시 혼재할 수 없는 위험물은?(단, 지정수량의 $\frac{1}{10}$ 초과의 위험물이다)

① 적린과 경유
② 칼륨과 등유
③ 아세톤과 나이트로셀룰로오스
④ 과산화칼륨과 크실렌

해설및용어설명 | 위험물의 혼재 - 지정수량 1/10 초과일 때

423 524 61

① 제2류, 제4류
② 제3류, 제4류
③ 제4류, 제5류
④ 제1류, 제4류

06

스프링클러소화설비가 전체적으로 적응성이 있는 대상물은?

① 제1류 위험물 　　② 제2류 위험물
③ 제4류 위험물 　　④ 제5류 위험물

해설및용어설명 | 위험물 소화방법

스프링클러소화설비 - 주수소화
① 알칼리금속의 과산화물 - 주수금지
　그 외 - 주수소화
② 철분·금속분·마그네슘 - 주수금지
　인화성고체 - 주수소화, 질식소화
　그 외 - 주수소화
③ 질식소화, 스프링클러의 경우 방사밀도에 따라 사용가능
④ 주수소화

07

위험물안전관리법령에서 정한 위험물을 수납하는 경우의 운반용기에 관한 기준으로 옳은 것은?

① 고체 위험물은 운반용기 내용적의 98% 이하로 수납한다.
② 액체 위험물은 운반용기 내용적의 95% 이하로 수납한다.
③ 고체 위험물의 내용적은 25℃를 기준으로 한다.
④ 액체 위험물은 55℃에서 누설되지 않도록 공간용적을 유지하여야 한다.

해설및용어설명 | 수납률

- 고체 위험물 : 95% 이하
- 액체 위험물 : 98% 이하, 55℃에서 공간용적 유지
- 알킬리튬, 알킬알루미늄 - 90% 이하, 50℃에서 5% 이상 공간용적 유지

08

비중이 1.15인 소금물이 무한히 큰 탱크의 밑면에서 내경 3cm인 관을 통하여 유출된다. 유출구 끝이 탱크 수면으로부터 3.2m 하부에 있다면 유출 속도는 얼마인가?(단, 배출 시의 마찰 손실은 무시한다)

① 2.92m/s　　② 5.92m/s
③ 7.92m/s　　④ 12.92m/s

해설및용어설명 | 유체역학

$\frac{1}{2}\rho v^2 = \rho gh \rightarrow v = \sqrt{2gh}$

$v = \sqrt{2 \times 9.8 \times 3.2} = 7.919 ≒ 7.92$m/s

정답 05 ④　06 ④　07 ④　08 ③

09

Halon 1211과 Halon 1301 소화약제에 대한 설명 중 틀린 것은?

① 모두 부촉매 효과가 있다.
② 증기는 모두 공기보다 무겁다.
③ 증기비중과 액체비중 모두 Halon 1211이 더 크다.
④ 소화기의 유효방사 거리는 Halon 1301이 더 길다.

해설및용어설명 | 하론소화약제
① 할로젠이므로 모두 부촉매효과가 있다.
② 분자량 29 이상이므로 모두 공기보다 무겁다.
③ Halon 1211 비중 1.83, Halon 1301 비중 1.57
④ Halon 1211 방사거리 4~5m, Halon 1301 3~4m

10

물체의 표면온도가 200℃에서 500℃로 상승하면 열복사량은 약 몇 배 증가하는가?

① 3.3
② 7.1
③ 18.5
④ 39.2

해설및용어설명 | 열복사 - 슈테판 볼츠만 법칙

$E_b = \epsilon \sigma T^4$

$\dfrac{E_2}{E_1} = \dfrac{T_2^4}{T_1^4} = \dfrac{(500+273)^4}{(200+273)^4} = 7.13 ≒ 7.1배$

11

과염소산의 취급·저장 시 주의사항으로 틀린 것은?

① 가열하면 폭발할 위험이 있으므로 주의한다.
② 종이, 나무조각 등과 접촉을 피하여야 한다.
③ 구멍이 뚫린 코르크 마개를 사용하여 통풍이 잘되는 곳에 저장한다.
④ 물과 접촉하면 심하게 반응하므로 접촉을 금지한다.

해설및용어설명 | 제6류 위험물 - 과염소산
① 가열하면 산소를 발생하며 폭발할 수 있다.
② 강산화제이므로 환원제인 가연물과의 접촉을 금한다.
③ 과산화수소에 대한 설명이다.
④ 물과 접촉 시 심하게 발열한다.

12

TNT와 나이트로글리세린에 대한 설명 중 틀린 것은?

① TNT는 햇빛에 노출되면 다갈색으로 변한다.
② 모두 폭약의 원료로 사용될 수 있다.
③ 위험물안전관리법령상 품명은 서로 다르다.
④ 나이트로글리세린은 상온(약25[℃])에서 고체이다.

해설및용어설명 | 제5류 위험물
① 담황색 결정으로 햇빛에 노출 시 다갈색으로 변한다.
② 폭약의 원료가 된다.
③ TNT - 나이트로화합물, 나이트로글리세린 - 질산에스터류
④ 나이트로글리세린은 상온에서 액체이다.

13

단백질 검출반응과 관련이 있는 위험물은?

① HNO_3
② $HClO_3$
③ $HClO_2$
④ H_2O_2

해설및용어설명 | 크산토프로테인반응
질산이 단백질과 반응하여 노란색으로 변하는 현상
① 질산
② 염소산
③ 아염소산
④ 과산화수소

09 ④ 10 ② 11 ③ 12 ④ 13 ①

14

휘발유를 저장하는 옥외탱크저장소의 하나의 방유제 안에 10,000L, 20,000L 탱크 각각 1기가 설치되어 있다. 방유제의 용량은 몇 L 이상이어야 하는가?

① 11,000 ② 20,000
③ 22,000 ④ 30,000

해설및용어설명 | 옥외탱크저장소 - 방유제
- 높이 0.5m 이상 3m 이하
- 면적 8만m² 이하
- 용량 탱크 1기 : 탱크 용량의 110% 이상
  탱크 2기 이상 : 최대 탱크 용량의 110% 이상

용량 = 최대 탱크 용량 × 110% = 20,000L × 110% = 22,000L

15

위험물제조소 내의 위험물을 취급하는 배관은 최대상용압력의 몇 배 이상의 압력으로 수압시험을 실시하여 이상이 없어야 하는가?

① 1.1 ② 1.5
③ 2.1 ④ 2.5

해설및용어설명 | 제조소 - 배관
최대상용압력의 1.5배 이상의 압력으로 내압시험을 실시하여 누설, 그 밖의 이상이 없는 것으로 하여야 한다.

16

위험물의 저장 또는 취급하는 방법을 설명한 것 중 틀린 것은?

① 산화프로필렌 : 저장 시 은으로 제작된 용기에 질소가스와 같은 불연성가스를 충전하여 보관한다.
② 이황화탄소 : 용기나 탱크에 저장 시 물로 덮어서 보관한다.
③ 알킬알루미늄 : 용기는 완전 밀봉하고 질소 등 불활성가스를 충전한다.
④ 아세트알데하이드 : 냉암소에 저장한다.

해설및용어설명 | 위험물의 저장 및 취급
① 아세트알데하이드등 : 아세트알데하이드, 산화프로필렌 아세트알데하이드등을 취급하는 설비는 은·수은·동·마그네슘 또는 이들을 성분으로 하는 합금으로 만들지 아니할 것
② 물속에 저장하는 위험물 : 황, 황린(pH 9), 이황화탄소
③ 알킬알루미늄 불활성가스 봉입
④ 아세트알데하이드 : 냉암소 저장

17

다음 중 품목을 달리하는 위험물을 동일장소에 저장할 경우 위험물의 시설로서 허가를 받아야 할 수량을 저장하고 있는 것은?(단, 제4류 위험물의 경우 비수용성이고 수량 이외의 저장기준은 고려하지 않는다)

① 이황화탄소 10L, 가솔린 20L와 칼륨 3kg을 취급하는 곳
② 가솔린 60L, 등유 300L와 중유 950L를 취급하는 곳
③ 경유 600L, 나트륨 1kg과 무기과산화물 10kg을 취급하는 곳
④ 황 10kg, 등유 300L와 황린 10kg을 취급하는 곳

해설및용어설명 | 지정수량의 배수

① $\dfrac{10L}{50L} + \dfrac{20L}{200L} + \dfrac{3kg}{10kg} = 0.6$

② $\dfrac{60L}{200L} + \dfrac{300L}{1,000L} + \dfrac{950L}{2,000L} = 1.075$

③ $\dfrac{600L}{1,000L} + \dfrac{1kg}{10kg} + \dfrac{10kg}{50kg} = 0.9$

④ $\dfrac{10kg}{100kg} + \dfrac{300L}{1,000L} + \dfrac{10kg}{20kg} = 0.9$

정답 14 ③ 15 ② 16 ① 17 ②

18

산소 16g과 수소 4g이 반응할 때 몇 g의 물을 얻을 수 있는가?

① 9g ② 16g
③ 18g ④ 36g

해설및용어설명 | 화학반응식

$$2H_2 \quad + \quad O_2 \quad \rightarrow \quad 2H_2O$$

초기 $\dfrac{4g}{2g/mol}=2$ $\dfrac{16g}{32g/mol}=0.5$

반응 -1 -0.5 $+1$

결과 1 0 1

$H_2O = 1 \times 2 + 16 = 18g/mol$

19

위험물제조소의 환기설비에 대한 기준에 대한 설명 중 옳지 않은 것은?

① 환기는 팬을 사용한 국소배기방식으로 설치하여야 한다.
② 급기구는 바닥면적 150m²마다 1개 이상으로 한다.
③ 급기구는 낮은 곳에 설치하고 가는 눈의 구리망 등으로 인화방지망을 설치해야 한다.
④ 환기구는 회전식 고정벤티레이터 또는 루프팬방식으로 설치한다.

해설및용어설명 | 제조소 - 환기설비
① 자연배기방식
② 급기구 바닥면적 150m²마다 1개 이상, 급기구 크기는 800cm² 이상
③ 급기구는 낮은 곳에 설치하고 가는 눈의 구리망 등으로 인화방지망을 설치해야 한다.
④ 환기구는 회전식 고정벤티레이터 또는 루프팬방식으로 설치한다.

20

하나의 특정한 사고 원인의 관계를 논리게이트를 이용하여 도해적으로 분석하여 연역적·정량적 기법으로 해석해 가면서 위험성을 평가하는 방법은?

① FTA(결함수 분석기법)
② PHA(예비위험 분석기법)
③ ETA(사건수 분석기법)
④ FMECA(이상위험도 분석기법)

해설및용어설명 | 위험성 평가기법
① 특정 예상 사고에 대해 원인이 되는 결함이나 오류를 연역적으로 분석하는 안전성 평가 방법
② 구상, 설계, 발주 등 최초 단계에서 위험 상태에 있는가 정성적으로 평가(재해 전 분석)하는 방법
③ 초기사건으로 알려진 특정장치의 이상이나 운전자의 실수로부터 발생되는 잠재적인 사고결과를 평가하는 귀납적 기법
④ FMEA(잠재적 고장 발생의 기회를 제거하거나 줄일 수 있는 조치를 파악) + CA(치명도 분석)

21

제4류 위험물 중 점도가 높고 비휘발성인 제3석유류 또는 제4석유류의 주된 연소형태는?

① 증발연소 ② 표면연소
③ 분해연소 ④ 불꽃연소

해설및용어설명 | 연소의 종류
제4류 위험물은 일반적으로 증발연소
단, 제3석유류 또는 제4석유류는 비휘발성이므로 분해연소한다.

22

마그네슘 화재를 소화할 때 사용하는 소화약제의 적응성에 대한 설명으로 잘못된 것은?

① 건조사에 의한 질식소화는 오히려 폭발적인 반응을 일으키므로 소화 적응성이 없다.
② 물을 주수하면 폭발의 위험이 있으므로 소화 적응성이 없다.
③ 이산화탄소는 연소반응을 일으키며 일산화탄소를 발생하므로 소화 적응성이 없다.
④ 할로젠화합물과 반응하므로 소화 적응성이 없다.

해설및용어설명 | 위험물소화
① 마른 모래는 모든 화재에 사용할 수 있다.
② 마그네슘은 주수금지이다.
③ 이산화탄소 사용 시 탄소 또는 일산화탄소를 발생하며 화재가 확대된다.
④ 할로젠화합물과 반응한다.

23

다음 물질이 연소의 3요소 중 하나의 역할을 한다고 했을 때 그 역할이 나머지 셋과 다른 하나는?

① 삼산화크로뮴　　② 적린
③ 황린　　　　　　④ 이황화탄소

해설및용어설명 | 연소의 3요소
① 산소공급원
② 가연물
③ 가연물
④ 가연물

24

다음 중 위험물안전관리법령에서 정한 위험물의 지정수량이 가장 작은 것은?

① 브로민산염류　　② 금속의 인화물
③ 나이트로소화합물　④ 과염소산

해설및용어설명 | 지정수량
① 제1류 위험물 중 브로민산염류, 지정수량 300kg
② 제3류 위험물 중 금속인화합물, 지정수량 300kg
③ 제5류 위험물 중 나이트로소화합물, 지정수량 200kg
④ 제6류 위험물 중 과염소산, 지정수량 300kg

25

황이 연소하여 발생하는 가스의 성질로 옳은 것은?

① 무색무취다.　　② 물에 녹지 않는다.
③ 공기보다 무겁다.　④ 분자식은 H_2S이다.

해설및용어설명 | 제2류 위험물 - 황
$S + O_2 \rightarrow SO_2$(이산화황)
① 무색의 자극적인 냄새가 난다.
② 물에 녹는다.
③ 분자량 29 이상이므로 공기보다 무겁다.
④ 분자식은 SO_2이다.

26

정전기와 관련해서 유체 또는 고체에 의해 한 표면에서 다른 표면으로 전자가 전달될 때 발생하는 전기의 흐름을 무엇이라고 하는가?

① 유도전류 ② 전도전류
③ 유동전류 ④ 변위전류

해설 및 용어설명 | 연소의 3요소 - 정전기
① 전류가 흐르지 않던 회로에 교류 전압을 이용하여 내부에 전자의 유도 작용으로 전류를 흐르게 하는 것
② 도체의 내에서 전위의 차이가 생겨서 자유전자가 이동하게 되어 흐름이 발생되는 전류
③ 유체 또는 고체에 의해 한 표면에서 다른 표면으로 전자가 전달될 때 발생하는 전기의 흐름
④ 앙페르 회로 법칙에서 참 전류와 유사하게 자기장을 생성하는 항

27

다음 [보기]와 같은 공통점을 갖지 않는 것은?

- 탄화수소이다.
- 치환반응보다는 첨가반응을 잘한다.
- 석유화학공업 공정으로 얻을 수 있다.

① 에텐 ② 프로필렌
③ 부텐 ④ 벤젠

해설 및 용어설명 | 탄화수소
① 첨가반응
② 첨가반응
③ 첨가반응
④ 치환반응

28

에탄올과 진한 황산을 섞고 170℃로 가열하여 얻어지는 기체 탄화수소(㉠)에 브롬을 작용시켜 20℃에서 액체화합물(㉡)을 얻었다. 화합물 A와 B의 화학식은?

① ㉠ C_2H_2 ㉡ $CH_3 - CHBr_2$
② ㉠ C_2H_4 ㉡ $CH_2Br - CH_2Br$
③ ㉠ $C_2H_5OC_2H_5$ ㉡ $C_2H_4BrOC_2H_4Br$
④ ㉠ C_2H_6 ㉡ $CHBr = CHBr$

해설 및 용어설명 | 제4류 위험물 - 에틸알코올

$$C_2H_5OH \xrightarrow{\text{(황산)}} C_2H_4 + H_2O\text{(탈수반응)}$$
$$C_2H_4 + Br_2 \longrightarrow CH_2BrCH_2Br$$

29

다음 위험물 중에서 지정수량이 나머지 셋과 다른 것은?

① $KBrO_3$ ② KNO_3
③ KIO_3 ④ KCl

해설 및 용어설명 | 위험물 분류
① 브로민산칼륨 : 제1류 위험물 중 브로민산염류, 지정수량 300kg
② 질산칼륨 : 제1류 위험물 중 질산염류, 지정수량 300kg
③ 아이오딘산칼륨 : 제1류 위험물 중 아이오딘산염류, 지정수량 300kg
④ 염화칼륨 : 위험물이 아니다.

30

위험물안전관리법령상 하론 소화설비의 기준에서 용적식 국소 방출방식에 대한 저장소화약제 양은 다음의 식을 이용하여 산출한다. 하론 1211의 경우에 해당하는 X와 Y의 값으로 옳은 것은?(단, Q는 단위체적당 소화약제의 양(kg/m³), a는 방호대상물 주위에 실제로 설치된 고정벽의 면적합계(m²), A는 방호공간 전체둘레의 면적(m²)이다)

$$Q = X - Y\frac{a}{A}$$

① X : 5.2, Y : 3.9
② X : 4.4, Y : 3.3
③ X : 4.0, Y : 3.0
④ X : 3.2, Y : 2.7

해설및용어설명 | 하론 소화약제 - 용적식의 국소방출방식

소화약제의 종별	X의 수치	Y의 수치
하론 2402	5.2	3.9
하론 1211	4.4	3.3
하론 1301	4.0	3.0

31

다음 중 알칼리토금속의 과산화물로서 비중이 약 4.96, 융점이 약 450℃인 것으로 비교적 안정한 물질은?

① BaO_2
② CaO_2
③ MgO_2
④ BeO_2

해설및용어설명 | 제1류 위험물 - 무기과산화물
① 과산화바륨 : 비중 4.95, 녹는점 450℃
② 과산화칼슘 : 비중 1.7, 녹는점 692℃
③ 과산화마그네슘 : 비중 1 이상
④ 과산화베릴륨 : 비중 1 이상

32

제2종 분말소화약제가 열분해할 때 생성되는 물질로 4℃ 부근에서 최대 밀도를 가지며 분자 내 104.5°의 결합각을 갖는 것은?

① CO_2
② H_2O
③ H_3PO_4
④ K_2CO_3

해설및용어설명 | 분말소화약제

구분	주성분	화학식	분해식	적응화재
제1종	탄산수소나트륨	$NaHCO_3$	$2NaHCO_3$ → $Na_2CO_3 + CO_2 + H_2O$	BC
제2종	탄산수소칼륨	$KHCO_3$	$2KHCO_3$ → $K_2CO_3 + CO_2 + H_2O$	BC
제3종	인산암모늄	$NH_4H_2PO_4$	$NH_4H_2PO_4$ → $NH_3 + HPO_3 + H_2O$	ABC
제4종	탄산수소칼륨 + 요소	$KHCO_3 + (NH_2)_2CO$	암기 불필요	BC

33

다음 중 제1류 위험물이 아닌 것은?

① $LiClO$
② $NaClO_2$
③ $KClO_3$
④ $HClO_4$

해설및용어설명 | 위험물 분류
① 차아염소산리튬 : 제1류 위험물 중 그 외(차아염소산염류), 지정수량 50kg
② 아염소산나트륨 : 제1류 위험물 중 아염소산염류, 지정수량 50kg
③ 염소산칼륨 : 제1류 위험물 중 염소산염류, 지정수량 50kg
④ 과염소산 : 제6류 위험물 중 과염소산, 지정수량 300kg

34

임계온도에 대한 설명으로 옳은 것은?

① 임계온도보다 낮은 온도에서 기체는 압력을 가하면 액체로 변화할 수 있다.
② 임계온도보다 높은 온도에서 기체는 압력을 가하면 액체로 변화할 수 있다.
③ 이산화탄소의 임계온도는 약 -119℃이다.
④ 물질의 종류에 상관없이 동일부피, 동일압력에서는 같은 임계온도를 갖는다.

해설및용어설명 | 임계온도

상태변화의 경계가 존재하지 않는 점

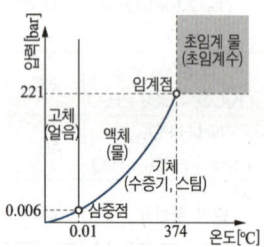

① 임계온도 이하에서 압력을 가하면 액체가 될 수 있다.
② 임계온도 이상에서 압력을 가하면 임계상태가 된다.
③ 이산화탄소 임계온도는 31.1℃이다.
④ 물질의 종류에 따라 임계온도가 다르다.

35

위험물안전관리법령에서 정한 위험물의 유별에 따른 성질에서 물질의 상태는 다르지만 성질이 같은 것은?

① 제1류와 제6류
② 제2류와 제5류
③ 제3류와 제5류
④ 제4류와 제6류

해설및용어설명 | 위험물 분류

- 제1류 위험물 : 산화성 고체
- 제2류 위험물 : 가연성 고체
- 제3류 위험물 : 자연발화성 및 금수성 물질
- 제4류 위험물 : 인화성 액체
- 제5류 위험물 : 자기반응성 물질
- 제6류 위험물 : 산화성 액체

36

다음 중 물보다 무거운 물질은?

① 다이에틸에터
② 칼륨
③ 산화프로필렌
④ 탄화알루미늄

해설및용어설명 | 위험물 비중

① 제4류 위험물 중 특수인화물, 비중이 1보다 작다.
② 제3류 위험물 중 칼륨, 경금속, 비중이 1보다 작다.
③ 제4류 위험물 중 특수인화물, 비중이 1보다 작다.
④ 제3류 위험물 중 칼슘알루미늄의 탄화물, 비중이 1보다 크다.

37

위험물안전관리법령상 국소방출방식의 이산화탄소소화설비 중 저압식 저장 용기에 설치되는 압력경보장치는 어느 압력 범위에서 작동하는 것으로 설치하여야 하는가?

① 2.3MPa 이상의 압력과 1.9MPa 이하의 압력에서 작동하는 것
② 2.5MPa 이상의 압력과 2.0MPa 이하의 압력에서 작동하는 것
③ 2.7MPa 이상의 압력과 2.3MPa 이하의 압력에서 작동하는 것
④ 3.0MPa 이상의 압력과 2.5MPa 이하의 압력에서 작동하는 것

해설및용어설명 | 이산화탄소소화설비

- 온도가 40℃ 이하이고 온도변화가 적은 장소에 설치할 것
- 충전비 : 고압식 1.5 이상 1.9 이하, 저압식 1.1 이상 1.4 이하
- 저압식 저장용기에는 액면계, 압력계, 2.3MPa 이상 1.9MPa 이하의 압력에서 작동하는 압력경보장치를 설치할 것
- 기동용 가스용기 및 해당 용기에 사용하는 밸브는 25MPa 이상의 압력에 견딜 수 있는 것으로 할 것

38

옥내저장소에 가솔린 18L 용기 100개, 아세톤 200L 드럼통 10개, 경유 200L 드럼통 8개를 저장하고 있다. 이 저장소에는 지정수량의 몇 배를 저장하고 있는가?

① 10.8배
② 11.6배
③ 15.6배
④ 16.6배

해설및용어설명 | 지정수량의 배수

- 가솔린 : 제4류 위험물 중 제1석유류(비수용성), 지정수량 200L
- 아세톤 : 제4류 위험물 중 제1석유류(수용성), 지정수량 400L
- 경유 : 제4류 위험물 중 제2석유류(비수용성), 지정수량 1,000L

$$\frac{18L \times 100}{200L} + \frac{200L \times 10}{400L} + \frac{200L \times 8}{1,000L} = 15.6배$$

39

공기 중 약 34℃에서 자연발화의 위험이 있기 때문에 물속에 보관해야 하는 위험물은?

① 황화인
② 이황화탄소
③ 황린
④ 탄화알루미늄

해설및용어설명 | 제3류 위험물 - 황린

제3류 위험물 중 자연발화성물질, 발화점 34℃
물속에 저장하는 위험물 : 황, 황린(pH 9), 이황화탄소

40

어떤 액체 연료의 질량조성이 C 75%, H 25%일 때 C : H의 mole 비는?

① 1 : 3
② 1 : 4
③ 4 : 1
④ 3 : 1

해설및용어설명 | 몰

$C : H = \frac{75}{12} : \frac{25}{1} = 6.25 : 25 = \frac{6.25}{6.25} : \frac{25}{6.25} = 1 : 4$

41

다음 중 은백색의 금속으로 가장 가볍고, 물과 반응 시 수소 가스를 발생시키는 것은?

① Al
② Na
③ Li
④ Si

해설및용어설명 | 원자량

① 알루미늄 : 원자번호 13번, 원자량 27 - 물과 접촉 시 수소 발생
② 나트륨 : 원자번호 11번, 원자량 23 - 물과 접촉 시 수소 발생
③ 리튬 : 원자번호 3번, 원자량 7 - 물과 접촉 시 수소 발생
④ 규소 : 원자번호 14번, 원자량 28

42

위험물안전관리법령상 원칙적인 경우에 있어서 이동저장탱크의 내부는 몇 리터 이하마다 3.2mm 이상의 강철판으로 칸막이를 설치해야 하는가?

① 2,000
② 3,000
③ 4,000
④ 5,000

해설및용어설명 | 이동탱크저장소

칸막이 3.2mm, 4,000L

43

다음 중 아이오딘값이 가장 높은 것은?

① 참기름
② 채종유
③ 동유
④ 땅콩기름

해설및용어설명 | 제4류 위험물 - 동식물유류

① 반건성유(아이오딘값 100~130)
② 반건성유(아이오딘값 100~130)
③ 건성유(아이오딘값 130 이상)
④ 불건성유(아이오딘값 100 이하)

44

위험물이송취급소에 설치하는 경보설비가 아닌 것은?

① 비상벨장치
② 확성장치
③ 가연성증기경보장치
④ 비상방송설비

해설및용어설명 | 경보설비 - 이송취급소
- 이송기지에는 비상벨장치 및 확성장치를 설치할 것
- 가연성증기를 발생하는 위험물을 취급하는 펌프실 등에는 가연성증기 경보설비를 설치할 것

45

위험물제조소등에 설치하는 옥내소화전설비 또는 옥외소화전설비의 설치기준으로 옳지 않은 것은?

① 옥내소화전설비의 각 노즐 선단 방수량 : 260L/min
② 옥내소화전설비의 비상전원 용량 : 45분 이상
③ 옥외소화전설비의 각 노즐 선단 방수량 : 260L/min
④ 표시등 회로의 배선공사 : 금속관공사, 가요전선관공사, 금속 덕트공사, 케이블공사

해설및용어설명 |
- 옥내소화전
  - 수원의 수량(최대 5개)×7.8m³
  - 방수압력 350kPa, 방수량 260L/min
  - 비상전원 45분 이상 작동
- 옥외소화전
  - 수원의 수량(최대 4개)×13.5m³
  - 방수압력 350kPa, 방수량 450L/min
  - 비상전원 45분 이상 작동
- 표시등 회로의 배선공사 : 금속관공사, 가요전선관 공사, 금속덕트공사, 케이블공사

46

NH_4NO_3에 대한 설명으로 옳은 것은?

① 물에 녹을 때는 발열반응을 일으킨다.
② 트라이나이트로페놀과 혼합하여 안포폭약을 제조하는데 사용된다.
③ 가열하면 수소, 발생기산소 등 다량의 가스를 발생한다.
④ 비중이 물보다 크고, 흡습성과 조해성이 있다.

해설및용어설명 | 제1류 위험물 - 질산암모늄
① 대표적인 흡열반응 물질이다.
② ANFO 화약 = 질산암모늄 94% + 경유 6%
③ $2NH_4NO_3 \rightarrow O_2 + 4H_2O + 2N_2$
④ 제1류 위험물은 비중이 1보다 크고 조해성이 있다.

47

과산화나트륨의 저장법으로 가장 옳은 것은?

① 용기는 밀전 및 밀봉하여야 한다.
② 안정제로 황분 또는 알루미늄분을 넣어 준다.
③ 수증기를 혼입해서 공기와 직접 접촉을 방지한다.
④ 저장시설 내에 스프링클러설비를 설치한다.

해설및용어설명 | 제1류 위험물 - 과산화나트륨
① 용기는 밀전 밀봉하여야 한다.
② 황분, 알루미늄분은 가연물이므로 산화제인 과산화나트륨과 접촉을 피한다.
③ 물과 반응하여 산소를 발생하므로 수증기를 혼입하지 않는다.
④ 소화방법은 주수금지이므로 스프링클러설비를 설치하지 않고 탄산수소염류 분말소화설비, 마른 모래, 팽창질석, 팽창진주암을 설치한다.

48

위험물안전관리법령상 제조소등의 관계인은 그 제조소등의 용도를 폐지한 때에는 폐지한 날로부터 며칠 이내에 신고하여야 하는가?

① 7일 ② 14일
③ 30일 ④ 90일

해설및용어설명 | 신고 - 용도폐지
용도를 폐지한 날로부터 14일 이내에 신고

49

황에 대한 설명 중 옳지 않은 것은?

① 물에 녹지 않는다.
② 일정 크기 이상을 위험물로 분류한다.
③ 고온에서 수소와 반응할 수 있다.
④ 청색 불꽃을 내며 연소한다.

해설및용어설명 | 제2류 위험물 - 황
① 물에 녹지 않아 가연성 증기 발생 억제를 위해 물속에 보관한다.
② 60중량퍼센트 이상일 때 위험물이다.
③ 고온에서 질소와 반응할 수 있다.
④ 청색 불꽃을 내며 연소한다.

50

다음 중 Cl의 산화수가 +3인 물질은?

① $HClO_4$ ② $HClO_3$
③ $HClO_2$ ④ $HClO$

해설및용어설명 | 산화수
① $HClO_4 = 1 + Cl + (-2) \times 4 = 0$, $Cl = +7$
② $HClO_3 = 1 + Cl + (-2) \times 3 = 0$, $Cl = +5$
③ $HClO_2 = 1 + Cl + (-2) \times 2 = 0$, $Cl = +3$
④ $HClO = 1 + Cl + (-2) \times 1 = 0$, $Cl = +1$

51

황화인에 대한 설명으로 틀린 것은?

① P_4S_3, P_2S_5, P_4S_7은 동소체이다.
② 지정수량은 100kg이다.
③ 삼황화인의 연소생성물에는 이산화황이 포함된다.
④ 오황화인은 물 또는 알칼리에 분해하여 이황화탄소와 황산이 된다.

해설및용어설명 | 제2류 위험물 - 황화인
① 같은 원소로 이루어진 물질이다.
② 지정수량 100kg
③ $P_4S_3 + 8O_2 \rightarrow 2P_2O_5 + 3SO_2$
   삼황화인 산소 오산화린 이산화황
④ $P_2S_5 + 8H_2O \rightarrow 2H_3PO_4 + 5H_2S$
   오황화인 물 인산 황화수소

52

소화약제가 환경에 미치는 영향을 표시하는 지수가 아닌 것은?

① ODP   ② GWP
③ ALT   ④ LOAEL

해설및용어설명 | 할로젠소화약제 - 오존파괴지수
① 오존파괴지수(Ozone Depletion Potential)
② 지구온난화지수(Global Warming Potential)
③ 대기잔존년수(Atmospheric Life Time)

정답 48 ② 49 ② 50 ③ 51 ④ 52 ④

53

위험물안전관리법령상 위험등급 II에 속하는 위험물은?

① 제1류 위험물 중 과염소산염류
② 제4류 위험물 중 제2석유류
③ 제5류 위험물 중 나이트로화합물
④ 제3류 위험물 중 황린

해설및용어설명 | 위험등급

① 위험등급 I
② 위험등급 III
③ 위험등급 II
④ 위험등급 I

54

위험물의 반응에 대한 설명 중 틀린 것은?

① 트라이에틸알루미늄은 물과 반응하여 수소가스를 발생한다.
② 황린의 연소생성물은 P_2O_5이다.
③ 리튬은 물과 반응하여 수소가스를 발생한다.
④ 아세트알데하이드의 연소생성물은 CO_2와 H_2O이다.

해설및용어설명 | 화학반응식

① $(C_2H_5)_3Al + 3H_2O \rightarrow Al(OH)_3 + 3C_2H_6$
② $P_4 + 5O_2 \rightarrow 2P_2O_5$
③ $LiH + H_2O \rightarrow LiOH + H_2$
④ $2CH_3CHO + 5O_2 \rightarrow 4CO_2 + 4H_2O$

55

np 관리도에서 시료군마다 시료수(n)는 100이고, 시료군의 수(k)는 20, $\Sigma np = 77$이다. 이때 np관리도의 관리상한선 (UCL)을 구하면 약 얼마인가?

① 8.94 ② 3.85
③ 5.77 ④ 9.62

해설및용어설명 | nP관리도

중심선($n\bar{p}$) $= \dfrac{\Sigma np}{k} = \dfrac{77}{20} = 3.85$

관리상한선(UCL) $= n\bar{p} + 3 \times \sqrt{n\bar{p}(1-\bar{p})}$

$= 3.85 + 3 \times \sqrt{3.85(1 - \dfrac{77}{100 \times 20})} = 9.62$

관리하한선(LCL) $= n\bar{p} - 3 \times \sqrt{n\bar{p}(1-\bar{p})}$

$\bar{p} = \dfrac{\Sigma np}{nk}$

56

그림의 OC곡선을 보고 가장 올바른 내용을 나타낸 것은?

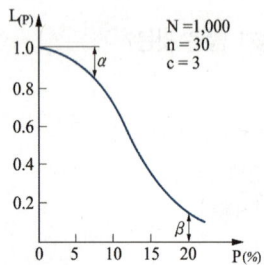

① α : 소비자 위험
② L(P) : 로트가 합격할 확률
③ β : 생산자 위험
④ 부적합품률 : 0.03

해설및용어설명 | 검사특성곡선

① α : 생산자 위험(합격 대상인 Lot가 불합격할 확률)
② L(p) : 로트의 합격률
③ β : 소비자 위험(불합격 대상인 Lot가 합격할 확률)
④ 부적합품률 : $\dfrac{c}{n} = \dfrac{3}{30} = 0.1$

57

미국의 마틴 마리에타사(Martin Marietta Corp.)에서 시작된 품질개선을 위한 동기부여 프로그램으로, 모든 작업자가 무결점을 목표로 설정하고, 처음부터 작업을 올바르게 수행함으로써 품질비용을 줄이기 위한 프로그램은 무엇인가?

① TPM 활동
② 6 시그마 운동
③ ZD 운동
④ ISO 9001 인증

해설및용어설명 | 품질경영
① 생산시스템의 종합적인 효율화를 구축하여 기업체질 개선을 목표로 하는 것
② 기업에서 전략적으로 완벽에 가까운 제품이나 서비스를 개발하고 제공하려는 목적으로 정립된 품질경영 기법 또는 철학으로서, 기업 또는 조직 내의 다양한 문제를 구체적으로 정의하고 현재 수준을 계량화하고 평가한 다음 개선하고 이를 유지 관리하는 경영 기법
③ 무결점운동(Zero Defects Programs), 노동자 한 사람 한 사람이 각자 역할의 중요성을 인식하고 과오 없이 일하도록 하는 것, 즉 계속적인 동기를 노동자에게 부여하는 것
④ 모든 산업 분야 및 활동에 적용할 수 있는 품질경영시스템의 요구사항을 규정한 국제표준

58

다음 중 단속생산 시스템과 비교한 연속생산 시스템의 특징으로 옳은 것은?

① 단위당 생산원가가 낮다.
② 다품종 소량생산에 적합하다.
③ 생산방식은 주문생산방식이다.
④ 생산설비는 범용설비를 사용한다.

해설및용어설명 | 연속생산시스템
① 생산원가가 낮다.
② 소품종 대량생산에 적합하다.
③ 예측생산방식이다.
④ 전용설비를 사용한다.

59

일정 통제를 할 때 1일당 그 작업을 단축하는 데 소요되는 비용의 증가를 의미하는 것은?

① 정상소요시간(Normal duration time)
② 비용견적(Cost estimation)
③ 비용구배(Cost slope)
④ 총비용(Total cost)

해설및용어설명 | 생산관리
① 일반적인 생산 공적을 통해 소요되는 시간
② 생산에 필요한 비용을 미리 계산하는 것
③ 작업을 1일 단축할 때 추가되는 직접비용
④ 생산을 위해서 투입된 모든 비용

60

MTM(Method Time Measurement)법에서 사용되는 1TMU (Time Measurement Unit)는 몇 시간인가?

① $\frac{1}{100,000}$ 시간
② $\frac{1}{10,000}$ 시간
③ $\frac{6}{100,000}$ 시간
④ $\frac{36}{10,000}$ 시간

해설및용어설명 | MTM법

$1TMU = \frac{1}{100,000}$

과년도 기출문제 2015 * 57

01

위험물안전관리법령상 위험등급 I에 해당하는 것은?

① CH₃ONO₂
② C₆H₂CH₃(NO₂)₃
③ C₆H₄(NO)₂
④ N₂H₄·HCl

해설및용어설명 | 위험등급
① 질산메틸 : 제5류 위험물 중 질산에스터류(종판단 필요)
② 트라이나이트로톨루엔 : 제5류 위험물 중 나이트로화합물(제1종), 지정수량 10kg, 위험등급 I
③ 다이나이트로벤젠 : 제5류 위험물 중 나이트로화합물(제2종), 지정수량 100kg, 위험등급 II
④ 염산하이드라진 : 제5류 위험물 중 하이드라진유도체(종판단 필요)

02

알코올류 6,500리터를 저장하는 옥외탱크저장소에 대하여 저장하는 위험물에 대한 소화설비 소요단위는?

① 2
② 4
③ 16
④ 17

해설및용어설명 | 소요단위
제4류 위험물 중 알코올류, 지정수량 400L

$\dfrac{6,500}{400 \times 10} = 1.625 ≒ 2$

03

벤젠에 대한 설명 중 틀린 것은?

① 인화점이 -11℃ 정도로 낮아 응고된 상태에서도 인화할 수 있다.
② 증기는 마취성이 있다.
③ 피부에 닿으면 탈지 작용을 한다.
④ 연소 시 그을음을 내지 않고 완전 연소한다.

해설및용어설명 | 제4류 위험물 - 벤젠
① 녹는점 5.5℃, 인화점 -11℃
② 증기는 마취성이 있다.
③ 기름을 잘 녹이는 성직이 있어 피부에 닿으면 탈지작용을 한다.
④ 수소수에 비해 탄소수가 많아 연소 시 그을음이 발생한다.

04

"알킬알루미늄등"을 저장 또는 취급하는 이동탱크저장소에 관한 기준으로 옳은 것은?

① 탱크 외면은 적색으로 도장을 하고, 백색문자로 동판의 양 측면 및 경판에 "화기주의" 또는 "물기주의"라는 주의사항을 표시한다.
② 20kPa 이하의 압력으로 불활성기체를 봉입해 두어야 한다.
③ 이동저장탱크의 맨홀 및 주입구의 뚜껑은 10mm 이상의 강판으로 제작하고, 용량은 2,000리터 미만이어야 한다.
④ 이동저장탱크는 두께 5mm 이상의 강판으로 제작하고, 3MPa 이상의 압력으로 5분간 실시하는 수압시험에서 새거나 변형되지 않아야 한다.

01 ② 02 ① 03 ④ 04 ②

해설 및 용어설명 | 이동탱크저장소 - 알킬알루미늄등 특례
① 적색 도장, "물기엄금" 주의사항 표시
② 20kPa 이하의 압력으로 불활성기체를 봉입
③ 맨홀 또는 주입구의 뚜껑은 두께 10mm 이상의 강판, 용량 1,900L 이상
④ 두께 10mm 이상의 강판, 1MPa 이상의 압력으로 10분간 실시하는 수압시험에서 새거나 변형하지 아니하는 것

05

다음 중 인화점이 가장 높은 것은?

① CH_3COOCH_3
② CH_3OH
③ CH_3CO_2OH
④ CH_3COOH

해설 및 용어설명 | 제4류 위험물 - 인화점
① 아세트산메틸 : 제4류 위험물 중 제1석유류(비수용성)
② 메틸알코올 : 제4류 위험물 중 알코올류
③ 과산화초산 : 제5류 위험물 중 유기과산화물, 인화점 56℃
④ 아세트산 : 제4류 위험물 중 제2석유류(수용성)

06

위험물안전관리법령상 차량에 적재할 때 차광성이 있는 피복으로 가려야 하는 위험물이 아닌 것은?

① NaH
② P_4S_3
③ $KClO_3$
④ CH_3CHO

해설 및 용어설명 | 위험물 주의사항

유별	종류	운반용기 외부의 주의사항	게시판	소화방법	덮개
제1류 위험물	알칼리금속의 과산화물	가연물접촉주의, 화기·충격주의, 물기엄금	물기엄금	주수금지	방수성 차광성
	그 외	가연물접촉주의, 화기·충격주의	없음	주수소화	차광성
제2류 위험물	철분·금속분·마그네슘	화기주의, 물기엄금	화기주의	주수금지	방수성
	인화성고체	화기엄금	화기엄금	주수소화 질식소화	
	그 외	화기주의	화기주의	주수소화	
제3류 위험물	자연발화성 물질	화기엄금, 공기접촉엄금	화기엄금	주수소화	차광성
	금수성물질	물기엄금	물기엄금	주수금지	방수성
제4류 위험물		화기엄금	화기엄금	질식소화	차광성 (특수인화물)
제5류 위험물		화기엄금, 충격주의	화기엄금	주수소화	차광성
제6류 위험물		가연물접촉주의	없음	주수소화	차광성

① 제3류 위험물 중 금수성물질(자연발화성 성질도 있다)
② 제2류 위험물 중 그 외
③ 제1류 위험물 중 그 외
④ 제4류 위험물 중 특수인화물

07

다음 중 아염소산의 화학식은?

① HClO
② $HClO_2$
③ $HClO_3$
④ $HClO_4$

해설 및 용어설명 | 화학식
① 차아염소산
② 아염소산
③ 염소산
④ 과염소산

정답 05 ④ 06 ② 07 ②

08

위험물제조소 등 예방규정을 정하여야 하는 대상은?

① 칼슘을 400kg 취급하는 제조소
② 칼륨을 400kg 저장하는 옥내저장소
③ 질산을 50,000kg 저장하는 옥외탱크저장소
④ 질산염류를 50,000kg 저장하는 옥내저장소

해설및용어설명 | 예방규정

- 10배 제조소, 일반취급소
- 100배 옥외저장소
- 150배 옥내저장소
- 200배 옥외탱크저장소
- 암반탱크저장소
- 이송취급소

① 제3류 위험물 중 알칼리토금속, 지정수량 50kg

$\dfrac{400}{50}$ = 8배 → 10배 이하이므로 예방규정 대상이 아니다.

② 제3류 위험물 중 칼륨, 지정수량 10kg

$\dfrac{400}{10}$ = 40배 → 150배 이하이므로 예방규정 대상이 아니다.

③ 제6류 위험물 중 질산, 지정수량 300kg

$\dfrac{50,000}{300}$ = 167배 → 200배 이하이므로 예방규정 대상이 아니다.

④ 제1류 위험물 중 질산염류, 지정수량 300kg

$\dfrac{50,000}{300}$ = 167배 → 150배 이상이므로 예방규정 대상이다.

09

알칼리토금속에 속하는 것은?

① Li   ② Fr
③ Cs   ④ Sr

해설및용어설명 | 주기율표

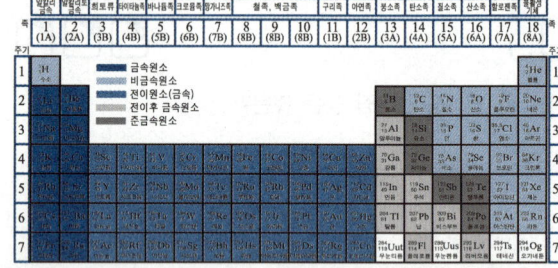

① 제1족 원소
② 제1족 원소
③ 제1족 원소
④ 제2족 원소

10

위험물안전관리법령상 옥외탱크저장소의 탱크 중 압력탱크의 수압시험 기준은?

① 최대상용압력의 2배의 압력으로 20분간 실시하는 수압시험에서 새거나 변형되지 아니하여야 한다.
② 최대상용압력의 2배의 압력으로 10분간 실시하는 수압시험에서 새거나 변형되지 아니하여야 한다.
③ 최대상용압력의 1.5배의 압력으로 20분간 실시하는 수압시험에서 새거나 변형되지 아니하여야 한다.
④ 최대상용압력의 1.5배의 압력으로 10분간 실시하는 수압시험에서 새거나 변형되지 아니하여야 한다.

해설및용어설명 | 옥외탱크저장소

- 압력탱크 외의 탱크 : 충수시험
- 압력탱크 : 최대상용압력의 1.5배의 압력으로 10분간 실시하는 수압시험

11

다음 반응식에서 ( )에 알맞은 것을 차례대로 나열한 것은?

$$CaC_2 + 2(\quad) \rightarrow Ca(OH)_2 + (\quad)$$

① H_2O, C_2H_2 ② H_2O, CH_4
③ O_2, C_2H_2 ④ O_2, CH_4

해설및용어설명 | 화학반응식
- 반응물의 원소 종류 : Ca, C
- 생성물의 원소 종류 : Ca, O, H이므로

빈칸의 반응물에 H가 포함되어야 한다. 따라서 반응물은 H_2O이다. 탄화칼슘이 물과 반응하여 아세틸렌(C_2H_2)이 생성된다.

12

위험물제조소등의 안전거리의 단축기준을 적용함에 있어서 $H \leq PD^2 + \alpha$일 경우 방화상 유효한 담의 높이는 2m 이상으로 한다. 여기서 H가 의미하는 것은?

① 제조소등과 인근 건축물과의 거리
② 인근 건축물 또는 공작물의 높이
③ 제조소등의 외벽의 높이
④ 제조소등과 방화상 유효한 담과의 거리

해설및용어설명 | 제조소 - 안전거리 단축기준

$H \leq pD^2 + \alpha$인 경우, $h = 2$
$H > pD^2 + \alpha$인 경우, $h = H - p(D^2 - d^2)$

- D : 제조소등과 인근 건축물 또는 공작물과의 거리(m)
- H : 인근 건축물 또는 공작물의 높이(m)
- α : 제조소등의 외벽의 높이(m)
- h : 방화상 유효한 담의 높이(m)
- p : 상수

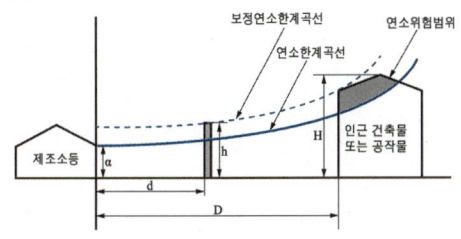

13

CH_3CHO에 대한 설명으로 옳지 않은 것은?

① 무색투명한 액체로서 산화 시 아세트산을 생성한다.
② 완전 연소 시 이산화탄소와 물이 생성된다.
③ 백금, 철과 반응하면 폭발성 물질을 생성한다.
④ 물에 잘 녹고 고무를 녹인다.

해설및용어설명 | 제4류 위험물 - 아세트알데하이드

① $C_2H_5OH \xrightleftharpoons[\text{환원(+2H)}]{\text{산화(-2H)}} CH_3CHO \xrightleftharpoons[\text{환원(-O)}]{\text{산화(+O)}} CH_3COOH$
  에탄올   아세트알데하이드   아세트산

② $2CH_3CHO + 5O_2 \rightarrow 4CO_2 + 4H_2O$

③ 구리, 은, 수은, 마그네슘 등으로 만든 용기를 사용하면 반응하여 아세틸라이드를 생성한다.

④ 물에 잘 녹고 고무를 녹인다.

14

다음 내용을 모두 충족하는 위험물에 해당하는 것은?

- 원칙적으로 옥외저장소에 저장·취급할 수 없는 위험물이다.
- 옥내저장소에 저장하는 경우 창고의 바닥면적은 $1,000m^2$ 이하로 하여야 한다.
- 위험등급 I 의 위험물이다.

① 칼륨 ② 황
③ 하이드록실아민 ④ 질산

해설및용어설명 | 옥외저장소
- 제2류 위험물 중 황 또는 인화성고체(인화점 섭씨 0도 이상인 것)
- 제4류 위험물 중 제1석유류(인화점 섭씨 0도 이상인 것)·알코올류·제2석유류·제3석유류·제4석유류 및 동식물유류
- 제6류 위험물

② 황, ④ 질산은 옥외저장소에 저장할 수 있는 위험물이므로 제외
① 제3류 위험물 중 칼륨, 지정수량 10kg, 위험등급 I
③ 제5류 위험물 중 하이드록실아민(제2종), 지정수량 100kg, 위험등급 II

15

나이트로셀룰로오스에 캠퍼(장뇌)를 혼합해서 알코올에 녹여 교질상태로 만든 것으로 필름, 안경테, 탁구공 등의 제조에 사용하는 위험물은?

① 질화면
② 셀룰로이드
③ 아세틸퍼옥사이드
④ 하이드라진유도체

해설및용어설명 | 제5류 위험물 - 셀룰로이드
나이트로셀룰로오스에 장뇌를 혼합해서 알코올에 녹여 교질상태로 만든 것. 필름, 안경테, 탁구공 등의 제조에 사용된다.

16

염소산칼륨의 성질에 대한 설명으로 옳은 것은?

① 광택이 있는 적색의 결정이다.
② 비중은 약 2.3이며, 녹는점은 약 250℃다.
③ 가열분해하면 염화나트륨과 산소를 발생한다.
④ 알코올에 난용이고, 온수, 글리세린에 잘 녹는다.

해설및용어설명 | 제1류 위험물 - 염소산칼륨
① 백색 분말이다.
② 비중 2.34, 녹는점 368.4℃
③ $2KClO_3 \rightarrow 2KCl + 3O_2$
   염소산칼륨 염화칼륨 산소
④ 온수, 글리세린에 잘 녹으며 냉수, 알코올에 잘 녹지 않는다.

17

주유취급소 담 또는 벽의 일부분에 유리를 부착하는 경우에 대한 기준으로 틀린 것은?

① 유리를 부착하는 범위는 전체의 담 또는 벽의 길이의 10분의 1을 초과하지 아니할 것
② 하나의 유리판의 가로의 길이는 2m 이내일 것
③ 유리판의 테두리를 금속제의 구조물에 견고하게 고정할 것
④ 유리의 구조는 접합유리로 할 것

해설및용어설명 | 주유취급소 - 담 또는 벽
① 유리를 부착하는 범위는 전체의 담 또는 벽의 길이의 10분의 2를 초과하지 아니할 것
② 하나의 유리판의 가로의 길이는 2m 이내일 것
③ 유리판의 테두리를 금속제의 구조물에 견고하게 고정하고 해당 구조물을 담 또는 벽에 견고하게 부착할 것
④ 유리의 구조는 접합유리로 하되 비차열 30분 이상의 방화성능이 인정될 것

18

위험물안전관리법령에서 정한 위험물의 취급에 관한 기준이 아닌 것은?

① 분사도장작업은 방화상 유효한 격벽 등으로 구획된 안전한 장소에서 실시한다.
② 추출공정에서는 추출관의 외부압력이 비정상으로 상승하지 않도록 한다.
③ 열처리작업은 위험물이 위험한 온도에 도달하지 않도록 한다.
④ 증류공정에 있어서는 위험물을 취급하는 설비의 내부압력의 변동 등에 의하여 액체 또는 증기가 새지 않도록 한다.

해설및용어설명 | 취급의 기준 - 제조, 소비
① 분사도장작업은 방화상 유효한 격벽 등으로 구획된 안전한 장소에서 실시할 것
② 추출공정에 있어서는 추출관의 내부압력이 비정상으로 상승하지 아니 하도록 할 것
③ 담금질 또는 열처리작업은 위험물이 위험한 온도에 이르지 아니하도록 하여 실시할 것
④ 증류공정에 있어서는 위험물을 취급하는 설비의 내부압력의 변동 등에 의하여 액체 또는 증기가 새지 아니하도록 할 것

19

나이트로셀룰로오스의 화재 발생 시 가장 적합한 소화약제는?

① 물소화약제 ② 분말소화약제
③ 이산화탄소소화약제 ④ 할로젠화합물소화약제

해설및용어설명 | 위험물 소화방법

제5류 위험물 : 주수소화

① 주수소화
② 질식소화
③ 질식소화
④ 억제소화

20

위험물안전관리법령상 벤젠을 적재하여 운반을 하고자 하는 경우에 있어서 함께 적재할 수 없는 것은?(단, 각 위험물의 수량은 지정수량의 2배로 가정한다)

① 적린 ② 금속의 인화물
③ 질산 ④ 나이트로셀룰로오스

해설및용어설명 | 벤젠 : 제4류 위험물

위험물의 혼재 - 지정수량 1/10 초과일 때

423 524 61

① 제2류 위험물
② 제3류 위험물
③ 제6류 위험물
④ 제5류 위험물

21

다음 ( ) 안에 알맞은 것을 순서대로 옳게 나열한 것은?

> 알루미늄 분말이 연소하면 ( )색 연기를 내면서 ( )을 생성한다. 또한 알루미늄 분말이 염산과 반응하여 ( )기체를 발생하며, 수산화나트륨 수용액과 반응하여 ( )기체를 발생한다.

① 백, Al_2O_3, 산소, 수소 ② 백, Al_2O_3, 수소, 수소
③ 노란, Al_2O_5, 수소, 수소 ④ 노란, Al_2O_5, 산소, 수소

해설및용어설명 | 화학반응식

- $4Al + 3O_2 \rightarrow 2Al_2O_3$(백색)
- $2Al + 6HCl \rightarrow 2AlCl_3 + 3H_2$
- $2Al + 2NaOH + 2H_2O \rightarrow 2NaAlO_2 + 3H_2$

22

농도가 높아질수록 위험성이 높아지는 산화성 물질로 가열에 의해 분해할 경우 물과 산소를 발생하며, 분해를 방지하기 위하여 안정제를 넣어 보관하는 것은?

① Na_2O_2 ② KCl_3
③ H_2O_2 ④ $NaNO_3$

해설및용어설명 | 제6류 위험물 - 과산화수소

- 농도 36중량퍼센트 이상일 때 위험물이다.
- 농도 60중량퍼센트 이상일 때 단독으로 분해 폭발한다.
- 분해방지 안정제 : 인산, 요산

정답 19 ① 20 ③ 21 ② 22 ③

23

과망가니즈산칼륨과 묽은 황산이 반응하였을 때 생성물이 아닌 것은?

① MnO_4 ② K_2SO_4
③ $MnSO_4$ ④ H_2O

해설및용어설명 | 화학반응식

$4KMnO_4 + 6H_2SO_4 \rightarrow 2K_2SO_4 + 6H_2O + 5O_2 + 4MnSO_4$
과망가니즈산칼륨 황산   황산칼륨   물 산소 황산망가니즈

24

다음은 위험물안전관리법령상 위험물제조소등의 옥내소화전설비의 설치기준에 관한 내용이다. ( )에 알맞은 수치는?

> 수원의 수량은 옥내소화전 설치개수(설치개수가 5개 이상인 경우는 5개)에 ( )m^3를 곱한 양 이상이 되도록 설치할 것

① 2.4 ② 7.8
③ 35   ④ 260

해설및용어설명 | 수원의 수량
- 옥내소화전 $7.8m^3 \times$ (최대 5개)
- 옥외소화전 $13.5m^3 \times$ (최대 4개)

25

지정수량이 다른 물질로 나열된 것은?

① 질산나트륨, 과염소산   ② 에틸알코올, 아세톤
③ 벤조일퍼옥사이드, 칼륨 ④ 철분, 트라이나이트로톨루엔

해설및용어설명 | 지정수량

① 제1류 위험물 중 질산염류, 지정수량 300kg
   제6류 위험물 중 과염소산, 지정수량 300kg
② 제4류 위험물 중 알코올류, 지정수량 400L
   제4류 위험물 중 제1석유류(수용성), 지정수량 400L
③ 제5류 위험물 중 유기과산화물, 지정수량 10kg
   제3류 위험물 중 칼륨, 지정수량 10kg
④ 제2류 위험물 중 철분, 지정수량 500kg
   제5류 위험물 중 나이트로화합물, 지정수량 200kg

26

위험물안전관리법령상 제조소 등의 기술검토에 관한 설명으로 옳은 것은?

① 기술검토는 한국소방산업기술원에서 실시하는 것으로 일정한 제조소 등의 설치허가 또는 변경허가와 관련된 것이다.
② 기술검토는 설치허가 또는 변경허가와 관련된 것이나 제조소 등의 완공검사 시 설치자가 임의적으로 기술검토를 신청할 수도 있다.
③ 기술검토는 법령상 기술기준과 다르게 설계하는 경우에 그 안전성을 전문적으로 검증하기 위한 절차이다.
④ 기술검토의 필요성이 없으면 변경허가를 받을 필요가 없다.

해설및용어설명 | 기술검토
① 기술검토는 한국소방산업기술원에서 실시하는 것으로 일정한 제조소 등의 설치허가 또는 변경허가와 관련된 것
② 제조소등의 관계인이 기술검토를 신청한다.
③ 법령상 기술기준을 준수하여야 한다.
④ 보수 등을 위한 부분적인 변경으로서 소방청장이 정하여 고시하는 사항에 대해서는 기술원의 기술검토를 받지 않을 수 있으나 행정안전부령으로 정하는 기준에는 적합해야 한다.

27

흐름 단면적이 감소하면서 속도수두가 증가하고 압력수두가 감소하여 생기는 압력차를 측정하여 유량을 구하는 기구로서 제작이 용이하고 비용이 저렴한 장점이 있으나 마찰손실이 커서 유체 수송을 위한 소요동력이 증가하는 단점이 있는 것은?

① 로터미터   ② 피토튜브
③ 벤추리미터 ④ 오리피스미터

해설및용어설명 | 유체역학 - 유량계

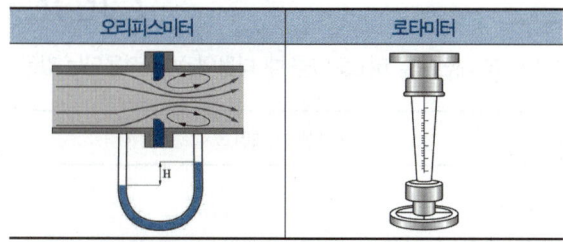

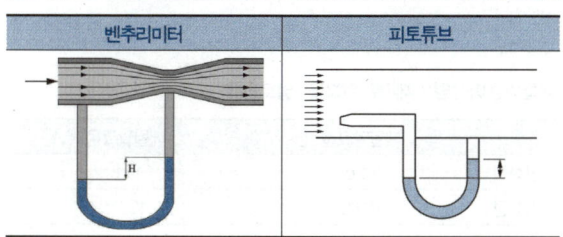

28

다음에서 설명하는 위험물이 분해·폭발하는 경우 가장 많이 부피를 차지하는 가스는?

- 순수한 것은 무색투명한 기름 형태의 액체이다.
- 다이너마이트의 원료가 된다.
- 상온에서는 액체이지만 겨울에는 동결한다.
- 혓바닥을 찌르는 단맛이 나며, 감미로운 냄새가 난다.

① 이산화탄소　　② 수소
③ 산소　　　　　④ 질소

해설및용어설명 | 제5류 위험물 - 나이트로글리세린

- 다이너마이트 = 나이트로글리세린 + 규조토
- 겨울철에는 동결하므로 나이트로글리세린 대신 나이트로글리콜을 사용한다.
- $C_3H_5(ONO_2)_3 \rightarrow 12CO_2 + 10H_2O + 6N_2 + O_2$

29

과산화수소에 대한 설명으로 옳은 것은?

① 대부분 강력한 환원제로 작용한다.
② 물과 심하게 흡열반응한다.
③ 습기에 접촉해도 위험하지 않다.
④ 상온에서 물과 반응하여 수소를 생성한다.

해설및용어설명 | 제6류 위험물 - 과산화수소
① 강력한 산화제이다.
② 물과 심하게 발열반응한다.
③ 물과 반응하지 않으므로 습기에 접촉해도 위험하지 않다.
④ 물과 반응하지 않고 물에 잘 섞인다.

30

위험물안전관리법령에서 정한 위험물안전관리자의 책무가 아닌 것은?

① 화재 등의 재난이 발생한 경우 응급조치 및 소방관서 등에 대한 연락 업무
② 화재 등의 재해의 방지에 관하여 인접하는 제조소등과 그 밖의 관련되는 시설의 관계자와 협조체제 유지
③ 위험물의 취급에 관한 일지의 작성·기록
④ 안전관리대행기관에 대하여 필요한 지도·감독

해설및용어설명 | 안전관리자의 책무
1. 위험물의 취급작업에 참여하여 해당 작업자에 대하여 지시 및 감독하는 업무
2. 화재 등의 재난이 발생한 경우 응급조치 및 소방관서 등에 대한 연락업무
3. 위험물시설의 안전을 담당하는 자를 따로 두는 제조소등의 경우에는 그 담당자에게 다음 각목의 규정에 의한 업무의 지시, 그 밖의 제조소등의 경우에는 다음 각목의 규정에 의한 업무
  가. 제조소등의 위치·구조 및 설비 점검과 점검상황의 기록·보존
  나. 제조소등의 구조 또는 설비의 이상을 발견한 경우 관계자에 대한 연락 및 응급조치
  다. 화재가 발생하거나 화재발생의 위험성이 현저한 경우 소방관서 등에 대한 연락 및 응급조치

라. 제조소등의 계측장치·제어장치 및 안전장치 등의 적정한 유지·관리
마. 제조소등의 위치·구조 및 설비에 관한 설계도서 등의 정비·보존 및 제조소등의 구조 및 설비의 안전에 관한 사무의 관리
4. 화재 등의 재해의 방지와 응급조치에 관하여 인접하는 제조소등과 그 밖의 관련되는 시설의 관계자와 협조체제의 유지
5. 위험물의 취급에 관한 일지의 작성·기록
6. 그 밖에 위험물을 수납한 용기를 차량에 적재하는 작업, 위험물설비를 보수하는 작업 등 위험물의 취급과 관련된 작업의 안전에 관하여 필요한 감독의 수행

31

위험물안전관리법령에 따른 위험물의 저장·취급에 관한 설명으로 옳은 것은?

① 군부대가 군사목적으로 지정수량 이상의 위험물을 제조소 등이 아닌 장소에서 저장·취급하는 경우는 90일 이내의 기간 동안 임시로 저장·취급할 수 있다.
② 옥외저장소에서 위험물과 위험물이 아닌 물품을 함께 저장하는 경우는 물품 간 별도의 이격거리 기준이 없다.
③ 유별을 달리하는 위험물을 동일한 장소에 저장할 수 없는 것이 원칙이지만, 옥내저장소에 제1류 위험물과 황린을 상호 1m 이상의 간격을 유지하여 저장하는 것은 가능하다.
④ 옥내저장소에 제4류 위험물 중 제3석유류 및 제4석유류를 수납하는 용기만을 겹쳐 쌓는 경우에는 6m를 초과하지 않아야 한다.

해설및용어설명 | 위험물 저장·취급
① 군사목적으로 임시 저장 취급하는 경우(기간제한 없음)
② 위험물과 위험물이 아닌 물품 사이에 1m 거리 두어 저장
③ 위험물 저장 - 유별이 다른 위험물 1m 간격
 • 제1류 위험물(알칼리금속의 과산화물 제외) + 제5류
 • 제1류 + 제6류
 • 제1류 + 제3류 중 자연발화성물질(황린)
 • 제2류 중 인화성 고체 + 제4류
 • 제3류 중 알킬알루미늄·알킬리튬 + 제4류 중 알킬알루미늄·알킬리튬 함유
 • 제4류 중 유기과산화물 함유 + 제5류 중 유기과산화물 함유
④ 옥내저장소 - 위험물 저장 높이
 • 기계에 의하여 하역하는 구조 : 6m 이하
 • 제4류 위험물 중 제3석유류, 제4석유류, 동식물유류 : 4m 이하
 • 그 밖의 경우 : 3m 이하

32

메탄올과 에탄올을 비교하였을 때 다음의 식이 적용되는 값은?

> 메탄올 > 에탄올

① 발화점　　② 분자량
③ 증기비중　　④ 비점

해설및용어설명 | 제4류 위험물 - 알코올류

	메틸알코올	에틸알코올
인화점	11℃	13℃
발화점	464℃	423℃
비점	64.7℃	80℃
연소범위	7.3~36%	4.3~19%
증기비중	$\frac{12+1\times3+16+1}{29}=1.1$	$\frac{12\times2+1\times5+16+1}{29}=1.59$
비중	0.79	0.79

33

각 위험물의 대표적인 연소 형태에 대한 설명으로 틀린 것은?

① 금속분은 공기와 접촉하고 있는 표면에서 연소가 일어나는 표면연소이다.
② 황은 일정 온도 이상에서 열분해하여 생성된 물질이 연소하는 분해연소이다.
③ 휘발유는 액체 자체가 연소하지 않고, 액체 표면에서 발생하는 가연성 증기가 연소하는 증발연소이다.
④ 나이트로셀룰로오스는 공기 중의 산소 없이도 연소하는 자기연소이다.

해설및용어설명 | 고체의 연소
① 표면연소 : 금속분, 코크스, 목탄
② 증발연소 : 양초(파라핀), 황, 나프탈렌
③ 증발연소 : 제4류 위험물(제3석유류, 제4석유류 - 표면연소)
④ 자기연소 : 제5류 위험물
* 분해연소 : 목재, 종이, 섬유, 플라스틱, 석탄

34

단층건물 외에 건축물에 옥내탱크전용실을 설치하는 경우 최대 용량을 설명한 것 중 틀린 것은?

① 지하 2층에 경유를 저장하는 탱크의 경우에는 20,000리터
② 지하 4층에 동식물유류를 저장하는 탱크의 경우에는 지정수량의 40배
③ 지상 3층에 제4석유류를 저장하는 탱크의 경우에는 지정수량의 20배
④ 지상 4층에 경유를 저장하는 탱크의 경우에는 5,000리터

해설및용어설명 | 옥내탱크저장소 - 탱크전용실 용량

- 1층 이하 : 지정수량 40배 이하(제4석유류 및 동식물유류 외 제4류 위험물 최대 20,000L)
- 2층 이상 : 지정수량 10배 이하(제4석유류 및 동식물유류 외 제4류 위험물 최대 5,000L)

① 1층 이하, 제4류 위험물 중 제2석유류이므로 20,000L
② 1층 이하, 제4류 위험물 중 동식물유류 이므로 지정수량의 40배 이하
③ 2층 이상, 제4류 위험물 중 제4석유류이므로 지정수량의 10배 이하
④ 2층 이상, 제4류 위험물 중 제2석유류이므로 5,000L

35

고형알코올에 대한 설명으로 옳은 것은?

① 지정수량은 500kg이다.
② 이산화탄소 소화설비에 의해 소화한다.
③ 제4류 위험물에 해당한다.
④ 운반용기 외부에 "화기주의"라고 표시하여야 한다.

해설및용어설명 | 제2류 위험물 - 고형알코올

① 지정수량 1,000kg
② 주수소화, 질식소화
③ 제2류 위험물
④ 화기엄금

36

다음 위험물을 완전 연소시켰을 때 나머지 셋의 위험물의 연소 생성물에 공통적으로 포함된 가스를 발생하지 않는 것은?

① 황   ② 황린
③ 삼황화인   ④ 이황화탄소

해설및용어설명 | 화학반응식

① $S + O_2 \rightarrow SO_2$
② $4P + 5O_2 \rightarrow 2P_2O_5$
③ $P_4S_3 + 8O_2 \rightarrow 2P_2O_5 + 3SO_2$
④ $CS_2 + 3O_2 \rightarrow CO_2 + 2SO_2$

37

과염소산은 무엇과 접촉할 경우 고체수화물을 생성시키는가?

① 물   ② 과산화나트륨
③ 암모니아   ④ 벤젠

해설및용어설명 | 제6류 위험물 - 과염소산

- 물과 접촉 시 발열한다.
- 물과 작용하여 고체수화물($HClO_4 \cdot H_2O$)을 형성한다.

38

비수용성의 제1석유류 위험물을 4,000L까지 저장·취급할 수 있도록 허가받은 단층건물의 탱크전용실에 수용성의 제2석유류 위험물을 저장하기 위한 옥내저장탱크를 추가로 설치할 경우 설치할 수 있는 탱크의 최대용량은?

① 16,000L   ② 20,000L
③ 30,000L   ④ 60,000L

해설및용어설명 | 옥내저장탱크 - 용량

- 지정수량의 40배(제4석유류 및 동식물유류 외 제4류 위험물 : 20,000L)
- 최대 20,000L 저장할 수 있으므로 16,000L를 추가로 설치할 수 있다.

39

제5류 위험물에 속하지 않는 것은?

① $C_6H_4(NO_2)_2$
② CH_3ONO_2
③ $C_6H_5NO_2$
④ $C_3H_5(ONO_2)_3$

해설및용어설명 | 제5류 위험물
① 다이나이트로벤젠 : 제5류 위험물 중 나이트로화합물(제2종), 지정수량 100kg
② 질산메틸 : 제5류 위험물 중 질산에스터류(종판단 필요)
③ 나이트로벤젠 : 제4류 위험물 중 제3석유류(비수용성), 지정수량 2,000L
④ 나이트로글리세린 : 제5류 위험물 중 질산에스터류(제1종), 지정수량 10kg

40

위험물안전관리법령상 주유취급소에서 용량 몇 리터 이하의 이동저장탱크에 위험물을 주입할 수 있는가?

① 3천
② 4천
③ 5천
④ 1만

해설및용어설명 | 주유취급소 - 구분
고정된 주유설비(항공기에 주유하는 경우에는 차량에 설치된 주유설비를 포함한다)에 의하여 자동차·항공기 또는 선박 등의 연료탱크에 직접 주유하기 위하여 위험물을 취급하는 장소(위험물을 용기에 옮겨 담거나 차량에 고정된 5천리터 이하의 탱크에 주입하기 위하여 고정된 급유설비를 병설한 장소를 포함한다)

참고 〈2019.2.26.〉 3천리터 → 5천리터로 개정

41

제4류 위험물을 지정수량의 30만 배를 취급하는 일반취급소에 위험물안전관리법령에 의해 최소한 갖추어야 하는 자체소방대의 화학소방차 대수와 자체소방대원의 수는?

① 2대, 15명
② 2대, 20명
③ 3대, 15명
④ 3대, 20명

해설및용어설명 | 자체소방대
- 제조소 또는 일반취급소에서 취급하는 제4류 위험물의 최대수량의 합이 지정수량의 3천배 이상
- 옥외탱크저장소에 저장하는 제4류 위험물의 최대수량이 지정수량의 50만배 이상

사업소의 구분	화학소방 자동차	자체소방 대원의 수
제조소 또는 일반취급소에서 취급하는 제4류 위험물의 최대수량의 합이 지정수량의 3천배 이상 12만배 미만인 사업소	1대	5인
제조소 또는 일반취급소에서 취급하는 제4류 위험물의 최대수량의 합이 지정수량의 12만배 이상 24만배 미만인 사업소	2대	10인
제조소 또는 일반취급소에서 취급하는 제4류 위험물의 최대수량의 합이 지정수량의 24만배 이상 48만배 미만인 사업소	3대	15인
제조소 또는 일반취급소에서 취급하는 제4류 위험물의 최대수량의 합이 지정수량의 48만배 이상인 사업소	4대	20인
옥외탱크저장소에 저장하는 제4류 위험물의 최대수량이 지정수량의 50만배 이상인 사업소	2대	10인

42

다음 물질이 서로 혼합되었을 때 폭발 또는 발화의 위험성이 높아지는 경우가 아닌 것은?

① 금속칼륨과 경유
② 질산나트륨과 황
③ 과망가니즈산칼륨과 적린
④ 알루미늄과 과산화나트륨

해설및용어설명 | 위험물 저장방법
① 칼륨, 나트륨 : 공기 중 수분 또는 물과 닿지 않도록 석유(등유, 경유, 유동파라핀) 속에 저장한다.
② 제1류, 제2류
③ 제1류, 제2류
④ 제2류, 제1류

43

인화칼슘의 일반적인 성질로 옳은 것은?

① 물과 반응하면 독성의 가스가 발생한다.
② 비중이 물보다 작다.
③ 융점은 약 600℃ 정도이다.
④ 흰색의 정육면체 고체상 결정이다.

해설및용어설명 | 제3류 위험물 - 인화칼슘

① $Ca_3P_2 + 6H_2O \rightarrow 3Ca(OH)_2 + 2PH_3$ 포스핀 - 독성가스
② 비중 2.51로 물보다 크다.
③ 융점 1,600℃ 이상
④ 암적색의 결정상의 고체

44

공기를 차단하고 황린을 가열하면 적린이 만들어지는데, 이때 필요한 최소 온도는 약 몇 ℃ 정도인가?

① 60 ② 120
③ 260 ④ 400

해설및용어설명 | 제3류 위험물 - 황린

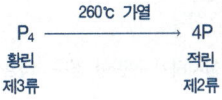

45

위험물안전관리법령상 원칙적으로 이송취급소 설치장소에서 제외하는 곳이 아닌 것은?

① 해저
② 도로의 터널 안
③ 고속국도의 차도 및 길어깨
④ 호수·저수지 등으로서 수리의 수원이 되는 곳

해설및용어설명 | 이송취급소 - 설치 제외 장소

• 철도 및 도로의 터널 안
• 고속국도 및 자동차전용도로의 차도·갓길 및 중앙분리대
• 호수·저수지 등으로서 수리의 수원이 되는 곳
• 급경사지역으로서 붕괴의 위험이 있는 지역

46

과산화벤조일(벤조일퍼옥사이드)의 화학식을 옳게 나타낸 것은?

① CH_3ONO_2 ② $(CH_3COC_2H_5)_2O_2$
③ $(CH_3CO)_2O_2$ ④ $(C_6H_5CO)_2O_2$

해설및용어설명 | 제5류 위험물

① 질산메틸
② 과산화메틸에틸케톤(메틸에틸케톤퍼옥사이드)
③ 아세틸퍼옥사이드
④ 과산화벤조일

47

에탄올 1몰이 표준상태에서 완전 연소하기 위해 필요한 공기량은 약 몇 L인가?(단, 공기 중 산소의 부피는 21vol%이다)

① 122
② 244
③ 320
④ 410

해설및용어설명 | 이상기체상태방정식

$C_2H_5OH + 3O_2 \rightarrow 2CO_2 + 3H_2O$

$PV = nRT \rightarrow V = \dfrac{nRT}{P}$

- P = 1atm
- n = 1mol
- R = 0.082atm·L/mol·K
- T = 0℃ + 273 = 273K

$V = \dfrac{1 \times 0.082 \times 273}{1} \times \dfrac{3\,O_2}{1\,C_2H_5OH} \times \dfrac{1\,air}{0.21\,O_2} = 319.8 ≒ 320L$

48

다음 중 아이오딘값이 가장 큰 것은?

① 야자유
② 피마자유
③ 올리브유
④ 정어리기름

해설및용어설명 | 제4류 위험물 - 동식물유류

① 불건성유(아이오딘값 100 이하)
② 불건성유(아이오딘값 100 이하)
③ 불건성유(아이오딘값 100 이하)
④ 건성유(아이오딘값 130 이상)

49

다음 중 1mol에 포함된 산소의 수가 가장 많은 것은?

① 염소산
② 과산화나트륨
③ 과염소산
④ 차아염소산

해설및용어설명 | 위험물 화학식

① $HClO_3$
② Na_2O_2
③ $HClO_4$
④ $HClO$

50

위험물안전관리법령상 위험물제조소 등의 완공검사 신청 시기로 틀린 것은?

① 지하탱크가 있는 제조소 등의 경우 : 당해 지하탱크를 매설하기 전
② 이동탱크저장소 : 이동저장탱크를 완공하고 상치장소를 확보하기 전
③ 간이탱크저장소 : 공사를 완료한 후
④ 옥외탱크저장소 : 공사를 완료한 후

해설및용어설명 | 완공검사의 신청시기

1. 지하탱크가 있는 제조소등의 경우 : 당해 지하탱크를 매설하기 전
2. 이동탱크저장소의 경우 : 이동저장탱크를 완공하고 상시 설치 장소(이하 "상치장소"라 한다)를 확보한 후
3. 이송취급소의 경우 : 이송배관 공사의 전체 또는 일부를 완료한 후. 다만, 지하·하천 등에 매설하는 이송배관의 공사의 경우에는 이송배관을 매설하기 전
4. 전체 공사가 완료된 후에는 완공검사를 실시하기 곤란한 경우 : 다음 각목에서 정하는 시기
   가. 위험물설비 또는 배관의 설치가 완료되어 기밀시험 또는 내압시험을 실시하는 시기
   나. 배관을 지하에 설치하는 경우에는 시·도지사, 소방서장 또는 기술원이 지정하는 부분을 매몰하기 직전
   다. 기술원이 지정하는 부분의 비파괴시험을 실시하는 시기
5. 제1호 내지 제4호에 해당하지 아니하는 제조소등의 경우 : 제조소등의 공사를 완료한 후

47 ③ 48 ④ 49 ③ 50 ②

51

산화성 고체 위험물이 아닌 것은?

① $NaClO_3$ ② $AgNO_3$
③ $KBrO_3$ ④ $HClO_4$

해설및용어설명 | 제1류 위험물 - 산화성 고체
① 염소산나트륨
② 질산은
③ 브로민산칼륨
④ 과염소산 - 제6류 위험물

52

상온(25℃)에서 액체인 것은?

① 질산메틸   ② 나이트로셀룰로오스
③ 피크린산   ④ 트라이나이트로톨루엔

해설및용어설명 | 제5류 위험물 - 상태

품명	위험물	상태
질산에스터류	질산메틸 질산에틸 나이트로글리콜 나이트로글리세린	액체
	나이트로셀룰로오스 셀룰로이드	
나이트로화합물	트라이나이트로톨루엔 트라이나이트로페놀 다이나이트로벤젠 테트릴	고체

53

산화프로필렌 20vol%, 다이에틸에터 30vol%, 이황화탄소 30vol%, 아세트알데하이드 20vol%인 혼합증기의 폭발 하한값은?(단, 폭발범위는 산화프로필렌 2.1~38vol%, 다이에틸에터 1.9~48vol%, 이황화탄소 1.2~44vol%, 아세트알데하이드 4.1~57 vol%이다)

① 1.8vol%   ② 2.1vol%
③ 13.6vol%   ④ 48.3vol%

해설및용어설명 | 연소범위 - 혼합기체

$$\frac{100}{L} = \frac{V_1}{L_1} + \frac{V_2}{L_2} + \frac{V_3}{L_3}$$

$$\rightarrow L = \frac{100}{\frac{V_1}{L_1} + \frac{V_2}{L_2} + \frac{V_3}{L_3}} = \frac{100}{\frac{20}{2.1} + \frac{30}{1.9} + \frac{30}{1.2} + \frac{20}{4.1}} = 1.812 ≒ 1.8$$

54

다음 물질을 저장하는 저장소로 허가를 받으려고 위험물저장소 설치허가신청서를 작성하려고 한다. 해당하는 지정수량의 배수는 얼마인가?

- 염소산칼슘 : 150kg
- 과염소산칼륨 : 200kg
- 과염소산 : 600kg

① 12   ② 9
③ 6   ④ 5

해설및용어설명 | 지정수량의 배수
- 염소산칼슘 : 제1류 위험물 중 염소산염류, 지정수량 50kg
- 과염소산칼륨 : 제1류 위험물 중 과염소산염류, 지정수량 50kg
- 과염소산 : 제6류 위험물 중 과염소산, 지정수량 300kg

$$\frac{150kg}{50kg} + \frac{200kg}{50kg} + \frac{600kg}{300kg} = 9$$

55

관리도에서 측정한 값을 차례로 타점했을 때 점이 순차적으로 상승하거나 하강하는 것을 무엇이라 하는가?

① 연(Run)
② 주기(Cycle)
③ 경향(Trend)
④ 산포(Dispersion)

해설및용어설명 | 관리도
① 점들이 관리도의 한쪽 편에 위치한다.
② 점들이 계속 증가하거나 감소한다.
③ 점들이 증가와 감소를 반복한다.
④ 평균을 중심으로 어떻게 분포되어 있는가

56

어떤 공장에서 작업을 하는 데 있어서 소요되는 기간과 비용이 다음과 같을 때 비용구배는?(단, 활동시간의 단위는 일(日)로 계산한다)

정상작업		특급작업	
기간	비용	기간	비용
15일	150만원	10일	200만원

① 50,000원
② 100,000원
③ 200,000원
④ 500,000원

해설및용어설명 |
비용구배작업을 1일 단축할 때 추가되는 직접비용

$$\frac{특급비용-표준비용}{표준시간-특급시간} = \frac{2,000,000-1,500,000}{15-10} = 100,000원$$

57

200개들이 상자가 15개 있을 때 각 상자로부터 제품을 랜덤하게 10개씩 샘플링할 경우, 이러한 샘플링 방법을 무엇이라 하는가?

① 층별 샘플링
② 계통 샘플링
③ 취락 샘플링
④ 2단계 샘플링

해설및용어설명 | 샘플링 방법

- 계통 샘플링 : 모집단에서 일정한 간격을 두고 시료를 채취하는 방법
- 취락 샘플링 : 모집단을 취락으로 나누어 취락 전체를 검사하는 방법
- 층별 샘플링 : 모집단을 층으로 나누어 모든 층으로부터 샘플 채취
- 2단계 샘플링 : 모집단을 1단계, 2단계로 나누어 각 단계에서 몇 개의 시료를 채취하는 방법

58

생산보전(PM : Productive Maintenance)의 내용에 속하지 않는 것은?

① 보전예방
② 안전보전
③ 예방보전
④ 개량보전

해설및용어설명 | 생산보전의 방식

- 예방보전
- 정기보전
- 개량보전
- 보전예방

59

모든 작업을 기본동작으로 분해하고, 각 기본동작에 대하여 성질과 조건에 따라 정해놓은 시간치를 적용하여 정미시간을 산정하는 방법은?

① PTS법 ② Work Sampling법
③ 스톱워치법 ④ 실적자료법

해설및용어설명 | 표준시간 - 정미시간 산출
① 모든 작업을 기본동작으로 분해하고, 각 기본동작에 대하여 성질과 조건에 따라 정해놓은 시간치를 적용하여 정미시간을 산정하는 방법
② 스톱워치 없이 작업자나 설비에 대하여 순간 관측을 여러 번 실시, 특정 현상이 발생하는 비율을 구하여 신뢰도와 정도를 고려하여 추정하는 방법
③ 표준화된 작업을 평균 노동자에게 실제로 수행하게 하여 그 시간을 스톱워치로 측정하고 일정한 보정(補正)을 하여 표준 작업시간을 설정하는 방법
④ 과거의 실적자료에 기초하여 작업시간 추정

60

품질특성을 나타내는 데이터 중 계수치 데이터에 속하는 것은?

① 무게 ② 길이
③ 인장강도 ④ 부적합품률

해설및용어설명 | 데이터의 종류
- 계량치 데이터 : 길이, 무게, 온도, 시간, 철판의 강도, 도금 두께 등과 같이 연속적으로 변화하는 값
- 계수치 데이터 : 불량개수, 재해발생 건수, 냉장고 표면의 긁힘 개수, 기차의 지연 도착율 등 세어서 얻을 수 있는 불연속적으로 변화하는 값

과년도 기출문제 2015 * 58

01

위험물안전관리법령에 따른 기계에 의하여 하역하는 구조로 된 운반용기에 대한 수납기준에 의하면 액체위험물을 수납하는 경우에는 55℃의 온도에서의 증기압이 몇 kPa 이하가 되도록 수납하여야 하는가?

① 100
② 101.3
③ 130
④ 150

해설및용어설명 | 위험물 수납 기준
액체위험물을 수납하는 경우에는 55℃의 온도에서의 증기압이 130kPa 이하가 되도록 수납할 것

02

인화점이 0℃ 미만이고 자연발화의 위험성이 매우 높은 것은?

① C_4H_9Li
② P_2S_5
③ $KBrO_3$
④ $C_6H_5CH_3$

해설및용어설명 | 위험물의 종류
① 부틸리튬 : 제3류 위험물 중 알킬리튬, 지정수량 10kg
② 오황화인 : 제2류 위험물 중 황화인, 지정수량 100kg
③ 브로민산칼륨 : 제1류 위험물 중 브로민산염류, 지정수량 300kg
④ 톨루엔 : 제4류 위험물 중 제1석유류(비수용성), 지정수량 200L
자연발화의 위험성이 높은 위험물은 제3류 위험물이다.

03

옥내저장탱크의 펌프설비가 탱크전용실이 있는 건축물에 설치되어 있다. 펌프설비가 탱크전용실 외의 장소에 설치되어 있는 경우, 위험물안전관리법령상 펌프실 지붕의 기준에 대한 설명으로 옳은 것은?

① 폭발력이 위로 방출될 정도의 가벼운 불연재료로만 하여야 한다.
② 불연재료로만 하여야 한다.
③ 내화구조 또는 불연재료로 할 수 있다.
④ 내화구조로만 하여야 한다.

해설및용어설명 | 옥내탱크저장소 - 탱크전용실이 있는 건축물의 펌프설비
• 벽·기둥·바닥 및 보를 내화구조로 할 것
• 상층이 있는 경우에 상층의 바닥을 내화구조, 상층이 없는 경우에 지붕을 불연재료로 할 것

04

다음 중 비중이 가장 작은 것은?

① 염소산칼륨
② 염소산나트륨
③ 과염소산나트륨
④ 과염소산암모늄

해설및용어설명 | 제1류 위험물
① 비중 2.34
② 비중 2.5
③ 비중 2.02
④ 비중 2

05

위험물안전관리법령상 제5류 위험물에 해당하는 것은?

① 나이트로벤젠 ② 하이드라진
③ 염산하이드라진 ④ 글리세린

해설및용어설명 | 위험물 분류
① 제4류 위험물 중 제3석유류(비수용성)
② 제4류 위험물 중 제2석유류(수용성)
③ 제5류 위험물 중 하이드라진유도체
④ 제4류 위험물 중 제3석유류(수용성)

06

각 물질의 저장 및 취급 시 주의사항에 대한 설명으로 옳지 않은 것은?

① H_2O_2 : 완전 밀폐·밀봉된 상태로 보관한다.
② K_2O_2 : 물과의 접촉을 피한다.
③ $NaClO_3$: 철제용기에 보관하지 않는다.
④ CaC_2 : 습기를 피하고 불활성가스를 봉인하여 저장한다.

해설및용어설명 | 위험물 저장방법
① 압력상승 방지를 위하여 뚜껑에 구멍이 뚫린 용기에 담아 보관한다.
② 물과 접촉 시 산소를 발생하므로 물과의 접촉을 피한다.
③ 철제를 부식시키므로 유리용기에 보관한다.
④ 물과 접촉하여 아세틸렌을 발생하므로 습기를 피하고 불활성가스를 봉입한다.

07

다음 중 BTX에 해당하는 물질로서 가장 인화점이 낮은 것은?

① 이황화탄소 ② 산화프로필렌
③ 벤젠 ④ 자일렌

해설및용어설명 | BTX
- B : 벤젠, 인화점 -11℃
- T : 톨루엔, 인화점 4℃
- X : 자일렌, 인화점 17℃

08

산소 32g과 질소 56g을 20℃에서 15L의 용기에 혼합하였을 때 이 혼합기체의 압력은 몇 atm인가?(단, 기체상수는 0.082atm·L/몰·K이며 이상기체로 가정한다)

① 1.4 ② 2.4
③ 3.8 ④ 4.8

해설및용어설명 | 이상기체상태방정식

$$PV = \frac{w}{M}RT \rightarrow \quad \rightarrow P = (\frac{w_1}{M_1} + \frac{w_1}{M_1})\frac{RT}{V}$$

- V = 15L
- M = O_2 = 16×2 = 32g/mol, N_2 = 14×2 = 28g/mol
- w = O_2 = 32g, N_2 = 56g
- R = 0.082atm·L/mol·K
- T = 20℃ + 273 = 293K

$$P = (\frac{32}{32} + \frac{56}{28})\frac{0.082 \times 293}{15} = 4.8 atm$$

09

위험물안전관리법령에 따른 제4석유류의 정의에 대해 다음 ( )에 알맞은 수치를 나열한 것은?

"제4석유류"라 함은 기어유, 실린더유 그 밖에 1기압에서 인화점이 섭씨 ( )도 이상 섭씨 ( )도 미만의 것을 말한다. 다만, 도료류 그 밖의 물품은 가연성 액체량이 ( )중량 퍼센트 이하인 것은 제외한다.

① 200, 250, 40 ② 200, 250, 60
③ 200, 300, 40 ④ 250, 300, 60

해설 및 용어설명 | 제4류 위험물
제4석유류 기어유, 실린더유 그 밖에 1기압에서 인화점이 섭씨 200도 이상 섭씨 250도 미만의 것을 말한다. 다만 도료류 그 밖의 물품은 가연성 액체량이 40중량퍼센트 이하인 것은 제외한다.

10

다음의 위험물을 각각의 옥내저장소에서 저장 또는 취급할 때 위험물안전관리법령상 안전거리의 기준이 나머지 셋과 다르게 적용되는 것은?

① 질산 1,000kg ② 아닐린 50,000L
③ 기어유 100,000L ④ 아마인유 100,000L

해설 및 용어설명 | 옥내저장소 - 안전거리 적용제외
• 지정수량의 20배 미만인 제4석유류 또는 동식물유류
• 제6류 위험물 저장 또는 취급

① 제6류 위험물 중 질산, 지정수량 300kg
$$\frac{1,000kg}{300kg} = 3.33 \rightarrow 제6류 위험물이므로 안전거리 적용제외$$

② 제4류 위험물 중 제3석유류(비수용성), 지정수량 2,000L
$$\frac{50,000L}{2,000L} = 25 \rightarrow 안전거리 적용$$

③ 제4류 위험물 중 제4석유류, 지정수량 6,000L
$$\frac{100,000L}{6,000L} = 16.67 \rightarrow 제4석유류 지정수량 20배 미만이므로 안전거리 적용제외$$

④ 제4류 위험물 중 동식물유류, 지정수량 10,000L
$$\frac{100,000L}{10,000L} = 10 \rightarrow 동식물유류 지정수량 20배 미만이므로 안전거리 적용제외$$

11

위험물 운반 시 제4류 위험물과 혼재할 수 있는 위험물의 유별을 모두 나타낸 것은?(단, 혼재위험물은 지정수량이 $\frac{1}{10}$을 각각 초과 한다)

① 제2류 위험물
② 제2류 위험물, 제3류 위험물
③ 제2류 위험물, 제3류 위험물, 제5류 위험물
④ 제2류 위험물, 제3류 위험물, 제5류 위험물, 제6류 위험물

해설 및 용어설명 | 위험물의 혼재 - 지정수량 1/10 초과일 때
423 524 61

12

포소화약제의 일반적인 물성에 관한 설명 중 틀린 것은?

① 발포배율이 커지면 환원시간(drainage time)은 짧아진다.
② 환원시간이 길면 내열성이 우수하다.
③ 유동성이 좋으면 내열성도 우수하다.
④ 발포배율이 커지면 유동성이 좋아진다.

해설 및 용어설명 | 포소화약제
① 발포배율이 커지면 환원시간과 내열성은 작아지나 유동성은 좋아지는 특성을 갖는다.
② 환원시간이 긴 것일수록 내열성이 우수하며, 이는 화염에 노출되어도 포가 쉽게 깨지지 않기 때문이다.
③ 유동성과 내열성은 반대 관계이다.
④ 발포배율이 커지면 환원시간과 내열성은 작아지나 유동성은 좋아지는 특성을 갖는다.

13

비수용성의 제1석유류 위험물을 4,000L까지 저장·취급할 수 있도록 허가받은 단층건물의 탱크전용실에 수용성의 제2석유류 위험물을 저장하기 위한 옥내저장탱크를 추가로 설치할 경우 설치할 수 있는 탱크의 최대용량은?

① 16,000L ② 20,000L
③ 30,000L ④ 60,000L

해설및용어설명 | 옥내저장탱크 - 용량
- 지정수량의 40배(제4석유류 및 동식물유류 외 제4류 위험물 : 20,000L)
- 최대 20,000L 저장할 수 있으므로 16,000L를 추가로 설치할 수 있다.

14

지하저장탱크의 주위에 액체위험물의 누설을 검사하기 위한 관을 설치하는 경우 그 기준으로 옳지 않은 것은?

① 관은 탱크전용실의 바닥에 닿지 않게 할 것
② 이중관으로 할 것
③ 관의 밑부분으로부터 탱크의 중심 높이까지의 부분에는 소공이 뚫려 있을 것
④ 상부는 물이 침투하지 아니하는 구조로 하고, 뚜껑은 검사 시에 쉽게 열 수 있도록 할 것

해설및용어설명 | 지하탱크저장소 - 액체위험물의 누설을 검사하기 위한 관
① 관은 탱크전용실의 바닥 또는 탱크의 기초까지 닿게 할 것
② 이중관으로 할 것. 다만, 소공이 없는 상부는 단관으로 할 수 있다.
③ 관의 밑부분으로부터 탱크 중심 높이까지의 부분에는 소공이 뚫려있을 것
④ 상부는 물이 침투하지 아니하는 구조로 하고, 뚜껑은 검사 시에 쉽게 열 수 있도록 할 것

15

위험물안전관리법령상의 용어에 대한 설명으로 옳지 않은 것은?

① "위험물"이라 함은 인화성 또는 발화성 등의 성질을 가지는 것으로서 대통령령이 정하는 물품을 말한다.
② "제조소"라 함은 7일 동안 지정수량 이상의 위험물을 제조하기 위한 시설을 뜻한다.
③ "지정수량"이라 함은 위험물의 종류별로 위험성을 고려하여 대통령령이 정하는 수량으로서 제조소등의 설치허가 등에 있어서 최저의 기준이 되는 수량을 말한다.
④ "제조소등"이라 함은 제조소·저장소 및 취급소를 말한다.

해설및용어설명 | 위험물안전관리법 제2조(정의)
① "위험물"이라 함은 인화성 또는 발화성 등의 성질을 가지는 것으로서 대통령령이 정하는 물품을 말한다.
② "제조소"라 함은 위험물을 제조할 목적으로 지정수량 이상의 위험물을 취급하기 위하여 규정에 따른 허가를 받은 장소를 말한다.
③ "지정수량"이라 함은 위험물의 종류별로 위험성을 고려하여 대통령령이 정하는 수량으로서 제조소등의 설치허가 등에 있어서 최저의 기준이 되는 수량을 말한다.
④ "제조소등"이라 함은 제조소·저장소 및 취급소를 말한다.

16

위험물안전관리법령에 따른 제2석유류가 아닌 것은?

① 아크릴산 ② 포름산
③ 경유   ④ 피리딘

해설및용어설명 | 지정수량
① 제4류 위험물 중 제2석유류(수용성)
② 제4류 위험물 중 제2석유류(수용성)
③ 제4류 위험물 중 제2석유류(비수용성)
④ 제5류 위험물 중 제1석유류(수용성)

17

산화성액체 위험물에 대한 설명 중 틀린 것은?

① 과산화수소는 물과 접촉하면 심하게 발열하고 증기는 유독하다.
② 질산은 불연성이지만 강한 산화력을 가지고 있는 강산화성 물질이다.
③ 질산은 물과 접촉하면 발열하므로 주의하여야 한다.
④ 과염소산은 강산이고 불안정하여 열에 의해 분해가 용이하다.

해설및용어설명 | 제6류 위험물 - 산화성 액체
① 과산화수소는 물과 접촉하면 심하게 발열하고 증기는 유독하지 않다.
② 질산은 불연성이지만 강산화성이다.
③ 질산은 물과 접촉하면 발열한다.
④ 과염소산은 강산이고 불안정하여 열에 의해 분해가 용이하다.

18

다이에틸에터 공기 중 위험도(H) 값에 가장 가까운 것은?

① 2.7 ② 8.6
③ 15.2 ④ 24.3

해설및용어설명 | 위험도
다이에틸에터 1.9~48%

위험도 $= \dfrac{H-L}{L} = \dfrac{48-1.9}{1.9} = 24.26 ≒ 24.3$

19

암적색의 분말인 비금속 물질로 비중이 약 2.2, 발화점이 약 260℃이고 물에 불용성인 위험물은?

① 적린 ② 황린
③ 삼황화인 ④ 황

해설및용어설명 | 제2류 위험물 - 적린
암적색 고체, 비중 2.2, 발화점 260℃

$P_4 \xrightarrow{260℃\ 가열} 4P$
황린   적린
제3류   제2류

20

위험물안전관리법령상 제2류 위험물인 철분에 적응성이 있는 소화설비는?

① 옥외소화전설비 ② 포소화설비
③ 이산화탄소소화설비 ④ 탄산수소염류 분말소화설비

해설및용어설명 | 위험물 소화방법
제2류 위험물 중 철분·금속분·마그네슘 : 주수금지
- 탄산수소염류 분말소화설비, 마른 모래, 팽창질석, 팽창진주암

21

메테인 2L를 완전 연소 하는데 필요한 공기 요구량은 약 몇 L인가? (단, 표준상태를 기준으로 하고 공기 중의 산소는 21vol%이다)

① 2.42 ② 4
③ 19.05 ④ 22.4

해설및용어설명 | 이상기체상태방정식
$CH_4 + 2O_2 \rightarrow CO_2 + 2H_2O$

$V = 2L\ CH_4 \times \dfrac{2mol\ O_2}{1mol\ CH_4} \times \dfrac{1\ air}{0.21\ O_2} = 19.047 ≒ 19.05L$

정답 17 ① 18 ④ 19 ① 20 ④ 21 ③

22

위험물의 지정수량 연결이 틀린 것은?

① 오황화인 – 100kg
② 알루미늄분 – 500kg
③ 스티렌 모노머 – 2,000L
④ 포름산 – 2,000L

해설및용어설명 | 지정수량
① 제2류 위험물 중 황화인, 지정수량 100kg
② 제2류 위험물 중 금속분, 지정수량 500kg
③ 제4류 위험물 중 제2석유류(비수용성), 지정수량 1,000L
④ 제4류 위험물 중 제2석유류(수용성), 지정수량 2,000L

23

이산화탄소 소화설비의 장단점에 대한 설명으로 틀린 것은?

① 전역방출방식의 경우 심부화재에도 효과가 있다.
② 밀폐공간에서 질식과 같은 인명피해를 입을 수도 있다.
③ 전기절연성이 높아 전기화재에도 적합하다.
④ 배관 및 관 부속이 저압이므로 시공이 간편하다.

해설및용어설명 | 이산화탄소소화설비
① 전역방출방식의 경우 심부화재에도 효과가 있다.
② 산소농도를 떨어뜨리므로 질식 피해가 일어날 수 있다.
③ 전기절연성이 높아 전기화재에도 적합하다.
④ 배관 및 관 부속이 고압이다.

24

질산칼륨 101kg이 열분해 될 때, 발생되는 산소는 표준상태에서 몇 m^3인가?(단, 원자량은 K : 39, O : 16, N : 14이다)

① 5.6　　　　② 11.2
③ 22.4　　　④ 44.8

해설및용어설명 | 이상기체상태방정식

$2KNO_3 \rightarrow 2KNO_2 + O_2$

$PV = \dfrac{w}{M}RT \rightarrow V = \dfrac{wRT}{PM}$

- P = 1atm
- $M = KNO_3 = 39 + 14 + 16 \times 3 = 101$ kg/kmol
- w = 101kg
- $R = 0.082$ atm·m^3/kmol·K
- $T = 0℃ + 273 = 273K$

$V = \dfrac{101 \times 0.082 \times 273}{1 \times 101} \times \dfrac{1O_2}{2KNO_3} = 11.19 \fallingdotseq 11.2 m^3$

25

다음은 이송취급소의 배관과 관련하여 내압에 의하여 배관에 생기는 무엇에 관한 수식인가?

$$\sigma_{ci} = \dfrac{P_i \cdot (D - t + C)}{2(t - C)}$$

- P_i : 최대사용압력(MPa)
- D : 배관의 외경(mm)
- t : 배관의 실제 두께(mm)
- C : 내면 부식여유두께(mm)

① 원주방향응력　　② 축방향응력
③ 팽창응력　　　　④ 취성응력

해설및용어설명 | 배관 응력

- 원주응력 $\sigma_1 = \dfrac{P \cdot d}{2 \cdot t}$ [MPa]

- 길이방향응력 $\sigma_2 = \dfrac{P \cdot d}{4 \cdot t}$ [MPa]

26

위험물안전관리법령상 이동탱크저장소에 의한 위험물의 운송기준에 대한 설명 중 틀린 것은?

① 위험물 운송 시 장거리란 고속국도는 340km 이상, 그 밖의 도로는 200km 이상을 말한다.
② 운송책임자를 동승시킨 경우에는 반드시 2명 이상이 교대로 운전해야 한다.
③ 특수인화물 및 제1석유류를 운송하게 하는 자는 위험물안전카드를 위험물운송자로 하여금 휴대하게 한다.
④ 위험물운송자는 재난 및 그 밖의 불가피한 이유가 있는 경우에는 위험물안전카드에 기재된 내용에 따르지 아니할 수 있다.

해설및용어설명 | 위험물 운송방법
① 위험물운송자는 장거리(고속국도에 있어서는 340km 이상, 그 밖의 도로에 있어서는 200km 이상)에 걸치는 운송을 하는 때에는 2명 이상의 운전자로 할 것
② 운송책임자를 동승시킨 경우에는 2명 이상의 운전자로 하지 않을 수 있다.
③ 위험물(제4류 위험물에 있어서는 특수인화물 및 제1석유류에 한한다)을 운송하게 하는 자는 위험물안전카드를 위험물운송자로 하여금 휴대하게 할 것
④ 위험물운송자는 위험물안전카드를 휴대하고 당해 카드에 기재된 내용에 따를 것. 다만, 재난 그 밖의 불가피한 이유가 있는 경우에는 당해 기재된 내용에 따르지 아니할 수 있다.

27

각 위험물의 지정수량 합이 가장 큰 것은?

① 과염소산, 염소산나트륨
② 황화인, 염소산칼륨
③ 질산나트륨, 적린
④ 나트륨아미드, 질산암모늄

해설및용어설명 | 지정수량
① 제6류 위험물 중 과염소산, 지정수량 300kg
   제1류 위험물 중 염소산염류, 지정수량 50kg → 합 350kg
② 제2류 위험물 중 황화인, 지정수량 100kg
   제1류 위험물 중 염소산염류, 지정수량 50kg → 합 150kg
③ 제1류 위험물 중 질산염류, 지정수량 300kg
   제2류 위험물 중 적린, 지정수량 100kg → 합 400kg
④ 제3류 위험물 중 유기금속화합물, 지정수량 50kg
   제1류 위험물 중 질산염류, 지정수량 300kg → 합 350kg

28

위험물탱크안전성능시험자가 기술능력, 시설 및 장비 중 중요 변경사항이 있는 때에는 변경한 날부터 며칠 이내에 변경 신고를 하여야 하는가?

① 5일 이내
② 15일 이내
③ 25일 이내
④ 30일 이내

해설및용어설명 | 탱크안전성능시험자
등록한 사항 가운데 행정안전부령이 정하는 중요사항을 변경한 경우에는 그 날부터 30일 이내에 시·도지사에게 변경신고를 하여야 한다.

29

다음 중 위험물안전관리법에 따라 허가를 받아야 하는 대상이 아닌 것은?

① 농예용으로 사용하기 위한 건조시설로서 지정수량 20배를 취급하는 위험물취급소
② 수산용으로 필요한 건조시설로서 지정수량 20배를 저장하는 위험물저장소
③ 공동주택의 중앙난방시설로 사용하기 위한 지정수량 20배를 저장하는 위험물저장소
④ 축산용으로 사용하기 위한 난방시설로서 지정수량 30배를 저장하는 위험물 저장소

해설및용어설명 | 허가대상 아닌 경우

1. 주택의 난방시설(공동주택의 중앙난방시설을 제외한다)을 위한 저장소 및 취급소
2. 농예용·축산용 또는 수산용으로 필요한 난방시설 또는 건조시설을 위한 지정수량 20배 이하의 저장소

① 위험물 취급소이므로 허가대상이다.
② 허가대상이 아니다.
③ 공동주택의 중앙난방시설이므로 허가대상이다.
④ 지정수량 20배 초과이므로 허가대상이다.

30

트라이에틸알루미늄이 염산과 반응하였을 때와 메탄올과 반응하였을 때 발생하는 가스를 차례대로 나열한 것은?

① C_2H_4, C_2H_4
② C_2H_6, C_2H_6
③ C_2H_6, C_2H_4
④ C_2H_4, C_2H_6

해설및용어설명 | 화학반응식

$(C_2H_5)_3Al + 3HCl \rightarrow AlCl_3 + 3C_2H_6$

$(C_2H_5)_3Al + 3CH_3OH \rightarrow (CH_3O)_3Al + 3C_2H_6$

31

다음 중 1mol의 질량이 가장 큰 것은?

① $(NH_4)_2Cr_2O_7$
② BaO_2
③ $K_2Cr_2O_7$
④ $KMnO_4$

해설및용어설명 | 분자량

① $(14 + 1 \times 4) \times 2 + 52 \times 2 + 16 \times 7 = 252$
② $137 + 16 \times 2 = 169$
③ $39 \times 2 + 52 \times 2 + 16 \times 7 = 294$
④ $39 + 55 + 16 \times 4 = 158$

32

위험물의 저장 및 취급 시 유의사항에 대한 설명으로 틀린 것은?

① 과망가니즈산나트륨 – 가열, 충격, 마찰을 피하고 가연물과의 접촉을 피한다.
② 황린 – 알칼리용액과 반응하여 가연성의 아세틸렌을 발생하므로 물속에 저장한다.
③ 다이에틸에터 – 공기와 장시간 접촉 시 과산화물을 생성하므로 공기와의 접촉을 최소화한다.
④ 나이트로글리콜 – 폭발의 위험이 있으므로 화기를 멀리한다.

해설및용어설명 | 위험물 주의사항

① 제1류 위험물 : 화기·충격주의, 가연물접촉주의
② 황린 : 알칼리용액과 반응하여 포스핀 생성
③ 과산화물 형성 위험
④ 화약의 원료이므로 폭발위험

33

시내 일반도로와 접하는 부분에 주유취급소를 설치하였다. 위험물안전관리법령이 허용하는 최대 용량으로 [보기]의 탱크를 설치할 때 전체 탱크용량의 합은 몇 L인가?

- 고정주유설비 접속 전용탱크 3기
- 고정급유설비 접속 전용탱크 1기
- 폐유 저장탱크 1기
- 고정주유설비 접속 간이탱크 1기

① 201,600 ② 202,600
③ 240,000 ④ 242,000

해설및용어설명 | 주유취급소
- 고정주유설비, 고정급유설비 접속 전용탱크 50,000L
- 폐유탱크 2,000L
- 고정주유설비, 고정급유설비 접속 간이탱크 3기 이하(용량 600L)

50,000L×4 + 2,000 + 600 = 202,600L

34

다음 중 위험물안전관리법령상 지정수량이 가장 작은 것은?

① 브로민산염류 ② 질산염류
③ 아염소산염류 ④ 다이크로뮴산염류

해설및용어설명 | 지정수량
① 제1류 위험물 중 브로민산염류, 지정수량 300kg
② 제1류 위험물 중 질산염류, 지정수량 300kg
③ 제1류 위험물 중 아염소산염류, 지정수량 50kg
④ 제1류 위험물 중 다이크로뮴산염류, 지정수량 1,000kg

35

지정수량의 10배에 해당하는 순수한 아세톤의 질량은 약 몇 kg인가?

① 2,000 ② 2,160
③ 3,160 ④ 4,000

해설및용어설명 | 제4류 위험물 - 아세톤
제1석유류(수용성), 지정수량 400L, 비중 0.79
400L×10×0.79kg/L = 3,160kg

36

위험물안전관리법령에서 정한 소화설비, 경보설비 및 피난설비의 기준으로 틀린 것은?

① 저장소의 건축물은 외벽이 내화구조인 것은 연면적 $75m^2$를 1 소요단위로 한다.
② 할로젠화합물소화설비의 설치기준은 이산화탄소소화설비 설치기준을 준용한다.
③ 옥내주유취급소와 연면적이 $500m^2$ 이상인 일반취급소에는 자동화재탐지설비를 설치하여야 한다.
④ 옥내소화전은 제조소등의 건축물의 층마다 해당 층의 각 부분에서 하나의 호스접속구까지의 수평거리가 25m 이하가 되도록 설치하여야 한다.

해설및용어설명 | 소방시설
① 소요단위 : 저장소 내화구조 $150m^2$
② 할로젠화합물소화설비는 이산화탄소소화설비 설치기준 준용
③ 자동화재탐지설비 : $500m^2$ 이상 제조소 및 일반취급소, 옥내주유취급소
④ 옥내소화전 : 제조소등의 건축물의 층마다 해당 층의 각 부분에서 하나의 호스접속구까지의 수평거리가 25m 이하

37

위험물안전관리법령상 제6류 위험물을 저장·취급하는 소방대상물에 적응성이 없는 소화설비는?

① 탄산수소염류를 사용하는 분말소화설비
② 옥내소화전설비
③ 봉상강화액 소화기
④ 스프링클러설비

해설및용어설명 | 위험물 소화방법
제6류 위험물 : 주수소화

38

저장하는 지정과산화물의 최대수량이 지정수량의 5배인 옥내저장창고의 주위에 위험물안전관리법령에서 정한 담 또는 토제를 설치할 경우, 창고의 주위에 보유하는 공지의 너비는 몇 m 이상으로 하여야 하는가?

① 3 ② 6.5
③ 8 ④ 10

해설및용어설명 | 옥내저장소 - 지정과산화물 보유공지

저장 또는 취급하는 위험물의 최대수량	공지의 너비	
	저장창고의 주위에 비고 제1호에 담 또는 토제를 설치하는 경우	왼쪽란에 정하는 경우 외의 경우
5배 이하	3.0m 이상	10m 이상
5배 초과 10배 이하	5.0m 이상	15m 이상
10배 초과 20배 이하	6.5m 이상	20m 이상
20배 초과 40배 이하	8.0m 이상	25m 이상
40배 초과 60배 이하	10.0m 이상	30m 이상
60배 초과 90배 이하	11.5m 이상	35m 이상
90배 초과 150배 이하	13.0m 이상	40m 이상
150배 초과 300배 이하	15.0m 이상	45m 이상
300배 초과	16.5m 이상	50m 이상

39

주유취급소에서 위험물을 취급할 때의 기준에 대한 설명으로 틀린 것은?

① 자동차 등에 주유할 때에는 고정주유설비를 사용하여 직접 주유할 것
② 고정급유설비에 접속하는 탱크에 위험물을 주입할 때에는 해당 탱크에 접속된 고정급유설비의 사용이 중지되지 않도록 주의할 것
③ 고정주유설비 또는 고정급유설비에는 해당 주유설비에 접속한 전용탱크 또는 간이탱크의 배관 외의 것을 통하여 위험물을 공급하지 아니할 것
④ 주유원 간이대기실 내에서는 화기를 사용하지 아니할 것

해설및용어설명 | 위험물 취급(시행규칙 별표 18)
① 자동차 등에 주유할 때에는 고정주유설비를 사용하여 직접 주유할 것
② 고정주유설비 또는 고정급유설비에 접속하는 탱크에 위험물을 주입할 때에는 당해 탱크에 접속된 고정주유설비 또는 고정급유설비의 사용을 중지하고, 자동차 등을 당해 탱크의 주입구에 접근시키지 아니할 것
③ 고정주유설비 또는 고정급유설비에는 해당 설비에 접속한 전용탱크 또는 간이탱크의 배관 외의 것을 통하여서는 위험물을 공급하지 아니할 것
④ 주유원 간이대기실 내에서는 화기를 사용하지 아니할 것

40

자동화재탐지설비를 설치하여야 하는 옥내저장소가 아닌 것은?

① 처마높이가 7m인 단층 옥내저장소
② 지정수량이 50배를 저장하는 저장창고의 연면적이 50m^2인 옥내저장소
③ 에탄올 5만L를 취급하는 옥내저장소
④ 벤젠 5만L를 취급하는 옥내저장소

해설및용어설명 | 자동화재탐지설비 - 설치 기준

- 제조소 및 일반취급소
  - 연면적 500m^2 이상인 것
- 옥내저장소
  - 지정수량의 100배 이상을 저장 또는 취급하는 것
  - 저장창고의 연면적이 150m^2를 초과하는 것
  - 처마 높이가 6m 이상인 단층 건물의 것

41

다음은 위험물안전관리법령에 따라 강제강화플라스틱제 이중벽탱크를 운반 또는 설치하는 경우에 유의하여야 할 기준 중 일부이다. (　)에 알맞은 수치를 나열한 것은?

> 탱크를 매설한 사람은 매설종료 후 당해 탱크의 감지층을 (　)kPa 정도로 가압 또는 감압한 상태로 (　)분 이상 유지하여 압력강하 또는 압력상승이 없는 것을 설치자의 입회하에 확인할 것. 다만, 당해 탱크의 감지층을 감압한 상태에서 운반한 경우에는 감압상태가 유지되어 있는 것을 확인하는 것으로 갈음할 수 있다.

① 10, 20　　② 25, 10
③ 10, 25　　④ 20, 10

해설및용어설명 | 강제강화플라스틱제 이중벽탱크의 운반 및 설치(세부기준 103조)

탱크를 매설한 사람은 매설종료 후 당해 탱크의 감지층을 20kPa 정도로 가압 또는 감압한 상태로 10분 이상 유지하여 압력강하 또는 압력상승이 없는 것을 설치자의 입회하에 확인할 것. 다만, 당해 탱크의 감지층을 감압한 상태에서 운반한 경우에는 감압상태가 유지되어 있는 것을 확인하는 것으로 갈음할 수 있다.

42

위험물안전관리법령상 제2류 위험물인 마그네슘에 대한 설명으로 틀린 것은?

① 온수와 반응하여 수소가스를 발생한다.
② 질소기류에서 강하게 가열하면 질화마그네슘이 된다.
③ 위험물안전관리법령상 품명은 금속분이다.
④ 지정수량은 500kg이다.

해설및용어설명 | 제2류 위험물 - 마그네슘

① $2Mg + 2H_2O \rightarrow 2Mg(OH)_2 + H_2$
② 질소와 고온에서 반응하여 질화마그네슘 생성
③ 제2류 위험물 중 마그네슘
④ 지정수량 500kg

43

적린의 저장·취급 방법 또는 화재 시 소화방법에 대한 설명으로 옳은 것은?

① 이황화탄소 속에 저장한다.
② 과염소산을 보호액으로 사용한다.
③ 조연성 물질이므로 가연물과의 접촉을 피한다.
④ 화재 시 다량의 물로 냉각소화 할 수 있다.

해설및용어설명 | 제2류 위험물 - 적린

① 건조한 냉암소에서 보관
② 보호액을 사용하지 않는다.
③ 조연성 물질은 제1류 위험물
④ 화재 시 냉각소화

44

과산화칼륨의 일반적인 성질에 대한 설명으로 옳은 것은?

① 물과 반응하여 산소를 생성하고, 아세트산과 반응하여 과산화수소를 생성한다.
② 녹는점은 300℃ 이하이다.
③ 백색의 정방정계 분말로 물에 녹지 않는다.
④ 비중이 1.3으로 물보다 무겁다.

해설및용어설명 | 제1류 위험물 - 과산화칼륨
① 무기과산화물은 물과 반응하여 산소생성, 산과 반응하여 과산화수소 생성
② 녹는점 490℃
③ 무색 또는 오렌지색 비정계분말, 물과 접촉 시 반응한다.
④ 비중 2.9

45

금속나트륨이 에탄올과 반응하였을 때 가연성 가스가 발생한다. 이때 발생하는 가스와 동일한 가스가 발생되는 경우는?

① 나트륨이 액체 암모니아와 반응하였을 때
② 나트륨이 산소와 반응하였을 때
③ 나트륨이 사염화탄소와 반응하였을 때
④ 나트륨이 이산화탄소와 반응하였을 때

해설및용어설명 | 화학반응식
$Na + C_2H_5OH \rightarrow C_2H_5ONa + H_2$
① $2Na + 2NH_3 \rightarrow 2NaNH_2 + H_2$
② $Na + O_2 \rightarrow Na_2O$
③ $CCl_4 + 3Na \rightarrow 3NaCl + CCl$
④ $4Na + 3CO_2 \rightarrow 2Na_2CO_3 + C$

46

메틸알코올에 대한 설명으로 옳은 것은?

① 물에 잘 녹지 않는다.
② 연소 시 불꽃이 잘 보이지 않는다.
③ 음용 시 독성이 없다.
④ 비점이 에틸알코올 보다 높다.

해설및용어설명 | 제4류 위험물 - 메틸알코올
① 알코올류는 수용성이다.
② 탄소수가 적어 연소 시 잘 보이지 않는다.
③ 음용 시 실명의 위험이 있다.
④ 메틸알코올 비점 64.7℃, 에틸알코올 비점 80℃

47

벤조일퍼옥사이드(과산화벤조일)에 대한 설명으로 틀린 것은?

① 백색 또는 무색 결정성 분말이다.
② 불활성 용매 등의 희석제를 첨가하면 폭발성이 줄어든다.
③ 진한 황산, 진한 질산, 금속분 등과 혼합하면 분해를 일으켜 폭발한다.
④ 알코올에는 녹지 않고, 물에 잘 용해된다.

해설및용어설명 | 제5류 위험물 - 과산화벤조일
① 무색 또는 백색, 무취의 결정이다.
② 건조하지 않게 보관하므로 건조방지를 위해 희석제(물, 프탈산디메틸 등)를 사용한다.
③ 유기물, 환원성과의 접촉을 피하고 마찰, 충격을 피한다.
④ 물에 녹지 않고 알코올에 약간 녹으며, 에터에 잘 녹는다.

48

실험식 $C_3H_5N_3O_9$에 해당하는 물질은?

① 트라이나이트로페놀 ② 벤조일퍼옥사이드
③ 트라이나이트로톨루엔 ④ 나이트로글리세린

해설및용어설명 | 화학식
① $C_6H_2(NO_2)_3OH \rightarrow C_6H_3N_3O_7$
② $(C_6H_5CO)_2O_2 \rightarrow C_{14}H_{10}O_7$
③ $C_6H_2(NO_2)_3CH_3 \rightarrow C_7H_5N_3O_6$
④ $C_3H_5(ONO_2)_3 \rightarrow C_3H_5N_3O_9$

49

과산화나트륨과 반응하였을 때 같은 종류의 기체를 발생하는 물질로만 나열된 것은?

① 물, 이산화탄소 ② 물, 염산
③ 이산화탄소, 염산 ④ 물, 아세트산

해설및용어설명 | 화학반응식
$2Na_2O_2 + 2H_2O \rightarrow 4NaOH + O_2$
$2Na_2O_2 + 2CO_2 \rightarrow 2Na_2CO_3 + O_2$
$Na_2O_2 + 2CH_3COOH \rightarrow 2CH_3COONa + H_2O_2$
$Na_2O_2 + 2HCl \rightarrow 2NaCl + H_2O_2$
$Na_2O_2 + H_2SO_4 \rightarrow Na_2SO_4 + H_2O_2$

50

다음 중 끓는점이 가장 낮은 것은?

① BrF_3 ② IF_5
③ BrF_5 ④ HNO_3

해설및용어설명 | 제6류 위험물
① 125℃
② 100.5℃
③ 40.76℃
④ 122℃

51

제4류 위험물 중 경유를 판매하는 제2종 판매취급소를 허가받아 운영하고자 한다. 취급할 수 있는 최대수량은?

① 20,000L ② 40,000L
③ 80,000L ④ 160,000L

해설및용어설명 | 판매취급소
- 제1종 판매취급소 지정수량 20배 이하의 위험물을 취급하는 장소
- 제2종 판매취급소 지정수량 40배 이하의 위험물을 취급하는 장소

경유 : 제4류 위험물 중 제2석유류 비수용성, 지정수량 1,000L
$1,000L \times 40 = 40,000L$

52

$KClO_3$에 대한 설명으로 틀린 것은?

① 분해온도는 약 400℃이다.
② 산화성이 강한 불연성 물질이다.
③ 400℃로 가열하면 주로 ClO_2를 발생한다.
④ NH_3와 혼합 시 위험이다.

해설및용어설명 | 제1류 위험물 - 염소산칼륨
① 분해온도 400℃
② 제1류 위험물이므로 불연성, 강산화제이다.
③ $2KClO_3 \rightarrow 2KCl + O_2$, 분해 시 산소가스가 발생한다.
④ $2NH_3 + KClO_3 \rightarrow 3H_2O + KCl + N_2$

53

일반취급소로 사용되는 부분 외의 부분을 갖는 건축물에 설치된 일반취급소는 원칙적으로 소화난이도등급 Ⅰ에 해당된다. 이 경우 소화난이도등급 Ⅰ에서 제외되는 기준으로 옳은 것은?

① 일반취급소와 다른 부분 사이를 60분+ 방화문, 60분 방화문 외의 개구부 없이 내화구조로 구획한 경우
② 일반취급소와 다른 부분 사이를 자동폐쇄식 60분+ 방화문, 60분 방화문 외의 개구부 없이 내화구조로 구획한 경우
③ 일반취급소와 다른 부분 사이를 개구부 없이 내화구조로 구획한 경우
④ 일반취급소와 다른 부분 사이를 창문 외의 개구부 없이 내화구조로 구획한 경우

해설및용어설명 | 소화난이도등급 Ⅰ

제조소등의 구분	제조소등의 규모, 저장 또는 취급하는 위험물의 품명 및 최대수량 등
제조소 일반취급소	연면적 1,000m² 이상인 것
	지정수량의 100배 이상인 것 (고인화점 위험물만을 100℃ 미만의 온도에서 취급하는 것 및 제48조의 위험물을 취급하는 것은 제외)
	지반면으로부터 6m 이상의 높이에 위험물 취급설비가 있는 것 (고인화점 위험물만을 100℃ 미만의 온도에서 취급하는 것은 제외)
	일반취급소로 사용되는 부분 외의 부분을 갖는 건축물에 설치된 것 (내화구조로 개구부 없이 구획된 것, 고인화점 위험물만을 100℃ 미만의 온도에서 취급하는 것 및 별표 16 X의 2의 화학실험의 일반취급소는 제외)

54

위험물안전관리법령상 안전교육 대상자가 아닌 자는?

① 위험물제조소등의 설치를 허가 받은 자
② 위험물안전관리자로 선임된 자
③ 탱크시험자의 기술인력으로 종사하는 자
④ 위험물운송자로 종사하는 자

해설및용어설명 | 안전교육 대상자

- 위험물 안전관리자
- 위험물운반자
- 위험물운송자
- 탱크시험자의 기술인력

55

로트에서 랜덤하게 시료를 추출하여 검사한 후 그 결과에 따라 로트의 합격, 불합격을 판정하는 검사방법을 무엇이라 하는가?

① 자주검사 ② 간접검사
③ 전수검사 ④ 샘플링검사

해설및용어설명 |

전수검사	샘플링검사
• 전체 시료를 모두 검사하여 합격, 불합격을 판정하는 검사방법	• 로트에서 랜덤하게 시료를 추출하여 검사한 후 그 결과에 따라 로트의 합격, 불합격을 판정하는 검사방법
• 품질 특성치가 치명적인 결점을 포함하는 경우	• 파괴검사를 해야 하는 경우
• 부적합품이 섞여 들어가서는 안 되는 경우	• 다수 다량의 것으로 어느 정도 부적합품이 섞여도 괜찮을 경우
• 품질향상에 자극을 준다.	• 검사항목이 많은 경우 유리

56

미리 정해진 일정단위 중에 포함된 부적합 수에 의거하여 공정을 관리할 때 사용되는 관리도는?

① c 관리도 ② P 관리도
③ X 관리도 ④ nP 관리도

해설및용어설명 | 관리도의 구분

계수치 관리도
- P 관리도 : 불량률 관리도
- nP 관리도 : 불량개수 관리도
- c 관리도 : 결점수 관리도
- u 관리도 : 단위당 결점수 관리도

57

TPM 활동 체제 구축을 위한 5가지 기둥과 가장 거리가 먼 것은?

① 설비초기관리체제 구축 활동
② 설비효율화의 개별개선 활동
③ 운전과 보전의 스킬 업 훈련 활동
④ 설비경제성검토를 위한 설비투자분석 활동

해설및용어설명 | TPM 활동 체제 구축 - 5기둥
- 설비효율화의 개별 개선
- 자주 보전 체제 구축
- 보전 부문의 계획 보전 체제 구축
- 운전·보전의 교육 훈련
- 제품 및 설비의 초기 관리 체제 구축

58

도수분포표에서 알 수 있는 정보로 가장 거리가 먼 것은?

① 로트 분포의 모양
② 100 단위당 부적합 수
③ 로트의 평균 및 표준편차
④ 규격과의 비교를 통한 부적합품률의 추정

해설및용어설명 | 도수분포표 - 목적

계급	도수
0 이상 1 미만	2
1 이상 2 미만	5
2 이상 3 미만	2
3 이상 4 미만	1

- 로트의 분포를 알고 싶을 때
- 로트의 평균치와 표준편차를 알고 싶을 때
- 규격과 비교하여 부적합품률을 알고 싶을 때

59

ASME(American Society of Mechanical Engineers)에서 정의하고 있는 제품공정 분석표에 사용되는 기호 중 "저장(Storage)"을 표현한 것은?

① ○ ② □
③ ▽ ④ ⇨

해설및용어설명 | 제품공정도

요소공정	기호의 명칭	기호
가공	가공	○
운반	운반	○
정체	저장	▽
	지체	D
검사	수량 검사	□
	품질 검사	◇

60

자전거를 셀 방식으로 생산하는 공장에서, 자전거 1대당 소요 공수가 14.5H이며, 1일 8H, 월 25일 작업을 한다면 작업자 1명 당월 생산 가능 대수는 몇 대인가?(단, 작업자의 생산종합 효율은 80%이다)

① 10대 ② 11대
③ 13대 ④ 14대

해설및용어설명 | 생산 가능 수량

$$\frac{8H/일 \times 25일/월 \times 0.8}{14.5H} = 11.0$$

정답 60 ②

과년도 기출문제 2016 * 59

01

위험물탱크의 내용적이 10,000L이고 공간용적이 내용적의 10%일 때 탱크의 용량은?

① 19,000L ② 11,000L
③ 9,000L   ④ 1,000L

해설및용어설명 |

탱크의 용량 = 탱크의 내용적 - 공간용적
= 탱크의 내용적(1 - 공간용적 비율)
= 10,000×(1 - 0.1) = 9,000리터

02

하나의 옥내저장소에 염소산나트륨 300kg, 아이오딘산칼륨 150kg, 과망가니즈산칼륨 500kg을 저장하고 있다. 각 물질의 지정수량 배수의 합은 얼마인가?

① 5배 ② 6배
③ 7배 ④ 8배

해설및용어설명 | 지정수량

$\frac{300kg}{50kg} + \frac{150kg}{300kg} + \frac{500kg}{1,000kg} = 7배$

03

위험물안전관리법령상 위험등급이 나머지 셋과 다른 하나는?

① 아염소산나트륨 ② 알킬알루미늄
③ 아세톤   ④ 황린

해설및용어설명 | 위험등급

① 제1류 위험물 중 아염소산염류, 지정수량 50kg, 위험등급 I
② 제3류 위험물 중 알킬알루미늄, 지정수량 10kg, 위험등급 I
③ 제4류 위험물 중 제1석유류(수용성), 지정수량 400L, 위험등급 II
④ 제3류 위험물 중 황린, 지정수량 20kg, 위험등급 I

04

위험물안전관리법령상 주유취급소 작업장(자동차 등을 점검·정비)에서 사용하는 폐유·윤활유 등의 위험물을 저장하는 탱크의 용량(L)은 얼마 이하이어야 하는가?

① 2,000   ② 10,000
③ 50,000 ④ 60,000

해설및용어설명 | 주유취급소

- 고정주유설비, 고정급유설비 접속 전용탱크 50,000L
- 폐유탱크 2,000L
- 고정주유설비, 고정급유설비 접속 간이탱크 3기 이하(용량 600L)

정답: 01 ③ 02 ③ 03 ③ 04 ①

05

위험물안전관리법령상 제4류 위험물의 지정수량으로서 옳지 않은 것은?

① 피리딘 : 400L   ② 아세톤 : 400L
③ 나이트로벤젠 : 1,000L   ④ 아세트산 : 2,000L

해설및용어설명 | 지정수량
① 제4류 위험물 중 제1석유류(수용성), 지정수량 400L
② 제4류 위험물 중 제1석유류(수용성), 지정수량 400L
③ 제4류 위험물 중 제3석유류(비수용성), 지정수량 2,000L
④ 제4류 위험물 중 제2석유류(수용성), 지정수량 2,000L

06

위험물안전관리법령상 운반용기 내용적의 95% 이하의 수납률로 수납하여야 하는 위험물은?

① 과산화벤조일   ② 질산메틸
③ 나이트로글리세린   ④ 메틸에틸케톤퍼옥사이드

해설및용어설명 | 수납률
고체 위험물 : 95% 이하
액체 위험물 : 98% 이하, 55℃에서 공간용적 유지
알킬리튬, 알킬알루미늄 : 90% 이하, 50℃에서 5% 이상 공간용적 유지
① 고체
② 액체
③ 액체
④ 액체

07

위험물안전관리법령상 염소화규소화합물은 제 몇 류 위험물에 해당되는가?

① 제1류   ② 제2류
③ 제3류   ④ 제4류

해설및용어설명 | 제3류 위험물
그 외 : 염소화규소화합물

08

위험물안전관리법령상에서 정한 제2류 위험물의 저장·취급 기준에 해당되지 않는 것은?

① 산화제와의 접촉·혼합을 피한다.
② 철분·금속분·마그네슘 및 이를 함유한 것에 있어서는 물이나 산과의 접촉을 피한다.
③ 인화성 고체에 있어서는 함부로 증기를 발생시키지 아니하여야 한다.
④ 고온체와의 접근·과열 또는 공기와의 접촉을 피한다.

해설및용어설명 | 제2류 위험물
① 가연물이므로 산화제와의 접촉을 피한다.
② 철분·금속분·마그네슘은 물이나 산과 격렬하게 반응한다.
③ 인화성 물질은 가연성 증기 발생을 억제하여야 한다.
④ 제3류 위험물 중 자연발화성 물질 : 공기접촉엄금, 화기엄금

09

다음 금속원소 중 이온화에너지가 가장 큰 원소는?

① 리튬 ② 나트륨
③ 칼륨 ④ 루비듐

해설및용어설명 | 이온화에너지
- 중성상태 원자에서 전자를 잃어 양이온이 될 때 필요한 에너지이다.
- 이온화에너지는 같은 족에서 아래로 갈수록 감소한다.

10

위험물안전관리법령상 제2류 위험물 제조소의 외벽 또는 이에 상응하는 공작물의 외측으로부터 문화재와의 안전거리 기준에 관한 설명으로 옳은 것은?

① 문화재보호법의 규정에 의한 유형문화재와 무형문화재 중 지정문화재까지 50m 이상 이격할 것
② 문화재보호법의 규정에 의한 유형문화재와 기념물 중 지정문화재까지 50m 이상 이격할 것
③ 문화재보호법의 규정에 의한 유형문화재와 기념물 중 지정문화재까지 30m 이상 이격할 것
④ 문화재보호법의 규정에 의한 유형문화재와 무형문화재 중 지정문화재까지 30m 이상 이격할 것

해설및용어설명 | 안전거리

구분	안전거리
7,000V 초과 35,000V 이하의 특고압가공전선	3m 이상
35,000V 초과의 특고압가공전선	5m 이상
주택	10m 이상
가스 저장·취급 시설	20m 이상
학교, 병원, 극장 등 사람이 많이 모이는 시설	30m 이상
문화재	50m 이상

문화재 : 문화재보호법의 규정에 의한 유형문화재와 기념물 중 지정문화재까지 50m 이상 이격할 것

11

알코올류의 탄소수가 증가함에 따른 일반적인 특징으로 옳은 것은?

① 인화점이 낮아진다. ② 연소범위가 넓어진다.
③ 증기 비중이 증가한다. ④ 비중이 증가한다.

해설및용어설명 | 제4류 위험물 - 알코올류

	메틸알코올	에틸알코올	이소프로필알코올
인화점	11℃	13℃	12℃
연소범위	7.3 ~ 36%	4.3 ~ 19%	2 ~ 12%
증기비중	$\frac{12+1\times3+16+1}{29}$ $= 1.1$	$\frac{12\times2+1\times5+16+1}{29}$ $= 1.59$	$\frac{12\times3+1\times7+16+1}{29}$ $= 2.07$
비중	0.79	0.79	0.78

12

위험물저장탱크에 설치하는 통기관 선단의 인화방지망은 어떤 소화효과를 이용한 것인가?

① 질식소화 ② 부촉매소화
③ 냉각소화 ④ 제거소화

해설및용어설명 | 제4류 위험물 옥외저장탱크 - 통기관
- 대기밸브 부착 통기관 : 5kPa 이하의 압력차이로 작동할 수 있을 것
- 밸브 없는 통기관 : 지름 30mm 이상, 끝부분 45도 이상 구부리기
- 인화 방지망 : 불티 등에 의해 점화원이 탱크 내부로 유입되어 폭발 또는 화재 일어나는 것을 방지한다.
- → 제거소화

13

[보기]의 물질 중 제1류 위험물에 해당하는 것은 모두 몇 개인가?

> 아염소산나트륨, 염소산나트륨, 차아염소산칼슘, 과염소산칼륨

① 4개　　　　　② 3개
③ 2개　　　　　④ 1개

해설및용어설명 | 제1류 위험물
- 제1류 위험물 중 아염소산염류
- 제1류 위험물 중 염소산염류
- 제1류 위험물 중 그 외
- 제1류 위험물 중 과염소산염류

14

위험물안전관리법령상 한 변의 길이는 10m, 다른 한 변의 길이는 50m인 옥내저장소에 자동화재탐지설비를 설치하는 경우 경계구역은 원칙적으로 최소한 몇 개로 하여야 하는가? (단, 차동식스포트형감지기를 설치한다)

① 1　　　　　② 2
③ 3　　　　　④ 4

해설및용어설명 | 자동화재탐지설비 - 설치기준
하나의 경계구역의 면적은 600m² 이하로 하고 그 한 변의 길이는 50m (광전식분리형감지기를 설치할 경우에는 100m) 이하로 할 것. 다만, 당해 건축물 그 밖의 공작물의 주요한 출입구에서 그 내부의 전체를 볼 수 있는 경우에 있어서는 그 면적을 1,000m² 이하로 할 수 있다.
경계구역 면적 10m×50m = 500m²이고 한 변의 길이가 50m 이하이므로 1개

15

특정옥외저장탱크 구조기준 중 필렛용접의 사이즈(S, mm)를 구하는 식으로 옳은 것은?(단, t_1 : 얇은 쪽의 강판의 두께(mm), t_2 : 두꺼운 쪽의 강판의 두께(mm)이며, $S \geqq 4.5$이다)

① $t_1 = S = t_2$　　　　② $t_1 = S = \sqrt{2t_2}$
③ $\sqrt{2t_1} = S = t_2$　　　④ $t_1 = S = 2t_2$

해설및용어설명 | 필렛용접의 사이즈
$t_1 \geq S \geq \sqrt{2t_2}$ (단, $S \geq 4.5$)

16

이황화탄소의 성질 또는 취급 방법에 대한 설명 중 틀린 것은?

① 물보다 가볍다.
② 증기가 공기보다 무겁다.
③ 물을 채운 수조에 저장한다.
④ 연소 시 유독한 가스가 발생한다.

해설및용어설명 | 제4류 위험물 - 이황화탄소
① 물보다 무거워 물에 가라앉는다.
② 증기비중 $\dfrac{12 + 32 \times 2}{29} = 2.62$로 공기보다 무겁다.
③ 두께 0.2m의 물을 채운 콘크리트 수조에 저장한다.
④ $CS_2 + 3O_2 \rightarrow CO_2 + 2SO_2$ 이산화황은 유독가스이다.

17

제3류 위험물의 화재 시 소화에 대한 설명으로 틀린 것은?

① 인화칼슘은 물과 반응하여 포스핀가스가 발생하므로 마른 모래로 소화한다.
② 세슘은 물과 반응하여 수소를 발생하므로 물에 의한 냉각소화를 피해야 한다.
③ 다이에틸아연은 물과 반응하므로 주수소화를 피해야 한다.
④ 트라이에틸알루미늄은 물과 반응하여 산소를 발생하므로 주수소화는 좋지 않다.

해설및용어설명 | 화학반응식

① $Ca_3P_2 + 6H_2O \rightarrow 3Ca(OH)_2 + 2PH_3$
② $2Cs + 2H_2O \rightarrow 2CsOH + H_2$
③ $Zn(C_2H_5)_2 + 2H_2O \rightarrow Zn(OH)_2 + C_2H_6$
④ $(C_2H_5)_3Al + 3H_2O \rightarrow Al(OH)_3 + 3C_2H_6$

18

인화성 액체위험물을 저장하는 옥외탱크저장소의 주위에 설치하는 방유제에 관한 내용으로 틀린 것은?

① 방유제는 높이 0.5m 이상 3m 이하, 두께 0.2m 이상, 지하매설깊이 1m 이상으로 한다.
② 2기 이상의 탱크가 있는 경우 방유제의 용량은 그 탱크 중 용량이 최대인 것의 용량의 110% 이상으로 한다.
③ 용량이 1,000만 리터 이상인 옥외저장탱크의 주위에 설치하는 방유제에는 탱크마다 간막이 둑을 흙 또는 철근콘크리트로 설치한다.
④ 간막이 둑을 설치하는 경우 간막이 둑의 용량은 간막이 둑안에 설치된 탱크 용량의 110% 이상이어야 한다.

해설및용어설명 | 옥외탱크저장소 – 방유제

- 높이 0.5m 이상 3m 이하
- 면적 8만m² 이하
- 용량 탱크 1기 : 탱크 용량의 110% 이상
  탱크 2기 이상 : 최대 탱크 용량의 110% 이상
- 계단 또는 경사로 50m마다 설치
- 간막이둑
  - 1,000만 리터 이상인 옥외탱크저장소 주위에 설치
  - 높이 0.3m 이상, 방유제 높이보다 0.2m 이상 낮게
  - 흙 또는 철근콘크리트로 설치할 것
  - 용량 간막이 둑 안에 설치된 탱크의 용량의 10% 이상

19

각 유별 위험물의 화재예방대책이나 소화방법에 관한 설명으로 틀린 것은?

① 제1류 – 염소산나트륨은 철제용기에 넣은 후 나무상자에 보관한다.
② 제2류 – 적린은 다량의 물로 냉각소화한다.
③ 제3류 – 강산화제와의 접촉을 피하고, 건조사, 팽창질석, 팽창진주암 등을 사용하여 질식소화를 시도한다.
④ 제5류 – 분말, 하론, 포 등에 의한 질식소화는 효과가 없으며, 다량의 주수소화가 효과적이다.

해설및용어설명 | 위험물 소화방법

① 철제용기에 넣으면 반응하므로 유리용기에 보관한다.
② 황화인, 황, 적린은 주수소화한다.
③ 주수금지 : 마른 모래, 팽창질석, 팽창진주암, 탄산수소염류분말소화약제
④ 제5류 위험물 : 주수소화

20

다음에서 설명하고 있는 법칙은?

> 온도가 일정할 때 기체의 부피는 절대압력에 반비례한다.

① 일정성분비의 법칙   ② 보일의 법칙
③ 샤를의 법칙   ④ 보일–샤를의 법칙

해설및용어설명 | 보일의 법칙

온도가 일정할 때 압력과 부피는 반비례한다.

21

제6류 위험물에 대한 설명으로 옳은 것은?

① 과염소산은 무취, 청색의 기름상 액체이다.
② 알루미늄, 니켈 등은 진한 질산에 녹지 않는다.
③ 과산화수소는 크산토프로테인 반응과 관계가 있다.
④ 오불화브롬(오플루오린화브로민)의 화학식은 C_2F_5Br이다.

해설및용어설명 | 제6류 위험물
① 과염소산은 무색무취의 액체이다.
② 알루미늄, 철, 코발트, 니켈, 크로뮴 등의 표면에 수산화물의 얇은 막을 만들며 다른 산에 의해 부식되지 않게 한다.
③ 질산이 단백질과 반응하여 노란색으로 변하는 것이 크산토프로테인 반응이다.
④ BrF_5 : 오불화브롬, C_2F_5Br : 오불화일취화에테인

22

위험물 운반용기의 외부에 표시하는 사항이 아닌 것은?

① 위험등급　　② 위험물의 제조일자
③ 위험물의 품명　　④ 주의사항

해설및용어설명 | 운반용기 외부에 표시해야 하는 사항
- 위험물의 품명·위험등급·화학명 및 수용성(수용성 표시는 제4류 위험물로서 수용성인 것에 한한다)
- 위험물의 수량
- 위험물에 따른 규정에 의한 주의사항

23

다음 중 지하탱크저장소의 수압시험 기준으로 옳은 것은?

① 압력의 탱크는 상용압력의 30kPa의 압력으로 10분간 실시하여 새거나 변형이 없을 것
② 압력 탱크는 최대 상용압력의 1.5배의 압력으로 10분간 실시하여 새거나 변형이 없을 것
③ 압력의 탱크는 사용압력의 30kPa의 압력으로 20분간 실시하여 새거나 변형이 없을 것
④ 압력 탱크는 최대 상용압력의 1.1배의 압력으로 10분간 실시하여 새거나 변형이 없을 것

해설및용어설명 | 지하탱크저장소
압력탱크 외의 탱크에 있어서는 70kPa의 압력으로, 압력탱크에 있어서는 최대상용압력의 1.5배의 압력으로 각각 10분간 수압시험을 실시

24

제조소 내 액체위험물을 취급하는 옥외설비의 바닥 둘레에 설치하여야 하는 턱의 높이는 얼마 이상이어야 하는가?

① 0.1m 이상　　② 0.15m 이상
③ 0.2m 이상　　④ 0.25m 이상

해설및용어설명 | 제조소 - 옥외설비의 바닥
바닥의 둘레에 높이 0.15m 이상의 턱을 설치하는 등 위험물이 외부로 흘러나가지 아니하도록 하여야 한다.

25

제조소등에서의 위험물 저장의 기준에 관한 설명 중 틀린 것은?

① 제3류 위험물 중 황린과 금수성물질은 동일한 저장소에서 저장하여도 된다.
② 옥내저장소에서 재해가 현저하게 증대할 우려가 있는 위험물을 다량 저장하는 경우에는 지정수량의 10배 이하마다 구분하여 상호 간 0.3m 이상의 간격을 두어 저장하여야 한다.
③ 옥내저장소에서는 용기에 수납하여 저장하는 위험물의 온도가 55℃를 넘지 아니하도록 필요한 조치를 강구하여야 한다.
④ 컨테이너식 이동탱크저장소 외의 이동탱크저장소에 있어서는 위험물을 저장한 상태로 이동저장탱크를 옮겨 싣지 아니하여야 한다.

해설및용어설명 | 제조소등에서의 위험물의 저장 및 취급에 관한 기준
① 제3류 위험물 중 황린 그 밖에 물속에 저장하는 물품과 금수성물질은 동일한 저장소에서 저장하지 아니하여야 한다.
② 옥내저장소에서 동일 품명의 위험물이더라도 자연발화할 우려가 있는 위험물 또는 재해가 현저하게 증대할 우려가 있는 위험물을 다량 저장하는 경우에는 지정수량의 10배 이하마다 0.3m 이상의 간격을 두어 저장하여야 한다.
③ 옥내저장소에서는 용기에 수납하여 저장하는 위험물의 온도가 55℃를 넘지 아니하도록 필요한 조치를 강구하여야 한다.
④ 컨테이너식 이동탱크저장소 외의 이동탱크저장소에 있어서는 위험물을 저장한 상태로 이동저장탱크를 옮겨싣지 아니하여야 한다.

26

다음은 옥내저장소의 저장창고와 옥내탱크저장소의 탱크전용실에 관한 설명이다. 위험물안전관리법령상의 내용과 상이한 것은?

① 제4류 위험물 제1석유류를 저장하는 옥내저장소에 있어서 하나의 저장창고의 바닥면적은 1,000m² 이하로 설치하여야 한다.
② 제4류 위험물 제1석유류를 저장하는 옥내탱크저장소의 탱크전용실은 건축물의 1층 또는 지하층에 설치하여야 한다.
③ 다층건물 옥내저장소의 저장창고에서 연소의 우려가 있는 외벽은 출입구 외의 개구부를 갖지 아니하는 벽으로 하여야 한다.
④ 제3류 위험물인 황린을 단독으로 저장하는 옥내탱크저장소의 탱크전용실은 지하층에 설치할 수 있다.

해설및용어설명 | 옥내저장소, 옥내탱크저장소
① 옥내저장소 바닥면적
• 위험등급 Ⅰ, 제4류 위험물 중 위험등급 Ⅰ,Ⅱ : 바닥면적 1,000m²
• 위험등급 Ⅰ,Ⅱ, 제4류 위험물 중 위험등급 Ⅲ : 바닥면적 2,000m²
②, ④ 옥내저장탱크는 탱크전용실에 설치할 것. 이 경우 제2류 위험물 중 황화인·적린 및 덩어리 황, 제3류 위험물 중 황린, 제6류 위험물 중 질산의 탱크전용실은 건축물의 1층 또는 지하층에 설치하여야 한다.
③ 다층건물의 옥내저장소 : 연소의 우려가 있는 외벽은 출입구 외의 개구부를 갖지 아니하는 벽으로 하여야 한다.

27

벤조일퍼옥사이드(과산화벤조일)에 대한 설명으로 틀린 것은?

① 백색 또는 무색 결정성 분말이다.
② 불활성 용매 등의 희석제를 첨가하면 폭발성이 줄어든다.
③ 진한 황산, 진한 질산, 금속분 등과 혼합하면 분해를 일으켜 폭발한다.
④ 알코올에는 녹지 않고, 물에 잘 용해된다.

25 ① 26 ② 27 ④

해설및용어설명 | 제5류 위험물 - 과산화벤조일
① 무색 또는 백색, 무취의 결정이다.
② 건조하지 않게 보관하므로 건조방지를 위해 희석제(물, 프탈산디메틸 등)를 사용한다.
③ 유기물, 환원성과의 접촉을 피하고 마찰, 충격을 피한다.
④ 물에 녹지 않고 알코올에 약간 녹으며, 에터에 잘 녹는다.

28

위험물안전관리법령상 IF_5의 지정수량은?

① 20kg
② 50kg
③ 200kg
④ 300kg

해설및용어설명 | 지정수량
오불화아이오딘 : 제6류 위험물 중 할로젠간화합물, 지정수량 300kg

29

유량을 측정하는 계측기구가 아닌 것은?

① 오리피스미터
② 피에조미터
③ 로터미터
④ 벤추리미터

해설및용어설명 | 유체역학 - 유량계

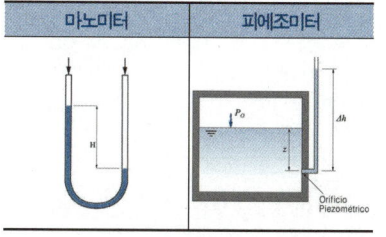

30

위험물 암반탱크가 다음과 같은 조건일 때 탱크의 용량은 몇 L 인가?

- 암반탱크의 내용적 : 600,000L
- 1일간 탱크 내에 용출하는 지하수의 양 : 800L

① 594,400
② 594,000
③ 593,600
④ 592,000

해설및용어설명 | 공간용적
- 탱크 내용적의 100분의 5 이상 100분의 10 이하
- 소화설비 설치 탱크 : 소화설비 소화약제방출구 아래의 0.3미터 이상 1미터 미만 사이의 면으로부터 윗부분의 용적
- 암반탱크 : 탱크 내에 용출하는 7일간의 지하수의 양에 상당하는 용적과 탱크의 내용적의 100분의 1의 용적 중에서 큰 용적

탱크의 내용적 $\times \frac{1}{100}$ = 600,000 $\times \frac{1}{100}$ = 6,000리터

지하수의 양×7일 = 800×7일 = 5,600리터 → 공간용적 6,000리터
탱크의 용량 = 탱크의 내용적 - 공간용적 = 600,000 - 6,000 = 594,000리터

31

질산칼륨에 대한 설명으로 틀린 것은?

① 황화인, 질소와 혼합하면 흑색화약이 된다.
② 에터에 잘 녹지 않는다.
③ 물에 녹으므로 저장 시 수분과의 접촉에 주의한다.
④ 400℃로 가열하면 분해하여 산소를 방출한다.

해설및용어설명 | 제1류 위험물 - 질산칼륨
① 흑색화약 = 질산칼륨 + 황 + 탄소
② 물, 글리세린에 잘 녹고 알코올, 에터에는 잘 녹지 않는다.
③ 조해성이 있으므로 수분과 접촉에 유의하여야 한다.
④ $2KNO_3 \rightarrow 2KNO_2 + O_2$(분해온도 400℃)

32

다음 중 옥내저장소에 위험물을 저장하는 제한 높이가 가장 높은 경우는?

① 기계에 의하여 하역하는 구조로 된 용기만을 겹쳐 쌓는 경우
② 중유를 수납하는 용기만을 겹쳐 쌓는 경우
③ 아마인유를 수납하는 용기만을 겹쳐 쌓는 경우
④ 적린을 수납하는 용기만을 겹쳐 쌓는 경우

해설및용어설명 | 옥내저장소 - 위험물 저장 높이
- 기계에 의하여 하역하는 구조 : 6m 이하
- 제4류 위험물 중 제3석유류, 제4석유류, 동식물유류 : 4m 이하
- 그 밖의 경우 : 3m 이하
① 최대 저장높이 6m
② 최대 저장높이 4m(제4류 위험물 중 제3석유류)
③ 최대 저장높이 4m(제4류 위험물 중 동식물유류)
④ 최대 저장높이 3m(그 밖의 경우)

33

방폭구조 결정을 위한 폭발위험장소를 옳게 분류한 것은?

① 0종 장소, 1종 장소
② 0종 장소, 1종 장소, 2종 장소
③ 1종 장소, 2종 장소, 3종 장소
④ 0종 장소, 1종 장소, 2종 장소, 3종 장소

해설및용어설명 | 위험장소
- 0종장소 : 가스, 증기 또는 미스트의 인화성 물질의 공기 혼합물로 구성되는 폭발분위기가 장기간 또는 빈번하게 생성되는 장소
- 1종장소 : 가스, 증기 또는 미스트의 인화성 물질의 공기 혼합물로 구성되는 폭발분위기가 주기적 또는 간헐적으로 생성될 수 있는 장소
- 2종장소 : 가스, 증기 또는 미스트의 인화성 물질의 공기 혼합물로 구성되는 폭발분위기가 정상작동 중에는 생성될 가능성이 없으나, 만약 위험분위기가 생성될 경우에는 그 빈도가 극히 희박하고 아주 짧은 시간 지속되는 장소

34

위험물안전관리법령상 알칼리금속 과산화물에 적응성이 있는 소화설비는?

① 할로젠화합물 소화설비
② 탄산수소염류 분말소화설비
③ 물분무소화설비
④ 스프링클러설비

해설및용어설명 | 위험물 소화방법
- 제1류 위험물 중 알칼리금속의 과산화물 : 주수금지
- 탄산수소염류 분말소화설비, 마른 모래, 팽창질석, 팽창진주암

35

위험물안전관리법령상 위험물제조소등에 자동화재탐지설비를 설치할 때 설치기준으로 틀린 것은?

① 하나의 경계구역의 면적은 600m² 이하로 할 것
② 광전식 분리형 감지기를 설치한 경우 경계구역의 한 변의 길이는 50m 이하로 할 것
③ 감지기는 지붕 또는 벽의 옥내에 면하는 부분에 유효하게 화재의 발생을 감지할 수 있도록 설치할 것
④ 비상전원을 설치할 것

해설및용어설명 | 자동화재탐지설비 - 설치기준
하나의 경계구역의 면적은 600m² 이하로 하고 그 한변의 길이는 50m(광전식 분리형감지기를 설치할 경우에는 100m) 이하로 할 것. 다만, 당해 건축물 그 밖의 공작물의 주요한 출입구에서 그 내부의 전체를 볼 수 있는 경우에 있어서는 그 면적을 1,000m² 이하로 할 수 있다.

36

분진폭발에 대한 설명으로 틀린 것은?

① 밀폐공간 내 분진운이 부유할 때 폭발 위험성이 있다.
② 충격, 마찰도 착화에너지가 될 수 있다.
③ 2차, 3차 폭발의 발생 우려가 없으므로 1차 폭발 소화에 주력하여야 한다.
④ 산소의 농도가 증가하면 위험성이 증가할 수 있다.

해설및용어설명 | 분진폭발
① 미세한 분진이 일정 농도 이상 공기 중에 분산되어 있을 때 점화원에 의해 폭발하는 현상
② 충격, 마찰도 착화에너지가 될 수 있다.
③ 2차, 3차 폭발의 발생 우려가 있으므로 2차, 3차 폭발에 대비하여야 한다.
④ 산소의 농도가 증가하면 폭발 위험성이 증가한다.

37

위험물안전관리법령상 적린, 황화인에 적응성이 없는 소화설비는?

① 옥외소화전설비
② 포소화설비
③ 불활성가스소화설비
④ 인산염류등의 분말소화설비

해설및용어설명 | 위험물 소화방법
제2류 위험물 : 황화인, 적린, 황 - 주수소화
① 주수소화
② 주수소화, 질식소화
③ 질식소화
④ 질식소화 및 제1류, 제2류, 제6류 주수소화 사용가능

38

소형수동식소화기의 설치기준에 따라 방호대상물의 각 부분으로부터 하나의 소형수동식소화기까지의 보행거리가 20m 이하가 되도록 설치하여야 하는 제조소등에 해당하는 것은? (단, 옥내소화전설비, 옥외소화전설비, 스프링클러설비, 물분무등소화설비 또는 대형수동식소화기와 함께 설치하지 않은 경우이다)

① 지하탱크저장소
② 주유취급소
③ 판매취급소
④ 옥내저장소

해설및용어설명 | 소화설비 설치기준
소형수동식소화기 또는 그 밖의 소화설비는 지하탱크저장소, 간이탱크저장소, 이동탱크저장소, 주유취급소 또는 판매취급소에서는 유효하게 소화할 수 있는 위치에 설치하여야 하며, 그 밖의 제조소등에서는 방호대상물의 각 부분으로부터 하나의 소형수동식소화기까지의 보행거리가 20m 이하가 되도록 설치할 것. 다만, 옥내소화전설비, 옥외소화전설비, 스프링클러설비, 물분무등소화설비 또는 대형수동식소화기와 함께 설치하는 경우에는 그러하지 아니하다.

39

다음은 옥내저장소에 유별을 달리하는 위험물을 함께 저장·취급할 수 있는 경우를 나열한 것이다. 위험물안전관리법령상의 내용과 다른 것은?(단, 유별로 정리하고 서로 1m 이상 간격을 두는 경우이다)

① 과산화나트륨 – 유기과산화물
② 염소산나트륨 – 황린
③ 다이에틸에터 – 고형알코올
④ 무수크로뮴산 – 질산

해설및용어설명 | 위험물 저장 - 유별이 다른 위험물 1m 간격
- 제1류 위험물(알칼리금속의 과산화물 제외) + 제5류
- 제1류 + 제6류
- 제1류 + 제3류 중 자연발화성물질(황린)

- 제2류 중 인화성 고체 + 제4류
- 제3류 중 알킬알루미늄·알킬리튬 + 제4류 중 알킬알루미늄·알킬리튬 함유
- 제4류 중 유기과산화물 함유 + 제5류 중 유기과산화물 함유
① 제1류 중 알칼리금속의 과산화물 + 제5류 → 저장 불가
② 제1류 + 제3류 중 황린 → 저장 가능
③ 제4류 + 제2류 중 인화성 고체 → 저장 가능
④ 제1류 + 제6류 → 저장 가능

40

다음 중 소화약제의 종류에 관한 설명으로 틀린 것은?

① 제2종 분말소화약제는 B급, C급 화재에 적응성이 있다.
② 제3종 분말소화약제는 A급, B급, C급 화재에 적응성이 있다.
③ 이산화탄소 소화약제의 주된 소화효과는 질식효과이며 B급, C급 화재에 주로 사용한다.
④ 합성계면활성제 포소화약제는 고팽창포로 사용하는 경우 사정거리가 길어 고압가스, 액화가스, 석유탱크 등의 대규모 화재에 사용한다.

해설및용어설명 | 소화약제

구분	주성분	화학식	분해식	적응화재
제1종	탄산수소 나트륨	$NaHCO_3$	$2NaHCO_3$ $\rightarrow Na_2CO_3 + CO_2 +$ H_2O	BC
제2종	탄산수소 칼륨	$KHCO_3$	$2KHCO_3$ $\rightarrow K_2CO_3 + CO_2 + H_2O$	BC
제3종	인산암모늄	$NH_4H_2PO_4$	$NH_4H_2PO_4$ $\rightarrow NH_3 + HPO_3 + H_2O$	ABC
제4종	탄산수소 칼륨 + 요소	$KHCO_3 +$ $(NH_2)_2CO$	암기 불필요	BC

①, ② 분말소화약제
③ 이산화탄소 소화약제 - 질식소화, 적응화재 BC
④ 합성계면활성제포는 고팽창포로 사용하는 경우 사정거리가 짧은 것이 문제점이다.

41

지정수량이 나머지 셋과 다른 위험물은?

① 브로민산칼륨   ② 질산나트륨
③ 과염소산칼륨   ④ 아이오딘산칼륨

해설및용어설명 | 지정수량
① 제1류 위험물 중 브로민산염류, 지정수량 300kg
② 제1류 위험물 중 질산염류, 지정수량 300kg
③ 제1류 위험물 중 과염소산염류, 지정수량 50kg
④ 제1류 위험물 중 아이오딘산염류, 지정수량 300kg

42

분무도장작업 등을 하기 위한 일반취급소를 안전거리 및 보유공지에 관한 규정을 적용하지 않고 건축물 내의 구획실 단위로 설치하는데 필요한 요건으로 틀린 것은?

① 취급하는 위험물의 수량은 지정수량의 30배 미만일 것
② 건축물 중 일반취급소의 용도로 사용하는 부분은 벽·기둥·바닥·보 및 지붕(상층이 있는 경우에는 상층의 바닥)을 내화구조로 할 것
③ 도장, 인쇄 또는 도포를 위하여 제2류 또는 제4류 위험물(특수인화물은 제외)을 취급하는 것일 것
④ 건축물 중 일반취급소의 용도로 사용하는 부분의 출입구에는 60분+ 방화문, 60분 방화문 또는 30분 방화문을 설치할 것

해설및용어설명 | 일반취급소 - 분무도장작업 등을 하는 일반취급소
① 도장, 인쇄 또는 도포를 위하여 제2류 위험물 또는 제4류 위험물을 취급하는 일반취급소로서 지정수량 30배 미만의 것
② 벽·기둥·바닥·보 및 지붕(상층이 있는 경우에는 상층의 바닥)을 내화구조
③ 도장, 인쇄 또는 도포를 위하여 제2류 위험물 또는 제4류 위험물을 취급하는 일반취급소로서 지정수량 30배 미만의 것
④ 건축물 중 일반취급소의 용도로 사용하는 부분의 출입구에는 60분+ 방화문, 60분 방화문 설치

43

황화인에 대한 설명 중 틀린 것은?

① 삼황화인은 과산화물, 금속분 등과 접촉하면 발화의 위험성이 높아진다.
② 삼황화인이 연소하면 SO_2와 P_2O_5가 발생한다.
③ 오황화인이 물과 반응하면 황화수소가 발생한다.
④ 오황화인은 알칼리와 반응하여 이산화황과 인산이 된다.

해설및용어설명 | 제2류 위험물 - 황화인
① 삼황화인은 과산화물, 금속분 등과 접촉 시 발화의 위험이 높아진다.
② $P_4S_3 + 8O_2 \rightarrow 2P_2O_5 + 3SO_2$
③ $P_2S_5 + 8H_2O \rightarrow 2H_3PO_4 + 5H_2S$
④ $P_2S_5 + 9NaOH \rightarrow 2Na_3PO_3S + 3NaSH + 3H_2O$

44

위험물안전관리법령상 "고인화점 위험물"이란?

① 인화점이 섭씨 100도 이상인 제4류 위험물
② 인화점이 섭씨 130도 이상인 제4류 위험물
③ 인화점이 섭씨 100도 이상인 제4류 위험물 또는 제3류 위험물
④ 인화점이 섭씨 100도 이상인 위험물

해설및용어설명 | 고인화점 위험물
인화점이 100℃ 이상인 제4류 위험물

45

칼륨을 저장하는 위험물옥내저장소에 화재예방을 위한 조치가 아닌 것은?

① 작은 용기에 소분하여 저장한다.
② 석유 등의 보호액 속에 저장한다.
③ 화재 시에 다량의 물로 소화하도록 소화수조를 설치한다.
④ 용기의 파손이나 부식에 주의하고 안전 점검을 철저히 한다.

해설및용어설명 | 위험물 저장방법
칼륨, 나트륨 : 공기 중 수분 또는 물과 닿지 않도록 석유(등유, 경유, 유동파라핀) 속에 저장한다.

46

C_6H_6와 $C_6H_5CH_3$의 공통적인 특징을 설명한 것으로 틀린 것은?

① 무색의 투명한 액체로서 냄새가 있다.
② 물에는 잘 녹지 않으나 에터에는 잘 녹는다.
③ 증기는 마취성과 독성이 있다.
④ 겨울에 대기 중의 찬 곳에서 고체가 된다.

해설및용어설명 | 제4류 위험물 - 벤젠, 톨루엔
① 무색투명하며 냄새가 있다.
② 물에 잘 녹지 않고 에터에 잘 녹는다.
③ 증기는 마취성과 독성이 있다.
④ 벤젠 : 녹는점 5.5℃ 겨울철 고체, 톨루엔 : 녹는점 -93℃ 겨울철 액체

47

알코올류의 성상, 위험성, 저장 및 취급에 대한 설명으로 틀린 것은?

① 농도가 높아질수록 인화점이 낮아져 위험성이 증대된다.
② 알칼리금속과 반응하면 인화성이 강한 수소를 발생한다.
③ 위험물안전관리법령상 1분자를 구성하는 탄소원자의 수가 1개 내지 3개의 포화1가 알코올의 함유량이 60부피 퍼센트 미만인 수용액은 알코올류에서 제외한다.
④ 위험물안전관리법령상 "알코올류"라 함은 1분자를 구성하는 탄소원자의 수가 1개부터 3개까지인 포화1가 알코올(변성알코올을 포함한다)을 말한다.

해설및용어설명 | 위험물 기준 - 제4류 위험물
알코올 1분자를 구성하는 탄소원자의 수가 1개부터 3개까지인 포화1가 알코올(변성알코올을 포함한다) 다만, 다음 각목의 1에 해당하는 것은 제외
- 1분자를 구성하는 탄소원자의 수가 1개 내지 3개의 포화1가 알코올의 함유량이 60중량퍼센트 미만인 수용액
- 가연성 액체량이 60중량퍼센트 미만이고 인화점 및 연소점(태그개방식 인화점측정기에 의한 연소점을 말한다. 이하 같다)이 에틸알코올 60중량 퍼센트 수용액의 인화점 및 연소점을 초과하는 것

48

다음 위험물 중에서 물과 반응하여 가연성 가스를 발생하지 않는 것은?

① 칼륨 ② 황린
③ 나트륨 ④ 알킬리튬

해설및용어설명 | 화학반응식
① $2K + 2H_2O \rightarrow 2KOH + H_2$(가연성 가스)
② 황린 : 물과 반응하지 않는다.
③ $2Na + 2H_2O \rightarrow 2NaOH + H_2$(가연성 가스)
④ $CH_3Li + 8H_2O \rightarrow LiH + 5CH_4$(가연성 가스)

49

아세톤에 대한 설명으로 틀린 것은?

① 보관 중 분해하여 청색으로 변한다.
② 아이오딘포름 반응을 일으킨다.
③ 아세틸렌의 저장에 이용된다.
④ 연소 범위는 약 2.6~12.8%이다.

해설및용어설명 | 제4류 위험물 - 아세톤
① 아세톤은 무색 액체이며 독특한 냄새가 있다.
② 아이오딘포름반응 : 아세틸기(CH_3CO) + 수산화알칼리 + 아이오딘이 반응하여 노란색 침전을 형성하는 것. 아세톤, 메틸에틸케톤, 아세트알데하이드, 1차 알코올 중 에탄올, 2차 알코올은 KOH와 I_2가 반응하여 노란색 침전을 형성한다.
③ 물과 유기물질을 잘 녹인다. 아세틸렌을 잘 녹여 아세틸렌 저장에 이용된다.
④ 연소범위 2.5~12.8%

50

위험물안전관리법령상 경보설비의 설치 대상에 해당하지 않는 것은?

① 지정수량의 5배를 저장 또는 취급하는 판매취급소
② 옥내주유취급소
③ 연면적 500m^2인 제조소
④ 처마높이가 6m인 단층건물의 옥내저장소

해설및용어설명 | 경보설비 - 설치 기준
① 판매취급소 : 지정수량의 10배 이상
② 주유취급소 : 옥내주유취급소
③ 제조소 및 일반취급소 : 연면적 500m^2 이상인 것
④ 옥내저장소
- 지정수량의 100배 이상을 저장 또는 취급하는 것
- 저장창고의 연면적이 150m^2를 초과하는 것
- 처마 높이가 6m 이상인 단층 건물의 것

51

위험물 이동탱크저장소에 설치하는 자동차용소화기의 설치기준으로 틀린 것은?

① 무상의 강화액 8L 이상(2개 이상)
② 이산화탄소 3.2kg 이상(2개 이상)
③ 소화분말 2.2kg 이상(2개 이상)
④ CF_2ClBr 2L 이상(2개 이상)

해설및용어설명 | 이동탱크저장소 - 자동차용소화기

설치기준	
무상의 강화액 8L 이상	2개 이상
이산화탄소 3.2kg 이상	
브로모크롤로다이플루오로메테인(CF_2ClBr) 2L 이상	
브로모트라이플루오로메테인(CF_3Br) 2L 이상	
다이브로모테트라플루오로에테인($C_2F_4Br_2$) 1L 이상	
소화분말 3.3kg 이상	

52

제2류 위험물의 화재 시 소화방법으로 틀린 것은?

① 황은 다량의 물로 냉각소화가 적당하다.
② 알루미늄분은 건조사로 질식소화가 효과적이다.
③ 마그네슘은 이산화탄소에 의한 소화가 가능하다.
④ 인화성고체는 이산화탄소에 의한 소화가 가능하다.

해설및용어설명 | 위험물 소화방법

① 주수소화
② 주수금지
③ 주수금지
④ 주수소화, 질식소화

53

위험물을 장거리 운송 시에는 2명 이상의 운전자가 필요하다. 이 경우 장거리에 해당하는 것은?

① 자동차 전용도로 – 80km 이상
② 지방도 – 100km 이상
③ 일반국도 – 150km 이상
④ 고속국도 – 340km 이상

해설및용어설명 | 위험물 운송방법
위험물운송자는 장거리(고속국도에 있어서는 340km 이상, 그 밖의 도로에 있어서는 200km 이상)에 걸치는 운송을 하는 때에는 2명 이상의 운전자로 할 것

54

메테인 75vol%, 프로판 25vol%인 혼합기체의 연소하한계는 약 몇 vol%인가?(단, 연소범위는 메테인 5~15vol%, 프로판 2.1~9.5vol%이다)

① 2.72
② 3.72
③ 4.63
④ 5.63

해설및용어설명 | 연소범위 - 혼합기체

$$\frac{100}{L} = \frac{V_1}{L_1} + \frac{V_2}{L_2} \rightarrow L = \frac{100}{\frac{V_1}{L_1}+\frac{V_2}{L_2}} = \frac{100}{\frac{75}{5}+\frac{25}{2.1}} = 3.716 \fallingdotseq 3.72\%$$

55

어떤 작업을 수행하는데 작업소요시간이 빠른 경우 5시간, 보통이면 8시간, 늦으면 12시간 걸린다고 예측 되었다면 3점 견적법에 의한 기대 시간치와 분산을 계산하면 약 얼마인가?

① $t_e = 8.0$, $\sigma_2 = 1.17$
② $t_e = 8.2$, $\sigma_2 = 1.36$
③ $t_e = 8.3$, $\sigma_2 = 1.17$
④ $t_e = 8.3$, $\sigma_2 = 1.36$

해설및용어설명 | 3점견적법

- 낙관시간치(a)
- 정상시간치(m)
- 비관시간치(b)

기대시간치 $= \dfrac{a + 4m + b}{6} = \dfrac{5 + 4 \times 8 + 12}{6} = 8.16 ≒ 8.2$

분산 $= \dfrac{(b-a)^2}{6^2} = \dfrac{(12-5)^2}{6^2} = 1.361 ≒ 1.36$

56

정규분포에 관한 설명 중 틀린 것은?

① 일반적으로 평균치가 중앙값보다 크다.
② 평균을 중심으로 좌우대칭의 분포이다.
③ 대체로 표준편차가 클수록 산포가 나쁘다고 본다.
④ 평균치가 0이고 표준편차가 1인 정규분포를 표준정규분포라 한다.

해설및용어설명 | 정규분포

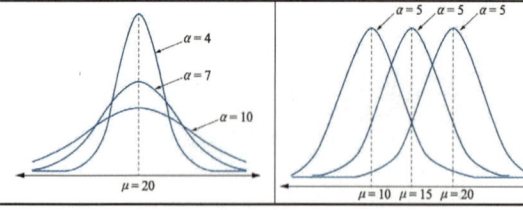

① 평균, 중앙값, 최빈치가 모두 같다.
③ 표준편차가 크면 값이 넓게 퍼져있다. 산포가 나쁘다.
④ 표준정규분포 : 평균 0, 표준편차 1

57

일반적으로 품질코스트 가운데 가장 큰 비율을 차지하는 것은?

① 평가코스트
② 실패코스트
③ 예방코스트
④ 검사코스트

해설및용어설명 | 품질코스트

- 예방코스트
- 평가코스트 : 시험코스트
- 실패코스트 : 불량대책 코스트, 재가공 코스트, 설계변경 코스트

58

계량값 관리도에 해당되는 것은?

① c 관리도
② u 관리도
③ R 관리도
④ nP 관리도

해설및용어설명 | 관리도의 구분

- 계수치 관리도
  - P 관리도 : 불량률 관리도
  - nP 관리도 : 불량개수 관리도
  - c 관리도 : 결점수 관리도
  - u 관리도 : 단위당 결점수 관리도
- 계량값 관리도
  - $\bar{x}$-R 관리도 : 평균치와 범위 관리도
  - x 관리도 : 개개의 측정치 관리도
  - Me-R 관리도 : 메디안과 범위 관리도
  - L-S 관리도 : 최대치와 최소치 관리도
  - R 관리도

59

작업측정의 목적 중 틀린 것은?

① 작업개선 ② 표준시간 설정
③ 과업관리 ④ 요소작업 분할

해설및용어설명 | 작업측정의 목적
- 작업개선
- 과업관리
- 표준시간 설정

60

계수 규준형 샘플링 검사의 OC 곡선에서 좋은 로트를 합격시키는 확률을 뜻하는 것은?(단, α는 제1종과오, β는 제2종 과오이다)

① α ② β
③ $1-\alpha$ ④ $1-\beta$

해설및용어설명 | 확률

	양품	불량품
채택	옳은 결정 $1-\alpha$	제2종 과오 β
기각	제1종 과오 α	옳은 결정 $1-\beta$

- 제1종 과오(α) : 양품을 불량으로 처리하는 것
- 제2종 과오(β) : 불량품을 양품으로 처리하는 것
- $1-\alpha$: 양품을 정상으로 판정하는 것 → 옳은 결정
- $1-\beta$: 불량품을 불량으로 판정하는 것 → 옳은 결정

과년도 기출문제 2016 * 60

01

식용유 화재 시 비누화(saponification) 현상(반응)을 통해 소화할 수 있는 분말소화약제는?

① 제1종 분말소화약제
② 제2종 분말소화약제
③ 제3종 분말소화약제
④ 제4종 분말소화약제

해설및용어설명 | 비누화 현상
- 제1종 분말소화약제 $2NaHCO_3 \rightarrow Na_2CO_3 + H_2O + CO_2$
- 소화약제의 분해로 생성된 $Na_2CO_3 + H_2O$가 혼합되어 강염기 용액이 되면서 식용유의 에스터기를 분해하여 비누화시킨다.

02

에터의 과산화물을 제거하는 시약으로 사용되는 것은?

① KI
② $FeSO_4$
③ NH_3
④ CH_3COCH_3

해설및용어설명 | 제4류 위험물 - 다이에틸에터
- 과산화물 생성 방지 : 저장용기에 40메시의 구리망을 넣어둔다.
- 과산화물 검출 시약 : 10% 옥화칼륨(KI) 수용액 - 과산화물에서 황색으로 변한다.
- 과산화물 제거 시약 : 황산제1철 또는 환원철

03

인화성액체위험물(CS_2는 제외)을 저장하는 옥외탱크저장소에서 방유제의 용량에 대해 다음 (   ) 안에 알맞은 수치를 차례대로 나열한 것은?

> 방유제의 용량은 방유제 안에 설치된 탱크가 하나인 때에는 그 탱크 용량의 (   )% 이상, 2기 이상인 때에는 그 탱크 중 용량이 최대인 것의 용량의 (   )% 이상으로 할 것. 이 경우 방유제의 용량은 당해 방유제의 내용적에서 용량이 최대인 탱크 외의 탱크의 방유제 높이 이하 부분의 용적, 당해 방유제 내에 있는 모든 탱크의 지반면 이상 부분의 기초의 체적, 간막이 둑의 체적 및 당해 방유제 내에 있는 배관 등의 체적을 뺀 것으로 한다.

① 50, 100
② 100, 110
③ 110, 100
④ 110, 110

해설및용어설명 | 옥외탱크저장소 - 방유제
- 용량
  - 탱크 1기 = 탱크 용량×1.1(110%)
  - 탱크 2기 이상 = 최대 탱크 용량×1.1(110%)

정답 01 ① 02 ② 03 ④

04

위험물안전관리법령상 용기에 수납하는 위험물에 따라 운반용기 외부에 표시하여야 할 주의사항으로 옳지 않은 것은?

① 자연발화성물질 – 화기엄금 및 공기접촉엄금
② 인화성액체 – 화기엄금
③ 자기반응성물질 – 화기엄금 및 충격주의
④ 산화성액체 – 화기·충격주의 및 가연물접촉주의

해설및용어설명 | 위험물 주의사항

유별	종류	운반용기 외부의 주의사항	게시판	소화방법	덮개
제1류 위험물	알칼리금속의 과산화물	가연물접촉주의, 화기·충격주의, 물기엄금	물기엄금	주수금지	방수성 차광성
	그 외	가연물접촉주의, 화기·충격주의	없음	주수소화	차광성
제2류 위험물	철분·금속분·마그네슘	화기주의, 물기엄금	화기주의	주수금지	방수성
	인화성고체	화기엄금	화기엄금	주수소화 질식소화	
	그 외	화기주의	화기주의	주수소화	
제3류 위험물	자연발화성물질	화기엄금, 공기접촉엄금	화기엄금	주수소화	차광성
	금수성물질	물기엄금	물기엄금	주수금지	방수성
제4류 위험물		화기엄금	화기엄금	질식소화	차광성 (특수인화물)
제5류 위험물		화기엄금, 충격주의	화기엄금	주수소화	차광성
제6류 위험물		가연물접촉주의	없음	주수소화	차광성

05

금속칼륨 10g을 물에 녹였을 때 이론적으로 발생하는 기체는 약 몇 g인가?

① 0.12g
② 0.26g
③ 0.32g
④ 0.52g

해설및용어설명 | 이상기체상태방정식

$2K + 2H_2O \rightarrow 2KOH + H_2$

$PV = \dfrac{w}{M}RT \rightarrow V = \dfrac{wRT}{PM}$

- P : 1atm
- M : K = 39g/mol
- 10g
- 0.082atm·L/mol·K
- T : 0℃ + 273 = 273K

$V = \dfrac{10 \times 0.082 \times 273}{1 \times 39} \times \dfrac{1H_2}{2K} \times \dfrac{1 \times 2g}{22.4L} = 0.256 ≒ 0.26g$

06

위험물안전관리법령상 위험물을 적재할 때에 방수성 덮개를 해야 하는 것은?

① 과산화나트륨
② 염소산칼륨
③ 제5류 위험물
④ 과산화수소

해설및용어설명 | 위험물 주의사항

유별	종류	운반용기 외부의 주의사항	게시판	소화방법	덮개
제1류 위험물	알칼리금속의 과산화물	가연물접촉주의, 화기·충격주의, 물기엄금	물기엄금	주수금지	방수성 차광성
	그 외	가연물접촉주의, 화기·충격주의	없음	주수소화	차광성
제2류 위험물	철분·금속분·마그네슘	화기주의, 물기엄금	화기주의	주수금지	방수성
	인화성고체	화기엄금	화기엄금	주수소화 질식소화	
	그 외	화기주의	화기주의	주수소화	
제3류 위험물	자연발화성물질	화기엄금, 공기접촉엄금	화기엄금	주수소화	차광성
	금수성물질	물기엄금	물기엄금	주수금지	방수성
제4류 위험물		화기엄금	화기엄금	질식소화	차광성 (특수인화물)
제5류 위험물		화기엄금, 충격주의	화기엄금	주수소화	차광성
제6류 위험물		가연물접촉주의	없음	주수소화	차광성

07

위험물안전관리법령상 위험물의 운반에 관한 기준에서 운반용기의 재질로 명시되지 않은 것은?

① 섬유판   ② 도자기
③ 고무류   ④ 종이

해설및용어설명 | 운반용기의 재질

강판·알루미늄판·양철판·유리·금속판·종이·플라스틱·섬유판·고무류·합성섬유·삼·짚 또는 나무

08

위험물안전관리법령상 NH_2OH의 지정수량을 옳게 나타낸 것은?

① 10kg   ② 50kg
③ 100kg ④ 200kg

해설및용어설명 | 제5류 위험물 - 하이드록실아민

지정수량 100kg

09

위험물안전관리법령상 벤조일퍼옥사이드의 화재에 적응성 있는 소화설비는?

① 분말소화설비   ② 불활성가스소화설비
③ 할로젠화합물소화설비   ④ 포소화설비

해설및용어설명 | 위험물 소화방법

제5류 위험물 - 주수소화

① 질식소화
② 질식소화
③ 억제소화
④ 주수소화, 질식소화

10

위험물안전관리법령상 옥내저장소의 저장창고 바닥면적은 1,000m² 이하로 하여야 하는 위험물이 아닌 것은?

① 아염소산염류   ② 나트륨
③ 금속분   ④ 과산화수소

해설및용어설명 | 옥내저장소 - 바닥면적

- 위험등급 I , 제4류 위험물 위험등급 I , II : 바닥면적 1,000m²
- 위험등급 II, III, 제4류 위험물 위험등급 III : 바닥면적 2,000m²
- 바닥면적 1,000m² + 2,000m²인 경우 = 1,500m²

① 제1류 위험물 중 아염소산염류, 지정수량 50kg, 위험등급 I
② 제3류 위험물 중 나트륨, 지정수량 10kg, 위험등급 I
③ 제2류 위험물 중 금속분, 지정수량 500kg, 위험등급 III
④ 제6류 위험물 중 과산화수소, 지정수량 300kg, 위험등급 I

11

유별을 달리하는 위험물의 혼재기준에서 1개 이하의 다른 유별의 위험물과만 혼재가 가능한 것은?(단, 지정수량이 1/10을 초과하는 경우이다)

① 제2류   ② 제3류
③ 제4류   ④ 제5류

해설및용어설명 | 위험물의 혼재 - 지정수량 1/10 초과일 때

423 524 61

① 제4류, 제5류 혼재가능
② 제4류 혼재가능
③ 제2류, 제3류, 제5류 혼재가능
④ 제2류, 제4류 혼재가능

12

전기의 부도체이고 황산이나 화약을 만드는 원료로 사용되며, 연소하면 푸른색을 내는 것은?

① 황 ② 적린
③ 철분 ④ 마그네슘

해설및용어설명 | 제2류 위험물 - 황

흑색화약 = 질산칼륨 + 황 + 탄소

① $S + O_2 \rightarrow SO_2$(푸른색 기체), S 부도체
② $4P + 5O_2 \rightarrow 2P_2O_5$(흰색 기체), P 부도체
③ $2Fe + O_2 \rightarrow 2FeO$(흰색 기체), Fe 도체
④ $2Mg + O_2 \rightarrow 2MgO$(흰색 기체), Mg 도체

13

제3류 위험물에 대한 설명으로 옳지 않은 것은?

① 탄화알루미늄은 물과 반응하여 메테인가스를 발생한다.
② 칼륨은 물과 반응하여 발열반응을 일으키며 수소가스를 발생한다.
③ 황린이 공기 중에서 자연발화하여 오황화인이 발생된다.
④ 탄화칼슘이 물과 반응하여 발생하는 가스의 연소범위는 약 2.5~81%이다.

해설및용어설명 | 제3류 위험물

① $Al_4C_3 + 12H_2O \rightarrow 4Al(OH)_3 + 3CH_4$
② $2K + 2H_2O \rightarrow 2KOH + H_2$
③ $P_4 + 5O_2 \rightarrow 2P_2O_5$(오산화린)
④ $CaC_2 + 2H_2O \rightarrow Ca(OH)_2 + C_2H_2$(아세틸렌 연소범위 2.5~81%)

14

위험물안전관리법령상 위험물 제조소등에 설치하는 소화설비 중 옥내소화전설비에 관한 기준으로 틀린 것은?

① 옥내소화전의 배관은 소화전 설비의 성능에 지장을 주지 않는다면 전용으로 설치하지 않아도 되고 주배관 중 입상관은 직경이 50mm 이상이어야 한다.
② 설비의 비상전원은 자가발전설비 또는 축전지설비로 설치하되, 용량은 옥내소화전설비를 45분 이상 유효하게 작동시키는 것이 가능한 것이어야 한다.
③ 비상전원으로 사용하는 큐비클식 외의 자가발전설비는 자가발전장치의 주위에 0.6m 이상의 공지를 보유하여야 한다.
④ 비상 전원으로 사용하는 축전지설비 중 큐비클식 외의 축전지설비를 동일실에 2개 이상 설치하는 경우에는 상호 간에 0.5m 이상 거리를 두어야 한다.

해설및용어설명 | 옥내소화전설비의 화재안전기준

① 급수배관은 전용으로 하여야 한다. 옥내소화전설비의 성능에 지장이 없는 경우에는 다른 설비와 겸용할 수 있다. 주배관 중 입상관의 직경은 50밀리미터 이상으로 하여야 한다.
② 설비의 비상전원은 자가발전설비 또는 축전지설비로 설치하되, 용량은 옥내소화전설비를 45분 이상 유효하게 작동시키는 것이 가능한 것이어야 한다.
③ 자가발전장치의 주위에는 0.6m 이상의 공지를 보유할 것
④ 비상 전원으로 사용하는 축전지설비 중 큐비클식 외의 축전지설비를 동일실에 2개 이상 설치하는 경우에는 상호 간격은 0.6m(높이가 1.6m 이상인 선반 등을 설치한 경우에는 1m) 이상 이격할 것

15

위험물안전관리법령상 위험물의 저장·취급에 관한 공통기준에서 정한 내용으로 틀린 것은?

① 제조소등에 있어서는 허가를 받았거나 신고한 수량 초과 또는 품명 외의 위험물을 저장·취급하지 말 것
② 위험물을 보호액 중에 보존하는 경우에는 당해 위험물이 보호액으로부터 노출되지 아니하도록 하여야 할 것
③ 위험물을 저장·취급하는 건축물은 위험물의 수량에 따라 차광 또는 환기를 할 것
④ 위험물을 용기에 수납하는 경우에는 용기의 파손, 부식, 틈 등이 생기지 않도록 할 것

해설및용어설명 | 위험물의 저장·취급 공통기준
① 신고와 관련되는 품명 외의 위험물 또는 허가 및 신고와 관련되는 수량 또는 지정수량의 배수를 초과하는 위험물을 저장 또는 취급하지 아니하여야 한다.
② 위험물을 보호액 중에 보존하는 경우에는 당해 위험물이 보호액으로부터 노출되지 아니하도록 하여야 한다.
③ 위험물을 저장 또는 취급하는 건축물 그 밖의 공작물 또는 설비는 당해 위험물의 성질에 따라 차광 또는 환기를 실시하여야 한다.
④ 위험물을 용기에 수납하여 저장 또는 취급할 때에는 그 용기는 당해 위험물의 성질에 적응하고 파손·부식·균열 등이 없는 것으로 하여야 한다.

16

위험물안전관리법령상 제2석유류가 아닌 것은?

① 가연성 액체량이 40wt%이면서 인화점이 39℃, 연소점이 65℃인 도료
② 가연성 액체량이 50wt%이면서 인화점이 39℃, 연소점이 65℃인 도료
③ 가연성 액체량이 40wt%이면서 인화점이 40℃, 연소점이 65℃인 도료
④ 가연성 액체량이 50wt%이면서 인화점이 40℃, 연소점이 65℃인 도료

해설및용어설명 | 제4류 위험물 - 제2석유류
등유, 경유 그 밖에 1기압에서 인화점이 섭씨 21도 이상 70도 미만인 것을 말한다. 다만, 도료류 그 밖의 물품에 있어서 가연성 액체량이 40중량퍼센트 이하이면서 인화점이 섭씨 40도 이상인 동시에 연소점이 섭씨 60도 이상인 것은 제외한다.

17

탄화칼슘이 물과 반응하면 가연성 가스가 발생한다. 이때 발생한 가스를 촉매하에서 물과 반응시켰을 때 생성되는 물질은?

① 다이에틸에터
② 에틸아세테이트
③ 아세트알데하이드
④ 산화프로필렌

해설및용어설명 | 화학반응식

$CaC_2 + 2H_2O \rightarrow Ca(OH)_2 + C_2H_2$

$C_2H_2 + H_2O \rightarrow C_2H_4O$

① $C_2H_5OC_2H_5 = C_4H_{10}O$
② $CH_3COOCH_3 = C_3H_6O_2$
③ $CH_3CHO = C_2H_4O$
④ $OCH_2CHCH_3 = C_3H_6O$

18

위험물의 운반기준에 대한 설명으로 틀린 것은?

① 위험물을 수납한 운반용기가 현저하게 마찰 또는 동요를 일으키지 아니하도록 운반하여야 한다.
② 지정수량 이상의 위험물을 차량으로 운반할 때에는 한 변의 길이가 0.3m 이상, 다른 한 변은 0.6m 이상인 직사각형 표지판을 설치하여야 한다.
③ 위험물의 운반도중 재난발생의 우려가 있는 경우에는 응급조치를 강구하는 동시에 가까운 소방관서 그 밖의 관계기관에 통보하여야 한다.
④ 지정수량 이하의 위험물을 차량으로 운반하는 경우 적응성이 있는 소형수동식 소화기를 위험물의 소요단위에 상응하는 능력단위 이상으로 비치하여야 한다.

해설및용어설명 | 위험물 운반
① 위험물 또는 위험물을 수납한 운반용기가 현저하게 마찰 또는 동요를 일으키지 아니하도록 운반하여야 한다
② 지정수량 이상의 위험물을 차량으로 운반하는 경우에는 해당 차량에 소방청장이 정하여 고시하는 바에 따라 운반하는 위험물의 위험성을 알리는 표지를 설치하여야 한다.
③ 위험물의 운반도중 위험물이 현저하게 새는 등 재난발생의 우려가 있는 경우에는 응급조치를 강구하는 동시에 가까운 소방관서 그 밖의 관계기관에 통보하여야 한다.
④ 지정수량 이상의 위험물을 차량으로 운반하는 경우에는 당해 위험물에 적응성이 있는 소형수동식소화기를 당해 위험물의 소요단위에 상응하는 능력단위 이상 갖추어야 한다.

19

수소화리튬에 대한 설명으로 틀린 것은?

① 물과 반응하여 가연성 가스를 발생한다.
② 물보다 가볍다.
③ 대량의 저장 용기 중에는 아르곤을 봉입한다.
④ 주수소화가 금지되어 있고 이산화탄소 소화기가 적응성이 있다.

해설및용어설명 | 제3류 위험물 - 수소화리튬
① $LiH + H_2O \rightarrow LiOH + H_2$
② 비중 0.92
③ 금속수소화합물 : 불활성기체 봉입
④ 주수금지 : 탄산수소염류 분말소화약제, 마른 모래, 팽창질석, 팽창진주암

20

포름산(formic acid)에 대한 설명으로 틀린 것은?

① 화학식은 CH_3COOH이다.
② 비중은 약 1.2로 물보다 무겁다.
③ 개미산이라고도 한다.
④ 융점은 약 8.5℃이다.

해설및용어설명 | 제4류 위험물 - 포름산
① HCOOH
② 비중 1.2, 물보다 무겁다.
③ 포름산 = 개미산 = 의산, 아세트산 = 초산
④ 녹는점 8.5℃, 액체이다.

정답 18 ④ 19 ④ 20 ①

21

위험물안전관리법령상 위험물제조소등의 자동화재탐지설비의 설치기준으로 틀린 것은?

① 계단·경사로·승강기의 승강로 그 밖의 이와 유사한 장소에 연기감지기를 설치하는 경우에는 자동화재탐지설비의 경계구역이 2 이상의 층에 걸칠 수 있다.
② 하나의 경계구역의 면적은 $600m^2$(예외적인 경우에는 $1,000m^2$ 이하) 이하로 하고 광전식 분리형 감지기를 설치하는 경우에는 한 변의 길이는 50m 이하로 하여야 한다.
③ 자동화재탐지설비의 감지기는 지붕 또는 벽의 옥내에 면한 부분에 유효하게 화재의 발생을 감지하도록 설치하여야 한다.
④ 자동화재탐지설비에는 비상전원을 설치하여야 한다.

해설및용어설명 | 자동화재탐지설비 - 설치기준
하나의 경계구역의 면적은 $600m^2$ 이하로 하고 그 한 변의 길이는 50m(광전식 분리형감지기를 설치할 경우에는 100m) 이하로 할 것. 다만, 당해 건축물 그 밖의 공작물의 주요한 출입구에서 그 내부의 전체를 볼 수 있는 경우에 있어서는 그 면적을 $1,000m^2$ 이하로 할 수 있다.

22

위험물안전관리법령상 옥내저장소에 6개의 옥외소화전을 설치할 때 필요한 수원의 수량은?

① $28m^3$ 이상
② $39m^3$ 이상
③ $54m^3$ 이상
④ $81m^3$ 이상

해설및용어설명 | 수원의 수량
- 옥내소화전 $7.8m^3 \times$(최대 5개)
- 옥외소화전 $13.5m^3 \times$(최대 4개)
$4 \times 13.5 = 54m^3$

23

다음 중 위험물안전관리법령상 압력탱크가 아닌 저장탱크에 위험물을 저장할 때 유지하여야 하는 온도의 기준이 가장 낮은 경우는?

① 다이에틸에터를 옥외저장탱크에 저장하는 경우
② 산화프로필렌을 옥내저장탱크에 저장하는 경우
③ 산화프로필렌을 지하저장탱크에 저장하는 경우
④ 아세트알데하이드를 지하저장탱크에 저장하는 경우

해설및용어설명 | 위험물 저장

	옥외저장탱크, 옥내저장탱크, 지하저장탱크		이동저장탱크	
	압력탱크 외	압력탱크	보냉장치 있는	보냉장치 없는
아세트알데하이드	15℃ 이하	40℃ 이하	비점 이하	40℃ 이하
산화프로필렌	30℃ 이하	40℃ 이하	비점 이하	40℃ 이하
다이에틸에터등	30℃ 이하	40℃ 이하	비점 이하	40℃ 이하

24

백색 또는 담황색 고체로 수산화칼륨 용액과 반응하여 포스핀 가스를 생성하는 것은?

① 황린
② 트라이메틸알루미늄
③ 적린
④ 황

해설및용어설명 | 제3류 위험물 - 황린
알칼리용액과 반응하여 포스핀 생성

25

위험물안전관리법령상 옥외탱크저장소에 설치하는 높이가 1m를 넘는 방유제 및 간막이 둑의 안팎에 설치하는 계단 또는 경사로는 약 몇 m마다 설치하여야 하는가?

① 20m　　② 30m
③ 40m　　④ 50m

해설및용어설명 | 옥외탱크저장소 - 방유제
- 높이 0.5m 이상 3m 이하
- 면적 8만m² 이하
- 용량 탱크 1기 : 탱크 용량의 110% 이상
  탱크 2기 이상 : 최대 탱크 용량의 110% 이상
- 계단 또는 경사로 50m마다 설치
- 간막이둑
  - 1,000만 리터 이상인 옥외탱크저장소 주위에 설치
  - 높이 0.3m 이상, 방유제 높이보다 0.2m 이상 낮게
  - 흙 또는 철근콘크리트로 설치할 것
  - 용량 간막이 둑 안에 설치된 탱크의 용량의 10% 이상

26

제4류 위험물 중 제1석유류의 일반적인 특성이 아닌 것은?

① 증기의 연소 하한값이 비교적 낮다.
② 대부분 비중이 물보다 작다.
③ 다른 석유류보다 화재 시 보일오버 슬롭오버 현상이 일어나기 쉽다.
④ 대부분 증기밀도가 공기보다 크다.

해설및용어설명 | 제4류 위험물 - 제1석유류
① 증기의 연소 하한값이 비교적 낮다.
② 대부분 물보다 가볍다.
③ 보일오버 슬롭오버는 중유에서 특히 많이 발생하기 쉽다.
④ 대부분 공기보다 무겁다.

27

메테인의 확산 속도 28m/s이고, 같은 조건에서 기체 A의 확산 속도는 14m/s이다. 기체 A의 분자량은 얼마인가?

① 8　　② 32
③ 64　　④ 128

해설및용어설명 | 확산속도 - 그레이엄의 법칙

$$v_1 : v_2 = \sqrt{\frac{1}{M_1}} : \sqrt{\frac{1}{M_2}}$$

$$28 : 14 = \sqrt{\frac{1}{CH_4}} : \sqrt{\frac{1}{A}} = \sqrt{\frac{1}{12+1\times 4}} : \sqrt{\frac{1}{M_A}}$$

$$28^2 : 14^2 = \frac{1}{16} : \frac{1}{M_A}$$

$$\frac{1}{M_A} = \frac{14^2}{28^2} \times \frac{1}{16} = \frac{1}{64}$$

$$M_A = 64$$

28

0℃, 0.5기압에서 질산 1mol은 몇 g인가?

① 31.5g　　② 63g
③ 126g　　④ 252g

해설및용어설명 | 분자량
온도, 압력에 관계없이 물질 1mol의 질량은 (분자량)g이다.
HNO_3 = 1 + 14 + 16×3 = 63g

29

위험물제조소등의 완공검사의 신청시기에 대한 설명으로 옳은 것은?

① 이동탱크저장소는 이동저장탱크의 제작 전에 신청한다.
② 이송취급소에서 지하에 매설하는 이송배관공사의 경우는 전체의 이송배관 공사를 완료한 후에 신청한다.
③ 지하탱크가 있는 제조소등은 당해 지하탱크를 매설한 후에 신청한다.
④ 이송취급소에서 하천에 매설하는 이송배관의 공사의 경우에는 이송배관을 매설하기 전에 신청한다.

해설및용어설명 | 완공검사의 신청시기

1. 지하탱크가 있는 제조소등의 경우 : 당해 지하탱크를 매설하기 전
2. 이동탱크저장소의 경우 : 이동저장탱크를 완공하고 상시 설치 장소(이하 "상치장소"라 한다)를 확보한 후
3. 이송취급소의 경우 : 이송배관 공사의 전체 또는 일부를 완료한 후. 다만, 지하·하천 등에 매설하는 이송배관의 공사의 경우에는 이송배관을 매설하기 전
4. 전체 공사가 완료된 후에는 완공검사를 실시하기 곤란한 경우 : 다음 각목에서 정하는 시기
   가. 위험물설비 또는 배관의 설치가 완료되어 기밀시험 또는 내압시험을 실시하는 시기
   나. 배관을 지하에 설치하는 경우에는 시·도지사, 소방서장 또는 기술원이 지정하는 부분을 매몰하기 직전
   다. 기술원이 지정하는 부분의 비파괴시험을 실시하는 시기
5. 제1호 내지 제4호에 해당하지 아니하는 제조소등의 경우 : 제조소등의 공사를 완료한 후

30

위험물제조소 옥외에 있는 위험물취급탱크 용량이 100,000L인 곳의 방유제 용량은 몇 L 이상이어야 하는가?

① 50,000   ② 90,000
③ 100,000   ④ 110,000

해설및용어설명 | 제조소 - 방유제

- 용량 탱크 1기 : 탱크 용량의 50% 이상
  탱크 2기 이상 : 최대 탱크 용량×50% + 나머지 탱크 용량×10%
  100,000L×0.5 = 50,000L

31

위험성 평가기법을 정량적 평가기법과 정성적 평가기법으로 구분할 때 다음 중 그 성격이 다른 하나는?

① HAZOP   ② FTA
③ ETA   ④ CCA

해설및용어설명 | 위험성 평가

- 정성적 평가
  - HAZOP(위험과 운전분석기법, Hazard and Operability)
  - PHA(예비위험분석기법, Preliminary Hazard Analysis)
- 정량적 평가
  - FTA(결함수분석기법, Fault Tree Analysis)
  - ETA(사건수분석기법, Event Tree Analysis)
  - CA(피해영향분석법, Consequence Analysis)
  - FMECA(Failure Modes Effects and Criticality Analysis)
  - CCA(원인결과 분석, Cause - Consequence Analysis)

32

위험물안전관리법령상 제5류 위험물에 속하지 않는 것은?

① $C_3H_5(ONO_2)_3$
② $C_6H_2(NO_2)_3OH$
③ CH_3COOOH
④ $C_3Cl_3N_3O_3$

해설및용어설명 | 위험물의 종류
① 나이트로글리세린 : 제5류 위험물 중 질산에스터류
② 트라이나이트로페놀 : 제5류 위험물 중 나이트로화합물
③ 과산화초산 : 제5류 위험물 중 유기과산화물
④ 트라이클로로시아누르산 : 제3류 위험물 중 그 외

33

위험물안전관리법령상 소방공무원경력자가 취급할 수 있는 위험물은?

① 법령에서 정한 모든 위험물
② 제4류 위험물을 제외한 모든 위험물
③ 제4류 위험물과 제6류 위험물
④ 제4류 위험물

해설및용어설명 | 위험물취급자격자의 자격

위험물취급자격자의 구분	취급할 수 있는 위험물
위험물기능장, 위험물산업기사, 위험물기능사	모든 위험물
안전관리자교육이수자	제4류 위험물
소방공무원 경력자(경력 3년 이상)	제4류 위험물

34

다음 중 크산토프로테인 반응을 하는 물질은?

① H_2O_2
② HNO_3
③ $HClO_4$
④ $NH_4H_2PO_4$

해설및용어설명 | 크산토프로테인 반응
질산이 단백질과 반응하여 노란색으로 변하는 현상
① 과산화수소
② 질산
③ 과염소산
④ 인산암모늄

35

트라이에틸알루미늄이 물과 반응하였을 때 생성되는 물질은?

① $Al(OH)_3$, C_2H_2
② $Al(OH)_3$, C_2H_6
③ Al_2O_3, C_2H_2
④ Al_2O_3, C_2H_6

해설및용어설명 | 화학반응식

$(C_2H_5)_3Al + 3H_2O \rightarrow Al(OH)_3 + 3C_2H_6$
트라이에틸알루미늄 물   수산화알루미늄 에테인

36

다음 중 제2류 위험물의 일반적인 성질로 가장 거리가 먼 것은?

① 연소 시 유독성 가스를 발생한다.
② 연소 속도가 빠르다.
③ 불이 붙기 쉬운 가연성 물질이다.
④ 산소를 함유하고 있지 않은 강한 산화성 물질이다.

해설및용어설명 | 제2류 위험물 - 가연성 고체
① 연소 시 유독성 가스를 발생한다.
② 연소 속도가 빠르다.
③ 불이 붙기 쉬운 가연성 고체이다.
④ 산소를 함유하고 있지 않은 강한 환원성 물질이다. 산화성 물질은 제1류, 제5류, 제6류 위험물에 대한 설명이다.

37

제조소에서 위험물을 취급하는 건축물 그 밖의 시설의 주위에는 그 취급하는 위험물의 최대수량에 따라 보유해야 할 공지가 필요하다. 취급하는 위험물이 지정수량의 10배인 경우 공지의 너비는 몇 미터 이상으로 해야 하는가?

① 3m
② 4m
③ 5m
④ 10m

해설및용어설명 | 제조소 - 보유공지

취급하는 위험물의 최대수량	공지의 너비
지정수량의 10배 이하	3m 이상
지정수량의 10배 초과	5m 이상

38

위험물안전관리법령상 주유취급소의 주유원 간이대기실의 기준으로 적합하지 않은 것은?

① 불연재료로 할 것
② 바퀴가 부착되지 아니한 고정식일 것
③ 차량의 출입 및 주유 작업에 장애를 주지 아니하는 위치에 설치할 것
④ 주유공지 및 급유공지 외의 장소에 설치하는 것은 바닥면적이 $2.5m^2$ 이하일 것

해설및용어설명 | 주유취급소 - 주유원 간이대기실
① 불연재료로 할 것
② 바퀴가 부착되지 아니한 고정식일 것
③ 차량의 출입 및 주유 작업에 장애를 주지 아니하는 위치에 설치할 것
④ 바닥면적이 $2.5m^2$ 이하인 것. 다만, 주유공지 및 급유공지 외의 장소에 설치하는 것은 그러하지 아니하다.

39

고분자 중합제품, 합성고무, 포장재 등에 사용되는 제2석유류로서 가열, 햇빛, 유기과산화물에 의해 쉽게 중합 반응하여 점도가 높아져 수지상으로 변화하는 것은?

① 하이드라진
② 스틸렌
③ 아세트산
④ 모노부틸아민

해설및용어설명 | 제4류 위험물 - 스틸렌
• 고분자 중합제품, 합성고무, 포장재 등에 사용
• 가열, 햇빛, 유기과산화물에 의해 쉽게 중합 반응하여 점도가 높아져 수지상으로 변화한다.

40

다음 정전기에 대한 설명 중 가장 옳은 것은?

① 전기저항이 낮은 액체가 유동하면 정전기를 발생하며 그 정도는 그 액체의 고유저항이 작을수록 대전하기 쉬워 정전기 발생의 위험성이 높다.
② 전기저항이 높은 액체가 유동하면 정전기를 발생하며 그 정도는 그 액체의 고유저항이 작을수록 대전하기 쉬워 정전기 발생의 위험성이 높다.
③ 전기저항이 낮은 액체가 유동하면 정전기를 발생하며 그 정도는 그 액체의 고유저항이 클수록 대전하기 쉬워 정전기 발생의 위험성이 높다.
④ 전기저항이 높은 액체가 유동하면 정전기를 발생하며 그 정도는 그 액체의 고유저항이 클수록 대전하기 쉬워 정전기 발생의 위험성이 높다.

해설및용어설명 | 연소의 3요소 - 정전기

저항이 크면 정전기 발생이 쉽다.
- 전기저항이 높은 액체가 유동하면 정전기 발생
- 액체의 고유저항이 클수록 대전하기 쉬워 정전기 발생 위험성이 높다.

41

모두 액체인 위험물로만 나열된 것은?

① 제3석유류, 특수인화물, 과염소산염류, 과염소산
② 과염소산, 과아이오딘산, 질산, 과산화수소
③ 동식물유류, 과산화수소, 과염소산, 질산
④ 염소화아이소사이아누르산, 특수인화물, 과염소산, 질산

해설및용어설명 | 위험물의 분류

① 과염소산염류 제1류 위험물 : 고체
② 과아이오딘산 제1류 위험물 : 고체
③ 제4류 위험물, 제6류 위험물 : 모두 액체
④ 염소화아이소사이아누르산 제1류 위험물 : 고체

42

위험물안전관리법령상 보일러 등으로 위험물을 소비하는 일반취급소를 건축물의 다른 부분과 구획하지 않고 설비 단위로 설치하는데 필요한 특례요건이 아닌 것은?(단, 건축물의 옥상에 설치하는 경우는 제외한다)

① 위험물을 취급하는 설비의 주위에 원칙적으로 너비 3m 이상의 공지를 보유할 것
② 일반취급소에서 취급하는 위험물의 최대수량은 지정수량의 10배 미만일 것
③ 보일러, 버너 그 밖에 이와 유사한 장치로 인화점 70℃ 이상의 제4류 위험물을 소비하는 취급일 것
④ 일반취급소의 용도로 사용하는 부분의 바닥(설비의 주위에 있는 공지를 포함)에는 집유설비를 설치하고 바닥의 주위에 배수구를 설치할 것

해설및용어설명 | 일반취급소 - 보일러등으로 위험물을 소비하는 일반취급소

① 위험물을 취급하는 설비는 바닥에 고정하고, 당해 설비의 주위에 너비 3m 이상의 공지를 보유할 것
② 특례기준 : 보일러 등으로 위험물을 소비하는 일반취급소 중 지정수량 10배 미만인 것
③ 인화점 38℃ 이상인 제4류 위험물을 지정수량 30배 미만 취급
④ 바닥은 위험물이 침투하지 아니하는 구조로 하고 적당한 경사를 두는 한편, 집유설비 및 당해 바닥의 주위에 배수구를 설치할 것

43

다음 중 세기성질(intensive property)이 아닌 것은?

① 녹는점
② 밀도
③ 인화점
④ 부피

해설및용어설명 | 물리량

- 세기성질 : 계의 크기나 계에 존재하는 시료의 양에 의존하지 않는다.
  예) 압력, 온도, 농도, 밀도, 녹는점, 끓는점
- 크기성질 : 계의 크기나 계에 존재하는 시료의 양에 의존
  예) 질량, 길이, 부피, 엔탈피, 엔트로피, 에너지, 전기저항, 열

44

아이오딘포름 반응이 일어나는 물질과 반응 시 색상을 옳게 나타낸 것은?

① 메탄올, 적색
② 에탄올, 적색
③ 메탄올, 노란색
④ 에탄올, 노란색

해설및용어설명 | 제4류 위험물 - 아이오딘포름 반응
- 아세틸기(CH_3CO^-) + 수산화알칼리 + 아이오딘이 반응하여 노란색 침전을 형성하는 것
- 아이오딘포름 반응하는 물질 : 아세톤, 메틸에틸케톤, 아세트알데하이드, 1차 알코올 중 에탄올, 2차 알코올

45

과염소산, 질산, 과산화수소의 공통점이 아닌 것은?

① 다른 물질을 산화시킨다.
② 강산에 속한다.
③ 산소를 함유한다.
④ 불연성 물질이다.

해설및용어설명 | 제6류 위험물
① 강산화제이므로 다른 물질을 산화시키고 자기 자신은 환원된다.
② 과염소산, 질산은 강산이고 과산화수소는 강산이 아니다.
③ $HClO_4$, HNO_3, H_2O_2로 산소를 함유한다.
④ 불연성이다.

46

위험물안전관리법령상 차량에 적재하여 운반 시 차광 또는 방수 덮개를 하지 않아도 되는 위험물은?

① 질산암모늄
② 적린
③ 황린
④ 이황화탄소

해설및용어설명 | 위험물 주의사항

유별	종류	운반용기 외부의 주의사항	게시판	소화방법	덮개
제1류 위험물	알칼리금속의 과산화물	가연물접촉주의, 화기·충격주의, 물기엄금	물기엄금	주수금지	방수성 차광성
	그 외	가연물접촉주의, 화기·충격주의	없음	주수소화	차광성
제2류 위험물	철분·금속분·마그네슘	화기주의, 물기엄금	화기주의	주수금지	방수성
	인화성고체	화기엄금	화기엄금	주수소화 질식소화	
	그 외	화기주의	화기주의	주수소화	
제3류 위험물	자연발화성 물질	화기엄금, 공기접촉엄금	화기엄금	주수소화	차광성
	금수성물질	물기엄금	물기엄금	주수금지	방수성
제4류 위험물		화기엄금	화기엄금	질식소화	차광성 (특수인화물)
제5류 위험물		화기엄금, 충격주의	화기엄금	주수소화	차광성
제6류 위험물		가연물접촉주의	없음	주수소화	차광성

① 제1류 위험물 그 외 : 차광성
② 제2류 위험물 그 외 : 덮개 없음
③ 제3류 위험물 자연발화성 물질 : 차광성
④ 제4류 위험물 특수인화물 : 차광성

47

위험물안전관리법령상 인화성고체는 1기압에서 인화점이 섭씨 몇 도인 고체를 말하는가?

① 20도 미만
② 30도 미만
③ 40도 미만
④ 50도 미만

해설및용어설명 | 제2류 위험물 - 인화성고체
1기압에서 인화점 40도 미만인 고체

48

트라이클로로실란(Trichlorosilane)의 위험성에 대한 설명으로 옳지 않은 것은?

① 산화성물질과 접촉하면 폭발적으로 반응한다.
② 물과 심하게 반응하여 부식성의 염산을 생성한다.
③ 연소범위가 넓고 인화점이 낮아 위험성이 높다.
④ 증기비중이 공기보다 작으므로 높은 곳에 체류해 폭발 가능성이 높다.

해설및용어설명 | 제3류 위험물 - 트라이클로로실란
① 가연물이므로 산화성 물질과 폭발적으로 반응한다.
② $SiHCl_3 + 2H_2O \rightarrow SiO_2 + H_2 + 3HCl$
③ 연소범위: 1.2~90.5%, 인화점: -28℃
④ 분자량 29 이상이므로 증기비중이 공기보다 크다.

49

위험물안전관리법령상 주유 캐노피를 설치하려고 할 때의 기준에 해당하지 않는 것은?

① 배관이 캐노피 내부를 통과할 경우에는 1개 이상의 점검구를 설치할 것
② 캐노피 외부의 점검이 곤란한 장소에 배관을 설치하는 경우에는 용접이음으로 할 것
③ 캐노피의 면적은 주유취급 바닥면적의 2분의 1 이하로 할 것
④ 캐노피 외부의 배관이 일광열의 영향을 받을 우려가 있는 경우에는 단열재로 피복할 것

해설및용어설명 | 주유취급소 - 캐노피
- 배관이 캐노피 내부를 통과할 경우에는 1개 이상의 점검구를 설치할 것
- 캐노피 외부의 점검이 곤란한 장소에 배관을 설치하는 경우에는 용접이음으로 할 것
- 캐노피 외부의 배관이 일광열의 영향을 받을 우려가 있는 경우에는 단열재로 피복할 것

50

위험물안전관리법령상 아세트알데하이드 이동탱크저장소의 경우 이동저장탱크로부터 아세트알데하이드를 꺼낼 때는 동시에 얼마 이하의 압력으로 불활성 기체를 봉입하여야 하는가?

① 20kPa
② 24kPa
③ 100kPa
④ 200kPa

해설및용어설명 | 위험물 저장
아세트알데하이드등의 이동탱크저장소에 있어서 이동저장탱크로부터 아세트알데하이드등을 꺼낼 때에는 동시에 100kPa 이하의 압력으로 불활성기체를 봉입할 것

51

BaO₂에 대한 설명으로 옳지 않은 것은?

① 알칼리토금속의 과산화물 중 가장 불안정하다.
② 가열하면 산소를 분해·방출한다.
③ 환원제, 섬유와 혼합하면 발화의 위험이 있다.
④ 지정수량이 50kg이고 묽은 산에 녹는다.

해설및용어설명 | 제1류 위험물 - 과산화바륨
① 알칼리토금속의 과산화물 중에서 가장 안정적이다.
② 가열 시 산소를 방출한다.
③ 산화제이므로 환원제와 혼합 시 발화 위험이 있다.
④ 무기과산화물이므로 지정수량 50kg이고 묽은 산에 녹는다.

52

위험물안전관리법령상 제3류 위험물의 종류에 따라 위험물을 수납한 용기에 부착하는 주의사항에 내용에 해당하지 않는 것은?

① 충격주의   ② 화기엄금
③ 공기접촉엄금   ④ 물기엄금

해설및용어설명 | 위험물 주의사항

유별	종류	운반용기 외부의 주의사항	게시판	소화방법	덮개
제1류 위험물	알칼리금속의 과산화물	가연물접촉주의, 화기·충격주의, 물기엄금	물기엄금	주수금지	방수성 차광성
	그 외	가연물접촉주의, 화기·충격주의	없음	주수소화	차광성
제2류 위험물	철분·금속분·마그네슘	화기주의, 물기엄금	화기주의	주수금지	방수성
	인화성고체	화기엄금	화기엄금	주수소화 질식소화	
	그 외	화기주의	화기주의	주수소화	
제3류 위험물	자연발화성 물질	화기엄금, 공기접촉엄금	화기엄금	주수소화	차광성
	금수성물질	물기엄금	물기엄금	주수금지	방수성
제4류 위험물		화기엄금	화기엄금	질식소화	차광성 (특수인화물)
제5류 위험물		화기엄금, 충격주의	화기엄금	주수소화	차광성
제6류 위험물		가연물접촉주의	없음	주수소화	차광성

53

프로판 - 공기의 혼합기체가 양론비로 반응하여 완전연소된다고 할 때 혼합기체 중 프로판의 비율은 약 몇 vol%인가? (단, 공기 중 산소는 21vol%이다)

① 23.8   ② 16.7
③ 4.03   ④ 3.12

해설및용어설명 | 화학반응식

$C_3H_8 + 5O_2 \rightarrow 3CO_2 + 4H_2O$

$5mol\ O_2 \times \dfrac{1air}{0.21\ O_2} = 23.8mol\ air$

프로판 가스 1mol 연소를 위해 23.8mol의 공기가 필요하다.

$\dfrac{1\ mol\ C_3H_8}{1\ mol\ C_3H_8 + 23.8mol\ air} \times 100 = 4.03\%$

54

위험물안전관리법령상 옥내저장소에서 글리세린을 수납하는 용기만을 겹쳐 쌓는 경우에 높이는 얼마를 초과할 수 없는가?

① 3m   ② 4m
③ 5m   ④ 6m

해설및용어설명 | 위험물 저장 높이
- 기계에 의하여 하역하는 구조로 된 용기만을 겹쳐 쌓는 경우 : 6m
- 제4류 위험물 중 제3석유류, 제4석유류 및 동식물유류를 수납하는 용기만을 겹쳐 쌓는 경우 : 4m
- 그 밖의 경우 : 3m

글리세린 : 제4류 위험물 중 제3석유류(수용성)

55

표준시간 설정 시 미리 정해진 표를 활용하여 작업자의 동작에 대해 시간을 산정하는 시간연구법에 해당되는 것은?

① PTS법
② 스톱워치법
③ 워크샘플링법
④ 실적자료법

해설및용어설명 | 표준시간 - 정미시간 산출
① 모든 작업을 기본동작으로 분해하고, 각 기본동작에 대하여 성질과 조건에 따라 정해놓은 시간치를 적용하여 정미시간을 산정하는 방법
② 표준화된 작업을 평균 노동자에게 실제로 수행하게 하여 그 시간을 스톱워치로 측정하고 일정한 보정(補正)을 하여 표준 작업시간을 설정하는 방법
③ 스톱워치 없이 작업자나 설비에 대하여 순간 관측을 여러 번 실시 특정 현상이 발생하는 비율을 구하여 신뢰도와 정도를 고려하여 추정하는 방법
④ 과거의 실적자료에 기초하여 작업시간 추정

56

다음 표는 어느 자동차 영업소의 월별 판매실적을 나타낸 것이다. 5개월 단순이동 평균법으로 5월의 수요를 예측하면 몇 대인가?

월	1월	2월	3월	4월	5월
판매량	100대	110대	120대	130대	140대

① 120대
② 130대
③ 140대
④ 150대

해설및용어설명 | 이동평균법

$$\frac{100+110+120+130+140}{5} = 120$$

57

다음 내용은 설비보전조직에 대한 설명이다. 어떤 조직의 형태에 대한 설명인가?

> 보전작업자는 조직상 각 제조부문의 감독자 밑에 둔다.
> • 단점 : 생산우선에 의한 보전작업 경시, 보전기술 향상의 곤란성
> • 장점 : 운전과의 일체감 및 현장감독의 용이성

① 집중보전
② 지역보전
③ 부문보전
④ 절충보전

해설및용어설명 | 설비보전조직
① 집중보전
 • 공장의 모든 보전요원을 한사람의 관리자 밑에 조직(조직상 집중)
 • 모든 보전을 집중 관리하는 보전방식
② 지역보전
 • 특정 지역에 보전요원배치(조직상 집중)
 • 배치 지역의 예방보전 검사, 급유, 수리 등을 담당(배치상 분산)
③ 부문보전
 • 보전요원을 제조부분의 감독자 밑에 배치(조직상 분산)
④ 절충보전
 • 지역보전 또는 부문보전과 집중보전을 조합시켜 각각의 장점을 살리고 단점을 보완하는 방식이다.

58

이항분포(binomial distribution)에서 매회 A가 일어나는 확률이 일정한 값 P일 때, n회의 독립시행 중 사상 A가 x회 일어날 확률 $P(x)$를 구하는 식은? (단, N은 로트의 크기, n은 시료의 크기, P는 로트의 모부적합품률이다)

① $P(x) = \dfrac{n!}{x!(n-x)!}$

② $P(x) = e^{-x} \cdot \dfrac{(nP)^x}{X!}$

③ $P(x) = \dfrac{\binom{NP}{x}\binom{N-NP}{n-x}}{\binom{N}{n}}$

④ $P(x) = \binom{n}{x} P^x \cdot (1-P)^{n-x}$

해설및용어설명 | 이항분포

$P(x) = \binom{n}{x} P^x \cdot (1-P)^{n-x}$

59

샘플링에 관한 설명으로 틀린 것은?

① 취락 샘플링에서는 취락 간의 차는 적게, 취락 내의 차는 크게 한다.
② 제조공정의 품질특성에 주기적인 변동이 있는 경우 계통 샘플링을 적용하는 것이 좋다.
③ 시간적 또는 공간적으로 일정 간격을 두고 샘플링하는 방법을 계통 샘플링이라고 한다.
④ 모집단을 몇 개의 층으로 나누어 각 층마다 랜덤하게 시료를 추출하는 것을 층별 샘플링이라고 한다.

해설및용어설명 | 샘플링 방법

계통 샘플링	취락 샘플링
층별 샘플링	2단계 샘플링

- 랜덤 샘플링 : 제조공정의 품질특성에 주기적인 변동이 있는 경우 적합
- 계통 샘플링 : 모집단에서 일정한 간격을 두고 시료를 채취하는 방법
- 취락 샘플링 : 모집단을 취락으로 나누어 취락 전체를 검사하는 방법
- 취락 간의 차는 적게, 취락 내의 차는 크게 한다.
- 층별 샘플링 : 모집단을 층으로 나누어 모든 층으로부터 샘플 채취
- 2단계 샘플링 : 모집단을 1단계, 2단계로 나누어 각 단계에서 몇 개의 시료를 채취하는 방법

60

다음은 관리도의 사용 절차를 나타낸 것이다. 관리도의 사용 절차를 순서대로 나열한 것은?

> ㉠ 관리하여야 할 항목의 선정
> ㉡ 관리도의 선정
> ㉢ 관리하려는 제품이나 종류 선정
> ㉣ 시료를 채취하고 측정하여 관리도를 작성

① ㉠ → ㉡ → ㉢ → ㉣
② ㉠ → ㉢ → ㉣ → ㉡
③ ㉢ → ㉠ → ㉡ → ㉣
④ ㉢ → ㉣ → ㉠ → ㉡

해설및용어설명 | 관리도 사용 절차

- 관리하려는 제품이나 종류 선정
- 관리하여야 할 항목의 선정
- 관리도의 선정
- 시료를 채취하고 측정하여 관리도를 작성

과년도 기출문제

2017 * 61

01

고온에서 용융된 황과 수소가 반응하였을 때 현상으로 옳은 것은?

① 발열하면서 H₂S가 생성된다.
② 흡열하면서 H₂S가 생성된다.
③ 발열은 하지만 생성물은 없다.
④ 흡열은 하지만 생성물은 없다.

해설 및 용어설명 | 화학반응식

S + H₂ → H₂S

생성물 생성될 때 대부분 열이 발생한다.

02

위험물안전관리자의 선임신고를 허위로 한 자에게 부과하는 과태료의 금액은?

① 100만 원　　② 150만 원
③ 300만 원　　④ 500만 원

해설 및 용어설명 | 과태료 - 500만원 이하(법 제39조)

1. 시·도의 조례가 정하는 바에 따라 관할소방서장의 승인을 받지 않고 지정수량 이상의 위험물을 90일 이내의 기간동안 임시로 저장 또는 취급하는 경우
2. 군부대가 지정수량 이상의 위험물을 군사목적으로 임시로 저장 또는 취급할 때 세부기준을 위반한 자
3. 품명 등의 변경신고를 기간 이내에 하지 아니하거나 허위로 한 자
4. 지위승계신고를 기간 이내에 하지 아니하거나 허위로 한 자
5. 제조소등의 폐지신고 또는 규정에 따른 안전관리자의 선임신고를 기간 이내에 하지 아니하거나 허위로 한자

5의2. 사용중지신고 또는 재개신고를 기간 이내에 하지 아니하거나 허위로 한 자
6. 등록사항의 변경신고를 기간 이내에 하지 아니하거나 허위로 한 자
7. 점검결과를 기록·보존하지 아니한 자
7의2. 기간 이내에 점검결과를 제출하지 아니한 자
7의3. 제조소등에서의 흡연금지 규정에 따른 지정된 장소가 아닌 곳에서 흡연을 한 자
7의4. 제조소등에서의 흡연금지 규정에 따른 시정명령을 따르지 아니한 자
8. 위험물의 운반에 관한 세부기준을 위반한 자
9. 위험물의 운송에 관한 기준을 따르지 아니한 자

03

위험물안전관리법령상 간이저장탱크에 설치하는 밸브 없는 통기관의 설치 기준에 대한 설명으로 옳은 것은?

① 통기관의 지름은 20mm 이상으로 한다.
② 통기관은 옥내에 설치하고 선단의 높이는 지상 1.5m 이상으로 한다.
③ 가는 눈의 구리망 등으로 인화방지장치를 한다.
④ 통기관의 선단은 수평면에 대하여 아래로 35도 이상 구부려 빗물 등이 들어가지 않도록 한다.

해설 및 용어설명 | 간이탱크저장소 - 밸브 없는 통기관

① 통기관의 지름은 25mm 이상으로 할 것
② 통기관은 옥외에 설치하되, 그 끝부분의 높이는 지상 1.5m 이상으로 할 것
③ 가는 눈의 구리망 등으로 인화방지장치를 할 것
④ 통기관의 끝부분은 수평면에 대하여 아래로 45도 이상 구부려 빗물 등이 침투하지 아니하도록 할 것

정답　01 ①　02 ④　03 ③

04

다음 제2류 위험물 중 지정수량이 나머지 셋과 다른 하나는?

① 철분 ② 금속분
③ 마그네슘 ④ 황

해설및용어설명 | 지정수량

① 500kg
② 500kg
③ 500kg
④ 100kg

05

순수한 과산화수소의 녹는점과 끓는점을 70wt% 농도의 과산화수소와 비교한 내용으로 옳은 것은?

① 순수한 과산화수소의 녹는점은 더 낮고, 끓는점은 더 높다.
② 순수한 과산화수소의 녹는점은 더 높고, 끓는점은 더 낮다.
③ 순수한 과산화수소의 녹는점과 끓는점이 모두 더 낮다.
④ 순수한 과산화수소의 녹는점과 끓는점이 모두 더 높다.

해설및용어설명 | 제6류 위험물 - 과산화수소

	100%	90%	70%
녹는점	-0.43℃	-11℃	-39℃
끓는점	150.2℃	141℃	125℃

06

인화알루미늄의 위험물안전관리법령상 지정수량과 인화알루미늄이 물과 반응하였을 때 발생하는 가스의 명칭을 옳게 나타낸 것은?

① 50kg, 포스핀 ② 50kg, 포스겐
③ 300kg, 포스핀 ④ 300kg, 포스겐

해설및용어설명 | 화학반응식

$AlP + 3H_2O \rightarrow Al(OH)_3 + PH_3$
인화알루미늄 물 수산화알루미늄 포스핀

AlP(인화알루미늄) : 제3류 위험물 중 금속인화합물, 지정수량 300kg

07

다음은 위험물안전관리법령에서 정한 황이 위험물로 취급되는 기준이다. ( ) 안에 알맞은 말을 차례대로 나타낸 것은?

> 황은 순도가 ( )중량퍼센트 이상인 것을 말한다. 이 경우 순도측정에 있어서 불순물은 활석 등 불연성물질과 ( )에 한한다.

① 40, 가연성물질 ② 40, 수분
③ 50, 가연성물질 ④ 60, 수분

해설및용어설명 | 위험물 기준

황 : 순도가 60중량퍼센트 이상인 것. 불순물은 활석 등 불연성 물질과 수분에 한한다.

08

다음 물질 중 증기 비중이 가장 큰 것은?

① 이황화탄소
② 사이안화수소
③ 에탄올
④ 벤젠

해설및용어설명 | 증기비중

① $\dfrac{CS_2}{29} = \dfrac{12 + 32 \times 2}{29} = 2.62$

② $\dfrac{HCN}{29} = \dfrac{1 + 12 + 14}{29} = 0.93$

③ $\dfrac{C_2H_5OH}{29} = \dfrac{12 \times 2 + 1 \times 5 + 16 + 1}{29} = 1.59$

④ $\dfrac{C_6H_6}{29} = \dfrac{12 \times 6 + 1 \times 6}{29} = 2.69$

09

위험물안전관리법령상 이송취급소의 위치·구조 및 설비의 기준에서 배관을 지하에 매설하는 경우에는 배관은 그 외면으로부터 지하가 및 터널까지 몇 m 이상의 안전거리를 두어야 하는가?(단, 원칙적인 경우에 한한다)

① 1.5m
② 10m
③ 150m
④ 300m

해설및용어설명 | 이송취급소 - 배관 지하매설

- 건축물(지하가 내의 건축물을 제외한다) : 1.5m 이상
- 지하가 및 터널 : 10m 이상
- 수도법에 의한 수도시설(위험물의 유입 우려가 있는 것에 한한다) : 300m 이상

10

위험물안전관리법령상 주유취급소의 주위에는 자동차 등이 출입하는 쪽 외의 부분에 높이 몇 m 이상의 담 또는 벽을 설치하여야 하는가?(단, 주유취급소의 인근에 연소의 우려가 있는 건축물이 없는 경우이다)

① 1
② 1.5
③ 2
④ 2.5

해설및용어설명 | 주유취급소 - 담 또는 벽

주유취급소의 주위에는 자동차 등이 출입하는 옥외의 부분에 높이 2m 이상의 내화구조 또는 불연재료의 담 또는 벽을 설치하되, 주유취급소의 인근에 연소의 우려가 있는 건축물이 있는 경우에는 소방청장이 정하여 고시하는 바에 따라 방화상 유효한 높이로 하여야 한다.

11

50%의 N_2와 50%의 Ar으로 구성된 소화약제는?

① HFC – 125
② IG – 100
③ HFC – 23
④ IG – 55

해설및용어설명 | 불활성가스소화약제 N_2, Ar, CO_2

- IG - 100 : N_2 50%, Ar 50%
- IG - 55 : N_2 50%, Ar 50%
- IG - 541 : N_2 52%, Ar 40%, CO_2 8%

12

분자량은 약 72.06이고 증기비중이 약 2.48인 것은?

① 큐멘 ② 아크릴산
③ 스타이렌 ④ 하이드라진

해설및용어설명 | 증기비중

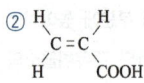

① $C_6H_5C_3H_7 = 12 \times 6 + 1 \times 5 + 12 \times 3 + 1 \times 7 = 120$

② (구조식)
$C_2H_3COOH = 12 \times 2 + 1 \times 3 + 12 + 16 \times 2 + 1 = 72$

③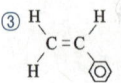
$C_2H_3C_6H_5 = 12 \times 2 + 1 \times 3 + 12 \times 6 + 1 \times 5 = 104$

④ $N_2H_4 = 14 \times 2 + 1 \times 4 = 32$

13

다음 중 위험물안전관리법의 적용제외 대상이 아닌 것은?

① 항공기로 위험물을 국외에서 국내로 운반하는 경우
② 철도로 위험물을 국내에서 국내로 운반하는 경우
③ 선박(기선)으로 위험물을 국내에서 국외로 운반하는 경우
④ 국제해상위험물규칙(IMDG Code)에 적합한 운반용기에 수납된 위험물을 자동차로 운반하는 경우

해설및용어설명 | 위험물안전관리법 - 적용 제외

이 법은 항공기·선박(선박법 제1조의2제1항의 규정에 따른 선박을 말한다)·철도 및 궤도에 의한 위험물의 저장·취급 및 운반에 있어서는 이를 적용하지 아니한다.

14

위험물안전관리법령상 간이탱크저장소의 설치기준으로 옳지 않은 것은?

① 하나의 간이탱크저장소에 설치하는 간이저장탱크의 수는 3 이하로 한다.
② 간이저장탱크의 용량은 600L 이하로 한다.
③ 간이저장탱크는 두께 2.3mm 이상의 강판으로 제작한다.
④ 간이저장탱크에는 통기관을 설치하여야 한다.

해설및용어설명 | 간이탱크저장소
- 탱크수 : 3개 이하(동일 품질 2개 미만)
- 용량 : 600L 이하
- 두께 : 3.2mm 이상
- 통기관(밸브 없는 통기관, 대기밸브부착 통기관) 설치

15

아염소산나트륨을 저장하는 곳에 화재가 발생하였다. 위험물안전관리법령상 소화설비로 적응성이 있는 것은?

① 포소화설비 ② 불활성가스소화설비
③ 할로젠화합물소화설비 ④ 탄산수소염류 분말소화설비

해설및용어설명 | 위험물 소화방법

유별	종류	운반용기 외부의 주의사항	게시판	소화방법	덮개
제1류 위험물	알칼리금속의 과산화물	가연물접촉주의, 화기·충격주의, 물기엄금	물기엄금	주수금지	방수성 차광성
	그 외	가연물접촉주의, 화기·충격주의	없음	주수소화	차광성
제2류 위험물	철분·금속분·마그네슘	화기주의, 물기엄금	화기주의	주수금지	방수성
	인화성고체	화기엄금	화기엄금	주수소화 질식소화	
	그 외	화기주의	화기주의	주수소화	
제3류 위험물	자연발화성 물질	화기엄금, 공기접촉엄금	화기엄금	주수소화	차광성
	금수성물질	물기엄금	물기엄금	주수금지	방수성

정답 12 ② 13 ④ 14 ③ 15 ①

유별	종류	운반용기 외부의 주의사항	게시판	소화방법	덮개
제4류 위험물		화기엄금	화기엄금	질식소화	차광성 (특수인화물)
제5류 위험물		화기엄금, 충격주의	화기엄금	주수소화	차광성
제6류 위험물		가연물접촉주의	없음	주수소화	차광성

① 주수소화, 질식소화

② 질식소화

③ 억제소화

④ 질식소화, 주수금지

16

소금물을 전기분해하여 표준상태에서 염소가스 22.4L를 얻으려면 소금 몇 g이 이론적으로 필요한가?(단, 나트륨의 원자량은 23이고, 염소의 원자량은 35.5이다)

① 18g ② 36g
③ 58g ④ 117g

해설및용어설명 | 화학반응식

$2NaCl(aq) \rightarrow 2Na + Cl_2$

염소가스(Cl_2) 1mol을 얻기 위해서 소금 2mol 필요

$2NaCl = 2 \times (23 + 35.5) = 117$

17

NH_4NO_3에 대한 설명으로 옳지 않은 것은?

① 조해성이 있기 때문에 수분이 포함되지 않도록 포장한다.

② 단독으로도 급격한 가열로 분해하여 다량의 가스를 발생할 수 있다.

③ 무취의 결정으로 알코올에 녹는다.

④ 물에 녹을 때 발열반응을 일으키므로 주의한다.

해설및용어설명 | 제1류 위험물 - 질산암모늄

① 제1류 위험물은 조해성이 있다.

② $2NH_4NO_3 \rightarrow 2N_2 + O_2 + 4H_2O$

③ 무취의 결정으로 알코올에 녹는다.

④ 대표적인 흡열반응 물질이다.

18

과염소산과 질산의 공통성질로 옳은 것은?

① 환원성물질로서 증기는 유독하다.

② 다른 가연물의 연소를 돕는 가연성물질이다.

③ 강산이고 물과 접촉하면 발열한다.

④ 부식성은 적으나 다른 물질과 혼촉발화 가능성이 높다.

해설및용어설명 | 제6류 위험물 - 과염소산, 질산

① 산화성 물질이며, 증기는 유독하다.

② 산소를 공급하여 다른 가연물의 연소를 돕는 조연성 물질이다.

③ 강산이고 물과 접촉하면 발열한다.

④ 부식성이 있고 가연물과 혼촉발화 가능성이 높다.

19

제6류 위험물의 위험등급에 관한 설명으로 옳은 것은?

① 제6류 위험물 중 질산은 위험등급 I 이며, 그 외의 것은 위험등급 II 이다.

② 제6류 위험물 중 과염소산은 위험등급 I 이며, 그 외의 것은 위험등급 II 이다.

③ 제6류 위험물은 모두 위험등급 I 이다.

④ 제6류 위험물은 모두 위험등급 II 이다.

해설및용어설명 | 제6류 위험물

위험등급	품명	지정수량	화학식	기준
I	질산	300kg	HNO_3	비중 1.49 이상
I	과염소산	300kg	$HClO_4$	
I	과산화수소	300kg	H_2O_2	36중량퍼센트 이상
I	그 외	300kg	할로젠간화합물 IF_5	

정답 16 ④ 17 ④ 18 ③ 19 ③

20

이동탱크저장소에 의한 위험물의 장거리 운송 시 2명 이상이 운전하여야 하나 다음 중 그렇게 하지 않아도 되는 위험물은?

① 탄화알루미늄
② 과산화수소
③ 황린
④ 인화칼슘

해설및용어설명 | 위험물 운송 - 2명 이상의 운전자로 하지 않아도 되는 경우

- 운송책임자를 동승시킨 경우
- 운송하는 위험물이 다음과 같은 경우
  - 제2류 위험물
  - 제3류 위험물(칼슘 또는 알루미늄의 탄화물과 이것만을 함유한 것)
  - 제4류 위험물(특수인화물은 제외)
- 운송도중에 2시간 이내마다 20분 이상씩 휴식하는 경우

① 제3류 위험물 중 칼슘 알루미늄의 탄화물
② 제6류 위험물
③ 제3류 위험물 중 황린
④ 제3류 위험물 중 금속인화합물

21

물과 반응 하였을 때 생성되는 탄화수소가스의 종류가 나머지 셋과 다른 하나는?

① Be_2C
② Mn_3C
③ MgC_2
④ Al_4C_3

해설및용어설명 | 화학반응식

① $Be_2C + 4H_2O \rightarrow 2Be(OH)_2 + CH_4$
② $Mn_3C + 6H_2O \rightarrow 3Mn(OH)_2 + CH_4 + H_2$
③ $MgC_2 + 2H_2O \rightarrow Mg(OH)_2 + C_2H_2$
④ $Al_4C_3 + 12H_2O \rightarrow 4Al(OH)_3 + 3CH_4$

22

액체위험물의 옥외저장탱크에는 위험물의 양을 자동적으로 표시할 수 있는 계량장치를 설치하여야 한다. 그 종류로서 적당하지 않은 것은?

① 기밀부유식 계량장치
② 증기가 비산하는 구조의 부유식 계량장치
③ 전기압력자동방식에 의한 자동계량장치
④ 방사성동위원소를 이용한 방식에 의한 자동계량장치

해설및용어설명 | 옥외탱크저장소 - 액체위험물 계량장치

- 기밀부유식(밀폐되어 부상하는 방식) 계량장치
- 증기가 비산하지 아니하는 구조의 부유식 계량장치
- 전기압력자동방식에 의한 자동계량장치
- 방사성동위원소를 이용한 방식에 의한 자동계량장치
- 유리측정기

23

위험물안전관리법령상 스프링클러헤드의 설치기준으로 틀린 것은?

① 개방형 스프링클러헤드는 헤드 반사판으로부터 수평방향으로 30cm의 공간을 보유하여야 한다.
② 폐쇄형 스프링클러헤드의 반사판과 헤드의 부착면과의 거리는 30cm 이하로 한다.
③ 폐쇄형 스프링클러헤드 부착장소의 평상시 최고 주위온도가 28℃ 미만인 경우 58℃ 미만의 표시온도를 갖는 헤드를 사용한다.
④ 개구부에 설치하는 폐쇄형 스프링클러헤드는 해당 개구부의 상단으로부터 높이 30cm 이내의 벽면에 설치한다.

해설및용어설명 | 스프링클러설비의 설치기준(세부기준 제131조)

① 개방형 : 스프링클러헤드의 반사판으로부터 하방으로 0.45m, 수평방향으로 0.3m의 공간을 보유할 것
② 폐쇄형 : 스프링클러헤드의 반사판과 당해 헤드의 부착면과의 거리는 0.3m 이하일 것

③
부착장소의 최고 주위온도	표시온도
28℃ 미만	58℃ 미만
28℃ 이상 39℃ 미만	58℃ 이상 79℃ 미만
39℃ 이상 64℃ 미만	79℃ 이상 121℃ 미만
64℃ 이상 106℃ 미만	121℃ 이상 162℃ 미만
106℃ 이상	162℃ 이상

④ 개구부에 설치하는 스프링클러헤드는 당해 개구부의 상단으로부터 높이 0.15m 이내의 벽면에 설치할 것

위험등급	품명		지정수량
III	제2석유류	비수용성	1,000L
		수용성	2,000L
III	제3석유류	비수용성	2,000L
		수용성	4,000L
III	제4석유류		6,000L
III	동식물유류	건성유	10,000L
		반건성유	
		불건성유	

24

다음 중 가연성 물질로만 나열된 것은?

① 질산칼륨, 황린, 나이트로글리세린
② 나이트로글리세린, 과염소산, 탄화알루미늄
③ 과염소산, 탄화알루미늄, 아닐린
④ 탄화알루미늄, 아닐린, 포름산메틸

해설및용어설명 | 가연성 물질 - 제2, 3, 4, 5류 위험물

① 제1류, 제3류, 제5류
② 제5류, 제6류, 제3류
③ 제6류, 제3류, 제4류
④ 제3류, 제4류, 제4류

25

위험물안전관리법령상 알코올류와 지정수량이 같은 것은?

① 제1석유류(비수용성)
② 제1석유류(수용성)
③ 제2석유류(비수용성)
④ 제2석유류(수용성)

해설및용어설명 | 지정수량

위험등급	품명		지정수량
I	특수인화물	비수용성	50L
		수용성	
II	제1석유류	비수용성	200L
		수용성	400L
II	알코올류		400L

26

다음 제1류 위험물 중 융점이 가장 높은 것은?

① 과염소산칼륨
② 과염소산나트륨
③ 염소산나트륨
④ 염소산칼륨

해설및용어설명 | 제1류 위험물

① 과염소산칼륨 융점 610℃, 물에 약간 녹는다.
② 과염소산나트륨 융점 482℃, 물에 녹는다.
③ 염소산나트륨 융점 300℃, 물에 녹는다.
④ 염소산칼륨 융점 368.4℃, 온수에 녹는다.

융점	나트륨	칼륨
아염소산	175℃	×
염소산	300℃	368.4℃
과염소산	482℃	610℃

아염소산 - 염소산 - 과염소산으로 갈수록 융점이 높고 나트륨보다 칼륨의 융점이 높다.

정답 24 ④ 25 ② 26 ①

27

위험물제조소등의 안전거리를 단축하기 위하여 설치하는 방화상 유효한 담의 높이는 H > pD² + α인 경우 h = H - p(D² - d²)에 의하여 산정한 높이 이상으로 한다. 여기서 d가 의미하는 것은?

① 제조소등과 인접 건축물과의 거리(m)
② 제조소등과 방화상 유효한 담과의 거리(m)
③ 제조소등과 방화상 유효한 지붕과의 거리(m)
④ 제조소등과 인접 건축물 경계선과의 거리(m)

해설및용어설명 | 제조소 - 안전거리 단축기준

H ≤ pD² + α인 경우, h = 2
H > pD² + α인 경우, h = H - p(D² - d²)

- D : 제조소등과 인근 건축물 또는 공작물과의 거리(m)
- H : 인근 건축물 또는 공작물의 높이(m)
- α : 제조소등의 외벽의 높이(m)
- d : 제조소등과 방화상 유효한 담과의 거리(m)
- h : 방화상 유효한 담의 높이(m)
- p : 상수

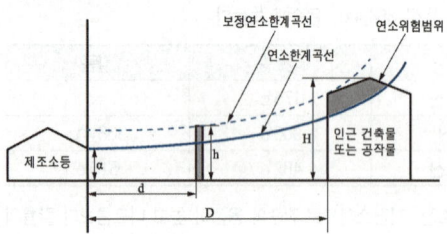

28

위험물안전관리법령상 자동화재탐지설비의 하나의 경계구역의 면적은 해당 건축물 그 밖의 공작물의 주요한 출입구에서 그 내부의 전체를 볼 수 있는 경우에 있어서는 그 면적을 몇 m² 이하로 할 수 있는가?

① 500   ② 600
③ 1,000 ④ 2,000

해설및용어설명 | 자동화재탐지설비 - 설치기준

하나의 경계구역의 면적은 600m² 이하로 하고 그 한 변의 길이는 50m (광전식분리형감지기를 설치할 경우에는 100m) 이하로 할 것. 다만, 당해 건축물 그 밖의 공작물의 주요한 출입구에서 그 내부의 전체를 볼 수 있는 경우에 있어서는 그 면적을 1,000m² 이하로 할 수 있다.

29

위험물안전관리법령상 염소산칼륨을 금속제 내장용기에 수납하여 운반하고자 할 때 이 용기의 최대 용적은?

① 10L   ② 20L
③ 30L   ④ 40L

해설및용어설명 | 운반용기 - 내장용기(고체, 액체 위험물 공통)

- 유리 용기 10L
- 플라스틱 용기 10L
- 금속제 용기 30L

30

다음 위험물을 저장할 때 안정성을 높이기 위해 사용할 수 있는 물질의 종류가 나머지 셋과 다른 하나는?

① 나트륨   ② 이황화탄소
③ 황린   ④ 나이트로셀룰로오스

해설및용어설명 | 위험물 저장방법

① 나트륨 : 석유(등유, 경유, 유동파라핀)
② 이황화탄소 : 물속에 저장
③ 황린 : pH 9 물속에 저장
④ 나이트로셀룰로오스 : 물속에 저장

31

다음 중 나머지 셋과 위험물의 유별 구분이 다른 것은?

① 나이트로글리세린 ② 나이트로셀룰로오스
③ 셀룰로이드   ④ 나이트로벤젠

해설및용어설명 | 위험물 종류
① 제5류 위험물 중 질산에스터류
② 제5류 위험물 중 질산에스터류
③ 제5류 위험물 중 질산에스터류
④ 제4류 위험물 중 제3석유류(비수용성)

32

NH_4ClO_3에 대한 설명으로 틀린 것은?

① 산화력이 강한 물질이다.
② 조해성이 있다.
③ 충격이나 화재에 의해 폭발할 위험이 있다.
④ 폭발 시 CO_2, HCl, NO_2 가스를 주로 발생한다.

해설및용어설명 | 제1류 위험물 - 염소산암모늄
① 염소산염류는 철제를 부식시킨다.
② 제1류 위험물은 조해성이 있다.
③ 제1류 위험물은 강산화제이다.
④ $2NH_4ClO_3 \rightarrow N_2 + Cl_2 + 2O_2 + 4H_2O$
   과염소산암모늄 질소 염소 산소 물

33

위험물안전관리법령상 불활성가스 소화설비가 적응성을 가지는 위험물은?

① 마그네슘   ② 알칼리금속
③ 금수성물질   ④ 인화성고체

해설및용어설명 | 위험물 소화방법
① 주수금지
② 주수금지
③ 주수금지
④ 주수소화, 질식소화

34

나이트로글리세린에 대한 설명으로 옳지 않은 것은?

① 순수한 것은 상온에서 푸른색을 띤다.
② 충격마찰에 매우 민감하므로 운반 시 다공성 물질에 흡수시킨다.
③ 겨울철에는 동결할 수 있다.
④ 비중은 약 1.6으로 물보다 무겁다.

해설및용어설명 | 제5류 위험물 - 나이트로글리세린
- 무색 액체, 비중 1.6
- 다이너마이트 = 나이트로글리세린 + 규조토
겨울철에는 동결하므로 나이트로글리세린 대신 나이트로글리콜을 사용한다.
$C_3H_5(ONO_2)_3 \rightarrow 12CO_2 + 10H_2O + 6N_2 + O_2$

35

물분무소화에 사용된 20℃의 물 2g이 완전히 기화되어 100℃의 수증기가 되었다면 흡수된 열량과 수증기 발생량은 약 얼마인가?(단, 1기압을 기준으로 한다)

① 1,238cal, 2,400mL
② 1,238cal, 3,400mL
③ 2,476cal, 2,400mL
④ 2,476cal, 3,400mL

해설및용어설명 | 열량

Q = 물 20℃ → 물 100℃ (현열) + 물 100℃ → 수증기 100℃ (잠열)

= $cm\triangle T + \lambda m$

= 1cal/g·℃ × 2g × (100 - 20)℃ + 539cal/g × 2g = 1,238cal

이상기체상태방정식

$PV = \frac{w}{M}RT \rightarrow V = \frac{wRT}{PM}$

- P = 1atm
- M = H_2O = 1×2 + 16 = 18g/mol
- w = 2g
- R = 0.082atm·L/mol·K
- T = 100℃ + 273 = 373K

$V = \frac{2 \times 0.082 \times 373}{1 \times 18} = 3.398L \times \frac{1,000ml}{1L} = 3,398ml ≒ 3,400ml$

36

다이에틸에터(diethyl ether)의 화학식으로 옳은 것은?

① $C_2H_5C_2H_5$
② $C_2H_5OC_2H_5$
③ $C_2H_5COC_2H_5$
④ $C_2H_5COOC_2H_5$

해설및용어설명 | 위험물 종류

① 부탄
② 다이에틸에터
③ 다이에틸케톤
④ 프로피온산에틸

37

에틸알코올의 산화로부터 얻을 수 있는 것은?

① 아세트알데하이드
② 포름알데하이드
③ 다이에틸에터
④ 포름산

해설및용어설명 | 알코올 산화

- C_2H_5OH ⇌(산화(-2H)/환원(+2H)) CH_3CHO ⇌(산화(+O)/환원(-O)) CH_3COOH
  에탄올 — 아세트알데하이드 — 아세트산

- CH_3OH ⇌(산화(-2H)/환원(+2H)) $HCHO$ ⇌(산화(+O)/환원(-O)) $HCOOH$
  메탄올 — 포름알데하이드 — 포름산

38

아연분이 NaOH 수용액과 반응하였을 때 발생하는 물질은?

① H_2
② O_2
③ NaO_2
④ $NaZn$

해설및용어설명 | 화학반응식

$Zn + 2NaOH + 2H_2O \rightarrow Na_2[Zn(OH)_4] + H_2$

39

금속칼륨을 등유 속에 넣어 보관하는 이유로 가장 적합한 것은?

① 산소의 발생을 막기 위해
② 마찰 시 충격을 방지하려고
③ 제4류 위험물과의 혼재가 가능하기 때문에
④ 습기 및 공기와의 접촉을 방지하려고

해설및용어설명 | 위험물 저장방법

칼륨, 나트륨 : 공기 중 수분 또는 물과 닿지 않도록 석유(등유, 경유, 유동파라핀) 속에 저장한다.

40

다음 중 Mn의 산화수가 +2인 것은?

① KMnO₄ ② MnO₂
③ MnSO₄ ④ K₂MnO₄

해설및용어설명 | 산화수

① +1 + Mn + (-2)×4 = 0, Mn = +7
② Mn + (-2)×2 = 0, Mn = +4
③ Mn + (+6) + (-2)×4 = 0, Mn = +2
④ +1×2 + Mn + (-2)×4 = 0, Mn = +6

42

다음 물질 중 조연성 가스에 해당하는 것은?

① 수소 ② 산소
③ 아세틸렌 ④ 질소

해설및용어설명 | 가스의 종류

① 가연성 가스
② 조연성 가스
③ 가연성 가스
④ 불연성 가스

41

다음 중 위험물 중 동일 질량에 대해 지정수량의 배수가 가장 큰 것은?

① 부틸리튬 ② 마그네슘
③ 인화칼슘 ④ 황린

해설및용어설명 | 지정수량

지정수량이 작을수록 동일 질량에 대한 지정수량의 배수가 크다.
① 제3류 위험물 중 알킬리튬, 지정수량 10kg
② 제2류 위험물 중 마그네슘, 지정수량 500kg
③ 제3류 위험물 중 금속인화합물, 지정수량 300kg
④ 제3류 위험물 중 황린, 지정수량 20kg

43

직경이 500mm인 관과 300mm인 관이 연결되어 있다. 직경 500mm 관에서의 유속이 3m/s라면 300mm 관에서의 유속은 약 몇 m/s인가?

① 8.33 ② 6.33
③ 5.56 ④ 4.56

해설및용어설명 | 유체역학 - 유량

$$Q = uA = u\frac{\pi D^2}{4}$$

$$u_1 \times \frac{\pi D_1^2}{4} = u_2 \times \frac{\pi D_2^2}{4}$$

$$3\text{m/s} \times \frac{500^2}{4} = u_2 \times \frac{300^2}{4}$$

계산기 SOLVE 이용

$u_2 = 8.333 ≒ 8.33\text{m/s}$

44

탄화알루미늄이 물과 반응하였을 때 발생하는 가스는?

① CH_4
② C_2H_2
③ C_2H_6
④ CH_3

해설및용어설명 | 화학반응식

$Al_4C_3 + 12H_2O \rightarrow 4Al(OH)_3 + 3CH_4$

45

어떤 화합물을 분석한 결과 질량비가 탄소 54.55%, 수소 9.10%, 산소 36.35%이고, 이 화합물 1g은 표준상태에서 0.17L라면 이 화합물의 분자식은?

① $C_2H_4O_2$
② $C_4H_8O_4$
③ $C_4H_8O_2$
④ $C_6H_{12}O_3$

해설및용어설명 | 화학식

$\dfrac{54.55}{C} : \dfrac{9.10}{H} : \dfrac{36.35}{O} = \dfrac{54.55}{12} : \dfrac{9.10}{1} : \dfrac{36.35}{16}$

$= 4.545 : 9.10 : 2.2718 = \dfrac{4.545}{4.545} : \dfrac{9.10}{4.545} : \dfrac{2.2718}{4.545}$

$= 1 : 2 : 0.5 = 2 : 4 : 1$

$(C_2H_4O) = 12 \times 2 + 16 \times 4 + 1 = 44$

$PV = \dfrac{w}{M}RT \rightarrow M = \dfrac{wRT}{PV}$

- P = 1atm
- V = 0.17L
- w = 1g
- R = 0.082atm·L/mol·K
- T = 0℃ + 273 = 273K

$M = \dfrac{1 \times 0.082 \times 273}{1 \times 0.17} = 131.6 ≒ 132g/mol$

$(C_2H_4O)_3 = 44 \times 3 = 132$

46

위험물안전관리법령상 물분무소화설비가 적응성이 있는 대상물이 아닌 것은?

① 전기설비
② 철분
③ 인화성고체
④ 제4류 위험물

해설및용어설명 | 소화설비 적응성

물분무소화설비 - 주수소화, 질식소화

① 질식소화 - 포소화설비 제외
② 주수금지
③ 주수소화, 질식소화
④ 질식소화

47

벽·기둥 및 바닥이 내화구조로 된 옥내저장소의 건축물에서 저장 또는 취급하는 위험물의 최대 수량이 지정수량의 15배일 때 보유공지 너비기준으로 옳은 것은?

① 0.5m 이상
② 1m 이상
③ 2m 이상
④ 3m 이상

해설및용어설명 | 옥내저장소 - 보유공지

저장 또는 취급하는 위험물의 최대수량	공지의 너비	
	벽·기둥 및 바닥이 내화구조로 된 건축물	그 밖의 건축물
지정수량의 5배 이하	-	0.5m 이상
지정수량의 5배 초과 10배 이하	1m 이상	1.5m 이상
지정수량의 10배 초과 20배 이하	2m 이상	3m 이상
지정수량의 20배 초과 50배 이하	3m 이상	5m 이상
지정수량의 50배 초과 200배 이하	5m 이상	10m 이상
지정수량의 200배 초과	10m 이상	15m 이상

48

포름산(formic acid)의 증기비중은 약 얼마인가?

① 1.59
② 2.45
③ 2.78
④ 3.54

해설및용어설명 | 증기비중

$\dfrac{HCOOH}{29} = \dfrac{1+12+16+16+1}{29} = 1.586 ≒ 1.59$

49

위험물안전관리법령상 수납하는 위험물에 따라 운반용기의 외부에 표시하는 주의사항을 모두 나타낸 것으로 옳지 않은 것은?

① 제3류 위험물 중 금수성물질 : 물기엄금
② 제3류 위험물 중 자연발화성물질 : 화기엄금 및 공기접촉엄금
③ 제4류 위험물 : 화기엄금
④ 제5류 위험물 : 화기주의 및 충격주의

해설및용어설명 | 위험물 주의사항

유별	종류	운반용기 외부의 주의사항	게시판	소화방법	덮개
제1류 위험물	알칼리금속의 과산화물	가연물접촉주의, 화기·충격주의, 물기엄금	물기엄금	주수금지	방수성 차광성
	그 외	가연물접촉주의, 화기·충격주의	없음	주수소화	차광성
제2류 위험물	철분·금속분· 마그네슘	화기주의, 물기엄금	화기주의	주수금지	방수성
	인화성고체	화기엄금	화기엄금	주수소화 질식소화	
	그 외	화기주의	화기주의	주수소화	
제3류 위험물	자연발화성 물질	화기엄금, 공기접촉엄금	화기엄금	주수소화	차광성
	금수성물질	물기엄금	물기엄금	주수금지	방수성
제4류 위험물		화기엄금	화기엄금	질식소화	차광성 (특수인화물)
제5류 위험물		화기엄금, 충격주의	화기엄금	주수소화	차광성
제6류 위험물		가연물접촉주의	없음	주수소화	차광성

50

다음은 위험물안전관리법령에 따른 인화점 측정시험 방법을 나타낸 것이다. 어떤 인화점측정기에 의한 인화점 측정시험인가?

- 시험장소는 기압 1기압, 무풍의 장소로 할 것
- 시료컵의 온도를 1분간 설정온도로 유지할 것
- 시험 불꽃을 점화하고 화염의 크기를 직경 4mm가 되도록 조정할 것
- 1분 경과 후 개폐기를 작동하여 시험불꽃을 시료컵에 2.5초간 노출시키고 닫을 것. 이 경우 시험 불꽃을 급격히 상하로 움직이지 아니하여야 한다.

① 태그밀폐식 인화점측정기
② 신속평형법 인화점측정기
③ 클리브랜드개방컵 인화점측정기
④ 침강평형법 인화점측정기

해설및용어설명 | 인화점측정기 - 신속평형법 인화점측정기

1. 시험장소는 1기압, 무풍의 장소로 할 것
2. 신속평형법 인화점측정기의 시료컵을 설정온도까지 가열 또는 냉각하여 시험물품(설정온도가 상온보다 낮은 온도인 경우에는 설정온도까지 냉각한 것) 2㎖를 시료컵에 넣고 즉시 뚜껑 및 개폐기를 닫을 것
3. 시료컵의 온도를 1분간 설정온도로 유지할 것
4. 시험불꽃을 점화하고 화염의 크기를 직경 4mm가 되도록 조정할 것
5. 1분 경과 후 개폐기를 작동하여 시험불꽃을 시료컵에 2.5초간 노출시키고 닫을 것. 이 경우 시험불꽃을 급격히 상하로 움직이지 아니하여야 한다.

정답 48 ① 49 ④ 50 ②

51

위험물안전관리법령상 제조소등별로 설치하여야 하는 경보설비의 종류 중 자동화재탐지설비에 해당하는 표의 일부이다. ( )에 알맞은 수치를 차례대로 나타낸 것은?

제조소등의 구분	제조소등의 규모, 저장 또는 취급하는 위험물의 종류 및 최대 수량 등	경보 설비
제조소 및 일반 취급소	• 연면적 ( )m² 이상인 것 • 옥내에서 지정수량의 ( )배 이상을 취급하는 것(고인화점 위험물만을 ( )℃ 미만의 온도에서 취급하는 것을 제외한다	자동화재 탐지설비

① 150, 100, 100
② 500, 100, 100
③ 150, 10, 100
④ 500, 10, 70

해설및용어설명 | 자동화재탐지설비 - 설치 기준

제조소 및 일반취급소
- 500 : 제조소 및 일반취급소의 연면적이 500m² 이상일 때 자동화재탐지설비 설치
- 옥내에서 지정수량의 100배 이상을 취급하는 것
- 1,000 : 주요 출입구에서 그 내부의 전체를 볼 수 있는 경우 1,000m² 경계구역 이하

52

각 위험물의 지정수량을 합하면 가장 큰 값을 나타내는 것은?

① 다이크로뮴산칼륨 + 아염소산나트륨
② 다이크로뮴산칼륨 + 아질산칼륨
③ 과망가니즈산나트륨 + 염소산칼륨
④ 아이오딘산칼륨 + 아질산칼륨

해설및용어설명 | 지정수량

① 제1류 위험물 중 다이크로뮴산염류, 지정수량 1,000kg + 제1류 위험물 중 아염소산염류, 지정수량 50kg = 1,050kg
② 제1류 위험물 중 다이크로뮴산염류, 지정수량 1,000kg + 제1류 위험물 중 그 외 아질산염류, 지정수량 300kg = 1,300kg
③ 제1류 위험물 중 과망산산염류, 지정수량 1,000kg + 제1류 위험물 중 염소산염류, 지정수량 50kg = 1,050kg
④ 제1류 위험물 중 아이오딘산염류, 지정수량 300kg + 제1류 위험물 중 그 외 아질산염류, 지정수량 300kg = 600kg

53

다음은 위험물안전관리법령에서 규정하고 있는 사항이다. 규정 내용과 상이한 것은?

① 위험물탱크의 충수·수압시험은 탱크의 제작이 완성된 상태여야 하고, 배관 등의 접속이나 내·외부 도장작업은 실시하지 아니한 단계에서 물을 탱크 최대사용높이 이상까지 가득 채워서 실시한다.
② 암반탱크의 내벽을 정비하는 것은 이 위험물저장소에 대한 변경허가를 신청할 때 기술검토를 받지 아니하여도 되는 부분적 변경에 해당한다.
③ 탱크안전성능검사는 탱크 내부의 중요 부분에 대한 구조, 불량 접합사항까지 검사하는 것이 필요하므로 탱크를 제작하는 현장에서 실시하는 것을 원칙으로 한다.
④ 용량 1,000kL인 원통세로형탱크의 충수시험은 물을 채운 상태에서 24시간이 경과한 후 지반침하가 없어야 하고, 또한 탱크의 수평도와 수직도를 측정하여 이 수치가 법정기준을 충족하여야 한다.

해설및용어설명 | 탱크안전성능검사

① 충수·수압시험은 탱크가 완성된 상태에서 배관 등의 접속이나 내·외부에 대한 도장작업 등을 하기 전에 위험물탱크의 최대사용높이 이상으로 물(물과 비중이 같거나 물보다 비중이 큰 액체로서 위험물이 아닌 것을 포함한다)을 가득 채워 실시할 것
② 기술검토를 받지 아니하는 변경 - 암반탱크의 내벽의 정비
③ 탱크안전성능시험은 탱크의 설치현장에서 실시하는 것을 원칙으로 한다.
④ 충수시험은 탱크에 물이 채워진 상태에서 1,000kl 미만의 탱크는 12시간, 1,000kl 이상의 탱크는 24시간 이상 경과한 이후에 지반침하가 없고 탱크본체 접속부 및 용접부 등에서 누설 변형 또는 손상 등의 이상이 없을 것

54

1몰의 트라이에틸알루미늄이 충분한 양의 물과 반응하였을 때 발생하는 가연성 가스는 표준상태를 기준으로 몇 L인가?

① 11.2
② 22.4
③ 44.8
④ 67.2

해설및용어설명 | 화학반응식

$(C_2H_5)_3Al + 3H_2O \rightarrow Al(OH)_3 + 3C_2H_6$
트라이에틸알루미늄   물   수산화알루미늄   에테인

22.4L × 3mol/L = 67.2L

55

3σ법의 $\bar{x}$ 관리도에서 공정이 관리상태에 있는데도 불구하고 관리상태가 아니라고 판정하는 제1종 과오는 약 몇 %인가?

① 0.27
② 0.54
③ 1.0
④ 1.2

해설및용어설명 | 슈하르트의 3시그마 법칙

σ = 68.26% = 0.6826

2σ = 95.45% = 0.9545

3σ = 99.73% = 0.9973

3σ를 벗어날 확률 = 100% - 99.73% = 0.27%

56

설비보전조직 중 지역보전(area maintenance)의 장단점에 해당하지 않는 것은?

① 현장 왕복 시간이 증가한다.
② 조업요원과 지역보전요원과의 관계가 밀접해진다.
③ 보전요원이 현장에 있으므로 생산 본위가 되며 생산 의욕을 가진다.
④ 같은 사람이 같은 설비를 담당하므로 설비를 잘 알며 충분한 서비스를 할 수 있다.

해설및용어설명 | 설비보전조직

지역보전

- 특정 지역에 보전요원 배치(조직상 집중)
- 배치 지역의 예방보전 검사, 급유, 수리 등을 담당(배치상 분산)
- 현장에 배치하므로 왕복 시간이 없다.

57

워크 샘플링에 관한 설명 중 틀린 것은?

① 워크 샘플링은 일명 스냅리딩(Snap Reading)이라 불린다.
② 워크 샘플링은 스톱워치를 사용하여 관측대상을 순간적으로 관측하는 것이다.
③ 워크 샘플링은 영국의 통계학자 L.H.C. Tippet가 가동률 조사를 위해 창안한 것이다.
④ 워크 샘플링은 사람의 상태나 기계의 가동상태 및 작업의 종류 등을 순간적으로 관측하는 것이다.

해설및용어설명 | 워크 샘플링(스냅 리딩)

- 스톱워치 없이 작업자나 설비에 대하여 순간 관측을 여러 번 실시
- 특정 현상이 발생하는 비율을 구하여 신뢰도와 정도를 고려하여 추정하는 방법
- 표준시간이나 가동률 산출
- 영국의 통계학자 L.H.C. Tippet 창안

58

부적합품률이 20%인 공정에서 생산되는 제품을 매시간 10개씩 샘플링 검사하여 공정을 관리하려고 한다. 이때 측정되는 시료의 부적합품 수에 대한 기댓값과 분산은 약 얼마인가?

① 기댓값 : 1.6, 분산 : 1.3 ② 기댓값 : 1.6, 분산 : 1.6
③ 기댓값 : 2.0, 분산 : 1.3 ④ 기댓값 : 2.0, 분산 : 1.6

해설및용어설명 | 통계량

기댓값 = np = 10 × 0.2 = 2.0
분산 = npq = 10 × 0.2 × 0.8 = 1.6

59

설비배치 및 개선의 목적을 설명한 내용으로 가장 관계가 먼 것은?

① 재가공품의 증가 ② 설비투자 최소화
③ 이동거리의 감소 ④ 작업자 부하 평준화

해설및용어설명 | 시설 배치의 목표

시설 및 설비배치의 목적은 최소의 투자로 생산시스템의 효율성을 극대화하도록 생산요소(4M)의 배열을 최적화하는 것이다.

- 목표
  - 생산성 향상과 원가절감 : 생산용량(Capacity), 능력(Capability) 증대
  - 운반의 최적화 : 최소 운반거리, 운반시간
  - 생산공정의 균형유지 : 공정 간의 밸런스, 원활한 물자흐름
  - 시설공간의 효율적 활용 : 시설공간의 가용성 극대화
  - 배치의 유연성 : 장래의 확장, 공정변경 대응 유연성 향상
  - 인력 및 설비 이용률 증대
  - 작업환경의 안전성 확보

60

검사의 종류 중 검사공정에 의한 분류에 해당되지 않는 것은?

① 수입검사 ② 출하검사
③ 출장검사 ④ 공정검사

해설및용어설명 | 검사의 종류 - 검사공정에 의한 분류

- 수입검사 : 원자재 또는 반제품 등의 원료가 입고될 때 실시하는 검사
- 출하검사 : 출하하기 전에 완제품 출하 여부를 결정하는 검사
- 공정검사 : 생산 공정에서 실시하는 검사. 불량품이 다음 공정으로 진행되는 것을 방지

과년도 기출문제

2017 * 62

01

황화인 중에서 융점이 약 173℃이며, 황색 결정이고 물에는 불용성인 것은?

① P_2S_5　　　　　② P_2S_3
③ P_4S_3　　　　　④ P_4S_7

해설및용어설명 | 제2류 위험물 - 황화인

- 삼황황린(P_4S_3) : 녹는점 172.5℃, 물에 안녹는다.
- 오황화인(P_2S_5) : 조해성이 있다.
- 칠황화인(P_4S_7) : 조해성이 있다.

02

다음의 위험물을 저장할 경우 총 저장량이 지정수량 이상에 해당하는 것은?

① 브로민산칼륨 80kg, 염소산칼륨 40kg
② 질산 100kg, 알루미늄분 200kg
③ 질산칼륨 120kg, 다이크로뮴산나트륨 500kg
④ 브로민산칼륨 150kg, 기어유 2,000L

해설및용어설명 | 지정수량

① $\dfrac{80kg}{300kg} + \dfrac{40kg}{50kg} = 1.067$

② $\dfrac{100kg}{300kg} + \dfrac{200kg}{500kg} = 0.733$

③ $\dfrac{120kg}{300kg} + \dfrac{500kg}{1,000kg} = 0.9$

④ $\dfrac{150kg}{300kg} + \dfrac{2,000L}{6,000L} = 0.833$

03

옥외저장소에 저장하는 위험물 중에서 위험물을 적당한 온도로 유지하기 위한 살수설비를 설치하여야 하는 위험물이 아닌 것은?

① 인화성고체(인화점 20℃)　② 경유
③ 톨루엔　　　　　　　　　　④ 메탄올

해설및용어설명 | 옥외저장소

	살수설비	집유설비
인화성고체	○	
제1석유류	○	○
알코올류	○	○

① 제2류 위험물 중 인화성고체
② 제4류 위험물 중 제2석유류
③ 제4류 위험물 중 제1석유류
④ 제4류 위험물 중 알코올류

정답 01 ③　02 ①　03 ②

04

다음은 위험물안전관리법령에서 정한 인화성액체위험물(이황화탄소 제외)의 옥외탱크저장소 탱크 주위에 설치하는 방유제 기준에 관한 내용이다. ( ) 안에 알맞은 수치는?

> 방유제는 옥외저장탱크의 지름에 따라 그 탱크의 옆판으로부터 다음에 정하는 거리를 유지할 것. 다만, 인화점이 200℃ 이상인 위험물을 저장 또는 취급하는 것에 있어서는 그러하지 아니하다.
> • 지름이 (㉠)m 미만인 경우에는 탱크 높이 (㉡) 이상
> • 지름이 (㉠)m 이상인 경우에는 탱크 높이 (㉢) 이상

① ㉠ 12, ㉡ $\frac{1}{3}$, ㉢ $\frac{1}{2}$ ② ㉠ 12, ㉡ $\frac{1}{3}$, ㉢ $\frac{2}{3}$

③ ㉠ 15, ㉡ $\frac{1}{3}$, ㉢ $\frac{1}{2}$ ④ ㉠ 15, ㉡ $\frac{1}{3}$, ㉢ $\frac{2}{3}$

해설및용어설명 | 옥외탱크저장소 - 방유제

방유제와 탱크 옆판과의 거리

• 탱크 지름 15m 미만 : 탱크 높이 × $\frac{1}{3}$ 이상

• 탱크 지름 15m 이상 : 탱크 높이 × $\frac{1}{2}$ 이상

05

이동탱크저장소의 측면틀의 기준에 있어서 탱크 뒷부분의 입면도에서 측면틀의 최외측과 탱크의 최외측을 연결하는 직선의 수평면에 대한 내각은 얼마 이상이 되도록 하여야 하는가?

① 35°   ② 65°
③ 75°   ④ 90°

해설및용어설명 | 이동탱크저장소 - 측면틀

측면틀의 설치기준

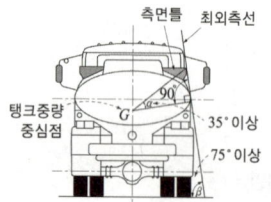

06

다음은 위험물안전관리법령상 위험물의 성질에 따른 제조소의 특례에 관한 내용이다. ( )에 해당하는 위험물은?

> ( )을(를) 취급하는 설비는 은·수은·동·마그네슘 또는 이들을 성분으로 하는 합금으로 만들지 아니할 것

① 에터   ② 콜로디온
③ 아세트알데하이드   ④ 알킬알루미늄

해설및용어설명 | 제조소 - 고인화점 위험물의 특례

• 알킬알루미늄등 : 알킬알루미늄, 알킬리튬
 - 알킬알루미늄등을 취급하는 설비에는 불활성기체를 봉입하는 장치를 갖출 것

• 아세트알데하이드등 : 아세트알데하이드, 산화프로필렌
 - 아세트알데하이드등을 취급하는 설비는 은·수은·동·마그네슘 또는 이들을 성분으로 하는 합금으로 만들지 아니할 것
 - 아세트알데하이드등을 취급하는 설비는 연소성 혼합기체의 생성에 의한 폭발을 방지하기 위한 불활성기체 또는 수증기를 봉입하는 장치를 갖출 것

07

탱크안전성능검사에 관한 설명으로 옳은 것은?

① 검사자로는 소방서장, 한국소방산업기술원 또는 탱크안전성능시험자가 있다.
② 이중벽탱크에 대한 수압검사는 탱크의 제작지를 관할하는 소방서장도 할 수 있다.
③ 탱크의 종류에 따라 기초·지반검사, 충수·수압검사, 용접부검사 또는 암반탱크검사 중에서 어느 하나의 검사를 실시한다.
④ 한국소방산업기술원은 엔지니어링사업자, 탱크안전성능시험자 등이 실시하는 시험의 과정 및 결과를 확인하는 방법으로도 검사를 할 수 있다.

해설및용어설명 | 탱크안전성능검사의 대상(령 제8조)

1. 기초·지반검사 : 옥외탱크저장소의 액체위험물탱크 중 그 용량이 100만 리터 이상
2. 충수·수압검사 : 액체위험물을 저장 또는 취급하는 탱크
   [제외] 지정수량 미만, 특정설비에 관한 검사를 합격한 탱크, 안전인증을 받은 탱크
3. 용접부검사 : 옥외탱크저장소의 액체위험물탱크 중 그 용량이 100만 리터 이상, 탱크의 저부에 관계된 변경공사(탱크의 옆판과 관련되는 공사를 포함하는 것을 제외한다)시에 행하여진 법 제18조제3항에 따른 정기검사에 의하여 용접부에 관한 사항이 행정안전부령으로 정하는 기준에 적합하다고 인정된 탱크를 제외
4. 암반탱크검사 : 액체위험물을 저장 또는 취급하는 암반 내의 공간을 이용한 탱크

08

어떤 물질 1kg에 의해 파괴되는 오존량을 기준물질인 CFC - 11, 1kg에 의해 파괴되는 오존량으로 나눈 상대적인 비율로 오존파괴능력을 나타내는 지표는?

① CFC   ② ODP
③ GWP   ④ HCFC

해설및용어설명 | 하론 소화약제 - 용어

① 염화불화탄소(Chlorofluorocarbon, CFC)
② 오존파괴지수(Ozone Depletion Potential)
③ 지구온난화지수(Global Warming Potential)
④ 수소화염화불화탄소(Hydrogenated Chlorofluorocarbon, HCFC)

09

물과 심하게 반응하여 독성의 포스핀을 발생시키는 위험물은?

① 인화칼슘   ② 부틸리튬
③ 수소화나트륨 ④ 탄화알루미늄

해설및용어설명 | 화학반응식

① $Ca_3P_2 + 6H_2O \rightarrow 3Ca(OH)_2 + 2PH_3$
② $C_4H_9Li + H_2O \rightarrow LiOH + C_4H_{10}$
③ $NaH + H_2O \rightarrow NaOH + H_2$
④ $Al_4C_3 + 12H_2O \rightarrow 4Al(OH)_3 + 3CH_4$

10

다음과 같은 성질을 가지는 물질은?

- 가장 간단한 구조의 카르복시산이다.
- 알데하이드기와 카르복시기를 모두 가지고 있다.
- CH_3OH와 에스터화 반응을 한다.

① CH_3COOH ② $HCOOH$
③ CH_3CHO ④ CH_3COCH_3

해설및용어설명 | 화학반응식

① 아세트산 : COOH(카르복시기)
② 포름산 : HCO(알데하이드) + COOH(카르복시기)
③ 아세트알데하이드 : CHO(알데하이드)
④ 아세톤 : CO(케톤)

11

질산암모늄에 대한 설명 중 틀린 것은?

① 강력한 산화제이다.
② 물에 녹을 때는 흡열반응을 나타낸다.
③ 조해성이 있다.
④ 흑색화약의 재료로 쓰인다.

해설및용어설명 | 제1류 위험물 - 질산암모늄
① 제1류 위험물은 강산화제이다.
② 대표적인 흡열반응 물질이다.
③ 제1류 위험물은 조해성이 있다.
④ ANFO 화약 = 질산암모늄 94% + 경유 6%

12

삼산화크로뮴에 대한 설명으로 틀린 것은?

① 독성이 있다.
② 고온으로 가열하면 산소를 방출한다.
③ 알코올에 잘 녹는다.
④ 물과 반응하여 산소를 발생한다.

해설및용어설명 | 제1류 위험물 - 삼산화크로뮴
① 독성이 있다.
② $4CrO_3 \rightarrow 2Cr_2O_3 + 3O_2$
　무수크로뮴산　산화크로뮴　산소
③ 알코올에 잘 녹는다.
④ 물과 반응하지 않는다.

13

다음에서 설명하는 위험물에 해당하는 것은?

- 불연성이고 무기화합물이다.
- 비중은 약 2.8이며, 융점은 460℃이다.
- 살균제, 소독제, 표백제, 산화제로 사용된다.

① Na_2O_2　　② P_4S_3
③ CaC_2　　④ H_2O_2

해설및용어설명 | 제1류 위험물
- 불연성이고 무기화합물이므로 제1류 또는 제6류 위험물이다.
- 융점이 460℃이므로 상온에서 고체이다. → 제1류 위험물
① 제1류 위험물
② 제2류 위험물
③ 제3류 위험물
④ 제6류 위험물

14

이황화탄소를 저장하는 실의 온도가 -20℃이고, 저장실 내 이황화탄소의 공기 중 증기농도가 2vol%라고 가정할 때 다음 설명 중 옳은 것은?

① 점화원이 있으면 연소된다.
② 점화원이 있더라도 연소되지 않는다.
③ 점화원이 없어도 발화된다.
④ 어떠한 방법으로도 연소되지 않는다.

해설및용어설명 | 제4류 위험물 - 이황화탄소
- 인화점 -30℃, 연소범위 1~50%
인화점 이상이고 연소범위 이내이므로 점화원이 있으면 연소한다.

15

위험물 옥외탱크저장소의 방유제 외측에 설치하는 보조 포소화전의 상호 간의 거리는?

① 보행거리 40m 이하
② 수평거리 40m 이하
③ 보행거리 75m 이하
④ 수평거리 75m 이하

해설및용어설명 | 포소화설비 설치기준 - 포소화전의 설치
각각의 보조 포소화전은 상호 간의 보행거리가 75m 이하가 되도록 설치하여야 한다.

16

성능이 동일한 n 대의 펌프를 서로 병렬로 연결하고 원래와 같은 양정에서 작동시킬 때 유체의 토출량은?

① $\frac{1}{n}$로 감소한다.
② n배로 증가한다.
③ 원래와 동일하다
④ $\frac{1}{2n}$로 감소한다.

해설및용어설명 | 유체역학 - 펌프
- 직렬 연결 시 양정이 n배 높아진다.
- 병렬 연결 시 유량이 n배 증가한다.

17

2몰의 메테인을 완전히 연소시키는데 필요한 산소의 이론적인 몰수는?

① 1몰
② 2몰
③ 3몰
④ 4몰

해설및용어설명 | 화학반응식
- 반응물과 생성물을 화학식으로 나타낸다.
  메테인이 산소와 반응하면 이산화탄소, 수증기를 생성한다.
  $CH_4 + O_2 \rightarrow CO_2 + H_2O$
- 화학식 앞에 미정계수 a, b, c, d를 설정한다.
  $a\,CH_4 + b\,O_2 \rightarrow c\,CO_2 + d\,H_2O$
- 원소의 종류별로 방정식을 세운다.
  $a\,CH_4 + b\,O_2 \rightarrow c\,CO_2 + d\,H_2O$
  C a = c
  H 4a = 2d
  O 2b = 2c + d
- a = 1 일 때, b, c, d를 구한다.
  C a = c, 1 = c, c = 1
  H 4a = 2d, 4×1 = 2d, d = 2
  O 2b = 2c + d, 2b = 2×1 + 2 = 4, b = 2
  ∴ a = 1, b = 2, c = 1, d = 2
- 계수를 대입하여 화학반응식을 완성한다.
  $CH_4 + 2O_2 \rightarrow CO_2 + 2H_2O$
  1몰의 메테인이 연소할 때 2몰의 산소가 필요하므로
  2몰의 메테인이 연소할 때 4몰의 산소가 필요하다.

18

위험물안전관리법령에 따른 제1류 위험물의 운반 및 위험물 제조소등에서 저장·취급에 관한 기준으로 옳은 것은?(단, 지정 수량의 10배인 경우이다)

① 제6류 위험물과는 운반 시 혼재할 수 있으며, 적절한 조치를 취하면 같은 옥내저장소에 저장할 수 있다.
② 제6류 위험물과는 운반 시 혼재할 수 있으나, 같은 옥내저장소에 저장할 수는 없다.
③ 제6류 위험물과는 운반 시 혼재할 수 없으나, 적절한 조치를 취하면 같은 옥내저장소에 저장할 수 있다.
④ 제6류 위험물과는 운반 시 혼재할 수 없으며, 같은 옥내저장소에 저장할 수도 없다.

해설및용어설명 | 위험물의 혼재 - 지정수량 1/10배 초과
423 524 61
위험물 저장 : 유별이 다른 위험물 1m 간격
- 제1류 위험물(알칼리금속의 과산화물 제외) + 제5류
- 제1류 + 제6류
- 제1류 + 제3류 중 자연발화성물질(황린)
- 제2류 중 인화성 고체 + 제4류
- 제3류 중 알킬알루미늄·알킬리튬 + 제4류 중 알킬알루미늄·알킬리튬 함유
- 제4류 중 유기과산화물 함유 + 제5류 중 유기과산화물 함유

19

위험물안전관리법령상 제6류 위험물에 대한 설명으로 틀린 것은?

① "산화성액체"라 함은 액체로서 산화력의 잠재적인 위험성을 판단하기 위하여 고시로 정하는 시험에서 고시로 정하는 성질과 상태를 나타내는 것을 말한다.
② 산화성액체 성상이 있는 질산은 비중이 1.49 이상인 것이 제6류 위험물에 해당한다.
③ 산화성액체 성상이 있는 과염소산은 비중과 상관없이 제6류 위험물에 해당한다.
④ 산화성액체 성상이 있는 과산화수소는 농도가 36부피퍼센트 이상인 것이 제6류 위험물에 해당한다.

해설및용어설명 | 제6류 위험물 - 위험물 기준
- 산화성액체
- 질산 : 비중 1.49 이상
- 과산화수소 : 농도 36중량퍼센트 이상

20

그림과 같은 위험물 옥외탱크저장소를 설치하고자 한다. 톨루엔을 저장하고자 할 때, 허가할 수 있는 최대 수량은 지정수량의 약 몇 배인가?(단, r = 5m, l = 10m이다)

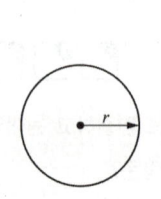 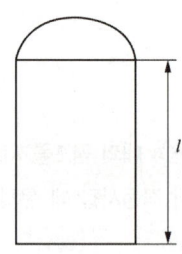

① 2
② 4
③ 1,963
④ 3,730

해설및용어설명 | 탱크의 용량

$\pi r^2 l \times (1 - 공간용적) = \pi \times 5^2 \times 10 \times (1 - \frac{5}{100}) = 746.1283 m^3 = 746,128.3L$

톨루엔 : 제4류 위험물 중 제1석유류 비수용성, 지정수량 200L

$\frac{746,128.3L}{200L} = 3,730.6415배$

21

인화성고체 2,500kg, 트라이나이트로톨루엔 45kg, 금속분 2,000kg 각각의 위험물 지정수량 배수의 총합은 얼마인가?

① 7배 ② 9배
③ 10배 ④ 11배

해설및용어설명 | 지정수량

- 인화성고체 : 제2류 위험물 중 인화성고체, 지정수량 1,000kg
- 트라이나이트로톨루엔 : 제5류 위험물 중 나이트로화합물(제1종), 지정수량 10kg
- 금속분 : 제2류 위험물 중 금속분, 지정수량 500kg

$$\frac{2,500\text{kg}}{1,000\text{kg}} + \frac{45\text{kg}}{10\text{kg}} + \frac{2,000\text{kg}}{500\text{kg}} = 11\text{배}$$

22

분말소화설비를 설치할 때 소화약제 50kg의 축압용가스로 질소를 사용하는 경우 필요한 질소가스의 양은 35℃, 0MPa의 상태로 환산하여 몇 L 이상으로 하여야 하는가?(단, 배관의 청소에 필요한 양은 제외한다)

① 500 ② 1,000
③ 1,500 ④ 2,000

해설및용어설명 | 분말소화설비 - 가압용가스의 양

가압용 가스로 질소를 사용하는 것은 소화약제 1kg당 온도 35℃에서 0MPa의 상태로 환산한 체적 40L 이상, 이산화탄소를 사용하는 것은 소화약제 1kg당 20g에 배관의 청소에 필요한 양을 더한 양 이상일 것

50kg × 40L/kg = 2,000L

23

1기압에서 인화점이 200℃인 것은 제 몇 석유류인가? (단, 도료류 그 밖의 물품은 가연성 액체량이 40중량퍼센트 이하인 물품은 제외한다)

① 제1석유류 ② 제2석유류
③ 제3석유류 ④ 제4석유류

해설및용어설명 | 위험물 기준 - 제4류 위험물

- 특수인화물 : 이황화탄소, 다이에틸에터 그 밖에 1기압에서 발화점이 섭씨 100도 이하인 것 또는 인화점이 섭씨 영하 20도 이하이고 비점이 섭씨 40도 이하인 것
- 제1석유류 : 아세톤, 휘발유 그 밖에 1기압에서 인화점이 섭씨 21도 미만인 것
- 제2석유류 : 등유, 경유 그 밖에 1기압에서 인화점이 섭씨 21도 이상 70도 미만인 것

  [제외] 도료류 그 밖의 물품에 있어서 가연성 액체량이 40중량퍼센트 이하이면서 인화점이 섭씨 40도 이상인 동시에 연소점이 섭씨 60도 이상인 것

- 제3석유류 : 중유, 클레오소트유 그 밖에 1기압에서 인화점이 섭씨 70도 이상 섭씨 200도 미만인 것

  [제외] 도료류 그 밖의 물품은 가연성 액체량이 40중량퍼센트 이하인 것

- 제4석유류 : 기어유, 실린더유 그 밖에 1기압에서 인화점이 섭씨 200도 이상 섭씨 250도 미만의 것

  [제외] 도료류 그 밖의 물품은 가연성 액체량이 40중량퍼센트 이하인 것

24

위험물안전관리법령상 위험물의 운반에 관한 기준에 의한 차광성과 방수성이 모두 있는 피복으로 가려야 하는 위험물은?

① 과산화칼륨
② 철분
③ 황린
④ 특수인화물

해설및용어설명 | 위험물 운반 방법

제1류 위험물 중 알칼리금속의 과산화물 : 차광성, 방수성 덮개

① 제1류 위험물 중 알칼리금속의 과산화물 : 차광성, 방수성 덮개
② 제2류 위험물 중 철분 : 방수성 덮개
③ 제3류 위험물 중 황린 : 차광성 덮개
④ 제4류 위험물 중 특수인화물 : 차광성 덮개

25

물과 반응하여 메테인가스를 발생하는 위험물은?

① CaC_2
② Al_4C_3
③ Na_2O_2
④ LiH

해설및용어설명 | 화학반응식

① $CaC_2 + 2H_2O \rightarrow Ca(OH)_2 + C_2H_2$
② $Al_4C_3 + 12H_2O \rightarrow 4Al(OH)_3 + 3CH_4$
③ $2Na_2O_2 + 2H_2O \rightarrow 4NaOH + O_2$
④ $LiH + H_2O \rightarrow LiOH + H_2$ 비중 0.92

26

이동탱크저장소에 의한 위험물 운송 시 위험물운송자가 휴대하여야 하는 위험물안전카드의 작성대상에 관한 설명으로 옳은 것은?

① 모든 위험물에 대하여 위험물안전카드를 작성하여 휴대하여야 한다.
② 제1류, 제3류 또는 제4류 위험물을 운송하는 경우에 위험물안전카드를 작성하여 휴대하여야 한다.
③ 위험등급 Ⅰ 또는 위험등급 Ⅱ에 해당하는 위험물을 운송하는 경우에 위험물안전카드를 작성하여 휴대하여야 한다.
④ 제1류, 제2류, 제3류, 제4류(특수인화물 및 제1석유류에 한한다), 제5류 또는 제6류 위험물을 운송하는 경우에 위험물안전카드를 작성하여 휴대하여야 한다.

해설및용어설명 | 위험물 안전카드

위험물(제4류 위험물에 있어서는 특수인화물 및 제1석유류에 한한다)을 운송하게 하는 자는 위험물안전카드를 운송자로 하여금 휴대하게 할 것
→ 제1류 위험물, 제2류 위험물, 제3류 위험물, 제4류 위험물 중 특수인화물 및 제1석유류, 제5류 위험물, 제6류 위험물

27

산소 32g과 메테인 32g을 20℃에서 30L의 용기에 혼합하였을 때 이 혼합기체가 나타내는 압력은 약 몇 atm인가?(단, R = 0.082atm·L/mol·K이며, 이상기체로 가정한다)

① 1.8
② 2.4
③ 3.2
④ 4.0

해설및용어설명 | 이상기체상태방정식

$$PV = \frac{w}{M}RT \rightarrow P = (\frac{w_1}{M_1} + \frac{w_2}{M_2})\frac{RT}{V}$$

- V = 30L
- M = O_2 = 16×2 = 32g/mol, CH_4 = 12 + 1×4 = 16g/mol
- w = O_2 = 32g, CH_4 = 32g
- R = 0.082atm·L/mol·K

- T = 20℃ + 273 = 293K
- P = ($\frac{32}{32}$ + $\frac{32}{16}$) $\frac{0.082 \times 293}{30}$ = 2.4atm

28

위험물안전관리법령상 정기점검 대상인 제조소등에 해당하지 않는 것은?

① 경유를 20,000L 취급하며 차량에 고정된 탱크에 주입하는 일반취급소
② 등유 3,000L 저장하는 지하탱크저장소
③ 알코올류를 5,000L 취급하는 제조소
④ 경유를 220,000L 저장하는 옥외탱크저장소

해설및용어설명 | 정기점검 대상 제조소등
- 예방규정 작성대상 제조소등
  - 지정수량 10배 이상의 제조소, 일반취급소
  - 지정수량 100배 이상의 옥외저장소
  - 지정수량 150배 이상의 옥내저장소
  - 지정수량 200배 이상의 옥외탱크저장소
  - 암반탱크저장소
  - 이송취급소
- 지하탱크저장소
- 이동탱크저장소
- 지하탱크저장소가 있는 제조소, 주유취급소, 일반취급소

① $\frac{20,000L}{1,000L}$ = 20 → 위험물을 용기에 옮겨 담거나 차량에 고정된 탱크에 주입하는 일반취급소로서 지정수량 50배 이하인 것은 정기점검 제외

② $\frac{3,000L}{1,000L}$ = 3

③ $\frac{5,000L}{400L}$ = 12.5

④ $\frac{220,000L}{1,000L}$ = 220

29

과산화나트륨의 저장창고에 화재가 발생하였을 때 주수소화를 할 수 없는 이유로 가장 타당한 것은?

① 물과 반응하여 과산화수소와 수소를 발생하기 때문에
② 물과 반응하여 산소와 수소를 발생하기 때문에
③ 물과 반응하여 과산화수소와 열을 발생하기 때문에
④ 물과 반응하여 산소와 열을 발생하기 때문에

해설및용어설명 | 제1류 위험물 - 과산화나트륨
$2Na_2O_2 + 2H_2O \rightarrow 4NaOH + O_2$

30

탄화칼슘이 물과 반응하였을 때 발생하는 가스는?

① 메테인　　② 에테인
③ 수소　　　④ 아세틸렌

해설및용어설명 | 화학반응식

$CaC_2 + 2H_2O \rightarrow Ca(OH)_2 + C_2H_2$
탄화칼슘　물　수산화칼슘　아세틸렌

정답 28 ① 29 ④ 30 ④

31

다음의 연소반응식에서 트라이에틸알루미늄 114g이 산소와 반응하여 연소할 때 약 몇 kcal의 열을 방출하겠는가?(단, Al의 원자량은 27이다)

$$2(C_2H_5)_3Al + 21O_2 \rightarrow 12CO_2 + Al_2O_3 + 15H_2O + 1,470kcal$$

① 375
② 735
③ 1,470
④ 2,940

해설및용어설명 | 화학반응식

$(C_2H_5)_3Al = (12 \times 2 + 1 \times 5) \times 3 + 27 = 114g/mol$

2몰의 트라이에틸알루미늄이 연소하여 1,470kcal의 열을 방출하므로 1몰의 트라이에틸알루미늄이 연소하면 735kcal의 열이 방출된다.

32

위험물안전관리법령에 의하여 다수의 제조소등을 설치한 자가 1인의 안전관리자를 중복하여 선임할 수 있는 경우가 아닌 것은? (단, 동일 구내에 있는 저장소로서 동일인이 설치한 경우이다)

① 15개의 옥내저장소
② 30개의 옥외탱크저장소
③ 10개의 옥외저장소
④ 10개의 암반탱크저장소

해설및용어설명 | 안전관리자 - 1인의 안전관리자를 중복하여 선임할 수 있는 저장소

1. 10개 이하의 옥내저장소
2. 30개 이하의 옥외탱크저장소
3. 옥내탱크저장소
4. 지하탱크저장소
5. 간이탱크저장소
6. 10개 이하의 옥외저장소
7. 10개 이하의 암반탱크저장소

33

위험물안전관리법령에 명시된 예방규정 작성 시 포함되어야 하는 사항이 아닌 것은?

① 위험물시설의 운전 또는 조작에 관한 사항
② 위험물 취급작업의 기준에 관한 사항
③ 위험물의 안전에 관한 기록에 관한 사항
④ 소방관서의 출입검사 지원에 관한 사항

해설및용어설명 | 예방규정의 작성 등

1. 위험물의 안전관리업무를 담당하는 자의 직무 및 조직에 관한 사항
2. 안전관리자가 여행·질병 등으로 인하여 그 직무를 수행할 수 없을 경우 그 직무의 대리자에 관한 사항
3. 영 제18조의 규정에 의하여 자체소방대를 설치하여야 하는 경우에는 자체소방대의 편성과 화학소방자동차의 배치에 관한 사항
4. 위험물의 안전에 관계된 작업에 종사하는 자에 대한 안전교육 및 훈련에 관한 사항
5. 위험물시설 및 작업장에 대한 안전순찰에 관한 사항
6. 위험물시설·소방시설 그 밖의 관련시설에 대한 점검 및 정비에 관한 사항
7. 위험물시설의 운전 또는 조작에 관한 사항
8. 위험물 취급작업의 기준에 관한 사항
9. 이송취급소에 있어서는 배관공사 현장책임자의 조건 등 배관공사 현장에 대한 감독체제에 관한 사항과 배관주위에 있는 이송취급소 시설 외의 공사를 하는 경우 배관의 안전확보에 관한 사항
10. 재난 그 밖의 비상시의 경우에 취하여야 하는 조치에 관한 사항
11. 위험물의 안전에 관한 기록에 관한 사항
12. 제조소등의 위치·구조 및 설비를 명시한 서류와 도면의 정비에 관한 사항
13. 그 밖에 위험물의 안전관리에 관하여 필요한 사항

정답 31 ② 32 ① 33 ④

34

옥내저장소에 위험물을 수납한 용기를 겹쳐 쌓는 경우 높이의 상한에 관한 설명 중 틀린 것은?

① 기계에 의하여 하역하는 구조로 된 용기만 겹쳐 쌓는 경우는 6미터
② 제3석유류를 수납한 소형 용기만 겹쳐 쌓는 경우는 4미터
③ 제2석유류를 수납한 소형 용기만 겹쳐 쌓는 경우는 4미터
④ 제1석유류를 수납한 소형 용기만 겹쳐 쌓는 경우는 3미터

해설및용어설명 | 위험물 저장 높이
- 기계에 의하여 하역하는 구조로 된 용기만을 겹쳐 쌓는 경우 : 6m
- 제4류 위험물 중 제3석유류, 제4석유류 및 동식물유류를 수납하는 용기만을 겹쳐 쌓는 경우 : 4m
- 그 밖의 경우 : 3m

35

위험물안전관리법령상 이산화탄소소화기가 적응성이 있는 위험물은?

① 제1류 위험물　　② 제3류 위험물
③ 제4류 위험물　　④ 제5류 위험물

해설및용어설명 | 위험물 소화방법

유별	종류	운반용기 외부의 주의사항	게시판	소화방법	덮개
제1류 위험물	알칼리금속의 과산화물	가연물접촉주의, 화기·충격주의, 물기엄금	물기엄금	주수금지	방수성 차광성
	그 외	가연물접촉주의, 화기·충격주의	없음	주수소화	차광성
제2류 위험물	철분·금속분· 마그네슘	화기주의, 물기엄금	화기주의	주수금지	방수성
	인화성고체	화기엄금	화기엄금	주수소화 질식소화	
	그 외	화기주의	화기주의	주수소화	
제3류 위험물	자연발화성 물질	화기엄금, 공기접촉엄금	화기엄금	주수소화	차광성
	금수성물질	물기엄금	물기엄금	주수금지	방수성
제4류 위험물		화기엄금	화기엄금	질식소화	차광성 (특수인화물)
제5류 위험물		화기엄금, 충격주의	화기엄금	주수소화	차광성
제6류 위험물		가연물접촉주의	없음	주수소화	차광성

이산화탄소소화 : 질식소화

36

다음에서 설명하는 탱크는 위험물안전관리법령상 무엇이라고 하는가?

> 저부가 지반면 아래에 있고 상부가 지반면 이상에 있으며, 탱크 내 위험물의 최고액면이 지반면 아래에 있는 원통 종형식의 위험물 탱크를 말한다.

① 반지하탱크　　② 지반탱크
③ 지중탱크　　　④ 특정옥외탱크

해설및용어설명 | 옥외탱크저장소 - 지중탱크
저부가 지반면 아래에 있고 상부가 지반면 이상에 있으며 탱크 내 위험물의 최고액면이 지반면 아래에 있는 원통세로형식의 위험물탱크

37

위험물안전관리법령상 충전하는 일반취급소의 특례기준을 적용받을 수 있는 일반취급소에서 취급할 수 없는 위험물을 모두 기술한 것은?

① 알킬알루미늄등, 아세트알데하이드등 및 하이드록실아민등
② 알킬알루미늄등 및 아세트알데하이드등
③ 알킬알루미늄등 및 하이드록실아민등
④ 아세트알데하이드등 및 하이드록실아민등

해설및용어설명 | 일반취급소 - 충전하는 일반취급소
이동저장탱크에 액체위험물(알킬알루미늄등, 아세트알데하이드등 및 하이드록실아민등을 제외한다)을 주입하는 일반취급소(액체위험물을 용기에 옮겨 담는 취급소를 포함)

38

제1류 위험물 중 무기과산화물과 제5류 위험물 중 유기과산화물의 소화방법으로 옳은 것은?

① 무기과산화물 : CO_2에 의한 질식소화,
　유기과산화물 : CO_2에 의한 냉각소화
② 무기과산화물 : 건조사에 의한 피복소화,
　유기과산화물 : 분말에 의한 질식소화
③ 무기과산화물 : 포에 의한 질식소화,
　유기과산화물 : 분말에 의한 질식소화
④ 무기과산화물 : 건조사에 의한 피복소화,
　유기과산화물 : 물에 의한 냉각소화

해설및용어설명 | 위험물 소화방법
- 제1류 위험물 중 무기과산화물 : 주수금지 - 마른 모래, 팽창질석, 팽창진주암, 탄산수소염류분말소화약제
- 제5류 위험물 : 주수소화

39

위험물제조소로부터 30m 이상의 안전거리를 유지하여야 하는 건축물 또는 공작물은?

①「문화재보호법」에 따른 지정문화재
②「고압가스 안전관리법」에 따라 신고하여야 하는 고압가스 저장시설
③ 사용전압이 75,000V인 특고압가공전선
④「고등교육법」에서 정하는 학교

해설및용어설명 | 안전거리

구분	안전거리
7,000V 초과 35,000V 이하의 특고압가공전선	3m 이상
35,000V 초과의 특고압가공전선	5m 이상
주택	10m 이상
가스 저장·취급 시설	20m 이상
학교, 병원, 극장 등 사람이 많이 모이는 시설	30m 이상
문화재	50m 이상

40

세슘(Cs)에 대한 설명으로 틀린 것은?

① 알칼리토금속이다.
② 암모니아와 반응하여 수소를 발생한다.
③ 비중이 1보다 크므로 물보다 무겁다.
④ 사염화탄소와 접촉 시 위험성이 증가한다.

해설및용어설명 | 제3류 위험물 - 세슘
① 알칼리금속이다.
② $2Cs + NH_3 \rightarrow 2CsNH_2 + H_2$
③ 비중 2.6
④ 하론소화약제로 소화 시 위험성이 증가한다.

41

위험물안전관리법령상 n-C₄H₉OH의 지정수량은?

① 200L   ② 400L
③ 1,000L   ④ 2,000L

해설및용어설명 | 제4류 위험물 - 부틸알코올

제4류 위험물 중 제2석유류(비수용성), 지정수량 1,000L

42

273℃에서 기체의 부피가 4L이다. 같은 압력에서 25℃일 때의 부피는 약 몇 L인가?

① 0.32   ② 2.2
③ 3.2   ④ 4

해설및용어설명 | 샤를의 법칙

$$\frac{V_1}{T_1} = \frac{V_2}{T_2}$$

$$\frac{4L}{273℃ + 273} = \frac{V_2}{25℃ + 273}$$

$V_2 = 2.18 ≒ 2.2L$

43

Al이 속하는 금속은 주기율표상 무슨 족 계열인가?

① 철족   ② 알칼리금속족
③ 붕소족   ④ 알칼리토금속족

해설및용어설명 | 주기율표

① 8족
② 1족
③ 13족
④ 2족

44

다음의 위험물을 저장하는 옥내저장소의 저장 창고가 벽·기둥 및 바닥이 내화구조로 된 건축물일 때, 위험물안전관리법령에서 규정하는 보유 공지를 확보하지 않아도 되는 경우는?

① 아세트산 30,000L   ② 아세톤 5,000L
③ 클로로벤젠 10,000L   ④ 글리세린 15,000L

해설및용어설명 | 옥내저장소 - 보유공지

저장 또는 취급하는 위험물의 최대수량	공지의 너비	
	벽·기둥 및 바닥이 내화구조로 된 건축물	그 밖의 건축물
지정수량의 5배 이하	-	0.5m 이상
지정수량의 5배 초과 10배 이하	1m 이상	1.5m 이상
지정수량의 10배 초과 20배 이하	2m 이상	3m 이상
지정수량의 20배 초과 50배 이하	3m 이상	5m 이상
지정수량의 50배 초과 200배 이하	5m 이상	10m 이상
지정수량의 200배 초과	10m 이상	15m 이상

① $\frac{30,000L}{2,000L} = 15$

② $\frac{5,000L}{400L} = 12.5$

③ $\frac{10,000L}{1,000L} = 10$

④ $\frac{15,000L}{4,000L} = 3.75$

45

위험물안전관리법령상 $C_6H_5CH=CH_2$을 70,000L 저장하는 옥외탱크저장소에는 능력단위 3단위 소화기를 최소 몇 개 설치하여야 하는가?(단, 다른 조건은 고려하지 않는다)

① 1
② 2
③ 3
④ 4

해설 및 용어설명 | 소요단위

스틸렌 : 제4류 위험물 중 제2석유류(비수용성), 지정수량 1,000L
→ 1소요단위 10,000L

$$\frac{70,000L}{1,000L \times 10} = 7$$

소요단위 이상의 능력단위 소화기를 구비해야 하므로 3개

46

위험물안전관리법령상 옥외저장탱크에 부착되는 부속설비 중 기술원 또는 국민안전처장관이 정하여 고시하는 국내·외 공인 시험기관에서 시험 또는 인증 받은 제품을 사용하여야 하는 제품이 아닌 것은?

① 교반기
② 밸브
③ 폼챔버
④ 온도계

해설 및 용어설명 | 옥외저장탱크 - 부속설비

교반기(휘저어 섞는 장치), 밸브, 폼챔버, 화염방지장치, 통기관대기밸브, 비상압력배출장치는 기술원 또는 소방청장이 정하여 고시하는 국내·외 공인시험기관에서 시험 또는 인증 받은 제품을 사용하여야 한다.

47

위험물안전관리법령상 제1류 위험물을 운송하는 이동탱크저장소의 외부도장 색상은?

① 회색
② 적색
③ 청색
④ 황색

해설 및 용어설명 | 이등탱크저장소 - 외부도장 색상

제1류	제2류	제3류	제4류	제5류	제6류
회색	적색	청색	적색	황색	청색

[비고] 1. 탱크의 앞면과 뒷면을 제외한 면적의 40% 이내의 면적은 다른 유별의 색상 외의 색상으로 도장하는 것이 가능하다.
2. 제4류에 대해서는 도장의 색상 제한이 없으나 적색을 권장한다.

48

위험물안전관리법령상 위험물의 유별 구분이 나머지 셋과 다른 하나는?

① 사에틸납(Tetraethyl lead)
② 백금분
③ 주석분
④ 고형알코올

해설 및 용어설명 | 위험물의 종류

① 제4류 위험물 중 제3석유류(비수용성)
② 제2류 위험물 중 금속분
③ 제2류 위험물 중 금속분
④ 제2류 위험물 중 인화성고체

49

제4류 위험물 중 지정수량이 옳지 않은 것은?

① n-헵탄 : 200L
② 벤즈알데하이드 : 2,000L
③ n-펜탄 : 50L
④ 에틸렌글리콜 : 4,000L

해설및용어설명 | 위험물의 종류
① 제4류 위험물 중 제1석유류(비수용성), 지정수량 200L
② 제4류 위험물 중 제2석유류(비수용성), 지정수량 1,000L
③ 제4류 위험물 중 특수인화물, 지정수량 50L
④ 제4류 위험물 중 제3석유류(수용성), 지정수량 4,000L

50

다음 위험물 중 지정수량의 표기가 틀린 것은?

① CH_3COOOH - 100kg
② $K_2Cr_2O_7$ - 1,000kg
③ KNO_2 - 300kg
④ $Na_2S_2O_8$ - 1,000kg

해설및용어설명 | 위험물의 종류
① 과산화아세트산 : 제5류 위험물 중 유기과산화물(제2종), 지정수량 100kg
② 다이크로뮴산칼륨 : 제1류 위험물 중 다이크로뮴산염류, 지정수량 1,000kg
③ 아질산칼륨 : 제1류 위험물 중 아질산염류, 지정수량 300kg
④ 과황산나트륨 : 제1류 위험물 중 그 외(퍼옥소이황산염류), 지정수량 300kg

51

위험물안전관리법령상 불활성가스소화설비 기준에서 저장용기 설치 기준으로 틀린 것은?

① 저장용기에는 안전장치(용기밸브에 설치되어 있는 것에 한한다)를 설치할 것
② 온도가 40℃ 이하이고 온도 변화가 적은 장소에 설치할 것
③ 방호구역 외의 장소에 설치할 것
④ 저장용기의 외면에 소화약제의 종류와 양, 제조연도 및 제조자를 표시할 것

해설및용어설명 | 불활성가스 소화설비 - 저장용기 설치장소
- 방호구역 외의 장소에 설치할 것
- 온도가 40℃ 이하이고 온도 변화가 적은 장소에 설치할 것
- 직사일광 및 빗물이 침투할 우려가 적은 장소에 설치할 것
- 저장용기에는 안전장치(용기밸브에 설치되어 있는 것을 포함한다)를 설치할 것
- 저장용기의 외면에 소화약제의 종류와 양, 제조년도 및 제조자를 표시할 것

52

벤젠핵에 메틸기 1개와 하이드록실기 1개가 결합된 구조를 가진 액체로서 독특한 냄새를 가지는 물질은?

① 크레솔(cresol)
② 아닐린(aniline)
③ 큐멘(cumene)
④ 나이트로벤젠(nitrobenzene)

해설및용어설명 | 위험물의 종류

크레졸	아닐린	큐멘	나이트로벤젠
OH, CH₃ (구조식)	NH₂ (구조식)	CH(CH₃)₂ (구조식)	NO₂ (구조식)

53

Halon 1301과 Halon 2402에 공통적으로 포함된 원소가 아닌 것은?

① Br
② Cl
③ F
④ C

해설및용어설명 | 하론 소화약제

하론번호 : C, F, Cl, Br, I의 순서로 원소의 개수를 표시

하론번호	분자식
1301	CF_3Br
1211	CF_2ClBr
2402	$C_2F_4Br_2$
1011	CH_2ClBr
104	CCl_4

54

미지의 액체 시료가 있는 시험관에 불에 달군 구리줄을 넣을 때 자극적인 냄새가 나며 붉은색 침전물이 생기는 것을 확인하였다. 이 액체 시료는 무엇인가?

① 등유
② 아마인유
③ 메탄올
④ 글리세린

해설및용어설명 | 알코올의 산화

불에 달군 구리줄이 금속 촉매가 되어 메틸알코올의 산화를 일으킨다.

$CH_3OH \xrightarrow[\text{환원}(+2H)]{\text{산화}(-2H)} HCHO \xrightarrow[\text{환원}(-O)]{\text{산화}(+O)} HCOOH$

메탄올   포름알데하이드   포름산

55

다음 그림의 AOA(Activity - on - Arc) 네트워크에서 E 작업을 시작하려면 어떤 작업들이 완료되어야 하는가?

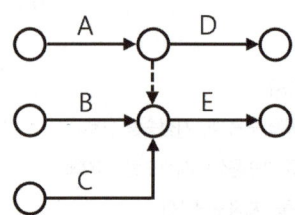

① B
② A, B
③ B, C
④ A, B, C

해설및용어설명 | AOA 네트워크

E로 이어지는 화살표를 살펴보면 A, B, C이다.

56

검사특성곡선(OC Curve)에 관한 설명으로 틀린 것은?
(단, N : 로트의 크기, n : 시료의 크기, c : 합격판정개수이다)

① N, n이 일정할 때 c가 커지면 나쁜 로트의 합격률은 높아진다.
② N, c가 일정할 때 n이 커지면 좋은 로트의 합격률은 낮아진다.
③ N/n/c의 비율이 일정하게 증가하거나 감소하는 퍼센트 샘플링 검사 시 좋은 로트의 합격률은 영향이 없다.
④ 일반적으로 로트의 크기 N이 시료 n에 비해 10배 이상 크다면, 로트의 크기를 증가시켜도 나쁜 로트의 합격률은 크게 변화하지 않는다.

해설및용어설명 | 검사특성곡선의 특징

① N, n 일정할 때 c가 증가할수록 곡선은 기울기가 완만해진다.
    = α(1종 오류, 좋은 로트의 불합격률) 감소
    = β(2종 오류, 나쁜 로트의 합격률) 증가
② N, c 일정하고 n이 증가할수록 곡선은 기울기가 가파르게 된다.
    = α(1종 오류, 좋은 로트의 불합격률) 증가 → 좋은 로트의 합격률 감소
    = β(2종 오류, 나쁜 로트의 합격률) 감소

정답 53 ② 54 ③ 55 ④ 56 ③

③ N/n/c의 비율이 일정하게 증가하거나 감소하면 OC 곡선의 종류가 완전히 달라진다.
= 전수검사의 형태에 점차 가까워진다.
= α, β가 0에 수렴한다.
④ 로트의 크기(N)이 시료의 크기(n)에 비해 10배 이상 크다면, 로트의 크기 (N)는 검사특성곡선에 영향을 미치지 않는다.

57

브레인스토밍(Brainstorming)과 가장 관계가 깊은 것은?

① 특성요인도 ② 파레토도
③ 히스토그램 ④ 회귀분석

해설및용어설명 | 브레인스토밍
창의적인 아이디어 생산을 위하여 의견을 자유롭게 내는 방식
- 파레토도 : 데이터를 항목별로 분류하여 출현도수의 크기 순서대로 나열한 그림. 단순빈도 막대 그래프와 누적 빈도 꺾은선 그래프를 합친 것
- 히스토그램 : Data가 어떤 값으로 분포되어 있는가를 조사하기 위하여 막대로 나타낸다.
- 회귀분석 : 종속변수와 독립변수 간의 관계를 그래프로 표현한 것
- 특성요인도 : 문제가 되는 결과와 이에 대응하는 원인과의 관계를 도표로 나타낸 것

58

품질특성에서 x 관리도로 관리하기에 가장 거리가 먼 것은?

① 볼펜의 길이 ② 알코올 농도
③ 1일 전력소비량 ④ 나사길이의 부적합품 수

해설및용어설명 | x 관리도
공정으로부터 부분군을 추출할 때 한 번에 여러 개의 제품들을 추출할 수 없는 경우에 사용

59

다음 데이터로부터 통계량을 계산한 것 중 틀린 것은?

[데이터] 21.5, 23.7, 24.3, 27.2, 29.1

① 범위(R) = 7.6 ② 제곱합(S) = 7.59
③ 중앙값(Me) = 24.3 ④ 시료분산(s^2) = 8.988

해설및용어설명 | 데이터
① 범위 = 가장 큰 수 - 가장 작은 수 = 29.1 - 21.5 = 7.6
② 제곱합 = (해당 값 - 평균)^{2}의 합

평균 = $\dfrac{21.5 + 23.7 + 24.3 + 27.2 + 29.1}{5}$ = 25.16

제곱합 = $(21.5 - 25.16)^2 + (23.7 - 25.16)^2 + (24.3 - 25.16)^2$
$+ (27.2 - 25.16)^2 + (29.1 - 25.16)^2 = 35.952$

③ 중앙값 = 전체 데이터 중 가운데 있는 수 = 24.3

④ 분산 = $\dfrac{\text{제곱합}}{n-1} = \dfrac{35.952}{4} = 8.988$

60

표준시간을 내경법으로 구하는 수식으로 맞는 것은?

① 표준시간 = 정미시간 + 여유시간
② 표준시간 = 정미시간×(1 + 여유율)
③ 표준시간 = 정미시간×($\frac{1}{1 - 여유율}$)
④ 표준시간 = 정미시간×($\frac{1}{1 + 여유율}$)

해설및용어설명 | 작업측정 - 내경법

정미시간 = 표준시간×(1 - 여유율) → 표준시간 = 정미시간×$\frac{1}{(1 - 여유율)}$

과년도 기출문제

2018 * 63

01

질산암모늄 80g이 완전분해하여 O_2, H_2O, N_2가 생성되었다면 이때 생성물의 총량은 모두 몇 몰인가?

① 2
② 3.5
③ 4
④ 7

해설및용어설명 | 화학반응식

$NH_4NO_3 = 14 + 1 \times 4 + 14 + 16 \times 3 = 80g/mol$

- 반응물과 생성물을 화학식으로 나타낸다.
  질산암모늄이 분해하면 산소, 물, 질소를 생성한다.
  $NH_4NO_3 \rightarrow O_2 + H_2O + N_2$
- 화학식 앞에 미정계수 a, b, c, d를 설정한다.
  $a\ NH_4NO_3 \rightarrow b\ O_2 + c\ H_2O + d\ N_2$
- 원소의 종류별로 방정식을 세운다.
  $a\ NH_4NO_3 \rightarrow b\ O_2 + c\ H_2O + d\ N_2$
  N 2a = 2d
  H 4a = 2c
  O 3a = 2b + c
- a = 1 일 때, b, c, d를 구한다.
  N 2a = 2d, $2 \times 1 = 2d$, d = 1
  H 4a = 2c, $4 \times 1 = 2c$, c = 2
  O 3a = 2b + c, $3 \times 1 = 2b + 2$, 2b = 1, b = 1/2
  ∴ a = 1, b = 1/2, c = 2, d = 1
  모든 계수를 정수로 만들기 위해 분모의 최소공배수인 2를 곱한다.
  ∴ a = 2, b = 1, c = 4, d = 2
- 계수를 대입하여 화학반응식을 완성한다.
  $2NH_4NO_3 \rightarrow O_2 + 4H_2O + 2N_2$
  2몰의 질산암모늄이 분해하여 산소 1몰, 물 4몰, 질소 2몰, 총 7몰을 생성하므로, 1몰의 질산암모늄이 분해하면 총 3.5몰의 생성물을 생성한다.

02

비중 0.8인 유체의 밀도는 몇 kg/m^3인가?

① 800
② 80
③ 8
④ 0.8

해설및용어설명 | 비중

비중 = $\dfrac{\text{고체·액체의 밀도}}{\text{물의 밀도}}$ → 액체의 밀도 = 비중 × 물의 밀도(1kg/L)

유체의 밀도 = $0.8 \times 1kg/L \times 1,000L/m^3 = 800kg/m^3$

03

다음 중 1mol에 포함된 산소의 수가 가장 많은 것은?

① 염소산
② 과산화나트륨
③ 과염소산
④ 차아염소산

해설및용어설명 | 화학식

① $HClO_3$ → 산소수 3몰
② Na_2O_2 → 산소수 2몰
③ $HClO_4$ → 산소수 4몰
④ $HClO$ → 산소수 1몰

정답 01 ② 02 ① 03 ③

04

어떤 유체의 비중이 S, 비중량이 γ이다. 4℃ 물의 밀도가 ρw, 중력가속도가 g일 때 다음 중 옳은 것은?

① $\gamma = S\rho w$
② $\gamma = g\rho w/S$
③ $\gamma = S\rho w/g$
④ $\gamma = Sg\rho w$

05

아세틸렌 1몰이 완전 연소하는 데 필요한 이론공기량은 약 몇 몰인가?

① 2.5
② 5
③ 11.9
④ 22.4

해설및용어설명 | 화학반응식

- 반응물과 생성물을 화학식으로 나타낸다.
  아세틸렌이 산소와 반응하면 이산화탄소, 물을 생성한다.
  $C_2H_2 + O_2 \rightarrow CO_2 + H_2O$
- 화학식 앞에 미정계수 a, b, c, d를 설정한다.
  $a\ C_2H_2 + b\ O_2 \rightarrow c\ CO_2 + d\ H_2O$
- 원소의 종류별로 방정식을 세운다.
  $a\ C_2H_2 + b\ O_2 \rightarrow c\ CO_2 + d\ H_2O$
  C $2a = c$
  H $2a = 2d$
  O $2b = 2c + d$
- a = 1 일 때, b, c, d를 구한다.
  C $2a = c$, $2 \times 1 = c$, $c = 2$
  H $2a = 2d$, $2 \times 1 = 2d$, $d = 1$
  O $2b = 2c + d$, $2b = 2 \times 2 + 1 = 5$, $b = 5/2$
  ∴ $a = 1$, $b = 5/2$, $c = 2$, $d = 1$
  모든 계수를 정수로 만들기 위해 분모의 최소공배수인 2를 곱한다.
  ∴ $a = 2$, $b = 5$, $c = 4$, $d = 2$
- 계수를 대입하여 화학반응식을 완성한다.
  $2C_2H_2 + 5O_2 \rightarrow 4CO_2 + 2H_2O$
  2몰의 아세틸렌이 연소할 때 5몰의 산소가 필요하므로
  1몰의 아세틸렌이 연소할 때 2.5몰의 산소가 필요하다.
  $2.5\text{mol }O_2 \times \dfrac{1\ air}{0.21\ O_2} = 11.90$

06

측정하는 유체의 압력에 의해 생기는 금속의 탄성변형을 기계식으로 확대 지시하여 압력을 측정하는 것은?

① 마노미터
② 시차액주계
③ 부르동관 압력계
④ 오리피스미터

해설및용어설명 | 압력계 - 부르동관 압력계

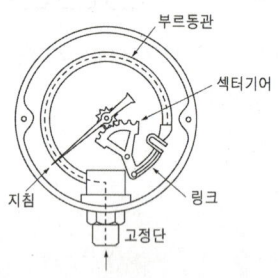

07

3.65kg의 염화수소 중에는 HCl 분자가 몇 개 있는가?

① 6.02×10^{23}
② 6.02×10^{24}
③ 6.02×10^{25}
④ 6.02×10^{26}

해설및용어설명 | 화학식

HCl = 1 + 35.5 = 36.5g/mol
36.5g의 염화수소 중에는 1몰 = 6.02×10^{23}개의 분자가 있다.
3.65kg = 3,650g의 염화수소 중에는
100몰 = $6.02 \times 10^{23} \times 100 = 6.02 \times 10^{25}$개의 분자가 있다.

08

과산화나트륨과 묽은 아세트산이 반응하여 생성되는 것은?

① NaOH
② H_2O
③ Na_2O
④ H_2O_2

해설및용어설명 | 화학식

$Na_2O_2 + 2CH_3COOH \rightarrow 2CH_3COONa + H_2O_2$

09

위험물안전관리법령상 제6류 위험물 중 "그 밖에 행정안전부령이 정하는 것"에 해당하는 물질은?

① 아지화합물
② 과아이오딘산화합물
③ 염소화규소화합물
④ 할로젠간화합물

해설및용어설명 | 제6류 위험물

등급	품명	지정수량	위험물	분자식	그외
I	질산	300kg	질산	HNO_3	발연질산
I	과산화수소	300kg	과산화수소	H_2O_2	
I	과염소산	300kg	과염소산	$HClO_4$	
I	그 외	할로젠간화합물	300kg		BrF_3	삼불화브롬
				BrF_5	오불화브롬
				IF_5	오불화아이오딘

10

줄 - 톰슨(Joule - Thomson) 효과와 가장 관계있는 소화기는?

① 하론 1301 소화기
② 이산화탄소 소화기
③ HCFC - 124 소화기
④ 하론 1211 소화기

해설및용어설명 | 이산화탄소 소화약제 - 줄톰슨효과
압축된 이산화탄소 기체가 좁은 관을 통과하며 냉각되어 방출

11

CH_3COCH_3에 대한 설명으로 틀린 것은?

① 무색 액체이며 독특한 냄새가 있다.
② 물에 잘 녹고 유기산을 잘 녹인다.
③ 아이오딘포름 반응을 한다.
④ 비점이 물보다 높지만 휘발성이 강하다.

해설및용어설명 | 제4류 위험물 - 아세톤
① 아세톤은 무색 액체이며 독특한 냄새가 있다.
② 물과 유기물질을 잘 녹인다.
③ 아이오딘포름반응 : 아세틸기(CH_3CO^-) + 수산화알칼리 + 아이오딘이 반응하여 노란색 침전을 형성하는 것
아세톤, 메틸에틸케톤, 아세트알데하이드, 1차 알코올 중 에탄올, 2차 알코올은 KOH와 I_2가 반응하여 노란색 침전을 형성한다.
④ 비점 56.3℃로 비점이 물보다 낮고, 휘발성이 강하다.

12

제4류 위험물인 C_6H_5Cl의 지정 수량으로 맞는 것은?

① 200L
② 400L
③ 1,000L
④ 2,000L

해설및용어설명 | 제4류 위험물 - 클로로벤젠
제4류 위험물 중 제2석유류 비수용성, 지정수량 1,000L

13

96g의 메탄올이 완전 연소 되면 몇 g의 H_2O가 생성되는가?

① 54
② 27
③ 216
④ 108

해설및용어설명 | 화학반응식

- 반응물과 생성물을 화학식으로 나타낸다.
  메탄올이 산소와 반응하면 이산화탄소, 물을 생성한다.
  $CH_3OH + O_2 \rightarrow CO_2 + H_2O$
- 화학식 앞에 미정계수 a, b, c, d를 설정한다.
  $a\ CH_3OH + b\ O_2 \rightarrow c\ CO_2 + d\ H_2O$
- 원소의 종류별로 방정식을 세운다.
  $a\ CH_3OH + b\ O_2 \rightarrow c\ CO_2 + d\ H_2O$
  C $a = c$
  H $4a = 2d$
  O $a + 2b = 2c + d$
- a = 1 일 때, b, c, d를 구한다.
  C $a = c$, $1 = c$
  H $4a = 2d$, $4 \times 1 = 2d$, $d = 2$
  O $a + 2b = 2c + d$, $1 + 2b = 2 \times 1 + 2$, $b = 3/2$
  ∴ $a = 1$, $b = 3/2$, $c = 1$, $d = 2$
  모든 계수를 정수로 만들기 위해 분모의 최소공배수인 2를 곱한다.
  ∴ $a = 2$, $b = 3$, $c = 2$, $d = 4$
- 계수를 대입하여 화학반응식을 완성한다.
  $2CH_3OH + 3O_2 \rightarrow 2CO_2 + 4H_2O$
  $CH_3OH = 12 + 1 \times 3 + 16 + 1 = 32g/mol$
  1몰의 메탄올이 32g이므로 96g의 메탄올은 3몰이다.
  3몰의 메탄올이 연소하면 6몰의 물이 생성된다.
  $18g/mol \times 6mol = 108g$

14

$C_6H_5CH_3$에 대한 설명으로 틀린 것은?

① 끓는점은 약 211℃이다.
② 증기는 공기보다 무거워 낮은 곳에 체류한다.
③ 인화점은 약 4℃이다.
④ 액의 비중은 약 0.87이다.

해설및용어설명 | 제4류 위험물 - 톨루엔

① 끓는점 110℃
② 증기비중 $= \dfrac{분자량}{29} = \dfrac{C_6H_5CH_3}{29} = \dfrac{12 \times 6 + 1 \times 5 + 12 + 1 \times 3}{29} = 3.17$
  증기비중이 1보다 크므로 공기보다 무거워 낮은 곳에 체류한다.
③ 톨루엔 인화점 4℃
④ 액체의 비중 0.86

15

제5류 위험물에 대한 설명 중 틀린 것은?

① 다이아조화합물은 다이아조기(-N=N-)를 가진 무기화합물이다.
② 유기과산화물은 산소를 포함하고 있어서 다량으로 연소할 경우 소화에 어려움이 있다.
③ 하이드라진은 제4류 위험물이지만 하이드라진 유도체는 제5류 위험물이다.
④ 고체인 물질도 있고 액체인 물질도 있다.

해설및용어설명 | 제5류 위험물

① 제5류 위험물은 유기화합물이다.
② 가연물과 산소가 합쳐져 있으므로 질식소화가 불가하다.
③ 하이드라진 : 제4류 위험물 중 제2석유류 수용성
④ 질산에스터류 중 셀룰로이드를 제외한 나머지 위험물은 고체이다.

16

차아염소산칼슘에 대한 설명으로 옳지 않은 것은?

① 살균제, 표백제로 사용된다.
② 화학식은 $Ca(ClO)_2$이다.
③ 자극성이며 강한 환원력이 있다.
④ 지정수량은 50kg이다.

해설 및 용어설명 | 제1류 위험물 - 그 외
① 염소산염류는 산화성이 강한 살균제, 표백제이다.
② 화학식 : $Ca(ClO)_2$
③ 자극성이며 강한 산화력이 있다.
④ 제1류 위험물 중 차아염소산염류, 지정수량 50kg

17

$KMnO_4$에 대한 설명으로 옳은 것은?

① 글리세린에 저장하여야 한다.
② 묽은 질산과 반응하면 유독한 Cl_2가 생성된다.
③ 황산과 반응할 때는 산소와 열을 발생한다.
④ 물에 녹으면 투명한 무색을 나타낸다.

해설 및 용어설명 | 제1류 위험물 - 과망가니즈산칼륨
① 건조하게 저장하여야 한다.
② $3K_2MnO_4 + 4HNO_3 → 2KMnO_4 + MnO_2 + 4KNO_3 + 2H_2O$
과망가니즈산칼륨 질산   망가니즈산칼륨 이산화망가니즈 질산칼륨 물
③ $4KMnO_4 + 6H_2SO_4 → 2K_2SO_4 + 6H_2O + 5O_2 + 4MnSO_4$
과망가니즈산칼륨 황산   황산칼륨 물 산소 황산망가니즈
④ 물에 녹아 진한 보라색(흑자색)을 나타낸다.

18

위험물의 지정수량이 적은 것부터 큰 순서대로 나열한 것은?

① 알킬리튬 – 다이메틸아연 – 탄화칼슘
② 다이메틸아연 – 탄화칼슘 – 알킬리튬
③ 탄화칼슘 – 알킬리튬 – 다이메틸아연
④ 알킬리튬 – 탄화칼슘 – 다이메틸아연

해설 및 용어설명 | 지정수량
• 알킬리튬 : 제3류 위험물 중 알킬리튬, 지정수량 10kg
• 다이메틸아연 : 제3류 위험물 중 유기금속화합물, 지정수량 50kg
• 탄화칼슘 : 제3류 위험물 중 칼슘 알루미늄의 탄화물, 지정수량 300kg

19

탄화칼슘과 질소가 약 700℃ 이상의 고온에서 반응하여 생성되는 물질은?

① 아세틸렌 ② 석회질소
③ 암모니아 ④ 수산화칼슘

해설 및 용어설명 | 화학반응식

$CaC_2 + N_2 →　CaCN_2 + C$
탄화칼슘 질소　칼슘사이안아미드(석회질소) 탄소

정답 16 ③ 17 ③ 18 ① 19 ②

20

정전기 방전에 관한 다음 식에서 사용된 인자의 내용이 틀린 것은?

$$E = \frac{1}{2}CV^2 = \frac{1}{2}QV$$

① E : 정전기에너지(J)
② C : 정전용량(F)
③ V : 전압(V)
④ Q : 전류(A)

해설및용어설명 | 최소 착화에너지

$E = \frac{1}{2}CV^2 = \frac{1}{2}QV$

- E : 착화에너지
- C : 정전용량(F)
- V : 전압(V)
- Q : 전기량(C)

21

제5류 위험물인 테트릴에 대한 설명으로 틀린 것은?

① 물, 아세톤 등에 잘 녹는다.
② 담황색의 결정형 고체이다.
③ 비중은 1보다 크므로 물보다 무겁다.
④ 폭발력이 커서 폭약의 원료로 사용된다.

해설및용어설명 | 제5류 위험물 - 테트릴

① 물에 잘 녹지 않고 아세톤, 에터, 아세트산 등에 잘 녹는다.
② 담황색 고체이다.
③ 비중 1.57
④ 충격 마찰에 예민하고 폭발 위력이 큰 물질로 뇌관의 첨장약으로 사용된다.

22

위험물안전관리법령상 황은 순도가 일정 wt% 이상인 경우 위험물에 해당한다. 이 경우 순도측정에 있어서 불순물에 대한 설명으로 옳은 것은?

① 불순물은 활석 등 불연성 물질에 한한다.
② 불순물은 수분에 한한다.
③ 불순물은 활석 등 불연성 물질과 수분에 한한다.
④ 불순물은 황을 제외한 모든 물질을 말한다.

해설및용어설명 | 위험물 기준

황 : 순도가 60중량퍼센트 이상인 것. 불순물은 활석 등 불연성 물질과 수분에 한한다.

23

다음 중 지정수량이 같은 것으로 연결된 것은?

① 알코올류 – 제1석유류(비수용성)
② 제1석유류(수용성) – 제2석유류(비수용성)
③ 제2석유류(수용성) – 제3석유류(비수용성)
④ 제3석유류(수용성) – 제4석유류

해설및용어설명 | 지정수량 - 제4류 위험물

등급	품명		지정수량
I	특수인화물	비수용성	50L
		수용성	
II	제1석유류	비수용성	200L
		수용성	400L
II	알코올류		400L
III	제2석유류	비수용성	1,000L
		수용성	2,000L
III	제3석유류	비수용성	2,000L
		수용성	4,000L
III	제4석유류		6,000L

등급	품명		지정수량
Ⅲ	동식물유류	건성유 (아이오딘값 130 이상)	10,000L
		반건성유 (아이오딘값 100 이상 130 미만)	
		불건성유 (아이오딘값 100 미만)	

24

제4류 위험물인 아세트알데하이드의 화학식으로 옳은 것은?

① C_2C_5CHO
② C_2H_5COOH
③ CH_3CHO
④ CH_3COOH

해설및용어설명 | 화학식
① 프로피온알데하이드
② 포름산에틸
③ 아세트알데하이드
④ 아세트산

25

공기를 차단한 상태에서 황린을 약 260℃로 가열하면 생성되는 물질은 제 몇 류 위험물인가?

① 제1류 위험물
② 제2류 위험물
③ 제5류 위험물
④ 제6류 위험물

해설및용어설명 | 지정수량
① 제1류 위험물 중 질산염류, 지정수량 300kg
　제6류 위험물 중 과염소산, 지정수량 300kg
② 제4류 위험물 중 알코올류, 지정수량 400L
　제4류 위험물 중 제1석유류(수용성), 지정수량 400L
③ 제5류 위험물 중 유기과산화물, 지정수량 10kg
　제3류 위험물 중 칼륨, 지정수량 10kg
④ 제2류 위험물 중 철분, 지정수량 500kg
　제5류 위험물 중 나이트로화합물, 지정수량 200kg

26

다음 금속원소 중 비점이 가장 높은 것은?

① 리튬
② 나트륨
③ 칼륨
④ 루비듐

해설및용어설명 | 주기율표

1	2	13	14	15	16	17	18
H							
Li							
Na							
K							
Rb							

27

금속나트륨이 에탄올과 반응하였을 때 가연성 가스가 발생한다. 이때 발생되는 가스와 동일한 가스가 발생되는 경우는?

① 나트륨이 액체 암모니아와 반응하였을 때
② 나트륨이 산소와 반응하였을 때
③ 나트륨이 사염화탄소와 반응하였을 때
④ 나트륨이 이산화탄소와 반응하였을 때

해설및용어설명 | 화학반응식
$Na + C_2H_5OH \rightarrow C_2H_5ONa + H_2$
① $2Na + 2NH_3 \rightarrow 2NaNH_2 + H_2$
② $Na + O_2 \rightarrow Na_2O$
③ $CCl_4 + 3Na \rightarrow 3NaCl + CCl$
④ $4Na + 3CO_2 \rightarrow 2Na_2CO_3 + C$

정답 24 ③ 25 ② 26 ① 27 ①

28

위험물안전관리법령상 불활성가스 소화설비의 기준에서 소화약제 "IG - 541"의 성분으로 용량비가 가장 큰 것은?

① 이산화탄소 ② 아르곤
③ 질소 ④ 불소

해설 및 용어설명 | 불활성가스소화약제 N_2, Ar, CO_2
- IG - 100 : N_2 50%, Ar 50%
- IG - 55 : N_2 50%, Ar 50%
- IG - 541 : N_2 52%, Ar 40%, CO_2 8%

29

위험물안전관리법상 150마이크로미터의 체를 통과하는 것이 50중량퍼센트 이상일 경우 위험물에 해당하는 것은?

① 철분 ② 구리분
③ 아연분 ④ 니켈분

해설 및 용어설명 | 위험물 기준 - 제2류 위험물
- 황 : 순도 60중량퍼센트 이상
- 철분 : 53마이크로미터 체를 통과, 50중량퍼센트 이상
- 마그네슘 : 직경 2mm 미만인 것
- 금속분 : 구리, 니켈 제외, 150마이크로미터 체를 통과, 50중량퍼센트 이상

30

다음 중 위험물안전관리법상 알코올류가 위험물이 되기 위하여 갖추어야 할 조건이 아닌 것은?

① 한 분자 내에 탄소원자수가 1개부터 3개까지일 것
② 포화 1가 알코올일 것
③ 수용액일 경우 위험물안전관리법령에서 정의한 알코올 함유량이 60중량퍼센트 이상일 것
④ 인화점 및 연소점이 에틸알코올 60wt% 수용액의 인화점 및 연소점을 초과하는 것

해설 및 용어설명 | 위험물 기준 - 제4류 위험물
알코올 1분자를 구성하는 탄소원자의 수가 1개부터 3개까지인 포화1가 알코올(변성알코올을 포함한다) 다만, 다음 각목의 1에 해당하는 것은 제외
- 1분자를 구성하는 탄소원자의 수가 1개 내지 3개의 포화1가 알코올의 함유량이 60중량퍼센트 미만인 수용액
- 가연성액체량이 60중량퍼센트 미만이고 인화점 및 연소점(태그개방식 인화점측정기에 의한 연소점을 말한다. 이하 같다)이 에틸알코올 60중량퍼센트 수용액의 인화점 및 연소점을 초과하는 것

31

벤조일퍼옥사이드의 용해성에 대한 설명으로 옳은 것은?

① 물과 대부분 유기용제에 모두 잘 녹는다
② 물과 대부분 유기용제에 모두 잘 녹지 않는다
③ 물에는 녹으나 대부분 유기용제에는 녹지 않는다.
④ 물에 녹지 않으나 대부분 유기용제에는 녹는다.

해설 및 용어설명 | 제5류 위험물 - 과산화벤조일
- 무색 또는 백색, 무취의 결정이다.
- 물에 녹지 않고 알코올에 약간 녹으며, 에터에 잘 녹는다.

32

위험물의 연소 특성에 대한 설명으로 옳지 않은 것은?

① 황린은 연소 시 오산화인의 흰 연기가 발생한다.
② 황은 연소 시 푸른 불꽃을 내며 이산화질소를 발생한다.
③ 마그네슘은 연소 시 섬광을 내며 발열한다.
④ 트라이에틸알루미늄은 공기와 접촉하면 백연을 발생하며 연소한다.

해설 및 용어설명 | 화학식

① $P_4 + 5O_2 \rightarrow 2P_2O_5$
② $S + O_2 \rightarrow SO_2$
③ $2Mg + O_2 \rightarrow 2MgO$
④ $2(C_2H_5)_3Al + 21O_2 \rightarrow 12CO_2 + Al_2O_3 + 15H_2O$

33

제4류 위험물에 해당하는 에어졸의 내장용기 등으로서 용기의 외부에 '위험물의 품명·위험등급·화학명 및 수용성'에 대한 표시를 하지 않을 수 있는 최대용적은?

① 300mL
② 500mL
③ 150mL
④ 1,000mL

해설 및 용어설명 | 위험물의 운반에 관한 기준(별표 19)

제4류 위험물에 해당하는 에어졸의 운반용기로서 최대용적이 300ml 이하의 것에 대해서는 '위험물의 품명·위험등급·화학명 및 수용성' 표시를 하지 아니할 수 있다.

34

위험물안전관리법령에 따른 위험물의 운반에 관한 적재방법에 대한 기준으로 틀린 것은?

① 제1류 위험물, 제2류 위험물 및 제4류 위험물 중 제1석유류, 제5류 위험물은 차광성이 있는 피복으로 가릴 것
② 제1류 위험물 중 알칼리 금속의 과산화물 또는 이를 함유한 것, 제2류 위험물 중 철분·금속분·마그네슘 또는 이들 중 어느 하나 이상을 함유한 것 또는 제3류 위험물 중 금수성 물질은 방수성이 있는 피복으로 덮을 것
③ 제5류 위험물 중 55℃ 이하의 온도에서 분해될 우려가 있는 보냉 컨테이너에 수납하는 등 적정한 온도관리를 할 것
④ 위험물을 수납한 운반용기를 겹쳐쌓는 경우에는 그 높이를 3m 이하로 하고, 용기의 상부에 걸리는 하중은 당해 용기 위에 당해 용기와 동종의 용기를 겹쳐 쌓아 3m의 높이로 하였을 때의 걸리는 하중 이하로 할 것

해설 및 용어설명 | 위험물 주의사항

유별	종류	운반용기 외부의 주의사항	게시판	소화방법	덮개
제1류 위험물	알칼리금속의 과산화물	가연물접촉주의, 화기·충격주의, 물기엄금	물기엄금	주수금지	방수성 차광성
	그 외	가연물접촉주의, 화기·충격주의	없음	주수소화	차광성
제2류 위험물	철분·금속분·마그네슘	화기주의, 물기엄금	화기주의	주수금지	방수성
	인화성고체	화기엄금	화기엄금	주수소화 질식소화	
	그 외	화기주의	화기주의	주수소화	
제3류 위험물	자연발화성 물질	화기엄금, 공기접촉엄금	화기엄금	주수소화	차광성
	금수성물질	물기엄금	물기엄금	주수금지	방수성
제4류 위험물		화기엄금	화기엄금	질식소화	차광성 (특수인화물)
제5류 위험물		화기엄금, 충격주의	화기엄금	주수소화	차광성
제6류 위험물		가연물접촉주의	없음	주수소화	차광성

35

위험물안전관리법령상 제조소등에 있어서 위험물의 취급에 관한 설명으로 옳은 것은?

① 위험물의 취급에 관한 자격이 있는 자라 할지라도 안전관리자로 선임되지 않은 자는 위험물을 단독으로 취급할 수 없다.
② 위험물의 취급에 관한 자격이 있는 자가 안전관리자로 선임되지 않았어도 그 자가 참여한 상태에서 누구든지 위험물 취급작업을 할 수 있다.
③ 위험물안전관리자의 대리자가 참여한 상태에서는 누구든지 위험물 취급작업을 할 수 있다.
④ 위험물 운송자는 위험물을 이동탱크 저장소에 출하하는 충전하는 일반취급소에서 안전관리자 또는 대리자의 참여 없이 위험물 출하작업을 할 수 있다.

해설및용어설명 | 위험물 취급

① 위험물안전관리자의 책무 : 위험물의 취급작업에 참여하여 해당 작업자에 대하여 지시 및 감독하는 업무
② 위험물안전관리자의 책무 : 위험물의 취급작업에 참여하여 해당 작업자에 대하여 지시 및 감독하는 업무
③ 제조소등에 있어서 위험물취급자격자가 아닌 자는 안전관리자 또는 대리자가 참여한 상태에서 위험물을 취급하여야 한다.
④ 위험물운송자는 위험물취급자격자가 아니므로 안전관리자 또는 대리자가 참여한 상태에서 위험물을 취급하여야 한다.

36

탱크 시험자가 다른 자에게 등록증을 빌려준 경우의 1차 행정처분 기준으로 옳은 것은?

① 등록취소
② 업무정지 30일
③ 업무정지 90일
④ 경고

해설및용어설명 | 행정처분기준

다른자에게 등록증을 빌려준 경우 - 등록취소

37

제4류 위험물 중 경유를 판매하는 제2종 판매 취급소를 허가 받아 운영하고자 한다. 취급할 수 있는 최대수량은?

① 2,000L
② 40,000L
③ 80,000L
④ 160,000L

해설및용어설명 | 판매취급소

- 제1종 판매취급소 : 지정수량 20배 이하의 위험물을 취급하는 장소
- 제2종 판매취급소 : 지정수량 40배 이하의 위험물을 취급하는 장소

경유 : 제4류 위험물 중 제2석유류 비수용성, 지정수량 1,000L
1,000L × 40 = 40,000L

38

위험물제조소등의 옥내소화전설비의 설치기준으로 틀린 것은?

① 수원의 수량은 옥내소화전이 가장 많이 설치된 층의 옥내소화전 설치개수(설치개수가 5개 이상인 경우는 5개)에 2.4m³를 곱한 양 이상이 되도록 설치할 것
② 옥내소화전은 제조소 등의 건축물의 층마다 당해 층의 각 부분에서 하나의 호스 접속구까지의 수평거리가 25m 이하가 되도록 설치할 것
③ 옥내소화전설비는 각 층을 기준으로 하여 당해 층의 모든 옥내소화전(설치개수가 5개 이상인 경우는 5개의 옥내소화전)을 동시에 사용 할 경우에 각 노즐선단의 방수압력이 350kPa 이상이고 방수량이 1분당 260L 이상의 성능이 되도록 할 것
④ 옥내소화전설비에는 비상전원을 설치할 것

해설및용어설명 | 옥내소화전

① 수원의 수량 설치 개수(최대 5개) × 7.8m³
② 층의 각 부분에서 호스접속구 25m 이내
③ 방수압력 350kPa, 방수량 260L/min
④ 비상전원 작동시간 45분 이상

39

다음은 위험물안전관리법령에 따른 소화설비의 설치기준 중 전기설비의 소화설비 기준에 관한 내용이다. ( )에 알맞은 수치를 차례대로 나타낸 것은?

> 제조소등에 전기설비(전기배선, 조명기구 등은 제외한다)가 설치된 경우에는 당해 장소의 면적 ( )m²마다 소형수동식 소화기를 ( )개 이상 설치할 것

① 100, 1
② 100, 0.5
③ 200, 1
④ 200, 0.5

해설및용어설명 | 소화설비

제조소등에 전기설비(전기배선, 조명기구 등은 제외한다)가 설치된 경우에는 당해 장소의 면적 100m²마다 소형수동식소화기를 1개 이상 설치할 것

40

위험물안전관리법령상 옥내탱크저장소에 대한 소화난이도 등급 I의 기준에 해당하지 않는 것은?

① 액표면적이 40m² 이상인 것(제6류 위험물을 저장하는 것 및 고인화점 위험물만을 100℃ 미만의 온도에서 저장하는 것은 제외)
② 바닥면으로부터 탱크 옆판의 상단까지 높이가 6m 이상인 것 (제6류 위험물을 저장하는 것 및 고인화점 위험물만을 100℃ 미만의 온도에서 저장하는 것은 제외)
③ 액체위험물을 저장하는 탱크로서 용량이 지정수량의 100 배 이상인 것
④ 탱크전용실이 단층건물 외의 건축물에 있는 것으로서 인화점 38℃ 이상 70℃ 미만의 위험물을 지정수량의 5배 이상 저장하는 것(내화구조로 개구부 없이 구획된 것은 제외)

해설및용어설명 | 소화난이도등급 I - 옥내탱크저장소

- 액표면적이 40m² 이상인 것(제6류 위험물을 저장하는 것 및 고인화점 위험물만을 100℃ 미만의 온도에서 저장하는 것은 제외)
- 바닥면으로부터 탱크 옆판의 상단까지 높이가 6m 이상인 것(제6류 위험물을 저장하는 것 및 고인화점 위험물만을 100℃ 미만의 온도에서 저장하는 것은 제외)
- 탱크전용실이 단층건물 외의 건축물에 있는 것으로서 인화점 38℃ 이상 70℃ 미만의 위험물을 지정수량의 5배 이상 저장하는 것(내화구조로 개구부 없이 구획된 것은 제외한다)

41

다음 중 위험물 판매취급소의 배합실에서 배합하여서는 안 되는 위험물은?

① 도료류
② 염소산칼륨
③ 과산화수소
④ 황

해설및용어설명 | 판매취급소

- 도료류
- 제1류 위험물 중 염소산염류
- 황
- 제4류 위험물 중 인화점 38℃ 이상

위 위험물 외에는 위험물을 배합하거나 옮겨 담는 작업을 하지 아니할 것

42

위험물안전관리법령상의 간이탱크 저장소의 위치·구조 및 설비의 기준이 아닌 것은?

① 전용실 안에 설치하는 간이저장탱크의 경우 전용실 주위에는 1m 이상의 공지를 두어야 한다.
② 동일한 품질의 위험물의 간이저장탱크를 2 이상 설치하지 아니하여야 한다.
③ 간이저장탱크는 옥외에 설치하여야 하지만, 규정에서 정한 기준에 적합한 전용실 안에 설치하는 경우에는 옥내에 설치할 수 있다.
④ 간이저장탱크는 70kPa의 압력으로 10분간의 수압시험을 실시하여 새거나 변형되지 아니하여야 한다.

해설및용어설명 | 간이탱크저장소
① 옥외에 설치하는 경우 탱크 주위 1m 공지, 전용실 안에 설치하는 경우 탱크전용실과 벽 사이에는 0.5m의 간격 유지하여야 한다.
② 간이탱크저장소에 설치하는 간이저장탱크는 그 수를 3 이하로 하고, 동일한 품질의 위험물의 간이저장탱크를 2 이상 설치하지 아니하여야 한다.
③ 옥외에 설치하는 경우와 전용실 안에 옥내 설치하는 경우가 있다.
④ 두께 3.2mm 이상의 강판으로 흠이 없도록 제작하여야 하며, 70kPa의 압력으로 10분간의 수압시험을 실시하여 새거나 변형되지 아니하여야 한다.

43

옥내저장소에서 위험물 용기를 겹쳐 쌓는 경우 그 최대 높이 중 옳지 않은 것은?

① 기계에 의해 하역하는 구조로 된 용기 : 6m
② 제4류 위험물 중 제4석유류 수납용기 : 4m
③ 제4류 위험물 중 제1석유류 수납용기 : 3m
④ 제4류 위험물 중 동식물유류 수납용기 : 6m

해설및용어설명 | 위험물 저장 높이
• 기계에 의하여 하역하는 구조로 된 용기만을 겹쳐 쌓는 경우 : 6m
• 제4류 위험물 중 제3석유류, 제4석유류 및 동식물유류를 수납하는 용기만을 겹쳐 쌓는 경우 : 4m
• 그 밖의 경우 : 3m

44

위험물안전관리법령상 알킬알루미늄을 저장 또는 취급하는 이동탱크저장소에 비치하지 않아도 되는 것은?

① 응급조치에 관하여 필요한 사항을 기재한 서류
② 염기성중화제
③ 고무장갑
④ 휴대용확성기

해설및용어설명 | 위험물 저장
알킬알루미늄등을 저장 또는 취급하는 이동탱크저장소에는 긴급 시의 연락처, 응급조치에 관하여 필요한 사항을 기재한 서류, 방호복, 고무장갑, 밸브 등을 죄는 결합공구 및 휴대용 확성기를 비치하여야 한다.

45

옥외탱크저장소에서 제4석유류를 저장하는 경우, 방유제 내에 설치할 수 있는 옥외저장탱크의 수는 몇 개 이하이어야 하는가?

① 10
② 20
③ 30
④ 제한이 없다.

해설및용어설명 | 방유제 - 옥외탱크저장소
• 방유제 내 옥외저장탱크의 수 10
• 방유제 내에 설치하는 모든 옥외저장탱크의 용량이 20만 리터 이하이고, 당해 저장 또는 취급하는 위험물의 인화점이 70℃ 이상 200℃ 미만인 경우 20
• 인화점이 200℃ 이상인 위험물을 저장 또는 취급하는 경우 제한없음 제4석유류 인화점 200℃ 이상 250℃ 이하

46

위험물안전관리법령에 명시된 위험물 운반용기의 재질이 아닌 것은?

① 강판, 알루미늄판 ② 양철판, 유리
③ 비닐, 스티로폼 ④ 금속판, 종이

해설및용어설명 | 운반용기 재질

강판·알루미늄판·양철판·유리·금속판·종이·플라스틱·섬유판·고무류·합성섬유·삼·짚 또는 나무

47

위험물안전관리법령에 따라 제조소등의 변경허가를 받아야 하는 경우에 속하는 것은?

① 일반 취급소에서 계단을 신설하는 경우
② 제조소에서 펌프설비를 증설하는 경우
③ 옥외탱크저장소에서 자동화재 탐지설비를 신설하는 경우
④ 판매 취급소의 배출설비를 신설하는 경우

해설및용어설명 | 변경허가를 받아야 하는 경우

① 일반취급소
   건축물의 벽·기둥·바닥·보 또는 지붕을 증설 또는 철거하는 경우
② 제조소
   위험물의 제조설비 또는 취급설비를 증설하는 경우. 다만, 펌프설비 또는 1일 취급량이 지정수량의 5분의 1 미만인 설비를 증설하는 경우는 제외한다.
③ 옥외탱크저장소
   자동화재탐지설비를 신설 또는 철거하는 경우
④ 판매취급소
   • 건축물의 벽·기둥·바닥·보 또는 지붕을 증설 또는 철거하는 경우
   • 자동화재탐지설비를 신설 또는 철거하는 경우

48

소화설비의 설치 기준에서 저장소의 건축물은 외벽이 내화구조인 것은 연면적 몇 m²를 1소요단위로 하고, 외벽이 내화구조가 아닌 것은 연면적 몇 m²를 1소요단위로 하는가?

① 100, 75 ② 150, 75
③ 200, 100 ④ 250, 150

해설및용어설명 | 소요단위

	내화구조	비(非) 내화구조
제조소 취급소	100m²	50m²
저장소	150m²	75m²
위험물	지정수량×10	

49

위험물제조소등에 설치되어 있는 스프링클러 소화설비를 정기점검할 경우 일반점검표에서 헤드의 점검내용에 해당하지 않는 것은?

① 압력계의 지시사항 ② 변형·손상의 유무
③ 기능의 적부 ④ 부착각도의 적부

해설및용어설명 | 일반점검표 - 스프링클러

	변형·손상의 우무	육안
헤드	부착각도의 적부	육안
	기능의 적부	조작확인

50

위험물안전관리법령상 화학소방자동차에 갖추어야 하는 소화능력 및 설비의 기준으로 옳지 않은 것은?

① 포수용액의 방사능력이 매분 2,000리터 이상인 포수용액 방사차
② 분말의 방사능력이 매초 35kg 이상인 분말 방사차
③ 할로젠화합물의 방사능력이 매초 40kg 이상인 할로젠화합물 방사차
④ 가성소다 및 규조토를 각각 100kg 이상 비치한 제독차

해설및용어설명 | 화학소방자동차에 갖추어야 하는 소화능력 및 설비

화학소방자동차의 구분	소화능력 및 설비의 기준
포수용액 방사차	포수용액의 방사능력이 매분 2,000L 이상일 것
	소화약액탱크 및 소화약액혼합장치를 비치할 것
	10만L 이상의 포수용액을 방사할 수 있는 양의 소화약제를 비치할 것
분말 방사차	분말의 방사능력이 매초 35kg 이상일 것
	분말탱크 및 가압용가스설비를 비치할 것
	1,400kg 이상의 분말을 비치할 것
할로젠화합물 방사차	할로젠화합물의 방사능력이 매초 40kg 이상일 것
	할로젠화합물탱크 및 가압용가스설비를 비치할 것
	1,000kg 이상의 할로젠화합물을 비치할 것
이산화탄소 방사차	이산화탄소의 방사능력이 매초 40kg 이상일 것
	이산화탄소저장용기를 비치할 것
	3,000kg 이상의 이산화탄소를 비치할 것
제독차	가성소다 및 규조토를 각각 50kg 이상 비치할 것

51

위험물안전관리법령상 차량운반 시 제4류 위험물과 혼재가 가능한 위험물의 유별을 각각 나타낸 것은?(단, 각각의 위험물은 지정수량의 10배이다)

① 제2류 위험물, 제3류 위험물
② 제3류 위험물, 제5류 위험물
③ 제1류 위험물, 제2류 위험물, 제3류 위험물
④ 제2류 위험물, 제3류 위험물, 제5류 위험물

해설및용어설명 | 위험물의 혼재 - 지정수량 1/10 초과일 때

423 524 61

위험물의 구분	제1류	제2류	제3류	제4류	제5류	제6류
제1류		×	×	×	×	○
제2류	×		×	○	○	×
제3류	×	×		○	×	×
제4류	×	○	○		○	×
제5류	×	○	×	○		×
제6류	○	×	×	×	×	

52

위험물제조소등의 집유설비에 유분리장치를 설치해야 하는 장소는?

① 액상의 위험물을 저장하는 옥내저장소에 설치하는 집유설비
② 휘발유를 저장하는 옥내탱크저장소의 탱크전용실 바닥에 설치하는 집유설비
③ 휘발유를 저장하는 간이탱크저장소의 옥외설비 바닥에 설치하는 집유설비
④ 경유를 저장하는 옥외탱크저장소의 옥외펌프설비에 설치하는 집유설비

해설및용어설명 | 제조소등 설비 기준

① 옥내저장소 : 액상의 위험물의 저장창고의 바닥은 위험물이 스며들지 아니하는 구조로 하고, 적당하게 경사지게 하여 그 최저부에 집유설비를 하여야 한다.
② 옥내탱크저장소 : 액상의 위험물의 옥내저장탱크를 설치하는 탱크전용실의 바닥은 위험물이 스며들지 아니하는 구조로 하고, 적당하게 경사를 두는 한편, 집유설비를 설치할 것
③ 간이탱크저장소 : 옥내탱크저장소의 탱크전용실의 바닥의 구조의 기준에 적합할 것
④ 옥외탱크저장소 : 펌프실 외의 장소에 설치하는 펌프설비에는 그 직하의 지반면의 주위에 높이 0.15m 이상의 턱을 만들고 당해 지반면은 콘크리트 등 위험물이 스며들지 아니하는 재료로 적당히 경사지게 하여 그 최저부에는 집유설비를 할 것. 이 경우 제4류 위험물(온도 20℃의 물 100g에 용해되는 양이 1g 미만인 것에 한한다)을 취급하는 펌프설비에 있어서는 당해 위험물이 직접 배수구에 유입하지 아니하도록 집유설비에 유분리장치를 설치하여야 한다.

53

위험물안전관리법령상 위험물옥외탱크저장소의 방유제 지하 매설 깊이는 몇 m 이상으로 하여야 하는가?(단, 원칙적인 경우에 한한다)

① 0.2　　　　　② 0.3
③ 0.5　　　　　④ 1.0

해설및용어설명 | 옥외탱크저장소 - 방유제
- 높이 : 0.5m 이상 3m 이하
- 두께 : 0.2m 이상
- 지하매설깊이 : 1m 이상

54

바닥면적이 120m²인 제조소인 경우에 환기설비인 급기구의 최소 설치개수와 최소 크기는?

① 1개, 800cm²　　　② 1개, 600cm²
③ 2개, 800cm²　　　④ 2개, 600cm²

해설및용어설명 | 제조소 - 환기설비
- 환기는 자연배기방식으로 할 것
- 급기구는 당해 급기구가 설치된 실의 바닥면적 150m²마다 1개 이상으로 하되, 급기구의 크기는 800cm² 이상으로 할 것
- 바닥면적 150m² 미만일 경우 급기구의 크기

바닥면적	급기구의 면적
60m² 미만	150cm² 이상
60m² 이상 90m² 미만	300cm² 이상
90m² 이상 120m² 미만	450cm² 이상
120m² 이상 150m² 미만	600cm² 이상

55

어떤 회사의 매출액이 80,000원, 고정비가 15,000원, 변동비가 40,000원일 때 손익분기점 매출액은 얼마인가?

① 25,000원　　　② 30,000원
③ 40,000원　　　④ 55,000원

해설및용어설명 | 손익분기점 매출액

$$\frac{고정비}{(1 - \frac{변동비}{매출액})} = \frac{15,000}{(1 - \frac{40,000}{80,000})} = 30,000$$

56

직물, 금속, 유리 등의 일정단위 중 나타나는 흠의 수, 핀홀 수 등 부적합수에 관한 관리도를 작성하려면 가장 적합한 관리도는?

① c 관리도　　　② nP 관리도
③ P 관리도　　　④ $\bar{x} - R$ 관리도

해설및용어설명 | 관리도의 구분
- 계수치 관리도
  - P 관리도 : 불량률 관리도
  - nP 관리도 : 불량개수 관리도
  - c 관리도 : 결점수 관리도
  - u 관리도 : 단위당 결점수 관리도
- 계량값 관리도
  - $\bar{x}$-R 관리도 : 평균치와 범위 관리도
  - x 관리도 : 개개의 측정치 관리도
  - Me-R 관리도 : 메디안과 범위 관리도
  - L-S 관리도 : 최대치와 최소치 관리도
  - R 관리도

57

전수검사와 샘플링검사에 관한 설명으로 맞는 것은?

① 파괴검사의 경우에는 전수검사를 적용한다.
② 검사항목이 많을 경우 전수검사보다 샘플링 검사가 유리하다.
③ 샘플링검사는 부적합품이 섞여 들어가서는 안되는 경우에 적용한다.
④ 생산자에게 품질향상의 자극을 주고 싶을 경우 전수검사가 샘플링검사보다 더 효과적이다.

해설및용어설명 |

전수검사	샘플링검사
• 전체 시료를 모두 검사하여 합격, 불합격을 판정하는 검사방법	• 로트에서 랜덤하게 시료를 추출하여 검사한 후 그 결과에 따라 로트의 합격, 불합격을 판정하는 검사방법
• 품질 특성치가 치명적인 결점을 포함하는 경우 • 부적합품이 섞여 들어가서는 안 되는 경우 • 품질향상에 자극을 준다.	• 파괴검사를 해야 하는 경우 • 다수 다량의 것으로 어느 정도 부적합품이 섞여도 괜찮을 경우 • 검사항목이 많은 경우 유리

58

국제 표준화의 의의를 지적한 설명 중 직접적인 효과로 보기 어려운 것은?

① 국제간 규격통일로 상호 이익도모
② KS 표시품 수출 시 상대국에서 품질인증
③ 개발도상국에 대한 기술개발의 촉진을 유도
④ 국가 간의 규격상이로 인한 무역장벽의 제거

해설및용어설명 | 국제 표준화(ISO)
• 국제간 규격통일로 상호 이익도모
• 개발도상국에 대한 기술개발의 촉진을 유도
• 국가 간의 규격상이로 인한 무역장벽의 제거

59

Ralph M. Barnes 교수가 제시한 동작경제의 원칙 중 작업장 배치에 관한 원칙(Arrangement of the workplace)에 해당되지 않는 것은?

① 가급적이면 낙하식 운반방법을 이용한다.
② 모든 공구나 재료는 지정된 위치에 있도록 한다.
③ 적절한 조명을 하여 작업자가 잘 보면서 작업할 수 있도록 한다.
④ 가급적 용이하고 자연스런 리듬을 타고 일할 수 있도록 작업을 구성하여야 한다.

해설및용어설명 | 반즈의 동작경제의 3원칙
작업자가 에너지의 낭비 없이 작업할 수 있도록 하는 것
• 신체의 사용에 관한 원칙
• 작업장의 배치에 관한 원칙
• 공구 및 설비의 설계에 관한 원칙
　① 작업장의 배치에 관한 원칙
　② 작업장의 배치에 관한 원칙
　③ 작업장의 배치에 관한 원칙
　④ 신체의 사용에 관한 원칙

60

다음 데이터의 제곱합(sum of squares)은 약 얼마인가?

[데이터]
18.8, 19.1, 18.8, 18.2, 18.4, 18.3, 19.0, 18.6, 19.2

① 0.129　　② 0.338
③ 0.359　　④ 1.029

해설및용어설명 | 데이터

제곱합 = (해당 값 - 평균)^{2}의 합

$$평균 = \frac{18.8 + 19.1 + 18.8 + 18.2 + 18.4 + 18.3 + 19.0 + 18.6 + 19.2}{9}$$

$$= 18.71$$

제곱합 = $(18.8 - 18.71)^2 + (19.1 - 18.71)^2 + (18.8 - 18.71)^2$
　　　　$+ (18.2 - 18.71)^2 + (18.4 - 18.71)^2 + (18.3 - 18.71)^2$
　　　　$+ (19.0 - 18.71)^2 + (18.6 - 18.71)^2 + (19.2 - 18.71)^2 = 1.029$

CBT 복원문제 2018 * 64

01

황린과 적린에 대한 설명 중 틀린 것은?

① 적린은 황린에 비하여 안정하다.
② 비중은 황린이 크며, 녹는점은 적린이 낮다.
③ 적린과 황린은 모두 물에 녹지 않는다.
④ 연소할 때 황린과 적린은 모두 P_2O_5의 흰 연기를 발생한다.

해설및용어설명 | 적린과 황린의 비교

	적린	황린
분자식	P	P_4
유별	제2류	제3류
안정성	안정	불안정
화학적활성	작다.	크다.
물 용해	×(불용해)	×(불용해)
CS_2 용해	×(불용해)	○(용해)
비중	2.2	1.82
녹는점	416℃	44℃

02

분자량 93.1, 비중 약 1.02, 융점 약 -6℃인 액체로 독성이 있고 알칼리금속과 반응하여 수소가스를 발생하는 물질은?

① 글리세린 ② 나이트로벤젠
③ 아닐린 ④ 아세토니트릴

해설및용어설명 | 분자량

① $C_3H_5(OH)_3 = 12 \times 3 + 1 \times 5 + 16 \times 3 + 1 \times 3 = 92$
② $C_6H_5NO_2 = 12 \times 6 + 1 \times 5 + 14 + 16 \times 2 = 123$
③ $C_6H_5NH_2 = 12 \times 6 + 1 \times 5 + 14 \times 1 + 1 \times 2 = 93$
④ $CH_3CN = 12 + 1 \times 3 + 12 + 14 = 41$

03

분말소화기의 소화약제에 해당되는 것은?

① Na_2CO_3 ② $NaHCO_3$
③ $NaNO_3$ ④ $NaCl$

해설및용어설명 | 분말소화약제

구분	주성분	화학식	분해식	적응화재
제1종	탄산수소 나트륨	$NaHCO_3$	$2NaHCO_3 \rightarrow Na_2CO_3 + CO_2 + H_2O$	BC
제2종	탄산수소 칼륨	$KHCO_3$	$2KHCO_3 \rightarrow K_2CO_3 + CO_2 + H_2O$	BC
제3종	인산암모늄	$NH_4H_2PO_4$	$NH_4H_2PO_4 \rightarrow NH_3 + HPO_3 + H_2O$	ABC
제4종	탄산수소 칼륨 + 요소	$KHCO_3 + (NH_2)_2CO$	암기 불필요	BC

정답 01 ② 02 ③ 03 ②

04

이동탱크저장소의 측면틀 기준에 있어서 탱크 뒷부분의 입면도에서 측면틀의 최외측과 탱크의 최외측을 연결하는 직선의 수평면에 대한 내각은 얼마 이상이 되도록 하여야 하는가?

① 50° ② 65°
③ 75° ④ 90°

해설및용어설명 | 이동탱크저장소 - 측면틀의 설치기준

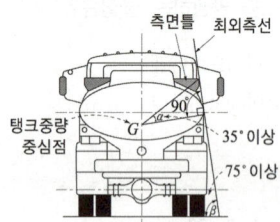

05

다음 중 착화 온도가 가장 낮은 물질은?

① 에탄올 ② 아세트산
③ 벤젠   ④ 테레핀유

해설및용어설명 | 제4류 위험물
① 제4류 위험물 중 알코올류
② 제4류 위험물 중 제2석유류(수용성)
③ 제4류 위험물 중 제1석유류(비수용성)
④ 제4류 위험물 중 동식물유류(건성유)
위험물의 품명 순서대로 인화점 또는 발화점이 높아지는 경향이 있다.

06

아세트알데하이드의 위험도에 가장 가까운 값은 얼마인가?

① 약 7   ② 약 13
③ 약 23 ④ 약 30

해설및용어설명 | 위험도

$$\frac{H-L}{L} = \frac{57-4.1}{4.1} = 12.90 ≒ 13$$

07

원소주기율표상의 같은 주기에서 원자번호가 증가함에 따라 일반적으로 증가하는 것이 아닌 것은?

① 원자가전자수   ② 비금속성
③ 원자반지름   ④ 이온화에너지

해설및용어설명 | 주기율표
① 같은 주기에서 원자번호 증가함에 따라 증가한다.
② 주기율표 대각선 오른쪽 부분은 비금속이다.
③ 원자핵의 양성자가 많아지므로 최외각전자를 당겨 원자반지름이 작아진다.
④ 원자핵의 양성자가 많아지므로 최외각전자를 당겨 이온화에너지가 커진다.

08

프로판가스 3L를 완전 연소시키려면 공기가 약 몇 L가 필요한가?(단, 공기 중 산소는 20%이다)

① 15 ② 25
③ 50 ④ 75

해설및용어설명 | 이상기체상태방정식

$C_3H_8 + 5O_2 \rightarrow 3CO_2 + 4H_2O$

$$V = 3L\ C_3H_8 \times \frac{5mol\ O_2}{1mol\ C_3H_8} \times \frac{1\ air}{0.20\ O_2} = 75L$$

09

다음 위험물 중 석유 속에 보관하는 것은?

① 황린
② 칼륨
③ 탄화칼슘
④ 마그네슘분말

해설및용어설명 | 위험물 저장방법
① 황린 : pH 9 물속에 저장
② 칼륨, 나트륨 : 석유(등유, 경유, 유동파라핀)
③ 탄화칼슘 : 건조한 냉소, 밀폐용기, 불활성기체 사용
④ 철분, 금속분, 마그네슘 : 건조한 냉소에 보관

10

특정옥외저장탱크의 구조에 대한 기준 중 틀린 것은?

① 탱크의 내경이 16m 이하일 경우 옆판의 두께는 4.5mm 이상일 것
② 지붕의 최소두께는 4.5mm로 할 것
③ 부상지붕은 당해 부상지붕 위에 적어도 150mm에 상당한 물이 체류한 경우 침하하지 않도록 할 것
④ 밑판의 최소두께는 탱크의 용량이 1,000kL 이상의 것에 있어서는 9mm로 할 것

해설및용어설명 | 특정옥외탱크저장소(세부기준)
① 옆판의 두께

내경(단위 : m)	두께(단위 : m)
16 이하	4.5
16 초과 35 이하	6
35 초과 60 이하	8
60 초과	10

② 지붕의 최소두께는 용량이 1,000kL 미만인 지중탱크에 있어서는 3.2mm 이상이고, 용량이 1,000kL 이상인 지중탱크에 있어서는 4.5mm 이상일 것
③ 부상지붕은 당해 부상지붕 위에 적어도 300mm에 상당한 물이 체류한 경우에 침하하지 아니하도록 할 것
④ 밑판의 최소두께는 특정옥외저장탱크의 용량이 1,000kL 이상 10,000kL 미만의 것에 있어서는 8mm로 하고, 10,000kL 이상의 것에 있어서는 9mm로 할 것. 다만, 저장하는 위험물의 성상 등에 따라 밑판이 부식할 우려가 없다고 인정되는 경우에는 당해 밑판의 두께를 감소할 수 있다.

11

다음 위험물 중 제3석유류에 해당하지 않는 물질은?

① 나이트로톨루엔
② 에틸렌글리콜
③ 글리세린
④ 테레핀유

해설및용어설명 | 제4류 위험물
① 제3석유류(비수용성), 지정수량 2,000L
② 제3석유류(수용성), 지정수량 4,000L
③ 제3석유류(수용성), 지정수량 4,000L
④ 동식물유류, 지정수량 10,000L

12

메테인 75vol%, 프로판 25vol%인 혼합기체의 연소하한계는 몇 vol%인가?(단, 연소범위는 메테인 5 ~ 15vol%, 프로판 2.1 ~ 9.5vol%이다)

① 2.72
② 3.72
③ 4.63
④ 5.63

해설및용어설명 | 연소범위 - 혼합기체

$$\frac{100}{L} = \frac{V_1}{L_1} + \frac{V_2}{L_2} \rightarrow L = \frac{100}{\frac{V_1}{L_1} + \frac{V_2}{L_2}} = \frac{100}{\frac{75}{5} + \frac{25}{2.1}} = 3.716 \fallingdotseq 3.72\%$$

13

질산에스터류에 대한 설명으로 옳은 것은?

① 알코올기를 함유하고 있다.
② 모두 물에 녹는다.
③ 폭약의 원료로도 사용한다.
④ 산소를 함유하는 무기화합물이다.

해설및용어설명 | 제5류 위험물 - 질산에스터류
① 에스터기를 함유하고 있다.
② 모두 물에 녹지 않는다.
③ 폭약의 원료로도 사용한다(다이너마이트 = 나이트로글리세린 + 규조토).
④ 산소를 함유하는 유기화합물이다.

14

10wt%의 H_2SO_4 수용액으로 1M 용액 200mL를 만들려고 할 때 다음 중 가장 적합한 방법은?(단, S의 원자량은 32이다)

① 원용액 98g에 물을 가하여 200mL로 한다.
② 원용액 98g에 200mL의 물을 가한다.
③ 원용액 196g에 물을 가하여 200mL로 한다.
④ 원용액 196g에 200mL의 물을 가한다.

해설및용어설명 | 농도

$$1M = \frac{1mol}{1L} = \frac{0.2mol}{200mL}$$

1몰농도 용액 200mL에는 0.2mol의 용질이 필요하다.
10wt% 용액 196g 에는 19.6g 용질이 있으며 이는 0.2mol이다.

$$(19.6g \times \frac{mol}{98g} = 0.2mol)$$

원용액 196g에 물을 가하여 200mL로 한다.

15

제3류 위험물인 수소화리튬에 대한 설명으로 가장 거리가 먼 것은?

① 물과 반응하여 가연성 가스를 발생한다.
② 물보다 가볍다.
③ 대량의 저장 용기 중에는 아르곤을 봉입한다.
④ 주수소화가 금지되어 있고 이산화탄소 소화기가 적응성이 있다.

해설및용어설명 | 제3류 위험물 - 수소화리튬
① $LiH + H_2O \rightarrow LiOH + H_2$
② 비중 0.92
③ 금속수소화합물 : 불활성기체 봉입
④ 주수금지 : 탄산수소염류 분말소화약제, 마른 모래, 팽창질석, 팽창진주암

16

다음 중 이상유체에 대한 설명으로 옳은 것은?

① 압력을 가하면 부피가 감소하고 압력이 제거되면 부피가 다시 증가하는 가상 유체를 의미한다.
② 뉴턴의 점성법칙에 따라 거동하는 가상 유체를 의미한다.
③ 비점성, 비압축성인 가상 유체를 의미한다.
④ 유체를 관 내부로 이동시키면 유체와 관벽 사이에서 전단응력이 발생하는 가상 유체를 의미한다.

해설및용어설명 | 유체역학 - 이상유체
비점성, 비압축성의 가상 유체

17

다음 중 비중이 가장 큰 물질은 어느 것인가?

① 이황화탄소
② 메틸에틸케톤
③ 톨루엔
④ 벤젠

해설 및 용어설명 | 제4류 위험물

① 제4류 위험물 중 특수인화물, 지정수량 50L, 비중 1.26
② 제4류 위험물 중 제1석유류(비수용성), 지정수량 200L, 비중 0.8
③ 제4류 위험물 중 제1석유류(비수용성), 지정수량 200L, 비중 0.87
④ 제4류 위험물 중 제1석유류(비수용성), 지정수량 200L, 비중 0.879

제2석유류 수용성 이하는 대부분 물보다 가볍다. 이황화탄소는 특수인화물 임에도 물보다 무거워 물로 소화 시 물에 가라앉아 질식소화의 효과가 있다.

18

제6류 위험물의 위험등급에 관한 설명으로 옳은 것은?

① 제6류 위험물 중 질산은 위험등급 I 이며, 그 외의 것은 위험등급 II 이다.
② 제6류 위험물 중 과염소산은 위험등급 I 이며, 그 외의 것은 위험등급 II 이다.
③ 제6류 위험물은 모두 위험등급 I 이다.
④ 제6류 위험물은 모두 위험등급 II 이다.

해설 및 용어설명 | 제6류 위험물

위험등급	품명	지정수량	화학식	기준
I	질산	300kg	HNO_3	비중 1.49 이상
I	과염소산	300kg	$HClO_4$	
I	과산화수소	300kg	H_2O_2	36중량퍼센트 이상
I	그 외	300kg	할로젠간화합물 IF_5	

19

0℃, 1기압에서 어떤 기체의 밀도가 1.617g/L이다. 1기압에서 이 기체 1L가 1g이 되는 온도는 약 몇 ℃인가?

① 44
② 68
③ 168
④ 441

해설 및 용어설명 | 이상기체상태방정식

$PV = \dfrac{w}{M}RT \rightarrow M = \dfrac{wRT}{PV}$

- P = 1atm
- V = 1L
- w = 1.617g
- R = 0.082atm · L/mol · K
- T = 0℃ + 273 = 273K

$M = \dfrac{1.617 \times 0.082 \times 273}{1 \times 1} = 36.1982 g/mol$

이 기체의 분자량은 36.1982g/mol 이다.

$PV = \dfrac{w}{M}RT \rightarrow T = \dfrac{PVM}{wR}$

- P = 1atm
- V = 1L
- M = 36.1982/mol
- w = 1g
- R = 0.082atm · L/mol · K

$T = \dfrac{1 \times 1 \times 36.1982}{1 \times 0.082} - 273 = 168.44 ≒ 168℃$

20

프로판 - 공기의 혼합기체를 완전 연소시키기 위한 프로판의 이론혼합비는 약 몇 vol%인가?(단, 공기 중 산소는 21vol%이다)

① 9.48 ② 5.65
③ 4.03 ④ 3.12

해설및용어설명 | 화학반응식

$C_3H_8 + 5O_2 \rightarrow 3CO_2 + 4H_2O$

$5\text{mol } O_2 \times \dfrac{1\text{air}}{0.21\ O_2} = 23.8\text{mol air}$

프로판 가스 1mol 연소를 위해 23.8mol의 공기가 필요하다.

$\dfrac{1\text{mol } C_3H_8}{1\text{mol } C_3H_8 + 23.8\text{mol air}} \times 100 = 4.03\%$

21

옥내탱크저장소 중 탱크전용실을 단층건물 외의 건축물에 설치하는 경우 옥내저장탱크를 설치한 탱크전용실을 건축물의 1층 또는 지하층에 설치하여야 하는 위험물의 종류가 아닌 것은?

① 황화인 ② 황린
③ 동식물유류 ④ 질산

해설및용어설명 | 옥내탱크저장소

탱크전용실을 건축물의 1층 또는 지하층에 설치하여야 하는 경우
- 제2류 위험물 중 황화인·적린 및 덩어리 황
- 제3류 위험물 중 황린
- 제6류 위험물 중 질산

22

원형관 속에서 유속 3m/s로 1일 동안 20,000m³의 물을 흐르게 하는데 필요한 관의 내경은 약 몇 mm인가?

① 414 ② 313
③ 212 ④ 194

해설및용어설명 | 유체역학 - 유량

$Q = uA = u\dfrac{\pi D^2}{4}$

$Q = 20,000\text{m}^3/\text{day} \times \dfrac{1\text{day}}{24\text{h}} \times \dfrac{1\text{h}}{3,600\text{s}}$

$u = 3\text{m/s}$

$20,000 \times \dfrac{1\text{day}}{24\text{h}} \times \dfrac{1\text{h}}{3,600\text{s}} = 3 \times \dfrac{\pi D^2}{4}$

계산기 SOLVE 이용

$D = 0.313\text{m} = 313\text{mm}$

23

화학반응에서 반응 전과 반응 후의 상태가 결정되면 반응경로와 관계없이 반응열의 총량은 일정하다는 법칙은?

① 헤스의 법칙 ② 보일 – 샤를의 법칙
③ 헨리의 법칙 ④ 르샤틀리에의 법칙

해설및용어설명 | 헤스의 법칙

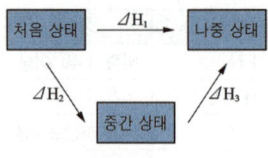

$\therefore \Delta H_1 = \Delta H_2 + \Delta H_3$

화학반응에서 반응 전과 반응 후 상태가 결정되면 반응경로와 관계없이 반응열의 총량은 일정하다.

정답: 20 ③ 21 ③ 22 ② 23 ①

24

제5류 위험물 중 품명이 나이트로화합물이 아닌 것은?

① 나이트로글리세린   ② 피크르산
③ 트라이나이트로벤젠   ④ 트라이나이트로톨루엔

해설 및 용어설명 | 제5류 위험물
① 제5류 위험물 중 질산에스터류(제1종), 지정수량 10kg
② 제5류 위험물 중 나이트로화합물(제1종 또는 제2종), 지정수량 10kg 또는 100kg
③ 제5류 위험물 중 나이트로화합물(종판단 필요)
④ 제5류 위험물 중 나이트로화합물(제1종), 지정수량 10kg

26

아이오딘포름 반응을 이용하여 검출할 수 있는 위험물이 아닌 것은?

① 아세트알데하이드   ② 에탄올
③ 아세톤   ④ 벤젠

해설 및 용어설명 | 제4류 위험물 - 아이오딘포름 반응
- 아세틸기(CH_3CO^-) + 수산화알칼리 + 아이오딘이 반응하여 노란색 침전을 형성하는 것
- 아이오딘포름 반응하는 물질 : 아세톤, 메틸에틸케톤, 아세트알데하이드, 1차 알코올 중 에탄올, 2차 알코올

25

다음 중 할로젠화합물소화기가 적응성이 있는 것은?

① 나트륨   ② 철분
③ 아세톤   ④ 질산에틸

해설 및 용어설명 | 위험물 소화방법
할로젠화합물소화설비 - 억제소화 → 질식소화 적응 시에 사용 가능
① 주수금지
② 주수금지
③ 질식소화
④ 주수소화

27

지정수량의 몇 배 이상의 위험물을 저장 또는 취급하는 제조소 등에는 화재발생 시 이를 알릴 수 있는 경보설비를 설치하여야 하는가?(단, 이동탱크저장소는 제외한다)

① 5배   ② 10배
③ 50배   ④ 100배

해설 및 용어설명 | 자동화재탐지설비 - 설치 기준
10 : 지정수량 10배 이상의 위험물을 저장 또는 취급하는 제조소등에 경보설비 설치

28

아세톤 옥외저장탱크 중 압력탱크 외의 탱크에 설치하는 대기 부착밸브 통기관은 몇 kPa 이하의 압력 차이로 작동할 수 있어야 하는가?

① 5
② 7
③ 9
④ 10

해설및용어설명 | 옥외탱크저장소 - 통기관

밸브 없는 통기관

- 5kPa 이하의 압력차이로 작동할 수 있을 것

29

황과 지정수량이 같은 것은?

① 금속분
② 하이드록실아민
③ 인화성고체
④ 염소산염류

해설및용어설명 | 지정수량

제2류 위험물 중 황, 지정수량 100kg

① 제2류 위험물 중 금속분, 지정수량 500kg
② 제5류 위험물 중 하이드록실아민, 지정수량 100kg
③ 제2류 위험물 중 인화성고체, 지정수량 1,000kg
④ 제1류 위험물 중 염소산염류, 지정수량 50kg

30

질산암모늄에 대한 설명 중 틀린 것은?

① 강력한 산화제이다.
② 물에 녹을 때는 발열반응을 나타낸다.
③ 조해성이 있다.
④ 혼합화약의 재료로 쓰인다.

해설및용어설명 | 제1류 위험물 - 질산암모늄

① 제1류 위험물은 강산화제이다.
② 대표적인 흡열반응 물질이다.
③ 제1류 위험물은 조해성이 있다.
④ ANFO 화약 = 질산암모늄 94% + 경유 6%

31

메틸트라이클로로실란에 대한 설명으로 틀린 것은?

① 제1석유류이다.
② 물보다 무겁다.
③ 지정수량은 200L이다.
④ 증기는 공기보다 가볍다.

해설및용어설명 | 제4류 위험물 - 트라이메틸클로로실란

① 제4류 위험물 중 제1석유류(비수용성), 지정수량 200L
② 비중 0.859
③ 지정수량 200L
④ 증기비중 3.75

32

$C_6H_5CH_3$에 대한 설명으로 틀린 것은?

① 끓는점은 약 211℃이다.
② 녹는점은 약 -95℃이다.
③ 인화점은 약 4℃이다.
④ 비중은 약 0.87이다.

해설및용어설명 | 제4류 위험물 - 톨루엔
① 끓는점 110℃
② 녹는점 -93℃
③ 인화점 4℃
④ 비중 0.87

33

자기반응성 물질의 화재에 적응성이 있는 소화설비는?

① 분말소화설비
② 이산화탄소소화설비
③ 할로젠화합물소화설비
④ 물분무소화설비

해설및용어설명 | 위험물 소화방법
자기반응성 물질 = 제5류 위험물 → 주수소화
옥내소화전, 옥외소화전, 스프링클러, 물분무소화설비, 포소화설비

34

위험물제조소의 옥내에 3기의 위험물취급탱크가 하나의 방유턱 안에 설치되어 있고 탱크별로 실제로 수납하는 위험물의 양은 다음과 같다. 설치하는 방유턱의 용량은 최소 몇 L 이상이어야 하는가?(단, 취급하는 위험물의 지정수량은 50L이다)

- A탱크 : 100L
- B탱크 : 50L
- C탱크 : 50L

① 50
② 100
③ 110
④ 200

해설및용어설명 | 제조소 - 방유턱
- 제조소 옥외에 설치된 탱크 주위에 설치 : 방유제
- 제조소 옥내에 설치된 탱크 주위에 설치 : 방유턱
- 방유턱의 용량 = 최대 탱크의 용량

35

헨리의 법칙에 대한 설명으로 옳은 것은?

① 물에 대한 용해도가 클수록 잘 적용된다.
② 비극성 물질은 극성 물질에 잘 녹는 것으로 설명된다.
③ NH_3, HCl, CO 등의 기체에 잘 적용된다.
④ 압력을 올리면 용해도는 올라가나 녹아있는 기체의 부피는 일정하다.

해설및용어설명 | 헨리의 법칙
① 물에 대한 용해도가 낮을수록 잘 적용된다.
② 비극성 물질은 비극성 물질에 잘 녹고 극성 물질은 극성 물질에 잘 녹는다.
③ NH_3, HCl, CO 기체는 극성이므로 헨리의 법칙이 적용되지 않는다.
④ 트라이메틸알루미늄 : 상온에서 액체이다.

36

피크린산에 대한 설명으로 틀린 것은?

① 단독으로는 충격, 마찰에 비교적 둔감하다.
② 운반 시 물에 젖게 하는 것이 안전하다.
③ 알코올, 에터, 벤젠 등에 녹지 않는다.
④ 자연분해의 위험이 적어서 장기간 저장할 수 있다.

해설및용어설명 | 제5류 위험물 - 트라이나이트로페놀(피크린산)
① 단독으로는 충격, 마찰에 안정하지만 금속염, 아이오딘, 가솔린, 알코올, 황 등과의 혼합은 충격, 마찰 등에 의하여 폭발한다.
② 운반 시 물에 젖게 하는 것이 안전하다.
③ 찬물에 미량 녹고 온수, 알코올, 에터, 벤젠에 잘 녹는다.
④ 자연 분해의 위험이 적어서 장기간 저장할 수 있다.

37

Cs에 대한 설명으로 틀린 것은?

① 알칼리토금속이다.
② 융점이 30℃보다 낮다.
③ 비중은 약 1.9이다.
④ 할로젠과 반응하여 할로젠화물을 만든다.

해설및용어설명 | 세슘
① 제1족 원소 = 알칼리금속
② 융점 28.5℃
③ 1족 원소이므로 비중이 1보다 작다.
④ 할로젠과 반응하여 할로젠화물을 만든다.

38

전기기기의 과도한 온도 상승, 아크 또는 스파크 발생의 위험을 방지하기 위해 추가적인 안전조치를 통한 안전도를 증가시킨 방폭구조는?

① 안전증방폭구조 ② 특수방폭구조
③ 유입방폭구조   ④ 본질안전방폭구조

해설및용어설명 | 방폭구조
① 정상운전 중에 폭발성 가스 또는 증기에 점화원이 될 전기불꽃, 아크 또는 고온 부분 등의 발생을 방지하기 위하여 기계적, 전기적 구조상 또는 온도상승에 대해서 특히 안전도를 증가시킨 구조
② 폭발성 가스 또는 증기에 점화 또는 위험분위기로 인화를 방지할 수 있는 것이 시험, 기타에 의하여 확인된 구조
③ 전기불꽃, 아크 또는 고온이 발생하는 부분을 기름 속에 넣고, 기름면 위에 존재하는 폭발성가스 또는 증기에 인화되지 않도록 한 구조
④ 정상 시 및 사고 시(단선, 단락, 지락 등)에 발생하는 전기불꽃, 아크 또는 고온에 의하여 폭발성 가스 또는 증기에 점화되지 않는 것이 점화시험, 기타에 의하여 확인된 구조

39

알킬알루미늄등을 저장 또는 취급하는 이동탱크저장소에 관한 기준으로 옳은 것은?

① 탱크외면은 적색으로 도장을 하고 백색문자로 동판의 양 측면 및 경판에 "화기주의"라는 주의사항을 표시한다.
② 알킬알루미늄등을 저장하는 경우 20kPa 이하의 압력으로 불활성 기체를 봉입해 두어야 한다.
③ 이동저장탱크의 맨홀 및 주입구의 뚜껑은 10mm 이상의 강판으로 제작하고, 용량은 2,000리터 미만이어야 한다.
④ 이동저장탱크는 두께 10mm 이상의 강판으로 제작하고 3MPa 이상의 압력으로 10분간 실시하는 수압시험에서 새거나 변형되지 않아야 한다.

해설및용어설명 | 이동탱크저장소 - 알킬알루미늄등 특례
① 적색 도장, "물기엄금" 주의사항 표시
② 20kPa 이하의 압력으로 불활성기체를 봉입
③ 맨홀 또는 주입구의 뚜껑은 두께 10mm 이상의 강판, 용량 1,900L 이상
④ 두께 10mm 이상의 강판, 1MPa 이상의 압력으로 10분간 실시하는 수압시험에서 새거나 변형하지 아니하는 것

40

압력의 차원을 질량 M, 길이 L, 시간 T로 표시하면?

① ML^{-2}
② $ML^{-2}T^{-2}$
③ $ML^{-1}T^{-2}$
④ $ML^{-2}T^{-2}$

해설및용어설명 | 압력

$$\frac{\text{힘}}{\text{면적}} = \frac{\text{질량} \times \text{중력가속도}}{\text{면적}} = \frac{M \times L/T^2}{L^2} = ML^{-1}T^{-2}$$

41

NH_4NO_3에 대한 설명으로 옳지 않은 것은?

① 조해성이 있기 때문에 수분이 포함되지 않도록 포장한다.
② 단독으로도 급격한 가열로 분해하여 다량의 가스를 발생할 수 있다.
③ 무색무취의 결정으로 알코올에 녹는다.
④ 물에 녹을 때 발열반응을 일으키므로 주의한다.

해설및용어설명 | 제1류 위험물 - 질산암모늄
① 제1류 위험물은 조해성이 있다.
② $2NH_4NO_3 \rightarrow 2N_2 + O_2 + 4H_2O$
③ 무취의 결정으로 알코올에 녹는다.
④ 대표적인 흡열반응 물질이다.

42

위험물의 지정수량이 적은 것부터 큰 순서대로 나열한 것은?

① 알킬리튬 – 다이메틸아연 – 탄화칼슘
② 다이메틸아연 – 탄화칼슘 – 알킬리튬
③ 탄화칼슘 – 알킬리튬 – 다이메틸아연
④ 알킬리튬 – 탄화칼슘 – 다이메틸아연

해설및용어설명 | 지정수량
- 알킬리튬 : 제3류 위험물 중 알킬리튬, 지정수량 10kg
- 다이메틸아연 : 제3류 위험물 중 유기금속화합물, 지정수량 50kg
- 탄화칼슘 : 제3류 위험물 중 칼슘 알루미늄의 탄화물, 지정수량 300kg

43

옥내저장소에 자동화재탐지설비를 설치하려 한다. 자동화재탐지설비 설치기준으로 적합하지 않은 것은?

① 경계구역은 건축물 그 밖의 공작물의 2 이상의 층에 걸치지 아니하도록 한다.
② 하나의 경계구역의 면적은 $600m^2$ 이하로 하고 그 한 변의 길이는 100m 이하(광전식분리형 감지기를 설치할 경우에는 200m)로 한다.
③ 감지기는 지붕 또는 벽의 옥내에 면한 부분에 유효하게 화재의 발생을 감지할 수 있도록 설치한다.
④ 비상전원을 설치하여야 한다.

해설및용어설명 | 자동화재탐지설비 - 설치기준
하나의 경계구역의 면적은 $600m^2$ 이하로 하고 그 한 변의 길이는 50m(광전식분리형감지기를 설치할 경우에는 100m) 이하로 할 것. 다만, 당해 건축물 그 밖의 공작물의 주요한 출입구에서 그 내부의 전체를 볼 수 있는 경우에 있어서는 그 면적을 $1,000m^2$ 이하로 할 수 있다.

44

비수용성의 제4류 위험물을 저장하는 시설에 포소화설비를 설치하는 경우 약제에 관하여 옳게 설명한 것은?

① I형의 방출구를 이용하는 것은 불포화단백포소화약제 또는 수성막포소화약제로 하고, 그 밖의 것은 단백포소화약제(불포화단백포소화약제를 포함한다) 또는 수성막포소화약제로 한다.
② III형의 방출구를 이용하는 것은 불포화단백포소화약제 또는 수성막포소화약제로 하고, 그 밖의 것은 단백포소화약제(불포화단백포소화약제를 포함한다) 또는 수성막포소화약제로 한다.
③ 특형의 방출구를 이용하는 것은 불포화단백포소화약제 또는 수성막포소화약제로 하고, 그 밖의 것은 단백포소화약제(불포화단백포소화약제를 포함한다) 또는 수성막포소화약제로 한다.
④ 특형의 방출구를 이용하는 것은 단백포소화약제(불포화단백포소화약제를 제외한다) 또는 수성막포소화약제로 하고, 그 밖의 것은 수성막포소화약제로 한다.

45

다음 중 아염소산은 어느 것인가?

① HClO
② HClO$_2$
③ HClO$_3$
④ HClO$_4$

해설및용어설명 | 화합물의 명명법
① 차아염소산
② 아염소산
③ 염소산
④ 과염소산

46

다이에틸알루미늄클로라이드를 설명한 내용 중 틀린 것은?

① 공기와 접촉하면 자연발화의 위험성이 있다.
② 광택이 있는 금속이다.
③ 장기보관 시 자연분해 위험성이 있다.
④ 물과 접촉 시 폭발적으로 반응한다.

해설및용어설명 | 제3류 위험물
다이에틸알루미늄클로라이드((C_2H_5)$_2$AlCl)
① 제3류 위험물이므로 자연발화 위험이 있다.
② 무색투명한 액체이다.
③ 장기 보관 시 자연분해 위험성이 있다.
④ 금수성 물질이므로 물과 접촉 시 폭발적으로 반응한다.

47

아세틸렌 1몰이 완전연소하는 데 필요한 이론산소량은 몇 몰인가?

① 1
② 2.5
③ 3.5
④ 5

해설및용어설명 | 화학반응식
- 반응물과 생성물을 화학식으로 나타낸다.
  아세틸렌이 산소와 반응하면 이산화탄소, 물을 생성한다.
  $C_2H_2 + O_2 \rightarrow CO_2 + H_2O$
- 화학식 앞에 미정계수 a, b, c, d를 설정한다.
  $a\ C_2H_2 + b\ O_2 \rightarrow c\ CO_2 + d\ H_2O$
- 원소의 종류별로 방정식을 세운다.
  $a\ C_2H_2 + b\ O_2 \rightarrow c\ CO_2 + d\ H_2O$
  C 2a = c
  H 2a = 2d
  O 2b = 2c + d
- a = 1 일 때, b, c, d를 구한다.
  C 2a = c, 2×1 = c, c = 2
  H 2a = 2d, 2×1 = 2d, d = 1
  O 2b = 2c + d, 2b = 2×2 + 1 = 5, b = 5/2
  ∴ a = 1, b = 5/2, c = 2, d = 1
  모든 계수를 정수로 만들기 위해 분모의 최소공배수인 2를 곱한다.
  ∴ a = 2, b = 5, c = 4, d = 2
- 계수를 대입하여 화학반응식을 완성한다.
  $2C_2H_2 + 5O_2 \rightarrow 4CO_2 + 2H_2O$
  2몰의 아세틸렌이 연소할 때 5몰의 산소가 필요하므로
  1몰의 아세틸렌이 연소할 때 2.5몰의 산소가 필요하다.

48

톨루엔의 위험성에 대한 설명으로 적합하지 않은 것은?

① 증기비중이 1보다 크기 때문에 주의해야 한다.
② 연소범위의 하한값이 낮아서 소량이 누출되어도 폭발의 위험성이 있다.
③ 벤젠을 포함한 대부분의 제1석유류보다 독성이 강하다.
④ 인화점이 상온보다 낮으므로 화재발생에 주의해야 한다.

해설및용어설명 | 제4류 위험물 - 톨루엔
① 증기비중 = $\frac{분자량}{29} = \frac{C_6H_5CH_3}{29} = \frac{12 \times 6 + 1 \times 5 + 12 + 1 \times 3}{29} = 3.17$
② 연소범위 1.27~7.0%
③ 벤젠의 독성이 더 강하다.
④ 인화점 4℃

49

토출량이 5m³/min이고 토출구의 유속이 2m/s인 펌프의 구경은 몇 mm인가?

① 330
② 230
③ 130
④ 120

해설및용어설명 | 유체역학 - 유량

$Q = uA = u\dfrac{\pi D^2}{4}$

$Q = 5m^3/min \times \dfrac{1min}{60s}$

$u = 2m/s$

$5 \times \dfrac{1min}{60s} = 2 \times \dfrac{\pi D^2}{4}$

· 계산기 SOLVE 이용

$D = 0.230m = 230mm$

50

제6류 위험물 중 과염소산의 위험성에 대한 설명으로 틀린 것은?

① 강력한 산화제이다.
② 가열하면 유독성 가스를 발생한다.
③ 고농도의 것은 물에 희석하여 보관해야 한다.
④ 불연성이지만 유기물과 접촉 시 발화의 위험이 있다.

해설및용어설명 | 제6류 위험물 - 과염소산

① 산화성 물질이고 증기는 유독
② $HClO_4 \rightarrow HCl + 2O_2$
③ 강산이고 물과 접촉하면 발열
④ 가연물과 혼촉발화 가능성이 크다.

51

백색 또는 담황색 고체로 수산화칼륨 용액과 반응하여 포스핀 가스를 생성하는 것은?

① 황린
② 트라이메틸알루미늄
③ 황화인
④ 황

해설및용어설명 | 제3류 위험물 - 황린

$P_4 + 3KOH + 3H_2O \rightarrow 3KH_2PO_2 + PH_3$

황린 : 알칼리용액과 반응하여 포스핀 생성

52

다음 중 제6류 위험물이 아닌 것은?

① 농도가 36중량 퍼센트인 H_2O_2
② IF_5
③ 비중 1.49인 HNO_3
④ 비중 1.76인 $HClO_3$

해설및용어설명 | 제6류 위험물

등급	품명	지정수량	위험물	분자식	그외
I	질산	300kg	질산	HNO_3	발연질산
I	과산화수소	300kg	과산화수소	H_2O_2	
I	과염소산	300kg	과염소산	$HClO_4$	
I	그 외	할로젠간 화합물	300kg		BrF_3	삼불화브롬
				BrF_5	오불화브롬
				IF_5	오불화아이오딘

53

산화프로필렌에 대한 설명으로 틀린 것은?

① 물, 알코올 등에 녹는다.
② 무색의 휘발성 액체이다.
③ 구리, 마그네슘 등과 접촉은 위험하다.
④ 냉각소화는 유효하나 질식소화는 효과가 없다.

해설및용어설명 | 제4류 위험물 - 산화프로필렌
① 물, 알코올 등에 녹는다.
② 무색의 휘발성 액체
③ 아세트알데히드등 : 아세트알데히드, 산화프로필렌
　아세트알데히드등을 취급하는 설비는 은·수은·동·마그네슘 또는 이들을 성분으로 하는 합금으로 만들지 아니할 것
④ 질식소화

54

초유폭약(ANFO)를 제조하기 위해 경유에 혼합하는 제1류 위험물은?

① 질산코발트　　② 질산암모늄
③ 아이오딘산칼륨　　④ 과망가니즈산칼륨

해설및용어설명 | 제1류 위험물 - 질산암모늄
ANFO 화약 = 질산암모늄 94% + 경유 6%

55

u 관리도의 관리한계선을 구하는 식으로 옳은 것은?

① $\bar{u} \pm \sqrt{u}$
② $\bar{u} \pm 3\sqrt{u}$
③ $\bar{u} \pm 3\sqrt{n\bar{u}}$
④ $\bar{u} \pm 3\sqrt{\dfrac{u}{n}}$

해설및용어설명 | u 관리도

중심선($\bar{u}$) = $\dfrac{\Sigma c}{\Sigma n}$

$UCL = \bar{u} + 3 \times \sqrt{\dfrac{u}{n}}$

$LCL = \bar{u} - 3 \times \sqrt{\dfrac{u}{n}}$

56

다음 중 반즈(Ralph M. Barnes)가 제시한 동작경제의 원칙에 해당되지 않는 것은?

① 표준작업의 원칙
② 신체의 사용에 관한 원칙
③ 작업장의 배치에 관한 원칙
④ 공구 및 설비의 디자인에 관한 원칙

해설및용어설명 | 반즈의 동작경제의 3원칙
작업자가 에너지의 낭비 없이 작업할 수 있도록 하는 것
- 신체의 사용에 관한 원칙
- 작업장의 배치에 관한 원칙
- 공구 및 설비의 설계에 관한 원칙

57

"무결점운동"이라고 불리우는 것으로 품질개선을 위한 동기부여 프로그램은 어느 것인가?

① TQC
② ZD
③ MIL – STD
④ ISO

해설및용어설명 | 품질경영
① 제품생산에서 불량률을 최소화하도록 전사적으로 품질개발, 품질유지, 품질개선 노력들을 종합하기 위한 효과적인 시스템
② Zero Defects, 무결점운동
③ 미 군사규격. 미국 국방성이 제정하는 군용 규격
④ 품질경영시스템의 요구사항을 규정한 국제 표준

58

ASME(American Society of Mechanical Engineers)에서 정의하고 있는 제품공정 분석표에 사용되는 기호 중 "저장(Storage)"을 표현한 것은?

① ○
② D
③ □
④ ▽

해설및용어설명 | 제품공정도

요소공정	기호의 명칭	기호
가공	가공	○
운반	운반	○
정체	저장	▽
	지체	D
검사	수량 검사	□
	품질 검사	◇

59

일반적으로 품질코스트 가운데 가장 큰 비율을 차지하는 코스트는?

① 평가코스트
② 실패코스트
③ 예방코스트
④ 검사코스트

해설및용어설명 | 품질코스트
- 예방코스트
- 평가코스트 : 시험코스트
- 실패코스트 : 불량대책 코스트, 재가공 코스트, 설계변경 코스트

60

다음 [표]는 A 자동차 영업소의 월별 판매실적을 나타낸 것이다. 5개월 단순이동평균법으로 6월의 수요를 예측하면 몇 대인가?

(단위 : 대)

월	1	2	3	4	5
판매량	100	110	120	130	140

① 120
② 130
③ 140
④ 150

해설및용어설명 | 이동평균법

$$\frac{100 + 110 + 120 + 130 + 140}{5} = 120$$

CBT 복원문제

2019 * 65

01

3.65kg의 염화수소 중에는 HCl 분자가 몇 개 있는가?

① 6.02×10^{23}
② 6.02×10^{24}
③ 6.02×10^{25}
④ 6.02×10^{26}

해설및용어설명 | 몰

HCl = 1 + 35.5 = 36.5g/mol, 1mol = 6.02×10^{23}개

$3.65kg \times \dfrac{1,000g}{1kg} \times \dfrac{1mol}{36.5g} \times \dfrac{6.02 \times 10^{23}개}{1mol} = 6.02 \times 10^{25}$개

02

70℃, 130mmHg에서 1L 부피에 해당하는 질량이 대략 0.17g인 기체는?

① 수소
② 헬륨
③ 질소
④ 산소

해설및용어설명 | 이상기체상태방정식

$PV = \dfrac{w}{M}RT \rightarrow M = \dfrac{wRT}{PV}$

- P = 130mmHg × $\dfrac{1atm}{760mmHg}$ = 0.17atm
- V = 1L
- w = 0.17g
- R = 0.082atm · L/mol · K
- T = 70℃ + 273 = 343K

$M = \dfrac{0.17 \times 0.082 \times 343}{0.17 \times 1} = 28.126$g/mol

① $H_2 = 1 \times 2 = 2$
② $He = 4$
③ $N_2 = 14 \times 2 = 28$
④ $O_2 = 16 \times 2 = 32$

03

피크르산의 성질에 대한 설명 중 틀린 것은?

① 쓴맛이 나고 독성이 있다.
② 약 300℃ 정도에서 발화한다.
③ 구리 용기에 보관하여야 한다.
④ 단독으로는 마찰, 충격에 둔감하다.

해설및용어설명 | 제5류 위험물 - 트라이나이트로페놀(피크르산)

① 쓴맛이 나고 독성이 있다.
② 발화점 300℃
③ 구리, 납, 철 등의 중금속과 반응하여 피크린산염을 생성한다.
④ 단독으로는 충격, 마찰에 안정하지만 금속염, 아이오딘, 가솔린, 알코올, 황 등과의 혼합물은 충격, 마찰 등에 의하여 폭발한다.

04

금속리튬은 고온에서 질소와 반응하여 어떤 색의 질화리튬을 만드는가?

① 회흑색
② 적갈색
③ 청록색
④ 은백색

해설및용어설명 | 제3류 위험물 - 알칼리금속 중 리튬

$6Li + N_2 \rightarrow 2Li_3N$(적갈색)

05

나이트로글리세린의 성질에 대한 설명으로 가장 옳은 것은?

① 물, 벤젠에 잘 녹으나 알코올에는 녹지 않는다.
② 물에 녹지 않으나 알코올, 벤젠 등에는 잘 녹는다.
③ 물, 알코올 및 벤젠에 잘 녹는다.
④ 알코올, 물에는 잘 녹지 않으나 벤젠에는 잘 녹는다.

해설및용어설명 | 제5류 위험물 - 나이트로글리세린
물에 녹지 않고 에탄올, 벤젠과 같은 유기 용매에 잘 녹는다.

06

다음 위험물 중 지정수량이 나머지 셋과 다른 것은?

① 아이오딘산염류
② 무기과산화물
③ 알칼리토금속
④ 염소산염류

해설및용어설명 | 지정수량
- 제1류 위험물 중 아이오딘산염류, 지정수량 300kg
- 제1류 위험물 중 무기과산화물, 지정수량 50kg
- 제3류 위험물 중 알칼리토금속, 지정수량 50kg
- 제1류 위험물 중 염소산염류, 지정수량 50kg

07

과산화수소에 대한 설명 중 틀린 것은?

① 햇빛에 의해서 분해되어 산소를 방출한다.
② 단독으로 폭발할 수 있는 농도는 약 60% 이상이다.
③ 벤젠이나 석유에 쉽게 용해되어 급격히 분해된다.
④ 농도가 진한 것은 피부에 접촉 시 수종을 일으킬 위험이 있다.

해설및용어설명 | 제6류 위험물 - 과산화수소
① $2H_2O_2 \rightarrow 2H_2O + O_2$ 분해하여 산소 방출
② 농도 60중량퍼센트 이상일 때 단독으로 분해 폭발한다.
③ 물, 알코올, 에터에 잘 녹고 석유, 벤젠에는 녹지 않는다.
④ 농도가 진한 것은 피부에 접촉 시 수종을 일으킬 위험이 있다.

08

분말소화설비의 기준에서 분말소화약제의 축압용 가스로 질소를 사용하면 소화약제 50kg 저장 시 질소 가스량은 35℃, 0MPa의 상태로 환산하여 몇 L 이상이어야 하는가?(단, 배관의 청소에 필요한 양은 제외한다)

① 500
② 1,000
③ 1,500
④ 2,000

해설및용어설명 | 분말소화설비 - 축압용 가스의 양
축압용 가스로 질소가스를 사용하는 것은 소화약제 1kg당 온도 35℃에서 0MPa의 상태로 환산한 체적 10L에 배관의 청소에 필요한 양을 더한 양 이상, 이산화탄소를 사용하는 것은 소화약제 1kg당 20g에 배관의 청소에 필요한 양을 더한 양 이상일 것
$50kg \times 10L/kg = 500L$

09

제1류 위험물 중 일명 초석이라고도 하며 차가운 느낌의 자극이 있고 짠맛이 나는 무색 또는 백색 결정의 질산 염류는?

① KNO_3
② $NaNO_3$
③ NH_4NO_3
④ $KMnO_4$

해설및용어설명 | 제1류 위험물 - 질산칼륨(초석)
① 질산칼륨
② 질산나트륨
③ 질산암모늄
④ 과망가니즈산칼륨

10

다음 중 지정수량이 가장 적은 위험물은?

① $(HOOCCH_2CH_2CO)_2O_2$
② $Zn(C_2H_5)_2$
③ $C_6H_2CH_3(NO_2)_3$
④ CaC_2

해설및용어설명 | 지정수량

① 숙신산퍼옥사이드 : 제5류 위험물 중 유기과산화물(제2종), 지정수량 100kg
② 다이에틸아연 : 제3류 위험물 중 유기금속화합물, 지정수량 50kg
③ 트라이나이트로톨루엔 : 제5류 위험물 중 나이트로화합물(제1종), 지정수량 10kg
④ 탄화칼슘 : 제3류 위험물 중 칼슘알루미늄의 탄화물, 지정수량 300kg

11

옥외탱크저장소의 탱크 중 압력탱크의 수압시험 기준은?

① 최대상용압력의 2배의 압력으로 20분간 실시하는 수압시험에서 새거나 변형되지 아니하여야 한다.
② 최대상용압력의 2배의 압력으로 10분간 실시하는 수압시험에서 새거나 변형되지 아니하여야 한다.
③ 최대상용압력의 1.5배의 압력으로 20분간 실시하는 수압시험에서 새거나 변형되지 아니하여야 한다.
④ 최대상용압력의 1.5배의 압력으로 10분간 실시하는 수압시험에서 새거나 변형되지 아니하여야 한다.

해설및용어설명 | 옥외탱크저장소

- 압력탱크 외의 탱크 : 충수시험
- 압력탱크 : 최대상용압력의 1.5배의 압력으로 10분간 실시하는 수압시험

12

공기의 성분이 다음 표와 같을 때 공기의 평균 분자량을 구하면 얼마인가?

성분	분자량	부피함량(%)
질소	28	78
산소	32	21
아르곤	40	1

① 28.84
② 28.96
③ 29.12
④ 29.44

해설및용어설명 | 평균 분자량

$28 \times 0.78 + 32 \times 0.21 + 40 \times 0.01 = 28.96$

13

제1석유류라 함은 아세톤 및 휘발유 그 밖에 액체로서 1기압에서 인화점이 얼마 미만인 것을 말하는가?

① 섭씨 20도
② 섭씨 21도
③ 섭씨 70도
④ 섭씨 200도

해설및용어설명 | 위험물 기준 - 제4류 위험물

- 특수인화물 : 이황화탄소, 다이에틸에터 그 밖에 1기압에서 발화점이 섭씨 100도 이하인 것 또는 인화점이 섭씨 영하 20도 이하이고 비점이 섭씨 40도 이하인 것
- 제1석유류 : 아세톤, 휘발유 그 밖에 1기압에서 인화점이 섭씨 21도 미만인 것
- 제2석유류 : 등유, 경유 그 밖에 1기압에서 인화점이 섭씨 21도 이상 70도 미만인 것
  [제외] 도료류 그 밖의 물품에 있어서 가연성 액체량이 40중량퍼센트 이하이면서 인화점이 섭씨 40도 이상인 동시에 연소점이 섭씨 60도 이상인 것
- 제3석유류 : 중유, 클레오소트유 그 밖에 1기압에서 인화점이 섭씨 70도 이상 섭씨 200도 미만인 것
  [제외] 도료류 그 밖의 물품은 가연성 액체량이 40중량퍼센트 이하인 것

- 제4석유류 : 기어유, 실린더유, 그 밖에 1기압에서 인화점이 섭씨 200도 이상 섭씨 250도 미만의 것
  [제외] 도료류, 그 밖의 물품은 가연성 액체량이 40중량퍼센트 이하인 것
- 알코올류 : 1분자를 구성하는 탄소원자의 수가 1개부터 3개까지인 포화1가 알코올(변성알코올을 포함한다)
  [제외] - 1분자를 구성하는 탄소원자의 수가 1개 내지 3개의 포화1가 알코올의 함유량이 60중량퍼센트 미만인 수용액
  - 가연성 액체량이 60중량퍼센트 미만이고 인화점 및 연소점(태그개방식 인화점측정기에의한 연소점을 말한다. 이하 같다)이 에틸알코올 60중량퍼센트 수용액의 인화점 및 연소점을 초과하는 것

14

알루미늄분이 수산화나트륨 수용액과 접촉했을 때 발생하는 것은?

① NaO_2 ② $Na_2Al(OH)_2$
③ H_2 ④ AlO_2

해설및용어설명 | 화학반응식

$2Al + 2NaOH + 2H_2O \rightarrow 2NaAlO_2 + 3H_2$

15

산화프로필렌에 대한 설명 중 틀린 것은?

① 증기는 공기보다 무겁다.
② 연소범위가 가솔린보다 넓다.
③ 발화점이 상온 이하로 매우 위험하다.
④ 물에 녹는다.

해설및용어설명 | 제4류 위험물 - 산화프로필렌

① $\dfrac{OCH_2CHCH_3}{29} = \dfrac{16+12+1\times2+12+1+12+1\times3}{29} = 2$

② 연소범위 2.5~38.5%, 가솔린 1.4~7.6%

③ 발화점 465℃

④ 물, 알코올, 에터, 벤젠에 잘 녹는다.

16

다음 [보기]와 같은 공통점을 갖지 않는 것은?

- 탄화수소이다.
- 치환반응보다는 첨가반응을 잘 한다.
- 석유화학공업 공정으로 얻을 수 있다.

① 에텐   ② 프로필렌
③ 부텐   ④ 벤젠

해설및용어설명 | 탄화수소의 종류

① C_2H_4

 첨가반응 가능

② C_3H_6

첨가반응 가능

③ C_4H_8

첨가반응 가능

④ C_6H_6

 치환반응 가능

17

트라이에틸알루미늄 19kg이 물과 반응하였을 때 생성되는 가연성가스는 표준상태에서 몇 m³인가?(단, 알루미늄의 원자량은 27이다)

① 11.2　　　　　② 22.4
③ 33.6　　　　　④ 44.8

해설및용어설명 | 이상기체상태방정식

$(C_2H_5)_3Al + 3H_2O \rightarrow Al(OH)_3 + 3C_2H_6$

$PV = \dfrac{w}{M}RT \rightarrow V = \dfrac{wRT}{PM}$

- P = 1atm
- M = $(C_2H_5)_3Al$ = 12×6 + 1×15 + 27 = 114kg/kmol
- w = 19kg
- R = 0.082atm·m³/kmol·K
- T = 0℃ + 273 = 273K

$V = \dfrac{19 \times 0.082 \times 273}{1 \times 114} \times \dfrac{3\,H_2O}{1\,(C_2H_5)_3Al} = 11.193 ≒ 11.2m^3$

18

공기를 차단한 상태에서 황린을 약 260℃로 가열하면 생성되는 물질은 제 몇 류 위험물인가?

① 제1류 위험물　　② 제2류 위험물
③ 제5류 위험물　　④ 제6류 위험물

해설및용어설명 | 제3류 위험물 - 황린

$P_4 \xrightarrow{260℃\ 가열} 4P$

황린　　　　　　　적린
제3류　　　　　　제2류

19

부탄 100g을 완전 연소시키는 데 필요한 이론산소량은 약 몇 g인가?

① 358　　　　　② 717
③ 1,707　　　　④ 3,415

해설및용어설명 | 이상기체상태방정식

$2C_4H_{10} + 13O_2 \rightarrow 8CO_2 + 10H_2O$

$PV = \dfrac{w}{M}RT \rightarrow V = \dfrac{wRT}{PM}$

- P = 1atm
- M = C_4H_{10} = 12×4 + 1×10 = 58g/mol
- w = 100g
- R = 0.082atm·L/mol·K
- T = 0℃ + 273 = 273K

$V = \dfrac{100 \times 0.082 \times 273}{1 \times 58} \times \dfrac{13\,O_2}{2\,C_4H_{10}} \times \dfrac{32g/mol}{22.4L/mol} = 358.397g$

20

다음 중 단독으로 폭발할 위험이 있으며, ANFO 폭약의 주원료로 사용되는 위험물은?

① KIO_3　　　　② $NaBrO_3$
③ NH_4NO_3　　④ $(NH_4)_2Cr_2O_7$

해설및용어설명 | 제1류 위험물 - 질산암모늄

ANFO 화약 = 질산암모늄 94% + 경유 6%

① 아이오딘산칼륨
② 브로민산나트륨
③ 질산암모늄
④ 다이크로뮴산암모늄

21

인화칼슘에 대한 설명 중 틀린 것은?

① 적갈색의 고체이다.
② 산과 반응하여 인화수소를 발생한다.
③ pH가 7인 중성 물속에 보관하여야 한다.
④ 화재 발생 시 마른 모래가 적응성이 있다.

해설및용어설명 | 제3류 위험물 - 인화칼슘
① 암적색, 적갈색의 결정성 분말이다.
② $Ca_3P_2 + 6HCl \rightarrow 3CaCl_2 + 2PH_3$
③ 물에 닿지 않도록 건조한 냉소에 보관한다.
④ 주수금지 : 탄산수소염류 분말소화약제, 마른 모래, 팽창질석, 팽창진주암

22

다음 중 위험물 판매취급소의 배합실에서 배합하여서는 안 되는 위험물은?

① 도료류　　　　　　② 염소산칼륨
③ 과산화수소　　　　④ 황

해설및용어설명 | 판매취급소에서의 취급기준(규칙 제49조 [별표 18])
판매취급소에서는 도료류, 제1류 위험물 중 염소산염류 및 염소산염류만을 함유한 것, 황 또는 인화점이 38℃ 이상인 제4류 위험물을 배합실에서 배합하는 경우 외에는 위험물을 배합하거나 옮겨 담는 작업을 하지 아니할 것

23

전역방출방식의 분말소화설비에서 분말소화약제의 저장용기에 저장하는 제3종 분말소화약제의 양은 방호구역의 체적 $1m^3$ 당 몇 kg 이상으로 하여야 하는가?(단, 방호구역의 개구부에 자동폐쇄장치를 설치한 경우이고, 방호구역 내에서 취급하는 위험물은 에탄올이다)

① 0.360　　　　　　② 0.432
③ 2.7　　　　　　　④ 5.2

해설및용어설명 | 분말소화설비 - 소화약제의 양

소화약제의 종별	방호구역의 체적 $1m^3$ 당 소화약제의 양(단위 : kg)
탄산수소나트륨을 주성분으로 한 것(이하 "제1종 분말"이라 한다)	0.60
탄산수소칼륨을 주성분으로 한 것(이하 "제2종 분말"이라 한다) 또는 인산염류 등을 주성분으로 한 것(인산암모늄을 90% 이상 함유한 것에 한한다. 이하 "제3종 분말"이라 한다)	0.36
탄산수소칼륨과 요소의 반응생성물(이하 "제4종 분말"이라 한다)	0.24
특정의 위험물에 적응성이 있는 것으로 인정되는 것(이하 "제5종 분말"이라 한다)	소화약제에 따라 필요한 양

24

80g의 질산암모늄이 완전히 폭발하면 약 몇 L의 기체를 생성하는가?(단, 1기압, 300℃를 기준으로 한다)

① 164.6　　　　　　② 112.2
③ 78.4　　　　　　　④ 67.2

해설및용어설명 | 이상기체상태방정식

$2NH_4NO_3 \rightarrow 2N_2 + O_3 + 4H_2O$

$PV = \dfrac{w}{M}RT \rightarrow V = \dfrac{wRT}{PM}$

- P = 1atm
- M = NH_4NO_3 = 14 + 1×4 + 14 + 16×3 = 80g/mol
- w = 80g
- R = 0.082atm·L/mol·K
- T = 300℃ + 273 = 573K

$V = \dfrac{80 \times 0.082 \times 573}{1 \times 80} \times \dfrac{2N_2 + O_3 + 4H_2O}{2NH_4NO_3} = 164.45 ≒ 164.5L$

25

다음 중 제4류 위험물에 속하는 물질을 보호액으로 사용하는 것은?

① 벤젠
② 황
③ 칼륨
④ 질산에틸

해설및용어설명 | 위험물 저장방법
- 칼륨, 나트륨 : 공기 중 수분 또는 물과 닿지 않도록 석유(등유, 경유, 유동파라핀) 속에 저장한다.
- 등유, 경유 : 제4류 위험물

26

다음 중 산화성고체 위험물이 아닌 것은?

① $NaClO_3$
② $AgNO_3$
③ $KBrO_3$
④ $HClO_4$

해설및용어설명 | 위험물 종류
① 염소산나트륨 : 제1류 위험물 중 염소산염류, 지정수량 50kg
② 질산은 : 제1류 위험물 중 질산염류, 지정수량 300kg
③ 브로민산칼륨 : 제1류 위험물 중 브로민산염류, 지정수량 300kg
④ 과염소산 : 제6류 위험물 중 과염소산, 지정수량 300kg
- 제1류 위험물 - 산화성고체
- 제6류 위험물 - 산화성액체

27

다음 중 품명이 나머지 셋과 다른 것은?

① 트라이나이트로페놀
② 나이트로글리콜
③ 질산에틸
④ 나이트로글리세린

해설및용어설명 | 제5류 위험물
① 제5류 위험물 중 나이트로화합물
② 제5류 위험물 중 나이트로화합물
③ 제5류 위험물 중 질산에스터류
④ 제5류 위험물 중 나이트로화합물

28

그림과 같은 위험물 탱크의 내용적은 약 몇 m³인가?

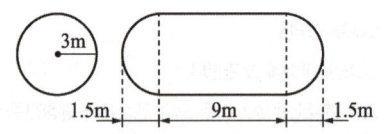

① 258.3
② 282.6
③ 312.1
④ 375.3

해설및용어설명 | 탱크의 내용적

옆면이 타원형인 양쪽 볼록한 횡형 탱크	옆면이 타원형인 한쪽 볼록한 횡형 탱크
$V = \pi \dfrac{ab}{4}\left(l + \dfrac{l_1 + l_2}{3}\right)$	$V = \pi \dfrac{ab}{4}\left(l + \dfrac{l_1 - l_2}{3}\right)$
옆면이 원형인 양쪽 볼록한 횡형 탱크	밑면이 원형인 종형 탱크
$V = \pi r^2\left(l + \dfrac{l_1 + l_2}{3}\right)$	$V = \pi r^2 l$

$V = \pi \times 3^2 \times \left(9 + \dfrac{1.5 + 1.5}{3}\right) = 282.743 m^3$

(π 대신 3.14로 계산하면 282.6이 나온다)

정답 25 ③ 26 ④ 27 ① 28 ②

29

다음 중 소화난이도등급 I의 옥외탱크저장소로서 인화점이 70℃ 이상의 제4류 위험물만을 저장하는 탱크에 설치하여야 하는 소화설비는?(단, 지중탱크 및 해상탱크는 제외한다)

① 물분무소화설비 또는 고정식 포소화설비
② 옥외소화전설비
③ 스프링클러설비
④ 이동식포소화설비

해설및용어설명 | 소화난이도등급 I

- 인화점 70℃ 이상의 제4류 위험물만을 저장취급하는 것 중 옥외탱크저장소(지중탱크 또는 해상탱크 외의 것) : 물분무소화설비 또는 고정식 포소화설비
- 옥내탱크저장소 : 물분무 소화설비, 고정식 포소화설비, 이동식 이외의 불활성가스소화설비, 이외의 할로젠화합물소화설비, 이동식 이외의 분말소화설비
- 암반탱크저장소 : 물분무소화설비 또는 고정식 포소화설비

30

제2류 위험물과 제4류 위험물의 공통적 성질로 옳은 것은?

① 물에 의한 소화가 최적이다.
② 산소원소를 포함하고 있다.
③ 물보다 가볍다.
④ 가연성물질이다.

해설및용어설명 | 제2류 위험물, 제4류 위험물

① 제2류 위험물 : 주수소화, 질식소화, 주수금지
　제4류 위험물 : 질식소화
② 산소를 포함하는 것은 제1류, 제5류, 제6류이다.
③ 제2류는 물보다 무겁고 제4류는 대부분 물보다 가볍다.
④ 가연성이다.

31

가열 용융시킨 황과 황린을 서서히 반응시킨 후 증류 냉각하여 얻은 제2류 위험물로서 발화점이 약 100℃, 융점이 약 173℃, 비중이 약 2.03인 물질은?

① P_2S_5　② P_4S_3
③ P_4S_7　④ P

해설및용어설명 | 제2류 위험물 - 황화인

	비중	녹는점	발화점
삼황화인	2.03	173℃	100℃
오황화인	2.09	280℃	142℃
칠황화인	2.19	310℃	310℃

① 오황화인
② 삼황화인
③ 칠황화인
④ 적린

32

다음에서 설명하고 있는 법칙은?

> 압력이 일정할 때 일정량의 기체의 부피는 절대온도에 비례한다.

① 일정성분비의 법칙　② 보일의 법칙
③ 샤를의 법칙　④ 보일 - 샤를의 법칙

해설및용어설명 |

- 보일의 법칙 : 온도가 일정할 때 압력과 부피는 반비례한다.
- 샤를의 법칙 : 압력이 일정할 때 부피와 온도는 비례한다.

33

탄화칼슘과 물이 반응하여 500g의 가연성 가스가 발생하였다. 약 몇 g의 탄화칼슘이 반응하였는가?(단, 칼슘의 원자량은 40이고 물의 양은 충분하였다)

① 928 ② 1,231
③ 1,632 ④ 1,921

해설및용어설명 | 이상기체상태방정식

$CaC_2 + 2H_2O \rightarrow Ca(OH)_2 + C_2H_2$

$PV = \dfrac{w}{M}RT \rightarrow V = \dfrac{wRT}{PM}$

- P = 1atm
- M = C_2H_2 = 12×2 + 1×2 = 26g/mol
- w = 500g
- R = 0.082atm·L/mol·K
- T = 0℃ + 273 = 273K

$V = \dfrac{500 \times 0.082 \times 273}{1 \times 26} \times \dfrac{1\,CaC_2}{1\,C_2H_2} \times \dfrac{(40 + 12 \times 2)g/mol}{22.4L/mol} = 1,230g$

34

위험물제조소의 건축물의 구조에 대한 설명 중 옳은 것은?

① 지하층은 1개 층까지만 만들 수 있다.
② 벽·기둥·바닥·보 등은 불연재료로 한다.
③ 지붕은 폭발 시 대기 중으로 날아갈 수 있도록 가벼운 목재 등으로 덮는다.
④ 바닥에 적당한 경사가 있어서 위험물이 외부로 흘러갈 수 있는 구조라면 집유설비를 설치하지 않아도 된다.

해설및용어설명 | 제조소 - 건축물의 구조

① 지하층이 없도록 하여야 한다.
② 벽·기둥·바닥·보·서까래 및 계단을 불연재료로 한다.
③ 지붕은 폭발력이 위로 방출될 정도의 가벼운 불연재료로 덮어야 한다.
 → 목재는 불연재료가 아니다.
④ 바닥에 적당한 경사가 있는 경우 바닥의 최저부에 집유설비를 하여야 한다.

35

벤젠핵에 메틸기 한 개가 결합된 구조를 가진 무색투명한 액체로서 방향성의 독특한 냄새를 가지는 물질은?

① 톨루엔 ② 질산메틸
③ 메틸알코올 ④ 다이나이트로톨루엔

해설및용어설명 | 구조식

① (벤젠고리에 CH₃) ② CH_3ONO_2

③ CH_3OH ④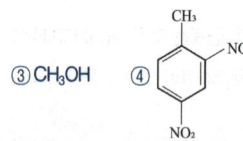

36

NH_4ClO_3에 대한 설명으로 틀린 것은?

① 금속 부식성이 있다.
② 조해성이 있다.
③ 폭발성의 산화제이다.
④ 폭발 시 CO_2, HCl, NO_2 가스를 주로 발생시킨다.

해설및용어설명 | 제1류 위험물 - 염소산암모늄

① 염소산염류는 철제를 부식시킨다.
② 제1류 위험물은 조해성이 있다.
③ 제1류 위험물은 강산화제이다.
④ $2NH_4ClO_4 \rightarrow N_2 + Cl_2 + 2O_2 + 4H_2O$
 과염소산암모늄 질소 염소 산소 물

37

전역방출방식 이산화탄소소화설비에서 저장용기 설치기준이 틀린 것은?

① 온도가 40℃ 이하이고 온도 변화가 적은 장소에 설치할 것
② 방호구역 내의 장소에 설치할 것
③ 직사일광 및 빗물이 침투할 우려가 적은 장소에 설치할 것
④ 저장용기에는 안전장치를 설치할 것

해설및용어설명 | 이산화탄소 소화설비
① 온도가 40℃ 이하이고 온도 변화가 적은 장소에 설치할 것
② 방호구역 외의 장소에 설치할 것
③ 직사일광 및 빗물이 침투할 우려가 적은 장소에 설치할 것
④ 저장용기에는 안전장치를 설치할 것

38

덩어리 상태의 황을 저장하는 옥외저장소가 경계표시 내부의 면적(2 이상의 경계표시가 있는 경우에는 각 경계표시의 내부의 면적을 합한 면적)이 얼마일 때 소화난이도등급 I에 해당하는가?

① 100m² 이하 ② 100m² 이상
③ 1,000m² 이하 ④ 1,000m² 이상

해설및용어설명 | 소화난이도등급 I - 옥외저장소
덩어리 상태의 황을 저장하는 것으로서 경계표시 내부의 면적이 100m² 이상

39

다음 위험물을 완전연소시켰을 때 나머지 셋의 위험물의 연소생성물에 공통적으로 포함된 가스를 발생하지 않는 것은?

① 황 ② 황린
③ 삼황화인 ④ 이황화탄소

해설및용어설명 | 화학반응식
① $S + O_2 \rightarrow SO_2$
② $P_4 + 5O_2 \rightarrow 2P_2O_5$
③ $P_4S_3 + 8O_2 \rightarrow 2P_2O_5 + 3SO_2$
④ $CS_2 + 3O_2 \rightarrow CO_2 + 2SO_2$

40

다음의 기구는 위험물의 판정에 필요한 시험기구이다. 어떤 성질을 시험하기 위한 것인가?

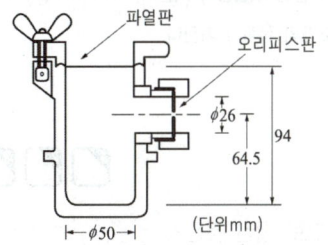

① 충격민감성 ② 폭발성
③ 가열분해성 ④ 금수성

해설및용어설명 | 위험물 시험방법 - 가열분해성 시험방법
압력용기는 그 측면 및 상부에 각각 불소고무제 등의 내열성의 가스켓을 넣어 구멍의 직경이 0.6mm, 1mm 또는 9mm인 오리피스판 및 파열판을 부착하고 그 내부에 시료용기를 넣을 수 있는 내용량 200cm³의 스테인레스 강재로 할 것

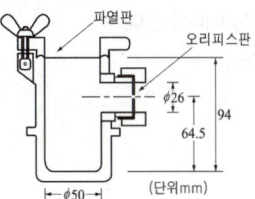

41

제2류 위험물로 금속이 덩어리 상태일 때보다 가루 상태일 때 연소 위험성이 증가하는 이유가 아닌 것은?

① 유동성의 증가
② 비열의 증가
③ 정전기 발생 위험성 증가
④ 표면적의 증가

해설및용어설명 | 가연물의 조건

① 덩어리 상태일 때 보다 가루 상태일 때 더 잘 움직인다.
② 비열은 물질의 고유한 성질이므로 상태와 상관없다.
③ 마찰이 커지므로 정전기 발생 위험성이 커진다.
④ 표면적이 커지므로 산소와의 접촉이 커진다.

42

질산칼륨에 대한 설명으로 틀린 것은?

① 황화인, 질소와 혼합하면 흑색화약이 된다.
② 알코올에는 난용이다.
③ 물에 녹으므로 저장 시 수분과의 접촉에 주의한다.
④ 400℃로 가열하면 분해하여 산소를 방출한다.

해설및용어설명 | 제1류 위험물 - 질산칼륨

① 흑색화약 = 질산칼륨 + 황 + 탄소
② 물, 글리세린에 잘 녹고 알코올, 에터에는 잘 녹지 않는다.
③ 조해성이 있으므로 수분과 접촉에 유의하여야 한다.
④ $2KNO_3 \rightarrow 2KNO_2 + O_2$(분해온도 400℃)

43

위험물제조소에 관한 다음 설명 중 옳은 것은?(단, 원칙적인 경우에 한한다)

① 위험물 시설의 설치 후 사용 시기는 완공검사신청서를 제출했을 때부터 사용이 가능하다.
② 위험물 시설의 설치 후 사용 시기는 완공검사를 받은 날부터 사용이 가능하다.
③ 위험물 시설의 설치 후 사용 시기는 설치허가를 받았을 때부터 사용이 가능하다.
④ 위험물 시설의 설치 후 사용 시기는 완공검사를 받고 완공검사합격확인증을 교부 받았을 때부터 사용이 가능하다.

해설및용어설명 | 제조소

위험물 시설의 설치 후 완공검사를 받고 완공검사합격확인증을 교부 받았을 때부터 사용 가능

44

과염소산과 과산화수소의 공통적인 위험성을 나타낸 것은?

① 가열하면 수소를 발생한다.
② 불연성이지만 독성이 있다.
③ 물, 알코올에 희석하면 안전하다.
④ 농도가 36wt% 미만인 것은 위험물에 해당하지 않는다고 법령에서 정하고 있다.

해설및용어설명 | 제6류 위험물 - 과염소산, 과산화수소

① $HClO_4 \rightarrow HCl + 2O_2$, $2H_2O_2 \rightarrow 2H_2O + O_2$
② 불연성이며 과염소산은 독성이 있고 과산화수소는 고농도일 때 독성이 있다.
③ 과염소산은 물에 닿으면 발열한다.
④ 과염소산은 위험물 기준이 없고, 과산화수소는 36중량퍼센트 이상인 것을 위험물로 한다.

45

위험물제조소등에 전기설비가 설치된 경우에 당해 장소의 면적이 500m²라면 몇 개 이상의 소형수동식소화기를 설치하여야 하는가?

① 1　　　　　　　　② 2
③ 5　　　　　　　　④ 10

해설및용어설명 | 전기설비의 소화설비
전기설비가 설치된 경우 100m²마다 소형수동식소화기를 1개 이상 설치

$$\frac{500m^2}{100m^2} = 5$$

46

다음과 같은 소화난이도등급 I 의 저장소에 물분무소화설비를 설치하는 것이 위험물안전관리법에 의한 소화설비의 설치기준에 적합하지 않은 것은?

① 옥외탱크저장소(지상의 일반형태) - 지정수량의 120배의 황만을 저장·취급하는 것
② 옥내탱크저장소 - 바닥면으로부터 탱크 옆판의 상단까지 높이가 8m인 탱크에 황만을 저장·취급하는 것
③ 암반탱크저장소 - 지정수량의 150배의 제2석유류 위험물을 저장·취급하는 것
④ 해상탱크 - 지정수량의 110배인 경유를 저장·취급하는 것

해설및용어설명 | 소화난이도등급 I
① 옥외탱크저장소 : 고체위험물을 저장하는 것으로서 지정수량 100배 이상인 것 → 물분무소화설비
② 옥내탱크저장소 : 바닥면으로부터 탱크 옆판의 상단까지 높이가 6m 이상인 것 → 물분무소화설비
③ 암반탱크저장소 : 액표면적이 40m² 이상인 것 → 고정식 포소화설비
④ 옥외탱크저장소 : 지중탱크 또는 해상탱크로서 지정수량 100배 이상인 것 → 고정식 포소화설비, 물분무소화설비, 이동식 이외의 불활성가스 소화설비 또는 이동식 이외의 할로젠화합물소화설비

47

유지의 비누화값은 어떻게 정의되는가?

① 유지 1g을 비누화시키는 데 필요한 KOH의 mg 수
② 유지 10g을 비누화시키는 데 필요한 KOH의 mg 수
③ 유지 1g을 비누화시키는 데 필요한 KCl의 mg 수
④ 유지 10g을 비누화시키는 데 필요한 KCl의 mg 수

해설및용어설명 |
- 비누화값 : 유지 1g을 비누화시키는 데 필요한 KOH의 mg 수
- 아이오딘값 : 유지 100g을 경화시키는 데 필요한 아이오딘의 g 수

48

제5류 위험물 중 질산에스터류에 대한 설명으로 틀린 것은?

① 산소를 함유하고 있다.
② 염과 질산을 반응시키면 생성된다.
③ 나이트로셀룰로오스, 질산에틸 등이 해당된다.
④ 지정수량은 10kg 또는 100kg이다.

해설및용어설명 | 제5류 위험물 - 질산에스터류
① 가연물 + 산소의 형태이다.
② 나이트로화합물에 대한 설명이다.
③ 질산메틸, 질산에틸, 나이트로글리세린, 나이트로글리콜, 나이트로셀룰로오스 등이 있다.
④ 제1종의 경우 지정수량 10kg, 제2종의 경우 지정수량 100kg이다.

49

메테인 2L를 완전연소하는 데 필요한 공기 요구량은 약 몇 L인가? (단, 표준상태를 기준으로 하고 공기 중의 산소는 21v%이다)

① 2.42　　　　　　② 9.51
③ 15.32　　　　　　④ 19.04

해설및용어설명 | 이상기체상태방정식

$CH_4 + 2O_2 \rightarrow CO_2 + 2H_2O$

$V = 2L\ CH_4 \times \dfrac{2mol\ O_2}{1mol\ CH_4} \times \dfrac{1\ air}{0.21\ O_2} = 19.047 ≒ 19.05L$

50

제조소등의 소화난이도 등급을 결정하는 요소가 아닌 것은?

① 위험물제조소 : 위험물 취급설비가 있는 높이, 연면적
② 옥내저장소 : 지정수량, 연면적
③ 옥외탱크저장소 : 액표면적, 지반면으로부터 탱크 옆판 상단까지 높이
④ 주유취급소 : 연면적, 지정수량

해설및용어설명 | 소화난이도 등급

제조소등의 구분	제조소등의 규모, 저장 또는 취급하는 위험물의 품명 및 최대수량 등
제조소 일반취급소	연면적 1,000m² 이상인 것
	지정수량의 100배 이상인 것 (고인화점 위험물만을 100℃ 미만의 온도에서 취급하는 것 및 제48조의 위험물을 취급하는 것은 제외)
	지반면으로부터 6m 이상의 높이에 위험물 취급설비가 있는 것 (고인화점 위험물만을 100℃ 미만의 온도에서 취급하는 것은 제외)
	일반취급소로 사용되는 부분 외의 부분을 갖는 건축물에 설치된 것 (내화구조로 개구부 없이 구획된 것, 고인화점 위험물만을 100℃ 미만의 온도에서 취급하는 것 및 별표 16 X의 2의 화학실험의 일반취급소는 제외)
주유취급소	별표 13 V제2호에 따른 면적의 합이 500m²를 초과하는 것
옥내저장소	지정수량의 150배 이상인 것(고인화점 위험물만을 저장하는 것 및 제48조의 위험물을 저장하는 것은 제외)
	연면적 150m²를 초과하는 것(150m² 이내마다 불연재료로 개구부 없이 구획된 것 및 인화성고체 외의 제2류 위험물 또는 인화점 70℃ 이상의 제4류 위험물만을 저장하는 것은 제외)
	처마높이가 6m 이상인 단층건물의 것
	옥내저장소로 사용되는 부분 외의 부분이 있는 건축물에 설치된 것 (내화구조로 개구부 없이 구획된 것 및 인화성고체 외의 제2류 위험물 또는 인화점 70℃ 이상의 제4류 위험물만을 저장하는 것은 제외)

51

이동탱크저장소에 의한 위험물 운송 시 위험물운송자가 휴대하여야 하는 위험물안전카드의 작성대상에 관한 설명으로 옳은 것은?

① 모든 위험물에 대하여 위험물안전카드를 작성하여 휴대하여야 한다.
② 제1류, 제3류 또는 제4류 위험물을 운송하는 경우에 위험물안전카드를 작성하여 휴대하여야 한다.
③ 위험등급 Ⅰ 또는 위험등급 Ⅱ에 해당하는 위험물을 운송하는 경우에 위험물안전카드를 작성하여 휴대하여야 한다.
④ 제1류, 제2류, 제3류, 제4류(특수인화물 및 제1석유류에 한한다), 제5류 또는 제6류 위험물을 운송하는 경우에 위험물안전카드를 작성하여 휴대하여야 한다.

해설및용어설명 | 위험물 안전카드

위험물(제4류 위험물에 있어서는 특수인화물 및 제1석유류에 한한다)을 운송하게 하는 자는 위험물안전카드를 운송자로 하여금 휴대하게 할 것
→ 제1류 위험물, 제2류 위험물, 제3류 위험물, 제4류 위험물 중 특수인화물 및 제1석유류, 제5류 위험물, 제6류 위험물

52

위험물의 유별 구분이 나머지 셋과 다른 하나는?

① 다이메틸아연   ② 백금분
③ 메타알데하이드 ④ 고형알코올

해설및용어설명 | 위험물 종류

① 제3류 위험물 중 유기금속화합물
② 제2류 위험물 중 금속분
③ 제2류 위험물 중 인화성고체
④ 제2류 위험물 중 인화성고체

53

염소화규소화합물은 제 몇 류 위험물에 해당하는가?

① 제1류 위험물 ② 제2류 위험물
③ 제3류 위험물 ④ 제5류 위험물

해설및용어설명 | 제3류 위험물

그 외 : 염소화규소화합물

54

위험물의 자연발화를 방지하기 위한 방법으로 틀린 것은?

① 통풍이 잘되게 한다. ② 습도를 높게 한다.
③ 저장실의 온도를 낮춘다. ④ 열이 축적되지 않도록 한다.

해설및용어설명 | 자연발화의 조건

- 표면적이 넓을 것
- 발열량이 클 것
- 주위의 온도가 높을 것
- 습도가 높을 것
- 열전도율이 낮을 것

55

이항분포(Binomial Distribution)의 특징으로 가장 옳은 것은?

① P = 0일 때는 평균치에 대하여 좌우대칭이다.
② P ≤ 0.1이고, nP = 0.1~10일 때는 푸아송분포에 근사한다.
③ 부적합품의 출현 개수에 대한 표준편차는 D(x) = nP이다.
④ P ≤ 0.5이고, nP ≥ 5일 때는 푸아송분포에 근사한다.

해설및용어설명 | 이항분포

- p = 0.5 : 평균치에 대하여 좌우대칭
- np ≥ 5, nq ≥ 5 : 정규분포 근사
- p ≤ 0.1, np = 0.1~10 : 푸아송분포 근사
- 평균, 중앙값, 최빈치가 모두 같다.
- 표준편차가 크면 값이 넓게 퍼져있다. 산포가 나쁘다.
- 표준정규분포 : 평균 0, 표준편차 1

56

연간 소요량 4,000개인 어떤 부품의 발주비용은 매회 200원이며, 부품단가는 100원, 연간 재고유지비용이 10%일 때 F. A. Harris 식에 의한 경제적 주문량은 얼마인가?

① 40개/회 ② 400개/회
③ 1,000개/회 ④ 1,300개/회

해설및용어설명 | 경제적 주문량(EOC, Economic Order Quantity)

$$EOC = \sqrt{\frac{2 \times D \times S}{H}}$$

- D : 연간소요량 = 4,000
- S : 주문 단가 = 200
- C : 개별 단가 = 100
- I : 재고유지비용 = 10%
- H : 유지비용 = $I \times C$ = 100×0.1 = 10

$$EOC = \sqrt{\frac{2 \times 4,000 \times 200}{10}} = 400$$

57

다음 중 통계량의 기호에 속하지 않는 것은?

① σ ② R
③ s ④ $\bar{x}$

해설및용어설명 | 통계량 - 기호
① 모집단의 표준편차
② 상관계수
③ 표준편차
④ 평균

58

모든 작업을 기본동작으로 분해하고, 각 기본 동작에 대하여 성질과 조건에 따라 미리 정해 놓은 시간치를 적용하여 정미시간을 산정하는 방법은?

① PTS법 ② WS법
③ 스톱워치법 ④ 실적자료법

해설및용어설명 | 표준시간 - 정미시간 산출
① 모든 작업을 기본동작으로 분해하고, 각 기본동작에 대하여 성질과 조건에 따라 정해놓은 시간치를 적용하여 정미시간을 산정하는 방법
② 스톱워치 없이 작업자나 설비에 대하여 순간 관측을 여러 번 실시 특정 현상이 발생하는 비율을 구하여 신뢰도와 정도를 고려하여 추정하는 방법
③ 표준화된 작업을 평균 노동자에게 실제로 수행하게 하여 그 시간을 스톱워치로 측정하고 일정한 보정(補正)을 하여 표준 작업시간을 설정하는 방법
④ 과거의 실적자료에 기초하여 작업시간 추정

59

어떤 공장에서 작업을 하는 데 있어서 소요되는 기간과 비용이 다음 [표]와 같을 때 비용구배는 얼마인가?(단, 활동시간의 단위는 일(日)로 계산한다)

정상 작업		특급 작업	
기간	비용	기간	비용
15일	150만원	10일	200만원

① 50,000원 ② 100,000원
③ 200,000원 ④ 300,000원

해설및용어설명 | 비용구배
작업을 1일 단축할 때 추가되는 직접비용

$$\frac{특급비용 - 표준비용}{표준시간 - 특급시간} = \frac{2,000,000 - 1,500,000}{15 - 10} = 100,000원$$

60

로트의 크기가 시료의 크기에 비해 10배 이상 클 때, 시료의 크기와 합격판정개수를 일정하게 하고 로트의 크기를 증가시키면 검사특성곡선의 모양 변화에 대한 설명으로 가장 적절한 것은?

① 무한대로 커진다.
② 거의 변화하지 않는다.
③ 검사특성곡선의 기울기가 완만해진다.
④ 검사특성곡선의 기울기 경사가 급해진다.

해설및용어설명 | 검사특성곡선의 특징
• 로트의 크기(N)이 시료의 크기(n)에 비해 10배 이상 크다면, 로트의 크기(N)는 검사특성곡선에 영향을 미치지 않는다.
• 즉, 시료의 크기(n)가 일정할 때 로트의 크기(N)가 커져도 검사특성곡선의 모양은 거의 변화하지 않는다.

CBT 복원문제 2019 * 66

01

TNT가 분해될 때 발생하는 주요 가스에 해당하지 않는 것은?

① 질소 ② 수소
③ 암모니아 ④ 일산화탄소

해설및용어설명 | 화학반응식

$2C_6H_2(NO_2)_3CH_3 \rightarrow 2C + 3N_2 + 5H_2 + 12CO$
트라이나이트로톨루엔 탄소 질소 수소 일산화탄소

02

다음 각종 위험물의 화재를 예방하기 위한 저장방법 중 틀린 것은?

① 나트륨 : 경유 속에 저장한다.
② 이황화탄소 : 물속에 저장한다.
③ 황린 : 물속에 저장한다.
④ 나이트로셀룰로오스 : 건조한 상태로 보관한다.

해설및용어설명 | 위험물 저장방법

① 나트륨 : 석유(등유, 경유, 유동파라핀)
② 이황화탄소 : 물속에 저장
③ 황린 pH 9 : 물속에 저장
④ 나이트로셀룰로오스 : 물속에 저장

03

위험물 옥외탱크저장소에서 각각 30,000L, 40,000L, 50,000L의 용량을 갖는 탱크 3기를 설치할 경우 필요한 방유제의 용량은 몇 m³ 이상이어야 하는가?

① 33 ② 44
③ 55 ④ 132

해설및용어설명 | 옥외탱크저장소 - 방유제

- 높이 0.5m 이상 3m 이하
- 면적 8만m² 이하
- 용량 탱크 1기 : 탱크 용량의 110% 이상
  탱크 2기 이상 : 최대 탱크 용량의 110% 이상

최대탱크 $50,000L \times 1.1 \times \dfrac{1m^3}{1,000L} = 55m^3$

04

다음 중 제조소에서 위험물을 취급하는 설비에 불활성 기체를 봉입하는 장치를 갖추어야 하는 위험물은 어느 것인가?

① 알킬리튬, 알킬알루미늄
② 과염소산칼륨, 과염소산나트륨
③ 황린, 적린
④ 과산화수소, 염소산나트륨

해설및용어설명 | 위험물 저장 기준

알킬알루미늄등의 제조소 또는 일반취급소에 있어서 알킬알루미늄등을 취급하는 설비에는 불활성의 기체를 봉입할 것

정답 01 ③ 02 ④ 03 ③ 04 ①

05

다음의 연소반응식에서 트라이에틸알루미늄 114g이 산소와 반응하여 연소할 때 약 몇 kcal의 열을 방출하겠는가?

$$2(C_2H_5)_3Al + 21O_2$$
$$\rightarrow 12CO_2 + Al_2O_3 + 15H_2O + 1{,}470\,kcal$$

① 375　　② 735
③ 1,470　　④ 2,205

해설및용어설명 | 화학반응식

$(C_2H_5)_3Al = (12 \times 2 + 1 \times 5) \times 3 + 27 = 114\,g/mol$

2몰의 트라이에틸알루미늄이 연소하여 1,470kcal의 열을 방출하므로 1몰의 트라이에틸알루미늄이 연소하면 735kcal의 열이 방출된다.

06

이상기체에서 정압비열을 C_p, 정적비열을 C_v, 이상기체 상수를 R이라고 할 때 이들 관계를 옳게 나타낸 식은?

① $C_p + C_v = R$　　② $C_v - C_p = R$
③ $C_p - C_v = R$　　④ $C_p + C_v = -R$

해설및용어설명 | 정적비열 정압비열

$C_p = (\frac{\partial H}{\partial T})_p$

$C_p = (\frac{\partial (U+PV)}{\partial T})_p = (\frac{\partial U}{\partial T})_p + P(\frac{\partial V}{\partial T})_p$

$= C_v + P(\frac{\partial (\frac{RT}{P})}{\partial T})_p = C_v + P(\frac{R}{P})$

$= C_v + R$

$\therefore C_p - C_v = R$

07

마그네슘의 성질에 대한 설명 중 틀린 것은?

① 물보다 무거운 금속이다.
② 은백색의 광택이 난다.
③ 온수와 반응 시 산화마그네슘과 산소를 발생한다.
④ 융점은 약 650℃이다.

해설및용어설명 | 제2류 위험물 - 마그네슘

① 물보다 무거운 금속이다. 물보다 가벼운 금속은 알칼리금속이다.
② 은백색 광택이 나는 금속이다.
③ $Mg + H_2O \rightarrow Mg(OH)_2 + H_2$
　마그네슘　물　　수산화마그네슘　수소
④ 융점 650℃

08

다음 중 1기압에 가장 가까운 값을 갖는 것은?

① 760cmH₂O　　② 101.3Pa
③ 29.92psi　　④ 1,033.2cmH₂O

해설및용어설명 | 압력

① $760\,cmH_2O \times \frac{1atm}{10.33m\,H_2O} \times \frac{1m}{100cm} = 0.736$

② $101.3\,Pa \times \frac{1atm}{101{,}325Pa} = 0.000999\,atm$

③ $29.92\,psi \times \frac{1atm}{14.7psi} = 2.035\,psi$

④ $1{,}033.2\,cmH_2O \times \frac{1atm}{10.33m\,H_2O} \times \frac{1m}{100cm} = 1\,atm$

정답 05 ② 06 ③ 07 ③ 08 ④

09

위험물안전관리법에서 정한 경보설비에 해당하지 않는 것은?

① 비상경보설비
② 자동화재탐지설비
③ 비상방송설비
④ 영상음향차단경보기

해설및용어설명 | 경보설비
- 자동화재탐지설비
- 자동화재속보설비
- 비상방송설비
- 비상경보설비
- 확성장치

10

아세톤에 대한 다음 설명 중 틀린 것은?

① 보관 중 분해하여 청색으로 변한다.
② 아이오딘포름 반응을 일으킨다.
③ 아세틸렌가스의 흡수제에 이용된다.
④ 연소 범위는 약 2.6 ~ 12.8%이다.

해설및용어설명 | 제4류 위험물 - 아세톤
① 아세톤은 무색 액체이며 독특한 냄새가 있다.
② 아이오딘포름반응 : 아세틸기(CH_3CO^-) + 수산화알칼리 + 아이오딘이 반응하여 노란색 침전을 형성하는 것. 아세톤, 메틸에틸케톤, 아세트알데하이드, 1차 알코올 중 에탄올, 2차 알코올은 KOH와 I_2가 반응하여 노란색 침전을 형성한다.
③ 물과 유기물질을 잘 녹인다. 아세틸렌을 잘 녹여 아세틸렌 저장에 이용된다.
④ 연소범위 2.5 ~ 12.8%

11

옥외탱크저장소의 방유제 설치기준으로 옳지 않은 것은?

① 방유제의 용량은 방유제 안에 설치된 탱크가 하나인 때는 그 탱크 용량의 110% 이상으로 한다.
② 방유제의 높이는 0.5m 이상 3m 이하로 한다.
③ 방유제 내의 면적은 8만m² 이하로 한다.
④ 높이가 1m를 넘는 방유제의 안팎에는 계단 또는 경사로를 70m마다 설치한다.

해설및용어설명 | 옥외탱크저장소 - 방유제
- 높이 0.5m 이상 3m 이하
- 면적 8만m² 이하
- 용량 탱크 1기 : 탱크 용량의 110% 이상
  탱크 2기 이상 : 최대 탱크 용량의 110% 이상
- 계단 또는 경사로 50m마다 설치
- 간막이둑
  - 1,000만 리터 이상인 옥외탱크저장소 주위에 설치
  - 높이 0.3m 이상, 방유제 높이보다 0.2m 이상 낮게
  - 흙 또는 철근콘크리트로 설치할 것
  - 용량 간막이 둑 안에 설치된 탱크의 용량의 10% 이상

12

다음 위험물의 옥내저장소 저장창고 바닥을 물이 침투하지 않는 구조로 하지 않아도 되는 위험물은?

① 제3류 위험물 중 금수성 물질
② 제1류 위험물 중 알칼리금속의 과산화물
③ 제4류 위험물
④ 제6류 위험물

해설및용어설명 | 옥내저장소 - 바닥을 물이 스며들지 아니하는 구조로 해야하는 위험물
- 제1류 위험물 중 알칼리금속의 과산화물 또는 이를 함유하는 것
- 제2류 위험물 중 철분·금속분·마그네슘 또는 이 중 어느 하나 이상을 함유하는 것
- 제3류 위험물 중 금수성 물질
- 제4류 위험물

정답 09 ④ 10 ① 11 ④ 12 ④

13

다음 유지류 중 아이오딘값이 가장 큰 것은?

① 야자유 ② 피마자유
③ 올리브유 ④ 정어리기름

해설및용어설명 | 제4류 위험물 - 동식물유류
- 건성유(130 이상) : 대구유정상해동아들
- 반건성유(100~130) : 면청쌀옥채참콩
- 불건성유(100 이하) : 소돼지고래올리브팜땅콩피자

① 불건성유
② 불건성유
③ 불건성유
④ 건성유

14

다음 중 삼황화인의 주 연소생성물은?

① 오산화린과 이산화황 ② 오산화린과 이산화탄소
③ 이산화황과 포스핀 ④ 이산화황과 포스겐

해설및용어설명 | 화학반응식

$P_4S_3 + 8O_2 \rightarrow 2P_2O_5 + 3SO_2$
삼황화인 산소 오산화린 이산화황

15

과산화벤조일의 위험성에 대한 설명 중 틀린 것은?

① 수분이 흡수되면 분해하여 폭발위험이 커진다.
② 실온에서는 비교적 안정하나 가열·마찰·충격에 의해 폭발할 위험이 있다.
③ 가열을 하면 약 100℃ 부근에서 흰 연기를 낸다.
④ 비활성 희석제를 첨가하여 폭발성을 낮출 수 있다.

해설및용어설명 | 제5류 위험물 - 과산화벤조일

① 물에 녹지 않고 알코올에 약간 녹으며, 에테르에 잘 녹는다. 건조하지 않게 보관한다.
② 유기물, 환원성과의 접촉을 피하고 마찰, 충격을 피한다.
③ 가열하면 100℃ 부근에서 흰 연기를 내면서 분해된다.
④ 건조하지 않게 보관하므로 건조방지를 위해 희석제(물, 프탈산디메틸 등)를 사용한다.

16

다음 이산화탄소 소화약제의 성상 중 틀린 것은?

① 증기비중 : 1.53
② 기체밀도(0℃, 1atm) : 1.96g/L
③ 임계온도 : 31℃
④ 임계압력 : 167.8atm

해설및용어설명 | 이산화탄소 물리화학적 성질

① $\dfrac{CO_2}{29} = \dfrac{12 + 16 \times 2}{29} = 1.517 ≒ 1.52$

② $\dfrac{CO_2}{22.4L/mol} = \dfrac{12 + 16 \times 2g/mol}{22.4L/mol} = 1.964 ≒ 1.96g/L$

③ 임계온도 31℃
④ 임계압력 72.9atm

17

1패러데이(F)의 전기량으로 석출되는 물질의 무게를 틀리게 연결한 것은?

① 수소 – 약 1g ② 산소 – 약 8g
③ 은 – 약 16g ④ 구리 – 약 32g

해설및용어설명 | 패러데이 법칙
96,500C(1F)의 전기량은 1g당량의 원소를 석출한다.

$1g당량 = \dfrac{원자량}{원자가} g$

① $\dfrac{1}{1} = 1$

② $\dfrac{16}{2} = 8$

③ $\dfrac{108}{2} = 54$

④ $\dfrac{64}{2} = 32$

18

다음 위험물의 지정수량이 옳게 연결된 것은?

① $Ba(ClO_4)_2$ – 50kg ② $NaBrO_3$ – 100kg
③ $Sr(NO_3)_2$ – 200kg ④ $KMnO_4$ – 500kg

해설및용어설명 | 지정수량
① 과염소산바륨 : 제1류 위험물 중 과염소산염류, 지정수량 50kg
② 브로민산나트륨 : 제1류 위험물 중 브로민산염류, 지정수량 300kg
③ 질산스트론튬 : 제1류 위험물 중 질산염류, 지정수량 300kg
④ 과망가니즈산칼륨 : 제1류 위험물 중 과망가니즈산염류, 지정수량 1,000kg

19

금속분에 대한 설명 중 틀린 것은?

① Al은 할로젠원소와 반응하면 발화의 위험이 있다.
② Al은 수산화나트륨 수용액과 반응 시 $NaAl(OH)_2$와 H_2가 생성된다.
③ Zn은 KCN 수용액에서 녹는다.
④ Zn은 염산과 반응 시 $ZnCl_2$와 H_2가 생성된다.

해설및용어설명 | 제2류 위험물 - 금속분
① 산화환원반응으로 인해 발화의 위험이 있다.
② $2Al + 2NaOH + 2H_2O \rightarrow 2NaAlO_2 + 3H_2$
③ KCN 수용액에 녹는다.
④ $Zn + 2HCl \rightarrow ZnCl_2 + H_2$

20

다음 중 페닐하이드라진을 나타내는 것은?

① $C_6H_5N = NC_6H_4OH$ ② $C_6H_5NHNH_2$
③ $C_6H_5NHHNC_6H_5$ ④ $C_6H_5N = NC_6H_5$

해설및용어설명 | 제5류 위험물

다이하이드록시아조벤젠	페닐하이드라진
하이드라조벤젠	아조벤젠

21

이산화탄소소화설비의 기준에 대한 설명으로 옳은 것은?(단, 전역방출방식의 이산화탄소소화설비이다)

① 저장용기는 온도가 40℃ 이하이고 온도변화가 적은 장소에 설치할 것
② 저압식 저장용기의 충전비는 1.5 이상 1.9 이하로 할 것
③ 저압식 저장용기에는 압력경보장치를 설치하지 말 것
④ 기동용 가스 용기는 20MPa 이상의 압력에 견딜 수 있을 것

해설및용어설명 | 이산화탄소소화설비
① 온도가 40℃ 이하이고 온도변화가 적은 장소에 설치할 것
② 충전비 : 고압식 1.5 이상 1.9 이하, 저압식 1.1 이상 1.4 이하
③ 저압식 저장용기에는 액면계, 압력계, 2.3MPa 이상 1.9 MPa 이하의 압력에서 작동하는 압력경보장치를 설치할 것
④ 기동용 가스용기 및 해당 용기에 사용하는 밸브는 25MPa 이상의 압력에 견딜 수 있는 것으로 할 것

22

이황화탄소를 저장하는 실의 온도가 -20℃이고, 저장실 내 이황화탄소의 공기 중 증기농도가 2vol%라고 가정할 때 다음 설명 중 옳은 것은?

① 점화원이 있으면 연소된다.
② 점화원이 있더라도 연소되지 않는다.
③ 점화원이 없어도 발화된다.
④ 어떠한 방법으로도 연소되지 않는다.

해설및용어설명 | 제4류 위험물 - 이황화탄소
인화점 -30℃, 발화점 100℃, 연소범위 1~44%
인화점 이상, 연소 하한계 이상이므로 점화원이 있으면 연소된다. 발화점 미만이므로 점화원이 없어도 발화되지 않는다.

23

다음 중 하나의 옥내저장소에 제5류 위험물과 함께 저장할 수 있는 위험물은?(단, 위험물을 유별로 정리하여 저장하는 한편, 서로 1m 이상의 간격을 두는 경우이다)

① 알칼리금속의 과산화물 또는 이를 함유한 것 이외의 제1류 위험물
② 제2류 위험물 중 인화성고체
③ 제3류 위험물 중 알킬알루미늄 이외의 것
④ 유기과산화물 또는 이를 함유한 것 이외의 제4류 위험물

해설및용어설명 | 위험물 저장 - 유별이 다른 위험물 1m 간격
- 제1류 위험물(알칼리금속의 과산화물 제외) + 제5류
- 제1류 + 제6류
- 제1류 + 제3류 중 자연발화성물질(황린)
- 제2류 중 인화성 고체 + 제4류
- 제3류 중 알킬알루미늄·알킬리튬 + 제4류 중 알킬알루미늄·알킬리튬 함유
- 제4류 중 유기과산화물 함유 + 제5류 중 유기과산화물 함유

24

염소산칼륨의 성질에 대한 설명으로 옳은 것은?

① 회색의 비결정성 물질이다.
② 약 400℃에서 열분해한다.
③ 가연성이고 강력한 환원제이다.
④ 비중은 약 1.2이다.

해설및용어설명 | 제1류 위험물 - 염소산칼륨
① 무색무취의 단사정계 결정이다.
② 분해온도 400℃, $2KClO_3 \rightarrow 2KCl + O_2$
③ 불연성, 강산화제이다.
④ 비중 2.34

25

2몰의 메테인을 완전히 연소시키는데 필요한 산소의 몰수는?

① 1몰 ② 2몰
③ 3몰 ④ 4몰

해설및용어설명 | 화학반응식

① 반응물과 생성물을 화학식으로 나타낸다.
   메테인이 산소와 반응하면 이산화탄소, 수증기를 생성한다.
   $CH_4 + O_2 \rightarrow CO_2 + H_2O$

② 화학식 앞에 미정계수 a, b, c, d를 설정한다.
   $a\,CH_4 + b\,O_2 \rightarrow c\,CO_2 + d\,H_2O$

③ 원소의 종류별로 방정식을 세운다.
   $a\,CH_4 + b\,O_2 \rightarrow c\,CO_2 + d\,H_2O$
   C $a = c$
   H $4a = 2d$
   O $2b = 2c + d$

④ $a = 1$일 때, b, c, d를 구한다.
   C $a = c$, $1 = c$, $c = 1$
   H $4a = 2d$, $4 \times 1 = 2d$, $d = 2$
   O $2b = 2c + d$, $2b = 2 \times 1 + 2 = 4$, $b = 2$
   ∴ $a = 1$, $b = 2$, $c = 1$, $d = 2$

⑤ 계수를 대입하여 화학반응식을 완성한다.
   $CH_4 + 2O_2 \rightarrow CO_2 + 2H_2O$
   1몰의 메테인이 연소할 때 2몰의 산소가 필요하므로
   2몰의 메테인이 연소할 때 4몰의 산소가 필요하다.

26

120g의 산소와 8g의 수소를 혼합하여 반응시켰을 때 몇 g의 물이 생성되는가?

① 18 ② 36
③ 72 ④ 128

해설및용어설명 | 질량 구하기

$O_2 = \dfrac{120g}{32g} = 3.75mol$, $H_2 = \dfrac{8g}{2g} = 4mol$

$$2H_2 \;+\; O_2 \;\rightarrow\; 2H_2O$$

4	3.75	
-4	-2	+4
0	1.75	+4

4mol $H_2O = 4 \times (1 \times 2 + 16) = 72g$

27

알루미늄 제조공장에서 용접작업 시 알루미늄분과 착화가 되어 소화를 목적으로 뜨거운 물을 뿌렸더니 수초 후 폭발 사고로 이어졌다. 이 폭발의 주원인에 가장 가까운 것은?

① 알루미늄분과 물의 화학반응으로 수소가스가 발생하여 폭발하였다.
② 알루미늄분이 날려 분진폭발이 발생하였다.
③ 알루미늄분과 물의 화학반응으로 메테인가스가 발생하여 폭발하였다.
④ 알루미늄분과 물의 급격한 화학반응으로 열이 흡수되어 알루미늄분 자체가 폭발하였다.

해설및용어설명 | 화학반응식

$2Al + 6H_2O \rightarrow 2Al(OH)_3 + 3H_2$(가연성 가스)

28

다음 위험물의 화재 시 소화방법으로 잘못된 것은?

① 마그네슘 : 마른 모래를 사용한다.
② 인화칼슘 : 다량의 물을 사용한다.
③ 나이트로글리세린 : 다량의 물을 사용한다.
④ 알코올 : 내알코올포 소화약제를 사용한다.

해설및용어설명 | 위험물 소화방법

- 주수소화 : 옥내소화전, 옥외소화전, 스프링클러, 물분무소화설비, 포소화설비
- 주수금지 : 탄산수소염류 분말소화약제, 마른 모래, 팽창질석, 팽창진주암
- 질식소화 : 물분무소화설비, 이산화탄소소화설비, 포소화설비, 분말소화설비, 무상수소화설비, 할로젠화합물소화설비(억제소화)

① 주수금지
② 주수금지
③ 주수소화
④ 질식소화, 내알코올포 소화약제

29

옥외저장소에 선반을 설치하는 경우에 선반의 높이는 몇 m를 초과하지 않아야 하는가?

① 3
② 4
③ 5
④ 6

해설및용어설명 | 옥내저장소 - 위험물 저장 높이

- 기계에 의하여 하역하는 구조 : 6m 이하
- 제4류 위험물 중 제3석유류, 제4석유류, 동식물유류 : 4m 이하
- 그 밖의 경우 : 3m 이하
- 옥외저장소

옥내저장소 위험물 저장 높이 기준 적용
선반에 저장하는 경우 6m를 초과하여 저장하지 아니하여야 한다.

30

포소화설비의 기준에서 고가수조를 이용하는 가압송수장치를 설치할 때 고가수조에 반드시 설치하지 않아도 되는 것은?

① 배수관
② 압력계
③ 맨홀
④ 수위계

해설및용어설명 | 포소화설비 - 고가수조

고가수조에는 수위계, 배수관, 오버플로우용 배수관, 보급수관 및 맨홀을 설치할 것

31

동식물유류에 대한 설명 중 틀린 것은?

① 아이오딘값이 100 이하인 것을 건성유라 한다.
② 아마인유는 건성유이다.
③ 아이오딘값은 기름 100g이 흡수하는 아이오딘의 g 수를 나타낸다.
④ 아이오딘값이 크면 이중결합을 많이 포함한 불포화지방산을 많이 가진다.

해설및용어설명 | 제4류 위험물 - 동식물유류

① 건성유 : 아이오딘값 130 이상
② 건성유 : 대정상해동아들
③ 아이오딘값 : 유지 100g을 경화시키는 데 필요한 아이오딘의 g 수
④ 아이오딘값이 크다. = 유지 내에 불포화결합이 많다.

32

가솔린 저장탱크로부터 위험물이 누설되어 직경 2m인 상태에서 풀(Pool) 화재가 발생되었다. 이때 위험물의 단위면적당 발생되는 에너지 방출속도는 몇 kW인가?(단, 가솔린의 연소열은 43.7kJ/g이며, 질량 유속은 55g/m²·s이다)

① 1,887 ② 2,453
③ 3,775 ④ 7,551

해설및용어설명 | 연소 - 열방출속도

$Q = mA\Delta H = \dfrac{55g}{m^2 \cdot s} \cdot \dfrac{\pi(2m)^2}{4} \cdot \dfrac{43.7kJ}{g} \cdot \dfrac{1kW}{1kJ/s} = 7,550.8 ≒ 7,551 kW$

33

황화인에 대한 설명으로 틀린 것은?

① 삼황화인의 분자량은 약 348이다.
② 삼황화인은 물에 녹지 않는다.
③ 오황화인은 습한 공기 중 분해되어 유독성 기체를 발생시킨다.
④ 삼황화인은 공기 중 약 100℃에서 발화한다.

해설및용어설명 | 제2류 위험물 - 황화인

① $P_4S_3 = 31 \times 4 + 32 \times 3 = 220$
② 삼황화인은 물에 녹지 않고, 오황화인, 칠황화인은 조해성이 있다.
③ $P_2S_5 + 8H_2O \rightarrow 2H_3PO_4 + 5H_2S$(독성 가스)
④ 삼황화인 발화점 100℃

34

다음에서 설명하는 제4류 위험물은 무엇인가?

- 무색무취의 끈끈한 액체이다.
- 분자량은 약 62이고, 2가 알코올이다.
- 지정수량은 4,000L이다.

① 글리세린 ② 에틸렌글리콜
③ 아닐린   ④ 에틸알코올

해설및용어설명 | 제4류 위험물

① 제4류 위험물 중 제3석유류(수용성), 지정수량 4,000L

H H H
H-C-C-C-H   3가 알코올
OH OH OH

② 제4류 위험물 중 제3석유류(수용성), 지정수량 4,000L

H H
H-C-C-H   2가 알코올
OH OH

③ 제4류 위험물 중 제3석유류(비수용성), 지정수량 2,000L

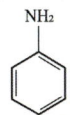

④ 제4류 위험물 중 알코올류, 지정수량 400L

C_2H_5OH 1가 알코올

35

다음 중 서로 혼합하였을 경우 위험성이 가장 낮은 것은?

① 황화인과 알루미늄분
② 과산화나트륨과 마그네슘분
③ 염소산나트륨과 황
④ 나이트로셀룰로오스와 에탄올

해설및용어설명 | 화학반응식
① 각각 저장하는 것이 안전하다.
② 산화제와 가연물을 혼합하면 발화위험이 있다.
③ 산화제와 가연물을 혼합하면 발화위험이 있다.
④ 제5류 위험물은 물, 알코올에 습윤하여 저장하면 안전하다.

36

위험물의 류별 구분이 나머지 셋과 다른 하나는?

① 나이트로벤젠 ② 과산화벤조일
③ 펜트리트   ④ 테트릴

해설및용어설명 | 위험물 종류
① 제4류 위험물 중 제3석유류(비수용성), 지정수량 2,000L
② 제5류 위험물 중 유기과산화물(제2종), 지정수량 100kg
③ 제5류 위험물 중 질산에스터류(제1종), 지정수량 10kg
　(펜타에리트리톨 테트라나이트레이트, 펜트리트)
④ 제5류 위험물 중 나이트로화합물(제1종), 지정수량 10kg

37

$(C_2H_5)_3Al$은 운반용기의 내용적의 몇 % 이하의 수납률로 수납하여야 하는가?

① 85%   ② 90%
③ 95%   ④ 98%

해설및용어설명 | 수납률
• 고체 위험물 : 95% 이하
• 액체 위험물 : 98% 이하, 55℃에서 공간용적 유지
• 알킬리튬, 알킬알루미늄 : 90% 이하, 50℃에서 5% 이상 공간용적 유지
트라이에틸알루미늄 : 제3류 위험물 중 알킬알루미늄, 지정수량 10kg

38

제2류 위험물에 대한 설명 중 틀린 것은?

① 모두 가연성 물질이다.
② 모두 고체이다.
③ 모두 주수소화가 가능하다.
④ 지정수량의 단위는 모두 kg이다.

해설및용어설명 | 제2류 위험물
① 제2류 위험물은 가연성 고체이다.
② 제2류 위험물은 가연성 고체이다.
③ 철분, 금속분, 마그네슘은 주수금지이다.
④ 제4류 위험물의 지정수량 단위는 L, 제1, 2, 3, 4, 6류 위험물의 지정수량 단위는 kg이다.

39

산화성액체 위험물에 대한 설명 중 틀린 것은?

① 과산화수소는 물과 접촉하면 심하게 발열하고 폭발의 위험이 있다.
② 질산은 불연성이지만 강한 산화력을 가지고 있는 강산화성 물질이다.
③ 질산은 물과 접촉하면 발열하므로 주의하여야 한다.
④ 과염소산은 강산이고 불안정하여 분해가 용이하다.

해설및용어설명 | 제6류 위험물 - 산화성 액체
① 과산화수소는 물과 접촉하면 심하게 발열하지만 폭발하지 않는다. 증기는 유독하지 않다.
② 질산은 불연성이지만 강산화성이다.
③ 질산은 물과 접촉하면 발열한다.
④ 과염소산은 강산이고 불안정하여 열에 의해 분해가 용이하다.

정답 35 ④ 36 ① 37 ② 38 ③ 39 ①

40

제5류 위험물인 피크린산의 질소 함유량은 약 몇 wt%인가?

① 11.76 ② 12.76
③ 18.34 ④ 21.60

해설및용어설명 | 질량비

$$\frac{3N}{C_6H_2(NO_2)_3OH} = \frac{3 \times 14}{12 \times 6 + 1 \times 2 + 14 \times 3 + 16 \times 6 + 16 + 1} \times 100 = 18.34\%$$

41

소화설비를 설치하는 탱크의 공간용적은?(단, 소화약제 방출구를 탱크 안의 윗부분에 설치한 경우에 한한다)

① 소화약제방출구 아래의 0.1m 이상 0.5m 미만 사이의 면으로부터 윗부분의 용적
② 소화약제방출구 아래의 0.3m 이상 0.5m 미만 사이의 면으로부터 윗부분의 용적
③ 소화약제방출구 아래의 0.1m 이상 1m 미만 사이의 면으로부터 윗부분의 용적
④ 소화약제방출구 아래의 0.3m 이상 1m 미만 사이의 면으로부터 윗부분의 용적

해설및용어설명 | 공간용적

- 탱크 내용적의 100분의 5 이상 100분의 10 이하
- 소화설비 설치 탱크 : 소화설비 소화약제방출구 아래의 0.3미터 이상 1미터 미만 사이의 면으로부터 윗부분의 용적
- 암반탱크 : 탱크 내에 용출하는 7일간의 지하수의 양에 상당하는 용적과 탱크의 내용적의 100분의 1의 용적 중에서 큰 용적

42

배관의 팽창 또는 수축으로 인한 관, 기구의 파손을 방지하기 위하여 관을 곡관으로 만들어 배관 도중에 설치하는 신축이음재는?

① 슬리브형 ② 벨로스형
③ 루프형   ④ U형스트레이너

해설및용어설명 | 유체역학 - 배관

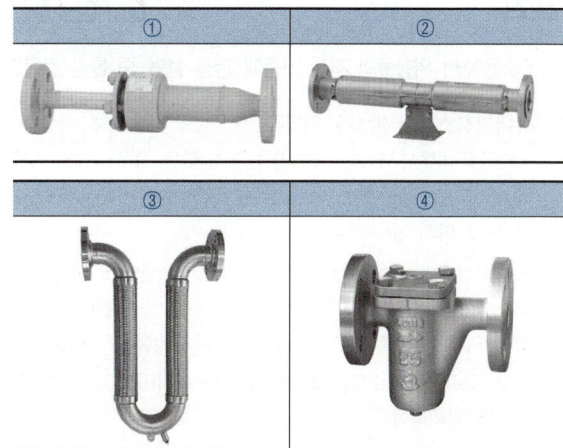

43

사방황에 대한 설명으로 가장 거리가 먼 것은?

① 가열하면 단사황을 얻을 수 있다.
② 물보다 비중이 크다.
③ 이황화탄소에 잘 녹는다.
④ 조해성이 크므로 습기에 주의한다.

해설및용어설명 | 제2류 위험물 - 황

①	사방정계	단사정계
	$a \neq b \neq c$	$a = b \neq c$
		$a \neq b \neq c$
	$\alpha = \beta = \gamma = 90°$	$\alpha = \gamma = 90°, \beta = 90°$

② 물보다 비중이 크다. 가연성 증기 발생 억제를 위해 물속에 저장한다.
③ 이황화탄소에 잘 녹는다.
④ 물에 녹지 않아 물속에 저장한다.

44

제조소등에서 위험물의 저장 기준에 관한 설명 중 틀린 것은?

① 옥내저장소에서 제4류 위험물 중 제3석유류, 제4석유류, 동식물유류를 수납하는 용기만을 겹쳐 쌓는 경우 4m를 초과하여 쌓지 아니하여야 한다(기계에 의하여 하역하는 구조로 된 용기 외의 경우).
② 옥외저장소에서 위험물을 수납한 용기를 선반에 저장하는 경우에는 6m를 초과하여 저장하지 아니하여야 한다.
③ 이동저장탱크에는 당해 탱크에 저장 또는 취급하는 위험물의 유별, 품명, 지정수량, 대표적 성질을 표시하고 잘 보일 수 있도록 관리하여야 한다.
④ 이동저장탱크에 알킬알루미늄등을 저장하는 경우에는 20kPa 이하의 압력으로 비활성의 기체를 봉입한다.

해설및용어설명 | 위험물 저장 기준
① 옥내저장소 - 위험물 저장 높이
  기계에 의하여 하역하는 구조 : 6m 이하
  제4류 위험물 중 제3석유류, 제4석유류, 동식물유류 : 4m 이하
  그 밖의 경우 : 3m 이하
② 옥외저장소 - 선반의 높이 : 6m 이내
③ 위험물 운송·운반 시의 위험성 경고표지에 관한 기준을 준용하여 표지·그림문자·UN번호 게시
④ 이동탱크저장소 알킬알루미늄등 : 20kPa 이하의 압력으로 불활성 기체를 봉입

45

기체 방전의 한 형태로 불꽃이 일어나기 전에 국부적인 절연이 파괴되어 방전하는 미약한 방전현상을 무엇이라 하는가?

① 코로나방전   ② 스트리머방전
③ 불꽃방전   ④ 아크방전

해설및용어설명 | 연소 - 방전현상
① 도체 주위의 유체의 이온화로 인해 발생하는 전기적 방전, 방전에너지는 작다.
② 곡률반경이 큰 도체(직경이 10mm 이상)와 절연물질(고체, 기체)이나 저전도율 액체 사이에서 대전량이 많을 때 발생하는 수지상의 발광과 펄스상의 파괴음을 수반하는 방전
③ 표면전하밀도가 아주 높게 축적되어 분극화된 절연판 표면 또는 도체가 대전되었을 때 접지된 도체 사이에서 발생하는 강한 발광과 파괴음을 수반하는 방전
④ 전극에 전위차가 발생하여 전극 사이의 기체에 지속적으로 발생

46

제5류 위험물의 화재 시 적응성이 있는 소화설비는?

① 포소화설비   ② 이산화탄소소화설비
③ 할로젠화합물소화설비 ④ 분말소화설비

해설및용어설명 | 위험물 소화방법
자기반응성 물질 = 제5류 위험물 → 주수소화
옥내소화전, 옥외소화전, 스프링클러, 물분무소화설비, 포소화설비

47

위험물안전관리법령상 "고인화점 위험물"이란?

① 인화점이 섭씨 100도 이상인 제4류 위험물
② 인화점이 섭씨 130도 이상인 제4류 위험물
③ 인화점이 섭씨 100도 이상인 제4류 위험물 또는 제3류 위험물
④ 인화점이 섭씨 100도 이상인 위험물

해설및용어설명 | 고인화점 위험물
인화점이 100℃ 이상인 제4류 위험물

48

위험물안전관리법령상 자기반응성 물질에 해당되지 않는 것은?

① 무기과산화물
② 유기과산화물
③ 하이드라진유도체
④ 다이아조화합물

해설및용어설명 | 제5류 위험물 - 자기반응성 물질

① 제1류 위험물
② 제5류 위험물
③ 제5류 위험물
④ 제5류 위험물

49

50℃에서 유지하여야 할 알킬알루미늄 운반용기의 공간 용적 기준으로 옳은 것은?

① 5% 이상
② 10% 이상
③ 15% 이상
④ 20% 이상

해설및용어설명 | 수납률

- 고체 위험물 : 95% 이하
- 액체 위험물 : 98% 이하, 55℃에서 공간용적 유지
- 알킬리튬, 알킬알루미늄 : 90% 이하, 50℃에서 5% 이상 공간용적

50

지정수량의 10배를 취급하는 경우 위험물의 혼재에 관한 설명으로 틀린 것은?

① 제1류 위험물은 제2류 위험물, 제3류 위험물, 제4류 위험물 및 제5류 위험물과 각각 혼재할 수 없다.
② 제3류 위험물은 제4류 위험물 및 제5류 위험물과 각각 혼재할 수 있다.
③ 제4류 위험물은 제2류 위험물, 제3류 위험물 및 제5류 위험물과 각각 혼재할 수 있다.
④ 제6류 위험물은 제2류 위험물, 제3류 위험물, 제4류 위험물 및 제5류 위험물과 각각 혼재할 수 없다.

해설및용어설명 | 위험물 혼재

423 524 61

위험물의 구분	제1류	제2류	제3류	제4류	제5류	제6류
제1류		×	×	×	×	○
제2류	×		×	○	○	×
제3류	×	×		○	×	×
제4류	×	○	○		○	×
제5류	×	○	×	○		×
제6류	○	×	×	×	×	

51

다음 ( ) 안에 알맞은 것을 순서대로 옳게 나열한 것은?

> 알루미늄 분말이 연소하면 ( )색 연기를 내면서 ( )을 생성한다. 또한 알루미늄 분말이 염산과 반응하여 ( )기체를 발생하며 수산화나트륨 수용액과 반응하여 ( )기체를 발생한다.

① 백, Al_2O_3, 산소, 수소
② 백, Al_2O_3, 수소, 수소
③ 노란, Al_2O_5, 수소, 수소
④ 노란, Al_2O_5, 산소, 수소

해설및용어설명 | 화학반응식

$4Al + 3O_2 \rightarrow 2Al_2O_3$(백색)

$2Al + 6HCl \rightarrow 2AlCl_3 + 3H_2$

$2Al + 2NaOH + 2H_2O \rightarrow 2NaAlO_2 + 3H_2$

정답 48 ① 49 ① 50 ② 51 ②

52

다음 물질 중에서 색상이 나머지 셋과 다른 하나는?

① 다이크로뮴산나트륨 ② 질산칼륨
③ 아염소산나트륨 ④ 염소산나트륨

해설및용어설명 | 제1류 위험물
① 등적색(주황색)
② 무색 또는 흰색
③ 무색
④ 무색

53

할론 소화약제인 $C_2F_4Br_2$에 대한 설명으로 옳은 것은?

① 할론번호가 2420이며, 상온, 상압에서 기체이다.
② 할론번호가 2402이며, 상온, 상압에서 기체이다.
③ 할론번호가 2420이며, 상온, 상압에서 액체이다.
④ 할론번호가 2402이며, 상온, 상압에서 액체이다.

해설및용어설명 | 할론 소화약제
할론번호 : C, F, Cl, Br, I의 순서로 원소의 개수를 표시

할론번호	분자식	상태
1301	CF_3Br	기체
1211	CF_2ClBr	기체
2402	$C_2F_4Br_2$	액체
1011	CH_2ClBr	
104	CCl_4	

54

질소 3.5g은 몇 mol에 해당하는가?

① 1.25 ② 0.125
③ 2.5 ④ 0.25

해설및용어설명 | 분자량
$N_2 = 14 \times 2 = 28$
질소 1몰은 28g이다.

$$\frac{3.5g}{28g/mol} = 0.125mol$$

55

다음 검사의 종류 중 검사공정에 의한 분류에 해당하지 않는 것은?

① 수입검사 ② 출하검사
③ 출장검사 ④ 공정검사

해설및용어설명 | 검사의 종류 - 검사공정에 의한 분류
• 수입검사 : 원자재 또는 반제품 등의 원료가 입고될 때 실시하는 검사
• 출하검사 : 출하하기 전에 완제품 출하 여부를 결정하는 검사
• 공정검사 : 생산 공정에서 실시하는 검사. 불량품이 다음 공정으로 진행되는 것을 방지

56

다음 중 데이터를 그 내용이나 원인 등 분류 항목별로 나누어 크기의 순서대로 나열하여 나타낸 그림을 무엇이라 하는가?

① 히스토그램(histogram)
② 파레토도(pareto diagram)
③ 특성요인도(causes and effects diagram)
④ 체크시트(check sheet)

해설및용어설명 | 데이터 도표

- 파레토도 : 데이터를 항목별로 분류하여 출현도수의 크기 순서대로 나열한 그림. 단순빈도 막대 그래프와 누적 빈도 꺾은선 그래프를 합친 것
- 히스토그램 : Data가 어떤 값으로 분포되어 있는가를 조사하기 위하여 막대로 나타낸다.
- 회귀분석 : 종속변수와 독립변수 간의 관계를 그래프로 표현한 것
- 특성요인도 : 문제가 되는 결과와 이에 대응하는 원인과의 관계를 도표로 나타낸 것

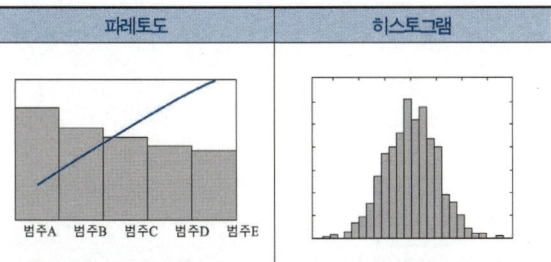

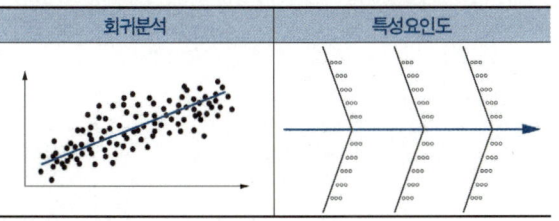

57

예방보전(Preventive Maintenance)의 효과로 보기에 가장 거리가 먼 것은?

① 기계의 수리비용이 감소한다.
② 생산시스템의 신뢰도가 향상된다.
③ 고장으로 인한 중단시간이 감소한다.
④ 예비기계를 보유해야 할 필요성이 증가한다.

해설및용어설명 | 보전의 종류 - 예방보전

설비가 고장나기 전에 수리·정비 등을 실시하는 것
① 큰 고장을 막아 수리비용 감소
② 고장으로 인한 불량률 감소로 신뢰도 향상
③ 고장나기 전 조치를 취해 중단시간 감소
④ 예방보전을 잘 하면 예비기계를 보유할 필요성이 감소한다.

58

어떤 회사의 매출액이 80,000원, 고정비가 15,000원, 변동비가 40,000원일 때 손익분기점 매출액은 얼마인가?

① 25,000원
② 30,000원
③ 40,000원
④ 55,000원

해설및용어설명 | 손익분기점 매출액

$$\frac{\text{고정비}}{1 - \frac{\text{변동비}}{\text{매출액}}} = \frac{15,000}{1 - \frac{40,000}{80,000}} = 30,000$$

정답 56 ② 57 ④ 58 ②

59

다음 중 사내표준을 작성할 때 갖추어야 할 요건으로 옳지 않은 것은?

① 내용이 구체적이고 주관적일 것
② 장기적 방침 및 체계하에서 추진할 것
③ 작업표준에는 수단 및 행동을 직접 제시할 것
④ 당사자에게 의견을 말하는 기회를 부여하는 절차로 정할 것

해설및용어설명 | 사내표준의 조건
① 내용이 구체적이고 객관적일 것
② 장기적 방침 및 체계하에서 추진할 것
③ 작업표준에는 수단 및 행동을 직접 제시할 것
④ 당사자에게 의견을 말하는 기회를 부여하는 절차로 정할 것

60

다음 중 인위적 조절이 필요한 상황에 사용될 수 있는 워크팩터(Work Factor)의 기호가 아닌 것은?

① D
② K
③ P
④ S

해설및용어설명 | 워크팩터
① 일정한 정지
③ 주의
④ 방향조절

CBT 복원문제 2020 * 67

01

다음 중 위험물안전관리법령상 알코올류가 위험물이 되기 위하여 갖추어야 할 조건이 아닌 것은?

① 한 분자 내에 탄소 원자수가 1개부터 3개까지일 것
② 포화알코올일 것
③ 수용액일 경우 위험물안전관리법에서 정의한 알코올 함량이 60wt% 이상일 것
④ 2가 이상의 알코올일 것

해설및용어설명 | 위험물 기준 - 제4류 위험물
알코올 1분자를 구성하는 탄소원자의 수가 1개부터 3개까지인 포화1가 알코올(변성알코올을 포함한다)
다만, 다음 각목의 1에 해당하는 것은 제외
- 1분자를 구성하는 탄소원자의 수가 1개 내지 3개의 포화1가 알코올의 함유량이 60중량퍼센트 미만인 수용액
- 가연성액체량이 60중량퍼센트 미만이고 인화점 및 연소점(태그개방식 인화점측정기에 의한 연소점을 말한다. 이하 같다)이 에틸알코올 60중량퍼센트 수용액의 인화점 및 연소점을 초과하는 것

02

트라이에틸알루미늄을 취급할 때 물과 접촉하면 주로 발생하는 가스는?

① C_2H_6
② H_2
③ C_2H_2
④ CO_2

해설및용어설명 | 화학반응식
$(C_2H_5)_3Al + 3H_2O \rightarrow Al(OH)_3 + 3C_2H_6$
트라이에틸알루미늄   물   수산화알루미늄   에테인

03

탄화칼슘이 물과 반응하여 생성된 가스에 대한 설명으로 가장 관계가 먼 것은?

① 연소범위가 약 2.5~81%로 넓다.
② 은 또는 구리 용기를 사용하여 보관한다.
③ 가압 시 폭발의 위험성이 있다.
④ 탄소 간 삼중결합이 있다.

해설및용어설명 | 제3류 위험물 - 탄화칼슘
$CaC_2 + 2H_2O \rightarrow Ca(OH)_2 + C_2H_2$
① 아세틸렌 연소범위 2.5~81%
② 은, 수은, 구리 용기 사용 시 폭발성 기체를 형성하므로 사용하지 않는다.
③ 가압 시 폭발 위험이 있다.
④ $H-C\equiv C-H$

04

$C_6H_2CH_3(NO_2)_3$의 제조 원료로 옳게 짝지어진 것은?

① 톨루엔, 황산, 질산
② 톨루엔, 벤젠, 질산
③ 벤젠, 질산, 황산
④ 벤젠, 질산, 염산

해설및용어설명 | 제5류 위험물 - 트라이나이트로톨루엔
톨루엔을 진한 질산과 황산의 혼산하에 나이트로화 시켜 제조

정답 01 ④ 02 ① 03 ② 04 ①

05

Ca₃P₂의 지정수량은 얼마인가?

① 50kg ② 100kg
③ 300kg ④ 500kg

해설및용어설명 | 지정수량

인화칼슘 : 제3류 위험물 중 금속인화합물, 지정수량 300kg

06

톨루엔과 크실렌의 혼합물에서 톨루엔의 분압이 전압의 60%이면 이 혼합물의 평균분자량은?

① 82.2 ② 97.6
③ 120.5 ④ 166.1

해설및용어설명 | 평균분자량

톨루엔 60%, 크실렌 40%

$0.6 \times C_6H_5CH_3 + 0.4 \times C_6H_4(CH_3)_2$
$= 0.6 \times (12 \times 6 + 1 \times 5 + 12 + 1 \times 3) + 0.4 \times (12 \times 6 + 1 \times 4 + 12 \times 2 + 1 \times 6)$
$= 97.6$

07

다음 중 무색무취, 사방정계 결정으로 융점이 약 610℃이고 물에 녹기 어려운 위험물은?

① NaClO₃ ② KClO₃
③ NaClO₄ ④ KClO₄

해설및용어설명 | 염소산염류

융점	나트륨	칼륨
아염소산	175℃	×
염소산	300℃	368.4℃
과염소산	482℃	610℃

08

금속칼륨 10g을 물에 녹였을 때 이론적으로 발생하는 기체는 약 몇 g인가?

① 0.12g ② 0.26g
③ 0.32g ④ 0.52g

해설및용어설명 | 이상기체상태방정식 - 질량 구하기

$2K + 2H_2O \rightarrow 2KOH + H_2$

$PV = \dfrac{w}{M}RT \rightarrow V = \dfrac{wRT}{PM}$

- P = 1atm
- M = K = 39g/mol
- w = 10g
- R = 0.082atm·L/mol·K
- T = 0℃ + 273 = 273K

$V = \dfrac{10 \times 0.082 \times 273}{1 \times 39} \times \dfrac{1\,H_2}{2\,K} \times \dfrac{2g/mol}{22.4L/mol} = 0.256 ≒ 0.26g$

09

브롬을 탈색시키며, 완전 연소할 때 CO₂와 H₂O가 같은 몰수로 생성되는 탄화수소에 해당하는 것은?

① $CH_3-C\equiv CH$ ② $CH_3CH_2CH_3$
③ $CH_2=C=CH_2$ ④ $CH_3-CH=CH_2$

해설및용어설명 | 화학반응식

① $C_3H_4 + 4O_2 \rightarrow 3CO_2 + 2H_2O$
② $C_3H_8 + 5O_2 \rightarrow 3CO_2 + 4H_2O$
③ $C_3H_4 + 4O_2 \rightarrow 3CO_2 + 2H_2O$
④ $2C_3H_6 + 9O_2 \rightarrow 6CO_2 + 6H_2O$

10

산화성고체 위험물인 과산화나트륨의 위험성에 대한 설명 중 틀린 것은?

① 열분해에 의해 산소를 방출한다.
② 물과의 반응성 때문에 물의 접촉을 피해야 한다.
③ 에터와 혼합하면 혼촉 발화의 위험이 있다.
④ 인화점이 낮은 가연성 물질이므로 화기의 접근을 금해야 한다.

해설및용어설명 | 제1류 위험물 - 과산화나트륨

① $2Na_2O_2 \rightarrow 2Na_2O + O_2$
② $2Na_2O_2 + 2H_2O \rightarrow 4NaOH + O_2$
  물과 반응하여 산소 발생
③ 에터는 유기물(가연물)이므로 혼촉 발화의 위험이 있다.
④ 불연성

11

염소산칼륨의 성상을 옳게 나타낸 것은?

① 무색의 입방정계 결정 ② 갈색의 정방정계 결정
③ 갈색의 사방정계 결정 ④ 무색의 단사정계 결정

해설및용어설명 | 제1류 위험물 - 염소산칼륨

백색 또는 무색의 단사정계 고체

사방정계	단사정계
$a \neq b \neq c$ $\alpha = \beta = \gamma = 90°$	$a \neq b \neq c$ $\alpha = \gamma = 90°,\ \beta = 90°$

12

다음 중 스프링클러헤드의 설치 기준으로 틀린 것은?

① 개방형 스프링클러헤드는 헤드 반사판으로부터 수평방향으로 0.3m의 공간을 보유하여야 한다.
② 폐쇄형 스프링클러헤드의 반사판과 헤드의 부착면과의 거리는 30cm 이하로 한다.
③ 폐쇄형 스프링클러헤드 부착장소의 평상시 최고 주위 온도가 28℃ 미만인 경우 58℃ 미만의 표시온도를 갖는 헤드를 사용한다.
④ 개구부에 설치하는 폐쇄형 스프링클러헤드는 당해 개구부의 상단으로부터 높이 30cm 이내의 벽면에 설치한다.

해설및용어설명 | 스프링클러설비의 설치기준(세부기준 제131조)

① 개방형 : 스프링클러헤드의 반사판으로부터 하방으로 0.45m, 수평방향으로 0.3m의 공간을 보유할 것
② 폐쇄형 : 스프링클러헤드의 반사판과 당해 헤드의 부착면과의 거리는 0.3m 이하일 것

③
부착장소의 최고 주위온도	표시온도
28℃ 미만	58℃ 미만
28℃ 이상 39℃ 미만	58℃ 이상 79℃ 미만
39℃ 이상 64℃ 미만	79℃ 이상 121℃ 미만
64℃ 이상 106℃ 미만	121℃ 이상 162℃ 미만
106℃ 이상	162℃ 이상

④ 개구부에 설치하는 스프링클러헤드는 당해 개구부의 상단으로부터 높이 0.15m 이내의 벽면에 설치할 것

13

다음 중 가장 약한 산은 어느 것인가?

① $HClO$ ② $HClO_2$
③ $HClO_3$ ④ $HClO_4$

해설및용어설명 | 산화수

결합 중심 원자 Cl의 산화수를 비교한다.
① $HClO_4 = 1 + Cl + (-2) \times 4 = 0,\ Cl = +7$
② $HClO_3 = 1 + Cl + (-2) \times 3 = 0,\ Cl = +5$
③ $HClO_2 = 1 + Cl + (-2) \times 2 = 0,\ Cl = +3$
④ $HClO = 1 + Cl + (-2) \times 1 = 0,\ Cl = +1$
중심원자의 산화수가 커질수록 산의 세기가 크다.

14

아세트산과 아세트산나트륨의 혼합 수용액에서 다음과 같은 전리가 이루어진다고 할 때 이 용액에 염산을 한 방울 떨어뜨리면 어떤 변화가 일어나는지 가장 옳게 설명한 것은?

$$CH_3COOH \rightleftarrows CH_3COO^- + H^+$$
$$CH_3COONa \rightleftarrows CH_3COO^- + Na^+$$

① CH_3COO^-은 많아지고, CH_3COOH는 적어진다.
② CH_3COOH는 많아지고, CH_3COO^-는 적어진다.
③ H^+는 많아지고, CH_3COOH나 CH_3COO^-는 변화가 없다.
④ H^+는 적어지고, CH_3COOH나 CH_3COO^-는 변화가 없다.

해설및용어설명 | 완충용액
- 일반적으로 산이나 염기를 가해도 공통 이온 효과에 의해 그 용액의 수소 이온 농도(pH)가 크게 변하지 않는 용액

H^+가 추가되었으므로 H^+를 줄이는 방향으로 용액의 변화가 일어난다.

15

제조소등의 관계인은 그 제조소등의 용도를 폐지한 때에는 폐지한 날로부터 며칠 이내에 신고하여야 하는가?

① 7일 ② 14일
③ 30일 ④ 90일

해설및용어설명 | 신고 - 용도폐지
용도를 폐지한 날로부터 14일 이내에 신고

16

다음 중 특수인화물에 속하는 것은?

① $C_2H_5OC_2H_5$ ② CH_3COCH_3
③ C_6H_6 ④ $C_6H_5CH_3$

해설및용어설명 | 제4류 위험물
① 다이에틸에터 : 제4류 위험물 중 특수인화물, 지정수량 50L
② 아세톤 : 제4류 위험물 중 제1석유류(수용성), 지정수량 400L
③ 벤젠 : 제4류 위험물 중 제1석유류(비수용성), 지정수량 200L
④ 톨루엔 : 제4류 위험물 중 제1석유류(비수용성), 지정수량 200L

17

위험물제조소에 설치되어 있는 포소화설비를 점검할 경우 포소화설비 일반점검표에서 약제저장탱크의 탱크 점검내용에 해당하지 않는 것은?

① 변형·손상의 유무 ② 조작관리상 지장 유무
③ 통기관의 막힘의 유무 ④ 고정상태의 적부

해설및용어설명 | 일반점검표 - 포소화설비

탱크	누설의 유무	육안
	변형·손상의 유무	육안
	도장상황 및 부식의 유무	육안
	배관접속부의 이탈의 유무	육안
	고정상태의 적부	육안
	통기관의 막힘의 유무	육안
	압력탱크방식의 경우 압력계의 지시상황	육안

14 ② 15 ② 16 ① 17 ②

18

다음의 위험물을 옥내저장소에 저장하는 경우 옥내저장소의 구조가 벽·기둥 및 바닥이 내화구조로 된 건축물이라면 위험물안전관리법에서 규정하는 안전거리를 확보하지 않아도 되는 것은?

① 아세트산 30,000L　② 아세톤 5,000L
③ 클로로벤젠 10,000L　④ 글리세린 15,000L

해설및용어설명 | 옥내저장소 - 안전거리

안전거리 적용제외
- 지정수량의 20배 미만인 제4석유류 또는 동식물유류
- 제6류 위험물 저장 또는 취급

① 제4류 위험물 중 제2석유류(수용성), 지정수량 2,000L
② 제4류 위험물 중 제1석유류(수용성), 지정수량 400L
③ 제4류 위험물 중 제2석유류(비수용성), 지정수량 1,000L
④ 제4류 위험물 중 제3석유류(수용성), 지정수량 4,000L

$\dfrac{15,000L}{4,000L} = 3.75$배 → 제4석유류이며 지정수량 20배 미만

19

윤활제, 화장품, 폭약의 원료로 사용되며, 무색이고 단맛이 있는 제4류 위험물로 지정수량이 4,000L인 것은?

① $C_6H_3(OH)(NO_2)_2$　② $C_3H_5(OH)_3$
③ $C_6H_5NO_2$　④ $C_6H_5NH_2$

해설및용어설명 | 제4류 위험물

제4류 위험물 중 제3석유류(수용성), 지정수량 4,000L

① 다이나이트로페놀 : 제5류 위험물 중 나이트로화합물(종판단 필요)
② 글리세린 : 제4류 위험물 중 제3석유류(수용성), 지정수량 4,000L
③ 나이트로벤젠 : 제4류 위험물 중 제3석유류(비수용성), 지정수량 2,000L
④ 아닐린 : 제4류 위험물 중 제3석유류(비수용성), 지정수량 2,000L

20

은백색의 광택이 있는 금속으로 비중은 약 7.86, 융점은 1,530℃이고 열이나 전기의 양도체이며 염산에 반응하여 수소를 발생하는 것은?

① 알루미늄　② 철
③ 아연　④ 마그네슘

해설및용어설명 | 제2류 위험물

① 비중 2.7
② 비중 7.87
③ 비중 7.14
④ 비중 1.74

21

과산화나트륨의 저장법으로 가장 옳은 것은?

① 용기는 밀전 및 밀봉하여야 한다.
② 안정제로 황분 또는 알루미늄분을 넣어 준다.
③ 수증기를 혼입해서 공기와 직접 접촉을 방지한다.
④ 저장시설 내에 스프링클러설비를 설치한다.

해설및용어설명 | 제1류 위험물 - 과산화나트륨

① 용기는 밀전·밀봉하여야 한다.
② 황분, 알루미늄분은 가연물이므로 산화제인 과산화나트륨과 접촉을 피한다.
③ 물과 반응하여 산소를 발생하므로 수증기를 혼입하지 않는다.
④ 소화방법은 주수금지이므로 스프링클러설비를 설치하지 않고 탄산수소염류 분말소화설비, 마른 모래, 팽창질석, 팽창진주암을 설치한다.

22

옥외저장탱크의 펌프설비 설치기준으로 틀린 것은?

① 펌프실의 지붕을 폭발력이 위로 방출될 정도의 가벼운 불연재료로 할 것
② 펌프실의 창 및 출입구에는 60분+ 방화문, 60분 방화문 또는 30분 방화문을 설치할 것
③ 펌프실의 바닥의 주위에는 높이 0.2m 이상의 턱을 만들 것
④ 펌프설비의 주위에는 너비 1m 이상의 공지를 보유할 것

해설및용어설명 | 옥외탱크저장소 - 펌프설비
① 펌프실의 지붕을 폭발력이 위로 방출될 정도의 가벼운 불연재료로 할 것
② 펌프실의 창 및 출입구에는 60분+ 방화문, 60분 방화문 또는 30분 방화문을 설치할 것
③ 펌프실의 바닥의 주위에는 높이 0.2m 이상의 턱을 만들고 바닥은 콘크리트 등 위험물이 스며들지 아니하는 재료로 적당히 경사지게 하여 그 최저부에는 집유설비를 설치할 것
④ 펌프설비의 주위에는 너비 3m 이상의 공지를 보유할 것. 다만, 방화상 유효한 격벽을 설치하는 경우와 제6류 위험물 또는 지정수량 10배 이하 위험물의 옥외저장탱크의 펌프설비에 있어서는 그러하지 아니하다.

23

적린에 대한 설명 중 틀린 것은?

① 연소하면 유독성인 흰색 연기가 나온다.
② 염소산칼륨과 혼합하면 쉽게 발화하여 P_2O_5와 KOH가 생성된다.
③ 적린 1몰의 완전 연소 시 1.25몰의 산소가 필요하다.
④ 비중은 약 2.2, 승화온도는 약 400°C이다.

해설및용어설명 | 제2류 위험물 - 적린
① $4P + 5O_2 \rightarrow 2P_2O_5$(흰 연기)
② $6P + 5KClO_3 \rightarrow 3P_2O_5 + 5KCl$
③ 적린 4몰 연소 시 산소 5몰이 필요하다. 적린 1몰 연소 시 산소 1.25몰이 필요하다.
④ 비중 2.2, 승화온도 416°C

24

유체의 점성계수에 대한 설명 중 틀린 것은?

① 동점성계수는 점성계수를 밀도로 나눈 값이다.
② 전단응력이 속도구배에 비례하는 유체를 뉴턴 유체라 한다.
③ 동점성계수의 단위는 cm^2/s이며 이를 Stokes라고 한다.
④ Pseudo 소성유체, Dilatant 유체는 뉴턴 유체이다.

해설및용어설명 | 유체역학 - 뉴턴의 점성법칙

$$F = \mu \frac{du}{dy} A$$

- μ : 점성계수
- $\frac{du}{dy}$: 속도구배

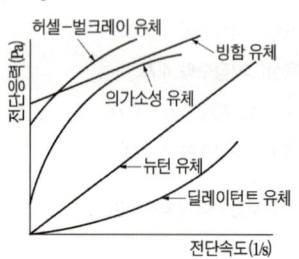

- pseudo plastic fluid : 의가소성 유체
- dilatant fluid : 팽함 유체

25

위험물의 성질과 위험성에 대한 설명으로 틀린 것은?

① 부틸리튬은 알킬리튬의 종류에 해당된다.
② 황린은 물과 반응하지 않는다.
③ 탄화알루미늄은 물과 반응하면 가연성의 메테인가스를 발생하므로 위험하다.
④ 인화칼슘은 물과 반응하면 유독성의 포스겐가스를 발생하므로 위험하다.

해설및용어설명 | 위험물 성질
① 부틸리튬 : 제3류 위험물 중 알킬리튬, 지정수량 10kg
② 황린 : pH 9 물속에 저장
③ $Al_4C_3 + 12H_2O \rightarrow 4Al(OH)_3 + 3CH_4$
④ $Ca_3P_2 + 6H_2O \rightarrow 3Ca(OH)_2 + 2PH_3$(포스핀)

26

1차 이온화에너지가 작은 금속에 대한 설명으로 틀린 것은?

① 전자를 잃기 쉽다.　② 산화되기 쉽다.
③ 환원력이 작다.　　④ 양이온이 되기 쉽다.

해설 및 용어설명 | 이온화에너지
중성상태 원자에서 전자를 잃어 양이온이 될 때 필요한 에너지이다. 이온화에너지는 같은 족에서 아래로 갈수록, 같은 주기에서 왼쪽으로 갈수록 감소한다.
① 전자를 잃기 쉽다.
② 산화되기 쉽다.
③ 환원성이 크다.
④ 양이온이 되기 쉽다.

27

다음 중 옥외저장소에 저장할 수 없는 위험물은?(단, IMDG Code에 적합한 용기에 수납한 경우를 제외한다)

① 제2류 위험물 중 황
② 제3류 위험물 중 금수성물질
③ 제4류 위험물 중 제2석유류
④ 제6류 위험물

해설 및 용어설명 | 옥외저장소
- 제2류 위험물 중 황 또는 인화성고체(인화점 섭씨 0도 이상인 것)
- 제4류 위험물 중 제1석유류(인화점 섭씨 0도 이상인 것)·알코올류·제2석유류·제3석유류·제4석유류 및 동식물유류
- 제6류 위험물

28

PVC 제품 등의 연소 시 발생하는 부식성이 강한 가스로 다음 중 노출기준(ppm)이 가장 낮은 것은?

① 암모니아　　② 일산화탄소
③ 염화수소　　④ 황화수소

해설 및 용어설명 | PVC 연소 시 유독성의 염화수소가스가 발생한다.

29

위험물 운반용기의 외부에 표시하는 주의사항으로 틀린 것은?

① 마그네슘 – 화기주의 및 물기엄금
② 황린 – 화기주의 및 공기접촉엄금
③ 탄화칼슘 – 물기엄금
④ 과염소산 – 가연물접촉주의

해설 및 용어설명 | 위험물 소화방법

유별	종류	운반용기 외부의 주의사항	게시판	소화방법	덮개
제1류 위험물	알칼리금속의 과산화물	가연물접촉주의, 화기·충격주의, 물기엄금	물기엄금	주수금지	방수성 차광성
	그 외	가연물접촉주의, 화기·충격주의	없음	주수소화	차광성
제2류 위험물	철분·금속분·마그네슘	화기주의, 물기엄금	화기주의	주수금지	방수성
	인화성고체	화기엄금	화기엄금	주수소화 질식소화	
	그 외	화기주의	화기주의	주수소화	
제3류 위험물	자연발화성 물질	화기엄금, 공기접촉엄금	화기엄금	주수소화	차광성
	금수성물질	물기엄금	물기엄금	주수금지	방수성
제4류 위험물		화기엄금	화기엄금	질식소화	차광성 (특수인화물)
제5류 위험물		화기엄금, 충격주의	화기엄금	주수소화	차광성
제6류 위험물		가연물접촉주의	없음	주수소화	차광성

30

산·알칼리 소화기의 화학 반응식으로 옳은 것은?

① $2NaHCO_3 + H_2SO_4 \rightarrow Na_2SO_4 + 2CO_2 + 2H_2O$
② $6NaHCO_3 + Al_2(SO_4)_3 + 18H_2O$
  $\rightarrow 3Na_2SO_4 + 2Al(OH)_3 + 6CO_2 + 18H_2O$
③ $2NaHCO_3 \rightarrow Na_2CO_3 + CO_2 + H_2O$
④ $2KHCO_3 \rightarrow K_2CO_3 + CO_2 + H_2O$

해설및용어설명 | 소화약제

① 산알칼리소화기 : $NaHCO_3$ 염기성, H_2SO_4 산성
② 화학포소화약제 : 외약제 $NaHCO_3$, 내약제 $Al_2(SO_4)_3$
③ 제1종 분말소화약제
④ 제2종 분말소화약제

31

다음 위험물 중 상온에서 액체인 것은?

① 질산에틸   ② 나이트로셀룰로오스
③ 피크린산   ④ 다이나이트로톨루엔

해설및용어설명 | 제5류 위험물 - 상태

품명	위험물	상태
질산에스터류	질산메틸 질산에틸 나이트로글리콜 나이트로글리세린	액체
나이트로화합물	나이트로셀룰로오스 셀룰로이드	고체
	트라이나이트로톨루엔 트라이나이트로페놀 다이나이트로벤젠 테트릴	

32

다음 위험물의 화재 시 알코올포소화약제가 아닌 보통의 포소화약제를 사용하였을 때 가장 효과가 있는 것은?

① 아세트산   ② 에틸알코올
③ 아세톤   ④ 경유

해설및용어설명 | 포소화약제

알코올포소화약제 : 수용성 액체 소용용
① 제4류 위험물 중 제2석유류(수용성)
② 제4류 위험물 중 알코올류(수용성)
③ 제4류 위험물 중 제1석유류(수용성)
④ 제4류 위험물 중 제2석유류(비수용성)

33

$(CH_3CO)_2O_2$에 대한 설명으로 틀린 것은?

① 가연성 물질이다.
② 지정수량은 100kg이다.
③ 녹는점이 약 -10℃인 액체상이다.
④ 화재 시 다량의 물로 냉각소화한다.

해설및용어설명 | 제5류 위험물 - 유기과산화물

① 제2, 3, 4, 5류 위험물은 가연물이다.
② 유기과산화물(제2종), 지정수량 100kg
③ 고체, 녹는점 105℃
④ 제5류 위험물 : 냉각소화

34

다음 중 아닐린의 연소범위 하한값에 가장 가까운 것은?

① 1.3vol% ② 7.6vol%
③ 9.8vol% ④ 15.5vol%

해설및용어설명 | 제4류 위험물 - 아닐린
- 제4류 위험물 중 제3석유류(비수용성), 지정수량 2,000L
- 연소범위 1.3 ~ 11%

35

이동탱크저장소 일반점검표에서 정한 점검항목 중 가연성 증기회수설비의 점검내용이 아닌 것은?

① 가연성증기 경보장치의 작동상황 적부
② 회수구의 변형·손상의 유무
③ 호스결합장치의 균열·손상의 유무
④ 완충이음 등의 균열·변형·손상의 유무

해설및용어설명 | 일반점검표 - 이동탱크저장소

가연성증기 회수설비	회수구의 변형·손상의 유무	육안
	호스결합장치의 균열·손상의 유무	육안
	완충이음 등의 균열·변형·손상의 유무	육안

36

알칼리토금속의 일반적인 성질로 옳은 것은?

① 음이온 2가의 금속이다.
② 루비듐, 라돈 등이 해당된다.
③ 같은 주기의 알칼리금속보다 융점이 높다.
④ 비중이 1보다 작다.

해설및용어설명 | 주기율표
① 양이온 2가의 금속이다.
② 루비듐(Rb) : 알칼리금속(제1족 원소), 라돈(Rn) : 불활성기체(제18족 원소)
③ 같은 주기의 알칼리금속보다 융점이 높다.
④ 알칼리금속은 비중이 1보다 작고 알칼리토금속은 비중이 1보다 크다.

37

산화성 액체 위험물의 일반적인 성질로 옳은 것은?

① 비중이 1보다 작다. ② 낮은 온도에서 인화한다.
③ 물에 녹기 어렵다. ④ 자신은 불연성이다.

해설및용어설명 | 제6류 위험물
① 비중이 1보다 크다.
② 불연성이므로 인화하지 않는다.
③ 물에 잘 녹는다.
④ 불연성이다.

38

다음 중 지정수량이 나머지 셋과 다른 하나는?

① $HClO_4$ ② NH_4NO_3
③ $NaBrO_3$ ④ $(NH_4)_2Cr_2O_7$

해설및용어설명 | 제1류 위험물
① 과염소산 : 제6류 위험물 중 과염소산, 지정수량 300kg
② 질산암모늄 : 제1류 위험물 중 질산염류, 지정수량 300kg
③ 브로민산나트륨 : 제1류 위험물 중 브로민산염류, 지정수량 300kg
④ 다이크로뮴산암모늄 : 제1류 위험물 중 다이크로뮴산염류, 지정수량 1,000kg

39

염소산칼륨을 가열하면 발생하는 가스는?

① 염소 ② 산소
③ 산화염소 ④ 칼륨

해설및용어설명 | 제1류 위험물 - 염소산칼륨
$2KClO_3 \rightarrow 2KCl + 3O_2$
염소산칼륨 염화칼륨 산소

정답 34 ① 35 ① 36 ③ 37 ④ 38 ④ 39 ②

40

강화액 소화기에 대한 설명 중 틀린 것은?

① 한냉지에서도 사용이 가능하다.
② 액성은 알칼리성이다.
③ 유류화재에 가장 효과적이다.
④ 소화력을 높이기 위해 금속염류를 첨가한 것이다.

해설및용어설명 | 강화액 소화약제

① 어는점을 낮춰 한냉지에서도 얼지 않아 사용 가능하다.
② pH 12의 염기성이다.
③ 일반화재에 효과적이다.
④ 물에 K_2CO_3를 첨가한 것이다.

41

고온에서 용융된 황과 수소가 반응하였을 때 현상으로 옳은 것은?

① 발열하면서 H_2S가 생성된다.
② 흡열하면서 H_2S가 생성된다.
③ 발열은 하지만 생성물은 없다.
④ 흡열은 하지만 생성물은 없다.

해설및용어설명 | 화학반응식

$S + H_2 \rightarrow H_2S$

42

다음 중 탄화칼슘과 물이 접촉하여 생기는 물질은?

① H_2 ② C_2H_2
③ O_2 ④ CH_4

해설및용어설명 | 화학반응식

$CaC_2 + 2H_2O \rightarrow Ca(OH)_2 + C_2H_2$
탄화칼슘 물   수산화칼슘 아세틸렌

43

방향족 화합물의 구조를 포함하지 않는 위험물은?

① 아세토니트릴   ② 톨루엔
③ 크실렌   ④ 벤젠

해설및용어설명 | 제4류 위험물

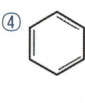

44

사이안화수소에 대한 설명으로 옳은 것은?

① 물보다 무겁다.
② 물에 녹지 않는다.
③ 증기는 공기보다 가볍다.
④ 비점이 낮아 10℃ 이하에서도 증기상이다.

해설및용어설명 | 제4류 위험물 - 사이안화수소

① 비중 0.69, 물보다 가볍다.
② 제1석유류(수용성)
③ $\dfrac{HCN}{29} = \dfrac{1+12+14}{29} = 0.93$
④ 끓는점 26℃, 10℃ 이하에서 액체이다.

45

다음 위험물 중 혼재할 수 없는 위험물은?(단, 지정수량의 $\frac{1}{10}$ 초과의 위험물이다)

① 적린과 경유
② 칼륨과 등유
③ 아세톤과 나이트로셀룰로오스
④ 과산화칼륨과 크실렌

해설및용어설명 | 위험물 혼재

423 524 61

① 제2류, 제4류 → 혼재가능
② 제3류, 제4류 → 혼재가능
③ 제4류, 제5류 → 혼재가능
④ 제1류, 제4류 → 혼재불가

46

질산 2mol은 몇 g인가?

① 36g
② 72g
③ 63g
④ 126g

해설및용어설명 | 분자량

$HNO_3 = 1 + 14 + 16 \times 3 = 63g/mol$

1몰은 63g이다.
2몰은 $2 \times 63 = 126g$이다.

47

측정하는 유체의 압력에 의해 생기는 금속의 탄성변형을 기계식으로 확대 지시하여 압력을 측정하는 것은?

① 마노미터
② 시차액주계
③ 브르돈관 압력계
④ 오리피스미터

해설및용어설명 | 압력계 - 브르돈관 압력계

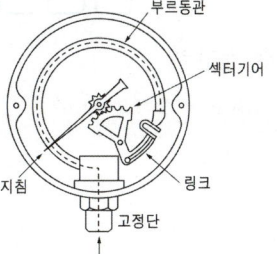

48

위험물안전관리자 1인을 중복하여 선임할 수 있는 경우가 아닌 것은?

① 동일 구내에 있는 15개의 옥내저장소를 동일인이 설치한 경우
② 보일러·버너로 위험물을 소비하는 장치로 이루어진 6개의 일반취급소와 그 일반취급소에 공급하기 위한 위험물을 저장하는 저장소(일반취급소 및 저장소가 모두 동일 구내에 있는 경우에 한한다)를 동일인이 설치한 경우
③ 3개의 제조소(위험물 최대수량 : 지정수량 500배)와 1개의 일반취급소(위험물 최대수량 : 지정수량 1,000배)가 동일 구내에 위치하고 있으며 동일인이 설치한 경우
④ 위험물을 차량에 고정된 탱크 또는 운반용기에 옮겨 담기 위한 3개의 일반취급소와 그 일반취급소에 공급하기 위한 위험물을 저장하는 저장소를 동일인이 설치하고 일반취급소 간의 거리가 300미터 이내인 경우

해설및용어설명 | 안전관리자 - 1인의 안전관리자를 중복 선임

① 10개 이하의 옥내저장소
② 보일러·버너 또는 이와 비슷한 것으로서 위험물을 소비하는 장치로 이루어진 7개 이하의 일반취급소와 그 일반취급소에 공급하기 위한 위험물을 저장하는 저장소(일반취급소 및 저장소가 모두 동일구내(같은 건물 안 또는 같은 울 안을 말한다. 이하 같다)에 있는 경우에 한한다. 이하 제2호에서 같다)를 동일인이 설치한 경우
③ 상호거리 100m 이내, 최대수량이 지정수량 3천배 미만인 5개 이하의 제조소등을 동일인이 설치한 경우
④ 위험물을 차량에 고정된 탱크 또는 운반용기에 옮겨 담기 위한 5개 이하의 일반취급소(일반취급소 간의 거리(보행거리를 말한다)가 300미터 이내인 경우에 한한다)와 그 일반취급소에 공급하기 위한 위험물을 저장하는 저장소를 동일인이 설치한 경우

49

크산토프로테인 반응과 관계되는 물질은?

① 과염소산 ② 벤젠
③ 무수크로뮴산 ④ 질산

해설 및 용어설명 | 크산토프로테인반응

질산이 단백질과 반응하여 노란색으로 변하는 현상

50

휘발유를 저장하는 옥내저장소에 같이 저장할 수 있는 물품이 아닌 것은?

① 특수가연물에 해당하는 합성수지류
② 위험물에 해당하지 않는 유기과산화물
③ 위험물에 해당하지 아니하는 액체로서 인화점을 갖는 것
④ 벽돌

해설 및 용어설명 | 위험물 저장

① 인화성
② 인화성
③ 위험물과 비위험물을 동일한 저장소 내에 저장하지 아니한다.
④ 불연재료

51

산소 32g과 질소 56g을 20℃에서 30L의 용기에 혼합하였을 때 이 혼합기체의 압력은 약 몇 atm인가?

① 1.4 ② 2.4
③ 3.4 ④ 4.4

해설 및 용어설명 | 이상기체상태방정식

$$PV = \frac{w}{M}RT \rightarrow P = \left(\frac{w_1}{M_1} + \frac{w_2}{M_2}\right)\frac{RT}{V}$$

- $V = 30L$
- $M = O_2 = 16 \times 2 = 32g/mol$, $N_2 = 14 \times 2 = 28g/mol$
- $w = O_2 = 32g$, $N_2 = 56g$
- $R = 0.082 atm \cdot L/mol \cdot K$
- $T = 20℃ + 273 = 293K$

$$P = \left(\frac{32}{32} + \frac{56}{28}\right)\frac{0.082 \times 293}{30} = 2.4 atm$$

52

다음 중 혼재 가능한 위험물들로 짝지은 것으로 옳은 것은? (단, 지정수량의 5배인 경우이다)

① 피리딘과 염소산칼륨 ② 등유와 질산
③ 테레핀유와 적린 ④ 탄화칼슘과 과염소산

해설 및 용어설명 | 위험물 혼재

423 524 61

① 제4류, 제1류 → 혼재불가
② 제4류, 제6류 → 혼재불가
③ 제4류, 제2류 → 혼재가능
④ 제3류, 제6류 → 혼재불가

53

다음의 위험물 시설에 설치하는 소화설비와 특성 등에 관한 설명 중 위험물 관련 법규내용에 부합하는 것은?

① 제4류 위험물을 저장하는 탱크에 포소화설비를 설치하는 경우에는 이동식으로 할 수 있다.
② 옥내소화전설비, 스프링클러설비 및 이산화탄소 소화설비의 배관은 전용으로 하되 예외 규정이 있다.
③ 옥내소화전설비와 옥외소화전설비는 동결방지조치가 가능한 장소라면 습식으로 설치하여야 한다.
④ 물분무소화설비와 스프링클러설비의 기동장치에 관한 설치 기준은 그 내용이 동일하지 않다.

해설및용어설명 | 소화설비
① 옥외저장탱크에는 고정식 포소화설비를 설치한다.
② 이산화탄소소화설비의 배관은 전용으로 해야 하며 예외규정이 없다.
③ 동결방지조치가 된 경우 습식으로 한다.
④ 물분무소화설비의 기동장치는 스프링클러에 따른다.

54

제4류 위험물에 적응성이 있는 소화설비는 다음 중 어느 것인가?

① 포소화설비   ② 옥내소화전설비
③ 봉상강화액소화기   ④ 옥외소화전설비

해설및용어설명 | 위험물 소화방법
제4류 위험물 : 질식소화
• 주수소화 : 옥내소화전, 옥외소화전, 스프링클러, 물분무소화설비, 포소화설비
• 주수금지 : 탄산수소염류 분말소화약제, 마른 모래, 팽창질석, 팽창진주암
• 질식소화 : 물분무소화설비, 이산화탄소소화설비, 포소화설비, 분말소화설비, 무상수소화설비, 할로젠화합물소화설비(억제소화)

55

어떤 측정법으로 동일 시료를 무한횟수 측정하였을 때 데이터 분포의 평균치와 모집단 참값과의 차를 무엇이라 하는가?

① 편차   ② 신뢰성
③ 정확성   ④ 정밀도

해설및용어설명 | 데이터
① 관측값과 평균의 차이
② 반복 측정하여 측정하고자 하는 값을 일관성 있게 측정하는 능력
③ 측정값(분포의 평균치)과 참값 또는 표준값 사이의 차이로 나타내는, 데이터의 정확한 정도
④ 같은 값을 반복적으로 측정했을 때의 반복된 측정값에 대한 분산성

56

일정 통제를 할 때 1일당 그 작업을 단축하는 데 소요되는 비용의 증가를 의미하는 것은?

① 비용구배(Cost slope)
② 정상소요시간(Normal duration time)
③ 비용견적(Cost estimation)
④ 총비용(Total cost)

해설및용어설명 | 비용구배
작업을 1일 단축할 때 추가되는 직접비용

57

부적합품률이 1%인 모집단에서 5개의 시료를 랜덤하게 샘플링할 때, 부적합품수가 1개일 확률은 약 얼마인가?(단, 이항분포를 이용하여 계산한다)

① 0.048　　② 0.058
③ 0.48　　　④ 0.58

해설및용어설명 | 이항분포

$P(x) = \binom{n}{x} P^x \cdot (1-P)^{n-x}$

$P(1) = \binom{5}{1} 0.01^1 \cdot (1-0.01)^{5-1} = 0.048$

58

다음 중 신제품에 대한 수요예측방법으로 가장 적절한 것은?

① 시장조사법　　② 이동평균법
③ 지수평활법　　④ 최소자승법

해설및용어설명 | 신제품에 대한 수요예측 방법

시장조사법

59

다음 중 브레인스토밍(Brainstorming)과 가장 관계가 깊은 것은?

① 파레토도　　② 히스토그램
③ 회귀분석　　④ 특성요인도

해설및용어설명 | 브레인스토밍

창의적인 아이디어 생산을 위하여 의견을 자유롭게 내는 방식

- 파레토도 : 데이터를 항목별로 분류하여 출현도수의 크기 순서대로 나열한 그림. 단순빈도 막대 그래프와 누적 빈도 꺾은선 그래프를 합친 것
- 히스토그램 : Data가 어떤 값으로 분포되어 있는가를 조사하기 위하여 막대로 나타낸다.
- 회귀분석 : 종속변수와 독립변수 간의 관계를 그래프로 표현한 것

- 특성요인도 : 문제가 되는 결과와 이에 대응하는 원인과의 관계를 도표로 나타낸 것

파레토도	히스토그램
회귀분석	특성요인도

60

로트의 크기 30, 부적합품률이 10%인 로트에서 시료의 크기를 5로 하여 랜덤 샘플링할 때, 시료 중 부적합품 수가 1개 이상일 확률은 약 얼마인가?(단, 초기하분포를 이용하여 계산한다)

① 0.3695　　② 0.4335
③ 0.5665　　④ 0.6305

해설및용어설명 | 확률 - 초기하분포

1개 이상일 확률 = 1 - 0개일 확률

$P(x) = \dfrac{\binom{NP}{x}\binom{N-NP}{n-x}}{\binom{N}{n}}$

$1 - P(0) = 1 - \dfrac{\binom{30 \times 0.1}{0}\binom{30 - 30 \times 0.1}{5 - 0}}{\binom{30}{5}} = 0.43349 ≒ 0.4335$

01

위험물제조소등의 안전거리의 단축기준을 적용함에 있어서 H ≤ pD² + α일 경우 방화상 유효한 담의 높이는 2m 이상으로 한다. 여기서, H가 의미하는 것은?

① 제조소등과 인근 건축물과의 거리
② 인근 건축물 또는 공작물의 높이
③ 제조소 등의 외벽의 높이
④ 제조소 등과 방화상 유효한 담과의 거리

해설및용어설명 | 제조소 - 안전거리 단축기준

H ≤ pD² + α인 경우, h = 2

H > pD² + α인 경우, h = H - p(D² - d²)

- D : 제조소등과 인근 건축물 또는 공작물과의 거리(m)
- H : 인근 건축물 또는 공작물의 높이(m)
- α : 제조소등의 외벽의 높이(m)
- d : 제조소등과 방화상 유효한 담과의 거리(m)
- h : 방화상 유효한 담의 높이(m)
- p : 상수

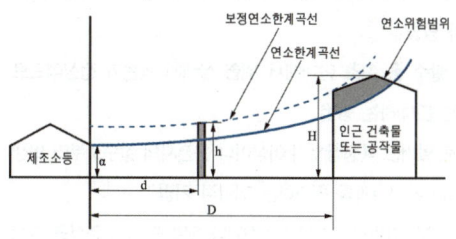

02

어떤 화합물을 분석한 결과 질량비가 탄소 54.55%, 수소 9.10%, 산소 35.35%이고 이 화합물 1g은 표준상태에서 0.17L이라면 이 화합물의 화학식은?

① $C_2H_4O_2$ ② $C_4H_8O_4$
③ $C_4H_8O_2$ ④ $C_6H_{12}O_3$

해설및용어설명 | 화학식

$$\frac{54.55}{C} : \frac{9.10}{H} : \frac{36.35}{O} = \frac{54.55}{12} : \frac{9.10}{1} : \frac{36.35}{16}$$

$$= 4.545 : 9.10 : 2.2719 = \frac{4.545}{4.545} : \frac{9.10}{4.545} : \frac{2.2719}{4.545}$$

$$= 1 : 2 : 0.5 = 2 : 4 : 1$$

$(C_2H_4O) = 12 \times 2 + 16 + 4 \times 1 = 44$

$PV = \frac{w}{M}RT \rightarrow M = \frac{wRT}{PV}$

- P = 1atm
- V = 0.17L
- w = 1g
- R = 0.082atm·L/mol·K
- T = 0℃ + 273 = 273K

$M = \frac{1 \times 0.082 \times 273}{1 \times 0.17} = 131.6 ≒ 132g/mol$

$(C_2H_4O)_3 = 44 \times 3 = 132$

정답 01 ② 02 ④

03

다음 물질에 의한 화재 시 포소화설비의 적응성이 없는 것은?

① 적린 ② 황린
③ 과염소산 ④ 탄화알루미늄

해설및용어설명 | 위험물 소화방법

유별	종류	운반용기 외부의 주의사항	게시판	소화방법	덮개
제1류 위험물	알칼리금속의 과산화물	가연물접촉주의, 화기·충격주의, 물기엄금	물기엄금	주수금지	방수성 차광성
	그 외	가연물접촉주의, 화기·충격주의	없음	주수소화	차광성
제2류 위험물	철분·금속분· 마그네슘	화기주의, 물기엄금	화기주의	주수금지	방수성
	인화성고체	화기엄금	화기엄금	주수소화 질식소화	
	그 외	화기주의	화기주의	주수소화	
제3류 위험물	자연발화성 물질	화기엄금, 공기접촉엄금	화기엄금	주수소화	차광성
	금수성물질	물기엄금	물기엄금	주수금지	방수성
제4류 위험물		화기엄금	화기엄금	질식소화	차광성 (특수인화물)
제5류 위험물		화기엄금, 충격주의	화기엄금	주수소화	방수성
제6류 위험물		가연물접촉주의	없음	주수소화	차광성

① 주수소화
② 주수소화
③ 주수소화
④ 주수금지

04

다음 위험물 중 인화점이 가장 낮은 것은?

① 이황화탄소 ② 콜로디온
③ 에틸알코올 ④ 아세트알데하이드

해설및용어설명 | 제4류 위험물

① 제4류 위험물 중 특수인화물 / 인화점 -30℃
② 제4류 위험물 중 제1석유류(비수용성)
③ 제4류 위험물 중 알코올류
④ 제4류 위험물 중 특수인화물 / 인화점 -38℃

05

은백색의 결정으로 비중이 약 0.920이고 물과 반응하여 수소가스를 발생시키는 물질은?

① 수소화리튬 ② 수소화나트륨
③ 탄화칼슘 ④ 탄화알루미늄

해설및용어설명 | 화학반응식

① $LiH + H_2O \rightarrow LiOH + H_2$ 비중 0.92
② $NaH + H_2O \rightarrow NaOH + H_2$ 비중 1.36
③ $CaC_2 + 2H_2O \rightarrow Ca(OH)_2 + C_2H_2$
④ $Al_4C_3 + 12H_2O \rightarrow 4Al(OH)_3 + 3CH_4$

06

하나의 특정한 사고 원인의 관계를 논리게이트를 이용하여 도해적으로 분석하여 연역적·정량적 기법으로 해석해 가면서 위험성을 평가하는 방법은?

① FTA(결함수 분석기법)
② PHA(예비위험 분석기법)
③ ETA(사건수 분석기법)
④ FMECA(이상위험도 분석기법)

해설및용어설명 | 위험성 평가기법

① 특정 예상 사고에 대해 원인이 되는 결함이나 오류를 연역적으로 분석하는 안전성 평가 방법
② 구상, 설계, 발주 등 최초 단계에서 위험 상태에 있는가 정성적으로 평가(재해 전 분석)하는 방법
③ 초기사건으로 알려진 특정장치의 이상이나 운전자의 실수로부터 발생되는 잠재적인 사고결과를 평가하는 귀납적 기법
④ FMEA(잠재적 고장 발생의 기회를 제거하거나 줄일 수 있는 조치를 파악) + CA(치명도 분석)

07

다음 중 지정수량이 가장 작은 물질은?

① 칼륨　　　　　② 적린
③ 황린　　　　　④ 질산염류

해설및용어설명 | 지정수량
① 제3류 위험물 중 칼륨, 지정수량 10kg
② 제2류 위험물 중 적린, 지정수량 100kg
③ 제3류 위험물 중 황린, 지정수량 20kg
④ 제1류 위험물 중 질산염류, 지정수량 300kg

08

휘발유에 대한 설명 중 틀린 것은?

① 연소범위는 약 1.4~7.6%이다.
② 제1석유류로 지정수량이 200L이다.
③ 전도성이므로 정전기에 의한 발화의 위험이 있다.
④ 착화점이 약 300℃이다.

해설및용어설명 | 제4류 위험물 - 휘발유
① 연소범위 1.4~7.6%
② 제1석유류(비수용성) 지정수량 200L
③ 비전도성이므로 정전기에 의한 발화 위험이 있다.
④ 발화점(착화점)이 약 300℃이다.

09

사용전압 35,000V를 초과하는 특고압 가공전선과 위험물 제조소와의 안전거리 기준으로 옳은 것은?

① 5m 이상　　　　② 10m 이상
③ 13m 이상　　　 ④ 15m 이상

해설및용어설명 | 안전거리

구분	안전거리
7,000V 초과 35,000V 이하의 특고압가공전선	3m 이상
35,000V 초과의 특고압가공전선	5m 이상
주택	10m 이상
가스 저장·취급 시설	20m 이상
학교, 병원, 극장 등 사람이 많이 모이는 시설	30m 이상
문화재	50m 이상

10

등적색의 결정으로 비중이 약 2.69이며, 알코올에는 불용이고 분해온도가 약 500℃로서 가열에 의해 분해하여 산소를 생성하는 위험물은?

① 다이크로뮴산칼륨　　② 다이크로뮴산암모늄
③ 다이크로뮴산아연　　④ 다이크로뮴산나트륨

해설및용어설명 | 제1류 위험물
① 등적색(주황색), 알코올 불용, 비중 2.69, 분해온도 500℃
② 등적색(주황색), 비중 2.15, 분해온도 185℃
③ 등적색(주황색)
④ 등적색(주황색), 비중 2.52, 분해온도 400℃

11

연소범위가 약 2.5 ~ 80.5vol%이고 은, 구리 등과 반응을 일으켜 폭발성 물질인 금속 아세틸라이드를 생성하는 것은?

① 에테인 ② 메테인
③ 아세틸렌 ④ 톨루엔

해설및용어설명 | 아세틸렌
- 연소범위 2.5 ~ 81%
- 은, 수은, 구리 등과 반응하여 아세틸라이드 생성

12

다음 중 분자 간의 수소결합을 하지 않는 것은?

① HF ② NH_3
③ CH_3F ④ H_2O

해설및용어설명 | 수소결합
H와 F, O, N이 결합한 분자에서 상호 간에 생기는 인력이다.

13

다음 물질이 서로 혼합하고 있어도 폭발 또는 발화의 위험성이 없는 것은?

① 금속칼륨과 경유 ② 질산나트륨과 황
③ 과망가니즈산칼륨과 적린 ④ 이황화탄소와 과산화나트륨

해설및용어설명 | 위험물의 혼재 - 지정수량 1/10배 초과
423 524 61
① 제3류 + 제4류 → 혼재 가능
② 제1류 + 제2류 → 혼재 불가
③ 제1류 + 제2류 → 혼재 불가
④ 제4류 + 제1류 → 혼재 불가

14

27℃, 2atm에서 20g의 CO_2 기체가 차지하는 부피는 약 몇 L인가?

① 5.59 ② 2.80
③ 1.40 ④ 0.50

해설및용어설명 | 이상기체상태방정식

$PV = \dfrac{w}{M}RT \rightarrow V = \dfrac{wRT}{PM}$

- P = 2atm
- M = CO_2 = 12 + 16×2 = 44g/mol
- w = 20g
- R = 0.082atm·L/mol·K
- T = 27℃ + 273 = 300K

$V = \dfrac{20 \times 0.082 \times 300}{2 \times 44} = 5.59L$

15

다음 위험물 중에서 지정수량이 나머지 셋과 다른 것은?

① $KBrO_3$ ② KNO_3
③ KIO_3 ④ $KClO_3$

해설및용어설명 | 지정수량
① 브로민산칼륨 : 제1류 위험물 중 브로민산염류, 지정수량 300kg
② 질산칼륨 : 제1류 위험물 중 질산염류, 지정수량 300kg
③ 아이오딘산칼륨 : 제1류 위험물 중 아이오딘산염류, 지정수량 300kg
④ 염소산칼륨 : 제1류 위험물 중 염소산염류, 지정수량 50kg

16

개방형 스프링클러헤드를 이용한 스프링클러설비의 방사구역은 최소 몇 m² 이상으로 하여야 하는가?(단, 방호대상물의 바닥면적이 200m²인 경우이다)

① 100   ② 150
③ 200   ④ 250

해설및용어설명 | 소화설비 - 스프링클러
개방형 스프링클러헤드를 이용한 스프링클러설비의 방사구역은 150m² 이상(방호대상물의 바닥면적이 150m² 미만인 경우에는 당해 바닥면적)으로 할 것

17

황화인 중에서 비중이 약 2.03, 융점이 약 173℃이며 황색 결정이고 물, 황산 등에는 불용성이며 질산에 녹는 것은?

① P_2S_5 ② P
③ P_4S_3 ④ P_4S_7

해설및용어설명 | 제2류 위험물 - 황화인

	비중	비점	발화점
삼황화인	2.03	173℃	100℃
오황화인	2.09		142℃
칠황화인	2.19		310℃

① 오황화인
② 적린
③ 삼황화인
④ 칠황화인

18

다음 중 비점이 111℃인 액체로서, 산화하면 벤즈알데하이드를 거쳐 벤조산이 되는 위험물은?

① 벤젠   ② 톨루엔
③ 크실렌   ④ 아세톤

해설및용어설명 | 제4류 위험물 - 톨루엔

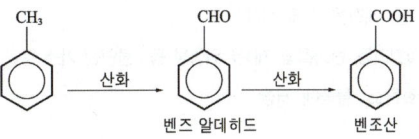

19

1기압, 26℃에서 어떤 기체 10L의 질량이 40g이었다. 이 기체의 분자량은 약 얼마인가?

① 25   ② 49
③ 98   ④ 196

해설및용어설명 | 이상기체상태방정식

$PV = \dfrac{w}{M}RT \rightarrow M = \dfrac{wRT}{PV}$

- P = 1atm
- V = 10L
- w = 40g
- R = 0.082atm·L/mol·K
- T = 26℃ + 273 = 299K

$V = \dfrac{40 \times 0.082 \times 299}{1 \times 10} = 98.072 \fallingdotseq 98g/mol$

20

다음 중 탄화칼슘의 저장방법으로 가장 적합한 것은?

① 석유 속에 저장한다. ② 에탄올 속에 저장한다.
③ 질소가스로 봉입한다. ④ 수증기로 봉입한다.

해설및용어설명 | 위험물 저장 방법
① 나트륨, 칼륨 : 석유 속에 저장
② 제5류 위험물 : 물, 에탄올 속에 저장
③ 알킬알루미늄, 알킬리튬, 탄화칼슘, 제4류 위험물 등 : 불연성 가스 봉입
④ 황, 황린, 이황화탄소 : 물속에 저장

21

흡습성이 있는 등적색의 결정으로 물에는 녹으나 알코올에는 녹지 않으며, 비중은 약 2.69이고 분해온도는 약 500℃인 성질을 갖는 위험물은?

① $KClO_3$ ② $K_2Cr_2O_7$
③ NH_4NO_3 ④ $(NH_4)_2Cr_2O_7$

해설및용어설명 | 제1류 위험물
① 염소산칼륨 : 무색무취, 비중 2.34, 분해온도 400℃
② 다이크로뮴산칼륨 : 등적색, 비중 2.69, 분해온도 500℃
③ 질산암모늄 : 무색, 비중 1.73, 분해온도 220℃
④ 다이크로뮴산암모늄 : 등적색, 비중 2.52, 분해온도 400℃

22

산화프로필렌의 성질에 대한 설명으로 옳은 것은?

① 산 및 알칼리와 중합반응을 한다.
② 물속에서 분해하여 에테인을 발생한다.
③ 연소범위가 14 ~ 57%이다.
④ 물에 녹기 힘들며 흡열반응을 한다.

해설및용어설명 | 제4류 위험물 - 산화프로필렌
① 산 및 알칼리와 중합반응을 한다.
② 물에 잘 녹는다. 물속에서 분해하지 않는다.
③ 연소범위 2.5~38.5%
④ 물에 잘 녹고 발열반응을 한다.

23

지정과산화물을 옥내에 저장하는 저장창고 외벽의 기준으로 옳은 것은?

① 두께 20cm 이상의 무근콘크리트조
② 두께 30cm 이상의 무근콘크리트조
③ 두께 20cm 이상의 보강콘크리트블록조
④ 두께 30cm 이상의 보강콘크리트블록조

해설및용어설명 | 옥내저장소 - 지정과산화물
• 저장창고는 150m² 이내마다 격벽으로 완전하게 구획할 것
• 두께 30cm 이상의 철근콘크리트조 또는 철골철근콘크리트조
• 두께 40cm 이상의 보강콘크리트블록조
• 창고의 양측의 외벽으로부터 1m 이상, 상부의 지붕으로부터 50cm 이상 돌출하게 하여야 한다.

24

적린과 황의 공통적인 성질이 아닌 것은?

① 가연성 물질이다. ② 고체이다.
③ 물에 잘 녹는다. ④ 비중은 1보다 크다.

해설및용어설명 | 제2류 위험물 - 적린, 황

① 제2류 위험물 가연성 고체
② 제2류 위험물 가연성 고체
③ 물에 녹지 않는다.
④ 적린 2.2, 황 2.07

25

다음 중 발화온도가 가장 낮은 것은?

① 아세톤 ② 벤젠
③ 메틸알코올 ④ 경유

해설및용어설명 | 제4류 위험물

① 제4류 위험물 중 제1석유류(수용성), 발화점 562℃
② 제4류 위험물 중 제1석유류(비수용성), 발화점 562℃
③ 제4류 위험물 중 알코올류, 발화점 464℃
④ 제4류 위험물 중 제2석유류(비수용성), 발화점 200℃

26

자기반응성 위험물에 대한 설명으로 틀린 것은?

① 과산화벤조일은 분말 또는 결정 형태로 발화점이 약 125℃이다.
② 메틸에틸케톤퍼옥사이드는 기름상의 액체이다.
③ 나이트로글리세린은 기름상의 액체이며 공업용은 담황색이다.
④ 나이트로셀룰로오스는 적갈색의 액체이며 화약의 원료로 사용된다.

해설및용어설명 | 제5류 위험물 - 상태

품명	위험물	상태
질산에스터류	질산메틸 질산에틸 나이트로글리콜 나이트로글리세린	액체
	나이트로셀룰로오스 셀룰로이드	고체
나이트로화합물	트라이나이트로톨루엔 트라이나이트로페놀 다이나이트로벤젠 테트릴	

27

나이트로벤젠과 수소를 반응시키면 얻어지는 물질은?

① 페놀 ② 톨루엔
③ 아닐린 ④ 크실렌

해설및용어설명 | 제4류 위험물

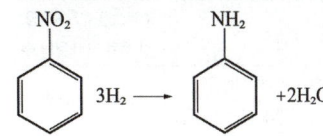

28

자기반응성물질의 위험성에 대한 설명으로 틀린 것은?

① 트라이나이트로톨루엔은 테트릴에 비해 충격, 마찰에 둔감하다.
② 트라이나이트로톨루엔은 물을 넣어 운반하면 안전하다.
③ 나이트로글리세린을 점화하면 연소하여 다량의 가스를 발생한다.
④ 나이트로글리세린은 영하에서도 액체상이어서 폭발의 위험이 높다.

해설및용어설명 | 제5류 위험물 - 나이트로글리세린

- 무색 액체, 비중 1.6
- 다이너마이트 = 나이트로글리세린 + 규조토

겨울철에는 동결하므로 나이트로글리세린 대신 나이트로글리콜을 사용한다.

29

동일한 사업소에서 제조소의 취급량의 합이 지정수량의 몇 배 이상일 때 자체소방대를 설치해야 하는가?(단, 제4류 위험물을 취급하는 경우이다)

① 3,000
② 4,000
③ 5,000
④ 6,000

해설및용어설명 | 자체소방대

- 제조소 또는 일반취급소에서 취급하는 제4류 위험물의 최대수량의 합이 지정수량의 3천배 이상
- 옥외탱크저장소에 저장하는 제4류 위험물의 최대수량이 지정수량의 50만배 이상

사업소의 구분	화학소방자동차	자체소방대원의 수
제조소 또는 일반취급소에서 취급하는 제4류 위험물의 최대수량의 합이 지정수량의 3천배 이상 12만배 미만인 사업소	1대	5인
제조소 또는 일반취급소에서 취급하는 제4류 위험물의 최대수량의 합이 지정수량의 12만배 이상 24만배 미만인 사업소	2대	10인
제조소 또는 일반취급소에서 취급하는 제4류 위험물의 최대수량의 합이 지정수량의 24만배 이상 48만배 미만인 사업소	3대	15인
제조소 또는 일반취급소에서 취급하는 제4류 위험물의 최대수량의 합이 지정수량의 48만배 이상인 사업소	4대	20인
옥외탱크저장소에 저장하는 제4류 위험물의 최대수량이 지정수량의 50만배 이상인 사업소	2대	10인

30

273℃에서 기체의 부피가 2L이다. 같은 압력에서 0℃일 때의 부피는 약 몇 L인가?

① 1
② 2
③ 4
④ 8

해설및용어설명 | 샤를의 법칙

$$\frac{V_1}{T_1} = \frac{V_2}{T_2}$$

$$\frac{2L}{273℃ + 273} = \frac{V_2}{0℃ + 273}$$

$V_2 = 1L$

31

황린 124g을 공기를 차단한 상태에서 260℃로 가열하여 모두 반응하였을 때 생성되는 적린은 몇 g인가?

① 31
② 62
③ 124
④ 496

해설및용어설명 | 화학반응식

	P4	$\xrightarrow{260℃}$	4P
질량	124g		4×31 = 124g
분자량	124g/mol		31g/mol
몰수	1mol		4mol

32

염소산나트륨이 산과 반응하여 주로 발생되는 유독한 가스는?

① 이산화탄소
② 일산화탄소
③ 이산화염소
④ 일산화염소

해설및용어설명 | 화학반응식

$2NaClO_3 + 2HCl \rightarrow 2NaCl + 2ClO_2 + H_2O_2$
염소산나트륨   염산   염화나트륨 이산화염소 과산화수소

33

다음 위험물 중 혼재가 가능한 것은?(단, 지정수량의 10배를 취급하는 경우이다)

① $KClO_4$와 Al_4C_3
② Mg와 Na
③ P_4와 CH_3CN
④ HNO_3와 $(C_2H_5)_3Al$

해설및용어설명 | 위험물 혼재

423 524 61
① 제1류, 제3류 → 혼재불가
② 제2류, 제3류 → 혼재불가
③ 제3류, 제4류(아세토니트릴) → 혼재가능
④ 제6류, 제3류 → 혼재불가

34

다음 소화약제 중 비할로젠 계열로서 화학적 소화보다는 물리적 소화에 의해 화재를 진압하는 소화약제는?

① HFC – 227ea(FM – 200)
② IG – 541(Inergen)
③ HCFC Blend A(NAF S – Ⅲ)
④ HFC – 23(FE – 13)

해설및용어설명 | 할로젠화합물 및 불활성기체 소화약제

① 할로젠화합물 소화약제 - 억제소화(화학적소화)
② 불활성가스 소화약제 - 질식소화(물리적소화)
③ 할로젠화합물 소화약제 - 억제소화(화학적소화)
④ 할로젠화합물 소화약제 - 억제소화(화학적소화)

35

산화프로필렌에 대한 설명 중 틀린 것은?

① 무색의 휘발성 액체이다.
② 증기의 비중은 공기보다 작다.
③ 인화점이 약 −37℃이다.
④ 비점은 약 34℃이다.

해설및용어설명 | 제4류 위험물 - 산화프로필렌

① 무색의 휘발성 액체
② $\dfrac{OCH_2CHCH_3}{29} = \dfrac{16+12+1\times2+12+1+12+1\times3}{29} = 2$

증기 비중은 공기보다 크다.
③ 인화점 - 37℃
④ 비점 34℃

36

다음 중 원자의 개념으로 설명되는 법칙이 아닌 것은?

① 아보가드로의 법칙 ② 일정성분비의 법칙
③ 질량보존의 법칙   ④ 배수비례의 법칙

해설및용어설명 | 화학법칙
① 같은 온도 같은 압력에서 같은 부피의 기체는 같은 개수를 가진다.
② 화합물을 구성하는 각 성분 원소들의 질량비가 일정하다.
③ 반응물 원자량의 총합과 생성물 원자량의 총합은 같다.
④ 두 종류의 원소가 화합하여 여러 종류의 화합물을 구성할 때 한 원소의 일정 질량과 결합하는 다른 원소의 질량비는 항상 간단한 정수비로 나타난다.

37

이동탱크저장소에 의한 위험물의 운송에 대한 설명으로 옳지 않은 것은?

① 이동탱크저장소의 운전자와 알킬알루미늄등의 운송책임자의 자격은 다르다.
② 알킬알루미늄등의 운송은 운송책임자와 감독 또는 지원을 받아서 하여야 한다.
③ 운송은 위험물취급에 관한 국가기술자격자 또는 위험물운송자 교육을 받은 자가 하여야 한다.
④ 위험물운송자가 이동탱크저장소로 위험물을 운반할 때 해당 운송자격증을 휴대하지 않으면 벌금에 처해진다.

해설및용어설명 | 위험물 운송
① 위험물운송자 : 위험물을 취급할 수 있는 국가기술자격자, 안전교육을 받은 자
 • 위험물운송책임자의 자격
 1. 위험물의 취급에 관한 국가기술자격을 취득하고 관련 업무에 1년 이상 종사한 경력이 있는 자
 2. 위험물의 운송에 관한 안전교육을 수료하고 관련 업무에 2년 이상 종사한 경력이 있는 자
② 위험물운송책임자의 감독·지원 : 알킬알루미늄, 알킬리튬

③ 위험물운송자 : 위험물을 취급할 수 있는 국가기술자격자, 안전교육을 받은 자
④ 운송자격증을 휴대해야 한다는 법은 2008.2.29. 폐지되었다.

38

상온에서 물에 넣었을 때 용해되어 염기성을 나타내면서 산소를 방출하는 물질은?

① Na_2O_2 ② $KClO_3$
③ H_2O_2 ④ $NaNO_3$

해설및용어설명 | 제1류 위험물
① $2Na_2O_2 + 2H_2O \rightarrow 4NaOH + O_2$
② 온수에 용해되나 산소가 발생하지 않는다.
③ 물에 용해되나 산소가 발생하지 않는다.
④ 물에 용해되나 산소가 발생하지 않는다.

39

이산화탄소의 가스의 밀도(g/L)는 27℃, 2기압에서 약 얼마인가?

① 1.11   ② 2.02
③ 2.76   ④ 3.57

해설및용어설명 | 이상기체상태방정식

$$PV = \frac{w}{M}RT \rightarrow \rho = \frac{w}{V} = \frac{PM}{RT}$$

• P = 2atm
• M = CO_2 = 12 + 16×2 = 44g/mol
• R = 0.082atm·L/mol·K
• T = 27℃ + 273 = 300K

$$M = \frac{2 \times 44}{0.082 \times 300} = 3.577 ≒ 3.58g/L$$

40

「위험물 안전관리법 시행규칙」에서는 위험물의 성질에 따른 특례규정을 두어 일부 위험물에 대하여는 위험물 시설의 설치기준을 강화하고 있다. 다음의 위험물시설 중 이러한 특례의 대상이 되는 위험물의 종류가 다른 하나는?

① 옥내저장소　　　② 옥외탱크저장소
③ 이동탱크저장소　④ 일반취급소

해설및용어설명 | 위험물안전관리법 - 위험물의 성질에 따른 특례
① 지정과산화물, 알킬알루미늄등, 하이드록실아민등
② 알킬알루미늄등, 아세트알데하이드등, 하이드록실아민등
③ 알킬알루미늄등, 아세트알데하이드등, 하이드록실아민등
④ 알킬알루미늄등, 아세트알데하이드등, 하이드록실아민등

41

위험물의 운반방법에 대한 설명 중 틀린 것은?

① 지정수량 이상의 위험물을 차량으로 운반하는 경우에는 한 변의 길이가 0.3m 이상, 다른 한 변의 길이가 0.6m 이상인 직사각형의 판으로 된 표지를 설치하여야 한다.
② 지정수량 이상의 위험물을 차량으로 운반하는 경우에는 바탕은 백색으로 하고, 황색의 반사도료 그 밖의 반사성이 있는 재료로 "위험물"이라고 표시한 표지를 설치하여야 한다.
③ 지정수량 이상의 위험물을 차량으로 운반하는 경우에는 표지를 차량의 전면 및 후면의 보기 쉬운 곳에 내걸어야 한다.
④ 위험물 또는 위험물을 수납한 운반용기가 현저하게 마찰 또는 동요를 일으키지 아니하도록 운반하여야 한다.

해설및용어설명 | 주의사항 게시판
게시판 크기 : 0.3m 이상×0.6m 이상의 직사각형

종류	바탕색	문자색
위험물제조소등	백색	흑색
위험물	흑색	황색반사도료
주유중엔진정지	황색	흑색
화기엄금/화기주의	적색	백색
물기엄금	청색	백색

42

다음 중 과산화수소의 분해를 막기 위한 안정제는?

① MnO_2　　② HNO_3
③ $HClO_4$　　④ H_3PO_4

해설및용어설명 | 제6류 위험물 - 과산화수소
• 안정제 : 인산, 요산
• 정촉매 : 이산화망가니즈

43

위험물의 운반에 관한 기준으로 틀린 것은?

① 하나의 외장용기에는 다른 종류의 위험물을 수납하지 아니하여야 한다.
② 고체 위험물은 운반용기 내용적의 95% 이하로 수납하여야 한다.
③ 액체 위험물은 운반용기 내용적의 98% 이하로 수납하여야 한다.
④ 알킬알루미늄은 운반용기 내용적의 95% 이하로 수납하여야 한다.

해설및용어설명 | 수납률
• 고체 위험물 : 95% 이하
• 액체 위험물 : 98% 이하, 55℃에서 공간용적 유지
• 알킬리튬, 알킬알루미늄 : 90% 이하, 50℃에서 5% 이상 공간용적 유지

44

제4류 위험물 제조소로 허가를 득하여 사용하는 도중에 변경허가를 득하지 않고 변경할 수 있는 것은?

① 배출설비를 신설하는 경우
② 위험물취급탱크의 방유제의 높이를 변경하는 경우
③ 방화상 유효한 담을 신설하는 경우
④ 지상에 250m의 위험물 배관을 신설하는 경우

해설및용어설명 | 변경허가 대상 - 제조소
①, ②, ③ 제조소등의 위치·구조 또는 설비를 변경하는 경우
④ 지상에 300m 초과의 배관을 신설·교체·철거 또는 보수하는 경우

45

다음 중 위험물을 가압하는 설비에 설치하는 장치로서 옳지 않은 것은?

① 안전밸브를 병용하는 경보장치
② 압력계
③ 수동적으로 압력상승을 정지시키는 장치
④ 감압측에 안전밸브를 부착한 감압밸브

해설및용어설명 | 제조소 - 기타설비〈2004. 7. 7. 폐지〉
위험물을 가압하는 설비에 설치하여야 하는 장치 설비
1. 자동적으로 압력의 상승을 정지시키는 장치
2. 감압측에 안전밸브를 부착한 감압밸브
3. 안전밸브를 병용하는 경보장치
4. 파괴판

46

질산의 위험성을 옳게 설명한 것은?

① 인화점이 낮아서 가열하면 발화하기 쉽다.
② 공기 중에서 자연발화 위험성이 높다.
③ 충격에 의해 단독으로 발화하기 쉽다.
④ 환원성 물질과 혼합 시 발화 위험성이 있다.

해설및용어설명 | 제6류 위험물 - 질산
①, ②, ③ 제6류 위험물은 불연성이므로 인화 또는 발화하지 않는다.
④ 제6류 위험물은 산화제이므로 환원성 물질과 혼합 시 발화 위험이 있다.

47

위험물의 저장 기준으로 틀린 것은?

① 옥내저장소에 저장하는 위험물은 용기에 수납하여 저장하여야 한다(덩어리 상태의 황 제외).
② 같은 유별에 속하는 위험물은 모두 동일한 저장소에 함께 저장할 수 있다.
③ 자연발화할 위험이 있는 위험물을 옥내저장소에 저장하는 경우 동일 품명의 위험물이더라도 지정수량의 10배 이하마다 구분하여 상호 간 0.3m 이상의 간격을 두어 저장하여야 한다.
④ 용기에 수납하여 옥내저장소에 저장하는 위험물의 경우 온도가 55℃를 넘지 않도록 조치하여야 한다.

해설및용어설명 | 위험물 저장
① 옥내저장소에 있어서 위험물은 용기에 수납하여 저장하여야 한다. 다만, 덩어리 상태의 황에 있어서는 그러하지 아니하다.
②, ③ 옥내저장소에서 동일 품명의 위험물이더라도 자연발화할 우려가 있는 위험물 또는 재해가 현저하게 증대할 우려가 있는 위험물을 다량 저장하는 경우에는 지정수량의 10배 이하마다 구분하여 상호 간 0.3m 이상의 간격을 두어 저장하여야 한다.
④ 옥내저장소에서는 용기에 수납하여 저장하는 위험물의 온도가 55℃를 넘지 아니하도록 필요한 조치를 강구하여야 한다.

48

칼륨과 나트륨의 공통적 특징이 아닌 것은?

① 은백색의 광택이 나는 무른 금속이다.
② 일정온도 이상 가열하면 고유의 색깔을 띠며 산화한다.
③ 액체 암모니아에 녹아서 주황색을 띤다.
④ 물과 심하게 반응하여 수소를 발생한다.

해설및용어설명 | 제3류 위험물 - 칼륨, 나트륨
① 알칼리금속은 물보다 가벼운 금속이다.
② 칼륨 : 빨간색, 나트륨 : 노란색 불꽃
③ 암모니아에 녹지 않는다.
④ $2K + 2H_2O \rightarrow 2KOH + H_2$
　$2Na + 2H_2O \rightarrow 2NaOH + H_2$

49

96g의 메탄올이 완전연소되면 몇 g의 물이 생성되는가?

① 36　　　　　② 64
③ 72　　　　　④ 108

해설및용어설명 | 이상기체상태방정식
$2CH_3OH + 3O_2 \rightarrow 2CO_2 + 4H_2O$

$PV = \dfrac{w}{M}RT \rightarrow V = \dfrac{wRT}{PM}$

- P = 1atm
- M = CH_3OH = 12 + 1×3 + 16 + 1 = 32g/mol
- w = 96g
- R = 0.082atm·L/mol·K
- T = 0℃ + 273 = 273K

$V = \dfrac{96 \times 0.082 \times 273}{1 \times 32} \times \dfrac{4H_2O}{2CH_3OH} \times \dfrac{(1 \times 2 + 16)g/mol}{22.4L/mol}$

　= 107.9 ≒ 108g

50

흑자색 또는 적자색 결정인 제1류 위험물로서 물, 에탄올, 빙초산 등에 녹으며 분해온도가 240℃이고 비중이 약 2.7인 물질은?

① $NaClO_2$　　　　② $KMnO_4$
③ $(NH_4)_2Cr_2O_7$　　④ $K_2Cr_2O_7$

해설및용어설명 | 제1류 위험물 - 과망가니즈산칼륨
흑자색, 적자색 결정
① 아염소산나트륨
② 과망가니즈산칼륨
③ 다이크로뮴산암모늄
④ 다이크로뮴산칼륨

51

다음 중 아이오딘화 값이 가장 큰 것은?

① 아마인유　　　② 채종유
③ 올리브유　　　④ 피마자유

해설및용어설명 | 제4류 위험물 - 동식물유류
- 건 : 대정상해동아들
- 반 : 면청쌀옥채참콩
- 불 : 소돼지고래올리브팜땅콩피자
① 건성유
② 반건성유
③ 불건성유
④ 불건성유
건성유의 아이오딘값이 가장 높다.

52

다음 위험물 중 해당하는 품명이 나머지 셋과 다른 하나는?

① 큐멘
② 아닐린
③ 나이트로벤젠
④ 염화벤조일

해설및용어설명 | 위험물 종류

① 제4류 위험물 중 제2석유류(비수용성)
② 제4류 위험물 중 제3석유류(비수용성)
③ 제4류 위험물 중 제3석유류(비수용성)
④ 제4류 위험물 중 제3석유류(비수용성)

53

27℃, 5기압의 산소 10L를 100℃, 2기압으로 하였을 때 부피는 몇 L가 되는가?

① 15
② 21
③ 31
④ 46

해설및용어설명 | 보일 - 샤를의 법칙

$$\frac{P_1 V_1}{T_1} = \frac{P_2 V_2}{T_2}$$

$$\frac{5atm \times 10L}{27℃+273} = \frac{2atm \times V_2}{100℃+273}$$

$V_2 = 31L$

54

포름산의 지정수량으로 옳은 것은?

① 400리터
② 1,000리터
③ 2,000리터
④ 4,000리터

해설및용어설명 | 제4류 위험물 - 포름산

제2석유류(수용성), 지정수량 2,000L

55

계수 규준형 샘플링 검사의 OC 곡선에서 좋은 로트를 합격시키는 확률을 뜻하는 것은?

① α
② β
③ $1-\alpha$
④ $1-\beta$

해설및용어설명 | 가설검정

	양품	불량품
채택	옳은 결정 $1-\alpha$	제2종 과오 β
기각	제1종 과오 α	옳은 결정 $1-\beta$

- 제1종 과오(α) : 양품을 불량으로 처리하는 것
- 제2종 과오(β) : 불량품을 양품으로 처리하는 것
- $1-\alpha$: 양품을 정상으로 판정하는 것 → 옳은 결정
- $1-\beta$: 불량품을 불량으로 판정하는 것 → 옳은 결정

56

200개 들이 상자가 15개 있다. 각 상자로부터 제품을 랜덤하게 10개씩 샘플링할 경우, 이러한 샘플링 방법을 무엇이라 하는가?

① 계통 샘플링
② 취락 샘플링
③ 층별 샘플링
④ 2단계 샘플링

해설및용어설명 | 샘플링 방법

- 계통 샘플링 : 모집단에서 일정한 간격을 두고 시료를 채취하는 방법
- 취락 샘플링 : 모집단을 취락으로 나누어 취락 전체를 검사하는 방법
- 층별 샘플링 : 모집단을 층으로 나누어 모든 층으로부터 샘플 채취
- 2단계 샘플링 : 모집단을 1단계, 2단계로 나누어 각 단계에서 몇 개의 시료를 채취하는 방법

57

$\bar{x}$ 관리도에서 관리상한이 22.15, 관리하한이 6.85, $\bar{R} = 7.5$일 때 시료군의 크기(n)는 얼마인가?(단, $n = 2$일 때 $A_2 = 1.88$, $n = 3$일 때 $A_2 = 1.02$, $n = 4$일 때 $A_2 = 0.73$, $n = 5$일 때 $A_2 = 0.58$이다)

① 2   ② 3
③ 4   ④ 5

해설및용어설명 | $\bar{x}$ 관리도

- 중심선 = $\dfrac{\sum \bar{x_i}}{k}$
- 관리상한선(UCL) = $\bar{x} + A_2 \times \bar{R} = 22.15$
- 관리하한선(LCL) = $\bar{x} - A_2 \times \bar{R} = 6.85$

시료군의 크기 = $\dfrac{UCL - LCL}{\bar{R}} = \dfrac{15.3}{7.5} = 2.04 ≒ 3$

58

다음 중 품질관리시스템에 있어서 4M에 해당하지 않는 것은?

① Man   ② Machine
③ Material   ④ Money

해설및용어설명 | 품질관리시스템 - 4M

- Man(사람)
- Management(관리방법)
- Machine(기계)
- Material(자원)

59

과거의 자료를 수리적으로 분석하여 일정한 경향을 도출한 후 가까운 장래의 매출액, 생산량 등을 예측하는 방법을 무엇이라 하는가?

① 델파이법   ② 전문가패널법
③ 시장조사법   ④ 시계열분석법

해설및용어설명 |

- 시장조사법 : 신제품에 대한 수요예측방법
- 시계열분석법 : 과거의 자료를 수리적으로 분석하여 일정한 경향을 도출한 후 가까운 장래의 매출액, 생산량 등을 예측하는 방법

60

방법시간측정법(MTM : Method Time Measurement)에서 사용되는 1TMU(Time Measurement Unit)는 몇 시간인가?

① $\dfrac{1}{100,000}$시간   ② $\dfrac{1}{10,000}$시간
③ $\dfrac{6}{10,000}$시간   ④ $\dfrac{36}{1,000}$시간

해설및용어설명 | MTM법

1TMU = $\dfrac{1}{100,000}$

CBT 복원문제 2021 * 69

01

과산화수소수용액은 보관 중 서서히 분해할 수 있으므로 안정제를 첨가하는데 그 안정제로 가장 적합한 것은?

① H_3PO_4
② MnO_2
③ C_2H_5OH
④ Cu

해설및용어설명 | 제6류 위험물 - 과산화수소
- 안정제 : 인산, 요산
- 정촉매 : 이산화망가니즈

02

다음 유지류에서 건성유에 해당하는 것은?

① 낙화생유(Peanut Oil)
② 올리브유(Olive Oil)
③ 동유(Tung Oil)
④ 피마자유(Castor Oil)

해설및용어설명 | 제4류 위험물
① 제4류 위험물 중 동식물유류(불건성유)
② 제4류 위험물 중 동식물유류(불건성유)
③ 제4류 위험물 중 동식물유류(건성유)
④ 제4류 위험물 중 동식물유류(불건성유)

03

이동저장탱크는 그 내부에 용량 몇 L 이하마다 3.2mm 이상의 강철판으로 칸막이를 설치해야 하는가?

① 2,000
② 3,000
③ 4,000
④ 5,000

해설및용어설명 | 이동탱크저장소
칸막이 3.2mm, 4,000L

04

그림과 같이 원통형 탱크를 설치하여 일정량의 위험물을 저장·취급하려고 할 때 탱크의 내용적은 약 몇 m^3인가?

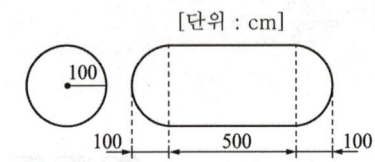

① 16.67
② 17.79
③ 18.85
④ 19.96

해설및용어설명 | 탱크의 내용적
$$V = \pi r^2 \left(l + \frac{l_1 + l_2}{3}\right) = \pi \times 1^2 \left(5 + \frac{1+1}{3}\right) = 17.80 m^3$$

참고 문제에 주어진 값을 m로 환산하여 계산한다.

정답 01 ① 02 ③ 03 ③ 04 ②

05

1기압, 100℃에서 1kg의 이황화탄소가 모두 증기가 된다면 부피는 약 몇 L가 되겠는가?

① 201 ② 403
③ 603 ④ 804

해설및용어설명 | 이상기체상태방정식

$PV = \dfrac{w}{M}RT \rightarrow V = \dfrac{wRT}{PM}$

- P = 1atm
- M = CS_2 = 12 + 32×2 = 76g/mol
- w = 1kg = 1,000g
- R = 0.082atm·L/mol·K
- T = 100℃ + 273 = 373K

$V = \dfrac{1,000 \times 0.082 \times 373}{1 \times 76} = 402.44 ≒ 403L$

06

다음 중 유동하기 쉽고 휘발성인 위험물로 특수인화물에 속하는 것은?

① $C_2H_5OC_2H_5$ ② CH_3COCH_3
③ C_6H_6 ④ $C_6H_4(CH_3)_2$

해설및용어설명 | 제4류 위험물

① 다이에틸에터 : 제4류 위험물 중 특수인화물
② 아세톤 : 제4류 위험물 중 제1석유류(수용성)
③ 벤젠 : 제4류 위험물 중 제1석유류(비수용성)
④ 크실렌 : 제4류 위험물 중 제2석유류(비수용성)

07

위험물안전관리에 관한 세부기준의 산화성 시험방법 중 분립상 물품의 산화성으로 인한 위험성의 정도를 판단하기 위한 연소시험에서 표준물질의 연소시험에 대한 설명으로 옳은 것은?

① 표준물질과 목분을 중량비 1 : 1로 섞어 혼합물 30g을 만든다.
② 표준물질과 목분을 중량비 2 : 1로 섞어 혼합물 30g을 만든다.
③ 표준물질과 목분을 중량비 1 : 2로 섞어 혼합물 60g을 만든다.
④ 표준물질과 목분을 중량비 2 : 1로 섞어 혼합물 60g을 만든다.

해설및용어설명 | 위험물 시험방법 - 산화성 시험방법

- 표준물질 연소시험 : 표준물질로서 150μm 이상 300μm 미만인 과염소산칼륨과 250μm 이상 500μm 미만인 목분을 중량비 1 : 1로 섞어 혼합물 30g을 만들 것
- 시험물품 연소시험 : 시험물품을 직경 1.18mm 미만으로 부순 것과 250μm 이상 500μm 미만인 목분을 중량비 1 : 1 및 중량비 4 : 1로 섞어 혼합물 30g을 각각 만들 것

08

에탄올에 진한 황산을 넣고 온도 130 ~ 140℃에서 반응시키면 축합반응에 의하여 생성되는 제4류 위험물은?

① 메틸알코올 ② 아세트알데하이드
③ 다이에틸에터 ④ 다이메틸에터

해설및용어설명 | 제4류 위험물

에틸알코올 + 에틸알코올 - (탈수축합반응) → 다이에틸에터 + 물

09

제4류 위험물 중 품명이 나머지 셋과 다른 것은?

① 나이트로벤젠 ② 에틸렌글리콜
③ 아닐린 ④ 포름산에틸

해설및용어설명 | 제4류 위험물
① 제3석유류(비수용성), 지정수량 2,000L
② 제3석유류(수용성), 지정수량 4,000L
③ 제3석유류(비수용성), 지정수량 2,000L
④ 제1석유류(비수용성), 지정수량 200L

10

다음 제4류 위험물의 일반적인 성질에 대한 설명으로 가장 거리가 먼 것은?

① 물에 녹지 않는 것이 많다.
② 액체 비중은 물보다 가벼운 것이 많다.
③ 인화의 위험이 높은 것이 많다.
④ 증기 비중은 공기보다 가벼운 것이 많다.

해설및용어설명 | 제4류 위험물
① 대부분 비수용성
② 대부분 비중은 1보다 작다.
③ 인화성 액체
④ 대부분 증기비중은 1보다 크다.

11

다음 중 위험물의 지정수량이 잘못 연결된 것은?

① 철분 – 500kg
② $(CH_3)_2CHNH_2$ – 200L
③ $CH_2=CHCOOH$ – 2,000L
④ Mg – 500kg

해설및용어설명 | 지정수량
① 제2류 위험물 중 철분, 지정수량 500kg
② 이소프로필아민 : 제4류 위험물 중 특수인화물, 지정수량 50L
③ 아크릴산 : 제4류 위험물 중 제2석유류(수용성), 지정수량 2,000L
④ 제2류 위험물 중 마그네슘, 지정수량 500kg

12

산화성액체 위험물에 대한 설명 중 틀린 것은?

① 과산화수소의 경우 물과 접촉하면 심하게 발열하고 폭발의 위험이 있다.
② 질산은 불연성이지만 강한 산화력을 가지고 있는 강산화성 물질이다.
③ 질산은 물과 접촉하면 발열하므로 주의하여야 한다.
④ 과염소산은 강산이고 불안정하여 분해가 용이하다.

해설및용어설명 | 제6류 위험물
① 과염소산은 물과 접촉하면 심하게 발열하고 폭발의 위험이 있다.
② 질산은 불연성이고 강한 산화력 가지는 강산화성 물질이다.
③ 질산은 물과 접촉하면 발열한다.
④ 과염소산은 강산이고 불안정하여 분해가 용이하다.

13

H_2S에서 S의 비공유전자쌍은 몇 개인가?

① 1   ② 2
③ 3   ④ 4

해설및용어설명 | 화학결합 - 루이스식

14

다음 중 Mn의 산화수가 +2인 것은?

① $KMnO_4$ ② MnO_2
③ $MnSO_4$ ④ K_2MnO_4

해설및용어설명 | 산화수

① $KMnO_4$ $(+1) + Mn + (-2) \times 4 = 0 \rightarrow Mn = +7$
② MnO_2 $Mn + (-2) \times 2 = 0 \rightarrow Mn = +4$
③ $MnSO_4$ $Mn + (+6) + (-2) \times 4 = 0 \rightarrow Mn = +2$
④ K_2MnO_4 $(+1) \times 2 + Mn + (-2) \times 4 = 0 \rightarrow Mn = +6$

15

불소계 계면활성제를 주성분으로 한 것으로 분말소화약제와 함께 트윈약제시스템(Twin Agent System)에 사용되어 소화 효과를 높이는 포소화약제는?

① 수성막포소화약제   ② 단백포소화약제
③ 합성계면활성제포소화약제   ④ 내알코올형포소화약제

해설및용어설명 | 포소화약제

수성막포소화약제 : 불소계 계면활성제를 주성분으로 하여 물과 혼합하여 사용하는 소화약제로서, 유류화재 발생 시 분말소화약제와 함께 사용이 가능

16

다음 중 이온화경향이 가장 큰 것은?

① Ca   ② Mg
③ Ni   ④ Cu

해설및용어설명 | 이온화 경향

K(칼륨) > Ca(칼슘) > Na(나트륨) > Mg(마그네슘) > Al(알루미늄) > Zn(아연) > Fe(철) > 니켈(Ni) > Sn(주석) > Pb(납) > H(수소) > Cu(구리) > Hg(수은) > Ag(은) > Pt(백금) > Au(금)

17

이산화탄소의 물성에 대한 설명으로 옳은 것은?

① 증기의 비중은 약 0.9이다.
② 임계온도는 약 −20℃이다.
③ 0℃, 1기압에서의 기체 밀도는 약 0.92g/L이다.
④ 삼중점에 해당하는 온도는 약 −56℃이다.

해설및용어설명 | 이산화탄소

① $\dfrac{CO_2}{29} = \dfrac{12 + 16 \times 2}{29} = 1.517$

② 임계온도 31.04℃

③ $\dfrac{12 + 16 \times 2 g/mol}{22.4 L/mol} = 1.964 g/L$

④ 삼중점 - 고체, 액체, 기체상태로 존재하는 온도 : −56℃

정답 13 ② 14 ③ 15 ① 16 ① 17 ④

18

제4류 위험물을 취급하는 제조소가 있는 동일한 사업소에서 저장 또는 취급하는 위험물이 지정수량의 몇 배 이상일 때 당해 사업소에 자체소방대를 설치하여야 하는가?

① 1,000배 ② 3,000배
③ 5,000배 ④ 10,000배

해설및용어설명 | 자체소방대

- 제조소 또는 일반취급소에서 취급하는 제4류 위험물의 최대수량의 합이 지정수량의 3천배 이상
- 옥외탱크저장소에 저장하는 제4류 위험물의 최대수량이 지정수량의 50만배 이상

사업소의 구분	화학소방 자동차	자체소방 대원의 수
제조소 또는 일반취급소에서 취급하는 제4류 위험물의 최대수량의 합이 지정수량의 3천배 이상 12만배 미만인 사업소	1대	5인
제조소 또는 일반취급소에서 취급하는 제4류 위험물의 최대수량의 합이 지정수량의 12만배 이상 24만배 미만인 사업소	2대	10인
제조소 또는 일반취급소에서 취급하는 제4류 위험물의 최대수량의 합이 지정수량의 24만배 이상 48만배 미만인 사업소	3대	15인
제조소 또는 일반취급소에서 취급하는 제4류 위험물의 최대수량의 합이 지정수량의 48만배 이상인 사업소	4대	20인
옥외탱크저장소에 저장하는 제4류 위험물의 최대수량이 지정수량의 50만배 이상인 사업소	2대	10인

19

제1류 위험물인 염소산나트륨의 위험성에 대한 설명으로 틀린 것은?

① 산과 반응하여 유독한 이산화염소를 발생시킨다.
② 가연물과 혼합되어 있으면 충격·마찰에 의해 폭발할 수 있다.
③ 조해성이 강하고 철을 부식시키므로 철제용기에는 저장하지 말아야 한다.
④ 물과의 접촉 시 폭발할 수 있으므로 CO_2 등의 질식소화가 효과적이다.

해설및용어설명 | 제1류 위험물 - 염소산나트륨

① 산과 반응하여 이산화염소를 발생시킨다.
② 제1류 위험물은 강산화제이므로 가연물과 혼합 시 충격 마찰에 의해 폭발할 수 있다.
③ 제1류 위험물은 조해성이 강하다. 염소산염류 위험물은 철제 용기를 부식시키므로 유리용기에 저장해야 한다.
④ 물과 접촉해도 폭발하지 않으므로 주수소화한다.

20

스티렌 60,000L는 몇 소요단위인가?

① 1 ② 1.5
③ 3 ④ 6

해설및용어설명 | 소요단위

스티렌 : 제4류 위험물 중 제2석유류 비수용성, 지정수량 1,000L

소요단위 $= \dfrac{60,000L}{1,000L \times 10} = 6$ 단위

21

다음 위험물 중 해당하는 품명이 나머지 셋과 다른 하나는?

① 큐멘 ② 아닐린
③ 나이트로벤젠 ④ 염화벤조일

해설및용어설명 | 위험물의 종류

① 제4류 위험물 중 제2석유류(비수용성), 지정수량 1,000L
② 제4류 위험물 중 제3석유류(비수용성), 지정수량 2,000L
③ 제4류 위험물 중 제3석유류(비수용성), 지정수량 2,000L
④ 제4류 위험물 중 제3석유류(비수용성), 지정수량 2,000L

22

톨루엔의 성질을 벤젠과 비교한 것 중 틀린 것은?

① 독성은 벤젠보다 크다.
② 인화점은 벤젠보다 높다.
③ 비점은 벤젠보다 높다.
④ 융점은 벤젠보다 낮다.

해설및용어설명 | 제4류 위험물

	톨루엔	벤젠
독성	1,250mg (LOAEL, 랫스, 경구)	25mg (LOAEL, 랫스, 경구)
인화점	4℃	-11℃
비점	110.6℃	80.1℃
융점	-94.9℃	5.5℃

사망에 이르는 독성 농도. 숫자가 작을수록 독성이 크다.

23

주성분이 철, 크로뮴, 니켈로 구성되어 있는 강관으로서 내식성이 요구되는 화학공장 등에서 사용되는 것은?

① 주철관
② 탄소강 강관
③ 알루미늄관
④ 스테인리스 강관

해설및용어설명 | 유체역학 - 배관

스테인리스 : 철, 크로뮴, 니켈로 구성, 녹슬지 않는 특성

24

제1류 위험물로서 무색의 투명한 결정이고 비중은 약 4.35, 녹는점은 약 212℃이며 사진감광제 등에 사용 되는 것은?

① $AgNO_3$
② NH_4NO_3
③ KNO_3
④ $Cd(NO_3)_2$

해설및용어설명 | 제1류 위험물
① 질산은
② 질산암모늄
③ 질산칼륨
④ 질산카드뮴
AgCl, $AgNO_3$ 감광물질로 이용

25

탄화칼슘이 물과 반응하였을 때 발생되는 가스는?

① 포스겐
② 메테인
③ 아세틸렌
④ 포스핀

해설및용어설명 | 화학반응식

$CaC_2 + 2H_2O \rightarrow Ca(OH)_2 + C_2H_2$
탄화칼슘   물   수산화칼슘 아세틸렌

26

알칼리금속에 대한 설명으로 옳은 것은?

① 알칼리금속의 산화물은 물과 반응하여 강산이 된다.
② 산소와 쉽게 반응하기 때문에 물속에 보관하는 것이 안전하다.
③ 소화에는 물을 이용한 냉각소화가 좋다.
④ 칼륨, 루비듐, 세슘 등은 알칼리금속에 속한다.

해설및용어설명 | 제3류 위험물 - 알칼리금속
① 알칼리금속의 산화물은 물과 반응하여 염기성이 된다.
② 산소, 물과 쉽게 반응하므로 석유 속에 보관해야 한다.
③ 주수금지 : 탄산수소염류 분말소화약제, 마른 모래, 팽창질석, 팽창진주암
④ K, Rb, Cs : 제1족 원소 알칼리금속이다.

27

위험물에 대한 적응성 있는 소화설비의 연결이 틀린 것은?

① 질산나트륨 – 포소화설비
② 칼륨 – 인산염류 분말소화설비
③ 경유 – 인산염류 분말소화설비
④ 아세트알데하이드 – 포소화설비

해설및용어설명 | 위험물 소화방법

유별	종류	운반용기 외부의 주의사항	게시판	소화방법	덮개
제1류 위험물	알칼리금속의 과산화물	가연물접촉주의, 화기·충격주의, 물기엄금	물기엄금	주수금지	방수성 차광성
	그 외	가연물접촉주의, 화기·충격주의	없음	주수소화	차광성
제2류 위험물	철분·금속분· 마그네슘	화기주의, 물기엄금	화기주의	주수금지	방수성
	인화성고체	화기엄금	화기엄금	주수소화 질식소화	
	그 외	화기주의	화기주의	주수소화	
제3류 위험물	자연발화성 물질	화기엄금, 공기접촉엄금	화기엄금	주수소화	차광성
	금수성물질	물기엄금	물기엄금	주수금지	방수성
제4류 위험물		화기엄금	화기엄금	질식소화	차광성 (특수인화물)
제5류 위험물		화기엄금, 충격주의	화기엄금	주수소화	차광성
제6류 위험물		가연물접촉주의	없음	주수소화	차광성

- 주수소화 : 옥내소화전, 옥외소화전, 스프링클러, 물분무소화설비, 포소화설비
- 주수금지 : 탄산수소염류 분말소화약제, 마른 모래, 팽창질석, 팽창진주암
- 질식소화 : 물분무소화설비, 이산화탄소소화설비, 포소화설비, 분말소화설비, 무상수소화설비, 할로젠화합물소화설비(억제소화)

① 제1류 위험물 중 그 외 : 주수소화
② 제3류 위험물 중 금수성물질 : 주수금지
③ 제4류 위험물 : 질식소화
④ 제4류 위험물 : 질식소화

28

다음 [보기]에서 설명하는 위험물은?

- 백색이다.
- 조해성이 크고, 물에 녹기 쉽다.
- 분자량은 약 223이다.
- 지정수량은 50kg이다.

① 염소산칼륨   ② 과염소산마그네슘
③ 과산화나트륨   ④ 과산화수소

해설및용어설명 | 위험물 종류

① 지정수량 50kg
   $KClO_3 = 39 + 35.5 + 16 \times 3 = 122.5$

② 지정수량 50kg
   $Mg(ClO_4)_2 = 24 + 35.5 \times 2 + 16 \times 8 = 223$

③ 지정수량 50kg
   $Na_2O_2 = 23 \times 2 + 16 \times 2 = 78$

④ 지정수량 300kg

29

전역방출방식 분말소화설비의 기준에서 제1종 분말소화약제의 저장용기 충전비의 범위를 옳게 나타낸 것은?

① 0.85 이상 1.05 이하   ② 0.85 이상 1.45 이하
③ 1.05 이상 1.45 이하   ④ 1.05 이상 1.75 이하

해설및용어설명 | 분말소화설비 - 충전비

소화약제의 종별	충전비의 범위
제1종 분말	0.85 이상 1.45 이하
제2종 분말 또는 제3종 분말	1.05 이상 1.75 이하
제4종 분말	1.50 이상 2.50 이하

30

물과 접촉하면 수산화나트륨과 산소를 발생시키는 물질은?

① 질산나트륨 ② 염소산나트륨
③ 과산화나트륨 ④ 과염소산나트륨

해설및용어설명 | 제1류 위험물

①, ②, ④ 물과 반응하지 않는다.

③ $2Na_2O_2 + 2H_2O \rightarrow 4NaOH + O_2$

31

$Sr(NO_3)_2$의 지정수량은?

① 50kg ② 100kg
③ 300kg ④ 1,000kg

해설및용어설명 | 지정수량

질산스트론튬 : 제1류 위험물 중 질산염류, 지정수량 300kg

32

다음 중 아이오딘값이 가장 높은 것은?

① 참기름 ② 채종유
③ 동유 ④ 땅콩기름

해설및용어설명 | 제4류 위험물 - 동식물유류

- 건 : 대정상해동아들
- 반 : 면청쌀옥채참콩
- 불 : 소돼지고래올리브팜땅콩피자

① 반건성유
② 반건성유
③ 건성유
④ 불건성유

건성유의 아이오딘값이 가장 높다.

33

불소계 계면활성제를 기제로 하여 안정제 등을 첨가한 소화약제로서 보존성, 내약품성이 우수하지만 수용성 위험물의 화재 시에는 효과가 떨어지는 것은?

① 알코올형포 ② 단백포
③ 수성막포 ④ 합성계면활성제포

해설및용어설명 | 포소화약제

수성막포소화약제 : 불소계 계면활성제를 주성분으로 하여 물과 혼합하여 사용하는 소화약제로서, 유류화재 발생 시 분말소화약제와 함께 사용이 가능

34

Halon 1011의 화학식을 옳게 나타낸 것은?

① CH_2FBr ② CH_2ClBr
③ $CBrCl$ ④ $CFCl$

해설및용어설명 | 하론 소화약제

하론번호 : C, F, Cl, Br, I의 순서로 원소의 개수를 표시

하론번호	분자식
1301	CF_3Br
1211	CF_2ClBr
2402	$C_2F_4Br_2$
1011	CH_2ClBr
104	CCl_4

35

에틸알코올 23g을 완전 연소하기 위해 표준상태에서 필요한 공기량은?

① 33.6L   ② 67.2L
③ 160L   ④ 320L

해설및용어설명 | 이상기체상태방정식

$C_2H_5OH + 3O_2 \rightarrow 2CO_2 + 3H_2O$

$PV = \dfrac{w}{M}RT \rightarrow V = \dfrac{wRT}{PM}$

- P = 1atm
- M = C_2H_5OH = 12×2 + 1×5 + 16 + 1 = 46g/mol
- w = 23g
- R = 0.082atm·L/mol·K
- T = 0℃ + 273 = 273K

$V = \dfrac{23 \times 0.082 \times 273}{1 \times 46} \times \dfrac{3\,O_2}{1\,C_2H_5OH} \times \dfrac{1\,air}{0.21\,O_2} = 159.9 ≒ 160L$

36

오황화인이 물과 반응하여 발생하는 가스가 연소하였을 때 주로 생성되는 것은?

① P_2O_5 ② SO_3
③ SO_2 ④ H_2S

해설및용어설명 | 화학반응식

$P_2S_5 + 8H_2O \rightarrow 2H_3PO_4 + 5H_2S$(독성 가스)

$2H_2S + 3O_2 \rightarrow 2H_2O + 2SO_2$

37

물과 반응하여 심하게 발열하면서 위험성이 증가하는 물질은?

① 염소산나트륨   ② 과산화칼륨
③ 질산나트륨   ④ 질산암모늄

해설및용어설명 | 제1류 위험물

①, ③, ④ 물과 반응하지 않는다.

38

이황화탄소의 성질 또는 취급 방법에 대한 설명 중 틀린 것은?

① 물보다 무겁다.
② 증기가 공기보다 가볍다.
③ 물을 채운 수조에 저장한다.
④ 연소 시 유독한 가스가 발생한다.

해설및용어설명 | 제4류 위험물 - 이황화탄소

① 물보다 무거워 물에 가라앉는다.

② $\dfrac{CS_2}{29} = \dfrac{12 + 32 \times 2}{29} = 2.62$로 공기보다 무겁다.

③ 두께 0.2m의 물을 채운 콘크리트 수조에 저장한다.

④ $CS_2 + 3O_2 \rightarrow CO_2 + 2SO_2$ 이산화황은 유독가스이다.

39

다음 제4류 위험물 중 위험등급이 나머지 셋과 다른 하나는?

① 휘발유   ② 톨루엔
③ 에탄올   ④ 아세트알데하이드

해설및용어설명 | 제4류 위험물

① 제4류 위험물 중 제1석유류(비수용성), 지정수량 200L, 위험등급 II
② 제4류 위험물 중 제1석유류(비수용성), 지정수량 200L, 위험등급 II
③ 제4류 위험물 중 제1석유류(수용성), 지정수량 400L, 위험등급 II
④ 제4류 위험물 중 특수인화물(수용성), 지정수량 50L, 위험등급 I

정답 35 ③ 36 ③ 37 ② 38 ② 39 ④

40

C_6H_6와 $C_6H_5CH_3$의 공통적인 특징을 설명한 것으로 틀린 것은?

① 무색의 투명한 액체로서 냄새가 있다.
② 물에는 잘 녹지 않으나 에터에는 잘 녹는다.
③ 증기는 마취성과 독성이 있다.
④ 겨울에 대기 중의 찬 곳에서 고체가 된다.

해설및용어설명 | 벤젠, 톨루엔
① 무색투명하며 냄새가 있다.
② 물에 잘 녹지 않고 에터에 잘 녹는다.
③ 증기는 마취성과 독성이 있다.
④ 벤젠 : 녹는점 5.5℃, 겨울철 고체
  톨루엔 : 녹는점 -93℃, 겨울철 액체

41

철분에 적응성이 있는 소화설비는?

① 옥외소화전설비   ② 포소화설비
③ 이산화탄소소화설비   ④ 탄산수소염류 분말소화설비

해설및용어설명 | 위험물의 소화
제2류 위험물 중 철분·금속분·마그네슘 : 주수금지
→ 탄산수소염류 분말소화설비, 마른 모래, 팽창질석, 팽창진주암

42

착화점이 260℃인 제2류 위험물과 지정수량을 옳게 나타낸 것은?

① P_4S_3 : 100kg   ② P(적린) : 100kg
③ P_4S_3 : 500kg   ④ P(적린) : 500kg

해설및용어설명 | 제2류 위험물
• 삼황화인 : 제2류 위험물 중 황화인, 지정수량 100kg, 발화점 100℃
• 적린 : 제2류 위험물 중 적린, 지정수량 100kg, 발화점 260℃

43

황은 순도가 몇 중량퍼센트 이상인 것을 위험물로 분류하는가?

① 20   ② 30
③ 50   ④ 60

해설및용어설명 | 위험물 기준
황 : 순도가 60중량퍼센트 이상인 것. 불순물은 활석 등 불연성 물질과 수분에 한한다.

44

물질에 의한 화재가 발생하였을 경우 적합한 소화약제를 연결한 것이다. 틀리게 연결한 것은?

① 마그네슘 – CO_2 ② 적린 – 물
③ 휘발유 – 포   ④ 프로판올 – 내알코올포

해설및용어설명 | 위험물 소화방법
① 주수금지
② 주수소화
③ 질식소화
④ 질식소화

45

소방공무원경력자가 취급할 수 있는 위험물은?

① 위험물안전관리법 시행령 별표1에 표기된 모든 위험물
② 제1류 위험물
③ 제4류 위험물
④ 제6류 위험물

해설및용어설명 | 위험물취급자격자의 자격
• 위험물물기능장, 위험물산업기사, 위험물기능사 : 모든 위험물
• 소방공무원 경력자, 안전관리자교육이수자 : 제4류 위험물

46

제4류 위험물에 대한 설명으로 틀린 것은?

① 다이에틸에터를 장기간 보관할 때는 공기 중에서 보관한다.
② CS_2는 연소 시 CO_2와 SO_2를 생성한다.
③ 산화프로필렌을 용기에 수납할 때는 불활성기체를 채운다.
④ 아세트알데하이드는 구리와 접촉하면 위험하다.

해설및용어설명 | 제4류 위험물
① 다이에틸에터는 장기간 보관 시 갈색병에 밀봉하여 2% 공간용적을 유지한다.
② $CS_2 + 3O_2 \rightarrow CO_2 + 2SO_2$
③ 산화프로필렌은 폭발 방지를 위해 불활성 기체를 봉입한다.
④ 아세트알데하이드는 구리, 은, 수은, 마그네슘 등으로 만든 용기를 사용하면 아세틸라이드를 생성하여 위험하다.

47

제3류 위험물 옥내탱크저장소로 허가를 득하여 사용하고 있는 중에 변경허가를 득하지 않고 위험물 시설을 변경할 수 있는 경우는?

① 옥내저장탱크를 교체하는 경우
② 옥내저장탱크에 직경 200mm의 맨홀을 신설하는 경우
③ 옥내저장탱크를 철거하는 경우
④ 배출설비를 신설하는 경우

해설및용어설명 | 변경허가 - 옥내탱크저장소
①, ③, ④ 제조소등의 위치·구조 또는 설비를 변경하는 경우
② 250mm 초과의 노즐 또는 맨홀을 신설하는 경우

48

$KClO_3$의 성질이 아닌 것은?

① 분자량은 약 122.5이다.
② 불연성 물질이다.
③ 분해방지제로 MnO_2를 사용한다.
④ 화재발생 시 주수에 의해 냉각소화가 가능하다.

해설및용어설명 | 제1류 위험물 - 염소산칼륨
① $KClO_3 = 39 + 35.5 + 16 \times 3 = 122.5$
② 불연성, 강산화제이다.
③ 이산화망가니즈 : 정촉매
④ 주수소화한다.

49

제6류 위험물의 위험등급에 관한 설명으로 옳은 것은?

① 제6류 위험물 중 질산은 위험등급 I 이며, 그 외의 것은 위험등급 II 이다.
② 제6류 위험물 중 과염소산은 위험등급 I 이며, 그 외의 것은 위험등급 II 이다.
③ 제6류 위험물은 모두 위험등급 I 이다.
④ 제6류 위험물은 모두 위험등급 II 이다.

해설및용어설명 | 제6류 위험물

위험등급	품명	지정수량	화학식	기준
I	질산	300kg	HNO_3	비중 1.49 이상
I	과염소산	300kg	$HClO_4$	
I	과산화수소	300kg	H_2O_2	36중량퍼센트 이상
I	그 외	300kg	할로젠간화합물 IF_5	

50

다음 중 탄화칼슘의 저장방법으로 가장 적합한 것은?

① 등유 속에 저장한다.　② 메탄올 속에 저장한다.
③ 질소가스로 봉입한다.　④ 수증기로 봉입한다.

해설및용어설명 | 위험물 저장방법
① 칼륨, 나트륨 : 공기 중 수분 또는 물과 닿지 않도록 석유(등유, 경유, 유동파라핀) 속에 저장한다.
② 알코올과 반응한다.
③ 불활성기체 봉입
④ 물과 반응한다.

51

인화점이 낮은 것에서 높은 것의 순서로 옳게 나열한 것은?

① 가솔린 → 톨루엔 → 벤젠
② 벤젠 → 가솔린 → 톨루엔
③ 가솔린 → 벤젠 → 톨루엔
④ 벤젠 → 톨루엔 → 가솔린

해설및용어설명 | 제4류 위험물 - 인화점
• 휘발유 : 43 ~ -20℃
• 벤젠 : -11℃
• 톨루엔 : 4℃
※ 벤젠, 톨루엔, 아세톤의 인화점은 기억해두는 것이 좋습니다.

52

제2류 위험물에 대한 다음 설명 중 적합하지 않은 것은?

① 제2류 위험물을 제1류 위험물과 접촉하지 않도록 하는 이유는 제2류 위험물이 환원성물질이기 때문이다.
② 황화인, 적린, 황은 위험물안전관리법상의 위험등급 I 에 해당하는 물품이다.
③ 칠황화인은 조해성이 있으므로 취급에 주의하여야 한다.
④ 알루미늄분, 마그네슘분은 저장·보관 시 할로젠원소와 접촉을 피하여야 한다.

해설및용어설명 | 제2류 위험물
① 제1류 위험물 : 산화성 고체, 제2류 위험물 - 가연성 고체(환원성 물질)
② 황화인, 황, 적린 : 위험등급 II
③ 오황화인, 칠황화인 : 조해성이 있다.
④ 철분, 금속분, 마그네슘 : 할로젠원소와 반응한다.

53

순수한 벤젠의 온도가 0℃일 때에 대한 설명으로 옳은 것은?

① 액체상태이고 인화의 위험이 있다.
② 고체상태이고 인화의 위험은 없다.
③ 액체상태이고 인화의 위험은 없다.
④ 고체상태이고 인화의 위험이 있다.

해설및용어설명 | 제4류 위험물 - 벤젠
• 녹는점 5.5℃, 인화점 -11℃
• 고체 상태이고 인화의 위험이 있다.

54

0.2N HCl 500mL에 물을 가해 1L로 하였을 때 pH는 약 얼마인가?

① 1.0
② 1.3
③ 2.0
④ 2.3

해설및용어설명 | pH

$pH = -\log[M] = -\log(\dfrac{1 \times 0.2N \times 0.5L}{1L}) = 1$

55

다음 중 검사를 판정의 대상에 의한 분류가 아닌 것은?

① 관리 샘플링검사
② 로트별 샘플링검사
③ 전수검사
④ 출하검사

해설및용어설명 | 검사의 분류

- 공정에 의한 분류
  - 수입검사 : 원자재 또는 반제품 등의 원료가 입고될 때 실시하는 검사
  - 출하검사 : 출하하기 전에 완제품 출하 여부를 결정하는 검사
  - 공정검사 : 생산 공정에서 실시하는 검사. 불량품이 다음 공정으로 진행되는 것을 방지
- 판정대상에 의한 분류
  - 전수검사, 로트별 샘플링검사, 관리 샘플링검사, 무검사, 자주검사

56

공정에서 만성적으로 존재하는 것은 아니고 산발적으로 발생하며, 품질의 변동에 크게 영향을 끼치는 요주의 원인으로 우발적 원인인 것을 무엇이라 하는가?

① 우연원인
② 이상원인
③ 불가피 원인
④ 억제할 수 없는 원인

해설및용어설명 | 관리도

- 우연원인(불가피원인)
  - 생산조건이 엄격하게 관리된 상태에서 발생하는 어느 정도의 불가피한 변동을 일으키는 원인
  - 작업자의 숙련도 차이, 작업환경의 차이, 식별되지 않을 정도의 원자재 및 생산설비 등의 제반 특성의 차이
- 이상원인(우발적 또는 기피원인)
  - 만성적으로 존재하는 것이 아니고 산발적으로 발생하여 품질에 영향을 주는 원인
  - 작업자의 부주의, 불량 자재의 사용, 생산설비상의 이상

57

관리도에서 점이 관리한계 내에 있으나 중심선 한쪽에 연속해서 나타나는 점의 배열현상을 무엇이라 하는가?

① 연
② 경향
③ 산포
④ 주기

해설및용어설명 | 관리도

① 점들이 관리도의 한쪽 편에 위치한다.
② 점들이 계속 증가하거나 감소한다.
③ 평균을 중심으로 어떻게 분포되어 있는가
④ 점들이 증가와 감소를 반복

58

제품공정 분석표(Product Process Chart) 작성 시 가공시간 개별법으로 가장 올바른 것은?

① $\dfrac{1개당\ 가공시간 \times 1로트의\ 수량}{1로트의\ 총가공시간}$

② $\dfrac{1로트의\ 가공시간}{1로트의\ 총가공시간 \times 1로트의\ 수량}$

③ $\dfrac{1로트의\ 가공시간 \times 1로트의\ 총가공시간}{1로트의\ 수량}$

④ $\dfrac{1로트의\ 총가공시간}{1로트의\ 가공시간 \times 1로트의\ 수량}$

해설및용어설명 | 가공시간 개별법

$\dfrac{1개당\ 가공시간 \times 1로트의\ 수량}{1로트의\ 총가공시간}$

59

품질특성을 나타내는 데이터 중 계수치 데이터에 속하는 것은?

① 무게
② 길이
③ 인장강도
④ 부적합품의 수

해설및용어설명 | 데이터의 종류

- 계량치 데이터 : 길이, 무게, 온도, 시간, 철판의 강도, 도금 두께 등과 같이 연속적으로 변화하는 값
- 계수치 데이터 : 불량개수, 재해발생 건수, 냉장고 표면의 긁힘 개수, 기차의 지연 도착율 등 세어서 얻을 수 있는 불연속적으로 변화하는 값

60

M 타입의 자동차 또는 LCD TV를 조립, 완성한 후 부적합수(결점수)를 점검한 데이터에는 어떤 관리도를 사용 하는가?

① P 관리도
② nP 관리도
③ c 관리도
④ $\bar{x} - R$ 관리도

해설및용어설명 | 관리도의 구분

- 계수치 관리도
  - P 관리도 : 불량률 관리도
  - nP 관리도 : 불량개수 관리도
  - c 관리도 : 결점수 관리도
  - u 관리도 : 단위당 결점수 관리도
- 계량값 관리도
  - $\bar{x}$-R 관리도 : 평균치와 범위 관리도
  - x 관리도 : 개개의 측정치 관리도
  - Me-R 관리도 : 메디안과 범위 관리도
  - L-S 관리도 : 최대치와 최소치 관리도
  - R 관리도

CBT 복원문제 — 2021 * 70

01

64g의 메탄올이 완전 연소되면 몇 g의 물이 생성되는가?

① 36
② 64
③ 72
④ 144

해설및용어설명 | 이상기체상태방정식 - 질량 구하기

$2CH_3OH + 5O_2 \rightarrow 4CO_2 + 4H_2O$

$PV = \dfrac{w}{M}RT \rightarrow V = \dfrac{wRT}{PM}$

- P = 1atm
- M = CH_3OH = 12 + 1×3 + 16 + 1 = 32g/mol
- w = 64g
- R = 0.082atm · L/mol · K
- T = 0℃ + 273 = 273K

$V = \dfrac{64 \times 0.082 \times 273}{1 \times 32} \times \dfrac{4\,H_2O}{2\,CH_3OH} \times \dfrac{(1 \times 2 + 16)g/mol}{22.4 L/mol} = 71.955 ≒ 72g$

02

다음 금속원소 중 이온화에너지가 가장 큰 원소는?

① 리튬
② 나트륨
③ 칼륨
④ 루비듐

해설및용어설명 | 이온화에너지

중성상태 원자에서 전자를 잃어 양이온이 될 때 필요한 에너지이다.
이온화에너지는 같은 족에서 아래로갈수록 감소한다.

03

황화수소 가스의 밀도(g/L)는 27℃, 2기압에서 약 얼마인가?

① 2.11
② 2.42
③ 2.76
④ 2.98

해설및용어설명 | 이상기체상태방정식

$PV = \dfrac{w}{M}RT \rightarrow \rho = \dfrac{w}{V} = \dfrac{PM}{RT}$

- P = 2atm
- M = H_2S = 1×2 + 32 = 34g/mol
- R = 0.082atm · L/mol · K
- T = 27℃ + 273 = 300K

$M = \dfrac{2 \times 34}{0.082 \times 300} = 2.764 ≒ 2.76 g/L$

04

크실렌(Xylene)의 일반적인 성질에 대한 설명 중 틀린 것은?

① 3가지 이성질체가 있고 모두 분자량이 같다.
② m - 크실렌은 무취이고 갈색 액체이다.
③ 이성질체 간의 구조식은 모두 다르다.
④ 증기는 비중이 높아 낮은 곳에 체류하기 쉽다.

해설및용어설명 | 제4류 위험물 - 크실렌

o(오르소)-크실렌	m(메타)-크실렌	p(파라)-크실렌
CH_3, CH_3 (인접)	CH_3, CH_3 (meta)	CH_3, CH_3 (para)

정답 01 ③ 02 ① 03 ③ 04 ②

① 분자량 : 모두 같다.
② 발화점 300℃
③ 구조식은 모두 다르다.
④ 증기비중 = $\dfrac{C_6H_4(CH_3)_2}{29} = \dfrac{12 \times 6 + 1 \times 4 + (12 + 1 \times 3) \times 2}{29} = 3.655$

증기비중이 1보다 크므로 낮은 곳에 체류한다.

05

인화칼슘의 일반적인 성질 중 옳은 것은?

① 물과 반응하여 독성의 가스가 발생한다.
② 비중이 물보다 작다.
③ 융점은 약 600℃ 정도이다.
④ 회흑색의 정육면체 고체상 결정이다.

해설및용어설명 | 제3류 위험물 - 인화칼슘

① $Ca_3P_2 + 6H_2O \rightarrow 3Ca(OH)_2 + 2PH_3$ 포스핀 - 독성가스
② 비중 2.51로 물보다 크다.
③ 융점 1,600℃ 이상
④ 암적색의 결정상의 고체

06

35.0wt% HCl 용액이 있다. 이 용액의 밀도가 1.1427g/mL라면 이 용액의 HCl의 몰농도 mol/L는 약 얼마인가?

① 11　　② 14
③ 18　　④ 22

해설및용어설명 | 몰농도

35wt% = 수용액 100g 중 HCl 35g

$35g \times \dfrac{1mol}{36.5g} = 0.9589mol$

$100g \times \dfrac{mL}{1.1427g} \times \dfrac{1L}{1,000mL} = 0.0875L$

$\dfrac{0.9589mol}{0.0875L} = 10.95 \fallingdotseq 11mol/L(M)$

07

위험물제조소 내의 위험물을 취급하는 배관은 최대상용압력의 몇 배 이상의 압력으로 수압시험을 실시하여 이상이 없어야 하는가?

① 0.5　　② 1.0
③ 1.5　　④ 2.0

해설및용어설명 | 제조소 - 배관

최대상용압력의 1.5배 이상의 압력으로 내압시험을 실시하여 누설 그 밖의 이상이 없는 것으로 하여야 한다.

08

다음 중 암적색의 분말인 비금속 물질로 비중이 약 2.2, 발화점이 약 260℃로 물에는 불용성인 위험물은?

① 적린　　② 황린
③ 삼황화인　　④ 황

해설및용어설명 | 제2류 위험물 - 적린

암적색 고체, 비중 2.2, 발화점 260℃

$P_4 \xrightarrow{260℃ \text{ 가열}} 4P$
황린　　　　　적린
제3류　　　　제2류

09

제5류 위험물의 저장 및 취급방법에 대한 설명으로 옳지 않은 것은?

① 점화원 및 분해를 촉진시키는 물질로부터 멀리한다.
② 용기의 파손 및 충격에 주의한다.
③ 가급적 소량으로 분리하여 저장한다.
④ 운반용기의 외부에 "물기엄금" 주의사항을 표시한다.

해설및용어설명 | 제5류 위험물
① 가연물 + 산소공급원 상태이므로 점화원의 접촉을 피한다.
② 용기 파손 및 충격에 주의한다.
③ 자기반응성 물질이므로 화재에 대비하여 소량으로 분리하여 저장한다.
④ 운반용기 외부에 화기엄금, 충격주의 주의사항을 표시한다.

10

다음 위험물 품명에서 지정수량이 200kg이 아닌 것은?

① 질산에스터류
② 나이트로화합물
③ 아조화합물
④ 하이드라진유도체

해설및용어설명 | 지정수량

위험등급	품명	지정수량
I	질산에스터류	10kg
I	유기과산화물	10kg
II	하이드록실아민	100kg
II	하이드록실아민염류	100kg
II	나이트로화합물	200kg
II	나이트로소화합물	200kg
II	아조화합물	200kg
II	다이아조화합물	200kg
II	하이드라진유도체	200kg
II	그외	200kg

11

다음 중 소화약제인 Halon 1301의 분자식은?

① CF_2Br_2
② CF_3Br
③ $CFBr_3$
④ CBr_3Cl

해설및용어설명 | 하론 소화약제
하론번호 : C, F, Cl, Br, I의 순서로 원소의 개수를 표시

하론번호	분자식
1301	CF_3Br
1211	CF_2ClBr
2402	$C_2F_4Br_2$
1011	CH_2ClBr
104	CCl_4

12

탄화알루미늄이 물과 반응하면 발생되는 가스는?

① 이산화탄소
② 일산화탄소
③ 메테인
④ 아세틸렌

해설및용어설명 | 화학반응식
$Al_4C_3 + 12H_2O \rightarrow 4Al(OH)_3 + 3CH_4$
탄화알루미늄   물   수산화알루미늄 메테인

13

탄화칼슘과 질소가 약 700℃에서 반응하여 생성되는 물질은?

① 아세틸렌
② 석회질소
③ 암모니아
④ 수산화칼슘

해설및용어설명 | 화학반응식
$CaC_2 + N_2 \rightarrow CaCN_2 + C$
탄화칼슘 질소   칼슘사이안아미드(석회질소) 탄소

14

다음 중 은백색의 광택성 물질로서 비중이 약 1.74인 위험물은?

① Cu
② Fe
③ Al
④ Mg

해설및용어설명 | 제2류 위험물
① 위험물이 아니다.
② 비중 7.87
③ 비중 2.7
④ 비중 1.74

15

공기를 차단하고 황린을 가열하면 적린이 만들어지는데 이때 필요한 최소 온도는 약 몇 ℃ 정도인가?

① 60
② 120
③ 260
④ 400

해설및용어설명 | 제3류 위험물 - 황린

$P_4 \xrightarrow{260℃ \ 가열} 4P$

황린   적린
제3류   제2류

16

다음 중 제3류 위험물의 금수성물질에 대하여 적응성이 있는 소화기는?

① 이산화탄소소화기
② 할로젠화합물소화기
③ 탄산수소염류소화기
④ 인산염류소화기

해설및용어설명 | 제3류 위험물 중 금수성 물질
주수금지 : 탄산수소염류 분말소화약제, 마른 모래, 팽창질석, 팽창진주암

17

위험물을 수납한 운반용기 외부에 표시할 사항에 대한 설명으로 틀린 것은?

① 위험물의 수용성 표시는 제4류 위험물로서 수용성인 것에 한하여 표시한다.
② 용적 200mL인 운반용기로 제4류 위험물에 해당하는 에어졸을 운반할 경우 그 용기의 외부에는 품명·위험등급·화학명·수용성을 표시하지 아니할 수 있다.
③ 기계에 의하여 하역하는 구조로 된 운반용기가 아닐 경우 용기 외부에는 운반용기 제조자의 명칭을 표시하여야 한다.
④ 제5류 위험물에 있어서는 "화기엄금" 및 "충격주의"를 표시하여야 한다.

해설및용어설명 | 위험물 운반용기
① 수용성 표시는 제4류 위험물로서 수용성인 것에 한한다.
② 제4류 위험물에 해당하는 에어졸의 운반용기로서 최대 용적이 300mL 이하의 것에 대하여는 품명·위험등급·화학명 및 수용성을 표시하지 아니할 수 있다.
③ 위험물 운반용기 외부에 표시해야하는 사항 : 품명·위험등급·화학명 및 수용성, 위험물의 수량, 주의사항(제조자 명칭이 아니다)
④ 제5류 위험물 주의사항 : 화기엄금, 충격주의

18

벤조일퍼옥사이드(과산화벤조일)에 대한 설명으로 틀린 것은?

① 백색 또는 무색 결정성 분말이다.
② 불활성 용매 등의 희석제를 첨가하면 폭발성이 줄어든다.
③ 진한 황산, 진한 질산, 금속분 등과 혼합하면 분해를 일으켜 폭발한다.
④ 알코올에는 녹지 않고, 물에 잘 용해된다.

해설및용어설명 | 제5류 위험물 - 과산화벤조일
① 무색 또는 백색, 무취의 결정이다.
② 건조하지 않게 보관하므로 건조방지를 위해 희석제(물, 프탈산디메틸 등)를 사용한다.
③ 유기물, 환원성과의 접촉을 피하고 마찰, 충격을 피한다.
④ 물에 녹지 않고 알코올에 약간 녹으며, 에터에 잘 녹는다.

정답   14 ④   15 ③   16 ③   17 ③   18 ④

19

비중이 1.84이고, 무게농도가 96wt%인 진한 황산의 노르말 농도는 약 몇 N인가?(단, 황의 원자량은 32이다)

① 1.8 ② 3.6
③ 18   ④ 36

해설및용어설명 | 노르말농도

$N = nM$

96wt% 진한 황산(H_2SO_4) 1kg이 있다고 가정하면,

부피 $1kg \times \dfrac{L}{1.84kg} = 0.5435L$

몰수 $1,000g \times 0.96 \times \dfrac{mol}{(1 \times 2 + 32 + 16 \times 4)g} = 9.796mol$

몰농도 $= \dfrac{9.796mol}{0.5435L} = 18.02M$

노르말농도 $= 2$당량 $\times 18.02M = 36.04N$

20

다음 중 안전거리의 규제를 받지 않는 곳은?

① 옥외탱크저장소   ② 옥내저장소
③ 지하탱크저장소   ④ 옥외저장소

해설및용어설명 | 안전거리 - 적용제외

- 제조소 : 제6류 위험물을 취급하는 곳
- 옥내저장소 : 지정수량 20배 미만의 제4석유류/동식물유류, 제6류 위험물 저장하는 곳, 지정수량 20배 이하 저장하는 기준에 적합한 구조로 된 곳
- 옥외저장소 : 제6류 위험물을 취급하는 곳
- 옥내탱크저장소
- 옥외탱크저장소 : 제6류 위험물 저장하는 곳
- 지하탱크저장소
- 간이탱크저장소
- 이동탱크저장소

21

다음 중 분자의 입체 모양이 정사면체를 이루는 것은?

① H_2O ② CH_4
③ SF_4 ④ NH_3

해설및용어설명 | 혼성궤도함수

① SP^2 : 평면삼각형
② SP^3 : 정사면체
③ SP^3 : 삼각뿔
④ SP^3 : 삼각뿔

22

옥내저장소에 위험물을 수납한 용기를 겹쳐 쌓는 경우 높이의 상한에 관한 설명 중 틀린 것은?

① 기계에 의하여 하역하는 구조로 된 용기만 겹쳐 쌓는 경우는 6미터
② 제3석유류를 수납한 소형 용기만 겹쳐 쌓는 경우는 4미터
③ 제2석유류를 수납한 소형 용기만 겹쳐 쌓는 경우는 4미터
④ 제1석유류를 수납한 소형 용기만 겹쳐 쌓는 경우는 3미터

해설및용어설명 | 옥내저장소 - 위험물 저장 높이

- 기계에 의하여 하역하는 구조 : 6m 이하
- 제4류 위험물 중 제3석유류, 제4석유류, 동식물유류 : 4m 이하
- 그 밖의 경우 : 3m 이하

23

25℃에서 다음과 같은 반응이 일어날 때 평형상태에서 NO_2의 부분압력은 0.15atm이다. 혼합물 중 N_2O_4의 부분압력은 약 몇 atm인가?(단, 압력평형상수 K_a는 7.13이다)

$$2NO_2(g) \rightleftarrows N_2O_4(g)$$

① 0.08　　　　② 0.16
③ 0.32　　　　④ 0.64

해설및용어설명 | 평형상수

$\alpha A + bB \rightleftarrows cC + dD$

- 액체 $\dfrac{[C]^c \cdot [D]^d}{[A]^a \cdot [B]^b} = K$

- 기체 $\dfrac{p_C{}^c \cdot p_D{}^d}{p_A{}^a \cdot p_B{}^b} = K_p$

$K_p = \dfrac{[N_2O_4]}{[NO_2]^2} \rightarrow [N_2O_4] = K_p \times [NO_2]^2$

$[N_2O_4] = 7.13 \times 0.15^2 = 0.1604 atm$

24

다음 중 산화하면 포름알데하이드가 되고 다시 한번 산화하면 포름산이 되는 것은?

① 에틸알코올　　　② 메틸알코올
③ 아세트알데하이드　　④ 아세트산

해설및용어설명 | 제4류 위험물

- $CH_3OH \xrightleftharpoons[\text{환원}(+2H)]{\text{산화}(-2H)} HCHO \xrightleftharpoons[\text{환원}(-O)]{\text{산화}(+O)} HCOOH$
  메탄올　　　　　　포름알데하이드　　　　포름산

- $C_2H_5OH \xrightleftharpoons[\text{환원}(+2H)]{\text{산화}(-2H)} CH_3CHO \xrightleftharpoons[\text{환원}(-O)]{\text{산화}(+O)} CH_3COOH$
  에탄올　　　　　　아세트알데하이드　　　아세트산

25

인화성 위험물질 600리터를 하나의 간이탱크저장소에 저장하려고 할 때 필요한 최소 탱크 수는?

① 4개　　　　② 3개
③ 2개　　　　④ 1개

해설및용어설명 | 간이탱크저장소

- 탱크수 : 3개 이하(동일 품질 2개 미만)
- 용량 : 600L 이하
- 두께 : 3.2mm 이상
- 통기관(밸브 없는 통기관, 대기밸브부착 통기관) 설치

26

1기압에서 인화점이 200℃인 것은 제 몇 석유류인가?
(단, 도료류 그 밖의 가연성 액체량이 40중량퍼센트 이하인 물품은 제외한다)

① 제1석유류　　　② 제2석유류
③ 제3석유류　　　④ 제4석유류

해설및용어설명 | 위험물 기준 - 제4류 위험물

- 특수인화물 인화점 -20℃, 비점 40℃, 발화점 100℃
- 제1석유류 인화점 ~21℃
- 제2석유류 인화점 21 ~ 70℃
- 제3석유류 인화점 70 ~ 200℃
- 제4석유류 인화점 200 ~ 250℃

27

과산화수소의 성질에 대한 설명 중 틀린 것은?

① 알코올, 에터에는 녹지만 벤젠, 석유에는 녹지 않는다.
② 농도가 66% 이상인 것은 충격 등에 의해서 폭발할 가능성이 있다.
③ 분해 시 발생한 분자상의 산소(O_2)는 발생기 산소(O)보다 산화력이 강하다.
④ 하이드라진과 접촉 시 분해폭발한다.

해설및용어설명 | 제6류 위험물 - 과산화수소
① 알코올, 에터에 녹고 벤젠, 석유 등에는 녹지 않는다.
② 60중량퍼센트 이상일 때 단독으로 분해 폭발한다.
③ 발생기 산소가 산화력이 강해서 표백제, 살균제 등으로 사용된다.
④ $2H_2O_2 + N_2H_4 \rightarrow N_2 + 4H_2O$
　　과산화수소　하이드라진　질소　물

28

다음 중 나머지 셋과 위험물의 유별 구분이 다른 것은?

① 나이트로글리세린　② 나이트로셀룰로오스
③ 셀룰로이드　　　　④ 나이트로벤젠

해설및용어설명 | 위험물 종류
① 제5류 위험물 중 질산에스터류
② 제5류 위험물 중 질산에스터류
③ 제5류 위험물 중 질산에스터류
④ 제4류 위험물 중 제3석유류(비수용성)

29

다음 중 제3석유류가 아닌 것은?

① 글리세린　　　② 나이트로톨루엔
③ 아닐린　　　　④ 벤즈알데하이드

해설및용어설명 | 위험물 종류
① 제4류 위험물 중 제3석유류(수용성), 지정수량 4,000L
② 제4류 위험물 중 제3석유류(비수용성), 지정수량 2,000L
③ 제4류 위험물 중 제3석유류(비수용성), 지정수량 2,000L
④ 제4류 위험물 중 제2석유류(수용성), 지정수량 2,000L

30

질산에 대한 설명 중 틀린 것은?

① 녹는점은 약 −43℃이다.　② 분자량은 약 63이다.
③ 지정수량은 300kg이다.　④ 비점은 약 178℃이다.

해설및용어설명 | 제6류 위험물 - 질산
① 녹는점 : -43℃
② 분자량 : $HNO_3 = 1 + 14 + 16 \times 3 = 63$
③ 제6류 위험물 모두 지정수량 300kg
④ 비점 86℃

31

소방수조에 물을 채워 직경 4cm의 파이프를 통해 8m/s의 유속으로 흘려 직경 1cm의 노즐을 통해 소화할 때 노즐 끝에서의 유속은 몇 m/s인가?

① 16　　② 32
③ 64　　④ 128

해설및용어설명 | 유체역학 - 유량

$Q = uA = u\dfrac{\pi D^2}{4}$

$u_1 \times \dfrac{\pi D_1^2}{4} = u_2 \times \dfrac{\pi D_2^2}{4}$

$8m/s \times \dfrac{(0.4m)^2}{4} = u_2 \times \dfrac{(0.1m)^2}{4}$

계산기 SOLVE 이용

$u_2 = 128m/s$

32

펌프와 발포기의 중간에 설치된 벤추리관의 벤추리작용과 펌프 가압수의 포소화약제 저장탱크에 대한 압력에 의하여 포소화약제를 흡입·혼합하는 방식은?

① 펌프 프로포셔너 방식
② 프레셔 프로포셔너 방식
③ 라인 프로포셔너 방식
④ 프레셔 사이드 프로포셔너 방식

해설및용어설명 | 포소화설비 - 약제 혼입방식

- 펌프 프로포셔너방식 : 펌프의 토출관과 흡입관 사이의 배관도중에 설치한 흡입기에 펌프에서 토출된 물의 일부를 보내고, 농도 조정밸브에서 조정된 포소화약제의 필요량을 포소화약제 탱크에서 펌프 흡입측으로 보내어 이를 혼합하는 방식
- 프레져 프로포셔너방식 : 펌프와 발포기의 중간에 설치된 벤추리관의 벤추리작용과 펌프 가압수의 포소화약제 저장탱크에 대한 압력에 따라 포소화약제를 흡입·혼합하는 방식
- 라인 프로포셔너방식 : 펌프와 발포기의 중간에 설치된 벤추리관의 벤추리작용에 따라 포소화약제를 흡입·혼합하는 방식을 말한다.
- 프레져사이드 프로포셔너방식 : 펌프의 토출관에 압입기를 설치하여 포 소화약제 압입용펌프로 포 소화약제를 압입시켜 혼합하는 방식

33

위험물안전관리자의 선임신고를 허위로 한 자에게 부과 하는 과태료의 최대 금액은?

① 50만원
② 100만원
③ 500만원
④ 1,000만원

해설및용어설명 | 과태료 - 500만원 이하(법 제39조)

1. 시·도의 조례가 정하는 바에 따라 관할소방서장의 승인을 받지 않고 지정수량 이상의 위험물을 90일 이내의 기간 동안 임시로 저장 또는 취급하는 경우
2. 군부대가 지정수량 이상의 위험물을 군사목적으로 임시로 저장 또는 취급할 때 세부기준을 위반한 자
3. 품명 등의 변경신고를 기간 이내에 하지 아니하거나 허위로 한 자
4. 지위승계신고를 기간 이내에 하지 아니하거나 허위로 한 자
5. 제조소등의 폐지신고 또는 규정에 따른 안전관리자의 선임신고를 기간 이내에 하지 아니하거나 허위로 한자
5의2. 사용중지신고 또는 재개신고를 기간 이내에 하지 아니하거나 허위로 한 자
6. 등록사항의 변경신고를 기간 이내에 하지 아니하거나 허위로 한 자
7. 점검결과를 기록·보존하지 아니한 자
7의2. 기간 이내에 점검결과를 제출하지 아니한 자
7의3. 제조소등에서의 흡연금지 규정에 따른 지정된 장소가 아닌 곳에서 흡연을 한 자
7의4. 제조소등에서의 흡연금지 규정에 따른 시정명령을 따르지 아니한 자
8. 위험물의 운반에 관한 세부기준을 위반한 자
9. 위험물의 운송에 관한 기준을 따르지 아니한 자

34

흐름 단면적이 감소하면서 속도두가 증가하고 압력두가 감소하여 생기는 압력차를 측정하여 유량을 구하는 기구로서 제작이 용이하고 비용이 저렴한 장점이 있으나 유체 수송을 위한 소요 동력이 증가하는 단점이 있는 것은?

① 로터미터
② 피토튜브
③ 벤추리미터
④ 오리피스미터

해설및용어설명 | 유체역학 - 유량계

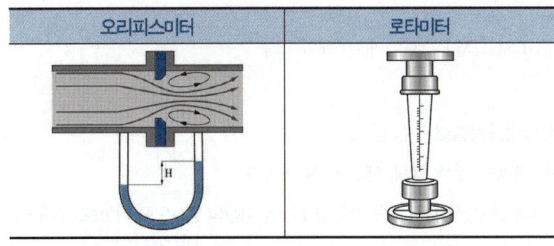

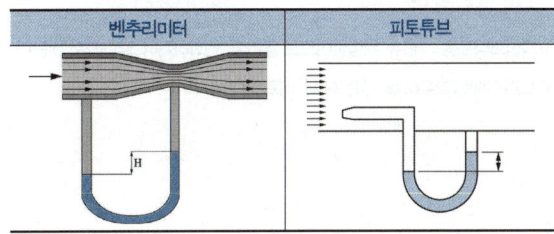

35

위험물안전관리법령에서 정한 위험물안전관리자의 책무에 해당하지 않는 것은?

① 제조소등의 구조 또는 설비의 이상을 발견한 경우 관계자에 대한 연락 및 응급조치
② 제조소등의 계측장치·제어장치 및 안전장치 등의 적정한 유지·관리
③ 안전관리자가 일시적으로 직무를 수행할 수 없는 경우에 대리자 지정
④ 위험물의 취급에 관한 일지의 작성·기록

해설및용어설명 | 안전관리자의 책무
① 제조소등의 구조 또는 설비의 이상을 발견한 경우 관계자에 대한 연락 및 응급조치
② 제조소등의 계측장치·제어장치 및 안전장치 등의 적정한 유지·관리
③ 안전관리자의 대리인에 대한 사항은 제조소등의 관계인이 정한다.
④ 바닥에 적당한 경사가 있는 경우 바닥의 최저부에 집유설비를 하여야 한다.

36

다음 위험물에 대한 설명으로 옳은 것은?

① $C_6H_5NH_2$는 담황색 고체로 에터에 녹지 않는다.
② $C_3H_5(ONO_2)_3$는 벤젠에 이산화질소를 반응시켜 만든다.
③ Na_2O_2의 인화점과 발화점은 $100°C$ 보다 낮다.
④ $(CH_3)_3Al$은 $25°C$에서 액체이다.

해설및용어설명 | 주기율표
① 아닐린 : 무색 액체, 에터에 잘 녹는다.
② 나이트로글리세린 : 글리세린을 질산과 황산의 혼산으로 나이트로화 반응시켜 제조
③ 과산화나트륨 : 제1류 위험물이므로 불연성, 인화하거나 발화하지 않는다.
④ 트라이메틸알루미늄 : 상온에서 액체이다.

37

주기율표상 0족의 불활성 물질이 아닌 것은?

① Ar ② Xe
③ Kr ④ Br

해설및용어설명 | 주기율표
① 18족 원소
② 18족 원소
③ 18족 원소
④ 17족 원소
18족 원소는 0족 원소라고도 하며 불활성기체이다.

38

제1류 위험물 중 알칼리금속의 과산화물을 수납한 운반용기 외부에 표시하여야 하는 주의사항을 모두 옳게 나타낸 것은?

① 물기주의, 가연물접촉주의, 충격주의
② 가연물접촉주의, 물기엄금, 화기엄금 및 공기노출금지
③ 화기·충격주의, 물기엄금, 가연물접촉주의
④ 충격주의, 화기엄금 및 공기접촉엄금, 물기엄금

해설및용어설명 | 위험물 주의사항

유별	종류	운반용기 외부의 주의사항	게시판	소화방법	덮개
제1류 위험물	알칼리금속의 과산화물	가연물접촉주의, 화기·충격주의, 물기엄금	물기엄금	주수금지	방수성 차광성
	그 외	가연물접촉주의, 화기·충격주의	없음	주수소화	차광성
제2류 위험물	철분·금속분·마그네슘	화기주의, 물기엄금	화기주의	주수금지	방수성
	인화성고체	화기엄금	화기엄금	주수소화 질식소화	
	그 외	화기주의	화기주의	주수소화	
제3류 위험물	자연발화성 물질	화기엄금, 공기접촉엄금	화기엄금	주수소화	차광성
	금수성물질	물기엄금	물기엄금	주수금지	방수성
제4류 위험물		화기엄금	화기엄금	질식소화	차광성 (특수인화물)
제5류 위험물		화기엄금, 충격주의	화기엄금	주수소화	차광성
제6류 위험물		가연물접촉주의	없음	주수소화	차광성

39

자동화재탐지설비를 설치하여야 하는 옥내저장소가 아닌 것은?

① 처마높이가 7m인 단층 옥내저장소
② 저장창고의 연면적이 100m²인 옥내저장소
③ 에탄올 5만L를 취급하는 옥내저장소
④ 벤젠 5만L를 취급하는 옥내저장소

해설및용어설명 | 자동화재탐지설비
- 옥내저장소
- 지정수량의 100배 이상을 저장 또는 취급하는 것
- 저장창고의 연면적 150m²를 초과하는 것
- 처마높이가 6m 이상인 단층건물

40

다음 중 과염소산칼륨과 접촉하였을 때의 위험성이 가장 낮은 물질은?

① 황   ② 알코올
③ 알루미늄   ④ 물

해설및용어설명 | 제1류 위험물 - 과염소산칼륨
제1류 위험물은 가연물과 접촉하면 폭발한다.
①, ②, ③ 가연물
④ 물과 반응하지 않는다.

41

50%의 N₂와 50% Ar으로 구성된 소화약제는?

① HFC – 125   ② IG – 541
③ HFC – 23   ④ IG – 55

해설및용어설명 | 불활성가스소화약제 N₂, Ar, CO₂
- IG - 100 : N₂ 50%, Ar 50%
- IG - 55 : N₂ 50%, Ar 50%
- IG - 541 : N₂ 52%, Ar 40%, CO₂ 8%

42

위험물안전관리법령상의 "자연발화성물질 및 금수성물질"에 해당하는 것은?

① 염소화규소화합물   ② 금속의 아지화합물
③ 황과 적린의 화합물   ④ 할로젠간화합물

해설및용어설명 | 제3류 위험물 - 자연발화성 및 금수성물질
① 제3류 위험물
② 제5류 위험물
③ 제2류 위험물, 황화인
④ 제6류 위험물

43

위험물안전관리법령상 [보기]의 위험물에 공통적으로 해당하는 것은?

> 초산메틸, 메틸에틸케톤, 피리딘, 포름산에틸

① 품명   ② 수용성
③ 지정수량   ④ 비수용성

해설및용어설명 | 제4류 위험물
- 초산메틸 : 제4류 위험물 중 제1석유류(비수용성), 지정수량 200L
- 메틸에틸케톤 : 제4류 위험물 중 제1석유류(비수용성), 지정수량 200L
- 피리딘 : 제4류 위험물 중 제1석유류(수용성), 지정수량 400L
- 포름산에틸 : 제4류 위험물 중 제1석유류(비수용성), 지정수량 200L

44

인화성고체는 1기압에서 인화점이 섭씨 몇 도인 고체를 말하는가?

① 20도 미만
② 30도 미만
③ 40도 미만
④ 50도 미만

해설및용어설명 | 제2류 위험물 - 인화성고체

1기압에서 인화점 40도 미만인 고체

45

다음 할로젠화합물 소화약제 중 HFC 계열이 아닌 것은?

① 트라이플루오로메테인
② 퍼플루오로부탄
③ 펜타플루오로에테인
④ 헵타플루오로프로판

해설및용어설명 | 할로젠화합물 소화약제

- HFC - 23 : 트라이플루오로메테인(CHF_3)
- HFC - 125 : 펜타플루오로에테인($C_2HF_5 = CHF_2CF_3$)
- HFC - 227ea : 헵타플루오로프로판($C_3HF_7 = CF_3CHFCF_3$)

46

다음 중 인화점이 가장 낮은 것은?

① 아세톤
② 벤젠
③ 톨루엔
④ 염화아세틸

해설및용어설명 | 제4류 위험물 - 인화점

① -18℃
② -11℃
③ 4℃
④ 5℃

※ 벤젠, 톨루엔, 아세톤의 인화점은 기억해두는 것이 좋습니다.

47

$NaClO_3$ 100kg, $KMnO_4$ 3,000kg, 및 $NaNO_3$ 450kg을 저장하려고 할 때 각 위험물의 지정수량 배수의 총합은?

① 4.0
② 5.5
③ 6.0
④ 6.5

해설및용어설명 | 지정수량

- 염소산나트륨 : 제1류 위험물 중 염소산염류, 지정수량 50kg
- 과망가니즈산칼륨 : 제1류 위험물 중 과망가니즈산염류, 지정수량 1,000kg
- 질산나트륨 : 제1류 위험물 중 질산염류, 지정수량 300kg

$$\frac{100kg}{50kg} + \frac{3,000kg}{1,000kg} + \frac{450kg}{300kg} = 6.5$$

48

이동탱크저장소에 설치하는 자동차용소화기의 설치기준으로 옳지 않은 것은?

① 무상의 강화액 8L 이상(2개 이상)
② 이산화탄소 3.2kg 이상(2개 이상)
③ 소화분말 2.2kg 이상(2개 이상)
④ CF_2ClBr 2L 이상(2개 이상)

해설및용어설명 | 이동탱크저장소 - 자동차용소화기

설치기준	
무상의 강화액 8L 이상	2개 이상
이산화탄소 3.2kg 이상	
브로모클로로다이플루오로메테인(CF_2ClBr) 2L 이상	
브로모트라이플루오로메테인(CF_3Br) 2L 이상	
다이브로모테트라플루오로에테인($C_2F_4Br_2$) 1L 이상	
소화분말 3.3kg 이상	

정답 44 ③ 45 ② 46 ① 47 ④ 48 ③

49

차아염소산칼슘에 대한 설명으로 옳지 않은 것은?

① 살균제, 표백제로 사용된다.
② 화학식은 $Ca(ClO)_2$이다.
③ 자극성은 없지만 강한 환원력이 있다.
④ 지정수량은 50kg이다.

해설및용어설명 | 제1류 위험물 - 차아염소산칼슘

① 살균제, 표백제로 사용된다.
② $Ca(ClO)_2$
③ 자극성이 있고 강한 산화력이 있다.
④ 제1류 위험물 중 그 외(차아염소산염류), 지정수량 50kg

50

위험물안전관리에 관한 세부기준의 산화성 시험방법 중 분립상 물품의 산화성으로 인한 위험성의 정도를 판단하기 위한 연소시험에 있어서 표준물질의 연소시험에 대한 설명으로 옳은 것은?

① 표준물질과 목분을 중량비 1 : 1로 섞어 혼합물 30g을 만든다.
② 표준물질과 목분을 중량비 2 : 1로 섞어 혼합물 30g을 만든다.
③ 표준물질과 목분을 중량비 1 : 1로 섞어 혼합물 60g을 만든다.
④ 표준물질과 목분을 중량비 2 : 1로 섞어 혼합물 60g을 만든다.

해설및용어설명 | 위험물 시험방법 - 산화성 시험방법

- 표준물질 연소시험 : 표준물질로서 150μm 이상 300μm 미만인 과염소산칼륨과 250μm 이상 500μm 미만인 목분을 중량비 1 : 1로 섞어 혼합물 30g을 만들 것

51

이산화탄소소화약제에 대한 설명 중 틀린 것은?

① 임계온도가 0℃ 이하이다.
② 전기 절연성이 우수하다.
③ 공기보다 약 1.5배 무겁다.
④ 산소와 반응하지 않는다.

해설및용어설명 | 이산화탄소소화약제

① 이산화탄소 임계온도는 31.1℃이다.
② 전기절연성이 우수하다.
③ $\dfrac{CO_2}{29} = \dfrac{12+16\times 2}{29} = 1.5$
④ 불연성. 산소와 반응하지 않는다.

52

위험물제조소에 옥내소화전 1개와 옥외소화전 1개를 설치하는 경우 수원의 수량을 얼마 이상 확보하여야 하는가?(단, 위험물 제조소는 단층 건물이다)

① $5.4m^3$
② $10.5m^3$
③ $21.3m^3$
④ $29.1m^3$

해설및용어설명 | 수원의 수량

- 옥내소화전 $7.8m^3 \times$(최대 5개)
- 옥외소화전 $13.5m^3 \times$(최대 4개)

$1\times 7.8 + 1\times 13.5 = 21.3m^3$

53

제5류 위험물 중 제조소의 위치·구조 및 설비 기준상 안전거리 기준, 담 또는 토제의 기준 등에 있어서 강화되는 특례기준을 두고 있는 품명은?

① 유기과산화물
② 질산에스터류
③ 나이트로화합물
④ 하이드록실아민

해설및용어설명 | 제조소 - 하이드록실아민등을 취급하는 제조소의 특례

- 담 또는 토제는 당해 제조소의 외벽 또는 이에 상당하는 공작물의 외측으로부터 2m 이상 떨어진 장소에 설치할 것
- 담 또는 토제의 높이는 당해 제조소에 있어서 하이드록실아민등을 취급하는 부분의 높이 이상으로 할 것
- 담은 두께 15cm 이상의 철근콘크리트조, 철골철근콘크리트조 또는 두께 20cm 이상의 보강콘크리트블록조로 할 것
- 토제의 경사면의 경사도는 60도 미만으로 할 것

54

나이트로글리세린에 대한 설명으로 옳지 않은 것은?

① 순수한 액은 상온에서 적색을 띤다.
② 물에 녹지 않는다.
③ 겨울철에는 동결할 수 있다.
④ 비중은 약 1.6으로 물보다 무겁다.

해설및용어설명 | 제5류 위험물 - 나이트로글리세린

- 무색 액체, 비중 1.6
- 다이너마이트 = 나이트로글리세린 + 규조토

겨울철에는 동결하므로 나이트로글리세린 대신 나이트로글리콜을 사용한다.

55

다음 중 계수치 관리도가 아닌 것은?

① c 관리도
② P 관리도
③ u 관리도
④ x 관리도

해설및용어설명 | 관리도의 구분

- 계수치 관리도
  - P 관리도 : 불량률 관리도
  - nP 관리도 : 불량개수 관리도
  - c 관리도 : 결점수 관리도
  - u 관리도 : 단위당 결점수 관리도
- 계량값 관리도
  - $\bar{x}$-R 관리도 : 평균치와 범위 관리도
  - x 관리도 : 개개의 측정치 관리도
  - Me-R 관리도 : 메디안과 범위 관리도
  - L-S 관리도 : 최대치와 최소치 관리도
  - R 관리도

56

c 관리도에서 k = 20인 군의 총부적합(결점)수 합계는 58이었다. 이 관리도의 UCL, LCL을 구하면 약 얼마인가?

① UCL = 6.92, LCL = 0
② UCL = 4.90, LCL = 고려하지 않음
③ UCL = 6.92, LCL = 고려하지 않음
④ UCL = 8.01, LCL = 고려하지 않음

해설및용어설명 | c관리도

중심선 = $\dfrac{\text{부적합 수 합}}{k} = \dfrac{58}{20}$

관리상한선(UCL) = $\dfrac{58}{20} + 3 \times \sqrt{\dfrac{58}{20}} = 8.01$

관리하한선(LCL) = $\dfrac{58}{20} - 3 \times \sqrt{\dfrac{58}{20}} = -2.21$

→ LCL 값이 음인 경우는 고려하지 않는다.

57

로트로부터 시료를 샘플링해서 조사하고, 그 결과를 로트의 관점기준과 대조하여 그 로트의 합격, 불합격을 판정하는 검사를 무엇이라 하는가?

① 샘플링검사 ② 전수검사
③ 공정검사 ④ 품질검사

해설및용어설명 |

전수검사	샘플링검사
• 전체 시료를 모두 검사하여 합격, 불합격을 판정하는 검사방법	• 로트에서 랜덤하게 시료를 추출하여 검사한 후 그 결과에 따라 로트의 합격, 불합격을 판정하는 검사방법
• 품질 특성치가 치명적인 결점을 포함하는 경우 • 부적합품이 섞여 들어가서는 안 되는 경우 • 품질향상에 자극을 준다.	• 파괴검사를 해야 하는 경우 • 다수 다량의 것으로 어느 정도 부적합품이 섞여도 괜찮을 경우 • 검사항목이 많은 경우 유리

58

품질관리 기능의 사이클을 표현한 것으로 옳은 것은?

① 품질개선 – 품질설계 – 품질보증 – 공정관리
② 품질설계 – 공정관리 – 품질보증 – 품질개선
③ 품질개선 – 품질보증 – 품질설계 – 공정관리
④ 품질설계 – 품질개선 – 공정관리 – 품질보증

해설및용어설명 | 관리 사이클

Plan – Do – Check – Action
품질설계 공정관리 품질보증 품질개선

59

계수 규준형 1회 샘플링(KS A 3102)에 관한 설명 중 가장 거리가 먼 내용은?

① 검사에 제출된 로트의 제조공정에 관한 사전 정보가 없어도 샘플링 검사를 적용할 수 있다.
② 생산자측과 구매자측이 요구하는 품질보호를 동시에 만족시키도록 샘플링 검사방식을 선정한다.
③ 파괴검사의 경우와 같이 전수검사가 불가능한 때에는 사용할 수 없다.
④ 1회만의 거래 시에도 사용할 수 있다.

해설및용어설명 | 샘플링 - 계수규준형 1회 샘플링

• 검사에 제출된 로트의 제조공정에 관한 사전 정보가 없어도 샘플링 검사를 적용할 수 있다.
• 생산자측과 구매자측이 요구하는 품질보호를 동시에 만족시키도록 샘플링 검사방식을 선정한다.
• 1회만의 거래 시에도 사용할 수 있다.

※ KS A 3102는 현재 폐지되었으며 KS Q 0001로 대체되었습니다.

60

작업개선을 위한 공정분석에 포함되지 않는 것은?

① 제품 공정분석 ② 사무 공정분석
③ 직장 공정분석 ④ 작업자 공정분석

해설및용어설명 | 공정분석 - 작업개선

• 제품 공정분석
• 사무 공정분석
• 작업자 공정분석

01

위험물 암반탱크가 다음과 같은 조건일 때 탱크의 용량은 몇 L인가?

- 암반탱크의 내용적 : 600,000리터
- 1일간 탱크 내에 용출하는 지하수의 양 : 1,000리터

① 595,000리터 ② 594,000리터
③ 593,000리터 ④ 592,000리터

해설및용어설명 | 공간용적

- 탱크 내용적의 100분의 5 이상 100분의 10 이하
- 소화설비 설치 탱크 : 소화설비 소화약제방출구 아래의 0.3미터 이상 1미터 미만 사이의 면으로부터 윗부분의 용적
- 암반탱크 : 탱크 내에 용출하는 7일간의 지하수의 양에 상당하는 용적과 탱크의 내용적의 100분의 1의 용적 중에서 큰 용적

탱크의 내용적 × $\frac{1}{100}$ = 600,000 × $\frac{1}{100}$ = 6,000리터

지하수의 양 × 7일 = 1,000 × 7일 = 7,000리터 → 공간용적 7,000리터

탱크의 용량 = 탱크의 내용적 - 공간용적 = 600,000 - 7,000 = 593,000리터

02

제조소에서 취급하는 제4류 위험물의 최대수량의 합이 지정수량의 48만 배 이상인 사업소의 자체소방대에 두어야 하는 화학소방자동차의 대수 및 자체소방대원의 수는?(단, 해당 사업소는 다른 사업소 등과 상호응원에 관한 협정을 체결하고 있지 아니하다)

① 4대, 20인 ② 3대, 15인
③ 2대, 10인 ④ 1대, 5인

해설및용어설명 | 자체소방대

- 제조소 또는 일반취급소에서 취급하는 제4류 위험물의 최대수량의 합이 지정수량의 3천배 이상
- 옥외탱크저장소에 저장하는 제4류 위험물의 최대수량이 지정수량의 50만배 이상

사업소의 구분	화학소방자동차	자체소방대원의 수
제조소 또는 일반취급소에서 취급하는 제4류 위험물의 최대수량의 합이 지정수량의 3천배 이상 12만배 미만인 사업소	1대	5인
제조소 또는 일반취급소에서 취급하는 제4류 위험물의 최대수량의 합이 지정수량의 12만배 이상 24만배 미만인 사업소	2대	10인
제조소 또는 일반취급소에서 취급하는 제4류 위험물의 최대수량의 합이 지정수량의 24만배 이상 48만배 미만인 사업소	3대	15인
제조소 또는 일반취급소에서 취급하는 제4류 위험물의 최대수량의 합이 지정수량의 48만배 이상인 사업소	4대	20인
옥외탱크저장소에 저장하는 제4류 위험물의 최대수량이 지정수량의 50만배 이상인 사업소	2대	10인

03

위험물안전관리법령상 소화설비의 적응성에서 제6류 위험물을 저장 또는 취급하는 제조소등에 설치할 수 있는 소화설비는?

① 인산염류분말소화설비
② 탄산수소염류분말소화설비
③ 이산화탄소소화설비
④ 할로젠화합물소화설비

해설및용어설명 | 위험물 소화방법

제6류 위험물 : 주수소화

① 인산염류분말소화설비 : 제1류 위험물, 제2류 위험물, 제6류 위험물의 주수소화에 한해 사용가능

04

위험물안전관리법령상 가연성 고체 위험물에 대한 설명 중 틀린 것은?

① 비교적 낮은 온도에서 착화되기 쉬운 가연물이다.
② 대단히 연소속도가 빠른 고체이다.
③ 철분 및 마그네슘을 포함하여 주수에 의한 냉각소화를 해야 한다.
④ 산화제와의 접촉을 피해야 한다.

해설및용어설명 | 제2류 위험물 - 가연성 고체
① 착화점 100~300℃ 정도로 착화점이 낮은 가연물이다.
② 연소속도가 빠른 고체이다.
③ 철분, 금속분, 마그네슘은 주수금지이다.
④ 환원제이므로 산화제와의 접촉을 피해야 한다.

05

알칼리토금속에 속하는 것은?

① Li   ② Fr
③ Cs   ④ Sr

해설및용어설명 | 주기율표

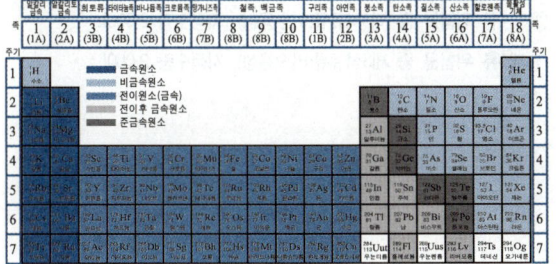

① 제1족 원소
② 제1족 원소
③ 제1족 원소
④ 제2족 원소

06

알코올류의 탄소수가 증가함에 따른 일반적인 특징으로 옳은 것은?

① 인화점이 낮아진다.
② 연소범위가 넓어진다.
③ 증기 비중이 증가한다.
④ 비중이 증가한다.

해설및용어설명 | 제4류 위험물 - 알코올류

	메틸알코올	에틸알코올	이소프로필알코올
인화점	11℃	13℃	12℃
연소범위	7.3 ~ 36%	4.3 ~ 19%	2 ~ 12%
증기비중	$\frac{12+1\times3+16+1}{29}$ = 1.1	$\frac{12\times2+1\times5+16+1}{29}$ = 1.59	$\frac{12\times3+1\times7+16+1}{29}$ = 2.07
비중	0.79	0.79	0.78

07

다음 중 위험물안전관리법의 적용제외 대상이 아닌 것은?

① 항공기로 위험물을 국외에서 국내로 운반하는 경우
② 철도로 위험물을 국내에서 국내로 운반하는 경우
③ 선박(기선)으로 위험물을 국내에서 국외로 운반하는 경우
④ 국제해상위험물규칙(IMDG Code)에 적합한 운반용기에 수납된 위험물을 자동차로 운반하는 경우

해설및용어설명 | 위험물안전관리법 - 적용 제외
이 법은 항공기·선박(선박법 제1조의2제1항의 규정에 따른 선박을 말한다)·철도 및 궤도에 의한 위험물의 저장·취급 및 운반에 있어서는 이를 적용하지 아니한다.

08

제5류 위험물에 대한 설명 중 틀린 것은?

① 다이아조화합물은 다이아조기(-N=N-)를 가진 무기화합물이다.
② 유기과산화물은 산소를 포함하고 있어서 다량으로 연소할 경우 소화에 어려움이 있다.
③ 하이드라진은 제4류 위험물이지만 하이드라진 유도체는 제5류 위험물이다.
④ 고체인 물질도 있고 액체인 물질도 있다.

해설 및 용어설명 | 제5류 위험물
① 제5류 위험물은 유기화합물이다.
② 가연물과 산소가 합쳐져 있으므로 질식소화가 불가하다.
③ 하이드라진 : 제4류 위험물 중 제2석유류 수용성
④ 질산에스터류 중 셀룰로이드를 제외한 나머지 위험물은 고체이다.

09

트라이에틸알루미늄 19kg이 물과 반응하였을 때 생성되는 가연성가스는 표준상태에서 몇 m³인가?(단, 알루미늄의 원자량은 27이다)

① 11.2
② 22.4
③ 33.6
④ 44.8

해설 및 용어설명 | 이상기체상태방정식

$(C_2H_5)_3Al + 3H_2O \rightarrow Al(OH)_3 + 3C_2H_6$

$PV = \frac{w}{M}RT \rightarrow V = \frac{wRT}{PM}$

- P = 1atm
- M = $(C_2H_5)_3Al$ = 12×6 + 1×15 + 27 = 114kg/kmol
- w = 19kg
- R = 0.082atm·m³/kmol·K
- T = 0℃ + 273 = 273K

$V = \frac{19 \times 0.082 \times 273}{1 \times 114} \times \frac{3\,H_2O}{1\,(C_2H_5)_3Al} = 11.193 ≒ 11.2\,m^3$

10

윤활제, 화장품, 폭약의 원료로 사용되며, 무색이고 단맛이 있는 제4류 위험물로 지정수량이 4,000L인 것은?

① $C_6H_3(OH)(NO_2)_2$
② $C_3H_5(OH)_3$
③ $C_6H_5NO_2$
④ $C_6H_5NH_2$

해설 및 용어설명 | 제4류 위험물
제4류 위험물 중 제3석유류(수용성), 지정수량 4,000L
① 다이나이트로페놀 : 제5류 위험물 중 나이트로화합물(종판단 필요)
② 글리세린 : 제4류 위험물 중 제3석유류(수용성), 지정수량 4,000L
③ 나이트로벤젠 : 제4류 위험물 중 제3석유류(비수용성), 지정수량 2,000L
④ 아닐린 : 제4류 위험물 중 제3석유류(비수용성), 지정수량 2,000L

11

다음 위험물 중 해당하는 품명이 나머지 셋과 다른 하나는?

① 큐멘
② 아닐린
③ 나이트로벤젠
④ 염화벤조일

해설 및 용어설명 | 위험물의 종류
① 제4류 위험물 중 제2석유류(비수용성), 지정수량 1,000L
② 제4류 위험물 중 제3석유류(비수용성), 지정수량 2,000L
③ 제4류 위험물 중 제3석유류(비수용성), 지정수량 2,000L
④ 제4류 위험물 중 제3석유류(비수용성), 지정수량 2,000L

12

각 물질의 화재 시 발생하는 현상과 소화방법에 대한 설명으로 틀린 것은?

① 황린의 소화는 연소 시 발생하는 황화수소 가스를 피하기 위하여 바람을 등지고 공기호흡기를 착용한다.
② 트라이에틸알루미늄의 화재 시 이산화탄소소화약제, 할로젠화합물소화약제의 사용을 금한다.
③ 리튬 화재 시에는 팽창질석, 마른 모래 등으로 소화한다.
④ 부틸리튬 화재의 소화에는 포소화약제를 사용할 수 없다.

해설및용어설명 | 위험물 소화방법

① $P_4 + 5O_2 \rightarrow 2P_2O_5$ (오산화린)
② 제3류 위험물 중 금수성물질 - 주수금지 : 탄산수소염류 분말소화약제, 마른 모래, 팽창질석, 팽장진주암
③ 제3류 위험물 중 금수성물질 - 주수금지 : 탄산수소염류 분말소화약제, 마른 모래, 팽창질석, 팽장진주암
④ 제3류 위험물 중 금수성물질 - 주수금지 : 탄산수소염류 분말소화약제, 마른 모래, 팽창질석, 팽장진주암

13

소화난이도 등급 I에 해당하는 제조소 등의 종류, 규모 등 및 설치 가능한 소화설비에 대해 짝지은 것 중 틀린 것은?

① 제조소 - 연면적 $1,000m^2$ 이상인 것 - 옥내소화전설비
② 옥내저장소 - 처마높이가 6m 이상인 단층건물 - 이동식 분말소화설비
③ 옥외탱크장소(지중탱크) - 지정수량의 100배 이상인 것(제6류 위험물을 저장하는 것 및 고인화점 위험물만을 100℃ 미만의 온도에서 저장하는 것은 제외) - 고정식 이산화탄소소화설비
④ 옥외저장소 - 제1석유류를 저장하는 것으로서 지정수량의 100배 이상인 것 - 물분무등소화설비(화재발생 시 연기가 충만할 우려가 있는 장소에는 스프링클러 설비는 이동식 이외의 물분무등소화설비에 한한다.

해설및용어설명 | 소화난이도등급 I

① 제조 : 연면적 $1,000m^2$ 이상인 것 - 옥내소화전설비, 옥외소화전설비, 스프링클러설비 또는 물분무등소화설비(화재발생 시 연기가 충만할 우려가 있는 장소에는 스프링클러설비 또는 이동식 외의 물분무등소화설비에 한한다)
② 옥내저장소 : 처마높이가 6m 이상인 단층건물 - 스프링클러설비 또는 이동식 외의 물분무등소화설비
③ 옥외탱크저장소 : 지중탱크 또는 해상탱크로서 지정수량의 100배 이상인 것 - 고정식 포소화설비, 이동식 이외의 불활성가스 소화설비 또는 이동식 이외의 할로젠화합물 소화설비(해상탱크에는 물분무소화설비 추가)
④ 옥외저장소 : 인화성고체, 제1석유류 또는 알코올류를 저장하는 것으로서 지정수량의 100배 이상 - 옥내소화전설비, 옥외소화전설비, 스프링클러설비 또는 물분무등소화설비(화재발생 시 연기가 충만할 우려가 있는 장소에는 스프링클러설비 또는 이동식 이외의 물분무등소화설비에 한한다)

14

시료를 가스화시켜 분리관 속에 운반기체(carrier gas)와 같이 주입하고 분리관(컬럼) 내에서 체류하는 시간의 차이에 따라 정성, 정량하는 기기분석은?

① FT – IR
② GC
③ UV – vis
④ XRD

해설및용어설명 | 기기분석

① 적외선분광분석기
② 가스크로마토그래피
③ 자외선 - 가시광선 분광분석기
④ X선회절

15

과산화수소의 분해방지 안정제로 사용할 수 있는 물질은?

① 구리
② 은
③ 인산
④ 목탄분

해설및용어설명 | 제6류 위험물 - 과산화수소

- 안정제 : 인산, 요산
- 정촉매 : 이산화망가니즈

16

위험물안전관리법령에 따른 위험물의 저장·취급에 관한 설명으로 옳은 것은?

① 군부대가 군사목적으로 지정수량 이상의 위험물을 제조소 등이 아닌 장소에서 저장·취급하는 경우는 90일 이내의 기간 동안 임시로 저장·취급할 수 있다.
② 옥외저장소에서 위험물과 위험물이 아닌 물품을 함께 저장하는 경우는 물품 간 별도의 이격거리 기준이 없다.
③ 유별을 달리하는 위험물을 동일한 장소에 저장할 수 없는 것이 원칙이지만, 옥내저장소에 제1류 위험물과 황린을 상호 1m 이상의 간격을 유지하여 저장하는 것은 가능하다.
④ 옥내저장소에 제4류 위험물 중 제3석유류 및 제4석유류를 수납하는 용기만을 겹쳐 쌓는 경우에는 6m를 초과하지 않아야 한다.

해설및용어설명 | 위험물 저장·취급

① 군사목적으로 임시 저장 취급하는 경우(기간제한 없음)
② 위험물과 위험물이 아닌 물품 사이에 1m 거리 두어 저장
③ 위험물 저장 - 유별이 다른 위험물 1m 간격
  - 제1류 위험물(알칼리금속의 과산화물 제외) + 제5류
  - 제1류 + 제6류
  - 제1류 + 제3류 중 자연발화성물질(황린)
  - 제2류 중 인화성 고체 + 제4류
  - 제3류 중 알킬알루미늄·알킬리튬 + 제4류 중 알킬알루미늄·알킬리튬 함유
  - 제4류 중 유기과산화물 함유 + 제5류 중 유기과산화물 함유
④ 옥내저장소 - 위험물 저장 높이
  - 기계에 의하여 하역하는 구조 : 6m 이하
  - 제4류 위험물 중 제3석유류, 제4석유류, 동식물유류 : 4m 이하
  - 그 밖의 경우 : 3m 이하

17

방폭구조 결정을 위한 폭발위험장소를 옳게 분류한 것은?

① 0종 장소, 1종 장소
② 0종 장소, 1종 장소, 2종 장소
③ 1종 장소, 2종 장소, 3종 장소
④ 0종 장소, 1종 장소, 2종 장소, 3종 장소

해설및용어설명 | 위험장소

- 0종장소 : 가스, 증기 또는 미스트의 인화성 물질의 공기 혼합물로 구성되는 폭발분위기가 장기간 또는 빈번하게 생성되는 장소
- 1종장소 : 가스, 증기 또는 미스트의 인화성 물질의 공기 혼합물로 구성되는 폭발분위기가 주기적 또는 간헐적으로 생성될 수 있는 장소
- 2종장소 : 가스, 증기 또는 미스트의 인화성 물질의 공기 혼합물로 구성되는 폭발분위기가 정상작동 중에는 생성될 가능성이 없으나, 만약 위험분위기가 생성될 경우에는 그 빈도가 극히 희박하고 아주 짧은 시간 지속되는 장소

18

물분무소화에 사용된 20℃의 물 2g이 완전히 기화되어 100℃의 수증기가 되었다면 흡수된 열량과 수증기 발생량은 약 얼마인가?(단, 1기압을 기준으로 한다)

① 1,238cal, 2,400mL
② 1,238cal, 3,400mL
③ 2,476cal, 2,400mL
④ 2,476cal, 3,400mL

해설및용어설명 | 열량

Q = 물 20℃ → 물 100℃ (현열) + 물 100℃ → 수증기 100℃ (잠열)
  = $cm\triangle T + \lambda m$
  = 1cal/g·℃ × 2g × (100 - 20)℃ + 539cal/g × 2g = 1,238cal

이상기체상태방정식

$PPV = \frac{w}{M}RT \rightarrow V = \frac{wRT}{PM}$

- P = 1atm
- M = H_2O = 1×2 + 16 = 18g/mol

정답 15 ③ 16 ③ 17 ② 18 ②

- w = 2g
- R = 0.082 atm·L/mol·K
- T = 100℃ + 273 = 373K

$$V = \frac{2 \times 0.082 \times 373}{1 \times 18} = 3.398L \times \frac{1,000ml}{1L} = 3,398ml ≒ 3,400ml$$

19

제4류 위험물 중 경유를 판매하는 제2종 판매 취급소를 허가받아 운영하고자 한다. 취급할 수 있는 최대수량은?

① 2,000L ② 40,000L
③ 80,000L ④ 160,000L

해설및용어설명 | 판매취급소
- 제1종 판매취급소 : 지정수량 20배 이하의 위험물을 취급하는 장소
- 제2종 판매취급소 : 지정수량 40배 이하의 위험물을 취급하는 장소
경유 : 제4류 위험물 중 제2석유류 비수용성, 지정수량 1,000L
1,000L × 40 = 40,000L

20

다음 위험물을 완전연소시켰을 때 나머지 셋의 위험물의 연소생성물에 공통적으로 포함된 가스를 발생하지 않는 것은?

① 황 ② 황린
③ 삼황화인 ④ 이황화탄소

해설및용어설명 | 화학반응식
① $S + O_2 \rightarrow SO_2$
② $P_4 + 5O_2 \rightarrow 2P_2O_5$
③ $P_4S_3 + 8O_2 \rightarrow 2P_2O_5 + 3SO_2$
④ $CS_2 + 3O_2 \rightarrow CO_2 + 2SO_2$

21

고온에서 용융된 황과 수소가 반응하였을 때 현상으로 옳은 것은?

① 발열하면서 H_2S가 생성된다.
② 흡열하면서 H_2S가 생성된다.
③ 발열은 하지만 생성물은 없다.
④ 흡열은 하지만 생성물은 없다.

해설및용어설명 | 화학반응식
$S + H_2 \rightarrow H_2S$

22

황은 순도가 몇 중량퍼센트 이상인 것을 위험물로 분류하는가?

① 20 ② 30
③ 50 ④ 60

해설및용어설명 | 위험물 기준
황 : 순도가 60중량퍼센트 이상인 것. 불순물은 활석 등 불연성 물질과 수분에 한한다.

23

자신은 불연성물질이지만 산화력을 가지고 있는 물질은?

① 마그네슘 ② 과산화수소
③ 알킬알루미늄 ④ 에틸렌글리콜

해설및용어설명 | 위험물의 종류
① 제2류 위험물
② 제6류 위험물
③ 제3류 위험물
④ 제4류 위험물
산화성 고체, 산화성 액체 - 불연성, 조연성, 강산화제

24

직경이 400mm인 관과 300mm인 관이 연결되어 있다. 직경 400mm 관에서의 유속이 2m/s라면 300mm 관에서의 유속은 약 몇 m/s인가?

① 6.56
② 5.56
③ 4.56
④ 3.56

해설및용어설명 | 유체역학 - 유량

$$Q = uA = u\frac{\pi D^2}{4}$$

$$u_1 \times \frac{\pi D_1^2}{4} = u_2 \times \frac{\pi D_2^2}{4}$$

$$2\text{m/s} \times \frac{400^2}{4} = u_2 \times \frac{300^2}{4}$$

계산기 SOLVE 이용

25

수소화리튬의 위험성에 대한 설명 중 틀린 것은?

① 물과 실온에서 격렬히 반응하여 수소를 발생하므로 위험하다.
② 공기와 접촉하면 자연발화의 위험이 있다.
③ 피부와 접촉 시 화상의 위험이 있다.
④ 고온으로 가열하면 수산화리튬과 수소를 발생하므로 위험하다.

해설및용어설명 | 제3류 위험물 - 금속수소화합물

① $LiH + H_2O \rightarrow LiOH + H_2$
② 제3류 위험물이므로 자연발화의 위험이 있다.
③ 피부와 접촉 시 화상 위험이 있다.
④ 물과 접촉 시 수산화리튬과 수소를 발생한다.

26

다음의 저장소에 있어서 1인의 위험물 안전관리자를 중복하여 선임할 수 있는 경우에 해당하지 않는 것은?

① 동일 구내에 있는 7개의 옥내저장소를 동일인이 설치한 경우
② 동일 구내에 있는 21개의 옥외탱크저장소를 동일인이 설치한 경우
③ 상호 100mm 이내의 거리에 있는 15개의 옥외저장소를 동일인이 설치한 경우
④ 상호 100mm 이내의 거리에 있는 6개의 암반탱크저장소를 동일인이 설치한 경우

해설및용어설명 | 안전관리자

1인의 안전관리자를 중복하여 선임할 수 있는 저장소

- 10개 이하의 옥내저장소
- 30개 이하의 옥외탱크저장소
- 옥내탱크저장소
- 지하탱크저장소
- 간이탱크저장소
- 10개 이하의 옥외저장소
- 10개 이하의 암반탱크저장소

27

위험물안전관리법령상 옥외탱크저장소의 탱크 중 압력탱크의 수압시험 기준은?

① 최대상용압력의 2배의 압력으로 20분간 실시하는 수압시험에서 새거나 변형되지 아니하여야 한다.
② 최대상용압력의 2배의 압력으로 10분간 실시하는 수압시험에서 새거나 변형되지 아니하여야 한다.
③ 최대상용압력의 1.5배의 압력으로 20분간 실시하는 수압시험에서 새거나 변형되지 아니하여야 한다.
④ 최대상용압력의 1.5배의 압력으로 10분간 실시하는 수압시험에서 새거나 변형되지 아니하여야 한다.

해설및용어설명 | 옥외탱크저장소

- 압력탱크 외의 탱크 : 충수시험
- 압력탱크 : 최대상용압력의 1.5배의 압력으로 10분간 실시하는 수압시험

28

위험물저장탱크에 설치하는 통기관 선단의 인화방지망은 어떤 소화효과를 이용한 것인가?

① 질식소화　　　② 부촉매소화
③ 냉각소화　　　④ 제거소화

해설및용어설명 | 제4류 위험물 옥외저장탱크 - 통기관
- 대기밸브 부착 통기관 : 5kPa 이하의 압력차이로 작동할 수 있을 것
- 밸브 없는 통기관 : 지름 30mm 이상, 끝부분 45도 이상 구부리기
- 인화 방지망 : 불티 등에 의해 점화원이 탱크 내부로 유입되어 폭발 또는 화재 일어나는 것을 방지한다.
　→ 제거소화

29

위험물안전관리법령상 간이탱크저장소의 설치기준으로 옳지 않은 것은?

① 하나의 간이탱크저장소에 설치하는 간이저장탱크의 수는 3 이하로 한다.
② 간이저장탱크의 용량은 600L 이하로 한다.
③ 간이저장탱크는 두께 2.3mm 이상의 강판으로 제작한다.
④ 간이저장탱크에는 통기관을 설치하여야 한다.

해설및용어설명 | 간이탱크저장소
- 탱크수 : 3개 이하(동일 품질 2개 미만)
- 용량 : 600L 이하
- 두께 : 3.2mm 이상
- 통기관(밸브 없는 통기관, 대기밸브부착 통기관) 설치

30

차아염소산칼슘에 대한 설명으로 옳지 않은 것은?

① 살균제, 표백제로 사용된다.
② 화학식은 $Ca(ClO)_2$이다.
③ 자극성이며 강한 환원력이 있다.
④ 지정수량은 50kg이다.

해설및용어설명 | 제1류 위험물 - 그 외
① 염소산염류는 산화성이 강한 살균제, 표백제이다.
② 화학식 : $Ca(ClO)_2$
③ 자극성이며 강한 산화력이 있다.
④ 제1류 위험물 중 차아염소산염류, 지정수량 50kg

31

공기를 차단한 상태에서 황린을 약 260℃로 가열하면 생성되는 물질은 제 몇 류 위험물인가?

① 제1류 위험물　　　② 제2류 위험물
③ 제5류 위험물　　　④ 제6류 위험물

해설및용어설명 | 제3류 위험물 - 황린

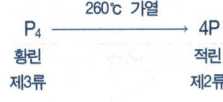

P_4　　260℃ 가열　　4P
황린　　　　　　　　적린
제3류　　　　　　　　제2류

32

은백색의 광택이 있는 금속으로 비중은 약 7.86, 융점은 1,530℃이고 열이나 전기의 양도체이며 염산에 반응하여 수소를 발생하는 것은?

① 알루미늄 ② 철
③ 아연 ④ 마그네슘

해설 및 용어설명 | 제2류 위험물
① 비중 2.7
② 비중 7.87
③ 비중 7.14
④ 비중 1.74

33

톨루엔의 성질을 벤젠과 비교한 것 중 틀린 것은?

① 독성은 벤젠보다 크다.
② 인화점은 벤젠보다 높다.
③ 비점은 벤젠보다 높다.
④ 융점은 벤젠보다 낮다.

해설 및 용어설명 | 제4류 위험물

	톨루엔	벤젠
독성	1,250mg (LOAEL, 랫드, 경구)	25mg (LOAEL, 랫드, 경구)
인화점	4℃	-11℃
비점	110.6℃	80.1℃
융점	-94.9℃	5.5℃

사망에 이르는 독성 농도. 숫자가 작을수록 독성이 크다.

34

단층건축물에 옥내탱크저장소를 설치하고자 한다. 하나의 탱크 전용실에 2개의 옥내저장탱크를 설치하여 에틸렌글리콜과 기어유를 저장하고자 한다면 저장 가능한 지정수량의 최대배수를 옳게 나타낸 것은?

품명	저장 가능한 지정수량의 최대배수
에틸렌글리콜	(㉠)
기어유	(㉡)

① ㉠ 40배, ㉡ 40배 ② ㉠ 20배, ㉡ 20배
③ ㉠ 10배, ㉡ 30배 ④ ㉠ 5배, ㉡ 35배

해설 및 용어설명 | 옥내탱크저장소 - 용량
- 지정수량의 40배 이하
- 제4석유류 및 동식물유류 외의 제4류 위험물의 지정수량×40 값이 20,000L를 초과할 때 20,000L

제4류 위험물 중 제3석유류(수용성), 지정수량 4,000L
→ 20,000L까지 저장 가능 = 지정수량의 5배
제4류 위험물 중 제4석유류, 지정수량 6,000L
지정수량의 40배까지 저장할 수 있으므로 제4석유류는 35배 저장 가능

35

제4류 위험물 중 [보기]의 요건에 모두 해당하는 위험물은 무엇인가?

- 옥내저장소에 저장·취급하는 경우 하나의 저장창고 바닥 면적은 1,000m² 이하여야 한다.
- 위험등급은 Ⅱ에 해당한다.
- 이동탱크저장소에 저장·취급할 때에는 법정의 접지 도선을 설치하여야 한다.

① 다이에틸에터 ② 피리딘
③ 클레오소트유 ④ 고형알코올

해설및용어설명 | 옥내저장소 - 바닥면적
- 위험등급 I, 제4류 위험물 위험등급 I, II : 바닥면적 1,000m²
- 위험등급 II, III, 제4류 위험물 위험등급 III : 바닥면적 2,000m²
- 바닥면적 1,000m² + 2,000m² 인 경우 = 1,500m²
① 제4류 위험물 중 특수인화물, 지정수량 50L, 위험등급 I
② 제4류 위험물 중 제1석유류(수용성), 지정수량 400L, 위험등급 II
③ 제4류 위험물 중 제3석유류(비수용성), 지정수량 2,000L, 위험등급 III
④ 제2류 위험물 중 인화성고체, 지정수량 1,000kg, 위험등급 III

36

위험물안전관리법령상 지정수량이 100kg이 아닌 것은?

① 적린 ② 철분
③ 황   ④ 황화인

해설및용어설명 | 지정수량
① 제2류 위험물 중 적린, 지정수량 100kg
② 제2류 위험물 중 철분, 지정수량 500kg
③ 제2류 위험물 중 황, 지정수량 100kg
④ 제2류 위험물 중 황화인, 지정수량 100kg

37

원형관 속에서 유속 3m/s로 1일 동안 20,000m³의 물을 흐르게 하는데 필요한 관의 내경은 약 몇 mm인가?

① 414 ② 313
③ 212 ④ 194

해설및용어설명 | 유체역학 - 유량

$Q = uA = u\dfrac{\pi D^2}{4}$

$Q = 20{,}000 m^3/day \times \dfrac{1day}{24h} \times \dfrac{1h}{3{,}600s}$

$u = 3m/s$

$20{,}000 \times \dfrac{1day}{24h} \times \dfrac{1h}{3{,}600s} = 3 \times \dfrac{\pi D^2}{4}$

계산기 SOLVE 이용

38

메탄올과 에탄올을 비교하였을 때 다음의 식이 적용되는 값은?

> 메탄올 > 에탄올

① 발화점 ② 분자량
③ 증기비중 ④ 비점

해설및용어설명 | 제4류 위험물 - 알코올류

	메틸알코올	에틸알코올
인화점	11℃	13℃
발화점	464℃	423℃
비점	64.7℃	80℃
연소범위	7.3 ~ 36%	4.3 ~ 19%
증기비중	$\dfrac{12+1\times 3+16+1}{29}=1.1$	$\dfrac{12\times 2+1\times 5+16+1}{29}=1.59$
비중	0.79	0.79

39

위험물안전관리법령상 알칼리금속 과산화물에 적응성이 있는 소화설비는?

① 할로젠화합물 소화설비
② 탄산수소염류 분말소화설비
③ 물분무소화설비
④ 스프링클러설비

해설및용어설명 | 위험물 소화방법
- 제1류 위험물 중 알칼리금속의 과산화물 : 주수금지
- 탄산수소염류 분말소화설비, 마른 모래, 팽창질석, 팽창진주암

정답 36 ② 37 ② 38 ① 39 ②

40

다이에틸에터(diethyl ether)의 화학식으로 옳은 것은?

① $C_2H_5C_2H_5$
② $C_2H_5OC_2H_5$
③ $C_2H_5COC_2H_5$
④ $C_2H_5COOC_2H_5$

해설및용어설명 | 위험물 종류
① 부탄
② 다이에틸에터
③ 다이에틸케톤
④ 프로피온산에틸

41

위험물제조소등의 옥내소화전설비의 설치기준으로 틀린 것은?

① 수원의 수량은 옥내소화전이 가장 많이 설치된 층의 옥내소화전 설치개수(설치개수가 5개 이상인 경우는 5개)에 $2.4m^3$를 곱한 양 이상이 되도록 설치할 것
② 옥내소화전은 제조소 등의 건축물의 층마다 당해 층의 각 부분에서 하나의 호스 접속구까지의 수평거리가 25m 이하가 되도록 설치할 것
③ 옥내소화전설비는 각 층을 기준으로 하여 당해 층의 모든 옥내소화전(설치개수가 5개 이상인 경우는 5개의 옥내소화전)을 동시에 사용 할 경우에 각 노즐선단의 방수압력이 350kPa 이상이고 방수량이 1 분당 260L 이상의 성능이 되도록 할 것
④ 옥내소화전설비에는 비상전원을 설치할 것

해설및용어설명 | 옥내소화전
① 수원의 수량 설치 개수(최대 5개)×$7.8m^3$
② 층의 각 부분에서 호스접속구 25m 이내
③ 방수압력 350kPa, 방수량 260L/min
④ 비상전원 작동시간 45분 이상

42

다음의 기구는 위험물의 판정에 필요한 시험기구이다. 어떤 성질을 시험하기 위한 것인가?

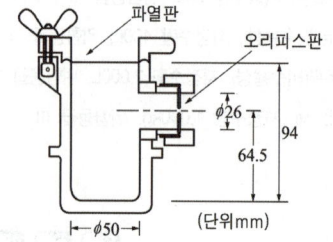

① 충격민감성
② 폭발성
③ 가열분해성
④ 금수성

해설및용어설명 | 위험물 시험방법 - 가열분해성 시험방법
압력용기는 그 측면 및 상부에 각각 불소고무제 등의 내열성의 가스켓을 넣어 구멍의 직경이 0.6mm, 1mm 또는 9mm인 오리피스판 및 파열판을 부착하고 그 내부에 시료용기를 넣을 수 있는 내용량 $200cm^3$의 스테인레스 강재로 할 것

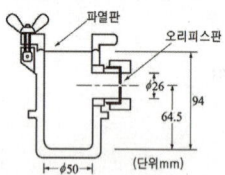

43

다음 중 탄화칼슘과 물이 접촉하여 생기는 물질은?

① H_2
② C_2H_2
③ O_2
④ CH_4

해설및용어설명 | 화학반응식

$CaC_2 + 2H_2O \rightarrow Ca(OH)_2 + C_2H_2$
탄화칼슘   물   수산화칼슘   아세틸렌

44

물질에 의한 화재가 발생하였을 경우 적합한 소화약제를 연결한 것이다. 틀리게 연결한 것은?

① 마그네슘 – CO_2
② 적린 – 물
③ 휘발유 – 포
④ 프로판올 – 내알코올포

해설및용어설명 | 위험물 소화방법
① 주수금지
② 주수소화
③ 질식소화
④ 질식소화

45

제4류 위험물의 지정수량으로 옳지 않은 것은?

① 피리딘 : 200L
② 아세톤 : 400L
③ 아세트산 : 2,000L
④ 나이트로벤젠 : 2,000L

해설및용어설명 | 지정수량
① 제4류 위험물 중 제1석유류 수용성, 지정수량 400L
② 제4류 위험물 중 제1석유류 수용성, 지정수량 400L
③ 제4류 위험물 중 제2석유류 수용성, 지정수량 2,000L
④ 제4류 위험물 중 제3석유류 비수용성, 지정수량 2,000L

46

위험물제조소등에 설치하는 옥내소화전설비 또는 옥외소화전설비의 설치기준으로 옳지 않은 것은?

① 옥내소화전설비의 각 노즐 선단 방수량 : 260L/min
② 옥내소화전설비의 비상전원 용량 : 30분 이상
③ 옥외소화전설비의 각 노즐 선단 방수량 : 450L/min
④ 표시등 회로의 배선공사 : 금속관공사, 가요전선관 공사, 금속덕트공사, 케이블공사

해설및용어설명 | 소화설비
- 옥내소화전
  - 수원의 수량(최대 5개)×$7.8m^3$
  - 방수압력 350kPa, 방수량 260L/min
  - 비상전원 45분 이상 작동
- 옥외소화전
  - 수원의 수량(최대 4개)×$13.5m^3$
  - 방수압력 350kPa, 방수량 450L/min
  - 비상전원 45분 이상 작동
- 표시등 회로의 배선공사 : 금속관공사, 가요전선관 공사, 금속덕트공사, 케이블공사

47

주유취급소에 설치해야 하는 "주유중엔진정지" 게시판의 색상을 옳게 나타낸 것은?

① 적색 바탕에 백색문자
② 청색 바탕에 백색문자
③ 백색 바탕에 흑색문자
④ 황색 바탕에 흑색문자

해설및용어설명 | 게시판의 종류 및 바탕, 문자색

종류	바탕색	문자색
위험물제조소등	백색	흑색
위험물	흑색	황색반사도료
주유중엔진정지	황색	흑색
화기엄금/화기주의	적색	백색
물기엄금	청색	백색

정답 44 ① 45 ① 46 ② 47 ④

48

하나의 옥내저장소에 다음과 같이 제4류 위험물을 함께 저장하는 경우 지정수량의 총 배수는?

> 아세트알데하이드 200L, 아세톤 400L,
> 아세트산 1,000L, 아크릴산 1,000L

① 6배 ② 7배
③ 7.5배 ④ 8배

해설및용어설명 | 지정수량

- 아세트알데하이드 : 제4류 위험물 중 특수인화물, 지정수량 50L
- 아세톤 : 제4류 위험물 중 제1석유류(수용성), 지정수량 400L
- 아세트산 : 제4류 위험물 중 제2석유류(수용성), 지정수량 2,000L
- 아크릴산 : 제4류 위험물 중 제2석유류(수용성), 지정수량 2,000L

$\dfrac{200}{50} + \dfrac{400}{400} + \dfrac{1,000}{2,000} + \dfrac{1,000}{2,000} = 6$

49

다음 중 1mol에 포함된 산소의 수가 가장 많은 것은?

① 염소산 ② 과산화나트륨
③ 과염소산 ④ 차아염소산

해설및용어설명 | 위험물 화학식

① $HClO_3$
② Na_2O_2
③ $HClO_4$
④ $HClO$

50

위험물안전관리법령상 경보설비의 설치 대상에 해당하지 않는 것은?

① 지정수량의 5배를 저장 또는 취급하는 판매취급소
② 옥내주유취급소
③ 연면적 500m² 인 제조소
④ 처마높이가 6m인 단층건물의 옥내저장소

해설및용어설명 | 경보설비 - 설치 기준

① 판매취급소 : 지정수량의 10배 이상
② 주유취급소 : 옥내주유취급소
③ 제조소 및 일반취급 : 연면적 500m² 이상인 것
④ 옥내저장소
  - 지정수량의 100배 이상을 저장 또는 취급하는 것
  - 저장창고의 연면적이 150m²를 초과하는 것
  - 처마 높이가 6m 이상인 단층 건물의 것

51

위험물안전관리법령상 제조소등별로 설치하여야 하는 경보설비의 종류 중 자동화재탐지설비에 해당하는 표의 일부이다. ( )에 알맞은 수치를 차례대로 나타낸 것은?

제조소등의 구분	제조소등의 규모, 저장 또는 취급하는 위험물의 종류 및 최대 수량 등	경보 설비
제조소 및 일반 취급소	• 연면적 ( )m² 이상인 것 • 옥내에서 지정수량의 ( )배 이상을 취급하는 것(고인화점 위험물만을 ( )℃ 미만의 온도에서 취급하는 것을 제외한다.	자동화재 탐지설비

① 150, 100, 100 ② 500, 100, 100
③ 150, 10, 100 ④ 500, 10, 70

해설및용어설명 | 자동화재탐지설비 - 설치 기준

제조소 및 일반취급소

- 500 : 제조소 및 일반취급소의 연면적이 500m² 이상일 때 자동화재탐지설비 설치
- 옥내에서 지정수량의 100배 이상을 취급하는 것
- 1,000 : 주요 출입구에서 그 내부의 전체를 볼 수 있는 경우 1,000m² 경계구역 이하

52

위험물제조소등의 집유설비에 유분리장치를 설치해야 하는 장소는?

① 액상의 위험물을 저장하는 옥내저장소에 설치하는 집유설비
② 휘발유를 저장하는 옥내탱크저장소의 탱크전용실 바닥에 설치하는 집유설비
③ 휘발유를 저장하는 간이탱크저장소의 옥외설비 바닥에 설치하는 집유설비
④ 경유를 저장하는 옥외탱크저장소의 옥외펌프설비에 설치하는 집유설비

해설및용어설명 | 제조소등 설비 기준

① 옥내저장소 : 액상의 위험물의 저장창고의 바닥은 위험물이 스며들지 아니하는 구조로 하고, 적당하게 경사지게 하여 그 최저부에 집유설비를 하여야 한다.
② 옥내탱크저장소 : 액상의 위험물의 옥내저장탱크를 설치하는 탱크전용실의 바닥은 위험물이 스며들지 아니하는 구조로 하고, 적당하게 경사를 두는 한편, 집유설비를 설치할 것
③ 간이탱크저장소 : 옥내탱크저장소의 탱크전용실의 바닥의 구조의 기준에 적합할 것
④ 옥외탱크저장소 : 펌프실 외의 장소에 설치하는 펌프설비에는 그 직하의 지반면의 주위에 높이 0.15m 이상의 턱을 만들고 당해 지반면은 콘크리트 등 위험물이 스며들지 아니하는 재료로 적당히 경사지게 하여 그 최저부에는 집유설비를 할 것 이 경우 제4류 위험물(온도 20℃의 물 100g에 용해되는 양이 1g 미만인 것에 한한다)을 취급하는 펌프설비에 있어서는 당해 위험물이 직접 배수구에 유입하지 아니하도록 집유설비에 유분리장치를 설치하여야 한다.

53

염소화규소화합물은 제 몇 류 위험물에 해당하는가?

① 제1류 위험물 ② 제2류 위험물
③ 제3류 위험물 ④ 제5류 위험물

해설및용어설명 | 제3류 위험물

그 외 : 염소화규소화합물

54

제4류 위험물에 적응성이 있는 소화설비는 다음 중 어느 것인가?

① 포소화설비 ② 옥내소화전설비
③ 봉상강화액소화기 ④ 옥외소화전설비

해설및용어설명 | 위험물 소화방법

제4류 위험물 : 질식소화

- 주수소화 : 옥내소화전, 옥외소화전, 스프링클러, 물분무소화설비, 포소화설비
- 주수금지 : 탄산수소염류 분말소화약제, 마른 모래, 팽창질석, 팽창진주암
- 질식소화 : 물분무소화설비, 이산화탄소소화설비, 포소화설비, 분말소화설비, 무상수소화설비, 할로젠화합물소화설비(억제소화)

55

다음 검사의 종류 중 검사공정에 의한 분류에 해당되지 않는 것은?

① 수입검사 ② 출하검사
③ 출장검사 ④ 공정검사

해설및용어설명 | 검사의 종류 - 검사공정에 의한 분류

- 수입검사 : 원자재 또는 반제품 등의 원료가 입고될 때 실시하는 검사
- 출하검사 : 출하하기 전에 완제품 출하 여부를 결정하는 검사
- 공정검사 : 생산 공정에서 실시하는 검사. 불량품이 다음 공정으로 진행되는 것을 방지

정답 52 ④ 53 ③ 54 ① 55 ③

56

관리도에서 측정한 값을 차례로 타점했을 때 점이 순차적으로 상승하거나 하강하는 것을 무엇이라 하는가?

① 연(run) ② 주기(cycle)
③ 경향(trend) ④ 산포(dispersion)

해설및용어설명 | 관리도
① 중심선의 한 쪽에 연속되는 점
② 점이 일정 간격으로 위아래로 변화하며 파형을 나타낸다.
③ 점이 순차적으로 상승하거나 하강하는 것
④ 중앙값으로부터 떨어져있는 정도

57

다음과 같은 [데이터]에서 5개월 이동평균법에 의하여 8월의 수요를 예측한 값은 얼마인가?

1월	1	2	3	4	5	6	7
판매실적	100	90	110	100	115	110	100

① 103 ② 105
③ 107 ④ 109

해설및용어설명 | 이동평균법
(110 + 100 + 115 + 110 + 100)/5 = 107

58

준비작업시간 100분, 개당 정미작업시간 15분, 로트 크기 20일 때 1개당 소요작업시간은 얼마인가?(단, 여유시간은 없다고 가정한다)

① 15분 ② 20분
③ 35분 ④ 45분

해설및용어설명 | 작업시간
소요작업시간 = 준비작업시간 + 정미작업시간 = 100 + 15×20 = 400

로트크기 20이므로 1개당 소요작업시간 = $\frac{400}{20}$ = 20

59

테일러(F.W. Taylor)에 의해 처음 도입된 방법으로 작업시간을 직접 관측하여 표준시간을 설정하는 표준시간 설정기법은?

① PTS법 ② 실적자료법
③ 표준자료법 ④ 스톱워치법

해설및용어설명 | 작업시간 측정방법
• 직접측정법 : 시간연구법(스톱워치법, 촬영법, VTR 분석법, 컴퓨터 분석법), 워크샘플링법
• 간접측정법 : PTS법, 표준자료법, 실적기록법 또는 통계적표준

60

예방보전(Preventive Maintenance)의 효과가 아닌 것은?

① 기계의 수리비용이 감소한다.
② 생산시스템의 신뢰도가 향상된다.
③ 고장으로 인한 중단시간이 감소한다.
④ 잦은 정비로 인해 제조원단위가 증가한다.

해설및용어설명 | 보전의 종류 - 예방보전
설비가 고장나기 전에 수리 정비 등을 실시하는 것
① 큰 고장을 막아 수리비용 감소
② 고장으로 인한 불량률 감소로 신뢰도 향상
③ 고장나기 전 조치를 취해 중단시간 감소
④ 제조원단위와 관계없다.

01

다음에서 설명하는 법칙에 해당하는 것은?

> 용매에 용질을 녹일 경우 증기압 강하의 크기는 용액 중에 녹아 있는 용질의 몰분율에 비례한다.

① 증기압의 법칙
② 라울의 법칙
③ 이상용액의 법칙
④ 일정성분비의 법칙

해설및용어설명 | 라울의 법칙
용매에 용질을 녹일 경우 증기압 강하의 크기는 용액 중에 녹아 있는 용질의 몰분율에 비례한다.
$p_A = P \times x_A$

02

과염소산, 질산, 과산화수소의 공통점이 아닌 것은?

① 다른 물질을 산화시킨다.
② 강산에 속한다.
③ 산소를 함유한다.
④ 불연성 물질이다.

해설및용어설명 | 제6류 위험물 - 산화성 액체
① 다른 물질을 산화시킨다. 다른 물질에 산소를 준다.
② 과염소산, 질산은 강산이지만 과산화수소는 약산성이다.
③ $HClO_4$, HNO_3, H_2O_2 모두 산소를 함유한다.
④ 강산화제, 불연성, 조연성이다.

03

다음 위험물의 화재 시 알코올포소화약제가 아닌 보통의 포소화약제를 사용하였을 때 가장 효과가 있는 것은?

① 아세트산
② 메틸알코올
③ 메틸에틸케톤
④ 경유

해설및용어설명 | 포소화약제
알코올포소화약제 : 수용성 액체 소화용
① 제4류 위험물 중 제2석유류(수용성)
② 제4류 위험물 중 알코올류(수용성)
③ 제4류 위험물 중 제1석유류(비수용성) : 위험물 분류상 비수용성이지만 물에 녹는다.
④ 제4류 위험물 중 제2석유류(비수용성)

04

비중이 1.15인 소금물이 무한히 큰 탱크의 밑면에서 내경 3cm인 관을 통하여 유출된다. 유출구 끝이 탱크 수면으로부터 3.2m 하부에 있다면 유출 속도는 얼마인가?(단, 배출 시의 마찰 손실은 무시한다)

① 2.92m/s
② 5.92m/s
③ 7.92m/s
④ 12.92m/s

해설및용어설명 | 유체역학
$\frac{1}{2}\rho v^2 = \rho gh \rightarrow v = \sqrt{2gh}$
$v = \sqrt{2 \times 9.8 \times 3.2} = 7.919 ≒ 7.92$m/s

05

다음의 위험물을 각각의 옥내저장소에서 저장 또는 취급할 때 위험물안전관리법령상 안전거리의 기준이 나머지 셋과 다르게 적용되는 것은?

① 질산 1,000kg
② 아닐린 50,000L
③ 기어유 100,000L
④ 아마인유 100,000L

해설및용어설명 | 옥내저장소 - 안전거리 적용제외

- 지정수량의 20배 미만인 제4석유류 또는 동식물유류
- 제6류 위험물 저장 또는 취급

① 제6류 위험물 중 질산, 지정수량 300kg

$\dfrac{1,000kg}{300kg} = 3.33$ → 제6류 위험물이므로 안전거리 적용제외

② 제4류 위험물 중 제3석유류(비수용성), 지정수량 2,000L

$\dfrac{50,000L}{2,000L} = 25$ → 안전거리 적용

③ 제4류 위험물 중 제4석유류, 지정수량 6,000L

$\dfrac{100,000L}{6,000L} = 16.67$ → 제4석유류 지정수량 20배 미만이므로 안전거리 적용제외

④ 제4류 위험물 중 동식물유류, 지정수량 10,000L

$\dfrac{100,000L}{10,000L} = 10$ → 동식물유류 지정수량 20배 미만이므로 안전거리 적용제외

06

전기의 부도체이고 황산이나 화약을 만드는 원료로 사용되며, 연소하면 푸른색을 내는 것은?

① 황   ② 적린
③ 철분   ④ 마그네슘

해설및용어설명 | 제2류 위험물 - 황

흑색화약 = 질산칼륨 + 황 + 탄소

① $S + O_2 \rightarrow SO_2$(푸른색 기체), S 부도체
② $4P + 5O_2 \rightarrow 2P_2O_5$(흰색 기체), P 부도체
③ $2Fe + O_2 \rightarrow 2FeO$(흰색 기체), Fe 도체
④ $2Mg + O_2 \rightarrow 2MgO$(흰색 기체), Mg 도체

07

이황화탄소를 저장하는 실의 온도가 -20℃이고, 저장실 내 이황화탄소의 공기 중 증기농도가 2vol%라고 가정할 때 다음 설명 중 옳은 것은?

① 점화원이 있으면 연소된다.
② 점화원이 있더라도 연소되지 않는다.
③ 점화원이 없어도 발화된다.
④ 어떠한 방법으로도 연소되지 않는다.

해설및용어설명 | 제4류 위험물 - 이황화탄소

- 인화점 -30℃, 연소범위 1~50%

인화점 이상이고 연소범위 이내이므로 점화원이 있으면 연소한다.

08

다음 중 이상유체에 대한 설명으로 옳은 것은?

① 압력을 가하면 부피가 감소하고 압력이 제거되면 부피가 다시 증가하는 가상 유체를 의미한다.
② 뉴턴의 점성법칙에 따라 거동하는 가상 유체를 의미한다.
③ 비점성, 비압축성인 가상 유체를 의미한다.
④ 유체를 관 내부로 이동시키면 유체와 관벽 사이에서 전단응력이 발생하는 가상 유체를 의미한다.

해설및용어설명 | 유체역학 - 이상유체

비점성, 비압축성의 가상 유체

09

다음 위험물의 지정수량이 옳게 연결된 것은?

① $Ba(ClO_4)_2$ – 50kg
② $NaBrO_3$ – 100kg
③ $Sr(NO_3)_2$ – 200kg
④ $KMnO_4$ – 500kg

해설및용어설명 | 지정수량
① 과염소산바륨 : 제1류 위험물 중 과염소산염류, 지정수량 50kg
② 브로민산나트륨 : 제1류 위험물 중 브로민산염류, 지정수량 300kg
③ 질산스트론튬 : 제1류 위험물 중 질산염류, 지정수량 300kg
④ 과망가니즈산칼륨 : 제1류 위험물 중 과망가니즈산염류, 지정수량 1,000kg

10

다음 중 탄화칼슘의 저장방법으로 가장 적합한 것은?

① 석유 속에 저장한다.
② 에탄올 속에 저장한다.
③ 질소가스로 봉입한다.
④ 수증기로 봉입한다.

해설및용어설명 | 위험물 저장 방법
① 나트륨, 칼륨 : 석유 속에 저장
② 제5류 위험물 : 물, 에탄올 속에 저장
③ 알킬알루미늄, 알킬리튬, 탄화칼슘, 제4류 위험물 등 : 불연성 가스 봉입
④ 황, 황린, 이황화탄소 : 물속에 저장

11

옥내저장소에 위험물을 수납한 용기를 겹쳐 쌓는 경우 높이의 상한에 관한 설명 중 틀린 것은?

① 기계에 의하여 하역하는 구조로 된 용기만 겹쳐 쌓는 경우는 6미터
② 제3석유류를 수납한 소형 용기만 겹쳐 쌓는 경우는 4미터
③ 제2석유류를 수납한 소형 용기만 겹쳐 쌓는 경우는 4미터
④ 제1석유류를 수납한 소형 용기만 겹쳐 쌓는 경우는 3미터

해설및용어설명 | 옥내저장소 - 위험물 저장 높이
- 기계에 의하여 하역하는 구조 : 6m 이하
- 제4류 위험물 중 제3석유류, 제4석유류, 동식물유류 : 4m 이하
- 그 밖의 경우 : 3m 이하

12

다음과 같은 벤젠의 화학반응을 무엇이라 하는가?

$$C_6H_6 + H_2SO_4 \rightarrow C_6H_5 \cdot SO_3H + H_2O$$

① 나이트로화
② 술폰화
③ 아이오딘화
④ 할로젠화

해설및용어설명 | 화학반응
① 질산과 황산의 혼산화에 반응시키는 것
② 황산과 반응시키는 것
③ 아이오딘과 반응시키는 것
④ 할로젠원소를 치환시키는 것

13

다음 표의 물질 중 제2류 위험물에 해당하는 것은 모두 몇 개인가?

황화인	칼륨	알루미늄의 탄화물
황린	금속의 수소화물	코발트분
황	무기과산화물	고형알코올

① 2 ② 3
③ 4 ④ 5

해설및용어설명 | 위험물 종류

- 제2류 위험물 중 황화인, 지정수량 100kg
- 제3류 위험물 중 칼륨, 지정수량 10kg
- 제3류 위험물 중 칼슘·알루미늄의 탄화물, 지정수량 300kg
- 제3류 위험물 중 황린, 지정수량 20kg
- 제3류 위험물 중 금속수소화합물, 지정수량 300kg
- 제2류 위험물 중 금속분 - 코발트분, 지정수량 500kg
- 제2류 위험물 중 황, 지정수량 100kg
- 제1류 위험물 중 무기과산화물, 지정수량 50kg
- 제2류 위험물 중 고형알코올, 지정수량 1,000kg

14

다음 중 착화온도가 가장 낮은 물질은?

① 메탄올 ② 아세트산
③ 벤젠   ④ 테레핀유

해설및용어설명 | 제4류 위험물

① 제4류 위험물 중 알코올류, 발화점 464℃
② 제4류 위험물 중 제2석유류(수용성), 발화점 427℃
③ 제4류 위험물 중 제1석유류(비수용성), 발화점 562℃
④ 제4류 위험물 중 제2석유류(비수용성), 발화점 253℃

15

위험물안전관리법령상 하론 소화설비의 기준에서 용적식 국소방출방식에 대한 저장소화약제 양은 다음의 식을 이용하여 산출한다. 하론 1211의 경우에 해당하는 X와 Y의 값으로 옳은 것은?(단, Q는 단위체적당 소화약제의 양(kg/m³), a는 방호대상물 주위에 실제로 설치된 고정벽의 면적합계(m²), A는 방호공간 전체둘레의 면적(m²)이다)

$$Q = X - Y\frac{a}{A}$$

① X : 5.2, Y : 3.9   ② X : 4.4, Y : 3.3
③ X : 4.0, Y : 3.0   ④ X : 3.2, Y : 2.7

해설및용어설명 | 하론 소화약제 - 용적식의 국소방출방식

소화약제의 종별	X의 수치	Y의 수치
하론 2402	5.2	3.9
하론 1211	4.4	3.3
하론 1301	4.0	3.0

16

위험물의 저장 및 취급 시 유의사항에 대한 설명으로 틀린 것은?

① 과망가니즈산나트륨 - 가열, 충격, 마찰을 피하고 가연물과의 접촉을 피한다.
② 황린 - 알칼리용액과 반응하여 가연성의 아세틸렌을 발생하므로 물속에 저장한다.
③ 다이에틸에터 - 공기와 장시간 접촉 시 과산화물을 생성하므로 공기와의 접촉을 최소화한다.
④ 나이트로글리콜 - 폭발의 위험이 있으므로 화기를 멀리한다.

해설및용어설명 | 위험물 주의사항

① 제1류 위험물 : 화기·충격주의, 가연물접촉주의
② 황린 : 알칼리용액과 반응하여 포스핀 생성
③ 과산화물 형성 위험
④ 화약의 원료이므로 폭발위험

17

다음 중 크산토프로테인 반응을 하는 물질은?

① H_2O_2
② HNO_3
③ $HClO_4$
④ $NH_4H_2PO_4$

해설및용어설명 | 크산토프로테인 반응

질산이 단백질과 반응하여 노란색으로 변하는 현상

① 과산화수소
② 질산
③ 과염소산
④ 인산암모늄

18

다음에서 설명하는 탱크는 위험물안전관리법령상 무엇이라고 하는가?

> 저부가 지반면 아래에 있고 상부가 지반면 이상에 있으며, 탱크 내 위험물의 최고액면이 지반면 아래에 있는 원통 종형식의 위험물 탱크를 말한다.

① 반지하탱크
② 지반탱크
③ 지중탱크
④ 특정옥외탱크

해설및용어설명 | 옥외탱크저장소 - 지중탱크

저부가 지반면 아래에 있고 상부가 지반면 이상에 있으며 탱크 내 위험물의 최고액면이 지반면 아래에 있는 원통세로형식의 위험물탱크

19

전기기기의 과도한 온도 상승, 아크 또는 스파크 발생의 위험을 방지하기 위해 추가적인 안전조치를 통한 안전도를 증가시킨 방폭구조는?

① 안전증방폭구조
② 특수방폭구조
③ 유입방폭구조
④ 본질안전방폭구조

해설및용어설명 | 방폭구조

① 정상운전 중에 폭발성 가스 또는 증기에 점화원이 될 전기불꽃, 아크 또는 고온 부분 등의 발생을 방지하기 위하여 기계적, 전기적 구조상 또는 온도상승에 대해서 특히 안전도를 증가시킨 구조
② 폭발성 가스 또는 증기에 점화를 또는 위험분위기로 인화를 방지할 수 있는 것이 시험, 기타에 의하여 확인된 구조
③ 전기불꽃, 아크 또는 고온이 발생하는 부분을 기름 속에 넣고, 기름면 위에 존재하는 폭발성가스 또는 증기에 인화되지 않도록 한 구조
④ 정상 시 및 사고 시(단선, 단락, 지락 등)에 발생하는 전기불꽃, 아크 또는 고온에 의하여 폭발성 가스 또는 증기에 점화되지 않는 것이 점화시험, 기타에 의하여 확인된 구조

20

제5류 위험물인 피크린산의 질소 함유량은 약 몇 wt%인가?

① 11.76
② 12.76
③ 18.34
④ 21.60

해설및용어설명 | 질량비

$$\frac{3N}{C_6H_2(NO_2)_3OH} = \frac{3 \times 14}{12 \times 6 + 1 \times 2 + 14 \times 3 + 16 \times 6 + 16 + 1} \times 100 = 18.34\%$$

21

다음 중 과산화수소의 분해를 막기 위한 안정제는?

① MnO_2
② HNO_3
③ $HClO_4$
④ H_3PO_4

해설및용어설명 | 제6류 위험물 - 과산화수소
- 안정제 : 인산, 요산
- 정촉매 : 이산화망가니즈

22

인화성고체는 1기압에서 인화점이 섭씨 몇 도인 고체를 말하는가?

① 20도 미만
② 30도 미만
③ 40도 미만
④ 50도 미만

해설및용어설명 | 제2류 위험물 - 인화성고체
1기압에서 인화점 40도 미만인 고체

23

30L 용기에 산소를 넣어 압력이 150기압으로 되었다. 이 용기의 산소를 온도 변화 없이 동일한 조건에서 40L의 용기에 넣었다면 압력은 얼마로 되는가?

① 85.7기압
② 102.5기압
③ 112.5기압
④ 200기압

해설및용어설명 | 보일의 법칙
온도가 일정할 때 압력과 부피는 반비례한다.
$PV = P'V'$
150atm × 30L = xatm × 40L
x = 112.5atm

24

어떤 기체의 확산속도가 SO_2의 2배일 때 이 기체의 분자량을 추정하면 얼마인가?

① 16
② 32
③ 64
④ 128

해설및용어설명 | 확산속도 - 그레이엄의 법칙

$v_1 : v_2 = \sqrt{\dfrac{1}{M_1}} : \sqrt{\dfrac{1}{M_2}}$

$1 : 2 = \sqrt{\dfrac{1}{SO_2}} : \sqrt{\dfrac{1}{M_2}} = \sqrt{\dfrac{1}{32+16\times 2}} : \sqrt{\dfrac{1}{M_2}}$

$1 : 4 = \dfrac{1}{64} : \dfrac{1}{M_2}$

$\dfrac{1}{M_2} = 4 \times \dfrac{1}{64} = \dfrac{1}{16}$

$M_2 = 16$

25

무색무취, 사방정계 결정으로 융점이 약 610℃이고 물에 녹기 어려운 위험물은?

① $NaClO_3$
② $KClO_3$
③ $NaClO_4$
④ $KClO_4$

해설및용어설명 | 제1류 위험물
① 염소산나트륨 : 융점 300℃, 물에 녹는다.
② 염소산칼륨 : 융점 368.4℃, 온수에 녹는다.
③ 과염소산나트륨 : 융점 482℃, 물에 녹는다.
④ 과염소산칼륨 : 융점 610℃, 물에 약간 녹는다.

26

위험물안전관리법령에서 정한 위험물을 수납하는 경우의 운반용기에 관한 기준으로 옳은 것은?

① 고체 위험물은 운반용기 내용적의 98% 이하로 수납한다.
② 액체 위험물은 운반용기 내용적의 95% 이하로 수납한다.
③ 고체 위험물의 내용적은 25℃를 기준으로 한다.
④ 액체 위험물은 55℃에서 누설되지 않도록 공간용적을 유지하여야 한다.

해설및용어설명 | 수납률
- 고체 위험물 : 95% 이하
- 액체 위험물 : 98% 이하, 55℃에서 공간용적 유지
- 알킬리튬, 알킬알루미늄 : 90% 이하, 50℃에서 5% 이상 공간용적 유지

27

위험물안전관리법령에 따른 제4석유류의 정의에 대해 다음 ( )에 알맞은 수치를 나열한 것은?

> "제4석유류"라 함은 기어유, 실린더유 그 밖에 1기압에서 인화점이 섭씨 ( )도 이상 섭씨 ( )도 미만의 것을 말한다. 다만, 도료류 그 밖의 물품은 가연성 액체량이 ( )중량퍼센트 이하인 것은 제외한다.

① 200, 250, 40
② 200, 250, 60
③ 200, 300, 40
④ 250, 300, 60

해설및용어설명 | 제4류 위험물 - 위험물 기준
제4석유류 기어유, 실린더유 그 밖에 1기압에서 인화점이 섭씨 200도 이상 섭씨 250도 미만의 것을 말한다. 다만 도료류 그 밖의 물품은 가연성 액체량이 40중량퍼센트 이하인 것은 제외한다.

28

유별을 달리하는 위험물의 혼재기준에서 1개 이하의 다른 유별의 위험물과만 혼재가 가능한 것은?(단, 지정수량이 1/10을 초과하는 경우이다)

① 제2류
② 제3류
③ 제4류
④ 제5류

해설및용어설명 | 위험물의 혼재 - 지정수량 1/10 초과일 때
423 524 61
① 제4류, 제5류 혼재가능
② 제4류 혼재가능
③ 제2류, 제3류, 제5류 혼재가능
④ 제2류, 제4류 혼재가능

29

다음에서 설명하는 위험물에 해당하는 것은?

> - 불연성이고 무기화합물이다.
> - 비중은 약 2.8이며, 융점은 460℃이다.
> - 살균제, 소독제, 표백제, 산화제로 사용된다.

① Na_2O_2
② P_4S_3
③ CaC_2
④ H_2O_2

해설및용어설명 | 제1류 위험물
- 불연성이고 무기화합물이므로 제1류 또는 제6류 위험물이다.
- 융점이 460℃이므로 상온에서 고체이다. → 제1류 위험물
① 제1류 위험물
② 제2류 위험물
③ 제3류 위험물
④ 제6류 위험물

30

제3류 위험물인 수소화리튬에 대한 설명으로 가장 거리가 먼 것은?

① 물과 반응하여 가연성 가스를 발생한다.
② 물보다 가볍다.
③ 대량의 저장 용기 중에는 아르곤을 봉입한다.
④ 주수소화가 금지되어 있고 이산화탄소 소화기가 적응성이 있다.

해설및용어설명 | 제3류 위험물 - 수소화리튬

① $LiH + H_2O \rightarrow LiOH + H_2$
② 비중 0.92
③ 금속수소화합물 : 불활성기체 봉입
④ 주수금지 : 탄산수소염류 분말소화약제, 마른 모래, 팽창질석, 팽창진주암

31

1패러데이(F)의 전기량으로 석출되는 물질의 무게를 틀리게 연결한 것은?

① 수소 - 약 1g   ② 산소 - 약 8g
③ 은 - 약 16g   ④ 구리 - 약 32g

해설및용어설명 | 패러데이 법칙

96,500C(1F)의 전기량은 1g당량의 원소를 석출한다.

$1g당량 = \dfrac{원자량}{원자가} g$

① $\dfrac{1}{1} = 1$

② $\dfrac{16}{2} = 8$

③ $\dfrac{108}{2} = 54$

④ $\dfrac{64}{2} = 32$

32

1기압, 26℃에서 어떤 기체 10L의 질량이 40g이었다. 이 기체의 분자량은 약 얼마인가?

① 25   ② 49
③ 98   ④ 196

해설및용어설명 | 이상기체상태방정식

$PV = \dfrac{w}{M}RT \rightarrow M = \dfrac{wRT}{PV}$

- P = 1atm
- V = 10L
- w = 40g
- R = 0.082 atm·L/mol·K
- T = 26℃ + 273 = 299K

$V = \dfrac{40 \times 0.082 \times 299}{1 \times 10} = 98.072 ≒ 98 g/mol$

33

다음 중 분자의 입체 모양이 정사면체를 이루는 것은?

① H_2O ② CH_4
③ SF_4 ④ NH_3

해설및용어설명 | 혼성궤도함수

① SP^2 : 평면삼각형
② SP^3 : 정사면체
③ SP^3 : 삼각뿔
④ SP^3 : 삼각뿔

34

위험물에 관한 설명 중 틀린 것은?

① 농도가 30중량퍼센트인 과산화수소는 위험물안전관리법상의 위험물이 아니다.
② 질산을 염산과 일정한 비율로 혼합하면 금과 백금을 녹일 수 있는 혼합물이 된다.
③ 질산은 분해방지를 위해 직사광선을 피하고 갈색병에 담아 보관한다.
④ 과산화수소의 자연발화를 막기 위해 용기에 인산, 요산을 가한다.

해설및용어설명 | 제6류 위험물
① 과산화수소 위험물 기준 36중량퍼센트 이상
② 왕수 → 질산 : 염산 = 1 : 3
③ 햇빛에 의해 분해될 수 있으므로 갈색병에 담아 보관한다.
④ 과산화수소 분해방지 안정제 : 인산, 요산 - 과산화수소는 자연발화 하지 않는다. 분해방지를 위한 안정제이다.

35

과산화벤조일(벤조일퍼옥사이드)의 화학식을 옳게 나타낸 것은?

① CH_3ONO_2
② $(CH_3COC_2H_5)_2O_2$
③ $(CH_3CO)_2O_2$
④ $(C_6H_5CO)_2O_2$

해설및용어설명 | 제5류 위험물
① 질산메틸
② 메틸에틸퍼옥사이드
③ 아세틸퍼옥사이드
④ 벤조일퍼옥사이드

36

위험물안전관리법령상 위험물의 취급 중 소비에 관한 기준에서 방화상 유효한 격벽 등으로 구획된 안전한 장소에서 실시하여야 하는 것은?

① 분사도장작업
② 담금질작업
③ 열처리작업
④ 버너를 사용하는 작업

해설및용어설명 | 위험물의 취급 중 소비에 관한 기준
- 분사도장작업은 방화상 유효한 격벽 등으로 구획된 안전한 장소에서 실시할 것
- 담금질 또는 열처리작업은 위험물이 위험한 온도에 이르지 아니하도록 하여 설치할 것
- 버너를 사용하는 경우에는 버너의 역화를 방지하고 위험물이 넘치지 아니 하도록 할 것

37

다음 위험물 중에서 지정수량이 나머지 셋과 다른 것은?

① $KBrO_3$
② KNO_3
③ KIO_3
④ KCl

해설및용어설명 | 위험물 분류
① 브로민산칼륨 : 제1류 위험물 중 브로민산염류, 지정수량 300kg
② 질산칼륨 : 제1류 위험물 중 질산염류, 지정수량 300kg
③ 아이오딘산칼륨 : 제1류 위험물 중 아이오딘산염류, 지정수량 300kg
④ 염화칼륨 : 위험물이 아니다.

38

다음 중 1mol의 질량이 가장 큰 것은?

① $(NH_4)_2Cr_2O_7$ ② BaO_2
③ $K_2Cr_2O_7$ ④ $KMnO_4$

해설및용어설명 | 분자량

① $(14 + 1×4)×2 + 52×2 + 16×7 = 252$
② $137 + 16×2 = 169$
③ $39×2 + 52×2 + 16×7 = 294$
④ $39 + 55 + 16×4 = 158$

39

위험물안전관리법령상 소방공무원경력자가 취급할 수 있는 위험물은?

① 법령에서 정한 모든 위험물
② 제4류 위험물을 제외한 모든 위험물
③ 제4류 위험물과 제6류 위험물
④ 제4류 위험물

해설및용어설명 | 위험물취급자격자의 자격

위험물취급자격자의 구분	취급할 수 있는 위험물
위험물기능장, 위험물산업기사, 위험물기능사	모든 위험물
안전관리자교육이수자	제4류 위험물
소방공무원 경력자(경력 3년 이상)	제4류 위험물

40

위험물안전관리법령상 이산화탄소소화기가 적응성이 있는 위험물은?

① 제1류 위험물   ② 제3류 위험물
③ 제4류 위험물   ④ 제5류 위험물

해설및용어설명 | 위험물 소화방법

유별	종류	운반용기 외부의 주의사항	게시판	소화방법	덮개
제1류 위험물	알칼리금속의 과산화물	가연물접촉주의, 화기·충격주의, 물기엄금	물기엄금	주수금지	방수성 차광성
	그 외	가연물접촉주의, 화기·충격주의	없음	주수소화	차광성
제2류 위험물	철분·금속분·마그네슘	화기주의, 물기엄금	화기주의	주수금지	방수성
	인화성고체	화기엄금	화기엄금	주수소화 질식소화	
	그 외	화기주의	화기주의	주수소화	
제3류 위험물	자연발화성 물질	화기엄금, 공기접촉엄금	화기엄금	주수소화	차광성
	금수성물질	물기엄금	물기엄금	주수금지	방수성
제4류 위험물		화기엄금	화기엄금	질식소화	차광성 (특수인화물)
제5류 위험물		화기엄금, 충격주의	화기엄금	주수소화	차광성
제6류 위험물		가연물접촉주의	없음	주수소화	차광성

이산화탄소소화 : 질식소화

41

Cs에 대한 설명으로 틀린 것은?

① 알칼리토금속이다.
② 융점이 30℃보다 낮다.
③ 비중은 약 1.9이다.
④ 할로젠과 반응하여 할로젠화물을 만든다.

해설및용어설명 | 세슘

① 제1족 원소 = 알칼리금속
② 융점 28.5℃
③ 1족 원소이므로 비중이 1보다 작다.
④ 할로젠과 반응하여 할로젠화물을 만든다.

38 ③ 39 ④ 40 ③ 41 ①

42

산화성액체 위험물에 대한 설명 중 틀린 것은?

① 과산화수소는 물과 접촉하면 심하게 발열하고 폭발의 위험이 있다.
② 질산은 불연성이지만 강한 산화력을 가지고 있는 강산화성 물질이다.
③ 질산은 물과 접촉하면 발열하므로 주의하여야 한다.
④ 과염소산은 강산이고 불안정하여 분해가 용이하다.

해설및용어설명 | 제6류 위험물 - 산화성 액체
① 과산화수소는 물과 접촉하면 심하게 발열하지만 폭발하지 않는다. 증기는 유독하지 않다.
② 질산은 불연성이지만 강산화성이다.
③ 질산은 물과 접촉하면 발열한다.
④ 과염소산은 강산이고 불안정하여 열에 의해 분해가 용이하다.

43

위험물의 운반방법에 대한 설명 중 틀린 것은?

① 지정수량 이상의 위험물을 차량으로 운반하는 경우에는 한 변의 길이가 0.3m 이상, 다른 한 변의 길이가 0.6m 이상인 직사각형의 판으로 된 표지를 설치하여야 한다.
② 지정수량 이상의 위험물을 차량으로 운반하는 경우에는 바탕은 백색으로 하고, 황색의 반사도료 그 밖의 반사성이 있는 재료로 "위험물"이라고 표시한 표지를 설치하여야 한다.
③ 지정수량 이상의 위험물을 차량으로 운반하는 경우에는 표지를 차량의 전면 및 후면의 보기 쉬운 곳에 내걸어야 한다.
④ 위험물 또는 위험물을 수납한 운반용기가 현저하게 마찰 또는 동요를 일으키지 아니하도록 운반하여야 한다.

해설및용어설명 | 주의사항 게시판

게시판 크기 : 0.3m 이상 × 0.6m 이상의 직사각형

종류	바탕색	문자색
위험물제조소등	백색	흑색
위험물	흑색	황색반사도료
주유중엔진정지	황색	흑색
화기엄금/화기주의	적색	백색
물기엄금	청색	백색

44

위험물안전관리법령상 [보기]의 위험물에 공통적으로 해당하는 것은?

> 초산메틸, 메틸에틸케톤, 피리딘, 포름산에틸

① 품명   ② 수용성
③ 지정수량   ④ 비수용성

해설및용어설명 | 제4류 위험물
- 초산메틸 : 제4류 위험물 중 제1석유류(비수용성), 지정수량 200L
- 메틸에틸케톤 : 제4류 위험물 중 제1석유류(비수용성), 지정수량 200L
- 피리딘 : 제4류 위험물 중 제1석유류(수용성), 지정수량 400L
- 포름산에틸 : 제4류 위험물 중 제1석유류(비수용성), 지정수량 200L

45

다음 금속원소 중 이온화에너지가 가장 큰 원소는?

① 리튬   ② 나트륨
③ 칼륨   ④ 루비듐

해설및용어설명 | 이온화에너지
- 중성상태 원자에서 전자를 잃어 양이온이 될 때 필요한 에너지이다.
- 이온화에너지는 같은 족에서 아래로 갈수록 감소한다.

정답 42 ① 43 ② 44 ① 45 ①

46

포소화설비의 포방출구 중 고정지붕구조의 탱크에 저부포 주입법을 이용하는 것으로서 송포관으로부터 포를 방출하는 방식은?

① Ⅰ형 ② Ⅱ형
③ Ⅲ형 ④ 특형

해설및용어설명 | 포소화설비 - 포방출구

- Ⅰ형 : 고정지붕구조의 탱크에 상부포주입법을 이용. 방출된 포가 액면 아래로 몰입되거나 액면을 뒤섞지 않고 액면상을 덮을 수 있는 통계단 또는 미끄럼판 등의 설비 및 탱크 내의 위험물 증기가 외부로 역류되는 것을 저지할 수 있는 구조·기구를 갖는 포방출구
- Ⅱ형 : 고정지붕구조 또는 부상덮개부착 고정지붕구조의 탱크에 상부포주입법을 이용. 방출된 포가 탱크 측판 내부에 흘러내려서 액면에 전개되도록 포의 반사판을 방출구에 설치한 설비
- Ⅲ형 : 고정지붕구조의 탱크에 저부포주입법을 이용. 송포관으로부터 포를 방출하는 포방출구
- Ⅳ형 : 고정지붕구조의 탱크에 저부포주입법을 이용하는 것으로서 평상시에는 탱크의 액면하의 저부에 설치된 격납통(포를 보내는 것에 의하여 용이하게 이탈되는 캡을 갖는 것을 포함한다)에 수납되어 있는 특수호스 등이 송포관의 말단에 접속되어 있다가 포를 보내는 것에 의하여 특수호스 등이 전개되어 그 선단이 액면까지 도달한 후 포를 방출하는 포방출구
- 특형 : 부상지붕구조의 탱크에 상부포주입법을 이용. 부상지붕의 부상부분 상에 높이 0.9m 이상의 금속제의 칸막이를 탱크 옆판의 내측으로부터 1.2m 이상 이격하여 설치하고 환상부분에 포를 주입하는 것이 가능한 구조의 반사판을 갖는 포방출구

47

IF_5의 지정수량으로서 옳은 것은?

① 50kg ② 100kg
③ 300kg ④ 1,000kg

해설및용어설명 | 제6류 위험물 - 오불화아이오딘

할로젠간화합물, 지정수량 300kg, 위험등급 Ⅰ

48

위험물안전관리법령상 제조소등의 관계인은 그 제조소등의 용도를 폐지한 때에는 폐지한 날로부터 며칠 이내에 신고하여야 하는가?

① 7일 ② 14일
③ 30일 ④ 90일

해설및용어설명 | 신고 - 용도폐지

용도를 폐지한 날로부터 14일 이내에 신고

49

과산화나트륨과 반응하였을 때 같은 종류의 기체를 발생하는 물질로만 나열된 것은?

① 물, 이산화탄소 ② 물, 염산
③ 이산화탄소, 염산 ④ 물, 아세트산

해설및용어설명 | 화학반응식

- $2Na_2O_2 + 2H_2O \rightarrow 4NaOH + O_2$
- $2Na_2O_2 + 2CO_2 \rightarrow 2Na_2CO_3 + O_2$
- $Na_2O_2 + 2CH_3COOH \rightarrow 2CH_3COONa + H_2O_2$
- $Na_2O_2 + 2HCl \rightarrow 2NaCl + H_2O_2$
- $Na_2O_2 + H_2SO_4 \rightarrow Na_2SO_4 + H_2O_2$

50

위험물안전관리법령상 아세트알데하이드 이동탱크저장소의 경우 이동저장탱크로부터 아세트알데하이드를 꺼낼 때는 동시에 얼마 이하의 압력으로 불활성 기체를 봉입하여야 하는가?

① 20kPa ② 24kPa
③ 100kPa ④ 200kPa

해설및용어설명 | 위험물 저장

아세트알데하이드등의 이동탱크저장소에 있어서 이동저장탱크로부터 아세트알데하이드등을 꺼낼 때에는 동시에 100kPa 이하의 압력으로 불활성기체를 봉입할 것

51

위험물안전관리법령상 불활성가스소화설비 기준에서 저장용기 설치 기준으로 틀린 것은?

① 저장용기에는 안전장치(용기밸브에 설치되어 있는 것에 한한다)를 설치할 것
② 온도가 40℃ 이하이고 온도 변화가 적은 장소에 설치할 것
③ 방호구역 외의 장소에 설치할 것
④ 저장용기의 외면에 소화약제의 종류와 양, 제조연도 및 제조자를 표시할 것

해설및용어설명 | 불활성가스 소화설비 - 저장용기 설치장소

- 방호구역 외의 장소에 설치할 것
- 온도가 40℃ 이하이고 온도 변화가 적은 장소에 설치할 것
- 직사일광 및 빗물이 침투할 우려가 적은 장소에 설치할 것
- 저장용기에는 안전장치(용기밸브에 설치되어 있는 것을 포함한다)를 설치할 것
- 저장용기의 외면에 소화약제의 종류와 양, 제조년도 및 제조자를 표시할 것

52

다음 중 제6류 위험물이 아닌 것은?

① 농도가 36중량 퍼센트인 H_2O_2
② IF_5
③ 비중 1.49인 HNO_3
④ 비중 1.76인 $HClO_3$

해설및용어설명 | 제6류 위험물

등급	품명		지정수량	위험물	분자식	그외
I	질산		300kg	질산	HNO_3	발연질산
I	과산화수소		300kg	과산화수소	H_2O_2	
I	과염소산		300kg	과염소산	$HClO_4$	
I	그 외	할로젠간 화합물	300kg		BrF_3	삼불화브롬
					BrF_5	오불화브롬
					IF_5	오불화아이오딘

53

하론 소화약제인 $C_2F_4Br_2$에 대한 설명으로 옳은 것은?

① 하론번호가 2420이며, 상온, 상압에서 기체이다.
② 하론번호가 2402이며, 상온, 상압에서 기체이다.
③ 하론번호가 2420이며, 상온, 상압에서 액체이다.
④ 하론번호가 2402이며, 상온, 상압에서 액체이다.

해설및용어설명 | 하론 소화약제

하론번호 : C, F, Cl, Br, I의 순서로 원소의 개수를 표시

하론번호	분자식	상태
1301	CF_3Br	기체
1211	CF_2ClBr	기체
2402	$C_2F_4Br_2$	액체
1011	CH_2ClBr	
104	CCl_4	

정답 50 ③ 51 ① 52 ④ 53 ④

54

포름산의 지정수량으로 옳은 것은?

① 400리터 ② 1,000리터
③ 2,000리터 ④ 4,000리터

해설및용어설명 | 제4류 위험물 - 포름산
제2석유류(수용성), 지정수량 2,000L

55

다음 중 반즈(Ralph M. Barnes)가 제시한 동작경제원칙에 해당되지 않는 것은?

① 표준작업의 원칙
② 신체의 사용에 관한 원칙
③ 작업장의 배치에 관한 원칙
④ 공구 및 설비의 디자인에 관한 원칙

해설및용어설명 | 반즈의 동작경제의 3원칙
작업자가 에너지의 낭비 없이 작업할 수 있도록 하는 것
- 신체의 사용에 관한 원칙
- 작업장의 배치에 관한 원칙
- 공구 및 설비의 설계에 관한 원칙

56

그림의 OC곡선을 보고 가장 올바른 내용을 나타낸 것은?

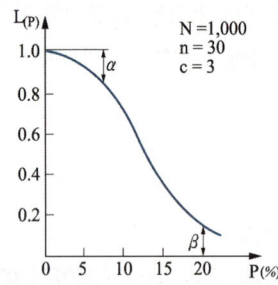

① α : 소비자 위험
② L(P) : 로트가 합격할 확률
③ β : 생산자 위험
④ 부적합품률 : 0.03

해설및용어설명 | 검사특성곡선
① α : 생산자 위험(합격 대상인 Lot가 불합격할 확률)
② L(p) : 로트의 합격률
③ β : 소비자 위험(불합격 대상인 Lot가 합격할 확률)
④ 부적합품률 : $\frac{c}{n} = \frac{3}{30} = 0.1$

57

200개들이 상자가 15개 있을 때 각 상자로부터 제품을 랜덤하게 10개씩 샘플링할 경우, 이러한 샘플링 방법을 무엇이라 하는가?

① 층별 샘플링 ② 계통 샘플링
③ 취락 샘플링 ④ 2단계 샘플링

해설및용어설명 | 샘플링 방법

계통 샘플링	취락 샘플링

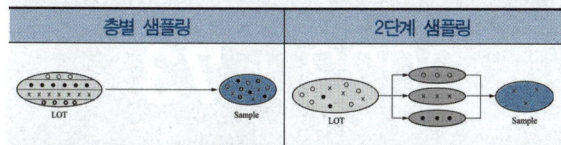

- 계통 샘플링 : 모집단에서 일정한 간격을 두고 시료를 채취하는 방법
- 취락 샘플링 : 모집단을 취락으로 나누어 취락 전체를 검사하는 방법
- 층별 샘플링 : 모집단을 층으로 나누어 모든 층으로부터 샘플 채취
- 2단계 샘플링 : 모집단을 1단계, 2단계로 나누어 각 단계에서 몇 개의 시료를 채취하는 방법

58

도수분포표에서 알 수 있는 정보로 가장 거리가 먼 것은?

① 로트 분포의 모양
② 100 단위당 부적합 수
③ 로트의 평균 및 표준편차
④ 규격과의 비교를 통한 부적합품률의 추정

해설및용어설명 | 도수분포표 - 목적

계급	도수
0 이상 1 미만	2
1 이상 2 미만	5
2 이상 3 미만	2
3 이상 4 미만	1

- 로트의 분포를 알고 싶을 때
- 로트의 평균치와 표준편차를 알고 싶을 때
- 규격과 비교하여 부적합품률을 알고 싶을 때

59

작업측정의 목적 중 틀린 것은?

① 작업개선　　　　② 표준시간 설정
③ 과업관리　　　　④ 요소작업 분할

해설및용어설명 | 작업측정의 목적

- 작업개선
- 과업관리
- 표준시간 설정

60

다음은 관리도의 사용 절차를 나타낸 것이다. 관리도의 사용 절차를 순서대로 나열한 것은?

┌─────────────────────────┐
│ ㉠ 관리하여야 할 항목의 선정　　　　　│
│ ㉡ 관리도의 선정　　　　　　　　　　　│
│ ㉢ 관리하려는 제품이나 종류 선정　　　│
│ ㉣ 시료를 채취하고 측정하여 관리도를 작성 │
└─────────────────────────┘

① ㉠ → ㉡ → ㉢ → ㉣　　② ㉠ → ㉢ → ㉣ → ㉡
③ ㉢ → ㉠ → ㉡ → ㉣　　④ ㉢ → ㉣ → ㉠ → ㉡

해설및용어설명 | 관리도 사용 절차

- 관리하려는 제품이나 종류 선정
- 관리하여야 할 항목의 선정
- 관리도의 선정
- 시료를 채취하고 측정하여 관리도를 작성

01

토출량이 5m³/min이고 토출구의 유속이 2m/s인 펌프의 구경은 몇 mm인가?

① 100
② 230
③ 115
④ 120

해설및용어설명 | 유체역학 - 유량

$Q = uA = u \dfrac{\pi D^2}{4}$

$Q = 5\text{m}^3/\text{min} \times \dfrac{1\text{min}}{60\text{s}}$

$u = 2\text{m/s}$

$5 \times \dfrac{1\text{min}}{60\text{s}} = 2 \times \dfrac{\pi D^2}{4}$

계산기 SOLVE 이용

$D = 0.230\text{m} = 230\text{mm}$

02

측정하는 유체의 압력에 의해 생기는 금속의 탄성변형을 기계식으로 확대 지시하여 압력을 측정하는 것은?

① 마노미터
② 시차액주계
③ 부르동관 압력계
④ 오리피스미터

해설및용어설명 | 압력계 - 부르동관 입력계

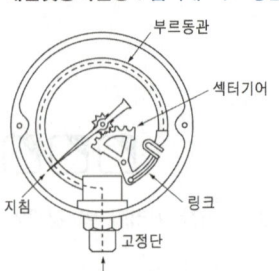

03

배관의 팽창 또는 수축으로 인한 관, 기구의 파손을 방지하기 위하여 관을 곡관으로 만들어 배관 도중에 설치하는 신축이음재는?

① 슬리브형
② 벨로스형
③ 루프형
④ U형스트레이너

해설및용어설명 | 유체역학 - 배관

04

위험물안전관리에 관한 세부기준의 산화성 시험방법 중 분립상 물품의 산화성으로 인한 위험성의 정도를 판단하기 위한 연소시험에서 표준물질의 연소시험에 대한 설명으로 옳은 것은?

① 표준물질과 목분을 중량비 1 : 1로 섞어 혼합물 30g을 만든다.
② 표준물질과 목분을 중량비 2 : 1로 섞어 혼합물 30g을 만든다.
③ 표준물질과 목분을 중량비 1 : 2로 섞어 혼합물 60g을 만든다.
④ 표준물질과 목분을 중량비 2 : 1로 섞어 혼합물 60g을 만든다.

해설및용어설명 | 위험물 시험방법 - 산화성 시험방법

- 표준물질 연소시험 : 표준물질로서 150μm 이상 300μm 미만인 과염소산 칼륨과 250μm 이상 500μm 미만인 목분을 중량비 1 : 1로 섞어 혼합물 30g을 만들 것
- 시험물품 연소시험 : 시험물품을 직경 1.18mm 미만으로 부순 것과 250μm 이상 500μm 미만인 목분을 중량비 1 : 1 및 중량비 4 : 1로 섞어 혼합물 30g을 각각 만들 것

05

「위험물 안전관리법 시행규칙」에서는 위험물의 성질에 따른 특례규정을 두어 일부 위험물에 대하여는 위험물 시설의 설치기준을 강화하고 있다. 다음의 위험물시설 중 이러한 특례의 대상이 되는 위험물의 종류가 다른 하나는?

① 옥내저장소　　　② 옥외탱크저장소
③ 이동탱크저장소　④ 일반취급소

해설및용어설명 | 위험물안전관리법 - 위험물의 성질에 따른 특례
① 지정과산화물, 알킬알루미늄등, 하이드록실아민등
② 알킬알루미늄등, 아세트알데하이드등, 하이드록실아민등
③ 알킬알루미늄등, 아세트알데하이드등, 하이드록실아민등
④ 알킬알루미늄등, 아세트알데하이드등, 하이드록실아민등

06

위험물 이동탱크저장소에 설치하는 자동차용소화기의 설치기준으로 틀린 것은?

① 무상의 강화액 8L 이상(2개 이상)
② 이산화탄소 3.2kg 이상(2개 이상)
③ 소화분말 2.2kg 이상(2개 이상)
④ CF_2ClBr 2L 이상(2개 이상)

해설및용어설명 | 이동탱크저장소 - 자동차용소화기

설치기준	
무상의 강화액 8L 이상	2개 이상
이산화탄소 3.2kg 이상	
브로모크롤로다이플루오로메테인(CF_2ClBr) 2L 이상	
브로모트라이플루오로메테인(CF_3Br) 2L 이상	
다이브로모테트라플루오로에테인($C_2F_4Br_2$) 1L 이상	
소화분말 3.3kg 이상	

07

다이에틸알루미늄클로라이드를 설명한 내용 중 틀린 것은?

① 공기와 접촉하면 자연발화의 위험성이 있다.
② 광택이 있는 금속이다.
③ 장기보관 시 자연분해 위험성이 있다.
④ 물과 접촉 시 폭발적으로 반응한다.

해설및용어설명 | 제3류 위험물
다이에틸알루미늄클로라이드((C_2H_5)$_2$AlCl)
① 제3류 위험물이므로 자연발화 위험이 있다.
② 무색투명한 액체이다.
③ 장기 보관 시 자연분해 위험성이 있다.
④ 금수성 물질이므로 물과 접촉 시 폭발적으로 반응한다.

08

위험물안전관리자 1인을 중복하여 선임할 수 있는 경우가 아닌 것은?

① 동일 구내에 있는 15개의 옥내저장소를 동일인이 설치한 경우
② 보일러·버너로 위험물을 소비하는 장치로 이루어진 6개의 일반취급소와 그 일반취급소에 공급하기 위한 위험물을 저장하는 저장소(일반취급소 및 저장소가 모두 동일 구내에 있는 경우에 한한다)를 동일인이 설치한 경우
③ 3개의 제조소(위험물 최대수량 : 지정수량 500배)와 1개의 일반취급소(위험물 최대수량 : 지정수량 1,000배)가 동일 구내에 위치하고 있으며 동일인이 설치한 경우
④ 위험물을 차량에 고정된 탱크 또는 운반용기에 옮겨 담기 위한 3개의 일반취급소와 그 일반취급소에 공급하기 위한 위험물을 저장하는 저장소를 동일인이 설치하고 일반취급소 간의 거리가 300미터 이내인 경우

해설 및 용어설명 | 안전관리자 - 1인의 안전관리자를 중복 선임
① 10개 이하의 옥내저장소
② 보일러·버너 또는 이와 비슷한 것으로서 위험물을 소비하는 장치로 이루어진 7개 이하의 일반취급소와 그 일반취급소에 공급하기 위한 위험물을 저장하는 저장소(일반취급소 및 저장소가 모두 동일구내(같은 건물 안 또는 같은 울 안을 말한다. 이하 같다)에 있는 경우에 한한다. 이하 제2호에서 같다)를 동일인이 설치한 경우
③ 상호거리 100m 이내, 최대수량이 지정수량 3천배 미만인 5개 이하의 제조소등을 동일인이 설치한 경우
④ 위험물을 차량에 고정된 탱크 또는 운반용기에 옮겨 담기 위한 5개 이하 일반취급소[일반취급소 간의 거리(보행거리를 말한다)가 300미터 이내인 경우에 한한다]와 그 일반취급소에 공급하기 위한 위험물을 저장하는 저장소를 동일인이 설치한 경우

09

위험물안전관리자의 선임신고를 허위로 한 자에게 부과하는 과태료의 최대 금액은?

① 50만원 ② 100만원
③ 500만원 ④ 1,000만원

해설 및 용어설명 | 과태료 - 500만원 이하(법 제39조)
1. 시·도의 조례가 정하는 바에 따라 관할소방서장의 승인을 받지 않고 지정수량 이상의 위험물을 90일 이내의 기간 동안 임시로 저장 또는 취급하는 경우
2. 군부대가 지정수량 이상의 위험물을 군사목적으로 임시로 저장 또는 취급할 때 세부기준을 위반한 자
3. 품명 등의 변경신고를 기간 이내에 하지 아니하거나 허위로 한 자
4. 지위승계신고를 기간 이내에 하지 아니하거나 허위로 한 자
5. 제조소등의 폐지신고 또는 규정에 따른 안전관리자의 선임신고를 기간 이내에 하지 아니하거나 허위로 한 자
5의2. 사용중지신고 또는 재개신고를 기간 이내에 하지 아니하거나 허위로 한 자
6. 등록사항의 변경신고를 기간 이내에 하지 아니하거나 허위로 한 자
7. 점검결과를 기록·보존하지 아니한 자
7의2. 기간 이내에 점검결과를 제출하지 아니한 자
7의3. 제조소등에서의 흡연금지 규정에 따른 지정된 장소가 아닌 곳에서 흡연을 한 자
7의4. 제조소등에서의 흡연금지 규정에 따른 시정명령을 따르지 아니한 자
8. 위험물의 운반에 관한 세부기준을 위반한 자
9. 위험물의 운송에 관한 기준을 따르지 아니한 자

10

제3류 위험물 옥내탱크저장소로 허가를 득하여 사용하고 있는 중에 변경허가를 득하지 않고 위험물 시설을 변경할 수 있는 경우는?

① 옥내저장탱크를 교체하는 경우
② 옥내저장탱크에 직경 200mm의 맨홀을 신설하는 경우
③ 옥내저장탱크를 철거하는 경우
④ 배출설비를 신설하는 경우

해설 및 용어설명 | 변경허가 - 옥내탱크저장소
①, ③, ④ 제조소등의 위치·구조 또는 설비를 변경하는 경우
② 250mm 초과의 노즐 또는 맨홀을 신설하는 경우

11

이동탱크저장소 일반점검표에서 정한 점검항목 중 가연성 증기회수설비의 점검내용이 아닌 것은?

① 가연성증기 경보장치의 작동상황 적부
② 회수구의 변형·손상의 유무
③ 호스결합장치의 균열·손상의 유무
④ 완충이음 등의 균열·변형·손상의 유무

해설및용어설명 | 일반점검표 - 이동탱크저장소

가연성증기 회수설비	회수구의 변형·손상의 유무	육안
	호스결합장치의 균열·손상의 유무	육안
	완충이음 등의 균열·변형·손상의 유무	육안

12

순수한 벤젠의 온도가 0℃일 때에 대한 설명으로 옳은 것은?

① 액체상태이고 인화의 위험이 있다.
② 고체상태이고 인화의 위험은 없다.
③ 액체상태이고 인화의 위험은 없다.
④ 고체상태이고 인화의 위험이 있다.

해설및용어설명 | 제4류 위험물 - 벤젠
- 녹는점 5.5℃, 인화점 -11℃
- 고체 상태이고 인화의 위험이 있다.

13

$Sr(NO_3)_2$의 지정수량은?

① 50kg   ② 100kg
③ 300kg ④ 1,000kg

해설및용어설명 | 지정수량
질산스트론튬 : 제1류 위험물 중 질산염류, 지정수량 300kg

14

유지의 비누화값은 어떻게 정의되는가?

① 유지 1g을 비누화시키는 데 필요한 KOH의 mg 수
② 유지 10g을 비누화시키는 데 필요한 KOH의 mg 수
③ 유지 1g을 비누화시키는 데 필요한 KCl의 mg 수
④ 유지 10g을 비누화시키는 데 필요한 KCl의 mg 수

해설및용어설명 |
- 비누화값 : 유지 1g을 비누화시키는 데 필요한 KOH의 mg 수
- 아이오딘값 : 유지 100g을 경화시키는 데 필요한 아이오딘의 g 수

15

지정과산화물을 옥내에 저장하는 저장창고 외벽의 기준으로 옳은 것은?

① 두께 20cm 이상의 무근콘크리트조
② 두께 30cm 이상의 무근콘크리트조
③ 두께 20cm 이상의 보강콘크리트블록조
④ 두께 30cm 이상의 보강콘크리트블록조

해설및용어설명 | 옥내저장소 - 지정과산화물
- 저장창고는 150m² 이내마다 격벽으로 완전하게 구획할 것
- 두께 30cm 이상의 철근콘크리트조 또는 철골철근콘크리트조
- 두께 40cm 이상의 보강콘크리트블록조
- 창고의 양측의 외벽으로부터 1m 이상, 상부의 지붕으로부터 50cm 이상 돌출하게 하여야 한다.

16

산소 32g과 질소 56g을 20℃에서 30L의 용기에 혼합하였을 때 이 혼합기체의 압력은 약 몇 atm인가?

① 1.4
② 2.4
③ 3.4
④ 4.4

해설및용어설명 | 이상기체상태방정식

$PV = \frac{w}{M}RT \rightarrow P = (\frac{w_1}{M_1} + \frac{w_2}{M_2})\frac{RT}{V}$

- V = 30L
- $M = O_2 = 16 \times 2 = 32g/mol$, $N_2 = 14 \times 2 = 28g/mol$
- $w = O_2 = 32g$, $N_2 = 56g$
- R = 0.082atm·L/mol·K
- T = 20℃ + 273 = 293K

$P = (\frac{32}{32} + \frac{56}{28})\frac{0.082 \times 293}{30} = 2.4atm$

17

다음 중 페닐하이드라진을 나타내는 것은?

① $C_6H_5N=NC_6H_4OH$
② $C_6H_5NHNH_2$
③ $C_6H_5NHHNC_6H_5$
④ $C_6H_5N=NC_6H_5$

해설및용어설명 | 제4류 위험물 - 페닐하이드라진

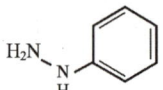

$C_6H_5NHNH_2$

제4류 위험물 중 제3석유류(비수용성), 지정수량 2,000L

18

10wt%의 H_2SO_4 수용액으로 1M 용액 200mL를 만들려고 할 때 다음 중 가장 적합한 방법은?(단, S의 원자량은 32이다)

① 원용액 98g에 물을 가하여 200mL로 한다.
② 원용액 98g에 200mL의 물을 가한다.
③ 원용액 196g에 물을 가하여 200mL로 한다.
④ 원용액 196g에 200mL의 물을 가한다.

해설및용어설명 | 농도

$1M = \frac{1mol}{1L} = \frac{0.2mol}{200mL}$

1몰농도 용액 200mL에는 0.2mol의 용질이 필요하다.
10wt% 용액 196g 에는 19.6g 용질이 있으며 이는 0.2mol이다.

$(19.6g \times \frac{mol}{98g} = 0.2mol)$

원용액 196g에 물을 가하여 200mL로 한다.

19

톨루엔과 크실렌의 혼합물에서 톨루엔의 분압이 전압의 60%이면 이 혼합물의 평균분자량은?

① 82.2
② 97.6
③ 120.5
④ 166.1

해설및용어설명 | 평균분자량

톨루엔 60%, 크실렌 40%

$0.6 \times C_6H_5CH_3 + 0.4 \times C_6H_4(CH_3)_2$
$= 0.6 \times (12 \times 6 + 1 \times 5 + 12 + 1 \times 3) + 0.4 \times (12 \times 6 + 1 \times 4 + 12 \times 2 + 1 \times 6)$
$= 97.6$

20

60°F에서 비중이 0.641인 나프타(naphtha)의 API(American Petroleum Institute)도는?

① 81.2
② 88.4
③ 89.2
④ 99.4

해설및용어설명 | 제4류 위험물 - API도

국제적 원유의 비중

API도 = $\frac{141.5}{SG}$ - 131.5 (SG : 60°F에서 원유의 비중)

= $\frac{141.5}{0.641}$ - 131.5 = 89.248″ ≒ 89.2

21

중질유 탱크 등의 화재 시 물이나 포말을 주입하면 수분의 급격한 증발에 의하여 유면이 거품을 일으키거나 열류의 교란에 의하여 열류층 밑의 냉유가 급격히 팽창하여 유면을 밀어 올리는 위험한 현상은?

① Boil-Over 현상
② Slop Over 현상
③ Water Hammering 현상
④ Priming 현상

해설및용어설명 | 화재 - 화재현상

- Boil-Over 현상 : 중질유의 탱크에서 장시간 조용히 연소하다가 탱크 내의 잔존기름이 갑자기 분출하는 현상
- Slop-Over 현상 : 중질유 탱크 등의 화재 시 열유층에 소화하기 위하여 물이나 포말을 주입하면 수분의 급격한 증발에 의하여 유면이 거품을 일으키거나 열유의 교란에 의하여 열유층 밑의 냉유가 급격히 팽창하여 유면을 밀어 올리는 위험한 현상

22

직경이 400mm인 관과 300mm인 관이 연결되어 있다. 직경 400mm 관에서의 유속이 2m/s라면 300mm 관에서의 유속은 약 몇 m/s인가?

① 6.56
② 5.56
③ 4.56
④ 3.56

해설및용어설명 | 유체역학 - 유량

$Q = uA = u\frac{\pi D^2}{4}$

$u_1 \times \frac{\pi D_1^2}{4} = u_2 \times \frac{\pi D_2^2}{4}$

$2m/s \times \frac{400^2}{4} = u_2 \times \frac{300^2}{4}$

계산기 SOLVE 이용

u_2 = 3.556 ≒ 3.56

23

위험물제조소등의 완공검사의 신청시기에 대한 설명으로 옳은 것은?

① 이동탱크저장소는 이동저장탱크의 제작 전에 신청한다.
② 이송취급소에서 지하에 매설하는 이송배관공사의 경우는 전체의 이송배관 공사를 완료한 후에 신청한다.
③ 지하탱크가 있는 제조소등은 당해 지하탱크를 매설한 후에 신청한다.
④ 이송취급소에서 하천에 매설하는 이송배관의 공사의 경우에는 이송배관을 매설하기 전에 신청한다.

해설및용어설명 | 완공검사의 신청시기

1. 지하탱크가 있는 제조소등의 경우 : 당해 지하탱크를 매설하기 전
2. 이동탱크저장소의 경우 : 이동저장탱크를 완공하고 상시 설치 장소(이하 "상치장소"라 한다)를 확보한 후
3. 이송취급소의 경우 : 이송배관 공사의 전체 또는 일부를 완료한 후. 다만, 지하·하천 등에 매설하는 이송배관의 공사의 경우에는 이송배관을 매설하기 전

4. 전체 공사가 완료된 후에는 완공검사를 실시하기 곤란한 경우 : 다음 각목에서 정하는 시기

　가. 위험물설비 또는 배관의 설치가 완료되어 기밀시험 또는 내압시험을 실시하는 시기

　나. 배관을 지하에 설치하는 경우에는 시·도지사, 소방서장 또는 기술원이 지정하는 부분을 매몰하기 직전

　다. 기술원이 지정하는 부분의 비파괴시험을 실시하는 시기

5. 제1호 내지 제4호에 해당하지 아니하는 제조소등의 경우 : 제조소등의 공사를 완료한 후

24

위험물안전관리법상 위험물제조소등 설치허가 취소사유에 해당하지 않는 것은?

① 위험물제조소의 바닥을 교체하는 공사를 하는 데 변경허가를 득하지 아니한 때
② 법정기준을 위반한 위험물제조소에 발한 수리개조명령을 위반한 때
③ 예방규정을 제출하지 아니한 때
④ 위험물안전관리자가 장기 해외여행을 갔음에도 그 대리자를 지정하지 아니한 때

해설및용어설명 | 설치허가 취소

1. 변경허가를 받지 아니하고 제조소등의 위치·구조 또는 설비를 변경한 때
2. 완공검사를 받지 아니하고 제조소등을 사용한 때
2의2. 안전조치 이행명령을 따르지 아니한 때
3. 수리·개조 또는 이전의 명령을 위반한 때
4. 위험물안전관리자를 선임하지 아니한 때
5. 위험물안전관리자 대리자를 지정하지 아니한 때
6. 정기점검을 하지 아니한 때
7. 정기검사를 받지 아니한 때
8. 저장·취급기준 준수명령을 위반한 때

25

펌프를 용적형 펌프(positive displacement pump)와 터보 펌프(turbo pump)로 구분할 때 터보 펌프에 해당되지 않는 것은?

① 원심펌프(centrifugal pump)
② 기어펌프(gear pump)
③ 축류펌프(axial flow pump)
④ 사류펌프(diagonal flow pump)

해설및용어설명 | 유체역학 - 펌프의 종류

- 터보형 펌프
  - 원심식
  - 사류식
  - 축류식
- 용적형 펌프
  - 왕복식 : 피스톤 펌프, 플런저 펌프
  - 회적식 : 기어펌프, 베인펌프

26

"알킬알루미늄등"을 저장 또는 취급하는 이동탱크저장소에 관한 기준으로 옳은 것은?

① 탱크 외면은 적색으로 도장을 하고, 백색문자로 동판의 양 측면 및 경판에 "화기주의" 또는 "물기주의"라는 주의사항을 표시한다.
② 20kPa 이하의 압력으로 불활성기체를 봉입해 두어야 한다.
③ 이동저장탱크의 맨홀 및 주입구의 뚜껑은 10mm 이상의 강판으로 제작하고, 용량은 2,000리터 미만이어야 한다.
④ 이동저장탱크는 두께 5mm 이상의 강판으로 제작하고, 3MPa 이상의 압력으로 5분간 실시하는 수압시험에서 새거나 변형되지 않아야 한다.

해설및용어설명 | 이동탱크저장소 - 알킬알루미늄등 특례

① 적색 도장, "물기엄금" 주의사항 표시
② 20kPa 이하의 압력으로 불활성기체를 봉입
③ 맨홀 또는 주입구의 뚜껑은 두께 10mm 이상의 강판, 용량 1,900L 이상
④ 두께 10mm 이상의 강판, 1MPa 이상의 압력으로 10분간 실시하는 수압시험에서 새거나 변형하지 아니하는 것

정답 24 ③ 25 ② 26 ②

27

다음 중 1mol의 질량이 가장 큰 것은?

① $(NH_4)_2Cr_2O_7$
② BaO_2
③ $K_2Cr_2O_7$
④ $KMnO_4$

해설및용어설명 | 분자량

① $(14 + 1 \times 4) \times 2 + 52 \times 2 + 16 \times 7 = 252$
② $137 + 16 \times 2 = 169$
③ $39 \times 2 + 52 \times 2 + 16 \times 7 = 294$
④ $39 + 55 + 16 \times 4 = 158$

28

제6류 위험물이 아닌 것은?

① 삼불화브롬
② 오불화브롬
③ 오불화피리딘
④ 오불화아이오딘

해설및용어설명 | 제6류 위험물 - 할로젠간화합물

① BrF_3
② BrF_5
③ C_5F_5N : 제4류 위험물 중 제2석유류 비수용성
④ IF_5

29

위험물안전관리법상 위험등급이 나머지 셋과 다른 하나는?

① 아염소산염류
② 알킬알루미늄
③ 알코올류
④ 칼륨

해설및용어설명 | 위험등급

① 제1류 위험물 중 아염소산염류, 지정수량 50kg, 위험등급 Ⅰ
② 제3류 위험물 중 알킬알루미늄, 지정수량 10kg, 위험등급 Ⅰ
③ 제4류 위험물 중 알코올류, 지정수량 400L, 위험등급 Ⅱ
④ 제3류 위험물 중 칼륨, 지정수량 10kg, 위험등급 Ⅰ

30

위험물의 취급소에 해당하지 않는 것은?

① 일반취급소
② 옥외취급소
③ 판매취급소
④ 이송취급소

해설및용어설명 | 위험물제조소등

제조소	저장소	취급소
1가지	8가지	4가지
위험물제조소	옥내저장소	주유취급소
	옥외저장소	판매취급소
	옥내탱크저장소	이송취급소
	옥외탱크저장소	일반취급소
	이동탱크저장소	
	지하탱크저장소	
	간이탱크저장소	
	암반탱크저장소	

31

알칼리금속의 과산화물에 물을 뿌렸을 때 발생하는 기체는?

① 수소
② 산소
③ 메테인
④ 포스핀

해설및용어설명 | 위험물 소화방법

제1류 위험물 중 알칼리금속의 과산화물에 물을 뿌리면 산소가 발생하며 폭발하므로 주수금지해야 한다.

32

위험물안전관리법령상 제2류 위험물인 철분에 적응성이 있는 소화설비는?

① 옥외소화전설비
② 포소화설비
③ 이산화탄소소화설비
④ 탄산수소염류 분말소화설비

해설및용어설명 | 위험물 소화방법

제2류 위험물 중 철분·금속분·마그네슘: 주수금지
- 탄산수소염류 분말소화설비, 마른 모래, 팽창질석, 팽창진주암

33

이동탱크저장소의 측면틀의 기준에 있어서 탱크 뒷부분의 입면도에서 측면틀의 최외측과 탱크의 최외측을 연결하는 직선의 수평면에 대한 내각은 얼마 이상이 되도록 하여야 하는가?

① 35° ② 65°
③ 75° ④ 90°

해설및용어설명 | 이동탱크저장소 - 측면틀

측면틀의 설치기준

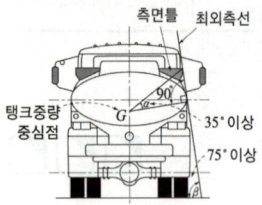

34

제4류 위험물 중 지정수량이 옳지 않은 것은?

① n-헵탄 : 200L   ② 벤즈알데하이드 : 2,000L
③ n-펜탄 : 50L   ④ 에틸렌글리콜 : 4,000L

해설및용어설명 | 위험물의 종류
① 제4류 위험물 중 제1석유류(비수용성), 지정수량 200L
② 제4류 위험물 중 제2석유류(비수용성), 지정수량 1,000L
③ 제4류 위험물 중 특수인화물, 지정수량 50L
④ 제4류 위험물 중 제3석유류(수용성), 지정수량 4,000L

35

알코올류 6,500리터를 저장하는 옥외탱크저장소에 대하여 저장하는 위험물에 대한 소화설비 소요단위는?

① 2   ② 4
③ 16 ④ 17

해설및용어설명 | 소요단위

제4류 위험물 중 알코올류, 지정수량 400L

$$\frac{6{,}500}{400 \times 10} = 1.625 ≒ 2$$

36

백색 또는 담황색 고체로 수산화칼륨 용액과 반응하여 포스핀 가스를 생성하는 것은?

① 황린   ② 트라이메틸알루미늄
③ 적린   ④ 황

해설및용어설명 | 제3류 위험물 - 황린

알칼리용액과 반응하여 포스핀 생성

37

과산화수소의 분해방지 안정제로 사용할 수 있는 물질은?

① 구리   ② 은
③ 인산   ④ 목탄분

해설및용어설명 | 제6류 위험물 - 과산화수소

• 안정제 : 인산, 요산
• 정촉매 : 이산화망가니즈

38

소화난이도 등급 I에 해당하는 제조소 등의 종류, 규모 등 및 설치 가능한 소화설비에 대해 짝지은 것 중 틀린 것은?

① 제조소 – 연면적 1,000m² 이상인 것 – 옥내소화전설비
② 옥내저장소 – 처마높이가 6m 이상인 단층건물 – 이동식 분말소화설비
③ 옥외탱크장소(지중탱크) – 지정수량의 100배 이상인 것(제6류 위험물을 저장하는 것 및 고인화점 위험물만을 100℃ 미만의 온도에서 저장하는 것은 제외) – 고정식 이산화탄소소화설비
④ 옥외저장소 – 제1석유류를 저장하는 것으로서 지정수량의 100배 이상인 것 – 물분무등소화설비(화재발생 시 연기가 충만할 우려가 있는 장소에는 스프링클러 설비는 이동식 이외의 물분무등소화설비에 한한다.

해설및용어설명 | 소화난이도등급 I

① 제조소 : 연면적 1,000m² 이상인 것 - 옥내소화전설비, 옥외소화전설비, 스프링클러설비 또는 물분무등소화설비(화재발생 시 연기가 충만할 우려가 있는 장소에는 스프링클러설비 또는 이동식 외의 물분무등소화설비에 한한다)
② 옥내저장소 : 처마높이가 6m 이상인 단층건물 - 스프링클러설비 또는 이동식 외의 물분무등소화설비
③ 옥외탱크저장소 : 지중탱크 또는 해상탱크로서 지정수량의 100배 이상인 것 - 고정식 포소화설비, 이동식 이외의 불활성가스소화설비 또는 이동식 이외의 할로젠화합물소화설비(해상탱크에는 물분무소화설비 추가)
④ 옥외저장소 : 인화성고체, 제1석유류 또는 알코올류를 저장하는 것으로서 지정수량의 100배 이상 - 옥내소화전설비, 옥외소화전설비, 스프링클러설비 또는 물분무등소화설비(화재발생 시 연기가 충만할 우려가 있는 장소에는 스프링클러설비 또는 이동식 이외의 물분무등소화설비에 한다)

39

유별을 달리하는 위험물 중 운반 시에 혼재가 불가한 것은? (단, 모든 위험물은 지정수량 이상이다)

① 아염소산나트륨과 질산
② 마그네슘과 나이트로글리세린
③ 나트륨과 벤젠
④ 과산화수소와 경유

해설및용어설명 | 위험물의 혼재 - 지정수량 1/10 초과일 때

423 524 61

① 제1류, 제6류
② 제2류, 제5류
③ 제3류, 제4류
④ 제6류, 제4류

40

위험물 암반탱크가 다음과 같은 조건일 때 탱크의 용량은 몇 L인가?

- 암반탱크의 내용적 : 600,000L
- 1일간 탱크 내에 용출하는 지하수의 양 : 800L

① 594,400
② 594,000
③ 593,600
④ 592,000

해설및용어설명 | 공간용적

- 탱크 내용적의 100분의 5 이상 100분의 10 이하
- 소화설비 설치 탱크 : 소화설비 소화약제방출구 아래의 0.3미터 이상 1미터 미만 사이의 면으로부터 윗부분의 용적
- 암반탱크 : 탱크 내에 용출하는 7일간의 지하수의 양에 상당하는 용적과 탱크의 내용적의 100분의 1의 용적 중에서 큰 용적

탱크의 내용적 $\times \frac{1}{100} = 600,000 \times \frac{1}{100} = 6,000$ 리터

지하수의 양 $\times 7$일 $= 800 \times 7$일 $= 5,600$ 리터 → 공간용적 6,000리터

탱크의 용량 = 탱크의 내용적 - 공간용적 = 600,000 - 6,000 = 594,000리터

41

위험물안전관리법령에 의하여 다수의 제조소등을 설치한 자가 1인의 안전관리자를 중복하여 선임할 수 있는 경우가 아닌 것은? (단, 동일 구내에 있는 저장소로서 동일인이 설치한 경우이다)

① 15개의 옥내저장소
② 30개의 옥외탱크저장소
③ 10개의 옥외저장소
④ 10개의 암반탱크저장소

해설및용어설명 | 안전관리자 - 1인의 안전관리자를 중복하여 선임할 수 있는 저장소

1. 10개 이하의 옥내저장소
2. 30개 이하의 옥외탱크저장소
3. 옥내탱크저장소
4. 지하탱크저장소
5. 간이탱크저장소
6. 10개 이하의 옥외저장소
7. 10개 이하의 암반탱크저장소

42

알코올류의 탄소수가 증가함에 따른 일반적인 특징으로 옳은 것은?

① 인화점이 낮아진다.
② 연소범위가 넓어진다.
③ 증기 비중이 증가한다.
④ 비중이 증가한다.

해설및용어설명 | 제4류 위험물 - 알코올류

	메틸알코올	에틸알코올	이소프로필알코올
인화점	11℃	13℃	12℃
연소범위	7.3 ~ 36%	4.3 ~ 19%	2 ~ 12%
증기비중	$\dfrac{12+1\times3+16+1}{29}$ $=1.1$	$\dfrac{12\times2+1\times5+16+1}{29}$ $=1.59$	$\dfrac{12\times3+1\times7+16+1}{29}$ $=2.07$
비중	0.79	0.79	0.78

43

다음에서 설명하는 위험물이 분해·폭발하는 경우 가장 많이 부피를 차지하는 가스는?

- 순수한 것은 무색투명한 기름 형태의 액체이다.
- 다이너마이트의 원료가 된다.
- 상온에서는 액체이지만 겨울에는 동결한다.
- 혓바닥을 찌르는 단맛이 나며, 감미로운 냄새가 난다.

① 이산화탄소
② 수소
③ 산소
④ 질소

해설및용어설명 | 제5류 위험물 - 나이트로글리세린

- 다이너마이트 = 나이트로글리세린 + 규조토
- 겨울철에는 동결하므로 나이트로글리세린 대신 나이트로글리콜을 사용한다.
- $C_3H_5(ONO_2)_3 \rightarrow 12CO_2 + 10H_2O + 6N_2 + O_2$

44

원형 직관 속을 흐르는 유체의 손실수두에 관한 사항으로 옳은 것은?

① 유속에 비례한다.
② 유속에 반비례한다.
③ 유속의 제곱에 비례한다.
④ 유속의 제곱에 반비례한다.

해설및용어설명 | 유체역학 - 마찰손실수두

$$h = \lambda \frac{l}{d} \frac{v^2}{2g}$$

- λ : 관마찰계수
- l : 관의 길이
- d : 관의 지름
- v : 평균 유속

45

에탄올과 진한 황산을 섞고 170℃로 가열하여 얻어지는 기체 탄화수소(㉠)에 브롬을 작용시켜 20℃에서 액체화합물(㉡)을 얻었다. 화합물 A와 B의 화학식은?

① ㉠ C_2H_2 ㉡ CH_3-CHBr_2
② ㉠ C_2H_4 ㉡ CH_2Br-CH_2Br
③ ㉠ $C_2H_5OC_2H_5$ ㉡ $C_2H_4BrOC_2H_4Br$
④ ㉠ C_2H_6 ㉡ $CHBr=CHBr$

해설 및 용어설명 | 제4류 위험물 - 에틸알코올

$$C_2H_5OH \xrightarrow{황산} C_2H_4 + H_2O (탈수반응)$$
$$C_2H_4 + Br_2 \longrightarrow CH_2BrCH_2Br$$

46

위험물안전관리법령상의 간이탱크 저장소의 위치·구조 및 설비의 기준이 아닌 것은?

① 전용실 안에 설치하는 간이저장탱크의 경우 전용실 주위에는 1m 이상의 공지를 두어야 한다.
② 동일한 품질의 위험물의 간이저장탱크를 2 이상 설치하지 아니하여야 한다.
③ 간이저장탱크는 옥외에 설치하여야 하지만, 규정에서 정한 기준에 적합한 전용실 안에 설치하는 경우에는 옥내에 설치할 수 있다.
④ 간이저장탱크는 70kPa의 압력으로 10분간의 수압시험을 실시하여 새거나 변형되지 아니하여야 한다.

해설 및 용어설명 | 간이탱크저장소

① 옥외에 설치하는 경우 탱크 주위 1m 공지, 전용실 안에 설치하는 경우 탱크전용실과 벽 사이에는 0.5m의 간격 유지하여야 한다.
② 간이탱크저장소에 설치하는 간이저장탱크는 그 수를 3 이하로 하고, 동일한 품질의 위험물의 간이저장탱크를 2 이상 설치하지 아니하여야 한다.
③ 옥외에 설치하는 경우와 전용실 안에 옥내 설치하는 경우가 있다.
④ 두께 3.2mm 이상의 강관으로 흠이 없도록 제작하여야 하며, 70kPa의 압력으로 10분간의 수압시험을 실시하여 새거나 변형되지 아니하여야 한다.

47

위험물안전관리법령상 간이저장탱크에 설치하는 밸브 없는 통기관의 설치 기준에 대한 설명으로 옳은 것은?

① 통기관의 지름은 20mm 이상으로 한다.
② 통기관은 옥내에 설치하고 선단의 높이는 지상 1.5m 이상으로 한다.
③ 가는 눈의 구리망 등으로 인화방지장치를 한다.
④ 통기관의 선단은 수평면에 대하여 아래로 35도 이상 구부려 빗물 등이 들어가지 않도록 한다.

해설 및 용어설명 | 간이탱크저장소 - 밸브 없는 통기관

① 통기관의 지름은 25mm 이상으로 할 것
② 통기관은 옥외에 설치하되, 그 끝부분의 높이는 지상 1.5m 이상으로 할 것
③ 가는 눈의 구리망 등으로 인화방지장치를 할 것
④ 통기관의 끝부분은 수평면에 대하여 아래로 45도 이상 구부려 빗물 등이 침투하지 아니하도록 할 것

48

다음 금속원소 중 이온화에너지가 가장 큰 원소는?

① 리튬   ② 나트륨
③ 칼륨   ④ 루비듐

해설 및 용어설명 | 이온화에너지

- 중성상태 원자에서 전자를 잃어 양이온이 될 때 필요한 에너지이다.
- 이온화에너지는 같은 족에서 아래로 갈수록 감소한다.

49

제4류 위험물을 지정수량의 30만 배를 취급하는 일반취급소에 위험물안전관리법령에 의해 최소한 갖추어야 하는 자체소방대의 화학소방차 대수와 자체소방대원의 수는?

① 2대, 15명   ② 2대, 20명
③ 3대, 15명   ④ 3대, 20명

해설및용어설명 | 자체소방대

- 제조소 또는 일반취급소에서 취급하는 제4류 위험물의 최대수량의 합이 지정수량의 3천배 이상
- 옥외탱크저장소에 저장하는 제4류 위험물의 최대수량이 지정수량의 50만배 이상

사업소의 구분	화학소방자동차	자체소방대원의 수
제조소 또는 일반취급소에서 취급하는 제4류 위험물의 최대수량의 합이 지정수량의 3천배 이상 12만배 미만인 사업소	1대	5인
제조소 또는 일반취급소에서 취급하는 제4류 위험물의 최대수량의 합이 지정수량의 12만배 이상 24만배 미만인 사업소	2대	10인
제조소 또는 일반취급소에서 취급하는 제4류 위험물의 최대수량의 합이 지정수량의 24만배 이상 48만배 미만인 사업소	3대	15인
제조소 또는 일반취급소에서 취급하는 제4류 위험물의 최대수량의 합이 지정수량의 48만배 이상인 사업소	4대	20인
옥외탱크저장소에 저장하는 제4류 위험물의 최대수량이 지정수량의 50만배 이상인 사업소	2대	10인

50

다음과 같은 특성을 가지는 결합의 종류는?

> 자유전자의 영향으로 높은 전기전도성을 갖는다.

① 배위결합   ② 수소결합
③ 금속결합   ④ 공유결합

해설및용어설명 | 화학결합

- 공유결합 : 비금속 + 비금속, 전자를 공유하면서 결합한다.
- 이온결합 : 금속 + 비금속, 양이온과 음이온의 정전기적 인력
- 금속결합 : 금속 + 금속, 금속 원자의 자유전자가 활발하게 이동하며 결합 형성 → 자유전자가 열과 전기를 잘 전도한다.

51

아염소산나트륨을 저장하는 곳에 화재가 발생하였다. 위험물안전관리법령상 소화설비로 적응성이 있는 것은?

① 포소화설비   ② 불활성가스소화설비
③ 할로젠화합물소화설비   ④ 탄산수소염류 분말소화설비

해설및용어설명 | 위험물 소화방법

유별	종류	운반용기 외부의 주의사항	게시판	소화방법	덮개
제1류 위험물	알칼리금속의 과산화물	가연물접촉주의, 화기·충격주의, 물기엄금	물기엄금	주수금지	방수성 차광성
	그 외	가연물접촉주의, 화기·충격주의	없음	주수소화	차광성
제2류 위험물	철분·금속분·마그네슘	화기주의, 물기엄금	화기주의	주수금지	방수성
	인화성고체	화기엄금	화기엄금	주수소화 질식소화	
	그 외	화기주의	화기주의	주수소화	
제3류 위험물	자연발화성물질	화기엄금, 공기접촉엄금	화기엄금	주수소화	차광성
	금수성물질	물기엄금	물기엄금	주수금지	방수성
제4류 위험물		화기엄금	화기엄금	질식소화	차광성 (특수인화물)
제5류 위험물		화기엄금, 충격주의	화기엄금	주수소화	차광성
제6류 위험물		가연물접촉주의	없음	주수소화	차광성

① 주수소화, 질식소화
② 질식소화
③ 억제소화
④ 질식소화, 주수금지

52

차아염소산칼슘에 대한 설명으로 옳지 않은 것은?

① 살균제, 표백제로 사용된다.
② 화학식은 $Ca(ClO)_2$이다.
③ 자극성이며 강한 환원력이 있다.
④ 지정수량은 50kg이다.

해설및용어설명 | 제1류 위험물 - 그 외

① 염소산염류는 산화성이 강한 살균제, 표백제이다.
② 화학식 : $Ca(ClO)_2$
③ 자극성이며 강한 산화력이 있다.
④ 제1류 위험물 중 차아염소산염류, 지정수량 50kg

53

금속화재에 해당하는 것은?

① A급 화재
② B급 화재
③ C급 화제
④ D급 화재

해설및용어설명 | 화재의 종류

급수	명칭	색상	물질
A급 화재	일반화재	백색	종이, 목재, 섬유
B급 화재	유류화재	황색	제4류 위험물, 유류, 가스
C급 화재	전기화재	청색	전선, 발전기, 변압기
D급 화재	금속화재	무색	철분, 마그네슘, 금속분 등

54

1기압, 100℃에서 1kg의 이황화탄소가 모두 증기가 된다면 부피는 약 몇 L가 되겠는가?

① 201
② 403
③ 603
④ 804

해설및용어설명 | 이상기체상태방정식

$$PV = \frac{w}{M}RT \rightarrow V = \frac{wRT}{PM}$$

- P = 1atm
- $M = CS_2 = 12 + 32 \times 2 = 76g/mol$
- w = 1kg = 1,000kg
- R = 0.082atm·L/mol·K
- T = 100℃ + 273 = 373K

$$V = \frac{1,000 \times 0.082 \times 373}{1 \times 76} = 402.44 ≒ 403L$$

55

여력을 나타내는 식으로 가장 올바른 것은?

① 여력 = 1일 실동시간 × 1개월 실동시간 × 가동대수
② 여력 = (능력 - 부하)(f) 1/100
③ 여력 = ((능력 - 부하)/능력) · (f)100
④ 여력 = ((능력 - 부하)/부하) · (f)100

해설및용어설명 | 공업경영 - 여력

일정 기간 동안 실제로 일을 할 수 있는 능력

- 능력 = 1일 실동시간 × 1개월 실동시간 × 가동대수
- 여력 = ((능력 - 부하) / 능력) · (f)100

56

산업재해에 의한 기업손실을 하인리히방식으로 산출할 때 직접비용과 간접비용의 비율(직접비율 : 간접비율)은 얼마인가?

① 1 : 2
② 1 : 3
③ 1 : 4
④ 1 : 5

해설및용어설명 | 재해손실비 - 하인리히 방식

- 직접손실비용 : 간접손실비용 = 1 : 4
- 재해손실비용 = 직접비 + 간접비 = 직접비 × 5

57

다음 중 로트별 검사에 대한 AQL 지표형 샘플링검사 방식은 어느 것인가?

① KS A ISO 2859-0
② KS A ISO 2859-1
③ KS A ISO 2859-2
④ KS A ISO 2859-3

해설및용어설명 | 샘플링 검사 - 품질 샘플링 구성[KSA 2859]
- KSA ISO 2859-0 샘플링 검사 시스템 서론
- KSA ISO 2859-1 로트별 검사에 대한 AQL 지표형 샘플링 검사방식
- KSA ISO 2859-2 고립로트 검사에 대한 LQ 지표형 샘플링 검사 방식
- KSA ISO 2859-3 SKIP 로트 샘플링 검사 절차
- KSA 8422 : 2001 계수값 검사를 위한 축차 샘플링 방식
- KSA 8423 : 2001 계량치 검사를 위한 축차 샘플링 방식

58

과거의 자료를 수리적으로 분석하여 일정한 경향을 도출한 후 가까운 장래의 매출액, 생산량 등을 예측하는 방법을 무엇이라 하는가?

① 델파이법
② 전문가패널법
③ 시장조사법
④ 시계열분석법

해설및용어설명 |
- 시장조사법 : 신제품에 대한 수요예측방법
- 시계열분석법 : 과거의 자료를 수리적으로 분석하여 일정한 경향을 도출한 후 가까운 장래의 매출액, 생산량 등을 예측하는 방법

59

다음 중에서 작업자에 대한 심리적 영향을 가장 많이 주는 작업측정의 기법은?

① PTS법
② 워크 샘플링법
③ WF법
④ 스톱 워치법

해설및용어설명 | 작업분석
① 모든 작업을 기본동작으로 분해하고, 각 기본동작에 대하여 성질과 조건에 따라 정해놓은 시간치를 적용하여 정미시간을 산정하는 방법. MTM법과 WF법이 있음
② 스톱워치 없이 작업자나 설비에 대하여 순간 관측을 여러 번 실시 특정 현상이 발생하는 비율을 구하여 신뢰도와 정도를 고려하여 추정하는 방법
③ 각 신체 부위마다 움직이는 거리, 취급 중량, 작업자에 의한 컨트롤 여부(동작 곤란) 등과 같은 변수에 대해 각각 동작시간 표준치를 정하여 동작시간 표준을 적용하여 실질 시간을 구하는 기법
④ 표준화된 작업을 평균 노동자에게 실제로 수행하게 하여 그 시간을 스톱 워치로 측정하고 일정한 보정(補正)을 하여 표준 작업시간을 설정하는 방법

60

작업개선을 위한 공정분석에 포함되지 않는 것은?

① 제품 공정분석
② 사무 공정분석
③ 직장 공정분석
④ 작업자 공정분석

해설및용어설명 | 공정분석 - 작업개선
- 제품 공정분석
- 사무 공정분석
- 작업자 공정분석

01

흐름 단면적이 감소하면서 속도두가 증가하고 압력두가 감소하여 생기는 압력차를 측정하여 유량을 구하는 기구로서 제작이 용이하고 비용이 저렴한 장점이 있으나 유체 수송을 위한 소요 동력이 증가하는 단점이 있는 것은?

① 로터미터
② 피토튜브
③ 벤추리미터
④ 오리피스미터

해설및용어설명 | 유체역학 - 유량계

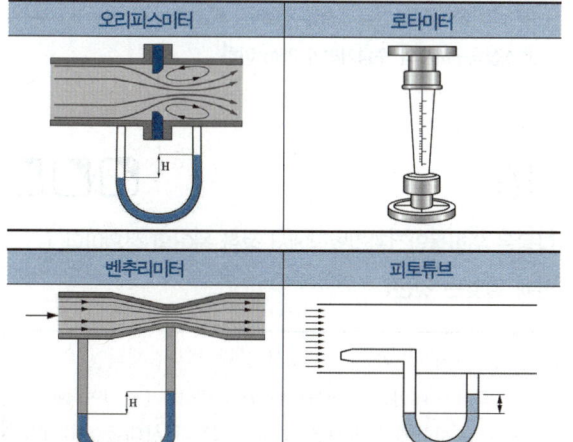

02

가솔린 저장탱크로부터 위험물이 누설되어 직경 2m인 상태에서 풀(Pool) 화재가 발생되었다. 이때 위험물의 단위면적당 발생되는 에너지 방출속도는 몇 kW인가?(단, 가솔린의 연소열은 43.7kJ/g이며, 질량 유속은 55g/m²·s이다)

① 1,887
② 2,453
③ 3,775
④ 7,551

해설및용어설명 | 연소 - 열방출속도

$$Q = mA\Delta H = \frac{55g}{m^2 \cdot s} \cdot \frac{\pi(2m)^2}{4} \cdot \frac{43.7kJ}{g} \cdot \frac{1kW}{1kJ/s} = 7,550.8 ≒ 7,551 kW$$

03

유체의 점성계수에 대한 설명 중 틀린 것은?

① 동점성계수는 점성계수를 밀도로 나눈 값이다.
② 전단응력이 속도구배에 비례하는 유체를 뉴턴유체라 한다.
③ 동점성계수의 단위는 cm²/s이며 이를 Stokes라고 한다.
④ Pseudo 소성유체, Dilatant 유체는 뉴턴유체이다.

해설및용어설명 | 유체역학 - 뉴턴의 점성법칙

$$F = \mu \frac{du}{dy} A$$

- μ : 점성계수
- $\frac{du}{dy}$: 속도구배

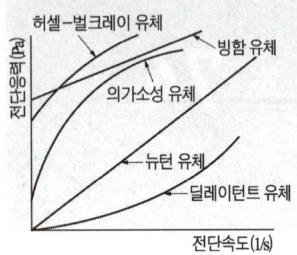

- pseudo plastic fluid : 의가소성 유체
- dilatant fluid : 팽함 유체

04

위험물안전관리법령상 이산화탄소소화기가 적응성이 있는 위험물은?

① 제1류 위험물 ② 제3류 위험물
③ 제4류 위험물 ④ 제5류 위험물

해설및용어설명 | 위험물 소화방법

유별	종류	운반용기 외부의 주의사항	게시판	소화방법	덮개
제1류 위험물	알칼리금속의 과산화물	가연물접촉주의, 화기·충격주의, 물기엄금	물기엄금	주수금지	방수성 차광성
	그 외	가연물접촉주의, 화기·충격주의	없음	주수소화	차광성
제2류 위험물	철분·금속분·마그네슘	화기주의, 물기엄금	화기주의	주수금지	방수성
	인화성고체	화기엄금	화기엄금	주수소화 질식소화	
	그 외	화기주의	화기주의	주수소화	
제3류 위험물	자연발화성 물질	화기엄금, 공기접촉엄금	화기엄금	주수소화	차광성
	금수성물질	물기엄금	물기엄금	주수금지	방수성
제4류 위험물		화기엄금	화기엄금	질식소화	차광성 (특수인화물)
제5류 위험물		화기엄금, 충격주의	화기엄금	주수소화	차광성
제6류 위험물		가연물접촉주의	없음	주수소화	차광성

이산화탄소소화 : 질식소화

05

위험물안전관리법령에서 정한 소화설비, 경보설비 및 피난설비의 기준으로 틀린 것은?

① 저장소의 건축물은 외벽이 내화구조인 것은 연면적 $75m^2$를 1 소요단위로 한다.
② 할로젠화합물소화설비의 설치기준은 이산화탄소소화설비 설치기준을 준용한다.
③ 옥내주유취급소와 연면적이 $500m^2$ 이상인 일반취급소에는 자동화재탐지설비를 설치하여야 한다.
④ 옥내소화전은 제조소등의 건축물의 층마다 해당 층의 각 부분에서 하나의 호스접속구까지의 수평거리가 25m 이하가 되도록 설치하여야 한다.

해설및용어설명 | 소방시설

① 소요단위 : 저장소 내화구조 $150m^2$
② 할로젠화합물소화설비는 이산화탄소소화설비 설치기준 준용
③ 자동화재탐지설비 : $500m^2$ 이상 제조소 및 일반취급소, 옥내주유취급소
④ 옥내소화전 : 제조소등의 건축물의 층마다 해당 층의 각 부분에서 하나의 호스접속구까지의 수평거리가 25m 이하

06

다음은 위험물안전관리법령에서 정한 용어의 정의이다. ( ) 안에 알맞은 것은?

> "산화성고체"라 함은 고체로서 산화력의 잠재적인 위험성 또는 충격에 대한 민감성을 판단하기 위하여 ( )이 정하여 고시하는 시험에서 고시로 정하는 성질과 상태를 나타내는 것을 말한다.

① 대통령 ② 소방청장
③ 중앙소방학교장 ④ 안전행정부장관

해설및용어설명 | 용어의 정의

"산화성고체"라 함은 고체로서 산화력의 잠재적인 위험성 또는 충격에 대한 민감성을 판단하기 위하여 소방청장이 정하여 고시하는 시험에서 고시로 정하는 성질과 상태를 나타내는 것을 말한다.

→ 산화성 시험, 충격민감성 시험

정답 04 ③ 05 ① 06 ②

07

위험물안전관리법령상 IF₅의 지정수량은?

① 20kg ② 50kg
③ 200kg ④ 300kg

해설및용어설명 | 지정수량

오불화아이오딘 : 제6류 위험물 중 할로젠간화합물, 지정수량 300kg

08

과산화수소 수용액은 보관 중 서서히 분해할 수 있으므로 안정제를 첨가하는데 그 안정제로 가장 적합한 것은?

① H_3PO_4 ② MnO_2
③ C_2H_5OH ④ Cu

해설및용어설명 | 과산화수소

안정제 : 인산, 요산

09

위험물안전관리법령상 차량에 적재할 때 차광성이 있는 피복으로 가려야 하는 위험물이 아닌 것은?

① NaH ② P_4S_3
③ $KClO_3$ ④ CH_3CHO

해설및용어설명 | 위험물 주의사항

유별	종류	운반용기 외부의 주의사항	게시판	소화방법	덮개
제1류 위험물	알칼리금속의 과산화물	가연물접촉주의, 화기·충격주의, 물기엄금	물기엄금	주수금지	방수성 차광성
	그 외	가연물접촉주의, 화기·충격주의	없음	주수소화	차광성
제2류 위험물	철분·금속분· 마그네슘	화기주의, 물기엄금	화기주의	주수금지	방수성
	인화성고체	화기엄금	화기엄금	주수소화 질식소화	
	그 외	화기주의	화기주의	주수소화	
제3류 위험물	자연발화성 물질	화기엄금, 공기접촉엄금	화기엄금	주수소화	차광성
	금수성물질	물기엄금	물기엄금	주수금지	방수성
제4류 위험물		화기엄금	화기엄금	질식소화	차광성 (특수인화물)
제5류 위험물		화기엄금, 충격주의	화기엄금	주수소화	차광성
제6류 위험물		가연물접촉주의	없음	주수소화	차광성

① 제3류 위험물 중 금수성물질(자연발화성 성질도 있다)
② 제2류 위험물 중 그 외
③ 제1류 위험물 중 그 외
④ 제4류 위험물 중 특수인화물

10

다음 중 분해온도가 가장 낮은 위험물은?

① KNO_3 ② BaO_2
③ $(NH_4)_2Cr_2O_7$ ④ NH_4ClO_3

해설및용어설명 | 제1류 위험물

① 질산칼륨, 분해온도 540~560℃
② 과산화바륨, 분해온도 840℃
③ 다이크로뮴산암모늄, 분해온도 180℃
④ 염소산암모늄, 분해온도 400℃

정답 07 ④ 08 ① 09 ② 10 ③

11

과산화칼륨의 일반적인 성질에 대한 설명으로 옳은 것은?

① 물과 반응하여 산소를 생성하고, 아세트산과 반응하여 과산화수소를 생성한다.
② 녹는점은 300℃ 이하이다.
③ 백색의 정방정계 분말로 물에 녹지 않는다.
④ 비중이 1.3으로 물보다 무겁다.

해설및용어설명 | 제1류 위험물 - 과산화칼륨
① 무기과산화물은 물과 반응하여 산소생성, 산과 반응하여 과산화수소 생성
② 녹는점 490℃
③ 무색 또는 오렌지색 비정계분말, 물과 접촉 시 반응한다.
④ 비중 2.9

12

질산암모늄에 대한 설명으로 옳지 않은 것은?

① 열분해 시 가스를 발생한다.
② 물에 녹을 때 발열반응을 나타낸다.
③ 물보다 무거운 고체상태의 결정이다.
④ 급격히 가열하면 단독으로도 폭발할 수 있다.

해설및용어설명 | 제1류 위험물 - 질산암모늄
① $2NH_4NO_3 \rightarrow 2N_2 + O_2 + 4H_2O$
② 대표적인 흡열반응 물질이다.
③ 제1류 위험물이므로 고체이고 물보다 무겁다.
④ 분해하며 산소를 발생하므로 폭발할 수 있다.

13

[보기]의 물질 중 제1류 위험물에 해당하는 것은 모두 몇 개인가?

> 아염소산나트륨, 염소산나트륨, 차아염소산칼슘, 과염소산칼륨

① 4개　　② 3개
③ 2개　　④ 1개

해설및용어설명 | 제1류 위험물
- 제1류 위험물 중 아염소산염류
- 제1류 위험물 중 염소산염류
- 제1류 위험물 중 그 외
- 제1류 위험물 중 과염소산염류

14

특정옥외저장탱크 구조기준 중 필렛용접의 사이즈(S, mm)를 구하는 식으로 옳은 것은?(단, t_1 : 얇은 쪽의 강판의 두께(mm), t_2 : 두꺼운 쪽의 강판의 두께(mm)이며, $S \geq 4.5$이다)

① $t_1 = S = t_2$　　② $t_1 = S = \sqrt{2t_2}$
③ $\sqrt{2t_1} = S = t_2$　　④ $t_1 = S = 2t_2$

해설및용어설명 | 필렛용접의 사이즈
$t_1 \geq S \geq \sqrt{2t_2}$ (단, $S \geq 4.5$)

15

제2류 위험물에 속하지 않는 것은?

① 1기압에서 인화점이 30℃인 고체
② 직경이 1mm인 막대 모양의 마그네슘
③ 고형알코올
④ 구리분, 니켈분

해설및용어설명 | 위험물 기준 - 제2류 위험물
① 인화성 고체 : 1기압에서 인화점이 섭씨 40도 미만인 고체
② 마그네슘 : 지름 2mm 미만의 막대모양의 것, 2mm 체를 통과하는 덩어리 상태의 것
③ 인화성 고체 : 고형 알코올
④ 금속분 : 구리, 니켈 제외 150마이크로미터의 체를 통과하는 것이 50중량 퍼센트 이상

16

메테인의 확산 속도 28m/s이고, 같은 조건에서 기체 A의 확산 속도는 14m/s이다. 기체 A의 분자량은 얼마인가?

① 8
② 32
③ 64
④ 128

해설및용어설명 | 확산속도 - 그레이엄의 법칙

$v_1 : v_2 = \sqrt{\dfrac{1}{M_1}} : \sqrt{\dfrac{1}{M_2}}$

$28 : 14 = \sqrt{\dfrac{1}{CH_4}} : \sqrt{\dfrac{1}{A}} = \sqrt{\dfrac{1}{12+1\times 4}} : \sqrt{\dfrac{1}{M_A}}$

$28^2 : 14^2 = \dfrac{1}{16} : \dfrac{1}{M_A}$

$\dfrac{1}{M_A} = \dfrac{14^2}{28^2} \times \dfrac{1}{16} = \dfrac{1}{64}$

$M_A = 64$

17

위험물안전관리법령상 주유취급소의 주위에는 자동차 등이 출입하는 쪽 외의 부분에 높이 몇 m 이상의 담 또는 벽을 설치하여야 하는가?(단, 주유취급소의 인근에 연소의 우려가 있는 건축물이 없는 경우이다)

① 1
② 1.5
③ 2
④ 2.5

해설및용어설명 | 주유취급소 - 담 또는 벽
주유취급소의 주위에는 자동차 등이 출입하는 옥외의 부분에 높이 2m 이상의 내화구조 또는 불연재료의 담 또는 벽을 설치하되, 주유취급소의 인근에 연소의 우려가 있는 건축물이 있는 경우에는 소방청장이 정하여 고시하는 바에 따라 방화상 유효한 높이로 하여야 한다.

18

어떤 액체 연료의 질량조성이 C 75%, H 25%일 때 C : H의 mole 비는?

① 1 : 3
② 1 : 4
③ 4 : 1
④ 3 : 1

해설및용어설명 | 몰

$C : H = \dfrac{75}{12} : \dfrac{25}{1} = 6.25 : 25 = \dfrac{6.25}{6.25} : \dfrac{25}{6.25} = 1 : 4$

19

전기의 부도체이고 황산이나 화약을 만드는 원료로 사용되며, 연소하면 푸른색을 내는 것은?

① 황
② 적린
③ 철분
④ 마그네슘

해설및용어설명 | 제2류 위험물 - 황

흑색화약 = 질산칼륨 + 황 + 탄소

① $S + O_2 \rightarrow SO_2$(푸른색 기체), S 부도체
② $4P + 5O_2 \rightarrow 2P_2O_5$(흰색 기체), P 부도체
③ $2Fe + O_2 \rightarrow 2FeO$(흰색 기체), Fe 도체
④ $2Mg + O_2 \rightarrow 2MgO$(흰색 기체), Mg 도체

20

비수용성의 제1석유류 위험물을 4,000L까지 저장·취급할 수 있도록 허가받은 단층건물의 탱크전용실에 수용성의 제2석유류 위험물을 저장하기 위한 옥내저장탱크를 추가로 설치할 경우 설치할 수 있는 탱크의 최대용량은?

① 16,000L   ② 20,000L
③ 30,000L   ④ 60,000L

해설및용어설명 | 옥내저장탱크 - 용량

- 지정수량의 40배(제4석유류 및 동식물유류 외 제4류 위험물 : 20,000L)
- 최대 20,000L 저장할 수 있으므로 16,000L를 추가로 설치할 수 있다.

21

과산화수소에 대한 설명으로 옳은 것은?

① 대부분 강력한 환원제로 작용한다.
② 물과 심하게 흡열반응한다.
③ 습기에 접촉해도 위험하지 않다.
④ 상온에서 물과 반응하여 수소를 생성한다.

해설및용어설명 | 제6류 위험물 - 과산화수소

① 강력한 산화제이다.
② 물과 심하게 발열반응한다.
③ 물과 반응하지 않으므로 습기에 접촉해도 위험하지 않다.
④ 물과 반응하지 않고 물에 잘 섞인다.

22

분진폭발에 대한 설명으로 틀린 것은?

① 밀폐공간 내 분진운이 부유할 때 폭발 위험성이 있다.
② 충격, 마찰도 착화에너지가 될 수 있다.
③ 2차, 3차 폭발의 발생 우려가 없으므로 1차 폭발 소화에 주력하여야 한다.
④ 산소의 농도가 증가하면 위험성이 증가할 수 있다.

해설및용어설명 | 분진폭발

① 미세한 분진이 일정 농도 이상 공기 중에 분산되어 있을 때 점화원에 의해 폭발하는 현상
② 충격, 마찰도 착화에너지가 될 수 있다.
③ 2차, 3차 폭발의 발생 우려가 있으므로 2차, 3차 폭발에 대비하여야 한다.
④ 산소의 농도가 증가하면 폭발 위험성이 증가한다.

23

인화점이 0℃ 미만이고 자연발화의 위험성이 매우 높은 것은?

① C_4H_9Li ② P_2S_5
③ $KBrO_3$ ④ $C_6H_5CH_3$

해설및용어설명 | 위험물의 종류

① 부틸리튬 : 제3류 위험물 중 알킬리튬, 지정수량 10kg
② 오황화인 : 제2류 위험물 중 황화인, 지정수량 100kg
③ 브로민산칼륨 : 제1류 위험물 중 브로민산염류, 지정수량 300kg
④ 톨루엔 : 제4류 위험물 중 제1석유류(비수용성), 지정수량 200L
자연발화의 위험성이 높은 위험물은 제3류 위험물이다.

24

위험물안전관리법령상 주유취급소의 주유원 간이대기실의 기준으로 적합하지 않은 것은?

① 불연재료로 할 것
② 바퀴가 부착되지 아니한 고정식일 것
③ 차량의 출입 및 주유 작업에 장애를 주지 아니하는 위치에 설치할 것
④ 주유공지 및 급유공지 외의 장소에 설치하는 것은 바닥면적이 $2.5m^2$ 이하일 것

해설및용어설명 | 주유취급소 - 주유원 간이대기실

① 불연재료로 할 것
② 바퀴가 부착되지 아니한 고정식일 것
③ 차량의 출입 및 주유 작업에 장애를 주지 아니하는 위치에 설치할 것
④ 바닥면적이 $2.5m^2$ 이하인 것. 다만, 주유공지 및 급유공지 외의 장소에 설치하는 것은 그러하지 아니하다.

25

위험물안전관리법령상 불활성가스 소화설비가 적응성을 가지는 위험물은?

① 마그네슘
② 알칼리금속
③ 금수성물질
④ 인화성고체

해설및용어설명 | 위험물 소화방법

① 주수금지
② 주수금지
③ 주수금지
④ 주수소화, 질식소화

26

제3류 위험물의 화재 시 소화에 대한 설명으로 틀린 것은?

① 인화칼슘은 물과 반응하여 포스핀가스가 발생하므로 마른 모래로 소화한다.
② 세슘은 물과 반응하여 수소를 발생하므로 물에 의한 냉각소화를 피해야 한다.
③ 다이에틸아연은 물과 반응하므로 주수소화를 피해야 한다.
④ 트라이에틸알루미늄은 물과 반응하여 산소를 발생하므로 주수소화는 좋지 않다.

해설및용어설명 | 화학반응식

① $Ca_3P_2 + 6H_2O \rightarrow 3Ca(OH)_2 + 2PH_3$
② $2Cs + 2H_2O \rightarrow 2CsOH + H_2$
③ $Zn(C_2H_5)_2 + 2H_2O \rightarrow Zn(OH)_2 + C_2H_6$
④ $(C_2H_5)_3Al + 3H_2O \rightarrow Al(OH)_3 + 3C_2H_6$

27

다음에서 설명하는 위험물에 해당하는 것은?

- 불연성이고 무기화합물이다.
- 비중은 약 2.8이다.
- 분자량은 약 78이다.

① 과산화나트륨
② 황화인
③ 탄화칼슘
④ 과산화수소

해설및용어설명 | 제1류 위험물

불연성의 무기화합물은 제1류 위험물, 제6류 위험물이다.
따라서 ①, ④ 중 분자량 78인 것을 찾는다.
① $Na_2O_2 = 23 \times 2 + 16 \times 2 = 78$
④ $H_2O_2 = 1 \times 2 + 16 \times 2 = 34$

28

운반용기 내용적의 95% 이하의 수납률로 수납하여야 하는 위험물은?

① 과산화벤조일　② 질산에틸
③ 나이트로글리세린　④ 메틸에틸케톤퍼옥사이드

해설및용어설명 | 수납률
- 고체 위험물 : 95% 이하
- 액체 위험물 : 98% 이하, 55℃에서 공간용적 유지
- 알킬리튬, 알킬알루미늄 : 90% 이하, 50℃에서 5% 이상 공간용적 유지

① 고체
② 액체
③ 액체
④ 액체

29

벽·기둥 및 바닥이 내화구조로 된 옥내저장소의 건축물에서 저장 또는 취급하는 위험물의 최대 수량이 지정수량의 15배일 때 보유공지 너비기준으로 옳은 것은?

① 0.5m 이상　② 1m 이상
③ 2m 이상　④ 3m 이상

해설및용어설명 | 옥내저장소 - 보유공지

저장 또는 취급하는 위험물의 최대수량	공지의 너비	
	벽·기둥 및 바닥이 내화구조로 된 건축물	그 밖의 건축물
지정수량의 5배 이하	-	0.5m 이상
지정수량의 5배 초과 10배 이하	1m 이상	1.5m 이상
지정수량의 10배 초과 20배 이하	2m 이상	3m 이상
지정수량의 20배 초과 50배 이하	3m 이상	5m 이상
지정수량의 50배 초과 200배 이하	5m 이상	10m 이상
지정수량의 200배 초과	10m 이상	15m 이상

30

다음 중 아이오딘값이 가장 높은 것은?

① 참기름　② 채종유
③ 동유　④ 땅콩기름

해설및용어설명 | 제4류 위험물 - 동식물유류
① 반건성유(아이오딘값 100~130)
② 반건성유(아이오딘값 100~130)
③ 건성유(아이오딘값 130 이상)
④ 불건성유(아이오딘값 100 이하)

31

나이트로셀룰로오스에 캠퍼(장뇌)를 혼합해서 알코올에 녹여 교질상태로 만든 것으로 필름, 안경테, 탁구공 등의 제조에 사용하는 위험물은?

① 질화면　② 셀룰로이드
③ 아세틸퍼옥사이드　④ 하이드라진유도체

해설및용어설명 | 제5류 위험물 - 셀룰로이드
나이트로셀룰로오스에 장뇌를 혼합해서 알코올에 녹여 교질상태로 만든 것. 필름, 안경테, 탁구공 등의 제조에 사용된다.

32

제2류 위험물 중 철분 또는 금속분을 수납한 운반용기의 외부에 표시해야 하는 주의사항으로 옳은 것은?

① 화기엄금 및 물기엄금
② 화기주의 및 물기엄금
③ 가연물접촉주의 및 화기엄금
④ 가연물접촉주의 및 화기주의

해설및용어설명 | 위험물 주의사항

유별	종류	운반용기 외부의 주의사항	게시판	소화방법	덮개
제1류 위험물	알칼리금속의 과산화물	가연물접촉주의, 화기·충격주의, 물기엄금	물기엄금	주수금지	방수성 차광성
	그 외	가연물접촉주의, 화기·충격주의	없음	주수소화	차광성
제2류 위험물	철분·금속분·마그네슘	화기주의, 물기엄금	화기주의	주수금지	방수성
	인화성고체	화기엄금	화기엄금	주수소화 질식소화	
	그 외	화기주의	화기주의	주수소화	
제3류 위험물	자연발화성 물질	화기엄금, 공기접촉엄금	화기엄금	주수소화	차광성
	금수성물질	물기엄금	물기엄금	주수금지	방수성
제4류 위험물		화기엄금	화기엄금	질식소화	차광성 (특수인화물)
제5류 위험물		화기엄금, 충격주의	화기엄금	주수소화	차광성
제6류 위험물		가연물접촉주의	없음	주수소화	차광성

33

다음 표의 물질 중 제2류 위험물에 해당하는 것은 모두 몇 개인가?

황화인	칼륨	알루미늄의 탄화물
황린	금속의 수소화물	코발트분
황	무기과산화물	고형알코올

① 2 ② 3
③ 4 ④ 5

해설및용어설명 | 위험물 종류
- 제2류 위험물 중 황화인, 지정수량 100kg
- 제3류 위험물 중 칼륨, 지정수량 10kg
- 제3류 위험물 중 칼슘·알루미늄의 탄화물, 지정수량 300kg
- 제3류 위험물 중 황린, 지정수량 20kg
- 제3류 위험물 중 금속수소화합물, 지정수량 300kg
- 제2류 위험물 중 금속분 - 코발트분, 지정수량 500kg
- 제2류 위험물 중 황, 지정수량 100kg
- 제1류 위험물 중 무기과산화물, 지정수량 50kg
- 제2류 위험물 중 고형알코올, 지정수량 1,000kg

34

Halon 1211와 Halon 1301 소화기(약제)에 대한 설명 중 틀린 것은?

① 모두 부촉매 효과가 있다.
② 모두 공기보다 무겁다.
③ 증기비중과 액체비중 모두 Halon 1211이 더 크다.
④ 방사 시 유효거리는 Halon 1301 소화기가 더 길다.

해설및용어설명 | 하론 소화약제
① 할로젠원소는 부촉매 효과가 있다.
② 모두 공기보다 무겁다.
③ Halon 1301 증기비중 = $\dfrac{CF_3Br}{29} = \dfrac{12 + 19 \times 3 + 80}{29} = 5.14$

  Halon 1211 증기비중 = $\dfrac{CF_2ClBr}{29} = \dfrac{12 + 19 \times 2 + 35.5 + 80}{29} = 5.71$

④ 1211 소화기는 증기압이 1301보다 낮아 방사 시 유효거리가 길다.

35

다음 중 Cl의 산화수가 +3인 물질은?

① $HClO_4$ ② $HClO_3$
③ $HClO_2$ ④ $HClO$

해설및용어설명 | 산화수
① $HClO_4 = 1 + Cl + (-2) \times 4 = 0$, $Cl = +7$
② $HClO_3 = 1 + Cl + (-2) \times 3 = 0$, $Cl = +5$
③ $HClO_2 = 1 + Cl + (-2) \times 2 = 0$, $Cl = +3$
④ $HClO = 1 + Cl + (-2) \times 1 = 0$, $Cl = +1$

36

트라이나이트로톨루엔의 화학식으로 옳은 것은?

① $C_6H_2CH_3(NO_2)_3$
② $C_6H_3(NO_2)_3$
③ $C_6H_2(NO_2)_3OH$
④ $C_{10}H_6(NO_2)_2$

해설및용어설명 | 제5류 위험물
① 트라이나이트로톨루엔
② 트라이나이트로벤젠
③ 트라이나이트로페놀
④ 다이나이트로나프탈렌

37

위험물안전관리법령상 나트륨의 위험등급은?

① 위험등급 Ⅰ
② 위험등급 Ⅱ
③ 위험등급 Ⅲ
④ 위험등급 Ⅳ

해설및용어설명 | 제3류 위험물 중 나트륨, 지정수량 10kg, 위험등급 Ⅰ

38

각 물질의 저장 및 취급 시 주의사항에 대한 설명으로 옳지 않은 것은?

① H_2O_2 : 완전 밀폐·밀봉된 상태로 보관한다.
② K_2O_2 : 물과의 접촉을 피한다.
③ $NaClO_3$: 철제용기에 보관하지 않는다.
④ CaC_2 : 습기를 피하고 불활성가스를 봉입하여 저장한다.

해설및용어설명 | 위험물 저장방법
① 압력상승 방지를 위하여 뚜껑에 구멍이 뚫린 용기에 담아 보관한다.
② 물과 접촉 시 산소를 발생하므로 물과의 접촉을 피한다.
③ 철제를 부식시키므로 유리용기에 보관한다.
④ 물과 접촉하여 아세틸렌을 발생하므로 습기를 피하고 불활성가스를 봉입한다.

39

다음은 위험물안전관리법령에서 정한 황이 위험물로 취급되는 기준이다. ( ) 안에 알맞은 말을 차례대로 나타낸 것은?

> 황은 순도가 ( )중량퍼센트 이상인 것을 말한다. 이 경우 순도측정에 있어서 불순물은 활석 등 불연성물질과 ( )에 한한다.

① 40, 가연성물질
② 40, 수분
③ 50, 가연성물질
④ 60, 수분

해설및용어설명 | 위험물 기준
황 : 순도가 60중량퍼센트 이상인 것. 불순물은 활석 등 불연성 물질과 수분에 한한다.

40

다음 중 1mol에 포함된 산소의 수가 가장 많은 것은?

① 염소산
② 과산화나트륨
③ 과염소산
④ 차아염소산

해설및용어설명 | 위험물 화학식
① $HClO_3$
② Na_2O_2
③ $HClO_4$
④ $HClO$

41

위험물안전관리법령상 위험물을 적재할 때에 방수성 덮개를 해야 하는 것은?

① 과산화나트륨
② 염소산칼륨
③ 제5류 위험물
④ 과산화수소

해설및용어설명 | 위험물 주의사항

유별	종류	운반용기 외부의 주의사항	게시판	소화방법	덮개
제1류 위험물	알칼리금속의 과산화물	가연물접촉주의, 화기·충격주의, 물기엄금	물기엄금	주수금지	방수성 차광성
	그 외	가연물접촉주의, 화기·충격주의	없음	주수소화	차광성
제2류 위험물	철분·금속분· 마그네슘	화기주의, 물기엄금	화기주의	주수금지	방수성
	인화성고체	화기엄금	화기엄금	주수소화 질식소화	
	그 외	화기주의	화기주의	주수소화	
제3류 위험물	자연발화성 물질	화기엄금, 공기접촉엄금	화기엄금	주수소화	차광성
	금수성물질	물기엄금	물기엄금	주수금지	방수성
제4류 위험물		화기엄금	화기엄금	질식소화	차광성 (특수인화물)
제5류 위험물		화기엄금, 충격주의	화기엄금	주수소화	차광성
제6류 위험물		가연물접촉주의	없음	주수소화	차광성

42

위험물안전관리법령상 제조소등에 있어서 위험물의 취급에 관한 설명으로 옳은 것은?

① 위험물의 취급에 관한 자격이 있는 자라 할지라도 안전관리자로 선임되지 않은 자는 위험물을 단독으로 취급할 수 없다.
② 위험물의 취급에 관한 자격이 있는 자가 안전관리자로 선임되지 않았어도 그 자가 참여한 상태에서 누구든지 위험물 취급작업을 할 수 있다.
③ 위험물안전관리자의 대리자가 참여한 상태에서는 누구든지 위험물 취급작업을 할 수 있다.
④ 위험물 운송자는 위험물을 이동탱크 저장소에 출하하는 충전하는 일반취급소에서 안전관리자 또는 대리자의 참여 없이 위험물 출하작업을 할 수 있다.

해설및용어설명 | 위험물 취급

① 위험물안전관리자의 책무 : 위험물의 취급작업에 참여하여 해당 작업자에 대하여 지시 및 감독하는 업무
② 위험물안전관리자의 책무 : 위험물의 취급작업에 참여하여 해당 작업자에 대하여 지시 및 감독하는 업무

③ 제조소등에 있어서 위험물취급자격자가 아닌 자는 안전관리자 또는 대리자가 참여한 상태에서 위험물을 취급하여야 한다.
④ 위험물운송자는 위험물취급자격자가 아니므로 안전관리자 또는 대리자가 참여한 상태에서 위험물을 취급하여야 한다.

43

위험물안전관리법령상 위험물 제조소등에 설치하는 소화설비 중 옥내소화전설비에 관한 기준으로 틀린 것은?

① 옥내소화전의 배관은 소화전 설비의 성능에 지장을 주지 않는다면 전용으로 설치하지 않아도 되고 주배관 중 입상관은 직경이 50mm 이상이어야 한다.
② 설비의 비상전원은 자가발전설비 또는 축전지설비로 설치하되, 용량은 옥내소화전설비를 45분 이상 유효하게 작동시키는 것이 가능한 것이어야 한다.
③ 비상전원으로 사용하는 큐비클식 외의 자가발전설비는 자가발전장치의 주위에 0.6m 이상의 공지를 보유하여야 한다.
④ 비상 전원으로 사용하는 축전지설비 중 큐비클식 외의 축전지 설비를 동일실에 2개 이상 설치하는 경우에는 상호 간에 0.5m 이상 거리를 두어야 한다.

해설및용어설명 | 옥내소화전설비의 화재안전기준

① 급수배관은 전용으로 하여야 한다. 옥내소화전설비의 성능에 지장이 없는 경우에는 다른 설비와 겸용할 수 있다. 주배관 중 입상관의 직경은 50밀리미터 이상으로 하여야 한다.
② 설비의 비상전원은 자가발전설비 또는 축전지설비로 설치하되, 용량은 옥내소화전설비를 45분 이상 유효하게 작동시키는 것이 가능한 것이어야 한다.
③ 자가발전장치의 주위에는 0.6m 이상의 공지를 보유할 것
④ 비상 전원으로 사용하는 축전지설비 중 큐비클식 외의 축전지설비를 동일실에 2개 이상 설치하는 경우에는 상호 간격은 0.6m(높이가 1.6m 이상인 선반 등을 설치한 경우에는 1m) 이상 이격할 것

정답 42 ③ 43 ④

44

벤조일퍼옥사이드(과산화벤조일)에 대한 설명으로 틀린 것은?

① 백색 또는 무색 결정성 분말이다.
② 불활성 용매 등의 희석제를 첨가하면 폭발성이 줄어든다.
③ 진한 황산, 진한 질산, 금속분 등과 혼합하면 분해를 일으켜 폭발한다.
④ 알코올에는 녹지 않고, 물에 잘 용해된다.

해설및용어설명 | 제5류 위험물 - 과산화벤조일
① 무색 또는 백색, 무취의 결정이다.
② 건조하지 않게 보관하므로 건조방지를 위해 희석제(물, 프탈산디메틸 등)를 사용한다.
③ 유기물, 환원성과의 접촉을 피하고 마찰, 충격을 피한다.
④ 물에 녹지 않고 알코올에 약간 녹으며, 에터에 잘 녹는다.

45

나이트로화합물 중 분자구조 내에 하이드록시기를 갖는 위험물은?

① 피크린산
② 트라이나이트로톨루엔
③ 트라이나이트로벤젠
④ 테트릴

해설및용어설명 | 시성식
하이드록시기 - OH

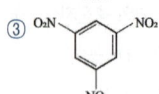

46

50%의 N₂와 50%의 Ar으로 구성된 소화약제는?

① HFC – 125
② IG – 100
③ HFC – 23
④ IG – 55

해설및용어설명 | 불활성가스소화약제 N_2, Ar, CO_2
- IG - 100 : N_2 50%, Ar 50%
- IG - 55 : N_2 50%, Ar 50%
- IG - 541 : N_2 52%, Ar 40%, CO_2 8%

47

위험물안전관리법령상 기계에 의하여 하역하는 구조로 된 운반용기 외부에 표시하여야 하는 사항이 아닌 것은?(단, 원칙적인 경우에 한하며, 국제해상위험물규칙(IMDG Code)를 표시한 경우는 제외한다)

① 겹쳐쌓기시험하중
② 위험물의 화학명
③ 위험물의 위험등급
④ 위험물의 인화점

해설및용어설명 | 운반용기 외부에 표시하여야하는 사항
- 위험물의 품명·위험등급·화학명 및 수용성(수용성 표시는 제4류 위험물로서 수용성인 것에 한한다)
- 위험물의 수량
- 위험물에 따른 규정에 의한 주의사항
- 기계에 의하여 하역하는 구조의 용기에 추가하는 사항
  - 운반용기의 제조년월 및 제조자의 명칭
  - 겹쳐쌓기시험하중
  - 운반용기의 종류에 따라 : 최대총중량, 최대수용중량

48

다음 중 착화온도가 가장 낮은 물질은?

① 메탄올 ② 아세트산
③ 벤젠   ④ 테레핀유

해설및용어설명 | 제4류 위험물

① 제4류 위험물 중 알코올류, 발화점 464℃
② 제4류 위험물 중 제2석유류(수용성), 발화점 427℃
③ 제4류 위험물 중 제1석유류(비수용성), 발화점 562℃
④ 제4류 위험물 중 제2석유류(비수용성), 발화점 253℃

49

운반 시 질산과 혼재가 가능한 위험물은?(단, 지정 수량의 10배의 위험물이다)

① 질산메틸   ② 알루미늄분말
③ 탄화칼슘   ④ 질산암모늄

해설및용어설명 | 위험물의 혼재 - 지정수량 1/10배 초과

423 524 61

① 제5류 위험물
② 제2류 위험물
③ 제3류 위험물
④ 제1류 위험물

50

다음 중 Mn의 산화수가 +2인 것은?

① $KMnO_4$ ② MnO_2
③ $MnSO_4$ ④ K_2MnO_4

해설및용어설명 | 산화수

① $+1 + Mn + (-2) \times 4 = 0$, $Mn = +7$
② $Mn + (-2) \times 2 = 0$, $Mn = +4$
③ $Mn + (+6) + (-2) \times 4 = 0$, $Mn = +2$
④ $+1 \times 2 + Mn + (-2) \times 4 = 0$, $Mn = +6$

51

화학적 소화방법에 해당하는 것은?

① 냉각소화   ② 부촉매소화
③ 제거소화   ④ 질식소화

해설및용어설명 | 소화방법

- 물리적 소화
  - 가연물   × → 제거소화
  - 산소공급원 × → 질식소화
  - 점화원   × → 냉각소화
- 화학적 소화
  - 연쇄반응   × → 억제소화(부촉매소화)

52

다음 제2류 위험물 중 지정수량이 나머지 셋과 다른 하나는?

① 철분   ② 금속분
③ 마그네슘   ④ 황

해설및용어설명 | 지정수량

① 500kg
② 500kg
③ 500kg
④ 100kg

53

용기에 수납하는 위험물에 따라 운반용기 외부에 표시하여야 할 주의사항으로 옳지 않은 것은?

① 자연발화성물질 – 화기엄금 및 공기접촉 엄금
② 인화성액체 – 화기엄금
③ 자기반응성물질 – 화기주의
④ 산화성액체 – 가연물접촉주의

해설및용어설명 | 위험물 주의사항

유별	종류	운반용기 외부의 주의사항	게시판	소화방법	덮개
제1류 위험물	알칼리금속의 과산화물	가연물접촉주의, 화기·충격주의, 물기엄금	물기엄금	주수금지	방수성 차광성
	그 외	가연물접촉주의, 화기·충격주의	없음	주수소화	차광성
제2류 위험물	철분·금속분·마그네슘	화기주의, 물기엄금	화기주의	주수금지	방수성
	인화성고체	화기엄금	화기엄금	주수소화 질식소화	
	그 외	화기주의	화기주의	주수소화	
제3류 위험물	자연발화성 물질	화기엄금, 공기접촉엄금	화기엄금	주수소화	차광성
	금수성물질	물기엄금	물기엄금	주수금지	방수성
제4류 위험물		화기엄금	화기엄금	질식소화	차광성 (특수인화물)
제5류 위험물		화기엄금, 충격주의	화기엄금	주수소화	차광성
제6류 위험물		가연물접촉주의	없음	주수소화	차광성

54

질산암모늄에 대한 설명 중 틀린 것은?

① 강력한 산화제이다.
② 물에 녹을 때는 흡열반응을 나타낸다.
③ 조해성이 있다.
④ 흑색화약의 재료로 쓰인다.

해설및용어설명 | 제1류 위험물 - 질산암모늄
① 제1류 위험물은 강산화제이다.
② 대표적인 흡열반응 물질이다.
③ 제1류 위험물은 조해성이 있다.
④ ANFO 화약 = 질산암모늄 94% + 경유 6%

55

다음 중 통계량의 기호에 속하지 않는 것은?

① σ ② R
③ s   ④ $\bar{x}$

해설및용어설명 | 통계량-기호
① 모집단의 표준편차
② 상관계수
③ 표준편차
④ 평균

56

u 관리도의 관리한계선을 구하는 식으로 옳은 것은?

① $\bar{u} \pm \sqrt{u}$ ② $\bar{u} \pm 3\sqrt{u}$
③ $\bar{u} \pm 3\sqrt{n\bar{u}}$ ④ $\bar{u} \pm 3\sqrt{\dfrac{\bar{u}}{n}}$

해설및용어설명 | u 관리도

중심선($\bar{u}$) = $\dfrac{\Sigma c}{\Sigma n}$

UCL = $\bar{u} + 3 \times \sqrt{\dfrac{\bar{u}}{n}}$

LCL = $\bar{u} - 3 \times \sqrt{\dfrac{\bar{u}}{n}}$

57

다음 중 인위적 조절이 필요한 상황에 사용될 수 있는 워크팩터(Work Factor)의 기호가 아닌 것은?

① D ② K
③ P ④ S

해설및용어설명 | 워크팩터
① 일정한 정지
③ 주의
④ 방향조절

58

예방보전(Preventive Maintenance)의 효과로 보기에 가장 거리가 먼 것은?

① 기계의 수리비용이 감소한다.
② 생산시스템의 신뢰도가 향상된다.
③ 고장으로 인한 중단시간이 감소한다.
④ 예비기계를 보유해야 할 필요성이 증가한다.

해설및용어설명 | 보전의 종류 - 예방보전
설비가 고장나기 전에 수리 정비 등을 실시하는
① 큰 고장을 막아 수리비용 감소
② 고장으로 인한 불량률 감소로 신뢰도 향상
③ 고장나기 전 조치를 취해 중단시간 감소
④ 예방보전을 잘 하면 예비기계를 보유할 필요성이 감소한다.

59

$\bar{x}$ 관리도에서 관리상한이 22.15, 관리하한이 6.85, $\bar{R} = 7.5$일 때 시료군의 크기(n)는 얼마인가?(단, $n = 2$일 때 $A_2 = 1.88$, $n = 3$일 때 $A_2 = 1.02$, $n = 4$일 때 $A_2 = 0.73$, $n = 5$일 때 $A_2 = 0.58$이다)

① 2 ② 3
③ 4 ④ 5

해설및용어설명 | $\bar{x}$ 관리도

- 중심선 = $\dfrac{\sum \bar{x_i}}{k}$
- 관리상한선(UCL) = $\bar{\bar{x}} + A_2 \times \bar{R} = 22.15$
- 관리하한선(LCL) = $\bar{\bar{x}} - A_2 \times \bar{R} = 6.85$

시료군의 크기 = $\dfrac{UCL - LCL}{\bar{R}} = \dfrac{15.3}{7.5} = 2.04 ≒ 3$

60

200개 들이 상자가 15개 있다. 각 상자로부터 제품을 랜덤하게 10개씩 샘플링할 경우, 이러한 샘플링 방법을 무엇이라 하는가?

① 계통 샘플링 ② 취락 샘플링
③ 층별 샘플링 ④ 2단계 샘플링

해설및용어설명 | 샘플링 방법

01

소방수조에 물을 채워 직경 4cm의 파이프를 통해 8m/s의 유속으로 흘려 직경 1cm의 노즐을 통해 소화할 때 노즐 끝에서의 유속은 몇 m/s인가?

① 16
② 32
③ 64
④ 128

해설및용어설명 | 유체역학 - 유량

$Q = uA = u \dfrac{\pi D^2}{4}$

$u_1 \times \dfrac{\pi D_1^2}{4} = u_2 \times \dfrac{\pi D_2^2}{4}$

$8\text{m/s} \times \dfrac{(0.4\text{m})^2}{4} = u_2 \times \dfrac{(0.1\text{m})^2}{4}$

계산기 SOLVE 이용

$u_2 = 128\text{m/s}$

02

다음 중 이상유체에 대한 설명으로 옳은 것은?

① 압력을 가하면 부피가 감소하고 압력이 제거되면 부피가 다시 증가하는 가상 유체를 의미한다.
② 뉴턴의 점성법칙에 따라 거동하는 가상 유체를 의미한다.
③ 비점성, 비압축성인 가상 유체를 의미한다.
④ 유체를 관 내부로 이동시키면 유체와 관벽 사이에서 전단응력이 발생하는 가상 유체를 의미한다.

해설및용어설명 | 유체역학 - 이상유체

비점성, 비압축성의 가상 유체

03

다음 중 유량을 측정하는 계측기구가 아닌 것은?

① 오리피스미터
② 마노미터
③ 로타미터
④ 벤추리미터

해설및용어설명 | 유체역학 - 유량계

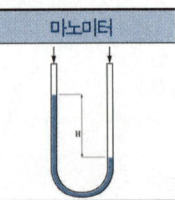

04

제4류 위험물 중 경유를 판매하는 제2종 판매 취급소를 허가 받아 운영하고자 한다. 취급할 수 있는 최대수량은?

① 2,000L
② 40,000L
③ 80,000L
④ 160,000L

해설및용어설명 | 판매취급소

• 제1종 판매취급소 : 지정수량 20배 이하의 위험물을 취급하는 장소
• 제2종 판매취급소 : 지정수량 40배 이하의 위험물을 취급하는 장소
경유 : 제4류 위험물 중 제2석유류 비수용성, 지정수량 1,000L
1,000L × 40 = 40,000L

05

위험물을 저장하는 원통형 탱크를 종으로 설치할 경우 공간용적을 옳게 나타낸 것은?(단, 탱크의 지름은 10m, 높이는 16m이며, 원칙적인 경우이다)

① $62.8m^3$ 이상 $125.7m^3$ 이하
② $72.8m^3$ 이상 $125.7m^3$ 이하
③ $62.8m^3$ 이상 $135.6m^3$ 이하
④ $72.8m^3$ 이상 $135.6m^3$ 이하

해설및용어설명 | 공간용적

- 탱크 내용적의 100분의 5 이상 100분의 10 이하
- 소화설비 설치 탱크 : 소화설비 소화약제방출구 아래의 0.3미터 이상 1미터 미만 사이의 면으로부터 윗부분의 용적
- 암반탱크 : 탱크 내에 용출하는 7일간의 지하수의 양에 상당하는 용적과 탱크의 내용적의 100분의 1의 용적 중에서 큰 용적

종형탱크 = $\pi r^2 l = \pi \times 5^2 \times 16 = 1,256.637m^3$

$1,256.637m^3 \times \dfrac{5}{100} = 62.83 ≒ 62.8m^3$

$1,256.637m^3 \times \dfrac{10}{100} = 125.66 ≒ 125.7m^3$

06

제2류 위험물로 금속이 덩어리 상태일 때보다 가루 상태일 때 연소위험성이 증가하는 이유가 아닌 것은?

① 유동성의 증가
② 비열의 증가
③ 정전기 발생 위험성 증가
④ 비표면적의 증가

해설및용어설명 | 가연물이 되기 쉬운 조건

금속이 덩어리 상태일 때보다 가루상태일 때 유동성이 증가하여 정전기 발생 위험성이 증가한다. 비표면적의 증가하며 산소와 접촉면적 확대되어 연소 위험성이 증가한다.

07

위험물안전관리법령상 불활성가스 소화설비의 기준에서 소화약제 "IG - 541"의 성분으로 용량비가 가장 큰 것은?

① 이산화탄소
② 아르곤
③ 질소
④ 불소

해설및용어설명 | 불활성가스소화약제 N_2, Ar, CO_2

- IG - 100 : N_2 50%, Ar 50%
- IG - 55 : N_2 50%, Ar 50%
- IG - 541 : N_2 52%, Ar 40%, CO_2 8%

08

고형알코올에 대한 설명으로 옳은 것은?

① 지정수량은 500kg이다.
② 이산화탄소 소화설비에 의해 소화한다.
③ 제4류 위험물에 해당한다.
④ 운반용기 외부에 "화기주의"라고 표시하여야 한다.

해설및용어설명 | 제2류 위험물 - 고형알코올

① 지정수량 1,000kg
② 주수소화, 질식소화
③ 제2류 위험물
④ 화기엄금

09

다음 중 지정수량이 나머지 셋과 다른 하나는?

① 톨루엔
② 벤젠
③ 가솔린
④ 아세톤

정답 05 ① 06 ② 07 ③ 08 ② 09 ④

해설및용어설명 | 지정수량
① 제4류 위험물 중 제1석유류 비수용성, 지정수량 200L
② 제4류 위험물 중 제1석유류 비수용성, 지정수량 200L
③ 제4류 위험물 중 제1석유류 비수용성, 지정수량 200L
④ 제4류 위험물 중 제1석유류 수용성, 지정수량 400L

10

0.2N HCl 500ml에 물을 가해 1L로 하였을 때 pH는 약 얼마인가?

① 1.0　　② 1.2
③ 1.8　　④ 2.1

해설및용어설명 | 농도

몰농도 = 용질의 몰수 / 용액의 부피 → 용질의 몰수 = 몰농도 × 용액의 부피

용질의 몰수 = 0.2M × 0.5L = 0.1mol

pH = $-\log[H^+]$ = $-\log(0.1)$ = 1

11

위험물안전관리법령상 주유취급소 작업장(자동차 등을 점검·정비)에서 사용하는 폐유·윤활유 등의 위험물을 저장하는 탱크의 용량(L)은 얼마 이하이어야 하는가?

① 2,000　　② 10,000
③ 50,000　　④ 60,000

해설및용어설명 | 주유취급소

- 고정주유설비, 고정급유설비 접속 전용탱크 50,000L
- 폐유탱크 2,000L
- 고정주유설비, 고정급유설비 접속 간이탱크 3기 이하(용량 600L)

12

분말소화설비를 설치할 때 소화약제 50kg의 축압용가스로 질소를 사용하는 경우 필요한 질소가스의 양은 35℃, 0MPa의 상태로 환산하여 몇 L 이상으로 하여야 하는가?(단, 배관의 청소에 필요한 양은 제외한다)

① 500　　② 1,000
③ 1,500　　④ 2,000

해설및용어설명 | 분말소화설비 - 가압용가스의 양

가압용 가스로 질소를 사용하는 것은 소화약제 1kg당 온도 35℃에서 0MPa의 상태로 환산한 체적 40L 이상, 이산화탄소를 사용하는 것은 소화약제 1kg당 20g에 배관의 청소에 필요한 양을 더한 양 이상일 것

50kg × 40L/kg = 2,000L

13

황화인에 대한 설명으로 틀린 것은?

① P_4S_3, P_2S_5, P_4S_7은 동소체이다.
② 지정수량은 100kg이다.
③ 삼황화인의 연소생성물에는 이산화황이 포함된다.
④ 오황화인은 물 또는 알칼리에 분해하여 이황화탄소와 황산이 된다.

해설및용어설명 | 제2류 위험물 - 황화인

① 같은 원소로 이루어진 물질이다.
② 지정수량 100kg
③ $P_4S_3 + 8O_2 \rightarrow 2P_2O_5 + 3SO_2$
　삼황화인　산소　오산화린　이산화황
④ $P_2S_5 + 8H_2O \rightarrow 2H_3PO_4 + 5H_2S$
　오황화인　물　　인산　　황화수소

14

다음 반응식에서 ( )에 알맞은 것을 차례대로 나열한 것은?

$$CaC_2 + 2(\quad) \rightarrow Ca(OH)_2 + (\quad)$$

① H_2O, C_2H_2
② H_2O, CH_4
③ O_2, C_2H_2
④ O_2, CH_4

해설및용어설명 | 화학반응식
- 반응물의 원소 종류 : Ca, C
- 생성물의 원소 종류 : Ca, O, H이므로

빈칸의 반응물에 H가 포함되어야 한다. 따라서 반응물은 H_2O이다.
탄화칼슘이 물과 반응하여 아세틸렌(C_2H_2)이 생성된다.

15

주어진 탄소 원자에 최대수가 수소가 결합되어 있는 것은?

① 포화탄화수소
② 불포화탄화수소
③ 방향족탄화수소
④ 지방족탄화수소

해설및용어설명 | 탄화수소
① C_nH_{2n+2}
② C_nH_{2n}, C_nH_{2n-2}
③ C_nH_n
④ C_nH_{2n+2}, C_nH_{2n}, C_nH_{2n-2}

16

위험물안전관리법령상 위험물제조소등에 자동화재탐지설비를 설치할 때 설치기준으로 틀린 것은?

① 하나의 경계구역의 면적은 600m² 이하로 할 것
② 광전식 분리형 감지기를 설치한 경우 경계구역의 한 변의 길이는 50m 이하로 할 것
③ 감지기는 지붕 또는 벽의 옥내에 면하는 부분에 유효하게 화재의 발생을 감지할 수 있도록 설치할 것
④ 비상전원을 설치할 것

해설및용어설명 | 자동화재탐지설비 - 설치기준
하나의 경계구역의 면적은 600m² 이하로 하고 그 한변의 길이는 50m(광전식 분리형감지기를 설치할 경우에는 100m) 이하로 할 것. 다만, 당해 건축물 그 밖의 공작물의 주요한 출입구에서 그 내부의 전체를 볼 수 있는 경우에 있어서는 그 면적을 1,000m² 이하로 할 수 있다.

17

위험물의 운반에 관한 기준에서 정한 유별을 달리하는 위험물의 혼재기준에 따르면 1가지 다른 유별의 위험물과만 혼재가 가능한 위험물은?(단, 지정수량의 1/10을 초과하는 경우이다)

① 제2류
② 제4류
③ 제5류
④ 제6류

해설및용어설명 | 위험물의 혼재 - 지정수량 1/10배 초과
423 524 61

① 제4류, 제5류와 혼재 가능
② 제2류, 제3류, 제5류와 혼재 가능
③ 제2류, 제4류와 혼재 가능
④ 제1류와 혼재 가능

18

삼산화크로뮴에 대한 설명으로 틀린 것은?

① 독성이 있다.
② 고온으로 가열하면 산소를 방출한다.
③ 알코올에 잘 녹는다.
④ 물과 반응하여 산소를 발생한다.

해설및용어설명 | 제1류 위험물 - 삼산화크로뮴
① 독성이 있다.
② $4CrO_3 \rightarrow 2Cr_2O_3 + 3O_2$
　무수크로뮴산　산화크로뮴　산소
③ 알코올에 잘 녹는다.
④ 물과 반응하지 않는다.

19

위험물안전관리법령에 따른 제1류 위험물의 운반 및 위험물 제조소등에서 저장·취급에 관한 기준으로 옳은 것은? (단, 지정수량의 10배인 경우이다)

① 제6류 위험물과는 운반 시 혼재할 수 있으며, 적절한 조치를 취하면 같은 옥내저장소에 저장할 수 있다.
② 제6류 위험물과는 운반 시 혼재할 수 있으나, 같은 옥내저장소에 저장할 수는 없다.
③ 제6류 위험물과는 운반 시 혼재할 수 없으나, 적절한 조치를 취하면 같은 옥내저장소에 저장할 수 있다.
④ 제6류 위험물과는 운반 시 혼재할 수 없으며, 같은 옥내저장소에 저장할 수도 없다.

해설및용어설명 | 위험물의 혼재 - 지정수량 1/10배 초과
423 524 61

위험물 저장 : 유별이 다른 위험물 1m 간격
- 제1류 위험물(알칼리금속의 과산화물 제외) + 제5류
- 제1류 + 제6류
- 제1류 + 제3류 중 자연발화성물질(황린)
- 제2류 중 인화성 고체 + 제4류
- 제3류 중 알킬알루미늄·알킬리튬 + 제4류 중 알킬알루미늄·알킬리튬 함유
- 제4류 중 유기과산화물 함유 + 제5류 중 유기과산화물 함유

20

자동화재탐지설비에 대한 설명으로 틀린 것은?

① 원칙적으로 자동화재탐지설비의 경계구역은 건축물 그 밖의 공작물의 2 이상의 층에서 걸치지 아니하도록 한다.
② 광전식분리형 감지기를 설치할 경우 하나의 경계구역 면적은 $600m^2$ 이하로 하고 그 한 변의 길이를 50m 이하로 한다.
③ 자동화재탐지설비의 감지기는 지붕 또는 벽의 옥내에 면한 부분에 유효하게 화재의 발생을 감지할 수 있도록 설치한다.
④ 자동화재탐지설비에는 비상전원을 설치한다.

해설및용어설명 | 자동화재탐지설비
① 건축물 그 밖의 공작물의 2 이상의 층에서 걸치지 아니하도록 한다.
② 하나의 경계구역의 면적은 $600m^2$ 이하, 그 한 변의 길이는 50m(광전식 분리형 감지기를 설치할 경우에는 100m) 이하로 할 것
③ 감지기는 지붕(상층이 있는 경우에는 상층의 바닥) 또는 벽의 옥내에 면한 부분(천장이 있는 경우에는 천장 또는 벽의 옥내에 면한 부분 및 천장의 뒷 부분)에 유효하게 화재의 발생을 감지할 수 있도록 설치할 것
④ 비상전원을 설치할 것

21

트라이에틸알루미늄이 물과 반응하였을 때 생성물을 옳게 나타낸 것은?

① 수산화알루미늄, 메테인   ② 수소화알루미늄, 메테인
③ 수산화알루미늄, 에테인   ④ 수소화알루미늄, 에테인

해설및용어설명 | 화학반응식

$(C_2H_5)_3Al + 3H_2O \rightarrow Al(OH)_3 + 3C_2H_6$
트라이에틸알루미늄 물   수산화알루미늄 에테인

22

옥외저장소의 일반점검표에 따른 선반의 점검내용이 아닌 것은?

① 도장상황 및 부식의 유무   ② 변형·손상의 유무
③ 고정상태의 적부   ④ 낙하방지조치의 적부

해설및용어설명 | 옥외저장소 일반점검표 - 세부기준 별지 14
선반
- 변형·손상의 유무
- 고정상태의 적부
- 낙하방지조치의 적부

23

옥외탱크저장소에 설치하는 높이가 1m를 넘는 방유제 및 간막이둑의 안팎에 설치하는 계단 또는 경사로는 약 몇 m마다 설치하여야 하는가?

① 20m
② 30m
③ 40m
④ 50m

해설및용어설명 | 옥외탱크저장소 - 방유제
계단 또는 경사로 50m마다 설치

24

제조소등의 외벽 중 연소의 우려가 있는 외벽을 판단하는 기산점이 되는 것을 모두 옳게 나타낸 것은?

① ㉠ 제조소등이 설치된 부지의 경계선
　㉡ 제조소등에 인접한 도로의 중심선
　㉢ 제조소등의 외벽과 동일부지 내의 다른 건축물의 외벽 간의 중심선

② ㉠ 제조소등이 설치된 부지의 경계선
　㉡ 제조소등에 인접한 도로의 경계선
　㉢ 제조소등의 외벽과 동일부지 내의 다른 건축물의 외벽 간의 중심선

③ ㉠ 제조소등이 설치된 부지의 중심선
　㉡ 제조소등에 인접한 도로의 중심선
　㉢ 동일부지 내의 다른 건축물의 외벽

④ ㉠ 제조소등이 설치된 부지의 중심선
　㉡ 제조소등에 인접한 도로의 경계선
　㉢ 제조소등의 외벽과 인근부지의 다른 건축물의 외벽 간의 중심선

해설및용어설명 | 연소의 우려가 있는 외벽 - 세부기준 41조
연소의 우려가 있는 외벽은 다음 각 호의 1에 정한 선을 기산점으로 하여 3m(2층 이상의 층에 대해서는 5m) 이내에 있는 제조소등의 외벽을 말한다. 다만, 방화상 유효한 공터, 광장, 하천, 수면 등에 면한 외벽은 제외한다.
• 제조소등이 설치된 부지의 경계선
• 제조소등에 인접한 도로의 중심선
• 제조소등의 외벽과 동일부지 내의 다른 건축물의 외벽 간의 중심선

25

다음 중 혼성궤도함수의 종류가 다른 하나는?

① CH_4
② BF_3
③ NH_3
④ H_2O

해설및용어설명 | 혼성궤도함수
① SP^2 : 평면삼각형
② SP^3 : 정사면체
③ SP^3 : 삼각뿔
④ SP^3 : 삼각뿔

26

$Sr(NO_3)_2$의 지정수량은?

① 50kg
② 100kg
③ 300kg
④ 1,000kg

해설및용어설명 | 지정수량
질산스트론튬 : 제1류 위험물 중 질산염류, 지정수량 300kg

27

위험물탱크안전성능시험자가 되고자 하는 자가 갖추어야 할 장비로서 옳은 것은?

① 기밀시험장비
② 타코메터
③ 페네스트로메터
④ 인화점 측정기

해설및용어설명 | 탱크시험자의 기술능력·시설 및 장비
• 필수장비 : 자기탐상시험기, 초음파두께측정기 및 ①영상초음파시험기, ②방사선투과시험기 및 초음파시험기 중 하나
• 필요한 경우에 두는 장비
 - 충·수압시험, 진공시험, 기밀시험 또는 내압시험의 경우 : 진공누설시험기, 기밀시험장치
 - 수직·수평도 시험의 경우 : 수직·수평도 측정기

28

제5류 위험물에 대한 설명 중 틀린 것은?

① 다이아조화합물은 다이아조기(-N=N-)를 가진 무기화합물이다.
② 유기과산화물은 산소를 포함하고 있어서 다량으로 연소할 경우 소화에 어려움이 있다.
③ 하이드라진은 제4류 위험물이지만 하이드라진 유도체는 제5류 위험물이다.
④ 고체인 물질도 있고 액체인 물질도 있다.

해설및용어설명 | 제5류 위험물
① 제5류 위험물은 유기화합물이다.
② 가연물과 산소가 합쳐져 있으므로 질식소화가 불가하다.
③ 하이드라진 : 제4류 위험물 중 제2석유류 수용성
④ 질산에스터류 중 셀룰로이드를 제외한 나머지 위험물은 고체이다.

29

다음 중 아세틸퍼옥사이드와 혼재가 가능한 위험물은? (단, 지정수량의 10배의 위험물인 경우이다)

① 질산칼륨
② 황
③ 트라이에틸알루미늄
④ 과산화수소

해설및용어설명 | 위험물 혼재
423 524 61
아세틸퍼옥사이드, 제5류 위험물 중 유기과산화물
① 제1류 위험물 → 혼재불가
② 제2류 위험물 → 혼재가능
③ 제3류 위험물 → 혼재불가
④ 제6류 위험물 → 혼재불가

30

마그네슘과 염산이 반응할 때 발화의 위험이 있는 이유로 가장 적합한 것은?

① 열전도율이 낮기 때문이다.
② 산소가 발생하기 때문이다.
③ 많은 반응열이 발생하기 때문이다.
④ 분진 폭발의 민감성 때문이다.

해설및용어설명 | 제2류 위험물 - 마그네슘
① 마그네슘은 열전도율이 높다.
② 제1류, 제6류 위험물이 산과 반응 시 산소를 발생한다.
③ 반응열이 발생한다.
④ 분진폭발은 공기 중에서 점화원에 의해 발생하는 현상이다.

31

제4류 위험물을 수납하는 내장용기가 금속제 용기인 경우 최대 용적은 몇 리터인가?

① 5
② 18
③ 20
④ 30

해설및용어설명 | 운반용기의 최대용적 - 액체위험물

운반 용기				수납 위험물의 종류									
내장 용기		외장 용기		제3류			제4류			제5류		제6류
용기의 종류	최대용적 또는 중량	용기의 종류	최대용적 또는 중량	I	II	III	I	II	III	I	II	I
유리 용기	5L	나무 또는 플라스틱상자 (불활성의 완충재를 채울 것)	75kg	○	○	○	○	○	○	○	○	○
			125kg		○	○		○	○		○	
	10L		225kg						○			
	5L	파이버판상자 (불활성의 완충재를 채울 것)	40kg	○	○	○	○	○	○	○	○	○
	10L		55kg						○			
플라스틱 용기	10L	나무 또는 플라스틱상자 (필요에 따라 불활성의 완충재를 채울 것)	75kg				○	○	○	○	○	
			125kg					○	○		○	
			225kg						○			
		파이버판상자 (필요에 따라 불활성의 완충재를 채울 것)	40kg				○	○	○	○	○	
			55kg						○			

운반 용기			수납 위험물의 종류					
내장 용기	외장 용기		제3류		제4류		제5류	제6류
금속제 용기 30L	나무 또는 플라스틱상자	125kg	O	O	O	O	O	O
		225kg			O			
	파이버판상자	40kg	O	O	O	O	O	O
		55kg			O		O	
	금속제용기 (금속제드럼 제외)	60L			O		O	
	플라스틱용기 (플라스틱드럼 제외)	10L		O	O		O	
		20L			O			
		30L			O		O	
	금속제드럼(뚜껑고정식)	250L	O	O	O	O	O	O
	금속제드럼(뚜껑탈착식)	250L			O			
	플라스틱 또는 파이버드럼 (플라스틱 내용기 부착의 것)	250L		O	O		O	

32

위험물의 지정수량 연결이 틀린 것은?

① 오황화인 – 100kg
② 알루미늄분 – 500kg
③ 스티렌 모노머 – 2,000L
④ 포름산 – 2,000L

해설및용어설명 | 지정수량

① 제2류 위험물 중 황화인, 지정수량 100kg
② 제2류 위험물 중 금속분, 지정수량 500kg
③ 제4류 위험물 중 제2석유류(비수용성), 지정수량 1,000L
④ 제4류 위험물 중 제2석유류(수용성), 지정수량 2,000L

33

탄화칼슘이 물과 반응하였을 때 발생하는 가스는?

① 메테인
② 에테인
③ 수소
④ 아세틸렌

해설및용어설명 | 화학반응식

$CaC_2 + 2H_2O \rightarrow Ca(OH)_2 + C_2H_2$
탄화칼슘   물   수산화칼슘   아세틸렌

34

다음 [보기]와 같은 공통점을 갖지 않는 것은?

- 탄화수소이다.
- 치환반응보다는 첨가반응을 잘한다.
- 석유화학공업 공정으로 얻을 수 있다.

① 에텐
② 프로필렌
③ 부텐
④ 벤젠

해설및용어설명 | 탄화수소

① 첨가반응
② 첨가반응
③ 첨가반응
④ 치환반응

35

다음은 위험물안전관리법령에 따른 소화설비의 설치기준 중 전기설비의 소화설비 기준에 관한 내용이다. ( )에 알맞은 수치를 차례대로 나타낸 것은?

제조소등에 전기설비(전기배선, 조명기구 등은 제외한다)가 설치된 경우에는 당해 장소의 면적 ( )m²마다 소형수동식 소화기를 ( )개 이상 설치할 것

① 100, 1
② 100, 0.5
③ 200, 1
④ 200, 0.5

해설및용어설명 | 소화설비

제조소등에 전기설비(전기배선, 조명기구 등은 제외한다)가 설치된 경우에는 당해 장소의 면적 100m²마다 소형수동식소화기를 1개 이상 설치할 것

정답 32 ③ 33 ④ 34 ④ 35 ①

36

위험물제조소에 옥내소화전 6개와 옥외소화전 1개를 설치하는 경우 각각에 필요한 최소 수원의 수량을 합한 값은?(단, 위험물제조소는 단층 건축물이다)

① $7.8m^3$ ② $13.5m^3$
③ $21.3m^3$ ④ $52.5m^3$

해설및용어설명 | 수원의 수량
- 옥내소화전 $7.8m^3 \times$(최대 5개)
- 옥외소화전 $13.5m^3 \times$(최대 4개)

옥내소화전 $7.8m^3 \times 5 = 39m^3$, 옥외소화전 $13.5m^3 \times 1 = 13.5m^3$
$39m^3 + 13.5m^3 = 52.5m^3$

37

아이오딘값(iodine number)에 대한 설명으로 옳은 것은?

① 지방 또는 기름 1g과 결합하는 아이오딘의 g 수이다.
② 지방 또는 기름 1g과 결합하는 아이오딘의 mg 수이다.
③ 지방 또는 기름 100g과 결합하는 아이오딘의 g 수이다.
④ 지방 또는 기름 100g과 결합하는 아이오딘의 mg 수이다.

해설및용어설명 | 아이오딘값
유지 100g을 경화시키는 데 필요한 아이오딘의 g 수

38

제2류 위험물에 대한 설명 중 틀린 것은?

① 모두 가연성 물질이다.
② 모두 고체이다.
③ 모두 주수소화가 가능하다.
④ 지정수량의 단위는 모두 kg이다.

해설및용어설명 | 제2류 위험물
① 가연성 고체
② 가연성 고체
③ 철분, 금속분, 마그네슘 : 주수금지
④ 지정수량 단위 kg, 제4류 위험물 지정수량 단위 L

39

위험물안전관리법령에서 정하는 유별에 따른 위험물의 성질에 해당하지 않는 것은?

① 산화성고체   ② 산화성액체
③ 가연성고체   ④ 가연성액체

해설및용어설명 | 위험물의 성질
① 제1류 위험물   ② 제6류 위험물
③ 제2류 위험물   ④ 없음

40

다음은 위험물안전관리법령에 따른 인화점 측정시험 방법을 나타낸 것이다. 어떤 인화점측정기에 의한 인화점 측정시험인가?

- 시험장소는 기압 1기압, 무풍의 장소로 할 것
- 시료컵의 온도를 1분간 설정온도로 유지할 것
- 시험 불꽃을 점화하고 화염의 크기를 직경 4mm가 되도록 조정할 것
- 1분 경과 후 개폐기를 작동하여 시험불꽃을 시료컵에 2.5초간 노출시키고 닫을 것. 이 경우 시험 불꽃을 급격히 상하로 움직이지 아니하여야 한다.

① 태그밀폐식 인화점측정기
② 신속평형법 인화점측정기
③ 클리브랜드개방컵 인화점측정기
④ 침강평형법 인화점측정기

해설및용어설명 | 인화점측정기 - 신속평형법 인화점측정기
1. 시험장소는 1기압, 무풍의 장소로 할 것
2. 신속평형법 인화점측정기의 시료컵을 설정온도까지 가열 또는 냉각하여 시험물품(설정온도가 상온보다 낮은 온도인 경우에는 설정온도까지 냉각한 것) 2ml를 시료컵에 넣고 즉시 뚜껑 및 개폐기를 닫을 것
3. 시료컵의 온도를 1분간 설정온도로 유지할 것
4. 시험불꽃을 점화하고 화염의 크기를 직경 4mm가 되도록 조정할 것
5. 1분 경과 후 개폐기를 작동하여 시험불꽃을 시료컵에 2.5초간 노출시키고 닫을 것. 이 경우 시험불꽃을 급격히 상하로 움직이지 아니하여야 한다.

41

제1류 위험물의 위험성에 관한 설명으로 옳지 않은 것은?

① 과망가니즈산나트륨은 에탄올과 혼촉발화의 위험이 있다.
② 과산화나트륨은 물과 반응 시 산소가스가 발생한다.
③ 염소산나트륨은 산과 반응하면 유독가스가 발생한다.
④ 질산암모늄 단독으로 안포폭약을 제조한다.

해설및용어설명 | 제1류 위험물
① 제1류 위험물은 가연물과 접촉 시 혼촉발화 위험이 있다. 가연물접촉주의
② $2Na_2O_2 + 2H_2O \rightarrow 4NaOH + O_2$
③ $2NaClO_3 + 2HCl \rightarrow 2NaCl + 2ClO_2 + H_2O_2$
④ ANFO 화약 : NH_4NO_3 94%, 경유 6%

42

제6류 위험물의 운반 시 적용되는 위험등급은?

① 위험등급 Ⅰ ② 위험등급 Ⅱ
③ 위험등급 Ⅲ ④ 위험등급 Ⅳ

해설및용어설명 | 제6류 위험물
지정수량 300kg, 위험등급 Ⅰ

43

실험식 $C_3H_5N_3O_9$에 해당하는 물질은?

① 트라이나이트로페놀   ② 벤조일퍼옥사이드
③ 트라이나이트로톨루엔 ④ 나이트로글리세린

해설및용어설명 | 화학식
① $C_6H_2(NO_2)_3OH \rightarrow C_6H_3N_3O_7$
② $(C_6H_5CO)_2O_2 \rightarrow C_{14}H_{10}O_7$
③ $C_6H_2(NO_2)_3CH_3 \rightarrow C_7H_5N_3O_6$
④ $C_3H_5(ONO_2)_3 \rightarrow C_3H_5N_3H_9$

44

다음은 이송취급소의 배관과 관련하여 내압에 의하여 배관에 생기는 무엇에 관한 수식인가?

$$\sigma_{ci} = \frac{P_i \cdot (D-t+C)}{2(t-C)}$$

- P_i : 최대사용압력(MPa)
- D : 배관의 외경(mm)
- t : 배관의 실제 두께(mm)
- C : 내면 부식여유두께(mm)

① 원주방향응력 ② 축방향응력
③ 팽창응력   ④ 취성응력

해설및용어설명 | 배관 응력
- 원주응력 $\sigma_1 = \dfrac{P \cdot d}{2 \cdot t}$ [MPa]
- 길이방향응력 $\sigma_2 = \dfrac{P \cdot d}{4 \cdot t}$ [MPa]

45

주유취급소에 설치해야 하는 "주유 중 엔진정지" 게시판의 색상을 옳게 나타낸 것은?

① 적색 바탕에 백색문자
② 청색 바탕에 백색문자
③ 백색 바탕에 흑색문자
④ 황색 바탕에 흑색문자

해설및용어설명 | 게시판의 종류 및 바탕, 문자색

종류	바탕색	문자색
위험물제조소등	백색	흑색
위험물	흑색	황색반사도료
주유중엔진정지	황색	흑색
화기엄금/화기주의	적색	백색
물기엄금	청색	백색

46

제5류 위험물에 관한 설명 중 옳은 것은?

① 아조화합물과 금속의 아지화합물은 지정수량이 200kg이고, 위험등급 II에 속한다.
② 지정수량이 100kg인 위험물에는 하이드록실아민, 하이드록실아민염류, 하이드라진 유도체 등이 있다.
③ 유기과산화물을 함유하는 것으로서 지정수량이 10kg인 것을 지정과산화물이라 한다.
④ 나이트로셀룰로오스, 나이트로글리세린, 질산메틸은 질산에스터류에 속하고 지정수량은 10kg이다.

해설및용어설명 | 제5류 위험물

등급	품명	지정수량	위험물	분자식
제1종 I 제2종 II	질산에스터류	제1종 10kg 제2종 100kg	질산메틸	CH_3ONO_2
			질산에틸	$C_2H_5ONO_2$
			나이트로글리세린(제1종)	$C_3H_5(ONO_2)_3$
			나이트로글리콜(제1종)	$C_2H_4(ONO_2)_2$
			나이트로셀룰로오스 (질산섬유소, 제1종)	
			셀룰로이드(제2종)	
	유기과산화물		과산화벤조일 (벤조일퍼옥사이드, 제2종)	$(C_6H_5CO)_2O_2$
			과산화아세틸 (아세틸퍼옥사이드, 제2종)	
	하이드록실아민			NH_2OH
	하이드록실아민염류			
	나이트로화합물		트라이나이트로톨루엔(TNT, 제1종)	$C_6H_2(NO_2)_3CH_3$
			트라이나이트로페놀 (피크린산, TNP, 제1종 또는 제2종)	$C_6H_2(NO_2)_3OH$
			테트릴	
	나이트로소화합물			
	아조화합물			
	다이아조화합물			
	하이드라진유도체			
그 외	금속의 아지화합물			
	질산구아니딘			

• 지정과산화물 : 유기과산화물을 함유하는 것으로서 지정수량이 10kg인 것

47

위험물안전관리법령상 불활성가스소화설비 기준에서 저장용기 설치 기준으로 틀린 것은?

① 저장용기에는 안전장치(용기밸브에 설치되어 있는 것에 한한다)를 설치할 것
② 온도가 40℃ 이하이고 온도 변화가 적은 장소에 설치할 것
③ 방호구역 외의 장소에 설치할 것
④ 저장용기의 외면에 소화약제의 종류와 양, 제조연도 및 제조자를 표시할 것

해설및용어설명 | 불활성가스 소화설비 - 저장용기 설치장소
- 방호구역 외의 장소에 설치할 것
- 온도가 40℃ 이하이고 온도 변화가 적은 장소에 설치할 것
- 직사일광 및 빗물이 침투할 우려가 적은 장소에 설치할 것
- 저장용기에는 안전장치(용기밸브에 설치되어 있는 것을 포함한다)를 설치할 것
- 저장용기의 외면에 소화약제의 종류와 양, 제조년도 및 제조자를 표시할 것

48

위험물안전관리법령상 제4류 위험물 중 제1석유류에 속하는 것은?

① CH_3CHOCH_2
② $C_2H_5COCH_3$
③ CH_3CHO
④ CH_3COOH

해설및용어설명 | 위험물 분류
① 산화프로필렌 : 제4류 위험물 중 특수인화물
② 메틸에틸케톤 : 제4류 위험물 중 제1석유류
③ 아세트알데하이드 : 제4류 위험물 중 특수인화물
④ 아세트산 : 제4류 위험물 중 제2석유류

49

위험물안전관리법령상에서 정한 제2류 위험물의 저장·취급 기준에 해당되지 않는 것은?

① 산화제와의 접촉·혼합을 피한다.
② 철분·금속분·마그네슘 및 이를 함유한 것에 있어서는 물이나 산과의 접촉을 피한다.
③ 인화성 고체에 있어서는 함부로 증기를 발생시키지 아니하여야 한다.
④ 고온체와의 접근·과열 또는 공기와의 접촉을 피한다.

해설및용어설명 | 제2류 위험물
① 가연물이므로 산화제와의 접촉을 피한다.
② 철분·금속분·마그네슘은 물이나 산과 격렬하게 반응한다.
③ 인화성 물질은 가연성 증기 발생을 억제하여야 한다.
④ 제3류 위험물 중 자연발화성 물질 : 공기접촉엄금, 화기엄금

50

Halon 1211에 해당하는 하론 소화약제는?

① CH_2ClBr
② CF_2ClBr
③ CCl_2FBr
④ CBr_2FCl

해설및용어설명 | 하론 소화약제

하론번호 : C, F, Cl, Br, I의 순서로 원소의 개수를 표시

하론번호	분자식
1301	CF_3Br
1211	CF_2ClBr
2402	$C_2F_4Br_2$
1011	CH_2ClBr
104	CCl_4

51

금속리튬이 고온에서 질소와 반응하였을 때 생성되는 질화리튬의 색상에 가장 가까운 것은?

① 회흑색 ② 적갈색
③ 청록색 ④ 은백색

해설및용어설명 | 제3류 위험물 - 알칼리금속 중 리튬

$6Li + N_2 \rightarrow 2Li_3N$

금속리튬이 고온에서 질소와 반응하였을 때 생성되는 질화리튬은 적갈색이다.

52

위험물제조소등의 옥내소화전설비의 설치기준으로 틀린 것은?

① 수원의 수량은 옥내소화전이 가장 많이 설치된 층의 옥내소화전 설치개수(설치개수가 5개 이상인 경우는 5개)에 7.8m³를 곱한 양 이상이 되도록 설치할 것
② 옥내소화전은 제조소등의 건축물의 층마다 당해 층의 각 부분에서 하나의 호스접속구까지의 수평거리가 50m 이하가 되도록 설치할 것
③ 옥내소화전설비는 각 층을 기준으로 하여 당해 층의 모든 옥내소화전(설치개수가 5개 이상인 경우는 5개의 옥내소화전)을 동시에 사용할 경우에 각 노즐선단의 방수압력이 350kPa 이상이고 방수량이 1분당 260L 이상의 성능이 되도록 할 것
④ 옥내소화전설비에는 비상전원을 설치할 것

해설및용어설명 | 옥내소화전

① 수원의 수량 설치 개수(최대 5개)×7.8m³
② 층의 각 부분에서 호스접속구 25m 이내
③ 방수압력 350kPa, 방수량 260L/min
④ 비상전원 작동시간 45분 이상

53

위험물안전관리법령상 위험물의 운반에 관한 기준에서 운반용기의 재질로 명시되지 않은 것은?

① 섬유판 ② 도자기
③ 고무류 ④ 종이

해설및용어설명 | 운반용기의 재질

강판·알루미늄판·양철판·유리·금속판·종이·플라스틱·섬유판·고무류·합성섬유·삼·짚 또는 나무

54

알칼리토금속에 속하는 것은?

① Li ② Fr
③ Cs ④ Sr

해설및용어설명 | 주기율표

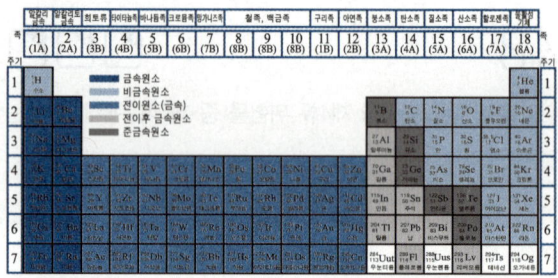

① 제1족 원소
② 제1족 원소
③ 제1족 원소
④ 제2족 원소

55

ASME(American Society of Mechanical Engineers)에서 정의하고 있는 제품공정 분석표에 사용되는 기호 중 "저장(Storage)"을 표현한 것은?

① ○ ② D
③ □ ④ ▽

해설및용어설명 | 제품공정도

요소공정	기호의 명칭	기호
가공	가공	○
운반	운반	o
정체	저장	▽
	지체	D
검사	수량 검사	□
	품질 검사	◇

56

다음 중 사내표준을 작성할 때 갖추어야 할 요건으로 옳지 않은 것은?

① 내용이 구체적이고 주관적일 것
② 장기적 방침 및 체계하에서 추진할 것
③ 작업표준에는 수단 및 행동을 직접 제시할 것
④ 당사자에게 의견을 말하는 기회를 부여하는 절차로 정할 것

해설및용어설명 | 사내표준의 조건

① 내용이 구체적이고 객관적일 것
② 장기적 방침 및 체계하에서 추진할 것
③ 작업표준에는 수단 및 행동을 직접 제시할 것
④ 당사자에게 의견을 말하는 기회를 부여하는 절차로 정할 것

57

작업자가 장소를 이동하면서 작업을 수행하는 경우에 그 과정을 가공, 검사, 운반, 저장 등의 기호를 사용하여 분석하는 것을 무엇이라 하는가?

① 작업자 연합작업분석 ② 작업자 동작분석
③ 작업자 미세분석 ④ 작업자 공정분석

해설및용어설명 | 작업자 공정분석

작업자가 장소를 이동하면서 작업을 수행하는 경우에 그 과정을 가공, 검사, 운반, 저장 등의 기호를 사용하여 분석하는 것

• 작업자 연합작업분석
  작업 조의 재편성, 작업방법 개선으로 유휴시간 단축, 작업자와 기계의 활용도 제고
• 작업자 동작분석
  작업자의 손과 발 등의 신체부위의 움직임을 단위동작으로 나누어 규명하여 작업에 가장 경제적인 방법을 발견하기 위함

58

부적합품률이 1%인 모집단에서 5개의 시료를 랜덤하게 샘플링할 때, 부적합품수가 1개일 확률은 약 얼마인가?(단, 이항분포를 이용하여 계산한다)

① 0.048 ② 0.058
③ 0.48   ④ 0.58

해설및용어설명 | 이항분포

$$P(x) = \binom{n}{x} P^x \cdot (1-P)^{n-x}$$

$$P(1) = \binom{5}{1} 0.01^1 \cdot (1-0.01)^{5-1} = 0.048$$

59

품질관리 기능의 사이클을 표현한 것으로 옳은 것은?

① 품질개선 – 품질설계 – 품질보증 – 공정관리
② 품질설계 – 공정관리 – 품질보증 – 품질개선
③ 품질개선 – 품질보증 – 품질설계 – 공정관리
④ 품질설계 – 품질개선 – 공정관리 – 품질보증

해설및용어설명 | 관리 사이클

Plan – Do – Check – Action
품질설계 공정관리 품질보증 품질개선

60

모든 작업을 기본동작으로 분해하고, 각 기본동작에 대하여 성질과 조건에 따라 정해놓은 시간치를 적용하여 정미시간을 산정하는 방법은?

① PTS법
② Work Sampling법
③ 스톱워치법
④ 실적자료법

해설및용어설명 | 표준시간 - 정미시간 산출
① 모든 작업을 기본동작으로 분해하고, 각 기본동작에 대하여 성질과 조건에 따라 정해놓은 시간치를 적용하여 정미시간을 산정하는 방법
② 스톱워치 없이 작업자나 설비에 대하여 순간 관측을 여러 번 실시, 특정 현상이 발생하는 비율을 구하여 신뢰도와 정도를 고려하여 추정하는 방법
③ 표준화된 작업을 평균 노동자에게 실제로 수행하게 하여 그 시간을 스톱워치로 측정하고 일정한 보정(補正)을 하여 표준 작업시간을 설정하는 방법
④ 과거의 실적자료에 기초하여 작업시간 추정

01

유체의 유입 방향과 유출 방향이 같으나 유체가 밸브 내에서 직각 방향으로 꺾이고 밸브의 개폐가 용이하여 유량조절이 쉬운 밸브는?

① 글로우브 밸브 ② 게이트 밸브
③ 체크 밸브 ④ 버터플라이 밸브

해설및용어설명 |

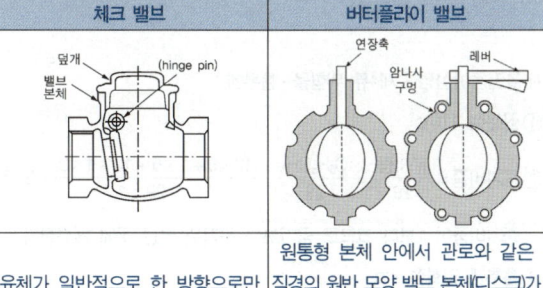

02

소방수조에 물을 채워 직경 4cm의 파이프를 통해 8m/sec의 유속으로 흘러 직경 2cm의 노즐을 통해 소화할 때 노즐 끝에서의 유속은 얼마인가?

① 16m/sec ② 24m/sec
③ 32m/sec ④ 64m/sec

해설및용어설명 | 유체역학 - 유량

$$Q = uA = u\frac{\pi D^2}{4}$$

$$u_1 \times \frac{\pi D_1^2}{4} = u_2 \times \frac{\pi D_2^2}{4}$$

$$8\text{m/s} \times \frac{(0.4\text{m})^2}{4} = u_2 \times \frac{(0.2\text{m})^2}{4}$$

계산기 SOLVE 이용

u_2 = 32m/s

03

낙구식 점도계는 어떤 법칙을 원리로 한 점도계인가?

① 스토크스 법칙 ② 하겐-포아젤 법칙
③ 뉴톤의 점성 법칙 ④ 오일러 법칙

해설및용어설명 | 점도계

- 오스왈드 점도계 : 하겐-포아젤 법칙
- 낙구식 점도계 : 스토크스 법칙
- 회전식 점도계 : 뉴턴의 점성법칙

04

흐름 단면적이 감소하면서 속도수두가 증가하고 압력수두가 감소하여 생기는 압력차를 측정하여 유량을 구하는 기구로서 제작이 용이하고 비용이 저렴한 장점이 있으나 마찰손실이 커서 유체 수송을 위한 소요동력이 증가하는 단점이 있는 것은?

① 로터미터
② 피토튜브
③ 벤추리미터
④ 오리피스미터

해설및용어설명 | 유체역학 - 유량계

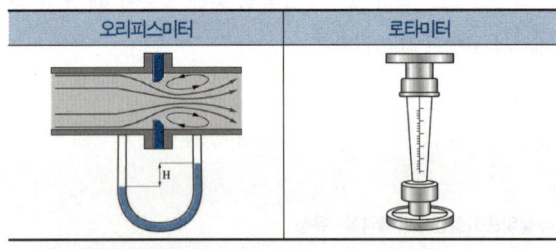

05

나이트로글리세린에 대한 설명으로 옳지 않은 것은?

① 순수한 것은 상온에서 푸른색을 띤다.
② 충격마찰에 매우 민감하므로 운반 시 다공성 물질에 흡수시킨다.
③ 겨울철에는 동결할 수 있다.
④ 비중은 약 1.6으로 물보다 무겁다.

해설및용어설명 | 제5류 위험물 - 나이트로글리세린

- 무색 액체, 비중 1.6
- 다이너마이트 = 나이트로글리세린 + 규조토

겨울철에는 동결하므로 나이트로글리세린 대신 나이트로글리콜을 사용한다.

$C_3H_5(ONO_2)_3 \rightarrow 12CO_2 + 10H_2O + 6N_2 + O_2$

06

지정수량 이상 위험물의 임시 저장·취급기준에 대한 설명으로 옳은 것은?

① 군부대가 군사 목적으로 임시로 저장·취급하는 경우에는 180일을 초과하지 못한다.
② 공사장의 경우에는 공사가 끝나는 날까지 저장·취급할 수 있다.
③ 임시 저장·취급기간은 원칙적으로 180일 이내에서 할 수 있다.
④ 임시 저장·취급에 관한 기준은 시·도별로 다르게 정할 수 있다.

해설및용어설명 | 위험물 임시저장

① 군사목적으로 임시 저장 취급하는 경우(기간제한 없음)
② 공사장은 위험물을 임시 저장할 수 없다.
③ 관할소방서장의 승인을 받은 경우 90일 이내 임시 저장 또는 취급 가능하다.
④ 임시저장에 대한 기준은 시·도의 조례로 정한다.

07

$C_6H_5CH_3$에 대한 설명으로 틀린 것은?

① 끓는점은 약 211℃이다.
② 증기는 공기보다 무거워 낮은 곳에 체류한다.
③ 인화점은 약 4℃이다.
④ 액의 비중은 약 0.87이다.

해설및용어설명 | 제4류 위험물 - 톨루엔

① 끓는점 110℃
② 증기비중 = $\dfrac{분자량}{29}$ = $\dfrac{C_6H_5CH_3}{29}$ = $\dfrac{12 \times 6 + 1 \times 5 + 12 + 1 \times 3}{29}$ = 3.17

증기비중이 1보다 크므로 공기보다 무거워 낮은 곳에 체류한다.

③ 톨루엔 인화점 4℃
④ 액체의 비중 0.86

08

황이 연소하여 발생하는 가스의 성질로 옳은 것은?

① 무색무취다. ② 물에 녹지 않는다.
③ 공기보다 무겁다. ④ 분자식은 H_2S이다.

해설및용어설명 | 제2류 위험물 - 황

$S + O_2 \rightarrow SO_2$(이산화황)

① 무색의 자극적인 냄새가 난다.
② 물에 녹는다.
③ 분자량 29 이상이므로 공기보다 무겁다.
④ 분자식은 SO_2이다.

09

다음 중 물속에 저장하여야 하는 위험물은?

① 적린 ② 황린
③ 황화인 ④ 고형알코올

해설및용어설명 | 위험물 저장 방법

물속에 저장하는 위험물 : 황, 황린(pH9), 이황화탄소

10

위험물안전관리법령에 따른 기계에 의하여 하역하는 구조로 된 운반용기에 대한 수납기준에 의하면 액체위험물을 수납하는 경우에는 55℃의 온도에서의 증기압이 몇 kPa 이하가 되도록 수납하여야 하는가?

① 100 ② 101.3
③ 130 ④ 150

해설및용어설명 | 위험물 수납 기준

액체위험물을 수납하는 경우에는 55℃의 온도에서의 증기압이 130kPa 이하가 되도록 수납할 것

11

줄톰슨(Joule Thomson)효과와 가장 관계있는 소화기는?

① 하론 1301 소화기 ② 이산화탄소 소화기
③ HCFC – 124 소화기 ④ 하론 1211 소화기

해설및용어설명 | 이산화탄소소화기 - 줄톰슨효과

압축된 이산화탄소 기체가 좁은 관을 통과하며 냉각되어 방출

12

위험물제조소등에 설치하는 옥내소화전설비 또는 옥외소화전설비의 설치기준으로 옳지 않은 것은?

① 옥내소화전설비의 각 노즐 선단 방수량 : 260L/min
② 옥내소화전설비의 비상전원 용량 : 45분 이상
③ 옥외소화전설비의 각 노즐 선단 방수량 : 260L/min
④ 표시등 회로의 배선공사 : 금속관공사, 가요전선관공사, 금속 덕트공사, 케이블공사

해설및용어설명 |

- 옥내소화전
  - 수원의 수량(최대 5개)×7.8m³
  - 방수압력 350kPa, 방수량 260L/min
  - 비상전원 45분 이상 작동
- 옥외소화전
  - 수원의 수량(최대 4개)×13.5m³
  - 방수압력 350kPa, 방수량 450L/min
  - 비상전원 45분 이상 작동
- 표시등 회로의 배선공사 : 금속관공사, 가요전선관 공사, 금속덕트공사, 케이블공사

정답 08 ③ 09 ② 10 ③ 11 ② 12 ③

13

지정수량의 단위가 나머지 셋과 다른 하나는?

① 시클로헥산 ② 과염소산
③ 스타이렌 ④ 초산

해설및용어설명 | 주기율표
제4류 위험물의 지정수량 단위는 L, 그 외 위험물의 지정수량 단위는 kg이다.
① 제4류 위험물 중 제1석유류(비수용성)
② 제6류 위험물
③ 제4류 위험물 중 제2석유류(비수용성)
④ 제4류 위험물 중 제2석유류(수용성)

14

다음과 같은 벤젠의 화학반응을 무엇이라 하는가?

$$C_6H_6 + H_2SO_4 \rightarrow C_6H_5 \cdot SO_3H + H_2O$$

① 나이트로화 ② 술폰화
③ 아이오딘화 ④ 할로젠화

해설및용어설명 | 화학반응
① 질산과 황산의 혼산화에 반응시키는 것
② 황산과 반응시키는 것
③ 아이오딘과 반응시키는 것
④ 할로젠원소를 치환시키는 것

15

Na_2O_2가 반응하였을 때 생성되는 기체가 같은 것으로만 나열된 것은?

① 물, 이산화탄소 ② 아세트산, 물
③ 이산화탄소, 염산, 황산 ④ 염산, 아세트산, 물

해설및용어설명 | 화학반응식
- $2Na_2O_2 + 2H_2O \rightarrow 4NaOH + O_2$
- $2Na_2O_2 + 2CO_2 \rightarrow 2Na_2CO_3 + O_2$
- $Na_2O_2 + 2CH_3COOH \rightarrow 2CH_3COONa + H_2O_2$
- $Na_2O_2 + 2HCl \rightarrow 2NaCl + H_2O_2$
- $Na_2O_2 + H_2SO_4 \rightarrow Na_2SO_4 + H_2O_2$

16

위험물안전관리법령상 지정수량이 100kg이 아닌 것은?

① 적린 ② 철분
③ 황 ④ 황화인

해설및용어설명 | 지정수량
① 제2류 위험물 중 적린, 지정수량 100kg
② 제2류 위험물 중 철분, 지정수량 500kg
③ 제2류 위험물 중 황, 지정수량 100kg
④ 제2류 위험물 중 황화인, 지정수량 100kg

17

벤조일퍼옥사이드의 용해성에 대한 설명으로 옳은 것은?

① 물과 대부분 유기용제에 잘 녹는다.
② 물과 대부분 유기용제에 녹지 않는다.
③ 물에는 잘 녹으나 대부분 유기용제에는 녹지 않는다.
④ 물에 녹지 않으나 대부분 유기용제에 잘 녹는다.

해설및용어설명 | 제5류 위험물 - 과산화벤조일
- 무색 또는 백색, 무취의 결정이다.
- 물에 녹지 않고 알코올에 약간 녹으며, 에터에 잘 녹는다.

18

이황화탄소에 대한 설명으로 틀린 것은?

① 인화점이 낮아 인화가 용이하므로 액체 자체의 누출뿐만 아니라 증기의 누설을 방지하여야 한다.
② 휘발성 증기는 독성이 없으나 연소생성물 중 SO_2는 유독성 가스이다.
③ 물보다 무겁고 녹기 어렵기 때문에 물을 채운 수조탱크에 저장한다.
④ 강산화제와 접촉에 의해 격렬히 반응하고 혼촉발화 또는 폭발의 위험성이 있다.

해설및용어설명 | 제4류 위험물 - 이황화탄소
① 인화성 액체이므로 가연성 증기 발생을 주의한다.
② 증기는 독성이 있다. $CS_2 + 3O_2 \rightarrow CO_2 + 2SO_2$ 이산화황은 유독가스이다.
③ 물보다 무겁고 비수용성이므로 수조 탱크에 저장하여 가연성 증기 발생을 억제한다.
④ 가연물이므로 강산화제와 접촉 시 격렬하게 반응하고 혼촉발화 또는 폭발의 위험성이 있다.

19

위험물탱크안전성능시험자가 기술능력, 시설 및 장비 중 중요 변경사항이 있는 때에는 변경한 날부터 며칠 이내에 변경 신고를 하여야 하는가?

① 5일 이내 ② 15일 이내
③ 25일 이내 ④ 30일 이내

해설및용어설명 | 탱크안전성능시험자
등록한 사항 가운데 행정안전부령이 정하는 중요사항을 변경한 경우에는 그 날부터 30일 이내에 시·도지사에게 변경신고를 하여야 한다.

20

다음 중 위험물 판매취급소의 배합실에서 배합하여서는 안 되는 위험물은?

① 도료류 ② 염소산칼륨
③ 과산화수소 ④ 황

해설및용어설명 | 판매취급소
• 도료류
• 제1류 위험물 중 염소산염류
• 황
• 제4류 위험물 중 인화점 38℃ 이상
위 위험물 외에는 위험물을 배합하거나 옮겨 담는 작업을 하지 아니할 것

21

산화프로필렌에 대한 설명 중 틀린 것은?

① 무색의 휘발성 액체이다.
② 증기의 비중은 공기보다 작다.
③ 인화점은 약 -37℃이다.
④ 비점은 약 34℃이다.

해설및용어설명 | 제4류 위험물 - 산화프로필렌
① 무색의 휘발성 액체
② $\dfrac{OCH_2CHCH_3}{29} = \dfrac{16 + 12 + 1 \times 2 + 12 + 1 + 12 + 1 \times 3}{29} = 2$

증기 비중은 공기보다 크다.
③ 인화점 - 37℃
④ 비점 34℃

22

위험물의 화재위험에 대한 설명으로 옳지 않은 것은?

① 연소범위의 상한 값이 높을수록 위험하다.
② 착화점이 높을수록 위험하다.
③ 폭발범위가 넓을수록 위험하다.
④ 연소속도가 빠를수록 위험하다.

해설및용어설명 | 연소 위험성

① 연소범위의 상한 값이 높을수록, 하한 값이 낮을수록 위험하다.
② 인화점, 발화점(착화점)이 낮을수록 위험하다.
③ 폭발범위가 넓을수록 위험하다.
④ 연소속도가 빠를수록 위험하다.

23

에탄올 1몰이 표준상태에서 완전 연소하기 위해 필요한 공기량은 약 몇 L인가?(단, 공기 중 산소의 부피는 21vol%이다)

① 122   ② 244
③ 320   ④ 410

해설및용어설명 | 이상기체상태방정식

$C_2H_5OH + 3O_2 \rightarrow 2CO_2 + 3H_2O$

$PV = nRT \rightarrow V = \dfrac{nRT}{P}$

- $P = 1atm$
- $n = 1mol$
- $R = 0.082 atm \cdot L/mol \cdot K$
- $T = 0°C + 273 = 273K$

$V = \dfrac{1 \times 0.082 \times 273}{1} \times \dfrac{3\,O_2}{1\,C_2H_5OH} \times \dfrac{1\,air}{0.21\,O_2} = 319.8 ≒ 320L$

24

위험물안전관리법령상 옥내저장소의 저장창고 바닥면적은 1,000m² 이하로 하여야 하는 위험물이 아닌 것은?

① 아염소산염류   ② 나트륨
③ 금속분   ④ 과산화수소

해설및용어설명 | 옥내저장소 - 바닥면적

- 위험등급Ⅰ, 제4류 위험물 위험등급Ⅰ, Ⅱ : 바닥면적 1,000m²
- 위험등급Ⅱ, Ⅲ, 제4류 위험물 위험등급Ⅲ : 바닥면적 2,000m²
- 바닥면적 1,000m² + 2,000m²인 경우 = 1,500m²

① 제1류 위험물 중 아염소산염류, 지정수량 50kg, 위험등급Ⅰ
② 제3류 위험물 중 나트륨, 지정수량 10kg, 위험등급Ⅰ
③ 제2류 위험물 중 금속분, 지정수량 500kg, 위험등급Ⅲ
④ 제6류 위험물 중 과산화수소, 지정수량 300kg, 위험등급Ⅰ

25

위험물안전관리법령상 제1류 위험물에 해당하는 것은?

① 염소화아이소사이아누르산   ② 질산구아니딘
③ 염소화규소화합물   ④ 금속의 아지화합물

해설및용어설명 | 위험물의 종류

① 제1류 위험물 중 그외
② 제5류 위험물 중 그외
③ 제3류 위험물 중 그외
④ 제5류 위험물 중 그외

26

다음은 용량 100만 리터 미만의 액체위험물 저장탱크에 실시하는 충수·수압시험의 검사기준에 관한 설명이다. 탱크 중 「압력탱크 외의 탱크」에 대해서 실시하여야 하는 검사의 내용이 아닌 것은?

① 옥외저장탱크 및 옥내저장탱크는 충수시험을 실시하여야 한다.
② 지하저장탱크는 70kPa의 압력으로 10분간 수압시험을 실시하여야 한다.
③ 이동저장탱크는 최대상용압력의 1.5배의 압력으로 10분간 수압시험을 실시하여야 한다.
④ 이중벽탱크 중 강제강화이중벽탱크는 70kPa의 압력으로 10분간 수압시험을 실시하여야 한다.

해설및용어설명 |
- 옥외탱크저장소
  - 압력탱크 외의 탱크 : 충수시험
  - 압력탱크 : 최대상용압력의 1.5배의 압력으로 10분간 실시하는 수압시험
- 지하탱크저장소
  압력탱크 외의 탱크에 있어서는 70kPa의 압력으로, 압력탱크에 있어서는 최대상용압력의 1.5배의 압력으로 각각 10분간 수압시험을 실시
- 이동탱크저장소
  압력탱크 외의 탱크에 있어서는 70kPa의 압력으로, 압력탱크에 있어서는 최대상용압력의 1.5배의 압력으로 각각 10분간 수압시험을 실시

27

나머지 셋과 지정수량이 다른 하나는?

① 칼슘 ② 알킬알루미늄
③ 칼륨 ④ 나트륨

해설및용어설명 | 지정수량
① 제3류 위험물 중 알칼리금속 및 알칼리토금속, 지정수량 50kg
② 제3류 위험물 중 알킬알루미늄, 지정수량 10kg
③ 제3류 위험물 중 칼륨, 지정수량 10kg
④ 제3류 위험물 중 나트륨, 지정수량 10kg

28

다음 중 아이오딘값이 가장 큰 것은?

① 야자유 ② 피마자유
③ 올리브유 ④ 정어리기름

해설및용어설명 | 제4류 위험물 - 동식물유류
① 불건성유(아이오딘값 100 이하)
② 불건성유(아이오딘값 100 이하)
③ 불건성유(아이오딘값 100 이하)
④ 건성유(아이오딘값 130 이상)

29

다음 중 제1류 위험물이 아닌 것은?

① $LiClO$ ② $NaClO_2$
③ $KClO_3$ ④ $HClO_4$

해설및용어설명 | 위험물 분류
① 차아염소산리튬 : 제1류 위험물 중 그 외(차아염소산염류), 지정수량 50kg
② 아염소산나트륨 : 제1류 위험물 중 아염소산염류, 지정수량 50kg
③ 염소산칼륨 : 제1류 위험물 중 염소산염류, 지정수량 50kg
④ 과염소산 : 제6류 위험물 중 과염소산, 지정수량 300kg

30

다음 중 위험물안전관리법령상 지정수량이 가장 작은 것은?

① 브로민산염류 ② 질산염류
③ 아염소산염류 ④ 다이크로뮴산염류

해설및용어설명 | 지정수량
① 제1류 위험물 중 브로민산염류, 지정수량 300kg
② 제1류 위험물 중 질산염류, 지정수량 300kg
③ 제1류 위험물 중 아염소산염류, 지정수량 50kg
④ 제1류 위험물 중 다이크로뮴산염류, 지정수량 1,000kg

31

과염소산, 질산, 과산화수소의 공통점이 아닌 것은?

① 다른 물질을 산화시킨다. ② 강산에 속한다.
③ 산소를 함유한다. ④ 불연성 물질이다.

해설및용어설명 | 제6류 위험물 - 산화성 액체

① 다른 물질을 산화시킨다. 다른 물질에 산소를 준다.
② 과염소산, 질산은 강산이지만 과산화수소는 약산성이다.
③ $HClO_4$, HNO_3, H_2O_2 모두 산소를 함유한다.
④ 강산화제, 불연성, 조연성이다.

32

황린과 적린에 대한 설명 중 틀린 것은?

① 적린은 황린에 비하여 안정하다.
② 비중은 황린이 크며, 녹는점은 적린이 낮다.
③ 적린과 황린은 모두 물에 녹지 않는다.
④ 연소할 때 황린과 적린은 모두 흰 연기를 발생한다.

해설및용어설명 | 적린과 황린의 비교

	적린	황린
분자식	P	P_4
유별	제2류	제3류
안정성	안정	불안정
화학적활성	작다.	크다.
물 용해	×(불용해)	×(불용해)
CS_2 용해	×(불용해)	○(용해)
비중	2.2	1.82
녹는점	416℃	44℃

연소 시 발생하는 오산화인은 흰색 연기이다.

33

스프링클러 소화설비가 전체적으로 적응성이 있는 대상물은?

① 제1류 위험물 ② 제2류 위험물
③ 제4류 위험물 ④ 제5류 위험물

해설및용어설명 | 위험물 소화방법

유별	종류	운반용기 외부의 주의사항	게시판	소화방법	덮개
제1류 위험물	알칼리금속의 과산화물	가연물접촉주의, 화기·충격주의, 물기엄금	물기엄금	주수금지	방수성 차광성
	그 외	가연물접촉주의, 화기·충격주의	없음	주수소화	차광성
제2류 위험물	철분·금속분· 마그네슘	화기주의, 물기엄금	화기주의	주수금지	방수성
	인화성고체	화기엄금	화기엄금	주수소화 질식소화	
	그 외	화기주의	화기주의	주수소화	
제3류 위험물	자연발화성 물질	화기엄금, 공기접촉엄금	화기엄금	주수소화	차광성
	금수성물질	물기엄금	물기엄금	주수금지	방수성
제4류 위험물		화기엄금	화기엄금	질식소화	차광성 (특수인화물)
제5류 위험물		화기엄금, 충격주의	화기엄금	주수소화	차광성
제6류 위험물		가연물접촉주의	없음	주수소화	차광성

스프링클러 소화설비 - 주수소화

34

제2종 분말소화약제가 열분해할 때 생성되는 물질로 4℃ 부근에서 최대 밀도를 가지며 분자 내 104.5°의 결합각을 갖는 것은?

① CO_2 ② H_2O
③ H_3PO_4 ④ K_2CO_3

해설및용어설명 | 분말소화약제

구분	주성분	화학식	분해식	적응화재
제1종	탄산수소 나트륨	$NaHCO_3$	$2NaHCO_3$ $\rightarrow Na_2CO_3 + CO_2 + H_2O$	BC
제2종	탄산수소 칼륨	$KHCO_3$	$2KHCO_3$ $\rightarrow K_2CO_3 + CO_2 + H_2O$	BC
제3종	인산암모늄	$NH_4H_2PO_4$	$NH_4H_2PO_4$ $\rightarrow NH_3 + HPO_3 + H_2O$	ABC
제4종	탄산수소 칼륨 + 요소	$KHCO_3 +$ $(NH_2)_2CO$	암기 불요	BC

35

다음 중 품목을 달리하는 위험물을 동일장소에 저장할 경우 위험물의 시설로서 허가를 받아야 할 수량을 저장하고 있는 것은?(단, 제4류 위험물의 경우 비수용성이고 수량 이외의 저장기준은 고려하지 않는다)

① 이황화탄소 10L, 가솔린 20L와 칼륨 3kg을 취급하는 곳
② 가솔린 60L, 등유 300L와 중유 950L를 취급하는 곳
③ 경유 600L, 나트륨 1kg과 무기과산화물 10kg을 취급하는 곳
④ 황 10kg, 등유 300L와 황린 10kg을 취급하는 곳

해설및용어설명 | 지정수량의 배수

① $\dfrac{10L}{50L} + \dfrac{20L}{200L} + \dfrac{3kg}{10kg} = 0.6$

② $\dfrac{60L}{200L} + \dfrac{300L}{1,000L} + \dfrac{950L}{2,000L} = 1.075$

③ $\dfrac{600L}{1,000L} + \dfrac{1kg}{10kg} + \dfrac{10kg}{50kg} = 0.9$

④ $\dfrac{10kg}{100kg} + \dfrac{300L}{1,000L} + \dfrac{10kg}{20kg} = 0.9$

36

다음은 위험물안전관리법령상 위험물제조소등의 옥내소화전 설비의 설치기준에 관한 내용이다. ( )에 알맞은 수치는?

> 수원의 수량은 옥내소화전 설치개수(설치개수가 5개 이상인 경우는 5개)에 ( )m^3를 곱한 양 이상이 되도록 설치할 것

① 2.4 ② 7.8
③ 35   ④ 260

해설및용어설명 | 수원의 수량
• 옥내소화전 $7.8m^3 \times$(최대 5개)
• 옥외소화전 $13.5m^3 \times$(최대 4개)

37

어떤 물질 1kg에 의해 파괴되는 오존량을 기준물질인 CFC - 11, 1kg에 의해 파괴되는 오존량으로 나눈 상대적인 비율로 오존파괴능력을 나타내는 지표는?

① CFC   ② ODP
③ GWP   ④ HCFC

해설및용어설명 | 하론 소화약제 - 용어
① 염화불화탄소(Chlorofluorocarbon, CFC)
② 오존파괴지수(Ozone Depletion Potential)
③ 지구온난화지수(Global Warming Potential)
④ 수소화염화불화탄소(Hydrogenated Chlorofluorocarbon, HCFC)

38

에터의 과산화물을 제거하는 시약으로 사용되는 것은?

① KI
② $FeSO_4$
③ NH_3
④ CH_3COCH_3

해설및용어설명 | 제4류 위험물 - 다이에틸에터
- 과산화물 생성 방지 : 저장용기에 40메시의 구리망을 넣어둔다.
- 과산화물 검출 시약 : 10% 옥화칼륨(KI) 수용액 - 과산화물에서 황색으로 변한다.
- 과산화물 제거 시약 : 황산제1철 또는 환원철

39

산과 접촉하였을 때 이산화염소 가스를 발생하는 제1류 위험물은?

① 아이오딘산칼륨
② 다이크로뮴산아연
③ 아염소산나트륨
④ 브로민산암모늄

해설및용어설명 | 제1류 위험물 - 염소산염류
산과 반응하여 이산화염소(ClO_2)를 발생하는 위험물은 염소산염류, 아염소산염류, 과염소산염류 등이다.
① 아이오딘산염류
② 다이크로뮴산염류
③ 아염소산염류
④ 브로민산염류

40

$KClO_3$의 일반적인 성질을 나타낸 것 중 틀린 것은?

① 비중은 약 2.32이다.
② 융점은 약 368℃이다.
③ 용해도는 20℃에서 약 7.3이다.
④ 단독 분해온도는 약 200℃이다.

해설및용어설명 | 제1류 위험물 - 염소산칼륨
① 비중 2.34
② 녹는점 368.4℃
③ 7.3g/100ml(25℃)
④ 분해온도 400℃

41

다음 중 가연성이면서 폭발성이 있는 물질은?

① 과산화수소
② 과산화벤조일
③ 염소산나트륨
④ 과염소산칼륨

해설및용어설명 | 위험물의 종류
① 제6류 위험물 불연성
② 제5류 위험물 가연성
③ 제1류 위험물 불연성
④ 제1류 위험물 불연성

42

위험물안전관리법령상 원칙적인 경우에 있어서 이동저장탱크의 내부는 몇 리터 이하마다 3.2mm 이상의 강철판으로 칸막이를 설치해야 하는가?

① 2,000
② 3,000
③ 4,000
④ 5,000

해설및용어설명 | 이동탱크저장소
칸막이 3.2mm, 4,000L

43

옥외저장소에 저장하는 위험물 중에서 위험물을 적당한 온도로 유지하기 위한 살수설비를 설치하여야 하는 위험물이 아닌 것은?

① 인화성고체(인화점 20℃) ② 경유
③ 톨루엔 ④ 메탄올

해설및용어설명 | 옥외저장소

	살수설비	집유설비
인화성고체	○	
제1석유류	○	○
알코올류	○	○

① 제2류 위험물 중 인화성고체
② 제4류 위험물 중 제2석유류
③ 제4류 위험물 중 제1석유류
④ 제4류 위험물 중 알코올류

44

위험물의 연소 특성에 대한 설명으로 옳지 않은 것은?

① 황린은 연소 시 오산화인의 흰 연기가 발생한다.
② 황은 연소 시 푸른 불꽃을 내며 이산화질소를 발생한다.
③ 마그네슘은 연소 시 섬광을 내며 발열한다.
④ 트라이에틸알루미늄은 공기와 접촉하면 백연을 발생하며 연소한다.

해설및용어설명 | 화학식

① $P_4 + 5O_2 \rightarrow 2P_2O_5$
② $S + O_2 \rightarrow SO_2$
③ $2Mg + O_2 \rightarrow 2MgO$
④ $2(C_2H_5)_3Al + 21O_2 \rightarrow 12CO_2 + Al_2O_3 + 15H_2O$

45

인화알루미늄의 위험물안전관리법령상 지정수량과 인화알루미늄이 물과 반응하였을 때 발생하는 가스의 명칭을 옳게 나타낸 것은?

① 50kg, 포스핀 ② 50kg, 포스겐
③ 300kg, 포스핀 ④ 300kg, 포스겐

해설및용어설명 | 화학반응식

$AlP + 3H_2O \rightarrow Al(OH)_3 + PH_3$
인화알루미늄 물 수산화알루미늄 포스핀

AlP(인화알루미늄) : 제3류 위험물 중 금속인화합물, 지정수량 300kg

46

위험물안전관리법령상 n-C_4H_9OH의 지정수량은?

① 200L ② 400L
③ 1,000L ④ 2,000L

해설및용어설명 | 제4류 위험물 - 부틸알코올

제4류 위험물 중 제2석유류(비수용성), 지정수량 1,000L

47

제조소에서 취급하는 제4류 위험물의 최대수량의 합이 지정수량의 50만 배인 사업소의 자체소방대에 두어야 하는 화학소방자동차의 대수 및 자체소방대원의 수는?

① 4대, 20인 ② 4대, 15인
③ 3대, 20인 ④ 3대, 15인

해설및용어설명 | 자체소방대

- 제조소 또는 일반취급소에서 취급하는 제4류 위험물의 최대수량의 합이 지정수량의 3천배 이상
- 옥외탱크저장소에 저장하는 제4류 위험물의 최대수량이 지정수량의 50만배 이상

사업소의 구분	화학소방 자동차	자체소방 대원의 수
제조소 또는 일반취급소에서 취급하는 제4류 위험물의 최대수량의 합이 지정수량의 3천배 이상 12만배 미만인 사업소	1대	5인
제조소 또는 일반취급소에서 취급하는 제4류 위험물의 최대수량의 합이 지정수량의 12만배 이상 24만배 미만인 사업소	2대	10인
제조소 또는 일반취급소에서 취급하는 제4류 위험물의 최대수량의 합이 지정수량의 24만배 이상 48만배 미만인 사업소	3대	15인
제조소 또는 일반취급소에서 취급하는 제4류 위험물의 최대수량의 합이 지정수량의 48만배 이상인 사업소	4대	20인
옥외탱크저장소에 저장하는 제4류 위험물의 최대수량이 지정수량의 50만배 이상인 사업소	2대	10인

48

농도가 높아질수록 위험성이 높아지는 산화성 물질로 가열에 의해 분해할 경우 물과 산소를 발생하며, 분해를 방지하기 위하여 안정제를 넣어 보관하는 것은?

① Na_2O_2
② KCl_3
③ H_2O_2
④ $NaNO_3$

해설및용어설명 | 제6류 위험물 - 과산화수소

- 농도 36중량퍼센트 이상일 때 위험물이다.
- 농도 60중량퍼센트 이상일 때 단독으로 분해 폭발한다.
- 분해방지 안정제 : 인산, 요산

49

포름산(formic acid)의 증기비중은 약 얼마인가?

① 1.59
② 2.45
③ 2.78
④ 3.54

해설및용어설명 | 증기비중

$$\frac{HCOOH}{29} = \frac{1+12+16+16+1}{29} = 1.586 ≒ 1.59$$

50

과망가니즈산칼륨과 묽은 황산이 반응하였을 때 생성물이 아닌 것은?

① MnO_4
② K_2SO_4
③ $MnSO_4$
④ H_2O

해설및용어설명 | 화학반응식

$4KMnO_4 + 6H_2SO_4 → 2K_2SO_4 + 6H_2O + 5O_2 + 4MnSO_4$
과망가니즈산칼륨 황산 황산칼륨 물 산소 황산망가니즈

51

탄화칼슘이 물과 반응하면 가연성 가스가 발생한다. 이때 발생한 가스를 촉매하에서 물과 반응시켰을 때 생성되는 물질은?

① 다이에틸에터
② 에틸아세테이트
③ 아세트알데하이드
④ 산화프로필렌

해설및용어설명 | 화학반응식

$CaC_2 + 2H_2O → Ca(OH)_2 + C_2H_2$

$C_2H_2 + H_2O → C_2H_4O$

① $C_2H_5OC_2H_5 = C_4H_{10}O$
② $CH_3COOCH_3 = C_3H_6O_2$
③ $CH_3CHO = C_2H_4O$
④ $OCH_2CHCH_3 = C_3H_6O$

52

내용적이 2만L인 지하저장탱크(소화약제 방출구를 탱크 안의 윗부분에 설치하지 않은 것)를 구입하여 설치하는 경우 최대 몇 L까지 저장취급허가를 신청할 수 있는가?

① 18,000L ② 19,000L
③ 19,800L ④ 20,000L

해설및용어설명 | 탱크의 용량

- 내용적 - 공간용적 = 내용적(1 - 공간용적 비율)
- 공간용적 : 탱크 내용적의 100분의 5 이상 100분의 10 이하
공간용적이 작을수록 저장취급허가 용량이 늘어나므로

$20,000L \times (1 - \frac{5}{100}) = 19,000L$

53

황린에 대한 설명으로 옳은 것은?

① 투명 또는 담황색 액체이다.
② 무취이고 증기비중이 약 1.82이다.
③ 발화점은 60~70℃이므로 가열 시 주의해야 한다.
④ 환원력이 강하여 쉽게 연소한다.

해설및용어설명 | 제3류 위험물 - 황린

① 담황색 또는 백색의 고체로 백린이라고도 부른다.
② 마늘 냄새가 나며, 증기 비중 = $\frac{31 \times 4}{29}$ = 4.28 ≒ 4.3
③ 발화점은 34℃의 자연발화성물질이므로 가열 시 주의하여야 한다.
④ 환원력이 강하여 쉽게 연소한다.

54

옥내저장소에 위험물을 수납한 용기를 겹쳐 쌓는 경우 높이의 상한에 관한 설명 중 틀린 것은?

① 기계에 의하여 하역하는 구조로 된 용기만 겹쳐 쌓는 경우는 6미터
② 제3석유류를 수납한 소형 용기만 겹쳐 쌓는 경우는 4미터
③ 제2석유류를 수납한 소형 용기만 겹쳐 쌓는 경우는 4미터
④ 제1석유류를 수납한 소형 용기만 겹쳐 쌓는 경우는 3미터

해설및용어설명 | 위험물 저장 높이

- 기계에 의하여 하역하는 구조로 된 용기만을 겹쳐 쌓는 경우 : 6m
- 제4류 위험물 중 제3석유류, 제4석유류 및 동식물유류를 수납하는 용기만을 겹쳐 쌓는 경우 : 4m
- 그 밖의 경우 : 3m

55

공정에서 만성적으로 존재하는 것은 아니고 산발적으로 발생하며, 품질의 변동에 크게 영향을 끼치는 요주의 원인으로 우발적 원인인 것을 무엇이라 하는가?

① 우연원인 ② 이상원인
③ 불가피 원인 ④ 억제할 수 없는 원인

해설및용어설명 | 관리도

- 우연원인(불가피원인)
  - 생산조건이 엄격하게 관리된 상태에서 발생하는 어느 정도의 불가피한 변동을 일으키는 원인
  - 작업자의 숙련도 차이, 작업환경의 차이, 식별되지 않을 정도의 원자재 및 생산설비 등의 제반 특성의 차이
- 이상원인(우발적 또는 기피원인)
  - 만성적으로 존재하는 것이 아니고 산발적으로 발생하여 품질에 영향을 주는 원인
  - 작업자의 부주의, 불량 자재의 사용, 생산설비상의 이상

56

품질특성을 나타내는 데이터 중 계수치 데이터에 속하는 것은?

① 무게
② 길이
③ 인장강도
④ 부적합품의 수

해설및용어설명 | 데이터의 종류
- 계량치 데이터 : 길이, 무게, 온도, 시간, 철판의 강도, 도금 두께 등과 같이 연속적으로 변화하는 값
- 계수치 데이터 : 불량개수, 재해발생 건수, 냉장고 표면의 긁힘 개수, 기차의 지연 도착율 등 세어서 얻을 수 있는 불연속적으로 변화하는 값

57

연간 소요량 4,000개인 어떤 부품의 발주비용은 매회 200원이며, 부품단가는 100원, 연간 재고유지비용이 10%일 때 F. A. Harris 식에 의한 경제적 주문량은 얼마인가?

① 40개/회
② 400개/회
③ 1,000개/회
④ 1,300개/회

해설및용어설명 | 경제적 주문량(EOC, Economic Order Quantity)

$$EOC = \sqrt{\frac{2 \times D \times S}{H}}$$

- D : 연간소요량 = 4,000
- S : 주문 단가 = 200
- C : 개별 단가 = 100
- I : 재고유지비용 = 10%
- H : 유지비용 = $I \times C$ = 100 × 0.1 = 10

$$EOC = \sqrt{\frac{2 \times 4,000 \times 200}{10}} = 400$$

58

다음 중 관리의 사이클을 가장 올바르게 표시한 것은?
(단, A : 조치, C : 검토, D : 실행, P : 계획)

① P → C → A → D
② P → A → C → D
③ A → D → C → P
④ P → D → C → A

해설및용어설명 | 관리사이클

  Plan — Do — Check — Action
품질설계   공정관리   품질보증   품질개선

59

일정 통제를 할 때 1일당 그 작업을 단축하는데 소요되는 비용의 증가를 의미하는 것은?

① 정상소요시간(Normal duration time)
② 비용견적(Cost estimation)
③ 비용구배(Cost slope)
④ 총비용(Total cost)

해설및용어설명 | 생산관리
① 일반적인 생산 공적을 통해 소요되는 시간
② 생산에 필요한 비용을 미리 계산하는 것
③ 작업을 1일 단축할 때 추가되는 직접비용
④ 생산을 위해서 투입된 모든 비용

60

다음 중 데이터를 그 내용이나 원인 등 분류 항목별로 나누어 크기의 순서대로 나열하여 나타낸 그림을 무엇이라 하는가?

① 히스토그램(histogram)
② 파레토도(pareto diagram)
③ 특성요인도(causes and effects diagram)
④ 체크시트(check sheet)

해설및용어설명 | 데이터 도표

- 파레토도 : 데이터를 항목별로 분류하여 출현도수의 크기 순서대로 나열한 그림. 단순빈도 막대 그래프와 누적 빈도 꺾은선 그래프를 합친 것
- 히스토그램 : Data가 어떤 값으로 분포되어 있는가를 조사하기 위하여 막대로 나타낸다.
- 회귀분석 : 종속변수와 독립변수 간의 관계를 그래프로 표현한 것
- 특성요인도 : 문제가 되는 결과와 이에 대응하는 원인과의 관계를 도표로 나타낸 것

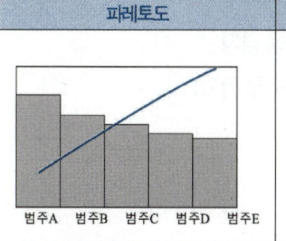
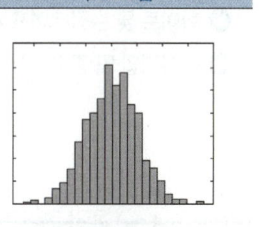
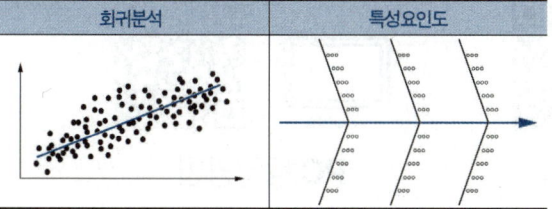

정답 60 ②

위험물기능장 필기 무료특강

무료특강 신청방법

▲ 카페 바로가기

1 나합격 카페 가입
cafe.naver.com/napass4

2 사진 촬영
하단 공란에 닉네임 기입

3 카페 게시물 작성
등업 후 영상 시청 가능

카페 닉네임

- 가입한 카페 닉네임과 동일하게 기입
- 지워지지 않는 펜으로 크게 기입
- 화이트 및 수정테이프 사용 금지
- 중복기입 및 중고도서는 등업 불가능

처음이신가요?

자세한 등업방법은 QR 코드 참조

모바일 등업방법

PC 등업방법

나합격 위험물기능장 필기 + 무료특강

2023년 6월 10일 초판 발행 | 2025년 2월 5일 2판 발행

지은이 나합격 콘텐츠 연구소 | 발행인 오정자 | 발행처 삼원북스 | 팩스 02-6280-2650
등록 제2017-000048호 | 홈페이지 www.samwonbooks.com | ISBN 979-11-93858-53-0 13500 | 정가 42,000원
Copyright©samwonbooks.Co.,Ltd.

· 낙장 및 파손된 책은 구입한 서점에서 바꿔드립니다.
· 이 책에 실린 모든 내용, 디자인, 이미지, 편집 형태에 대한 저작권은 삼원북스와 저자에게 있습니다. 허락없이 복제 및 게재는 법에 저촉을 받습니다.